Matériaux

Matériaux

INGÉNIERIE, SCIENCE, PROCÉDÉ ET CONCEPTION

Michael Ashby, Hugh Shercliff et David Cebon

3e édition américaine

traduite en français par Léa Deillon et Michel Rappaz
Ecole polytechnique fédérale de Lausanne

Presses polytechniques et universitaires romandes

La collection « Matériaux » est publiée sous la direction du professeur Michel Rappaz

Egalement disponibles :

Caractérisation expérimentale des matériaux I
Propriétés physiques, thermiques et mécaniques
Sous la direction de Suzanne Degallaix et Bernhard Ilschner

Thermodynamique des matériaux
De l'élaboration des matériaux à la genèse des microstructures
Gérard Lesoult

Physique des matériaux
Maurice Gerl et Jean-Paul Issi

Céramiques et verres
Principes et techniques d'élaboration
Jean-Marie Haussonne, James L. Barton, Paul Bowen et Claude Paul Carry

Sélection des matériaux et des procédés de mise en œuvre
De Mike F. Ashby, Yves Bréchet et Luc Salvo

Illustrations de couverture : Shutterstock.com,
illustration du haut : © Visaro, illustration du bas : © Everett Collection

Version originale
Materials
Engineering, Science, Processing and Design
Michael Ashby, Hugh Shercliff and David Cebon
Third edition

ISBN 978-0-08-097773-7
This edition of **Materials: Engineering, Science, Processing and Design**
by Michael Ashby, Hugh Shercliff and David Cebon is published by arrangement with
ELSEVIER LIMITED of The Boulevard, Langford Lane, Kidlington, Oxford, OX5 1GB, UK

La Fondation des Presses polytechniques et universitaires romandes (PPUR)
publie principalement les travaux d'enseignement et de recherche de l'Ecole
polytechnique fédérale de Lausanne (EPFL), des universités et des hautes écoles francophones.
Le catalogue général peut être obtenu par courrier aux: Presses polytechniques
et universitaires romandes, EPFL-Rolex Learning Center, CP 119, CH-1015 Lausanne,
par E-mail à ppur@epfl.ch, par téléphone au (0)21 693 41 40 ou encore par fax au (0)21 693 40 27.

www.ppur.org

Version française
Première édition
ISBN 978-2-88915-025-0

Imprimé en Italie

Table des matières

Avant-propos

Un enseignement basé sur la science ou sur la conception ? Deux manières d'aborder les matériaux

La plupart des sujets, notamment l'enseignement, peuvent être approchés par différents biais. La manière d'apprendre une langue, par exemple, dépend de ce que la personne veut en faire: veut-elle être capable de lire la littérature de cette langue ou veut-elle simplement pouvoir se débrouiller dans ce pays étranger. Il en va de même du présent sujet que sont les matériaux.

La figure ci-dessous présente le nombre d'étudiants enregistrés en 2006 dans les universités américaines en ingénierie et dans des départements où les aspects matériaux sont nécessaires. Les départements de génie mécanique, de génie civil et de génie chimique représentent à eux seuls les deux tiers de ces effectifs. Les techniques aérospatiales, la fabrication et l'ingénierie générale sont un autre 20%, alors que les aspects plus scientifiques des matériaux – la science des matériaux, les sciences de l'ingénieur et la physique – font un petit 3%. Toutes ces disciplines requièrent un enseignement dans le domaine des matériaux, mais cet enseignement diffère pour chacune d'entre elle.

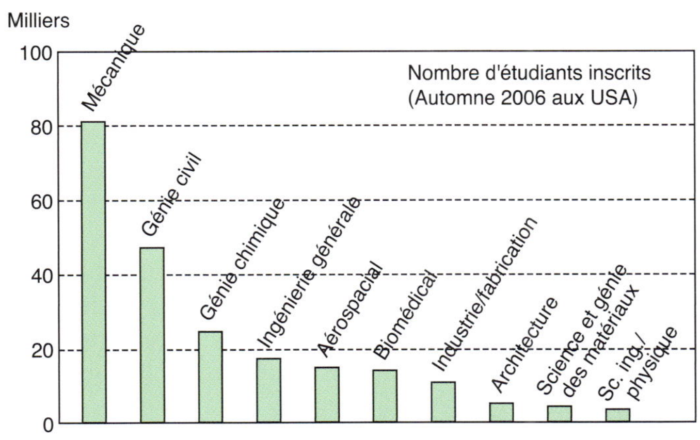

Nombre d'étudiants inscrits aux USA dans des disciplines liées aux matériaux

Traditionnellement, l'enseignement des matériaux commence par les fondamentaux: les électrons, les atomes, les liaisons entre atomes et leurs arrangements, la cristallographie et les défauts cristallins. Sur ces bases sont abordés ensuite la théorie des alliages, les cinétiques des transformations de phases et le développement des microstructures aux échelles des microscopies électronique et optique. Ceci définit le cadre pour la compréhension et l'appréhension des propriétés des matériaux, à l'échelle où elles sont habituellement mesurées, c'est-à-dire au millimètre ou au centimètre. Une telle approche, basée sur la science, met en avant les aspects physiques, mais laisse dans l'ombre le comportement des structures et des composants dans la pratique, ainsi que les méthodes de sélection et de conception des matériaux.

Une alternative consiste à renverser cette approche et se baser sur la conception. Ainsi, les conditions que les matériaux doivent satisfaire pour le bon fonctionnement d'un composant lors de son utilisation deviennent le point de départ de l'enseignement. On commence donc par présenter la gamme des propriétés de chaque matériau, la manière dont ces propriétés peuvent limiter les performances, l'influence des opérations de mise en forme et de fabrication sur ces propriétés et les moyens d'accéder aux données nécessaires pour une telle évaluation. Une fois établie l'importance de certaines de ces propriétés, il y a alors une bonne raison et un contexte clair pour approfondir les aspects fondamentaux sous-jacents. Cet approfondissement est aussi nécessaire car il permet une meilleure orientation dans le choix des matériaux et des procédés, en offrant une meilleure compréhension de leur comportement.

Chacune de ces approches a sa place, en fonction de la manière dont l'étudiant veut utiliser cette information. Si le but est la recherche scientifique pure, l'enseignement traditionnel est certainement le plus approprié. Pour la conception en ingénierie et la recherche appliquée en industrie, la seconde alternative a certainement plus de sens et c'est cette dernière que ce livre a adoptée.

Qu'y a-t-il de différent dans ce livre ?

Il existe de nombreux ouvrages basés sur la science des matériaux utilisés en ingénierie, et encore beaucoup plus sur la conception. Qu'est ce qui est donc nouveau dans ce livre?

Tout d'abord, son *approche basée sur la conception* a été spécifiquement développée pour guider le choix du lecteur, grâce à la compréhension du comportement des matériaux dans un large éventail de disciplines de l'ingénierie. L'approche est systématique, allant des conditions requises pour une application, aux recommandations nécessaires au choix optimal des matériaux. Cette démarche est illustrée par de nombreuses études de cas. Elle est aussi mise en pratique au travers de multiples exemples et dans des exercices complémentaires.

En outre, cet ouvrage met l'accent sur la *communication visuelle*: les propriétés des matériaux sont présentées sous forme de *cartes de propriétés* et de *schémas* en couleurs. Cet aspect très graphique constitue un point essentiel de ce livre, car il permet de mémoriser visuellement l'information, et ainsi de bien comprendre les origines des propriétés, leur combinaison et leurs limites, tout en fournissant un outil efficace pour la sélection des matériaux et la compréhension de leur utilisation dans diverses applications.

Il faut encore mentionner l'*étendue* de cet ouvrage. Le but est de présenter les propriétés des matériaux, leurs origines et la façon dont elles influencent la conception en ingénierie. Comme l'indique la table des matières, ce livre aborde:

- les propriétés physiques;
- les caractéristiques mécaniques;
- le comportement thermique;
- les propriétés électriques, magnétiques et optiques;

- la durabilité;
- l'influence de la fabrication et de la mise en forme sur les propriétés;
- les aspects environnementaux.

Pour tous ces sujets, nous avons toujours opté pour une présentation simple, directe et claire, développant les aspects scientifiques de base à un niveau suffisant pour aider à mieux comprendre et guider le choix des matériaux dans une conception donnée, mais en évitant les détails plus compliqués qui n'y contribueraient pas.

Finalement, afin d'offrir un apprentissage indépendant et une meilleure compréhension, certains sujets sont abordés au travers d'exercices incorporés dans le corps du texte. Ceci fonctionne particulièrement bien pour des sujets impliquant un ensemble de concepts et d'outils. Par exemple, la cristallographie requiert des concepts de symétrie et de géométrie tridimensionnelle qui seront acquis facilement au travers de petits problèmes à résoudre. Une introduction aux diagrammes et aux transformations de phases demande de pouvoir lire des diagrammes contenant des informations chimiques et thermodynamiques. Leur utilisation pour comprendre et prédire la formation des phases et des microstructures sera rendue plus accessible au travers d'applications et d'exercices pratiques. Ces deux sujets ont donc été présentés sous forme de *leçons guidées*, avec des exercices placés directement après l'introduction de chaque nouveau concept. Gagnant ainsi progressivement confiance, les étudiants qui auront fait ces exercices pourront maîtriser le sujet traité et appliquer les concepts présentés. Ainsi, cristallographie d'une part, diagrammes et transformations de phases d'autre part, sont présentés de cette manière. Les deux apparaissent assez succinctement dans les principaux chapitres, mais sont approfondis dans deux leçons guidées à la fin de l'ouvrage.

Cet ouvrage et le logiciel CES Materials and Process Information

De nos jours, la conception en ingénierie s'appuie largement sur un environnement informatique. L'analyse des contraintes par méthode des éléments finis (MEF), la conception assistée par ordinateur (CAO), les outils de conception pour la fabrication et les outils de gestion des données d'un produit sont des sujets d'étude faisant partie de la formation en ingénierie. Le logiciel CES Materials and Process Information[1] pour l'éducation (CES EduPack) fournit un environnement informatique pour la sélection optimale des matériaux.

Le contenu de ce livre est indépendant de tout support informatique. Mais en même temps, il est conçu pour être connecté avec les applications de CES qui utilisent les méthodes présentées ici. Utiliser CES EduPack en parallèle permet donc d'enrichir cet enseignement. Il permet de faire des sélections de matériaux plus réalistes, combinant un ensemble de contraintes sur les attributs matériaux et procédés, ce qui permet à l'utilisateur d'explorer les différentes manières dont les propriétés peuvent être combinées. Le logiciel CES EduPack contient également un outil d'approfondissement pour la science des matériaux. La base de données de CES Elements contient des données physiques, cristallographiques, mécaniques, thermiques, électriques, magnétiques et optiques pour l'ensemble des 111 éléments stables du tableau périodique. Il permet de mettre en relation, à un niveau plus fondamental, différentes propriétés abordées dans le texte.

[1] CES EduPack, Granta Design Ltd., Rustat House, 62 Clifton Court, Cambridge CB1 7EG, UK. www.grantadesign.com.

Cette approche est développée plus avant dans trois autres ouvrages, pour la conception mécanique[2], pour la conception prenant en considération les aspects environnementaux[3], et pour la conception industrielle[4].

Ressources

En plus du logiciel CES EduPack développé par Michael Ashby et Granta Design (voir le site www.grantadesign.com), un certain nombre d'outils sont disponibles pour les enseignants, mais uniquement en anglais, sur le site http://textbooks.elsevier.com (solution d'exercices, banque d'images, transparents PowerPoint, etc.). Certaines des bases de données du logiciel CES Edupack sont aussi disponibles en français.

Note des traducteurs

Il n'est pas toujours facile de trouver l'équivalent exact en français de termes techniques très spécifiques utilisés dans le monde anglo-saxon et parfois même repris sans autres dans le langage parlé. Nous avons essayé de le faire au mieux en indiquant parfois, lorsqu'il nous est apparu nécessaire, l'équivalent anglais de ces termes.

---

[2] Ashby, M. F. (2005), *Materials selection in mechanical design*, 3e édition, Butterworth-Heinemann, Oxford. (*Un ouvrage développant plus avant les aspects présentés dans ce livre.*)

[3] Ashby, M. F. (2009), *Materials and the environment*, Butterworth-Heinemann, Oxford. (*Un livre pour l'enseignement qui fournit les sources, le contexte, les méthodes et les données permettant d'aborder les aspects environnementaux liés aux matériaux.*)

[4] Ashby, M. F. et Johnson, K. (2002), *Materials and design – the art and science of material selection in product design*, Butterworth-Heinemann, Oxford. (*Les matériaux et les procédés vus sous un angle esthétique, mettant en valeur la conception de produits.*)

Chapitre 1

Introduction : histoire et caractère des matériaux

Professeur James Stuart, premier professeur d'Ingénierie à Cambridge.

Contenu du chapitre

1.1 Matériaux, procédés et sélection

Les ingénieurs *fabriquent* des objets. Ils les fabriquent à partir de *matériaux*. En fonction de l'application souhaitée, ces matériaux doivent être capables de supporter des charges mécaniques, d'isoler ou de conduire la chaleur et l'électricité, de produire ou de repousser un champ magnétique, de transmettre ou de réfléchir la lumière, de survivre dans des environnements souvent hostiles, et tout cela sans nuire à l'environnement ni coûter trop cher.

Par ailleurs, le matériau requiert un partenaire dans le processus d'élaboration. En effet, pour *fabriquer* quelque chose à partir d'un matériau, l'ingénieur a aussi besoin d'un *procédé*, et pas n'importe lequel: il faut en choisir un qui soit compatible avec le matériau qui est prévu d'être utilisé. Parfois le procédé joue un rôle prépondérant et il s'agit alors de trouver un matériau compatible avec celui-ci. Il est donc question d'une union entre un matériau et un procédé. La compatibilité n'est pas toujours facile à trouver, beaucoup d'unions échouent, et la défaillance d'un matériau peut avoir des conséquences catastrophiques, entraînant des problèmes de responsabilités et d'indemnisation. Cela sonne comme du pain béni pour les avocats, et c'en est parfois: des spécialistes travaillent comme experts témoins dans des cas juridiques impliquant la défaillance de matériaux. Mais notre but ici n'est pas d'entrer dans ce débat, mais plutôt de donner une vision de l'univers des matériaux (car même sur les planètes les plus éloignées, les mêmes éléments sont présents) et de celui des procédés, et de fournir des méthodes et des outils pour les choisir de sorte à assurer une union heureuse et durable.

Les ingénieurs fabriquent des objets à partir de matériaux depuis plusieurs siècles déjà, et avec succès: pensez à Isambard Kingdom Brunel, Thomas Telford, Gustave Eiffel, Henry Ford, Karl Benz et Gottlieb Daimler, ou encore aux frères Wright. Alors pourquoi avons-nous besoin de nouvelles méthodes de sélection ? Un peu d'histoire aide à répondre à cette question. Ce chapitre commence avec le portrait de James Stuart, qui fut le premier professeur d'Ingénierie à l'Université de Cambridge, de 1875 à 1890 (notez le cigare sur le tableau). A cette époque, le nombre de matériaux disponibles pour les ingénieurs était limité à quelques centaines tout au plus. Les polymères synthétiques n'existaient pas, alors que de nos jours il y en a plus de 45 000. Il n'y avait pas d'alliages légers (l'aluminium n'est considéré comme un matériau d'ingénierie que depuis le 20e siècle), il y en a actuellement des milliers. Il n'y avait pas non plus de composites à hautes performances, il y en a maintenant des centaines. L'histoire des matériaux est développée plus en détail en figure 1.1, pour une période s'étendant sur plus de 10 000 ans. Cette figure montre grossièrement quand la première évolution de chacune des classes principales de matériaux a eu lieu. L'échelle de temps n'est pas linéaire car la plupart des matériaux utilisés de nos jours ont été développés lors des 100 dernières années. Leur nombre est énorme: plus de 160 000 matériaux sont disponibles pour les ingénieurs d'aujourd'hui, nous confrontant à un problème que le Professeur Stuart ignorait, celui d'effectuer une sélection optimale parmi ce large éventail. Avec la demande toujours croissante de performances, d'économie et de rendement, ainsi que l'impératif d'éviter toute nuisance à l'environnement, le bon choix devient très important. Une conception innovante signifie alors exploiter avec imagination les propriétés offertes par les matériaux.

Ces propriétés sont aujourd'hui largement connues et documentées dans des ouvrages de référence comme le *ASM Materials Handbook*, qui comporte 22 volumes épais, et ce n'est

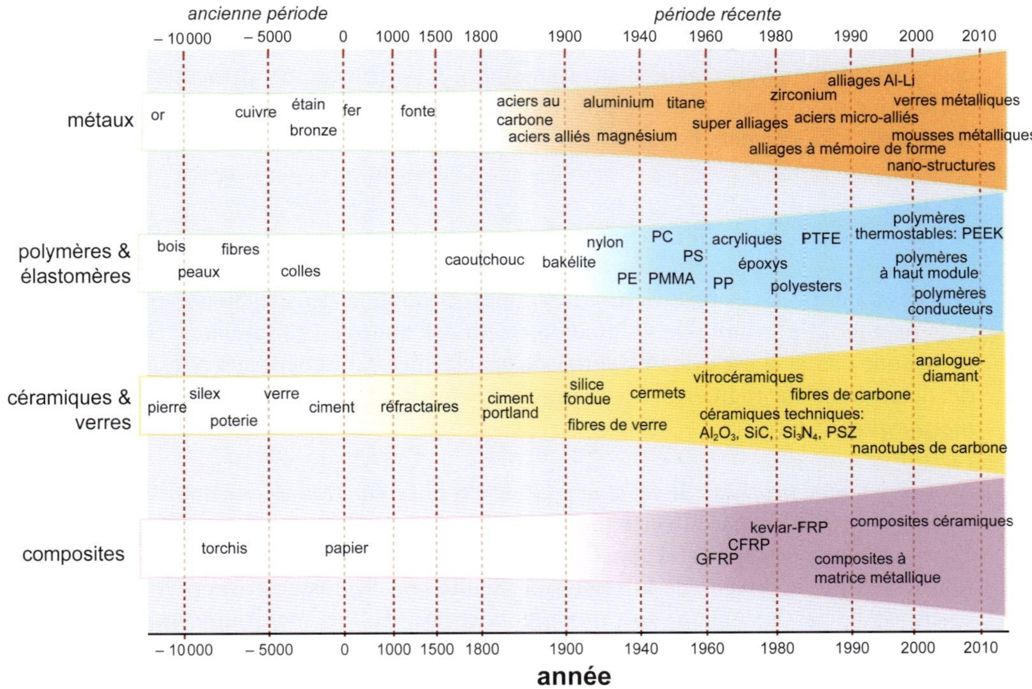

Figure 1.1 Le développement des matériaux au fil du temps. Les matériaux préhistoriques, à gauche, sont présents naturellement; le défi des ingénieurs de cette époque était leur mise en forme. Le développement de la thermochimie, et (plus tard) de la chimie des polymères, a permis l'émergence de matériaux faits par l'homme, représentés dans les zones colorées. Trois matériaux, à savoir la pierre, le bronze et le fer, étaient si importants qu'ils ont donné leur nom à la période de leur prédominance.

qu'un exemple parmi beaucoup d'autres. Comment faire face à cette vaste quantité d'informations ? Heureusement, quelque chose d'autre a changé depuis l'époque du Prof. Stuart : il existe désormais des moyens numériques de stockage et de traitement de l'information. La conception assistée par ordinateur est devenue partie intégrante de la formation d'un ingénieur et peut s'appuyer sur des progiciels largement répandus de modélisation 3D, d'analyse par éléments finis, d'optimisation et de sélection des matériaux et des procédés. Un logiciel de sélection des matériaux et des procédés utilise des bases de données regroupant les attributs des matériaux et ceux des procédés, en documentant également leur compatibilité. Il permet d'effectuer des recherches et de présenter les résultats de manière à ce que la sélection remplisse au mieux les exigences d'une conception.

Que ce soit pour un voyage à pied, à vélo ou en voiture, il est utile de se munir d'une carte. Le paysage des matériaux, comme le paysage terrestre, peut être complexe et porter à confusion ; les cartes y sont par conséquent aussi une bonne idée. Ce texte présente une approche des matériaux et des procédés de fabrication guidée par la conception et utilisant des cartes : des graphiques innovants pour représenter le monde des matériaux et des procédés par des moyens facilement accessibles. Ces graphiques présentent les propriétés des matériaux de manière à offrir une vue d'ensemble, à révéler les relations entre différentes propriétés et à permettre leur sélection.

1.2 Propriétés des matériaux

Quelles sont alors ces propriétés ? Certaines, comme la densité (masse par unité de volume) et le prix (coût par unité de volume ou de poids), sont assez familières. D'autres en revanche ne le sont pas et il est donc essentiel de les clarifier. Commençons par celles qui permettent de déterminer de manière sûre si un matériau peut supporter une charge : les *propriétés mécaniques*.

Propriétés mécaniques Il est assez facile de plier *élastiquement* une règle en acier, « élastique » signifiant que celle-ci retrouve sa forme initiale lorsqu'elle est relâchée. Sa rigidité élastique (dans ce cas la résistance à la flexion) est donnée en partie par sa forme, en l'occurrence la faible épaisseur de la règle qui facilite son fléchissement, et en partie par une propriété de l'acier lui-même : son *module élastique*, E. Les matériaux avec un module élevé, comme l'acier, sont intrinsèquement rigides alors que ceux avec un module faible, comme le polyéthylène, ne le sont pas. La figure 1.2(b) illustre les conséquences potentielles d'une rigidité trop faible pour des ailes d'avion.

Si la règle en acier se fléchit élastiquement, il est toutefois difficile de la plier de manière permanente s'il s'agit d'une bonne règle. La déformation permanente est reliée à la *résistance*, et non pas à la rigidité. La facilité avec laquelle une règle peut être fléchie de manière permanente dépend là encore de sa forme, ainsi que d'une autre propriété de l'acier : sa *limite élastique*, σ_y. Les matériaux possédant une limite élastique élevée, comme les alliages de titane, sont difficiles à déformer de manière permanente et cela même si leur rigidité, donnée par E, n'est pas forcément élevée. En revanche, les matériaux avec une faible limite élastique, comme le plomb, peuvent facilement être déformés de manière permanente. Lorsque les métaux sont déformés, ils deviennent généralement plus résistants (cet effet est appelé « écrouissage »), mais il existe tout de même une limite ultime, appelée la *résistance maximale en traction*, σ_{ts}, au-delà de laquelle le matériau rompt (la déformation au moment de la rupture est appelée *ductilité*). La figure 1.2(c) donne une idée des effets négatifs que peut avoir une résistance inappropriée.

Jusqu'ici tout va bien, alors considérons encore une autre propriété. Si, au lieu d'être en acier, la règle est désormais faite de verre ou de PMMA (Plexiglas, Perspex), comme le sont les règles transparentes, il est alors absolument impossible de la déformer de manière permanente. La règle va en effet se rompre soudainement, sans préavis, avant d'acquérir une déformation permanente. Les matériaux qui rompent de cette manière sont qualifiés de fragiles, par opposition à ceux dits tenaces. Comme il n'y a pas de déformation permanente dans ce cas, σ_y n'est pas la bonne propriété pour décrire ce comportement. La résistance des matériaux à la propagation d'une fissure et à la rupture est mesurée par la *ténacité à la*

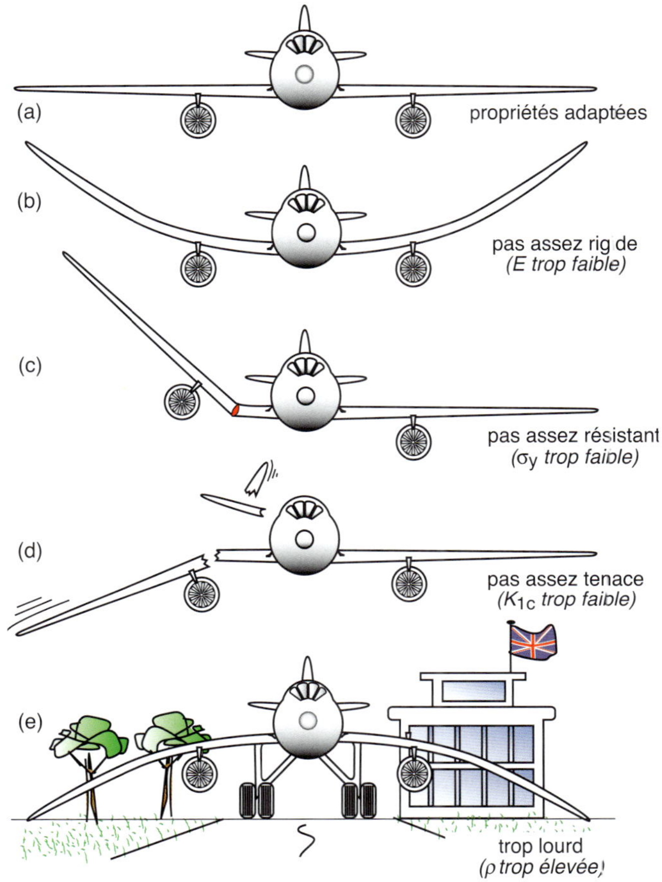

Figure 1.2 Propriétés mécaniques.

rupture, K_{1c}. Les aciers sont tenaces (en fait la plupart le sont, mais les aciers *peuvent* aussi être fragilisés) et ont donc des valeurs de K_{1c} élevées. Le verre au contraire symbolise parfaitement la fragilité et possède une valeur de K_{1c} très faible. La figure 1.2(d) suggère les conséquences d'une rupture et d'une ténacité inadéquate.

Nous avions commencé cette section avec la propriété de *densité*, c'est-à-dire la masse par unité de volume, de symbole ρ. La densité n'est pas une propriété pertinente dans le cas d'une règle. Mais pour la majorité des véhicules, un poids plus élevé est synonyme d'une augmentation de la consommation de carburant. Cette augmentation reste modeste pour les automobiles, mais est déjà plus importante pour les camions et les trains, encore plus pour les avions, et devient même énorme pour les engins spatiaux. La minimisation du poids se fait principalement par une conception intelligente, nous reviendrons sur ce point plus tard, mais également par le choix du bon matériau. L'aluminium a une faible densité, alors que celle du plomb est au contraire élevée. Si notre petit avion était fait en plomb, il ne pourrait jamais décoller du sol (fig. 1.2(e)).

Les propriétés évoquées dans cette section ne sont pas les seules propriétés mécaniques, mais ce sont les plus importantes. Nous allons les rencontrer, ainsi que d'autres, dans les chapitres 4 à 11.

Propriétés thermiques Les propriétés d'un matériau changent avec la température, cette évolution étant généralement synonyme de détérioration. La résistance du matériau chute, il commence à « fluer » (s'affaisser lentement avec le temps), il peut s'oxyder, se dégrader ou se décomposer (fig. 1.3(a)). Par conséquent, il existe une température limite appelée la *température maximale d'utilisation*, T_{max}, au-dessus de laquelle son utilisation est impossible. L'acier inoxydable possède une température T_{max} élevée, il peut être utilisé jusqu'à des températures de 800°C, alors que la majorité des polymères ont une température T_{max} faible et ne sont que rarement utilisés au-dessus de 150°C.

La plupart des matériaux se dilatent lorsqu'ils sont chauffés, mais d'une quantité variable en fonction de leur *coefficient d'expansion thermique*, α. La dilatation est faible mais ses conséquences peuvent toutefois être importantes. Considérons par exemple un cylindre contraint entre deux parois, comme illustré sur la figure 1.3(b). Lorsque ce cylindre est chauffé, la restriction de son expansion par les parois peut provoquer son flambage. Les voies ferrées flambent de cette manière si des dispositions ne sont pas prises pour tenir compte de cet effet.

D'autre part, certains matériaux, les métaux par exemple, sont ressentis comme froids alors que d'autres comme le bois semblent chauds. Cette sensation fait intervenir deux propriétés thermiques du matériau: la *conductivité (ou conductibilité) thermique* et la *chaleur spécifique* (ou *capacité calorifique*). La première, la conductivité thermique, λ, mesure la capacité d'un matériau à transférer la chaleur lorsqu'un de ses côtés est chaud alors que l'autre est froid. Les matériaux avec une valeur élevée de λ sont utilisés lorsqu'on désire transmettre la chaleur d'un endroit à un autre, comme pour les casseroles, les radiateurs ou les échangeurs de chaleur; la figure 1.3(c) illustre les effets d'une valeur de λ faible ou élevée dans le cas d'une casserole. Cependant, une faible conductivité est aussi utile: les matériaux avec une valeur faible de λ permettent d'isoler les bâtiments, de réduire la consommation énergétique des réfrigérateurs et des congélateurs, et rendent également possible le retour des engins spatiaux dans l'atmosphère terrestre.

Ces applications concernent des flux de chaleur constants, sur des longues durées. Lorsque le temps est limité, c'est la seconde propriété, à savoir la *chaleur spécifique* C_p, qui est importante. Elle mesure la quantité de chaleur nécessaire pour augmenter la température d'un matériau d'une certaine quantité. Les matériaux avec une capacité calorifique élevée, le cuivre par exemple, demandent une grande quantité de chaleur pour que leur température change; les matériaux avec une capacité calorifique faible, comme les mousses polymères, en demandent beaucoup moins. Un flux constant de chaleur, comme nous l'avons dit, fait intervenir la conductivité thermique. Mais il y a également une propriété plus subtile qui décrit ce qui se passe dans les premiers instants suivant l'application d'une source de chaleur. Considérons la situation de la figure 1.3(d), où le gaz est allumé sous une plaque froide au-

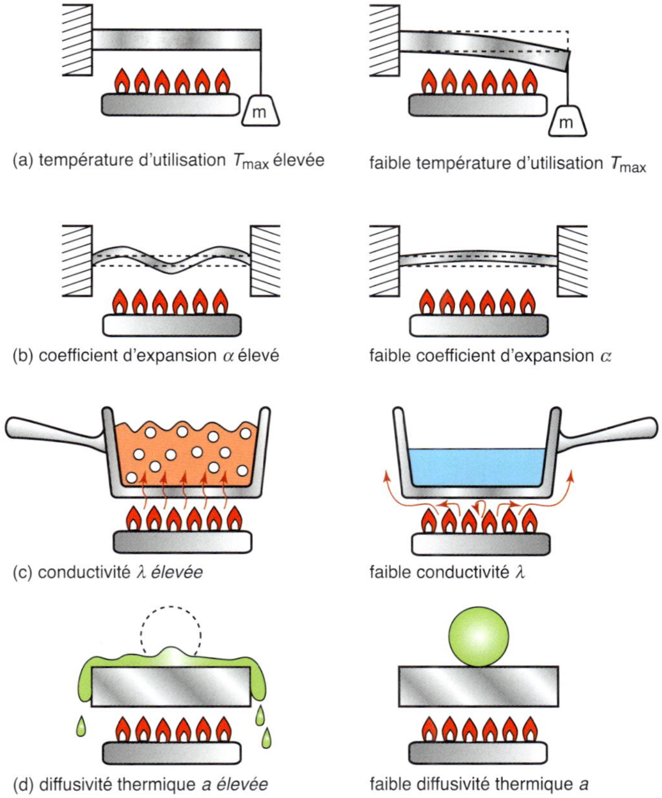

Figure 1.3 Propriétés thermiques.

dessus de laquelle une boule de crème glacée (parfum lime dans ce cas) est disposée. Peu après avoir allumé le gaz, la face inférieure de la plaque est chaude mais le reste est encore froid. Après un moment, le centre de la plaque devient chaud, puis, encore plus tard, la face supérieure commence à chauffer et la crème glacée commence à fondre. Combien de temps cela prend-il ? Pour une épaisseur donnée de plaque, le temps est inversement proportionnel à la *diffusivité thermique a* du matériau dont la plaque est faite. La diffusivité diffère de la conductivité car la capacité calorifique des matériaux est différente. En fait, elle est proportionnelle à λ/C_p.

Il y a d'autres propriétés thermiques, nous les rencontrerons dans les chapitres 12 et 13, mais nous en restons là pour l'instant et tournons notre attention vers les aspects électriques, magnétiques et optiques des matériaux.

Propriétés électriques, magnétiques et optiques Commençons avec la conduction et l'isolation électrique (fig. 1.4(a)). Sans conduction électrique, nous n'aurions pas facilement

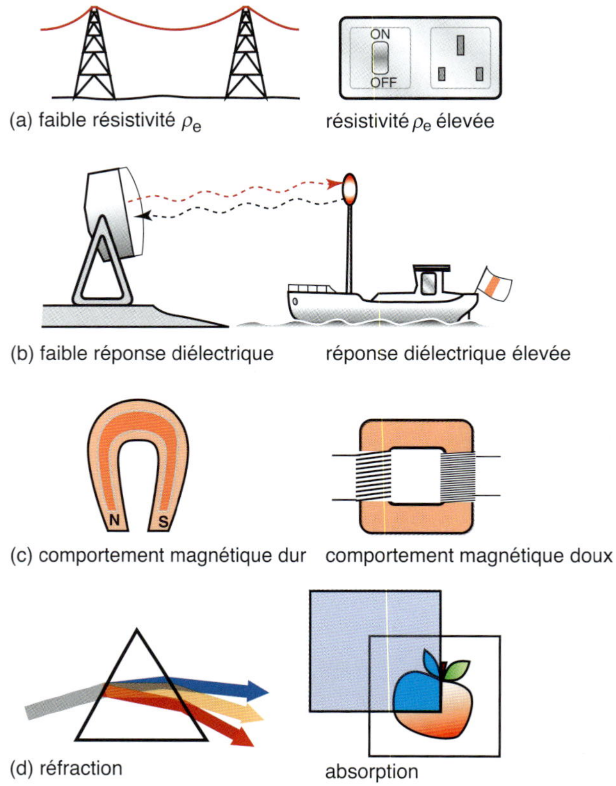

Figure 1.4 Propriétés électriques, magnétiques et optiques.

accès à la lumière, à la chaleur, à l'électricité, au contrôle et aux communications, ce que nous considérons comme acquis aujourd'hui. Les métaux sont des bons conducteurs, le cuivre et l'aluminium étant les meilleurs parmi ceux à un prix abordable. Mais la conduction n'est pas toujours une bonne chose. Les boîtiers de prises, de fusibles et d'interrupteurs ou les suspensions des lignes à haute tension requièrent des isolants qui, outre cette propriété, doivent être capables de supporter une certaine charge mécanique, de tolérer la chaleur et de supporter une étincelle s'il s'en produisait une. Dans ce cas, la propriété importante est la *résistivité*, ρ_e, qui est l'inverse de la *conductivité électrique*, κ_e. La plupart des plastiques et le verre ont une résistivité élevée (fig. 1.4(a)) et sont utilisés comme isolants. Il est possible néanmoins de les rendre quelque peu conducteurs par des traitements spéciaux.

La figure 1.4(b) illustre d'autres propriétés électriques: la capacité de permettre le passage d'ondes électromagnétiques micrométriques (micro-ondes), comme pour le dôme protégeant une antenne radar (radôme), ou alors de les réfléchir, comme dans le cas du réflecteur d'un bateau. Tous les deux font intervenir les propriétés *diélectriques*, et en particulier la *constante diélectrique*, ε_D. Les matériaux possédant une constante diélectrique élevée répondent à un champ électrique par un déplacement de leurs électrons, en réorientant même leurs molécules, alors que ceux avec une valeur faible de ε_D sont peu sensibles au champ. Nous explorerons cela, ainsi que d'autres propriétés électriques, dans le chapitre 14.

L'électricité et le magnétisme sont étroitement liés. Les courants électriques induisent des champs magnétiques et un aimant mobile induit un courant électrique dans tout conducteur à proximité. La réponse de la plupart des matériaux aux champs magnétiques est trop faible pour avoir une valeur pratique. Mais certains matériaux, dits ferromagnétiques et ferrimagnétiques, ont la capacité d'être aimantés de manière permanente. Ils sont appelés aimants « durs » car, une fois magnétisés, il est difficile de les démagnétiser. Ils sont utilisés en tant qu'aimants permanents dans les écouteurs, les moteurs et les dynamos. Dans ce cas, la propriété clé est l'*aimantation rémanente*, une mesure de l'intensité du magnétisme résiduel. D'autres matériaux, les aimants « doux », sont facilement magnétisés et démagnétisés. Ils servent à fabriquer les noyaux des transformateurs et les bobines de déflexion des anciens tubes cathodiques. Ils ont la capacité de conduire un champ magnétique, mais sans le retenir en permanence (fig. 1.4(c)). La propriété clé de ces matériaux est l'*aimantation à saturation*, qui mesure l'importance du champ que ceux-ci peuvent transmettre. Nous rencontrerons à nouveau ces aspects dans le chapitre 15.

Les matériaux réagissent non seulement à l'électricité et au magnétisme, mais également à la lumière, ce qui n'est pas très surprenant étant donné que la lumière elle-même est une onde électromagnétique. Les matériaux opaques *réfléchissent* la lumière, ou l'absorbent sur des épaisseurs extrêmement faibles, alors que ceux qui sont transparents la *réfractent*. Les matériaux peuvent *absorber* ou réfléchir sélectivement certaines longueurs d'ondes, leur donnant ainsi divers aspects colorés (fig. 1.4(d)). Ces aspects seront explorés plus en profondeur dans le chapitre 16.

Propriétés chimiques Les produits doivent souvent fonctionner dans des environnements hostiles, exposés à des fluides corrosifs, à des gaz chauds ou à des radiations. L'air humide ainsi que l'eau sont corrosifs. La sueur est également particulièrement corrosive et il existe bien sûr des environnements beaucoup plus agressifs. Pour survivre tout au long de sa période d'utilisation, un produit doit être constitué de matériaux (ou du moins revêtu de matériaux) capables de tolérer les milieux dans lesquels il fonctionne. Quelques exemples de milieux hostiles, parmi les plus communs, sont représentés en figure 1.5 : l'eau douce ou salée, les acides et les alcalis, les solvants organiques, les flammes oxydantes et le rayonnement ultraviolet. Nous considérons la résistance intrinsèque d'un matériau à chacun de ces environnements comme étant des propriétés du matériau, mesurées sur une échelle allant de 1 (très faible) à 5 (très bonne). Le chapitre 17 traitera de la durabilité d'un matériau.

1.3 Propriétés limitant la conception

La performance d'un composant est limitée par certaines des propriétés du matériau dont il est fait. Pour atteindre un niveau désiré de performance, les propriétés limitant la

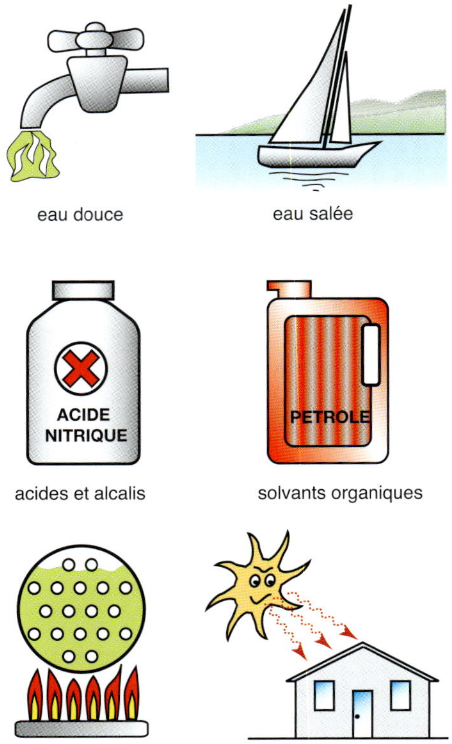

Figure 1.5 Propriétés chimiques: résistance à l'eau, aux acides, aux alcalis, aux solvants organiques, à l'oxydation ainsi qu'aux radiations.

conception doivent donc satisfaire certains critères et les matériaux dont les propriétés ne répondent pas à ces exigences sont inadéquats. Sur le dessin de la figure 1.2, la rigidité, la résistance et la ténacité limitent la conception: si une de ces propriétés est trop faible, l'avion ne volera pas. Pour la conception de lignes électriques, la résistivité électrique est limitante alors que pour la conception d'objectifs, c'est la qualité optique et l'indice de réfraction qui le sont.

Le choix des matériaux commence donc par l'identification des propriétés limitant la conception. Des valeurs limites sont ensuite fixées et permettent d'exclure les matériaux qui ne remplissent pas ces critères (chap. 3). Les procédés ont également des propriétés, bien que nous ne les ayons pas encore rencontrées. Celles-ci aussi peuvent limiter la conception, amenant par conséquent à un schéma parallèle de sélection pour trouver un procédé qui soit viable (chap. 18 et 19).

1.4 Résumé et conclusions

Pour un ingénieur, la conception dépend des *matériaux*, lesquels sont mis en forme, assemblés et finalisés par des *procédés*. Les exigences de conception définissent la performance requise et sont exprimées comme des valeurs cibles pour certaines *propriétés limitant la conception*. Un matériau est choisi parce que, d'une part, ses propriétés satisfont ces objectifs et, d'autre part, parce qu'il est compatible avec les procédés requis pour la mise en forme, l'assemblage et les finitions.

Ce chapitre a introduit certaines des propriétés limitant la conception: des *propriétés physiques* (comme la densité), des *propriétés mécaniques* (comme le module et la limite élastiques) et des *propriétés fonctionnelles* (celles décrivant le comportement thermique, électrique, magnétique et optique). Nous examinerons plus en profondeur toutes ces propriétés dans les chapitres suivants, mais nous pouvons pour l'instant continuer avec les notions introduites dans ce chapitre et nous tourner vers les matériaux eux-mêmes: les familles, les classes et leurs membres.

1.5 Lectures complémentaires

L'histoire et l'évolution des matériaux

Singer, C., Holmyard, E. J., Hall, A. R., Williams, T. I., & Hollister-Short, G. (Eds.), (1954-2001). *A History of Technology*. (21 volumes), Oxford, UK: Oxford University Press. ISSN 0307-5451. (*Une compilation d'essais sur des aspects technologiques, incluant les matériaux.*)

Delmonte, J. (1985). *Origins of Materials and Processes*. Pennsylvania, USA: Technomic Publishing Company. ISBN 87762-420-8. (*Une synthèse des informations sur les matériaux dans l'ingénierie, documentant leur historique.*)

Tylecoate, R. F. (1992). *A History of Metallurgy* (2nd ed.). London, UK: The Institute of Materials. ISBN 0-904357-066. (*Une immersion totale dans l'historique de l'extraction et de l'utilisation des métaux de −6000 à 1976, par un auteur doté d'un talent scientifique et d'un amour du détail.*)

1.6 Exercices

Exercice E1.1 Utiliser Google pour trouver l'histoire et les utilisations d'un des matériaux suivants:

- L'étain.
- Le verre.
- Le ciment.
- Le titane.
- Les fibres de carbone.

Présenter les résultats sous forme d'un court rapport d'environ 100 à 200 mots (environ une demi-page).

Exercice E1.2 Qu'entend-on par *propriétés limitant la conception* d'un matériau pour une application donnée ?

Exercice E1.3 Les tentatives de fabriquer et commercialiser des vélos en plastique furent nombreuses. Cependant, tous les modèles ainsi réalisés se sont avérés trop flexibles. Quelle propriété limitant la conception n'est pas suffisamment élevée ?

Exercice E1.4 Quelles sont, selon vous, les propriétés d'un matériau limitant la conception de la lame d'un couteau destiné à l'éviscération de poissons ?

Exercice E1.5 Quelles sont, selon vous, les propriétés d'un matériau limitant la conception d'un gant de cuisine ?

Exercice E1.6 Quelles sont, selon vous, les propriétés d'un matériau limitant la conception d'un filament de lampe électrique ?

Exercice E1.7 Un matériau est recherché pour fabriquer un tuyau servant à transporter de l'essence depuis un réservoir jusqu'au carburateur d'une tondeuse. La conception nécessite que le tuyau puisse être plié et que l'essence soit visible. Lister les propriétés qui, selon vous, limitent la conception.

Exercice E1.8 Un matériau est recherché pour réaliser un aimant pour un support magnétique de savon. Le savon est légèrement basique. Lister les propriétés qui, selon vous, limitent la conception.

Exercice E1.9 Les boîtiers dans lesquels la plupart des CD sont vendus ont une fâcheuse tendance à se fissurer et à casser. Quelle propriété limitant la conception a été négligée dans le choix du matériau dont ils sont faits ?

Exercice E1.10 Lister trois applications qui, selon vous, nécessitent une rigidité élevée et un faible poids.

Exercice E1.11 Lister trois applications qui, selon vous, nécessitent un verre de qualité optique.

Chapitre 2
Classification des matériaux et des procédés

Contenu du chapitre

2.1 Introduction et présentation du chapitre

Un produit réussi allie de bonnes performances à un bon rapport qualité-prix tout en donnant entière satisfaction à ses utilisateurs. Ce produit utilise les meilleurs matériaux au vu de la tâche considérée et exploite entièrement leur potentiel et leurs caractéristiques.

Les familles de matériaux (les métaux, les polymères, les céramiques, etc.) sont introduites en section 2.2. Que faut-il savoir à leur propos, pour les utiliser dans le but de concevoir des produits ? Cette question constitue le sujet de la section 2.3, dans laquelle différents types d'informations au sujet des matériaux sont distingués. Mais, en fin de compte, ce n'est pas un *matériau* qui est recherché, mais plutôt un certain *profil de propriétés*: celui satisfaisant au mieux les besoins de la conception. Chaque famille a son propre profil caractéristique, il y a un « air de famille », qui sert à décider quelle famille utiliser pour une conception donnée. La section 2.2 explique comment ces profils fournissent le point de départ d'un système de classification des matériaux, permettant d'organiser et de manipuler les informations les concernant.

Le choix du matériau ne représente que l'un des deux aspects du problème. L'autre aspect est le choix d'une séquence de procédés pour la mise en forme, l'assemblage et les finitions. La section 2.3 introduit les différentes familles de procédés et leurs attributs. Les choix du matériau et du procédé sont étroitement liés car certains procédés permettent de transformer un matériau donné, alors que d'autres ne le permettent pas. La transformation du matériau peut de plus changer ses propriétés, voire même en créer de nouvelles. Au sein des différentes familles de procédés, il y a également un « air de famille » : des points communs dans les matériaux que les membres d'une famille permettent de transformer ou dans les formes qu'ils permettent de réaliser. La section 2.3 introduit une classification des procédés analogue à celle des matériaux.

Les airs de famille apparaissent de manière plus frappante sur les *cartes de propriétés des matériaux*, un aspect central de ce livre (sect. 2.5). Ces graphiques, dont les axes représentent des propriétés des matériaux, montrent l'emplacement de chaque famille et de ses membres. Les matériaux ont beaucoup de propriétés qui peuvent être considérées comme les axes d'un espace « matériau-propriété », une carte étant alors une coupe bidimensionnelle à travers cet espace. Chaque famille de matériaux occupe une partie finie de l'espace, distincte de celles occupées par les autres familles. Les cartes procurent une vue d'ensemble des matériaux et de leurs propriétés. Elles révèlent des aspects de la science sous-jacente à ces propriétés et fournissent un outil puissant pour la sélection des matériaux. Les attributs des procédés peuvent être traités de façon similaire pour créer des cartes procédé-attribut, mais laissons cela pour le chapitre 18.

Les systèmes de classification présentés dans les sections 2.2 et 2.3 donnent une structure pour la gestion de l'information assistée par ordinateur, introduite en section 2.6. Le chapitre se termine par un résumé, des suggestions de lectures complémentaires ainsi que des exercices.

2.2 Diagramme de classification des matériaux

Classification des matériaux Il est conventionnel de répartir les matériaux de l'ingénierie selon six grandes familles présentées en figure 2.1 : les métaux, les polymères, les élastomères, les céramiques, les verres et les composites, ces derniers étant des matériaux élaborés par combinaison de plusieurs membres des autres familles. Cette répartition a du sens car les membres d'une même famille ont des aspects en commun : des propriétés similaires, des méthodes de transformation similaires et, souvent, des applications similaires. La figure 2.2 montre des exemples pour chacune des six familles.

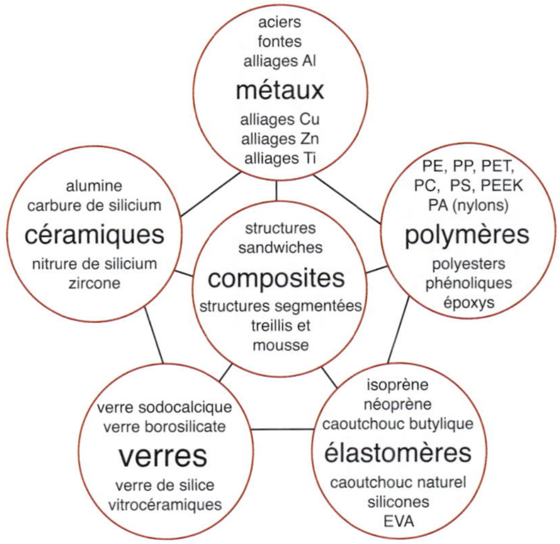

Figure 2.1 L'assortiment des matériaux d'ingénierie. Les métaux, les céramiques, les verres, les polymères et les élastomères constituent les familles de base et peuvent être combinés dans des géométries variables pour créer des matériaux composites.

Figure 2.2 Exemples d'objets pour chaque famille de matériaux. La disposition suit le schéma général de la figure 2.1. Au centre, le composite est une structure sandwich, réalisée en combinant des tôles d'aluminium rigides et résistantes et un cœur léger en balsa.

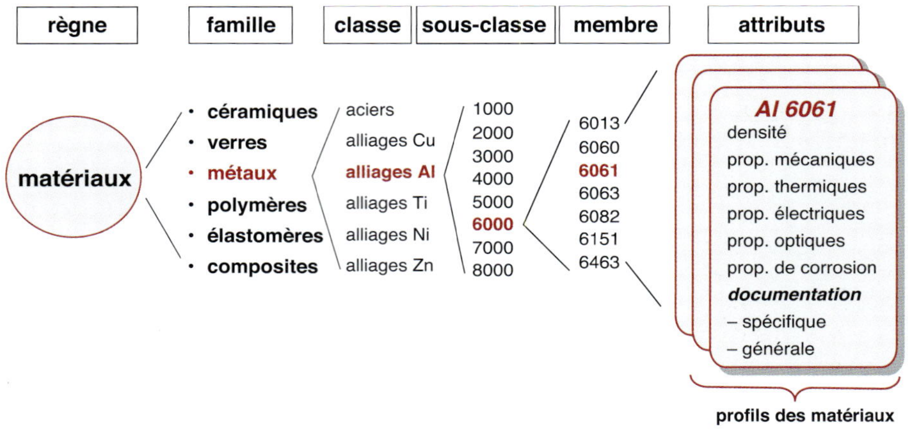

Figure 2.3 La taxinomie du règne des matériaux et leurs attributs. Les logiciels de sélection assistée par ordinateur stockent les données dans des structures hiérarchiques telles que celle-ci.

La figure 2.3 illustre le développement d'une famille pour faire apparaître ses classes, sous-classes et membres. Chaque membre est caractérisé par un ensemble d'*attributs*: ses propriétés. A titre d'exemple, l'univers des matériaux contient la famille *métaux*, qui à son tour contient la classe *alliages d'aluminium*, regroupant des sous-classes telles que *série 6000* dans laquelle figure le membre particulier *alliage 6061*. Ce membre, comme tous les autres membres de l'univers des matériaux, est caractérisé par un ensemble d'attributs qui inclut non seulement les propriétés présentées au chapitre 1, mais également ses caractéristiques de transformation, les conséquences environnementales de son utilisation ainsi que ses applications typiques. Tous ces éléments forment son *profil de propriétés*. La sélection implique alors de chercher la meilleure combinaison entre les profils de propriétés des matériaux et le profil requis par la conception. Comme mentionné auparavant, les membres d'une famille ont des caractéristiques communes qui sont pour certaines brièvement évoquées ci-dessous.

Les *métaux* ont des rigidités relativement élevées, mesurées par le module E. La plupart, lorsqu'ils sont purs, sont mous et facilement déformables, ce qui signifie que σ_y est faible. Ils peuvent être renforcés par l'ajout d'éléments d'alliage et par des traitements mécaniques ou thermiques, augmentant σ_y. Ils restent cependant ductiles et peuvent donc être mis en forme par des procédés de déformation. De manière générale, ils sont également tenaces et ont donc une ténacité à la rupture K_{1c} élevée qui s'avère souvent utile. Ce sont par ailleurs de bons conducteurs électriques et thermiques. Mais les métaux ont aussi leurs faiblesses: ils sont réactifs et la plupart se corrodent rapidement s'ils ne sont pas protégés.

Les *céramiques* sont des matériaux non métalliques et inorganiques, comme la porcelaine ou l'alumine, utilisée notamment pour fabriquer les isolateurs de bougies d'allumage. Elles possèdent beaucoup de caractéristiques attrayantes. Elles sont en effet rigides, dures et résistantes à l'abrasion. De plus, elles conservent leur résistance mécanique à des températures élevées et résistent bien à la corrosion. La plupart sont aussi de bons isolants électriques. Mais elles aussi ont leurs faiblesses: contrairement aux métaux, les céramiques sont fragiles avec des faibles valeurs de K_{1c}. Elles ont par conséquent une faible tolérance aux sites de concentration de contraintes (tels que les trous ou les fissures), ainsi qu'aux fortes contraintes de contact (par exemple aux points d'ancrage). La conception avec les céramiques est ainsi plus difficile qu'avec les métaux.

Les *verres* sont des solides non cristallins (« amorphes »), une notion expliquée plus en détail dans le chapitre 4. Les plus communs sont les verres sodocalciques et les verres borosilicates, couramment utilisés pour la fabrication de bouteilles et de plats allant au four (Pyrex). Il en existe néanmoins beaucoup d'autres. L'absence de structure cristalline supprime la plasticité et les verres sont donc, comme les céramiques, durs et remarquablement résistants à la corrosion. Ils sont aussi d'excellents isolants électriques et sont évidemment transparents à la lumière. Mais comme les céramiques, ils sont fragiles et vulnérables aux concentrations de contraintes.

Les *polymères* sont des solides organiques basés sur des longues chaînes d'atomes de carbone (ou parfois de silicium). Les polymères sont légers, avec des densités ρ inférieures à celles des métaux les plus légers. Ils sont aussi plus souples que les matériaux des autres familles, avec des modules E environ 50 fois moins élevés que ceux des métaux. Ils peuvent toutefois être résistants et, grâce à leurs faibles densités, leurs résistances par unité de masse sont comparables à celles des métaux. Leurs propriétés dépendent fortement de la température de sorte qu'un polymère tenace et flexible à température ambiante peut être fragile à la température d'un congélateur ménager (−4°C) et devenir caoutchouteux dans l'eau bouillante (100°C). Certains polymères ont cependant des résistances utiles à des températures supérieures à 150°C. Si ces aspects sont tolérables dans une conception, les avantages des polymères peuvent être exploités. Et ils sont nombreux. Ils sont faciles à former (c'est pour cette raison qu'ils sont appelés plastiques) : des pièces complexes accomplissant plusieurs fonctions peuvent être moulées à partir d'un polymère en une seule opération. Leurs propriétés sont adéquates pour fabriquer des composants qui s'emboîtent, rendant l'assemblage rapide et bon marché. De plus, en dimensionnant précisément le moule et en colorant au préalable le polymère, aucune opération de finitions n'est nécessaire. Une bonne conception exploite ces propriétés.

Les *élastomères*, utilisés notamment pour fabriquer les élastiques et les chaussures de sport, sont des polymères possédant des propriétés uniques. Leurs rigidités, mesurées par E, sont extrêmement faibles (500 à 5000 fois inférieures à celles des métaux) et ils sont capables d'être déformés de plusieurs fois leur longueur initiale tout en retrouvant leur forme initiale lorsqu'ils sont relâchés. En dépit de leurs faibles rigidités, ils peuvent être résistants et tenaces, comme en témoignent les pneus de voitures.

Les *composites* sont des combinaisons de deux matériaux, ou plus, dans le but de bénéficier des avantages de chacun. Les polymères renforcés par des fibres de verre ou de carbone (GFRP de l'anglais «Glass Fiber Reinforced Polymers» et CFRP de l'anglais « Carbon-Fiber-Reinforced Polymers ») sont des composites, comme le sont également les structures sandwiches, les mousses et les laminés. La plupart des matériaux naturels (le bois, l'os, la peau, les feuilles) sont aussi des composites. L'os par exemple est un mélange de collagène (un polymère) et d'hydroxyapatite (un minéral). Les composants composites sont toutefois chers et relativement difficiles à mettre en forme et à assembler. Par conséquent, en dépit de leurs propriétés attrayantes, le concepteur ne va les utiliser que lorsqu'une performance supérieure justifie un coût plus élevé. Aujourd'hui, la demande croissante de performances élevées et d'efficacité énergétique favorise l'expansion de leur utilisation.

2.3 Diagramme de classification des procédés

Un *procédé* est une méthode de mise en forme, d'assemblage ou de finition d'un matériau. La *coulée*, le *moulage par injection*, le *soudage par fusion* et l'*électro-polissage* sont tous des procédés; il y en a des centaines (fig. 2.4 et 2.5). Il est important de choisir la bonne voie d'élaboration à un stade précoce de la conception, avant que les pénalités financières engendrées par des modifications ne deviennent trop élevées. Pour un composant donné, le choix dépend du matériau dont il est fait, de sa forme, de ses dimensions, de la précision et du nombre de pièces à produire ou, pour résumer, des *exigences de la conception*.

Le choix du matériau limite le choix du procédé. Les polymères peuvent être moulés, mais d'autres matériaux ne peuvent pas l'être. Les matériaux ductiles peuvent être forgés, laminés et tréfilés, mais les matériaux fragiles nécessitent d'autres procédés de mise en forme. Les matériaux dont le point de fusion est faible et qui forment des liquides faiblement visqueux peuvent être coulés; les autres doivent être traités selon d'autres méthodes. La forme, elle aussi, influence le choix du procédé. Les formes minces peuvent aisément être réalisées par

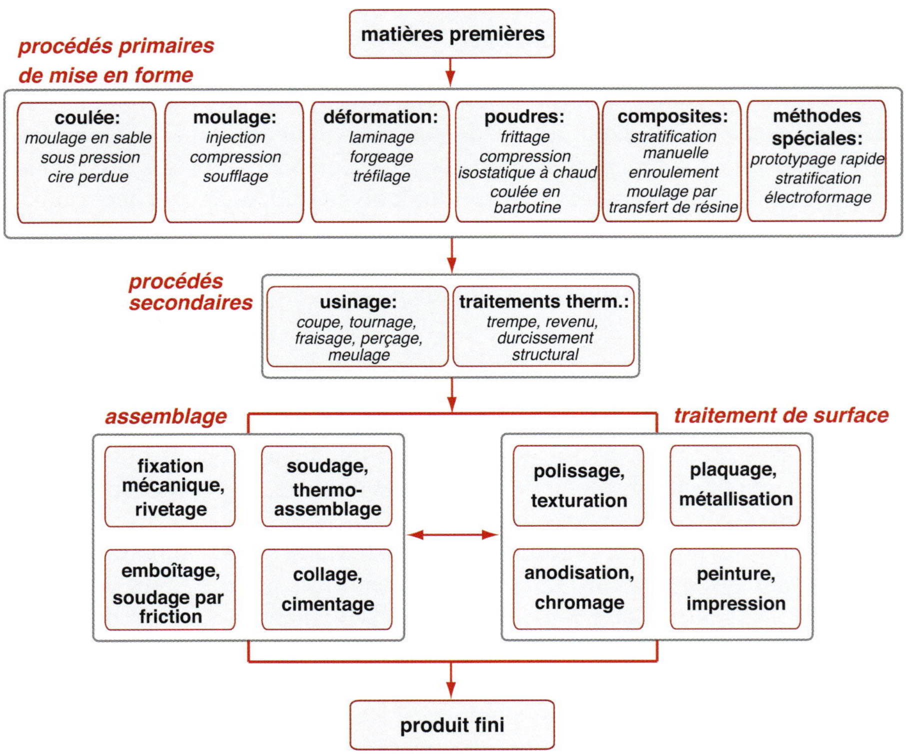

Figure 2.4 Les classes de procédés. La première ligne comprend les procédés primaires de mise en forme; en dessous figurent les procédés secondaires d'usinage et de traitement thermique, suivis des familles de procédés d'assemblage et de finition.

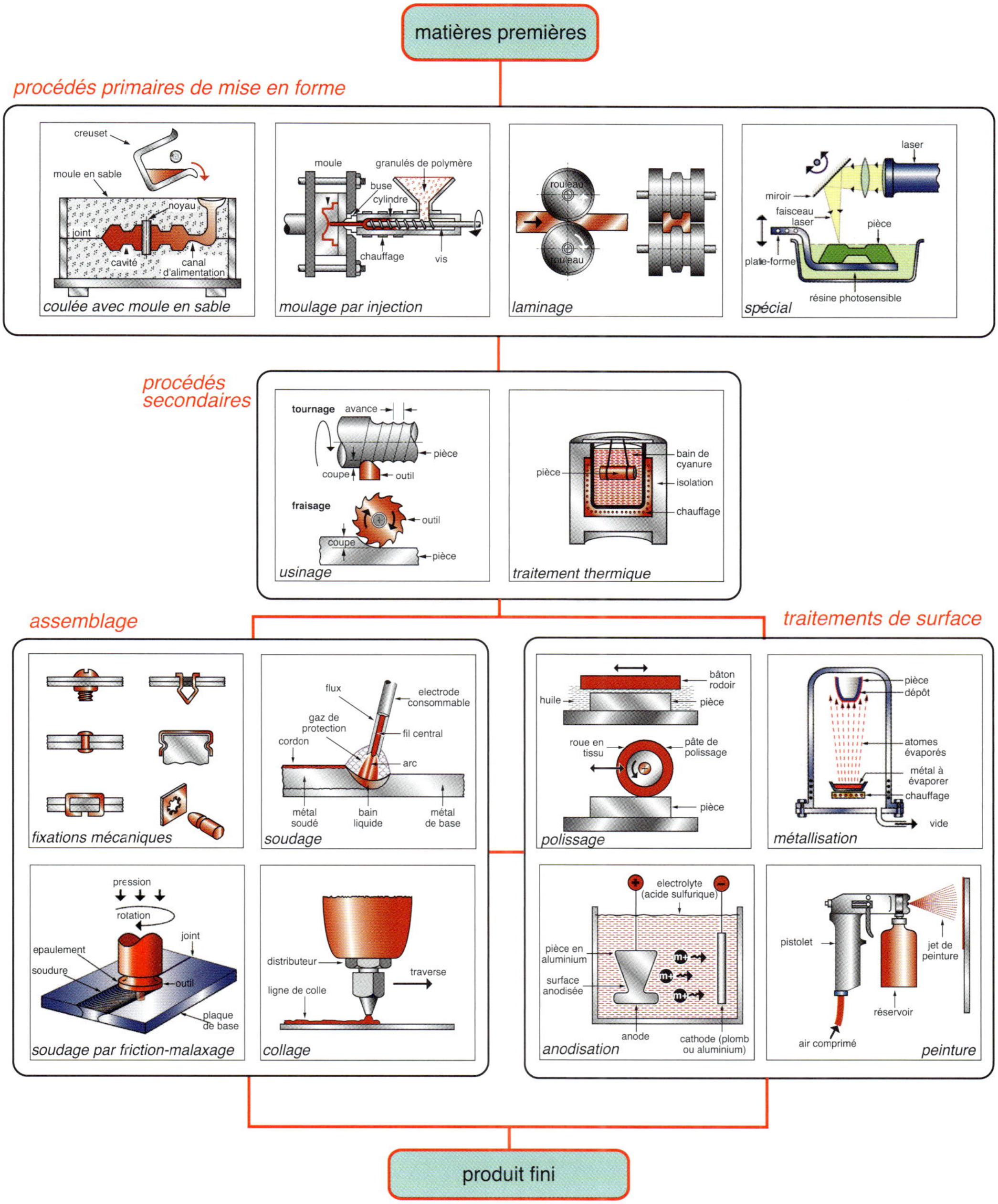

Figure 2.5 Exemples de procédés de fabrication pour différentes classes et familles de procédés. La disposition suit le schéma général de la figure 2.4.

laminage ou par tréfilage, mais pas par coulée. Les formes creuses ne peuvent pas être obtenues par forgeage, mais elles peuvent l'être par coulée ou par moulage.

Classification des procédés Les procédés de fabrication sont répartis en différentes catégories, selon le diagramme présenté en figure 2.4. Les *procédés primaires* permettent de créer des formes. La première ligne du diagramme répertorie six procédés primaires de formage: la coulée, le moulage, la déformation, les méthodes à partir de poudres, les méthodes associées aux composites et les méthodes spéciales incluant le prototypage rapide. Les *procédés secondaires* modifient les formes ou les propriétés. Ils sont ici séparés en deux catégories: « usinage » et « traitement thermique ». Les procédés d'usinage ajoutent des caractéristiques à une pièce déjà formée alors que les traitements thermiques permettent d'améliorer des propriétés surfaciques ou volumiques. Au-dessous des procédés secondaires figurent les techniques d'*assemblage* et, finalement, les *traitements de surface*. La figure 2.5 illustre certains de ces procédés en gardant la même organisation qu'en figure 2.4. La figure 2.4 est un organigramme qui présente l'avantage de décrire une progression à travers une voie de fabrication. Il ne faut toutefois pas prendre cela trop littéralement: l'ordre des étapes peut être modifié pour s'adapter aux besoins de la conception. Le point essentiel à retenir est qu'il existe trois grandes familles de procédés: ceux de formage, d'assemblage et de finition.

Pour organiser les informations sur les procédés, nous avons besoin d'une classification hiérarchique, identique à celle utilisée pour les matériaux, dans laquelle chaque procédé a sa place. Cette hiérarchie est partiellement représentée en figure 2.6. L'univers des procédés comprend trois familles: *formage, assemblage* et *traitement de surface*. Sur cette figure, la famille formage est développée pour faire apparaître ses classes: coulée, déformation, moulage, etc. Une de ces classes, le moulage, est développée à son tour pour montrer certains de ses membres: moulage par rotation (ou rotomoulage), par soufflage, par injection, etc. Chaque procédé est caractérisé par un ensemble d'*attributs*: les matériaux auxquels il peut être appliqué, les formes réalisables, la taille et la précision des pièces, ainsi que la taille de lot minimale (le nombre minimal d'unités à produire pour que le procédé soit économique).

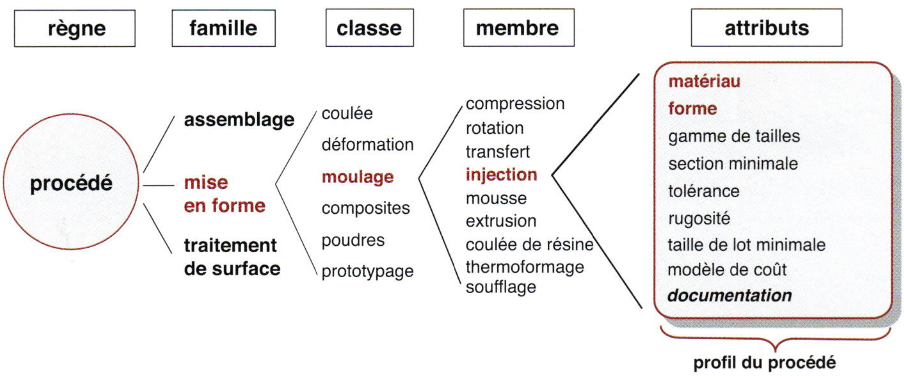

Figure 2.6 La taxinomie du règne des procédés avec la famille des procédés de formage partiellement développée. Chaque membre est caractérisé par un ensemble d'attributs. La sélection d'un procédé a pour but de faire concorder ces attributs avec les exigences de la conception.

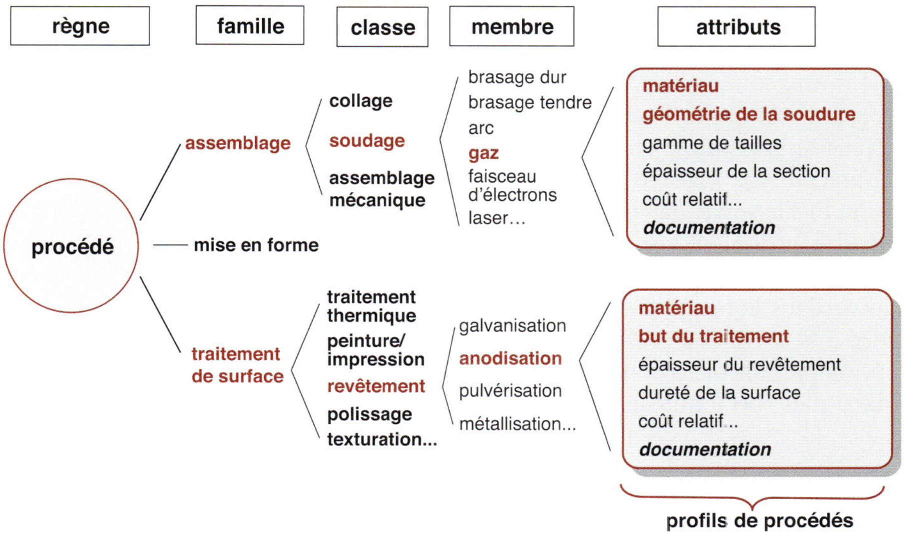

Figure 2.7 La taxinomie du règne des procédés, de nouveau, avec cette fois les familles de l'assemblage et du traitement de surface partiellement développées.

Les deux autres familles sont partiellement développées en figure 2.7. Il existe trois grandes classes de procédés d'assemblage : le collage, la soudure et la fixation mécanique. Sur cette figure, une de ces classes, la soudure, est développée pour montrer ses membres. Comme précédemment, chaque membre possède des attributs. Le premier attribut est le(s) matériau(x) que le procédé permet d'assembler. Ensuite, la liste des attributs diffère de celle du formage. Dans ce cas, la géométrie du joint ainsi que la manière dont celui-ci sera sollicité mécaniquement sont importantes, comme le sont les exigences que le joint puisse ou non être désassemblé, étanche, ou encore électriquement conducteur.

La partie inférieure de la figure développe la famille des traitements de surface. Certaines des classes contenues dans cette famille sont indiquées et, parmi elles, la classe des procédés de revêtement est développée pour faire apparaître certains de ses membres. Les finitions engendrent un coût supplémentaire et la seule justification pour appliquer un tel procédé est que celui-ci durcisse, protège ou décore la surface, de manière à apporter une valeur ajoutée au produit. Comme pour l'assemblage, le matériau à revêtir est un attribut important du procédé, mais les autres attributs sont à nouveau différents.

Nous reviendrons à la sélection d'un procédé dans les chapitres 18 et 19.

2.4 Interaction procédé-propriété

Un procédé peut modifier les propriétés d'un matériau. Lorsqu'un métal est martelé (forgé), il devient plus dur et s'il est ensuite chauffé, il redevient plus mou (recuit). Lorsque le polyéthylène (le matériau des sachets en plastique) est tréfilé pour élaborer des fibres, sa résistance est multipliée par 5. Le caoutchouc, intrinsèquement mou et extensible, est rendu dur et fragile par la vulcanisation. Un traitement thermique particulier du verre peut rendre celui-ci suffisamment résistant aux chocs pour supporter l'impact d'un projectile (verre blindé). Quant aux composites comme l'époxy renforcée par des fibres de carbone, ils n'ont aucune propriété intéressante tant qu'ils n'ont pas été mis en œuvre, car auparavant ce ne sont rien de plus qu'une soupe de résine et un amas de fibres.

L'assemblage modifie également les propriétés d'un matériau. Le soudage implique la fusion locale suivie de la resolidification des faces des pièces à assembler. Comme on peut s'y attendre, la zone de soudure a des propriétés différentes, en général moins bonnes que celles du matériau loin de la soudure. Les traitements de surface, en revanche, sont généralement choisis dans le but d'améliorer les propriétés : la galvanoplastie permet d'améliorer la résistance à la corrosion et la carburation améliore la résistance à l'usure.

L'interaction procédé-propriété est évoquée dans un certain nombre de chapitres et sera traitée plus spécifiquement dans le chapitre 19.

2.5 Cartes de propriétés des matériaux

Les fiches techniques des matériaux listent leurs propriétés mais ne permettent pas de prendre du recul et ne présentent pas de comparaisons. Une vue d'ensemble est obtenue grâce à une représentation graphique sous forme de *carte de propriétés des matériaux*. Il existe deux types de cartes : les histogrammes et les diagrammes à bulles.

Un *histogramme* est simplement un graphique d'une propriété pour l'ensemble des matériaux. Un exemple est donné en figure 2.8 : il s'agit d'un histogramme pour le module élas-

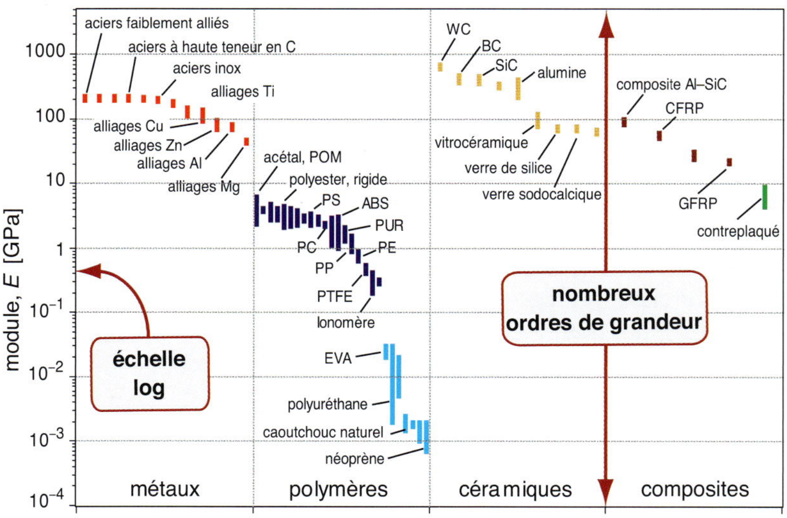

Figure 2.8 Histogramme du module élastique. Il révèle la différence de rigidité entre les différentes familles de matériaux.

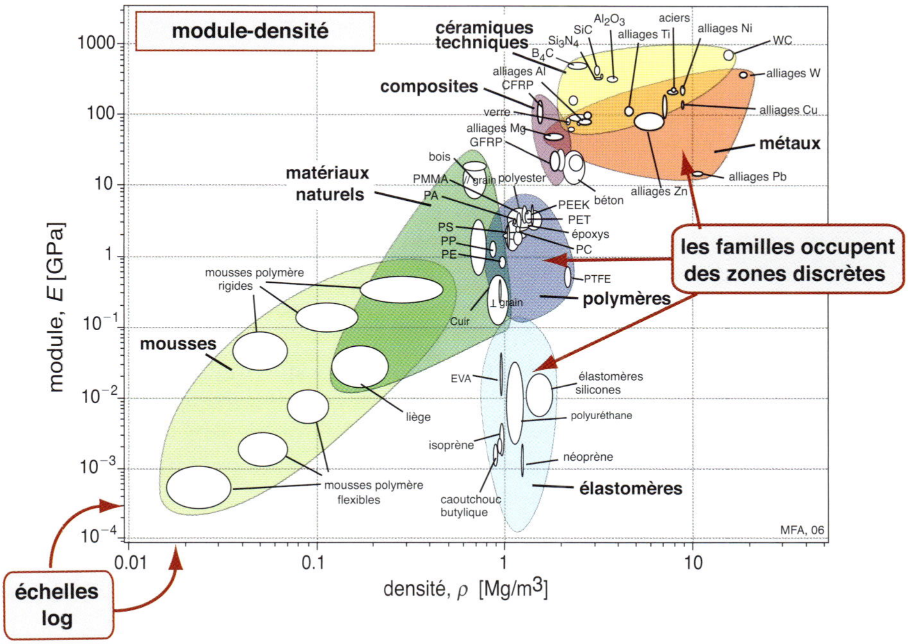

Figure 2.9 Diagramme à bulles pour le module élastique et la densité. Les familles de matériaux occupent des domaines précis de la carte.

tique *E*. On peut y constater que le module le plus élevé est plus de 10 millions de fois supérieur au module le plus faible. Beaucoup d'autres propriétés ont des gammes de valeurs similaires. Il est donc judicieux d'utiliser une échelle logarithmique[1], comme sur ce diagramme, plutôt qu'une échelle linéaire. Une barre est alors associée à chacun des différents matériaux, regroupés ici par famille. La longueur des barres indique la gamme de valeurs dans laquelle cette propriété est comprise. Les différences entre les familles apparaissent désormais clairement. Les métaux et les céramiques ont des modules élastiques élevés. Les modules des polymères sont inférieurs à ceux des métaux, d'un facteur 50 environ, et ceux des élastomères sont encore approximativement 500 fois plus faibles.

Un graphique contient davantage d'informations si deux propriétés sont reportées, de sorte à construire un *diagramme à bulles* comme celui de la figure 2.9, dont les axes représentent le module *E* et la densité *ρ*. Comme pour le diagramme précédent, les échelles sont logarithmiques. Les familles sont maintenant séparées encore plus distinctement : tous les métaux se situent dans la zone rouge à proximité du coin supérieur droit, les polymères dans l'enveloppe bleue foncée au centre, les élastomères dans l'enveloppe bleue claire juste en dessous et les céramiques dans l'enveloppe jaune de la partie supérieure. Chaque famille occupe donc un domaine distinct et caractéristique.

[1] Logarithmique signifie que l'échelle augmente selon des multiples constants, généralement de 10. Nous vivons dans un monde logarithmique : nos sens, par exemple, répondent tous de cette manière.

Les cartes de propriétés des matériaux telles que celle-ci constituent un outil de base et seront utilisées tout au long de ce livre.

- Elles donnent une vue d'ensemble des propriétés physiques, mécaniques et fonctionnelles des matériaux en présentant les informations de manière synthétique.
- Elles révèlent des aspects concernant les origines physiques des propriétés et aident ainsi à comprendre la science sous-jacente.
- Elles deviennent un outil pour optimiser la sélection des matériaux dans le but de satisfaire les exigences d'une conception donnée et aident à comprendre l'utilisation des matériaux dans les produits existants.

Les deux cartes présentées dans cette section, ainsi que toutes les autres contenues dans ce livre, ont été réalisées avec le logiciel CES. Ce logiciel permet de créer à volonté des cartes en considérant n'importe quelle paire de propriétés ou de fonctions de propriétés (comme E/ρ). Les différents modes d'utilisation de ces cartes et les opérations qu'elles permettent de réaliser apparaîtront dans les chapitres suivants.

2.6 Gestion de l'information assistée par ordinateur pour les matériaux et les procédés

La classification est la première étape dans la création d'un système de gestion de l'information, aussi bien pour les matériaux que pour les procédés. Dans ce système, les profils de chaque membre des deux univers sont indexés, pour ainsi dire, par leur position dans les arborescences hiérarchiques des figures 2.3, 2.6 et 2.7. Chaque profil a une place unique, ce qui permet de retrouver facilement les données.

Le logiciel CES est un exemple de système d'information et de sélection qui utilise cette structure. Les figures 2.10 et 2.11 montrent respectivement le profil partiel d'un matériau et celui d'un procédé. Un profil particulier est retrouvé soit en ouvrant l'arborescence et en parcourant les branches jusqu'à le localiser (*navigation*), soit en le localisant directement par son nom en utilisant un service de recherche textuelle (*recherche*).

Le contenu détaillé des profils n'est pas important pour l'instant, ceux-ci seront expliqués dans les prochains chapitres. Il faut seulement relever que chaque profil contient deux types de données. Il y a d'une part des *données structurées*, qui sont numériques, booléennes (oui/non) ou discrètes (p. ex. faible/moyen/élevé), et qui peuvent être stockées dans des tableaux. Les chapitres suivants expliqueront comment utiliser les données structurées lors d'un processus de sélection. D'autre part, des *données non structurées* sont présentes sous forme de textes, d'images, de graphiques et de schémas. De telles informations ne peuvent pas être utilisées aussi facilement lors de la sélection, mais elles sont essentielles pour l'étape à laquelle nous nous référerons dans le chapitre suivant en tant que *documentation*.

Acrylonitrile–butadiène–styrène (ABS)

Le Matériau

L'ABS (acrylonitrile–butadiène–styrène) est tenace, résilient et facile à mouler. Il est généralement opaque, bien que certains grades peuvent à présent être transparents, et des couleurs vives peuvent lui être données. Les alliages ABS-PVC sont plus tenaces que l'ABS standard et les variantes autoextinguibles sont utilisées pour les boîtiers d'appareils électriques.

Propriétés générales

densité	1e3 – 1.2e3		kg/m^3
prix	2 – 2.7		USD/kg

Propriétés mécaniques

module de Young	1.1	2.9	GPa
dureté Vickers	5.6	15	HV
limite élastique	19	51	MPa
résistance en traction	28	55	MPa
résistance en compression	31	86	MPa
élongation	1.5	1e2	%
limite d'endurance	11	22	MPa
ténacité à la rupture	1.2	4.3	$MPa{\cdot}m^{1/2}$

Propriétés thermiques

conductivité thermique	0.19	0.34	W/m·K
expansion thermique	85	230	$10^{-6}/°C$
chaleur spécifique	1400	1900	J/kg·K
transition vitreuse	88	130	°C
temp. max. d'utilisation	62	90	°C

Propriétés électriques

résistivité	2.3e21	3e22	μ ohm·cm
constante diélectrique	2.8	2.2	

Utilisations typiques

Casques de sécurité; toits de camping-car; tableaux de bord de véhicule et autres composants d'habitacle; raccords de tuyaux; systèmes de sécurité pour maison et boîtiers de petits appareils; équipements de communication; matériel de bureau; éléments de plomberie; calandres; enjoliveurs; boîtiers de miroir; intérieurs de réfrigérateur; coques de valise; bacs de transport; capots de tondeuse; coques de bateau; grandes pièces de véhicule de loisirs; joints d'étanchéité; perles ornementales; conduites; évents de systèmes de drainage des eaux usées.

Figure 2.10 Profil partiel d'un matériau, l'ABS. Il contient des données numériques, du texte et des informations sous forme d'image.

2.7 Résumé et conclusions

Il existe six grandes familles de matériaux utilisés pour la conception: les métaux, les céramiques, les verres, les polymères, les élastomères et les composites, qui combinent les propriétés d'au moins deux matériaux des autres familles. Les procédés, de manière similaire, peuvent être regroupés dans des familles: la mise en forme, l'assemblage et le traitement de surface qui permet d'améliorer les propriétés, de protéger ou de décorer. Les membres des familles peuvent être organisés selon une arborescence hiérarchique, permettant d'effectuer une recherche de façon très similaire à la recherche d'un membre d'une entreprise dans un annuaire du personnel. Le profil d'un membre stocke les différentes informations le concernant, à savoir des données numériques et des tableaux pour ses propriétés, ainsi que des textes, des graphiques et des images pour décrire son utilisation et ses applications. Cette structure forme la base des systèmes de sélection assistée par ordinateur, dont le système CES

Moulage par injection

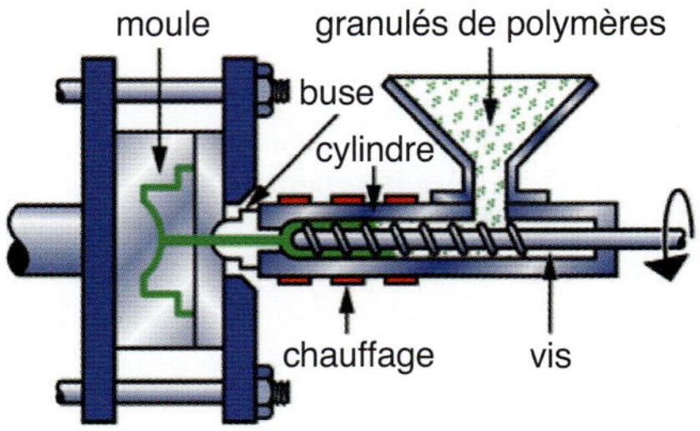

Le procédé

Le moulage par injection a changé la conception plus que nul autre procédé. Des produits injectés font leur apparition dans tous les secteurs: produits de consommation, matériel de bureau, pièces industrielles, informatique, communications, articles médicaux et pour la recherche, jouets, emballages de cosmétiques et équipements sportifs. L'équipement le plus répandu pour le moulage de thermoplastiques est la presse avec vis piston, schématisée à droite. Des granulés de polymère sont introduits dans le cylindre d'injection qui contient une vis, où ils sont mélangés et ramollis jusqu'à l'obtention d'une pâte qui est ensuite forcée dans le moule à travers un ou plusieurs canaux (carottes). Le polymère est solidifié sous pression et la pièce est ensuite éjectée.

Attributs physiques

gamme de poids	1e3	–	25	kg
gamme d'épaisseurs de section	0.4	–	6.3	mm
état de surface	très lisse			

Attributs économiques

taille de lot économique (unités)	1e4	–	1e6
coût relatif de l'outillage	très élevé		
coût relatif de l'équipement	élevé		
importance de la main-d'œuvre	faible		

Formes

prisme circulaire	oui
prisme non circulaire	oui
solide 3D	oui
creuse 3D	oui

Utilisations typiques

Extrêmement varié. Boîtiers, récipients, couvercles, boutons, poignées d'outils, pièces de plomberie, lentilles, etc.

Figure 2.11 Profil partiel d'un procédé, le moulage par injection. L'image illustre son fonctionnement alors que ses attributs sont documentés par des données numériques et booléennes ainsi que par du texte.

est un exemple. Elle permet de présenter de façon originale les données, aussi bien pour les matériaux que pour les procédés, sous forme de cartes de propriétés. Ces cartes, dont deux exemples ont déjà été présentés dans ce chapitre, seront un des aspects centraux des prochains chapitres.

2.8 Lectures complémentaires

Ashby, M. F., & Johnson, K. (2002). *Materials and Design – The Art and Science of Material Selection in Product Design*. Oxford, UK: Butterworth-Heinemann. ISBN 0-7506-5554-2. (*Les matériaux et les procédés d'un point de vue esthétique, avec un accent sur la conception.*)

Bralla, J. G. (1998). *Design for Manufacturability Handbook* (2nd ed.). New York, USA: McGraw-Hill. ISBN 0-07-007139-X. (*Lecture pompeuse, mais une riche mine d'informations sur les procédés de fabrication.*)

Callister, W. D. (2003). *Materials Science and Engineering, An Introduction* (6th ed.). New York, USA: John Wiley. ISBN 0-471-13576-3. (*Un texte respecté sur les matériaux, désormais à sa 6e édition, largement utilisé pour l'enseignement des matériaux en Amérique du Nord.*)

Charles, J. A., Crane, F. A. A., & Furness, J. A. G. (1997). *Selection and Use of Engineering Materials* (3rd ed.). Oxford, UK: Butterworth-Heinemann. ISBN 0-7506-3277-1. (*Une approche de la sélection des matériaux par la science des matériaux.*)

Dieter, G. E. (1991). *Engineering Design, A Materials and Processing Approach* (2nd ed.). New York, USA: McGraw-Hill. ISBN 0-07-100829-2. (*Un texte équilibré et estimé qui se concentre sur le rôle des matériaux et des procédés dans la conception technique.*)

Farag, M. M. (1989). *Selection of Materials and Manufacturing Processes for Engineering Design*. Englewood Cliffs, NJ, USA: Prentice-Hall. ISBN 0-13-575192-6. (*Une approche de la sélection des matériaux par la science des matériaux.*)

Kalpakjian, S., & Schmid, S. R. (2003). *Manufacturing Processes for Engineering Materials* (4th ed.). New Jersey, USA: Prentice-Hall, Pearson Education. ISBN 0-13-040871-9. (*Un texte compréhensif et largement utilisé sur la transformation des matériaux.*)

2.9 Exercices

Exercice E2.1 Lister les six classes principales de matériaux de l'ingénierie. Utiliser votre propre expérience pour les classer grossièrement :

(a) Par rigidité (module élastique, E).
(b) Par conductivité thermique (λ).

Exercice E2.2 Examiner la carte de propriétés des matériaux en figure 2.9. De combien la rigidité des polymères est-elle moindre que celle des métaux ? Le bois est-il plus ou moins dense que le polyéthylène (PE) ?

Exercice E2.3 Qu'entend-on par procédé de mise en forme ? Regarder les objets autour de vous et essayer de déterminer par quel procédé ils ont été formés.

Exercice E2.4 La majorité des objets sont constitués de plusieurs parties ayant été assemblées. Examiner les objets autour de vous et lister les méthodes utilisées pour les assembler.

Exercice E2.5 Combien de procédés différents de traitement de surface pouvez-vous citer, en vous basant sur votre propre expérience ? Lister ces procédés et indiquer les matériaux auxquels ils sont typiquement appliqués.

Exercice E2.6 Lister les différentes manières d'assembler deux feuilles faites d'un plastique comme le polyéthylène. Donner un exemple d'application pour chacune de ces méthodes.

Exercice E2.7 Un bon système de classification paraît simple, penser par exemple au tableau périodique des éléments. Sa mise en place est néanmoins plus compliquée qu'il n'y paraît. Ce chapitre a introduit deux schémas de classification qui fonctionnent, c'est-à-dire au sein desquels chaque membre occupe une place unique et chaque nouveau membre peut être inséré à sa propre position sans bouleverser le tout. Essayez vous-même d'établir une classification pour les deux scénarios proposés ci-dessous. Assurez-vous que chaque niveau de la hiérarchie contient bien tous les niveaux inférieurs. Si plusieurs classifications sont possibles, il y en a généralement une qui s'avère meilleure que les autres. Testez la vôtre en pensant à comment vous l'utiliseriez pour trouver une information donnée.

(a) Vous gérez un magasin de vélos avec des vélos de plusieurs types, prix et tailles. Vous avez besoin d'un système de classification permettant aux clients d'effectuer des recherches sur internet parmi vos vélos. Comment feriez-vous cela ?
(b) Vous devez organiser un système d'inventaire des pièces de fixation que votre entreprise possède. Il en existe de plusieurs types (fermoirs, vis, rivets), à l'intérieur desquels il y a encore toute une gamme de matériaux et de tailles. Imaginez un schéma de classification pour stocker les informations relatives à chaque pièce.

2.10 Conception assistée avec le logiciel CES

Les concepteurs doivent être capables de trouver des données rapidement et de manière fiable. La classification entre alors en jeu. Le système CES utilise le schéma de classification décrit dans ce chapitre. Avant d'essayer de résoudre ces exercices, ouvrez le « Materials Universe » dans CES et explorez-le. L'écran de bienvenue offre différentes options, sélectionnez Edu Niveau 1.

Exercice E2.8 Utiliser la fonction « Browse » dans le niveau 1 du logiciel CES pour trouver le profil du *cuivre*. Que vaut sa conductivité thermique ? Quel est son prix ?

Exercice E2.9 Utiliser la fonction « Browse » dans le niveau 1 du logiciel CES pour trouver le profil des *phénoliques*, des polymères thermodurcissables. Sont-ils plus ou moins chers que les *époxys* ?

Exercice E2.10 Utiliser la fonction « Browse » pour trouver le profil du procédé de mise en forme des polymères appelé *moulage par rotation* (ou *rotomoulage*). Quelles sont ses utilisations typiques ?

Exercice E2.11 Utiliser la fonction « Search » pour trouver le profil du *Plexiglas (PMMA)*. Faire de même pour les *vitrocéramiques*.

Exercice E2.12 Utiliser la fonction « Search » pour trouver des informations sur le procédé de *pultrusion*. Faire de même pour le *soudage TIG*. Se rappeler qu'il faut chercher dans l'univers des procédés et non dans celui des matériaux.

Exercice E2.13 Comparer le module de Young E (la propriété de rigidité) et la conductivité thermique λ (la propriété de transmission de la chaleur) des *alliages d'aluminum* (métaux non ferreux), de l'*alumine* (céramique technique), du *polyéthylène* (polymère thermoplastique) et du *néoprène* (élastomère) en récupérant les différentes valeurs à partir de CES Edu Niveau 1. Parmi ces matériaux, lequel a le plus grand module ? Lequel a la plus faible conductivité thermique ?

2.11 Explorer la science avec CES Elements

Le système CES contient une base de données pour le tableau périodique des éléments. Les profils contiennent les données fondamentales de chacun des éléments. Nous utiliserons cela dans ce livre pour plonger plus en profondeur dans la science qui se cache derrière les propriétés des matériaux.

Exercice E2.14 Rafraîchir vos connaissances du tableau périodique, peut-être la classification la plus significative de tous les temps. Sélectionner *CES Elements* (*File > Change database > CES Elements*) et double-cliquer sur « The Periodic Table » pour afficher le tableau. Cette base de données, comme les autres décrites dans ce chapitre, est structurée selon une arborescence hiérarchique. Utiliser cette arborescence pour trouver le profil de l'aluminium (ligne 3, numéro atomique 13) et explorer son contenu. Beaucoup des propriétés ne vont pas avoir de sens pour l'instant. Nous les introduirons graduellement tout au long du livre.

Chapitre 3
Stratégie de recherche du matériau adéquat

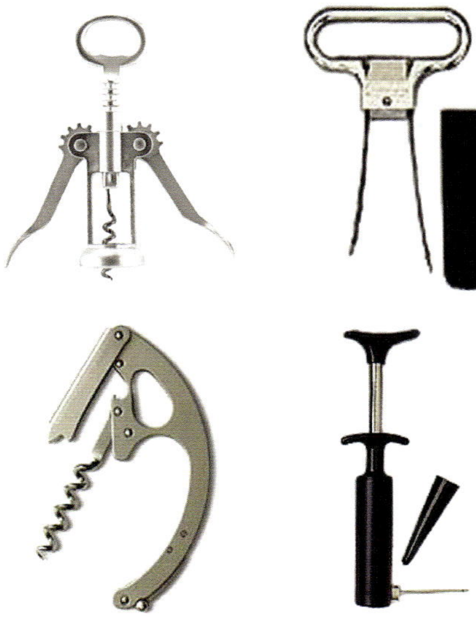

Objets illustrant les concepts décrits dans le texte : traction, traction avec engrenage, cisaillement et pression. (Avec la permission de A-Best Fixture Co., 424 West Exchange Street, Akron, Ohio 44302, USA.)

Contenu du chapitre

3.1 Introduction et présentation du chapitre

Le but de ce chapitre est de développer une stratégie de sélection des matériaux et des procédés *guidée par la conception*, c'est-à-dire une stratégie utilisant les exigences de la conception comme point de départ. A cette fin, il est nécessaire de commencer par considérer brièvement la conception en elle-même. Ce chapitre présente une partie des termes et des expressions, autrement dit le vocabulaire, utilisés dans le domaine de la conception. Les différentes étapes d'un processus de conception sont ensuite détaillées et nous verrons comment la sélection des matériaux est reliée à chacune de ces étapes.

La conception d'un nouveau produit émane d'un *besoin du marché*. Ce besoin est d'abord analysé et exprimé comme un ensemble d'*exigences de conception*. Des moyens de répondre à ces exigences, c'est-à-dire des concepts, sont alors recherchés. Ces concepts sont ensuite développés (conception préliminaire) et perfectionnés (conception détaillée) pour finalement établir un *cahier des charges* regroupant les spécifications du produit. Nous verrons dans ce chapitre que les choix du matériau et du procédé évoluent parallèlement au processus de conception.

Ces connaissances permettent dès lors de développer une stratégie de sélection en quatre étapes : la *transposition*, le *tri*, le *classement* et la *documentation*. Ces étapes sont passées en revue et la première, celle de transposition, est illustrée à travers plusieurs exemples.

3.2 Le processus de conception

Une *conception originale* commence par une idée novatrice et se poursuit en rassemblant les informations nécessaires pour concrétiser cette idée. Une *conception évolutive*, en revanche, part d'un produit existant et cherche à le modifier de sorte à améliorer ses performances, réduire son coût, voire combiner ces deux objectifs.

Conception originale Une *conception originale* part de rien, ou presque, et implique une nouvelle idée ou un nouveau principe de fonctionnement. La cassette audio, le disque compact ou encore le lecteur MP3 par exemple étaient tous totalement nouveaux, à leur époque. Cette conception peut être stimulée par l'apparition de nouveaux matériaux. En effet, le silicium ultrapur a permis l'avènement du transistor, le verre ultra-pur a rendu possible la fibre optique, les aimants à fort champ coercitif ont permis de réaliser des écouteurs miniatures et le laser solide est à l'origine de l'invention du disque compact. Un nouveau matériau inspire donc un nouveau produit dans certains cas. Mais un nouveau produit peut aussi parfois nécessiter le développement d'un nouveau matériau. Ainsi, la technologie nucléaire a mené au développement de nouveaux alliages de zirconium et de nouveaux aciers inoxydables, la technologie spatiale a favorisé le développement des alliages de béryllium et des composites légers, et actuellement la technologie des turbines guide le développement d'alliages haute température et de céramiques.

La partie centrale de la figure 3.1 résume schématiquement le processus de conception. Le point de départ est un *besoin du marché* ou une *idée novatrice* et le résultat final est un *cahier des charges* complet d'un produit répondant au besoin initial ou incarnant l'idée de départ. Un besoin doit être identifié avant de pouvoir y répondre. Il est essentiel de le définir précisément, c'est-à-dire de formuler un *énoncé du besoin* généralement sous la forme « un produit

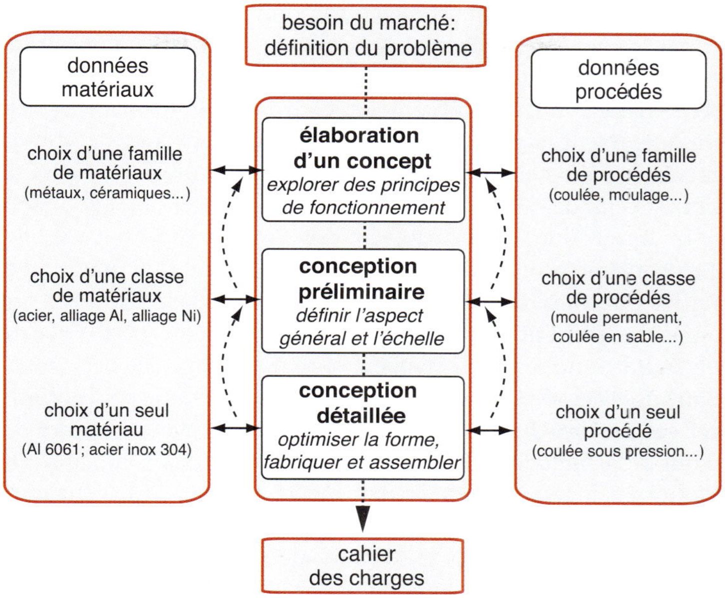

Figure 3.1 Organigramme du processus de conception, qui montre comment les sélections du matériau et du procédé interviennent. Des données sur les matériaux sont nécessaires à chaque étape, mais l'ampleur et la précision des informations varient. Les lignes en pointillés suggèrent la nature itérative d'une conception originale et le chemin suivi lors d'une conception évolutive.

est requis pour effectuer la tâche X » et exprimé comme un ensemble d'*exigences de conception*. Trois étapes sont rencontrées entre l'énoncé du besoin et l'obtention du cahier des charges du produit (fig. 3.1). Ces étapes, expliquées ci-après, sont les suivantes : l'*élaboration d'un concept*, la *conception préliminaire* et la *conception détaillée*.

Lors de l'étape d'élaboration d'un concept, toutes les options sont envisagées : plusieurs concepts alternatifs sont considérés, ainsi que différentes possibilités de distinguer ou de combiner ceux-ci. Lors de l'étape suivante, la conception préliminaire, seuls les concepts prometteurs sont conservés et leur mode de fonctionnement est analysé grossièrement. Cette étape implique le dimensionnement des composants et une sélection préliminaire des matériaux et des procédés, en examinant les répercussions de ces choix sur la performance et le coût. L'étape de conception préliminaire aboutit à un plan réalisable qui constitue le paramètre d'entrée de l'étape de conception détaillée. Au cours de cette dernière étape, les spécifications et les dimensions de chaque composant sont précisées. Les composants critiques peuvent de plus faire l'objet d'une analyse mécanique ou thermique détaillée. Des méthodes d'optimisation sont appliquées à chaque composant et groupe de composants afin de maximiser la performance, de minimiser le coût et d'assurer la sécurité. Les choix définitifs d'une géométrie et d'un matériau sont effectués. Les méthodes de production sont également analysées et leur coût est estimé. L'étape finit ainsi avec un cahier des charges détaillé.

Conception évolutive La plupart des conceptions ne sont pas *originales* dans le sens qu'elles ne partent pas d'une idée totalement nouvelle. Il s'agit alors d'une *conception évolutive*, qui part d'un produit existant et cherche à corriger ses défauts en le perfectionnant, en améliorant ses performances ou en réduisant son coût. Mais les principes sur lesquels il fonctionne, et même fréquemment la plupart de ses composants, ne sont pas abandonnés pour autant.

Différents scénarios demandent une conception évolutive. Premièrement, le scénario le plus évident est celui du « rappel de produit ». Une conception évolutive est requise d'urgence s'il s'avère qu'un produit, après avoir été mis sur le marché, ne remplit pas les standards de sécurité. Le problème provient souvent de la défaillance d'un matériau et il faut alors trouver une alternative qui conserve les caractéristiques désirées du matériau original tout en palliant ses faiblesses. Le scénario du « mauvais rapport qualité-prix » peut également être mentionné : le produit fonctionne de manière sûre mais offre des performances qui sont perçues comme mauvaises étant donné son prix, ce qui requiert une conception évolutive dans le but d'améliorer ses performances. Il y a aussi le scénario de la « marge de profit inadéquate », quand le coût de production excède le prix que le marché peut supporter. Le prix d'un composant produit en masse est principalement lié aux matériaux et aux procédés utilisés. La réponse à ce problème consiste donc à réexaminer ces deux aspects avec comme objectif la réduction des coûts. Finalement, le scénario de « rester devant la concurrence » peut encore être cité. Les fabricants de produits ménagers et de gadgets électroniques (bouilloires électriques, téléphones mobiles) sortent chaque année des nouvelles versions de leurs produits et les fabricants de voitures développent de nouveaux modèles tous les deux à trois ans.

Dans un marché où beaucoup de produits presque identiques se disputent l'attention du consommateur, les caractères visuels et le style permettent à certains produits de se distinguer. Une pensée plus créative intervient alors dans cette « conception industrielle », pour laquelle le choix d'un matériau, ou d'un changement de matériau, est dicté principalement par l'esthétique : la couleur, la texture, le toucher et la capacité à être formé ou finalisé d'une certaine manière.

La conception évolutive est principalement liée à l'étape de conception détaillée, la dernière des trois cases de la partie centrale de la figure 3.1, mais pas uniquement. Les modifications nécessaires peuvent demander de changer de configuration (la phase de conception préliminaire), voire même de concept de base, en remplaçant un des moyens choisis pour remplir une fonction. L'organigramme en figure 3.1 reste donc un résumé utile à garder à l'esprit. Il sert aussi d'outil, un parmi d'autres, pour analyser des conceptions existantes et comprendre comment des détails insolites du produit final trouvent parfois leur origine dans des décisions prises lors des étapes d'élaboration d'un concept ou de conception préliminaire.

Décrites de manière abstraite, ces idées ne sont pas faciles à comprendre mais l'exemple suivant aide à les clarifier.

Dispositifs pour déboucher une bouteille Une bouteille de vin est généralement scellée par un bouchon. Cela créé un besoin du marché, à savoir le besoin d'accéder au vin se trouvant à l'intérieur. Ce besoin peut être formulé ainsi : « Un dispositif est requis pour permettre d'accéder au vin contenu dans une bouteille bouchée. » Nous pouvons de plus ajouter « facile d'utilisation, à un coût modéré et sans contaminer le vin ».

Trois concepts permettant de répondre à ce besoin sont représentés en figure 3.2. Il s'agit, dans l'ordre, de retirer le bouchon par traction axiale, par cisaillement ou en le poussant hors de la bouteille depuis le bas. Dans le premier cas, une vis est introduite dans le bouchon et une traction axiale est appliquée sur celui-ci. Dans le deuxième cas, deux lames minces et flexibles sont insérées autour du bouchon et permettent d'appliquer un cisaillement lorsqu'elles sont

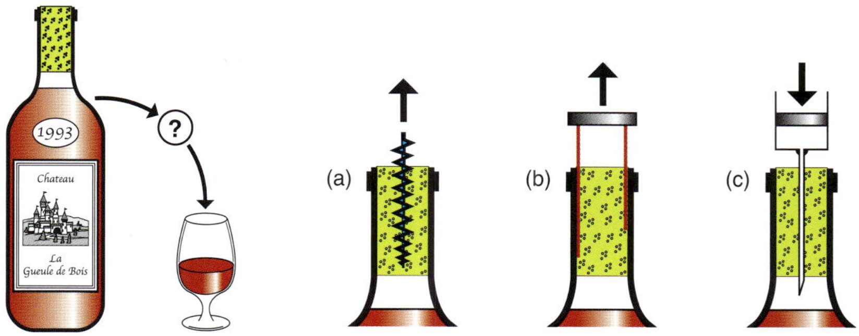

Figure 3.2 Un besoin du marché, celui d'accéder au vin contenu dans une bouteille bouchée, et trois concepts répondant à ce besoin. Des dispositifs basés sur chacun de ces concepts existent et sont disponibles sur le marché.

retirées. Le troisième concept consiste à percer le bouchon à l'aide d'une aiguille creuse, à travers laquelle un gaz est ensuite introduit afin de pousser le bouchon hors de la bouteille.

Différents dispositifs basés sur le concept (a), celui de traction axiale, sont représentés schématiquement en figure 3.3. Le premier dispositif utilise une traction directe alors que les trois autres sont dotés d'une aide mécanique, à savoir respectivement un levier, un engrenage et un ressort. Ces représentations donnent une idée de la configuration, des mécanismes et de la taille de chaque dispositif. Finalement, lors de la conception détaillée, les composants

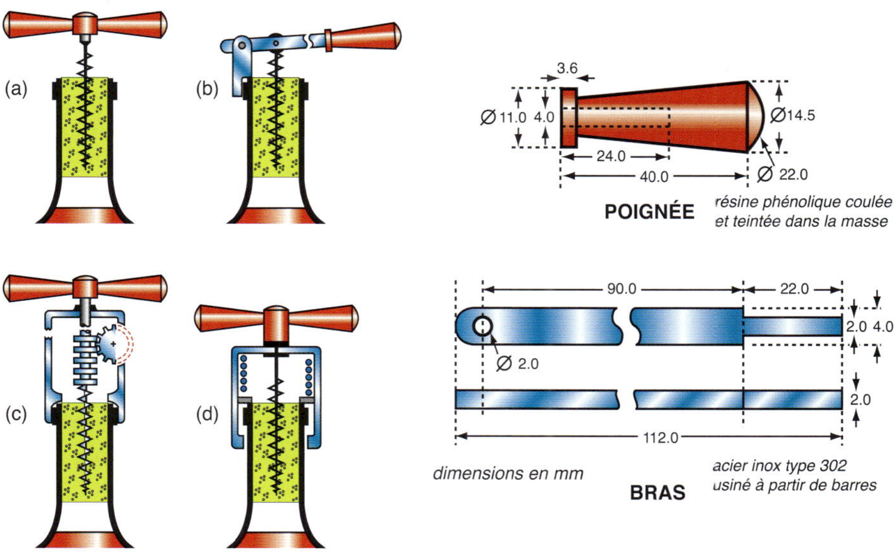

Figure 3.3 Représentations schématiques de dispositifs basés sur le premier concept : traction directe, avec levier, avec engrenage et avec ressort. Chaque système est constitué de plusieurs composants remplissant chacun une sous-fonction. Sur la partie droite figurent également des plans de conception détaillés pour le levier du dispositif (b).

sont dimensionnés de sorte à pouvoir supporter de manière sûre les charges mécaniques. Leur précision et leur état de surface sont également définis lors de cette étape et un choix final de matériau et de route de production est effectué. C'est ce que suggère la partie droite de la figure et nous allons examiner comment y parvenir.

3.3 Informations requises lors de la conception

La sélection des matériaux intervient au cours de chaque étape de la conception (fig. 3.1, gauche). La précision et l'ampleur des données nécessaires lors des premières étapes sont cependant très différentes de celles nécessaires par la suite. Au niveau de l'élaboration d'un concept, le concepteur n'a besoin que de valeurs approximatives pour les propriétés, mais pour une gamme de matériaux la plus large possible. Toutes les options sont envisageables : un polymère peut constituer le meilleur choix pour un certain concept alors qu'un métal peut l'être pour un autre. Le problème n'est alors pas la précision et le niveau de détail des données mais leur ampleur et la vitesse d'accès, autrement dit comment cette grande quantité de données peut être présentée pour laisser au concepteur la plus grande liberté dans les alternatives considérées.

Lors de l'étape de conception préliminaire, le paysage s'est déjà restreint. Des données sont désormais nécessaires uniquement pour un sous-groupe de matériaux, mais avec un niveau plus élevé de précision et de détail. Ces données se trouvent dans des ouvrages de références plus spécialisés et dans des logiciels qui traitent d'une seule classe ou sous-classe de matériaux (par exemple métaux, ou juste alliages d'aluminium). Le risque à ce stade est de perdre la vision d'une plus grande étendue de matériaux, à laquelle il faudra revenir si l'alternative choisie s'avère ne pas être la bonne lors de l'étape de conception détaillée. Il est facile de se retrouver piégé dans une seule ligne de pensée quand d'autres ont cependant le potentiel d'offrir de meilleures solutions.

L'étape finale, la conception détaillée, demande un niveau encore plus élevé de précision et de détail, mais seulement pour un matériau voire un petit nombre de matériaux. Le meilleur moyen de trouver ces informations est de consulter les fiches techniques fournies par les producteurs de matériaux eux-mêmes ou des bases de données détaillées pour des classes restreintes de matériaux. Les propriétés d'un matériau donné (le polyéthylène par exemple) s'échelonnent sur une certaine gamme de valeurs car elles dépendent des différents procédés de mise en œuvre choisis par les producteurs. Lors de cette dernière étape, un fournisseur doit donc être identifié et les propriétés de son produit doivent être utilisées pour les calculs de conception car elles peuvent être légèrement différentes de celles d'un autre produit. Mais cela ne suffit pas toujours. En effet, s'il s'agit d'un composant critique (signifiant que sa défaillance peut, d'une manière ou d'une autre, être désastreuse), il peut s'avérer prudent de réaliser des tests en interne pour mesurer les propriétés critiques sur un échantillon du matériau choisi. Le processus de sélection consiste donc à restreindre l'espace de recherche d'un matériau en excluant ceux qui ne remplissent pas les exigences de la conception, puis en classant ceux qui restent et en identifiant finalement le choix le plus prometteur (fig. 3.4).

La contribution des matériaux ne s'arrête pas avec la mise en place de la production. Des produits se révèlent défectueux lors de leur utilisation et ces défaillances fournissent des informations. Un fabricant qui ne collecte pas et n'analyse pas les données relatives à une défaillance est un fabricant imprudent. Ces données pointent souvent une mauvaise utilisation d'un matériau, qui peut être corrigée par une nouvelle conception ou une nouvelle sélection.

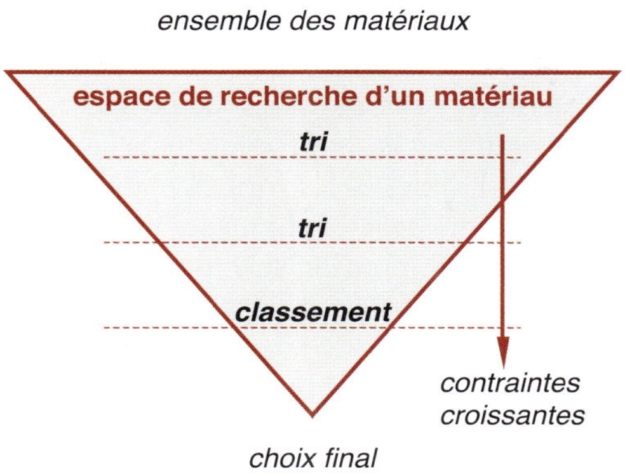

Figure 3.4 Restriction de l'espace de recherche d'un matériau en appliquant les contraintes de conception.

La sélection d'un matériau ne peut pas être dissociée de celle d'un procédé et d'une forme. Pour obtenir une forme donnée, un matériau est soumis à différents procédés qui peuvent être regroupés sous le terme de *fabrication*. La figure 2.5 du chapitre 2 a introduit ces procédés. La sélection d'un procédé suit un chemin parallèle à la sélection d'un matériau (fig. 3.1, droite). Le point de départ est un inventaire de tous les procédés, qui est ensuite restreint en éliminant ceux qui ne permettent pas de réaliser la forme désirée ou qui sont incompatibles avec le matériau choisi. Le matériau, la forme et le procédé interagissent (fig. 3.5). Le choix du procédé est influencé par le matériau car il dépend de sa capacité à être formé, usiné,

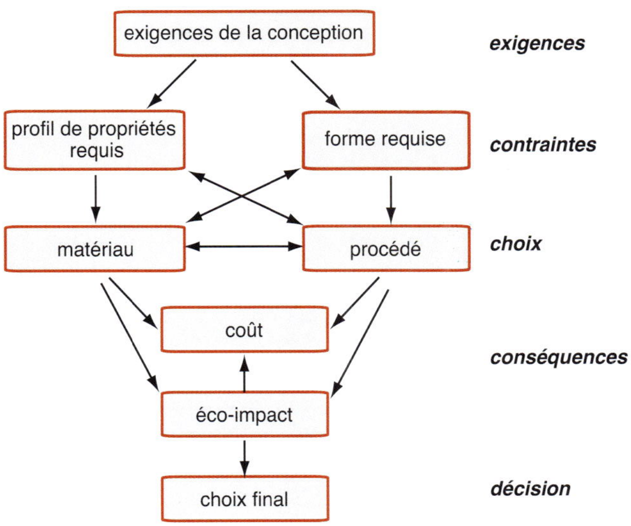

Figure 3.5 Interactions entre exigences de conception, matériau, forme et procédé.

soudé, traité thermiquement, etc. Il est influencé aussi par des exigences concernant la forme. Le procédé détermine la forme, la taille, la précision et, dans une large mesure, le coût d'un composant. Les interactions vont dans les deux sens : les caractéristiques d'une forme restreignent le choix du matériau et du procédé mais les spécifications d'un procédé limitent également les matériaux utilisables et les formes réalisables. Plus la conception est sophistiquée, plus les spécifications sont strictes et plus les interactions sont grandes. Les interactions entre le matériau, la forme et le procédé se situent au cœur du processus de sélection. Une stratégie est alors nécessaire pour s'attaquer à ce problème.

3.4 La stratégie : transposition, tri, classement et documentation

Le processus de sélection vise à faire correspondre au mieux les attributs requis par la conception avec ceux des matériaux et des procédés, en gardant à l'esprit que ces derniers doivent être mutuellement compatibles. La stratégie de sélection, appliquée aux matériaux, est schématisée en figure 3.6. La première tâche est celle de *transposition* : il faut convertir les exigences de la conception en un précepte pour la sélection du matériau. Cette étape consiste à

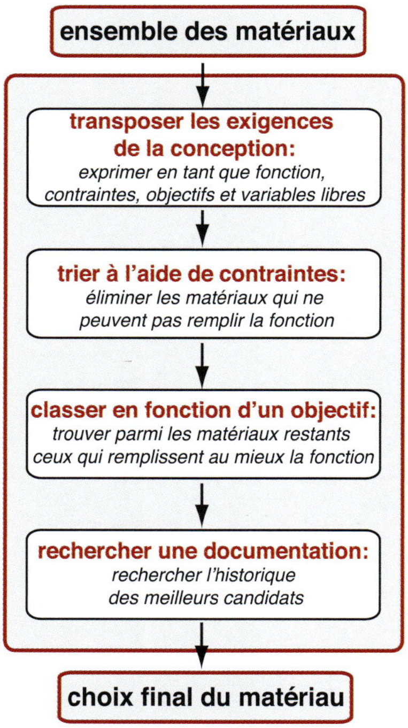

Figure 3.6 La stratégie de sélection appliquée aux matériaux. La même stratégie est adaptée plus tard aux procédés. Elle comporte quatre étapes : la transposition, le tri, le classement et la documentation. Ces opérations peuvent être implémentées dans un logiciel, ce qui permet d'explorer un large éventail de matériaux.

identifier d'une part les *contraintes* que le matériau doit satisfaire et, d'autre part, les *objectifs* que la conception doit permettre d'atteindre. Ces éléments servent ensuite de filtres : les matériaux qui satisfont les contraintes et qui remplissent au mieux les objectifs sont des candidats potentiels pour la conception. La deuxième tâche est alors celle du *tri*, qui a pour but d'éliminer les matériaux qui ne peuvent pas satisfaire les contraintes. Au cours de l'étape suivante, le *classement*, les matériaux restants sont classés selon leur capacité à remplir un critère d'excellence tel que celui de minimisation du coût. Finalement, la *documentation* consiste à explorer en profondeur les caractéristiques des candidats les plus prometteurs. Leurs utilisations actuelles, les meilleures façons de concevoir avec eux et leurs antécédents de défaillance sont alors examinés.

La sélection d'un procédé suit un chemin parallèle. Dans ce cas, la transposition consiste à identifier la géométrie et les autres contraintes à satisfaire (dimensions, forme, précision et compatibilité avec un matériau) et à utiliser ces critères pour éliminer les procédés inappropriés. Nous reviendrons à la sélection d'un procédé dans les chapitres 18 et 19, mais nous allons pour l'instant nous concentrer sur les matériaux.

Transposition En ingénierie, un composant remplit une ou plusieurs *fonctions* telles que supporter une charge mécanique, contenir une pression, transmettre la chaleur, etc. Il doit de plus être réalisé en tenant compte de certaines *contraintes* : une partie de ses dimensions sont fixées, il doit supporter la charge calculée sans rompre, il doit isoler ou conduire la chaleur et l'électricité, il doit pouvoir fonctionner dans une certaine gamme de température et dans un environnement donné, etc. Lors de la conception d'un composant, le concepteur a un ou plusieurs *objectifs* en ligne de mire : par exemple minimiser le coût ou la masse, maximiser la sécurité, ou encore une combinaison de ces objectifs. Certains paramètres peuvent être ajustés pour atteindre les objectifs. Le concepteur est en effet libre de faire varier les dimensions qui ne sont pas fixées par les exigences de la conception et, surtout, il est libre de choisir un matériau et un procédé de mise en forme. Ces paramètres sont appelés les *variables libres*.

Les contraintes, les objectifs et les variables libres (tab. 3.1) définissent les conditions aux limites du problème de sélection d'un matériau et, dans le cas d'un composant devant supporter une charge mécanique, d'une géométrie de section transverse.

Il est important de clarifier la distinction entre contrainte et objectif. Une contrainte est une condition qui doit impérativement être remplie, généralement exprimée comme une valeur limite sur un attribut du matériau ou du procédé. Un objectif, en revanche, est une quantité pour laquelle un extremum est recherché. Les objectifs les plus fréquents sont la minimisation du coût, du poids ou du volume, mais il y en a d'autres (tab. 3.2). Quelques réflexions peuvent s'avérer nécessaires pour atteindre un objectif. Par exemple, lors du choix d'un matériau pour un vélo de course ultraléger, l'objectif est la minimisation du poids. Il y a d'autre part une limite maximale sur le coût, qui est alors traité comme une contrainte.

Tableau 3.1 Fonction, contraintes, objectifs et variables libres

Fonction	• A quoi sert le composant ?
Contraintes	• Quelles conditions doivent impérativement être remplies ?
Objectif	• Que faut-il maximiser ou minimiser ?
Variables libres	• Quels paramètres le concepteur est-il libre de modifier ?

Tableau 3.2 Contraintes et objectifs typiques

Contraintes typiques	Objectifs typiques
Atteindre une valeur cible de • Rigidité • Résistance • Ténacité à la rupture • Conductivité thermique • Résistivité électrique • Aimantation rémanente • Transparence optique • Coût • Poids	Minimiser • Coût • Poids • Volume • Impact environnemental • Perte de chaleur Maximiser • Stockage d'énergie • Flux de chaleur

Les deux aspects sont en revanche inversés lors de la sélection d'un matériau pour un vélo bon marché destiné à être utilisé pour faire ses courses : l'objectif est alors la minimisation du coût avec, éventuellement, une limite maximale de poids qui dans ce cas représente une contrainte (fig. 3.7).

Le résultat de l'étape de transposition est une liste des propriétés limitant la conception et des contraintes devant être respectées. La première étape pour relier les exigences de la conception aux propriétés des matériaux est donc un énoncé clair de la fonction, des contraintes, des objectifs et des variables libres.

Tri Les contraintes peuvent être assimilées à des portes. Si satisfaire une contrainte permet de franchir la porte, ne pas y parvenir oblige à rester dehors. C'est exactement ce que le tri permet de faire (fig. 3.6), en éliminant les candidats incapables de remplir une fonction à cause d'un ou de plusieurs de leurs attributs situés en dehors des limites fixées par les contraintes. Par exemple, des exigences telles que « le composant doit fonctionner dans l'eau bouillante » ou « le composant doit être transparent » imposent des limites évidentes sur les attributs de *température maximale de service* et de *transparence optique*. Ces exigences, que les candidats retenus se doivent de satisfaire, sont appelées les *limites sur les attributs*.

Classement Pour classer les matériaux qui ont passé avec succès l'étape de tri, des critères d'excellence sont nécessaires. Les critères sont donnés par les *indices du matériau*. Ces indices, qui seront développés ultérieurement, indiquent dans quelle mesure un candidat qui a passé l'étape de tri est apte à remplir une fonction donnée (fig. 3.6 encore). Les performances sont parfois limitées par une seule propriété, et d'autres fois par une combinaison de propriétés. Les meilleurs matériaux en terme de flottabilité sont ceux possédant la plus faible densité ρ et les meilleurs pour l'isolation thermique sont ceux avec la plus faible conductivité thermique λ, pour autant bien sûr que les autres contraintes imposées par la conception soient aussi satisfaites. Dans ce cas, la performance est maximisée en maximisant ou en minimisant une seule propriété. Souvent ce n'est toutefois pas une propriété qui est pertinente, mais un ensemble de propriétés. Par exemple, les meilleurs matériaux pour réaliser un tirant (barreau soumis à un effort de traction) léger et rigide sont ceux avec une valeur élevée de *rigidité spécifique* E/ρ, où E représente le module de Young. Les meilleurs

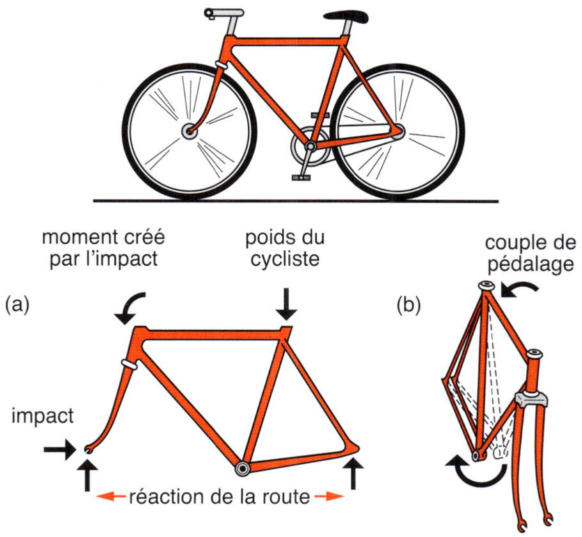

Figure 3.7 Représentation schématique d'un vélo. Les fourches sont sollicitées en flexion.

matériaux pour fabriquer un ressort sont ceux avec une valeur élevée de σ_y^2/E, σ_y étant la limite élastique. La propriété, ou l'ensemble de propriétés, maximisant la performance pour une conception donnée est appelée l'*indice de matériau*. Ces indices sont nombreux, chacun étant associé à l'optimisation d'un aspect de la performance. Ils fournissent des critères d'excellence qui permettent de classer les matériaux selon leur capacité à être vraiment performant pour une application donnée.

En résumé, le *tri* permet d'isoler les candidats capables de remplir une fonction et le *classement* identifie parmi ces candidats ceux susceptibles de remplir au mieux la fonction.

Documentation Le résultat des étapes précédentes est une liste ordonnée des candidats sélectionnés car ils satisfont les contraintes et maximisent ou minimisent un critère d'excellence quel qu'il soit. Le premier candidat de la liste peut être choisi, mais quelles faiblesses peut-il cacher ? Quelle est sa réputation ? A-t-il de bons antécédents ? Pour répondre à ces questions, le profil détaillé de chacun des meilleurs candidats est nécessaire : c'est l'étape de *documentation* (au bas de la fig. 3.6).

Cette documentation se présente typiquement sous forme de descriptions, de graphiques et d'images. Elle contient par exemple des renseignements au sujet des utilisations précédentes, des détails de la résistance à la corrosion dans des environnements particuliers, des informations sur la disponibilité et le prix, ainsi que des avertissements sur l'impact environnemental ou la toxicité. De telles informations se trouvent dans des ouvrages de référence, dans les fiches techniques des fournisseurs, dans des bases de données sur CD et sur des sites internet de qualité. La documentation aide à restreindre la liste des candidats sélectionnés afin d'effectuer le choix final et permet ainsi de faire correspondre définitivement les exigences de la conception et les attributs d'un matériau et d'un procédé.

Toutes ces étapes sont nécessaires car sans tri ni classement, la liste des candidats potentiels serait très longue et par conséquent le volume de documentation à rassembler serait énorme. Puiser dans le réservoir de candidats, en espérant tomber par hasard sur le bon matériau, ne mène nulle part. Mais après avoir restreint le nombre de candidats potentiels grâce aux étapes de tri et de classement, il suffit de collecter des informations détaillées pour ces seuls candidats et la tâche devient donc surmontable.

3.5 Exemples de transposition

Les exemples suivants illustrent l'étape de transposition pour un certain nombre de problèmes, à commencer par le levier de tire-bouchon de la figure 3.3, suivi d'un exemple de conception évolutive.

Levier de tire-bouchon Le levier d'un des tire-bouchons de l'étude de cas de conception est montré en figure 3.3. Pendant l'utilisation du tire-bouchon, le levier est sollicité en flexion. Il doit pouvoir supporter le moment de flexion sans être trop déformé, il ne doit pas rompre (bien que certains modèles bon marché le fassent) et il doit être assez tenace pour tolérer une mauvaise utilisation. Finalement, il ne doit pas être corrodé par le vin ou l'eau. La longueur du levier est spécifiée, mais sa section transverse ne l'est pas et peut donc être choisie de manière à supporter les charges lors de l'utilisation. En plus de ces exigences, le levier doit également être aussi bon marché que possible. Le tableau 3.3 résume la transposition.

Tableau 3.3 Transposition pour le levier d'un tire-bouchon

Fonction	• Levier (barre sollicitée en flexion)	
Contraintes	• Rigidité suffisante • Résistance suffisante • Ténacité raisonnable • Résistance au vin et à l'eau	Contraintes fonctionnelles
	• Longueur L spécifiée	Contrainte géométrique
Objectif	• Minimiser le coût	
Variables libres	• Choix du matériau • Choix de la section transverse	

Les *propriétés limitant la conception* sont celles directement reliées aux contraintes : le module E, la résistance σ_y, la ténacité à la rupture K_{1c} et la résistance à la corrosion.

Conception évolutive d'un boîtier de CD Les mélomanes affirmeront que les meilleurs CD sont divins, mais les boîtiers dans lesquels ils sont vendus sont l'œuvre du diable (fig. 3.8). Ces derniers sont parfois appelés « écrins » à cause de leur clarté optique mais en terme de performance ils sont cependant très loin des bijoux. Ils sont généralement en polystyrène (PS) car

Figure 3.8 Boîtier de CD en polystyrène. Il est bon marché mais fragile et se fissure facilement.

c'est un matériau bon marché avec une transparence comparable à celle de l'eau pure. Ils sont moulés par injection, un procédé également peu coûteux lorsque des millions de pièces sont produites. Le polystyrène peut, du moins en principe, être recyclé. Mais les boîtiers en PS se fissurent facilement, l'ouverture a tendance à se coincer, les charnières se cassent et les coins durs et pointus peuvent infliger des dégâts irréversibles à un CD. Le problème étant posé, nous allons essayer de déterminer les caractéristiques importantes et de formuler des contraintes, des objectifs et des variables libres pour la conception évolutive d'un boîtier de CD.

Ce problème se résout en recherchant un matériau de substitution qui retienne les bonnes propriétés du précédent mais sans en avoir les faiblesses. Le matériau recherché doit donc être optiquement transparent (pour que le livret soit visible), capable d'être moulé par injection (cette méthode est la plus économique lorsque de grandes quantités sont produites) et recyclable. Il doit en revanche être plus tenace que le polystyrène. Parmi les matériaux qui satisfont ces contraintes, le meilleur marché est ensuite recherché. Le tableau 3.4 résume la transposition.

Les propriétés pouvant limiter la conception sont la transparence optique, la ténacité à la rupture K_{1c}, qui doit être meilleure que celle du PS, et la capacité d'être moulé par injection et d'être recyclé.

Tableau 3.4 Transposition pour la conception évolutive d'un boîtier de CD

Fonction	• Contenir et protéger un CD	
Contraintes	• Optiquement transparent • Apte à être moulé par injection • Recyclable • Plus tenace que le polystyrène	Contraintes fonctionnelles
	• Dimensions identiques à celles du PS	Contrainte géométrique
Objectif	• Minimiser le coût	
Variable libre	• Choix du matériau	

Dissipateur de chaleur pour microprocesseurs Si un microprocesseur ne consomme que des milliwatts, cette puissance est toutefois dissipée dans un volume minuscule et la densité volumique de puissance est donc élevée. La miniaturisation des processeurs et l'augmentation de leur fréquence rendent la surchauffe problématique. Le processeur d'un PC atteint déjà des températures proches de 85°C, ce qui nécessite un refroidissement forcé. Les modules multi-processeurs (MCM Multi-Chip Module) contiennent jusqu'à 130 circuits intégrés sur un seul substrat et atteignent des températures encore plus élevées, allant jusqu'à 180°C. La chaleur est contrôlée en reliant les circuits intégrés à des dissipateurs de chaleur (fig. 3.9), en prenant soin d'assurer un bon contact thermique entre les circuits et les radiateurs. Le dissipateur de chaleur devient désormais un composant critique qui limite le développement de l'électronique. Il faut donc essayer de maximiser sa performance.

Pour empêcher le couplage électrique et les capacités parasites entre le circuit intégré et le radiateur, le matériau de celui-ci doit être un bon isolant électrique. Il doit pouvoir fonctionner lorsque la température d'une de ses surfaces est de 180°C et sa température maximale d'utilisation (température à laquelle il peut fonctionner en continu sans être endommagé) doit donc être supérieure à 180°C. Ces éléments définissent les contraintes. Pour évacuer la chaleur du circuit intégré aussi rapidement que possible, la conductivité thermique λ doit par ailleurs être la plus élevée possible, définissant ainsi l'objectif. L'étape de transposition est résumée dans le tableau 3.5, avec comme hypothèse que toutes les dimensions sont fixées par d'autres aspects de la conception.

Les propriétés limitant la conception sont alors clairement la température maximale d'utilisation T_{max}, la résistivité électrique ρ_e et la conductivité thermique λ.

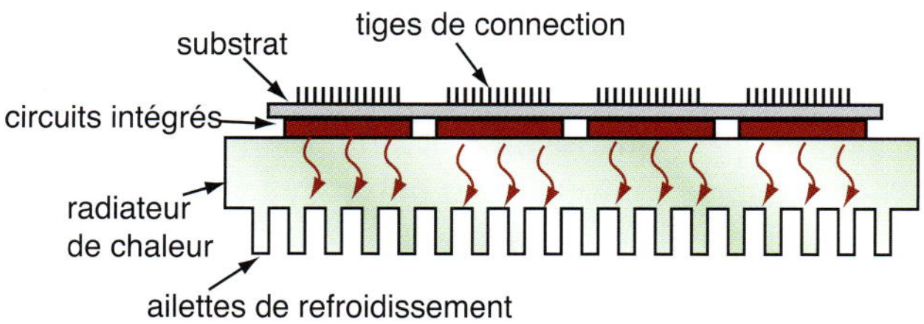

Figure 3.9 Radiateur. Il doit bien conduire la chaleur, tout en isolant l'électricité.

Tableau 3.5 Transposition pour un radiateur de chaleur

Fonction	• Radiateur thermique	
Contraintes	• Le matériau doit être un bon isolant électrique • Température maximale de service 200°C	Contraintes fonctionnelles
	• Toutes les dimensions sont spécifiées	Contraintes géométriques
Objectif	• Maximiser la conductivité thermique	
Variable libre	• Choix du matériau	

Noyau de transformateur HF Un transformateur électrique utilise l'induction électromagnétique pour convertir une tension alternative en une autre (fig. 3.10). Le matériau recherché doit être un aimant doux, c'est-à-dire un aimant facilement magnétisé et démagnétisé (chap. 15), afin de minimiser les pertes énergétiques. Il doit de plus être électriquement isolant pour éviter les pertes par courants de Foucault aux fréquences élevées. Les contraintes « aimant doux » et « isolant électrique » sont très restrictives et seul un petit nombre de candidats sera retenu. Si le transformateur est destiné à un produit d'usage courant, l'objectif est ensuite de minimiser le coût. Le tableau 3.6 résume la transposition.

Ces transpositions sont la première étape du processus de sélection. Elles ont permis d'identifier les contraintes qui vont être utilisées pour le tri. Les objectifs ont également été identifiés et seront utilisés pour le classement. Nous reviendrons à ces quatre exemples dans les chapitres suivants, lorsque nous aurons vu comment trier et classer.

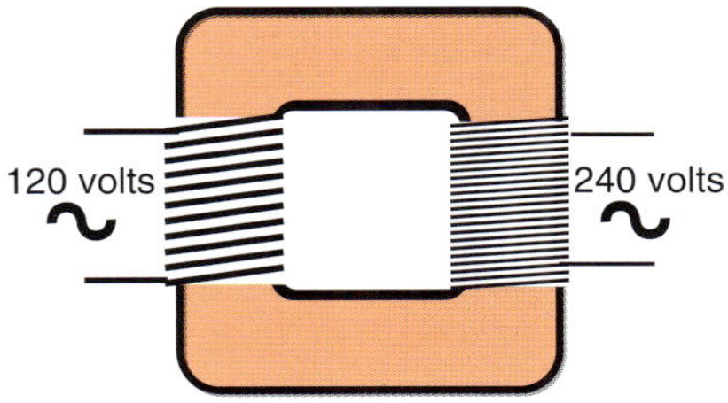

Figure 3.10 Transformateur. Le noyau doit être un aimant doux et, s'il s'agit d'un transformateur haute fréquence, un isolant électrique.

Tableau 3.6 Transposition pour le noyau d'un transformateur

Fonction	• Noyau de transformateur HF	
Contraintes	• Aimant doux • Isolant électrique	Contraintes fonctionnelles
	• Toutes les dimensions sont spécifiées	Contraintes géométriques
Objectif	• Minimiser le coût	
Variable libre	• Choix du matériau	

3.6 Résumé et conclusions

Le point de départ d'une conception est un *besoin du marché*, exprimé comme un ensemble d'*exigences de conception*. Des *concepts* sont imaginés pour élaborer un produit répondant au besoin. Si les premières estimations et les alternatives envisagées suggèrent que le concept est viable, la conception passe à l'étape de *conception préliminaire* : des principes de fonctionnements sont sélectionnés, la taille et la configuration sont décidées et les performances et le coût sont estimés grossièrement. Si le résultat est concluant, le concepteur procède ensuite à l'étape de *conception détaillée* : les performances sont optimisées, les composants critiques sont analysés en profondeur et des plans de production détaillés sont établis pour chaque pièce (généralement sous forme de fichiers DAO) en spécifiant les dimensions, la précision, le matériau et la voie de fabrication. Mais la conception n'est pas un processus linéaire, comme le suggère la figure 3.1. Certaines voies conduisent à une impasse et les étapes précédentes doivent alors être réitérées. De plus, la tâche est souvent une conception évolutive, ce qui implique de repenser les contraintes et de redéfinir les objectifs.

Les sélections du matériau et du procédé sont effectuées en parallèle au cours des différentes étapes du processus. Les espaces de recherche sont initialement très vastes car ils englobent tous les candidats potentiels. La spécification des exigences de conception fait apparaître des contraintes qui doivent être satisfaites à la fois par le matériau et par le procédé. Un ou plusieurs objectifs peuvent aussi être formulés. Les contraintes permettent de restreindre les espaces de recherche et les objectifs servent à classer les alternatives restantes. L'identification des contraintes, des objectifs et des variables libres (le processus que nous avons appelé « transposition ») constitue la première étape du processus de sélection. Quelques exemples de transposition ont été présentés à la fin de ce chapitre, pour des cas où un matériau était recherché. D'autres exemples sont proposés ci-après en exercice. Une transposition analogue est requise lorsqu'un procédé est recherché et nous reviendrons sur ce point dans le chapitre 18. Les autres étapes (tri, classement et documentation) sont quant à elles analysées dans les chapitres suivants.

3.7 Lectures complémentaires

Ashby, M. F. (2005). *Materials Selection in Mechanical Design* (3rd ed.). Oxford, UK : Butterworth-Heinemann. Chapter 4. ISBN 0-7506-6168-2. (*Un texte plus avancé qui développe plus en détail les idées présentées ici.*)

Cross, N. (2000). *Engineering Design Methods* (3rd ed.). Chichester, UK : Wiley. ISBN 0-471-87250-3. (*Un ouvrage durable qui décrit le processus de sélection, avec une emphase sur le développement et l'évaluation de solutions alternatives.*)

French, M. J. (1985). *Conceptual Design for Engineers*. London, UK : The Design Council, et Springer, Berlin, Allemagne. ISBN 0-85072-155-5 and 3-540-15175-3. (*Source originale de la division du processus de conception en trois étapes : Elaboration du concept – Conception préliminaire – Conception détaillée. Le livre se concentre sur l'étape d'élaboration du concept, en montrant comment des principes physiques simples guident la résolution de problèmes de conception.*)

Pahl, G., & Beitz, W. (1997). *Engineering design* (2nd ed.). traduit par K. Wallace et L. Blessing, London, UK : The Design Council, et Springer, Berlin, Allemagne. ISBN 0-85072-124-5 et 3-540-13601-0. (*La Bible – ou peut-être plus exactement l'Ancien Testament – du domaine de la conception technique. Des méthodes rigoureuses sont développées dans le respect de la tradition allemande.*)

Ullman, D. G. (2003). *The Mechanical Design Process* (3rd ed.). New York, USA : McGraw-Hill. ISBN 0-07-112281-8. (*Une vision américaine de la conception qui développe des méthodes pour s'attaquer à un problème initialement mal défini en le décomposant en une série d'étapes, de manière similaire à ce que suggère la figure 3.1 du présent ouvrage.*)

Ulrich, K. T., & Eppinger, S. D. (1995). *Product Design and Development*. New York, USA: McGraw-Hill. ISBN 0-07-065811-0. (*Un texte lisible et compréhensible sur la conception telle qu'elle est enseignée au MIT. Beaucoup d'exemples utiles mais peu de références aux matériaux.*)

3.8 Exercices

Exercice E3.1 Quelles sont les étapes d'un processus de conception originale ?

Exercice E3.2 Décrire et illustrer l'étape de « transposition » qui fait partie de la stratégie de sélection d'un matériau.

Exercice E3.3 Que signifient un objectif et une contrainte de conception ? En quoi ces notions diffèrent-elles ?

Exercice E3.4 Vous devez concevoir une casserole économe en énergie dans le but de gaspiller un minimum de chaleur en cuisinant. Quel objectif fixeriez-vous et quelles contraintes, selon vous, doivent être satisfaites ?

Exercice E3.5 Il existe de nombreux types de vélos, chacun étant destiné à un secteur particulier du marché :

- Vélos de course.
- Vélos de tourisme.
- Vélos tout-terrain.
- Vélos de ville.
- Vélos pour enfants.
- Vélos pliables.

Faire preuve de jugement pour identifier l'objectif principal et les contraintes qui doivent être satisfaites pour chacun de ces vélos.

Exercice E3.6 Un matériau est recherché pour réaliser les bobines d'un four électrique capable d'atteindre des températures allant jusqu'à 1000°C. Déterminer les attributs qu'un matériau doit avoir pour réaliser ces bobines et fonctionner correctement dans un four. Enoncer la fonction et les contraintes en fixant comme objectif « minimiser le prix du matériau » et en considérant comme variable libre le « choix du matériau ».

Exercice E3.7 Un matériau est recherché pour fabriquer des ciseaux de bureau. Le papier est un matériau abrasif et les ciseaux rencontrent parfois des obstacles durs tels que des agrafes. Enoncer la fonction et les contraintes en fixant comme objectif « minimiser le prix du matériau » et en considérant comme variable libre le « choix du matériau ».

Exercice E3.8 Un matériau est recherché pour réaliser un échangeur de chaleur pour extraire la chaleur d'une eau salée chauffée géothermiquement à 120°C (et donc sous pression). Enoncer la fonction et les contraintes en fixant comme objectif « minimiser le prix du matériau » et en considérant comme variable libre le « choix du matériau ».

Exercice E3.9 Un matériau est recherché pour réaliser une fourchette jetable pour une chaîne de restauration rapide. Enoncer l'objectif et les contraintes qui, selon vous, sont importantes pour cette application.

Exercice E3.10 Enoncer l'objectif et les contraintes que vous associeriez avec le choix d'un matériau pour réaliser les fourches d'un vélo de course.

Exercice E3.11 Les cintres bon marché étaient généralement faits en bois mais ce matériau est désormais utilisé pour réaliser les modèles chers. De nos jours, la plupart des cintres sont en métal ou en plastique et ont des formes à la fois différentes de ceux en bois et différentes les unes des autres. Examiner les cintres en bois, en métal et en plastique, en comparant leurs formes, et commenter la manière dont le choix du matériau les a influencées.

Exercice E3.12 Les cyclistes transportent leurs boissons dans des bidons qu'ils insèrent dans des porte-bidons montés sur leur vélo. Examiner les porte-bidons en métal et en plastique, en comparant leurs formes, et commenter la manière dont le choix du matériau les a influencées.

3.9 Conception assistée avec le logiciel CES

La fonction « Search » du logiciel CES permet une recherche plein texte parmi tous les profils, en identifiant ceux qui contiennent la chaîne de caractère recherchée. Par défaut, la recherche est effectuée uniquement dans l'Univers des Matériaux. Le menu déroulant intitulé « Look in table: » permet d'effectuer la recherche dans l'Univers des Procédés ou dans « All tables ».

Exercice E3.13 Une entreprise souhaite améliorer son image en remplaçant les plastiques pétrochimiques utilisés dans ses produits par des polymères basés sur des matériaux naturels. Utiliser la fonction « Search » de CES pour trouver *biopolymère*. Lister les matériaux que vous trouvez.

Exercice E3.14 Un fabricant de mobilier de jardin craint que la concurrence lui vole des parts de marché avec du mobilier réalisé par RTM, un terme qui ne lui est pas familier. Utiliser la fonction « Search » de CES pour trouver la description du *RTM* et déterminer si ce procédé est utilisé pour faire des objets tels que du mobilier de jardin. (Se rappeler qu'il faut rechercher dans l'Univers des Procédés.)

Exercice E3.15 Utiliser la fonction « Search » de CES pour trouver des matériaux utilisables pour des *bobines de four*.

Exercice E3.16 Utiliser la fonction « Search » de CES pour trouver des matériaux utilisables pour des *ciseaux* et des *lames de couteau*.

Exercice E3.17 Utiliser la fonction « Search » de CES pour trouver des matériaux utilisables pour des *échangeurs de chaleur*.

Exercice E3.18 Utiliser la fonction « Search » de CES pour trouver des matériaux utilisables pour des *revêtements de sol*.

Chapitre 4

Rigidité et poids : densité et module élastique

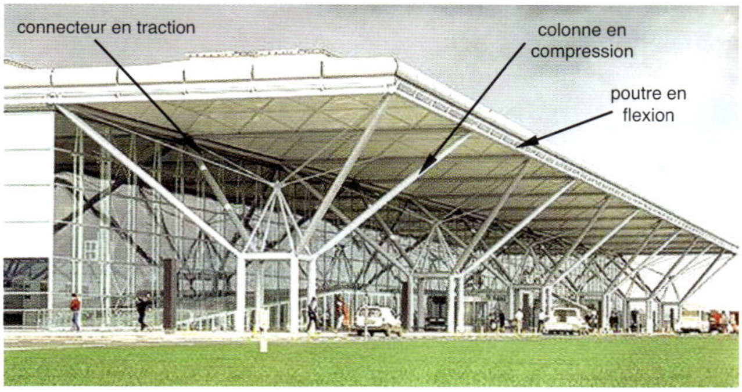

Modes de sollicitation (Aéroport de Londres Stansted, avec la permission de Norman Foster and Partners, Londres, UK.).

Contenu du chapitre

4.1 Introduction et présentation du chapitre

Un matériau soumis à une contrainte va se déformer. L'ampleur de la déformation dépend alors du *module élastique* du matériau.

Une contrainte est appliquée à un matériau lorsqu'il est sollicité mécaniquement. La déformation (le changement de forme) est la réponse du matériau à cette contrainte. Elle dépend de l'amplitude de la contrainte et de la manière dont cette dernière est appliquée, c'est-à-dire du *mode de sollicitation*. Les modes de sollicitation usuels sont illustrés en première page de ce chapitre. Les câbles sont sollicités en traction alors que les entretoises et les colonnes doivent supporter des contraintes de compression. Les tubes sont par ailleurs plus résistants en compression que les cylindres solides car ils sont moins facilement sujets au flambage. Les longerons de l'avion et les poutres horizontales du toit de l'aéroport sont soumis à des flexions et l'arbre de transmission de l'hélice de l'avion est quant à lui sollicité en torsion. Finalement, les réservoirs sous pression comme les pneus doivent être capables de contenir une pression et ont souvent une forme arrondie et des parois minces.

La *rigidité* est la résistance à une déformation *élastique*, ce qui signifie que le matériau retrouve sa forme initiale lorsque la contrainte est relâchée. La *limite élastique* et la *résistance* (chap. 6) sont respectivement définies comme la résistance à la déformation permanente et la résistance à la rupture. La contrainte est une excitation et la déformation est la réponse qui en résulte; ce ne sont pas des propriétés du matériau. Par contre, le module élastique E (caractérisant la rigidité et défini ci-après), la limite élastique σ_y et la résistance en traction σ_{ts} *sont* des propriétés du matériau. La rigidité et la résistance sont au cœur de la conception mécanique, souvent en combinaison avec la densité ρ. Ce chapitre introduit les notions de contrainte et de déformation, ainsi que les modules élastiques qui permettent de les relier. Ces propriétés sont ensuite résumées sur une *carte de propriétés des matériaux*, à savoir la carte module élastique-densité, qui constitue la première des nombreuses cartes explorées dans ce livre.

La densité et le module élastique reflètent la masse des atomes, leur arrangement au sein du matériau et la force des liaisons interatomiques. Pour des matériaux purs, ces propriétés ne peuvent donc pas être modifiées. En revanche, elles peuvent être contrôlées en mélangeant différents matériaux pour former des composites ou en fabriquant des mousses, ce qui apparaît clairement sur les cartes de propriétés.

4.2 Densité, contrainte, déformation et module élastique

Densité La légèreté est recherchée pour de nombreuses applications telles que les équipements sportifs et les moyens de transport. Le poids dépend en partie de la densité des matériaux utilisés, c'est-à-dire de la masse par unité de volume. La densité est donnée en kg/m^3 ou parfois, par commodité, en Mg/m^3 (1 Mg/m^3 = 1000 kg/m^3).

La densité d'un échantillon de forme régulière peut être déterminée en le pesant avec une balance de précision et en mesurant précisément ses dimensions (pour obtenir son volume). La méthode de la « double pesée » est cependant plus précise. Elle consiste à peser tout d'abord l'échantillon puis à l'immerger totalement dans un liquide de densité connue. L'échantillon subit alors une force dirigée vers le haut qui est égale au poids du liquide déplacé (principe d'Archimède[1]). La densité se calcule ensuite en utilisant la formule indiquée sur la figure 4.1.

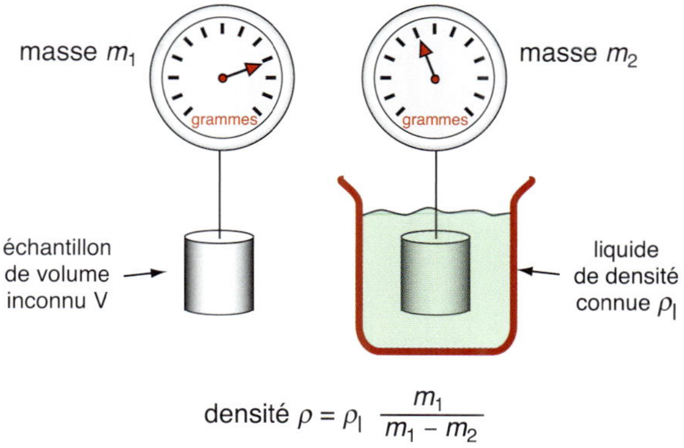

Figure 4.1 Mesure de la densité par la méthode d'Archimède.

Modes de sollicitation La plupart des composants doivent être capables de supporter une charge mécanique. Leur réponse élastique dépend de la façon dont ces charges sont appliquées. Comme expliqué auparavant, les composants des structures présentées au début de ce chapitre sont conçus pour supporter différents modes de sollicitation: traction, compression, flexion, torsion et pression interne. Un mode est généralement dominant et le composant peut alors être assimilé à un cas idéal tel que ceux représentés en figure 4.2. La *tige* est sollicitée en traction uniaxiale (a) alors que la *colonne* est sollicitée en compression uniaxiale (b). Lors de la flexion d'une *poutre* (c), l'axe neutre (qui équivaut à l'axe central pour une poutre de section symétrique) sépare les éléments en traction simple des éléments en compression simple. Le *cylindre* est quant à lui soumis à une torsion (d) qui entraîne un cisaillement. Finalement, un *tube* cylindrique soumis à une différence de pression (e) est sollicité en traction ou en compression biaxiale.

Contrainte Considérons une force F appliquée perpendiculairement sur une des faces d'un élément de volume cubique, comme sur le schéma de gauche de la figure 4.3(a). La force est transmise à travers l'élément et compensée sur la face parallèle par une force égale de signe opposé, de sorte que l'élément est statique. La force s'applique sur tous les plans normaux à F. Si A représente la surface d'un de ces plans, la *contrainte de traction* σ dans l'élément (en négligeant son propre poids) est donnée par:

$$\sigma = \frac{F}{A} \tag{4.1}$$

[1] Archimède (287-212 av. J.-C.), mathématicien, ingénieur, astronome et philosophe grec. Créateur de machines de guerre et de la vis d'Archimède utilisée pour puiser l'eau, il a aussi estimé π (comme 3 + 1/7) et découvert pendant son bain le principe portant son nom.

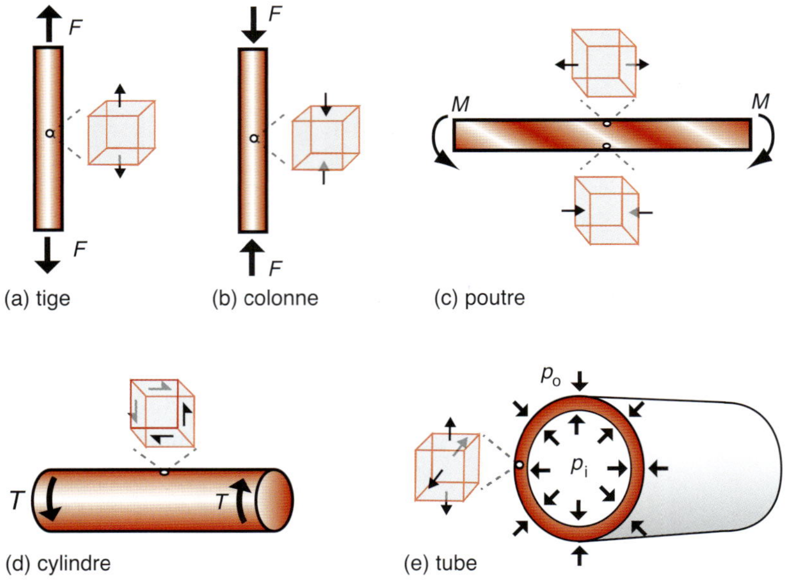

Figure 4.2 Modes de sollicitation et états de contrainte.

Si le signe de F est inversé, la contrainte est négative et il s'agit d'une compression. Les forces étant mesurées en newtons (N)[2], la contrainte s'exprime en N/m^2. Une contrainte de 1 N/m^2 est cependant très faible (la pression atmosphérique vaut 10^5 N/m^2) et l'unité usuelle est le MN/m^2 (10^6 N/m^2), appelée *mégapascal* (MPa)[3].

Considérons à présent un cas où la force est appliquée parallèlement à une face de l'élément de volume (fig. 4.3(b)). L'équilibre est alors maintenu par la présence de trois forces supplémentaires qui créent un cisaillement. Le plan grisé par exemple est soumis à une *contrainte de cisaillement* τ égale à:

$$\tau = \frac{F_s}{A} \tag{4.2}$$

l'unité étant à nouveau le MPa.

[2] Isaac Newton (1642-1727), scientifique et alchimiste anglais ayant établi les lois fondamentales du mouvement, la théorie de la gravitation universelle (bien que ce point soit quelque peu controversé), des lois d'optique, le calcul différentiel et bien plus encore.

[3] Blaise Pascal (1623-1662), philosophe, mathématicien et scientifique français qui prenait un certain plaisir à publier ses résultats sans expliquer la façon dont il les obtenait. La plupart cependant se sont avérés corrects.

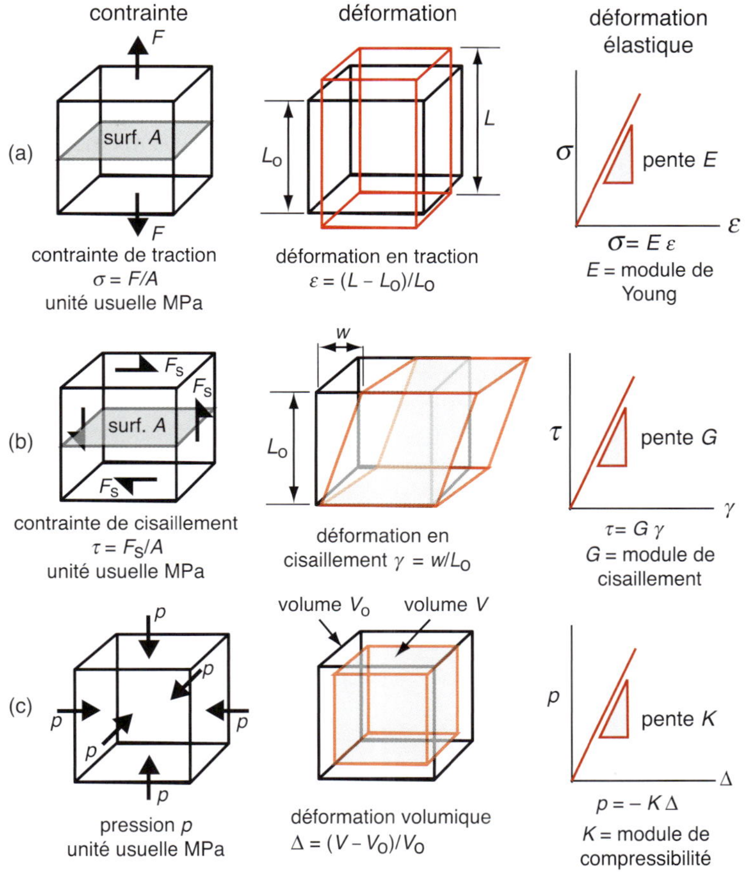

Figure 4.3 Contrainte, déformation et modules élastiques.

Exemple 4.1

Une cheminée en brique mesure 50 m de haut. La densité des briques est de $\rho = 1800$ kg/m^3. Quelle est la contrainte axiale de compression au niveau de sa base ? Est-ce que la forme de la section joue un rôle ?

Solution. Considérons que la cheminée a une section de surface A et une hauteur h. Le poids de la cheminée vaut alors $F = \rho A h g$ avec g l'accélération due à la gravité. L'équation (4.1) permet de calculer la contrainte de compression à la base $\sigma = -F/A = -\rho g h$ où le signe « – » indique une compression (la surface A se simplifie). Ce résultat est identique à une pression statique à une profondeur h dans un fluide de densité ρ. La contrainte ne dépend donc pas de la forme ou de la surface de la section. En supposant $g = 10$ m/s^2, on trouve $\sigma = -1800 \times 10 \times 50 = -9 \times 10^5$ N/m^2 = – 0,9 MPa.

Un état de contrainte supplémentaire est utile pour définir la réponse élastique des matériaux. Cet état de contrainte, multiaxial, est créé en appliquant des forces de traction ou de compression qui sont égales sur les six faces du cube (ligne (c) de la fig. 4.3). *Chaque* plan se trouve alors dans le même état de contrainte, la contrainte étant égale à la force appliquée sur une face divisée par la surface de celle-ci. Cet état de contrainte est une *pression hydrostatique*, de symbole p, exprimée également en MPa. La convention est dans ce cas un peu malencontreuse car les pressions positives correspondent à des contraintes de compression, négatives, alors que les contraintes de traction sont positives.

Les composants peuvent avoir des formes complexes et être sollicités de beaucoup de manières différentes, ce qui peut entraîner des distributions de contrainte complexes. Mais indépendamment du niveau de complexité, les contraintes dans un petit élément peuvent toujours être décrites par une combinaison de traction, de compression et de cisaillement. Les cas simples de la figure 4.3 sont généralement suffisants, une superposition de deux cas pouvant être utilisée si nécessaire (par exemple flexion et compression).

Déformation La déformation est la réponse du matériau à une contrainte (deuxième colonne de la fig. 4.3). Une contrainte de traction σ provoque un allongement. Sur la figure 4.3(a), une arête parallèle à la force appliquée, de longueur initiale L_o, est allongée de $\delta L = L - L_o$. Sa *déformation* nominale en traction est alors donnée par

$$\varepsilon = \frac{\delta L}{L_o} \tag{4.3}$$

Une contrainte de compression raccourcit l'élément et la déformation nominale en compression, négative, est définie de manière analogue. La déformation est adimensionnelle car il s'agit d'un rapport entre deux longueurs.

Une contrainte de cisaillement entraîne une *déformation en cisaillement* γ (fig. 4.3(b)). Si l'élément est cisaillé sur une distance w, la déformation en cisaillement est donnée par

$$\tan(\gamma) = \frac{w}{L_o} \approx \gamma \tag{4.4}$$

En pratique, tan $\gamma \approx \gamma$, car les déformations sont presque toujours faibles. Finalement, une pression hydrostatique p appliquée sur un élément de volume V provoque un changement de volume δV. La déformation volumique, ou *dilatation* (fig. 4.3(c)), vaut alors

$$\Delta = \frac{\delta V}{V} \tag{4.5}$$

Courbes contrainte–déformation et modules La figure 4.4 montre des courbes contrainte-déformation typiques obtenues lors de la traction de céramiques, de métaux et de polymères. La partie initiale, jusqu'à la limite élastique σ_y, est approximativement linéaire (loi de

Hooke[4]). Ce domaine est élastique ce qui signifie que la déformation y est réversible (le matériau retrouve sa forme initiale lorsque la contrainte est relâchée). Les contraintes supérieures à la limite élastique causent par contre une déformation permanente (comportement ductile) ou une rupture fragile.

Dans le domaine élastique, la déformation est proportionnelle à la contrainte (fig. 4.3, troisième colonne). La déformation en traction est proportionnelle à la contrainte selon:

$$\sigma = E\varepsilon \tag{4.6}$$

La même relation est valable pour la compression. La constante de proportionnalité, E, est appelée le *module de Young*[5]. De manière similaire, la déformation en cisaillement γ est proportionnelle à la contrainte τ:

$$\tau = G\gamma \tag{4.7}$$

et la dilatation ΔV est proportionnelle à la pression p:

$$p = -K\Delta \tag{4.8}$$

où G représente le *module de cisaillement* et K le *module de compressibilité*, comme illustré sur la troisième colonne de la figure 4.3. L'unité de ces trois modules est identique à celle des contraintes, à savoir une force par unité de surface (N/m^2 ou Pa). Comme pour les contraintes, il est toutefois plus commode d'utiliser une unité plus grande. L'unité dans ce cas est encore plus grande puisqu'il s'agit du *gigapascal* (GPa), qui équivaut à 10^9 N/m^2.

Les trois modules sont reliés mais il faut pour cela définir une grandeur supplémentaire, le *coefficient de Poisson*[6]. Lorsque l'élément de la figure 4.3(a) est allongé selon une direction, il se contracte généralement selon les deux autres directions comme indiqué sur le schéma. Le coefficient de Poisson ν est, au signe près, le rapport entre la déformation latérale ou transverse ε_t et la déformation axiale ε sous une charge de traction:

$$\nu = -\frac{\varepsilon_t}{\varepsilon} \tag{4.9}$$

La déformation transverse étant négative, ν est positif et vaut typiquement environ 1/3.

[4] Robert Hooke (1635-1703), homme compétent reconnu pour avoir créer des microscopes et peut-être aussi découvert la théorie de la gravitation universelle. Il n'avait pas de bonnes relations avec Newton.

[5] Thomas Young (1773-1829), scientifique anglais, expert en optique et dans le déchiffrage des hiéroglyphes égyptiens (la pierre de Rosette entre autres). Il semble un peu injuste que le module porte son nom et non celui de Hooke.

[6] Siméon Denis Poisson (1781-1840), mathématicien français connu pour la constante et la distribution portant son nom. Il manquait de coordination, échoua en géométrie à l'université car il était incapable de dessiner et les conséquences désastreuses de sa maladresse le firent renoncer à l'expérimentation.

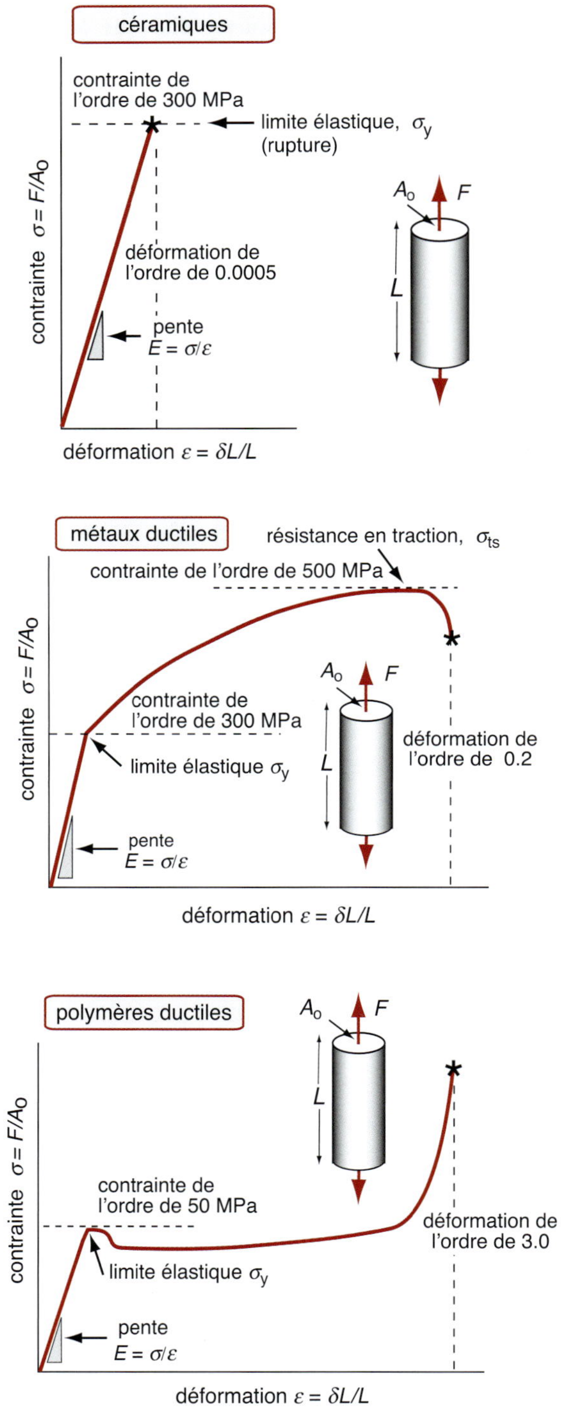

Figure 4.4 Courbes contrainte–déformation typiques de la traction de céramiques, de métaux et de polymères.

Exemple 4.2

La cheminée de l'exemple 4.1 est constituée de briques avec un module de Young E = 25 GPa et un coefficient de Poisson $\nu = 0.2$. Quelles sont les déformations axiale et transverse à la base de la cheminée ?

Solution. La déformation axiale se calcule en utilisant le résultat de l'exemple 4.1 et l'équation (4.6) : $\varepsilon = \sigma / E = -9 \times 10^5/25 \times 10^9 = -3.6 \times 10^{-5}$. La déformation transverse s'obtient à partir de l'équation (4.9) : $\varepsilon_t = -\nu\varepsilon = 7.2 \times 10^{-6}$. Cette déformation étant positive, il y a une faible expansion de la base de la cheminée.

Pour un matériau isotrope (dont les modules ne dépendent pas de la direction selon laquelle la charge est appliquée), les trois modules sont reliés ainsi :

$$G = \frac{E}{2(1+\nu)}; \qquad K = \frac{E}{3(1-2\nu)} \tag{4.10}$$

Généralement $\nu \approx 1/3$ et par conséquent :

$$G \approx \frac{3}{8}E \quad \text{et} \quad K \approx E \tag{4.11a}$$

Les élastomères représentent cependant un cas particulier pour lequel $\nu \approx 1/2$ et donc :

$$G \approx \frac{1}{3}E \quad \text{et} \quad K \gg E \tag{4.11b}$$

Le caoutchouc (un élastomère) s'allonge ainsi facilement en traction (faible E) mais devient très rigide si sa déformation est empêchée ou s'il est soumis à une pression hydrostatique (K élevé). Cette caractéristique est prise en compte par les fabricants de chaussures.

Les bases de données comme CES donnent des valeurs pour les quatre grandeurs. Seules les données pour E seront en revanche considérées dans ce livre, des estimations pour les autres modules pouvant être obtenues si nécessaire à l'aide des équations (4.11a) et (4.11b).

Energie élastique Un élastique emmagasine une certaine énergie lorsqu'il est allongé. Comme les catapultes le démontrent, cette énergie peut être considérable. L'arme fatale de l'arsenal romain à une certaine période était la baliste dont le mécanisme permettait d'emmagasiner une énergie élastique suffisante pour lancer des projectiles de 10 kg à des distances de 100 mètres, voire davantage.

L'énergie élastique se calcule de la manière suivante. Une force F agissant sur une distance dL fournit un travail F dL. Une contrainte $\sigma = F/A$ qui agit sur un incrément de déformation dε = dL/L fournit ainsi un travail volumique (en J/m^3) égal à :

$$dW = \frac{F\,dL}{AL} = \sigma\,d\varepsilon \tag{4.12}$$

Si la contrainte est appliquée sur un matériau élastique, ce travail est emmagasiné sous forme d'énergie élastique. Les portions élastiques des trois courbes contrainte-déformation de la figure 4.4 (avant d'atteindre la limite élastique) sont linéaires car dans ces domaines $\sigma = E\varepsilon$. Le travail fourni par unité de volume lorsque la contrainte est progressivement augmentée d'une valeur initiale nulle à une valeur finale σ^* est donné par l'aire sous la courbe contrainte-déformation:

$$W = \int_0^{\sigma^*} \sigma\,d\varepsilon = \int_0^{\sigma^*} \frac{\sigma\,d\sigma}{E} = \frac{1}{2}\frac{(\sigma^*)^2}{E} \tag{4.13}$$

Cette quantité correspond à l'énergie emmagasinée, par unité de volume, dans un matériau déformé élastiquement. Cette énergie est restituée lorsque la contrainte est relâchée.

Exemple 4.3

Une tige en acier a une longueur L_o de 10 m et un diamètre d de 10 mm. Le module de Young E de l'acier vaut 200 GPa, sa limite élastique (la contrainte maximale qu'il peut supporter en restant élastique) σ_y vaut 500 MPa et sa densité ρ vaut 7800 kg/m^3. Calculez la force dans la tige, son allongement et l'énergie élastique emmagasinée par unité de volume lorsqu'elle est déformée de manière à ce que la contrainte atteigne juste la limite élastique. Comparez l'énergie élastique par unité de masse avec la chaleur de combustion de l'essence (43 000 kJ/kg).

Solution. La surface de la section de la tige vaut $A = \pi d^2/4 = 7.85 \times 10^{-5}$ m^2.

A la limite élastique, la force dans la tige est de (4.1): $F = \sigma_y A = 39.2$ kN.

La déformation vaut alors (4.6): $\varepsilon = \sigma/E = 500 \times 10^6/200 \times 10^9 = 0.0025$ (0.25%).

L'allongement correspondant est égal à (4.3): $\delta L = \varepsilon L_o = 0.0025 \times 10 = 25$ mm.

Finalement, l'énergie élastique volumique est égale à (4.13): $W = \sigma^2/2E = (500 \times 10^6)^2/(2 \times 200 \times 10^9) = 625$ kJ/m^3 et l'énergie par unité de masse vaut $W/\rho = 80$ J/kg. Cette valeur est plus de 500 000 fois inférieure à l'énergie stockée par l'essence.

Mesure du module de Young Une manière simple de mesurer le module élastique d'un matériau serait d'appliquer une faible contrainte en mesurant la déformation puis de diviser l'une par l'autre (il faut rester dans le domaine élastique linéaire de la courbe contrainte-déformation). Le module mesuré par les pentes des courbes contrainte-déformation est toutefois imprécis, souvent d'un facteur 2 voire plus, à cause de la complaisance de la machine de test (la machine n'étant pas infiniment rigide, elle contribue à la déformation). Un module plus précis est obtenu en mesurant la fréquence naturelle de vibration d'une poutre ou d'un fil ou la vitesse de propagation des ondes sonores dans le matériau. Ces deux grandeurs dépendent en effet de $\sqrt{E/\rho}$ et E peut donc être calculé si la densité ρ est connue.

Déformation sans contrainte Une déformation n'est pas toujours causée par une contrainte. Certains matériaux répondent à un champ magnétique en se déformant, un effet connu sous le nom de magnétostriction. D'autres matériaux répondent à un champ électrique de manière similaire et sont dits piézoélectriques. Une propriété du matériau permet dans chaque cas de relier l'amplitude de la déformation à l'intensité de l'excitation (fig. 4.5). Les déformations sont faibles mais peuvent être contrôlées très précisément. Dans le cas de la magnétostriction et de la piézoélectricité, elles peuvent de plus être modifiées avec une fréquence très élevée. Ces caractéristiques sont exploitées pour réaliser des systèmes de positionnement de précision, des générateurs acoustiques et des capteurs; des applications qui seront présentées dans les chapitres 14 et 15.

Un effet plus connu est celui de l'expansion thermique: la déformation causée par un changement de température. La déformation thermique ε_T est reliée linéairement au changement de température ΔT par le *coefficient d'expansion thermique* α:

$$\varepsilon_T = \alpha \Delta T \tag{4.14}$$

où l'indice T sert à rappeler que la déformation est due à un changement de température et non à une contrainte.

L'appellation « déformation sans contrainte » est un peu trompeuse. Elle exprime correctement l'idée selon laquelle la déformation n'est pas *causée* par une contrainte. Mais ces déformations peuvent néanmoins faire apparaître des contraintes si elles ne sont pas libres. Les contraintes thermiques (dues à l'expansion thermique) en particulier peuvent être problématiques et causer le blocage de certains mécanismes et le flambage des rails ferroviaires. Nous analyserons cela dans le chapitre 12.

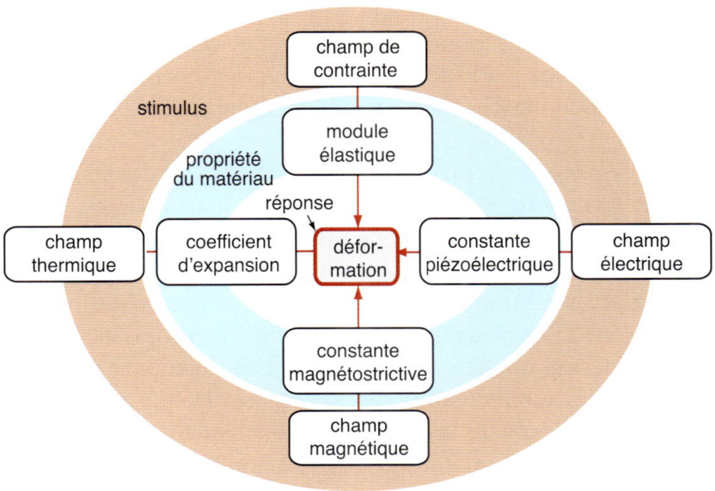

Figure 4.5 Une déformation peut être causée par différents types d'excitations.

4.3 Vue d'ensemble grâce aux cartes de propriétés des matériaux

Le concept de cartes de propriétés des matériaux a déjà été rencontré dans la section 2.5 et il est temps désormais d'utiliser ces cartes. Si des matériaux rigides et légers sont recherchés, une vue d'ensemble des matériaux disponibles est tout d'abord nécessaire. Les deux propriétés dont il est question sont représentées sur la carte module de Young–densité.

Carte module de Young–densité Cette carte de propriétés est représentée sur la figure 4.6. Sur l'axe vertical, le module E des différents matériaux s'étend sur sept ordres de grandeur[7], entre 0,0001 et 1000 GPa. Les valeurs extrêmes de densité ρ sont elles séparées par un facteur 2000, celle-ci variant de moins de 0,01 à 20 Mg/m^3. Les céramiques et les métaux ont des modules et des densités élevés: aucun membre de ces deux familles n'a un module inférieur à 10 GPa ou une densité inférieure à 1,7 Mg/m^3. Tous les polymères, par contre, ont des modules inférieurs à 10 GPa et des densités plus faibles que celles des métaux et des céramiques, la plupart étant proches de 1 Mg/m^3. Les élastomères ont des densités proches de celles des autres polymères, mais leurs modules sont au moins 100 fois plus faibles. Les matériaux avec les densités les plus faibles sont des matériaux poreux; ce sont les mousses fabriquées par l'homme et les structures cellulaires naturelles comme le bois et le liège.

La carte fournit une vue d'ensemble en montrant où les familles de matériaux et leurs membres se situent dans l'espace E–ρ. Elle aide à résoudre le problème fréquent de la sélection d'un matériau pour une application limitée par la rigidité pour laquelle le poids doit être minimisé. Ce problème sera détaillé dans le chapitre 5.

Carte module de Young–coût relatif La minimisation du coût, et non du poids, est souvent l'objectif principal d'une conception. Sur l'axe x de la carte en figure 4.7, les prix relatifs par unité de volume des différents matériaux sont reportés. Ces prix sont normalisés par rapport à celui du métal le plus largement utilisé, à savoir l'acier doux. Le béton et le bois figurent parmi les meilleur marché, suivis des polymères, des aciers et des alliages d'aluminium. Les métaux spéciaux comme le titane, la majorité des céramiques techniques et certains polymères comme le PTFE et le PEEK sont chers. La carte permet de sélectionner des matériaux à la fois rigides et bon marché. Des exemples seront donnés dans le chapitre 5.

Anisotropie Les verres et la majorité des polymères ont des structures désordonnées où les atomes ne sont pas arrangés selon des directions particulières. Leurs propriétés sont *isotropes*, ce qui signifie qu'elles ne dépendent pas de la direction selon laquelle elles sont mesurées. La plupart des matériaux sont cristallins, leurs atomes formant des réseaux ordonnés. Les métaux et les céramiques sont généralement polycristallins car ils sont constitués de nombreux petits cristaux orientés aléatoirement. Les propriétés selon différentes directions sont alors moyennées et une seule valeur suffit. L'anisotropie peut cependant être importante dans certains cas: les monocristaux, les polymères tréfilés et les fibres sont *anisotropes* et leurs propriétés dépendent de la direction selon laquelle elles sont mesurées. Les bois par exemple sont beaucoup plus rigides le long des grains qu'à travers les grains. Les figures 4.6 et 4.7 comportent des bulles distinctes pour chacune des directions de sollicitation. Cet effet

---

[7] Les mousses et les gels (qui peuvent être vus comme des mousses liquides à l'échelle moléculaire) de très faible densité peuvent avoir des modules plus faibles. La gélatine par exemple a un module d'environ 10^{-5} GPa.

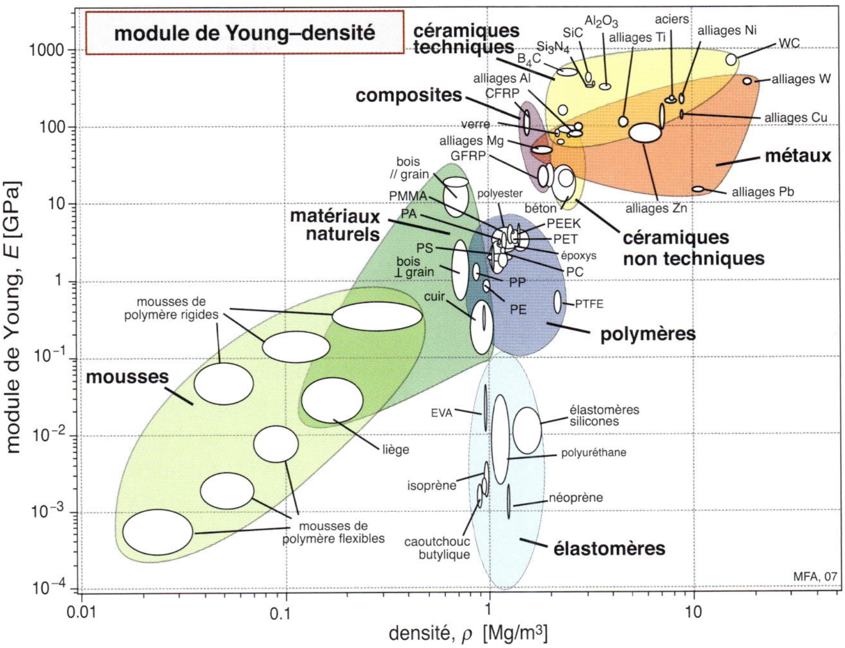

Figure 4.6 Carte module de Young–densité.

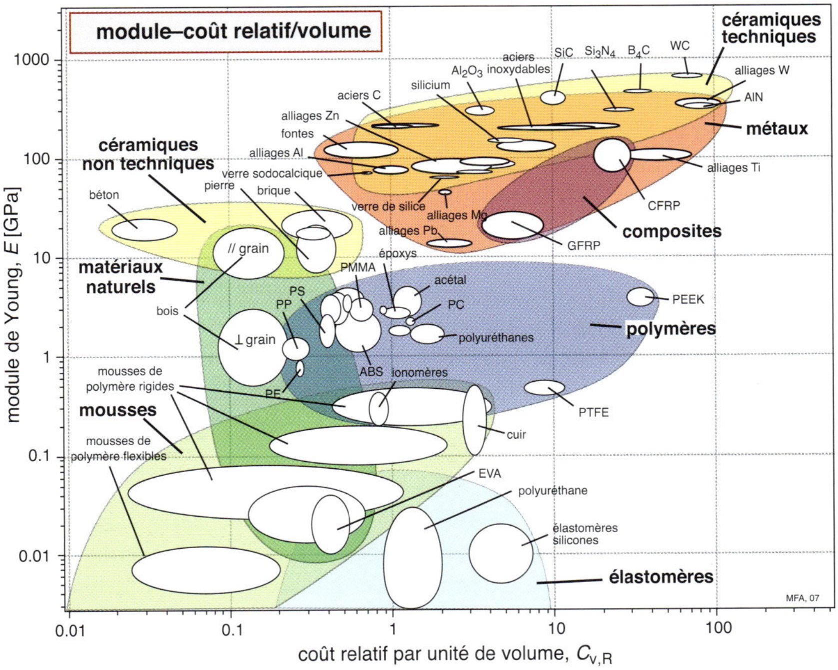

Figure 4.7 Carte module de Young–coût relatif. (Le logiciel CES contient les prix des matériaux, régulièrement actualisés.)

est encore plus marqué pour les composites à base de fibres car le module dans la direction parallèle aux fibres peut être plus de 20 fois supérieur au module dans la direction perpendiculaire. L'anisotropie doit donc être prise en compte si le bois ou un autre matériau composite est choisi.

4.4 Aspects scientifiques à l'origine de la densité et de la rigidité

Densité Les atomes ont des masses très différentes mais leurs tailles sont similaires. Parmi les solides, l'atome stable le plus lourd est celui d'uranium avec une masse atomique de 238. Il est environ 35 fois plus lourd que l'atome le plus léger, celui de lithium, dont la masse atomique est de 6,9. Lorsque ces atomes sont empilés pour former des solides, leurs diamètres sont toutefois quasi identiques (0,32 nm). L'atome le plus grand, celui de césium, n'est que 2,5 fois plus grand que l'atome le plus petit, celui de béryllium. La densité est donc déterminée principalement par la masse atomique et n'est que peu influencée par la taille des atomes et leur arrangement. Les métaux sont denses car ils sont constitués d'atomes lourds empilés de manière compacte (la masse atomique du fer par exemple est de 56). Les polymères ont des faibles densités car ils sont majoritairement composés de deux éléments légers, le carbone (masse atomique 12) et l'hydrogène (masse atomique 1), dans des états amorphes peu compacts ou des arrangements semi-cristallins. La plupart des céramiques ont des densités plus faibles que les métaux car elles contiennent des atomes légers comme Si, O, N ou C. Même les atomes les plus légers arrangés selon la moins compacte des structures donnent des solides avec une densité d'environ 1 t/m^3, soit la même densité que l'eau (cf. fig. 4.6). Les matériaux avec des densités plus faibles sont des *mousses* qui contiennent une fraction importante de porosité.

Introduction à la leçon guidée nº 1: Quelques éléments de cristallographie De nombreuses propriétés des matériaux dépendent directement de la manière dont leurs atomes ou leurs molécules sont arrangés. La structure des verres est désordonnée, sans régularité ni alignement, et la plupart des polymères sont constitués de longues chaînes de molécules enchevêtrées. Par contre, les métaux et les céramiques sont cristallins, leur arrangement atomique formant des unités structurales qui se répètent régulièrement selon un réseau. Les cristaux sont décrits par la *cristallographie*, qui fournit un cadre élégant pour la compréhension de leur géométrie tridimensionnelle. Les concepts fondamentaux de la cristallographie sont brièvement introduits dans les pages suivantes. A la fin de ce livre, la *Leçon guidée nº 1* développe le sujet de manière plus approfondie. Le reste de ce chapitre sera compréhensible sans s'y référer, mais l'étude de cette leçon et les exercices associés permettront toutefois une meilleure compréhension.

Arrangements atomiques dans les métaux et maille élémentaire Les atomes peuvent généralement être associés à des sphères rigides. Au début d'une partie de billard, les boules sont arrangées d'une manière dense comme sur la figure 4.8(a). Les atomes sont arrangés ainsi dans de nombreux métaux, les couches formées incluant alors beaucoup plus de sphères. Cet arrangement particulier est appelé « empilement compact » car il n'existe pas d'arrangement atomique plus dense. Les empilements atomiques sont cependant des arrangements denses en trois dimensions et il existe deux manières d'y parvenir. Les creux formés entre trois

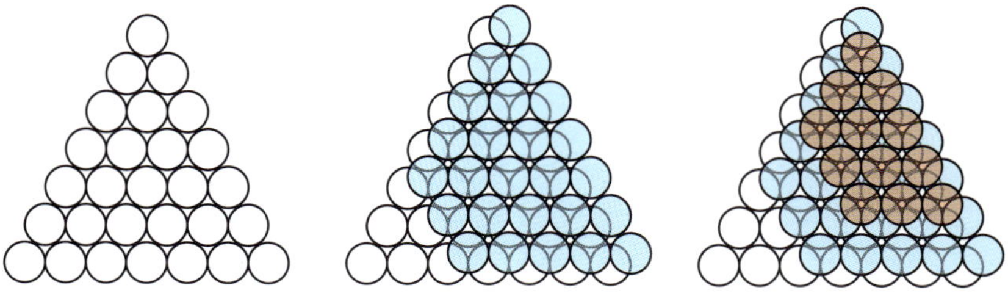

(a) couche A d'un empilement compact

(b) couche B sur A pour donner un empilement ABABAB… ou HC

(c) couche C sur A et B pour donner un empilement ABCABC… ou CFC

Figure 4.8 (a) Couche A d'un empilement compact de sphères (les atomes peuvent généralement être assimilés à des sphères rigides). (b) Deuxième couche, B, disposée dans les creux de la première. La répétition de cette séquence forme un empilement ABAB… ou HC. (c) Troisième couche, C, ne se situant pas au-dessus de A. La répétition de cette séquence forme un empilement ABCABC… ou CFC.

atomes de la première couche, la couche A, permettent d'insérer une deuxième couche, la couche B. Une troisième couche peut ensuite être ajoutée de sorte que ses atomes soient situés exactement au-dessus des atomes de la première couche (également selon la position A). La séquence est répétée pour construire un cristal avec un empilement ABABAB… comme sur la figure 4.8(b). Il s'agit d'un empilement *hexagonal compact*, abrégé *HC*, pour des raisons expliquées plus tard. Il existe un autre empilement dense car deux positions sont possibles pour la deuxième couche, la couche B. Si la troisième couche, la couche C, est positionnée de manière à occuper l'autre position possible, l'empilement devient (en répétant la séquence) ABCABCABC… comme sur la figure 4.8(c). Cet empilement est appelé *cubique à faces centrées*, abrégé *CFC*. De nombreux métaux ont des structures CFC, comme par exemple le cuivre, l'argent, l'aluminium et le nickel. D'autres comme le magnésium, le zinc et le titane ont des structures HC. Ces deux structures ont exactement la même compacité, 0.74, ce qui signifie que les sphères occupent 74% du volume disponible. Cette petite différence de structure influence toutefois les propriétés, notamment celles caractérisant la déformation plastique (chap. 6).

Les structures ne sont pas toutes denses. La figure 4.9 montre un empilement non compact formé par des couches où les atomes sont arrangés selon un réseau carré. La compacité dans ce cas est plus faible que celle des structures précédentes, obtenues en empilant des couches d'atomes arrangés selon un réseau hexagonal (structures CFC et HC). Un empilement ABABAB… de ces couches permet de construire une structure *cubique centrée*, abrégée *CC*, avec une compacité de 0.68. Le fer et la plupart des aciers ont cette structure. Il existe d'autres structures cristallines mais ces trois suffisent pour l'instant.

Tout empilement régulier d'atomes qui se répète est appelé un *cristal*. Les atomes peuvent aussi être empilés de manière à former une structure dite *amorphe*, telle que celle représentée en figure 4.10. Cet arrangement n'est pas aussi dense et la compacité maximale est de 0.64.

L'unité caractéristique d'une structure cristalline est appelée *maille élémentaire*. Trois mailles sont schématisées en figure 4.11, délimitées par des lignes rouges (les atomes ont été réduits pour clarifier le schéma). La première maille, en (a), est un prisme hexagonal. Les

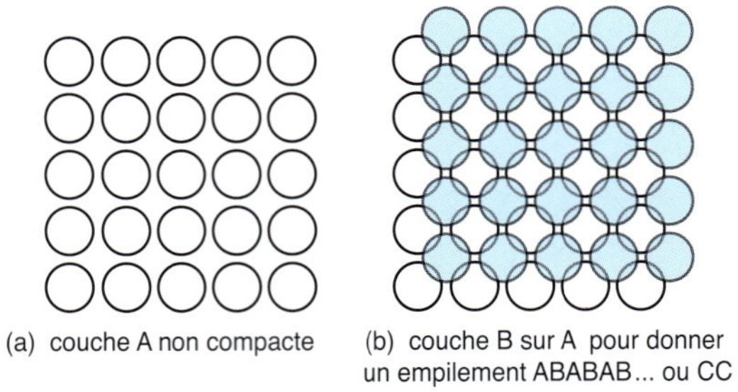

Figure 4.9 (a) Couche A d'un réseau carré de sphères formant un empilement moins compact que celui de la figure précédente. (b) Deuxième couche, B, disposée sur la première; la répétition de cette séquence forme un empilement ABAB... Si l'espacement entre les sphères est tel que les sphères bleues occupent les coins d'un cube, il en résulte une structure non compacte CC.

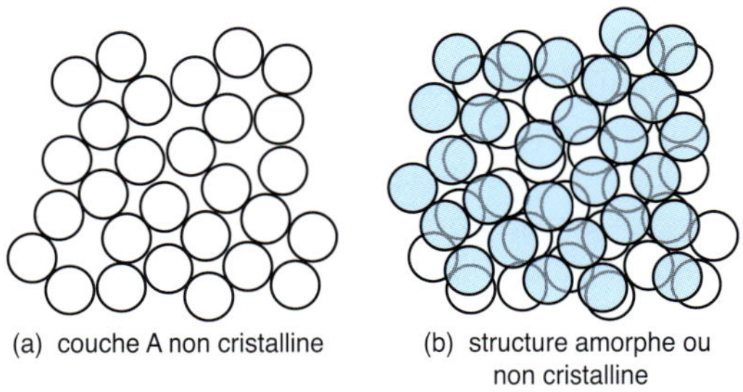

Figure 4.10 (a) Arrangement irrégulier de sphères. (b) L'extension en trois dimensions de cet arrangement forme une structure aléatoire ou amorphe.

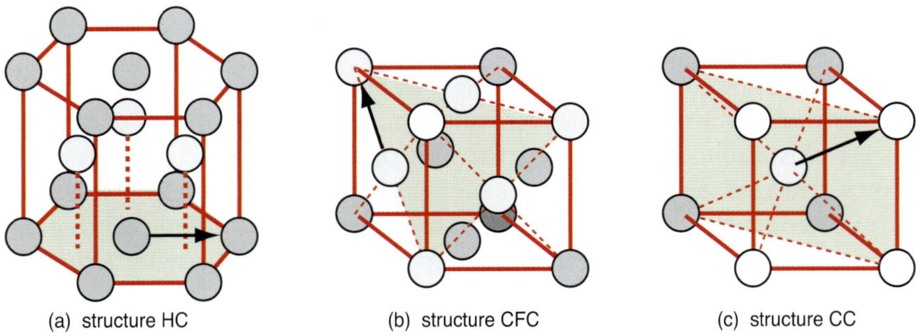

Figure 4.11 Mailles élémentaires formées par des atomes de même nature mais colorés différemment pour mettre en évidence leur position. (a) Structure hexagonale compacte (HC). (b) Structure cubique à faces centrées (CFC). (c) Structure cubique centrée (CC). Les flèches indiquent les voisins les plus proches.

atomes situés dans les plans supérieur, inférieur et médian forment des couches compactes identiques à celle de la figure 4.8(b) avec un empilement ABAB... La structure est par conséquent appelée *hexagonale compacte* (HC). La deuxième maille, en (b), est aussi formée de couches compactes d'atomes bien que cela apparaisse moins clairement. Le plan représenté par le triangle vert est une couche compacte. Si nous considérons que ce plan représente une couche A, les atomes des plans supérieur et inférieur sont situés respectivement dans une couche B et une couche C, formant un empilement ABCABC... tel que sur la figure 4.8(c). La maille élémentaire est un cube possédant un atome à chaque coin ainsi qu'au centre de chaque face, raison pour laquelle cette maille est appelée *cubique à faces centrées* (CFC). La dernière maille, en (c), est l'unité caractéristique de la structure du réseau carré représenté en figure 4.9. Il s'agit d'un cube avec un atome à chaque coin et un atome au centre. Cette maille est à juste titre appelée *cubique centrée* (CC).

Les mailles élémentaires sont empilées pour remplir l'espace comme sur la figure 4.12. Le résultat de cette répétition est alors un *réseau cristallin* et les points où les coins des mailles se rencontrent forment les *nœuds du réseau*. Le cristal est formé en plaçant un atome, ou un groupe d'atomes, à chaque nœud du réseau de sorte à former un motif régulier tridimensionnel. Les mailles cubique et hexagonale font partie des cas les plus simples et il existe d'autres mailles avec des arêtes de différentes longueurs et des angles différents. Le point commun entre toutes ces mailles est qu'elles peuvent être empilées avec des mailles identiques pour remplir l'espace.

Arrangement atomique dans les céramiques Les céramiques sont constituées généralement de plusieurs types d'atomes. Elles ont aussi des mailles élémentaires caractéristiques, telles que celles représentées en figure 4.13. Il s'agit des mailles de deux céramiques figurant sur les cartes de propriétés: le carbure de tungstène (WC) et le carbure de silicium (SiC). La première est hexagonale alors que la seconde est cubique, mais dans les deux cas une paire de deux atomes différents est associée à chaque nœud du réseau.

Arrangement atomique dans les verres L'état cristallin est l'état possédant l'énergie la plus faible. La fusion supprime la cristallinité car les atomes sont mélangés et la régularité de l'arrangement est détruite. Dans un métal fondu, la structure atomique est similaire à la structure amorphe schématisée en figure 4.10. La majorité des métaux cristallisent lorsqu'ils

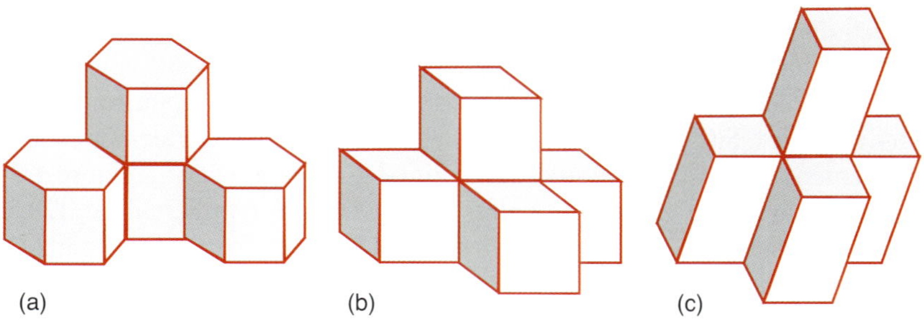

Figure 4.12 Empilements de mailles élémentaires. (a) Maille hexagonale. (b) Maille cubique. (c) Maille triclinique.

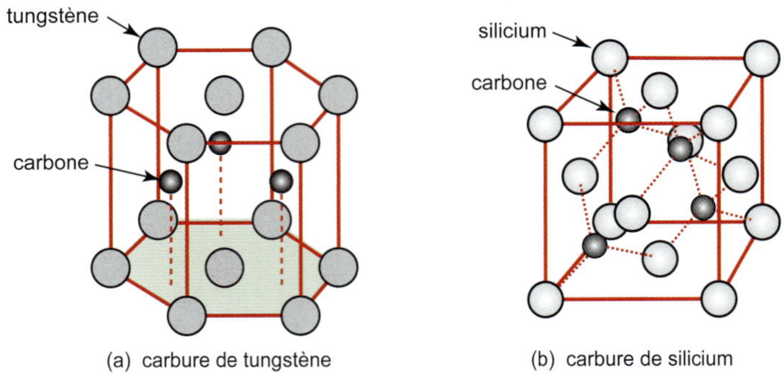

Figure 4.13 Exemples de mailles élémentaires. (a) Carbure de tungstène. (b) Une forme du carbure de silicium.

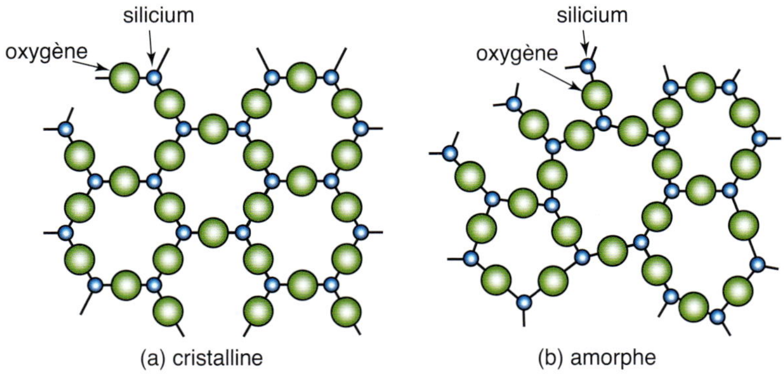

Figure 4.14 Deux structures différentes de la silice, qui forme la base de la plupart des verres. (a) Silice cristalline. (b) Verre de silice ou silice amorphe.

sont refroidis à leur point de fusion. Cependant si le refroidissement est extrêmement rapide, la structure fondue peut parfois être figée pour former un métal amorphe ou « verre métallique ». La structure amorphe des composés est plus facile à figer. En particulier, la cristallisation de la silice, SiO_2, est si lente que celle-ci se présente généralement sous forme amorphe. L'arrangement atomique de la silice cristalline est schématisé sur la figure 4.14(a). Il est formé par des hexagones identiques de paires Si–O arrangés régulièrement. L'état amorphe, plus commun, est représenté sur la partie droite. Dans cette structure, les paires Si–O ne forment pas toutes des hexagones et il n'y a pas de répétition régulière. La silice amorphe est à la base de presque tous les verres. Elle est mélangée avec du Na_2O et du CaO pour faire du verre sodocalcique (fenêtres, bouteilles) et avec du B_2O_5 pour faire du verre borosilicate (Pyrex). La structure est néanmoins déterminée par la silice, raison pour laquelle elle est dite « vitreuse », un qualificatif synonyme de « amorphe ».

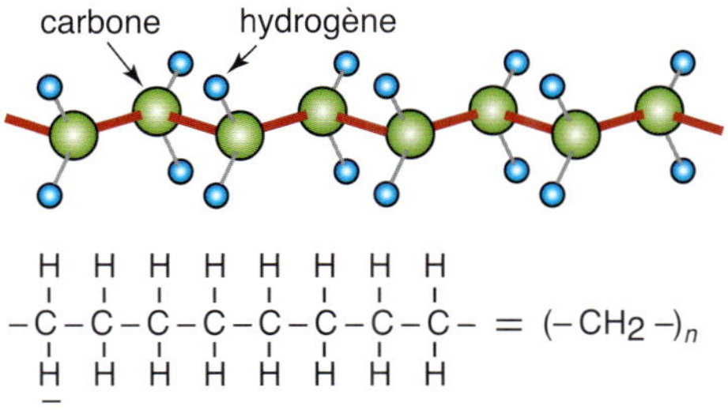

Figure 4.15 Une chaîne de polymère est formée d'un squelette carbone–carbone auquel sont liés des atomes d'hydrogène ou d'autres groupes latéraux. La molécule de polyéthylène est représentée de trois manières différentes.

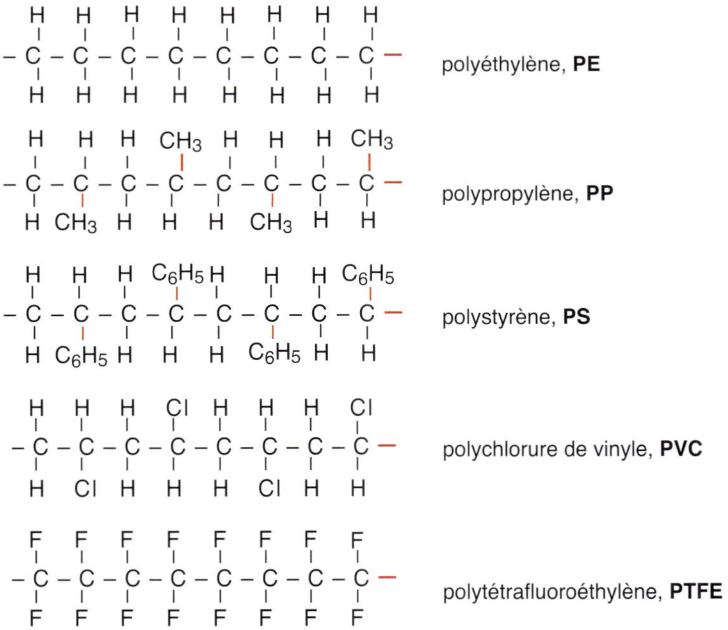

Figure 4.16 Formules développées de cinq polymères usuels. Les liaisons fortes carbone–carbone sont indiquées en rouge.

Arrangement atomique dans les polymères Les polymères ont des structures différentes. Le squelette d'un polymère de masse moléculaire élevée est une longue chaîne d'atomes de carbone à laquelle sont attachés des groupes latéraux. La figure 4.15 montre un segment du polymère le plus simple, le polyéthylène (PE), de formule $(—CH_2—)_n$. Les chaînes ne sont pas infinies et se terminent dans ce cas par des groupes CH_3. Le PE est obtenu par polymérisation de molécules d'éthylène, $CH_2{:}CH_2$. Le symbole : représente une double liaison qui est rompue lors de la polymérisation pour permettre à chaque atome de carbone

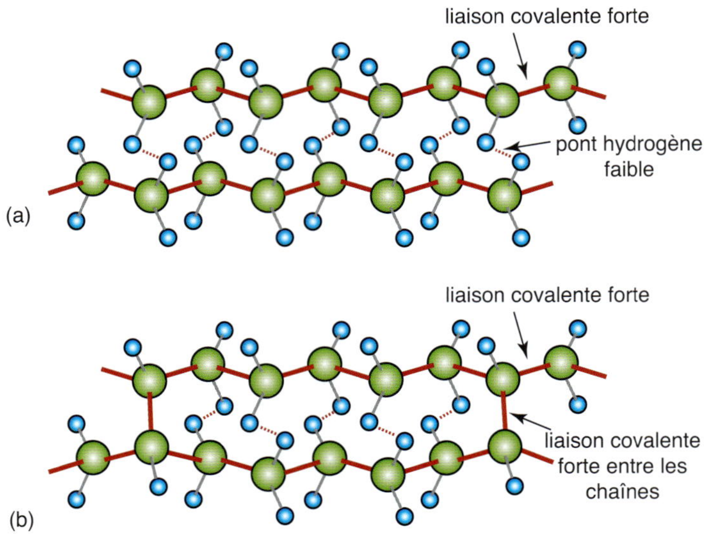

Figure 4.17 (a) Le «squelette» des chaînes polymères est constitué de liaisons covalentes fortes mais les liaisons entre chaînes ne sont que des ponts hydrogène faibles, à moins que le polymère soit réticulé. (b) La réticulation forme des liaisons fortes entre les chaînes. Les liaisons fortes carbone–carbone sont représentées par des lignes rouges épaisses.

de se lier avec un atome de carbone voisin. Les structures de cinq polymères linéaires largement répandus sont représentées en figure 4.16.

Les molécules d'un polymère sont liées ensemble pour former un solide. Dans le cas du polyéthylène par exemple, une chaîne est formée de 10^3 à 10^6 groupes CH_2 qui sont fortement liés entre eux. Les liaisons intermoléculaires en revanche sont faibles (fig. 4.17(a)). Les ponts hydrogène qui maintiennent les chaînes ensemble sont facilement rompus ou réarrangés. La structure ressemble alors à un plat de spaghetti et consiste en un amas dense de molécules sans ordre ni cristallinité (fig. 4.18(a)). Cette structure amorphe est celle des *thermoplastiques* comme ceux représentés en figure 4.16. Les liaisons faibles sont facilement rompues lorsque le polymère est chauffé et celui-ci peut ainsi être moulé puis conserver sa nouvelle forme lors du refroidissement.

Les faibles liaisons des thermoplastiques tendent néanmoins à aligner les molécules, comme sur la figure 4.17(a). Les molécules sont trop longues pour être totalement alignées mais des segments de molécules peuvent l'être et former ainsi de petites régions cristallines (fig. 4.18(b)). Ces *cristallites* sont petites (1 à 10 µm de diamètre) et suffisent juste à diffuser la lumière. Les polymères amorphes exempts de cristallites peuvent donc être transparents, à l'exemple du polycarbonate (PC), du polyméthacrylate de méthyle (PMMA, Plexiglas) et du polystyrène (PS). Les polymères semi-cristallins comme le polyéthylène (PE) et le nylon (PA) diffusent la lumière et sont translucides.

Le véritable changement survient lorsque les chaînes sont réticulées en remplaçant certains des ponts hydrogène faibles par des liaisons covalentes C—C (fig. 4.17(b)). Un vaste réseau comprenant de multiples connections est alors obtenu. Les *élastomères* (polymères caout-

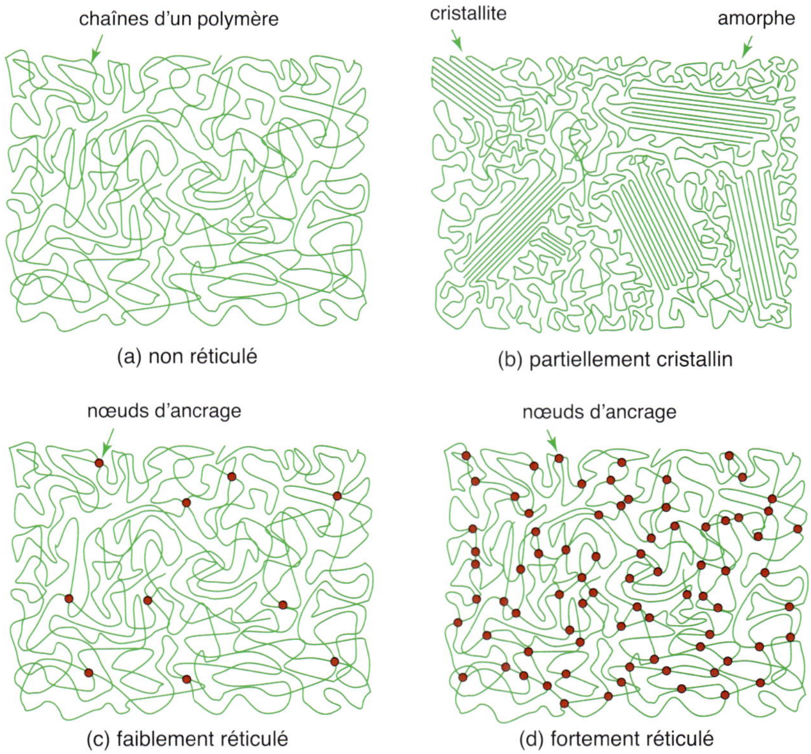

Figure 4.18 (a) Les chaînes d'un polymère comme le polypropylène forment un amas sans aucun motif régulier, semblable à un plat de spaghetti. Cette structure est dite amorphe ou « vitreuse ». (b) Certains polymères peuvent avoir des zones cristallines dans lesquelles les chaînes sont alignées. (c) Les élastomères sont faiblement réticulés et les chaînes peuvent être étirées entre ces liaisons très espacées. (d) Dans les polymères fortement réticulés, comme l'époxy, les chaînes ne peuvent plus glisser.

chouteux) sont relativement peu réticulés, comme sur la figure 4.18(c). Les *thermodurcissables* comme les époxys et les phénoliques sont en revanche très réticulés (fig. 4.18(d)), ce qui les rend plus rigides et plus résistants que les thermoplastiques. Les réticulations ne se rompent pas lors de la chauffe et une fois ces liaisons formées, les thermodurcissables ne peuvent donc plus être moulés à chaud ou recyclés.

Energie de cohésion et module élastique : cristaux et verres Certaines liaisons interatomiques sont faibles et d'autres sont fortes. L'*énergie de cohésion* mesure la force des liaisons et est définie comme l'énergie molaire (une mole contient 6.022×10^{23} atomes) requise pour séparer complètement les atomes d'un solide. De manière équivalente, il s'agit aussi de l'énergie relâchée lorsque des atomes éloignés sont mis ensemble pour former un solide.

Plus l'énergie de cohésion est élevée, plus les liaisons interatomiques sont fortes et plus le module est élevé. Les liaisons peuvent être assimilées à de petits ressorts (fig. 4.19) avec à

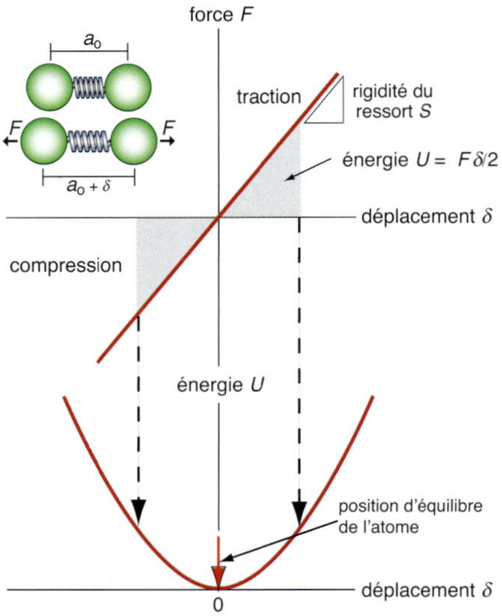

Figure 4.19 Dans les cristaux et les verres, les liaisons interatomiques peuvent être assimilées à des ressorts. La rigidité d'une liaison est donnée par $S = F/\delta$. La traction ou la compression d'une liaison par un déplacement δ emmagasine une énergie $U = F\delta/2$. La position d'équilibre correspond au minimum d'énergie.

l'équilibre un espacement a_o entre les atomes. Une force de traction F éloigne les atomes et l'espacement devient $a_o + \delta$. L'espacement initial est retrouvé lorsque la force est relâchée. Le même comportement est observé en compression car, comme la courbe l'indique, l'énergie potentielle de la liaison ne dépend pas de la direction selon laquelle la force est appliquée. L'espacement d'équilibre correspond au minimum d'énergie. Un ressort qui est étiré de δ par une force F a une rigidité S donnée par

$$S = \frac{F}{\delta} \tag{4.15}$$

que ce soit en compression ou en traction.

Le tableau 4.1 liste les rigidités des différents types de liaisons. Ces rigidités déterminent dans une large mesure la valeur du module E. La liaison covalente est particulièrement rigide (S = 20–200 N/m); le module du diamant est très élevé car les atomes de carbone sont petits (la densité de liaisons est élevée) et liés par des ressorts très forts (S = 200 N/m). La plupart des métaux de l'ingénierie possèdent des liaisons métalliques moins rigides (S = 8–60 N/m). Mais l'arrangement atomique au sein des métaux étant souvent compact, ils ont aussi des modules élevés, bien qu'inférieurs à celui du diamant. Les liaisons ioniques sont présentes dans beaucoup de céramiques et ont des rigidités comparables à celles des métaux, leur donnant aussi des modules élevés. Les polymères ont à la fois des liaisons covalentes fortes le long des chaînes, similaires à celles du diamant, et des liaisons faibles de types ponts

Tableau 4.1 Rigidité des liaisons, *S*

Type de liaison	Exemples	Rigidité, *S* (N/m)	Module de Young, *E* (GPa)
Covalente	Liaison C–C	20-200	100-1000
Métallique	Métaux de l'ingénierie	8-60	20-210
Ionique	Chlorure de sodium	5-100	30-400
Pont H/Van der Waals	Polyéthylène	0.5-5	0.5-5

hydrogène ou Van der Waals (S = 0.5–5 N/m) entre les chaînes. Ce sont les liaisons faibles qui sont étirées lorsque le polymère est déformé et par conséquent leur module est faible. C'est seulement si l'allongement d'un polymère est très important que ses molécules deviennent suffisamment alignées pour que les liaisons covalentes soient étirées. Le module est alors beaucoup plus élevé, ce qui correspond à la dernière partie de la courbe contrainte-déformation en figure 4.4. Cet effet est exploité par la production de fibres de polymères, dont les propriétés sont largement supérieures à celles des polymères massifs (cf. chap. 19).

Lorsqu'une force F est appliquée sur une paire d'atomes, leur espacement augmente de δ. Si le diamètre atomique vaut a_o cette force correspond à une contrainte $\sigma = F/a_o^2$, en supposant que chaque atome occupe un cube d'arête a_o. Un allongement de δ de l'espacement interatomique initialement égal à a_o correspond à une déformation $\varepsilon = \delta/a_o$. En substituant cela dans l'équation (4.15), il s'en suit que

$$\sigma = \frac{S}{a_o}\varepsilon \tag{4.16}$$

La comparaison de ce résultat avec l'équation (4.6) permet d'estimer le module de Young E

$$E = \frac{S}{a_o} \tag{4.17}$$

Les plus gros atomes ($a_o = 4 \times 10^{-10}$ m) liés par les plus faibles liaisons (S = 0.5 N/m) auront donc un module d'environ

$$E = \frac{0.5}{4 \times 10^{-10}} \approx 1\,\text{GPa} \tag{4.18}$$

Cette valeur représente la *limite inférieure* pour les « vrais » solides et de nombreux polymères ont un module proche de celle-ci. Les métaux et les céramiques ont des modules 50 à 1000 fois plus élevés car leurs liaisons sont plus rigides (cf. tab. 4.1). Certains matériaux présents sur la carte E–ρ ont cependant des modules bien plus faibles que cette limite : ce sont les *mousses* et les *élastomères*. Les modules des mousses sont faibles car les parois des cellules se plient facilement (permettant de grands allongements) lorsqu'une contrainte est appliquée. L'origine du module des élastomères demande davantage d'explications.

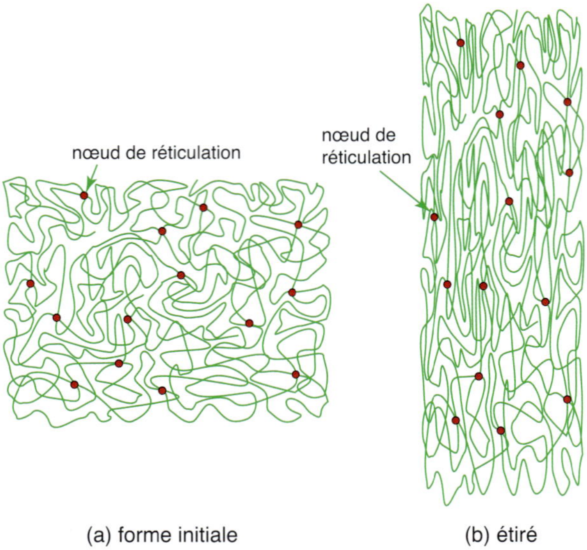

Figure 4.20 Traction d'un élastomère. La longueur finale dans ce cas est le double de la longueur initiale. Les chaînes sont alignées lors de la déformation et des régions cristallines sont formées. L'agitation thermique permet à la structure de retrouver sa forme initiale.

Modules élastiques des élastomères Un élastomère est un amas de longues chaînes moléculaires faiblement réticulé, comme sur la la figure 4.20(a). Mises à part les réticulations, les liaisons entre les molécules sont faibles, si faibles qu'elles sont rompues à température ambiante. Les températures de transition vitreuse T_g (température à laquelle les liaisons faibles commencent à être rompues) des élastomères sont inférieures à la température ambiante. Les segments sont libres de glisser et s'il n'était pas réticulé, le matériau n'aurait aucune rigidité et ne serait qu'un liquide visqueux.

La température favorise le caractère aléatoire. Par conséquent, les cristaux fondent en des fluides désordonnés au point de fusion et s'évaporent en des gaz encore plus aléatoires au point d'ébullition. L'amas de la figure 4.20(a) est très aléatoire ou, exprimé selon les termes de la thermodynamique, son entropie est élevée. Les molécules s'alignent lorsqu'il est étiré (fig. 4.20(b)) et certaines zones commencent à ressembler aux cristallites de la figure 4.18(b). Les cristaux sont ordonnés (par opposition à aléatoires) et leur entropie est faible. Lorsque la température est augmentée, le désordre tend à être restauré pour que le matériau redevienne un amas aléatoire. La réticulation lui donne alors une « mémoire » de la forme désordonnée initiale. Il y a donc une résistance à la déformation (une rigidité) qui n'a rien à voir avec l'étirement des liaisons, mais qui est due à la mise en ordre induite par la déformation. Une théorie complète est compliquée et implique la mécanique statistique d'un amas de longues chaînes. Le module ne se calcule donc pas facilement. Le point principal à retenir est que le module des élastomères est faible, dû à ce mécanisme complexe, et qu'il augmente avec la température (à cause de la tendance au désordre qui augmente) alors que celui des « vrais » solides diminue (à cause de l'expansion thermique).

Mélanges d'atomes La plupart des matériaux de l'ingénierie ne sont pas purs mais contiennent plusieurs éléments différents. Ces éléments sont souvent solubles, à l'image du sucre dans le thé. Comme le matériau est solide, il s'agit d'une *solution solide*. Le laiton (zinc en solution dans du cuivre), le métal d'apport pour les brasages tendres (étain en solution dans du plomb) et l'acier inoxydable (nickel et chrome en solution dans du fer) en sont des exemples.

Comme nous le verrons plus tard, la mise en solution change considérablement certaines propriétés des matériaux mais ce n'est pas le cas du module et de la densité. En règle générale, la densité $\tilde{\rho}$ d'une solution solide est comprise entre les densités ρ_A et ρ_B des matériaux de base, en suivant une *loi des mélanges* (une moyenne arithmétique pondérée par la fraction volumique) connue dans ce cas comme la loi de Vegard :

$$\tilde{\rho} = f\rho_A + (1-f)\rho_B \tag{4.19}$$

où f représente la fraction volumique des atomes A. La situation est un peu plus compliquée pour le module. Un matériau pur n'a qu'un seul type de liaisons, A—A par exemple, alors que trois liaisons sont présentes dans un mélange d'atomes A et B : A—A, B—B et A—B. Pour chaque liaison du tableau 4.1, la gamme de rigidité est relativement restreinte de sorte que les valeurs moyennes pour un mélange se situent aussi entre celles des éléments purs.

Les alliages ne permettent donc pas de manipuler beaucoup le module et la densité. A cette fin, des mélanges à une échelle macroscopique sont nécessaires pour créer des matériaux *hybrides*. Les *composites* sont réalisés par mélange de deux solides et les *mousses* sont fabriquées en mélangeant un solide et un gaz. Les effets sur le module et la densité sont illustrés par la carte de propriétés détaillée dans la section suivante.

4.5 Manipuler le module élastique et la densité

Composites Les composites sont réalisés en ajoutant des fibres ou des particules à une matrice continue d'un polymère (composites à matrice polymère, abrégés en anglais PMC), d'un métal (MMC) ou d'une céramique (CMC) (fig. 4.21). Le développement des composites à hautes performances fait partie des développements majeurs de ces 40 dernières années dans le domaine des matériaux. Les composites ont des rigidités et des résistances par unité de poids élevées. Les MMC et les CMC ont également de bonnes performances aux températures élevées.

Considérons un renfort r (densité ρ_r) mélangé à une matrice m (densité ρ_m) afin de former un composite sans porosité résiduelle. Si la fraction volumique du renfort vaut f, celle de la matrice vaut $(1-f)$ et la densité du composite $\tilde{\rho}$ est donnée par la loi des mélanges :

$$\tilde{\rho} = f\rho_r + (1-f)\rho_m \tag{4.20}$$

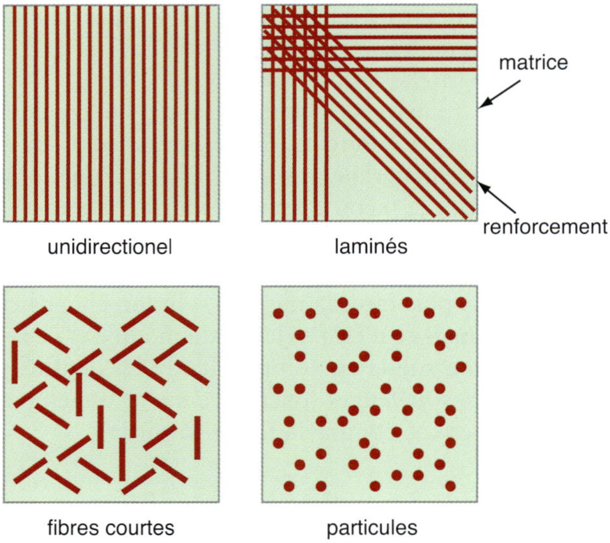

Figure 4.21 La fabrication de composites permet de manipuler le module, en mélangeant des fibres ou des particules rigides avec une matrice moins rigide.

La géométrie et la forme du renfort n'interviennent pas, excepté pour déterminer la fraction maximale du renfort et donc la limite supérieure de f (typiquement 50%).

Le module d'un composite est situé entre deux *limites*. La limite supérieure $\tilde{E}_U$ est déterminée en supposant que les déformations des deux composants sont égales lorsqu'une charge est appliquée, par similitude avec des ressorts disposés en parallèle. La contrainte dans le composite est alors égale à la moyenne des contraintes dans la matrice et dans le renfort (plus rigide), pondérée par les fractions volumiques. Une loi des mélanges est ainsi de nouveau obtenue:

$$\tilde{E}_U = fE_r + (1-f)E_m \tag{4.21}$$

où E_r et E_m sont les modules de Young du renfort et de la matrice, respectivement. Pour calculer la limite inférieure $\tilde{E}_L$, les contraintes dans les deux composants sont supposées identiques de manière analogue à des ressorts montés en série. La déformation est la moyenne des déformations locales, pondérée par les fractions volumiques, et le module du composite est alors donné par

$$\tilde{E}_L = \frac{E_m E_r}{fE_m + (1-f)E_r} \tag{4.22}$$

La figure 4.22 montre la gamme de propriétés qui peut en théorie être obtenue en mélangeant deux matériaux (les limites sont calculées à l'aide des équations (4.20) à (4.22)). Les composites permettent de remplir certaines régions auparavant vides de la carte E–ρ et

Exemple 4.4

Un matériau composite est formé d'une matrice de polypropylène renforcée par 10% de verre. Estimer le module de Young et la densité du composite si le verre se présente: (i) sous forme de longues fibres parallèles (calculer les propriétés dans la direction parallèle aux fibres); (ii) sous formes de petites particules. Comparer les modules spécifiques (E/ρ) des matériaux de base et des deux composites. Localiser les quatre matériaux sur la figure 4.22.

Utiliser les données suivantes:

	E (GPa)	ρ (Mg/m^3)	E/ρ (GPa m^3 Mg^{-1})
Polypropylène (m)	1	0.9	1.1
Verre (r)	70	2.2	31.8

Solution. La densité est identique pour les deux composites et, en utilisant l'équation (4.20) avec $f = 0.1$, $\tilde{\rho} = 1.03$ Mg/m^3 (légèrement supérieure à celle de l'eau). Le module de Young du composite renforcé par des fibres (parallèle aux fibres) se calcule avec l'équation (4.21) et vaut $\tilde{E}_{FRP} = 7.9$ GPa, ce qui donne un module spécifique de $\tilde{E}_{FRP}/\rho = 7.9/1.03 = 7.7$ GPa m^3 Mg^{-1}. Par l'équation (4.22), le module du composite renforcé par des particules vaut $\tilde{E}_{PRP} = 1.1$ GPa et son module spécifique est de $\tilde{E}_{PRP}/\rho = 1.07$ GPa m^3 Mg^{-1}. Le module spécifique du composite renforcé par des fibres est sept fois plus élevé que celui de la matrice, ce qui représente un bénéfice considérable pour réaliser un composant ou une structure légers. Le module spécifique du composite renforcé par des particules est légèrement inférieur à celui de la matrice.

offrent ainsi de nouvelles possibilités aux concepteurs. Plusieurs limitations techniques sont certes rencontrées: la matrice et les renforts doivent être chimiquement compatibles, ils doivent être disponibles sous la forme adéquate et le coût de fabrication du composite doit être raisonnable. Les polymères renforcés par des fibres sont des exemples biens établis de composites. Sur la figure 4.6, les polymères renforcés par des fibres de verre (GFRP) et ceux renforcés par des fibres de carbone (CFRP) se situent dans la bulle des composites, entre les polymères et les céramiques. Ils sont aussi rigides que les métaux mais plus légers.

Mousses La fabrication des mousses est identique à celle du pain: une matrice (la pâte) est mélangée avec un agent moussant (la levure) en contrôlant ensuite le processus afin d'emprisonner les bulles formées. Les mousses polymères sont utilisées pour l'isolation, la flottaison, les emballages et le rembourrage. Des mousses peuvent aussi être réalisées à partir d'autres matériaux comme les métaux, les céramiques et même le verre. Elles sont légères, pour la raison évidente qu'elles contiennent typiquement 90% de porosité, et ont des modules faibles. Leur utilité n'est pas pour autant négligeable: la protection d'un objet fragile (comme un être humain) requiert un matériau avec une rigidité et une résistance à la fois faibles et contrôlées, des caractéristiques offertes par les mousses.

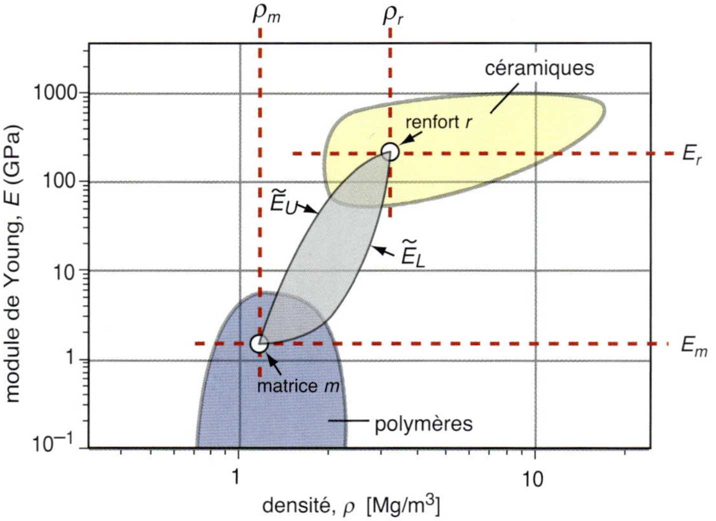

Figure 4.22 Les composites constitués d'une matrice *m* et d'un renfort *r* ont des modules et des densités qui dépendent de la fraction volumique et de la forme des renforts. Les valeurs sont comprises dans la zone grise délimitée par les équations (4.21) et (4.22). Cet exemple illustre le cas d'une matrice polymère avec des renforts céramiques, mais le même principe est valable pour n'importe quelle combinaison.

Une cellule idéale d'une mousse de faible densité est schématisée en figure 4.23. Elle est formée de parois ou de bordures solides qui entourent un pore rempli de gaz. Les solides cellulaires sont caractérisés par leur *densité relative*, la fraction volumique occupée par le solide. Pour la structure représentée ici (en supposant $t \ll L$), elle correspond à

$$\frac{\tilde{\rho}}{\rho_s} = \left(\frac{t}{L}\right)^2 \tag{4.23}$$

avec $\tilde{\rho}$ et ρ_s les densités de la mousse et du solide de base et L et t respectivement la taille et l'épaisseur des parois de la cellule.

Comme illustré sur la partie droite de la figure, les parois de la cellule se déforment lorsque la mousse est comprimée. Ce comportement peut être modélisé pour obtenir le module $\tilde{E}$ de la mousse (ce résultat sera expliqué d'ici la fin du chapitre suivant)

$$\frac{\tilde{E}}{E_s} = \left(\frac{\tilde{\rho}}{\rho_s}\right)^2 \tag{4.24}$$

où E_s représente le module du solide de base. Les mousses représentent donc un deuxième moyen de manipuler le module, dans le but cette fois-ci de le diminuer. Si une mousse a une

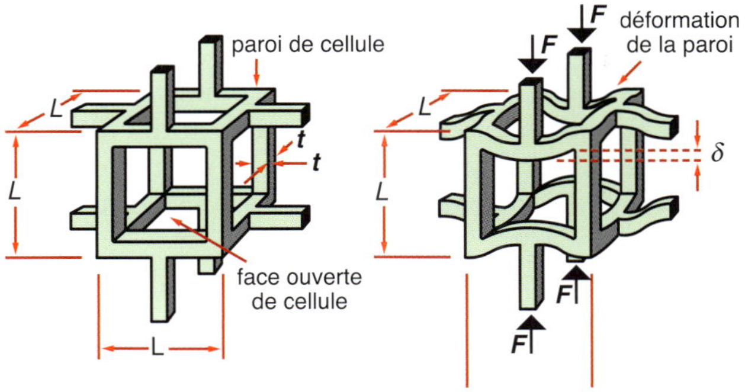

Figure 4.23 La fabrication de mousses permet de manipuler le module. Les parois des cellules sont déformées lorsque la mousse est sollicitée mécaniquement.

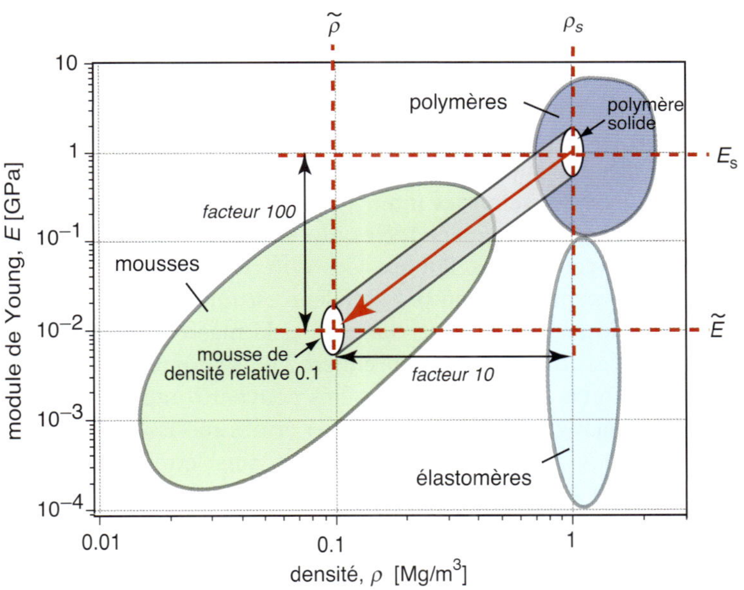

Figure 4.24 La formation de mousses permet de créer des nouveaux matériaux avec des modules et des densités moindres. Un faible module sert à fabriquer des emballages et des enveloppes protectrices tandis qu'une faible densité est utile pour réaliser des conceptions légères et des dispositifs de flottaison. La flèche rouge représente l'équation (4.24).

densité relative de 0.1 (l'espace vide représente 90% du volume), son module n'atteint que 1% du module du solide de base, comme indiqué sur la figure 4.24. Les gammes de modules et de densités des mousses existantes sont visibles sur la carte en figure 4.6. Elles se situent comme prévu au-dessous et à gauche des polymères à base desquels elles sont faites.

4.6 Résumé et conclusions

Lorsqu'un solide est sollicité mécaniquement, il commence par se déformer de manière élastique. « Elastique » signifie que le solide retrouve sa forme initiale quand la charge est relâchée. La propriété mesurant la rigidité est le module élastique. Trois modules sont nécessaires car les solides peuvent être sollicités de différentes manières :

- Le *module de Young*, E, mesurant la résistance à l'allongement.
- Le *module de cisaillement*, G, mesurant la résistance à la torsion.
- Le *module de compressibilité*, K, mesurant la résistance à la compression hydrostatique.

De nombreuses applications nécessitent rigidité et légèreté, en particulier les véhicules terrestres, les aéronefs et les engins spatiaux. Un module élevé et une faible densité sont alors nécessaires.

La densité d'un matériau correspond à la masse de ses atomes divisée par le volume qu'ils occupent. Tous les atomes ont presque le même volume mais leur masse diffère considérablement. La densité dépend donc principalement de la masse atomique et augmente généralement avec le numéro atomique.

Les modules trouvent leur origine dans la rigidité des liaisons interatomiques et dans le nombre d'atomes (et donc de liaisons) par unité de volume. Le volume atomique variant peu d'un solide à l'autre, les modules reflètent principalement la rigidité des liaisons. Différents types de liaisons existent selon les interactions électroniques. Les liaisons métallique, covalente et ionique sont généralement fortes alors que les ponts hydrogène et les liaisons Van der Waals sont beaucoup plus faibles. Ces différences expliquent pourquoi le module de l'acier est élevé alors que celui du polyéthylène est faible.

Pour un solide donné, la force des liaisons et la masse atomique ne peuvent être que très légèrement modifiées. Il faut donc à première vue se contenter des modules et des densités des matériaux existants. Ces deux propriétés peuvent toutefois être manipulées en formant des composites (mélange de deux matériaux) et des mousses (mélange d'un matériau et de porosité). Des « nouveaux » matériaux peuvent ainsi être créés pour occuper des régions auparavant vides sur la carte E–ρ.

4.7 Lectures complémentaires

Ashby, M. F., & Jones, D. R. H. (2006). *Engineering Materials 1* (3rd ed.). Elsevier Butterworth-Heinemann, Oxford, UK. ISBN 0-7506-6380-4. (*Le premier de deux textes introductifs sur les propriétés techniques et la mise en œuvre des matériaux.*)

Askeland, D. R., & Phule, P. P. (2006). *The Science of Engineering Materials* (5th ed.). Thompson Publishing, Toronto, Canada. (*Un texte traitant de la science des matériaux avec une approche scientifique plutôt qu'une approche guidée par la conception.*)

Callister, W. D., Jr (2007). *Materials Science and Engineering, An Introduction* (7th ed.). Wiley, New York, USA. ISBN 0-471-73696-1. (*Un texte réputé d'introduction aux matériaux, avec une approche scientifique.*)

4.8 Exercices

Exercice E4.1 Identifier quel mode de sollicitation (fig. 4.2) est dominant pour les composants suivants :

- Bouteille de boisson gazeuse.
- Ligne électrique aérienne.
- Semelle de chaussure.
- Pale d'éolienne.
- Corde d'escalade.
- Fourche de vélo.
- Fuselage d'avion.

Citer d'autres exemples pour chaque mode de sollicitation.

Exercice E4.2 Le câble d'un treuil a une section de 80 mm^2. Le treuil est utilisé pour soulever une caisse de 500 kg. Quelle est la contrainte dans le câble ? La longueur initiale du câble est de 3 m. De combien s'allonge-t-il s'il est fait en acier (E = 200 GPa) ? Et s'il est fait en polypropylène (PP, E = 1.2 GPa) ?

Exercice E4.3 La densité de l'eau est de 1000 kg/m^3. Quelle est la pression hydrostatique à une profondeur de 100 m ?

Exercice E4.4 Une catapulte possède deux bras en caoutchouc ayant chacun une section carrée de 4 mm de côté et une longueur de 300 mm. Durant l'utilisation, les bras atteignent trois fois leur longueur initiale avant d'être relâchés. Supposer que le module élastique du caoutchouc est de 10^{-3} GPa et qu'il ne change pas durant la déformation. Combien d'énergie est emmagasinée par la catapulte juste avant la détente ?

Exercice E4.5 Utiliser la carte module élastique-densité de la figure 4.6 pour trouver, parmi les matériaux représentés :

(a) Le matériau le plus dense.
(b) Le métal avec le module le plus faible.
(c) Le polymère avec la densité la plus élevée.
(d) Pour les bois, le rapport approximatif entre les modules parallèles et perpendiculaires aux grains.
(e) La gamme approximative des modules des élastomères.

Exercice E4.6 Utiliser la carte module élastique–coût relatif de la figure 4.7 pour trouver, parmi les matériaux représentés :

(a) Le matériau le moins cher avec un module supérieur à 1 GPa.
(b) Le métal le moins cher.
(c) Le polymère le moins cher.
(d) Si le coût des alliages de magnésium est inférieur ou supérieur à celui des alliages d'aluminium.

(e) Si le coût du PEEK (un polymère avec des performances élevées) est inférieur ou supérieur à celui du PTFE.

Exercice E4.7 Qu'est-ce qu'un :

- Solide cristallin ?
- Solide amorphe ?
- Thermoplastique ?
- Thermodurcissable ?
- Elastomère ?

Exercice E4.8 La rigidité *S* d'une liaison atomique dans un matériau donné est de 50 N/m et les centres de ses atomes sont séparés par une distance de 0,3 nm. Que vaut approximativement son module élastique ?

Exercice E4.9 Déterminer les limites supérieure et inférieure pour le module d'un composite (équations (4.21) et (4.22)). Pour la première limite, supposer que la matrice et les renforts se comportent comme deux ressorts en parallèle (leurs déformations sont égales). Pour la seconde, supposer que la matrice et les renforts se comportent comme deux ressorts en série (les contraintes y sont égales).

Exercice E4.10 Un composite à matrice métallique est réalisé en insérant des particules de carbure de silicium (SiC) dans une matrice en aluminium. La fraction volumique des particules vaut $f = 0.2$. Le module et la densité des deux matériaux de base sont listés dans le tableau ci-dessous. Le module des composites renforcés par des particules est proche de la limite inférieure discutée dans ce chapitre (équation (4.22)). Calculer la densité et le module approximatif du composite. Est-ce que le module spécifique E/ρ du composite est supérieur à celui de l'aluminium sans renforts ? De combien est augmenté le module spécifique si la même fraction volumique de SiC est utilisée, mais sous forme de fibres continues ? Pour des fibres continues, le module est proche de la limite supérieure (équation (4.21)).

	Densité (Mg/m^3)	Module (GPa)
Aluminium	2.70	70
Carbure de silicium	3.15	420

Exercice E4.11 Lire le module *E* du polypropylène (PP) sur la carte E–ρ de la figure 4.6. Estimer le module d'une mousse PP avec une densité relative $\tilde{\rho}/\rho_s$ de 0.2.

4.9 Conception assistée avec le logiciel CES (utiliser le niveau 2)

Exercice E4.12 Dessiner une carte E–ρ avec le logiciel CES. Utiliser une fenêtre de sélection pour trouver trois matériaux qui ont un module maximal et des densités comprises entre 1000 et 3000 kg/m^3.

Exercice E4.13 Le module E est approximativement proportionnel à la température de fusion T_m en Kelvin (des liaisons interatomiques fortes augmentent la rigidité et sont moins facilement rompues par la chaleur). Avec CES, dessiner une carte E–T_m pour les métaux et tracer des « guidelines » avec une pente égale à 1. Utiliser ces droites pour estimer le module du cobalt, sachant que sa température de fusion est de 1760 K.

Exercice E4.14 Un texte rapporte que le nickel, avec un point de fusion de 1720 K, possède un module de 5500 GPa. Utiliser la corrélation E–T_m de la question précédente pour vérifier la validité de cette affirmation. Que faut-il présager ?

Exercice E4.15 Explorer le potentiel des composites à matrice polypropylène (PP) renforcés par des fibres de carbure de silicium (SiC). Construire une carte module–densité (E–ρ) et modifier les échelles de sorte que $1 < E < 1000$ GPa et $500 < \rho < 5000$ kg/m^3. Localiser le PP et le SiC, puis imprimer la carte. Retrouver les modules et les densités du PP et du SiC dans les profils de ces matériaux (utiliser des valeurs moyennes). Calculer ensuite la densité $\tilde{\rho}$ et les limites supérieure et inférieure pour le module $\tilde{E}$, si la fraction volumique de SiC vaut $f = 0.5$. Représenter ces informations sur la carte puis tracer à la main deux courbes qui partent du point (E, ρ) du PP, qui passent par tous les points (E, $\tilde{\rho}$) que vous avez représentés et qui se terminent au point (E, ρ) du SiC. Les composites PP–SiC peuvent occuper la région située entre ces courbes, jusqu'à $f = 0.5$ environ car il est techniquement impossible d'insérer plus de fibres.

Exercice E4.16 Explorer la région pouvant être occupée par les mousses PP. Pour ce faire, construire une carte E–ρ avec des échelles telles que $10^{-4} < E < 10$ GPa et $10 < \rho < 2000$ kg/m^3. Localiser le PP, puis imprimer la carte. A partir de la bulle PP, construire une bande en traçant deux droites qui représentent la relation entre le module et la densité relative d'une mousse $E \sim \tilde{\rho}^2$ (équation (4.24)) et qui touchent respectivement le haut et le bas de la bulle PP. La zone comprise entre ces lignes peut être occupée par les mousses PP.

4.10 Explorer la science avec CES Elements

Exercice E4.17 Dans ce chapitre, les relations suivantes ont été vues pour relier approximativement le module de Young E, le module de cisaillement G, le module de compressibilité K et le coefficient de Poisson ν:

$$G = \frac{E}{2(1+\nu)}; \qquad K = \frac{E}{3(1-2\nu)}$$

Utiliser CES pour tracer des graphiques avec sur un des axes les membres de gauche de chaque équation et sur l'autre les membres de droite. Pour créer les fonctions des membres de droite des deux équations, utiliser les propriétés avancées de la boîte de dialogue. Dans quelle mesure ces approximations sont-elles bonnes ?

Exercice E4.18 L'énergie de cohésion H_c est l'énergie qui lie les atomes ensemble dans un solide. Le module de Young E mesure la force nécessaire pour étirer les liaisons atomiques et le point de fusion T_m est une mesure de l'énergie thermique nécessaire pour rompre les liaisons. Ces deux grandeurs reflétant l'énergie de cohésion, on peut attendre à ce qu'elles soient reliées. Représenter E et T_m avec CES pour faire apparaître la relation (utiliser des températures absolues).

Exercice E4.19 La force requise pour étirer une liaison atomique est donnée par

$$F = \frac{\mathrm{d}H}{\mathrm{d}a}$$

où dH est la variation d'énergie de liaison qui accompagne un allongement da. Cette force correspond à une contrainte de

$$\sigma = \frac{F}{a_o^2} = \frac{1}{a_o^2}\frac{\mathrm{d}H}{\mathrm{d}a} = \frac{1}{a_o^3}\frac{\mathrm{d}H}{\mathrm{d}(a/a_o)}$$

Le module E est égal à

$$E = \frac{\mathrm{d}\sigma}{\mathrm{d}\varepsilon} = \frac{\mathrm{d}\sigma}{\mathrm{d}(a/a_o)} = \frac{1}{a_o^3}\frac{\mathrm{d}^2H}{\mathrm{d}(a/a_o)^2}$$

Dans un cristal, l'énergie de liaison par atome H_a vaut

$$H_a = \frac{H_c}{\mathrm{N_A}}$$

où H_c représente l'énergie de cohésion et N_A le nombre d'Avogadro (6,022 $\times 10^{23}$/mol). Si nous supposons qu'une déformation de 2% suffit à rompre la liaison, l'approximation suivante peut être faite :

$$\frac{d^2H}{d(a/a_o)^2} \approx \frac{H_c}{(0.02)^2}$$

et, par conséquent

$$E = \frac{1}{a_o^3}\left(\frac{H_c}{0.0004N_A}\right)$$

Représenter graphiquement le module de Young E en fonction du membre de droite de l'équation (utiliser les propriétés avancées de la boîte de dialogue pour le choix des axes) afin de déterminer si cette approximation est bonne. (Multiplier le membre de droite par 10^{-9} pour le convertir de Pa en GPa.)

Chapitre 5

Flexion, flambage et vibration: conception limitée par la rigidité

La perche du sauteur emmagasine de l'énergie élastique. (Avec la permission de Gill Athletics, 2808 Gemini Court, Champaign, IL 61822-9648, USA.)

Contenu du chapitre

5.1 Introduction et présentation du chapitre

A l'approche de l'an 2000, de nombreux pays et villes à travers le monde se lancèrent dans des projets de construction symboliques. Au Royaume-Uni, il y en eut plusieurs parmi lesquels un nouveau pont piéton qui enjambe la Tamise en reliant la Cathédrale Saint-Paul au Musée d'Art Moderne (N.d.T. le «Millenium Bridge»). La conception était (est) audacieuse car à la place des grandes courbes habituelles, le pont était suspendu par des câbles s'élevant à peine au-dessus du tablier. Il en résultait une structure visuellement frappante, épurée et élancée, telle un «rai de lumière» (selon les propres termes de l'architecte). Seul problème: il n'était pas assez rigide. Lorsque les gens l'empruntèrent, il se mit alors à balancer et osciller de manière si alarmante qu'il fut aussitôt fermé. Une année et 5 000 000$ plus tard, il a réouvert avec d'importantes modifications et ne connaît désormais plus de problèmes.

Quand on pense à des structures, y compris des ponts, la première chose qui vient à l'esprit est leur *résistance* car elles ne doivent pas s'écrouler. La *rigidité* est souvent considérée comme acquise, mais comme l'histoire du pont le démontre, il peut s'agir d'une erreur et la rigidité *est* importante. Dans ce chapitre, nous explorons la conception limitée par la rigidité et le choix des matériaux dans cette perspective. Le comportement du matériau dans une situation donnée doit alors être modélisé. Ces modèles peuvent être simples car les critères de sélection qui en émergent ne dépendent pas des détails de la géométrie et de la sollicitation mécanique. Les étapes clés consistent à identifier les contraintes que le matériau doit satisfaire et l'objectif qui permettra ensuite d'évaluer la qualité du choix.

Nous avons vu au début du chapitre 4 qu'il existe différents modes de sollicitation usuels, à savoir la *traction*, la *compression*, la *flexion* et la *torsion*. La sollicitation de tout composant réel peut être décomposée en une combinaison de ces modes. Il est donc logique, pour les modes courants, de répertorier les solutions permettant de relier la réponse du composant à la sollicitation appliquée. Les réponses élastiques sont traitées dans ce chapitre alors que la déformation plastique et la rupture seront traitées plus tard. Il n'est pas nécessaire de savoir comment obtenir tous ces résultats, ils sont classiques, mais il *faut* savoir où les trouver. Les plus utiles sont présentés ci-après et les références de la section «Lectures complémentaires» en donnent davantage. Le point le plus important est de savoir comment les utiliser, ce qui demande un peu de pratique, mais ce chapitre permet aussi d'en acquérir.

Ce chapitre commence par présenter des solutions classiques aux problèmes d'élasticité. La deuxième section concerne ensuite leur utilisation pour calculer des *limites* et des *indices de matériau*. La troisième section explique comment tracer ces paramètres sur une carte de propriétés des matériaux et, finalement, différentes études de cas illustrent leur utilisation.

5.2 Solutions classiques aux problèmes d'élasticité

La modélisation joue un rôle essentiel tout au long de la conception. Au début du processus, lors de l'élaboration du concept, des modèles approximatifs servent à établir si un concept va fonctionner et permettent d'identifier quelle combinaison de propriétés du matériau maximise les performances. Ensuite, lors de la conception préliminaire, une modélisation plus

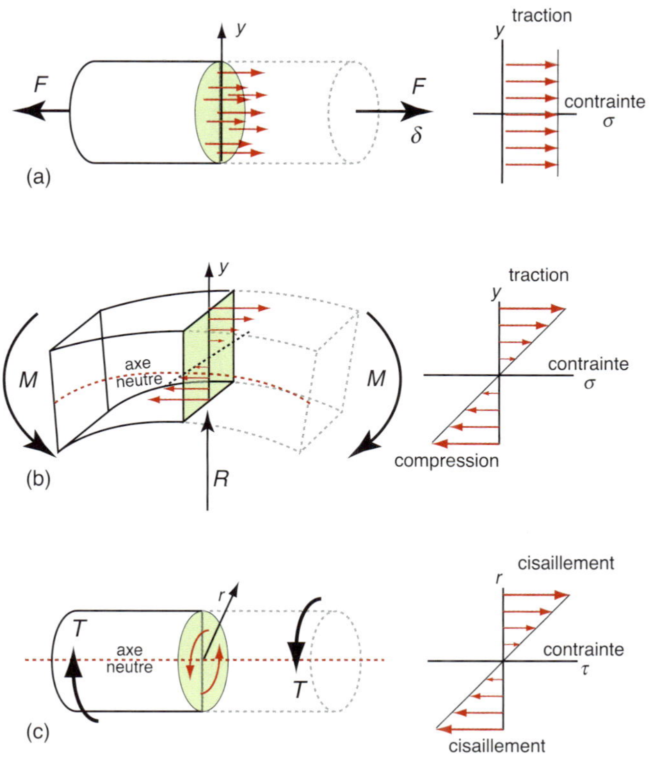

Figure 5.1 (a) Barre de section A sollicitée en traction. Sa rigidité est donnée par $S = F/\delta$. b) Poutre de section rectangulaire sollicitée en flexion. A travers la section, la contrainte σ varie linéairement de traction à compression en changeant de signe à l'axe neutre. Il en résulte un moment fléchissant M. (c) Un cylindre sollicité en torsion.

détaillée permet d'évaluer les ordres de grandeur pour différents paramètres tels que les forces, les déplacements, les vitesses, les flux de chaleur et les dimensions du composant. Au cours de la dernière étape, la modélisation fournit des valeurs précises de contraintes et de déformations, ainsi que les probabilités de rupture des principaux composants. Le choix du matériau et les dimensions de la pièce peuvent ainsi être optimisés.

Beaucoup de géométries et de modes de sollicitation usuels ont déjà été modélisés et un composant peut souvent être assimilé à un de ces cas idéaux. Il n'est pas nécessaire de réanalyser la poutre, la colonne ou le réservoir sous pression car leur comportement a déjà été analysé pour tous les modes de sollicitation usuels. L'essentiel est de savoir que ces résultats existent, où les trouver et comment les utiliser.

Cette section est un peu fastidieuse, comme tendent à l'être les ouvrages sur la résistance des matériaux, mais les résultats présentés sont vraiment utiles. Ils sont exposés en définissant les grandeurs rencontrées et les composants auxquels ils s'appliquent.

Traction/compression élastique Considérons une barre de longueur L_o et de section constante A, soumise à une contrainte de traction (ou de compression) axiale $\sigma = F/A$. Elle subit une déformation $\varepsilon = \sigma/E$ reliée à l'allongement δ selon $\varepsilon = \delta/L_o$ (fig. 5.1(a)). Par conséquent, la relation entre la force F et l'allongement δ s'écrit:

$$\delta = \frac{L_o F}{AE} \tag{5.1}$$

La rigidité S est définie comme

$$S = \frac{F}{\delta} = \frac{AE}{L_o} \tag{5.2}$$

Notons qu'elle ne dépend pas de la géométrie de la section car la contrainte est uniforme à travers cette dernière.

Flexion élastique d'une poutre Lorsqu'une poutre est sollicitée en flexion avec un moment fléchissant M, la déformation est telle que l'axe de la poutre, initialement droit, prend une courbure κ donnée par (fig. 5.1(b)):

$$\kappa = \frac{\mathrm{d}^2 u}{\mathrm{d}x^2}$$

où u représente le déplacement parallèle à l'axe y. La courbure entraîne une variation linéaire de la déformation axiale ε (et donc de la contrainte σ) à travers la section, une partie de la poutre se retrouvant en traction et l'autre en compression. La contrainte est nulle sur l'*axe neutre* et augmente avec la distance y, mesurée perpendiculairement à partir de cet axe. La géométrie de la section est importante car plus le matériau est loin de l'axe neutre et mieux il résiste à la flexion. La théorie des poutres élastiques permet de déterminer la contrainte σ générée par un moment M dans une poutre constituée d'un matériau de module E:

$$\begin{aligned}\frac{\sigma}{y} = \frac{M}{I} &= E\kappa \\ &= E\frac{\mathrm{d}^2 u}{\mathrm{d}x^2}\end{aligned} \tag{5.3}$$

où I représente le moment quadratique, défini comme

$$I = \int_{\text{section}} y^2 b(y)\,\mathrm{d}y \tag{5.4}$$

avec $b(y)$ la largeur de la section en y. Le moment I caractérise la résistance en flexion de la section et inclut à la fois les effets de taille et de géométrie. Quatre sections usuelles sont données à titre d'exemple en figure 5.2, avec les expressions des surfaces A et des moments quadratiques I de chacune.

Exemple 5.1

(a) Une poutre a une section rectangulaire de hauteur h et de largeur b. Montrer que son moment quadratique est donné par $I = bh^3/12$.

(b) Une règle en acier de 300 mm de long a une largeur w = 25 mm et une épaisseur t = 1 mm. Calculer les moments I_{XX} (règle à plat) et I_{YY} (règle sur la tranche).

Solution.

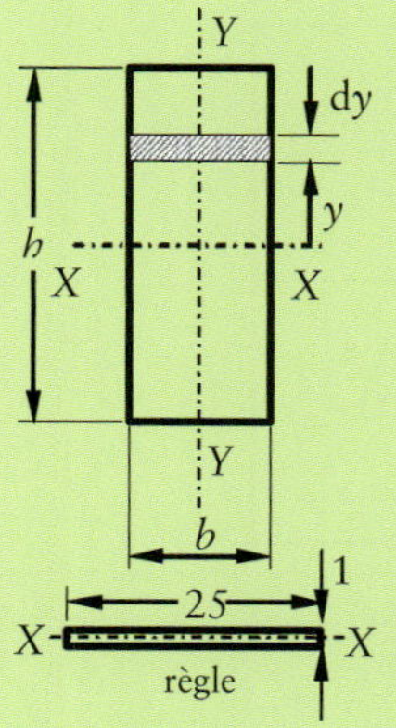

(a) Pour une flexion selon l'axe X-X, considérer une petite bande horizontale de hauteur dy et de largeur b. Selon l'équation (5.4):

$$I_{XX} = \int_{-h/2}^{h/2} y^2 b\,dy = \frac{b}{3}\left[y^3\right]_{-h/2}^{h/2} = \frac{bh^3}{12}$$

(b) Pour la flexion de la règle en acier selon l'axe X-X (flexible):

$$I_{XX} = \frac{wt^3}{12} = \frac{25 \times 1^3}{12} = 2.1\,\text{mm}^4$$

alors que pour la flexion selon l'axe Y-Y (rigide):

$$I_{YY} = \int_{-b/2}^{b/2} x^2 b\,dy = \frac{tw^3}{12} = \frac{1 \times 25^3}{12} = 1300\,\text{mm}^4$$

I_{YY} est plus de 600 fois plus élevé que I_{XX} car le matériau de la règle est en moyenne plus proche de l'axe X-X que de l'axe Y-Y.

Pour des géométries de sections complexes, les moments quadratiques peuvent être calculés en superposant les résultats obtenus pour des formes simples telles que des rectangles (bien qu'il faille parfois utiliser le «théorème de Steiner», cf. ouvrages sur la mécanique des structures).

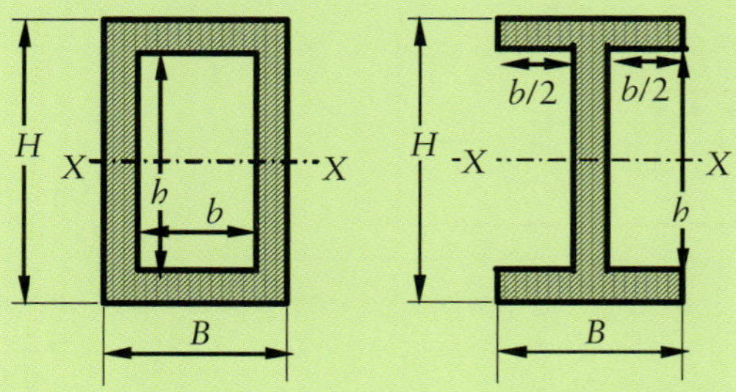

Pour la section rectangulaire creuse et la section en I représentées ci-contre, I_{XX} se calcule en soustrayant la valeur de I_{XX} pour le petit rectangle ($b \times h$) à celle pour le grand rectangle ($B \times H$):

$$I_{XX} = \frac{BH^3}{12} - \frac{bh^3}{12}$$

Les moments quadratiques sont répertoriés dans des livres pour les sections les plus courantes et dans des tables de profilés pour les autres géométries disponibles sur le marché.

Géométrie de surface	Surface *A* m²	Moment *I* m⁴	Moment *K* m⁴
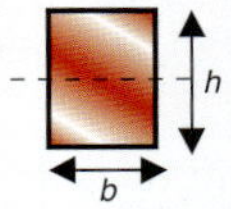	bh	$\frac{bh^3}{12}$	$\frac{bh^3}{3}(1 - 0.58\frac{b}{h})$ $(h > b)$
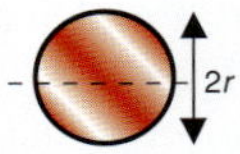	πr^2	$\frac{\pi}{4}r^4$	$\frac{\pi}{2}r^4$
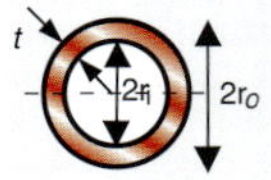	$\pi(r_o^2 - r_i^2)$ $\approx 2\pi rt$	$\frac{\pi}{4}(r_o^4 - r_i^4)$ $\approx \pi r^3 t$	$\frac{\pi}{2}(r_o^4 - r_i^4)$ $\approx 2\pi r^3 t$
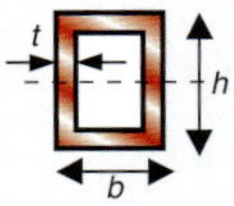	$2t(h + b)$ $(h, b >> t)$	$\frac{1}{6}h^3t(1 + 3\frac{b}{h})$	$\frac{2tb^2h^2}{(b + h)}(1 - \frac{t}{h})^4$

Figure 5.2 Surfaces et moments quadratiques de quatre géométries de section.

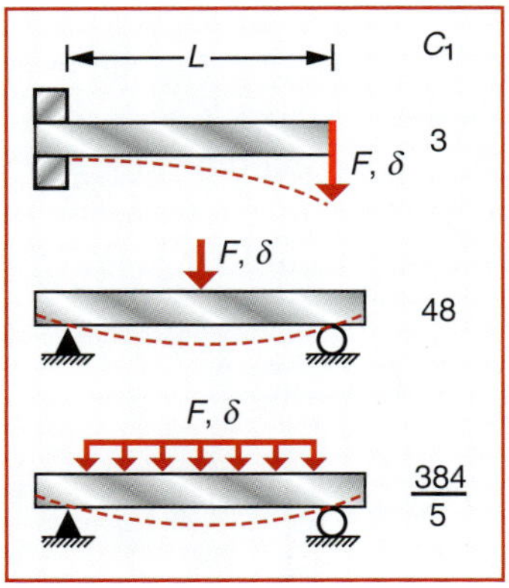

Figure 5.3 Fléchissement élastique des poutres. La flèche δ d'une poutre de longueur L sous une force F dépend de la rigidité en flexion EI de la section et de la distribution des forces. La constante C_1 est définie par l'équation (5.5).

Le rapport moment sur courbure, M/κ, correspond à la *rigidité en flexion*, EI. La figure 5.3 montre trois distributions de forces différentes entraînant chacune une distribution de moments $M(x)$. La flèche δ maximale s'obtient en intégrant deux fois l'équation (5.3) pour un $M(x)$ particulier. Pour une poutre de longueur L soumise à une force transverse F, la rigidité vaut

$$S = \frac{F}{\delta} = \frac{C_1 EI}{L^3} \tag{5.5}$$

Le résultat est identique pour toutes les distributions de forces simples, seule la valeur de la constante C_1 est différente. Les valeurs de C_1 pour les trois distributions représentées sont indiquées sur la figure. Comme nous le verrons dans la section 5.3, le meilleur choix de matériau ne dépend pas de C_1. Il a par conséquent l'avantage d'être le même que la distribution de forces soit complexe ou simple.

Exemple 5.2

(a) La règle de l'exemple 5.1 est faite en acier inoxydable (E = 200 GPa). Elle est positionnée comme un cantilever (poutre en console) avec une longueur de 250 mm dépassant du bord de la table et un poids de 10 N suspendu à son extrémité libre. Calculer la flèche de l'extrémité libre si la règle est posée avec: (i) l'axe X-X horizontal (à plat); (ii) l'axe Y-Y horizontal (sur la tranche). Négliger le poids de la règle.

Solution.

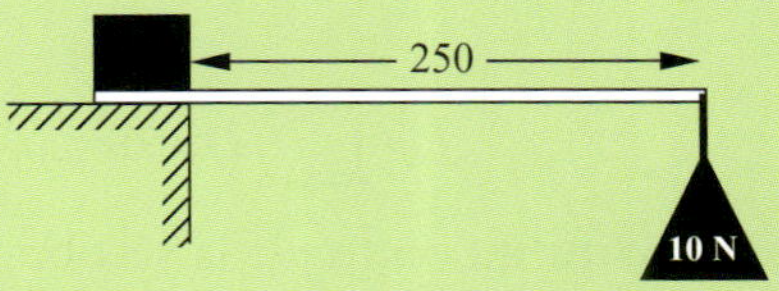

Utiliser l'équation (5.5) avec C_1 = 3 (cf. fig. 5.3) et avec les valeurs de I_{XX} et I_{YY} calculées auparavant.

(i) Axe X-X horizontal: $\delta = \frac{FL^3}{C_1 E I_{XX}} = \frac{10(0.25^3)}{3(200 \times 10^9)(2.1 \times 10^{-12})} = 124$ mm.

(ii) Axe Y-Y horizontal: $\delta = \frac{FL^3}{C_1 E I_{YY}} = \frac{10(0.25^3)}{3(200 \times 10^9)(1300 \times 10^{-12})} = 0.02$ mm.

Ces valeurs montrent que la rigidité est considérablement plus élevée lorsque le matériau d'une poutre est localisé aussi loin que possible de l'axe de flexion, de sorte à maximiser le moment quadratique. Les sections en I sont donc souvent utilisées pour réaliser les poutres des structures.

(b) Considérons à présent une règle en polystyrène avec un module de Young de 2 GPa. Sa longueur et sa largeur sont identiques à la règle en acier mais son épaisseur peut être modifiée. Sa flèche ne doit pas dépasser celle de la règle en acier quand une charge de 10 N est suspendue à son extrémité et que son axe X-X est horizontal. Calculez l'épaisseur nécessaire et comparer les masses des deux règles (les densités de l'acier et du polystyrène sont respectivement de 7800 kg/m^3 et 1040 kg/m^3).

Solution. En utilisant la même équation qu'au point précédent:

$$I_{XX} = \frac{FL^3}{C_1 E \delta} = \frac{10(0.25^3)}{3(2 \times 10^9)(0.124)} = 210 \times 10^{-12}\ \text{m}^4 = 210\ \text{mm}^4$$

L'épaisseur s'obtient ensuite à partir de $I_{XX} = \frac{wt^3}{12} : t \geq \left[\frac{12 I_{XX}}{w}\right]^{1/3} = \left[\frac{12 \times 210}{25}\right]^{1/3} = 4.6$ mm.

Les masses sont alors de: m_{SS} = 7800 × 0.3 × 0.025 × 0.001 = 59 g et m_{PS} = 1040 × 0.3 × 0.025 × 0.0046 = 36 g. Malgré sa densité beaucoup plus faible, la règle en polystyrène n'est donc que 40% plus légère que celle en acier inoxydable car elle doit être beaucoup plus épaisse.

Torsion d'un cylindre Un couple de forces de moment T appliqué aux extrémités d'une barre isotrope de section uniforme produit une contrainte de cisaillement τ (fig. 5.1(c) et 5.4). Pour des sections circulaires, cette contrainte varie avec la distance radiale r selon

$$\frac{\tau}{r} = \frac{T}{K} \tag{5.6}$$

où K mesure la résistance en torsion de la section (l'équivalent en torsion du I en flexion). K est plus facile à calculer pour des sections circulaires, lorsqu'il est égal au moment quadratique polaire:

$$J = \int_{\text{section}} 2\pi r^3 \mathrm{d}r \tag{5.7}$$

avec r mesuré radialement à partir du centre de la section. Pour des sections non circulaires, K est inférieur à J. Les expressions de K pour quatre géométries usuelles sont données en figure 5.2.

La contrainte de cisaillement agit dans un plan normal à l'axe du cylindre. Elle engendre une torsion d'un angle θ dans une barre de longueur L. L'angle de torsion unitaire, θ/L, est relié à la contrainte de cisaillement et au moment selon

$$\frac{\tau}{r} = \frac{T}{K} = \frac{G\theta}{L} \tag{5.8}$$

où G représente le module de cisaillement. Le rapport du moment sur l'angle de torsion unitaire, TL/θ, est appelé la *rigidité en torsion*, GK.

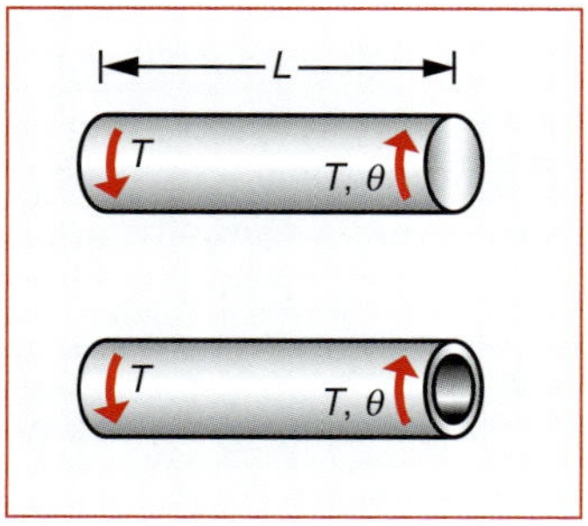

Figure 5.4 Torsion élastique d'un cylindre. La contrainte dans le cylindre et l'angle de torsion par unité de longueur dépendent du moment T et de la rigidité en torsion GK.

Exemple 5.3

(a) Déterminer le moment quadratique polaire d'un tube de section circulaire avec un rayon intérieur r_i et un rayon extérieur r_o.

(b) Une tige en laiton a un module de cisaillement de 40 GPa, une longueur de 200 mm et une section circulaire de 10 mm de diamètre. Elle est soumise à une torsion avec un moment de 10 Nm. Que vaut l'angle de torsion?

Solution.

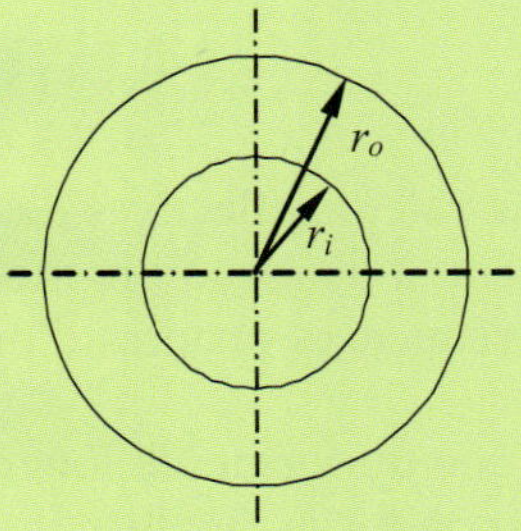

(a) En appliquant l'équation (5.7): $J = \int_{r_i}^{r_o} 2\pi r^3 \mathrm{d}r = \frac{\pi}{2}[r_o^4 - r_i^4]$

(b) Pour une tige avec une section circulaire de rayon R = 5 mm, $J = \frac{\pi}{2} 0.005^4 = 0.98 \times 10^{-9}\ \mathrm{m}^4$. L'angle de torsion est alors donné par:

$$\theta = \frac{TL}{GJ} = \frac{10 \times 0.2}{(0.98 \times 10^{-9})(40 \times 10^9)} = 0.051\ \mathrm{rad} = 2.9\ \mathrm{deg}$$

Flambage d'une poutre ou d'une plaque Si une poutre ou une plaque élastique sollicitée en compression est suffisamment mince, elle rompt par flambage élastique lorsqu'une force critique F_{crit} est atteinte. La théorie des poutres permet de montrer que la force critique de flambage dépend de la longueur L et de la rigidité en flexion EI:

$$F_{\mathrm{crit}} = \frac{n^2 \pi^2 EI}{L^2} \tag{5.9}$$

où n est une constante qui dépend du type d'appui: encastrement, articulation ou appui glissant (fig. 5.5). La valeur de n correspond au nombre de demi-longueurs d'onde de la déformée (la demi-longueur d'onde est la distance entre deux points d'inflexion).

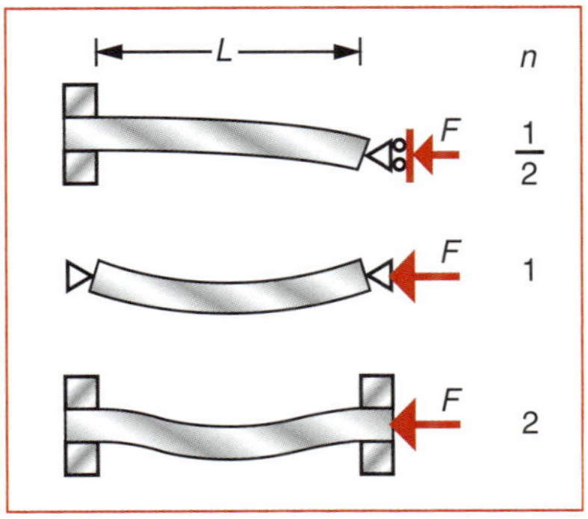

Figure 5.5 Le flambage d'une poutre de longueur L dépend de la rigidité en flexion EI et des conditions d'appui. Trois cas sont représentés avec les valeurs de n associées.

Le flambage est à l'origine de certaines des grandes catastrophes de l'ingénierie. Il peut survenir sans préavis et un mauvais alignement, même léger, suffit pour réduire la force critique. Lorsqu'une contrainte de compression est appliquée sur une colonne ou dans le plan d'une plaque, il est donc recommandé de vérifier que la force critique de flambage est loin d'être atteinte.

Vibration d'une poutre ou d'une plaque Tout système non amorti vibrant à une de ses fréquences propres peut se réduire au problème simple d'une masse m reliée à un ressort de raideur k (force de rappel par unité de déplacement). La plus petite fréquence propre (fréquence fondamentale) d'un tel système est donnée par

$$f = \frac{1}{2\pi}\sqrt{\frac{k}{m}} \tag{5.10}$$

Chaque géométrie nécessite d'estimer de manière appropriée les valeurs effectives de k et m. Ces valeurs peuvent souvent être obtenues assez précisément à l'aide d'un modèle approximatif. Pour la vibration d'une tige ou d'une poutre, les fréquences propres d'ordre supérieur sont des multiples de la fréquence fondamentale.

Le mode de vibration fondamental d'une poutre ou d'une plaque uniforme de longueur L dépend de ses appuis (fig. 5.6). La raideur k du ressort correspond à la rigidité donnée par l'équation (5.5), de sorte que les fréquences propres peuvent s'écrire:

$$f = \frac{C_2}{2\pi}\sqrt{\frac{EI}{m_o L^4}} \tag{5.11}$$

où C_2 est une constante qui dépend des appuis et m_o est la masse de la poutre par unité de longueur. La masse par unité de longueur étant égale à la surface multipliée par la densité, $A\rho$, la fréquence propre devient

$$f = \frac{C_2}{2\pi}\sqrt{\frac{I}{AL^4}}\sqrt{\frac{E}{\rho}} \tag{5.12}$$

Les fréquences propres sont donc proportionnelles à $\sqrt{E/\rho}$.

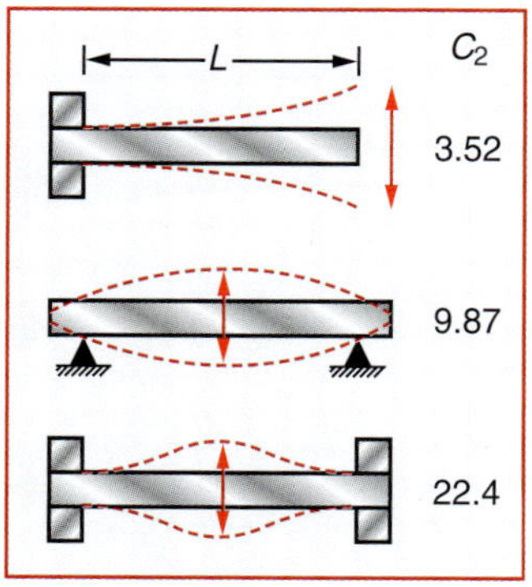

Figure 5.6 Vibration des poutres: modes fondamentaux pour différents types d'appuis.

5.3 Indices de matériau pour des composants élastiques

Nous pouvons à présent mettre en pratique les étapes présentées au chapitre 3 et résumées en figure 3.6:

- *Transposition.*
- *Tri*, basé sur des contraintes.
- *Classement*, basé sur des objectifs.
- *Documentation*, pour recueillir des informations complémentaires.

Les deux premières étapes ont été détaillées dans le chapitre 3. La troisième étape, le classement, nécessite une modélisation simple du problème afin d'identifier l'*indice de matériau* qui le caractérise.

Un *objectif*, comme nous l'avons vu, est un critère d'excellence pour l'ensemble de la conception. Il s'agit d'une quantité à minimiser (comme le coût, le poids ou le volume) ou à maximiser (comme le stockage d'énergie). Les objectifs relatifs à la conception de composants élastiques sont explorés dans cette section.

Minimisation du poids: une tige légère et rigide en traction Considérons le choix d'un matériau pour une tige cylindrique telle que celles représentées en première page du chapitre 4. La tige a une longueur L_o spécifiée et doit supporter une force de traction F sans que son allongement élastique soit supérieur à une valeur δ donnée. Sa rigidité doit donc être au minimum de $S^* = F/\delta$ (fig. 5.7(a)). Comme elle doit supporter une charge mécanique, une certaine ténacité est par ailleurs aussi nécessaire. L'objectif est de minimiser son poids, la

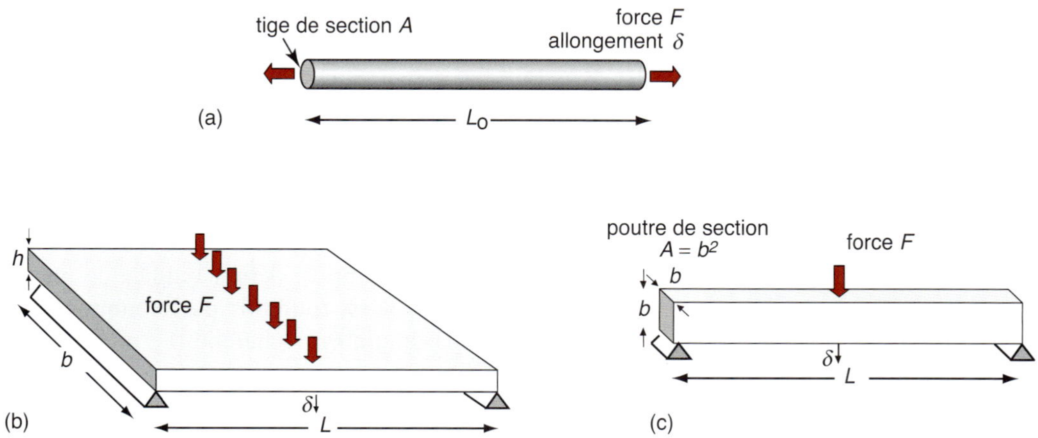

Figure 5.7 (a) Tige de section A sollicitée en traction. Sa rigidité est donnée par $S = F/\delta$, avec F la force appliquée et δ l'allongement. (b) Plaque sollicitée en flexion. Sa rigidité est donnée par $S = F/\delta$, avec F la charge totale et δ la flèche. (c) Poutre de section carrée sollicitée en flexion. Sa rigidité est donnée par $S = F/\delta$, avec F la force et δ la flèche.

Tableau 5.1 Exigences de conception pour une tige légère et rigide en traction

Fonction	• Tige	
Contraintes	• Rigidité S^* spécifiée • Certaine ténacité	} Contraintes fonctionnelles
	• Longueur L_o spécifiée	Contrainte géométrique
Objectif	• Minimiser la masse	
Variables libres	• Choix du matériaux • Choix de la section A	

surface A de sa section étant laissée libre. Les exigences de la conception, après transposition, sont listées dans le tableau 5.1.

Nous commençons par rechercher une équation décrivant la quantité à maximiser ou à minimiser, dans ce cas la masse m. Cette équation, la *fonction objectif*, est donnée par

$$m = AL_o\rho \tag{5.13}$$

où A représente la surface de la section et ρ la densité du matériau dont la tige est faite. La masse peut être diminuée en réduisant la section mais il y a toutefois une contrainte à respecter: la surface A doit être assez grande pour permettre d'obtenir une rigidité S^*. Dans le cas d'une tige, cette rigidité est donnée par (éq. (5.2))

$$S^* = \frac{AE}{L_o} \tag{5.14}$$

Si le module du matériau est faible, la surface doit donc être grande pour que cette rigidité soit atteinte. En revanche, une surface plus petite suffit si E est élevé. La question est alors de savoir quel matériau permet de minimiser la masse. Pour y répondre, la variable libre A est éliminée de ces deux équations pour obtenir l'équation suivante:

$$m = S^* L_o^2 \left(\frac{\rho}{E}\right) \tag{5.15}$$

S^* et L_o étant spécifiées, la tige la plus légère avec une rigidité S^* est alors celle constituée du matériau qui a la plus petite valeur de ρ/E. Ce rapport définit l'indice de matériau qui caractérise le problème en devant être minimisé. Il est toutefois plus commun d'exprimer les indices sous une forme pour laquelle un maximum est recherché. Le rapport obtenu est donc inversé et l'indice de matériau M_t (indice « t » pour tige) devient

$$M_t = \frac{E}{\rho} \tag{5.16}$$

Cet indice est appelé *rigidité spécifique*. Les matériaux possédant des valeurs élevées de M_t représentent donc les meilleurs choix, pour autant que les autres contraintes de la conception soient aussi satisfaites (dans ce cas le besoin d'une certaine ténacité).

Tableau 5.2 Exigences de conception pour une plaque légère et rigide en flexion

Fonction	• Plaque en flexion	
Contraintes	• Rigidité S^* spécifiée	Contrainte fonctionnelle
	• Longueur L et largeur b spécifiées	Contraintes géométriques
Objectif	• Minimiser la masse	
Variables libres	• Choix du matériau	
	• Choix de l'épaisseur h de la plaque	

Le mode de sollicitation le plus fréquent en ingénierie n'est pas la traction, mais la flexion (par exemple pour les solives de plancher, les longerons d'avion ou les manches de club de golf). L'indice est alors différent, ce qui change significativement le meilleur choix de matériau. Commençons par la flexion des plaques et des poutres dont la rigidité est spécifiée et qui doivent être aussi légères que possible.

Minimisation du poids: une plaque légère et rigide en flexion Considérons une plaque similaire au plateau d'une table. Sa longueur L et sa largeur b sont spécifiées, mais son épaisseur h est libre. Elle est sollicitée en flexion par une force F appliquée au centre de la plaque (fig. 5.7(b)). La contrainte de rigidité requiert que la flèche soit inférieure à δ sous une force F et l'objectif est comme auparavant de minimiser le poids. Le tableau 5.2 résume les exigences de la conception.

La fonction objectif pour la masse de la plaque est identique à celle de la tige:

$$m = AL\rho = bhL\rho \tag{5.17}$$

Sa rigidité en flexion S est donnée par l'équation (5.5). Elle doit être au minimum de

$$S^* = \frac{C_1 EI}{L^3} \tag{5.18}$$

Le moment quadratique I pour une section rectangulaire (tab. 5.2) vaut

$$I = \frac{bh^3}{12} \tag{5.19}$$

Seule l'épaisseur h est libre car la rigidité S^*, la longueur L et la largeur b sont spécifiées. La masse peut être diminuée en réduisant h, mais seulement dans la mesure où la contrainte de rigidité est toujours respectée. Grâce aux deux dernières équations, la variable h peut être éliminée de la fonction objectif:

$$m = \left(\frac{12S^*}{C_1 b}\right)^{1/3} (bL^2)\left(\frac{\rho}{E^{1/3}}\right) \tag{5.20}$$

S^*, L, b et C_1 étant spécifiées, la seule liberté qui reste est le choix du matériau. Les meilleurs matériaux pour une plaque légère et rigide en flexion sont donc ceux minimisant le rapport $\rho/E^{1/3}$ (pour autant toujours que les autres contraintes soient satisfaites). Comme précédemment, ce rapport est inversé afin de chercher à maximiser l'indice de matériau M_p associé à une plaque en flexion:

$$M_p = \frac{E^{1/3}}{\rho} \qquad (5.21)$$

Ce résultat ne semble pas très différent de l'indice précédent, E/ρ, mais il l'est pourtant. Comme nous le verrons un peu plus loin, il conduit en effet à un autre choix de matériau. Il convient pour l'instant de noter la procédure appliquée pour identifier l'indice de matériau. La longueur de la plaque était spécifiée mais la surface de sa section pouvait être choisie librement, l'objectif étant de minimiser sa masse m. La contrainte de rigidité est alors utilisée pour éliminer la variable libre h. La combinaison de propriétés du matériau qui apparaît dans la fonction objectif (l'équation pour la masse) est ensuite relevée. Elle correspond à l'indice de matériau associé au problème considéré.

Cette démarche est facile à partir du moment où sont clarifiés, dès le début, les contraintes à respecter, la grandeur à optimiser, les paramètres qui sont spécifiés et ceux qui sont libres.

Considérons à présent un autre problème de flexion avec une plus grande liberté au niveau du choix de la forme.

Minimisation du poids: une poutre légère et rigide en flexion Les poutres peuvent avoir de nombreuses géométries de sections différentes: rectangles pleins, tubes cylindriques, poutres en I, etc. Certaines de ces formes ont trop de variables géométriques libres pour appliquer directement la méthode précédente. Néanmoins, si nous ajoutons comme contrainte que la forme de la section doit être *autosimilaire* (toutes les dimensions changent proportionnellement lorsque la taille totale est modifiée), le problème peut être résolu. Les poutres en flexion sont donc traitées en deux étapes. Premièrement, il faut identifier les meilleurs matériaux pour concevoir une poutre légère et rigide avec une section simple de forme donnée (par exemple une section carrée). La seconde étape consiste ensuite à explorer dans quelle mesure la masse peut être diminuée, pour la même rigidité, grâce à une géométrie de section plus efficace.

Une poutre a une section carrée de surface $A = b \times b$ qui peut varier mais qui doit rester carrée. Elle est sollicitée en flexion par une force centrale F appliquée sur une longueur L donnée (fig. 5.7(c)). La contrainte de rigidité impose que la flèche soit inférieure à δ sous une force F et l'objectif est de minimiser le poids. Les exigences de la conceptions sont résumées dans le tableau 5.3.

Tableau 5.3 Exigences de conception pour une poutre légère et rigide en flexion

Fonction	• Poutre	
Contraintes	• Rigidité S^* spécifiée	Contrainte fonctionnelle
	• Longueur L • Section carrée	Contraintes géométriques
Objectif	• Minimiser la masse	
Variables libres	• Choix du matériaux • Surface A de la section	

La fonction objectif pour la masse se trouve en procédant comme auparavant:

$$m = AL\rho = b^2 L\rho \tag{5.22}$$

La rigidité en flexion S de la poutre est donnée par (équation (5.5))

$$S^* = \frac{C_1 EI}{L^3} \tag{5.23}$$

Le moment quadratique I pour une poutre de section carrée vaut

$$I = \frac{b^4}{12} = \frac{A^2}{12} \tag{5.24}$$

Pour une longueur L donnée, la rigidité S^* est atteinte en ajustant la surface de la section carrée. La variable b (ou A) est ensuite éliminée de la fonction objectif:

$$m = \left(\frac{12 S^* L^3}{C_1}\right)^{1/2} (L) \left(\frac{\rho}{E^{1/2}}\right) \tag{5.25}$$

S^*, L et C_1 étant spécifiées, les meilleurs matériaux pour concevoir une poutre légère et rigide en flexion sont ceux minimisant $\rho/E^{1/2}$. L'indice de matériau M_b (« b » fait référence à l'anglais *beam*) à maximiser dans ce cas est donc, par inversion:

$$M_b = \frac{E^{1/2}}{\rho} \tag{5.26}$$

Une section carrée a été considérée mais le résultat obtenu est valable pour n'importe quelle géométrie, tant que celle-ci reste constante sur toute la longueur de la poutre. Il s'agit d'une conséquence de l'équation (5.24) car pour une forme donnée, le moment quadratique I peut toujours s'exprimer comme un multiple de A^2. Ainsi, *un changement de forme ne fait que modifier la constante* C_1 dans l'équation (5.25), pas l'indice obtenu.

Comme évoqué précédemment, les poutres ont en réalité des géométries qui permettent d'améliorer leur efficacité en flexion, c'est-à-dire d'atteindre la même rigidité avec une masse plus faible. Les profilés permettent d'augmenter I sans modifier A. Pour cela, il faut que le matériau soit situé aussi loin que possible de l'axe neutre de la poutre, comme dans le cas des tubes à parois minces ou des poutres en I. Certains matériaux permettent de façonner des profilés efficaces plus facilement que d'autres. Comparer les matériaux sur la base de l'indice de l'équation (5.26) demande alors certaines précautions. Les matériaux avec des indices moins élevés peuvent en effet rattraper leur retard grâce à des sections plus efficaces. Il faut donc connaître l'effet de la géométrie de la section sur les performances en flexion.

Une poutre avec une section carrée de surface A est représentée en figure 5.8. Si un tube est réalisé avec la même surface, comme sur la partie gauche de la figure, la masse reste inchangée (équation (5.22)). Le moment quadratique, et donc la rigidité en flexion (équation (5.23)), sont en revanche beaucoup plus élevés dans ce cas. Le rapport entre le moment quadratique du profilé et celui d'une section carrée de surface identique (donc de même masse) est défini comme le *facteur de forme* Φ. Plus la forme est mince et plus Φ est élevé. Il y a néanmoins une limite car un tube avec des parois trop minces risque de flamber. Chaque matériau a donc un facteur de forme maximal en fonction de ses propriétés. Certaines valeurs typiques sont données dans le tableau 5.4.

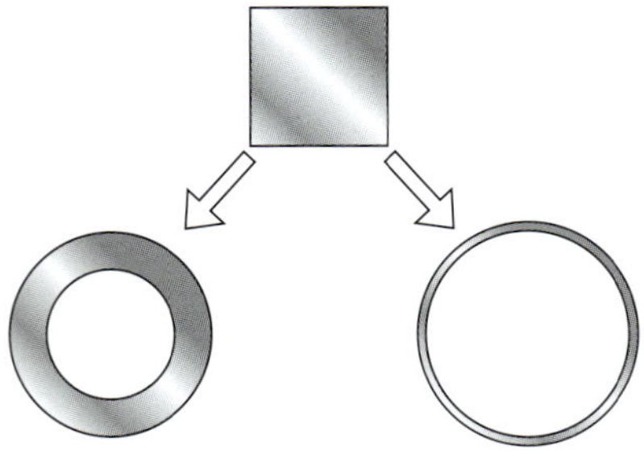

Figure 5.8 Effet du profilage sur la rigidité en flexion *EI*: une poutre de section carrée comparée avec, à gauche, un tube de même surface (mais 2.5 fois plus rigide) et à droite, un tube de même rigidité (mais quatre fois plus léger).

Tableau 5.4 Effet de la forme sur la rigidité et la masse d'une poutre selon les matériaux utilisés

Matériaux	Valeurs typiques du facteur de forme maximal (rigidité par rapport à une poutre de section carrée)	Masse relative typique d'un profilé (par rapport à une poutre de section carrée)
Aciers	64	1/8
Alliages Al	49	1/7
Composites (GFRP, CFRP)	36	1/6
Bois	9	1/3

Les profilés permettent également de réaliser des structures légères car la même rigidité peut être obtenue avec une masse plus faible (fig. 5.8, droite). La masse relative est donnée par l'inverse de la racine carrée du facteur de forme maximal, $\Phi^{-1/2}$ (car C_1, proportionnel au facteur de forme, apparaît comme $(C_1)^{-1/2}$ dans l'équation (5.25)). Le tableau 5.4 répertorie les facteurs par lesquels la masse d'une poutre peut être diminuée grâce au profilage, tout en gardant la même rigidité. Le profilage permet d'améliorer significativement les performances en flexion des métaux et, dans une mesure légèrement moindre, des composites. Le potentiel du bois, en revanche, est plus limité car des formes efficaces avec des parois minces sont plus difficiles à réaliser. Lorsque les matériaux sont comparés à l'aide de l'indice de l'équation (5.26) dans le but de réaliser une poutre légère et rigide en flexion, les performances du bois ne sont donc pas aussi bonnes qu'elles en ont l'air. Comme nous le verrons, les composites (en particulier CFRP) ont des indices M_t, M_p et M_b très élevés, mais cet avantage qu'ils ont sur les métaux est un peu réduit par l'effet de la géométrie.

Le profilage offre exactement les même bénéfices pour des sollicitations en torsion. Pour la même masse, un tube a en effet une meilleur résistance à la torsion qu'une tige pleine (ou alors un tube plus léger a la même rigidité qu'une tige pleine). Cet effet est illustré par l'exemple suivant.

Exemple 5.4

La tige en laiton de l'exemple 5.3 est façonnée en un tube creux de même longueur avec un diamètre extérieur de 25 mm. La même quantité de matériau est utilisée et le même moment de torsion est appliqué. Que vaut l'angle de torsion? Comparer sa rigidité en torsion avec la tige pleine de l'exemple 5.3.

Solution. Pour que la masse soit la même, la section du tube $\pi(r_o^2 - r_i^2)$ doit être égale à celle de la tige pleine πR^2. Par conséquent, le rayon intérieur du tube est donné par

$$r_i = \sqrt{r_o^2 - R^2} = \sqrt{12.5^2 - 5^2} = 11.5 \text{ mm}$$

(soit une épaisseur de paroi de 1 mm). Le moment quadratique polaire du tube vaut donc:

$$\frac{\pi}{2}[0.0125^4 - 0.0115^4] = 10.9 \times 10^{-9} \text{ m}^4$$

et l'angle de torsion

$$\theta = \frac{10 \times 0.2}{(10.9 \times 10^{-9})(40 \times 10^9)} = 4.6 \times 10^{-3} \text{ rad} = 0.26 \text{ deg}$$

En comparant ce résultat aux 2.9 degrés obtenus pour la tige de l'exemple 5.3, nous constatons qu'avec la même masse, le tube a une rigidité en torsion (T/θ) environ 11 fois plus élevée.

Minimisation du coût du matériau Les indices sont différents si l'objectif est de minimiser le coût plutôt que le poids. Si le prix du matériau est de C_m, en \$/kg, le coût pour un composant de masse m est simplement donné par mC_m. Pour les trois composants déjà analysés dans cette section, la fonction objectif pour le coût du matériau C s'écrit donc

$$C = mC_m = ALC_m\rho \tag{5.27}$$

En suivant la même procédure qu'auparavant, les indices obtenus sont identiques à ceux des équations (5.16), (5.21) et (5.26) avec $C_m\rho$ à la place de ρ.

Le coût du matériau n'est qu'une partie du coût d'un composant car il y a aussi un coût de fabrication associé aux étapes de mise en forme, d'assemblage et de finition. Nous reviendrons à cela plus tard.

5.4 Tracer des limites et des indices sur les cartes

Tri: tracer des limites sur les cartes Toute conception impose certaines exigences non négociables (contraintes) sur le matériau utilisé. Des limites peuvent alors être représentées sur une carte de propriétés par des lignes verticales ou horizontales. Sur la figure 5.9 (schématisation de la carte *E–Coût relatif* présentée en figure 4.7), les limites suivantes sont supposées être imposées par la conception: $E > 10$ GPa et *coût relatif* < 3. Tous les matériaux qui satisfont les deux contraintes sont inclus dans la fenêtre définie par ces limites et désignée comme «zone de recherche».

Des limites sur d'autres propriétés peuvent être imposées grâce aux nombreuses cartes présentées dans les chapitres suivants.

Classement: tracer des indices sur les cartes L'étape suivante est de rechercher, parmi le sous-groupe de matériaux restant, ceux qui permettent de maximiser les performances du composant. La conception de composants légers et rigides est traitée à titre d'exemple mais les autres indices de matériau peuvent s'utiliser de manière similaire.

La figure 5.10 représente une schématisation de la carte E–ρ de la figure 4.6. Les échelles logarithmiques permettent d'y tracer facilement les trois indices déterminés dans la section précédente (E/ρ, $E^{1/3}/\rho$ et $E^{1/2}/\rho$). Considérons une valeur particulière de rigidité spécifique:

$$M = \frac{E}{\rho} = C$$

ou C est une constante.

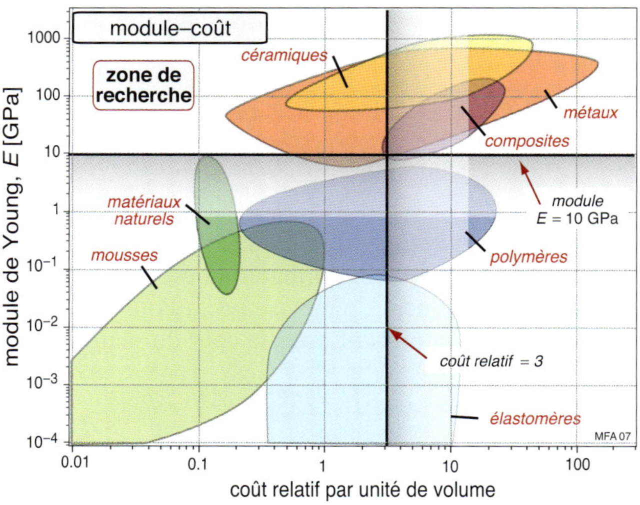

Figure 5.9 Carte *E–Coût relatif* schématique avec une limite inférieure pour *E* et une limite supérieure pour le *coût relatif*.

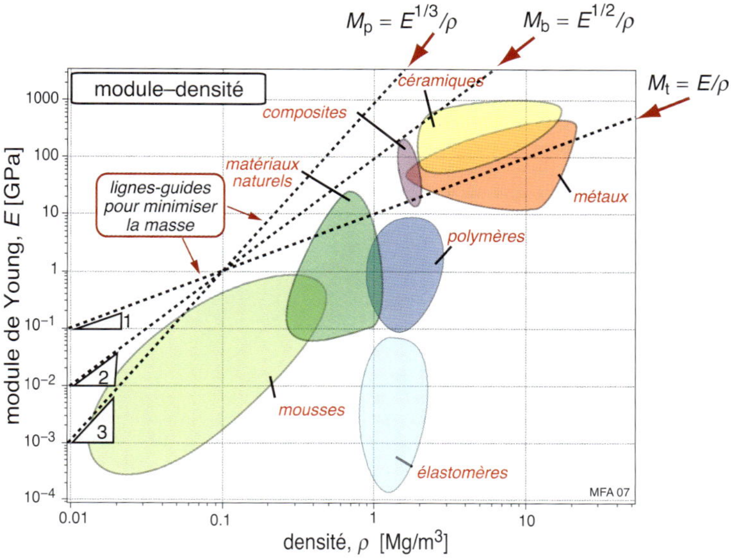

Figure 5.10 Carte E–ρ schématique: les indices de matériau associés aux structures légères et rigides en traction ou en flexion sont représentés par des droites qui servent de guide.

En prenant les logarithmes, cette condition devient:

$$\log(E) = \log(\rho) + \log(C) \tag{5.28}$$

Sur un graphique de log(E) en fonction de log(ρ), il s'agit alors de l'équation d'une droite de pente 1 telle que représentée sur la carte. De manière analogue, la condition

$$M = \frac{E^{1/3}}{\rho} = C$$

devient, en prenant les logarithmes,

$$\log(E) = 3\log(\rho) + 3\log(C) \tag{5.29}$$

Ce qui correspond dans ce cas à une droite de pente égale à 3, également tracée sur la carte. Le troisième indice, $E^{1/2}/\rho$, est quant à lui représenté par une droite de pente 2. Ces droites servent de *guide pour la sélection* car elles donnent la pente des droites parallèles associées à chaque indice.

Les matériaux qui maximisent les performances pour une géométrie de sollicitation donnée se trouvent désormais facilement. Par exemple, tous les matériaux situés sur une droite d'indice $M_p = E^{1/3}/\rho$ constant permettent de concevoir une plaque légère et rigide en flexion avec des performances similaires. Les matériaux situés au-dessus offrent de meilleures performances, au contraire des matériaux situés au-dessous. La figure 5.11 montre des droites

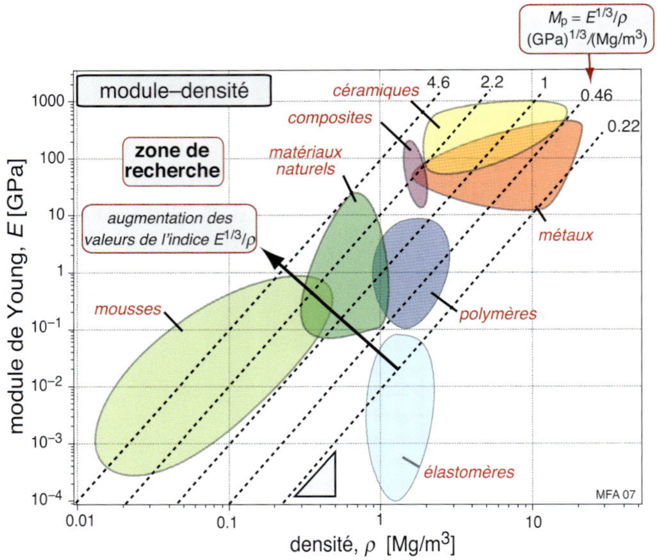

Figure 5.11 Carte E–ρ schématique avec des droites correspondant à différentes valeurs de l'indice $E^{1/3}/\rho$. Les unités sont $(\mathrm{GPa})^{1/3}/(\mathrm{Mg/m^3})$.

correspondant à différentes valeurs de $M_p = E^{1/3}/\rho$, allant de $M = 0.22$ à $M = 4.6$ $\mathrm{GPa}^{1/3}/(\mathrm{Mg/m^3})$. Un matériau avec $M = 3$ $\mathrm{GPa}^{1/3}/(\mathrm{Mg/m^3})$ permet de réaliser une plaque avec une masse dix fois plus faible qu'un matériau pour lequel $M = 0.3$ $\mathrm{GPa}^{1/3}/(\mathrm{Mg/m^3})$. Des exemples concrets de l'utilisation de ces droites sont donnés dans les études de cas de la prochaine section.

Sélection assistée par ordinateur Les cartes ont l'avantage d'offrir une vue d'ensemble mais elles contiennent évidemment un nombre limité de matériaux. D'autre part, la sélection à l'aide des cartes n'est pratique que si les contraintes sont peu nombreuses. Cependant, le cas contraire est généralement rencontré et vérifier qu'un matériau donné satisfait toutes les contraintes s'avère alors pénible. Ces deux problèmes sont résolus par une implémentation informatique de la méthode de sélection.

Le logiciel *CES*[1] est un exemple d'une telle implémentation. Ce logiciel d'aide à la sélection des matériaux et des procédés possède une base de données qui contient les profils des matériaux, organisés selon la hiérarchie représentée en figure 2.3 (chap. 2). Chaque profil regroupe les données relatives aux propriétés du matériau, chaque propriété étant stockée sous la forme d'une gamme englobant les valeurs typiques (ou permises). Le profil contient également une documentation non exhaustive sous forme de textes, d'images et de références à d'autres sources d'informations. Les données sont parcourues par un moteur de recherche qui permet d'utiliser les interfaces montrées schématiquement en figure 5.12. Une interface

[1] Granta Design Ltd, Cambridge, UK (www.grantadesign.com).

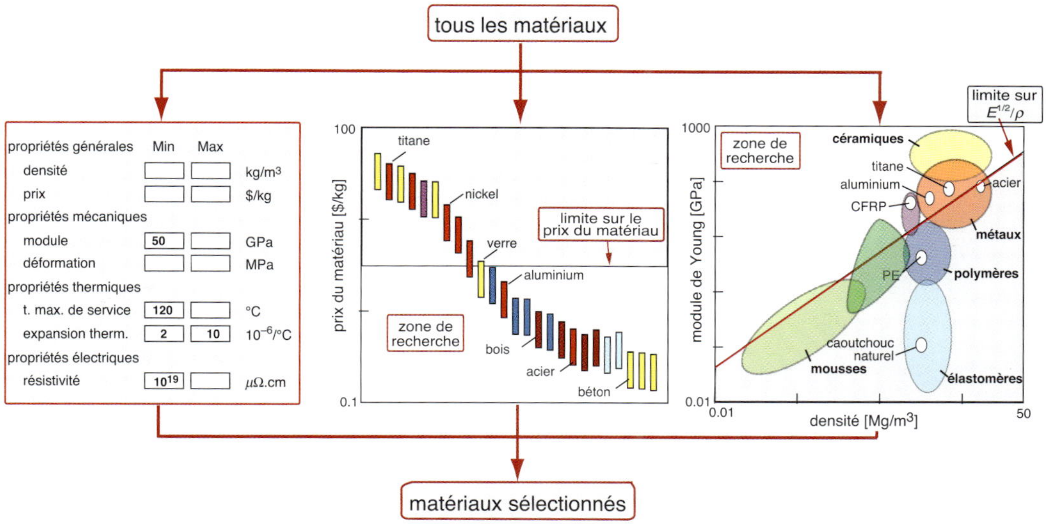

Figure 5.12 Sélection assistée par ordinateur avec le logiciel CES. Trois types de fenêtres de sélection peuvent être utilisées et combinées dans n'importe quel ordre. Le moteur de sélection isole les matériaux qui passent toutes les étapes de sélection.

simple est représentée sur la partie gauche de la figure. Elle permet de filtrer les matériaux directement selon certaines propriétés, en entrant les limites supérieures ou inférieures fixées par la conception. Le moteur de recherche exclut alors tous les matériaux avec des propriétés figurant en dehors de ces limites. Une deuxième manière de consulter les données est représentée au centre de la figure. Il s'agit d'un histogramme, construit par le logiciel, pour n'importe quelle propriété quantitative incluse dans la base de données. Ce graphique ainsi que le diagramme à bulles représenté à droite permettent d'imposer des contraintes et d'établir un classement. Pour filtrer les matériaux, une ligne ou une fenêtre de sélection est appliquée au niveau des limites fixées sur une propriété (histogramme) ou plusieurs propriétés (diagramme à bulles). Les matériaux situés dans les régions grisées sont ainsi éliminés et ceux satisfaisant les contraintes sont retenus. Après avoir appliqué toutes les contraintes nécessaires, les matériaux peuvent être classés à l'aide d'une droite représentant un indice. Comme sur la figure 5.11, cette droite est positionnée de sorte qu'il ne reste qu'un petit nombre de matériaux dans la région sélectionnée (disons 10). Il s'agit des matériaux les mieux classés. Le logiciel permet ainsi d'établir un classement des matériaux qui satisfont toutes les contraintes.

5.5 Etudes de cas

Les deux cartes du chapitre 4 sont utilisées dans cette section. Elles sont volontairement simplifiées pour éviter que la méthode soit obscurcie par une foule de détails. Dans la plupart des cas, peu d'informations sont perdues et le meilleur choix de matériau reste le même.

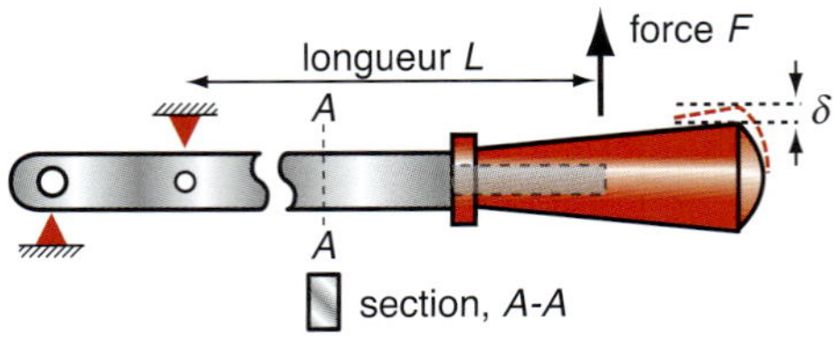

Figure 5.13 Le levier de tire-bouchon du chapitre 3. Il doit être suffisamment rigide et aussi léger que possible pour être transportable.

Tableau 5.5 Exigences de conception pour un levier de tire-bouchon

Fonction	• Levier (poutre rigide) léger
Contraintes	• Rigidité S^* spécifiée
	• Longueur L
	• Section rectangulaire
Objectif	• Minimiser la masse
Variables libres	• Choix du matériau
	• Surface A de la section

Levier léger pour un tire-bouchon Un levier de tire-bouchon (fig. 5.13) est sollicité en flexion: la force F génère un moment fléchissant $M = FL$. Le levier doit être assez rigide pour que la flèche δ ne soit pas trop élevée lorsqu'un bouchon est retiré. Le tire-bouchon doit aussi être léger s'il est prévu de le transporter. La section est rectangulaire et supposée auto-similaire, donc sa surface est libre mais sa forme est fixée. L'indice de matériau approprié est alors celui dérivé auparavant pour une poutre légère et rigide en flexion, correspondant à l'équation (5.26):

$$M = \frac{E^{1/2}}{\rho} \tag{5.30}$$

avec E le module de Young et ρ la densité. Il y a d'autres contraintes évidentes. Le tire-bouchon doit en effet résister aux impacts, par exemple suite à une chute. Les matériaux fragiles comme le verre ou les céramiques ne sont donc pas appropriés. Etant données ces exigences, résumées dans le tableau 5.5, quels matériaux faut-il choisir?

La figure 5.14 montre la carte adéquate, à savoir la carte module de Young E–densité ρ. La ligne de sélection représentant l'indice M a une pente égale à 2, comme expliqué en section 5.3. Elle est positionnée de sorte qu'il ne reste qu'un petit groupe de matériaux au-dessus d'elle. Ce sont les matériaux avec les valeurs maximales de M. Ils représentent le meilleur choix pour autant que les autres contraintes soient satisfaites. Trois classes de matériaux sont au-dessus de la ligne: les bois, les polymères renforcés par des fibres de carbone (CFRP) et une partie des céramiques. Les céramiques sont exclues car elles sont fragiles. Il est donc recommandé de réaliser le levier en bois ou, encore mieux, en CFRP.

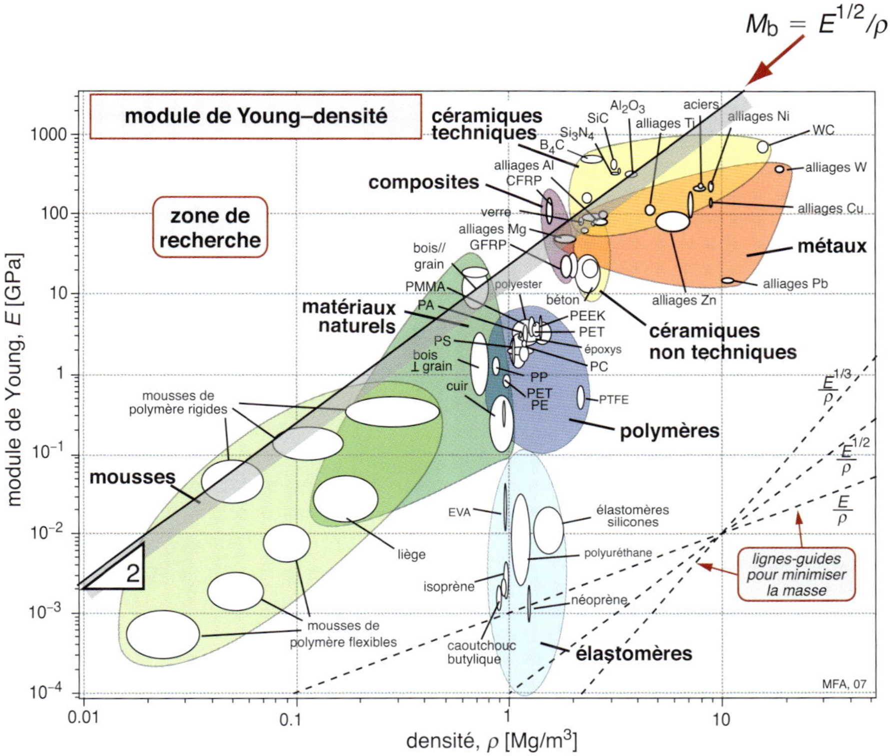

Figure 5.14 Sélection de matériaux pour la conception du levier de tire-bouchon. L'objectif est de minimiser son poids tout en ayant une certaine rigidité.

Matériaux de construction bon marché pour les structures La chose la plus chère que la plupart des gens achète au cours de leur vie est la maison dans laquelle ils vivent. Environ la moitié du coût de la maison est dû aux matériaux utilisés. Ces matériaux sont utilisés en grandes quantités (maison familiale: environ 200 t; grand immeuble d'appartements: environ 20 000 t) et de trois manières différentes: dans la structure pour soutenir le bâtiment, dans le revêtement extérieur pour protéger des conditions météorologiques et à l'intérieur pour l'isolation thermique et phonique, ainsi que pour répondre à un souci de confort et d'esthétisme.

Considérons la sélection de matériaux pour la structure (fig. 5.15). Ils doivent être rigides pour que le bâtiment ne fléchisse pas trop sous le vent ou à cause des sollicitations internes. Ils doivent aussi être résistants pour éviter tout risque d'effondrement et bon marché en raison de la grande quantité utilisée. La structure d'un bâtiment n'est que rarement exposée à l'environnement extérieur et n'est généralement pas visible, donc les critères de résistance à la corrosion et d'esthétisme ne sont pas importants dans ce cas. Le but de la conception est simple: rigidité et résistance au moindre coût. Pour préciser le problème, considérons la sélection d'un matériau pour une solive de plancher et focalisons-nous sur la rigidité. Les exigences de conception sont résumées dans le tableau 5.6.

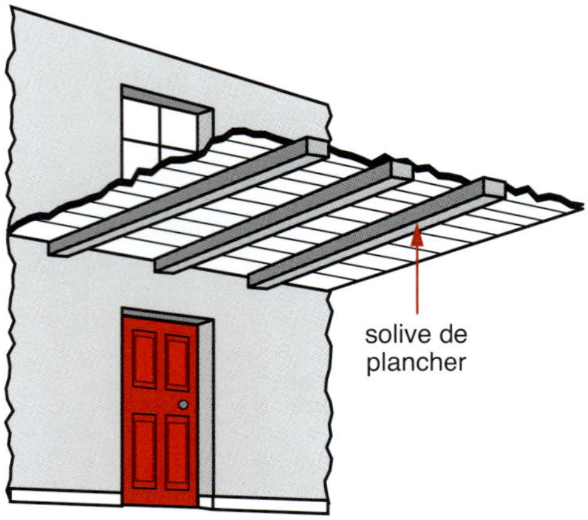

Figure 5.15 Les matériaux de construction sont choisis pour remplir trois fonctions différentes: ceux de la structure supportent les charges mécaniques, ceux du revêtement extérieur protègent de l'environnement et ceux de l'intérieur contrôlent la propagation de la chaleur, de la lumière et du son. Les matériaux de la structure sont analysés en section 5.5.

Tableau 5.6 Exigences de conception pour une poutre de plancher

Fonction	• Poutre de plancher
Contraintes	• Rigidité S^* spécifiée • Longueur L spécifiée • Section carrée
Objectif	• Minimiser le coût du matériau
Variables libres	• Choix du matériau • Surface A de la section

L'indice de matériau pour une poutre rigide en flexion avec une masse minimale a été développé auparavant. Le coût C de la poutre est simplement sa masse m multipliée par le coût par kg du matériau dont elle est faite, C_m:

$$C = mC_m = AL\rho C_m$$

L'indice de matériau pour une poutre rigide en flexion avec un coût minimal est trouvé en procédant comme en section 5.3:

$$M = \frac{E^{1/2}}{\rho C_m} \tag{5.31}$$

La figure 5.16 montre la carte adéquate, soit la carte module E–coût par unité de volume $C_m\,\rho$ (le coût *relatif* $C_{v,R}$ défini dans le chapitre 4 est utilisé au lieu de C_m, mais cela n'a pas

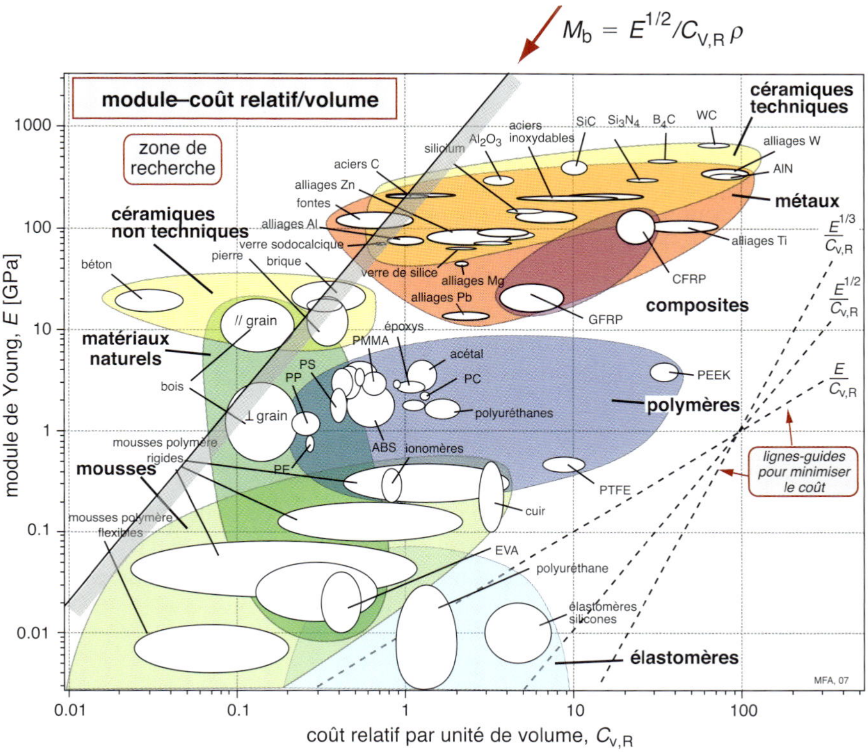

Figure 5.16 Sélection de matériaux pour une poutre de plancher rigide. L'objectif est de minimiser son coût tout en respectant une contrainte de rigidité.

d'influence sur la sélection). La bande grisée a une pente correspondant à M et met en valeur le béton, la pierre, la brique, les bois, les fontes et les aciers au carbone.

Le béton, la pierre et la brique sont résistants seulement en compression donc ils doivent être utilisés de cette manière (pour des murs, des colonnes ou des voûtes). Le bois, l'acier et le béton armé sont résistants en traction et en compression. Les poutres en acier peuvent par ailleurs avoir des géométries de section efficaces (sections en I, sections carrées creuses, tubes) qui supportent des sollicitations en flexion, en traction et en compression. Elles offrent ainsi une plus grande liberté pour la forme du bâtiment.

Rembourrage et isolation: le module des mousses Le module E peut être ajusté en transformant un matériau en une mousse. La structure idéalisée d'une mousse est représentée en figure 4.23. Elle est formée d'un réseau de barres de longueur L et d'épaisseur t reliées à mi-distance aux cellules voisines. Les solides cellulaires de ce type sont caractérisés par leur *densité relative*, donnée dans le cas présent (avec $t << L$) par

$$\frac{\tilde{\rho}}{\rho_s} = \left(\frac{t}{L}\right)^2 \qquad (5.32)$$

avec $\tilde{\rho}$ et ρ_s les densités respectivement de la mousse et du solide de base.

Considérons un bloc de mousse composé d'un grand nombre de cellules. Lorsqu'une contrainte de compression σ est appliquée sur ce bloc, elle est transmise à travers la mousse par des forces F appuyant sur les arêtes parallèles à σ. La surface d'une face de cellule étant égale à L^2, la force agissant sur une barre vaut $F = \sigma L^2$. Cette force fait également fléchir les arêtes perpendiculaires connectées à la barre (partie droite de la figure 4.23). Une arête perpendiculaire n'est rien d'autre qu'une poutre encastrée aux deux extrémités et supportant une force centrale F. Sa flèche est donc donnée par l'équation (5.5):

$$\delta = \frac{FL^3}{C_1 E_s I} \qquad (5.33)$$

où E_s représente le module du solide de base et $I = t^4/12$ le moment quadratique d'une arête de section carrée $t \times t$. La déformation en compression de la cellule est alors égale à $\varepsilon = 2\delta/L$. En combinant ces résultats, le module $\tilde{E} = \sigma/\varepsilon$ de la mousse est obtenu:

$$\frac{\tilde{E}}{E_s} \propto \left(\frac{\tilde{\rho}}{\rho_s}\right)^2 \qquad (5.34)$$

Comme $\tilde{E} = E_s$ quand $\tilde{\rho} = \rho_s$, la constante de proportionnalité vaut 1 et nous obtenons le résultat tracé auparavant sur la figure 4.24.

Vibrations: éviter la résonance lors d'un changement de matériau Comme l'histoire au début de ce chapitre le démontre, les vibrations peuvent être très problématiques. Les ponts sont conçus avec une rigidité suffisamment élevée pour éviter que le vent n'excite leurs fréquences propres de vibration (ce n'était pas le cas du pont de Tacoma dans l'Etat de Washington, totalement détruit par ses oscillations). Les constructeurs automobiles investissent quant à eux massivement dans la simulation informatique, afin de s'assurer que les portes ou les toitures de leurs nouveaux modèles ne fassent pas de bruit parce qu'une de leur fréquences propres est excitée par les vibrations du moteur. Même les instruments de musique, dont le fonctionnement est basé sur l'excitation des fréquences propres, rencontrent des problèmes lorsque certaines fréquences indésirables sont excitées en plus de celles souhaitées.

Au cours de la conception évolutive d'un pont, d'une voiture ou d'un violoncelle, un élan de créativité incite à choisir un nouveau matériau. Quel sera son effet sur les fréquences propres? La réponse est simple. Comme expliqué dans la section 5.2, les fréquences propres f sont proportionnelles à $\sqrt{E/\rho}$. Le changement de fréquence Δf est donc donné par:

$$\Delta f = \sqrt{\frac{E_n \rho_a}{E_a \rho_n}} \qquad (5.35)$$

où E_a, E_n et ρ_a, ρ_n sont les modules et les densités respectivement de l'ancien et du nouveau matériau.

Le nouveau matériau est approprié si les fréquences propres restent éloignées des fréquences de résonance. Si tel n'est pas le cas, il serait plus prudent de reconsidérer le choix.

Conception de composants flexibles pour des structures semi-rigides Le but des exemples précédents était de concevoir des composants avec une déformation limitée, c'est-à-dire en respectant une contrainte de rigidité. L'élasticité, en revanche, permet de concevoir des composants qui sont résistants *sans* être rigides. Ces composants peuvent alors être conçus de manière à être flexibles selon une direction donnée. Nous pouvons citer comme exemple le cadre auquel sont attachées les lames en caoutchouc des essuie-glaces. Pendant le balayage, le cadre s'adapte au profil bombé du pare-brise en se pliant tout en maintenant une pression égale sur les lames. Cette structure est donc volontairement flexible.

Un poussoir à ressort est schématisé sur la partie gauche de la figure 5.17. Le concept alternatif représenté à droite permet de remplir la même fonction sans surfaces coulissantes. Dans ce cas, la déformation élastique sert à guider le poussoir et à fournir la force de rappel à la place du ressort.

Exploiter ainsi l'élasticité présente de nombreux avantages: pas de frottement, pas d'usure, pas besoin de lubrification ni d'espacements précis entre les parties mobiles. L'utilisation des polymères offre un avantage supplémentaire: comme il n'y a pas de surfaces coulissantes, tout le dispositif peut généralement être moulé en une seule opération. Par conséquent, le nombre de pièces est réduit et les étapes d'assemblage sont supprimées. Une réduction du nombre de pièces est toujours une bonne nouvelle pour les ingénieurs de production car cela augmente la rentabilité.

Les charnières souples sont un autre exemple tiré du quotidien (fig. 5.18). Elles sont utilisées pour les bouchons en plastique, les boîtes en plastique moulées et les pinces. La fonction

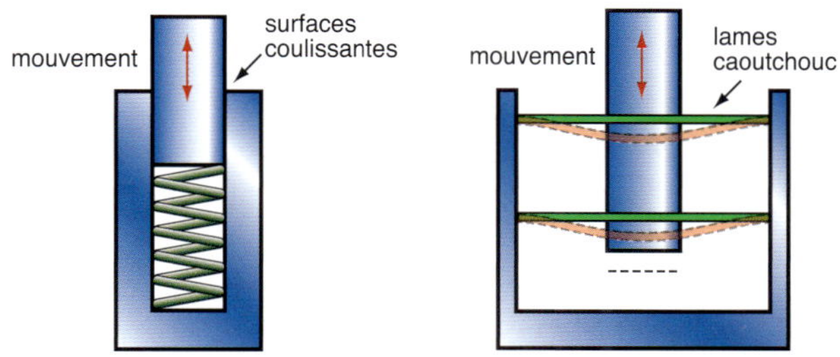

Figure 5.17 Remplacement d'un mécanisme coulissant par un mécanisme élastique.

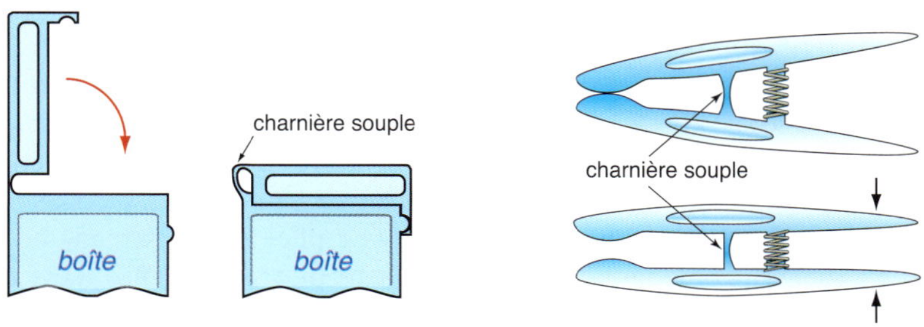

Figure 5.18 Charnières souples permettant une flexion sans aucune partie coulissante.

d'une charnière traditionnelle est alors remplacée par une bande élastique à la fois large et mince, la largeur permettant l'alignement latéral et la minceur facilitant la flexion. La charnière traditionnelle en trois parties est ainsi remplacée par un seul moulage.

La conception de structures semi-rigides offre de nombreuses possibilités d'innovation. Les trois géométries représentées en figure 5.19 ont un certain degré de flexibilité tout en étant rigides et résistantes selon d'autres directions. L'intégration de ces composants dans des structures permet de contrôler la mobilité de certaines parties.

Le choix des matériaux pour de tels mécanismes élastiques demande un compromis entre rigidité et résistance. Il faut donc patienter jusqu'au chapitre 7 pour analyser ce problème.

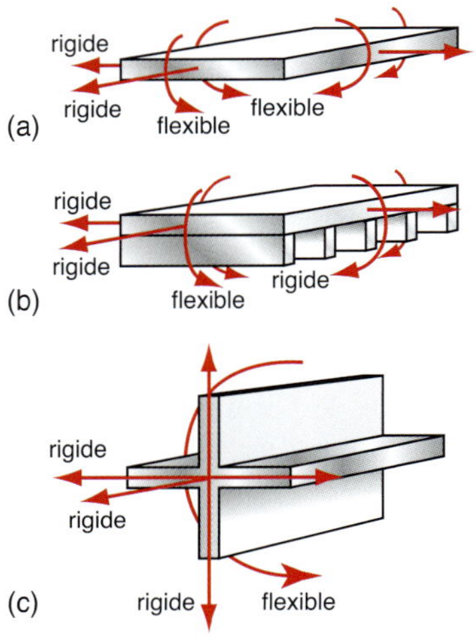

Figure 5.19 Flexibilité de trois géométries différentes. (a) Les plaques minces sont flexibles dans le plan et rigides autrement. (b) Les plaques nervurées sont flexibles uniquement selon un des axes du plan. (c) Les poutres cruciformes sont rigides en flexion mais peuvent être tordues facilement.

5.6 Résumé et conclusions

Une rigidité adéquate est essentielle pour la conception de structures dont la flèche est limitée. Dans le cas des longerons d'avions par exemple, une flèche trop grande compromet l'aérodynamisme. La rigidité influence aussi fortement la sensation ressentie en utilisant des équipements sportifs comme des clubs de golf, des raquettes de tennis, des skis ou des snowboards. Le flambage soudain d'une paille lorsqu'elle est pliée est également un problème lié à la rigidité. Le même problème survient de manière plus désastreuse dans des structures plus grandes. Lorsqu'une turbine d'avion accélère, elle passe par une vitesse à laquelle un pic de vibration est atteint. Cet effet, causé par la résonance, est lié à la rigidité des aubes de turbines. La rigidité est influencée par la taille et la forme de la section du composant ainsi que par le matériau utilisé, la propriété importante étant dans ce cas le module élastique E.

Lors de la sélection des matériaux, une rigidité adéquate est une *contrainte* fréquemment rencontrée. Nous avons vu dans ce chapitre comment la satisfaire pour différents modes de sollicitation et pour différents *objectifs* (minimiser la masse, le volume ou le coût). Des modèles simples permettent d'établir des fonctions objectifs pour la masse ou pour le coût du matériau. Ces expressions font apparaître une ou plusieurs propriétés du matériau, leur combinaison étant appelée *indice de matériau*. Les indices de matériau mesurent l'excellence d'un matériau pour une application donnée. Ils sont utilisés pour classer les matériaux qui satisfont toutes les contraintes de la conception.

Si la rigidité est utile, l'absence de rigidité peut l'être également. La capacité d'être plié ou tordu facilement permet de concevoir un *mécanisme élastique*: un seul élément qui se comporte comme s'il avait des parties mobiles avec des paliers ou des roulements. Les mécanismes élastiques ont certes des limitations mais leur utilisation, lorsqu'elle est possible, est avantageuse car aucune étape d'assemblage n'est nécessaire, ils n'ont pas besoin de maintenance et ils sont bon marché.

Finalement, nous avons montré comment tracer les indices de matériaux sur des cartes de propriétés afin de trouver le meilleur choix. La méthode appliquée est une méthode générale qui sera également utilisée plus tard pour les propriétés de résistance, ainsi que pour les propriétés thermiques, électriques, magnétiques et optiques.

5.7 Lectures complémentaires

Ashby, M. F. (2005). *Materials Selection in Mechanical Design* (3rd ed.). Oxford, UK: Butterworth-Heinemann. Chapter 4. ISBN 0-7506-6168-2. (*Un texte plus avancé qui développe les idées présentées dans ce chapitre, notamment une discussion beaucoup plus complète sur les facteurs de forme et un vaste répertoire de solutions simples à des problèmes classiques.*)

Gere, J. M. (2006). *Mechanics of Materials* (6th ed.). Toronto, Canada: Thompson Publishing. ISBN 0-534-41793-0. (*Un texte de niveau intermédiaire sur la statique des structures, par un des pères fondateurs du domaine. Son livre coécrit avec Timoshenko a introduit toute une génération à ce domaine.*)

Hosford, W. F. (2005). *Mechanical Behavior of Materials*. Cambridge, UK: Cambridge University Press. ISBN 0-521-84670-6. (*Un texte qui met en relation les comportements contrainte–déformation et la micromécanique des matériaux.*)

Jenkins, C. H. M., & Khanna, S. K. (2006). *Mechanics of Materials*. Boston, MA, USA: Elsevier Academic. ISBN 0-12-383852-5. (*Une introduction simple à la mécanique, mettant en évidence la conception.*)

Riley, W. F., Sturges, L. D., & Morris, D. H. (2003). *Statics and Mechanics of Materials* (2nd ed.). Hoboken, NJ, USA: McGraw-Hill. ISBN 0-471-43446-9. (*Un texte de niveau intermédiaire sur les contraintes, les déformations et les relations entre elles pour de nombreux modes de sollicitation. Pas de discussion sur la réponse micromécanique des matériaux à une contrainte à l'échelle microscopique.*)

Vable, M. (2002). *Mechanics of Materials*. Oxford, UK: Oxford University Press. ISBN 0-19-513337-4. (*Une introduction aux relations contrainte–déformation, mais sans discussion sur la micromécanique des matériaux.*)

Young, W. C. (1989). *Roark's Formulas for Stress and Strain* (6th ed.). New York, USA: McGraw-Hill. ISBN 0-07-100373-8. (*Les «Pages Jaunes» des formules associées aux problèmes élastiques – si la solution n'y est pas, elle n'existe pas.*)

5.8 Exercices

Exercice E5.1 Quelles sont les différences entre traction, torsion, flexion et flambage?

Exercice E5.2 Qu'est-ce qu'un *indice de matériau*?

Exercice E5.3 Sur une copie de la carte module–densité, tracer l'indice associé à une plaque légère et rigide en flexion en positionnant la droite de manière à ce qu'il ne reste que six matériaux au-dessus. A quelles classes appartiennent-ils?

Exercice E5.4 Un matériau est recherché pour réaliser une plaque destinée au boîtier d'un ordinateur portable. La largeur et la longueur étant fixées, l'objectif est de minimiser l'épaisseur h tout en satisfaisant une contrainte de rigidité en flexion S^*. Quel est l'indice de matériau adéquat?

Exercice E5.5 Déterminer l'indice de matériau associé à une barre de section circulaire sollicitée en torsion. La longueur L et la rigidité S^* de la barre étant spécifiées, celle-ci doit être aussi légère que possible. Suivre les mêmes étapes que dans le cas d'une poutre en flexion, mais remplacer la rigidité en flexion $S^* = F/\delta$ par la rigidité en torsion $S^* = T/(\theta/L)$ (équation (5.8)). Utiliser l'expression de K donnée en figure 5.2.

Exercice E5.6 La vitesse de propagation des ondes longitudinales dans un matériau est proportionnelle à $\sqrt{E/\rho}$. Sur une copie de la carte E–ρ, tracer des «courbes de niveau» afin de pouvoir estimer cette grandeur pour tous les matériaux représentés. Quels métaux ont une vitesse de propagation du son proche de celle de l'acier? Le son se propage-t-il plus vite dans le titane ou dans le verre?

Exercice E5.7 Un matériau est recherché pour réaliser une colonne bon marché de section circulaire et de longueur L fixée. La colonne doit pouvoir supporter une force F_{crit} sans flamber. Déterminer une équation pour le coût, en fonction des dimensions de la colonne, du prix par kg C_m et de la densité ρ du matériau. La surface A de la section est une variable libre à éliminer en utilisant comme contrainte que la force de flambage ne doit pas être inférieure à F_{crit} (équation (5.9)). Relever alors l'indice permettant de trouver la colonne la moins chère. Tracer cet indice sur une copie de la carte de propriétés adéquate et identifier trois candidats potentiels.

Exercice E5.8 Imaginer un mécanisme qui, lorsqu'il est comprimé, se retrouve cisaillé dans des directions perpendiculaires à l'axe de compression.

Exercice E5.9 Les joints de cardan comportent généralement des paliers lisses. Imaginer un joint de cardan qui puisse être moulé en tant qu'une seule pièce élastique en utilisant un polymère.

5.9 Conception assistée avec le logiciel CES (utiliser le niveau 2, matériaux)

Exercice E5.10 Utiliser la fonction « Limit » pour trouver des matériaux avec un module $E > 180$ GPa et un prix $C_m < 3$ \$/kg.

Exercice E5.11 Utiliser la fonction « Limit » pour trouver des matériaux avec un module $E > 2$ GPa, une densité $\rho < 1000$ kg/m^3 et un prix $C_m < 3$ \$/kg.

Exercice E5.12 Réaliser un histogramme du module E. Utiliser la fonction « Tree » pour limiter la sélection aux polymères. Quels sont les trois polymères avec des modules maximaux?

Exercice E5.13 Dessiner une carte module E–densité ρ. Tracer une ligne de sélection de pente 1, correspondant à l'indice E/ρ, en la positionnant de sorte qu'il ne reste que six matériaux au-dessus. Quels sont ces matériaux et à quelle famille appartiennent-ils?

Exercice E5.14 Un matériau est recherché pour réaliser une tige en traction destinée à relier les murs avant et arrière d'une grange afin de les stabiliser. Elle doit respecter une contrainte de rigidité et être le meilleur marché possible. Par sécurité, le matériau de la tige doit avoir une ténacité à la rupture $K_{1c} > 18$ MPa$\cdot$m$^{1/2}$ (définie dans le chapitre 8). L'indice adéquat est le suivant:

$$M = \frac{E}{C_m \rho}$$

Construire une carte E–$C_m\rho$. Ajouter la contrainte de ténacité à la rupture en utilisant la fonction « Limit ». Tracer ensuite sur la carte une ligne de sélection appropriée et relever les trois matériaux qui constituent les meilleurs choix pour réaliser cette tige.

5.10 Explorer la science avec CES Elements

Exercice E5.15 Les éléments sont les composants de base de tous les matériaux. Leur module et leur densité ne peuvent pas être modifiés et nous devons donc nous satisfaire de ceux existants. Dessiner une carte module E–numéro atomique A_n afin d'étudier l'évolution du module à travers le tableau périodique (utiliser une échelle linéaire pour A_n: changer l'échelle logarithmique par défaut en double-cliquant sur le nom de l'axe pour faire apparaître une boîte de dialogue et choisir 'Linear'). Quels éléments ont les modules maximal et minimal?

Exercice E5.16 Répéter l'exercice précédent en explorant désormais l'évolution de la densité ρ. Quels éléments solides ont les densités minimale et maximale?

Exercice E5.17 Dessiner une carte de la vitesse de propagation du son, $(E/\rho)^{1/2}$, pour les différents éléments. Pour cela, construire la grandeur $(E/\rho)^{1/2}$ sur l'axe y en utilisant la fonctionnalité «Advanced» dans la boîte de dialogue du choix des axes et la tracer en fonction du numéro atomique A_n. Utiliser une échelle linéaire pour A_n, comme expliqué dans l'exercice E5.15. (Multiplier E par 10^9 pour obtenir la vitesse en m/s.)

Chapitre 6
Au-delà de l'élasticité: plasticité et ductilité

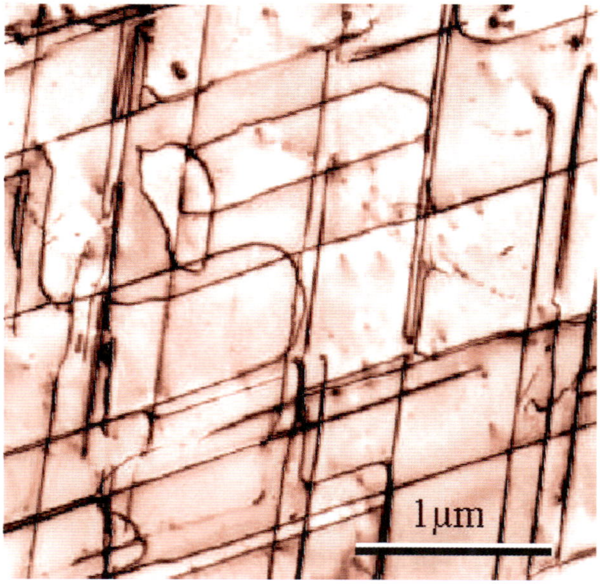

Dislocations dans le composé intermétallique Ni_3Al.
(Avec la permission de C. Rentenberger et H. P. Karnthaler, Institute of Materials Physics, Université de Vienne, Autriche.)

Contenu du chapitre

6.1 Introduction et présentation du chapitre

En anglais, le verbe «to yield» a deux significations en apparence contradictoires. Premièrement, il signifie céder sous une force, abandonner. Avec une connotation différente, plus agréable, il signifie également faire un profit, porter ses fruits, être utile. La *limite élastique* (en anglais «yield strength», limite d'écoulement) d'un matériau est la contrainte au-delà de laquelle il devient plastique. La déformation plastique peut être bénéfique car elle permet aux métaux d'être mis en forme et c'est aussi grâce à elle que les structures peuvent résister aux impacts en absorbant de l'énergie. Mais parfois elle peut aussi être indésirable, voire désastreuse, comme pour un pont, un longeron d'avion ou une fourche de vélo.

Ce chapitre traite de la plasticité, raison pour laquelle il concerne principalement (mais pas exclusivement) les métaux. Grâce à leur plasticité, le fer et l'acier sont utilisés pour réaliser des structures et ce sont aussi les matériaux sur lesquels la révolution industrielle a été bâtie. Ils ont en effet rendu possibles de nombreuses réalisations dans le domaine de l'ingénierie, comme celles de Telford[1] ou de Brunel[2]. Encore aujourd'hui, les métaux sont prédominants en ingénierie car ils peuvent être laminés, forgés, extrudés et estampés.

6.2 Résistance, travail plastique et ductilité: définitions et mesures

Les propriétés plastiques et la ductilité sont mesurées par les tests de traction standardisés introduits dans le chapitre 4, en allant jusqu'à atteindre la rupture des matériaux. Les figures 6.1 à 6.3 montrent des comportements contrainte–déformation typiques pour différentes classes de matériaux. La *limite élastique* σ_y, en MPa, nécessite une définition précise. Pour les métaux, le début de la plasticité n'est pas toujours clairement identifiable et par conséquent, σ_y est généralement assimilée à la *limite conventionnelle d'élasticité* $\sigma_{0.2\%}$. Cette limite est définie comme la contrainte à laquelle la courbe de traction ou de compression axiale dévie d'une déformation de 0.2% par rapport à la droite du domaine élastique (fig. 6.1). Cette grandeur est identique en traction et en compression. Lorsqu'ils sont déformés au-delà de la limite élastique, la plupart des métaux sont *écrouis*. A cause de ce phénomène, la courbe de traction croît ensuite jusqu'à atteindre un maximum correspondant à la *résistance en traction*. En traction, une déformation non-uniforme de la section (une *striction*) est ensuite observée avant d'atteindre finalement la rupture.

---

[1] Thomas Telford (1757-1834), ingénieur écossais, brillant partisan du pont suspendu à une époque où sa sécurité était controversée. Telford lui-même avait peut-être des doutes car il s'adonnait à de longues prières les jours où les câbles de suspension devaient être installés pour supporter le poids du pont. La plupart de ses ponts sont cependant toujours debout.

[2] Isambard Kingdom Brunel (1806-1859), peut-être le plus grand ingénieur de la révolution industrielle (*env.* 1760-1860) en matière d'innovation, de personnalité, de pouvoir d'exécution et de volonté de prise de risques – le *Great Eastern* par exemple était cinq fois plus grand que n'importe quel paquebot construit auparavant. Il était d'avis que «les grandes choses ne se font pas par ceux qui ne font que compter les coûts». Brunel était petit et conscient de sa taille; il favorisait les hauts-de-forme qui le faisaient paraître plus grand.

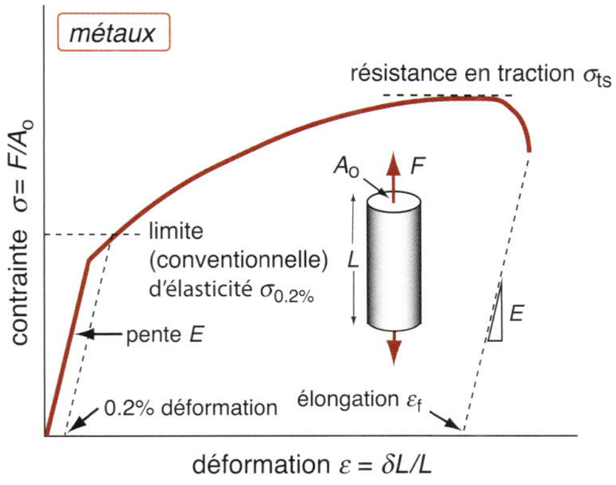

Figure 6.1 Courbe contrainte–déformation d'un métal.

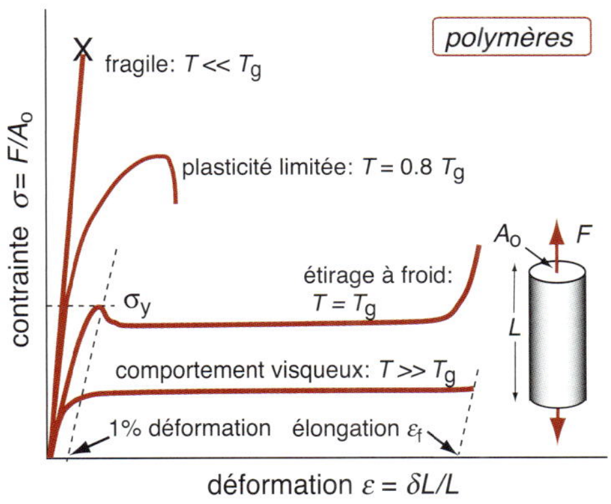

Figure 6.2 Courbe contrainte–déformation d'un polymère.

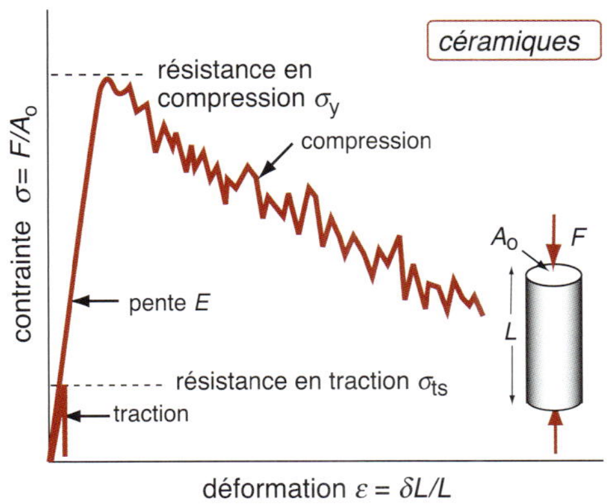

Figure 6.3 Courbe contrainte–déformation d'une céramique.

Pour les polymères, σ_y est définie comme la contrainte à laquelle la courbe de traction devient clairement non linéaire, ce qui correspond typiquement à une déformation de 1% (fig. 6.2). Le comportement au-delà de ce point dépend de la température par rapport à la température de transition vitreuse T_g. Aux températures largement inférieures à T_g, la majorité des polymères sont fragiles. En s'approchant de T_g, la plasticité devient possible et à T_g environ, les thermoplastiques manifestent un *étirage à froid*: un allongement plastique important survenant à une contrainte presque constante et accompagné d'une striction. Durant cet allongement, les molécules sont progressivement alignées selon la direction de la déformation, puis un durcissement est observé avant d'atteindre la rupture lorsque l'alignement est complet. Aux températures encore plus élevées, les thermoplastiques deviennent visqueux et peuvent être moulés alors que les thermodurcissables deviennent caoutchouteux avant de se décomposer.

La limite élastique σ_y d'un composite à matrice polymère est définie en fixant une certaine déviation du comportement élastique linéaire, typiquement 0.5%. Les composites qui contiennent des fibres (y compris les composites naturels comme le bois) sont jusqu'à 30% moins résistants en compression car les fibres flambent à petite échelle.

La *déformation plastique* ε_{pl} est la déformation permanente résultant de la plasticité. Elle correspond à la déformation totale ε_{tot} moins la composante élastique, réversible:

$$\varepsilon_{pl} = \varepsilon_{tot} - \frac{\sigma}{E} \tag{6.1}$$

La *ductilité* mesure le taux de déformation plastique qu'un matériau peut tolérer. Elle est mesurée sur une courbe de traction par l'*élongation à la rupture* ε_f (la déformation plastique au moment de la rupture), exprimée sous la forme d'un pourcentage (fig. 6.1 et 6.2). ε_f n'est pas à proprement parler une propriété du matériau car elle dépend des dimensions de l'échantillon. Les valeurs répertoriées dans les ouvrages de référence et dans le logiciel CES ont été obtenues avec une géométrie standard. Cette grandeur reste néanmoins utile pour indiquer l'aptitude d'un matériau à être déformé.

Dans le chapitre 4, l'aire sous la courbe contrainte–déformation dans le domaine élastique a été identifiée comme étant l'énergie élastique emmagasinée par unité de volume ($\sigma_y^2/2E$). Au-delà de la limite élastique, un *travail plastique* est associé à la déformation permanente d'un matériau. L'incrément de travail plastique pour un petit allongement dL sous une force F, par unité de volume $V = AL_o$, est donné par

$$dW_{pl} = \frac{FdL}{V} = \frac{F}{A_o}\frac{dL}{L_o} = \sigma d\varepsilon_{pl}$$

Par conséquent, le travail plastique par unité de volume au moment de la rupture est de

$$W_{pl} = \int_0^{\varepsilon_f} \sigma d\varepsilon_{pl} \tag{6.2}$$

ce qui équivaut simplement à l'aire sous la courbe contrainte–déformation. Le travail plastique est important pour les applications dont le but est d'absorber de l'énergie.

Exemple 6.1

Une tige métallique avec une limite élastique σ_y = 500 MPa et une densité ρ = 8000 kg/m^3 est déformée de manière uniforme jusqu'à une déformation de 0.1 (10%). Au cours de ce processus, quel travail plastique la tige absorbe-t-elle par unité de volume? Supposer que le matériau est élastique idéalement plastique, c'est-à-dire qu'il se déforme plastiquement à une contrainte constante σ_y. Comparer ce travail plastique avec l'énergie élastique calculée dans l'exemple 4.3.

Solution. En supposant que le matériau est élastique idéalement plastique, la contrainte est égale à la limite élastique jusqu'à la rupture de la tige. A ce moment, l'énergie plastique par unité de volume vaut donc:

$$W_{pl} = \sigma_y \varepsilon_f = 500 \times 10^6 \times 0.1 = 50 \text{ MJ/m}^3$$

Cette énergie plastique est 80 fois plus élevée que l'énergie de déformation élastique de l'exemple 4.3 (625 kJ/m^3), mais ne représente toujours que 0.015% de l'énergie contenue dans la même masse d'essence.

Les céramiques et les verres sont fragiles à température ambiante (fig. 6.3). Ils ont malgré tout des limites élastiques, mais elles sont si élevées qu'elles ne sont jamais atteintes. La rupture en traction de ces matériaux survient à des contraintes bien plus faibles à cause de la présence de défauts microscopiques. Leur résistance en compression est nettement supérieure en valeur absolue, mais même dans ce cas, ces matériaux se désagrègent avant de se déformer plastiquement. Une mesure de la limite élastique des céramiques sert néanmoins à les comparer avec d'autres matériaux. Cela nécessite des tests spéciaux qui évitent la rupture, comme par exemple le test *d'écrasement*. Sur la courbe obtenue, la fin de la partie élastique ne correspond toutefois pas vraiment à un début de déformation plastique.

Les tests de traction et de compression ne s'avèrent pas toujours pratiques car ils sont destructifs et nécessitent de grands échantillons. Les tests de dureté (fig. 6.4) n'ont pas ces inconvénients, bien qu'ils en aient d'autres. Parmi les nombreux tests de dureté existants, les plus communs sont les tests Vickers et Brinell. Leur principe consiste à indenter le matériau de sorte à laisser une petite empreinte permanente dont la taille est ensuite mesurée à l'aide d'un microscope. L'indenteur utilisé est une pyramide en diamant pour le test Vickers et une bille en acier trempé pour le test Brinell. L'empreinte laissée signifie que le matériau a été déformé plastiquement, la résistance à cette déformation étant obtenue en divisant la force appliquée F par la surface totale A de l'empreinte:

$$H = \frac{F}{A} \tag{6.3}$$

Cette définition selon la surface totale de l'empreinte est malencontreuse car la dureté Brinell d'un matériau varie alors en fonction de F, même lorsque le même indenteur est

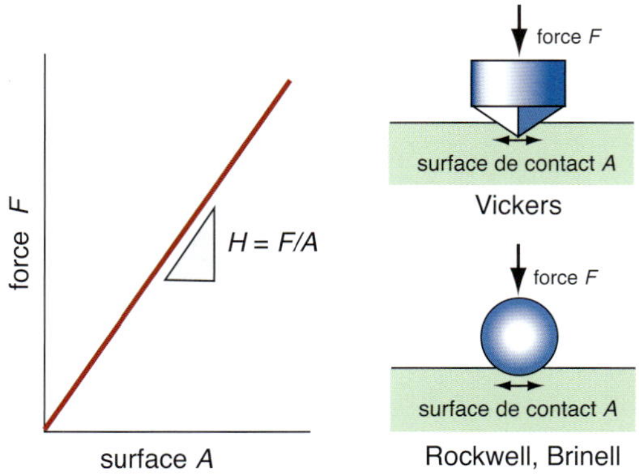

Figure 6.4 Tests de dureté. Pour le test Vickers, l'indentation est réalisée avec une pyramide en diamant alors que les tests Rockwell et Brinell utilisent une sphère en acier.

utilisé. La géometrie de l'indenteur du test Vickers résout ce problème car la surface A est alors proportionnelle à la surface projetée sur un plan normal à la force.

La déformation causée par l'indenteur est contrainte par le matériau qui l'entoure. Par conséquent, H est supérieure à la limite élastique et vaut environ $3\sigma_y$. Bien que les résistances soient mesurées en MPa, la *dureté Vickers* H_v est souvent donnée en kg/mm^2 et dans ce cas:

$$H_v \approx \frac{\sigma_y}{3} \tag{6.4}$$

Les correspondances entre les différentes échelles de dureté sont données en figure 6.5. Mentionnons encore que le principe de la dureté Rockwell consiste à appliquer deux charges successivement et à mesurer la différence de profondeur entre les deux empreintes. Il existe différentes échelles de dureté Rockwell en fonction de la force appliquée et de la géométrie de l'indenteur utilisé.

Le test de dureté n'est pas destructif et ne nécessite qu'un petit volume de matériau, mais les informations obtenues sont moins précises et moins complètes qu'avec un test de traction. Ce test n'est donc pas utilisé pour obtenir des données critiques pour la conception.

6.3 Cartes pour la limite élastique

La limite élastique peut être représentée sur différentes cartes de propriétés des matériaux. Deux cartes sont particulièrement utiles: la carte limite élastique–densité et la carte module de Young–limite élastique.

Carte limite élastique–densité La carte limite élastique σ_y–densité ρ est représentée en figure 6.6. La limite élastique des matériaux de l'ingénierie, à l'instar de leur module élastique, s'étend sur six ordres de grandeurs. Les mousses utilisées dans l'emballage et les systèmes d'absorption d'énergie ont des limites élastiques inférieures à 0.01 MPa. Le diamant, utilisé pour les outils d'usinage et les indenteurs du test Vickers, a une limite élastique qui atteint 10^4 MPa. Sur cette carte, les membres de chaque famille sont à nouveau regroupés et peuvent être contenus dans des enveloppes qui occupent chacune une région caractéristique.

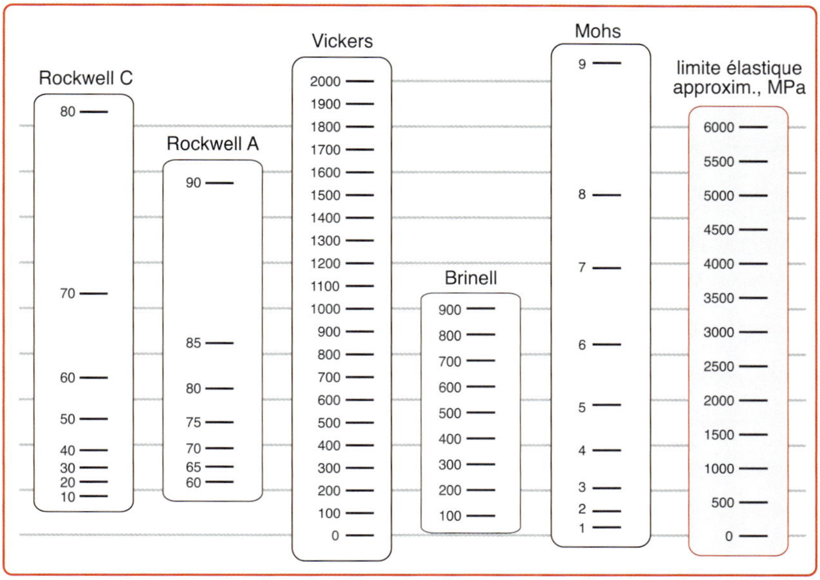

Figure 6.5 Correspondances empiriques entre les différentes échelles de dureté et limite élastique approximative.

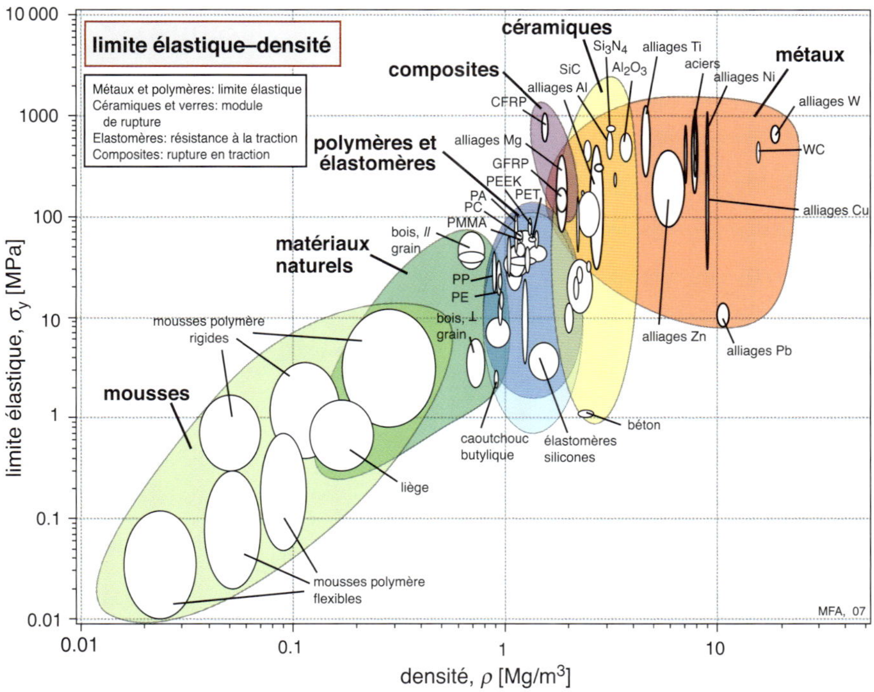

Figure 6.6 Carte limite élastique–densité.

Exemple 6.2

Un métal non identifié provenant d'une entreprise concurrente a une dureté « Rockwell A » de 65 et une densité d'environ 8800 kg/m^3. Estimer sa dureté Vickers et sa limite élastique, puis le localiser sur la carte limite élastique–densité (fig. 6.6). De quel matériau peut-il s'agir?

Solution. A l'aide de la figure 6.5, la dureté Vickers est d'environ 300 et la limite élastique d'environ 1000 MPa (en accord raisonnable avec l'équation 6.4). Sur la carte limite élastique–densité, ce métal résistant se situe proche de la partie supérieure des alliages de nickel.

Une comparaison avec la carte module élastique–densité (fig. 4.7) révèle des différences marquées. Si le module d'un solide est une grandeur bien définie, comprise dans une gamme de valeurs restreinte, ce n'est pas le cas de la limite élastique. Considérons une classe donnée de métaux telle que les aciers inoxydables. Leur limite élastique varie d'un facteur 10, voire davantage, alors que leur module ne diffère que de 10% au maximum. Sur la carte limite élastique–densité, leur bulle est alors mince et allongée car leur densité ne varie que très peu (chap. 4). Les différences de limites élastiques au sein d'une même classe de métaux reflètent la physique sous-jacente de la déformation plastique. Elles offrent aux concepteurs la possibilité d'ajuster ce paramètre en variant la composition ou l'historique des procédés utilisés. Ces deux aspects seront discutés plus loin dans ce chapitre.

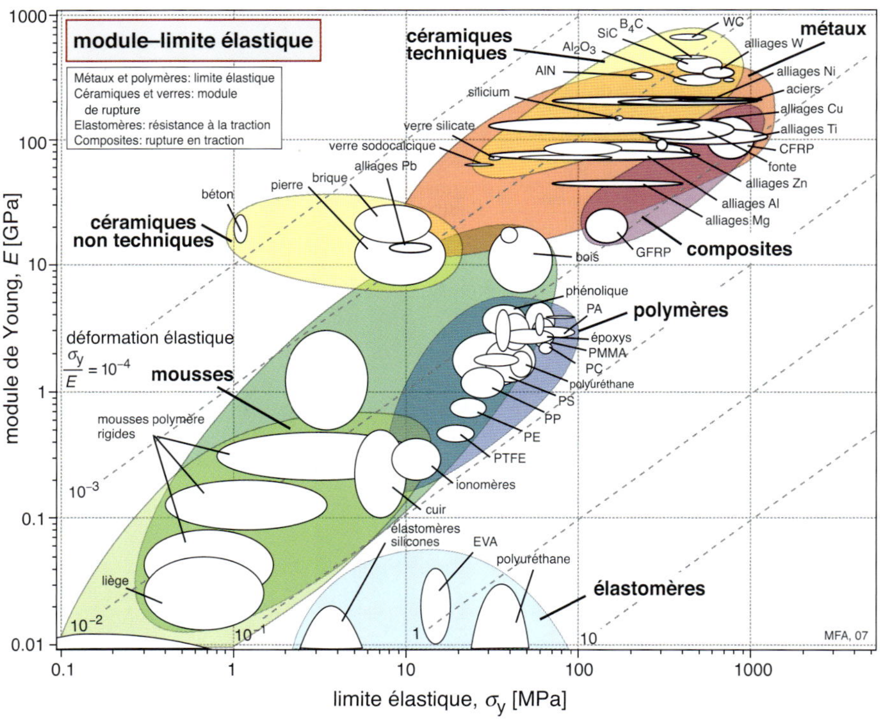

Figure 6.7 Carte module de Young–limite élastique. Les droites montrent la déformation élastique maximale, σ_y/E.

Les polymères sont regroupés avec des limites élastiques comprises entre 10 et 100 MPa. Les composites CFRP et GFRP sont situés entre les polymères et les céramiques, ce qui semble logique étant donné qu'ils sont formés par combinaison de ces deux familles. La limite élastique des composites est plus compliquée à analyser que leur module (chap. 4), bien que les mêmes frontières permettent généralement d'obtenir des estimations raisonnables (en remplaçant le module par la limite élastique).

Carte module élastique–limite élastique La carte module de Young E–limite élastique σ_y représentée en figure 6.7 permet d'étudier une caractéristique importante des matériaux: leur *déformation élastique maximale*, σ_y/E (déformation au-delà de laquelle le comportement d'un matériau cesse d'être élastique linéaire). Les droites parallèles tracées sur la carte représentent des valeurs égales de la déformation élastique maximale. La déformation élastique maximale des métaux atteint au mieux 1%, valeur équivalente à celle des composites et des bois, tandis que celle des polymères est jusqu'à 10 fois plus élevée et se situe entre 1 et 10%. Le module exceptionnellement faible des élastomères leur permet d'atteindre une valeur de σ_y/E bien plus élevée que n'importe quel autre matériau, celle-ci étant comprise entre 10 et 100%.

Cette carte a diverses applications et sert notamment à sélectionner des matériaux pour des ressorts, des membranes élastiques, des raccords flexibles ou des composants encastrables. Nous étudierons cela dans le chapitre 7.

6.4 Origines de la résistance et de la ductilité

Résistance idéale Les liaisons interatomiques peuvent être comparées à des ressorts et possèdent aussi un point de rupture. La courbe contrainte–déformation d'une liaison est représentée en figure 6.8. Comme dans le chapitre 4, chaque atome est supposé occuper un cube d'arête a_o de sorte qu'une force F correspond à une contrainte F/a_o^2 . La liaison de longueur initiale a_o étant étirée jusqu'à une longueur a, sa déformation vaut $(a - a_o)/a_o$. Dans le chapitre 4, la discussion au sujet du module élastique se focalisait sur la portion linéaire de cette courbe car la pente est alors égale au module E. Lorsque la déformation augmente au-delà, la courbe passe par un maximum avant de tendre vers zéro. Ce maximum correspond à la résistance des liaisons: elles sont rompues si elles sont étirées au-delà. Ce raisonnement est aussi valable si la liaison est cisaillée.

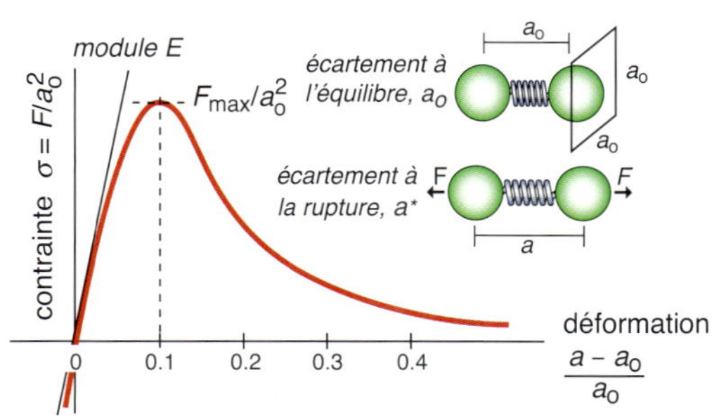

Figure 6.8 Courbe contrainte–déformation pour une liaison interatomique (chaque atome est supposé occuper un cube d'arête a_o).

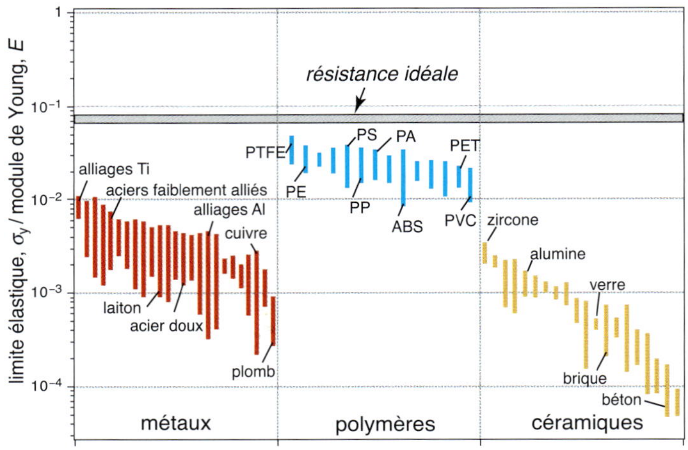

Figure 6.9 Rapport σ_y/E pour différents matériaux. La résistance idéale indiquée par la bande grise vaut environ $E/15$, où E représente le module de Young.

Les forces interatomiques agissent sur une faible distance. Une liaison est en effet rompue si son allongement dépasse environ 10% de sa longueur initiale. La force requise pour rompre une liaison vaut donc approximativement:

$$F \approx \frac{Sa_o}{10} \tag{6.5}$$

où S est la rigidité en traction de la liaison. D'autre part, en se rappelant que dans le domaine élastique $E = S_o/a_o$ (éq. (4.17)), la *résistance idéale d'un solide* devrait être d'environ:

$$\sigma_{\text{idéal}} \approx \frac{F_{\max}}{a_o^2} = \frac{S}{10a_o} = \frac{E}{10}$$

ou encore:

$$\frac{\sigma_{\text{idéal}}}{E} \approx \frac{1}{10} \tag{6.6}$$

La courbure de la courbe force–distance n'a toutefois pas été prise en compte et des calculs plus précis donnent un rapport de 1/15.

Le rapport σ_y/E pour les métaux, les polymères et les céramiques est tracé en figure 6.9. Aucune de ces familles n'atteint la valeur idéale de 1/10; la plupart ne s'en approchent même pas. Ces déviations du comportement idéal sont dues aux défauts présents dans les matériaux.

Défauts cristallins dans les métaux et les céramiques Les cristaux contiennent différents types de défauts. Les grandes familles de défauts sont représentées en figure 6.10. Les *lacunes*, en (a), sont des présents dans tous les cristaux. Elles jouent un rôle essentiel dans la diffu-

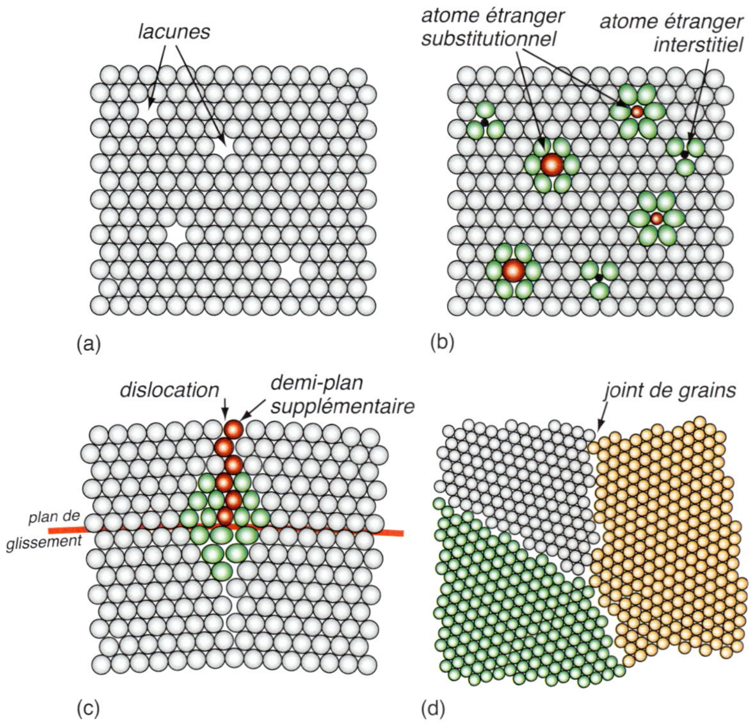

Figure 6.10 Défauts dans les cristaux. (a) Lacunes. (b) Atomes étrangers (atomes de soluté) interstitiels ou substitutionnels. (c) Dislocation. (d) Joints de grains.

sion, le fluage et le frittage (chap. 13). Cependant, elles ne sont pas importantes pour la suite de ce chapitre car elles n'influencent pas la résistance, au contraire des autres défauts rencontrés.

Aucun cristal n'est absolument pur ni absolument parfait. Des impuretés sont inhérentes au procédé utilisé pour élaborer le matériau. Plus généralement, elles sont ajoutées délibérément pour créer des *alliages*: un matériau dans lequel un deuxième (ou un énième) élément est dissous. Cette dissolution est similaire à celle du sel dans l'eau, à la différence près qu'il s'agit là de solutions solides. Une *solution solide substitutionnelle* (les atomes de soluté remplacent des atomes de base) et une *solution solide interstitielle* (les atomes de soluté occupent les espaces ou « interstices » entre les atomes de base) sont montrées en figure 6.10(b). Les atomes de soluté ont rarement la même taille que les atomes de base et déforment donc le réseau environnant. Sur la figure, les atomes rouges sont substitutionnels, certains étant plus gros et d'autres plus petits que les atomes de base. Autour d'eux, le réseau des atomes verts est déformé. Si les atomes de soluté sont beaucoup plus petits que les atomes de base, ils sont dissous de manière *interstitielle*, comme les atomes noirs, en déformant aussi le réseau autour d'eux. Comme nous le verrons plus tard, ces déformations locales du réseau sont une des raisons pour lesquelles les alliages sont plus résistants que les métaux purs.

Le défaut le plus important pour la plasticité est le défaut linéaire représenté en figure 6.10(c): la *dislocation*. « Disloquer » signifie faire sortir (un membre) de son articulation, ce qui n'est pas une mauvaise description dans le cas présent. La partie supérieure du cristal a un demi-plan atomique en plus que la partie inférieure. Les dislocations sont à l'origine de la ductilité et de la malléabilité des métaux. Une énergie élastique est associée aux dislocations car elles déforment le réseau atomique. Pour faire croître un cristal parfait de seulement un centimètre cube, environ 10^{23} atomes doivent être attachés en respectant le réseau parfait. La probabilité que cela arrive est beaucoup trop faible. Tous les cristaux contiennent donc des défauts ponctuels, des atomes en solution et des dislocations.

La majorité des cristaux contiennent aussi des défauts plus sévères comme des joints de grains. Sur la figure 6.10(d), trois cristaux parfaits orientés de manière différente se rencontrent. Les cristaux sont appelés *grains* et les surfaces de rencontre sont des *joints de grains*. Sur le schéma, les couleurs permettent de distinguer les grains mais les atomes peuvent être de même nature. Les joints de grains sont présents à la fois dans les matériaux purs et dans les alliages, lorsque la composition d'un grain peut différer de celle du grain voisin.

La perfection apparente de l'acier des outils de précision ou du boîtier poli d'une montre en or n'est donc qu'une illusion: ils sont criblés de défauts. En superposant tous les défauts représentés sur la figure 6.10, la réalité commence à être perceptible. Ces défauts permettent aussi d'expliquer la diffusion, la résistance, la ductilité, la résistance électrique, la conductivité thermique, etc.

Les défauts présents dans les cristaux ont des effets importants. Pour la suite de cette section, nous nous concentrons sur les dislocations.

Dislocations et écoulement plastique Comme nous l'avons vu, la résistance d'un cristal parfait calculée à partir des forces interatomiques prédit une «résistance idéale» d'environ $E/15$ (où E représente le module élastique). Cependant, la résistance des matériaux n'est jamais aussi élevée et atteint souvent à peine 1% de cette valeur. Ce mystère a été élucidé au milieu du 20e siècle par l'Anglais G. I. Taylor[3] et le Hongrois Egon Orowan[4]. Ces deux scientifiques réalisèrent qu'un cristal «disloqué» pouvait se déformer à des contraintes bien plus faibles que la résistance idéale.

La figure 6.11(a) aide à visualiser le concept de dislocation. Le cristal est coupé le long d'un plan atomique jusqu'à la ligne ⊥—⊥. La partie supérieure est ensuite décalée d'une distance interatomique par rapport à la partie inférieure (perpendiculairement à la ligne de coupe). Les liaisons à travers le plan de coupe sont ensuite reformées afin d'obtenir la structure atomique schématisée en figure 6.11(b). Celle-ci comporte alors un demi-plan supplémentaire d'atomes dont le bord est situé le long de la ligne ⊥—⊥, appelée *ligne de dislocation*. Cette ligne sépare la partie du plan de coupe qui a bougé de celle qui est restée en place. Cette dislocation particulière est qualifiée de *coin* et est représentée par le symbole ⊥.

---

[3] Geoffrey (G. I.) Taylor (1886-1975), connu pour ses nombreuses contributions en aérodynamique, en hydrodynamique et dans la structure et la plasticité des métaux. Avec Egon Orowan, il comprit que la ductilité des métaux impliquait la présence de dislocations. Lui-même marin, il inventa notamment l'ancre utilisée par la Royal Navy.

[4] Egon Orowan (1901-1989), physicien et métallurgiste hongro-américain. Avec G. I. Taylor, il comprit que la plasticité des cristaux pouvait s'expliquer par le mouvement des dislocations. Il chercha ensuite à appliquer ces idées au mouvement des failles pendant les séismes.

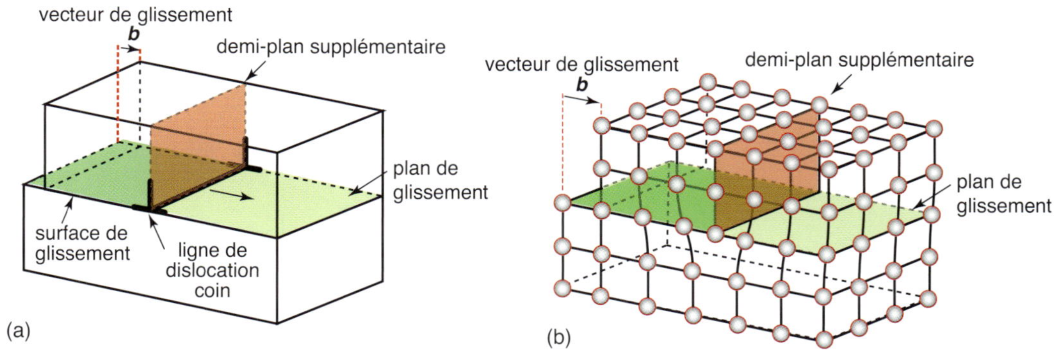

Figure 6.11 (a) Pour visualiser une dislocation, considérons un cristal coupé selon le plan vert foncé. La partie située au-dessus de ce plan est alors décalée d'un vecteur **b** normal à la ligne de coupe (dislocation coin) puis les liaisons sont reformées. (b) Dislocation coin dans un cristal cubique. La dislocation est plus complexe dans une autre structure cristalline, mais le principe reste le même.

Le mouvement d'une dislocation fait glisser la matière située au-dessus du plan de glissement par rapport à celle située au-dessous et engendre ainsi le cisaillement du cristal. Un cristal parfait est représenté sur la partie supérieure de la figure 6.12. Sur la ligne centrale, une dislocation entre dans le cristal par la gauche, se propage puis ressort par la droite. A la fin de ce processus, la partie supérieure a été décalée par rapport à la partie inférieure d'un vecteur **b**, appelé *vecteur de glissement* ou *vecteur de Burgers*. Il en résulte une déformation en cisaillement γ.

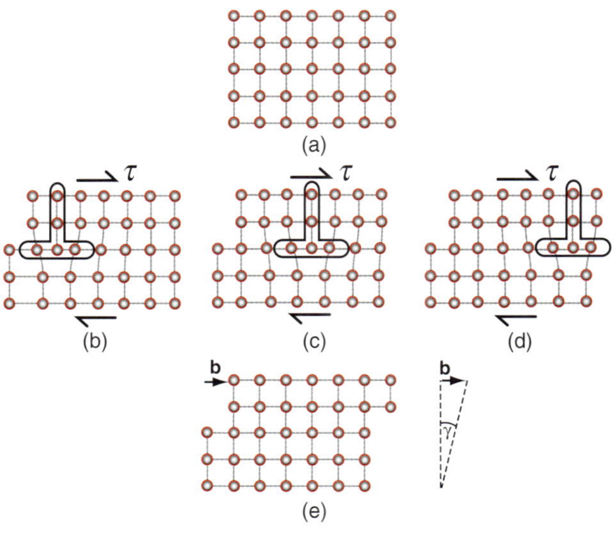

Figure 6.12 (a) Cristal parfait. Le passage d'une dislocation à travers un plan de glissement, représenté séquentiellement en (b), (c) et (d), décale la partie supérieure du cristal par un vecteur **b**. (e) Le cristal a finalement une déformation en cisaillement γ.

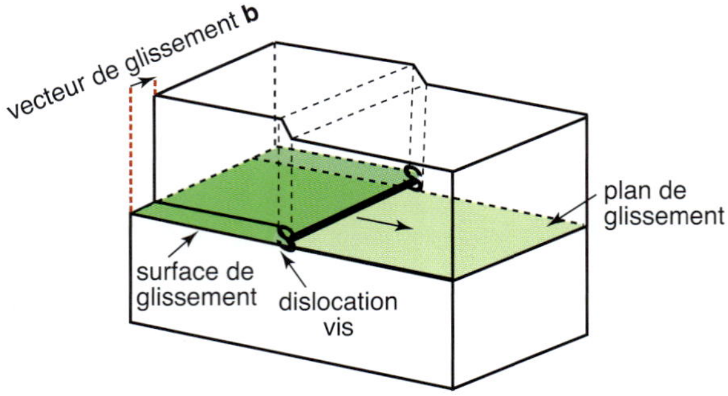

Figure 6.13 Dislocation vis. Le vecteur **b** est parallèle à la ligne de dislocation **S—S**.

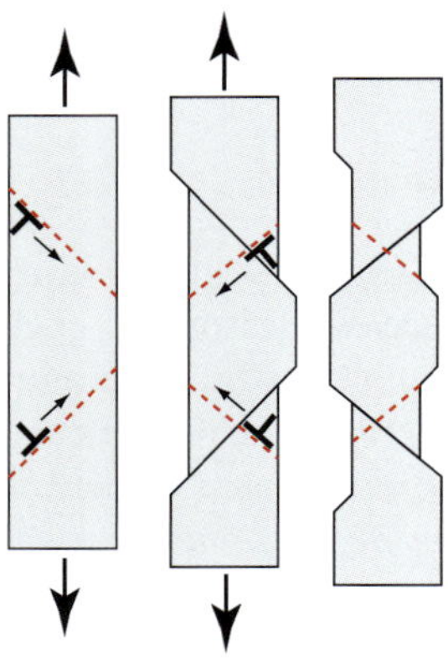

Figure 6.14 Allongement causé par le mouvement des dislocations.

Il existe une autre manière de créer une dislocation dans un cristal. Après avoir coupé le plan en figure 6.11(a), le déplacement de la partie supérieure peut aussi être *parallèle* à la ligne de coupe (fig. 6.13). La configuration des atomes le long de la ligne de dislocation est alors différente. La dislocation dans ce cas ressemble plus à un tire-bouchon, raison pour laquelle elle est appelée *dislocation vis*. Sans entrer dans les détails, nous pouvons dire que ses propriétés sont similaires à celles d'une dislocation coin, excepté que sa propagation à travers un cristal (en se déplaçant perpendiculairement à sa ligne) déplace le réseau parallèlement à la ligne de dislocation, et non perpendiculairement. Les dislocations peuvent être coins, vis ou *mixtes*, signifiant qu'elles sont constituées à la fois de petits segments coin et vis. La ligne d'une dislocation mixte peut être courbe mais toutes ses parties ont le même vecteur de Burgers **b** car la ligne de dislocation représente la frontière d'un plan qui a été déplacé d'une valeur fixe **b**.

Il est beaucoup plus facile de déplacer une dislocation à travers un cristal, en rompant puis en reformant les liaisons uniquement le long de sa ligne, plutôt que de rompre simul-

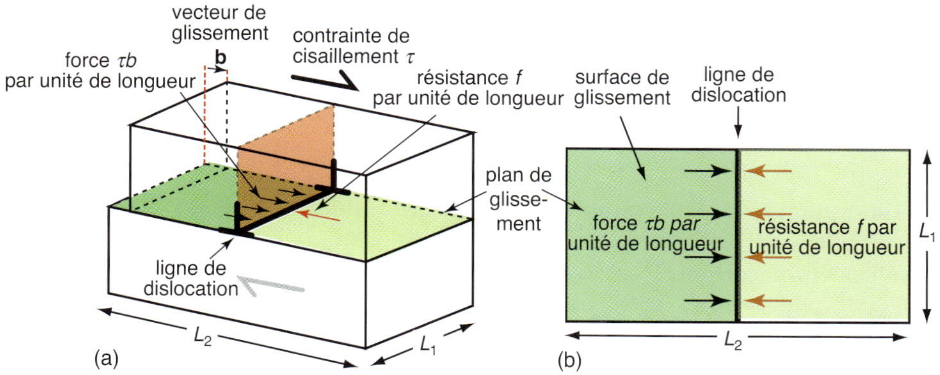

Figure 6.15 Force agissant sur une dislocation. (a) Perspective. (b) Projection dans le plan de glissement.

tanément toutes les liaisons du plan avant de les reformer. De la même manière, il est plus facile de déplacer un tapis lourd en propageant un pli plutôt que d'essayer de glisser directement tout le tapis. Dans les cristaux, il est plus facile de créer et de déplacer des dislocations dans certains plans. Les plans préférentiels sont appelés *plans de glissement* et les directions préférentielles de glissement dans ces plans sont appelées *directions de glissement*. Pour les mailles élémentaires CFC et CC, un plan et une direction de glissement sont indiqués respectivement en gris et par une flèche sur la figure 4.11.

Les déplacements par glissements sont très faibles car une dislocation produit un déplacement d'environ 10^{-10} m. Mais si un grand nombre de dislocations traversent un cristal, en se déplaçant sur de nombreux plans différents, la forme d'un matériau change à une échelle macroscopique. La figure 6.14 montre deux dislocations traversant un échantillon sollicité en traction. Les marches de glissement (exagérées ici) amincissent et allongent un peu l'échantillon. Les grands allongements plastiques observés en pratique sont obtenus en répétant cela des millions de fois sur de nombreux plans. Le volume de l'échantillon reste constant au cours de cette déformation car la distance interatomique moyenne n'est pas modifiée.

Mouvement d'une dislocation sous une contrainte de cisaillement Les cristaux résistent au mouvement des dislocations avec une résistance par unité de longueur f. Cette résistance est analogue à la résistance au frottement; nous étudierons son origine un peu plus tard. Pour que la déformation plastique survienne, la contrainte externe doit donc être supérieure à cette résistance f.

Considérons une dislocation se déplaçant dans un plan de glissement sur une distance L_2 (fig. 6.15). Ce mouvement décale la moitié supérieure du cristal d'une distance b par rapport à la moitié inférieure. La contrainte de cisaillement τ agit sur une surface L_1L_2 et la force de cisaillement sur la surface du bloc vaut donc $F_s = \tau L_1 L_2$. Si le déplacement parallèle au bloc est b, la force effectue un travail donné par

$$W = \tau L_1 L_2 b \tag{6.7}$$

Une résistance fL_1 s'oppose au mouvement de la dislocation (pour une longueur de dislocation L_1). La ligne de dislocation se déplaçant de L_2 contre f, la résistance effectue un travail fL_1L_2. Ce résultat peut être égalé au travail W effectué par la contrainte τ:

$$\tau b = f \tag{6.8}$$

Ce résultat est valable pour tout type de dislocations (coin, vis ou mixte). Si la contrainte de cisaillement τ excède la valeur f/b, les dislocations vont donc bouger et provoquer le cisaillement du cristal.

Tension de ligne Les atomes à proximité du cœur d'une dislocation (les atomes en vert sur la figure 6.10(c)) sont déplacés par rapport à leur position d'équilibre et leur énergie potentielle est par conséquent plus élevée. Pour garder l'énergie potentielle du cristal aussi faible que possible, une dislocation tend alors à être aussi courte que possible. Elle se comporte à la manière d'une bande élastique comme si elle possédait une *tension de ligne* T. Le calcul de cette tension n'est pas détaillé ici car il nécessite une théorie avancée de l'élasticité, mais il peut être trouvé dans les ouvrages listés à la fin de ce chapitre. La tension de ligne est une énergie par unité de longueur (comme la tension de surface est une énergie par unité de surface) et vaut

$$T \approx \frac{1}{2} E b^2 \tag{6.9}$$

où E représente le module de Young. La tension de ligne a une influence importante sur la manière dont les dislocations interagissent avec les obstacles qu'elles rencontrent.

Résistance du réseau Il y a plusieurs contributions à la résistance au glissement f. Premièrement, la *résistance du réseau* f_i est la résistance intrinsèque de la structure cristalline à la déformation plastique. La déformation plastique, comme nous l'avons vu, implique le mouvement des dislocations. Les métaux purs sont mous car leurs liaisons métalliques, délocalisées, ne gênent pas beaucoup le mouvement des dislocations. Les céramiques, au contraire, sont dures car leurs liaisons covalentes et ioniques (qui doivent être rompues et reformées lorsque la structure est cisaillée) bloquent les dislocations. Lorsque la résistance du réseau est élevée, comme dans le cas des céramiques, un durcissement supplémentaire est superflu et le problème est plutôt d'éviter la rupture. En revanche, lorsque la résistance du réseau est faible, comme pour les métaux, le matériau peut être durci en introduisant des obstacles au glissement. Ces obstacles peuvent être des éléments d'alliage en solution (*durcissement par mise en solution* (f_{ss})), des précipités ou des particules dispersées (*durcissement par précipitation* (f_{ppt})), d'autres dislocations (*écrouissage* (f_{wh})) ou des joints de grains (*durcissement dû aux joints de grains* (f_{gb})). Ces techniques permettent d'ajuster la limite élastique et sont donc essentielles à la conception d'un alliage métallique. Nous les étudierons plus en détails dans la prochaine section.

Ecoulement plastique dans les polymères Les polymères sont fragiles aux basses températures, c'est-à-dire en dessous d'environ 0.75 T_g, et deviennent plastiques aux températures plus élevées. Lorsqu'ils sont sollicités en traction, les chaînes glissent les unes par rapport aux autres et s'orientent selon l'axe de traction en provoquant une *striction* de l'échantillon.

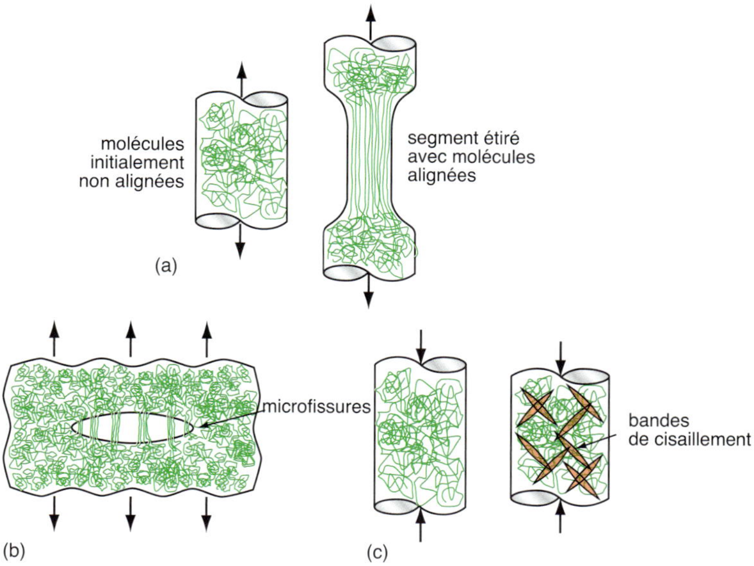

Figure 6.16 Déformation plastique des polymères. (a) Striction observée dans les thermoplastiques. (b) Microfissures. (c) Bandes de cisaillement.

La déformation est alors plus facile à cet endroit et la striction se propage ensuite à travers l'échantillon, avec comme résultat des profils étirés tels que celui représenté sur la figure 6.16(a). Lorsqu'il est étiré, le matériau devient plus résistant et plus rigide qu'auparavant, d'un facteur 8 environ. Les polymères étirés ont donc des propriétés exceptionnelles mais leurs géométries sont limitées car seules les fibres ou les feuilles (en tirant selon deux directions) peuvent être étirées.

De nombreux polymères, parmi lesquels le PE, le PP et le nylon, ont ce comportement à température ambiante. Ce n'est pas le cas d'autres polymères qui ont des températures de transition vitreuse plus élevées, comme le PMMA, bien qu'ils aient aussi ce comportement à des températures plus élevées. A température ambiante, la déformation plastique de ces polymères survient par *microfissuration*. Les microfissures sont des cavités dont les surfaces sont reliées par des chaînes de polymère étirées (fig. 6.16(b)). Elles diffusent la lumière et rendent le matériau opaque, un effet facilement visible en pliant des articles en plastique bon marché. En augmentant la traction, une ou plusieurs microfissures se développent en fissures proprement dites et la rupture de l'échantillon se produit.

Lorsque la ductilité en traction est limitée par la microfissuration, des déformations plastiques importantes sont toutefois possibles en compression par la formation de *bandes de cisaillement* (fig. 6.16(c)). Au sein de chaque bande, le cisaillement s'opère avec à peu près les mêmes conséquences sur la forme de l'échantillon que le cisaillement dû au mouvement des dislocations. En augmentant la compression, les bandes de cisaillement deviennent plus nombreuses et la déformation totale augmente.

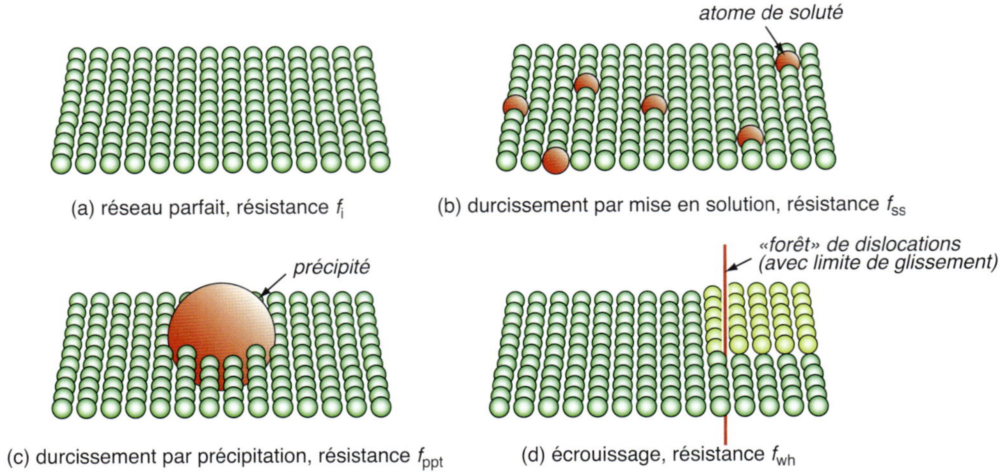

Figure 6.17 Plan de glissement «vu» par une dislocation.

6.5 Augmenter la limite élastique

Durcissement des métaux La limite élastique des matériaux cristallins est augmentée en entravant le mouvement des dislocations. Comme nous l'avons vu, les dislocations dans un cristal pur bougent lorsque la force par unité de longueur τb est supérieure à la résistance du réseau f_i. Cette propriété étant intrinsèque au matériau, comme le module E, elle ne peut pas vraiment être modifiée. La limite élastique, par contre, peut être augmentée grâce aux mécanismes de durcissement présentés en figure 6.17. Un plan de glissement est représenté sous la perspective d'une dislocation qui avance. Chaque mécanisme de durcissement crée alors un parcours d'obstacles supplémentaire. Dans le réseau parfait représenté en (a), la seule résistance est la résistance intrinsèque du cristal. Le durcissement par mise en solution, en (b), introduit des obstacles de la taille d'un atome. Le durcissement par précipitation, en (c), crée des obstacles plus grands. Au cours de l'écrouissage finalement, en (d), des marches formées par des «forêts» de dislocations se développent dans le plan de glissement.

Les obstacles au mouvement des dislocations augmentent la résistance f et donc la limite élastique. Pour calculer leur contribution à f, il suffit de connaître leur espacement et leur résistance. L'espacement est donné par la distance qui les sépare dans le plan de glissement, L. Le nombre d'obstacles par unité de longueur de dislocation vaut alors

$$N_L = \frac{1}{L}$$

Chaque obstacle exerce individuellement une *force d'épinglage* p sur la ligne de dislocation (une force de résistance par unité de longueur de dislocation). La contribution des obstacles à la résistance f est donc donnée par

$$f = \frac{p}{L}$$

Par conséquent, la contrainte de cisaillement τ requise pour faire bouger une dislocation est augmentée de (à partir de l'équation (6.8))

$$\Delta\tau = \frac{p}{bL} \tag{6.10}$$

L'épinglage est un effet élastique car, bien que le mouvement des dislocations produise une déformation plastique, le réseau est déformé élastiquement à la fois par les dislocations et par les obstacles. Pour n'importe quel obstacle dans n'importe quel matériau, p est donc proportionnel à Eb^2 (qui a effectivement l'unité d'une force). La contrainte de cisaillement τ requise pour forcer une dislocation à travers un champ d'obstacles a donc la forme

$$\tau = \alpha \frac{Eb}{L} \tag{6.11}$$

où α est une constante adimensionnelle caractérisant la résistance de l'obstacle.

Ces notions nous permettent à présent d'expliquer les mécanismes de durcissement, à commencer par la mise en solution.

Durcissement par mise en solution Le durcissement par mise en solution consiste à augmenter la résistance par des additions volontaires d'impuretés afin de former un *alliage* (fig. 6.18(a)). Le laiton est obtenu en ajoutant du zinc au cuivre, le cuivre pouvant dissoudre jusqu'à 30% de zinc. Les atomes de zinc remplacent alors les atomes de cuivre pour former une *solution solide substitutionnelle*. Le réseau atomique du cuivre est déformé par les atomes de zinc, plus gros que ceux de cuivre, ce qui rend le plan de glissement «rugueux». Il en résulte ainsi une résistance supplémentaire au mouvement des dislocations, f_{ss}. La composition moyenne en soluté, exprimée sous forme de fraction atomique, vaut:

$$c = \frac{b^2}{L^2}$$

où L représente l'espace entre les obstacles dans le plan de glissement et b la taille des atomes.

En insérant ce dernier résultat dans l'équation (6.11), nous trouvons que la mise en solution augmente la contrainte de cisaillement nécessaire au mouvement des dislocations de:

$$\tau_{ss} = \alpha E c^{1/2} \tag{6.12}$$

τ_{ss} augmente donc avec la racine carrée de la composition en soluté. Les limites élastiques du laiton, du bronze, des aciers inoxydables et de beaucoup d'autres alliages métalliques sont principalement basées sur cet effet. La seule différence est la déformation que les atomes de soluté engendrent dans le cristal, décrite par la constante α.

Durcissement par précipitation Le mouvement des dislocations est entravé de manière plus efficace en *dispersant* des petites particules résistantes sur leur chemin. Une telle microstructure peut être obtenue en dispersant dans un métal liquide des petites particules d'un composé avec un point de fusion élevé. Les composites à matrice métallique de type Al–SiC sont fabriqués de cette manière. Les particules peuvent aussi être formées dans un alliage par *précipitation*. Si un soluté est dissous dans un métal à une température où tous deux sont liquides, et que l'alliage est ensuite solidifié et refroidi à température ambiante, le soluté précipite sous forme de petites particules (comme le sel cristallise à partir d'une solu-

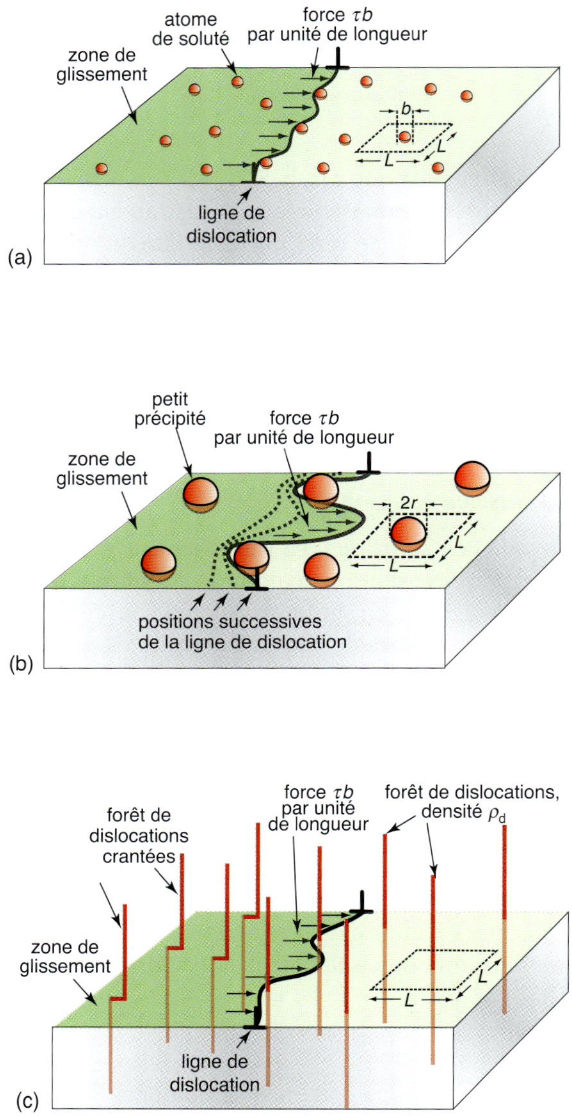

Figure 6.18 (a) Durcissement par mise en solution. (b) Durcissement par précipitation ou par dispersion. (c) Ecrouissage.

tion saturée lorsqu'il est refroidi). Un alliage d'aluminium contenant 4% de cuivre donne ainsi de petits précipités rapprochés de Al_2Cu, un composé dur. De manière similaire, des précipités de CuBe sont formés lorsque le cuivre est allié avec un peu de béryllium et la majorité des aciers sont durcis par la précipitation de carbures. Les précipités contribuent de manière importante à la résistance *f*.

La figure 6.18(b) montre comment les particules entravent le mouvement d'une dislocation. Si les particules sont trop résistantes pour être traversées par la dislocation, la force τb pousse la dislocation entre les particules, en la pliant avec une courbure de plus en plus élevée qui s'oppose à sa tension de ligne (éq. (6.9)). Le rayon de courbure est minimal lorsqu'il vaut la moitié de la distance entre les particules L et peut ensuite augmenter sous une contrainte plus faible. C'est un peu comme gonfler la chambre à air d'un vélo lorsque le pneu est troué: une fois que la pression permet à la chambre à air de gonfler à travers le trou du pneu, une pression plus faible suffit pour la gonfler davantage. La *configuration critique* est une configuration semi-circulaire: la force totale τbL sur un segment de dislocation de longueur L est alors compensée par une force $2T$ due à sa tension de ligne (éq. (6.10)) et agissant sur chaque côté de la bosse (fig. 6.19). La dislocation s'échappe lorsque

$$\tau_{\text{ppt}} = \frac{2T}{bL} \approx \frac{Eb}{L} \tag{6.13}$$

Les obstacles exercent donc une résistance f_{ppt} égale à $2T/L$. Le durcissement par précipitation est une méthode efficace pour augmenter la limite élastique: les alliages d'aluminium durcis par précipitations ont une limite élastique jusqu'à 15 fois plus élevée que celle de l'aluminium pur.

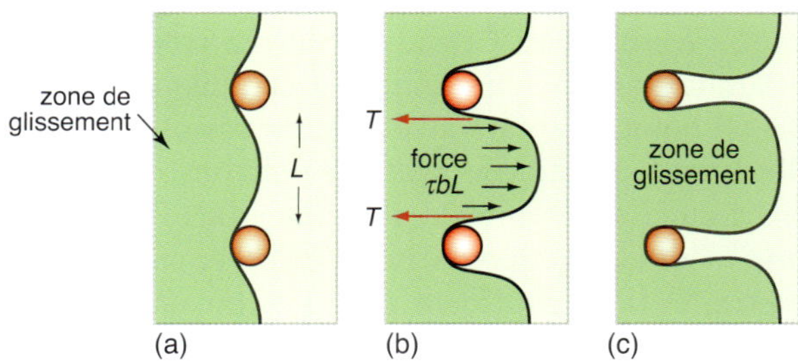

Figure 6.19 Dislocation qui contourne des particules entravant son mouvement. La configuration critique est celle où la dislocation a une courbure maximale, en (b).

Exemple 6.3

Un alliage polycrystallin d'aluminium contient des précipités sphériques de 10^{-8} m de diamètre séparés par une distance moyenne de 6×10^{-8} m (mesurée centre à centre dans les plans de glissement). Le module de Young de l'aluminium vaut E = 70 GPa et b = 0.286 nm. Quelle est la contribution des précipités à la limite élastique de l'alliage?

Solution. Pour cet alliage, $L = (6 - 1) \times 10^{-8}$ m $= 5 \times 10^{-8}$ m, et donc

$$\pi_{\text{ppt}} \approx \frac{Eb}{L} = \frac{70 \times 10^9 \times 0.286 \times 10^{-9}}{5 \times 10^{-8}} = 400 \text{ MPa}$$

Sachant que $\sigma_y = 3\tau_y$ pour les polycristaux, σ_y = 1200 MPa.

Ecrouissage Au-delà du domaine élastique, la croissance de la courbe contrainte–déformation de la figure 6.1 est due au phénomène d'*écrouissage* (en anglais «work hardening»). L'écrouissage est causé par l'accumulation des dislocations générées par la déformation plastique. La *densité de dislocations*, ρ_d, est définie comme la longueur totale des lignes de dislocations par unité de volume (m/m^3). Même dans un métal mou qui a été recuit, la densité de dislocations atteint environ 10^{10} m/m^3, ce qui signifie que 1 cm^3 (la taille d'un morceau de sucre) contient environ 10 km de lignes de dislocations. Lorsque les métaux sont déformés, les dislocations se multiplient et leur densité augmente jusqu'à 10^{17} m/m^3 ou plus (100 millions de km par cm^3). Une dislocation en mouvement voit alors son plan de glissement pénétré par une forêt de dislocations croisant son chemin avec un espacement moyen de $L = \rho_d^{-1/2}$ (comme ρ_d est un nombre par unité de surface). Si une dislocation avance, elle cisaille le matériau et crée une petite marche appelée *cran* dans chaque forêt de dislocations (fig. 6.18(c)). Les crans ont une énergie potentielle car ce sont de petits segments de dislocation de longueur b. Ils exercent donc chacun une force d'épinglage $p = Eb^2/2$ sur la dislocation en mouvement. En assemblant ces résultats dans l'équation (6.10), nous obtenons

$$\tau_{wh} \approx \frac{Eb}{2}\sqrt{\rho_d} \tag{6.14}$$

Lorsque la densité de dislocations augmente, l'espacement entre celles-ci diminue et leur contribution au durcissement τ_{wh} devient donc plus importante.

Tous les métaux s'écrouissent. Cet effet peut représenter une nuisance dans certains cas, comme lors du laminage de feuilles minces. L'écrouissage augmente en effet rapidement la limite élastique à tel point qu'il faut arrêter le processus et *recuire* le métal (le chauffer pour éliminer les dislocations accumulées) avant de pouvoir continuer la déformation – une astuce que les forgerons connaissent depuis des siècles. Mais l'écrouissage peut aussi s'avérer utile car il s'agit d'une méthode de durcissement efficace, en particulier pour les alliages qui ne peuvent pas être traités thermiquement pour obtenir un durcissement par précipitation.

Exemple 6.4

L'alliage d'aluminium de l'exemple 6.3 est utilisé pour réaliser un cube de 1 cm d'arête avec une densité de dislocations de 10^8 mm^{-2}. En supposant que les dislocations sont parallèles et arrangées selon un réseau carré, estimer: (a) la longueur totale de dislocations dans l'échantillon; (b) la distance entre les dislocations; (c) la contribution des dislocations à la limite élastique du cristal.

Solution:

(a) La densité de dislocations ρ_d représente la longueur de dislocations par unité de volume. Le volume du cube est de 1000 mm^3. La densité de dislocations étant de 10^8 mm^{-2} (mm/mm^3), la longueur totale de dislocations vaut $10^8 \times 1000 = 10^{11}$ mm = 100 000 km!

(b) Supposons que les dislocations forment un arrangement carré uniforme avec un espacement d. Chaque dislocation est alors située au centre d'une surface d^2. Pour une longueur unitaire de dislocation, le volume de matériau par dislocation est de $1 \times d^2$, la densité de dislocations vaut donc $\rho_d = 1/d^2$ et

$$d = 1/\sqrt{\rho_d} = 1/\sqrt{10^8} = 10^{-4}\ \text{mm} = 100\ \text{nm}$$

(c) A partir de l'équation (6.14)

$$\tau_{wh} \approx \frac{Eb}{2}\sqrt{\rho_d} = \frac{70\times10^9\times0.286\times10^{-9}}{2}\sqrt{10^8\times10^6} = 100\ \text{MPa}$$

Sachant que $\sigma_y = 3\tau_y$ pour les polycristaux, $\sigma_y = 300$ MPa.

Durcissement dû aux joints de grains Presque tous les métaux sont polycristallins, c'est-à-dire constitués de petits cristaux orientés aléatoirement, ou *grains*, qui se rencontrent à des joints de grains tels que ceux schématisés en figure 6.10(d). La taille des grains, D, est typiquement de l'ordre de 10 à 100 μm. Ces joints de grains constituent des obstacles au mouvement d'une dislocation. Une dislocation dans un grain (grain 1) ne peut pas simplement glisser dans un grain voisin (grain 2) car les plans de glissement de ces deux grains ne sont pas alignés. A la place, de nouvelles dislocations doivent être créées dans le grain 2. L'addition des vecteurs de glissement de ces nouvelles dislocations correspond alors au vecteur de glissement de la dislocation dans le grain 1, de sorte que les déplacements de part et d'autre du joint coïncident. Les joints de grains amènent ainsi une autre contribution à la limite élastique, τ_{gb}, proportionnelle à $D^{-1/2}$:

$$\tau_{gb} = \frac{k_p}{\sqrt{D}} \tag{6.15}$$

où k_p est appelée la *constante de Hall-Petch*, d'après les premiers scientifiques l'ayant mesurée. Pour des tailles de grains typiques, τ_{gb} est faible et ne représente pas une source significative de durcissement. Pour les matériaux microcristallins ($D < 1$ μm) ou nanocristallins (D proche de 1 nm), cette contribution devient en revanche importante.

Relation entre résistance au mouvement des dislocations et limite élastique En première approximation, nous pouvons considérer que les différentes contributions au durcissement s'additionnent, donnant une limite élastique en cisaillement τ_y égale à

$$\tau_y = \tau_i + \tau_{ss} + \tau_{ppt} + \tau_{wh} + \tau_{gb} \tag{6.16}$$

Les matériaux avec des limites élastiques élevées ont donc soit une limite élastique intrinsèque τ_i élevée (comme le diamant), soit une limite élastique basée sur la combinaison du durcissement par solution solide τ_{ss}, par précipitation τ_{ppt} et par écrouissage τ_{wh} (comme les aciers à haute résistance). La limite élastique des solides nanocristallins possède en addition une contribution due à τ_{gb}.

Un problème subsiste toutefois avant de pouvoir utiliser cette information: nous avons calculé la limite élastique d'un cristal sollicité en cisaillement. Or nous désirons connaître la limite élastique d'un *matériau polycristallin* soumis à une contrainte de *traction*. Deux étapes simples nous permettent de relier ces propriétés. Premièrement, une contrainte de traction uniforme σ induit une contrainte de cisaillement dans les plans non parallèles à l'axe de traction. Les dislocations vont d'abord se déplacer dans le plan de glissement où la contrainte

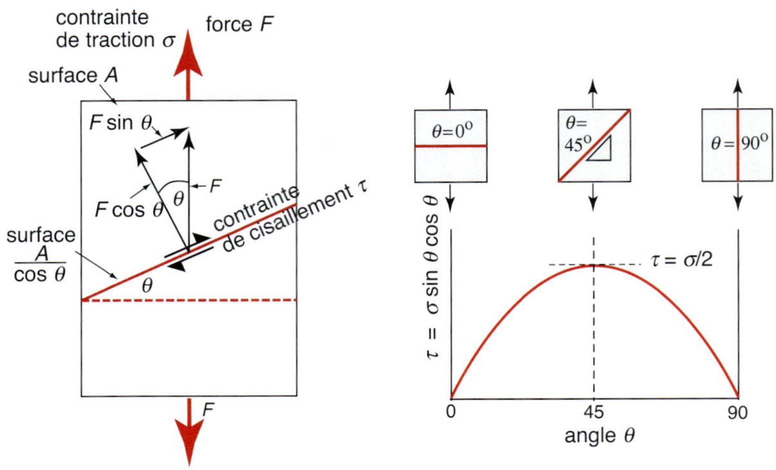

Figure 6.20 Une contrainte de traction σ crée une contrainte de cisaillement maximale $\tau = \sigma/2$ dans les plans à 45 degrés de l'axe de traction.

de cisaillement est maximale. Le calcul de cette contrainte est illustré en figure 6.20. Une force de traction F agissant sur une tige de section A est considérée. Dans un plan dont la normale forme un angle θ avec l'axe de traction, la force F induit une force égale à $F \sin \theta$. La surface de ce plan étant de $A/\cos \theta$, la contrainte de cisaillement est donnée par:

$$\tau = \frac{F \sin \theta}{A/\cos \theta} = \sigma \sin \theta \cos \theta$$

où $\sigma = F/A$ représente la contrainte de traction. La valeur de τ est tracée en fonction de θ sur la figure. Le maximum est situé à un angle de 45 degrés, quand $\tau = \sigma/2$.

D'autre part, lorsque cette contrainte de cisaillement agit sur un agglomérat de cristaux, seuls les plans de glissement de certains cristaux seront orientés favorablement par rapport à la contrainte de cisaillement. Ce caractère aléatoire augmente encore la limite élastique d'un facteur 1.5 (appelé le facteur de Taylor – voir la note de bas de page en p. 130). En combinant ces résultats, la contrainte de traction qui cause la déformation plastique d'un échantillon constitué d'un grand nombre de grains est environ trois fois plus élevée que la limite élastique en cisaillement d'un monocristal:

$$\sigma_y \approx 3\tau_y$$

La superposition des mécanismes de durcissement de l'équation (6.16) s'applique donc aussi à la limite élastique σ_y.

Résistance et ductilité des alliages La limite élastique des métaux et des alliages est probablement la propriété que les ingénieurs en science des matériaux ont le plus souvent cherché à contrôler. La raison est évidente en considérant le tableau 6.1, qui donne une petite

Tableau 6.1 Alliages métalliques: applications et mécanismes de durcissement utilisés

Alliage	Applications	Mise en solution	Précipitation	Ecrouissage
Al pur	Feuilles alimentaires			✓✓✓
Cu pur	Fils			✓✓✓
Alliages Al, Mg coulés	Composants automobiles	✓✓✓	✓	
Bronze (Cu–Sn), Laiton (Cu–Zn)	Composants maritimes	✓✓✓	✓	✓✓
Alliages Al sans traitement thermique	Bateaux, canettes, structures	✓✓✓		✓✓✓
Alliages Al traités thermiquement	Aéronautique, structures	✓	✓✓✓	✓
Aciers à faible teneur en carbone	Composants automobiles, structures, bateaux, canettes	✓✓✓		✓✓✓
Aciers faiblement alliés	Composants automobiles, outils	✓	✓✓✓	✓
Aciers inoxydables	Réservoirs sous pression	✓✓✓	✓	✓✓✓
Alliages Ni	Turbines de moteurs d'avions	✓✓✓	✓✓✓	

Symboles: ✓✓✓ = Utilisé couramment. ✓ = Utilisé parfois.

sélection des applications des métaux et de leurs alliages, car leur importance dans l'ingénierie est considérable. Différents mécanismes de durcissement sont souvent combinés, comme illustré sur la figure 6.21 pour les alliages de cuivre. Une limite élastique plus élevée a cependant un prix. Elle s'accompagne en effet presque toujours d'une perte de ductilité, avec une élongation à la rupture ε_f diminuée. Le matériau est plus résistant mais il ne peut plus être déformé autant avant de rompre.

Durcissement des polymères Pour les solides amorphes, les dislocations ne sont pas un concept très utile. Pensons plutôt à une étape élémentaire du processus d'écoulement: le glissement relatif de deux segments d'une chaîne de polymère ou le cisaillement d'un petit amas moléculaire dans un ensemble amorphe. Leur résistance a la même origine que la résistance du réseau: si les étapes élémentaires impliquent de rompre des liaisons fortes (comme dans un verre inorganique), le matériau sera résistant et fragile, comme le sont les céramiques. Si elles n'impliquent que la rupture de liaisons faibles (par exemple les liaisons Van der Waals des polymères), le matériau sera faible. Les polymères doivent donc aussi être durcis en entravant le glissement des segments de leurs chaînes moléculaires. Cela est réalisé par *mélange*, par *étirage*, par *réticulation* ou par *renforcement* avec des particules, des fibres ou des tissus.

Un mélange de deux polymères est élaboré en les agitant ensemble dans une sorte de mixer industriel. La limite élastique et le module du mélange sont alors les moyennes de ceux des

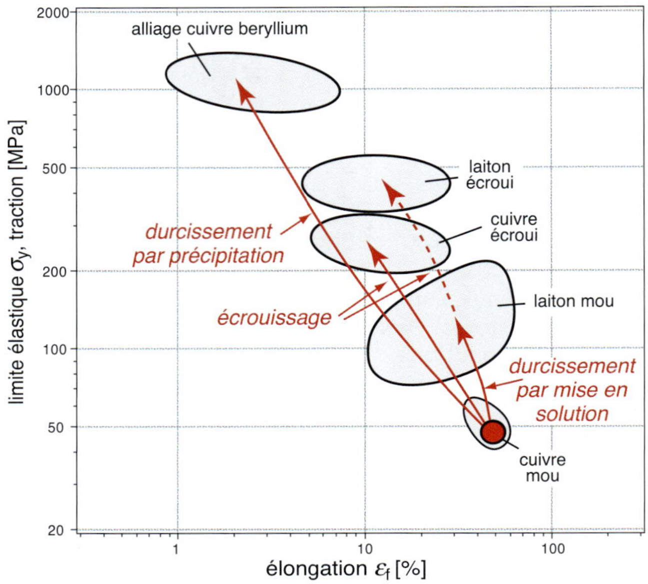

Figure 6.21 Mécanismes de durcissement et baisse de ductilité associée, représentés ici pour les alliages de cuivre. Les mécanismes sont souvent combinés. Plus la limite élastique d'un matériau est élevée, moins il est ductile (plus petite élongation à la rupture ε_f).

composants, pondérées par les fractions volumiques (encore une loi des mélanges). Si un des polymère est un hydrocarbure de masse moléculaire faible, celui-ci agit comme un plastifiant en réduisant le module et en donnant au mélange une flexibilité similaire à celle du cuir.

L'étirage utilise délibérément l'alignement moléculaire schématisé en figure 6.16(a), pour augmenter considérablement la rigidité et la limite élastique dans la direction de l'étirage. Par exemple, le fil de pêche est formé de nylon étiré, le Mylar est un film en polyester dont les molécules sont alignées dans le film et les géotextiles utilisés pour retenir les digues sont en polyéthylène étiré.

La réticulation, schématisée en figures 4.18 et 4.19, crée des liaisons fortes entre les molécules qui n'étaient auparavant reliées que par des forces faibles de type Van der Waals. Le caoutchouc vulcanisé est du caoutchouc réticulé et la limite élastique élevée des époxys est due à la réticulation.

Des particules bon marché (sable, talc ou poussière de bois) peuvent être utilisées comme renfort. Mais le renforcement est beaucoup plus efficace avec des fibres (généralement de verre ou de carbone) continues ou courtes, comme expliqué dans le chapitre 4.

6.6 Résumé et conclusions

Les structures sollicitées mécaniquement nécessitent des matériaux avec des résistances fiables et reproductibles. La résistance est mesurée de plusieurs manières différentes. Les composants *élastiques* doivent être conçus de manière à ce qu'aucune partie de leur structure ne subisse une déformation plastique, ce qui signifie que les contraintes ne doivent nulle part dépasser la *limite élastique* σ_y. Dans les composants *plastiques*, au contraire, certaines parties de la structure peuvent être déformées plastiquement tant que l'intégrité de la structure est globalement préservée. Deux propriétés deviennent alors pertinentes: la *ductilité*, ε_f, et la résistance en traction, σ_{ts}, qui sont respectivement la déformation et la contrainte maximale que le matériau peut supporter avant de rompre. La résistance en traction est généralement plus élevée que la limite élastique à cause du phénomène d'*écrouissage*.

Les cartes représentant la limite élastique, comme celles représentant le module, montrent que les familles de matériaux occupent des régions distinctes de l'espace des propriétés des matériaux, en fonction des mécanismes de durcissement sur lesquels elles reposent. Les défauts cristallins, en particulier les *dislocations*, sont essentiels pour comprendre ces mécanismes. Le mouvement des dislocations est à l'origine de l'écoulement plastique observé dans les solides cristallins, leur donnant des limites élastiques étonnamment faibles. Lorsqu'une limite élastique élevée est nécessaire, elle est obtenue grâce à des mécanismes qui entravent le mouvement des dislocations.

Le premier de ces mécanismes est la *résistance du réseau* – la résistance intrinsèque du cristal au mouvement d'une dislocation. D'autres mécanismes peuvent être introduits volontairement par des éléments d'alliage et des traitements thermiques. Le durcissement par *solution solide*, par *dispersion*, par *précipitation*, par *écrouissage* et l'effet des *joints de grains* s'ajoutent à la résistance du réseau. Les matériaux les plus résistants combinent tous ces mécanismes.

Les solides amorphes, en particulier les polymères, se déforment de manière moins organisée en étirant les chaînes de polymères pour les aligner dans la direction de la déformation. La déformation plastique donne alors lieu à une *striction*, avec un allongement important, ou à une *microfissuration* aux températures inférieures. La contrainte requise pour cela est élevée et les polymères ont donc une résistance intrinsèque importante. Cette résistance peut être augmentée par mélange, réticulation ou renforcement avec des particules ou des fibres afin de former les polymères d'ingénierie utilisés de nos jours.

6.7 Lectures complémentaires

Ashby, M. F., & Jones, D. R. H. (2006). *Engineering Materials* (Vols. I–II). Oxford, UK: Butterworth-Heinemann. ISBN 7-7506-6380-4 and ISBN 0-7506-6381-2. (*Une introduction aux propriétés mécaniques et à la mise en œuvre des matériaux.*)

Cottrell, A. H. (1953). *Dislocations and Plastic Flow in Crystals*. Oxford, UK: Oxford University Press. (*Livre épuisé depuis longtemps mais qui mérite une recherche: le premier à présenter une vision cohérente des mécanismes de l'écoulement plastique et du durcissement.*)

Friedel, J. (1964). *Dislocations*. Reading, MA, USA: Addison-Wesley. Library of Congress No. 65-21133. (*Avec celui de Cottrell, un des premiers livres qui établit la théorie des dislocations.*)

Hertzberg, R. W. (1989). *Deformation and Fracture of Engineering Materials* (3rd ed.). New York, USA: Wiley. ISBN 0-471-61722-9. (*Un texte compréhensible et détaillé sur la déformation, la rupture et la fatigue.*)

Hull, D., & Bacon, D. J. (2001). *Introduction to Dislocations* (4th ed.). Oxford, UK: Butterworth-Heinemann. ISBN 0-750-064681-0. (*Une introduction à la mécanique des dislocations.*)

Hull, D., & Clyne, T. W. (1996). *An Introduction to Composite Materials* (2nd ed.). Cambridge, UK: Cambridge University Press. ISBN 0-521-38855-4. (*Une introduction aux composites brève et compréhensible, avec une approche minimisant les mathématiques et maximisant la compréhension physique.*)

Young, R. J. (1981). *Introduction to Polymers*. London, UK: Chapman & Hall. ISBN 0-412-22180-2. (*Une bonne base de départ pour plus d'informations sur la chimie, la structure et les propriétés des polymères.*)

6.8 Exercices

Exercice E6.1 Esquisser la courbe de traction typique d'un métal. Indiquer sur cette courbe la limite élastique σ_y, la résistance en traction σ_{ts}, la ductilité ε_f et le travail fourni par unité de volume pour déformer le matériau jusqu'à une déformation de ε_f.

Exercice E6.2 Que signifie la résistance idéale d'un solide? Quelle classe de matériaux en est le plus proche?

Exercice E6.3 Utiliser la carte limite élastique–densité ou la carte limite élastique–module élastique (fig. 6.6 et 6.7) pour:

- Trouver le métal avec la plus faible limite élastique.
- Trouver la gamme de valeurs de la limite élastique d'un composite GFRP.
- Trouver si certains polymères ont des limites élastiques supérieures à celle du bois, mesurée dans la direction parallèle aux grains.
- Comparer la limite élastique du GFRP et celle du bois.
- Trouver si les limites élastiques des élastomères sont, comme leurs modules, largement inférieures aux valeurs des polymères.

Exercice E6.4 Pour le cuivre, comme pour la plupart des métaux CFC, la résistance du réseau est faible. Lorsqu'une solution solide est réalisée en ajoutant 10% de nickel, la limite élastique de l'alliage est de 150 MPa. Quelle sera alors la limite élastique d'un alliage contenant 20% de nickel?

Exercice E6.5 Un composite à matrice métallique est réalisé en ajoutant des particules dures de carbure de silicium (SiC) à de l'aluminium. L'espacement moyen entre les particules est de 3 µm et la limite élastique du composite est de 180 MPa. Si un autre composite est réalisé avec un espacement de 2 µm entre les particules, quelle sera sa limite élastique?

Exercice E6.6 Les matériaux nanocristallins ont des tailles de grains comprises entre 0.01 et 0.1 µm. Si le durcissement dû aux joints de grains dans un alliage avec une taille de grains de 0.1 µm est de 20 MPa, que vaudra-t-il pour une taille de grains de 0.01 µm?

Exercice E6.7 Du polycarbonate (PC, limite élastique de 70 MPa) est mélangé avec un polyester (PET, limite élastique de 50 MPa) dans un rapport 30%/70%. Quelle sera la limite élastique de ce mélange, en supposant qu'elle suive une loi des mélanges?

6.9 Conception assistée avec le logiciel CES (sauf mention contraire, utiliser le niveau 2, matériaux)

Exercice E6.8 Dans les profils des matériaux, trouver la limite élastique du cuivre, du laiton (solution solide de zinc dans le cuivre) et du bronze (solution solide d'étain dans le cuivre). Relever les valeurs moyennes des gammes indiquées. Pourquoi les données s'étendent-elles sur des gammes de valeurs étant donné que la composition n'est pas une variable? A quoi sont dues les différences de valeurs moyennes quand la composition est une variable?

Exercice E6.9 Utiliser la fonction « Limit » pour trouver des matériaux qui possèdent une limite élastique σ_y supérieure à 100 MPa et une densité ρ inférieure à 2000 kg/m^3. Lister les résultats.

Exercice E6.10 Ajouter les deux contraintes supplémentaires suivantes à la sélection de l'exercice précédent: un prix du matériau inférieur à 5 \$/kg et une élongation à la rupture supérieure à 5%.

Exercice E6.11 Utiliser la base de données du niveau 3 pour sélectionner le polypropylène et ses nuances mélangées et renforcées. Pour cela, ouvrir le CES Edu Level 3, utiliser la fonction « Tree » pour sélectionner le dossier Polypropylène sous Polymères-Thermoplastiques. Dessiner une carte module de Young E-limite élastique σ_y. Marquer les matériaux en cliquant sur eux et expliquer, autant que possible, les tendances observées.

Exercice E6.12 Appliquer la même procédure que pour l'exercice précédent pour analyser le cuivre et ses alliages. Utiliser à nouveau vos connaissances pour expliquer les origines des tendances observées.

6.10 Explorer la science avec CES Elements

Exercice E6.13 L'énergie élastique (potentielle) par unité de longueur d'une dislocation vaut $0.5\ Eb^2$ J/m. Réaliser un histogramme de l'énergie emmagasinée sous forme de dislocations pour une densité de dislocations de 10^{14} m/m^3. Supposer que la norme du vecteur de Burgers est égale au diamètre atomique. (Pour construire la fonction, utiliser la fonctionnalité « Advanced » dans la boîte de dialogue du choix des axes.) Comparer ces énergies à l'énergie de cohésion (typiquement 5×10^4 MJ/m^3).

Exercice E6.14 L'écrouissage est dû à l'accumulation de dislocations. Les dislocations ont une énergie potentielle car elles perturbent le cristal. Certaines études ont suggéré qu'un écrouissage important pouvait perturber le cristal à tel point que celui-ci devienne amorphe. L'énergie associée aux dislocations devrait alors être proche de la chaleur latente de fusion (la différence d'énergie entre un cristal ordonné et un liquide désordonné). L'énergie par unité de longueur d'une dislocation est de 0.5 Eb^2 J/m. Etudier cela de la manière suivante:

(a) Calculer et tracer, pour les différents éléments, l'énergie associée à une très forte densité de dislocations de 10^{17} m/m^3, c'est-à-dire dessiner un histogramme avec 0.5×10^{17} Eb^2 sur l'axe y en utilisant le diamètre atomique comme vecteur de Burgers **b**. Ne pas oublier de convertir les GPa en kPa et le rayon atomique en m pour obtenir l'énergie en kJ/m^3.

(b) Ajouter à présent, sur l'axe x, la chaleur latente de fusion. La convertir de kJ/mol en kJ/m^3 en multipliant H_c par 1000/volume molaire, avec le volume molaire en m^3/kmol (tel qu'il est donné). Quel est le rapport entre l'énergie des dislocations et la chaleur latente de fusion? Cette densité de dislocations très élevée est-elle suffisante pour rendre le matériau amorphe?

Chapitre 7
Eviter et contrôler la plasticité: conception limitée par la résistance

La conception élastique évite la plasticité et assure ainsi que l'habitacle d'une voiture ne soit pas déformé lors d'une collision. La plasticité absorbe l'énergie d'impact et permet de mettre en forme les métaux et de mouler les polymères. (Image d'un crash test avec la permission de AutoNews; image de laminage à chaud avec la permission de Tanis Inc., Delafield, W.)

Contenu du chapitre

7.1 Introduction et présentation du chapitre

La conception limitée par la rigidité, décrite dans le chapitre 5, a pour but d'éviter une déformation élastique trop importante. Dans ce chapitre, nous nous intéressons désormais à la conception limitée par la résistance, dont l'objectif est d'éviter un effondrement plastique. Généralement, la *conception élastique* cherche à éviter la déformation plastique, en faisant en sorte que tout le composant reste dans le domaine élastique. Mais la conception élastique n'est pas toujours possible ou nécessaire car une déformation plastique *locale* peut être tolérée tant qu'une déformation plastique *généralisée* est évitée.

Cela ne représente qu'une partie du problème car la conception peut aussi permettre un endommagement plastique contrôlé. La sécurité des voitures modernes repose sur l'avant de la voiture, qui absorbe l'énergie cinétique d'une collision grâce à la déformation plastique. D'autre part, les procédés de fabrication comme le laminage, le forgeage, l'extrusion et le pressage utilisent la plasticité. Les déformations sont alors élevées et ce n'est pas la déformation élastique qui importe, mais plutôt les forces et le travail nécessaires pour atteindre un changement de forme donné (cf. image en début de chapitre).

Les problèmes de plasticité se résolvent de plusieurs manières différentes. Lorsque la déformation plastique doit être évitée, il faut analyser l'état de contrainte élastique dans un composant et s'assurer que la limite élastique n'y est nulle part dépassée. La plasticité totale, en revanche, nécessite une déformation plastique généralisée. Il faut donc identifier le mécanisme d'effondrement plastique et calculer la force d'effondrement en imposant que la déformation plastique survienne aux endroits désirés.

Des solutions aux problèmes d'élasticité pour les modes de sollicitations usuels (traction, compression, flexion, torsion et pression interne) ont été présentées dans le chapitre 5. Des résultats équivalents pour la plasticité sont présentés dans ce chapitre. A nouveau, il n'est pas nécessaire de savoir comment les obtenir, mais il faut savoir où les trouver et comment les utiliser. Ils sont ensuite utilisés pour développer des indices de matériau pour la conception limitée par la résistance et sont finalement appliqués à travers des études de cas.

7.2 Solutions classiques aux problèmes de plasticité

Déformation plastique d'une tige en traction ou en compression Dans une tige en traction ou en compression, l'état de contrainte est uniforme (fig. 5.1(a)). Le composant reste dans le domaine élastique si la contrainte σ est inférieure à la limite élastique σ_y, mais il est déformé plastiquement si la contrainte dépasse σ_y. La déformation plastique en compression ne représente un problème que pour les tiges courtes et larges. Les tiges minces et les plaques risquent plutôt de commencer par flamber élastiquement (chap. 5).

Déformation plastique d'une poutre ou d'un panneau en flexion L'état de contrainte en flexion a été présenté dans le chapitre 5. Un moment fléchissant M cause une variation linéaire de la contrainte longitudinale σ à travers la section (fig. 7.1(a)), définie par

$$\frac{\sigma}{y} = \frac{M}{I} = E\kappa \tag{7.1}$$

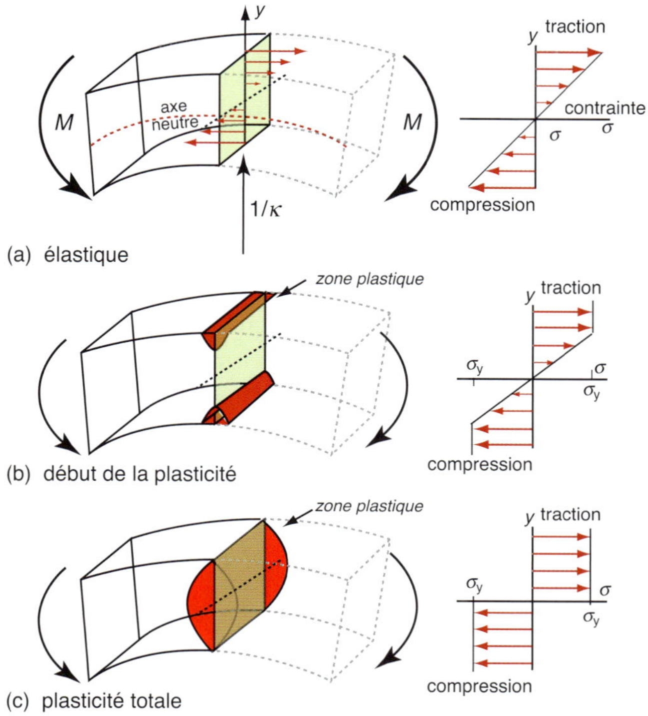

Figure 7.1 Une poutre sollicitée en flexion. L'état de contrainte est montré à droite pour une sollicitation purement élastique (a), le début de la plasticité (b) et la plasticité totale (c).

où y représente la distance à partir de l'axe neutre et I, le moment quadratique, caractérise l'influence de la géométrie de la section.

Pour la déformation élastique, nous avons considéré le dernier membre de cette équation, celui faisant intervenir la courbure κ. Dans le cas de la déformation plastique, le membre de gauche est important. La contrainte longitudinale est maximale à la surface de la poutre (fig. 7.1(a)), là où la distance y_m par rapport à l'axe neutre est la plus élevée, et vaut

$$\sigma_{max} = \frac{My_m}{I} = \frac{M}{Z_e} \tag{7.2}$$

La grandeur $Z_e = I/y_m$ est appelée *module élastique de la section* (à ne pas confondre avec le module élastique du matériau E). Si σ_{max} dépasse la limite élastique σ_y du matériau dont la poutre est faite, des petites zones de plasticité apparaissent à la surface, aux endroits où la contrainte est maximale (fig. 7.1(b)). La poutre n'est plus élastique et, dans ce sens, elle est endommagée même si elle n'a pas totalement rompu. Si le moment est augmenté davantage, le profil linéaire se retrouve tronqué: la contrainte proche de la surface reste égale à σ_y et les zones plastiques s'étendent vers l'intérieur de la poutre. Bien que ces zones soient déformées plastiquement, elles supportent encore une partie de la charge mécanique. Une augmentation supplémentaire du moment s'accompagne de l'extension des zones plastiques, jusqu'à ce qu'elles pénètrent à travers toute la section et se relient pour former une *rotule plastique* (fig. 7.1(c)). Il s'agit alors du moment maximal que la poutre peut supporter, une nouvelle augmentation la ferait s'effondrer par rotation autour de la rotule plastique.

Exemple 7.1

Calculer la contrainte maximale dans la règle en acier des exemples 5.1 et 5.2, de dimensions 300 × 25 × 1 mm, lorsqu'elle est positionnée comme un levier avec l'axe X-X horizontal (à plat), une longueur en saillie de 250 mm et un poids de 10 N suspendu à son extrémité. Comparer cette contrainte de flexion à la limite élastique du matériau et à la contrainte lorsque la règle est soumise à une force de traction de 10 N.

Solution. Le moment fléchissant M maximal dans la poutre (à sa base, juste à côté de l'appui) vaut $M = WL = 0.25 \times 10 = 2.5$ Nm. En utilisant l'équation (7.2) avec $I_{XX} = 2.1\ \text{mm}^4$ (cf. exemple 5.1) et $y_m = 0.5$ mm, la contrainte maximale à la surface est de

$$\sigma = \frac{My_m}{I_{XX}} = \frac{2.5 \times 0.0005}{2.1 \times 10^{-12}} = 595\ \text{MPa}$$

La limite élastique des aciers inoxydables se situe entre 200 et 1000 MPa. Pour supporter cette contrainte sans déformation plastique, la règle doit donc être faite d'un acier inoxydable très résistant.

Si la règle est sollicitée en traction avec la même force, la contrainte vaut

$$\sigma = \frac{F}{wt} = \frac{10}{25 \times 1} = 0.4\ \text{MPa}$$

Cette contrainte est largement inférieure à la limite élastique de la plupart des matériaux de l'ingénierie (cf. fig. 6.6).

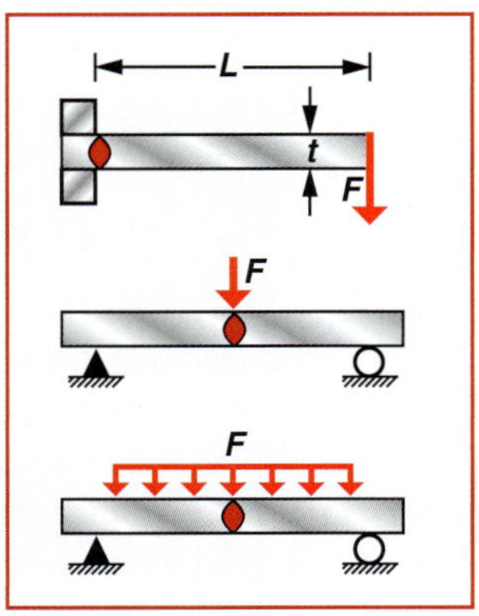

Figure 7.2 Flexion plastique des poutres.

type de section	surface A m^2	module élastique Z_e m^3	module plastique Z_p m^3
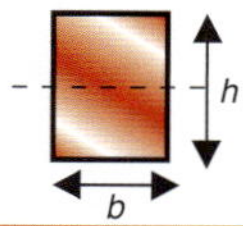	bh	$\frac{bh^2}{6}$	$\frac{bh^2}{4}$
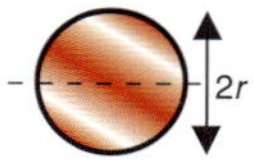	πr^2	$\frac{\pi}{4} r^3$	$\frac{\pi}{3} r^3$
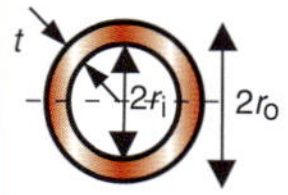	$\pi(r_o^2 - r_i^2)$ $\approx 2\pi r t$	$\frac{\pi}{4 r_o}(r_o^4 - r_i^4)$ $\approx \pi r^2 t$	$\frac{\pi}{3}(r_o^3 - r_i^3)$ $\approx \pi r^2 t$

Figure 7.3 Surface A, module élastique Z_e et module plastique Z_p de trois sections simples.

Des poutres en flexion avec des appuis simples sont représentées en figure 7.2. Le moment maximal M vaut FL pour la première, $FL/4$ pour la deuxième et $FL/8$ pour la troisième. Des rotules plastiques se forment aux positions indiquées en rouge quand le moment maximal atteint le moment d'effondrement. Ce moment M_f est déterminé en intégrant sur la section le moment causé par une contrainte constante σ_y (fig. 7.1(c), compression d'un côté, traction de l'autre)

$$M_f = \int_{\text{section}} \left(b(y)|y|\sigma_y d_y\right) = Z_p \sigma_y \qquad (7.3)$$

où Z_p représente le *module plastique de la section*. Deux nouveaux paramètres en fonction de la géométrie de section ont donc été définis pour l'endommagement des poutres en flexion: un pour le début de la déformation plastique, Z_e, et un pour la plasticité totale, Z_p. Dans les deux cas, le moment requis est simplement donné par $Z\sigma_y$. Des valeurs pour ces deux paramètres sont données en figure 7.3. Le rapport Z_p/Z_e est toujours supérieur à 1 et indique la marge de sécurité entre le début de la déformation plastique et l'effondrement. Il vaut 1.5 pour une section rectangulaire, ce qui signifie que la force d'effondrement est 50% plus élevée que la force initiant la déformation plastique. Pour des géométries de section efficaces, comme les tubes et les poutres en I, il est beaucoup plus proche de 1 car la déformation plastique s'étend rapidement de la surface jusqu'à l'axe neutre.

Déformation plastique d'un cylindre en torsion Nous avons vu dans le chapitre 5 qu'un couple de forces de moment T, appliqué sur les extrémités d'un cylindre de section uniforme et agissant dans un plan normal à l'axe du cylindre (fig. 7.4), produit une contrainte de cisaillement qui augmente linéairement avec la distance radiale r:

$$\tau = \frac{Tr}{K} = \frac{G\theta r}{K} \qquad (7.4)$$

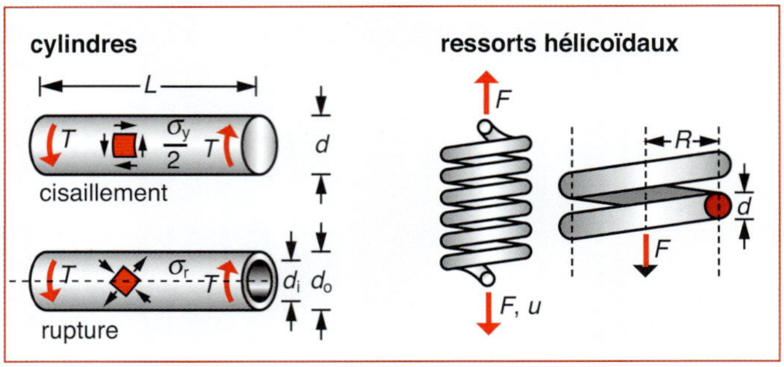

Figure 7.4 Torsion élastique de cylindres. La contrainte dépend du moment *T* et du moment quadratique polaire *K*. Les ressorts hélicoïdaux sont un cas spécial de torsion.

où K représente le *moment quadratique polaire*. La déformation élastique qui en résulte est décrite par l'angle de torsion unitaire θ/L. La rupture se produit lorsque la contrainte maximale en surface dépasse la limite élastique σ_y du matériau. La contrainte de cisaillement maximale τ_{max} est située à la surface et vaut

$$\tau_{max} = \frac{TR}{K} \tag{7.5}$$

où R est le rayon du cylindre. Nous avons vu au chapitre 6 que la limite élastique en cisaillement τ_y vaut la moitié de la limite élastique en traction. La déformation plastique commence donc lorsque $\tau_{max} = \sigma_y/2$. Lorsque le moment est augmenté davantage, la plasticité s'étend vers l'intérieur du cylindre. Le moment maximal que le cylindre peut supporter correspond au moment pour lequel $\tau = \tau_y$ sur toute la section. Un moment plus élevé cause l'effondrement du cylindre par une rotation non contenue. Par exemple, pour une section circulaire, le moment d'effondrement est donné par

$$T = \frac{2}{3}\pi r^3 \tau_y \tag{7.6}$$

Exemple 7.2

Le cylindre en laiton de l'exemple 5.2 a une limite élastique en traction de 300 MPa. Calculer le moment au début de la déformation plastique et lors de l'effondrement plastique (quand la zone plastique traverse le cylindre).

Solution. Au début de la déformation plastique, en utilisant l'équation (7.5) et en sachant que $J = K$ pour des sections circulaires (cf. équation (5.7)):

$$T = \frac{(\sigma_y/2)K}{R} = \frac{(150\times10^6)(0.98\times10^{-9})}{0.005} = 29.4 \text{ Nm}$$

Lors de l'effondrement plastique, en utilisant l'équation (7.6), le moment vaut

$$T = \frac{2}{3}\pi R^3 \tau_y = \frac{2}{3}\pi (0.005)^3 (150 \times 10^6) = 39.3 \text{ Nm}$$

Les ressorts hélicoïdaux sont un cas spécial de sollicitation en torsion (fig. 7.4): quand le ressort est sollicité axialement, les spires sont tordues. Il est utile de connaître la raideur du ressort k. Si le ressort a un module de cisaillement G et comporte n spires de diamètre d enroulées de sorte que le rayon du ressort soit égal à R, sa raideur est de

$$k = \frac{F}{u} = \frac{Gd^4}{64nR^3}$$

où F est la force axiale appliquée sur le ressort et u son allongement. L'allongement élastique est limité par le début de la plasticité qui survient pour une force égale à

$$F_{\text{crit}} = \frac{\pi}{32}\frac{d^3\sigma_y}{R} \tag{7.7}$$

Disques rotatifs (volants d'inertie) Les disques ou les anneaux rotatifs emmagasinent de l'énergie cinétique U (fig. 7.5). Les forces centrifuges génèrent une contrainte de traction radiale dans le disque, qui atteint une valeur maximale $\sigma_{\max}$. Pour un disque de densité ρ, de rayon R et d'épaisseur t, tournant avec une vitesse angulaire ω en rad/s, l'énergie cinétique et la contrainte maximale (avec un coefficient de Poisson de 1/3) sont données par

$$U = \frac{\pi}{4}\rho t \omega^2 R^4 \qquad \text{et} \qquad \sigma_{\max} = 0.42\rho\omega^2 R^2 \tag{7.8}$$

Le disque se déforme plastiquement quand $\sigma_{\max}$ dépasse σ_y. Cela permet de définir une valeur maximale pour ω et limite ainsi la quantité d'énergie pouvant être emmagasinée.

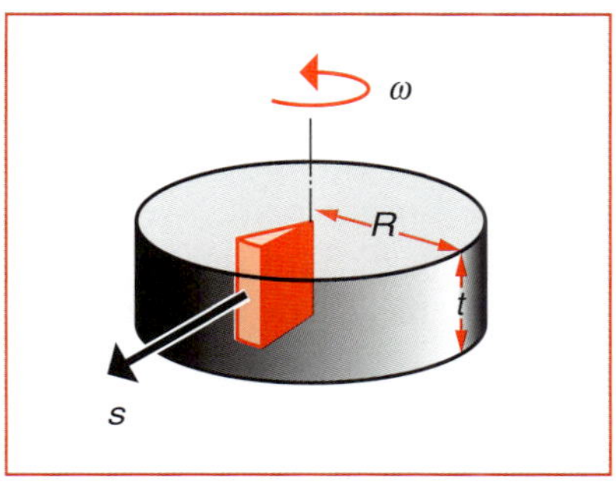

Figure 7.5 Les disques rotatifs, comme dans les volants d'inertie et les gyroscopes, supportent des contraintes de traction radiales dues à la force centrifuge.

Exemple 7.3

Un volant d'inertie avec un rayon de 150 mm et une épaisseur de 50 mm est réalisé en CFRP avec une limite élastique de 700 MPa et une densité de 1600 kg/m^3. A quelle vitesse le matériau au centre atteint-il la limite élastique? Quelle quantité d'énergie cinétique peut être emmagasinée? Comparer cette valeur à l'énergie contenue dans la même masse d'essence.

Solution. L'équation (7.8) permet de déterminer la vitesse angulaire quand la contrainte au centre du disque atteint la limite élastique:

$$\omega = \sqrt{\frac{\sigma_y}{0.42\rho R^2}} = \sqrt{\frac{700 \times 10^6}{0.42 \times 1600 \times 0.15^2}} = 6800 \text{ rad/s } (65\,000 \text{ t/min})$$

L'énergie cinétique maximale à cette vitesse s'obtient aussi par l'équation (7.8):

$$U = \frac{\pi}{4} 1600 \times 0.05 \times 6800^2 \times 0.15^4 = 1.5 \text{ MJ}$$

La masse du volant vaut $m = \pi R^2 t\rho = \pi\, 0.15^2 \times 0.05 \times 1600 = 5.7$ kg. La chaleur de combustion de l'essence étant de 43 000 kJ/kg (exemple 4.3), l'énergie équivalente vaut 43 000 × 5.7 = 245 MJ, soit 160 fois l'énergie cinétique maximale emmagasinée par le volant. Une voiture à volant d'inertie est irréaliste car, pour une autonomie équivalente, le volant devrait être au minimum 100 fois plus lourd qu'un réservoir d'essence plein.

Le stockage d'énergie par un volant d'inertie *est* néanmoins utile pour les systèmes de récupération d'énergie au freinage. Ces systèmes emmagasinent l'énergie lors de la décélération d'un véhicule pour la réinjecter à l'accélération. Ce principe est utilisé par le système de récupération d'énergie cinétique (KERS) introduit en Formule 1 en 2009.

Contraintes de contact L'analyse des contraintes de contact est importante pour la conception de dispositifs avec des contacts roulants ou glissants tels que des paliers lisses, des paliers à roulements, des engrenages ou des voies ferrées. La déformation plastique aux zones de contact est étroitement liée à l'usure par fatigue. Deux surfaces mises en contact ne se touchent que par quelques points discrets. Si ces surfaces sont sollicitées mécaniquement, les surfaces de contact augmentent car les contacts sont aplatis élastiquement (fig. 7.6). L'état de contrainte aux zones de contact est complexe et fut analysé pour la première fois par Hertz[1], celui-là même qui donna son nom à l'unité de fréquence. Considérons une sphère de rayon R pressée contre une surface plane avec une force F. La sphère et la surface ont toutes deux un module de Young E. Tant que le contact est élastique, le rayon de la zone de contact (en supposant un coefficient de Poisson $\nu = 1/3$) vaut

$$a \approx 0.7\left(\frac{FR}{E}\right)^{1/3} \tag{7.9}$$

[1] Heinrich Rudolph Hertz (1821-1894), physicien allemand connu pour avoir découvert les ondes radio et comment les générer, et pour avoir inventé l'émetteur qui marqua le début de l'ère de la radio. Il s'essaya aussi à la mécanique pendant son temps libre.

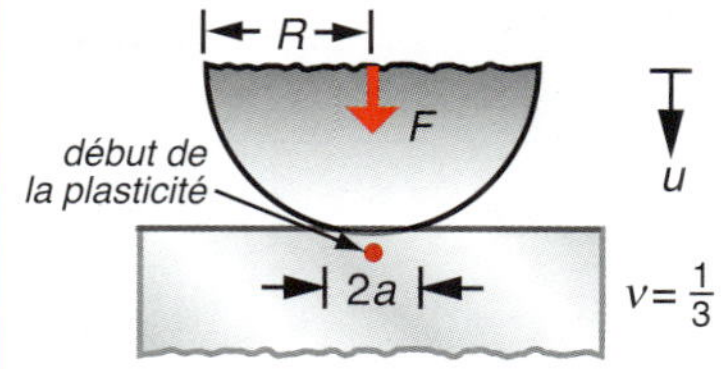

Figure 7.6 Les contraintes de contact sont une forme de concentration de contrainte. Lorsque le contact est élastique, les contraintes et le déplacement relatif des surfaces peuvent être calculés.

et le déplacement relatif des deux corps est donné par

$$u \approx -\left(\frac{F^2}{E^2 R}\right)^{1/3} \tag{7.10}$$

La déformation plastique est initiée à l'endroit où la contrainte de cisaillement est maximale. Cette contrainte se situe à une profondeur d'environ $a/2$ sous le contact et vaut

$$\tau_{\max} = \frac{F}{2\pi a^2} \tag{7.11}$$

Si cette valeur dépasse la limite élastique en cisaillement $\tau_y = \sigma_y/2$, une zone plastique apparaît sous le centre de la zone de contact.

Exemple 7.4

Dans un roulement à billes, une bille de 5 mm de rayon est pressée contre une bague avec une force de 10 N. La bille et la bague sont en acier avec un module de Young de 210 GPa et une limite élastique de 400 MPa. Calculer le rayon de la zone de contact et le déplacement relatif des deux éléments. Comparer la contrainte de cisaillement maximale dans la bague avec sa limite élastique et avec la contrainte due à une force de 10 N distribuée uniformément sur une section circulaire de 5 mm de rayon.

Solution. Le rayon du contact est donné par l'équation (7.9)

$$a \approx 0.7\left(\frac{FR}{E}\right)^{1/3} = 0.7\left(\frac{10\times 0.005}{210\times 10^9}\right)^{1/3} = 0.044 \text{ mm} = 44\ \mu\text{m}$$

Le déplacement relatif est donné par l'équation (7.10)

$$u \approx \left(\frac{F^2}{E^2 R}\right)^{1/3} = \left(\frac{10^2}{(210\times 10^9)^2 \times 0.005}\right)^{1/3} = 0.78\ \mu\text{m}$$

La contrainte de cisaillement maximale dans la bague est donnée par l'équation (7.11)

$$\tau_{max} = \frac{F}{2\pi a^2} = \frac{10}{2\pi(9.4 \times 10^{-5})^2} = 180 \text{ MPa}$$

Cette contrainte est importante par rapport à la limite élastique, ce qui signifie que la rupture par fatigue due à des efforts cycliques peut être un sujet de préoccupation. En comparaison, une force de 10 N appliquée sur une surface de 5 mm de rayon engendre une contrainte de seulement

$$\frac{F}{\pi a^2} = \frac{10}{\pi(5 \times 10^{-3})^2} = 0.13 \text{ MPa}$$

Concentrations de contraintes Les trous, les fentes, les parties minces et les variations de section concentrent localement les contraintes (fig. 7.7). La déformation plastique est ainsi initiée à ces endroits, mais elle n'est généralement pas catastrophique car la majeure partie du composant reste élastique. En revanche, les concentrations de contraintes sont souvent à l'origine de la rupture par fatigue (chap. 9).

Dans un composant, la *contrainte nominale* σ_{nom} est définie comme la force divisée par la section, sans tenir compte des sites de concentration de contrainte. La *contrainte locale maximale* σ_{max} est obtenue en multipliant la contrainte nominale σ_{nom} par un *facteur de concentration de contrainte* K_{sc}:

$$K_{sc} = \frac{\sigma_{max}}{\sigma_{nom}} = 1 + \alpha\left(\frac{c}{\rho_{sc}}\right)^{1/2} \qquad (7.12)$$

où ρ_{sc} correspond au rayon de courbure minimal du site de concentration de contrainte et c est sa dimension minimale caractéristique: la demi-épaisseur d'une partie mince, la demi-

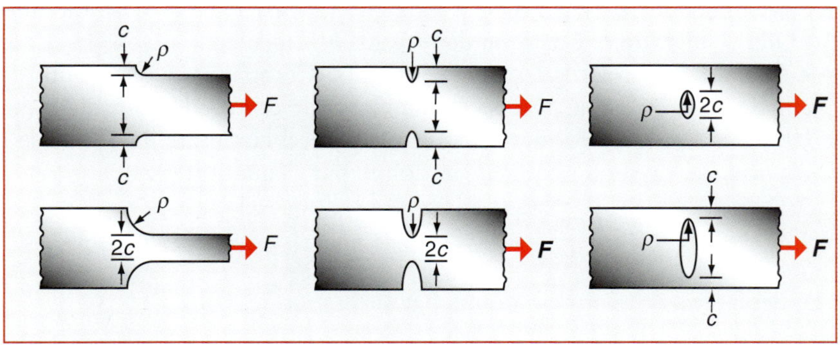

Figure 7.7 Concentrations de contrainte. Une variation de section concentre la contrainte plus fortement aux endroits où la courbure de la surface est la plus élevée.

longueur d'une entaille interne, la longueur d'une entaille superficielle ou la hauteur d'un épaulement (fig. 7.7). Le facteur α vaut environ 2 en traction et environ 1/2 en torsion et en flexion. Bien qu'inexacte, cette équation est une estimation suffisante pour de nombreux problèmes de conception. Des facteurs de concentration de contrainte plus précis sont répertoriés dans des ouvrages comme le *Roark's Formulas for Stress and Strain* (cf. les ouvrages mentionnés à la fin de ce chapitre).

Comme exemple simple, considérons un trou circulaire dans une plaque sollicitée en traction. Le rayon de courbure du site de concentration de contrainte correspond au rayon du trou, $\rho_{sc} = R$, tout comme sa dimension caractéristique, $c = R$. Selon l'équation (7.12), la contrainte locale à côté du trou équivaut à trois fois la contrainte de traction nominale, aussi petit que soit le trou. Il y a donc une déformation plastique locale pour une contrainte nominale aussi faible que $\sigma_y/3$.

Exemple 7.5

Un avion a un fuselage en aluminium avec une limite élastique de 300 MPa et une épaisseur de 8 mm. Le fuselage est un cylindre de 2 m de rayon avec une pression interne supérieure de Δp = 0.5 bar (5×10^4 N/m^2) à la pression extérieure. Les coins arrondis d'un hublot latéral carré (160 mm × 160 mm) ont un rayon de courbure de ρ = 5 mm.

Calculer la contrainte tangentielle nominale dans la paroi de l'avion et estimer la contrainte maximale à proximité du coin du hublot. Ignorer les contraintes longitudinales. La contrainte tangentielle dans la paroi d'un cylindre de rayon R, d'épaisseur t et avec une surpression interne Δp est donnée par $\sigma = \Delta pR/t$. Si la contrainte maximale permise est de 100 MPa, un rayon de 5 mm est-il approprié pour les coins du hublot?

Solution. La contrainte tangentielle nominale vaut:

$$\sigma = \frac{\Delta pR}{t} = \frac{5 \times 10^4 \times 2}{0.008} = 12.5 \text{ MPa}$$

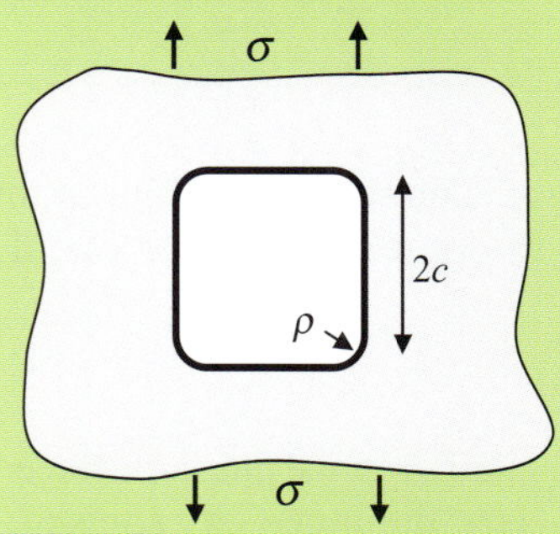

Le schéma montre que le facteur de concentration de contrainte pour la géométrie du hublot équivaut à un des cas de la figure 7.7. En prenant c comme la demi-largeur du hublot (80 mm) et ρ_{SC} = 5 mm, le facteur de concentration de contrainte vaut:

$$K_{SC} \approx 1 + \alpha \left(\frac{c}{\rho_{SC}} \right)^{1/2} = 1 + 2 \left(\frac{80}{5} \right)^{1/2} = 9$$

Par conséquent, la contrainte maximale à proximité du coin du hublot est d'environ 9 × 12.5 = 112 MPa, ce qui dépasse la valeur permise avec le risque d'une rupture par fatigue après un petit nombre de pressurisations. C'est ce qui arriva au « de Havilland Comet », le premier jet commercial pressurisé dont le premier vol eut lieu en 1949. Pour cette raison, les coins des hublots actuels ont des rayons élevés.

7.3 Indices de matériau pour la conception limitée par la plasticité

Minimisation du poids: une tige légère et résistante en traction De nombreuses structures reposent sur des composants devant supporter certaines forces de traction sans se déformer plastiquement (deux sont montrées au début du chapitre 4). De plus, ces composants doivent souvent être aussi légers que possible. Considérons la conception d'une tige cylindrique de longueur L devant supporter une force de traction F (fig. 5.7(a)), avec comme contrainte que la déformation plastique doit être évitée. L'objectif est de minimiser la masse de la tige, sa longueur L étant spécifiée, mais sa section A étant libre (tab. 7.1).

Tableau 7.1 Exigences de conception pour une tige légère en traction

Fonction	• Tige en traction
Contraintes	• Longueur *L* spécifiée • La tige doit supporter une force de traction *F* sans déformation plastique
Objectif	• Minimiser la masse *m* de la tige
Variables libres	• Choix de la surface *A* de la section • Choix du matériau

Comme auparavant, nous commençons par rechercher une équation décrivant la quantité à optimiser. Dans ce cas, il s'agit de la masse m:

$$m = AL\rho \tag{7.13}$$

où A représente la surface de la section et ρ la densité du matériau utilisé. La masse peut être diminuée en réduisant la surface de la section, mais celle-ci doit néanmoins suffire à supporter une force de traction F sans déformation plastique:

$$\frac{F}{A} \leq \sigma_y \tag{7.14}$$

où σ_y est la limite élastique. En éliminant A, nous obtenons:

$$m \geq FL\left(\frac{\rho}{\sigma_y}\right) \tag{7.15}$$

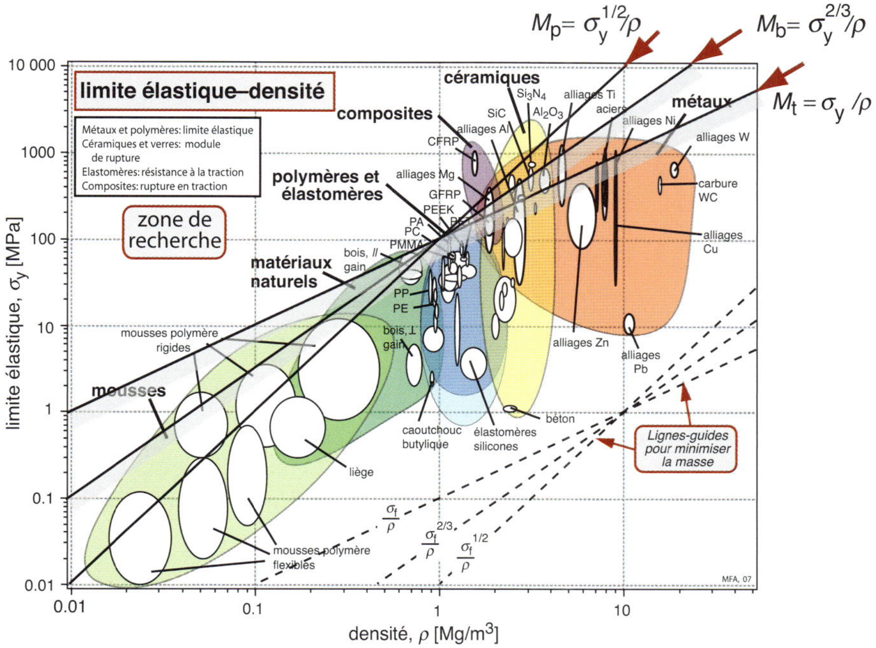

Figure 7.8 Carte limite élastique–densité avec les indices σ_y/ρ, $\sigma_y^{2/3}/\rho$ et $\sigma_y^{1/2}/\rho$.

La tige la plus légère capable de supporter de manière sûre une force F est donc faite du matériau avec la valeur minimale de ρ/σ_y. Comme dans le chapitre 5, ce rapport est inversé de sorte à rechercher des matériaux avec des valeurs maximales de

$$M_t = \frac{\sigma_y}{\rho} \tag{7.16}$$

Cet indice, la *limite élastique spécifique*, est tracé sous la forme d'une ligne de pente 1 sur la carte de la figure 7.8. Une valeur donnée de σ_y/ρ est représentée, passant par les limites élastiques maximales de plusieurs alliages majeurs tels que les alliages de nickel, les aciers haute résistance, les alliages d'aluminium et de magnésium. Les alliages de titane sont significativement meilleurs que les autres métaux et les CFRP sont encore mieux. Les céramiques et les verres ont des valeurs de M_t plus élevées, mais ne peuvent pas être utilisés pour les tiges en traction des structures à cause de leur fragilité.

La traction est donc assez simple et représente rarement un problème pour la conception élastique. Le véritable problème est plutôt la *flexion*. Nous allons donc réétudier la flexion, en appliquant désormais une contrainte sur la résistance, et non sur la rigidité.

Minimisation du poids: une plaque légère et résistante en flexion Une plaque appuyée sur ses bords et supportant une force centrale est représentée en figure 5.7(b). La largeur b et la longueur L sont fixées, mais le choix de l'épaisseur h est libre. L'objectif est de minimiser

Tableau 7.2 Exigences de conception pour une plaque en flexion légère

Fonction	• Plaque en flexion
Contraintes	• Largeur *b* et longueur *L* spécifiées • La plaque doit supporter une force de flexion *F* sans déformation plastique
Objectif	• Minimiser la masse *m* de la plaque
Variables libres	• Choix de l'épaisseur *h* • Choix du matériau

la masse. Une diminution de l'épaisseur permet de réduire la masse, mais elle doit rester suffisante pour que la contrainte maximale soit inférieure à la limite élastique (tab. 7.2).

La procédure est presque la même qu'auparavant: poser d'abord une équation pour la masse, trouver ensuite une expression pour la contrainte maximale (en sachant que pour une section rectangulaire, $I = bh^3/12$), utiliser cette contrainte pour éliminer la variable libre h et relever finalement l'indice de matériau obtenu. L'analyse en soi est laissée comme exercice, le résultat étant:

$$M_p = \frac{\sigma_y^{1/2}}{\rho} \tag{7.17}$$

Cet indice est représenté par une ligne ombrée sur la figure 7.8. Dans ce cas, les alliages légers (Mg, Al et Ti), le GFRP et le bois surpassent l'acier. Le CFRP est toujours en tête.

Poutres légères et résistantes en flexion: effet de la forme Pour la conception de poutres, nous sommes libres de choisir la forme et les dimensions de la section. Considérons premièrement des poutres de forme donnée, avec la liberté de changer la taille de leur section de manière autosimilaire. Nous explorons ensuite comment la conception peut être améliorée en utilisant des profilés.

Commençons par une poutre de section carrée $A = b \times b$ de taille variable, sollicitée en flexion par une force centrale F sur une longueur L fixée (fig. 5.7(c) et tab. 7.3).

Cette analyse est similaire à celle de la plaque (cf. Exercices), avec un moment quadratique $I = b^4/12 = A^2/12$. L'indice de matériau est alors

$$M_b = \frac{\sigma_y^{2/3}}{\rho} \tag{7.18}$$

Tableau 7.3 Exigences de conception pour une poutre en flexion légère

Fonction	• Poutre en flexion
Contraintes	• Longueur *L* spécifiée, section carrée • La poutre doit supporter une force de flexion *F* sans déformation plastique
Objectif	• Minimiser la masse *m* de la poutre
Variables libres	• Surface *A* (ou côté de la section carrée *b*) • Choix du matériau

La carte en figure 7.8 montre que la pente de cet indice est comprise entre les deux indices précédents, donc le rapport entre les performances des métaux, du bois et des composites change à nouveau, avec toujours le CFRP en premier.

Les poutres de sections carrées ne sont cependant jamais utilisées pour minimiser la masse. Pour supporter des forces de flexion, il vaut mieux choisir une forme qui utilise moins de matériau et offre la même résistance. Les solives de plancher en bois sont ainsi typiquement deux fois plus hautes que larges et les poutres en acier ou en aluminium ont généralement des sections en I ou des sections creuses. Les treillis sont aussi souvent réalisés avec des tubes. L'indice de matériau est alors différent dans certains cas, mais commençons par les cas où il n'est pas modifié.

L'équation (7.18) a été obtenue en analysant une poutre carrée mais le résultat est valable pour n'importe quelle forme *autosimilaire*. En réalisant un tube ou une poutre en I avec la même section qu'une poutre carrée, le moment quadratique est augmenté en conservant la même masse. Dans le chapitre 5, nous avons vu que le profilage offre une rigidité plus élevée sans pénaliser la masse. Il augmente aussi la résistance de la poutre. L'équation (7.2) montre que le moment fléchissant crée une contrainte maximale déterminée par le module élastique de la section, $Z_e = I/y_m$. Par conséquent, le gain de résistance en augmentant I n'est pas aussi important que le gain de rigidité. Une poutre en I a un moment quadratique supérieur mais elle est généralement plus haute, faisant augmenter y_m. Un «facteur de forme» ϕ_B^y pour la résistance est défini comme le rapport entre Z_e pour un profilé et Z_e pour une poutre carrée de même section:

$$\phi_B^y = \frac{Z_e^{\text{profilé}}}{Z_e^{\text{carré}}}$$

Comme nous l'avons vu au chapitre 5, les matériaux ne sont pas tous aussi facilement mis en forme. S'ils l'étaient, tous pourraient avoir la même section efficace et l'indice de l'équation (7.18) serait suffisant. Le tableau 7.4 donne les limites supérieures typiques du facteur de forme pour une gamme de matériaux concurrents.

La colonne de droite du tableau 7.4 montre le gain de masse pouvant être réalisé grâce au profilage, en utilisant moins de matériau pour supporter la même sollicitation en flexion. Les métaux et les composites peuvent être significativement améliorés (les métaux un peu

Tableau 7.4 Effet du profilage sur la résistance et la masse des poutres selon les matériaux utilisés

Matériau	Facteur de forme maximal de défaillance (moment de défaillance par rapport à une poutre de section carrée) ϕ_B^y	Masse relative d'un profilé (par rapport à une poutre de section carrée)
Aciers	13	0.18
Alliages Al	10	0.22
Composites (GFRP, CFRP)	9	0.23
Bois	3	0.48

plus), mais le potentiel du bois est plus limité. Pour concevoir des poutres légères et résistantes, il ne faut donc pas surestimer la performance du bois en comparant les matériaux selon l'indice de l'équation (7.18). D'autres matériaux permettent en effet de réaliser des sections plus efficaces.

Minimisation du coût du matériau ou du volume Si l'objectif est de minimiser le coût plutôt que le poids, les indices sont modifiés exactement comme auparavant. Que ce soit pour une tige en traction, une plaque ou une poutre en flexion, la fonction objectif pour le coût du matériau C devient

$$C = mC_m = ALC_m\rho \tag{7.19}$$

où C_m est le coût par kg du matériau. Cela mène à des indices qui sont simplement les mêmes que ceux des équations (7.16) à (7.18), en remplaçant ρ par $C_m\rho$.

Si l'objectif est de minimiser le volume, la densité n'est plus pertinente. Les indices sont ainsi les mêmes que pour la minimisation de la masse mais en supprimant ρ.

7.4 Etudes de cas

Les problèmes de plasticité sont de deux types différents. Pour les premiers, la déformation plastique est partout évitée de sorte que le composant reste élastique, en satisfaisant la condition $\sigma < \sigma_y$. Une déformation plastique locale et limitée aux sites de concentration de contrainte peut être tolérée si, après qu'elle a eu lieu, la condition $\sigma < \sigma_y$ est remplie partout. Pour le second type de problèmes, le but est une plasticité totale. Les procédés de fabrication comme le forgeage des métaux et l'extrusion en sont des exemples. Les glissières de sécurité et les emballages reposent aussi sur la plasticité totale pour absorber l'énergie.

Commençons par une mise en garde. Supporter des charges mécaniques de manière sûre n'est pas qu'une question de résistance, mais aussi de ténacité (la résistance du matériau à la rupture). La résistance et la ténacité sont deux choses différentes, nous le verrons dans le prochain chapitre. Pour l'instant, il suffit de savoir que si certains matériaux semblent être une bonne option pour la conception limitée par la résistance, leur utilisation est toutefois impossible à cause de leur fragilité en traction ou de leur faible résistance aux chocs.

Levier de tire-bouchon: résistance Le levier de tire-bouchon décrit en section 5.5 (fig. 5.13) est sollicité en flexion. Il doit avoir une certaine rigidité, mais ce n'est pas grave s'il est légèrement déformé. Par contre, s'il est déformé plastiquement avant l'extraction du bouchon, l'utilisateur ne sera pas content. Une contrainte de résistance doit donc aussi être remplie.

Comme dans le chapitre 5, la section rectangulaire est supposée autosimilaire, ce qui signifie que la taille de la section est libre, mais pas sa forme. Le critère de sélection est donc l'indice $M_b = \sigma_y^{2/3}/\rho$ (éq. (7.18)). Cet indice est tracé sur la figure 7.8 en isolant des matériaux pour des poutres légères et résistantes. La sélection est presque la même que pour la rigidité: le CFRP et les alliages de magnésium et d'aluminium sont les meilleurs choix.

Qu'en est-il des concentrations de contrainte aux trous? Un facteur de concentration de contrainte K_{sc} signifie que la déformation plastique commence quand la contrainte nominale dépasse σ_y/K_{sc}. Les dimensions de la pièce n'influencent pas K_{sc} car il ne dépend que de la

Tableau 7.5 Exigences de conception pour une charnière élastique

Fonction	• Charnière élastique
Contrainte	• $\sigma < \sigma_y$ dans toute la charnière
Objectif	• Maximiser la flexion élastique
Variables libres	• Choix du matériau

forme du défaut, et donc du rapport ρ/c (il vaut 3 pour un trou circulaire, indépendamment des dimensions). L'indice n'est donc pas modifié et la sélection reste valide.

Charnières élastiques et connexions De nombreuses charnières élastiques existent naturellement: la peau, les muscles et les cartilages permettent de grandes déformations réversibles. L'homme conçoit aussi des *charnières flexibles* et des *charnières de torsion*: des bandes minces connectant ou transmettant une force entre plusieurs composants, tout en leur permettant un mouvement relatif limité grâce à un fléchissement élastique (fig. 5.18 et 5.19).

Considérons une charnière pour le couvercle d'une boîte. La boîte, le couvercle et la charnière doivent être moulés en une seule opération; il n'y a pas de vis ou d'autres attaches. La charnière est une fine bande de matériau qui est fléchie élastiquement lorsque la boîte est fermée (fig. 5.18) mais qui ne doit pas supporter des contraintes axiales importantes. Pour des dimensions données, le meilleur matériau est alors celui pouvant être fléchi avec le plus petit rayon sans déformation plastique ni défaillance (tab. 7.5). Si une bande mince d'épaisseur t est fléchie élastiquement jusqu'à un rayon R, la déformation de la surface vaut

$$\varepsilon = \frac{t}{2R} \tag{7.20}$$

La charnière étant élastique, la contrainte maximale est de

$$\sigma = E\frac{t}{2R}$$

Pour éviter la défaillance, cette contrainte ne doit pas dépasser la limite élastique σ_y. Le rayon minimal auquel la bande mince peut être fléchie sans dommage est donc de

$$R \geq \frac{t}{2}\left[\frac{E}{\sigma_y}\right] \tag{7.21}$$

Le meilleur matériau est celui pouvant être fléchi avec le plus petit rayon, c'est-à-dire celui avec une valeur maximale de l'indice

$$M = \frac{\sigma_y}{E} \tag{7.22}$$

Nous avons donc besoin de la carte $\sigma_y - E$ (fig. 7.9). Les candidats potentiels sont identifiés grâce à une droite de pente égale à 1 comme celle tracée pour $M = \sigma_y/E = 3 \times 10^{-2}$. Les meilleurs choix pour réaliser une charnière sont tous des polymères. La liste des candidats sélectionnés inclut le polyéthylène, le polypropylène, le nylon et, en numéro un, les élastomères, bien que ces derniers risquent d'être trop flexibles pour la boîte en elle-même. Les

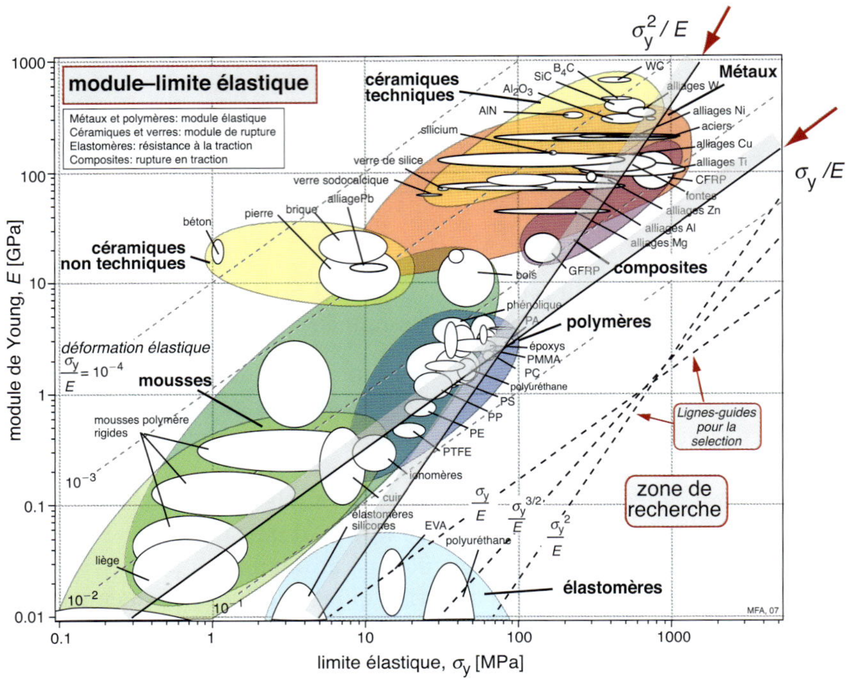

Figure 7.9 Matériaux pour des charnières élastiques et des ressorts. Les polymères représentent le meilleur choix dans le premier cas. L'acier haute résistance, le CFRP et certains polymères et élastomères sont le meilleur choix dans le second cas.

produits bon marché avec ce genre de charnières élastiques sont généralement moulés en polyéthylène, en polypropylène ou en nylon. Les ressorts en acier et les autres ressorts métalliques (comme les ressorts en bronze phosphoreux) sont aussi envisageables: ils combinent un rapport σ_y/E intéressant et une valeur élevée de E, offrant flexibilité et stabilité (comme dans les relais électromécaniques).

Matériaux pour des ressorts Les ressorts se présentent sous de nombreuses formes différentes (fig. 7.10) et ont aussi beaucoup de buts différents: ressort axial (comme une bande de caoutchouc par exemple), à lames, hélicoïdal, spiral et barre de torsion. Tous emmagasinent de l'énergie élastique lorsqu'ils sont sollicités, cette énergie étant relâchée lorsqu'ils sont relaxés. L'énergie emmagasinée par unité de volume dans un matériau soumis à une contrainte de traction σ a été déterminée dans le chapitre 4 et est donnée par $\sigma^2/2E$. Si le ressort est déformé plastiquement, de manière permanente, il cesse de remplir sa fonction. Ainsi, la valeur maximale de σ ne doit pas dépasser σ_y, l'énergie emmagasinée par unité de volume étant alors de $\sigma_y^2/2E$. Le meilleur matériau pour un ressort de volume minimal (tab. 7.6) est donc celui avec une valeur maximale de

$$M = \frac{\sigma_y^2}{E} \tag{7.23}$$

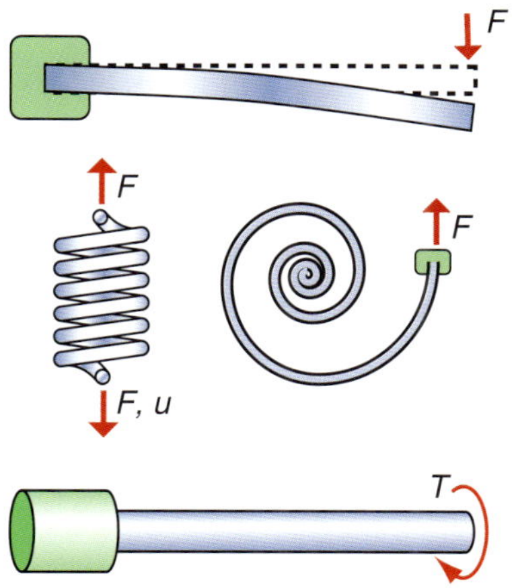

Figure 7.10 Ressorts: à lames, hélicoïdal, spiral et barre de torsion. Les ressorts emmagasinent de l'énergie. Le meilleur matériau pour un ressort, indépendamment de sa forme ou de la manière dont il est sollicité, est celui maximisant le rapport σ_y^2/E.

Tableau 7.6 Exigences de conception pour un ressort

Fonction	• Ressort élastique
Contrainte	• Contrainte inférieure à la limite élastique dans tout le ressort
Objectif	• Maximiser l'énergie élastique emmagasinée par unité de volume
Variable libre	• Choix du matériau

Bien que cela n'apparaisse pas clairement, l'indice de matériau, et donc le meilleur choix, est le même pour des ressorts à lames, des ressorts hélicoïdaux ou des barres de torsion.

La sélection de matériaux pour des ressorts de volume minimal est illustrée en figure 7.9. Des droites de pente 2 relient les matériaux avec des valeurs égales de l'indice σ_y^2/E, ceux avec les valeurs maximales se situant vers le coin inférieur droit. La droite tracée sur la carte est positionnée de sorte à ne garder qu'un sous-groupe restreint de matériaux. Les meilleurs choix sont alors les *aciers haute résistance*, situés à proximité de l'extrémité supérieure de la droite. D'autre matériaux sont aussi suggérés: le *CFRP* (utilisé pour les suspensions des camions), les *alliages de titane* (bons mais chers), le *nylon* (souvent utilisé pour les ressorts des jouets pour enfants) et, bien sûr, les *élastomères*. Il est intéressant de noter que la sélection a permis d'identifier un candidat parmi presque toutes les classes de matériaux: métaux, polymères, élastomères et composites.

Plasticité totale: laminage des métaux Les plaques, les feuilles, les sections en I et les sections comme celles des rails de chemin de fer sont formées par laminage. Le laminage d'une plaque d'épaisseur initiale t_0 est illustré en figure 7.11. La plaque sort des rouleaux avec une épaisseur t_1 moindre, après une réduction de $\Delta t = t_0 - t_1$. Des limites inférieures pour le moment T et la puissance P requis sont obtenues à partir du travail plastique $\sigma_y \varepsilon_{pl}$ (par

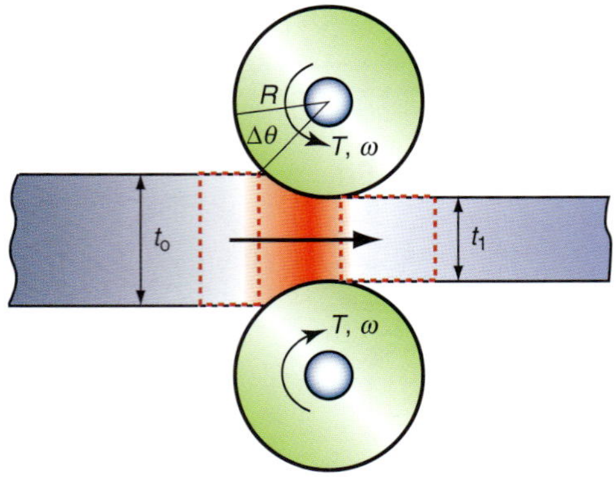

Figure 7.11 Laminage.

unité de volume) nécessaire pour produire une déformation plastique ε_{pl} de $\Delta t/t_0$. Si l'angle de rotation des rouleaux est $\Delta\theta$, une longueur $R\Delta\theta$ (donc un volume $V = R\Delta\theta t_0$ par unité de largeur) passe à travers les rouleaux et est comprimée à l'épaisseur de sortie t_1. Le moment de chaque rouleau est obtenu en égalant le travail effectué par la paire de rouleaux, $2T\Delta\theta$, au travail plastique $V\sigma_y\varepsilon_{pl}$:

$$T = \frac{1}{2}R\sigma_y\,\Delta t \tag{7.24}$$

La puissance P est ensuite obtenue simplement en multipliant le moment par la vitesse angulaire ω (en rad/s):

$$P = 2T\omega = R\omega\sigma_y\Delta t \tag{7.25}$$

Le moment et la puissance augmentant avec σ_y, le laminage à chaud requiert moins de puissance que le laminage à froid car σ_y diminue avec la température et l'écrouissage (augmentation de la limite élastique avec la déformation) devient négligeable.

Les valeurs de T et P calculées ci-dessus sont des limites inférieures. La plupart des opérations de mise en forme des métaux impliquent en effet un *travail redondant* (travail plastique pas absolument nécessaire mais survenant quoi qu'il en soit), un frottement (quand le métal comprimé s'élargit et accélère), un glissement contre les surfaces des rouleaux et un écrouissage. Tous ces effets augmentent les forces et la puissance requises.

Exemple 7.6

Un laminoir possède une paire de rouleaux de 100 mm de rayon tournant à une vitesse angulaire de 0.5 rad/s. Une bande en acier qui passe à travers ces rouleaux voit son épaisseur réduite de 25 à 18 mm. (a) Calculer la déformation plastique nominale dans l'épaisseur de la bande. (b) Calculer la puissance nécessaire si: (i) l'acier est à température ambiante et (ii) la température de l'acier est de 600°C. La variation de la limite élastique de l'acier en fonction de la température est montrée ci-après.

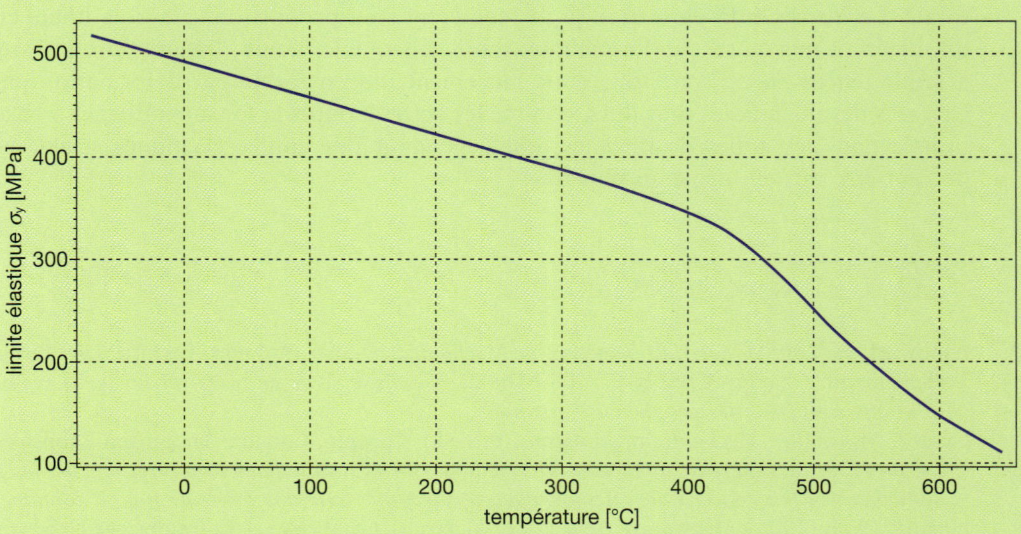

Solution:

(a) La déformation plastique nominale vaut $\Delta t/t_0$ = (25 – 18)/25 = 0.28; soit 28%.

(b) (i) La limite élastique de l'acier à température ambiante est lue sur le graphique et vaut environ 480 MPa. Selon l'équation (7.25), la puissance nécessaire pour le laminage à froid est au minimum de

$$P = 0.1 \times 0.5 \times (480 \times 10^6) \times (7 \times 10^{-3}) = 170 \text{ kW}$$

(ii) La limite élastique à 600°C vaut environ 150 MPa. La puissance étant directement proportionnelle à la limite élastique, le laminage à chaud à 600°C requiert une puissance d'au moins 50 kW.

7.5 Résumé et conclusions

La conception élastique a pour but d'éviter la déformation plastique. Il faut pour cela calculer la contrainte maximale dans un composant et s'assurer qu'elle soit inférieure à la limite élastique σ_y. Des solutions classiques permettent de déterminer la contrainte maximale dans des plaques et des poutres en flexion, des barres en torsion, des disques rotatifs, ainsi que beaucoup d'autres composants en fonction de leur géométrie et des sollicitations auxquelles ils sont soumis. A partir de ces résultats, des indices sont déterminés pour guider le choix du matériau. Comme pour la conception limitée par la rigidité étudiée au chapitre 5, ces indices dépendent d'objectifs tels que la minimisation de la masse ou du coût.

Parfois, une plasticité contrôlée est néanmoins recherchée. La contrainte ne doit alors pas dépasser la limite élastique sur toute la section du composant. Les opérations de mise en forme des métaux comme le forgeage, le laminage et l'emboutissage reposent sur la plasticité totale. Les forces et la puissance qu'ils requièrent sont proportionnelles à la limite élastique du matériau mis en forme. Les métaux mous tels que le plomb, l'aluminium pur ou l'acier à faible teneur en carbone sont donc facilement mis en forme par déformation plastique. Certains des métaux les plus durs, comme les aciers à outils et les superalliages à base nickel utilisés dans les aubes de turbines, ont cependant des limites élastiques si élevées qu'ils doivent être mis en forme autrement.

7.6 Lectures complémentaires

Ashby, M. F. (2005). *Materials Selection in Mechanical Design* (3rd ed.). Oxford, UK: Butterworth-Heinemann. Chapter 4. ISBN 0-7506-6168-2. (*L'annexe A de ce texte est un vaste répertoire de solutions simples à des problèmes classiques.*)

Gere, J. M. (2006). *Mechanics of Materials* (6th ed.). Toronto, Canada: Thompson Publishing. ISBN 0-534-41793-0. (*Un texte de niveau intermédiaire sur la statique des structures par un des pères du domaine; son livre coécrit avec Timoshenko a introduit toute une génération à ce domaine.*)

Hosford, W. F. (2005). *Mechanical Behavior of Materials*. Cambridge, UK: Cambridge University Press. ISBN 0-521-84670-6. (*Un texte qui met en relation le comportement contrainte–déformation et la micromécanique des matériaux.*)

Jenkins, C. H. M., & Khanna, S. K. (2006). *Mechanics of Materials*. Boston, MA, USA: Elsevier Academic. ISBN 0-12-383852-5. (*Une introduction facile à la mécanique qui met en évidence la conception.*)

Riley, W. F., Sturges, L. D., & Morris, D. H. (2003). *Statics and Mechanics of Materials* (2nd ed.). Hoboken, NJ, USA: McGraw-Hill. ISBN 0-471-43446-9. (*Un texte de niveau intermédiaire sur les contraintes, les déformations et les relations entre elles pour de nombreux modes de sollicitation. Pas de discussion sur la réponse micromécanique des matériaux à une contrainte à l'échelle microscopique.*)

Vable, M. (2002). *Mechanics of Materials*. Oxford, UK: Oxford University Press. ISBN 0-19-513337-4. (*Une introduction aux relations contrainte–déformation, mais sans discussion sur la micromécanique des matériaux.*)

Young, W. C. (1989). *Roark's Formulas for Stress and Strain* (6th ed.). New York, USA: McGraw-Hill. ISBN 0-07-100373-8. (*Les «Pages Jaunes» des formules associées aux problèmes élastiques – si la solution n'y est pas, elle n'existe pas.*)

7.7 Exercices

Exercice E7.1 Quelle est la définition du *module élastique de section* Z_e? Une poutre supporte un moment fléchissant M. En fonction de Z_e, quel est le moment maximal que la poutre peut supporter sans être déformée plastiquement?

Exercice E7.2 Déterminer l'indice pour la sélection de matériaux pour une plaque légère et résistante sollicitée en flexion (éq. (7.17)), en suivant les étapes décrites dans le texte.

Exercice E7.3 Déterminer l'indice pour la sélection de matériaux pour une poutre de section carrée légère et résistante sollicitée en flexion (éq. (7.18)).

Exercice E7.4 Déterminer un indice pour la sélection de matériaux pour une plaque qui remplisse une contrainte de résistance en flexion tout en étant aussi fine que possible.

Exercice E7.5 Déterminer un indice pour la sélection de matériaux pour une plaque qui remplisse une contrainte de résistance en flexion tout en étant aussi bon marché que possible.

Exercice E7.6 Le rotor d'une centrifugeuse peut être considéré comme un disque uniforme. Son diamètre est de 200 mm et il est fait d'un matériau avec une limite élastique de 450 MPa et une densité de 7900 kg/m^3. A quelle vitesse (en radians par seconde) peut-il tourner avant que la contrainte qu'il supporte ne dépasse sa limite élastique?

Exercice E7.7 Un matériau est recherché pour une centrifugeuse à grande vitesse. L'objectif est d'atteindre une vitesse angulaire ω aussi élevée que possible. La contrainte due à la force centrifuge ne doit pas dépasser la limite élastique du matériau utilisé. Déterminer un indice pour guider le choix du matériau de sorte à maximiser ω.

Exercice E7.8 Le moteur d'une voiture est retenu par quatre boulons de cisaillement conçus pour rompre en cisaillement lors d'une collision frontale. Le moteur se détache ainsi de la voiture si la décélération dépasse 10 *g*. Supposer que les quatre boulons supportent la même charge. La masse du moteur est de 80 kg. Dû à des limitations spatiales, le diamètre maximal de chaque boulon ne peut pas dépasser 5 mm. (a) Quelle est la contrainte sur la limite élastique σ_y du matériau des boulons, en supposant que la limite élastique en cisaillement vaut $\sigma_y/2$ et que le cisaillement a lieu sans frottement? (b) Si, pour gagner du poids, les boulons doivent être aussi légers que possible, quel métal faut-il choisir (parmi ceux identifiés sur la carte en figure 7.8)?

Exercice E7.9 Une plaque de section rectangulaire de 500 × 15 mm supporte une force de traction de 50 kN. Elle est formée d'un métal ductile avec une limite élastique de 50 MPa. La plaque renferme un trou elliptique de 100 mm de long avec un rayon minimal de 1 mm, orienté selon le schéma ci-après. Quelle est:

(a) la contrainte nominale?
(b) la contrainte maximale dans la plaque?

La plaque va-t-elle se déformer plastiquement? Va-t-elle s'effondrer complètement?

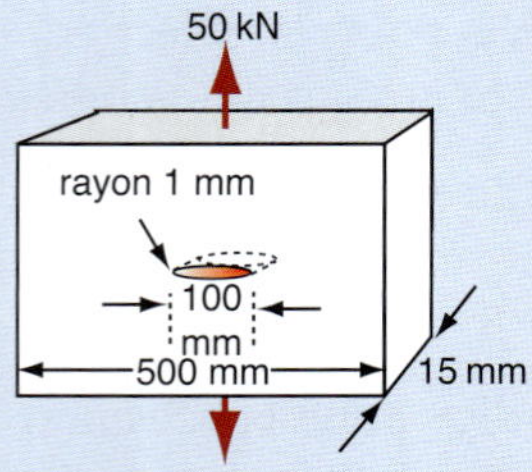

Exercice E7.10 Dans les moteurs hautes performances, les ressorts de soupape doivent être légers pour minimiser l'inertie car leur masse bouge en partie avec les soupapes. Dans les hauts régimes, si les soupapes sont lourdes, elles n'ont pas le temps de revenir à leur place (affolement de soupape), ce qui ralentit l'admission des gaz dans la chambre de combustion ainsi que leur échappement. Déterminer un indice pour la sélection de matériaux pour des ressorts légers, sachant que la température d'un moteur peut atteindre 200°C.

7.8 Conception assistée avec le logiciel CES (sauf mention contraire, utiliser le niveau 2)

Exercice E7.11 Utiliser la fonction «Search» pour trouver des matériaux utilisés pour des *ressorts*.

Exercice E7.12 Utiliser la fonction «Search» pour trouver des matériaux utilisés pour des *ressorts légers*.

Exercice E7.13 Réaliser une carte σ_y - E afin de sélectionner des matériaux pour des ressorts, en utilisant l'indice σ_y^2/E déterminé dans le texte. Quels sont les trois métaux qui apparaissent comme les meilleurs choix métalliques?

Exercice E7.14 Un matériau est recherché pour un ressort qui doit être aussi léger que possible. Pour être assez rigide, il doit aussi avoir un module de Young $E > 20$ GPa. Réaliser un histogramme de l'indice $\sigma_y^2/E\rho$ déterminé dans l'exercice E7.10 (utiliser la fonctionnalité «Advanced» dans la boîte de dialogue du choix des axes). Ajouter une fonction «Limit» pour appliquer la contrainte $E > 20$ GPa. Trouver les deux meilleurs matériaux pour cette application.

Exercice E7.15 Les exigences pour les ressorts de soupapes des moteurs hautes performances sont décrites dans l'exercice E7.10. Mettre en pratique l'indice obtenu, $\sigma_y^2/\rho E$, en réalisant la carte adéquate et en y traçant une ligne de sélection appropriée. Les moteurs étant chauds, ajouter une fonction «Limit» avec une température maximale d'utilisation de 250°C. Sélectionner des métaux pour cette application.

Exercice E7.16 Les abrasifs ont des duretés H élevées. Réaliser un histogramme pour la dureté et identifier les quatre matériaux avec les valeurs maximales. Ces matériaux sont les meilleurs choix pour des meules et des pâtes abrasives.

Exercice E7.17 Nous avons vu que la puissance requise pour laminer un métal est proportionnelle à sa limite élastique. Réaliser un histogramme pour la limite élastique σ_y des métaux. Ouvrir le profil de l'acier à faible teneur en carbone, trouver la gamme de valeurs pour sa limite élastique et prendre une moyenne. Normaliser les limites élastiques en les divisant par cette valeur (utiliser la fonctionnalité «Advanced» dans la boîte de dialogue du choix des axes), de sorte que l'acier à faible teneur en carbone ait une valeur de 1 sur l'histogramme. Utiliser cet histogramme pour déterminer dans quelle mesure la puissance nécessaire est moindre pour laminer: (a) du zinc commercialement pur et (b) du plomb commercialement pur à température ambiante.

Exercice E7.18 Les glissières de sécurité, les pare-chocs et d'autres structures protectrices sont basés sur l'absorption d'énergie cinétique par déformation plastique. L'énergie W_{pl} absorbée en déformant un matériau jusqu'à sa rupture (l'aire sous la courbe contrainte–déformation) peut être estimée dans CES par

$$W_{pl} = \frac{1}{2}(\sigma_y + \sigma_{ts})\varepsilon_f$$

Réaliser une carte avec la densité sur l'axe x et W_{pl} sur l'axe y (utiliser la fonctionnalité «Advanced» dans la boîte de dialogue du choix des axes). Trouver les trois matériaux absorbant le plus d'énergie à l'aide d'une fenêtre de sélection, puis les classer par prix en traçant un graphique pour le prix.

Exercice E7.19 Si une structure protectrice de l'exercice précédent fait partie d'un véhicule, du carburant est économisé si elle est légère. Nous recherchons donc les matériaux avec des valeurs maximales de W_{pl}/ρ, où ρ est la densité. Ils sont trouvés en traçant une droite de sélection de pente 1 sur la carte de l'exercice précédent, puis en sélectionnant les matériaux au-dessus de la droite. Pour cette application, les matériaux doivent aussi avoir une rigidité adéquate afin de limiter leur déformation élastique en flexion. Leur module de Young doit alors être d'au moins 2.5 GPa. Appliquer cette exigence en utilisant une fonction «Limit», retourner à la carte et déplacer la ligne de sélection jusqu'à ce qu'il ne reste que trois matériaux. Commenter ces choix.

Exercice E7.20 Explorer à présent les possibilités offertes par le niveau 3 de la base de données. Conserver les droites de sélection et les critères de l'exercice E7.19. Allez dans File > Change Database > CES Edu Level 3 > Open. Une boîte de dialogue vous demande si vous désirez appliquer ce choix au projet en cours, cliquer sur «Yes». Lister les matériaux qui apparaissent désormais dans les résultats. Commenter ces choix.

Chapitre 8
Rupture et ténacité

Rupture ductile et fragile. (Image d'un boulon avec la permission de Boltscience, www.boltscience.com)

Contenu du chapitre

8.1 Introduction et présentation du chapitre

Il est facile de quantifier la science de l'ingénierie qui permet d'atteindre le succès, qui fait en sorte que certaines choses soient accomplies. Mais il est beaucoup plus difficile d'évaluer la science de l'ingénierie qui évite les défaillances, qui *empêche* certaines choses de se produire. Un des succès majeurs de l'ingénierie récente a été le développement à partir des années 1960 d'une mécanique de la rupture des matériaux rigoureuse. Il n'existe pas de chiffres précis concernant l'argent et les vies qu'elle a permis d'épargner en évitant des défaillances, mais nous savons que c'est énorme. Ce chapitre décrit la rupture des matériaux lorsqu'ils sont sollicités progressivement, ainsi que les méthodes de conception qui permettent d'éviter la rupture, à moins qu'elle ne soit souhaitée.

Parfois, la rupture est bien sûr souhaitée. Les moteurs d'avions par exemple sont attachés aux ailes par des boulons de cisaillement conçus pour rompre et libérer le moteur si celui-ci se grippe subitement. A un niveau plus familier, les ouvertures des canettes de boisson, les emballages alimentaires et beaucoup de dispositifs de sécurité sont basés sur le déchirement ou la rupture contrôlés. Par ailleurs, les procédés comme l'usinage et le découpage utilisent la plasticité combinée avec la rupture.

Nous commençons dans ce chapitre par distinguer les notions de *résistance* et de *ténacité*. La ténacité (la résistance à la rupture) fait intervenir une nouvelle propriété des matériaux, la *ténacité à la rupture*, qui est développée en section 8.3. Cette propriété est ensuite explorée en section 8.4 à travers des cartes similaires à celles rencontrées auparavant pour le module et la résistance. Les mécanismes scientifiques sous-jacents (sect. 8.5) donnent un aperçu de comment la ténacité peut être modifiée (sect. 8.6). Le chapitre se termine de la façon habituelle, avec un résumé, des suggestions de lectures complémentaires et des exercices.

8.2 Résistance et ténacité

Distinction entre résistance et ténacité La *résistance*, en parlant d'un matériau, est sa résistance à l'écoulement plastique. Considérons un échantillon soumis à une contrainte de traction qui est progressivement augmentée jusqu'à ce que les dislocations se propagent à travers toute sa section. L'échantillon commence alors à se déformer plastiquement, la *limite élastique* initiale une fois atteinte. La limite élastique augmente généralement avec la déformation plastique à cause de l'écrouissage et atteint un maximum correspondant à la *résistance en traction*. L'aire sous la courbe contrainte–déformation jusqu'au point de rupture est égale au *travail de rupture*. Ces aspects ont déjà été traités dans le chapitre 5.

La *ténacité* est la résistance d'un matériau à la propagation d'une fissure. Considérons un échantillon qui contient une petite fissure pointue (fig. 8.1(a)). La fissure diminue la section A et augmente la contrainte, étant donné que σ vaut F/A, mais supposons qu'elle soit si petite que la réduction de section est négligeable. Un matériau ductile va se déformer plastiquement, s'écrouir et absorber de l'énergie, la fissure n'entraînant aucune différence significative. Mais si le matériau est fragile, la fissure se propage instantanément et l'échantillon est rompu à une contrainte qui peut être largement inférieure à la limite élastique. La

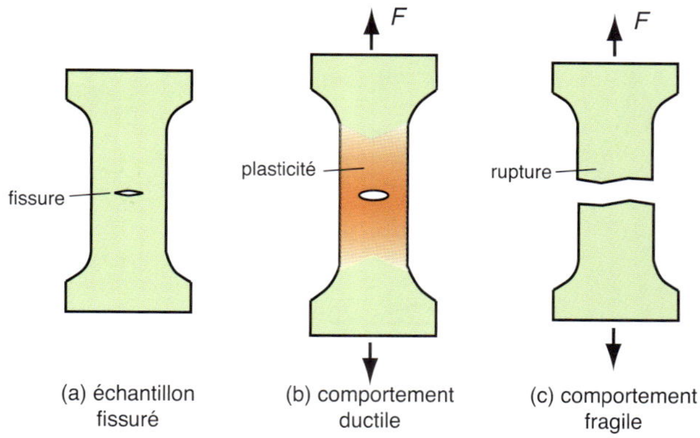

Figure 8.1 Comportements ductile et fragile. (b) Dans un matériau tenace (ductile), la fissure ne se propage pas si l'échantillon est sollicité. (c) Dans un matériau fragile, la fissure se propage sans plasticité généralisée, donc à une contrainte inférieure à la limite élastique.

conception étant souvent basée sur la déformation plastique, la possibilité d'une rupture à des contraintes inférieures à la limite élastique est vraiment une très mauvaise nouvelle. Cela s'est déjà produit, à des échelles impressionnantes, causant des explosions de chaudières, des effondrements de ponts, des ruptures de navires, des fissurations de canalisations et des crash aériens. Nous y reviendrons dans le chapitre 10.

Quelle propriété des matériaux mesure la résistance à la propagation d'une fissure? Et à quel point faut-il s'inquiéter de lire dans un journal que des fissures ont été détectées dans des rails de chemin de fer ou dans les réservoirs sous pression du réacteur de la centrale nucléaire voisine? Si les matériaux sont assez tenaces, nous pouvons dormir en paix. Mais que signifie «assez tenace»?

La différence de comportement entre les matériaux n'est que trop familière. Quand vous achetez un CD, un paquet de fourres transparentes ou une brosse à dents, tous se présentent dans des emballages parfaitement transparents. Si vous essayez de tirer sur l'emballage, vous rencontrez un problème car celui-ci est résistant. Mais si vous faites une entaille avec un couteau, une clé ou vos dents, il se déchire tout à coup très facilement. C'est pour cette raison que les fabricants de sachets de shampoing font une entaille, mais ils oublient que le polymère du sachet devient plus tenace lorsqu'il est mouillé et que les doigts savonneux ne parviennent pas à transmettre beaucoup de force. Leur idée de départ était cependant la bonne.

Mesure de la ténacité Si vous deviez mettre au point un test caractérisant la ténacité, vous pourriez en imaginer un similaire aux essais représentés en figure 8.2: entailler le matériau, puis tirer dessus d'un coup sec ou le frapper et mesurer l'énergie nécessaire à la rupture. Des essais de ce genre (beaucoup de variantes existent) sont utilisés pour classer les matériaux et comme procédure d'acceptation lorsqu'un nouveau lot de matériau est reçu. Le problème est qu'ils ne mesurent pas une propriété intrinsèque du matériau, c'est-à-dire une propriété indépendante de la taille et de la forme de l'échantillon testé. Ces mesures d'énergie ne sont donc pas utiles pour la conception. Pour considérer les propriétés intrinsèques des matériaux, nous avons besoin des notions de *facteur d'intensité de contrainte* et de *ténacité à la rupture*.

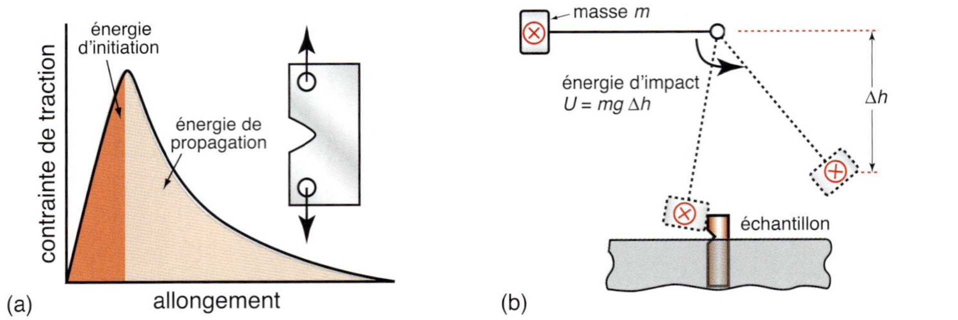

Figure 8.2 (a) Essai de déchirement. (b) Essai d'impact. Ces deux essais sont utilisés comme tests d'acceptation et pour les contrôles de qualité, mais ne mesurent pas une propriété intrinsèque du matériau.

8.3 Mécanique de la rupture

Facteur d'intensité de contrainte K_I ***et ténacité à la rupture*** K_{Ic} Les fissures et les entailles concentrent les contraintes. Dans le chapitre 7, nous avons défini un « facteur de concentration de contrainte » pour les entailles. Ce facteur indique à quel point la contrainte locale en pointe d'entaille est supérieure à la contrainte loin de l'entaille, pour des géométries d'entailles bien définies tel qu'un trou circulaire. Nous désirons à présent connaître la manière dont les fissures affectent un champ de contrainte. La figure 8.3 montre une contrainte distante σ appliquée sur un échantillon fissuré. Nous pouvons imaginer des « lignes de force » qui ont un espacement uniforme au loin de la fissure, mais qui sont rapprochées en avant de la fissure, de sorte que la contrainte augmente fortement en s'approchant de la pointe de fissure. En se référant à l'équation (7.12), nous constatons que, dans ce cas, le facteur de concentration de contrainte pour une entaille n'est d'aucune aide. Il ne s'applique en effet que si le rayon de courbure est de taille finie, or le rayon en pointe d'une fissure pointue est essentiellement nul. Selon l'équation (7.12), la contrainte en pointe de fissure est donc (en théorie) infinie et une approche différente est nécessaire. Une analyse du champ de contrainte à l'avant d'une fissure pointue de longueur c montre que, pour une contrainte de traction distante σ, la contrainte locale à une distance r de la pointe vaut

$$\sigma_{\text{local}} = \sigma\left(1 + \text{Y}\sqrt{\frac{\pi c}{2\pi r}}\right) \tag{8.1}$$

où Y est une constante proche de 1 qui dépend légèrement de la géométrie du corps fissuré. Loin de la fissure, où $r >> c$, la contrainte locale tend vers σ alors qu'à proximité de la pointe, où $r << c$, elle croît fortement (comme indiqué sur la figure 8.3) pour atteindre

$$\sigma_{\text{local}} = \text{Y}\frac{\sigma\sqrt{\pi c}}{\sqrt{2\pi r}} \tag{8.2}$$

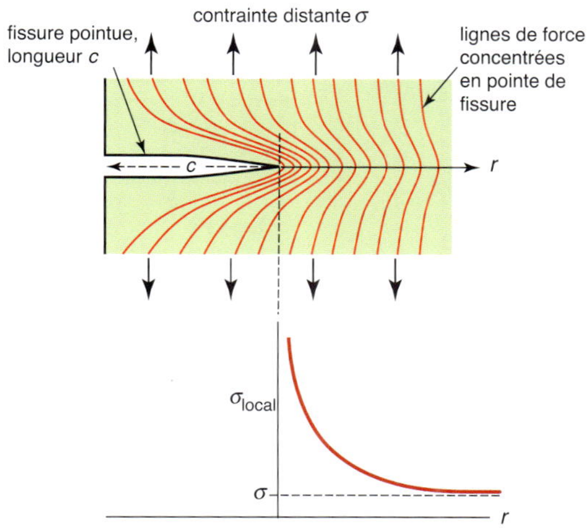

Figure 8.3 Lignes de force dans un échantillon fissuré soumis à une contrainte de traction. La contrainte locale est proportionnelle au nombre de lignes par unité de longueur et croît fortement en s'approchant de la pointe de fissure.

La contrainte locale est donc proportionnelle à $\sigma\sqrt{\pi c}$ pour n'importe quelle valeur de r. Cette grandeur mesure l'intensité du champ de contrainte local (l'insertion de π est une convention universelle) et est appelée *facteur d'intensité de contrainte en mode 1* (le «mode 1» signifie une contrainte de traction normale à la fissure), représenté par le symbole K_1 et exprimé en MPa·m$^{1/2}$

$$K_1 = Y\sigma\sqrt{\pi c} \tag{8.3}$$

Le facteur d'intensité de contrainte est donc une mesure du champ de contrainte élastique à proximité d'une pointe de fissure (éq. 8.2). Nous pouvons relever que quand $r \rightarrow 0$, cette équation prédit une contrainte infinie. En pratique, le matériau subit une déformation plastique contenue dans une petite zone en pointe de fissure (ou tout autre forme d'endommagement localisé, comme la microfissuration), mais cela sera discuté plus en détail par la suite. Pour l'instant, il faut noter qu'un champ de contrainte élastique proportionnel à K_1 agit sur une pointe de fissure et qu'il peut mener à la rupture. Il s'ensuit que, pour des raisons expliquées ultérieurement, les fissures se propagent lorsque le facteur d'intensité de contrainte dépasse une valeur critique. Cette valeur critique est appelée ténacité à la rupture, K_{1c}. Deux géométries d'échantillons utilisées pour mesurer K_{1c} sont montrées en figure 8.4 (d'autres sont décrites dans le chapitre 10). Un échantillon contenant une fissure pointue de longueur c (fissure superficielle) ou $2c$ (fissure interne) est sollicité en traction. La contrainte σ^* à laquelle la fissure se propage instantanément est enregistrée. Il est essentiel que la fissure soit pointue (ce qui n'est pas facile à réaliser) car si tel n'est pas le cas, le champ de contrainte est modifié où les contraintes sont maximales, c'est-à-dire où les lignes de force de la figure 8.3 sont les plus proches. Plusieurs méthodes permettent de réaliser des fissures pointues, la croissance d'une fissure par des sollicitations cycliques en est une, un processus appelé fatigue et décrit

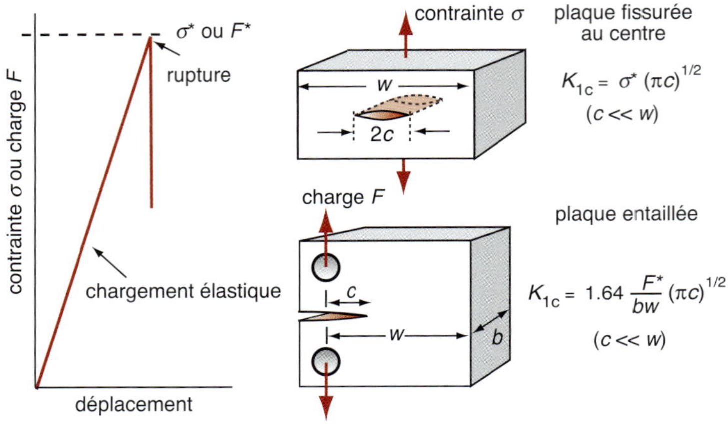

Figure 8.4 Mesure de la ténacité à la rupture K_{1c}. Deux configurations d'essais sont représentées ici; d'autres sont décrites dans le chapitre 10.

dans le chapitre suivant (la mécanique de la rupture basée sur des facteurs d'intensité de contrainte est effectivement particulièrement utile lors de la conception, afin d'éviter la rupture due à des fissures qui se développent par fatigue). Pour la plaque de la figure 8.4, qui contient une fissure interne centrée, Y vaut 1 si $c << w$ (d'autres géométries nécessitent l'application d'un petit facteur de correction) et K_{1c} est donné par

$$K_{1c} = Y\sigma^*\sqrt{\pi c} \approx \sigma^*\sqrt{\pi c} \tag{8.4}$$

La ténacité à la rupture est une *propriété du matériau*. Cette valeur est donc indépendante de la méthode de mesure. Les essais qui utilisent différentes géométries, s'ils sont menés correctement, donnent la même valeur de K_{1c} pour un matériau donné (fig. 8.4). Ce paramètre peut donc être utilisé pour la conception, comme décrit dans le chapitre 10. Pour l'instant, relevons que l'équation (8.4) peut être utilisée pour trouver la contrainte de rupture, si nous savons qu'une fissure d'une certaine taille est présente. A l'inverse, elle permet également de trouver la « taille de fissure critique » pour une contrainte donnée, c'est-à-dire la taille de fissure maximale qui peut être tolérée sans rupture.

***Taux de restitution d'énergie* G *et ténacité* G_c** La rupture d'un échantillon s'accompagne de la création de deux nouvelles surfaces. Les surfaces possèdent une énergie, l'*énergie de surface* γ, en joules[1] par mètre carré (typiquement $\gamma = 1$ J/m²). La rupture d'un échantillon selon une section A entraîne la création de deux nouvelles surfaces, ce qui nécessite une énergie d'au moins $2A\gamma$. Considérons d'abord la question de la *condition nécessaire à la rupture*. Le travail extérieur, ou l'énergie élastique relâchée, doit suffire à fournir l'énergie de surface des deux nouvelles surfaces créées. Cela s'écrit:

$$G \geq 2\gamma \tag{8.5}$$

Exemple 8.1

Les règles en acier inoxydable et en polystyrène de l'exemple 5.2 sont montées en leviers horizontaux encastrés avec une longueur libre de 250 mm. Elles ont des fissures superficielles de 0.2 mm de profondeur situées à proximité de la base du levier, du côté en traction. Supposer que le facteur Y de l'équation (8.4) vaut 1.1 pour ces fissures. Les ténacités à la rupture K_{Ic} de l'acier et du polystyrène valent respectivement 80 et 1 MPa·m$^{1/2}$. Calculer dans chaque cas la contrainte nécessaire pour provoquer une rupture instantanée. La rupture est-elle instantanée ou survient-elle après déformation plastique?

Solution. Selon l'équation (8.4), la contrainte pour une rupture instantanée de l'acier inoxydable vaut

$$\sigma^* = \frac{K_{1c}}{Y\sqrt{\pi c}} = \frac{80 \times 10^6}{1.1\sqrt{\pi \times 2 \times 10^{-4}}} = 2.9 \text{ GPa}$$

Cette valeur étant largement supérieure à sa limite élastique, la règle va se déformer plastiquement avant de rompre. Pour le polystyrène, la contrainte critique vaut

$$\sigma^* = \frac{K_{1c}}{Y\sqrt{\pi c}} = \frac{1 \times 10^6}{1.1\sqrt{\pi \times 2 \times 10^{-4}}} = 36 \text{ MPa}$$

Cette contrainte est inférieure à sa limite élastique, donc la règle va se rompre avant de se déformer plastiquement.

où G est le *taux de restitution d'énergie*. En pratique, l'énergie nécessaire est largement supérieure à 2γ à cause de la déformation plastique autour de la pointe de fissure. Le raisonnement reste néanmoins valable: la propagation d'une fissure demande une énergie G_c pour créer deux surfaces. Il s'agit alors d'une sorte d'énergie de surface «effective», appelée de manière peu claire *ténacité* (ou *taux critique de restitution d'énergie de déformation*). Cette ténacité G_c est reliée à la *ténacité à la rupture* K_{1c} de la manière suivante.

Considérons une plaque d'épaisseur unitaire supportant une contrainte de traction σ. Elle emmagasine une énergie élastique par unité de volume (chap. 4) de

$$U_v = \frac{1}{2}\frac{\sigma^2}{E} \tag{8.6}$$

La plaque contient une fissure de longueur c, comme sur la figure 8.5. La fissure permet de relaxer la contrainte dans un demi-cylindre de rayon environ égal à c (demi-cylindre en rouge sur la figure), en restituant l'énergie contenue dans ce volume:

$$U(c) = \frac{1}{2}\frac{\sigma^2}{E} \cdot \frac{1}{2}\pi c^2 \tag{8.7}$$

[1] James Joule (1818-1889), physicien anglais. Il n'étudia ni la rupture ni les surfaces, mais démontra l'équivalence entre chaleur et travail mécanique, ce qui lui valut de donner son nom à l'unité d'énergie.

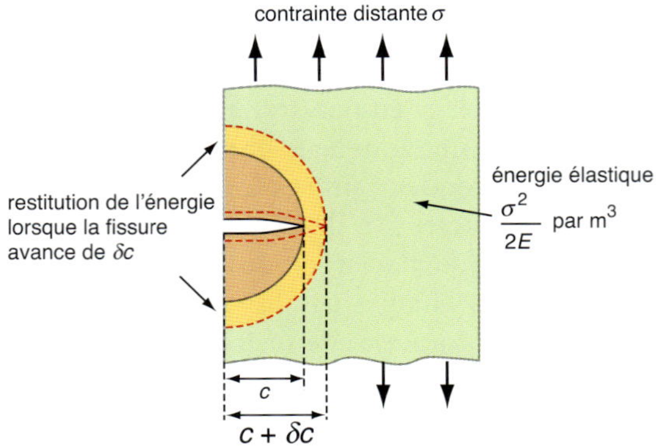

Figure 8.5 Restitution d'énergie élastique lors de la propagation d'une fissure.

Supposons à présent que la fissure se propage de δc, relâchant l'énergie élastique contenue dans la partie jaune. Cette énergie doit payer le coût énergétique de la nouvelle surface créée, $G_c\delta c$. En différentiant la dernière équation, la condition de rupture devient donc

$$\delta U = \frac{\sigma^2 \pi c}{2E}\delta c = G_c \delta c \tag{8.8}$$

Mais comme $\sigma^2\pi c$ est égal à K_{1c}^2 (équation (8.4) avec $Y = 1$):

$$\frac{K_{1c}^2}{2E} = G_c \tag{8.9}$$

Ce résultat est approximatif et une analyse plus rigoureuse (mais beaucoup plus compliquée) montre que la forme de l'équation (8.9) est correcte à un facteur 2 près. Le résultat exact (en prenant la racine carrée) est donc le suivant:

$$K_{1c} = \sqrt{EG_c} \tag{8.10}$$

Zone plastique en pointe de fissure Le fort champ de contrainte en pointe de fissure génère une *zone de transformation*: une zone plastique dans les solides ductiles, une zone de microfissuration dans les céramiques et une zone de délaminage, de décohésion et de déchaussement des fibres dans les composites. Dans cette zone, un travail est effectué contre la déformation plastique et contre les forces de frottement. Ce travail explique la différence entre l'énergie de rupture G_c mesurée et l'énergie de surface 2γ. La taille de la zone plastique en pointe de fissure peut être estimée de la manière suivante. En s'approchant de la pointe de fissure, la contrainte augmente proportionnellement à $1/\sqrt{r}$ (éq. (8.2)). Le matériau est déformé plastiquement quand la contrainte atteint la limite élastique σ_y (fig. 8.6) et, hormis un certain écrouissage, la contrainte ne peut pas augmenter davantage. La distance de la pointe de fissure à laquelle $\sigma_{local} = \sigma_y$ s'obtient en posant que l'équation (8.2) est égale à σ_y et en résolvant pour r. La zone plastique est cependant plus grande car la partie tronquée

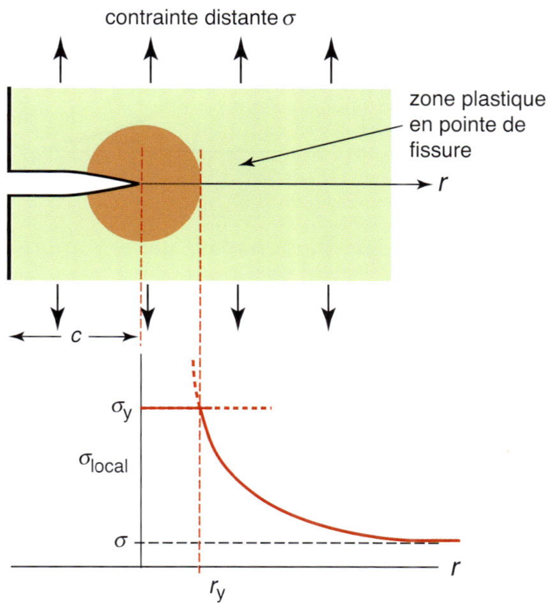

Figure 8.6 Formation d'une zone plastique en pointe de fissure, où la contrainte dépasserait sinon la limite élastique σ_y.

du champ de contrainte est redistribuée. L'analyse de cet effet est compliquée mais le résultat est simple: le rayon r_y de la zone plastique, en tenant compte de la redistribution des contraintes, est le double de la valeur déterminée selon l'équation (8.2):

$$r_y = 2\left(\frac{\sigma^2 \pi c}{2\pi\sigma_y^2}\right) = \frac{K_1^2}{\pi\sigma_y^2} \tag{8.11}$$

(avec $Y = 1$). Noter que la taille de la zone plastique diminue rapidement quand σ_y augmente. La zone plastique en pointe de fissure est donc grande dans les métaux mous, alors qu'elle est faible voire inexistante dans les céramiques et les verres.

Les valeurs de K_{1c} sont bien définies pour les matériaux fragiles ou si la zone plastique est petite comparée aux dimensions de l'échantillon, de sorte que l'échantillon est en majeure partie élastique. Une caractérisation plus complexe est nécessaire dans le cas contraire. Pour les matériaux très ductiles, la zone plastique est plus grande que la largeur de l'échantillon et la fissure ne se propage pas, l'échantillon étant simplement déformé plastiquement.

Si la fissure est petite, le matériau est déformé plastiquement avant de rompre, au contraire de si elle est grande. Mais que signifie alors «petite»? La variation de la résistance en traction en fonction de la taille de fissure est représentée en figure 8.7. La résistance est égale à la

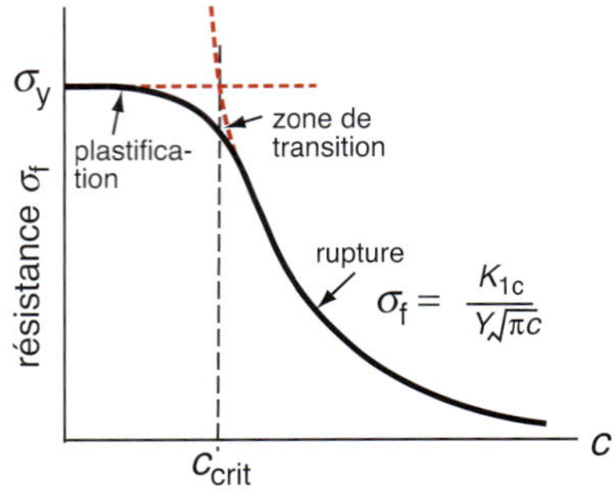

Figure 8.7 Transition entre déformation plastique et rupture instantanée pour une longueur de fissure critique c_{crit}.

Exemple 8.2

Estimer la taille des zones plastiques en avant des fissures contenues dans les règles en acier inoxydable et en polystyrène (cf. exemple 8.1).

Solution. La taille de la zone plastique est donnée par

$$r_y = \frac{K_{1c}^2}{Y^2 \pi \sigma_y^2}$$

Pour la règle en acier, elle vaut $\frac{80^2}{1.1^2 \pi 600^2} = 4.7$ mm, soit une valeur largement supérieure à la profondeur de la fissure (0.2 mm) et supérieure à l'épaisseur de la règle. Pour le polystyrène, elle vaut $\frac{1^2}{1.1^2 \pi 50^2} = 0.1$ mm et est inférieure à la profondeur de la fissure. La règle en acier est donc déformée plastiquement et celle en polystyrène rompt.

limite élastique dans le cas d'une petite fissure alors qu'elle chute sinon selon l'équation (8.4) (avec $Y = 1$):

$$\sigma_f = \frac{K_{1c}}{\sqrt{\pi c}} \tag{8.12}$$

La transition entre déformation plastique et rupture instantanée est douce et survient vers l'intersection des deux courbes, lorsque $\sigma_f = \sigma_y$. La taille de fissure de transition vaut alors

$$c_{crit} = \frac{K_{1c}^2}{\pi \sigma_y^2} \tag{8.13}$$

Ce résultat est identique à la taille de la zone plastique au moment de la rupture (éq. (8.11)), quand $K_1 = K_{1c}$.

Tableau 8.1 Longueurs de fissure approximatives pour la transition déformation plastique-rupture instantanée

Classe de matériaux	Longueur de fissure de transition, c_{crit} (mm)
Métaux	1–1000
Polymères	0.1–10
Céramiques	0.01–0.1
Composites	0.1–10

Les gammes de valeurs pour les principales classes de matériaux sont listées dans le tableau 8.1. Ces longueurs de fissure mesurent la *tolérance aux dommages*. Les métaux tenaces peuvent contenir de grandes fissures mais continuer à se déformer plastiquement de manière prévisible et ductile. La rupture des céramiques (qui contiennent toujours des petites fissures) est fragile et survient à des contraintes largement inférieures à leur limite élastique. Le verre peut être utilisé dans les structures mais demande alors un traitement particulier pour éviter le développement des défauts superficiels. Les polymères semblent tenaces à cause de leur résistance aux impacts lorsqu'ils ne sont pas fissurés. Le tableau montre cependant que des défauts inférieurs à 1 mm peuvent suffire à causer la rupture fragile de certains polymères.

8.4 Cartes de propriétés des matériaux pour la ténacité

Carte ténacité à la rupture–module La carte ténacité à la rupture K_{1c}–module E est représentée en figure 8.8. Les valeurs de K_{1c} s'étendent sur une large gamme: de moins de 0.01 jusqu'à plus de 100 $MPa \cdot m^{1/2}$. Les matériaux fragiles ont les valeurs les plus faibles et, lorsqu'ils sont sollicités, restent élastiques jusqu'à la rupture. La mécanique de la rupture linéaire élastique s'applique bien à ces matériaux et la ténacité à la rupture est alors une propriété bien définie. A l'autre extrémité se situent les matériaux supertenaces, qui montrent tous une plasticité importante avant de rompre. Les valeurs de K_{1c} sont alors approximatives, mais restent utiles pour classer les matériaux. La carte illustre une des raisons de la prédominance des métaux en ingénierie: leurs valeurs de K_{1c} sont presque toutes supérieures à 15 $MPa{\cdot}m^{1/2}$, ce qui est souvent considéré comme un minimum pour la conception.

Les échelles logarithmiques de la figure 8.8 permettent de tracer des droites pour la *ténacité* G_c, l'énergie de surface effective pour la rupture ($G_c \approx K_{1c}^2/E$). Les droites en pointillés montrent que la ténacité vaut au minimum 10^{-3} kJ/m^2 (soit environ l'énergie de surface γ) et s'étend sur cinq ordres de grandeur, jusqu'à plus de 100 kJ/m^2. Les valeurs des céramiques (10^{-3} – 10^{-1} kJ/m^2) sont beaucoup plus faibles que celles des polymères (10^{-1} – 10 kJ/m^2). Ceci explique en partie pourquoi les polymères sont plus répandus que les céramiques dans l'ingénierie, un point sur lequel nous reviendrons dans le chapitre 10.

Carte ténacité à la rupture–limite élastique La conception limitée par la résistance se base sur une déformation plastique du composant avant rupture. La limite élastique et la ténacité des matériaux doivent donc être comparées. Ces propriétés sont représentées sur la carte en figure 8.9. Nous constatons que les métaux sont à la fois résistants et tenaces, raison pour laquelle ils sont devenus les matériaux phares de l'ingénierie mécanique et structurale.

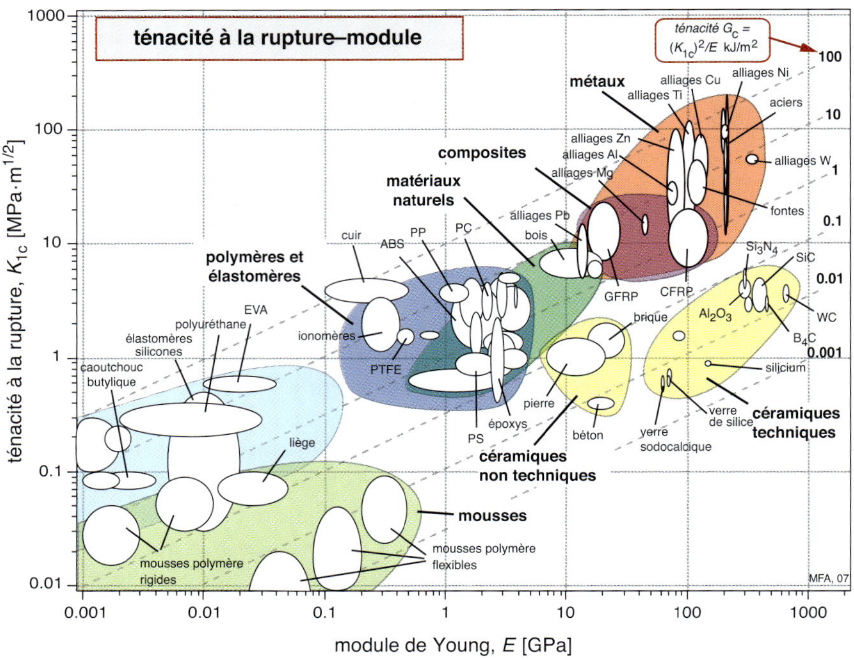

Figure 8.8 Carte ténacité à la rupture K_{1c}–module E. Les droites indiquent la ténacité G_c.

La contrainte de rupture dépend à la fois de K_{1c} et de la longueur de fissure c (éq. (8.12)). La longueur de fissure de transition c_{crit} pour laquelle le comportement passe de ductile à fragile, donnée par l'équation (8.13), est tracée sur la carte sous forme de droites en pointillés. Les valeurs varient fortement: elles sont proches des distances interatomiques pour les céramiques et les verres fragiles et atteignent près d'un mètre pour les métaux les plus ductiles comme le cuivre ou le plomb. Les matériaux situés vers le coin inférieur droit ont des limites élastiques élevées et des faibles ténacités: ils se *rompent avant de se déformer plastiquement.* Les matériaux situés vers le coin supérieur gauche, au contraire, se *déforment plastiquement avant de rompre.*

La carte limite élastique–ténacité à la rupture sert à sélectionner des matériaux pour concevoir des structures porteuses de manière sûre (chap. 10). Elle sert aussi à évaluer l'influence de la composition et des procédés de production sur les propriétés mécaniques.

8.5 Origines de la ténacité

Energie de surface L'énergie de surface d'un solide représente le coût énergétique de sa création. Il s'agit d'une énergie par unité de surface, exprimée en J/m². Considérons un cube de 1 m d'arête qui est coupé en deux pour former deux nouvelles surfaces, comme sur la figure 8.10. Il faut pour cela fournir une énergie égale à l'énergie de cohésion associée aux

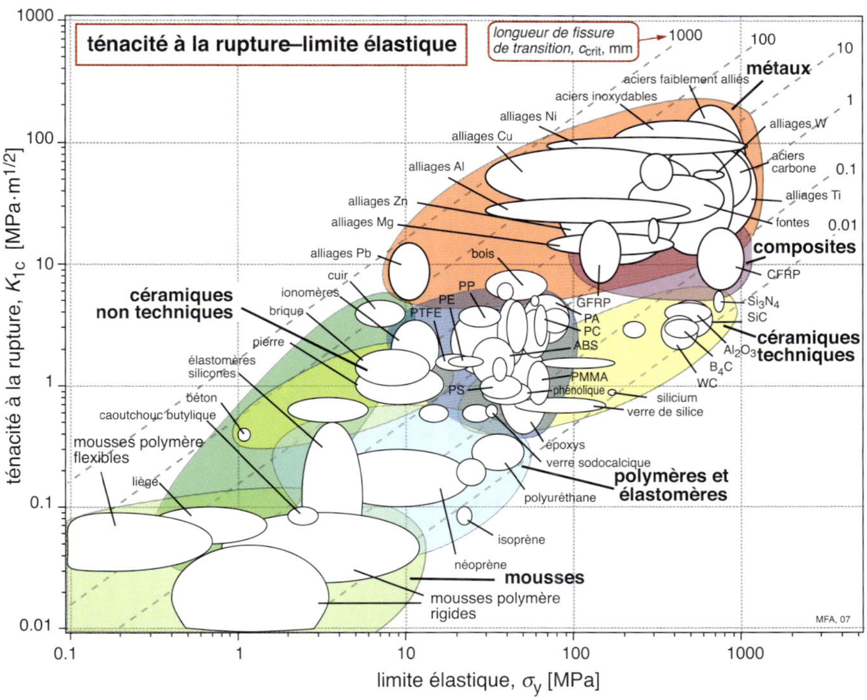

Figure 8.9 Carte ténacité à la rupture K_{1c}–limite élastique σ_y. Les droites indiquent la longueur de fissure de transition c_{crit}.

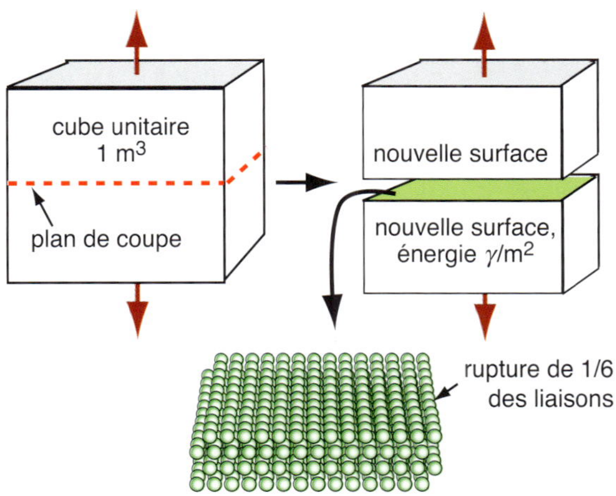

Figure 8.10 La création de nouvelles surfaces cause la rupture de liaisons interatomiques, ce qui nécessite une certaine fraction de l'énergie de cohésion H_c.

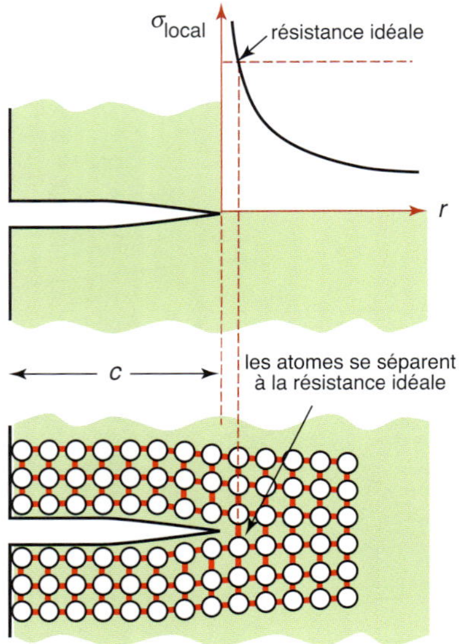

Figure 8.11 Rupture fragile. En s'approchant de la pointe de fissure, la contrainte locale augmente selon $1/\sqrt{r}$. Une rupture fragile se produit si la contrainte dépasse la contrainte nécessaire pour rompre les liaisons interatomiques (la «résistance idéale»). La quantité d'énergie absorbée est très faible dans ce cas.

liaisons interatomiques qui traversaient le plan de coupe. Les atomes étant reliés selon toutes les directions, les atomes en surface dans un solide isotrope perdent un sixième de leurs liaisons lors de la coupe. Il faut donc fournir un sixième de l'énergie de cohésion H_c (une énergie par unité de volume) pour former une tranche d'épaisseur $4r_o$, r_o représentant le rayon atomique, donc un volume de $4r_o$ m^3. L'énergie de surface doit alors être de:

$$2\gamma \approx \frac{1}{6} H_c \cdot 4r_o \quad \text{ou} \quad \gamma \approx \frac{1}{3} H_c \cdot r_o$$

H_c valant typiquement 3×10^{10} J/m^3 et r_o 10^{-10} m, les énergies de surfaces se situent autour de 1 J/m^2.

La ténacité G_c ne peut pas être inférieure à 2γ. Les droites pour des valeurs données de G_c tracées sur la carte de la figure 8.8 montrent que G_c est 100 fois plus grande que 2γ pour la plupart des matériaux. La différence d'énergie correspond au travail plastique; nous approfondirons cela un peu plus tard. Commençons par analyser la rupture fragile.

Rupture fragile La rupture fragile caractérise les céramiques et les verres. Ces matériaux ont des limites élastiques très élevées, ce qui les empêche de se déformer plastiquement pour relaxer les contraintes en pointe de fissure. Proche de la pointe, la contrainte atteint donc la résistance idéale (environ $E/15$, chap. 6), ce qui permet de rompre les liaisons interatomiques et de propager la fissure de la manière illustrée en figure 8.11. De plus, K_1 augmente avec c

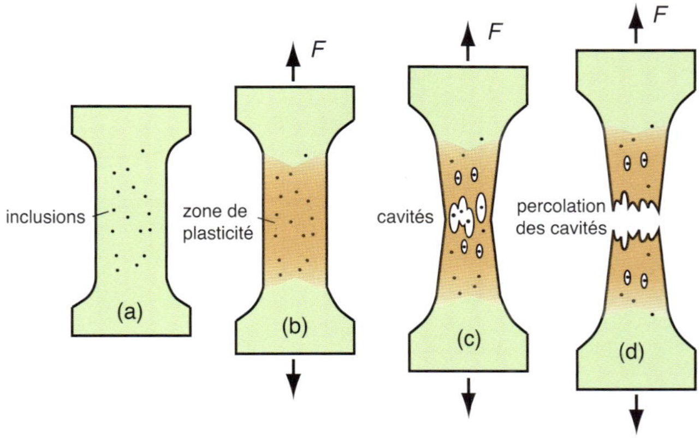

Figure 8.12 Rupture ductile. Dans la zone plastique représentée en brun, la contrainte est concentrée autour des inclusions. Les inclusions sont rompues ou séparées de la matrice en germant des cavités qui croissent et se réunissent jusqu'à causer finalement la rupture.

car $K_1 = \sigma\sqrt{\pi c}$. La propagation de la fissure est ainsi accélérée jusqu'à ce que sa vitesse atteigne la vitesse du son, d'où le bruit produit lors de la rupture d'un matériau fragile. Certains polymères sont également fragiles, en particulier ceux qui sont amorphes. Les contraintes en pointe de fissure rompent dans ce cas les liaisons intermoléculaires faibles de type Van der Waals.

Rupture ductile Pour comprendre comment les fissures se propagent dans les matériaux ductiles, considérons d'abord la traction d'un échantillon exempt de fissure (fig. 8.12). Les métaux ductiles se déforment plastiquement lorsqu'ils sont soumis à une contrainte supérieure à leur limite élastique, puis s'écrouissent jusqu'à ce que leur résistance en traction soit atteinte. Leur résistance diminue ensuite avant la rupture, cet effet s'expliquant de la manière suivante. Un métal ultrapur peut s'amincir jusqu'à ce que sa section devienne nulle. Les alliages de l'ingénierie ne sont cependant pas ultrapurs et contiennent très souvent des inclusions (des petites particules dures d'oxydes, de nitrures, de sulfures ou toute autre particule de ce genre). La déformation d'un matériau en traction est uniforme dans un premier temps, la contrainte s'accumulant autour des inclusions qui agissent comme des sites de concentration de contrainte. Ces inclusions se séparent ensuite de la matrice ou sont rompues, entraînant la germination de petites cavités. Lorsque la déformation augmente, ces cavités croissent, se relient et affaiblissent la partie de l'échantillon où elles sont le plus nombreuses, jusqu'à ce que leur percolation entraîne finalement une *rupture ductile*. De nombreux polymères sont ductiles, mais la manière dont ils sont fabriqués fait qu'ils ne contiennent généralement pas d'inclusions. Lorsqu'ils sont étirés, des *microfissures* apparaissent. Ces petites fissures s'ouvrent dans les régions les plus déformées et opacifient les polymères transparents, car les liaisons Van der Waals entre les longues chaînes sont faibles et facilement rompues. Les détails diffèrent mais le résultat reste identique: la germination de microfissures, leur croissance et leur percolation donnent lieu à une rupture ductile.

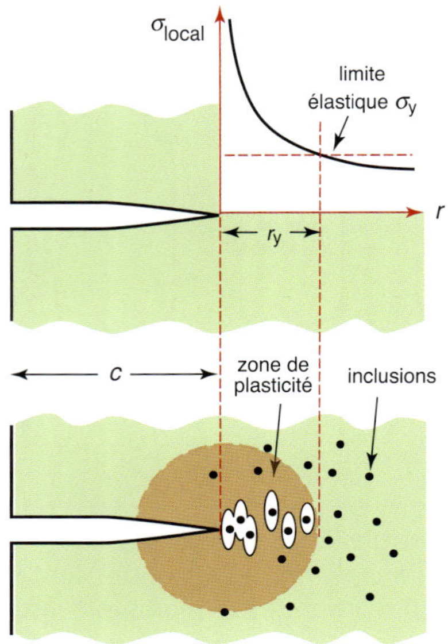

Figure 8.13 Zone plastique formée en pointe de fissure dans les matériaux ductiles. Dans cette zone, la germination, la croissance et la percolation de cavités entraîne la propagation de la fissure selon un mode ductile, en absorbant de l'énergie au cours du processus.

Revenons à présent à l'échantillon fissuré de la figure 8.13. En se rapprochant de la pointe de fissure, la contrainte augmente toujours selon $1/\sqrt{r}$ mais le matériau se déforme plastiquement quand sa limite élastique σ_y est atteinte. Une zone plastique se développe alors, dans laquelle se produit la séquence suivante (fig. 8.12): germination, croissance et percolation de cavités menant à une *rupture ductile*. La fissure se propage et le processus est répété. La plasticité émoussant la pointe de fissure, la concentration de contrainte devient moins importante que dans le cas d'une fissure pointue. La contrainte en pointe de fissure est alors juste suffisante pour continuer à déformer plastiquement le matériau à cet endroit. Cette déformation plastique absorbe de l'énergie et augmente la ténacité G_c.

Transition ductile-fragile Une rupture fragile est beaucoup plus dangereuse qu'une rupture ductile: elle survient sans préavis, ni déformation plastique préalable. Aux basses températures, certains métaux et tous les polymères deviennent fragiles, leur mode de rupture passant de ductile à fragile. Seuls les métaux avec une structure CFC (par exemple le cuivre, l'aluminium, le nickel et l'acier inoxydable) restent ductiles aux faibles températures. La limite élastique des autres métaux augmente quand la température diminue. Par conséquent, la taille de la zone plastique autour d'une fissure diminue jusqu'à devenir si faible que le mode de rupture change. Pour certains aciers, cette *transition ductile-fragile* survient à une température aussi élevée que 0°C (bien qu'elle soit considérablement plus faible pour la plupart). Le risque de rupture des navires en acier, des ponts et des plates-formes pétrolières est donc plus élevé en hiver qu'en été. Les polymères exhibent aussi une transition ductile-fragile, à prendre en compte lorsqu'ils sont utilisés dans les congélateurs et les réfrigérateurs.

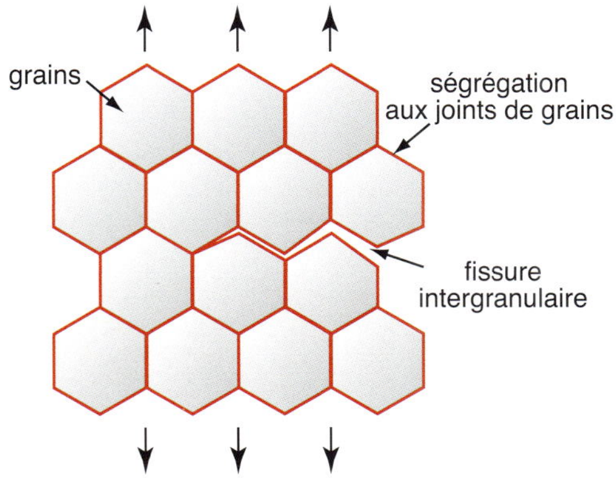

Figure 8.14 Fissuration intergranulaire fragile due à la ségrégation chimique.

Autres fragilisations La ségrégation chimique peut aussi fragiliser un matériau. Quand les métaux solidifient, les grains sont initialement des petits cristaux solides en suspension dans le liquide. Les grains croissent ensuite jusqu'à se rencontrer pour former des joints de grains. Les joints de grains solidifiant en dernier, ils ont une concentration élevée d'impuretés. Cette ségrégation aux joints de grains peut créer un réseau de chemins de faible ténacité à travers le matériau de telle sorte que le matériau, bien que tenace dans son volume, rompt par rupture intergranulaire fragile (fig. 8.14). La composition locale différente des joints de grains cause d'autres problèmes, notamment de corrosion (chap. 17), ce qui peut faire apparaître des fissures dans un composant initialement dépourvu de défauts.

8.6 Ajuster les propriétés: compromis résistance–ténacité

Métaux Il n'est pas facile de réaliser des matériaux à la fois résistants et tenaces. L'énergie absorbée par une fissure lors de sa propagation, déterminant la ténacité, est due à la déformation localisée dans la zone plastique à sa pointe. L'équation (8.11) a montré qu'une augmentation de la limite élastique réduit la taille de cette zone et plus cette zone est petite, plus la ténacité est faible. La limite élastique et la ténacité des alliages d'aluminium de fonderie et des alliages corroyés sont représentées en figure 8.15 en fonction des mécanismes de durcissement utilisés. Tous ces alliages ont des limites élastiques supérieures à l'aluminium pur et des ténacités inférieures. La ténacité des alliages corroyés diminue légèrement avec l'augmentation de leur limite élastique. Cette diminution est beaucoup plus marquée pour les alliages de fonderie à cause de leur rupture intergranulaire.

La séparation au sein de la zone plastique, permettant l'avance de la fissure, résulte de la croissance des cavités germant aux inclusions (fig. 8.13). La ténacité est augmentée sans perte de résistance si les inclusions sont éliminées car la germination des cavités est retardée. Les aciers «propres», les superalliages et les alliages d'aluminium qui sont élaborés en filtrant le métal fondu avant la coulée ont des ténacités significativement plus élevées que ceux élaborés par des méthodes conventionnelles de fonderie.

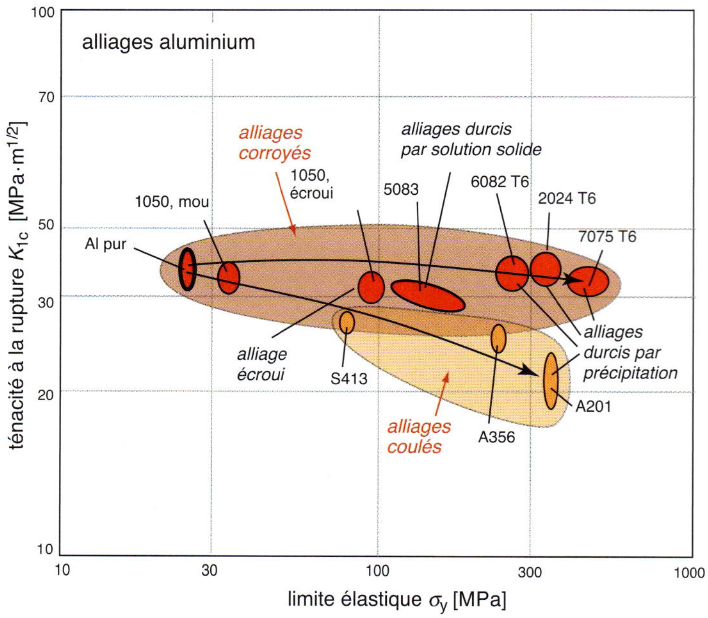

Figure 8.15 Résistance et ténacité des alliages d'aluminium.

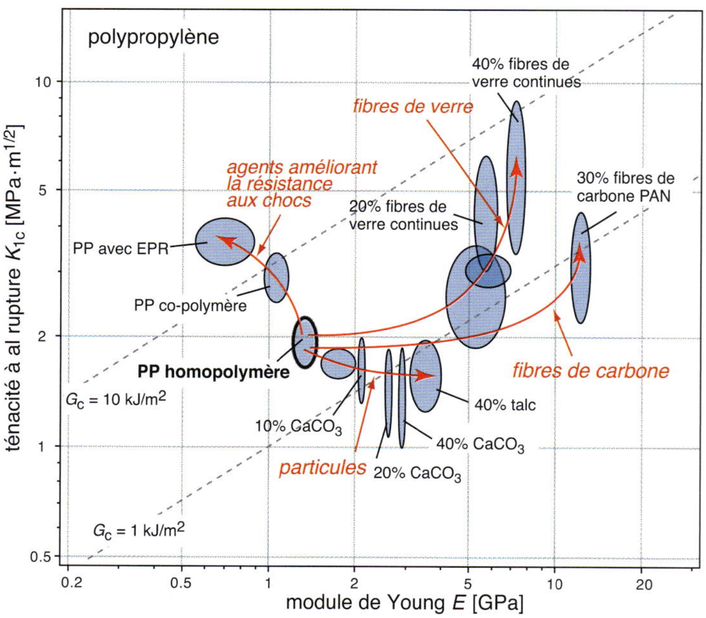

Figure 8.16 Ténacité à la rupture et module de Young du polypropylène. L'effet des charges, des agents améliorant la résistance aux chocs et des fibres est illustré.

Polymères et composites Les microstructures et les propriétés des polymères sont déterminées par leur taux de réticulation, leur poids moléculaire et leur degré de cristallinité. La limite élastique des différents polymères varie environ d'un facteur 5 alors que leur ténacité à la rupture varie d'un facteur 20 (fig. 8.8 et 8.9). Des variations plus importantes peuvent être obtenues par *mélange*, par addition de *charges* et par *renforcement* avec des fibres afin de former des composites. Les conséquences de ces ajouts sur le module E et la ténacité à la rupture K_{1c} du polypropylène (PP) sont illustrées en figure 8.16. Le mélange ou la copolymérisation avec des élastomères tels que le EPR ou le EDPM (agents améliorant la résistance aux chocs) réduisent le module, mais augmentent la ténacité à la rupture K_{1c} et la ténacité G_c. L'addition de charges comme la poudre de verre bon marché, le talc ou le carbonate de calcium fait plus que doubler le module, mais au détriment de la ténacité.

Le renforcement avec des fibres de verre ou de carbone permet d'augmenter plus efficacement le module et la ténacité à la rupture K_{1c}, ainsi que la ténacité G_c dans le cas du verre. Mais comment un polymère relativement fragile ($K_{1c} \approx 3$ MPa·m$^{1/2}$) mélangé avec des fibres encore plus fragiles (verre: $K_{1c} \approx 0.8$ MPa·m$^{1/2}$) peut donner un composite avec une valeur de K_{1c} aussi élevée que 10 MPa·m$^{1/2}$? La réponse est illustrée en figure 8.17. Les fibres étant fines, elles ne contiennent que de tout petits défauts et ont par conséquent des résistances élevées. Lorsqu'une fissure se propage dans la matrice, les fibres restent intactes et créent des ponts à travers la fissure. Une fissuration multiple est alors favorisée, chaque fissure contribuant à la dissipation totale d'énergie. Quand les fibres sont finalement rompues, les ruptures sont distribuées statistiquement et des segments de fibres restent pris dans la matrice. Le déchaussement des fibres qui accompagne l'ouverture de la fissure dissipe aussi de l'énergie par frottement. Les composites sont mis en œuvre en contrôlant l'adhésion entre les fibres et la matrice afin de maximiser l'augmentation de ténacité grâce à ces mécanismes.

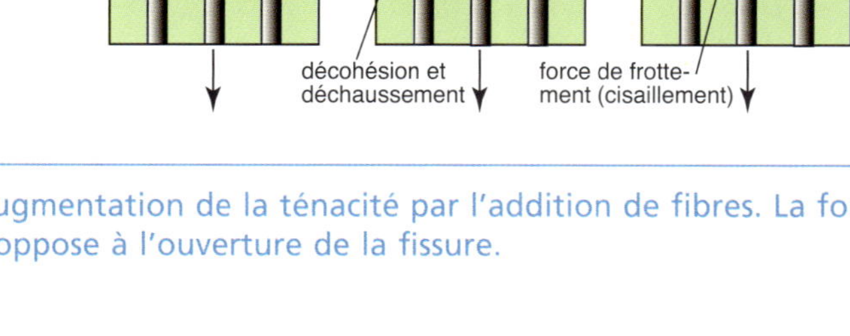

Figure 8.17 Augmentation de la ténacité par l'addition de fibres. La force de déchaussement s'oppose à l'ouverture de la fissure.

8.7 Résumé et conclusions

La ténacité est la résistance d'un matériau à la propagation d'une fissure. Les matériaux tenaces sont indulgents: ils tolèrent la présence de fissures, absorbent les chocs sans éclater et, si la contrainte est trop élevée, ils se déforment plastiquement avant de rompre. La prédominance de l'acier dans les structures provient de sa combinaison imbattable de faible coût et de rigidité, de limite élastique et de ténacité élevées.

La ténacité se mesure en sollicitant un échantillon préfissuré de géométrie standard et en relevant la force à laquelle la fissure commence à se propager. La ténacité à la rupture K_{1c} correspond alors à la valeur du facteur d'intensité de contrainte K_1 lorsque la fissure avance. Des valeurs de K_{1c} supérieures à environ 15 $MPa \cdot m^{1/2}$ sont souhaitables pour la conception basée sur la tolérance aux dommages (conception résistant à la présence de petites fissures). Les cartes en figures 8.8 et 8.9 montrent que la plupart des métaux et des composites renforcés par des fibres remplissent ce critère, au contraire des polymères et des céramiques. Nous verrons dans le chapitre 10 que certaines conceptions nécessitent des valeurs élevées non pas pour K_{1c}, mais pour la ténacité $G_c = K_{1c}^2/E$, qui est également représentée sur la carte en figure 8.8. Les performances des polymères sont bonnes dans ce cas et ils représentent donc des bons candidats pour les applications qui requièrent une ténacité élevée. Les céramiques en revanche ont aussi des performances médiocres selon ce critère, ce qui rend la conception avec ces matériaux difficile.

Une ténacité élevée signifie que l'avance de la fissure absorbe de l'énergie. L'énergie est absorbée dans la zone plastique formée en pointe de fissure. Plus cette zone est grande et plus la ténacité à la rupture est élevée. Quand le matériau à l'intérieur de la zone plastique est déformé, des cavités germent aux inclusions puis se relient pour faire avancer la fissure. Les inclusions sont moins nombreuses dans un matériau propre, ce qui contribue à augmenter sa ténacité. Plus la limite élastique est élevée et plus la zone plastique est petite, jusqu'à devenir infime dans les céramiques qui ont des limites élastiques très élevées. La contrainte approche alors la résistance idéale et la rupture du matériau est fragile.

Ce chapitre a présenté les connaissances nécessaires pour la conception, qui sera traitée dans le chapitre 10 après l'analyse de la rupture sous sollicitations cycliques.

8.8 Lectures complémentaires

Broek, D. (1981). *Elementary Engineering Fracture Mechanics* (3rd ed.). Boston, USA: Martinus Nijhoff. ISBN 90-247-2580-1. (*Une introduction aux aspects complexes de la mécanique de la rupture, classique et bien documentée.*)

Ewalds, H. L., & Wanhill, R. J. H. (1984). *Fracture Mechanics*. London, UK: Edward Arnold. ISBN 0-7131-3515-8. (*Une introduction à la mécanique de la rupture et aux méthodes d'essais pour les sollicitations statiques et cycliques.*)

Hertzberg, R. W. (1989). *Deformation and Fracture of Engineering Materials* (3rd ed.). New York, USA: Wiley. ISBN 0-471-63589-8. (*Un texte lisible et détaillé sur la déformation, la rupture et la fatigue.*)

Kinloch, A. J., & Young, R. J. (1983). *Fracture Behavior of Polymers*. London, UK: Elsevier Applied Science. ISBN 0-85334-186-9. (*Une introduction à la mécanique de la rupture appliquée aux systèmes polymères et au comportement à la rupture de différents polymères et composites.*)

Knott, J. F. (1973). *The Mechanics of Fracture*. London, UK: Butterworths. ISBN 0-408-70529-9. (*Un des premiers textes à présenter un développement systématique de la mécanique de la rupture; bien qu'il ait vieilli, il reste une bonne introduction.*)

Tada, H., Paris, G., & Irwin, G. R. (2000). *The Stress Analysis of Cracks Handbook* (3rd ed.). ISBN 1-86058-304-0. (*D'autres « Pages jaunes », l'équivalent du Roark pour l'analyse des contraintes dans un corps non fissuré, mais dans ce cas pour les facteurs d'intensité de contrainte pour une large gamme de géométries et de modes de sollicitation.*)

8.9 Exercices

Exercice E8.1 Que représente la ténacité? En quoi est-elle différente de la résistance?

Exercice E8.2 Pourquoi une zone plastique se forme-t-elle en pointe de fissure lorsqu'un corps fissuré est sollicité en traction?

Exercice E8.3 A quoi est due la transition ductile-fragile observée quand la longueur de fissure atteint c_{crit}?

Exercice E8.4 Un échantillon en traction de 10 mm de large contient une fissure interne d'une longueur de 0.3 mm. La fissure se propage soudainement lorsque la contrainte atteint 450 MPa. Quelle est la ténacité à la rupture K_{1c} du matériau dont est fait cet échantillon? Si le matériau a un module E de 200 GPa, quelle est sa ténacité G_c? (Supposer que $Y = 1$.)

Exercice E8.5 Utiliser la carte K_{1c}–E en figure 8.8 pour déterminer:

- Si le CFRP a une ténacité à la rupture K_{1c} supérieure aux alliages d'aluminium.
- Si le polypropylène (PP) a une ténacité G_c supérieure aux alliages d'aluminium.
- Si le polycarbonate (PC) a une ténacité à la rupture K_{1c} supérieure au verre.

Exercice E8.6 Localiser l'époxy, le verre sodocalcique et le GFRP (époxy renforcé par des fibres de verre) sur la carte de la figure 8.8. Estimer la ténacité G_c moyenne de chacun de ces matériaux. Expliquer pourquoi la ténacité du GFRP est à ce point plus élevée que celles de ses deux constituants.

Exercice E8.7 Comparer la ténacité à la rupture K_{1c} des composites GFRP et CFRP en utilisant la carte de la figure 8.8. Faire de même pour leur ténacité G_c.Quelles semblent être leurs meilleures applications selon ces valeurs?

Exercice E8.8 Utiliser la carte K_{1c}–σ_y en figure 8.9 pour trouver les tailles de fissure de transition:

- De l'acier inoxydable.
- Du polycarbonate (PC).
- Du nitrure de silicium (Si_3N_4).

8.10 Conception assistée avec le logiciel CES (sauf mention contraire, utiliser le niveau 2)

Exercice E8.9 Réaliser un histogramme de $\sigma_f = K_{1c}/\sqrt{\pi c}$ pour une fissure interne de longueur $2c$ = 1 mm. Utiliser la fonctionnalité « Advanced » pour former la fonction:

Ténacité à la rupture/((3.142 × 0.0005)^0.5).

Quels matériaux possèdent les valeurs maximales? Ajouter un axe avec la densité ρ. Utiliser cette nouvelle carte pour trouver les deux matériaux avec les valeurs maximales de σ_f/ρ.

Exercice E8.10 Supposer que l'on dispose d'une méthode de test non destructive avec une résolution spatiale de 1 mm, ce qui signifie que les fissures de cette taille ou supérieures peuvent être détectées. On doit examiner quels matériaux peuvent tolérer des fissures égales ou inférieures à cela sans rupture fragile. Réaliser un histogramme de $\sigma_f = K_{1c}/\sqrt{\pi c}$ pour une fissure interne de longueur $2c$ = 1 mm, comme dans l'exercice précédent. Ajouter ensuite la limite élastique σ_y sur l'axe x. Le matériau sera rompu en traction si $\sigma_f < \sigma_y$ mais il sera déformé plastiquement, bien que fissuré, si $\sigma_f > \sigma_y$. Tracer, soit sur une impression de la carte, soit dans CES (en utilisant l'outil «line selection»), une droite de pente 1 pour laquelle $\sigma_f = \sigma_y$. Tous les matériaux au-dessus de la droite seront déformés plastiquement alors que ceux au-dessous seront rompus. Les alliages d'aluminium durcis par vieillissement sont-ils au-dessus de cette droite? Et le CFRP?

Exercice E8.11 Trouver des données pour les différents PVC dans le niveau 3 et réaliser un graphique similaire à celui de la figure 8.16 afin de faire apparaître l'influence des charges, des mélanges et des fibres sur le module et la ténacité.

8.11 Explorer la science avec CES Elements

Exercice E8.12 Etudier les origines de l'énergie de surface γ (J/m^2). La ténacité G_c ne peut pas être inférieure à 2γ car deux nouvelles surfaces sont créées lors de la rupture d'un matériau. Qu'est-ce qui détermine γ? La manière dont les liaisons sont rompues et les atomes séparés lorsqu'une nouvelle surface est créée a été expliquée dans le texte. Il a été montré dans la section 8.4 que

$$\gamma \approx \frac{1}{3} H_c \cdot r_o$$

où H_c est l'énergie de cohésion en J/m^3 et r_o est le rayon atomique en m. Pour convertir H_c de kJ/mol (comme elle est indiquée dans la base de données) en J/m^3, la multiplier par 10^6/volume molaire et pour convertir r_o de nm en m, le multiplier par 10^{-9}. Utiliser pour cela la fonctionnalité « Advanced » de la boîte de dialogue du choix des axes.
Réaliser une carte avec les valeurs de γ ainsi calculées sur l'axe x et les valeurs mesurées « Energie de surface, solide » sur l'axe y. Observer que ces valeurs concordent bien.

Exercice E8.13 La rupture d'une liaison interatomique en traction survient à une déformation d'environ 0.1. Si la distance interatomique vaut a_o, la rupture nécessite donc un allongement $\delta = 0.1a_o$. Deux nouvelles surfaces de a_o^2 chacune sont alors formées. Si la rigidité de la liaison vaut S, le travail par unité de surface réalisé pour étirer la liaison jusqu'au point de rupture, et donc créer les nouvelles surfaces, vaut (en utilisant l'équation (4.17) pour S)

$$2\gamma \approx \frac{1}{a_o^2}\left(\frac{1}{2}S\delta\right) = \frac{Ea_o}{20} = \frac{1}{10}Er_o$$

avec r_o le rayon atomique. Utiliser la base de données de CES Elements pour analyser si les énergies de surfaces réelles peuvent être expliquées de cette manière. (Faire attention aux unités.)

Exercice E8.14 Les énergies de surfaces γ valent typiquement environ 1.5 J/m^2. La valeur minimale de G_c devrait être d'environ 2γ ou 3 J/m^2. Dans le niveau 3 de la base de données, trouver le matériau avec la valeur minimale de G_c, que l'on peut calculer comme K_{1c}^2/E. Est-elle comparable à 2γ? Limiter la sélection aux métaux et alliages, aux polymères, aux céramiques techniques et aux verres en utilisant la fonction « Tree » (les matériaux comme les mousses ont des valeurs de G_c artificiellement faibles car ils sont constitués principalement d'air).

Chapitre 9
Sollicitations cycliques, endommagement et rupture

Un boulon rompu par fatigue. La fissure a été initiée dans un creux du filetage, qui agit comme une entaille et concentre la contrainte. (Avec la permission de Bolt Science : www.boltscience.com)

Contenu du chapitre

9.1 Introduction et présentation du chapitre

L'ingénierie allemande n'a pas toujours été telle que nous la connaissons aujourd'hui. En Allemagne comme ailleurs, le développement rapide du système ferroviaire au milieu du 19e siècle fut entaché par des accidents souvent catastrophiques causés par la rupture des essieux des wagons. L'ingénieur August Wöhler[1] fut appelé pour faire face à ce problème. Ses tests systématiques furent les premiers à établir les caractéristiques de ce que nous appelons désormais la *fatigue*.

De par leur caractère fatigant, les répétitions sont à l'origine de beaucoup d'erreurs humaines et d'accidents. Les matériaux eux aussi sont sujets à la fatigue lorsqu'ils sont sollicités de manière répétitive. Ce chapitre concerne les sollicitations cycliques, notamment l'énergie dissipée par les matériaux ainsi que leur endommagement et leur éventuelle rupture. Une certaine dissipation d'énergie, ou *amortissement*, a lieu même si l'amplitude des cycles est très faible. Si les amplitudes sont importantes, les dommages s'accumulent lentement, cycle après cycle, jusqu'à atteindre un niveau critique où une fissure est formée. Les cycles ultérieurs provoquent alors l'avance de la fissure, jusqu'à la rupture soudaine du composant. La rupture par fatigue est insidieuse car elle ne montre que très peu de signes annonciateurs avant de survenir subitement. Lorsque le clip d'un stylo se casse ou qu'une chaise de bureau s'effondre, la fatigue en est probablement la cause (cf. image en début de chapitre).

Nous commençons par considérer les sollicitations cycliques de très faibles amplitudes ainsi que la perte d'énergie, ou l'amortissement, qui leur est associée. L'accumulation des dommages et la fissuration survenant au cours des sollicitations en fatigue à proprement parler sont traitées par la suite.

9.2 Vibrations et résonance : coefficient d'amortissement

Les cloches sont traditionnellement faites en bronze, mais elles sont aussi parfois en verre et pourraient être faites en carbure de silicium si ce matériau était plus abordable. Les métaux, les verres et les céramiques ont un amortissement, ou une « friction interne », faible. Cette propriété est importante pour les structures vibrantes. A l'opposé, le cuir, le bois (en particulier lorsqu'il est vert ou humide) et la plupart des mousses, des élastomères et des polymères ont des amortissements élevés, utiles pour supprimer les vibrations.

Il s'agit là d'une réponse élastique. Jusqu'à présent, nous avons considéré la partie élastique de la courbe contrainte–déformation comme étant linéaire et entièrement réversible, de sorte que l'énergie emmagasinée pendant la charge est entièrement restituée lors de la décharge. Mais aucun matériau n'est à ce point parfait et une certaine quantité d'énergie est toujours perdue lors d'un cycle charge-décharge. Cette perte peut passer inaperçue si la sollicitation est unique, mais ne devient que trop évidente en vibration, par exemple à des fréquences acoustiques.

---

[1] August Wöhler (1819-1914), ingénieur allemand, directeur des chemins de fer impériaux prussiens de 1854 à 1889. Ses études systématiques de la fatigue des métaux furent les premières à donner un aperçu des méthodes de conception permettant de l'éviter.

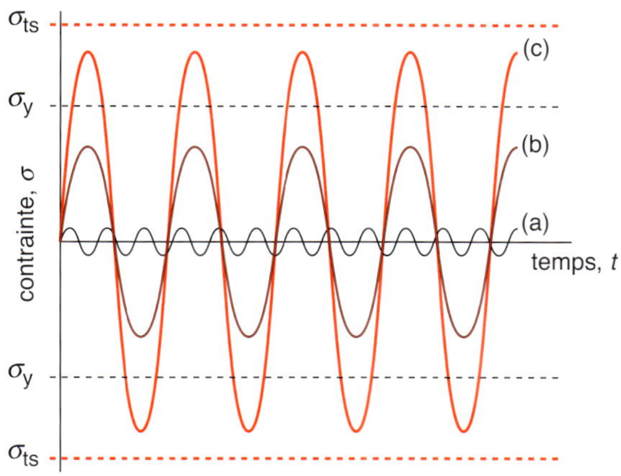

Figure 9.1 Sollicitation cyclique. (a) Vibration acoustique de très faible amplitude. (b) Fatigue à grand nombre de cycles avec une contrainte inférieure à la limite élastique σ_y. (c) Fatigue à faible nombre de cycles, ou oligocyclique, avec une contrainte supérieure à σ_y (mais inférieure à la résistance en traction σ_{ts}).

Le *coefficient de perte mécanique* ou *coefficient d'amortissement* η (grandeur adimensionelle) indique dans quelle mesure un matériau dissipe de l'énergie en vibrant. Lorsqu'un matériau élastique est sollicité, une certaine énergie est emmagasinée (chap. 5) puis restituée lors de la décharge; c'est le principe des ressorts. Les matériaux peuvent cependant tricher et restituer une quantité d'énergie légèrement moindre. Le *coefficient d'amortissement* η représente la fraction d'énergie élastique qui n'est pas restituée lors de la décharge. Les matériaux avec des faibles valeurs de η sont recherchés pour réaliser des cloches, alors que les matériaux avec des valeurs élevées de η servent à amortir les vibrations.

9.3 Fatigue

Le problème de la fatigue Les vibrations de faible amplitude n'endommagent pas les matériaux de manière permanente. En augmentant l'amplitude, le matériau commence toutefois à endurer une fatigue. La fatigue est utile pour ouvrir une boîte de conserve ou casser une carte de crédit périmée. La contrainte cyclique durcit le matériau et l'endommage par accumulation de dislocations, à partir desquelles une fissure est initiée puis se propage jusqu'à atteindre la taille critique pour la rupture. Tout composant qui est sollicité de manière répétitive (une plate-forme pétrolière sollicitée par les vagues ou un réservoir sous pression soumis à des cycles de pression), ou en rotation sous une charge mécanique (un essieu), ou en mouvement alternatif sous une charge mécanique (une bielle de voiture), ou encore en vibration (un rotor d'hélicoptère), risque de se rompre par fatigue.

La figure 9.2 montre schématiquement la variation de la contrainte sur la partie inférieure d'une aile d'avion pendant un vol, en introduisant certains aspects pratiques importants de la fatigue. Premièrement, l'amplitude de contrainte varie alors que l'avion décolle, vole à

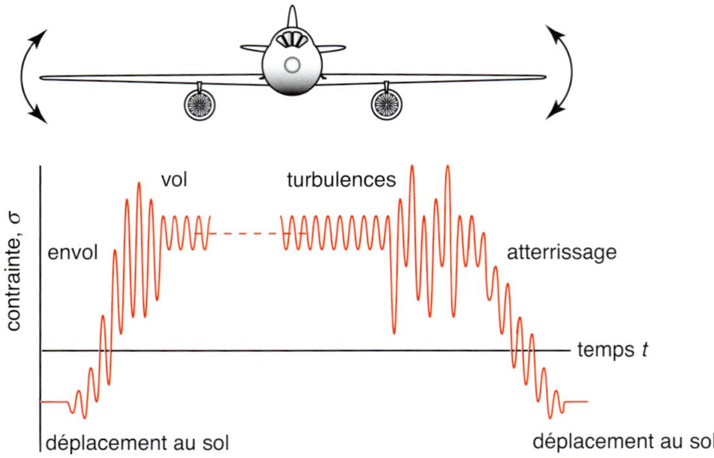

Figure 9.2 Représentation schématique des cycles de contrainte sur la partie inférieure d'une aile d'avion pendant un vol.

son altitude de croisière, traverse des turbulences et finalement atterrit. Deuxièmement, lorsque l'avion est au sol, le poids des moteurs et des ailes plient ces dernières vers le bas, la partie inférieure se retrouvant en compression. En vol, la poussée aérodynamique plie au contraire les ailes vers le haut, leur partie inférieure étant alors en traction. L'amplitude des cycles de contrainte et les valeurs moyennes changent au cours du vol. La rupture par fatigue dépend de ces deux paramètres et bien sûr du nombre total de cycles. Les ailes d'avion vibrent avec une fréquence de quelques hertz. Un vol transatlantique correspond à plusieurs dizaines de milliers de cycles et des millions de cycles ont lieu sur toute la durée de vie d'un avion. Des dizaines de millions de cycles doivent donc être appliqués pendant les essais de fatigue afin d'obtenir des données qui se révèlent significatives.

La boîte de conserve et la carte de crédit sont deux exemples de *fatigue oligocyclique*, ce qui signifie que le composant ne survit qu'à un petit nombre de cycles. Ce comportement est typique des sollicitations à des contraintes supérieures à la limite élastique σ_y (fig. 9.1(c)). La *fatigue à grand nombre de cycles* concerne plus particulièrement le domaine de l'ingénierie. Dans ce cas, les contraintes restent généralement élastiques et peuvent être bien inférieures à σ_y (cycle (b) de la fig. 9.1). Des fissures se développent néanmoins et finissent aussi par causer la rupture, mais après beaucoup plus de cycles, comme pour les essieux des chemins de fer de Wöhler.

Dans les deux cas, les composants considérés ne sont initialement pas endommagés et ne contiennent donc aucune fissure. La durée de vie en fatigue est alors principalement consacrée à initier la fissure, sa propagation jusqu'à la rupture ne survenant qu'en fin de vie. La fatigue est dans ce cas dite *contrôlée par l'initiation*. Certaines structures en revanche contiennent initialement des fissures, ou sont si critiques en terme de sécurité (comme dans l'aviation) qu'elles sont supposées contenir des petites fissures. Il n'y a donc pas d'étape d'initiation, la fissure étant déjà présente, et la durée de vie en fatigue est *contrôlée par la propagation*, c'est-à-dire qu'elle dépend de la vitesse d'avance de la fissure. Comme nous le verrons plus tard, une approche différente est alors utilisée pour la conception.

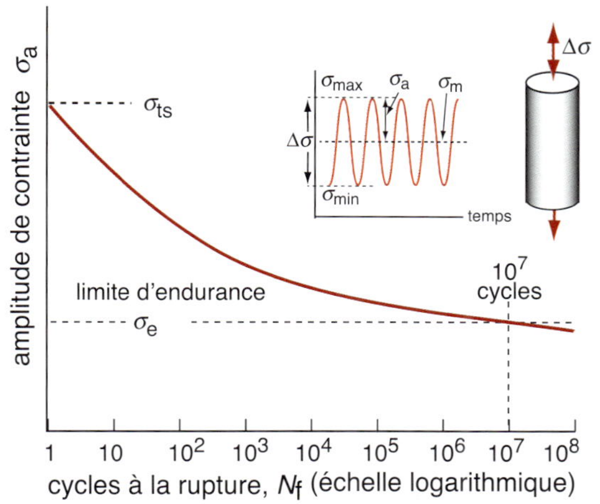

Figure 9.3 La limite d'endurance σ_e est définie comme la résistance à 10^7 cycles de fatigue.

Fatigue à grand nombre de cycles et courbe de Wöhler La figure 9.3 montre comment les caractéristiques de fatigue sont mesurées et représentées. Un échantillon est soumis à une contrainte cyclique d'amplitude $\Delta\sigma/2$ autour d'une valeur moyenne σ_m et le nombre de cycles causant la rupture est enregistré. Les données sont représentées sous forme de courbes $\Delta\sigma - N_f$ (courbes de Wöhler ou courbes S–N), où $\Delta\sigma$ et N_f sont respectivement l'amplitude crête à crête de la contrainte et le nombre de cycles à la rupture. Pour la majorité des tests, la contrainte varie de manière sinusoïdale avec une amplitude σ_a égale à

$$\sigma_a = \frac{\Delta\sigma}{2} = \frac{\sigma_{max} - \sigma_{min}}{2} \tag{9.1}$$

et une contrainte moyenne σ_m

$$\sigma_m = \frac{\sigma_{max} + \sigma_{min}}{2} \tag{9.2}$$

Ces deux grandeurs sont définies sur la figure. Les données de fatigue sont généralement reportées pour une valeur donnée du rapport R :

$$R = \frac{\sigma_{min}}{\sigma_{max}} \tag{9.3}$$

Un rapport R de –1 correspond à une contrainte moyenne nulle et une valeur de 0 signifie que la contrainte varie entre 0 et σ_{max}. De nombreux matériaux possèdent une *limite d'endurance* σ_e (en MPa). Cette propriété est définie comme l'amplitude de contrainte σ_a autour d'une contrainte moyenne nulle, en dessous de laquelle la rupture n'a pas lieu, ou alors n'a lieu qu'après un très grand nombre de cycles ($N_f > 10^7$). La conception visant à éviter la fatigue à grand nombre de cycles est donc très proche de la conception limitée par la résistance, avec des contraintes maximales qui sont limitées par la limite d'endurance σ_e au lieu de la limite élastique σ_y.

Les expériences montrent que la durée de vie en fatigue à grand nombre de cycles est approximativement reliée à l'intervalle de contrainte par la loi de Basquin :

$$\Delta\sigma N_f^b = C_1 \tag{9.4}$$

où b et C_1 sont des constantes. La valeur de b est faible, typiquement 0.07-0.13. L'intervalle de déformation $\Delta\varepsilon$ s'obtient en divisant $\Delta\sigma$ par le module E (l'échantillon reste dans le domaine élastique) :

$$\Delta\varepsilon = \frac{\Delta\sigma}{E} = \frac{C_1/E}{N_f^b} \tag{9.5}$$

ou, en prenant les logarithmes :

$$\log(\Delta\varepsilon) = -b\log(N_f) + \log(C_1/E)$$

Cette dernière relation est tracée sur la partie droite de la figure 9.4, pour la fatigue à grand nombre de cycles, avec une pente égale à $-b$.

Fatigue à petit nombre de cycles ou oligocyclique Au cours de la fatigue oligocyclique, la contrainte maximale dépasse la limite élastique. Tout l'échantillon entre donc dans le domaine plastique, du moins initialement (avant que l'écrouissage n'augmente la limite élastique). La loi de Basquin n'est alors d'aucune aide, et une autre relation empirique est requise, à savoir celle de Coffin :

$$\Delta\varepsilon^{pL} = \frac{C_2}{N_f^c} \tag{9.6}$$

Exemple 9.1

La durée de vie en fatigue d'un composant suit la loi de Basquin, équation (9.4), avec $b = 0.1$. Si le composant est sollicité de manière cyclique avec une contrainte sinusoïdale de 100 MPa d'amplitude (*intervalle* de contrainte de 200 MPa) autour d'une valeur moyenne nulle, sa durée de vie en fatigue est de 200 000 cycles. Quelle est sa durée de vie si l'amplitude de contrainte est de 120 MPa (*intervalle* de contrainte= 240 MPa) ?

Solution. Par l'équation (9.4), $C_1 = \Delta\sigma_1 N_1^b = \Delta\sigma_2 N_2^b$, et par conséquent

$$N_2 = N_1\left(\frac{\Delta\sigma_1}{\Delta\sigma_2}\right)^{1/b} = 200000\left(\frac{200}{240}\right)^{10} = 32000 \text{ cycles}$$

La durée de vie en fatigue est réduite de 84% en augmentant l'amplitude de contrainte de 20%. La fatigue est donc très sensible au niveau de contrainte.

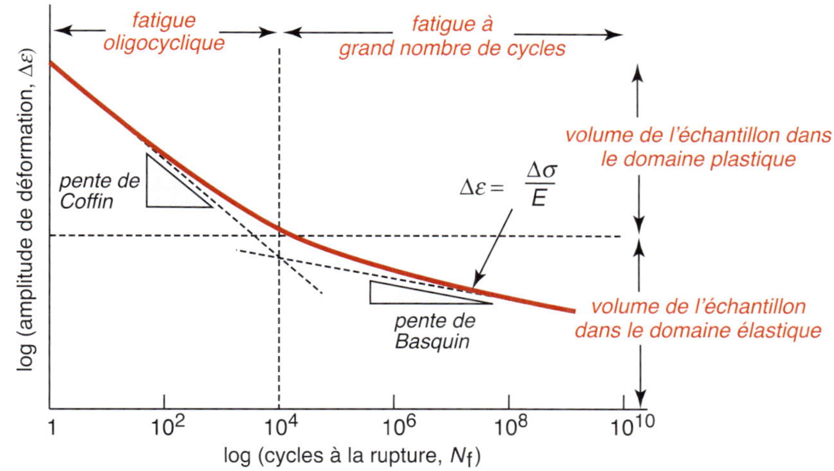

Figure 9.4 Les régimes de fatigue à petit et grand nombre de cycles et leur description empirique.

où $\Delta\varepsilon^{pL}$ représente l'intervalle de déformation plastique, soit la déformation totale moins la composante élastique, généralement faible. Nous pouvons ici négliger cette distinction et représenter cette dernière relation sur la partie gauche de la figure 9.4. L'exposant de la loi de Coffin est supérieur à celui de la loi de Basquin et vaut typiquement 0.5.

Fatigue à grand nombre de cycles: contrainte moyenne et amplitude variables Les lois exposées précédemment décrivent de manière satisaisante la rupture par fatigue de composants dépourvus de fissures et soumis à des cycles de contraintes avec une amplitude constante et une valeur moyenne nulle. Mais comme nous l'avons vu, les sollicitations sont en réalité souvent beaucoup plus compliquées (fig. 9.2). D'autres lois empiriques, celles de Goodman et Miner, permettent de tenir compte d'une contrainte moyenne non nulle ou d'une variation de l'intervalle de contrainte. La règle de Goodman relie les intervalles de contrainte $\Delta\sigma_{\sigma_m}$ et $\Delta\sigma_{\sigma_0}$ pour la rupture avec une contrainte moyenne σ_m et une contrainte moyenne nulle:

$$\Delta\sigma_{\sigma_m} = \Delta\sigma_{\sigma_0}\left(1 - \frac{\sigma_m}{\sigma_{ts}}\right) \tag{9.7}$$

où σ_{ts} est la résistance en traction du matériau. Une augmentation de σ_m a comme conséquence qu'un plus faible intervalle de contrainte $\Delta\sigma_{\sigma_m}$ cause le même endommagement qu'un plus grand intervalle $\Delta\sigma_{\sigma_0}$ appliqué autour d'une valeur moyenne nulle (fig. 9.5(a)). L'intervalle de contrainte corrigé peut ensuite être inséré dans la loi de Basquin.

Le problème d'une amplitude de contrainte variable peut être traité de manière approximative grâce à la règle de Miner pour *les dommages cumulés*. La figure 9.5(b) montre un historique de sollicitation idéalisé avec trois amplitudes de contrainte différentes (toujours avec une valeur moyenne nulle). La loi de Basquin permet de déterminer le nombre de cycles à la rupture si chaque amplitude était maintenue durant toute la durée de vie du composant.

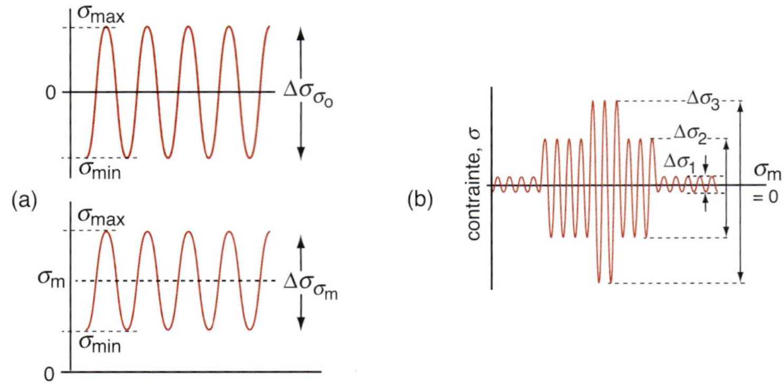

Figure 9.5 (a) La limite d'endurance est définie pour une contrainte moyenne nulle. La loi de Goodman permet de déterminer l'intervalle de contrainte équivalent pour une contrainte moyenne σ_m. (b) Quand l'amplitude de la contrainte cyclique change, la durée de vie est calculée grâce à la règle de Miner pour les dommages cumulés.

Si N_1 cycles sont réalisés avec une amplitude de contrainte $\Delta\sigma_1$, une fraction N_1/N_{f1} de la durée de vie est donc consommée, où N_{f1} est le nombre de cycles à la rupture pour l'amplitude de contrainte considérée. La règle de Miner suppose que les dommages se cumulent ainsi à chaque niveau de contrainte. La rupture va donc survenir lorsque la somme des fractions atteint 1, c'est-à-dire quand

$$\sum_{i=1}^{n} \frac{N_i}{N_{f,i}} = 1 \tag{9.8}$$

Exemple 9.2

Le composant de l'exemple 9.1 est fait d'un matériau avec une résistance en traction σ_{ts} = 200 MPa. Quelle est sa durée de vie en fatigue pour une contrainte moyenne de 50 MPa (au lieu de zéro) et une amplitude de contrainte de 100 MPa ?

Solution. En utilisant la règle de Goodman, équation (9.7), l'intervalle de contrainte équivalente pour une contrainte moyenne nulle vaut :

$$\Delta\sigma_{\sigma 0} = \frac{\Delta\sigma_{\sigma_m}}{\left(1 - \dfrac{\sigma_m}{\sigma_{ts}}\right)} = \frac{200}{\left(1 - \dfrac{50}{200}\right)} = 266 \text{ MPa}$$

Ainsi, en suivant le même raisonnement que dans l'exemple 9.1, la nouvelle durée de vie en fatigue est déterminée par la loi de Basquin :

$$N_2 = N_1 \left(\frac{\Delta\sigma_1}{\Delta\sigma_2}\right)^{1/b} = 200\,000 \left(\frac{200}{266}\right)^{100} = 11\,300 \text{ cycles}$$

Exemple 9.3

Le composant des exemples 9.1 et 9.2 est sollicité pendant N_1 = 5000 cycles avec une contrainte moyenne de 50 MPa et une amplitude de contrainte de 100 MPa (comme dans l'exemple 9.2). Il est ensuite soumis à N_2 cycles avec une contrainte moyenne nulle et la même amplitude de contrainte (comme dans l'exemple 9.1) jusqu'à ce qu'il rompe. Utiliser la règle de Miner, équation (9.8), pour déterminer N_2.

Solution. De l'équation (9.8), on a

$$\frac{5000}{11300} + \frac{N_2}{200000} = 1$$

Donc $N_2 = 200000\left(1 - \frac{5000}{11300}\right) = 112000$. Environ la moitié de la durée de vie en fatigue est consommée à chaque niveau de contrainte.

La loi de Goodman et la règle de Miner sont utiles au cours de la conception préliminaire, mais sont approximatives. Pour les applications où la sécurité est critique, il est donc essentiel de réaliser des tests qui reproduisent les conditions d'utilisation. C'est pour cette raison que l'industrie automobile teste ses nouveaux modèles sur des « circuits de durabilité » cahoteux jusqu'à la rupture (un test des performances en fatigue). La discussion s'est concentrée jusqu'à présent sur la rupture en fatigue des composants non fissurés, la fatigue étant alors contrôlée par l'initiation des fissures. Intéressons-nous désormais aux échantillons fissurés.

Sollicitations en fatigue de composants fissurés Lorsque de grandes structures sont fabriquées, comme des ponts, des bateaux, des plates-formes pétrolières, des réservoirs sous pression ou des turbines à vapeur, les fissures et les autres défauts sont inévitables. Lors d'une coulée, des fissures apparaissent à cause des différences de retrait de solidification et à cause des inclusions d'oxydes ou d'autres particules piégées pendant le procédé. Le soudage peut introduire des fissures et des contraintes internes à cause d'un chauffage localement important. Les fissures peuvent éventuellement être réparées si elles sont assez grandes pour être détectées, mais encore faut-il les détecter. Les méthodes de contrôle non destructif (CND) utilisées pour détecter les fissures ont toutes une limite de résolution. Elles ne permettent donc pas d'affirmer qu'aucune fissure n'est présente, mais seulement qu'aucune n'a une taille supérieure à la limite de résolution c_{lim}. Il est donc nécessaire de supposer l'existence d'une fissure initiale et de concevoir la structure de manière à ce qu'elle supporte un nombre donné de sollicitations. Voyons comment caractériser la propagation d'une fissure de fatigue.

L'avance d'une fissure de fatigue est étudiée en sollicitant de manière cyclique des échantillons contenant une fissure pointue de longueur c (fig. 9.6). En utilisant l'équation (8.3), l'intervalle d'intensité de contrainte cyclique ΔK est défini comme

$$\Delta K = K_{max} - K_{min} = Y\Delta\sigma\sqrt{\pi c} \qquad (9.9)$$

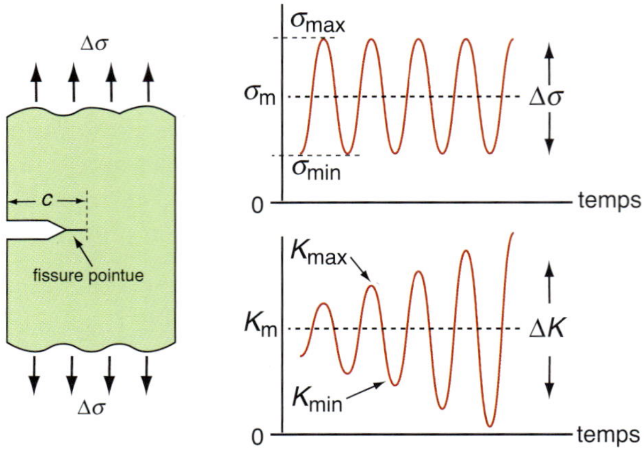

Figure 9.6 Sollicitation cyclique d'un composant fissuré. Pour une amplitude de contrainte constante $\Delta\sigma$, l'amplitude de l'intensité de contrainte $\Delta K = \Delta\sigma\sqrt{\pi c}$ augmente avec la propagation de la fissure.

L'intervalle ΔK augmente avec le temps sous une contrainte cyclique constante car la longueur de la fissure augmente. Comme illustré en figure 9.7, l'avance lors de chaque cycle, dc/dN, augmente avec ΔK. La vitesse de propagation est nulle au-dessous d'une intensité de contrainte cyclique seuil ΔK_{th} servant à s'assurer que la fissure ne se propage pas. Au-dessus de cette valeur, la propagation suit un régime stationnaire décrit par la loi de Paris:

$$\frac{dc}{dN} = A\Delta K^m \qquad (9.10)$$

où A et m sont des constantes. Pour les valeurs élevées de ΔK, la vitesse de propagation augmente alors que la valeur de K_{max} appliquée approche de la ténacité à la rupture K_{1c}. Lorsqu'elle vaut K_{1c}, la rupture a lieu après un seul cycle.

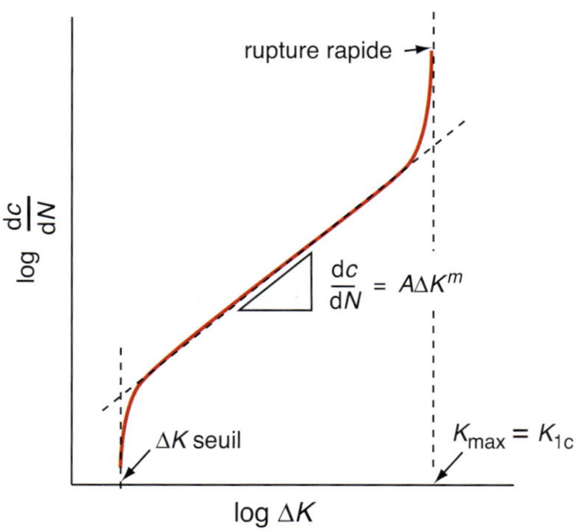

Figure 9.7 Propagation d'une fissure lors d'une sollicitation cyclique.

Exemple 9.4

La règle en polystyrène de l'exemple 8.1 est disposée en levier encastré et soumise à une force cyclique variant entre 0 et 10 N. (a) Pour quelle taille de fissure transverse la rupture soudaine survient-elle lorsque la force à l'extrémité est de 10 N ? (b) Si la règle a initialement une griffure avec une profondeur $c_i = 0.1$ mm, combien de cycles peut-elle supporter avant de rompre ? Les constantes de la loi de Paris (éq. (9.10)) valent $m = 4$ et $A = 5 \times 10^{-6}$ si $\Delta\sigma$ est exprimé en MPa. (Supposer que la griffure peut être considérée comme superficielle, de sorte que la contrainte en pointe de fissure est égale à la contrainte dans la fibre extrême de la règle.)

Solution. (a) La contrainte dans la fibre extrême est donnée par l'équation (7.1)

$$\sigma = \frac{Mt/2}{I}, \text{ avec } M = FL \quad \text{et} \quad I = \frac{wt^3}{12}$$

Donc

$$\sigma = \frac{6FL}{wt^2} = \frac{6 \times 10 \times 0.25}{0.025 \times 0.0046^2} = 28.4 \text{ MPa}$$

Selon l'équation (8.4), la longueur critique de fissure pour une rupture soudaine vaut

$$c^* = \frac{K_{1c}^2}{\pi Y^2 \sigma^2} = \frac{(10^6)^2}{\pi 1.1^2 (28.4 \times 10^6)^2} = 0.33 \text{ mm}$$

(b) Selon l'équation (9.9), l'intervalle de facteur d'intensité de contrainte est $\Delta K = Y \Delta\sigma \sqrt{\pi c}$, où $\Delta\sigma = \sigma_{max} - \sigma_{min}$. Dans ce cas, $\Delta\sigma = \sigma_{max}$ car $\sigma_{min} = 0$. La fissure de longueur initiale c_i croît de manière stationnaire en suivant la loi de Paris (éq. (9.10)), $dc/dN = A\Delta K^m$, jusqu'à ce qu'elle atteigne la longueur critique c^*, quand la règle est rompue.

En combinant les équations (9.9) et (9.10), nous obtenons :

$$\frac{dc}{dN} = A\left(Y\sigma_{max}\sqrt{\pi c}\right)^m$$

d'où

$$\int_0^{N_f} dN = \frac{1}{AY^m \sigma_{max}^m \pi^{m/2}} \int_{c_i}^{c^*} \frac{dc}{c^{m/2}}$$

où N_f est le nombre de cycles à la rupture. L'intégration de ce dernier résultat donne :

$$N_f = \frac{1}{AY^m \sigma_{max}^m \pi^{m/2} (1 - m/2)} \left[(c^*)^{1-m/2} - (c_i)^{1-m/2} \right]$$
$$= \frac{1}{5 \times 10^{-6} \times 1.1^4 \times 28.4^4 \pi^2 (-1)} \left[\frac{1}{0.00033} - \frac{1}{0.0001} \right] = 148$$

Pour s'assurer d'éviter la rupture par fatigue de composants potentiellement fissurés, il faut calculer le nombre de cycles de charge qui peuvent être appliqués sans que la fissure n'atteigne une longueur dangereuse. Nous y reviendrons dans le chapitre 10.

9.4 Cartes pour la limite d'endurance

La propriété la plus importante pour caractériser la résistance à la fatigue est la limite d'endurance σ_e, définie comme la résistance à 10^7 cycles sous une contrainte moyenne nulle (un rapport R de -1). Connaissant cette valeur et ayant de plus la possibilité de la corriger pour une contrainte moyenne non nulle et d'additionner les contributions de plusieurs amplitudes de contraintes différentes (équations (9.7) et (9.8)), la conception peut tenir compte de la fatigue à grand nombre de cycles.

La limite d'endurance est sans surprise reliée à la résistance, la corrélation avec la résistance en traction σ_{ts} étant la plus forte. Sur la carte en figure 9.8, les données pour les métaux et les polymères sont regroupées autour de la droite

$$\sigma_e \approx 0.33\sigma_{ts}$$

Alors que les céramiques et les verres suivent la relation

$$\sigma_e \approx 0.9\sigma_{ts}$$

Les raisons de ces comportements sont examinées dans la prochaine section.

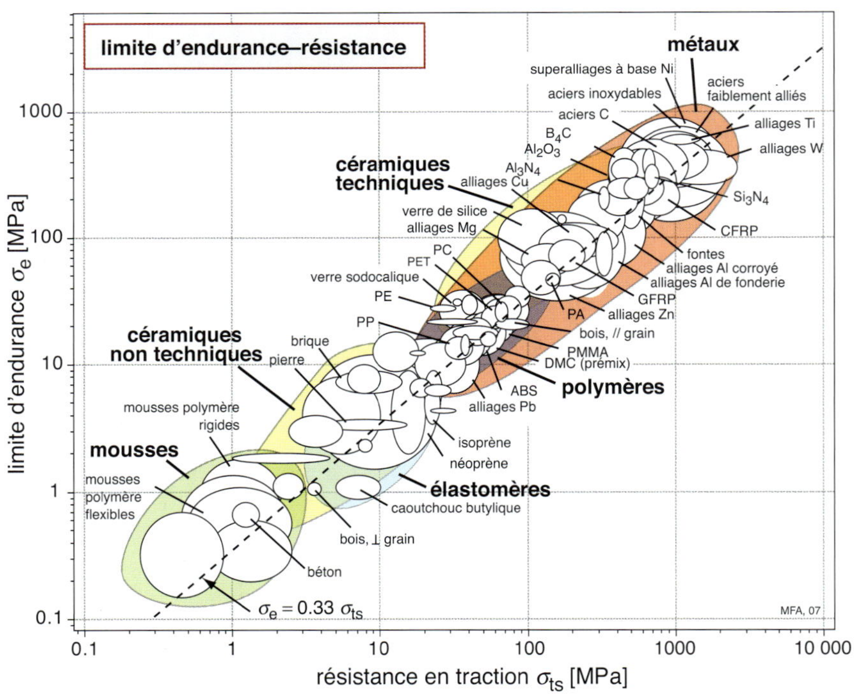

Figure 9.8 Limite d'endurance en fonction de la résistance en traction. La rupture en fatigue de presque tous les matériaux survient à des contraintes bien inférieures à leur résistance en traction.

9.5 Origines de l'amortissement et de la fatigue

Coefficient d'amortissement L'amortissement d'un matériau s'explique par plusieurs mécanismes différents. Certains sont associés à un processus avec une constante de temps spécifique et la perte énergétique est dans ce cas centrée autour d'une fréquence caractéristique. D'autres mécanismes sont indépendants de la fréquence et l'absorption d'énergie a alors lieu pour toutes les fréquences. Dans les métaux, une part importante de la perte est due au mouvement des dislocations, notamment dans les métaux mous comme le plomb et l'aluminium pur. Les métaux fortement alliés comme le bronze et les aciers à forte teneur en carbone ont des faibles pertes car le mouvement des dislocations est entravé par les atomes de soluté. Ces matériaux sont utilisés pour fabriquer des cloches. Des pertes exceptionnellement élevées sont rencontrées dans certaines fontes, dans les alliages manganèse-cuivre et dans le magnésium. Ces matériaux servent donc à amortir les vibrations, par exemple dans les machines outils et les appareils d'essais. Les céramiques de l'ingénierie ont des amortissements faibles car les dislocations sont bloquées par la résistance élevée de leur réseau (ce qui explique leur dureté). En revanche, les céramiques poreuses contiennent des fissures et, lorsqu'elles sont sollicitées mécaniquement, de l'énergie est dissipée par le frottement des surfaces des fissures. Dans les polymères, l'énergie est dissipée par le mouvement relatif des segments de chaînes, la facilité avec laquelle ils glissent dépendant du rapport entre la température T et la température de transition vitreuse T_g du polymère. Si $T/T_g < 1$, les liaisons secondaires sont « gelées », le module est élevé et l'amortissement est relativement faible. Si $T/T_g > 1$, les liaisons secondaires sont rompues et le glissement des chaînes est facilité. Le module est alors faible et l'amortissement est élevé.

Endommagement et fissuration dus à la fatigue Un échantillon parfaitement lisse de section uniforme et dépourvu d'inclusions, de trous ou de fissures serait immunisé contre la fatigue si ni σ_{max}, ni σ_{min} ne dépasse sa limite élastique. Ce niveau de perfection ne peut toutefois être atteint et les défauts, aussi petits soient-ils, peuvent être fatals. Comme décrit dans le chapitre 7 (fig. 7.7), les trous des rivets, les changements abrupts de section, les filetages, les entailles et même les rugosités de surface concentrent les contraintes. Même si les contraintes sont globalement inférieures à la limite élastique, la contrainte localement plus élevée peut induire une déformation plastique. Bien que le mouvement des dislocations soit limité dans un petit volume proche du site de concentration de contrainte, cela suffit à causer des dommages qui mènent finalement à la formation d'une petite fissure.

Dans la fatigue à grand nombre de cycles, lorsqu'une fissure est formée, elle se propage de la manière illustrée en figure 9.9(a). Lors de la partie en traction d'un cycle, une petite zone plastique se forme en pointe de fissure, la fissure s'ouvre et une nouvelle surface est ainsi créée. Lors de la compression, la fissure se referme et la surface nouvellement formée se replie en faisant avancer la fissure. La répétition des cycles fait avancer petit à petit la fissure, en laissant à chaque cycle une faible marque en surface. Ces striations sont caractéristiques de la rupture par fatigue et servent à mettre en évidence l'endroit où la fissure s'est formée ainsi que sa vitesse de propagation.

Pour la fatigue oligocyclique, les contraintes sont plus élevées et la zone plastique est plus étendue (fig. 9.9(b)). Elle peut devenir si grande que l'échantillon devient entièrement plastique, comme lorsque le couvercle d'une boîte de conserve est plié pour le faire rompre. Les déformations maximales sont localisées en pointe de fissure, où la plasticité provoque dans ce cas la germination, la croissance et la percolation de cavités, comme lors d'une rupture ductile (chap. 8).

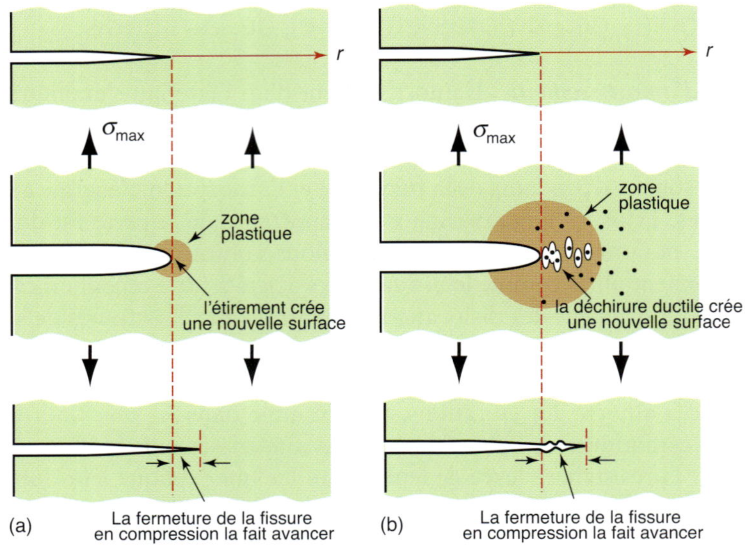

Figure 9.9 (a) Au cours de la fatigue à grand nombre de cycles, une petite zone plastique se forme en pointe de fissure à chaque traction; lors de la compression, la surface nouvellement formée se replie vers l'avant. (b) Au cours de la fatigue oligocyclique, la zone plastique en pointe de fissure est assez grande pour permettre la germination et la croissance de cavités. La propagation de la fissure se fait alors par percolation des cavités.

9.6 Ajuster la résistance à la fatigue

La durée de vie en fatigue d'un composant est augmentée en choisissant des matériaux résistants, en s'assurant qu'ils contiennent un minimum de défauts et en créant des contraintes internes de compression en surface.

Choix de matériaux résistants La carte en figure 9.8 montre que la limite d'endurance et la résistance en traction sont étroitement reliées. Dans la plupart des cas, la conception se base sur la limite élastique, et non sur la résistance en traction. La corrélation est alors moins marquée. Nous définissons le *rapport de fatigue* F_r comme

$$F_r = \frac{\text{limite d'endurance } \sigma_e}{\text{limite élastique } \sigma_y}$$

Des valeurs de F_r sont données en figure 9.10 pour un alliage d'aluminium durci par vieillissement et un acier faiblement allié. Tous deux peuvent être traités thermiquement pour augmenter leur limite élastique, ce qui permet de prévoir des contraintes plus élevées lors de la conception. La figure montre toutefois que le rapport de fatigue F_r chute lorsque la limite élastique σ_y augmente, ce qui signifie que le gain de limite d'endurance est considérablement plus faible que celui de limite élastique. Pour la fatigue contrôlée par la propagation, la combinaison d'une contrainte plus élevée et d'une ténacité à la rupture moindre implique

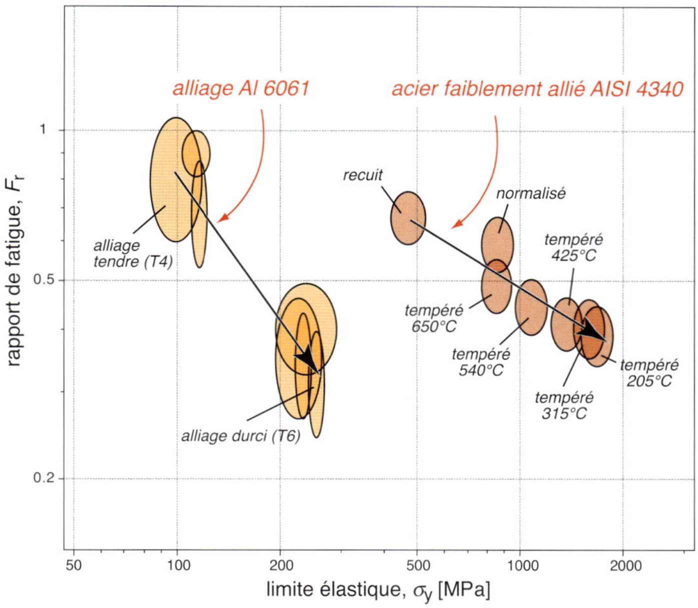

Figure 9.10 Chute du rapport de fatigue avec le durcissement d'un alliage d'aluminium et d'un acier, tous deux pouvant être traités pour obtenir toute une gamme de limites élastiques.

également que des fissures plus petites vont se propager et causer la rupture (et les techniques d'inspection risquent de ne pas avoir une résolution suffisante).

Minimiser les défauts Nous avons déjà mentionné les alliages « propres » de composition soigneusement contrôlée et filtrés à l'état liquide pour retirer les particules indésirables susceptibles à l'état solide d'agir comme des sites de germination pour les fissures de fatigue. Les méthodes non destructives comme l'imagerie par rayons X ou la détection ultrasonique détectent les défauts dangereux et permettent de rejeter les pièces défectueuses. De plus, les fissures et la porosité peuvent être éliminées grâce à certains procédés secondaires comme le pressage isostatique à chaud (HIP), qui consiste à chauffer le composant sous une forte pression hydrostatique d'argon inerte.

Contrainte de compression en surface La propagation des fissures n'a lieu que pendant la partie en traction d'un cycle de contrainte, une contrainte de compression refermant la fissure. Les fissures de fatigue étant fréquemment initiées en surface, la création d'une contrainte interne de compression dans une faible couche superficielle permet à toute fissure initiée de rester fermée, même si la contrainte moyenne à travers la section est en traction. Pour cela, des traitements qui compriment plastiquement la surface par grenaillage sont utilisés (fig. 9.11). Les ressorts à lame des voitures et des camions sont soumis à un grenaillage sous contrainte : une grande déformation en flexion leur est imposée avant de les traiter selon la méthode illustrée sur la figure. Leur durée de vie en fatigue est ainsi augmentée d'un

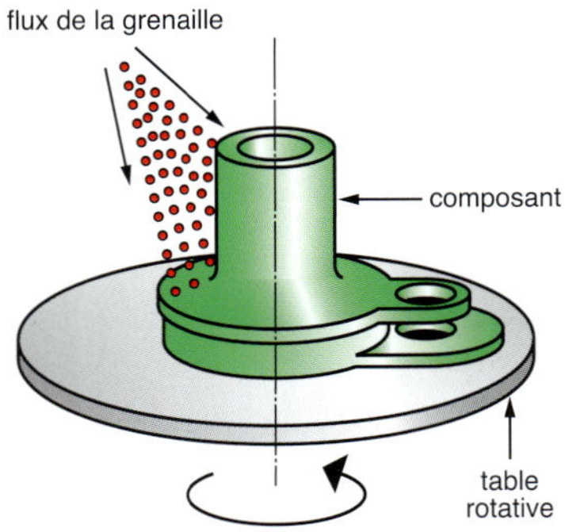

Figure 9.11 Le grenaillage est une méthode permettant de créer des contraintes de compression en surface d'un composant.

facteur 5. Un résultat similaire peut être obtenu par sablage, par brunissage (déformation plastique locale de la surface par frottement glissant avec un outil lisse) ou par diffusion d'atomes à la surface. Cette dernière technique augmente le volume d'une fine couche superficielle qui se retrouve en compression car sa déformation est empêchée par le cœur du matériau.

9.7 Résumé et conclusions

Les structures statiques comme la Tour Eiffel ou le pont du Golden Gate sont capables de résister plusieurs siècles, mais la durée de vie des structures en mouvement est en revanche beaucoup plus courte. Cette différence s'explique en partie par le fait que les matériaux supportent mieux les sollicitations statiques que les sollicitations cycliques. A long terme, la contrainte cyclique qu'un matériau peut supporter, σ_e, vaut à peine un tiers de sa résistance en traction σ_{ts}. Cette sensibilité aux sollicitations cycliques, la fatigue, n'est connue que depuis le milieu du 19e siècle, lorsqu'elle est devenue un sujet d'étude important suite à une série de désastres industriels majeurs.

La rupture par fatigue est devenue moins fréquente grâce à la formulation de lois empiriques pour la décrire et grâce à l'étude des mécanismes sous-jacents. Mais elle survient encore, notamment dans les voies ferrées, les véhicules ferroviaires, les moteurs et les fuselages. Nous savons désormais que les sollicitations cycliques causent des dommages qui s'accumulent lentement, jusqu'à initier puis propager une fissure allant finalement causer la rupture. Ce comportement est insidieux car les fissures demeurent presque invisibles jusqu'à ce que la rupture survienne soudainement sans préavis.

Les lois empiriques exposées dans ce chapitre fournissent une base pour une conception évitant la rupture par fatigue. Par ailleurs, les études scientifiques guident le développement de matériaux offrant une meilleure résistance à la fatigue. Les traitements de surface empêchant la formation de fissures sont devenus une pratique courante, nous y reviendrons dans le prochain chapitre consacré aux problèmes de conception.

9.8 Lectures complémentaires

Hertzberg, R. W. (1989). *Deformation and Fracture of Engineering Materials* (3rd ed.). New York, USA : Wiley. ISBN 0-471-63589-8. (*Un texte lisible et détaillé sur la déformation, la rupture et la fatigue.*)

Suresh, S. (1998). *Fatigue of Materials* (2nd ed.). Cambridge, UK : Cambridge University Press. ISBN 0-521-57847-7. (*Une introduction fiable à la fatigue dans les matériaux ductiles et fragiles.*)

Tada, H., Paris, G., & Irwin, G. R. (2000). *The Stress Analysis of Cracks Handbook* (3rd ed.). ISBN 1-86058-304-0. (*D'autres «Pages Jaunes», cette fois pour les facteurs d'intensité de contraintes pour une large gamme de géométries et de modes de sollicitations.*)

9.9 Exercices

Exercice E9.1 Qu'est-ce que le coefficient d'amortissement η d'un matériau ? Citer des exemples de conceptions pour lesquelles ce coefficient peut être limitant.

Exercice E9.2 Qu'est-ce que la limite d'endurance σ_e d'un matériau ?

Exercice E9.3 Qu'est-ce que le rapport de fatigue ? Si un alliage a une résistance en traction σ_{ts} de 900 MPa, que vaut approximativement sa limite d'endurance σ_e ?

Exercice E9.4 Un acier AISI 4340 a une résistance en traction de 1800 MPa. Sa courbe de Wöhler est donnée ci-après.

- Que vaut sa limite d'endurance ?
- Va-t-il se rompre s'il est soumis à 100 cycles avec une amplitude de contrainte de 1200 MPa et une contrainte moyenne nulle ?
- Va-t-il se rompre s'il est soumis à 100 000 cycles avec une amplitude de contrainte de 900 MPa et une contrainte moyenne nulle ?
- Va-t-il se rompre s'il est soumis à 100 000 cycles avec une amplitude de contrainte de 800 MPa et une contrainte moyenne de 300 MPa ?

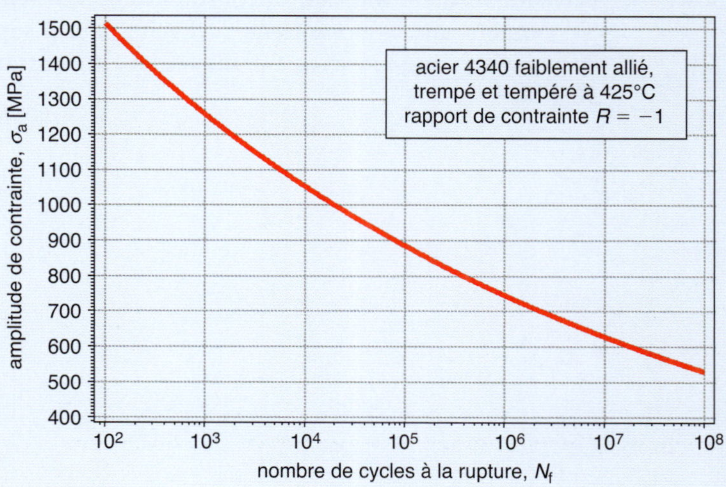

Exercice E9.5 En fatigue à grand nombre de cycles, la durée de vie N_f d'un alliage d'aluminium est décrite par la loi de Basquin :

$$\frac{\Delta\sigma}{2} = \sigma_a = 480(N_f)^{-0.12}$$

la contrainte étant exprimée en MPa. Combien de cycles le matériau peut-il supporter si l'amplitude de contrainte σ_a vaut 70 MPa et que la contrainte moyenne est nulle ? Et si la contrainte moyenne est de 10 MPa ? De –10 MPa ?

Exercice E9.6 La fatigue oligocyclique d'un alliage d'aluminium est décrite par la loi de Coffin (avec la contrainte en MPa) :

$$\Delta\varepsilon^{pL} = \frac{0.2}{N_f^{0.5}}$$

Combien de cycles ce matériau peut-il supporter si l'intervalle de déformation plastique $\Delta\varepsilon^{pl}$ vaut 2% ?

Exercice E9.7 Un matériau avec une résistance en traction σ_{ts} = 350 MPa est sollicité de manière cyclique avec une contrainte moyenne de 70 MPa. Si l'intervalle de contrainte causant la rupture après 10^5 cycles vaut ±60 MPa pour une contrainte moyenne nulle, quel intervalle de contrainte donnera la même durée de vie en fatigue pour une contrainte moyenne de 70 MPa ?

Exercice E9.8 Un composant en acier AISI 4340 avec une résistance en traction de 1800 MPa et la courbe de Wöhler de l'exercice E9.4 est soumis à une contrainte cyclique variant entre 0 et 1200 MPa. Que valent le rapport R et la contrainte moyenne σ_m ? Utilisez la règle de Goodman pour déterminer l'amplitude de contrainte équivalente pour une valeur de R de –1 et relever la durée de vie en fatigue sur la courbe de Wöhler.

Exercice E9.9 Un matériau a une intensité de contrainte cyclique seuil ΔK_{th} de 2.5 MPa · $m^{1/2}$. S'il contient une fissure interne de 1 mm, peut-il supporter une sollicitation cyclique et continue avec un intervalle de contrainte de traction $\Delta\sigma$ de 50 MPa ?

9.10 Conception assistée avec le logiciel CES

Exercice E9.10 Réaliser un histogramme du coefficient d'amortissement η. Les matériaux avec un coefficient d'amortissement faible sont utilisés pour les systèmes vibrants, lorsqu'il faut minimiser l'amortissement : pour les cloches, les relais haute fréquence et les systèmes résonnants. Les matériaux avec une valeur de η élevée sont utilisés lorsque l'amortissement est recherché, par exemple pour l'isolation phonique des bâtiments, des voitures et des machines. Utiliser l'histogramme pour trouver :

(a) Le métal avec le coefficient d'amortissement le plus faible.
(b) Le métal avec le coefficient d'amortissement le plus élevé.

Exercice E9.11 A l'aide de la fonction « Search », trouver les matériaux utilisés pour faire :

(a) Des cloches.
(b) Des isolations phoniques.

Exercice E9.12 Appliquer une fonction « Limit » sur les *Traitements de surface* pour trouver des procédés améliorant la résistance à la fatigue. Pour cela :

(a) Sélectionner les procédés de traitement de surface dans le niveau 2 puis ouvrir la fonction « Limit » et sous « Fonction du traitement », cochez « Résistance à la fatigue ». Rapporter les résultats.
(b) Répéter la démarche en utilisant la base de données du niveau 3.

Exercice E9.13 Explorer la relation entre le rapport de fatigue et la résistance d'un acier faiblement allié AISI 4340 pouvant être traité thermiquement. La limite d'endurance σ_e figure dans la base de données sous l'entête « Limite de fatigue ».

(a) Tracer le rapport σ_e/σ_y en fonction de la limite élastique σ_y.
(b) Tracer le rapport σ_e/σ_{ts} en fonction de la résistance en traction σ_{ts}.

Utiliser le niveau 3 de la base de données, appliquer une fonction « Tree » pour isoler le dossier de l'acier faiblement allié AISI 4340, puis construire les deux cartes en cachant tous les autres matériaux. Comment peut-on expliquer les tendances observées ?

Chapitre 10
Conception limitée par la rupture

Rupture d'un tube. (Avec la permission de Prof. Robert Akid, School of Engineering, Sheffield Hallam University, Sheffield, UK.)

Contenu du chapitre

10.1 Introduction et présentation du chapitre

Il est très difficile de réaliser une structure ne contenant aucune fissure. Comme nous l'avons vu dans le chapitre 8, les fissures sont couramment rencontrées dans les matériaux, qu'elles soient causées par un retrait lors d'une coulée ou d'une soudure, par des inclusions lors d'un laminage ou simplement par un usinage négligent. Par ailleurs, même si le composant est initialement dépourvu de fissures, les sollicitations cycliques (chap. 9) et la corrosion (chap. 17) peuvent en introduire ultérieurement.

Des méthodes de conception sont alors nécessaires pour tenir compte des fissures présentes dans les structures. La notion de *facteur d'intensité de contrainte en traction* K_1 a été introduite dans le chapitre 8. Ce paramètre dépend de la longueur de la fissure, de la géométrie du composant et de la sollicitation. Nous commençons par présenter des solutions classiques pour le facteur d'intensité de contrainte K_1 associé à des configurations usuelles (il en existe davantage mais ces cas suffisent pour commencer). Les fissures ne se propagent pas si K_1 reste inférieur à la ténacité à la rupture K_{1c} du matériau composant la structure.

Le meilleur matériau pour résister à la rupture semble donc être celui avec la valeur de K_{1c} la plus élevée. C'est effectivement le cas si la conception est limitée par la charge appliquée, mais l'exigence n'est pas toujours de supporter une charge donnée sans rompre. Parfois, on cherche plutôt à emmagasiner une certaine énergie (comme pour les ressorts) ou permettre une certaine déformation (comme pour les couplages élastiques) sans rompre. Comme nous le verrons en section 10.3, le meilleur choix de matériau implique alors des combinaisons de K_{1c} et du module de Young E.

Les sollicitations cycliques peuvent aussi causer la rupture. Nous avons vu dans le chapitre 9 comment l'accumulation des dommages provoque la formation et la propagation de fissures. Une fissure se propage peu à peu au cours de chaque cycle, jusqu'à atteindre une longueur où l'intensité de contrainte dépasse K_{1c} et la rupture survient soudainement. Les intensités de contrainte pour des sollicitations cycliques sont données par les mêmes solutions que pour les sollicitations statiques. Les fissures de fatigue ne se propagent pas si l'intervalle d'intensité de contrainte ΔK reste inférieur à l'intervalle seuil ΔK_{th}.

Ce chapitre se termine par des études de cas illustrant comment les notions introduites permettent de réaliser une conception sans rupture ou une défaillance avec sûreté intégrée («*fail-safe*» en anglais).

10.2 Solutions classiques aux problèmes de rupture

Comme nous l'avons vu dans le chapitre 8, les fissures contenues dans un corps élastique agissent comme des sites de concentration de contrainte. En résumé, la contrainte locale diminue proportionnellement à $1/r^{1/2}$, r étant la distance radiale à partir de la pointe de fissure. Considérons une contrainte de traction σ appliquée perpendiculairement à une fissure de longueur $2c$ contenue dans une plaque infinie. La contrainte locale σ_1, en traction dans le plan contenant la fissure, est donnée par

$$\sigma_1 = \frac{Y\sigma\sqrt{\pi c}}{\sqrt{2\pi r}} \tag{10.1}$$

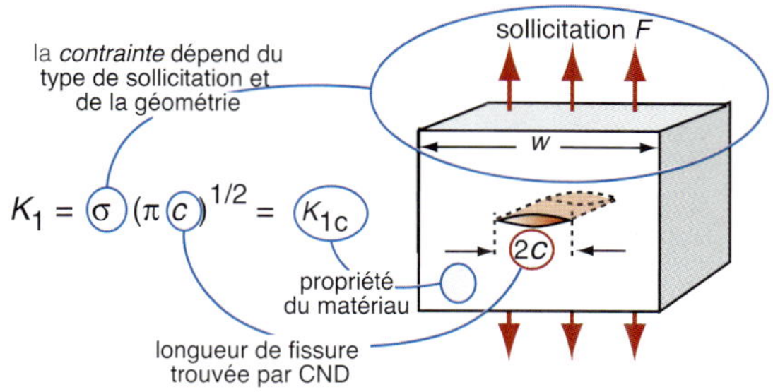

Figure 10.1 Les facteurs clés de la conception limitée par la rupture : sollicitation, géométrie, longueur de fissure et matériau.

où r est mesuré à partir de la pointe de la fissure et Y est une constante. Le *facteur d'intensité de contrainte* en mode 1, K_1, est défini comme

$$K_1 = Y\sigma\sqrt{\pi c} \tag{10.2}$$

La fissure se propage si

$$K_1 = Y\sigma\sqrt{\pi c} = K_{1c} \tag{10.3}$$

où K_{1c} est la *ténacité à la rupture*, une propriété du matériau.

L'équation (10.3), illustrée en figure 10.1, résume les facteurs clés de la conception d'un composant afin d'éviter sa rupture : nous pouvons ajuster sa géométrie et les sollicitations, nous pouvons le surveiller grâce à des méthodes de contrôle non destructif (CND) pour s'assurer qu'il ne contienne pas de fissures plus grandes qu'une valeur acceptable, et nous pouvons choisir des matériaux avec des ténacités à la rupture adéquates.

Des expressions de K_1 pour plusieurs géométries et modes de sollicitation sont données en figure 10.2. Si la contrainte est uniforme et si la fissure est petite par rapport aux dimensions de l'échantillon, Y est égal ou proche de 1. Lorsqu'une fissure se propage dans un composant sollicité uniformément, elle interagit avec les surfaces libres et il faut alors appliquer des facteurs de correction. Si, en addition, le champ de contrainte n'est pas uniforme (comme dans une poutre en flexion élastique), Y diffère de 1. Des estimations plus précises ainsi que des expressions pour des géométries de sollicitation moins communes peuvent être trouvées dans les références citées dans la section « Lectures complémentaires ».

10.3 Indices de matériau pour la conception limitée par la rupture

Pour les ingénieurs en mécanique, il existe une règle empirique que nous avons déjà mentionnée : il faut éviter les matériaux avec une ténacité à la rupture K_{1c} inférieure à 15 $\text{MPa}\cdot\text{m}^{1/2}$. La carte K_{1c}–E en figure 8.8 montre que presque tous les métaux satisfont ce critère, la plupart possédant une valeur de K_{1c} comprise entre 20 et 100 $\text{MPa}\cdot\text{m}^{1/2}$.

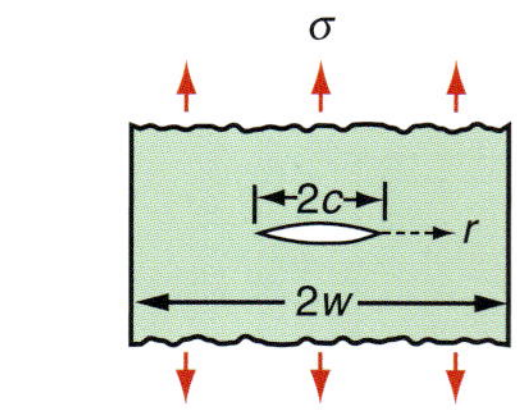

Fissure interne traversante
$K_1 = \sigma\sqrt{\pi c}$ $(c \ll w)$

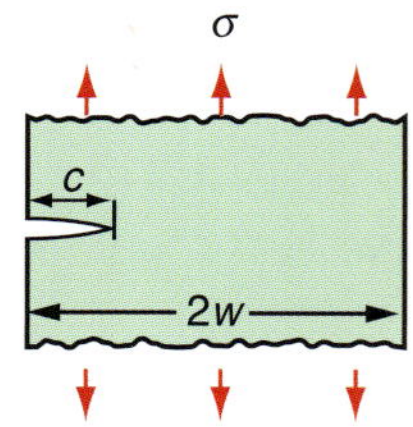

Fissure superficielle
$K_1 = 1.1\sigma\sqrt{\pi c}$ $(c \ll w)$

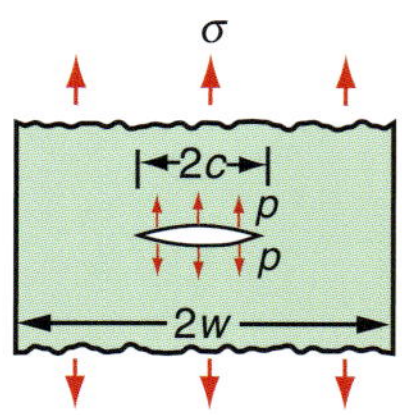

Fissure traversante avec pression interne p
$K_1 = p\sqrt{\pi c}$ $(c \ll w)$

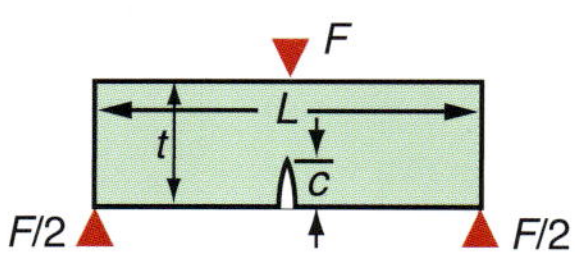

Fissure superficielle dans une poutre en flexion 3 points; b = épaisseur
$K_1 = 3\dfrac{FL}{bw^2}\sqrt{\pi c}$ $(c \ll w)$

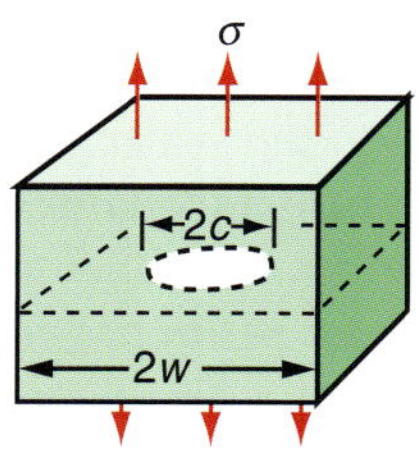

Fissure interne non traversante circulaire
$K_1 = 0.7\sigma\sqrt{\pi c}$ $(c \ll w)$

Figure 10.2 Facteurs d'intensité de contrainte K_1 pour des fissures de petite taille.

Seul un petit nombre ont des valeurs inférieures: les fontes blanches et quelques produits issus de la métallurgie des poudres ont des ténacités à la rupture aussi faibles que 10 $MPa \cdot m^{1/2}$. Les céramiques couramment rencontrées en ingénierie possédant des valeurs comprises entre 1 et 6 $MPa \cdot m^{1/2}$, les ingénieurs en mécanique les considèrent avec une profonde méfiance. Mais les polymères de l'ingénierie ont des valeurs de K_{1c} encore plus faibles, entre 0.5 et 3 $MPa \cdot m^{1/2}$, et pourtant les ingénieurs les utilisent très souvent. Comment expliquer cela ?

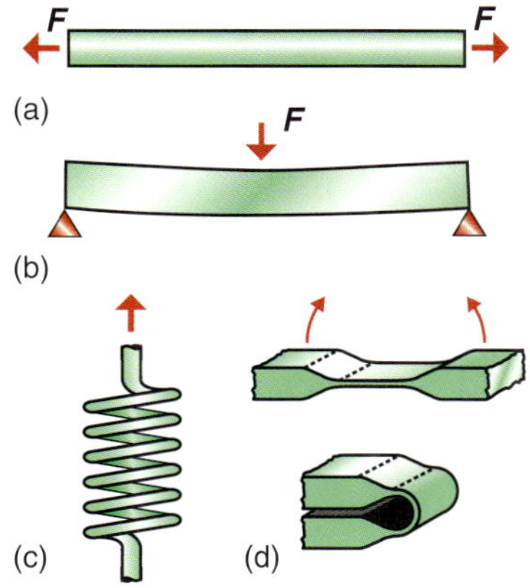

Figure 10.3 (a, b) Conception limitée par la charge appliquée. (c) Conception limitée par l'énergie emmagasinée. (d) Conception limitée par la déformation. Chaque composant doit remplir sa fonction sans rompre.

Dans une conception *limitée par la charge appliquée* (par exemple les éléments structuraux d'un pont ou les longerons des ailes d'avions (fig. 10.3(a) et (b))), la rupture fragile survient si la contrainte dépasse la valeur donnée par l'équation (10.3). Pour maximiser la charge, les matériaux recherchés doivent avoir des valeurs maximales de

$$M_1 = K_{1c} \tag{10.4}$$

Toutes les conceptions ne sont cependant pas limitées par la charge. Certaines sont en effet *limitées par l'énergie emmagasinée*, d'autres encore sont *limitées par la déformation*. Pour ces deux autres situations, schématisées en figure 10.3, nous allons voir ci-après que le critère de sélection est différent.

Conception limitée par l'énergie emmagasinée La conception des ressorts et des enceintes de confinement des turbines et des volants d'inertie (servant à récupérer les débris en cas de désintégration) est limitée par l'*énergie emmagasinée*. Traitons l'exemple du ressort (fig. 10.3(c)). L'énergie élastique qu'il emmagasine est égale à l'intégrale sur le volume de l'énergie élastique par unité de volume U_e, donnée par:

$$U_e = \frac{1}{2}\sigma\varepsilon = \frac{1}{2}\frac{\sigma^2}{E}$$

La contrainte étant limitée par la contrainte à la rupture de l'équation (10.3), l'énergie maximale par unité de volume qu'un ressort peut emmagasiner vaut

$$U_e^{max} = \frac{1}{Y^2 2\pi c}\left(\frac{K_{1c}^2}{E}\right)$$

Pour une taille initiale de défaut c donnée, l'énergie est maximisée par le choix de matériaux possédant des valeurs élevées de

$$M_2 = \frac{K_{1c}^2}{E} \approx G_c \tag{10.5}$$

où G_c est la ténacité, définie au chapitre 8.

Conception limitée par la déformation La conception est limitée par la *déformation* (fig. 10.3(d)) dans le cas par exemple des bouchons de bouteille à clipser, des charnières élastiques et des couplages. Ces composants doivent en effet pouvoir tolérer, sans rompre, une déformation élastique suffisante pour permettre l'emboîtage ou la flexion. La déformation élastique étant reliée à la contrainte par la loi de Hooke, $\varepsilon = \sigma/E$, et la contrainte avant rupture étant limitée par l'équation (10.3), la déformation élastique maximale est donnée par

$$\varepsilon_f = \frac{C}{\sqrt{\pi c_{max}}} \frac{K_{1c}}{E}$$

Les meilleurs matériaux sont dans ce cas ceux qui possèdent des valeurs élevées de

$$M_3 = \frac{K_{1c}}{E} \tag{10.6}$$

Représentation graphique des indices La carte K_{1c}–E, de nouveau représentée en figure 10.4, permet de comparer les matériaux selon leur ténacité à la rupture, M_1, leur ténacité, M_2, et leur indice pour la conception limitée par la déformation, M_3. Comme les ingénieurs le recherchent généralement pour une conception limitée par la charge, presque tous les métaux ont des valeurs de K_{1c} supérieures à 15 MPa·m$^{1/2}$, valeur correspondant à la droite horizontale tracée sur la carte. Les polymères et les céramiques ont en revanche des valeurs de K_{1c} inférieures.

Sur la figure 10.4, la droite représentant l'indice M_2 correspond à une valeur de 1 kJ/m^2. Les matériaux avec des valeurs plus élevées de M_2 ont une résistance aux chocs que les ingénieurs jugent bonne (une autre règle empirique). C'est le cas des métaux, des composites et de beaucoup de polymères, mais pas des céramiques. La situation est encore différente pour la conception limitée par la déformation. L'indice $M_3 = K_{1c}/E$ est tracé pour une valeur de 10^{-3} m$^{1/2}$. Cette droite explique pourquoi les polymères sont si répandus : lorsque la conception est limitée par la déformation, les polymères (en particulier les nylons (PA), le polycarbonate (PC) et l'ABS) ont des meilleures performances que les métaux.

L'intérêt que les ingénieurs en mécanique portent aux métaux (et, plus récemment, aux composites) n'est pas uniquement dû à leurs valeurs attrayantes de K_{1c}. Les performances des métaux sont en effet bonnes selon les trois critères (K_{1c}, K_{1c}^2/E et K_{1c}/E). Quant aux polymères, ils ont des valeurs de K_{1c}/E intéressantes et des valeurs acceptables de K_{1c}^2/E alors que les céramiques ont de mauvaises performances selon les *trois* critères, ce qui explique la méfiance des ingénieurs envers cette dernière classe de matériaux.

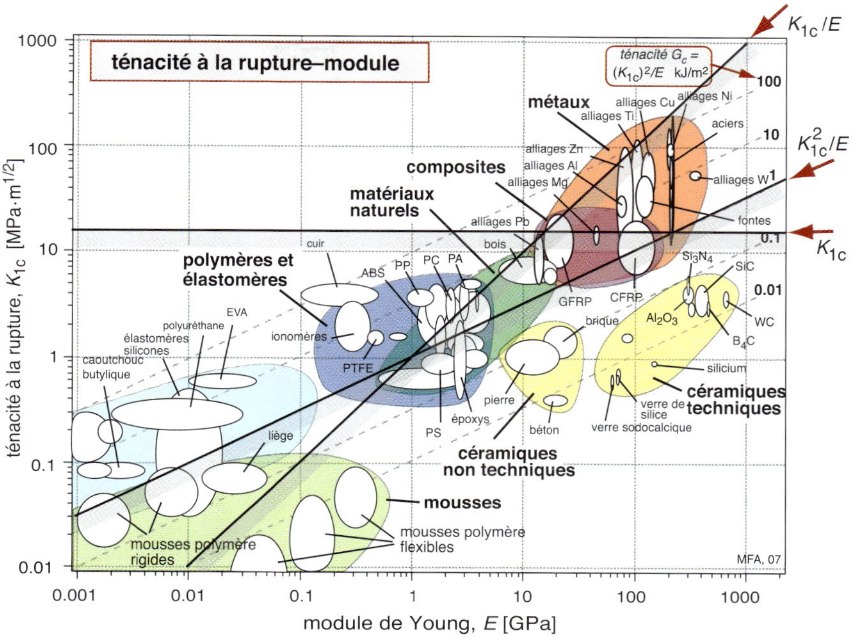

Figure 10.4 Carte K_{1c}–E. Les trois indices M_1, M_2 et M_3 sont représentés.

10.4 Etudes de cas

Rupture de réservoirs sous pression Une bombe aérosol est un réservoir sous pression, comme une bonbonne de propane, un fuselage d'avion, une chaudière de centrale électrique ou une enceinte de confinement de réacteur nucléaire. Leur fonction est de contenir un gaz sous pression (CO_2, propane, air, vapeur) et leur rupture peut être catastrophique. Il suffit de penser au bruit que provoque l'explosion d'une chose aussi insignifiante qu'un ballon de baudruche et de le multiplier par 10^{14} (oui, vraiment!) pour avoir une idée de ce qui se passe lorsqu'un grand réservoir sous pression explose. Lorsqu'il est question de pression, la sécurité est donc un aspect essentiel. En voici un exemple.

Une bonbonne de propane (fig. 10.5) a été remplie puis chargée sur un camion. Le chauffeur s'est arrêté pour déjeuner et a garé le camion au soleil en laissant tourner le moteur. Alors qu'il buvait son café, la bonbonne a explosé en causant un mort et d'importants dégâts matériels. La bonbonne avait été fabriquée à partir d'une plaque d'acier AISI 1030 laminée, fermée par une soudure longitudinale et deux dômes assemblés à la plaque par des soudures circonférentielles. La rupture est survenue à travers la soudure longitudinale, ce qui a provoqué l'éclatement de la bonbonne. Un examen ultérieur a révélé la présence d'une fissure de 10 mm de profondeur à la surface de cette soudure. La décoloration et les striations

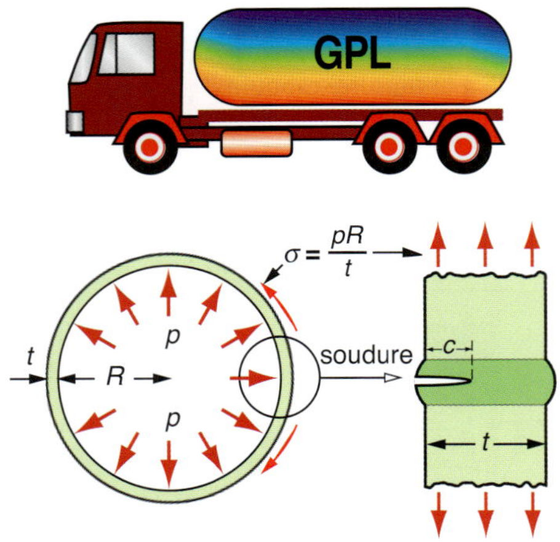

Figure 10.5 Réservoir cylindrique sous pression avec une soudure fissurée.

montraient que cette fissure était présente depuis longtemps et qu'elle se propageait lentement par fatigue à chaque fois que la bonbonne était vidée et remplie. A première vue, la rupture semble donc avoir été directement causée par cette fissure.

C'est à ce moment que la mécanique de la rupture entre en jeu. Des mesures sur une section de la bonbonne ont indiqué une ténacité à la rupture de 45 $\text{MPa}\cdot\text{m}^{1/2}$. Les dimensions de la bonbonne sont listées dans le tableau 10.1. Elle a été conçue pour supporter une pression de 1.4 MPa, par ailleurs limitée à 1.5 MPa par une valve de décompression.

La contrainte de traction dans la paroi d'un réservoir cylindrique de rayon R avec des parois minces d'épaisseur t et contenant une pression p (fig. 10.5) a été déterminée dans le chapitre 4. Avec les valeurs indiquées dans le tableau, cette contrainte vaut

$$\sigma = \frac{pR}{t} = 84 \text{ MPa} \tag{10.7}$$

Une plaque qui possède une ténacité à la rupture de 45 $\text{MPa}\cdot\text{m}^{1/2}$ et contient une fissure superficielle d'une profondeur de 10 mm va rompre à une contrainte de

$$\sigma = \frac{K_{1c}}{Y\sqrt{\pi c}} = 254 \text{ MPa (avec } Y \approx 1)$$

Cette valeur est 3 fois supérieure à la contrainte dans la paroi de la bonbonne. La pression requise pour atteindre cette contrainte est de 4.2 MPa, soit une valeur beaucoup plus élevée que la limite de sécurité de 1.5 MPa.

Les calculs semblent donc incorrects, puisque la bonbonne possède une valve de sécurité réglée pour une pression légèrement supérieure à la pression d'utilisation. Mais ce désaccord

Tableau 10.1 Dimensions de la bonbonne

Pression maximale, *p*	1.4 MPa
Epaisseur de paroi, *t*	14 mm (plus épaisse dans la zone de soudure)
Diamètre extérieur, 2*R*	1680 mm
Longueur, *L*	3710 mm

a poussé les enquêteurs à des examens complémentaires. Une inspection de la valve a révélé que des traces de rouille et de corrosion la rendait inopérante. D'autres essais ont confirmé que la chaleur du soleil et du système d'échappement du camion avait élevé la température de la bonbonne, et ainsi provoqué l'évaporation du gaz liquéfié. La pression a alors dépassé la valeur de 4.2 MPa requise pour propager la fissure. La rupture était donc due à la valve de décompression bloquée et la fissure ne se serait pas propagée à la pression normale d'utilisation.

Cette histoire pose la question de savoir s'il existe des méthodes de conception telles que la propagation instable d'une fissure soit précédée d'un avertissement. Elles existent et on parle alors de *conception à sûreté intégrée.*

Conception à sûreté intégrée Dans les structures assemblées par des soudures ou des rivets, il est plus prudent de supposer la présence de fissures. Le procédé d'assemblage peut en effet entraîner différentes formes de fissurations et, de plus, la formation de fissures de fatigue est accélérée par les concentrations de contraintes et les contraintes résiduelles autour des joints. Plusieurs techniques permettent de détecter des fissures et de mesurer leur longueur sans endommager le composant ou la structure; il s'agit du *contrôle non destructif* (CND). L'imagerie par rayons X peut par exemple être utilisée pour vérifier les jantes en alliage des voitures. Le contrôle par ultrasons consiste à envoyer des ondes sonores qui sont réfléchies par une fissure et peuvent être analysées pour déterminer sa taille. Les fissures superficielles peuvent aussi être révélées par des colorants fluorescents. Enfin, lorsqu'aucune de ces méthodes ne peut être utilisée, des essais de vérifications sont réalisés pour démontrer que la structure ne contient pas de fissures qui risquent de se propager pendant l'utilisation. Il peut s'agir par exemple de remplir un réservoir sous pression avec de l'eau puis d'augmenter la pression au-delà du niveau prévu pendant l'utilisation. Toutes ces techniques possèdent une limite de résolution: une taille de fissure c_{lim} en dessous de laquelle la détection n'est plus possible. Elles ne démontrent donc pas que la structure est totalement dépourvue de fissures, mais uniquement qu'elle ne contient pas de fissures plus grandes que la limite de résolution. Les essais de vérifications sont les plus sûrs, bien qu'ils soient chers, car ils garantissent une taille de fissure maximale susceptible d'être présente. Les autres techniques comportent le risque d'une erreur de l'opérateur, et donc de fissures négligées.

Le composant doit manifestement être conçu de sorte que les contraintes y soient en tout point inférieures à la contrainte requise pour la propagation d'une fissure de longueur c_{lim}. La pression admissible est obtenue en appliquant cette condition:

$$p \leq \frac{t}{R} \frac{K_{1c}}{\sqrt{\pi c_{\mathrm{lim}}}} \tag{10.8}$$

Le matériau pouvant supporter la plus forte pression (pour R, t et c_{lim} donnés) est celui avec une valeur maximale de

$$M_1 = K_{1c} \tag{10.9}$$

soit l'indice établi dans la section précédente pour une conception limitée par la charge.

Cette conception n'est cependant pas sûre car si une fissure plus grande que c_{lim} apparaît, suite à une mauvaise inspection ou pour une toute autre raison, les conséquences seront catastrophiques. La sécurité est augmentée en imposant qu'une fissure ne doit pas se propager même si la contrainte suffit à provoquer une déformation plastique généralisée. Le réservoir se déformera dans ce cas de manière stable, ce qui peut être détecté. Ce critère de *plasticité avant rupture* s'exprime en égalant la contrainte de rupture σ à la limite élastique σ_y :

$$c_{\max} \leq \frac{1}{\pi Y^2}\left[\frac{K_{1c}}{\sigma_y}\right]^2 \tag{10.10}$$

En se basant sur ce critère, la taille de fissure acceptable (et donc l'intégrité du réservoir) est maximisée par le choix d'un matériau avec une valeur élevée de

$$M_4 = \frac{K_{1c}}{\sigma_y} \tag{10.11}$$

Les grands réservoirs sous pression ne peuvent pas toujours être analysés par rayons X ou par ultrasons et le recours aux essais de vérifications n'est pas fréquent, à cause de leur coût. Un seul examen lors de la mise en service n'est cependant pas suffisant car des fissures peuvent ensuite se propager lentement à cause de la corrosion ou d'une sollicitation cyclique. La sécurité est alors garantie en s'assurant qu'une fissure traversant toute la paroi du réservoir reste stable. Le réservoir aura alors une fuite, ce qui n'est pas catastrophique et peut être détecté. Ce critère de *fuite avant rupture* (fig. 10.6) est obtenu en posant $c = t$ dans l'équation (10.3), en supposant que la fissure est initiée sur une des faces et qu'elle se propage à travers l'épaisseur de la paroi en direction de l'autre face, ce qui donne

$$\sigma = \frac{K_{1c}}{Y\sqrt{\pi t}} \tag{10.12}$$

D'autre part, l'épaisseur t de la paroi du réservoir doit aussi permettre de contenir une pression p sans déformation plastique. D'après l'équation (10.7), la pression qui peut être contenue est maximale quand $\sigma = \sigma_y$:

$$\frac{pR}{t} = \sigma_y$$

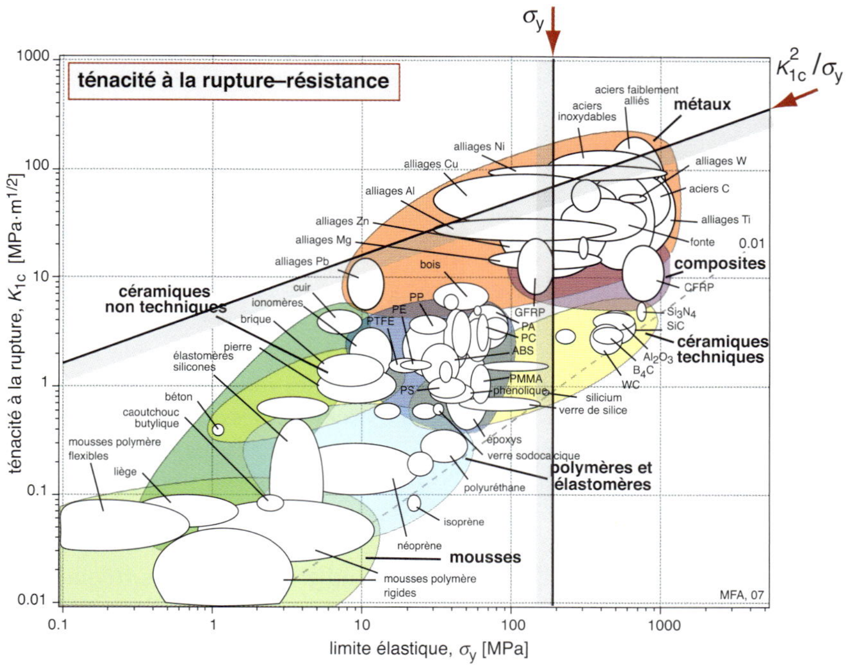

Figure 10.6 Sélection des meilleurs matériaux pour une conception avec fuite avant rupture. La contrainte supplémentaire de limite élastique élevée est aussi représentée. Les matériaux situés dans le coin supérieur droit sont les meilleurs choix.

La pression pouvant être contenue augmente donc avec l'épaisseur de la paroi. Cette dernière est cependant limitée par le critère de fuite avant rupture, équation (10.12), et en la substituant dans la dernière équation (toujours avec $\sigma = \sigma_y$), le résultat suivant est obtenu

$$p \leq \frac{1}{Y^2 \pi R}\left(\frac{K_{1c}^2}{\sigma_y}\right)$$

Le matériau capable de supporter cette pression de la manière la plus sûre est donc celui qui possède une valeur maximale de

$$M_5 = \frac{K_{1c}^2}{\sigma_y} \tag{10.13}$$

Des valeurs élevées de M_4 et M_5 sont obtenues en choisissant un matériau avec une faible limite élastique σ_y: le plomb, par exemple, a des indices M_4 et M_5 élevés. Ce matériau n'est toutefois pas adéquat pour un réservoir sous pression car les parois doivent aussi être raisonnablement minces pour que la masse soit acceptable et pour limiter la quantité de matériau. Selon l'équation (10.7), l'épaisseur est inversement proportionnelle à la limite élastique σ_y. Le matériau recherché doit donc aussi avoir une valeur raisonnablement élevée de

$$M_6 = \sigma_y \tag{10.14}$$

ce qui restreint davantage la sélection.

Tous ces critères peuvent être explorés grâce à la carte K_{1c}–σ_y introduite dans le chapitre 8. Les indices M_1, M_4, M_5 et M_6 peuvent y être tracés respectivement comme des droites de pente 0, 1, 1/2 et des droites verticales. Considérons par exemple le critère de fuite avant rupture. Les matériaux avec des performances égales sont reliés par une droite correspondant à une valeur donnée de $M_5 = K_{1c}^2/\sigma_y$, ceux situés au-dessus possédant de meilleures performances. Sur la figure 10.6, seuls les aciers les plus tenaces et les alliages de cuivre, de nickel et de titane ne sont pas exclus par la droite tracée. La droite verticale pour un indice M_6 correspondant à σ_y = 200 MPa restreint davantage la sélection. Des exemples pour l'application des autres indices sont donnés dans les exercices à la fin de ce chapitre.

Il fut une époque où les défaillances de chaudières étaient très fréquentes, au point même de devenir un sujet de chansons. Elles sont désormais rares, bien que les réservoirs sous pression explosent encore occasionnellement lorsque les marges de sécurité sont réduites (comme pour les fusées) ou que la maintenance est négligée (comme pour la bonbonne de propane). Ce (relatif) succès représente une des contributions majeures de la mécanique de la rupture à la pratique de l'ingénierie.

Matériaux résistants à la fatigue: bielles de moteur à hautes performances Le moteur d'une voiture familiale est conçu pour tolérer des vitesses de rotation allant jusqu'à environ 6000 tr/min (100 rotations par seconde). La vitesse de rotation d'un moteur de Formule 1 est jusqu'à trois fois plus élevée. Le prix d'un moteur de F1, environ 200 000 $, montre que la comparaison avec un moteur de voiture familiale revient à comparer une montre de luxe et un réveil. Dans ce cas, seule la performance compte.

Les bielles d'un moteur à hautes performances sont des composants critiques car la défaillance d'une des bielles entraîne l'autodestruction du moteur. De plus, pour minimiser les forces d'inertie et les charges, chaque bielle doit être aussi légère que possible. Cela implique l'utilisation de matériaux légers et résistants, contraints presque à leurs limites. Si l'objectif est de minimiser le coût, les bielles sont faites en fontes. Mais quels sont les meilleurs matériaux si nous voulons maximiser les performances ?

Un moteur de F1 n'est pas conçu pour avoir une longue durée de vie; celle-ci est d'environ 30 heures. Avec une rotation d'environ 15 000 tr/min, cela représente néanmoins environ 3×10^6 cycles de charge et il s'agit donc de fatigue à grand nombre de cycles. Pour simplifier, supposons que le corps de la bielle a une section uniforme de surface A et une longueur L (fig. 10.7) et qu'il doit supporter une charge cyclique $\pm F$. Sa masse vaut

$$m = AL\rho \tag{10.15}$$

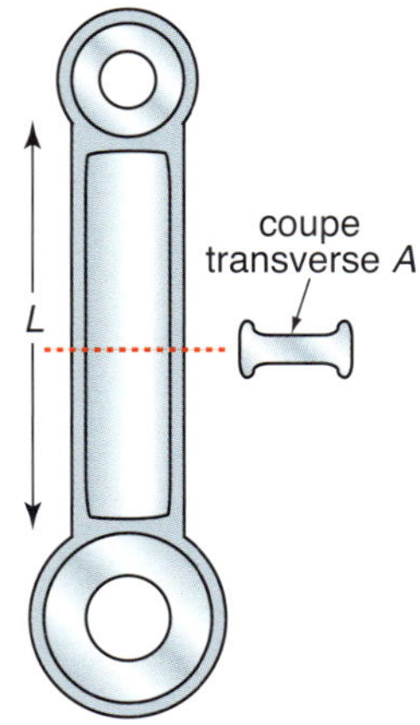

Figure 10.7 Bielle.

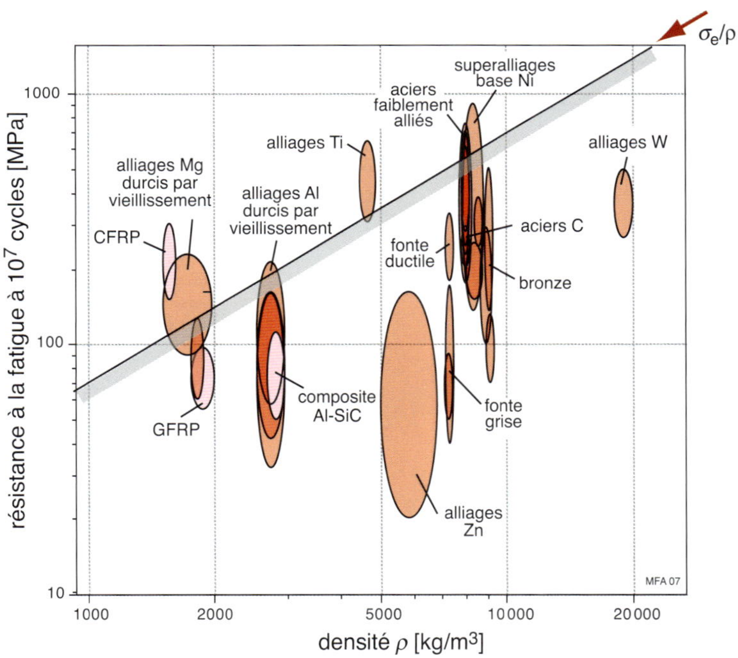

Figure 10.8 Limite d'endurance et densité des métaux à résistance élevée et des composites. (Les matériaux avec $K_{1c} < 15$ MPa·m$^{1/2}$ ont été préalablement éliminés.)

où ρ est la densité. La contrainte de résistance à la fatigue requiert que

$$\frac{F}{A} \le \sigma_e$$

où σ_e est la limite d'endurance du matériau dont est fait le corps de la bielle. Cette relation est utilisée pour éliminer A de l'équation (10.15) et obtenir l'équation suivante pour la masse:

$$m \ge FL\left(\frac{\rho}{\sigma_e}\right)$$

qui contient l'indice de matériau

$$M = \frac{\sigma_e}{\rho} \tag{10.16}$$

Les matériaux avec des valeurs élevées de cet indice sont identifiés sur la carte σ_e–ρ. Une contrainte supplémentaire est ensuite appliquée sur la ténacité à la rupture, qui doit être supérieure à 15 $MPa \cdot m^{1/2}$ (fig. 10.8). Les matériaux situés vers le coin supérieur gauche sont des candidats intéressants: les meilleurs sont les alliages de titane et les CFRP, suivis des alliages de magnésium et d'aluminium durcis par vieillissement et des aciers à ultra-haute résistance. Il faut ensuite s'intéresser aux courbes de Wöhler de ces matériaux. La figure 10.9 montre la courbe de l'alliage de titane le plus répandu, à savoir l'alliage Ti–6Al–4V. L'amplitude de contrainte qui peut être appliquée de manière sûre avec $R = -1$ sur une durée de 2.5×10^6 cycles peut y être relevée: elle est de 620 MPa.

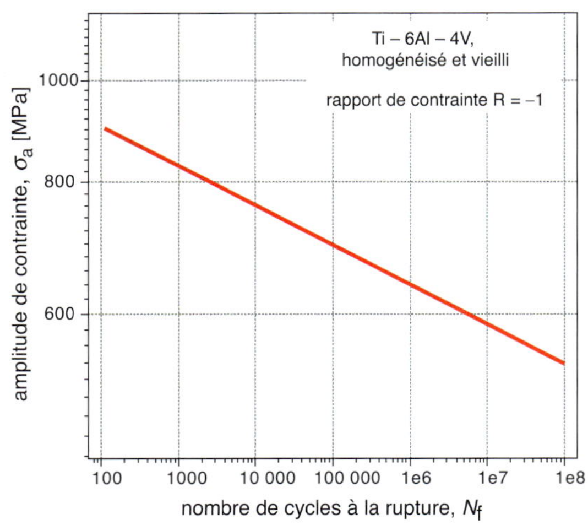

Figure 10.9 Courbe de Wöhler de l'alliage de titane Ti–6Al–4V.

Si la sélection est réitérée en interrogeant la base de données CES niveau 3, beaucoup plus large, des matériaux vraiment exotiques apparaissent : aluminium renforcé par des fibres de SiC, de bore ou d'Al_2O_3, alliages de béryllium, ainsi qu'un certain nombre de composites à performances élevées renforcés par des fibres de carbone. Un corps de bielle en CFRP semble difficile à réaliser, mais au moins trois prototypes ont déjà été développés et testés. Ils sont formés d'un tube CFRP qui comporte une enveloppe externe de fibres fabriquée par enroulement filamentaire afin de fixer des embouts (en titane ou en aluminium) à ses extrémités.

Fissuration d'un rail Le 7 octobre 2000 à 12h23, l'express de 12h10 reliant King's Cross (Londres) à Leeds (nord de l'Angleterre) prit une courbe située juste à l'extérieur de Hatfield à une vitesse de 185 km/h (vitesse maximale autorisée sur ce tronçon) et dérailla, ce qui coûta la vie à quatre personnes. Le nombre de morts quotidiens sur les routes britanniques est plus élevé, mais l'événement a quasiment causé l'arrêt d'une grande partie du réseau ferroviaire et, de ce fait, de tout le pays. Il était clair que des fissures s'étaient développées dans la majorité des rails du pays à cause d'une mauvaise maintenance et de négligences. L'accident semblait donc avoir été causé par un cas extrême d'une de ces fissures.

La fissuration des champignons de rails n'est pas une surprise et les rails sont d'ailleurs régulièrement remplacés pour cette raison. Les fissures s'y développent car les contraintes de contact sont extrêmement élevées (jusqu'à 1 GPa) au point de contact entre une roue et le rail (fig. 10.10(a)). Le rail est alors déformé en surface et, les roues motrices exerçant aussi un cisaillement, la surface de l'acier est repoussée dans une direction opposée au mouvement du train. Une couche superficielle très fortement cisaillée apparaît ainsi. Les fissures se forment dans cette couche après environ 60 000 cycles de charge et, à cause du cisaillement, elles sont presque parallèles à la surface (fig. 10.10(b)). La déformation induit une compression dans la partie supérieure du rail, compensée par une traction dans la partie principale. Les rails soudés étant par ailleurs précontraints en traction pour compenser l'expansion thermique en été, cette contrainte s'ajoute à la précontrainte déjà présente.

L'énigme est donc de savoir comment ces fissures sans danger continuent à croître alors que le champignon du rail est en compression. Une observation étrange nous fournit un indice : les fissures se propagent beaucoup moins vite quand les rails restent secs, comme par exemple dans les tunnels. Les recherches qui ont suivi l'accident de Hatfield ont finalement révélé le mécanisme de propagation, illustré en figure 10.10(c). Une roue à l'approche d'une fissure présente en surface force son ouverture. Si le rail est mouillé, de l'eau (représentée en rouge) est alors introduite dans la fissure. La fissure se referme ensuite lorsque la roue passe au-dessus d'elle, en emprisonnant l'eau qui se retrouve comprimée. Le facteur d'intensité de contrainte d'une fissure contenant une pression p est indiqué en figure 10.2 et vaut :

$$K_1 = p\sqrt{\pi c} \tag{10.17}$$

Par conséquent, bien que le champignon du rail soit en compression, la pointe de fissure se retrouve dans une zone qui est suffisamment en traction pour lui permettre d'avancer. La fissure, guidée par la pression hydraulique, se propage lentement vers l'avant et vers le bas. Lorsqu'elle sort de la zone du rail en compression et entre dans la zone en traction, sa propagation soudaine provoque la rupture du rail.

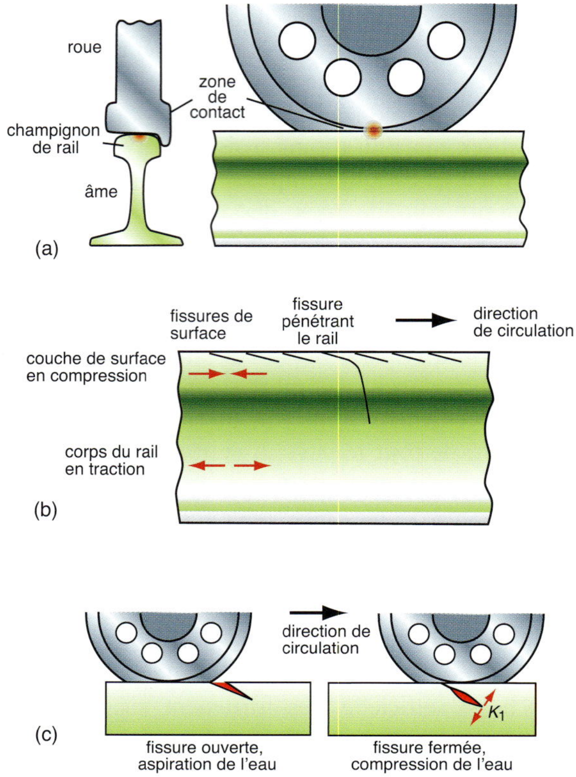

Figure 10.10 Fissuration d'un rail. (a) Contact entre un rail et une roue. (b) Fissures superficielles, dont une qui a pénétré dans la partie en traction du rail. (c) Mécanisme de propagation d'une fissure.

Pour résoudre ce problème, l'équation (10.17) montre qu'il faut s'assurer que les fissures superficielles ne deviennent pas trop grandes. En effet, si la valeur de K_1 reste faible pour une petite fissure sous pression, elle devient en revanche élevée si la fissure est grande. Un bon entretien des rails implique une abrasion régulière de leur surface, afin d'éliminer les fissures, et leur remplacement lorsque la perte de section est significative.

Tolérer des fissures de fatigue La fissure de la bonbonne de GPL évoquée auparavant présentait des marques de striations : des ondulations marquant les positions successives de la pointe de fissure alors que celle-ci se propageait lentement à cause des mises sous pression cycliques de la bonbonne. L'explosion a été causée par une surpression due à une mauvaise maintenance. Mais si la maintenance avait été bonne et qu'aucune surpression n'avait eu lieu, quelle aurait été la durée de vie de la bonbonne, avant que la fissure ne se propage par fatigue à travers toute la paroi et qu'une fuite soit présente ? Il faut d'abord vérifier que le matériau a été choisi correctement pour assurer une fuite avant rupture. La longueur critique de fissure c^* est déterminée grâce à l'équation (10.3):

$$c^* = \frac{K_{1c}^2}{Y^2 \pi \sigma^2} \tag{10.18}$$

Avec K_{1c} = 45 MPa·m$^{1/2}$, σ = 84 MPa (la contrainte de service) et Y = 1, c^* vaut 91 mm. Cette valeur étant beaucoup plus élevée que l'épaisseur de la paroi (14 mm), le critère de fuite avant rupture est satisfait (en supposant que la vanne de sécurité fonctionne). Combien de temps faudra-t-il alors à la fissure responsable de la rupture, d'une longueur initiale de 10 mm, pour atteindre 14 mm ? Une semaine ? Un mois ? 20 ans ?

La propagation d'une fissure de fatigue dans un composant fissuré a été décrite dans le chapitre 9. La vitesse de propagation suit dans ce cas la loi de Paris

$$\frac{\mathrm{d}c}{\mathrm{d}N} = A \Delta K^m \tag{10.19}$$

où l'intervalle d'intensité de contrainte cyclique ΔK est donné par

$$\Delta K = K_{\max} - K_{\min} = \Delta\sigma\sqrt{\pi c}$$

Noter qu'en utilisant cette équation, il faut faire attention à la valeur choisie pour la constante A, car celle-ci dépend des unités de c et de ΔK, ainsi que de la valeur de l'exposant. En substituant ΔK dans l'équation (10.19), nous obtenons

$$\frac{\mathrm{d}c}{\mathrm{d}N} = A \Delta\sigma^m (\pi c)^{m/2} \tag{10.20}$$

La durée de vie résiduelle N_R est obtenue en intégrant ce résultat entre $c = c_i$ (la longueur initiale de la fissure) et (dans ce cas) $c = t$, valeur à laquelle la fuite survient:

$$N_R = \int_0^{NR} \mathrm{d}N = \frac{1}{A\pi^{m/2}\Delta\sigma^m} \cdot \int_{c_i}^{t} \frac{\mathrm{d}c}{c^{m/2}} \tag{10.21}$$

Pour l'acier dont la bonbonne est faite, prenons pour la propagation de la fissure un exposant m = 4 et A = 2.5 × 10^{-14} (pour $\Delta\sigma$ donné en MPa). Pour une longueur initiale de fissure c_i = 10 mm et t = 14 mm, l'intégration nous donne

$$N_R = \frac{1}{A\pi^2\Delta\sigma^4}\left(\frac{1}{c_i} - \frac{1}{t}\right) = 2.3 \times 10^6 \text{ cycles}$$

La bonbonne va donc durer éternellement si elle est mise sous pression quotidiennement.

Ce genre de question survient toujours quand on évalue la sécurité de gros équipements qu'il faut (à cause des soudures) supposer fissurés : les corps de turbines à vapeur, les équipements de génie chimique, les chaudières et les canalisations. Le coût de remplacement d'un grand corps de turbine est considérable, sans compter le temps d'arrêt qui lui est associé.

Cela n'a pas de sens de la mettre hors service si, malgré la fissure, son utilisation reste parfaitement sûre. Les essais de vérifications sont utilisés pour garantir un certain nombre de cycles. Ils consistent à mettre le réservoir sous une pression supérieure à la pression d'utilisation, en utilisant un liquide plutôt qu'un gaz (car l'énergie emmagasinée dans un liquide comprimé est beaucoup plus faible que dans un gaz à la même pression, de sorte que la rupture du réservoir ne va pas provoquer d'explosion). La contrainte dans la paroi doit alors être assez élevée pour détecter des longueurs de fissures inférieures à l'épaisseur de la paroi. Il se peut qu'aucune fissure ne soit présente, mais si le réservoir survit au test, nous pouvons garantir qu'il ne contient pas de fissures plus longues que la taille critique pour ce niveau (plus élevé) de contrainte (alors utilisée comme valeur de c_i dans l'équation (10.21)). La durée de vie résiduelle qui est garantie est par ailleurs augmentée si, dans le calcul de l'intégrale, la longueur initiale de fissure est plus petite. La contrainte de l'essai de vérification doit pour cela être augmentée, mais il existe une limite pratique car elle ne peut pas dépasser la limite élastique du matériau. Après avoir effectué le nombre de cycles de pressurisation spécifié comme sûr, le test peut toutefois être répété pour garantir à nouveau une durée de vie identique.

Concevoir pour la rupture Les fabricants qui distribuent leurs produits dans des enveloppes renforcées, des emballages en plastique ou des canettes en aluminium ou en acier doivent concevoir le contenant de sorte à ce que l'acheteur puisse accéder au contenu. Mais comme vous le savez, ce n'est pas toujours le cas – il est même pénible de retirer l'emballage d'un CD nouvellement acheté. Ce problème a de plus une dimension plus sérieuse. Les producteurs de denrées alimentaires, de médicaments, de produits chimiques et même de poudre à lessive conditionnent désormais leurs produits dans des emballages qu'il faut « casser pour ouvrir ». L'acheteur sait alors que le produit n'a pas été trafiqué. Comment prévoir une protection tout en permettant la rupture ? Si une partie de la réponse réside dans le choix du matériau, il s'agit aussi de créer des sites de concentrations de contrainte ou d'utiliser des adhésifs avec une résistance élevée au cisaillement mais une faible résistance au pelage.

Commençons par les matériaux : les matériaux peu ductiles en films minces se déchirent facilement. Si « ouvrir » signifie tirer de sorte à déchirer (comme c'est souvent le cas), alors la première étape est de choisir un matériau avec une rigidité, une résistance et une durabilité adéquates, mais une faible ductilité. C'est exactement pour cette raison que les couvercles des canettes de boissons sont réalisés dans un alliage différent de la canette elle-même.

Pour concentrer la contrainte, il faut réduire la section en entaillant localement l'emballage le long d'une ligne où il est prévu de le déchirer. Bien que le papier hygiénique se déchire rarement le long des perforations, l'idée de départ était juste. Une boîte de sardines est faite d'un alliage d'aluminium peu ductile et comporte un creux pointu le long de la ligne d'ouverture, afin d'obtenir un facteur de concentration de contrainte (chap. 7) de

$$K_{sc} \approx \left(1 + \frac{1}{2}\sqrt{\frac{c}{\rho}}\right) \tag{10.22}$$

où c est la profondeur de l'entaille et ρ son rayon en fond. Le facteur (1/2) apparaît car il s'agit d'un cisaillement et non d'une traction. Une entaille d'une profondeur de 0.2 mm avec un rayon en fond de 0.02 mm donne une contrainte locale 2.5 fois supérieure à celle aux autres endroits, ce qui permet de localiser le déchirement au niveau de l'entaille.

La bande d'arrachage d'un emballage de CD n'est pas une entaille mais une bande supplémentaire *plus épaisse*. Comment cet apparent renforcement facilite l'ouverture de l'emballage ? La réponse est fournie par la figure 7.7 : *tout* changement abrupt de section concentre la contrainte. Si l'épaisseur de la bande vaut c et que le rayon où elle est reliée à l'emballage vaut ρ, la concentration de contrainte est toujours donnée par l'équation (10.22).

L'utilisation d'un adhésif pelable constitue une alternative au déchirement. La figure 10.11 montre un assemblage adhésif avant et pendant le pelage. L'adhésif a une résistance au cisaillement σ_s^* et une ténacité G_c^*. L'emballage fermé avec l'adhésif doit supporter une traction dans le plan car, pour protéger le contenu, il doit supporter la masse de celui-ci et les charges de manutention. La force de traction F_t que le joint peut supporter dans le plan vaut

$$F_t = \sigma_s^* A = \sigma_s^* wL$$

où $A = wL$ est la surface de la zone collée. Pour ouvrir l'emballage, une force de pelage F_p est appliquée. La partie inférieure de la figure 10.11 illustre le travail fait par F_p lorsque l'adhésif est retiré d'une distance δx. Une nouvelle surface $w\delta x$ est ainsi créée, ce qui nécessite une énergie $G_c^* w\delta x$ (car la ténacité G_c^* est l'énergie nécessaire par unité de surface créée). Le travail effectué par F_p doit fournir cette énergie, de sorte que

$$F_p \delta x = G_c^* w \delta x$$

Par conséquent, $F_p = wG_c^*$. Le rapport entre la force de pelage et la force de traction vaut

$$\frac{F_p}{F_t} = \frac{G_c^*}{\sigma_s^* L}$$

Les joints adhésifs sont conçus de manière à avoir une valeur donnée de ce rapport. Le choix de l'adhésif fixe les valeurs de G_c^* et σ_s^*. La longueur L est ensuite choisie afin d'avoir à la fois une résistance en traction et une facilité de pelage.

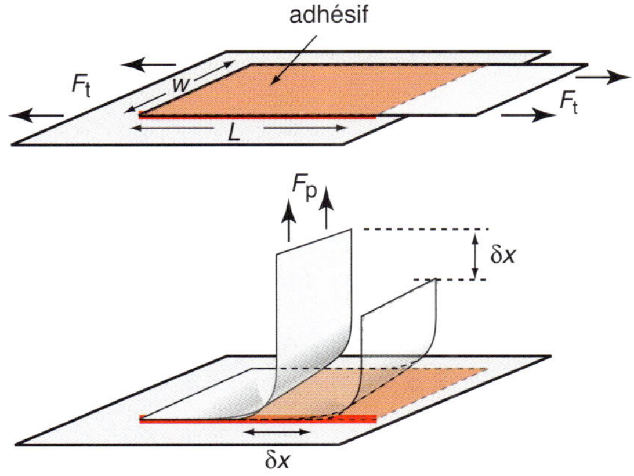

Figure 10.11 Pelage d'un adhésif.

10.5 Résumé et conclusions

La déformation élastique est réversible alors que la déformation plastique survient graduellement et peut donc être détectée avant qu'une catastrophe ne se produise. Mais la rupture fragile n'étant rien de tout cela, elle est à l'origine de nombreux désastres majeurs de l'ingénierie tels que des effondrements de ponts, des explosions de chaudières, des accidents ferroviaires et des crashs aériens.

La rupture fragile d'un composant survient si, au niveau de tout défaut similaire à une fissure, le facteur d'intensité de contrainte K_1 dépasse la ténacité à la rupture K_{1c} du matériau dont il est fait. La compréhension de la rupture fragile et le développement de méthodes de conception permettant d'en tenir compte sont relativement récents (ils étaient peu connus avant 1950), mais reposent désormais sur des bases solides. Dans ce chapitre, nous avons vu comment calculer K_1 et mesurer K_{1c}. Diverses situations dans lesquelles ces paramètres sont importants ont également été décrites et des exemples d'applications ont finalement été donnés.

La rupture par fatigue n'est pas très différente. Un composant apparemment en bon état, qui fonctionnait correctement, se rompt sans préavis car une fissure initialement petite et sans danger s'est propagée jusqu'à atteindre une taille critique provoquant une rupture fragile. Si les petits composants peuvent être initialement dépourvus de fissures, celles-ci peuvent néanmoins apparaître et se propager ultérieurement à cause de sollicitations cycliques. La conception se base dans ce cas sur la courbe de Wöhler du matériau. En revanche, les structures plus grandes ne peuvent pas être considérées comme dépourvues de fissures, en particulier si elles ont été soudées. Leur durée de vie est alors estimée en se basant sur la vitesse prévue pour la propagation d'une fissure, cette vitesse étant intégrée pour déterminer le nombre de cycles nécessaires pour que la fissure atteigne une taille dangereuse.

La rupture n'est cependant pas toujours une mauvaise chose. Elle permet en effet d'accéder au contenu d'emballages thermorétractables, à la nourriture et aux médicaments contenus dans des récipients dont la fermeture d'origine est garantie, ainsi qu'aux boissons contenues dans des canettes métalliques. La stratégie dans ce cas est de concevoir des sites de concentrations de contrainte, qui créent localement des contraintes élevées à l'endroit où la rupture est désirée, et de choisir un matériau avec une résistance adéquate mais une faible ductilité.

10.6 Lectures complémentaires

Broek, D. (1981). *Elementary Engineering Fracture Mechanics* (3rd ed.). Boston, USA: Martinus Nijhoff. ISBN 90-247-2580-1. (*Une introduction classique et bien documentée sur les complexités de la mécanique de la rupture.*)

Ewalds, H. L., & Wanhill, R. J. H. (1984). *Fracture Mechanics*. London, UK: Edward Arnold. ISBN 0-7131-3515-8. (*Une introduction à la mécanique de la rupture et aux essais mécaniques pour des sollicitations statiques et cycliques.*)

Hertzberg, R. W. (1989). *Deformation and Fracture of Engineering Materials* (3rd ed.). New York, USA: Wiley. ISBN 0-471-63589-8. (*Un texte lisible et détaillé couvrant la déformation, la rupture et la fatigue.*)

Hudson, C. M., & Rich, T. P. (Eds.), (1986). *Case Histories Involving Fatigue and Fracture Mechanics*. American Society for Testing and Materials, USA: ASTM STP 918. ISBN 0-8031-0485-5. (*Une compilation d'études de cas de ruptures par fatigue, beaucoup désastreuses, en analysant ce qui s'est mal passé.*)

Suresh, S. (1998). *Fatigue of Materials* (2nd ed.). Cambridge, UK: Cambridge University Press. ISBN 0-521-57847-7. (*Un bon début pour une introduction reconnue sur la fatigue en science des matériaux, à la fois dans les matériaux ductiles et fragiles, avec des études de cas.*)

Tada, H., Paris, G., & Irwin, G. R. (2000). *The Stress Analysis of Cracks Handbook* (3rd ed.). ISBN 1-86058-304-0. (*Un catalogue très complet des facteurs d'intensité de contrainte pour une large gamme de géométries et de modes de sollicitation.*)

10.7 Exercices

Exercice E10.1 Dans les souffleries supersoniques, des réservoirs cylindriques sont utilisés pour contenir de l'air sous forte pression (un écoulement hypersonique est produit en relâchant la pression). Ces réservoirs sont régulièrement soumis à des essais de vérification pour s'assurer de leur sécurité. Considérons un réservoir en acier avec un diamètre de 400 mm, une épaisseur de paroi de 20 mm et une ténacité à la rupture de 42 $MPa{\cdot}m^{1/2}$. Si ce réservoir survit à une pression de 40 MPa (400 atmosphères), quelle est la taille de la plus grande fissure qu'il est susceptible de contenir ?

Exercice E10.2 On doit sélectionner un polymère pour réaliser un couplage flexible. Le module du polymère doit être supérieur à 2 GPa. L'objectif est de maximiser la flexion sans qu'il y ait rupture. A l'aide de la carte en figure 10.4, identifier deux matériaux remplissant ces exigences. Est-ce qu'un métal possède d'aussi bonnes performances ?

Exercice E10.3 Les pare-chocs des voitures doivent absorber de l'énergie sans rompre totalement. Les plus efficaces se déforment plastiquement, en absorbant de l'énergie par travail plastique, mais ils ne sont pas réutilisables. En revanche, les pare-chocs qui restent élastiques retrouvent leur forme après un impact. Pour des raisons pratiques, le module du matériau doit être supérieur à 10 GPa. A l'aide de la carte en figure 10.4, trouver des matériaux non métalliques pour réaliser des pare-chocs élastiques, en considérant que l'aspect le plus important est de maximiser l'allongement avant rupture (la contrainte sur le module garantit qu'il absorbe assez d'énergie).

Exercice E10.4 Les matériaux avec une ténacité G_c élevée ont généralement un module élevé. Cependant, une ténacité élevée et un module faible sont parfois requis afin d'offrir une certaine flexibilité au composant. Utiliser la carte en figure 10.4 pour trouver le matériau (parmi ceux représentés) qui a un module inférieur à 0.5 GPa et la plus grande ténacité G_c. Quelles sont les applications de ce matériau qui exploitent cette combinaison de propriétés ?

Exercice E10.5 Pour soutenir un système optique de précision (par exemple un équipement de métrologie utilisant un laser) sur une plate-forme stable, on peut le poser sur une plaque de granite munie de socles servant à ajuster sa hauteur. (Le granite peut être abrasé pour obtenir une surface plane et il est très stable thermiquement et résistant.) Supposer que le granite choisi a une ténacité à la rupture de 0.9 $MPa \cdot m^{1/2}$ et que les essais de CND ont montré qu'il peut contenir des fissures internes d'une longueur allant jusqu'à 5 mm. La plaque a une longueur de 2 m et une largeur de 1 m. Elle est en appui simple à ses extrémités et doit supporter une charge de 2000 N uniformément distribuée sur sa face supérieure (cf. fig. 7.2 du texte). Quelle est l'épaisseur minimale que la plaque doit avoir ? Tenir compte du propre poids de la plaque et supposer qu'au moins une des fissures est située là où la contrainte de traction est maximale, c'est-à-dire sur la face inférieure (la densité du granite vaut 2700 kg/m^3).

Exercice E10.6 La figure suivante montre, en (a), un cylindre de 20 mm de diamètre destiné à supporter une charge cyclique avec un intervalle de contrainte de ±200 kN. La courbe de Wöhler du matériau utilisé est également représentée. Peut-il supporter au moins 10^5 cycles avant de rompre ?

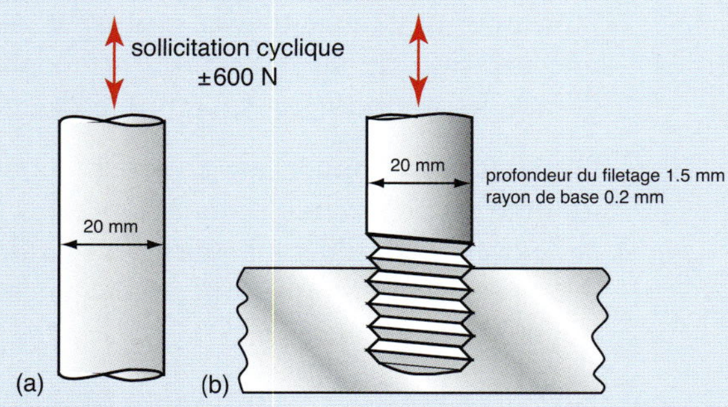

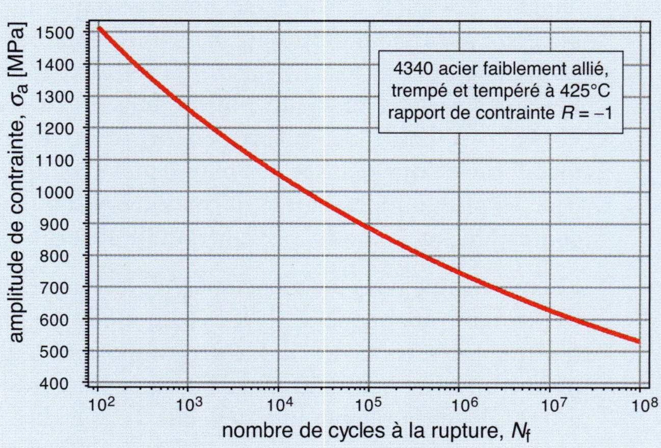

Exercice E10.7 Un test de fatigue a été réalisé sur le composant de l'exercice précédent. Sa rupture est survenue avant 10^5 cycles. Une analyse post-mortem a révélé que la rupture était localisée dans un creux du filetage représenté en (b) sur la figure. La profondeur du filet vaut 1.5 mm et le rayon en fond de filet est de 0.2 mm. Etant données ces informations supplémentaires, combien de cycles le composant peut-il survivre ?

Exercice E10.8 Un adhésif a une ténacité G_c = 100 J/m^2 et une résistance en cisaillement σ_s = 0.1 MPa. Dans un joint à recouvrement, quelles doivent être les dimensions de la zone collée s'il doit supporter une force de traction dans le plan F_t = 100 N, mais permettre le pelage à une force F_p = 5 N ?

Exercice E10.9 Le schéma d'un composant en Ti–6Al–4V, un alliage à haute résistance utilisé dans l'aérospatiale, est montré ci-après. Il est prévu de le solliciter de manière cyclique avec un intervalle de contrainte nominal de ±210 MPa. Quelle sera sa durée de vie ?

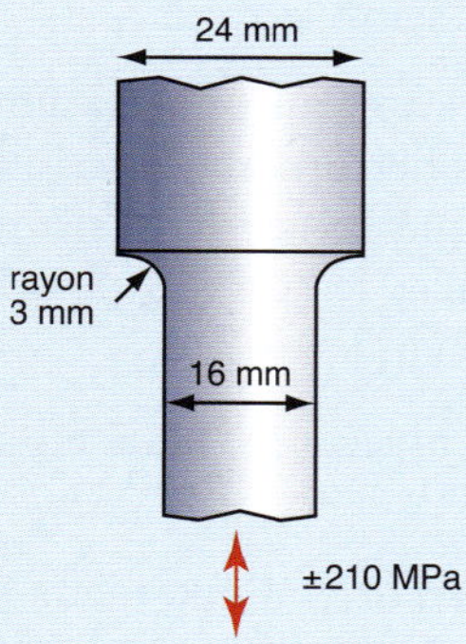

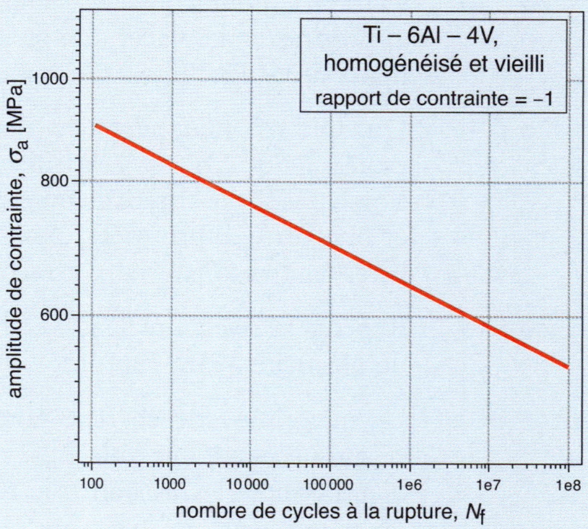

10.8 Conception assistée avec le logiciel CES (utilisez le niveau 2, matériaux)

Exercice E10.10 A l'aide de la fonction « Search », trouver les matériaux utilisés pour :

(a) Des récipients sous pression.
(b) Des tiges de connexion.
(c) Des rails de chemin de fer.

(Effectuer les recherches en utilisant le singulier.)

Exercice E10.11 Comme dans l'exercice E10.2, on doit sélectionner un polymère pour fabriquer un couplage flexible. Le module E du polymère doit être supérieur à 2 GPa. L'objectif est de maximiser la flexion tout en évitant la rupture, ce qui signifie que les matériaux doivent avoir un rapport K_{1c}/E élevé. Utiliser une fonction « Limit » pour imposer la contrainte sur E puis la fonction « Graph » pour construire une carte K_{1c}-E. Ajouter une ligne de sélection appropriée et la placer afin de ne garder que trois matériaux. Quels sont ces matériaux ? Etablir un classement selon le prix.

Exercice E10.12 On doit recommander des matériaux qui ont des limites élastiques supérieures à 500 MPa et les meilleures performances possibles pour une conception basée sur le critère de fuite avant rupture. Réaliser une étape de limitation et une carte appropriées, puis tracer les droites de sélection nécessaires et lister les trois matériaux à recommander.

Exercice E10.13 Répéter la sélection de l'exercice précédent, mais en appliquant un critère de plasticité avant rupture.

Exercice E10.14 Un matériau est recherché pour le corps d'une bielle hautes performances, ce qui nécessite une valeur élevée de l'indice σ_e/ρ, où σ_e représente la limite d'endurance (la résistance à 10^7 cycles de fatigue). Le matériau doit aussi avoir une ténacité suffisante pour tolérer des concentrations de contrainte, c'est-à-dire une valeur $K_{1c} > 15$ MPa·m$^{1/2}$. Réalisez les étapes de sélection appropriées et lister les trois matériaux remplissant au mieux ces critères.

Chapitre 11

Frottement et usure

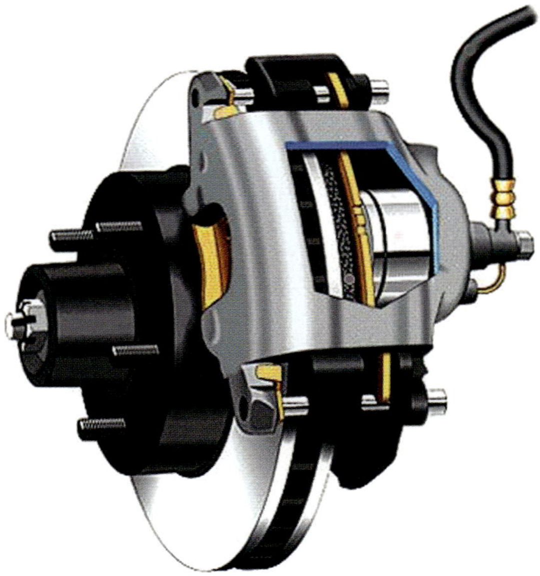

Frein à disque. (Avec la permission de Paul Turnbull, SEMTA, Watford, UK : www.gcseinenginering.com)

Contenu du chapitre

11.1 Introduction et présentation du chapitre

Si Dieu a créé les matériaux, leurs surfaces sont l'œuvre du diable car elles sont assurément sources de nombreux problèmes. Quand des surfaces glissent l'une sur l'autre, il y a frottement, et qui dit frottement dit aussi usure. Les tribologistes – nom générique donné à ceux qui étudient le frottement et l'usure – aiment citer les coûts énormes engendrés par ces deux phénomènes, à travers les pertes énergétiques et l'usure des équipements. Il est vrai que si le frottement pouvait être éliminé, le rendement des moteurs, des boîtes de vitesses, des transmissions et des autres équipements de ce type augmenterait considérablement. D'autre part, si l'usure pouvait être éradiquée, la durée de vie de ces équipements serait aussi beaucoup plus longue. Mais avant d'accepter cette vision négative, rappelons que sans l'usure, ni les crayons ni les craies n'écriraient sur du papier ou des tableaux noirs, et que sans frottement nous glisserions sur la plus légère des pentes.

Les propriétés tribologiques sont des attributs non pas d'un seul matériau, mais d'un matériau qui glisse sur un autre avec encore, presque toujours, un troisième matériau intercalé. Les combinaisons possibles sont donc beaucoup trop nombreuses pour permettre une méthode de sélection simple et systématique. Le choix des matériaux pour des paliers, des transmissions ou des joints coulissants repose fortement sur l'expérience. Cette expérience est retranscrite dans des ouvrages de référence (cf. « Lectures complémentaires »), qu'il s'agit finalement de consulter. Il est néanmoins utile d'avoir une idée de l'ordre de grandeur des coefficients de frottement et des taux d'usure, ainsi que de comment ces paramètres sont reliés à une classe de matériau. Ces notions sont fournies dans ce chapitre.

11.2 Propriétés tribologiques

Une force F_s s'oppose au mouvement relatif de deux surfaces maintenues en contact par une force normale F_n. Cette force F_s est proportionnelle à F_n, mais ne dépend pas de l'aire de la surface de contact. Cette loi a été découverte par Léonard de Vinci[1], puis oubliée et redécouverte 200 ans plus tard par Amontons[2], dont elle porte le nom. Le *coefficient de frottement* μ est défini comme en figure 11.1 par :

$$\mu = \frac{F_s}{F_n} \tag{11.1}$$

[1] Léonard de Vinci (1452-1519), peintre de la Renaissance, architecte, ingénieur, mathématicien, philosophe et inventeur prolifique.

[2] Guillaume Amontons (1663-1705), concepteur d'instruments scientifiques et physicien français qui a perfectionné la *clepsydre*, ou horloge à eau, un dispositif servant à mesurer le temps en laissant de l'eau s'écouler d'un réservoir à travers une petite ouverture.

Exemple 11.1

Le glissement du bois sur le béton a un coefficient de frottement de 0.4. Quelle force requiert le glissement d'une palette en bois sur du béton, si elle est surmontée d'une masse de 300 kg ?

Solution. La force normale F_n s'obtient en multipliant la masse par l'accélération due à la gravité (9.81 m/s^2) : F_n = 2943 N. La force nécessaire au mouvement vaut alors $F_s = \mu F_n$ = 1177 N.

Quand deux surfaces glissent l'une sur l'autre, elles subissent une usure. Les deux surfaces perdent en effet de la matière, même si l'une est beaucoup plus dure que l'autre. Le *taux d'usure* W est par convention défini comme

$$W = \frac{\text{volume de matériaux enlevé par usure (m}^3\text{)}}{\text{distance de glissement (m)}} \tag{11.2}$$

et s'exprime donc en m^2. Il est cependant plus utile dans notre cas de considérer le taux d'usure par unité de surface Ω:

$$\Omega = \frac{W}{A_n} \tag{11.3}$$

Cette dernière grandeur, appelée *taux spécifique d'usure*, est adimensionnelle et proportionnelle à la pression de contact P (la force normale F_n divisée par A_n) :

$$\Omega = k_a \frac{F_n}{A_n} = k_a P \tag{11.4}$$

où k_a, le *coefficient d'usure d'Archard*, s'exprime en (MPa)$^{-1}$ et indique dans quelle mesure un couple de matériaux en glissement a tendance à s'user, une valeur élevée de k_a signifiant une usure rapide pour une pression de contact donnée.

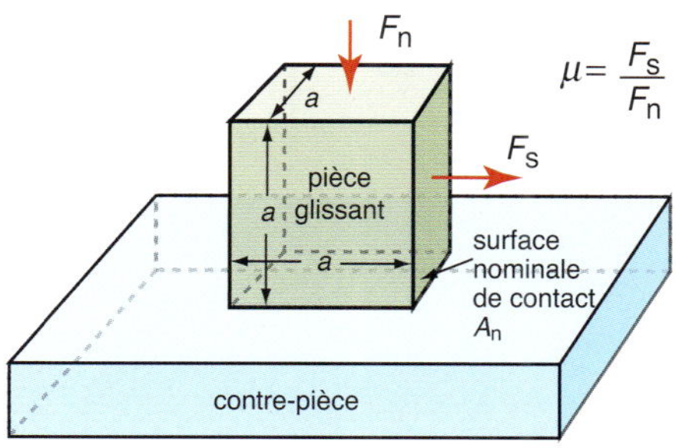

Figure 11.1 Définition du coefficient de frottement μ, avec F_n la force normale à l'interface et F_s la force parallèle à l'interface, requise pour maintenir le mouvement.

Exemple 11.2

Un palier lisse non lubrifié oscille sous une force normale $F_n = 10$ N avec une amplitude $a = 2$ mm et une fréquence $f = 1$ Hz. La surface nominale du contact vaut $A_n = 100$ mm^2 et le coefficient d'usure d'Archard des matériaux utilisés vaut $k_a = 10^{-8}$ MPa^{-1}. Si le palier est utilisé en continu pendant une année, quelle sera l'usure de ses surfaces ?

Solution. Si nous posons Δx comme l'usure subie par les surfaces, alors

$$\Delta x = \frac{\text{volume d'usure}}{\text{surface de contact}} = \Omega \cdot \text{distance de glissement} = k_a \frac{F_n}{A_n} \cdot \text{distance de glissement}$$

La distance de glissement vaut $4a$ par cycle. Sur une année, soit $t = 3.15 \times 10^7$ s, la distance totale de glissement vaut donc $4a \times f \times t = 2.5 \times 10^5$ m, ce qui correspond à une usure de $\Delta x = 2.5 \times 10^{-4}$ m = 0.25 mm.

11.3 Cartes pour le frottement et l'usure

Coefficient de frottement Des estimations pour le coefficient de frottement dynamique à sec (sans lubrification) de certains matériaux sur une contre-surface en acier sont données en figure 11.2. Les valeurs dépendent du matériau, mais en règle générale $\mu \approx 0.5$. Certaines combinaisons de matériaux présentent des valeurs beaucoup plus élevées, soit parce que leurs surfaces se figent quand elles sont frottées ensemble (par exemple un métal mou frotté sur lui-même sous vide et sans lubrification), soit parce qu'une des surfaces a un module assez

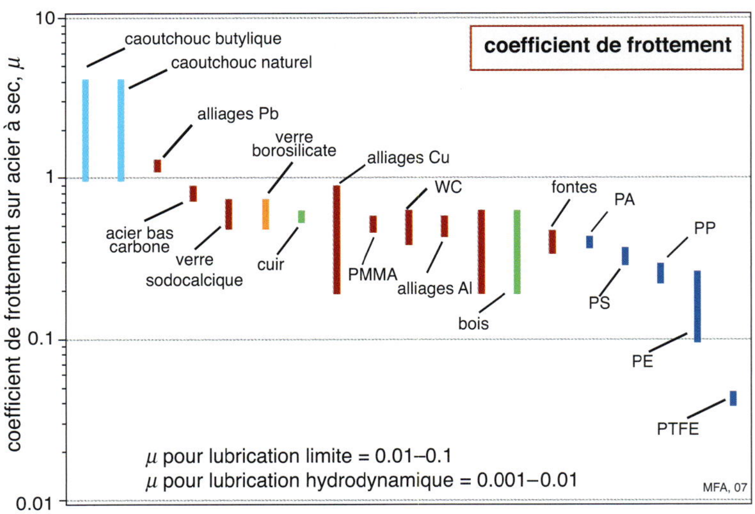

Figure 11.2 Coefficient de frottement dynamique μ de différents matériaux sur une surface d'acier non lubrifiée.

faible pour s'adapter aux rugosités de l'autre surface (par exemple le caoutchouc sur du béton rugueux). A l'autre extrême figurent des combinaisons avec des coefficients de frottement exceptionnellement faibles, comme le PTFE glissant sur de l'acier poli ou les paliers en bronze avec des coussinets en graphite. Le coefficient de frottement est alors aussi faible que 0.04, mais, comme indiqué dans la partie inférieure du diagramme, cette valeur reste élevée comparée au frottement de surfaces lubrifiées.

Carte taux d'usure–dureté Le coefficient d'usure d'Archard k_a est représenté en fonction de la dureté, exprimée ici en MPa, en figure 11.3 (dureté en MPa ≈ 10 × dureté Vickers H_V). La pression de contact P est spécifiée par la conception. La dureté d'une surface mesure sa capacité à résister à une pression de contact statique et la pression de contact *maximale* P_{max} correspond donc simplement à la dureté H de la surface la plus molle. Le taux d'usure de la surface d'un palier peut ainsi s'écrire:

$$\Omega = k_a P = k_a \left(\frac{P}{P_{max}} \right) H$$

Deux propriétés du matériau apparaissent dans cette équation: le coefficient d'usure k_a et la dureté H – il s'agit des axes de la carte. Les diagonales représentent le produit

$$K = k_a H \tag{11.5}$$

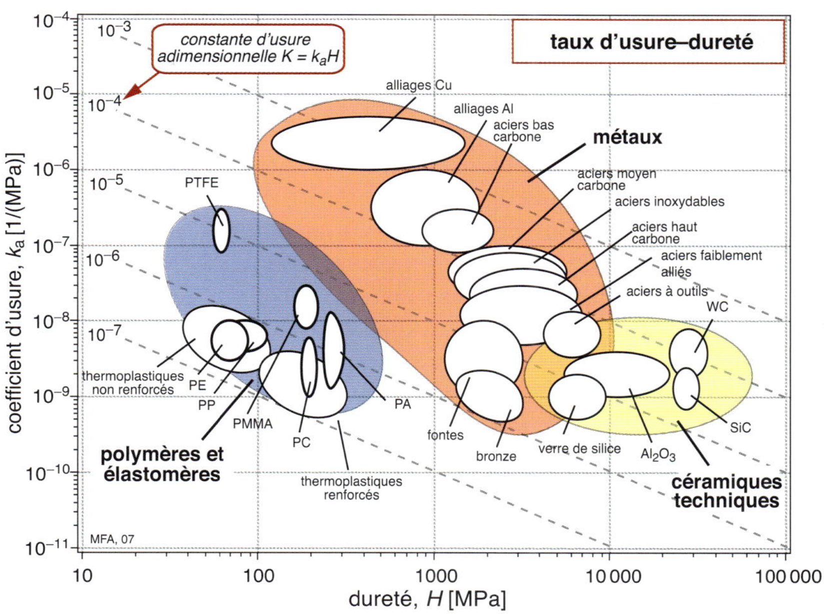

Figure 11.3 Taux d'usure normalisé pour un glissement lubrifié, k_a, en fonction de la dureté H, en MPa (H en MPa = 10 H_v). La carte donne un aperçu du comportement des matériaux courants de l'ingénierie.

Les meilleurs matériaux pour réaliser des paliers avec une pression de contact P donnée sont ceux possédant les plus faibles valeurs de k_a, c'est-à-dire les matériaux situés le plus bas sur la carte. D'un autre côté, un palier efficace, en termes de taille ou de poids, ne sera sollicité qu'à une fraction sûre de sa pression de contact maximale (à une valeur donnée de P/P_{max}). Dans ce cas, les matériaux avec les valeurs minimales du produit k_aH sont les meilleurs. Sur la carte, les matériaux appartenant à une même classe (par exemple les métaux) ont tendance à se situer le long d'une diagonale décroissante, ce qui reflète qu'un faible taux d'usure est lié à une dureté élevée.

Exemple 11.3

Un nouveau polymère composite durci par des nanoparticules de céramique a une dureté Vickers de 100. Extrapoler les données des polymères représentés sur la carte en figure 11.3 pour estimer le coefficient d'usure d'Archard que ce matériau peut avoir.

Solution. Une dureté Vickers de 100 équivaut à une dureté de 1000 MPa. En extrapolant les données des polymères jusqu'à 1000 MPa, nous obtenons un coefficient d'usure d'Archard d'environ 10^{-10} MPa^{-1}.

11.4 Physique du frottement et de l'usure[3]

Frottement Les surfaces ne sont jamais parfaitement planes, peu importe la méticulosité avec laquelle elles ont été réalisées ou polies. La rugosité d'une surface, définie au chapitre 18, dépend du procédé utilisé. Ainsi, une pièce réalisée par moulage en sable a une surface très rugueuse, alors que l'usinage de précision permet d'obtenir une surface beaucoup plus lisse. Mais même une finition « miroir » n'est pas parfaitement lisse. A fort grossissement, les surfaces ont l'aspect tel que représenté en figure 11.4(a) et consistent en une série infinie de creux et de pics. Lorsque deux surfaces sont mises en contact, elles se touchent donc uniquement aux endroits où les aspérités se rencontrent, comme sur la figure 11.4(b). La force F_n n'étant supportée que par les aspérités en contact, la surface effective de contact A_r n'est qu'une faible partie de la surface apparente, ou nominale, A_n.

Lorsqu'elles entrent en contact, les aspérités se déforment de manière élastique. Mais même les faibles charges engendrent des contraintes de contact élevées, suffisamment élevées pour causer une déformation plastique comme illustré en figure 11.5(a). L'aplatissement des points de contact forme des jonctions avec une surface totale A_r, comme en figure 11.5(b). Les contacts peuvent supporter une contrainte supérieure à la limite élastique en sollicitation uniaxiale, σ_y, car la déformation des aspérités est contenue par le matériau qui les entoure

[3] Nous devons notre compréhension du frottement et de l'usure aux travaux de nombreux ingénieurs et scientifiques, et notamment à la collaboration remarquablement durable et productive entre l'Australien Philip Bowden (1903-1968) et l'Anglais d'origine lituanienne David Tabor (1913-2005), entre 1936 et 1968 à Melbourne et Cambridge.

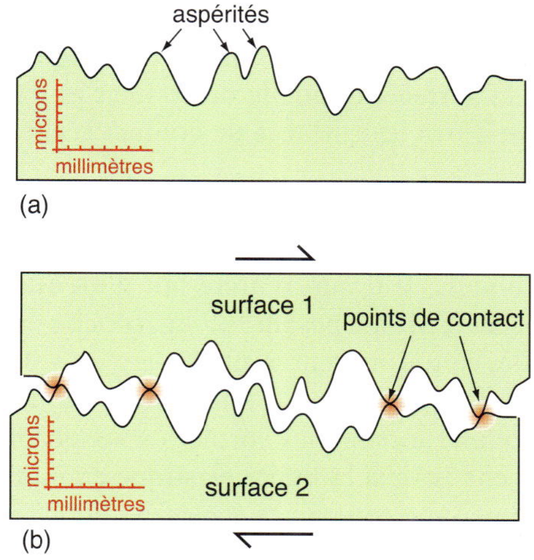

Figure 11.4 (a) Profil d'une surface à fort grossissement. (b) Deux surfaces en contact ne se touchent que sur certaines aspérités.

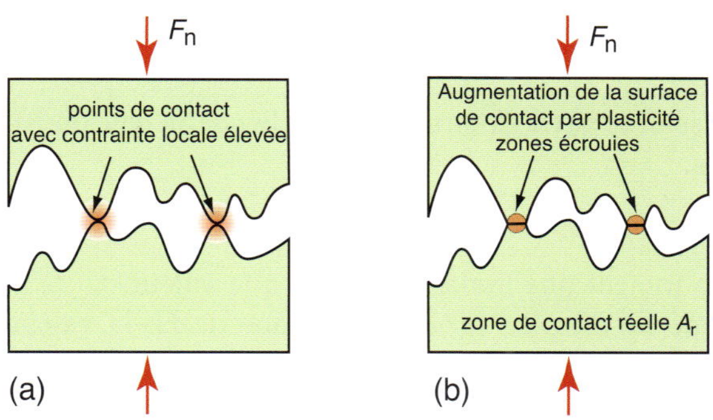

Figure 11.5 Des contraintes de contact élevées apparaissent quand des surfaces sont mises en contact (a). Il en résulte une déformation plastique qui fait augmenter la surface de contact A_r jusqu'à ce que la force F_n puisse être supportée sans déformation plastique supplémentaire (b).

(les pics en fig. 11.5 sont exagérés par souci de clarté). Les contacts locaux sur une surface plane ressemblent à des indentations de dureté (chap. 6). La charge totale transmise à travers la surface vaut donc approximativement

$$F_n = A_r H \tag{11.6}$$

avec la dureté $H \approx 3\sigma_y$. La surface réelle de contact a donc une limite inférieure donnée par

$$A_r \approx \frac{F_n}{3\sigma_y} \tag{11.7}$$

Pour constater à quel point cette surface est petite, reprenons le cube de la figure 11.1. Sa masse étant $m = \rho a^3$, la force requise pour supporter son poids vaut $F_n = \rho g a^3 = \rho g a A_n = 3 A_r \sigma_y$, où $A_n = a^2$ est la surface nominale de contact et g est l'accélération due à la gravité (9.81 m/s^2). Le rapport entre les surfaces de contact réelle et nominale vaut donc

$$\frac{A_r}{A_n} = \frac{\rho g a}{3\sigma_y}$$

Par conséquent, un cube de 100 mm d'arête fait d'un acier ordinaire (densité de 7900 kg/m^3, limite élastique de 250 MPa), pesant 7.9 kg, touche une surface dure sur seulement 1% de sa surface nominale, ce qui ne représente qu'environ 0.1 mm^2 dans cet exemple.

Considérons à présent le glissement d'une surface au-dessus d'une autre. Si les points de contact se soudent (comme lorsque les surfaces sont propres), le mouvement nécessite une contrainte de cisaillement égale à la limite élastique en cisaillement du matériau τ_y, ou, si les matériaux sont différents, une contrainte égale à la limite élastique en cisaillement du matériau le moins résistant. Pour un glissement non lubrifié, nous avons donc

$$\frac{F_s}{A_r} \approx \tau_y$$

Comme $\tau_y \approx \sigma_y/2$, cela équivaut à

$$F_s \approx \frac{1}{2} A_r \sigma_y \qquad (11.8)$$

En divisant ce résultat par l'équation (11.6), le coefficient de frottement peut être estimé

$$\mu = \frac{F_s}{F_n} \approx 0.17 \qquad (11.9)$$

Cette estimation fournit une limite inférieure à la valeur de μ. Si la contrainte de contact au niveau d'une aspérité est plus proche de σ_y que de H, la valeur estimée serait $\mu \approx 0.5$. Ce résultat est consistant avec la tendance observée en figure 11.2.

Nous avons jusque-là considéré le frottement *dynamique*, F_s étant la force requise pour maintenir un glissement stationnaire. Si les surfaces en contact sont statiques, les points de contact ont tendance à s'agrandir par fluage, et elles deviennent plus fortement liées. La force nécessaire pour amorcer le mouvement est donc plus élevée que celle requise pour le maintenir. Cela signifie que le coefficient de frottement statique μ_s est plus élevé que le coefficient de frottement dynamique. Cela peut provoquer un glissement saccadé qui crée par exemple des vibrations dans les freins, mais qui permet aussi aux crins d'un archet de faire vibrer une corde de violon.

Usure Nous distinguons deux types d'usure: l'*usure adhésive* et l'*usure abrasive*. L'usure adhésive est caractéristique des contacts entre un même matériau ou entre des matériaux similaires (par exemple entre le cuivre et l'aluminium). Dans ce cas, l'usure des surfaces survient car les pointes des aspérités, qui adhèrent les unes aux autres, se détachent lors du glissement. L'usure abrasive est rencontrée lorsqu'une des surfaces est beaucoup plus dure que l'autre (par exemple entre de l'acier et du plastique). Les pointes des aspérités du matériau dur s'enfoncent alors dans le matériau tendre et l'abrasent tel du papier de verre.

La figure 11.6 montre comment l'adhésion entre deux surfaces fait que des fragments d'usure sont arrachés de la surface. Pour minimiser le taux d'usure, il faut donc minimiser la taille de ces fragments, ce qui signifie minimiser la surface de contact. Comme $A_r = F_n/\sigma_y$, l'usure est réduite en diminuant la charge ou en augmentant σ_y (soit la dureté de la surface).

L'usure abrasive est illustrée en figure 11.7. Les aspérités de la surface plus dure arrachent des fragments de la surface plus tendre, comme quand on râpe du fromage. Un problème plus fréquemment rencontré est celui de la contamination : des particules dures (poussière, sable, particules d'usure oxydées) s'incrustent dans une des surfaces et sillonnent l'autre. C'est pour éviter cela que les voitures ont des filtres à air et à huile.

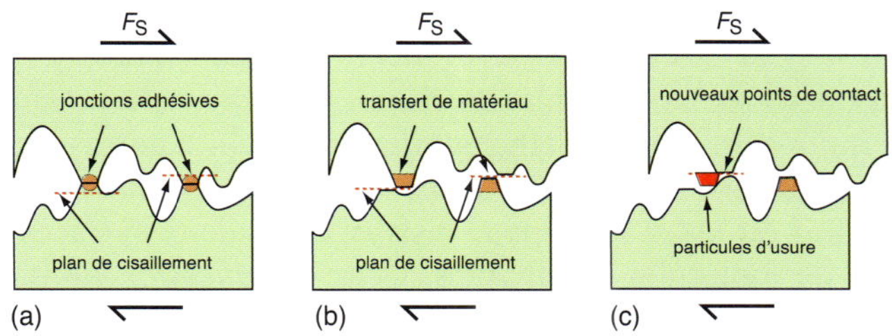

Figure 11.6 Usure adhésive : l'adhésion à des points de contact écrouis provoque un détachement de matière lorsque les surfaces glissent.

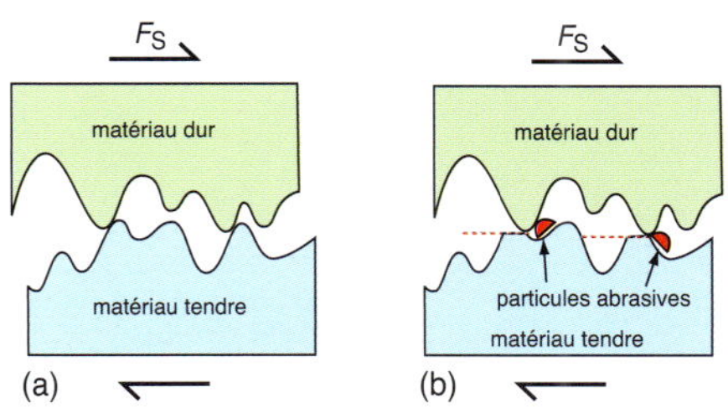

Figure 11.7 Usure abrasive : les aspérités d'un matériau dur, ou des particules dures incrustées, progressent difficilement à travers un matériau plus tendre, en arrachant des particules.

11.5 Conception et sélection : matériaux pour gérer le frottement et l'usure

Les *paliers* permettent le mouvement relatif de deux composants dans une ou deux dimensions, tout en contenant leur mouvement selon les autres directions. Les critères de sélection principaux sont un faible frottement et la capacité de supporter la charge F_n sans déformation plastique, surchauffe ou usure excessive. Le principe des *freins* et des *embrayages* repose en revanche sur un frottement élevé, mais leur conception, comme nous le verrons plus tard, est plus complexe que cela. Mais intéressons-nous tout d'abord aux paliers.

Pour le glissement à sec, comme nous l'avons vu, le coefficient de frottement μ est généralement d'environ 0.5. Si le système de transmission d'une voiture avait des paliers avec un tel coefficient de frottement, la puissance transmise aux roues serait négligeable car presque toute l'énergie serait dissipée sous forme de chaleur dans les surfaces des paliers. En réalité, environ 15% de la puissance du moteur sont perdus par frottement grâce à deux innovations: la *lubrification* et le remplacement des paliers lisses par des *paliers rotatifs*.

Lubrification La majorité des lubrifiants sont des huiles visqueuses contenant des additifs avec des groupes polaires (des acides gras avec des groupes $-OH^-$ comme dans le savon ordinaire) qui se lient aux surfaces d'un métal par chimisorption (fig. 11.8). Une couche de lubrifiant entre deux surfaces permet un cisaillement facile, freiné uniquement par la viscosité de l'huile, ce qui résulte en un coefficient de frottement compris dans la gamme 0.001-0.01. Quand les surfaces sont statiques, la force F_n tend à expulser l'huile hors du palier, mais la liaison de l'additif est assez forte pour résister et les deux surfaces restent séparées par une double couche de molécules lubrifiantes. Cette *lubrification limite* suffit pour protéger les surfaces pendant le démarrage ou pour un glissement avec de faibles charges, mais il ne faut pas s'y fier pour une utilisation continue ou pour des performances élevées. Pour cela, une *lubrification hydrodynamique* est requise.

La viscosité de l'huile est à la fois une bonne et une mauvaise chose. Elle a le désavantage d'exercer une traînée (et donc un frottement) sur des composants en mouvement, mais sans elle, la lubrification hydrodynamique serait impossible. Le principe de la lubrification hydrodynamique est expliqué en figure 11.9 (une explication due à Reynolds[4]). Les paliers lisses

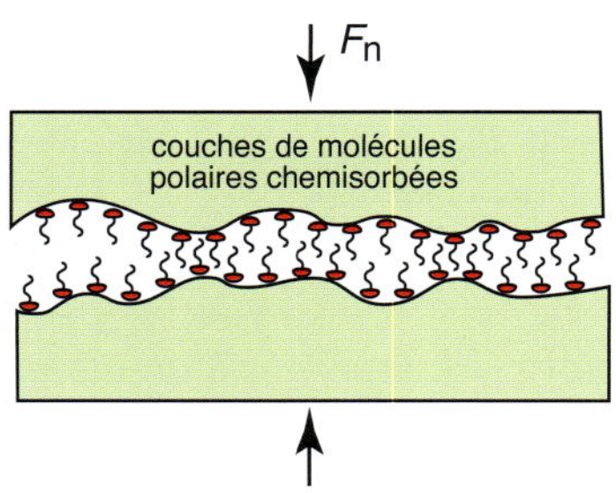

Figure 11.8 Formation d'une couche de molécules polaires chemisorbées; le point rouge et la queue représentent respectivement le groupe polaire et la chaîne d'hydrocarbures qui lui est attachée.

[4] Osborne Reynolds (1842-1912), brillant mathématicien et ingénieur nord-irlandais, mais piètre conférencier. Il est connu pour ses contributions dans les domaines de la lubrification et des écoulements turbulents, ainsi que pour le célèbre nombre qui porte son nom (un nombre adimensionnel décrivant la transition d'un écoulement laminaire à un écoulement turbulent).

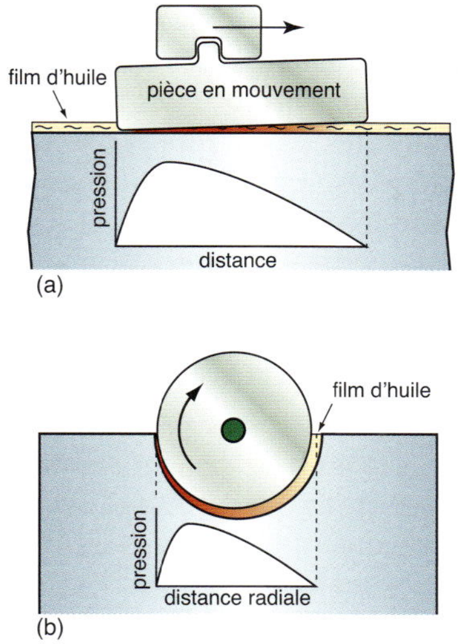

Figure 11.9 Distribution de la pression dans un palier lisse et dans un palier rotatif avec une lubrification hydrodynamique.

sont conçus de manière à ce que les surfaces soient légèrement inclinées. L'huile est entraînée le long de la région en biseau comprise entre les deux surfaces, de l'extrémité large vers l'extrémité étroite (fig. 11.9(a)). L'augmentation de pression lorsque l'huile est comprimée maintient les surfaces écartées et s'oppose à la force normale de la charge supportée par le palier. La pression est maximale juste derrière le centre de la partie coulissante, où la couleur est le plus intense sur la figure. Le même principe gouverne l'auto-alignement d'un palier lisse rotatif tel que représenté en figure 11.9(b). Le lubrifiant est de nouveau entraîné à cause de sa viscosité vers l'extrémité étroite de la région en biseau, où l'augmentation de pression repousse l'arbre dans l'axe du palier. Il en résulte que les surfaces ne se touchent jamais car elles restent séparées par un film mince d'huile ou de tout autre fluide lubrifiant.

Les lubrifiants à base d'hydrocarbures se décomposent aux températures élevées. Les lubrifiants solides comme le PTFE, le bisulfure de molybdène (MoS_2) ou le graphite (une forme du carbone) ont en revanche des températures d'utilisation plus élevées. Le PTFE, utilisable jusqu'à 250°C environ, possède intrinsèquement un faible coefficient de frottement. Le MoS_2 et le graphite, qui peuvent être utilisés jusqu'à 300 et 500°C respectivement, ont des coefficients de frottement bien inférieurs à 0.1 grâce à leur structure lamellaire, qui permet un cisaillement facile selon certains plans cristallographiques. Ces matériaux peuvent être soit utilisés comme lubrifiants, soit incorporés dans les pores d'un palier poreux (réalisé par frittage de poudres métalliques, par exemple de bronze ou de fonte) pour obtenir des paliers autolubrifiants.

Nous avons désormais les connaissances nécessaires pour déterminer quels sont les meilleurs matériaux pour réaliser des paliers. Le choix dépend du type de palier : palier lisse ou palier à roulement.

Paliers lisses Si les paliers sont lubrifiés correctement, leurs surfaces ne se touchent pas. Presque tous les matériaux qui satisfont les autres contraintes de la conception sont alors envisageables : acier, fonte, laiton, bronze. Les propriétés les plus importantes sont la résistance mécanique (pour supporter les charges), la résistance à la corrosion et la conformabilité – la capacité de s'adapter à un faible désalignement. La lubrification hydrodynamique complète est cependant perdue si les surfaces sont statiques ou si les vitesses de glissement sont faibles, avec à long terme un risque de lubrification limite. Les matériaux des paliers sont choisis pour faire face à cela.

Quand des métaux mous glissent l'un sur l'autre (par exemple le plomb sur du plomb), les jonctions sont faibles mais μ est élevé car la surface de contact est grande. Quand des métaux durs glissent l'un sur l'autre (par exemple l'acier sur de l'acier), les jonctions sont petites mais elles sont fortes et μ est également élevé. Pour avoir un faible frottement et une résistance élevée, il faut incorporer un métal mou dans un métal dur afin que les jonctions soient faibles et petites. Les paliers à base de métal blanc par exemple consistent en du plomb ou de l'étain soutenu par une matrice d'un matériau plus résistant. Les paliers en bronze au plomb consistent en une matrice de bronze, avec une bonne résistance mécanique ainsi qu'à la corrosion, qui contient des particules de plomb qui s'étalent pour former un film en surface facile à cisailler quand les aspérités se touchent. Les paliers poreux imprégnés de polymère sont réalisés en frittant partiellement du bronze puis en introduisant un polymère (généralement du PTFE) dans les pores. Ce genre de paliers n'est pas conçu pour être utilisé à sec, mais si cela arrive, le composant mou les sauvent, du moins provisoirement.

Paliers à roulements Dans les paliers à roulements, la charge est supportée par une série de billes ou de rouleaux qui sont contenus dans une *cage* disposée entre une *bague* intérieure et une *bague* extérieure (fig. 11.10). Si la sollicitation est radiale, la charge est supportée à chaque instant par la moitié des billes ou des rouleaux, mais de manière inégale : l'élément le plus sollicité supporte une charge environ égale à $5/Z$ fois la charge appliquée, avec Z le nombre total de billes ou de rouleaux contenus dans le palier. Les contraintes de contact sont élevées car sa surface de contact avec la bague est faible.

L'exigence principale est que la déformation des composants du palier reste en tout temps élastique. Le choix du matériau est donc guidé principalement par un critère de dureté élevée et se porte généralement sur un acier à haute teneur en carbone ou un acier à outils. Si le palier doit fonctionner dans un environnement corrosif ou à des températures élevées, on

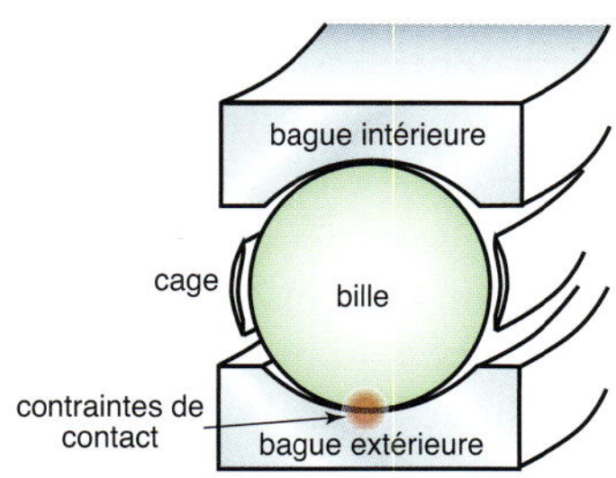

Figure 11.10 Palier à roulement. Les contraintes de contact sont élevées, ce qui requiert des matériaux avec une dureté et une résistance à la fatigue élevées.

préfère utiliser un acier inoxydable ou une céramique (carbure ou nitrure de silicium). Si les charges sont très faibles, un thermoplastique (polypropylène ou acétal) peut être utilisé pour fabriquer les bagues, avec l'avantage de ne nécessiter aucune lubrification (les pédales bon marché possèdent parfois de tels paliers).

La défaillance des paliers à roulement est généralement due à la fatigue. Les charges et décharges répétées exercées sur les billes et sur les bagues pendant la rotation du palier provoquent la germination de fissures, ce qui fend les billes ou forme des cavités à la surface des bagues. Les inclusions présentes dans le matériau étant des sites pour la germination de fissures de fatigue, les aciers utilisés pour les paliers à roulement sont élaborés sous vide, de manière à être aussi propres et dépourvus d'inclusions que possible.

Frottement élevé : matériaux pour les freins et les embrayages La mise en pratique du frottement semble facile. Les freins des diligences utilisaient le frottement : un bloc de bois en forme de cuillère, parfois mis face à du cuir (μ plus élevé), était ralenti par une vis pour frotter contre le bord de la roue. L'action des matériaux actuellement utilisés dans les freins ne se limite cependant plus au frottement.

Etonnamment, les matériaux utilisés pour les garnitures de freins n'ont pas des coefficients de frottement spécialement élevés ($\mu \approx 0.4$). Ce n'est pas la valeur de μ qui est essentielle, mais plutôt la capacité du matériau à ne pas vibrer, s'user ou s'affaiblir, ce qui n'est pas chose facile. En effet, l'arrêt d'une voiture d'une tonne roulant à 100 km/h dissipe une énergie d'environ 0.4 MJ, ce qui suffit (sans pertes) pour chauffer 1 kg d'acier à 800°C. Les matériaux des freins doivent fonctionner à des températures qui approchent de telles valeurs, et ils doivent le faire de manière répétée et sans à coups pour éviter les crissements, inacceptables même dans les voitures les moins chères. Les matériaux doivent donc tolérer et conduire la chaleur afin de limiter l'augmentation de température, et, bizarrement, ils doivent aussi avoir un caractère lubrifiant pour éviter les crissements.

Au cours de la majorité de son histoire, l'automobile a utilisé des garnitures de freins en amiante compactée (capable de tolérer des températures allant jusqu'à 2000°C) mélangée à des particules ou des fils de laiton ou de cuivre pour améliorer la conduction thermique et la résistance mécanique. Lorsqu'il est apparu que la poussière d'amiante produite par l'usure des freins n'était peut être pas une très bonne chose pour l'homme, de nouveaux matériaux sont apparus. Ce sont des exemples de conception de matériaux composites : si aucun matériau ne peut remplir une fonction donnée, nous pouvons en synthétiser un qui le fasse.

Les matériaux utilisés aujourd'hui sont un assemblage : une matrice, un additif abrasif pour augmenter le frottement, un renfort (permettant si possible de conduire la chaleur) et un lubrifiant pour supprimer les vibrations. Les détails sont des secrets de fabrication mais voilà l'idée. Les plaquettes de frein d'un vélo sont constituées d'un caoutchouc synthétique contenant des particules d'un silicate bon marché pour réduire l'usure des plaquettes et pour que le frottement soit humide. Les plaquettes d'une voiture ont une matrice phénolique avec des particules de silicates et de carbure de silicium (particules utilisées pour des papiers abrasifs) pour contrôler le frottement, et de graphite ou de MoS_2 comme lubrifiant. Sur un jet militaire, un avion 747 ou une Formule 1, les plaquettes sont en carbone ou en céramique car la température élevée est alors un problème tandis qu'un remplacement tous les 10 jours est acceptable si elles supportent la chaleur (essayer de calculer combien d'aluminium vous pourriez fondre avec l'énergie dissipée en stoppant un avion 747 lancé à 200 km/h).

Combattre l'usure Comme expliqué auparavant, le taux d'usure augmente avec la pression P exercée sur le palier (éq. (11.4)). Il augmente aussi avec la vitesse de glissement v, car le travail qui s'oppose au frottement est plus important si le glissement est rapide, et ce travail est complètement transformé en chaleur. Les matériaux utilisés dans un palier ont une gamme P–v acceptable dans laquelle ils peuvent être utilisés. Si l'on s'aventure en dehors de cette gamme, un blocage ou une usure catastrophique vont survenir (fig. 11.11(a)). Pour pouvoir supporter des pressions plus élevées, il faut choisir des matériaux avec une résistance plus élevée. Des matériaux avec une conductivité thermique et un point de fusion plus élevés (ou un frottement plus faible) permettent quant à eux de supporter des vitesses plus élevées.

La lubrification diminue évidemment le frottement. La figure 11.11(b) montre qu'elle n'augmente pas la pression que le palier peut supporter (il s'agit d'une propriété statique du matériau), mais augmente par contre la vitesse de glissement permise. Si la lubrification limite étend un peu la gamme P–v d'utilisation, la lubrification dynamique l'étend beaucoup plus. Noter cependant sa baisse aux faibles vitesses, quand la vitesse ne suffit plus pour créer les profils de pression de la figure 11.9.

A des vitesses de rotation très élevées, comme dans les ultracentrifugeuses, les systèmes gyroscopiques de navigation et les super volants d'inertie utilisés pour le stockage d'énergie, il existe une vitesse limite quand les forces centrifuges dépassent la résistance du matériau et que l'ensemble du système se désintègre.

Les matériaux durs ont des faibles taux d'usure mais ont tendance à être fragiles. Les matériaux tendres sont plus tenaces mais s'usent rapidement. L'usure est une propriété de surface alors que la ténacité est une propriété de volume. Pour combattre l'usure, la démarche consiste donc à prendre un matériau tenace et à lui donner un revêtement dur, en utilisant des procédés de traitement de surface. La surface des aciers à forte teneur en carbone est durcie par une chauffe rapide, à l'aide d'une flamme, d'un faisceau d'électrons ou d'un faisceau laser, suivie d'une trempe. La *carburation*, la *nitruration* et la *boruration* rendent résistants à l'usure des composants comme des vilebrequins ou des billes de roulement. Ces procédés consistent à faire diffuser des atomes de carbone, d'azote ou de bore dans une fine

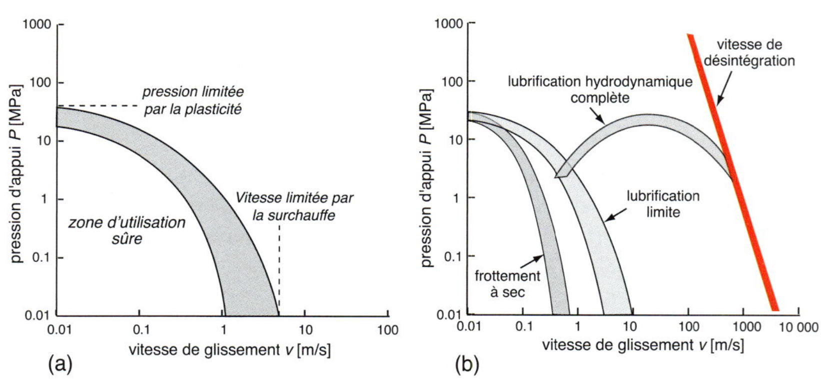

Figure 11.11 (a) Courbe P–v d'un matériau de palier. (b) Gammes P–v pour différents glissements lubrifiés et non lubrifiés, limités aux vitesses très élevées par la désintégration du palier sous la force centrifuge.

couche en surface, où ils réagissent pour former des particules de carbures, de nitrures ou de borures. Des couches dures et résistantes à la corrosion constituées d'alliages riches en tungstène, en cobalt ou en chrome peuvent être vaporisées sur des surfaces, mais un procédé de finition est alors nécessaire pour restaurer la précision dimensionnelle. Les revêtements durs de céramiques en alumine (Al_2O_3) ou en carbure de tungstène ou de titane (WC, TiC) peuvent être appliqués par projection plasma pour donner une résistance à la fois à l'usure et aux attaques chimiques. Les méthodes de déposition chimique ou physique en phase vapeur permettent d'effectuer des revêtements d'autres métaux et céramiques, y compris de carbone de type diamant (« diamond-like coating » en anglais).

Les profils de tous ces traitements (et davantage) sont inclus dans le logiciel CES sous l'en-tête « Traitement de surface ». Le logiciel permet de sélectionner des revêtements pour satisfaire les exigences données d'une conception, parmi lesquelles la résistance à l'usure est une des plus importante. Nous y reviendrons dans le chapitre 18 consacré à la sélection des procédés.

11.6 Résumé et conclusions

Le glissement des surfaces s'accompagne d'un frottement et d'une usure. S'il était possible de supprimer complètement le frottement, un rouet à filer tournerait éternellement. De plus, si l'usure pouvait aussi être totalement éliminée, la durée de vie du rouet serait illimitée. Mais il s'agit là de deux choses à peu près aussi probables que de vivre éternellement sans rien manger. Nous devons donc apprendre à vivre avec le frottement et l'usure : les mettre à profit quand ils s'avèrent utiles mais minimiser les problèmes qu'ils engendrent quand ils sont néfastes.

Le frottement possède cette propriété remarquable que la force nécessaire pour faire glisser une surface au-dessus d'une autre dépend de la force normale qui maintient les surfaces en contact, mais ne dépend pas de l'aire du contact. Cela provient du fait que les surfaces ne sont jamais parfaitement lisses et qu'elles ne se touchent donc qu'en certains points (quelque peu aplatis par la pression). Les points de contact étant juste assez nombreux pour supporter la force normale, leur nombre ne varie pas avec l'aire du contact. La force nécessaire au glissement est donc également indépendante de l'aire car elle correspond à la force requise pour cisailler les points de contact.

L'usure est localisée aux points de contact. Le cisaillement des points de contact lors du glissement mène à la formation de particules d'usure. Ce phénomène peut être utile car il aide les surfaces à s'ajuster l'une à l'autre, ce qui permet de roder un dispositif mécanique. Mais si les particules d'usure, ou d'autres particules (poussière, sable) s'introduisent entre les surfaces, l'action abrasive se poursuit et les surfaces s'usent.

Les matériaux mous comme le plomb, le polyéthylène, le PTFE ou le graphite, sont facilement cisaillés. Le frottement lors du glissement peut donc être réduit en revêtant une surface de ces matériaux. C'est pour cette raison que les skis et les snowboards ont des semelles en polyéthylène. La lubrification hydrodynamique permet de réduire davantage le frottement. Elle consiste à maintenir les surfaces écartées pendant le glissement grâce à l'introduction d'un fluide. Le glissement des surfaces est alors nécessaire, sinon le fluide est expulsé. Les lubrifiants intelligents surpassent cette limitation en adhérant aux surfaces, laissant toujours une fine couche de lubrifiant qui permet juste de séparer les surfaces jusqu'à ce que la lubrification hydrodynamique reprenne.

Le frottement, l'usure et la corrosion causent plus de dommages aux dispositifs mécaniques que nulle autre chose. Ces aspects déterminent la durée de vie des produits, ou plutôt le feraient si nous les conservions jusqu'à ce qu'ils soient hors d'usage. Mais dans la société actuelle, de nombreux produits sont jetés avant d'être usés, et beaucoup alors qu'ils fonctionnent encore parfaitement. Nous reviendrons sur cet aspect dans le chapitre 20.

11.7 Lectures complémentaires

Bowden, F. P., & Tabor, D. (1950, 1964). *The Friction and Lubrication of Solids*, Parts 1 and 2. Oxford, UK: Oxford, University Press. ISBN 0-19-851204-X. (*Deux volumes qui établissent les fondamentaux de la tribologie: contact entre solides; frottement des métaux et des non métaux; augmentation de température due au frottement; lubrification limite et autres aspects chimiques; adhésion; usure pendant un glissement; dureté.*)

Hutchings, I. M. (1992). *Tribology: Friction and Wear of Engineering Materials*. London, UK: Arnold. ISBN 0-340-56184-X. (*Une introduction à la mécanique et à la science des matériaux du frottement, de l'usure et de la lubrification.*)

Neale, M. J. (1995). *The Tribology Handbook* (2nd ed.). Oxford, UK: Butterworth-Heinemann. ISBN 0-7506-1198-7. (*Une bible de la tribologie: matériaux, paliers, transmissions, freins, joints, lubrification, défaillance et réparation.*)

11.8 Exercices

Exercice E11.1 Définir le coefficient de frottement. Expliquer pourquoi il ne dépend pas de l'aire de la surface de contact.

Exercice E11.2 Les bois, à la fois les résineux de la famille des pins et les bois durs comme le gaïac (*Lignum vitae*, un bois si dense qu'il coule dans l'eau), étaient historiquement utilisés pour réaliser des paliers; même certaines horloges avaient des paliers en bois dur. Pourquoi? Donner ses propres idées, puis effectuer une recherche sur Internet.

Exercice E11.3 En se basant sur ses expériences sportives (tennis, golf, natation, ski, escalade, deltaplane, etc.), citer des exemples de situations où le frottement est recherché et où il ne l'est pas.

Exercice E11.4 Un problème plus difficile à présent: répéter l'exercice précédent, en se basant de nouveau sur ses expériences sportives, mais pour des situations où l'usure est recherchée et où elle ne l'est pas.

Exercice E11.5 Quelles sont les caractéristiques des matériaux qui conviennent le mieux pour réaliser des plaquettes de frein?

Exercice E11.6 Un palier lisse de 30 mm de diamètre et 20 mm de long est réalisé avec un matériau qui possède les caractéristiques *P–v* représentées en figure 11.11(b). Si la charge est de 300 N et que la vitesse de rotation maximale est de 500 t/min, son utilisation à sec est-elle sûre ? Si tel n'est pas le cas, est-ce qu'une lubrification limite est suffisante ? (Se rappeler que la pression sur le palier est obtenue en divisant la charge par la surface projetée perpendiculaire à la charge.)

Exercice E11.7 Une statue en bronze placée sur le sol en granite d'un musée a une masse de 4 tonnes et sa base a une surface de 0.8 m^2. La limite élastique du bronze vaut 240 MPa. Quelle est la surface de contact effective A_r entre la base et le sol ?

Exercice E11.8 La statue de l'exercice précédent a été déplacée sur la terrasse d'un toit possédant un sol en plomb. La limite élastique du plomb vaut 6 MPa. Quelle est dans ce cas la surface de contact effective ?

Exercice E11.9 Comment mesurer la surface de contact effective A_r entre deux surfaces pressées l'une contre l'autre ? Faire preuve d'imagination pour concevoir différentes méthodes.

11.9 Conception assistée avec le logiciel CES (sauf mention contraire, utiliser le Niveau 2)

Exercice E11.10 Utiliser la fonctionnalité « Search » pour trouver des matériaux utilisés dans les roulements à billes.

Exercice E11.11 Utiliser la fonctionnalité « Search » pour trouver des matériaux utilisés pour les plaquettes de freins (rechercher « brake pad » dans la base de données en anglais). Répéter la recherche pour les freins à disques.

Exercice E11.12 Appliquer une fonction « Limit » sur les traitements de surface pour trouver les procédés qui permettent d'améliorer la résistance à l'usure. (Cliquer sur « Select » dans la barre d'outils principale, puis dans « Selection Data », juste au-dessous, choisir dans le menu déroulant le Niveau 2 : procédés de traitement de surface. Ouvrir une étape de sélection « Limit » et dans fonction du traitement, cocher résistance à l'abrasion.) Explorer le profil de la méthode basée sur l'utilisation d'un laser. Quelles sont ses utilisations typiques ?

Exercice E11.13 Suivre la même démarche que dans l'exercice précédent pour trouver les procédés utilisés pour contrôler le frottement. Explorer le profil « meulage et polissage mécanique ». Quel matériau est utilisé pour fabriquer les meules ?

Chapitre 12
Agitation des atomes: matériaux et chaleur

Echangeur de chaleur. (Avec la permission de International Copper Association.)

Contenu du chapitre

12.1 Introduction et présentation du chapitre

Les propriétés thermiques quantifient la réponse des matériaux à la chaleur. Jusqu'au début du 19e siècle environ, on croyait que la chaleur était une substance physique appelée «calorique», qui s'infiltrait d'une manière ou d'une autre dans les objets quand ils étaient exposés à une flamme. Il a fallu attendre l'Américain Benjamin Thompson[1], soutenu par nul autre que le formidable Carnot[2], pour suggérer ce qui est à présent avéré: la chaleur correspond au mouvement des atomes ou des molécules. Dans les gaz, les atomes se déplacent librement et entrent occasionnellement en collision. Mais dans les solides, ils oscillent autour de leur position moyenne avec une amplitude qui augmente avec la température. De cette perception émerge toute notre compréhension des propriétés thermiques des solides: leur chaleur spécifique, leur coefficient d'expansion, leur conductivité, et même leur fusion.

La chaleur affecte aussi les propriétés mécaniques et physiques. Quand la température augmente, un matériau se dilate, son module élastique diminue et sa résistance mécanique chute. Le matériau commence alors à fluer, c'est-à-dire à se déformer lentement au cours du temps, à une vitesse qui augmente quand la température s'approche de son point de fusion, où le solide finit par perdre toute sa rigidité et sa résistance. Cet aspect est laissé pour le chapitre 13.

La conception thermique, dernier sujet de ce chapitre, est une conception qui tient compte des effets de la chaleur, ou qui les exploite le cas échéant. L'image en première page de ce chapitre en montre un exemple: il s'agit d'un échangeur de chaleur en cuivre conçu pour transférer efficacement la chaleur entre deux fluides en circulation.

12.2 Propriétés thermiques: définitions et mesures

Deux températures sont des points de référence fondamentaux, la *température de fusion* T_m et la *température de transition vitreuse* T_g (toutes deux en kelvin[3], K, ou degrés Celsius, °C), car elles sont directement reliées à la résistance des liaisons dans un solide. Les solides cristallins purs ont un point de fusion bien défini, T_m, où ils se transforment en un liquide de faible viscosité. Les alliages présentent généralement un intervalle de fusion, mais le début et la fin de la fusion surviennent aussi à des températures précises. En revanche, les matériaux moléculaires amorphes comme les thermoplastiques passent graduellement d'un véritable solide à un liquide très visqueux, le début de cette transition étant caractérisé par la température de transition vitreuse T_g. Deux températures supplémentaires sont utiles pour la

[1] Benjamin Thompson (1753-1814), devenu Lord de Rumford. En charge du forage des canons à l'arsenal de Watertown, près de Boston dans le Massachusetts, il nota à quel point ceux-ci devenaient chauds et formula l'«équivalence mécanique de la chaleur» – ce que nous appelons à présent chaleur spécifique.

[2] Sadi Nicolas Léonhard Carnot (1796-1832), physicien et ingénieur français qui formula le cycle de Carnot et le concept d'entropie à la base de l'optimisation des machines thermiques. Il mourut du choléra, un sort qui, Dieu merci, épargne désormais la majorité des physiciens.

[3] William Thompson, Lord Kelvin (1824-1907), mathématicien écossais qui apporta des contributions dans de nombreuses branches de la physique. Il était connu pour avoir une grande confiance en lui, ce qui l'amena à déclarer (en 1900) qu'il n'y avait plus rien à découvrir en physique – il savait déjà tout.

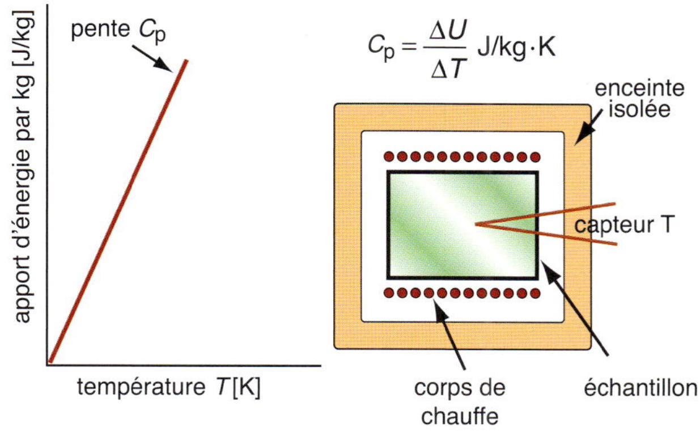

Figure 12.1 Mesure de la chaleur spécifique C_p, exprimée en J/kg·K.

conception: les *températures d'utilisation maximale* et *minimale*, T_{max} et T_{min}, établies empiriquement. La première indique la température maximale à laquelle un matériau peut être utilisé en continu sans problèmes d'oxydation, d'altération chimique ou de déformation excessive. La seconde est la température au-dessous de laquelle le matériau devient fragile ou son utilisation devient dangereuse pour toute autre raison.

Chauffer un matériau nécessite de l'énergie. L'énergie requise pour augmenter de 1 K la température d'une masse de 1 kg est appelée *chaleur spécifique*, ou *capacité thermique*. Elle se mesure généralement à pression constante (la pression atmosphérique) et se note alors C_p. La chaleur étant mesurée en joules[4] (J), la chaleur spécifique s'exprime en J/kg·K. Pour les gaz, il est plus commun de mesurer la chaleur spécifique à volume constant, C_v, qui diffère dans ce cas de C_p. Mais pour les solides, la différence est faible et peut donc être ignorée, ce que nous allons faire pour la suite du texte. La chaleur spécifique d'un matériau est déterminée par calorimétrie, qui est aussi la méthode standard pour mesurer la température de transition vitreuse T_g. La figure 12.1 illustre le principe de cette technique. Une quantité d'énergie (électrique dans ce cas) donnée est injectée dans un échantillon de masse connue. L'augmentation de température est alors mesurée, ce qui permet de calculer l'énergie par kg et par K. Les calorimètres sont en réalité plus complexes, mais le principe reste le même.

La plupart des matériaux se dilatent lorsqu'ils sont chauffés (fig. 12.2). La déformation thermique associée à un changement de température unitaire est mesurée par le *coefficient d'expansion thermique linéaire* α, défini comme

$$\alpha = \frac{1}{L}\frac{dL}{dT} \tag{12.1}$$

où L est une dimension linéaire du corps. Dans le cas d'un matériau anisotrope, la dilatation diffère selon les directions et au moins 2 coefficients sont nécessaires. La déformation étant adimensionelle, α s'exprime en K^{-1} ou, de manière plus commode, en 10^{-6} K^{-1}.

[4] James Joule (1818-1889), physicien anglais qui, motivé par une croyance théologique, chercha à établir l'unité des forces de la nature. Sa démonstration de l'équivalence de la chaleur et du travail mécanique discrédita fortement la théorie calorifique.

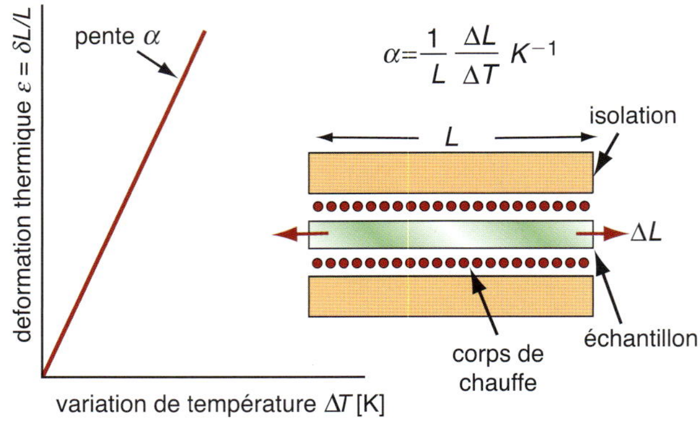

Figure 12.2 Mesure du coefficient d'expansion thermique α, exprimé en 1/K ou, plus communément, en 10^{-6}/K.

Exemple 12.1

Sur la terre, les océans contiennent un volume d'eau $V = 1.37 \times 10^9$ km^3 et couvrent une surface $A = 3.61 \times 10^8$ km^2 (71% de la surface terrestre). Leur profondeur moyenne est donc de 3795 m. La température moyenne en surface vaut 17°C, mais comme l'eau est plus froide en profondeur, prenons une température moyenne de 10°C. Le coefficient d'expansion thermique volumique de l'eau à 10°C vaut $\alpha_v = 8.8 \times 10^{-5}$ K^{-1}. Si les océans se réchauffaient de 2°C, de combien s'élèverait le niveau de la mer?

Solution. L'augmentation de température engendre un changement de volume $\Delta V = \alpha_v \cdot V \cdot \Delta T = 2.4 \times 10^8$ m^3. L'élévation est obtenue en divisant ce résultat par la surface des océans et vaut 0.66 m.

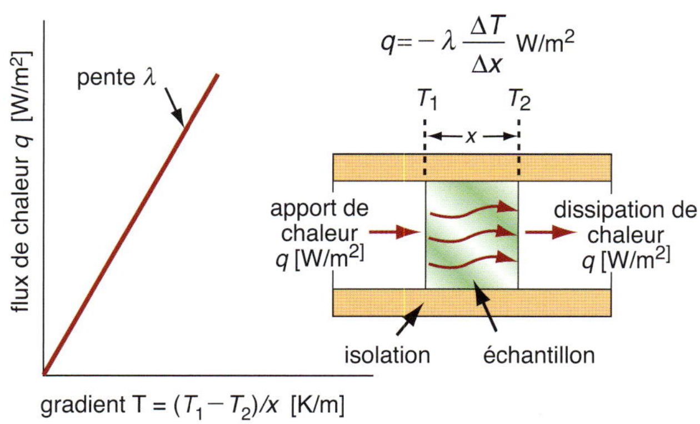

Figure 12.3 Mesure de la conductivité thermique λ, exprimée en W/m·K.

Exemple 12.2

Un rail en acier avec une section carrée de 25 mm × 25 mm est fixé de façon rigide en deux points séparés par une distance L = 2 m. Si la contrainte dans le rail est nulle à 20°C, à quelle température la dilatation thermique provoque-t-elle son flambage? (Le coefficient d'expansion thermique de l'acier vaut $\alpha = 12 \times 10^{-6}$/K.)

Solution. La force élastique de flambage pour une colonne ainsi fixée est donnée par l'équation (5.9) et la figure 5.5:

$$F_{crit} = \frac{4\pi^2 EI}{L^2}$$

avec E le module de Young et $I = \frac{t^4}{12} = 3.26 \times 10^{-8}\ \text{m}^4$ le moment quadratique de la section du rail. Si la température du rail augmente de ΔT, il se dilate et une contrainte $\sigma = E\alpha\Delta T$ apparaît dans le rail. Les fixations exercent une force axiale $F = \sigma A = EA\alpha\Delta T$ sur le rail, où $A = 6.25 \times 10^{-4}$ m^2 est l'aire de sa section. En égalant ce résultat à F_{crit} et en résolvant pour ΔT, nous obtenons

$$\Delta T = \frac{4\pi^2 I}{\alpha A L^2} = 43°\text{C}$$

La puissance se mesure en watts[5], 1 watt (W) correspondant à 1 joule/seconde. En régime stationnaire (soit avec un profil de température qui ne change pas avec le temps), la chaleur est conduite à travers un solide à un taux mesuré par la *conductivité thermique* λ (en W/m·K). Cette propriété est déterminée en mesurant le flux de chaleur q (W/m^2) qui traverse un matériau, d'un plan où la température T_1 est élevée en direction d'un plan où la température T_2 est inférieure, les deux plans étant séparés par une distance x (fig. 12.3). La conductivité est calculée par la loi de Fourier[6]:

$$q = -\lambda \frac{\text{d}T}{\text{d}x} = \lambda \frac{(T_1 - T_2)}{x} \tag{12.2}$$

où q représente le flux de chaleur par unité de surface (en W/m^2).

La conductivité thermique gouverne donc l'écoulement de chaleur à travers un matériau en régime stationnaire. La propriété qui gouverne l'écoulement de chaleur en régime

[5] James Watt (1736-1819), créateur d'instruments scientifiques et inventeur de la machine à vapeur (l'idée lui vint «en marchant par un bel après-midi de Sabbat»), qu'il s'évertua ensuite à développer. Contrairement à de nombreux personnages cités dans ce livre, Watt, dans ses dernières années, était en bonne santé, heureux et célèbre.

[6] Baron Jean Baptiste Joseph Fourier (1768-1830), mathématicien et physicien qui faillit être guillotiné pendant la Révolution française, mais eut la vie sauve et fit ensuite partie des savants qui accompagnèrent Napoléon Bonaparte dans sa conquête de l'Egypte.

transitoire (quand la température varie avec le temps) est la *diffusivité thermique a* (en m^2/s). Ces deux propriétés sont reliées de la manière suivante:

$$a = \frac{\lambda}{\rho C_p} \tag{12.3}$$

où ρ est la densité et C_p la chaleur spécifique. La diffusivité thermique peut être directement obtenue en mesurant le temps nécessaire à une impulsion de température pour traverser un échantillon d'épaisseur connue quand une source de chaleur est brièvement appliquée sur une des faces. Elle peut aussi être calculée à partir de λ (et ρC_p) grâce à l'équation (12.3).

Exemple 12.3

Quelle est la diffusivité thermique d'un matériau qui possède une conductivité thermique $\lambda = 0.3$ W/m·K, une densité $\rho = 1200$ kg/m^3 et une chaleur spécifique $C_p = 1400$ J/kg·K?

Solution. La diffusivité thermique vaut $a = \lambda/\rho C_p = 1.79 \times 10^{-7}$ m^2/s.

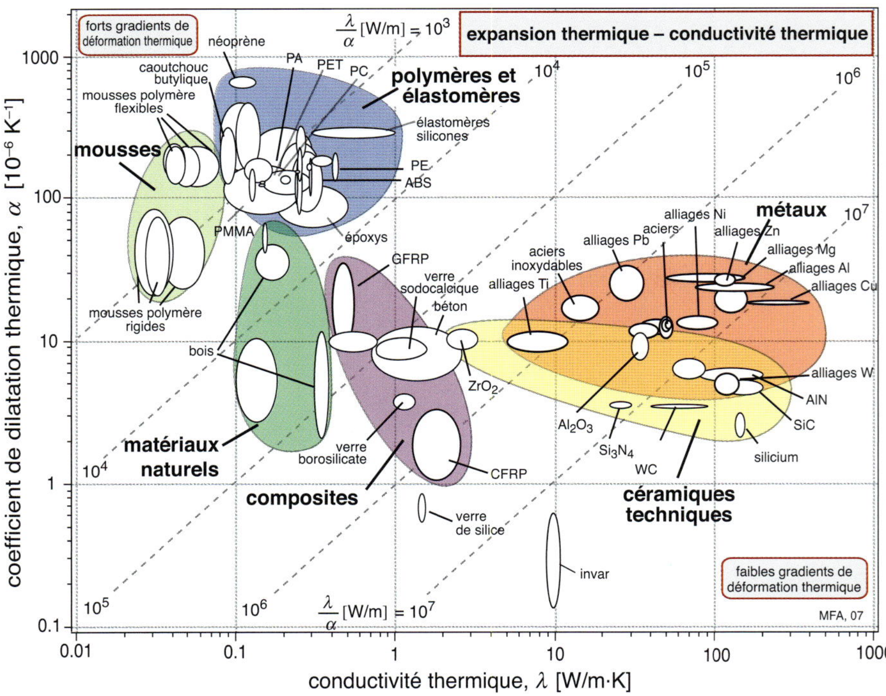

Figure 12.4 Coefficient d'expansion thermique linéaire α en fonction de la conductivité thermique λ. Les droites en pointillé indiquent le paramètre de déformation thermique λ/α.

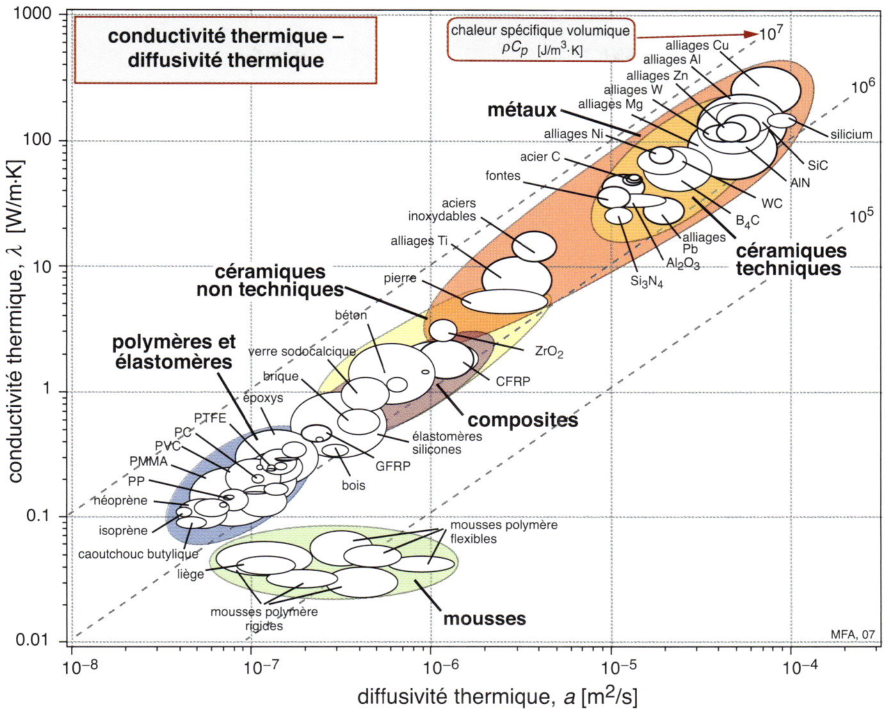

Figure 12.5 Conductivité thermique λ en fonction de la diffusivité thermique $a = \lambda/\rho C_p$. Les droites en pointillé indiquent la chaleur spécifique volumique ρC_p.

12.3 Cartes pour les propriétés thermiques

Les trois cartes présentées dans cette section donnent un aperçu des propriétés thermiques des matériaux et de leur relation avec leur résistance mécanique.

Expansion thermique et conductivité thermique Le coefficient d'expansion thermique α et la conductivité thermique λ sont représentés sur la carte en figure 12.4. Les métaux et les céramiques techniques sont situés vers le coin inférieur droit: ils ont des conductivités élevées et des coefficients d'expansion modestes. Les polymères et les élastomères se trouvent dans le coin supérieur gauche: par rapport aux métaux, leurs conductivités sont 100 fois moindres et leurs coefficients d'expansion 10 fois plus élevés. Différentes valeurs du rapport λ/α sont également indiquées. Cette grandeur est importante pour la conception, dans le but d'éviter des déformations thermiques trop importantes; nous y reviendrons en section 12.6. Un matériau supplémentaire a été ajouté sur la carte, l'invar (un alliage de nickel), car il possède un coefficient d'expansion exceptionnellement faible aux températures proches de la température ambiante. Cette caractéristique provient du fait que son expansion est compensée par une contraction due à une transformation magnétique.

Conductivité thermique et diffusivité thermique La conductivité thermique λ et la diffusivité thermique a à température ambiante sont représentées sur la carte en figure 12.5. La chaleur spécifique volumique ρC_p, égale au rapport λ/α (éq. (12.3)), y est également indiquée. Les données s'étendent sur presque cinq ordres de grandeur, aussi bien pour λ que pour a. Les matériaux denses sont par ailleurs tous situés le long de la droite

$$\rho C_p \approx 3 \times 10^6 \text{ J/m}^3 \cdot \text{K} \tag{12.4}$$

La chaleur spécifique volumique ρC_p est donc presque identique pour tous les solides, un point qu'il convient de garder en mémoire pour la suite. En règle générale, la relation suivante est satisfaite (avec λ en W/m·K et a en m²/s):

$$\lambda = 3 \times 10^6 a \tag{12.5}$$

Certains matériaux ont cependant des chaleurs spécifiques volumiques ρC_p inférieures à la moyenne à cause de leur faible densité. Ce sont des solides poreux tels que les mousses, les briques réfractaires de faible densité, les bois, etc. Les mousses n'ont donc pas nécessairement une faible *diffusivité thermique*, bien que leur *conductivité* soit faible (raison pour laquelle elles sont largement utilisées comme isolants thermiques). Cela signifie qu'elles ne transmettent pas beaucoup de chaleur mais qu'elles changent de température rapidement.

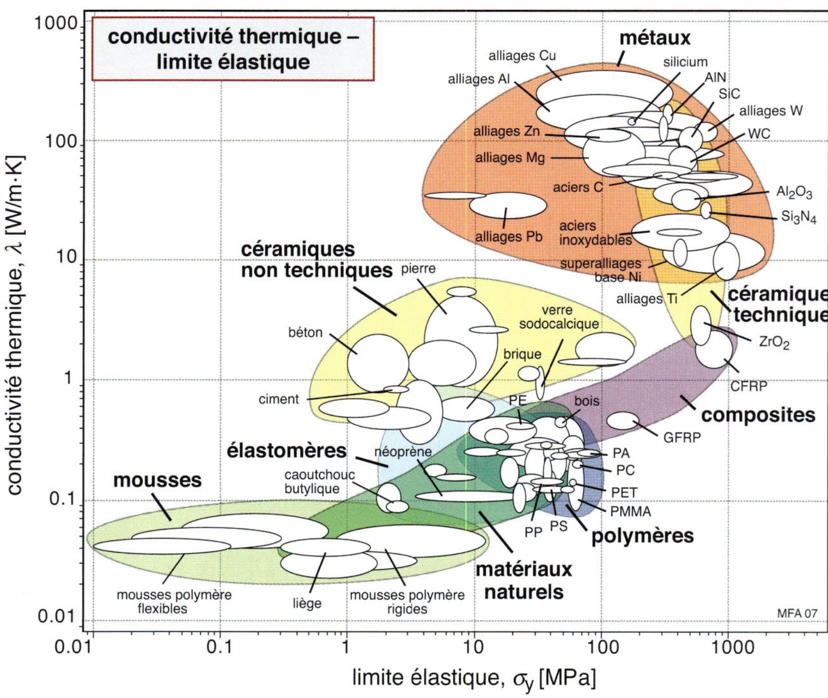

Figure 12.6 Conductivité thermique λ et limite élastique σ_y.

Exemple 12.4

Dans un pays du Tiers Monde, on détermine en pesant un cube de dimensions connues que la densité d'un matériau de construction local vaut ρ = 2300 kg/m^3. Pour évaluer le comportement thermique de l'abri que l'on se propose de construire, on aimerait connaître sa chaleur spécifique C_p. A combien l'estimerait-on ?

Solution. La carte en figure 12.5 montre que pour les solides, la quantité $\rho C_p \approx 3 \times 10^6$ J/m^3·K. La chaleur spécifique du matériau vaut donc $C_p \approx 1300$ J/kg·K.

Conductivité thermique et limite élastique La dernière carte, représentée en figure 12.6, montre la conductivité thermique λ et la limite élastique σ_y. Les métaux, en particulier les alliages de cuivre, d'aluminium et de nickel, ont à la fois une bonne résistance et une bonne conductivité thermique. Cette combinaison de propriétés est recherchée pour des applications telles que les échangeurs de chaleur; nous y reviendrons en section 12.6.

12.4 La physique des propriétés thermiques

Chaleur spécifique Nous devons notre compréhension de la chaleur spécifique à Albert Einstein[7] et Peter Debye[8]. La chaleur, comme nous l'avons déjà mentionné, correspond au mouvement des atomes. Dans les solides, les atomes oscillent autour de leur position moyenne avec une amplitude qui augmente avec la température. Les liaisons interatomiques les empêchent de vibrer indépendamment les uns des autres et les vibrations sont comme des ondes élastiques stationnaires. La figure 12.7 montre que, le long de chaque rangée d'atomes, il existe un mode de vibration longitudinal et deux modes transversaux, un dans le plan de la page et l'autre perpendiculaire à ce dernier. Certains modes ont une faible longueur d'onde et une énergie élevée alors que d'autres modes ont une grande longueur d'onde et une faible énergie (fig. 12.8). La longueur d'onde minimale, λ_1, équivaut simplement au double de la distance interatomique. Dans un solide contenant N atomes, il existe N longueurs d'onde discrètes, chacune pouvant correspondre à un mode longitudinal et à deux modes transversaux, soit $3N$ modes au total. Leurs amplitudes sont telles que, en moyenne, chacune possède une énergie $k_B T$, où $k_B = 1.38 \times 10^{-23}$ J/K est la constante de Boltzmann[9]. Si le volume occupé par un atome vaut Ω, alors le nombre d'atomes par unité

[7] Albert Einstein (1879-1955), agent de brevets, physicien et militant pour la paix, un des plus grands esprits scientifiques du 20e siècle. Forcé de quitter l'Allemagne en 1933, il s'établit à Princeton (New Jersey), où il influença profondément la politique de défense américaine.

[8] Peter Debye (1884-1966), physicien néerlandais lauréat du prix Nobel. Il réalisa beaucoup de ses travaux en Allemagne, jusqu'en 1938 où, harcelé par les nazis, il partit s'établir à Cornell (New York) et y resta jusqu'à sa mort.

[9] Ludwig Boltzmann (1844-1906), naquit et travailla à Vienne à une époque où la ville était le centre intellectuel de l'Europe. L'intérêt qu'il portait aux papillons pendant son enfance s'élargit à la science de manière générale, avec comme point culminant ses contributions phares à la mécanique statistique.

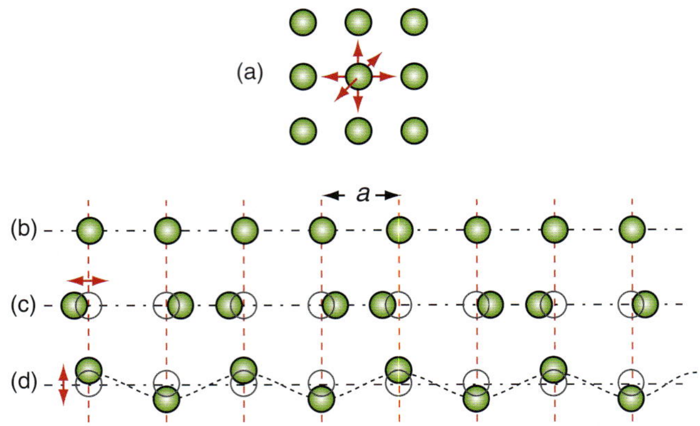

Figure 12.7 (a) La vibration d'un atome dans la «cage» formée par les atomes qui l'entourent possède trois degrés de liberté. (b) Rangée d'atomes au repos. (c) Mode de vibration longitudinal. (d) Un des deux modes de vibration transversaux (l'autre mode correspond à une oscillation des atomes perpendiculairement à la page).

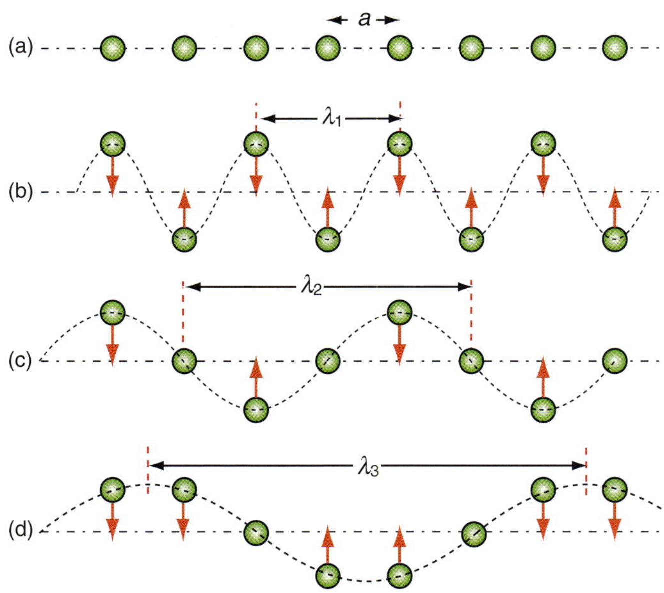

Figure 12.8 L'énergie thermique est associée aux vibrations des atomes. Il existe un mode de vibration longitudinal et deux modes transversaux, dont un représenté ici. La plus courte des longueurs d'onde possibles, $\lambda_1 = 2a$, est illustrée en (b).

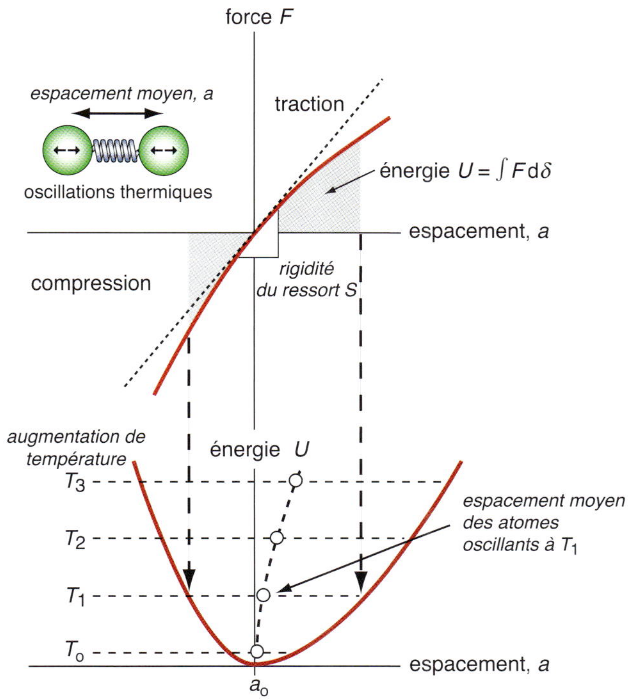

Figure 12.9 L'expansion thermique est due à l'oscillation des atomes dans un puits d'énergie asymétrique.

de volume est de $N = 1/\Omega$ et l'énergie thermique totale par unité de volume du matériau vaut $3k_BT/\Omega$. La chaleur spécifique par unité de volume, ρC_p, correspond au *changement* d'énergie associé à un changement de température de 1 K. Ainsi:

$$\rho C_p = \frac{3k_B}{\Omega}\ \text{J/m}^3\text{K} \tag{12.6}$$

Les volumes atomiques ne varient que très peu et sont tous proches de $2 \times 10^{-29}/\text{m}^3$. La chaleur spécifique volumique vaut donc environ

$$\rho C_p \approx 2 \times 10^6\ \text{J/m}^3\text{K} \tag{12.7}$$

Ce résultat correspond effectivement à ce que nous avions observé sur la carte en figure 12.5.

Expansion Si un solide se dilate lorsqu'il est chauffé (ce qui est presque toujours le cas), c'est que la distance entre ses atomes augmente. La figure 12.9 montre comment cela se produit. Elle ressemble beaucoup à la figure 4.22, mais il y a une légère différence: la courbe force–déplacement, une droite sur la figure précédente, n'est en fait pas exactement une droite car les liaisons deviennent plus rigides quand les atomes sont rapprochés et moins rigides quand ils sont éloignés. Les atomes qui vibrent de la manière décrite auparavant oscillent autour d'un espacement moyen qui augmente avec l'amplitude des oscillations, et donc avec la température. L'expansion thermique n'est donc pas un effet linéaire; si les liaisons interatomiques étaient des ressorts linéaires, il n'y aurait pas d'expansion.

Plus les ressorts sont rigides, plus la courbe force–déplacement est raide et plus le puits d'énergie dans lequel les atomes sont situés est étroit, laissant moins de portée à l'expansion. Par conséquent, les matériaux qui ont un module élevé (des ressorts rigides) ont un faible coefficient d'expansion, alors que ceux qui ont un module faible (des ressorts souples) ont une expansion élevée. En fait, une assez bonne approximation (avec E en GPa et α en K^{-1}) est donnée par

$$\alpha = \frac{1.6 \times 10^{-3}}{E} \tag{12.8}$$

Les observations empiriques montrent que tous les solides cristallins se dilatent d'environ 2% lorsqu'ils sont chauffés du zéro absolu jusqu'à leur point de fusion. Le coefficient d'expansion étant défini comme l'expansion par Kelvin, cela signifie que

$$\alpha \approx \frac{0.02}{T_m} \tag{12.9}$$

Le tungstène par exemple, qui possède un point de fusion d'environ 3330°C (3600 K), a un coefficient $\alpha = 5 \times 10^{-6}$/°C. Le plomb, qui a un point de fusion six fois moindre, d'environ 330 °C (600 K), se dilate six fois plus ($\alpha = 30 \times 10^{-6}$/°C). L'équation (12.9) (avec évidemment T_m en Kelvin) constitue une remarquablement bonne approximation pour le coefficient d'expansion. Noter par ailleurs que selon les équations (12.8) et (12.9), E devrait être pro-

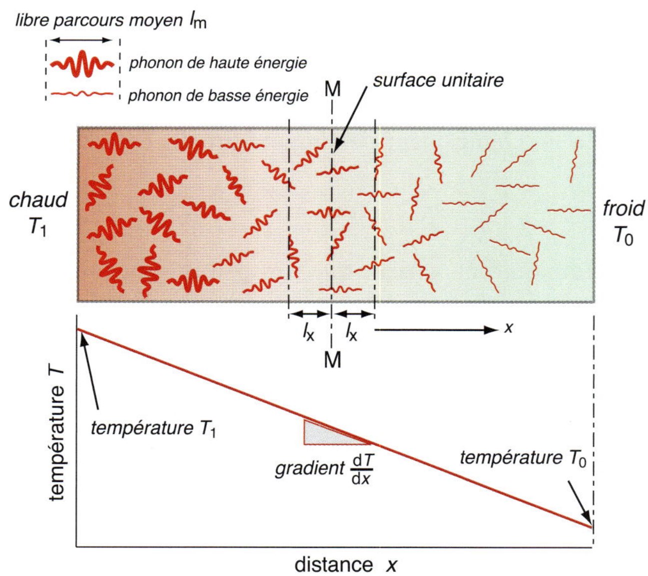

Figure 12.10 Transmission de la chaleur par le mouvement des phonons.

portionnel à T_m (essayer d'évaluer la qualité de ces approximations grâce à la base de données de CES Elements).

Conductivité thermique La chaleur se transmet à travers les solides de trois manières différentes: par les vibrations thermiques, par le mouvement des électrons libres dans les métaux et par radiation dans les matériaux transparents. La transmission par les vibrations thermiques implique la propagation d'*ondes élastiques*. Quand un solide est chauffé, la chaleur le pénètre comme des paquets d'onde élastique appelés *phonons*. Les phonons traversent le matériau et, comme toute onde élastique, se propagent à la vitesse du son, $c_o \left(c_o = \sqrt{E/\rho}\right)$. La chaleur n'est cependant pas diffusée à cette vitesse car les phonons ne parcourent qu'une courte distance avant d'être diffusés par la plus petite irrégularité du réseau atomique qu'ils traversent, ou par d'autres phonons. En moyenne, ils parcourent une distance appelée *libre parcours moyen*, ℓ_m, avant d'entrer en collision. Cette distance est faible et vaut typiquement moins de 0.01 µm (10^{-8} m).

La conductivité peut être calculée par un *modèle de flux net*, comme nous pourrions déterminer le taux auquel les voitures s'accumulent dans un parking en calculant la différence entre le taux auquel elles y entrent et celui auquel elles en sortent. La conduction par les phonons peut être comprise de la même manière, comme suggéré en figure 12.10. Considérons un cylindre de section unitaire avec un gradient de température dT/dx uniforme entre ses extrémités. Le mouvement des phonons possède trois degrés de liberté (ils peuvent se déplacer selon les directions $\pm x$, $\pm y$ et $\pm z$). Concentrons-nous sur le plan médian M–M. En moyenne, un sixième des phonons se déplacent dans la direction $+x$; ceux situés à une distance du plan inférieure à ℓ_m vont le traverser de gauche à droite avant d'être diffusés, en transportant avec eux une énergie $\rho C_p(T + \Delta T)$ où T est la température au niveau du plan M–M et $\Delta T = (dT/dx)\ell_m$. Un autre sixième des phonons se déplacent dans la direction $-x$ et traversent le plan M–M de droite à gauche, en transportant une énergie $\rho C_p(T - \Delta T)$. Le flux d'énergie q (en $J/m^2{\cdot}s$) par unité de surface et par seconde vaut donc

$$\begin{aligned} q &= -\frac{1}{6}\rho C_p c_o\left(T + \frac{dT}{dx}\ell_m\right) + \frac{1}{6}\rho C_p c_o\left(T - \frac{dT}{dx}\ell_m\right) \\ &= -\frac{1}{3}\rho C_p \ell_m c_o \frac{dT}{dx} \end{aligned}$$

En comparant ce résultat avec la définition de la conductivité thermique (éq. (12.2)), nous trouvons que la conductivité est égale à

$$\lambda = \frac{1}{3}\rho C_p \ell_m c_o \tag{12.10}$$

Les ondes sonores, qui sont aussi des ondes élastiques, traversent le même cylindre avec peu de diffusion. Si les phonons sont si facilement diffusés, c'est parce que les ondes sont diffusées principalement par les obstacles de taille comparable à leur longueur d'onde (c'est le principe des réseaux de diffraction). Les ondes sonores audibles ont des longueurs d'ondes en mètres, et non en microns. Elles sont donc diffusées par des bâtiments (raison pour laquelle il n'est pas toujours possible de dire d'où provient une sirène de police), mais pas par les obstacles de taille atomique qui diffusent les phonons, dont les plus petites longueurs d'onde sont de deux distances interatomiques (fig. 12.8).

Dans les métaux purs comme le cuivre ou l'aluminium, les ondes élastiques ne contribuent pas beaucoup à la conductivité car la chaleur est transportée plus rapidement par les électrons libres. L'équation (12.10) reste valable mais C_p, c_o et ℓ_m sont désormais la chaleur spécifique, la vitesse et le libre parcours moyen des électrons. Les électrons libres conduisant aussi l'électricité, les métaux avec une conductivité électrique élevée possèdent aussi une conductivité thermique élevée (loi de Wiedemann-Franz), comme nous le verrons dans le chapitre 14.

Exemple 12.5

Un échantillon de silicium a un module E = 150 GPa, une densité ρ = 2300 kg/m^3 et une chaleur spécifique C_p = 680 J/kg·K. Si sa conductivité thermique vaut λ = 145 W/m·K, quel est le libre parcours moyen ℓ_m de ses phonons?

Solution. La conductivité thermique étant égale à $\lambda = \frac{1}{3}\rho C_p \ell_m c_o$, avec $c_o = \sqrt{E/\rho} = 8.08 \times 10^3$ m/s, le libre parcours moyen des phonons vaut dans ce cas

$$\ell_m = \frac{3\lambda}{\rho C_p \sqrt{E/\rho}} = 0.034\ \mu\text{m}$$

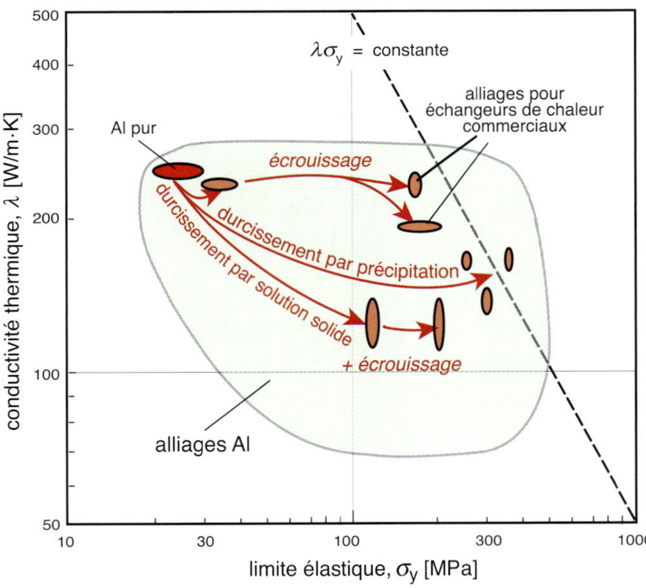

Figure 12.11 Conductivité thermique et limite élastique des alliages d'aluminium. Pour des échangeurs de chaleur, les matériaux doivent avoir une valeur élevée de la quantité $\lambda\sigma_y$, indiquée par la droite en pointillé.

12.5 Ajuster les propriétés thermiques

Expansion thermique Comme nous l'avons déjà mentionné, la dilatation peut engendrer des contraintes thermiques et provoquer une déformation thermique importante, ce qui est indésirable dans tout mécanisme ou instrument de précision. Le coefficient d'expansion α, comme le module ou le point de fusion, dépend de la rigidité et de la résistance des liaisons interatomiques. Ces paramètres ne pouvant pas être modifiés, le coefficient d'expansion ne peut normalement pas être contrôlé. Quelques rares matériaux ont une expansion exceptionnellement faible, comme le verre borosilicate (Pyrex), la silice et les fibres de carbone. Leur utilisation dans des structures est cependant difficile. Il existe une exception, les alliages appelés invars, qui possèdent une expansion très faible. Ils y parviennent car leur expansion thermique (qui survient effectivement) est compensée par une contraction due à une perte graduelle de magnétisme lorsqu'ils sont chauffés.

Conductivité thermique et chaleur spécifique La conductivité thermique est décrite par l'équation (12.10). Dans cette équation, quels termes peuvent être ajustés? La chaleur spécifique volumique ρC_p, comme nous l'avons vu, est presque identique pour tous les matériaux solides. La vitesse du son $c_o \approx \sqrt{E/\rho}$ dépend de deux propriétés qui ne sont pas faciles à modifier. Il reste donc le libre parcours moyen ℓ_m des phonons, ou des électrons dans les métaux, qui peut être modifié en introduisant des *centres de diffusion* tels que des atomes étrangers ou des particules finement dispersées. Ainsi, la conductivité du fer pur est de 80 W/m·K alors que celle de l'acier inoxydable (du fer contenant jusqu'à 30% de nickel et de chrome) n'est que de 18 W/m·K. D'autre part, certains matériaux peuvent exister sous une forme amorphe (vitreuse). A cause de la nature désordonnée du verre, chaque molécule devient dans ce cas un centre de diffusion et le libre parcours moyen se réduit à quelques distances interatomiques, ce qui résulte en une faible conductivité.

Nous avons vu dans le chapitre 6 que la résistance est augmentée par des défauts comme des atomes de soluté, des précipités ou des dislocations induites par écrouissage. Certains de ces défauts diminuent la conductivité thermique. La figure 12.11 montre une gamme d'alliages d'aluminium durcis par chacun des trois mécanismes principaux, à savoir la mise en solution solide, l'écrouissage et le durcissement par précipitation. L'écrouissage améliore significativement la résistance sans affecter beaucoup la conductivité, alors que la mise en solution solide et le durcissement par précipitation introduisent davantage de centres de diffusion, avec une chute de conductivité.

Nous ne sommes bien évidemment pas limités aux solides denses, de sorte que la densité ρ peut aussi être variée. En fait, les meilleurs isolants thermiques sont des matériaux poreux: les mousses de faible densité, le tissu isolant, le liège, la laine isolante, etc. Ils tirent profit de la faible conductivité de l'air piégé dans leurs pores (λ de l'air vaut 0.02 W/m·K).

12.6 Concevoir en exploitant les propriétés thermiques

Tous les matériaux ont un coefficient d'expansion thermique α, une chaleur spécifique C_p et une conductivité thermique λ. Les cartes de propriétés des matériaux sont particulièrement

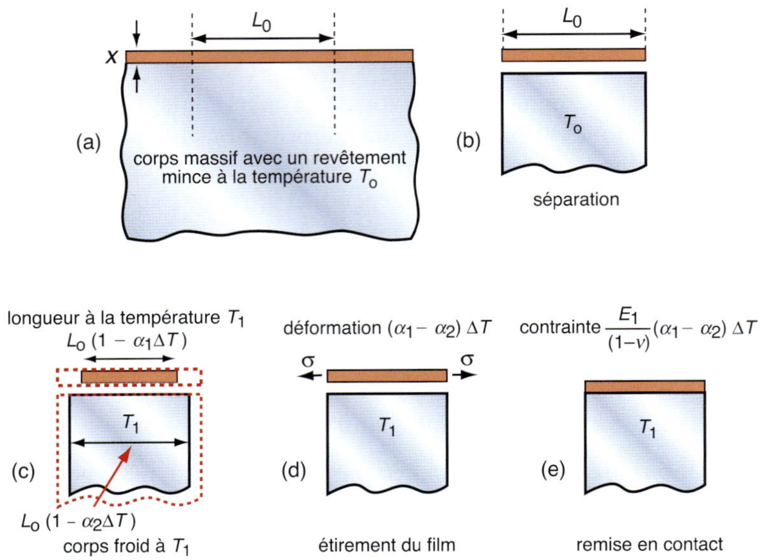

Figure 12.12 Dans les revêtements, des contraintes thermiques apparaissent pendant un refroidissement ou une chauffe si les coefficients d'expansion sont différents. Le coefficient du revêtement vaut ici α_1 et celui du substrat, un corps massif, vaut α_2.

utiles pour choisir des matériaux pour des applications qui utilisent ces propriétés. Certaines propriétés thermiques ne sont cependant rencontrées que dans un petit nombre de matériaux particuliers: l'effet de mémoire de forme en est un exemple. Tellement peu de matériaux possèdent ces propriétés qu'il est inutile d'en réaliser une carte, mais elles sont cependant intéressantes pour l'ingénierie. Des exemples de conceptions qui utilisent ces propriétés sont donnés plus loin dans cette section.

Gérer les contraintes thermiques La majorité des structures, petites ou grandes, sont constituées d'au moins deux matériaux qui sont fixés mécaniquement, soudés ou reliés d'une autre manière. Cela pose alors des problèmes quand la température varie. En cas de météo exceptionnellement chaude par exemple, les rails de chemins de fer vont fléchir et flamber (le coefficient α de l'acier est élevé alors que celui du sol auquel il est fixé est beaucoup plus faible). Les lignes aériennes de transmission s'affaissent pour la même raison, ce qui représente un problème pour les trains électriques à grande vitesse. Les paliers ou les portes vont quant à eux se bloquer. La déformation thermique est particulièrement problématique dans les équipements conçus pour effectuer des mesures ou des alignements précis, comme ceux utilisés pour fabriquer les masques des processeurs haute performance, car elle cause une perte de précision quand la température change.

Tous ces problèmes sont dus à des *dilatations différentes*, qui, si elles sont contenues (si le composant est fixé et ne peut pas se dilater librement), génèrent des *contraintes thermiques*. Par exemple, la surface des matériaux est couramment revêtue d'une fine couche d'un autre matériau pour améliorer la résistance à l'usure, à la corrosion ou à l'oxydation. Le procédé de déposition se fait souvent à température élevée mais au refroidissement, le substrat et la couche en surface n'ont pas la même contraction car leur coefficient d'expansion sont différents. Des contraintes résiduelles apparaissent ainsi dans le revêtement.

Considérons un film mince déposé à la surface d'un composant beaucoup plus épais, comme en figure 12.12(a). Commençons par supposer que le film et le substrat sont séparés (fig. 12.12(b)). Une diminution de température de ΔT fait varier la longueur du film de $\delta L_1 = \alpha_1 L_0 \Delta T$. Parallèlement, le substrat se contracte de $\delta L_2 = \alpha_2 L_0 \Delta T$. Si $\alpha_1 > \alpha_2$, le film se contracte davantage que le substrat (fig. 12.12(c)). Pour que le film puisse ensuite être recollé sur le substrat en recouvrant la même surface qu'auparavant, il doit être déformé de

$$\varepsilon = \frac{\delta L_1 - \delta L_2}{L_0} = \Delta T(\alpha_1 - \alpha_2)$$

La contrainte dans le film vaut alors

$$\sigma_1 = \frac{E_1}{(1-\nu)}(\alpha_1 - \alpha_2)\Delta T \qquad (12.11)$$

avec le coefficient de Poisson qui intervient car l'état de contrainte dans le film est biaxial. Cette contrainte peut suffire à fissurer la surface du film, et c'est d'ailleurs ainsi que surviennent les fissurations observées sur les carrelages en faïence.

Si des matériaux hétérogènes sont assemblés, il faut donc prévoir que des contraintes thermiques apparaissent lorsqu'ils sont chauffés ou refroidis. Pour éviter cela, il ne faut pas combiner des matériaux qui ont des expansions très différentes. Le coefficient d'expansion α est représenté sur l'axe x de la carte α–λ représentée en figure 12.4: le choix est sûr si les matériaux sont proches sur cet axe mais il est risqué s'ils sont très éloignés.

Il n'est toutefois pas toujours possible d'éviter de combiner des matériaux présentant une grande différence de α. Par exemple, il est commun d'assembler du verre et du métal (par exemple du Pyrex et de l'acier inoxydable) dans les installations de vide poussé. Les coefficients d'expansion de ces matériaux valent respectivement $\alpha = 4 \times 10^{-6}$/K pour le Pyrex (un verre borosilicate) et $\alpha = 20 \times 10^{-6}$/K pour l'acier inoxydable, ce qui représente une grande différence. Or, pour ce type d'équipement, les composants doivent être «étuvés» dans le but de libérer les gaz et l'humidité absorbés. Ils doivent pour cela être chauffés à environ 150°C, une température suffisamment élevée pour que le Pyrex se fissure à cause des différences de dilatation. La solution à ce problème consiste à réaliser une jonction progressive en insérant un ou plusieurs matériaux qui ont une dilatation comprise entre celles des deux matériaux de base. Ainsi, le Pyrex est d'abord assemblé à un verre qui possède une dilatation légèrement plus élevée alors que l'acier est assemblé à un métal qui a une plus faible dilatation (la carte suggère d'utiliser un verre sodocalcique et un alliage de nickel). Les deux couples obtenus sont ensuite assemblés par diffusion (fig. 12.13). Cette jonction progressive permet d'échelonner les différences de dilatation et donc de diminuer les contraintes et les risques d'endommagement.

Une alternative, bien qu'elle ne soit pas toujours pratique, consiste à insérer dans la jonction une couche flexible, par exemple en caoutchouc. Cette technique est utilisée notamment pour les fenêtres des voitures. Les différences d'expansion sont dans ce cas accommodées par la déformation du caoutchouc, et n'affectent que très peu le verre ou l'acier entourant la fenêtre.

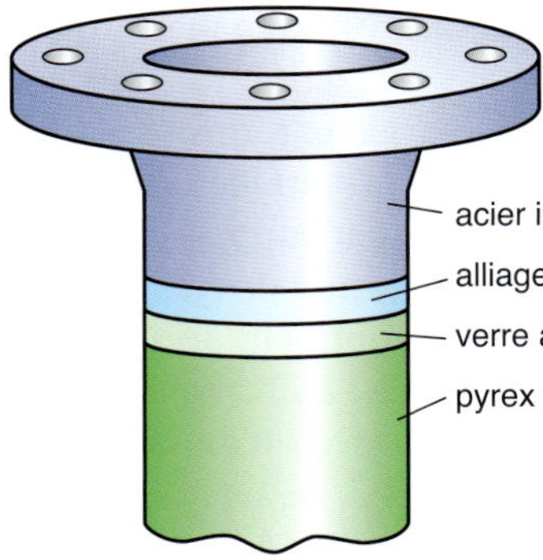

Figure 12.13 Jonction progressive. L'acier inoxydable, avec une dilatation élevée, est soudé à un alliage de nickel qui a une dilatation plus faible. Le Pyrex (un verre borosilicate), avec une faible dilatation, est soudé à un verre qui possède une dilatation plus élevée. Le tout est ensuite assemblé pour former une jonction avec une dilatation graduelle.

Capteurs et actionneurs thermiques L'expansion thermique peut être utilisée pour *capter* (mesurer la température) et pour *actionner* (par exemple ouvrir et fermer des valves ou des circuits électriques). L'allongement thermique direct $\delta = \alpha L_o \Delta T$ est faible et il serait utile de pouvoir l'amplifier. La figure 12.14 montre une manière de le faire. Deux matériaux, délibérément choisis avec des coefficients d'expansion différents α_1 et α_2, sont assemblés pour former un bilame d'épaisseur $2t$ (fig. 12.14(a)). Quand la température change de $\Delta T = (T_1 - T_o)$, un des matériaux se dilate plus que l'autre, ce qui cause une flexion du bilame. Les plans situés à mi-épaisseur de chaque lame (en pointillé sur la figure 12.14(b)) diffèrent en longueur de $L_o(\alpha_2 - \alpha_1)\Delta T$. Géométriquement, il est facile de montrer que

$$\frac{R+t}{R} = 1 + (\alpha_2 - \alpha_1)\Delta T$$

d'où

$$R = \frac{t}{(\alpha_2 - \alpha_1)\Delta T} \tag{12.12}$$

La flèche maximale du plan central du bilame (supposé mince) vaut

$$\delta_{max} = \frac{L_o^2}{8t}(\alpha_2 - \alpha_1)\Delta T \tag{12.13}$$

Un grand rapport L_o/t produit donc un grand déplacement, qui varie linéairement avec la température.

Gradients thermiques L'expansion a aussi un effet plus subtil, qui cause des problèmes même dans les composants constitués d'un seul matériau. Supposons qu'une large pièce est soudainement refroidie de ΔT (par exemple en la trempant dans de l'eau froide alors qu'elle est chaude) ou chauffée de ΔT (en la trempant dans de l'eau bouillante alors qu'elle

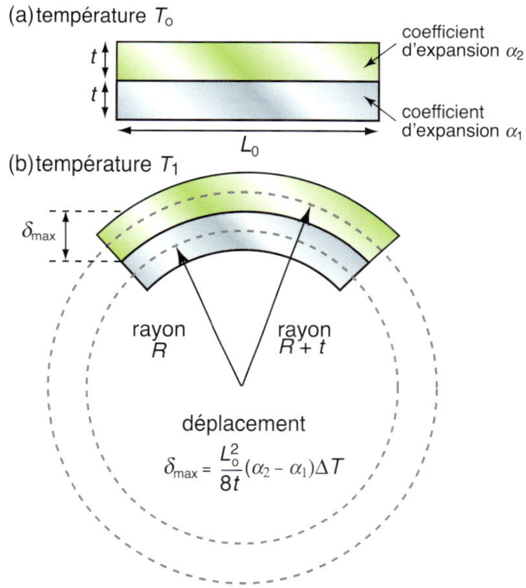

Figure 12.14 Réponse thermique d'un bilame formé de deux matériaux avec des coefficients d'expansion différents. La configuration amplifie la déformation thermique.

est froide). La surface se retrouve presque instantanément à la température du bain, comme en figure 12.15. Lors d'une chauffe, elle se dilate de δL tel que $\delta L/L_o = \alpha\Delta T$. L'intérieur du matériau ne s'est en revanche pas encore dilaté, car la chaleur n'a pas eu le temps d'y diffuser. Cela signifie qu'il existe un *gradient de température* et les déformations diffèrent selon les endroits, même si le matériau n'a qu'un seul coefficient d'expansion. Comme la surface est solidaire de l'intérieur de la pièce, sa déformation est contenue et des contraintes thermiques y apparaissent, comme dans le revêtement de la figure 12.12. Dans les matériaux fragiles, ces contraintes peuvent provoquer la rupture. La capacité d'un matériau à résister à cet effet est mesurée par sa *résistance aux chocs thermiques*, ΔT_s (en K ou en °C), qui correspond au changement brusque de température maximal qu'un matériau peut supporter sans dommage.

Même si les contraintes ne provoquent pas de rupture, les gradients de température entraînent des déformations. La figure 12.15 montre le profil de température dans une pièce trempée à des instants successifs τ_1, τ_2 … τ_5. Un front de chaleur se propage de la surface vers l'intérieur de la pièce par le processus de diffusion décrit précédemment. Il existe alors un gradient de température dans la pièce, et par conséquent des contraintes thermiques. Si le matériau reste élastique, les contraintes sont dissipées quand la température finit par s'uniformiser, bien que la pièce ait pu se fissurer. En revanche, si le matériau se déforme partiellement de manière plastique, les contraintes subsistent même lorsque la température s'est uniformisée, car la surface a été déformée plastiquement mais pas la partie centrale. Ces *contraintes résiduelles* sont un problème majeur pour le traitement des métaux, en particulier pour le soudage, car elles causent des déformations et des défaillances en service.

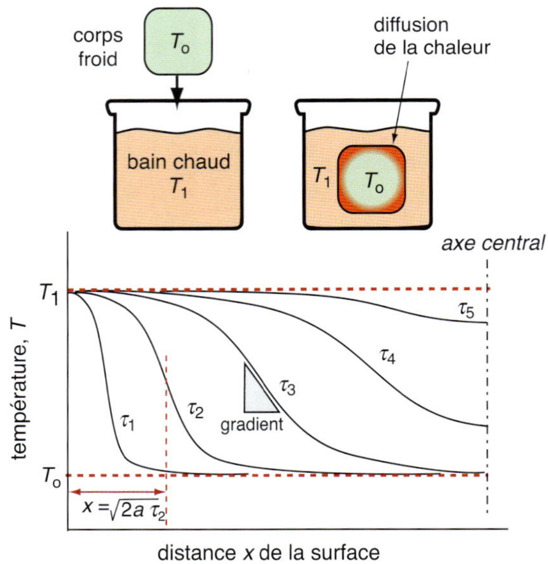

Figure 12.15 Diffusion de la chaleur dans un corps initialement froid.

La variable importante dans ce cas est le *temps*, car c'est lui qui distingue les différentes courbes de la figure 12.15. La propriété d'un matériau qui détermine ce temps est la diffusivité thermique a (en m^2/s), que nous avons déjà rencontrée auparavant:

$$a = \frac{\lambda}{\rho C_p} \tag{12.14}$$

La diffusivité a augmente donc avec la conductivité λ, mais pourquoi la chaleur spécifique par unité de volume ρC_p apparaît-elle au dénominateur? Si cette dernière grandeur est élevée, une grande quantité de chaleur doit diffuser à l'intérieur ou hors d'un volume unitaire pour changer considérablement sa température. Plus la quantité de chaleur à diffuser est grande et plus cela nécessite de temps, ce qui explique que la diffusivité a est moindre. La résolution de problèmes d'*écoulement de chaleur transitoire* (comme ce dernier exemple) conduit à un résultat général: en un temps τ (en secondes), la chaleur diffuse sur une distance caractéristique x (en mètres) égale à

$$x \approx \sqrt{2a\tau} \tag{12.15}$$

Cette petite formule est particulièrement utile, bien qu'approximative (car la constante de proportionnalité, $\sqrt{2}$ dans ce cas, dépend en fait quelque peu de la géométrie du corps dans lequel la chaleur diffuse). Elle convient en effet parfaitement pour estimer dans un premier temps des temps de chauffe ou de refroidissement.

Les déformations thermiques dues à des gradients de température sont un problème dans les équipements de précision, à cause de la chaleur générée par les composants électroniques, les moteurs, les actionneurs ou les capteurs nécessaires à leur fonctionnement. Les différentes

Exemple 12.6

Un écran thermique plat est conçu pour protéger contre des hausses soudaines de température. L'épaisseur maximale qu'il peut avoir est de 10 mm. Quelle est alors la diffusivité thermique nécessaire pour s'assurer que lorsque de la chaleur est appliquée sur une des surfaces, la surface opposée ne change pas significativement de température après 5 minutes? Utiliser la carte en figure 12.5 pour identifier le matériau que l'on utiliserait pour concevoir cet écran.

Solution. La distance caractéristique x sur laquelle la chaleur diffuse pendant un temps t dans un matériau qui a une diffusivité thermique a vaut $x \approx \sqrt{2at}$. En insérant les valeurs de x (en m) et t (en secondes), nous obtenons $a < 1.67 \times 10^{-7}$ m²/s. D'après la figure 12.5, cette exigence est satisfaite par presque tous les polymères, mais par peu de matériaux parmi les autres classes.

parties d'un équipement sont à des températures différentes et se dilatent donc différemment. La solution consiste alors à utiliser des matériaux avec des faibles coefficients d'expansion α (pour minimiser les différences d'expansion pour un gradient de température donné) et une conductivité λ élevée (pour augmenter la longueur de diffusion et donc réduire la pente du gradient). Il est possible de montrer que le meilleur choix est effectivement celui de matériaux avec des valeurs élevées du rapport λ/α.

La sélection est alors également guidée par la carte α–λ de la figure 12.4. Les diagonales tracées représentent la quantité λ/α. Les matériaux les plus attrayants sont situés vers le coin inférieur droit. Le cuivre, l'aluminium, le silicium, le nitrure d'aluminium et le tungstène sont des bons candidats car ils ont les plus faibles déformations thermiques. L'acier inoxydable et le titane sont en revanche beaucoup moins bons.

Conduction avec résistance mécanique: échangeurs de chaleur Les échangeurs de chaleur permettent de transférer la chaleur d'un fluide à un autre tout en maintenant les deux fluides séparés. Ils sont rencontrés dans les systèmes de chauffage, les centrales électriques et les systèmes de refroidissement des moteurs de voitures et de bateaux. Le transfert de chaleur est plus efficace si le matériau qui sépare les fluides est mince et si la conduction de la chaleur se fait sur une grande surface. Un circuit tubulaire est donc une bonne solution. Au moins un des fluides étant sous pression, les tubes doivent être assez résistants pour supporter la pression. La conception présente donc un conflit: des parois plus fines conduisent la chaleur plus rapidement mais sont moins résistantes. En choisissant le matériau du tube, il faut donc trouver le meilleur compromis.

Considérons l'échangeur de chaleur idéalisé représenté en figure 12.16 et constitué de tubes à parois minces. Les tubes ont un rayon r donné, une épaisseur de paroi t (qui peut être variée) et doivent supporter une pression interne p avec une différence de température ΔT entre les fluides. L'objectif est de maximiser la chaleur transférée par unité de surface de la paroi du tube. L'écoulement de chaleur par unité de surface est donné par

$$q = -\lambda \frac{dT}{dx} \approx \lambda \frac{\Delta T}{t} \qquad (12.16)$$

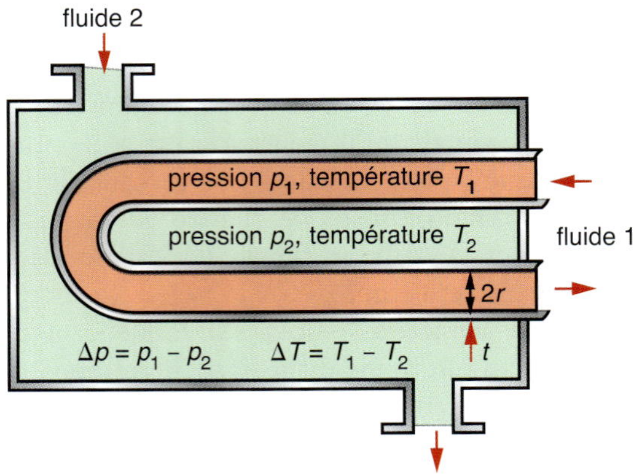

Figure 12.16 Echangeur de chaleur. Il doit transmettre la chaleur tout en supportant la pression *p*.

Dans un tube cylindrique à paroi mince, la contrainte due à la pression interne est de (chap. 10, éq. (10.7))

$$\sigma = p\frac{R}{t}$$

Cette contrainte ne devant pas dépasser la limite élastique σ_y du matériau, l'épaisseur t doit être au minimum de

$$t = p\frac{R}{\sigma_y} \tag{12.17}$$

Les équations (12.16) et (12.17) sont combinées pour éliminer la variable t et obtenir:

$$q = \lambda\sigma_y\frac{\Delta T}{pR} \tag{12.18}$$

Les meilleurs matériaux sont donc ceux qui possèdent des valeurs élevées de l'indice $\lambda\sigma_y$. Ce sont ceux qui sont situés dans le coin supérieur droit de la carte λ–σ_y en figure 12.6, à savoir les métaux et certaines céramiques. Comme les céramiques sont fragiles et qu'il est difficile d'en faire des tubes à parois minces, les métaux sont la seule option viable. La carte montre que les meilleurs choix sont les alliages de cuivre et d'aluminium. Tous deux présentent une bonne résistance à la corrosion, mais l'aluminium gagne si le coût et le poids doivent rester faibles (par exemple pour les radiateurs de voitures). Les alliages d'aluminium commerciaux utilisés pour cette application sont indiqués sur la figure 12.11. Parmi les alliages d'aluminium, ce ne sont pas tout à fait ceux qui offrent les valeurs maximales de $\lambda\sigma_y$ car d'autres facteurs entrent aussi en ligne de compte, notamment une exposition continue à des températures élevées susceptible d'adoucir les alliages durcis par précipitation. D'autre part, l'extrusion, qui est un procédé de fabrication efficace pour élaborer des tubes à parois minces, nécessite une grande ductilité.

Beaucoup d'alliages d'aluminium se corrodent dans l'eau salée. A cause de leur résistance à la corrosion dans l'eau salée, les alliages de cuivre sont donc utilisés pour les échangeurs de chaleur maritimes même s'ils sont plus lourds et plus onéreux.

Isolation: barrières thermiques Avant 1940, peu de personnes avaient des chauffages centraux ou des climatisations. Beaucoup de gens ont désormais les deux, ainsi que des saunas, des congélateurs, et bien plus encore. Tous ces équipements consomment de l'électricité, ce qui coûte cher et nuit à l'environnement (chap. 20). Pour faire des économies d'énergie, il est donc rentable d'isoler. Considérons par exemple le four représenté en figure 12.17. La puissance dissipée par unité de surface par conduction à travers ses parois vaut

$$q = \lambda \frac{(T_i - T_o)}{t} \ \mathrm{W/m^2} \tag{12.19}$$

avec t l'épaisseur de l'isolation, T_o la température extérieure et T_i la température intérieure. Pour une épaisseur de paroi t donnée, la consommation électrique est minimisée en choisissant les matériaux avec les valeurs minimales de λ. La carte en figure 12.6 montre qu'il s'agit des mousses, principalement car elles contiennent environ 95% de gaz et seulement 5% de solide. Les mousses polymères peuvent être utilisées jusqu'à 170°C environ, mais au-dessus de cette température, même les meilleures d'entre elles perdent leur résistance et se détériorent. Pour l'isolation thermique, une contrainte supplémentaire doit être satisfaite: la température d'utilisation maximale T_{max} du matériau doit être supérieure à la température de service prévue. Les mousses métalliques peuvent être utilisées à des températures plus élevées mais elles sont chères et, de par leur nature métallique, isolent moins bien que les polymères. Les mousses céramiques sont en revanche une bonne solution pour les températures élevées. Les briques réfractaires de faible densité sont relativement bon marché, peuvent fonctionner jusqu'à 1000°C, et sont de bons isolants thermiques. Elles sont utilisées pour les revêtements des fours.

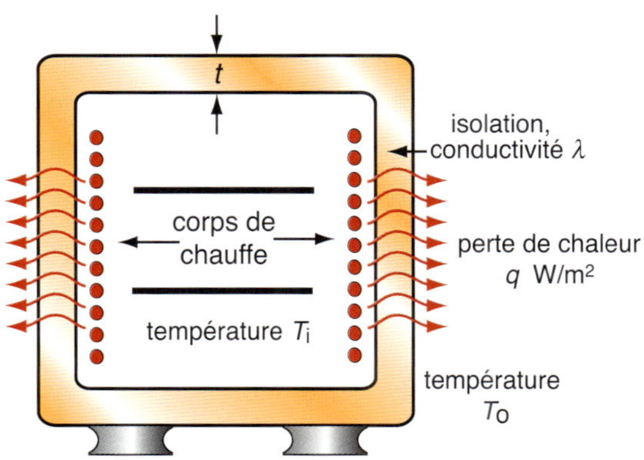

Figure 12.17 Pertes thermiques par conduction à travers l'isolation d'une enceinte chauffée.

Utiliser la chaleur spécifique: accumulateurs de chaleur La demande d'électricité est plus importante pendant la journée que pendant la nuit. Mais pour les compagnies d'électricité, réduire la production n'est pas économique et elles cherchent plutôt à lisser la demande en facturant l'électricité moins chère pendant les heures creuses. Les accumulateurs de chaleur exploitent ceci en utilisant de l'électricité bon marché pour chauffer un bloc massif de matériau, sur lequel de l'air est ensuite soufflé pour en extraire la chaleur.

Les accumulateurs de chaleur remplissent aussi des fonctions plus techniques. Lors de la conception des avions supersoniques ou des engins spatiaux rentrant dans l'atmosphère, il est nécessaire de simuler les conditions rencontrées, c'est-à-dire un écoulement d'air hypersonique à des températures allant jusqu'à 1000°C. La simulation est réalisée dans des souffleries où le courant d'air, avant d'atteindre le véhicule testé, est rapidement chauffé en passant au-dessus d'une masse préalablement chauffée (fig. 12.18). Une grande masse du matériau utilisé pour accumuler la chaleur est alors nécessaire et le matériau doit donc être bon marché pour limiter les coûts. Que ce soit pour un chauffage domestique ou pour une soufflerie, l'objectif est de maximiser la chaleur emmagasinée par unité de coût.

L'énergie emmagasinée dans une masse m d'un matériau de chaleur spécifique C_p chauffé de ΔT vaut

$$Q = mC_p\Delta T \tag{12.20}$$

Le coût par kg du matériau étant C_m, le coût de la masse m est de

$$C = mC_m$$

Pour une augmentation de température unitaire, la chaleur emmagasinée par unité de coût vaut donc

$$\frac{Q}{C} = \frac{C_p}{C_m} \tag{12.21}$$

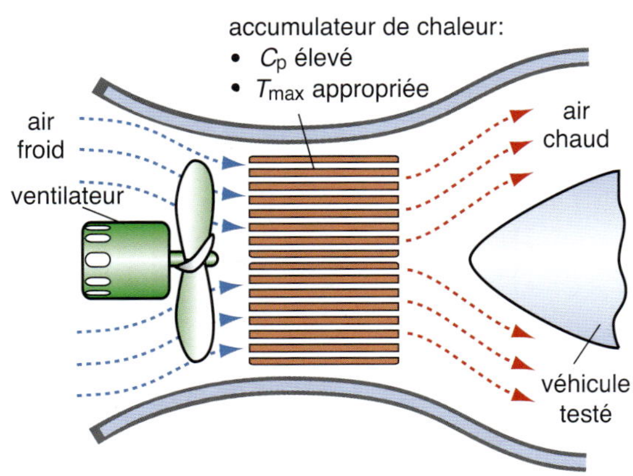

Figure 12.18 Soufflerie avec accumulateur de chaleur. L'accumulateur est préchauffé pour transmettre de la chaleur au flux d'air quand le ventilateur est actionné.

Le meilleur choix de matériau est alors simplement celui qui possède la plus grande chaleur spécifique C_p et le plus faible coût C_m. Il y a encore une autre contrainte, évidente: le matériau doit être capable de tolérer la température à laquelle il sera chauffé, disons $T_{max} > 150°C$ pour le chauffage domestique et $T_{max} > 1000°C$ pour la soufflerie. La sélection est difficile uniquement avec les cartes fournies ici, mais elle se fait facilement avec le logiciel CES en appliquant une limite sur T_{max} puis en isolant les candidats les moins chers grâce à l'indice

$$M = \frac{C_p}{C_m}$$

Il en résulte que le meilleur choix est le béton (avec une forme qui permet de faire circuler l'air) pour un chauffage domestique et une brique réfractaire (avec des canaux pour faire circuler l'air et extraire rapidement la chaleur) pour les souffleries, où les températures sont beaucoup plus élevées.

Utiliser un changement de phase: tampons thermiques Quand les matériaux s'évaporent, fondent, ou changent de structure cristalline (c'est-à-dire lors d'un «changement de phase»), il se passe beaucoup de choses susceptibles d'être utiles. Ils changent de volume et éventuellement de forme s'ils sont solides, et ils absorbent ou libèrent de la chaleur, la *chaleur latente* L (J/kg) associée au changement de phase, sans changer de température.

Supposons que nous voulons conserver quelque chose à une température donnée sans apport extérieur d'énergie. L'isolation parfaite n'existe pas mais, si le problème consiste à garder quelque chose au chaud, la solution est de l'entourer d'un liquide qui solidifie à la température désirée. Alors que le liquide solidifie, sa chaleur latente de fusion est libérée et la température est maintenue à la température de solidification jusqu'à ce que tout le liquide soit solidifié. Ce principe est parfois utilisé pour chauffer les aliments ou pour les chaufferettes à mains. Le phénomène inverse est également utile: la chaleur latente de fusion peut servir à conserver des choses au frais. Pour cela, il faut choisir un solide qui fond à la température désirée, en absorbant de la chaleur latente. Les accumulateurs de froid des glacières portatives fonctionnent ainsi. Dans les deux cas, le changement de phase est utilisé comme un *tampon thermique*.

Matériaux à mémoire de forme et matériaux superélastiques Presque tous les matériaux se dilatent lorsqu'ils sont chauffés et se contractent lorsqu'ils sont refroidis. Certains matériaux ont une réponse différente à cause d'un changement de phase à l'état solide. Les matériaux *à mémoire de forme* sont des alliages à base de titane ou de nickel qui peuvent exister à l'état solide sous deux configurations cristallines différentes appelées *allotropes*. La déformation du matériau s'accompagne d'un changement progressif d'une structure à l'autre, ce qui permet d'atteindre des déformations très élevées. Un alliage à mémoire de forme possède une température critique au-dessous de laquelle le matériau déformé conserve simplement sa nouvelle forme. Lorsqu'il est ensuite chauffé à sa température critique, il retrouve la structure cristalline de l'allotrope original et reprend sa forme initiale. Cet effet est utilisé dans des applications telles que des alarmes incendies, des sprinklers et d'autres systèmes de sécurité contrôlés par la température.

Et si la température ambiante est déjà supérieure à sa température critique? Alors le matériau n'a nul besoin d'un apport de chaleur et reprend sa forme initiale dès qu'il est relâché, comme s'il était élastique, à la différence que le changement de phase permet d'atteindre de plus grandes déformations, par un facteur 100 voire plus, que l'élasticité directe sans changement de phase. Ces matériaux sont qualifiés de *superélastiques*. Ils permettent de réaliser des montures de lunettes qui peuvent être maltraitées et sur lesquelles on peut s'asseoir, ou des ressorts capables de très grandes déformations.

12.7 Résumé et conclusions

Tous les matériaux possèdent:

- Une chaleur spécifique C_p: la quantité d'énergie nécessaire pour augmenter de 1°C la température d'une masse unitaire.
- Un coefficient d'expansion thermique α: le coefficient qui caractérise le changement de dimensions associé à un changement de température.
- Une conductivité thermique λ et une diffusivité thermique a: la première caractérise la vitesse à laquelle la chaleur est transmise à travers un solide, la seconde le temps nécessaire pour que la température, une fois perturbée, revienne à un état stationnaire.
- Des températures caractéristiques d'un changement de phase ou de comportement: un point de fusion T_m pour un solide cristallin et une température de transition vitreuse T_g pour un solide amorphe; pour la conception, une température empirique peut être définie pour chaque matériau, T_{max}, au-dessus de laquelle une utilisation continue est impossible pour des raisons de fluage ou de dégradation.
- Des chaleurs latentes de fusion et de vaporisation: l'énergie absorbée ou relâchée à température constante lors de la fusion ou de la solidification et lors de la vaporisation ou de la liquéfaction.

Ces propriétés peuvent être représentées sur des cartes de propriétés des matériaux telles que celles exploitées dans ce chapitre. Les cartes illustrent les larges gammes sur lesquelles ces propriétés s'étendent, ainsi que la manière dont elles sont reliées. Pour expliquer ces relations, une compréhension de la physique sous-jacente est nécessaire. Les concepts primordiaux sont que l'énergie thermique correspond à des vibrations à un niveau atomique, qu'augmenter l'amplitude de ces vibrations provoque une dilatation, et que les vibrations se propagent sous forme de phonons, ce qui engendre la conduction. Dans les métaux, les électrons libres – ceux responsables de la conduction électrique – transportent aussi la chaleur, et le font même plus efficacement que les phonons, ce qui explique leurs conductivités thermiques élevées. Les propriétés thermiques peuvent être ajustées en interférant avec ces processus: par ajout d'éléments d'alliage pour diffuser les phonons et les électrons, ou par formation de mousses pour diluer un solide avec un gaz de conductivité et chaleur spécifique faibles.

La réponse thermique d'un matériau peut être problématique, notamment à cause des fissurations que les contraintes thermiques peuvent causer. Mais elle peut aussi être utile car les déformations thermiques sont utilisées dans des actionneurs et des capteurs. C'est à cause de la chaleur spécifique qu'il faut 15 minutes pour chauffer un four, mais c'est aussi elle qui permet d'emmagasiner de la chaleur pour ensuite la restituer sur demande. Une bonne conduction thermique n'est pas souhaitée pour une tasse de café, mais elle très utile lorsqu'elle refroidit le moteur d'une voiture ou le processeur d'un ordinateur.

Ce chapitre a été consacré aux propriétés thermiques des matériaux. La chaleur, comme nous l'avons déjà mentionné, modifie également les propriétés mécaniques et électriques. Nous allons étudier plus en détails ces aspects dans le chapitre 13.

12.8 Lectures complémentaires

Cottrell, A. H. (1964). *The Mechanical Properties of Matter*. London, UK: Wiley. Library of Congress Number 64-14262. (*La meilleure introduction à la compréhension physique des propriétés des matériaux, désormais épuisé mais qui vaut la peine d'être recherché.*)

Hollman, J. P. (1981). *Heat Transfer* (5th ed.). New York, USA: McGraw-Hill. ISBN 0-07-029618-9. (*Une introduction élémentaire aux principes du transfert de chaleur qui constitue un bon point de départ.*)

Tabor, D. (1969). *Gases, Liquids and Solids*. Harmondsworth, UK, Penguin Books. ISBN 14-080052-2. (*Une brève introduction aux relations entre les forces interatomiques et les propriétés des matériaux.*)

12.9 Exercices

Exercice E12.1 Définir la chaleur spécifique. Quelles sont ses unités? Comment calcule-t-on la chaleur spécifique par unité de volume à partir de la chaleur spécifique par unité de masse? Si on veut choisir un matériau pour réaliser un système compact de stockage de chaleur, laquelle de ces deux propriétés utiliserait-on comme critère de sélection?

Exercice E12.2 Quels sont les deux métaux à choisir sur la carte λ–a de la figure 12.5 pour maximiser le déplacement thermique d'un actionneur bilame? Si le bilame possède une épaisseur de 2 mm et une diffusivité thermique moyenne a de 5×10^{-5} m²/s, combien lui faudra-t-il de temps pour répondre à un changement brusque de température?

Exercice E12.3 Un nouvel alliage a une densité de 7380 kg/m³. Sa chaleur spécifique n'ayant pas encore été mesurée, estimer sa valeur en J/kg·K.

Exercice E12.4 L'alliage de l'exercice précédent a une température de fusion de 1540 K. Son coefficient d'expansion thermique n'ayant pas encore été mesuré, estimer sa valeur.

Exercice E12.5 L'isolation intérieure des murs doit bien isoler, ce qui signifie une conductivité thermique λ faible, mais doit nécessiter un minimum de chaleur pour se réchauffer quand le système de chauffage central est enclenché (si les murs absorbent la chaleur, la pièce reste froide). Utiliser la carte λ–a en figure 12.5 pour trouver les meilleurs matériaux (en s'aidant des droites).

Exercice E12.6 Au travail, on constate que les tasses de café en céramique deviennent trop chaudes pour être tenues en main environ 10 secondes après y avoir versé le café chaud. L'épaisseur de la paroi des tasses est de 2 mm.

(a) Que vaut approximativement la diffusivité thermique de la céramique utilisée?
(b) Etant donné que la chaleur spécifique volumique des solides, ρC_p, vaut environ 2×10^6 J/m^3·K, que vaut approximativement la conductivité thermique de la céramique?
(c) Si les tasses étaient faites d'un métal avec une diffusivité thermique de 2×10^{-5} m^2/s, combien de temps pourrait-on les tenir en main?

Exercice E12.7 Un matériau structurel est recherché pour un système opérant à une température de –20°C. Le matériau doit avoir une résistance mécanique élevée mais une faible conductivité thermique. A l'aide de la carte λ–σ_y de la figure 12.6, suggérer deux candidats prometteurs (éliminer les céramiques car elles sont trop fragiles pour cette application).

Exercice E12.8 Un matériau est recherché pour un petit échangeur de chaleur super-efficace sous pression. Nous avons vu dans le texte que l'indice pour cette application est $M = \lambda\sigma_y$. Tracer des droites représentant cet indice sur une copie de la carte λ–σ_y de la figure 12.6 et trouver ainsi les deux classes de matériaux qui permettent de maximiser M.

12.10 Conception assistée avec le logiciel CES (utiliser le niveau 2, Matériaux)

Exercice E12.9 Utiliser la fonction «Search» de CES pour trouver les matériaux utilisés pour:

(a) L'isolation thermique.
(b) Les échangeurs de chaleur.

Exercice E12.10 En étudiant les accumulateurs de chaleur, nous avons formulé les contraintes qui doivent être respectées par le matériau, qui peut se présenter sous la forme d'un «lit» de particules ou d'un bloc muni de canaux pour faire circuler l'air à chauffer. Les exigences de conception sont résumées ci-après. Utiliser CES pour trouver les meilleurs matériaux et classer les six meilleurs candidats.

Fonction	• Accumulateur de chaleur
Contraintes	• Température d'utilisation maximale >150°C
	• Ininflammable (critère de durabilité)
Objectif	• Maximiser le rapport chaleur spécifique/coût du matériau, C_p/C_m
Variables libres	• Choix du matériau

Exercice E12.11 Les exigences de conception pour le matériau d'un radiateur automobile ont été décrites dans le texte et sont résumées ci-dessous. Utiliser CES pour trouver des matériaux appropriés et classer les quatre meilleurs candidats.

Fonction	• Echangeur de chaleur pour voiture
Contraintes	• Elongation >10%
	• Température maximale d'utilisation >180°C
	• Prix <5 $/kg
	• Durabilité dans l'eau douce = très bonne
Objectif	• Maximiser le produit conductivité thermique × limite élastique, $\lambda\sigma_y$
	• Epaisseur de la paroi, t
Variables libres	• Choix du matériau

Exercice E12.12 Un matériau structurel est recherché pour un système opérant à une température de –20°C. Le matériau doit avoir une résistance en traction σ_{ts} élevée mais une faible conductivité thermique λ. Pour tolérer des dommages, sa ténacité à la rupture K_{1c} doit être supérieure à 15 MPa·m$^{1/2}$. Appliquer la contrainte sur K_{1c} grâce à la fonction «Limit» puis construire une carte avec σ_{ts} sur l'axe x et λ sur l'axe y. Quels matériaux remplissent au mieux les exigences?

Exercice E12.13 L'isolation intérieure des murs doit bien isoler, ce qui signifie une faible conductivité λ, mais nécessiter un minimum de chaleur pour être chauffée à la température ambiante désirée quand le système de chauffage central est enclenché, ce qui signifie une faible chaleur spécifique. L'épaisseur de l'isolation étant presque toujours limitée par l'espacement entre les murs intérieurs et extérieurs, il convient de considérer la chaleur spécifique par unité de volume, et non par unité de masse. Pour que le choix soit viable, le matériau doit être assez rigide et résistant pour supporter son propre poids et être facilement mis en place. Considérer que le matériau doit donc avoir un module $E > 0.01$ GPa et une limite élastique $\sigma_y > 0.1$ MPa. En se basant sur ces informations, faire une sélection et lister les matériaux qui remplissent au mieux les exigences de la conception.

Exercice E12.14 Voici l'idée générale d'un e-mail reçu par un des auteurs pendant l'écriture de ce chapitre. «Nous fabriquons des poêles à bois et des cheminées distribués dans toute l'Europe. Nous voulons sélectionner les meilleurs matériaux pour nos différents produits. Les caractéristiques qui nous importent sont la chaleur spécifique, la conductivité thermique, la densité ... et, bien sûr, le prix. Que peut nous suggérer votre logiciel CES?»

Pourquoi sont-ils intéressés par ces propriétés? Les classer en décidant celle à choisir comme objectif et celles à traîter comme des contraintes. Réfléchir aux propriétés qu'ils auraient éventuellement négligées. Utiliser ensuite CES pour faire une sélection basée sur les hypothèses, ou simplement sur la manière d'utiliser ces équipements. Justifier le choix.

Ce problème n'a pas de réponse «juste», cela dépend des hypothèses faites. Le dernier point est essentiel: justifier le choix.

12.11 Explorer la science avec CES Elements

Exercice E12.15 Nous avons affirmé dans le texte que les matériaux se dilatent d'environ 2% entre 0 K et leur température de fusion. Utiliser CES Elements pour vérifier la véracité de cette affirmation en construisant un histogramme de l'expansion au point de fusion, donnée par $\alpha T_m/10^6$ (le facteur 10^6 est dû aux unités utilisées dans la base de données pour exprimer α).

Exercice E12.16 La vaporisation d'un liquide entraîne la rupture de ses liaisons interatomiques. On peut donc penser que la chaleur latente de vaporisation L_v équivaut environ à l'énergie de cohésion H_c, car cette dernière mesure la résistance des liaisons. Tracer ces deux grandeurs en fonction l'une de l'autre à l'aide de CES Elements. A quel point sont-elles proches?

Exercice E12.17 Lors de la fusion d'un solide, certaines de ses liaisons atomiques sont rompues, mais pas l'intégralité. On peut donc penser que la chaleur latente de fusion L_m est inférieure à l'énergie de cohésion H_c, car celle-ci représente une mesure de base de la résistance des liaisons. Tracer ces deux grandeurs en fonction l'une de l'autre à l'aide de CES Elements. Par quel facteur L_m est-elle inférieure à H_c? Qu'est-ce que cela suggère concernant la cohésion dans les liquides?

Exercice E12.18 La chaleur latente de fusion L_m, d'un matériau est censée être environ égale à la chaleur requise pour le chauffer du zéro absolu jusqu'à son point de fusion, $C_p T_m$, avec C_p la chaleur spécifique et T_m la température absolue de fusion. Construire une carte avec L_m sur un des axes et $C_p T_m$ sur l'autre. Pour une comparaison correcte, il faut changer les unités de L_m en J/kg au lieu de kJ/mol. Pour cela, multiplier L_m par

$$\frac{10^6}{\text{masse atomique en kg/kmol}}$$

en utilisant les fonctionnalités avancées pour définir les axes. L'affirmation est-elle vérifiée?

Exercice E12.19 Dans ce chapitre, nous avons affirmé que le module E est environ proportionnel à la température absolue de fusion T_m. Si vous vérifiez cette corrélation avec CES Elements, vous remarquerez qu'elle n'est en fait pas très bonne (essayer). Cela est dû au fait que T_m et E ont des unités différentes, ce qui rend leur comparaison dénuée de tout sens physique. Pour une comparaison plus significative d'un point de vue physique, il convient de considérer plutôt les quantités $k_B T_m$ et $E\Omega$, où k_B est la constante de Boltzmann (1.38×10^{-23} J/K) et Ω est le volume atomique (en m^3/atome). Toutes deux sont en effet des énergies, la première étant proportionnelle à l'énergie thermique par atome au point de fusion et la seconde au travail nécessaire pour étirer une liaison interatomique de manière élastique.

Construire une carte pour les éléments avec $k_B T_m$ sur l'axe x et $E\Omega$ sur l'axe y afin de vérifier la qualité de cette corrélation. Les corrélations de ce genre (si elles sont bonnes), qui s'appliquent à travers le tableau périodique, fournissent des outils puissants pour vérifier des données et estimer une propriété (par exemple E) quand l'autre (T_m) est connue. Formuler une équation reliant les deux énergies qui pourrait être utilisée à cette fin.

Exercice E12.20 Au-dessus de la température de Debye, la chaleur spécifique est censée valoir $3R$, avec R exprimé en J/mol·K. Réaliser un graphique pour les éléments avec la température de Debye sur l'axe x et la chaleur spécifique (en J/mol·K) sur l'axe y pour étudier cette corrélation. Le facteur de conversion suivant est nécessaire, à cause des unités utilisées dans la base de données:

$$\text{chaleur spécifique en kJ/kmol}\cdot\text{K} = \text{chaleur spécifique en J/kg}\cdot\text{K} \times \text{masse atomique en kg/kmol}/1000$$

En divisant cette quantité par $R = 8.314$ J/mol·K et en la traçant en fonction de la température de Debye, le résultat devrait être 3 sauf pour les matériaux qui ont des températures de Debye élevées. Est-ce le cas? A quelle température environ la chaleur spécifique commence-t-elle à chuter?

Exercice E12.21 Etudier le libre parcours moyen des phonons ℓ_m au sein des différents éléments grâce à l'équation (12.10). En inversant cette équation, nous obtenons la relation

$$\ell_m = 3\frac{\lambda}{\rho C_p c_o}$$

avec $c_o = \sqrt{E/\rho}$ la vitesse de propagation du son. Dans CES, définir les axes à l'aide des fonctionnalités avancées afin de construire un histogramme de la grandeur ℓ_m en fonction des éléments. Quels matériaux possèdent les valeurs les plus élevées? Et les plus faibles?

Chapitre 13
Utilisation des matériaux à haute température

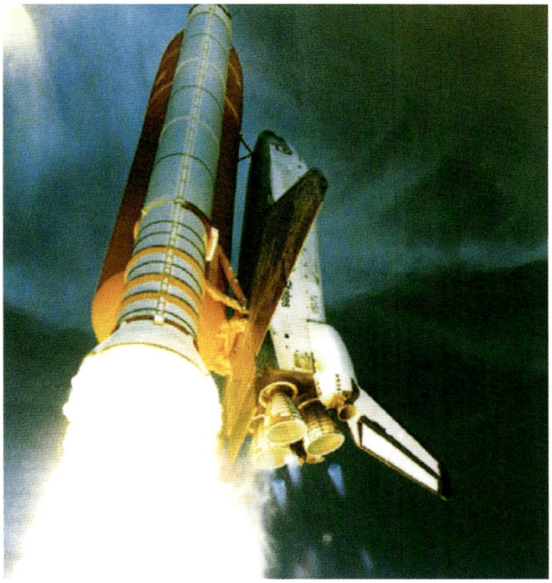

Combustion à l'arrière d'une navette spatiale. (Avec la permission de C. Michael Holoway, NASA Langley, USA.)

Contenu du chapitre

13.1 Introduction et présentation du chapitre

Les propriétés des matériaux varient en fonction de la température. Pour certaines propriétés, notamment la densité, le module élastique et la conductivité électrique, les variations sont simplement linéaires et peuvent facilement être prises en compte lors de la conception. D'autres propriétés, en particulier la limite élastique et les vitesses d'oxydation et de corrosion, ont en revanche des variations plus marquées qui peuvent avoir des conséquences désastreuses si elles ne sont pas anticipées.

Ce chapitre est consacré à la manière dont les propriétés changent avec la température, ainsi qu'aux méthodes de conception qui permettent de tenir compte de ces variations. Pour cela, il est tout d'abord nécessaire de comprendre le processus de *diffusion* (la migration des atomes), et comment celui-ci donne lieu au *fluage* et à la *rupture par fluage*. Cette compréhension est à l'origine des méthodes de conception des composants fonctionnant à haute température à base de métaux et de céramiques. Le comportement des polymères est un peu plus complexe, mais des méthodes semi-empiriques permettent également de concevoir de manière sûre avec ces matériaux.

13.2 Dépendance thermique des propriétés des matériaux

Températures d'utilisation maximale et minimale Les mesures les plus simples de la tolérance à la température sont les *températures de service maximale* et *minimale*, T_{max} et T_{min}. La première indique la température maximale à laquelle un matériau peut raisonnablement être utilisé sans problèmes d'oxydation, d'altération chimique ou de déformation excessive ou « fluage » (la *température d'utilisation continue* est une mesure analogue). La seconde est la température au-dessous de laquelle un matériau devient fragile, ou son utilisation devient risquée pour toute autre raison. Pour les aciers au carbone, elle correspond à la température de transition ductile-fragile, où leur ténacité à la rupture chute fortement. Pour les élastomères, elle se situe environ à 0.8 T_g, avec T_g la température de transition vitreuse, car au-dessous de T_g, ils cessent d'être caoutchouteux et deviennent durs et fragiles. Ces températures sont déterminées empiriquement et n'ont pas de définitions universelles.

Dépendances linéaire et non linéaire Certaines propriétés varient linéairement avec la température T, ce qui signifie que

$$P_{(t)} \approx P_o\left(1+\beta\frac{T}{T_m}\right) \tag{13.1}$$

où P est la valeur de la propriété en question, P_o sa valeur à faible température et β une constante. La figure 13.1 en montre quatre exemples : la densité, le module élastique, l'indice de réfraction et la résistivité électrique (pour les métaux). Quand un matériau est chauffé jusqu'à son point de fusion T_m, sa densité ρ et son indice de réfraction n diminuent d'environ 6% ($\beta \approx -0.06$), son module E chute d'un facteur 2 ($\beta \approx -0.5$) et sa résistivité R augmente d'un facteur 7 environ ($\beta \approx +7$). Ces variations ne peuvent pas être négligées, mais elles sont

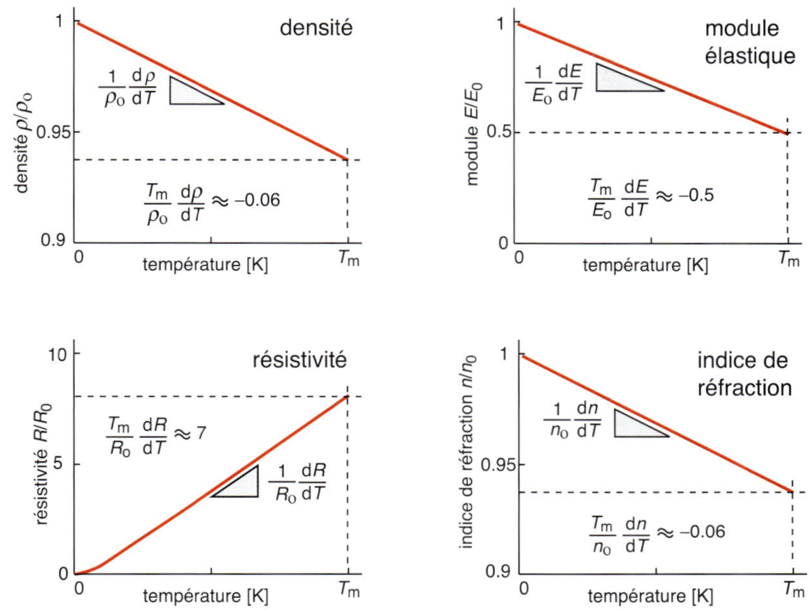

Figure 13.1 Propriétés qui varient linéairement avec la température: densité, module élastique, résistivité électrique et indice de réfraction.

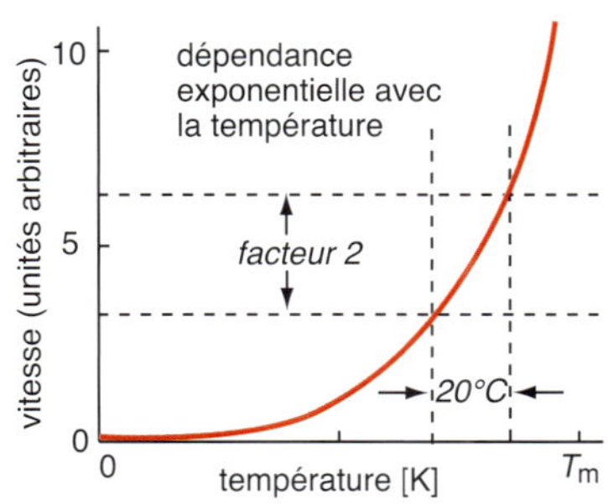

Figure 13.2 A charge constante, la vitesse de déformation augmente exponentiellement avec la température. Elle peut donc doubler alors que la température n'augmente que de 20°C.

facilement prises en compte pendant la conception en utilisant la valeur associée à la température d'utilisation.

D'autres propriétés sont moins complaisantes. La résistance chute de manière beaucoup plus soudaine et la vitesse de *fluage* – sujet principal de ce chapitre – augmente exponentiellement avec la température (fig. 13.2). Ce dernier point mérite d'être traité plus en détails.

Ecoulement visqueux Quand une substance s'écoule, ses particules changent de voisins car l'écoulement est un processus de cisaillement. La loi de Newton décrit la vitesse d'écoulement des fluides en fonction de la contrainte de cisaillement τ:

$$\dot{\gamma} = \frac{\tau}{\eta}$$

où $\dot{\gamma}$ représente le taux de cisaillement (en s^{-1}) et η la viscosité (en Pa·s). Il s'agit d'une relation linéaire, comme la loi de Hooke, mais dans ce cas entre la contrainte et le taux de déformation. L'écoulement visqueux étant une déformation à volume constant (coefficient de Poisson de 0.5), les solutions des problèmes d'élasticité peuvent être utilisées en y substituant la déformation ε et le module de Young E par le taux de déformation $\dot{\varepsilon}$ et 3η, respectivement (éq. (4.10)). Quand il est soumis à une traction, un barreau d'un fluide très visqueux s'étire donc à une vitesse donnée par

$$\dot{\varepsilon} = \frac{\sigma}{3\eta} \tag{13.2}$$

Le facteur 1/3 est dû au passage de cisaillement à des contrainte et déformation normales.

Exemple 13.1

Un cube de goudron de section $A = 0.01\ m^2$ et de viscosité $\eta = 10^8$ Pa·s est placé sous une plaque d'acier de masse $m = 0.5$ kg. Quelle sera sa diminution de hauteur après 1 jour ?

Solution. La contrainte vaut $\sigma = mg/A = 490$ Pa. Le taux de déformation en compression est de $\dot{\varepsilon} = \sigma/3\eta = 1.6 \times 10^{-6}/s$. La déformation après 1 jour ($t = 8.64 \times 10^4$ s) vaut donc $\varepsilon = \dot{\varepsilon}t = 0.14$. L'arête du cube étant initialement de 100 mm, sa hauteur se rétrécira de 13.8 mm.

Fluage A température ambiante, la plupart des métaux et des céramiques se déforment en fonction de la contrainte appliquée mais indépendamment du temps. Quand la température augmente, des charges trop faibles pour déformer un matériau de manière permanente à température ambiante causent son *fluage*, c'est-à-dire une déformation lente et continue qui mène finalement à la rupture. Quand le comportement est indépendant du temps, on parle généralement de réponse à « faible température », par opposition à la réponse à « température élevée » qui qualifie un comportement dépendant du temps. Mais que signifient « faible » et « élevé » dans ce contexte ? Pour le tungstène, utilisé dans les ampoules à filament, la température ambiante représente une température très faible car son point de fusion est supérieur à 3000°C. Mais dans une ampoule, le filament atteint une température d'environ 2000°C, ce qui est élevé pour ce matériau. Avec le temps, le filament s'affaisse alors lentement sous son propre poids, jusqu'à ce que ses spires se touchent et que la lampe s'éteigne.

Pour pouvoir tenir compte du fluage lors de la conception, il faut savoir comment le taux de déformation $\dot{\varepsilon}$ (ou le temps de rupture t_f) varie avec la contrainte appliquée σ et la température d'utilisation T. Cela nécessite des *essais de fluage*.

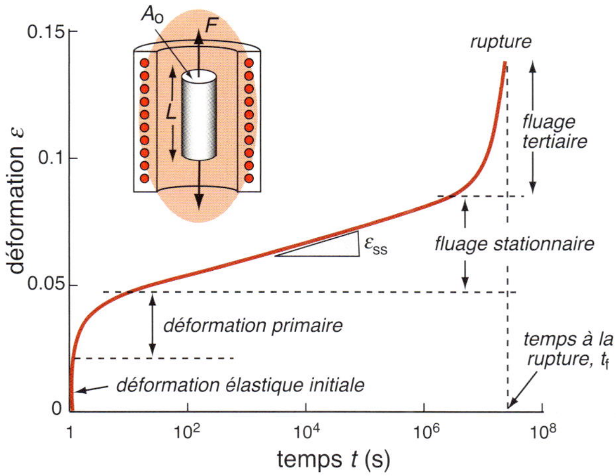

Figure 13.3 Essai et courbe de fluage illustrant comment la déformation ε augmente avec le temps t jusqu'au temps de rupture t_f.

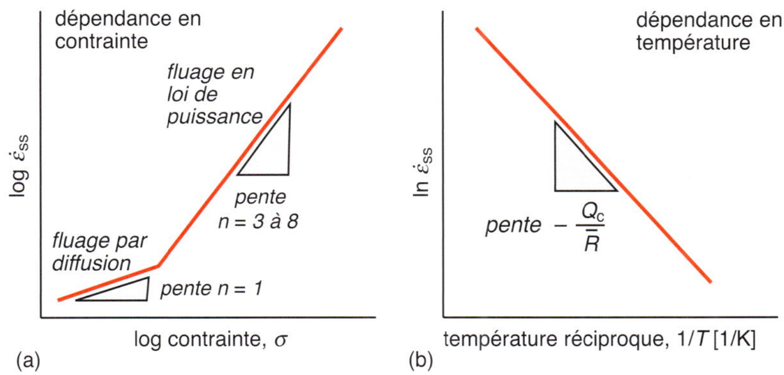

Figure 13.4 Vitesse de fluage en fonction de la contrainte et de la température.

Essais et courbes de fluage Le fluage est caractérisé selon la méthode illustrée en figure 13.3. Un échantillon est sollicité en traction ou en compression, généralement avec une force constante, dans un four maintenu à une température T. Son allongement est alors mesuré en fonction du temps pour obtenir une courbe de fluage. L'aspect général des courbes de fluage des métaux, des polymères et des céramiques est tel que représenté sur la figure.

La déformation *élastique initiale* et la déformation pendant le *fluage primaire* surviennent rapidement et peuvent être traitées de manière assez similaire à la déformation élastique qu'une structure peut tolérer. Pendant le régime de *fluage secondaire*, ou *stationnaire*, la vitesse de déformation est ensuite constante. En traçant le logarithme du taux de fluage stationnaire $\dot{\varepsilon}_{ss}$ en fonction du logarithme de la contrainte σ (fig. 13.4(a)), on observe que pour une température T

$$\dot{\varepsilon}_{ss} = B\sigma^{n} \tag{13.3}$$

où l'exposant n est généralement compris entre 3 et 8, raison pour laquelle ce comportement est appelé *fluage en loi de puissance*. Aux faibles contraintes, la pente de la courbe vaut $n \approx 1$ (partie correspondant au « fluage par diffusion » sur la figure 13.4(a)). En traçant le logarithme naturel de $\dot{\varepsilon}_{ss}$ en fonction de $1/T$ (en K), comme sur la figure 13.4(b), nous trouvons que pour une contrainte donnée:

$$\dot{\varepsilon}_{ss} = C \exp -\left(\frac{Q_c}{\bar{R}T}\right) \tag{13.4}$$

avec $\bar{R}$ la constante des gaz parfaits (8.31 J/mol/K) et Q_c l'*énergie d'activation du fluage* (en J/mol). Le taux de fluage $\dot{\varepsilon}_{ss}$ variant exponentiellement avec la température (fig. 13.2), il peut doubler suite à une augmentation de température de seulement 20°C. En combinant les deux derniers résultats, nous obtenons

$$\dot{\varepsilon}_{ss} = C'\sigma^{n} \exp -\left(\frac{Q_c}{\bar{R}T}\right) \tag{13.5}$$

où C' est une constante dont les unités n'ont pas beaucoup de sens ($s^{-1} \cdot MPa^{-n}$). Il est donc plus commun d'écrire cette relation sous la forme

$$\dot{\varepsilon}_{ss} = \dot{\varepsilon}_{o}\left(\frac{\sigma}{\sigma_o}\right)^{n} \exp -\left(\frac{Q_c}{\bar{R}T}\right) \tag{13.6}$$

Le fluage stationnaire d'un matériau est donc caractérisé par les quatre constantes $\dot{\varepsilon}_o$ (en s^{-1}), σ_o (en MPa), n et Q_c, qui varient d'un matériau à l'autre et doivent être mesurées expérimentalement (certaines valeurs sont données en section 13.5). Ces constantes connues, le taux de déformation $\dot{\varepsilon}_{ss}$ en fonction de la température et de la contrainte peut être calculé selon l'équation (13.6).

Exemple 13.2

Une tige en acier inoxydable de longueur L = 100 mm est soumise à une contrainte de traction σ = 150 MPa à une température T = 800°C. Les constantes pour le fluage de l'acier inoxydable sont: taux de déformation de référence $\dot{\varepsilon}_o = 10^6$/s, contrainte de référence σ_o = 100 MPa, exposant n = 7.5 et énergie d'activation du fluage en loi de puissance Q_c = 280 kJ/mol. Quel est le taux de fluage de la tige ? Quel sera son allongement après 100 heures ?

Solution. Le taux de fluage en régime stationnaire est donné par $\dot{\varepsilon}_{ss} = \dot{\varepsilon}_{o}\left(\frac{\sigma}{\sigma_o}\right)^{n} \exp -\left(\frac{Q_c}{\bar{R}T}\right)$. Avec les valeurs données, la température en kelvin et $\bar{R} = 8.31$ J/mol · K, $\dot{\varepsilon}_{ss} = 4.8 \times 10^{-7}$/s. Après 100 heures ($3.6 \times 10^5$ secondes), la déformation de la tige vaut ε = 0.173 et son allongement est de ΔL = 17.3 mm.

Le fluage a parfois des effets bénéfiques. L'extrusion, le laminage à chaud, le pressage à chaud et le forgeage s'effectuent à des températures où le mécanisme de déformation dominant est le fluage en loi de puissance. Le fluage est alors mis à profit afin de réduire la pression de mise en forme requise pendant ces opérations. Pour un changement de température donné, le changement de pression peut être calculé en utilisant l'équation (13.6).

Endommagement et rupture par fluage Si le fluage augmente davantage, des dommages sous forme de cavités ou de fissures internes s'accumulent et croissent lentement. Quand ils se relient, la section s'en retrouve diminuée et la contrainte augmente. Le taux de fluage augmente alors également, ce qui correspond au troisième stade de la courbe présentée en figure 13.3. Comme $\dot{\varepsilon} \propto \sigma^n$ avec $n \approx 5$, le taux de fluage augmente encore plus rapidement que la contrainte: une augmentation de contrainte de 10% le fait augmenter de 60%.

Les temps de rupture t_f sont généralement représentés sur des diagrammes *fluage–rupture* (fig. 13.5). L'application de ces graphiques est évidente: si la contrainte et la température sont connues, nous pouvons y lire la durée de vie. Si nous désirons plutôt concevoir un composant qui ait une durée de vie donnée, en fonctionnant à une certaine température, nous pouvons aussi y lire la contrainte maximale. Les expériences montrent que

$$\dot{\varepsilon}_{ss} t_f = C \tag{13.7}$$

Cette relation est connue sous le nom de loi de Monkman-Grant, avec une constante C typiquement comprise entre 0.05 et 0.3. Si cette constante est connue, la durée de vie en fluage (t_f) peut être estimée selon l'équation (13.6).

Exemple 13.3

Dans une usine de génie chimique, un composant constitué de l'acier de l'exemple 13.2 est soumis à une pression interne qui engendre une contrainte circonférentielle de 150 MPa. Son taux de fluage vaut $\dot{\varepsilon}_{ss} = 4.8 \times 10^{-7}/\text{s}$ à $T = 800°\text{C}$. (a) Par quel facteur est-il augmenté si la pression est augmentée de 20% ? (b) Par quel facteur sa durée de vie t_f est-elle réduite si la température est augmentée à $T_2 = 850°\text{C}$?

Solution. (a) La contrainte circonférentielle est proportionnelle à la pression. Quand la pression augmente, le taux de déformation augmente donc d'un facteur:

$$\frac{\text{Taux de fluage 180 MPa}}{\text{Taux de fluage 150 MPa}} = \left(\frac{180}{150}\right)^{7.5} = 3.9 \quad \text{et vaut alors} \quad \dot{\varepsilon}_{ss} = 1.9 \times 10^{-6}/\text{s}$$

(b) L'élévation de la température fait augmenter le taux de déformation d'un facteur

$$\frac{\text{Taux de fluage } T_2 = 1123\text{ K}}{\text{Taux de fluage } T_1 = 1073\text{ K}} = \exp -\frac{Q_c}{\overline{R}}\left(\frac{1}{T_2} - \frac{1}{T_1}\right) = 4.0$$

La durée de vie en fluage étant donnée par $t_f = C/\dot{\varepsilon}_{ss}$, où C est une constante, la durée de vie en est réduite par le même facteur. Des variations de contrainte ou de température relativement faibles changent donc considérablement le taux de fluage et la durée de vie en fluage.

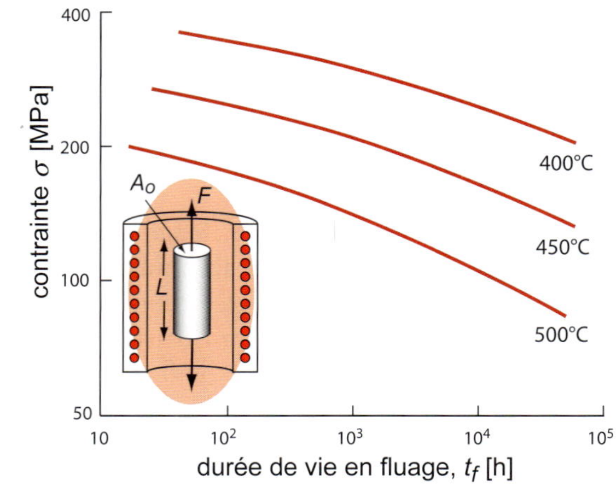

Figure 13.5 Durée de vie en fluage (avec échelle logarithmique) en fonction de la contrainte et de la température. Les données sont typiques d'un acier au carbone.

13.3 Cartes pour le comportement en fluage

Point de fusion Les points de fusion des métaux, des céramiques et des polymères sont indiqués sur la figure 13.6. La plupart des métaux et des céramiques ont des points de fusion élevés et par conséquent ne commencent à fluer qu'à des températures largement supérieures à la température ambiante. Le *plomb*, avec son point de fusion de 327°C (600 K), flue cependant à température ambiante car cela représente presque la moitié de son point de fusion absolu (ce qui est problématique pour les toits et les revêtements extérieurs en plomb des anciens bâtiments). La plupart des polymères cristallins fluent lentement quand ils sont sollicités à température ambiante car leurs points de fusion se situent entre 150 et 200°C. C'est aussi le cas des polymères amorphes, qui ont typiquement des valeurs de T_g comprises entre 50 et 150°C. La température à laquelle les matériaux commencent à fluer dépend donc de leur point de fusion. En règle générale, on observe que le fluage commence à $T \approx 0.35\ T_m$ pour les métaux et $0.45\ T_m$ pour les céramiques, mais l'ajout d'éléments d'alliage peut considérablement augmenter cette température.

Température d'utilisation maximale et résistance mécanique La température d'utilisation maximale T_{max} et la limite élastique à température ambiante σ_y sont montrées sur la carte en figure 13.7. On y constate que les polymères et les métaux à bas point de fusion comme les alliages de zinc, de magnésium et d'aluminium ont de bonnes résistances à température ambiante, mais cessent d'être utilisables vers 300°C – peu de polymères ont effectivement des résistances utiles au-dessus de 135°C. Les alliages de titane et les aciers faiblement alliés ont de bonnes résistances jusqu'à 600°C, mais au-dessus de cette température, des aciers inoxydables fortement alliés et des alliages plus complexes à base de nickel, de fer et de cobalt sont requis. Les températures les plus élevées nécessitent l'utilisation de métaux réfractaires comme le tungstène, ou de céramiques techniques comme le carbure de silicium (SiC) ou l'alumine (Al_2O_3).

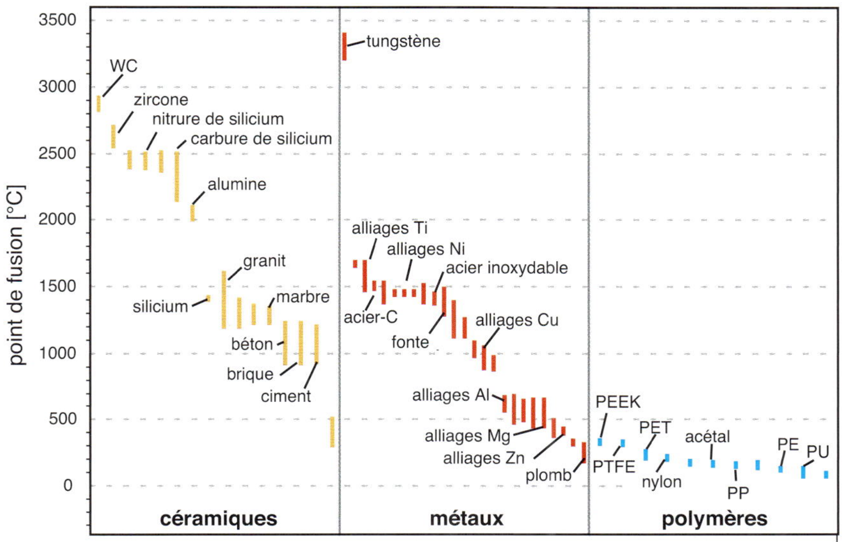

Figure 13.6 Points de fusion des céramiques, des métaux et des polymères.

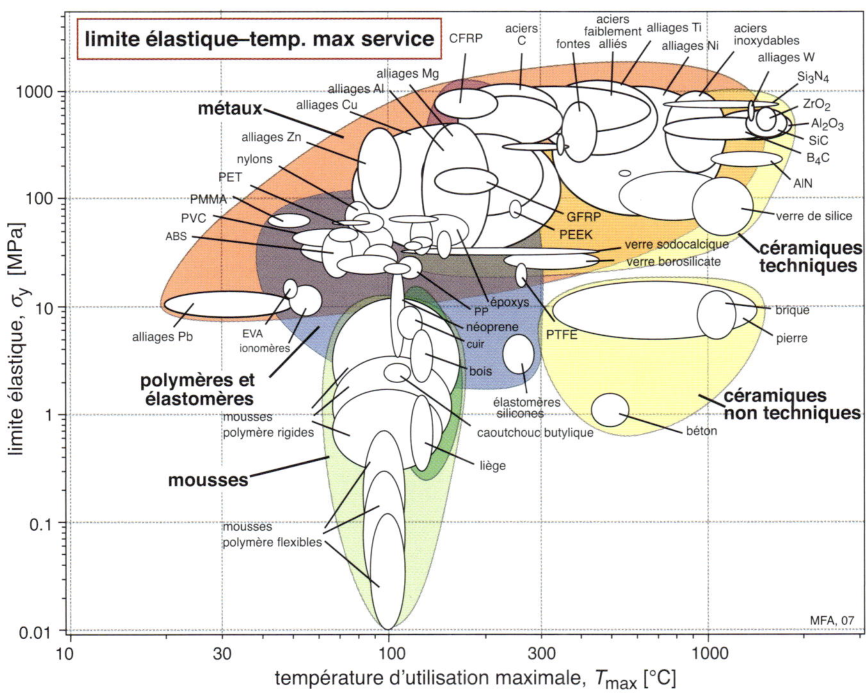

Figure 13.7 Limite élastique et température d'utilisation maximale des matériaux. La limite élastique diminue avec la température comme décrit dans le texte.

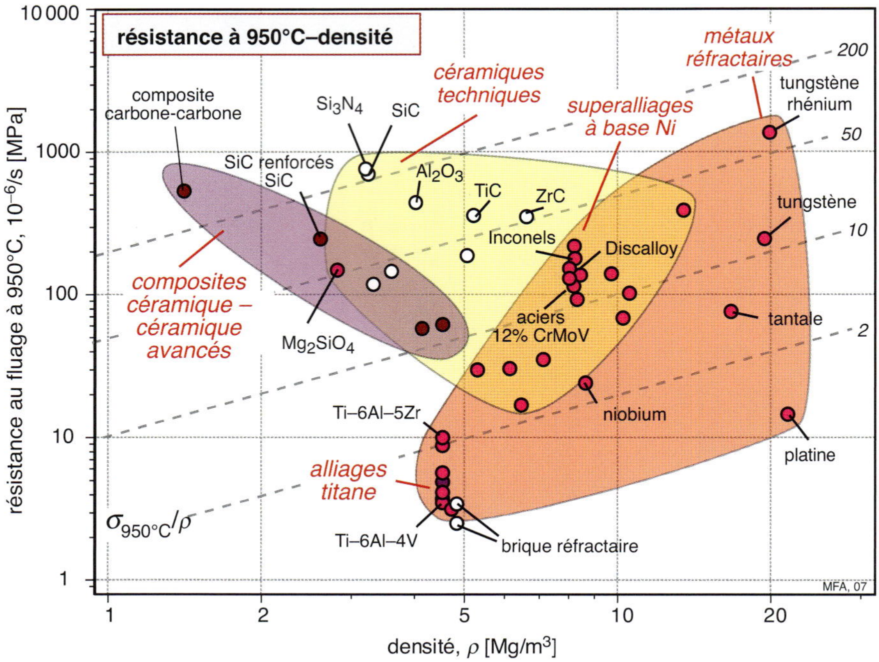

Figure 13.8 Résistance à haute température de certains matériaux en fonction de leur densité, pour une température de 950°C et un taux de déformation de 10^{-6}/s. Le logiciel CES permet de construire ce genre de cartes pour n'importe quelle température. (Cette carte a été réalisée avec une base de données spécifique pour les matériaux à haute température.)

Résistance au fluage à 950°C et densité La figure 13.8 est un exemple de carte servant à guider le choix des matériaux pour la conception de structures porteuses exposées à des températures élevées. La résistance au fluage à 950°C, $\sigma_{950°C}$, y est indiquée en fonction de la densité ρ. Nous avons vu qu'aux températures élevées (950°C est une température très élevée), la résistance dépend du taux de déformation. Pour construire cette carte, il faut donc commencer par fixer un taux de déformation acceptable, dans ce cas 10^{-6}/s. La carte s'utilise ensuite comme la carte σ_y–ρ de la figure 6.6. Elle permet de tracer des indices tels que

$$M_t = \frac{\sigma_{950°C}}{\rho}$$

afin d'identifier les matériaux susceptibles d'être utilisés pour concevoir des composants légers exposés à des températures élevées.

A 950°C, la résistance des alliages de titane n'est que de quelques mégapascals, soit une valeur proche de la résistance du plomb à température ambiante. Les superalliages à base de nickel et de fer ont quant à eux des résistances de 100 MPa ou plus. Seuls les métaux réfractaires comme les alliages de tungstène, les céramiques techniques comme le SiC, et les composites céramique-céramique avancés (très onéreux) ont des résistances plus élevées.

A température ambiante, une seule carte résistance–densité suffit. En revanche, pour les températures élevées, il est nécessaire d'utiliser une carte qui s'applique à la température et au taux de déformation (ou à la durée de vie) donnés par la conception. Les méthodes de conception assistée par ordinateur sont alors des outils particulièrement précieux, car elles permettent de construire des cartes telles que celle représentée en figure 13.8, ainsi que de les adapter rapidement et efficacement aux conditions de service.

13.4 Aspects scientifiques : diffusion et fluage

L'écoulement visqueux et le fluage requièrent tous deux le mouvement relatif des atomes. Pour comprendre de quelle manière et à quelle vitesse survient ce mouvement, commençons par considérer un atome qui change de position par rapport à ses voisins par *diffusion*.

Diffusion La diffusion est le processus de migration des atomes au cours du temps. Dans les gaz ou les liquides, les atomes ou les molécules se mélangent par leur mouvement aléatoire (mouvement brownien). Penser par exemple à la dispersion de la fumée dans de l'air immobile ou à celle d'une goutte d'encre dans de l'eau. Mais dans les solides cristallins, les atomes sont confinés à des sites du réseau. Ils peuvent néanmoins se mélanger, et si des atomes A sont déposés à la surface d'un bloc d'atomes B, les atomes interdiffusent à une vitesse décrite par la loi de Fick[1] :

$$J = -D\frac{\mathrm{d}c}{\mathrm{d}x} \qquad (13.8)$$

où J est le flux atomique (le nombre d'atomes A diffusant à travers une surface unitaire par unité de temps), D est le coefficient d'interdiffusion et $\mathrm{d}c/\mathrm{d}x$ est le gradient de concentration des atomes A selon la direction x.

Nous avons vu dans le chapitre précédent que la chaleur correspond aux vibrations des atomes. Dans un solide, les atomes vibrent autour de leur position moyenne à une fréquence ν (environ 10^{13} s^{-1}) avec une énergie moyenne (cinétique et potentielle) égale à $k_B T$ pour chaque mode de vibration, où k_B est la constante de Boltzmann (1.38×10^{-23} J/atome·K). Il s'agit cependant d'une valeur moyenne, et à chaque instant, l'énergie de certains atomes est moindre alors que d'autres atomes ont une énergie plus élevée. La distribution d'énergie est donnée par la mécanique statistique. L'équation de Maxwell–Boltzmann[2] décrit la probabilité p qu'un atome donné ait une énergie supérieure à une valeur q :

---

[1] Adolph Eugen Fick (1829-1901), physicien allemand, physiologiste et inventeur de la lentille de contact. Il formula la loi décrivant le passage d'un gaz à travers une membrane, qui décrit aussi la diffusion des atomes dans les solides.

[2] James Clerk Maxwell (1831-1879), illustre physicien théoricien écossais, considéré par beaucoup comme l'égal de Newton et de Einstein (ce dernier conservait une photo de Maxwell parmi des portraits de Newton et de Faraday). L'apport de Maxwell à la théorie cinétique de la diffusion fut relativement secondaire par rapport à sa théorie de l'électromagnétisme, qui relie l'électricité, le magnétisme et l'optique.

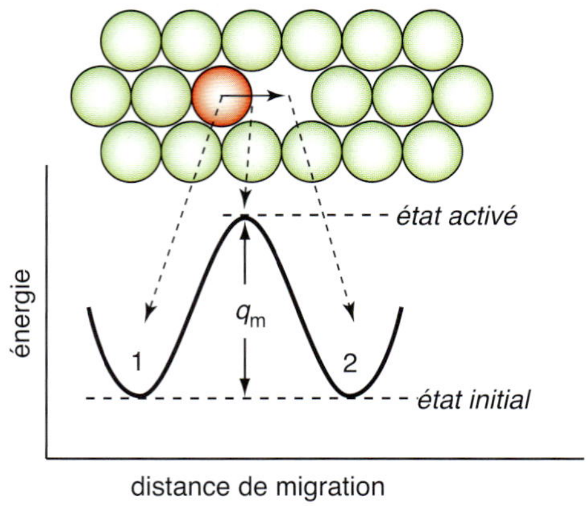

Figure 13.9 Saut de diffusion. La courbe montre comment l'énergie de l'atome rouge (pas nécessairement de la même espèce chimique que les atomes verts) varie lorsqu'il saute du site 1 au site 2.

$$p = \exp -\left(\frac{q}{k_B T}\right) \tag{13.9}$$

Comme nous l'avons vu dans le chapitre 4, les cristaux contiennent des lacunes (des sites atomiques vides) qui permettent aux atomes de sauter d'un site à un autre, comme illustré sur la figure 13.9. Pour réaliser un tel saut, l'atome rouge (de la même espèce chimique que les autres atomes) doit quitter son site d'origine 1, où son énergie est minimale, et passer entre ses voisins. Il passe alors par un *état activé* avant d'arriver sur une nouvelle position d'équilibre, le site vacant 2. Pour se déplacer, il doit donc franchir une barrière énergétique q_m. La probabilité p_m qu'un atome ait une énergie thermique suffisante pour franchir cette barrière est donnée par l'équation (13.9) avec $q = q_m$.

Un saut atomique requiert donc une énergie thermique suffisante et la présence d'une lacune sur un site voisin. L'énergie d'une lacune étant de q_v, la probabilité p_v qu'un site donné soit vacant est (sans surprise) également donnée par l'équation (13.9), avec $q = q_v$. La probabilité qu'un atome change de site est donc égale à

$$p = p_v p_m = \exp -\left(\frac{q_v + q_m}{k_B T}\right) = \exp -\left(\frac{q_d}{k_B T}\right) \tag{13.10}$$

où q_d est l'*énergie d'activation de l'autodiffusion*. Si l'atome rouge est d'une autre espèce chimique que les atomes verts (il est donc en solution solide), il s'agit d'interdiffusion. Ce processus possède une énergie d'activation qui a la même origine.

L'interdiffusion est illustrée en figure 13.10. Dans le solide représenté, il existe un gradient de concentration en atomes rouges dc/dx : ils sont plus nombreux dans la tranche 1, située à gauche du plan central, que dans la tranche 2, située à sa droite. Si des atomes sautent aléatoirement à travers le plan central, il y aura donc un flux net d'atomes rouges dirigé vers la droite (ils sont plus nombreux à sauter depuis la gauche) et un flux net d'atomes blancs

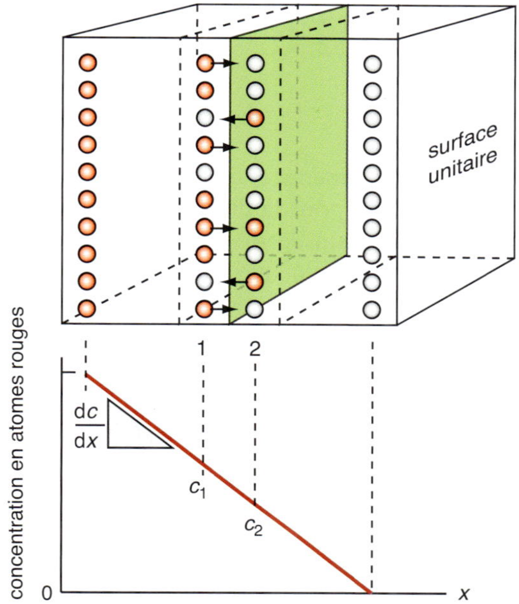

Figure 13.10 Diffusion dans un gradient de concentration.

dans la direction opposée. Si l'épaisseur des tranches vaut $2r_o$, avec r_o le rayon atomique, et que les concentrations en atomes rouges dans les deux tranches valent respectivement c_1 et c_2 (en atomes/m^3), le nombre d'atomes rouges par unité de surface est de $n_1 = 2r_o c_1$ dans la tranche 1, et $n_2 = 2r_o c_2$ dans la tranche 2. Ainsi, la différence de concentration vaut

$$n_1 - n_2 = 2r_o(c_1 - c_2) = 4r_o^2 \frac{dc}{dx}$$

(car $c_1 - c_2 = 2r_o(dc/dx)$). La fréquence à laquelle un atome d'une tranche oscille en direction de l'autre vaut $v/6$, car cette direction n'est qu'une des six directions possibles pour la vibration d'un atome en trois dimensions. Le flux net d'atomes rouges de la gauche vers la droite vaut donc

$$J = -\frac{v}{6}\exp -\left(\frac{q_d}{k_B T}\right) 4r_o^2 \frac{dc}{dx}$$

où q_d désigne l'énergie d'activation par atome. On considère plus généralement l'énergie d'activation par mole, Q_d, avec $Q_d = N_A q_d$. De plus, $\bar{R} = N_A k_B$ (où N_A est le nombre d'Avogadro, 6.022×10^{23} mol^{-1}) et les termes $4vr_o^2/6$ peuvent être regroupés dans une seule constante, D_o, pour obtenir

$$J = -D_o \exp -\left(\frac{Q_d}{\bar{R}T}\right)\frac{dc}{dx} \tag{13.11}$$

Cette relation a la même forme que la loi de Fick (éq. (13.8)), avec le coefficient de diffusion D égal à

$$D = D_o \exp -\left(\frac{Q_d}{\bar{R}T}\right) \tag{13.12}$$

(La base de données de CES Elements contient des données pour D_o et Q_d.)

La loi de Fourier (éq. (12.2)), pour la diffusion de la chaleur, et celle de Fick (éq. (13.8)), pour la diffusion de la matière, ont des formes similaires. Cela signifie que les solutions des problèmes d'écoulement de chaleur peuvent être appliquées aux problèmes d'écoulement de matière, en remplaçant a et dT/dx par D et dc/dx, y compris pour les problèmes transitoires. La figure 13.11 montre des profils de concentration à des temps successifs t_1, t_2, t_3 et t_4 pendant l'interdiffusion des atomes rouges et verts. Il s'agit là d'un problème de diffusion de matière en régime transitoire, et de la même manière que pour la chaleur (éq. (12.15)), la profondeur moyenne x sur laquelle les atomes d'une espèce ont pénétré dans la couche de l'autre espèce vaut environ

$$x \approx \sqrt{Dt} \tag{13.13a}$$

Deux relations supplémentaires sont généralement respectées. Elles servent à estimer les vitesses de diffusion si aucune donnée n'est disponible, ainsi que leur limite supérieure. La première est que l'énergie d'activation de la diffusion, normalisée par $\bar{R}T_m$, est presque identique pour tous les métaux:

$$\frac{Q_d}{\bar{R}T_m} \approx 18 \tag{13.13b}$$

La seconde est qu'à leur point de fusion, les métaux solides ont un coefficient de diffusion d'environ:

$$D_{Tm} = D_o \exp -\left(\frac{Q_d}{\bar{R}T_m}\right) \approx 10^{-12}\ m^2/s \tag{13.13c}$$

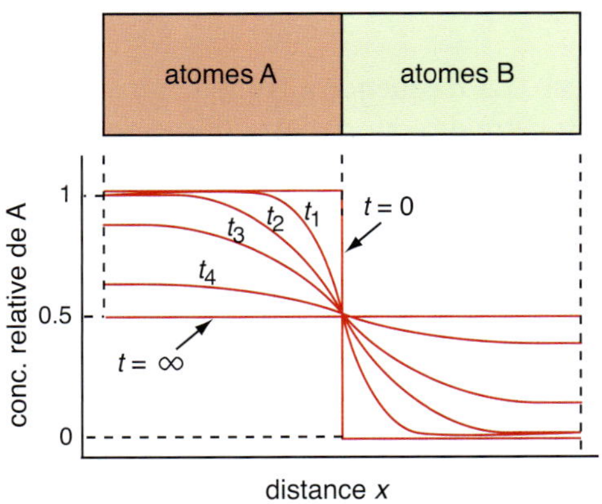

Figure 13.11 Homogénéisation par diffusion.

Exemple 13.4

L'alumine, Al_2O_3, est pressentie pour réaliser la membrane d'une pile à combustible. Les performances de la pile en terme de transport des ions oxygène dépendent du coefficient de diffusion des ions oxygène dans la membrane à la température maximale d'utilisation $T = 1100°C$. S'il est inférieur à $D = 10^{-12}$ m²/s, la pile n'est pas fonctionnelle. L'énergie d'activation de la diffusion de l'oxygène dans Al_2O_3 vaut $Q_d = 636$ kJ/mol et le facteur pré-exponentiel vaut $D_o = 0.19$ m²/s. Est-ce que la pile fonctionnera ?

Solution. Le coefficient de diffusion de l'oxygène à $T = 1100°C$ vaut

$$D = D_o \exp -\left(\frac{Q_d}{\bar{R}T}\right) = 0.19 \exp -\left(\frac{636\,000}{8.31 \times 1373}\right) = 1.17 \times 10^{-25} \text{ m}^2/\text{s}$$

La pile ne peut donc pas fonctionner.

Exemple 13.5

Un composant est fait d'un acier à faible teneur en carbone. Pour durcir sa surface sur une profondeur $x = 0.2$ mm, on veut y faire diffuser du carbone à $T = 1100°C$. Les constantes pour la diffusion du carbone dans du fer austénitique (phase stable à 1000°C) valent $D_o = 8 \times 10^{-6}$ m²/s et $Q_d = 131$ kJ/mol. Combien de temps le composant doit-il être traité pour être durci sur la profondeur désirée ?

Solution. Le coefficient de diffusion à 1000°C vaut

$$D = 8 \times 10^{-6} \exp -\left(\frac{131\,000}{8.31 \times 1273}\right) = 3.35 \times 10^{-11} \text{ m}^2/\text{s}$$

Pour diffuser sur une distance $x = 0.2$ mm, il faut un temps d'environ

$$t \approx \frac{x^2}{D} = \frac{4 \times 10^{-8}}{3.35 \times 10^{-11}} = 1.2 \times 10^3 \text{ s} \approx 20 \text{ minutes}$$

Diffusion dans les liquides et les solides amorphes Dans un cristal, une lacune peut être vue comme un *volume libre*, car elle est libre de se déplacer, comme quand un atome saute. Le volume libre dans un cristal se présente donc sous la forme d'unités discrètes possédant toutes la même taille (une taille dans laquelle un atome peut sauter si son énergie thermique est suffisante). Les liquides et les solides amorphes contiennent aussi un volume libre, mais comme ils n'ont pas de réseau ou de structure régulière, ce volume est réparti aléatoirement entre tous les atomes ou les molécules. Dans les liquides, les expériences montrent que la barrière énergétique associée au mouvement d'un atome n'est pas l'obstacle principal pour la diffusion. Une particule donnée est effectivement entourée par beaucoup de volume libre, mais celui-ci n'est pas très utile pour leur permettre de sauter, sauf s'il est par chance regroupé pour former un espace vide de la taille d'un atome (une lacune temporaire). Il s'agit d'un problème de fluctuation, comme le problème de Maxwell–Boltzmann, mais dans ce cas de volume libre plutôt que d'énergie thermique. La solution est assez similaire, la diffusion dans les liquides étant décrite par

$$D = \frac{4}{6} r_o^2 \nu \exp - \left(\frac{v_a}{v_f} \right) \tag{13.14}$$

où v_f est le volume libre moyen par particule, v_a le volume d'une lacune temporaire, et r_o et ν ont la même signification qu'auparavant.

Autres forces motrices de la diffusion Nous avons jusque-là considéré que la force motrice pour la diffusion était un gradient de concentration. Des valeurs discrètes de concentration c sont associées à chaque point de l'espace : il y a un *champ* de concentration. Le gradient de concentration local, dc/dx, est défini comme la différence de c entre deux points voisins divisée par la distance entre ces points.

Mais la force motrice de la diffusion peut aussi être un gradient d'un autre champ. Un gradient de contrainte, comme nous allons le voir, constitue une force motrice de la diffusion et du fluage en loi de puissance. Dans les matériaux isolants, la diffusion peut également être due à un gradient de champ électrique. Même un gradient de température peut faire diffuser la matière, en plus de la chaleur.

Ecoulement par diffusion Les liquides et les verres chauds sont des structures instables, un peu comme des sacs de haricots partiellement remplis. Le mouvement des atomes (ou des haricots) au sein d'une telle structure modifie sa forme générale. Si le volume libre est suffisant, une contrainte va favoriser les mouvements qui modifient la forme selon sa direction et s'opposer aux mouvements contraires. Cela donne lieu à un écoulement visqueux d'autant plus rapide que la température est élevée, car le volume libre est alors plus grand.

Mais comment les sauts atomiques modifient-ils la forme d'un cristal ? Un cristal n'est pas un sac de haricots car les atomes y occupent des sites bien définis. Sur la figure 13.9, le saut d'un atome ne modifie pas la forme de l'arrangement atomique et la diffusion ne semble donc pas changer la forme d'un cristal. En fait, elle modifie la forme d'un matériau si celui-ci est *polycristallin* (constitué de nombreux cristaux se rejoignant en des joints de grains). Les joints de grains agissent alors comme des sources et des puits de lacunes. Quand une lacune atteint un joint de grains, un atome est forcé d'en partir. Si ce processus est répété de nombreuses fois, cette face du cristal est progressivement érodée. A l'opposé, quand une lacune quitte un joint, un atome doit la remplacer et cette face croît. Par conséquent, le polycristal se retrouve lentement étiré selon la direction de la contrainte (fig. 13.12). Cette déformation est due à un gradient de contrainte, et plus exactement à la différence entre la contrainte de traction σ qui agit sur les joints horizontaux à partir desquels les lacunes diffusent et celle, essentiellement nulle, qui agit sur les autres joints où les lacunes vont. Ce gradient de contrainte est égal à σ/d, avec d la taille initiale des grains. Le flux atomique et donc la vitesse à laquelle chaque grain s'allonge, $\delta d/\delta t$, sont alors proportionnels à $D\sigma/d$. Le taux de déformation $\dot{\varepsilon}$ s'obtient en divisant la vitesse d'allongement par la taille initiale des grains :

$$\dot{\varepsilon} = C \frac{D\sigma}{d^2} = C \frac{\sigma}{d^2} D_o \exp - \left(\frac{Q_d}{\bar{R}T} \right) \tag{13.15}$$

où C est une constante. Il s'agit donc d'un écoulement visqueux qui varie linéairement avec la contrainte et qui est plus rapide quand la taille des grains est faible.

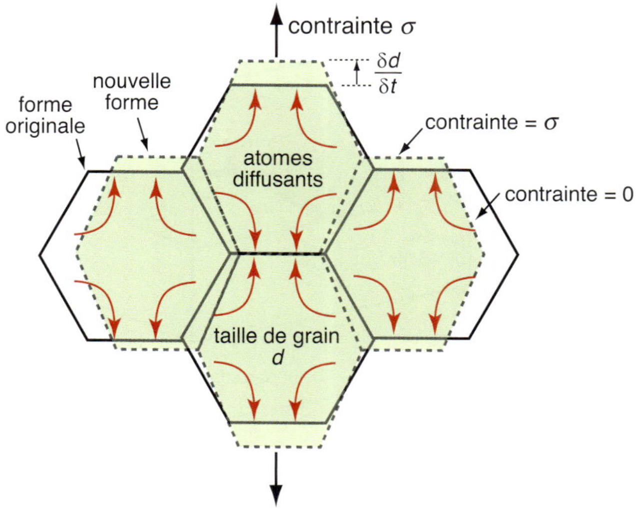

Figure 13.12 Déformation due à la diffusion transgranulaire.

Montée d'une dislocation et fluage en loi de puissance L'écoulement plastique, comme nous l'avons vu dans le chapitre 5, résulte du mouvement des dislocations. Des obstacles s'opposent à ce mouvement: des atomes en solution, des précipités, des joints de grains ou d'autres dislocations. La limite élastique correspond à la contrainte requise pour forcer les dislocations à franchir ces obstacles. Grâce à la diffusion, les dislocations peuvent se libérer des obstacles rencontrés sur leur chemin et se déplacer plus facilement. La figure 13.13 illustre la manière dont cela se produit. Considérons une dislocation bloquée par une particule, avec sa force de glissement par unité de longueur τb compensée par la force de réaction f_o de la particule. Si les atomes du demi-plan supplémentaire diffusent au loin, en créant une ouverture dans le demi-plan, la dislocation peut toutefois poursuivre son glissement, bien qu'elle soit désormais crantée. Le gradient de contrainte, moins évident, correspond dans ce cas à la différence entre la contrainte à l'endroit où la dislocation est pressée contre la particule et la contrainte au loin de la particule. Ce processus est appelé *montée d'une dislocation*. Comme il nécessite la diffusion, il survient à des vitesses quantifiables uniquement quand la température est supérieure à environ $0.35T_m$.

La montée des dislocations leur permet de s'affranchir des obstacles qui les bloquaient et de poursuivre leur glissement. Après une faible distance de glissement, les dislocations libérées rencontrent évidemment d'autres obstacles, et tout le cycle se répète. Ceci explique la nature *progressive* et *continue* du fluage. La dépendance avec la diffusion explique par ailleurs que la vitesse de fluage dépend de la *température* selon

$$\dot{\varepsilon}_{ss} = A\sigma^n \exp - \left(\frac{Q_c}{\bar{R}T} \right) \tag{13.16}$$

avec $Q_c \approx Q_d$. La variation en loi de puissance avec la *contrainte* σ est plus difficile à expliquer, mais provient partiellement du fait que le gradient de contrainte (la force motrice de la diffusion) augmente avec σ, tout comme la densité de dislocations en elle-même.

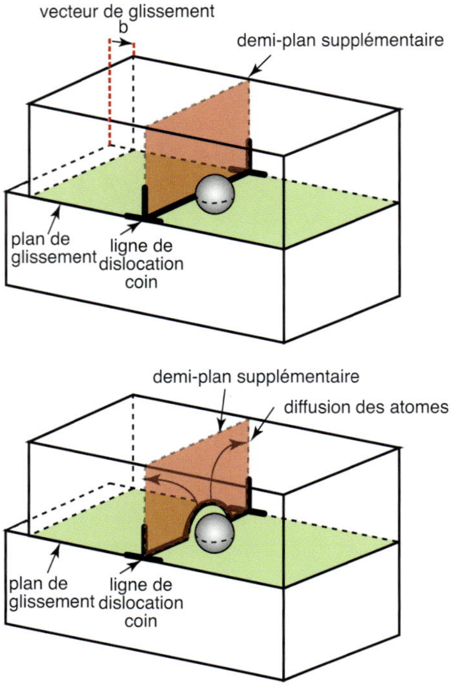

Figure 13.13 Montée d'une dislocation: le demi-plan supplémentaire est progressivement consommé par diffusion, ce qui permet à la dislocation de franchir l'obstacle. Ce mécanisme est à l'origine du fluage en loi de puissance.

Cartes des mécanismes de déformation Assemblons désormais toutes ces informations. Les matériaux peuvent se déformer par plasticité grâce aux dislocations (chap. 6) ou, si la température est assez élevée, par fluage par diffusion ou fluage en loi de puissance. Si la contrainte et la température sont trop faibles pour qu'un de ces phénomènes survienne, la déformation est élastique. Cette compétition entre les différents mécanismes est résumée sur des *cartes de mécanismes de déformation* telles que celle de la figure 13.14. Les gammes de contrainte et de température dans lesquelles nous pouvons nous attendre à rencontrer chaque type de déformation y sont indiquées, ainsi que les vitesses de déformation qui en résultent (les lignes vertes). De telles cartes sont disponibles pour beaucoup de métaux et de céramiques et résument de manière utile leur comportement en fluage. Elles aident à choisir des matériaux destinés à des applications à haute température.

Rupture par fluage Nous avons vu que la diffusion entraîne le fluage, mais elle provoque aussi la rupture par fluage. Vous pourriez penser qu'un matériau qui flue se comporte comme un caramel mou ou un chewing-gum (c'est-à-dire qu'il s'étire considérablement avant de rompre), mais ce comportement est très rare pour des matériaux cristallins. La rupture par fluage (en traction) peut en effet survenir à des déformations étonnamment faibles, souvent comprises entre 2 et 5%, par le mécanisme illustré en figure 13.15. Des cavités germent aux

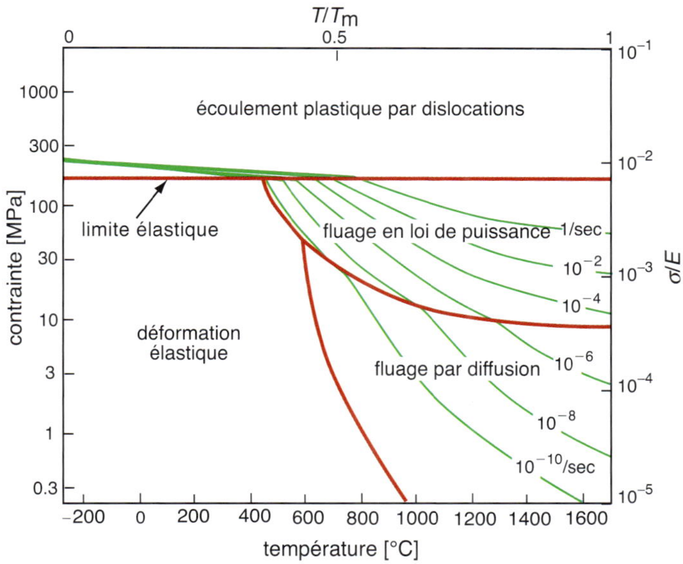

Figure 13.14 Carte des mécanismes de déformation indiquant le régime dans lequel chaque mécanisme opère.

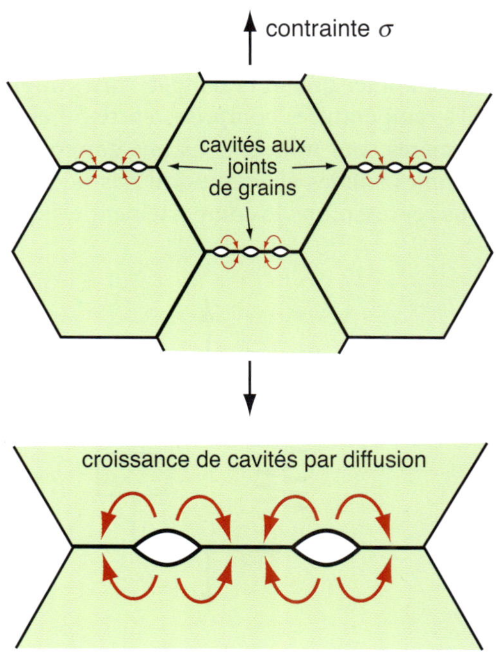

Figure 13.15 Rupture par fluage due à la croissance de cavités aux joints de grains.

joints de grains perpendiculaires à la contrainte de traction. Ce sont les joints où les atomes diffusent pour donner lieu au fluage par diffusion, en provenant des joints orientés de manière plus parallèle à la contrainte. Mais si les joints en traction contiennent des cavités, ils agissent aussi comme des sources d'atomes, ce qui permet aux cavités de croître. Les cavités ne pouvant pas supporter de charge mécanique, la contrainte augmente sur les parties du joint restées intactes, ce qui fait croître les cavités de plus en plus vite jusqu'à ce qu'elles se relient finalement et causent la rupture.

En ingénierie, de nombreux composants (par exemple les barres en traction dans les fourneaux, les tubes des surchauffeurs à vapeur ou les réservoirs sous pression à température élevée dans les usines chimiques) sont censés supporter des charges de fluage modérées sur des longues durées (disons 20 ans). Les charges ou la pression qu'ils peuvent supporter de manière sûre sont calculées par des méthodes telles que celle que nous venons de décrire. Mais nous aimerions pouvoir tester de nouveaux matériaux pour ces applications sans devoir attendre 20 ans pour obtenir des résultats. Il est donc tentant d'accélérer les tests en augmentant la charge ou la température, afin d'obtenir un fluage observable sur une durée d'essai plus courte. Cela se pratique mais comporte des risques. Si des essais réalisés sur la portion abrupte de la figure 13.4(a), où n = 3–8, sont extrapolés à des contraintes plus faibles, où $n \approx 1$, la vitesse de fluage est en effet largement sous-estimée.

Mécanismes de fluage des polymères Dans les matériaux cristallins, nous avons vu que le fluage est étroitement lié à la diffusion. Il en est de même pour les polymères, mais étant donné que beaucoup d'entre eux sont partiellement ou totalement amorphes, la diffusion est dans ce cas contrôlée par le volume libre (éq. (13.14)). Le volume libre augmente avec la température (son changement relatif par degré correspond au coefficient d'expansion volumique, 3α), et cela plus rapidement à la température de transition vitreuse T_g. Les polymères commencent donc à fluer quand la température s'approche de T_g, ce qui signifie pour la plupart à des faibles températures comprises entre 50 et 150°C.

La plupart des polymères sont utilisés dans une gamme de température proche de T_g. Ils ne sont alors ni de simples solides élastiques, ni des liquides visqueux: ce sont des solides *viscoélastiques*. Si nous représentons le comportement élastique par un ressort et le compor-

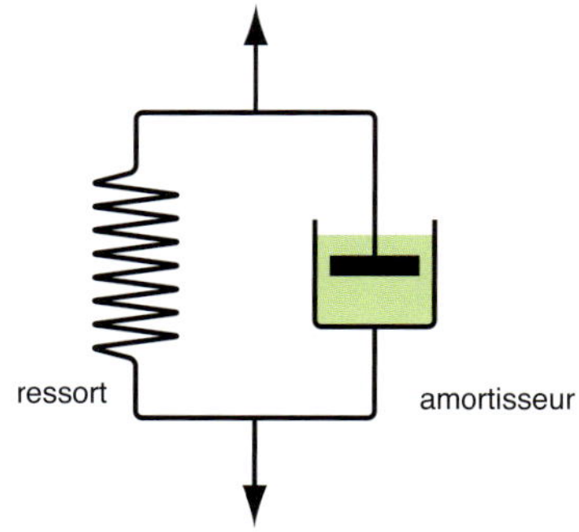

Figure 13.16 Comportement viscoélastique modélisé par un ressort (composante élastique) et un amortisseur (composante visqueuse) disposés en parallèle.

tement visqueux par un amortisseur, la viscoélasticité (dans le cas le plus simple) est décrite par le couplage d'un ressort et d'un amortisseur (fig. 13.16). Dans ce cas, l'application d'une charge mécanique provoque aussi le fluage, mais la présence du ressort fait que le taux de fluage est continuellement décroissant et qu'il est inversé quand la charge est relâchée.

La description du comportement des polymères requiert en réalité des systèmes plus élaborés de ressorts et d'amortisseurs. Cette approche de la *rhéologie des polymères* peut être développée pour fournir des critères pour la conception, mais ceux-ci sont complexes. Une approche plus simple consiste à utiliser des données graphiques telles que le *module de fluage* E_c, afin d'estimer la déformation pendant toute la durée de vie d'une structure. La figure 13.17 montre des valeurs de E_c en fonction de la température T et du temps t. Ces données permettent d'utiliser des solutions de problèmes d'élasticité pour concevoir de manière à éviter le fluage. La température d'utilisation et la durée de vie sont tout d'abord choisies, puis le module de fluage correspondant est relevé sur le graphique et inséré à la place du module de Young dans une des solutions des problèmes listés dans le chapitre 5.

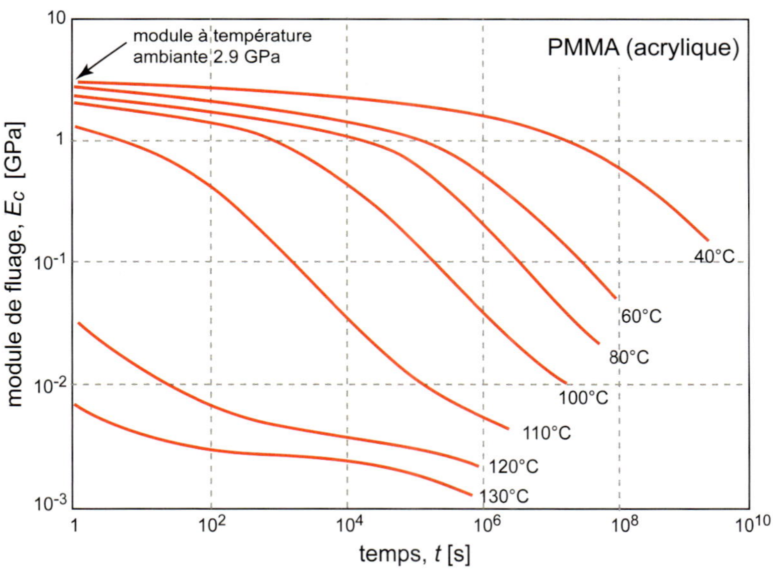

Figure 13.17 Module de fluage du PMMA.

13.5 Matériaux pour résister au fluage

Métaux et céramiques Le fluage par diffusion est important si les grains du matériau sont petits (comme ils le sont souvent dans les céramiques) ou si le composant est soumis à des faibles sollicitations mécaniques à une température élevée. Selon l'équation (13.15), pour minimiser le fluage par diffusion, il faut choisir un matériau avec un point de fusion élevé et faire en sorte qu'il ait de gros grains afin que les distances de diffusion soient grandes.

Les monocristaux sont donc le meilleur des choix car ils n'ont pas de joints de grains pour agir comme des puits et des sources de lacunes. Le fluage par diffusion est dans ce cas totalement supprimé, ce qui explique que les aubes de turbines monocristallines soient si largement répandues dans les moteurs d'avions.

Il nous reste encore le fluage en loi de puissance. Les matériaux qui y résistent le mieux sont ceux qui possèdent un point de fusion élevé, car la diffusion et donc la vitesse de fluage sont proportionnelles à T/T_m, et ceux dont la microstructure obstrue au maximum le mouvement des dislocations. Ce type de microstructure s'obtient par l'ajout d'éléments d'alliage pour former une solution solide et des précipités. Les matériaux actuels conçus pour résister au fluage, connus sous le nom de *superalliages*, réussissent cela de manière remarquable. Ils sont pour la plupart à base de fer, de nickel ou de cobalt, fortement allié à de l'aluminium, du chrome et du tungstène. Les deux effets apparaissent sur la carte de la figure 13.8 : on y retrouve les *métaux réfractaires* à point de fusion élevé et les *superalliages* fortement alliés.

De nombreuses céramiques ont un point de fusion élevé et remplissent donc le premier critère. Elles n'ont pas besoin d'être alliées car, grâce à leurs liaisons covalentes, la résistance intrinsèque de leur réseau est élevée. Il s'agit notamment de céramiques techniques comme l'alumine (Al_2O_3), le carbure de silicium (SiC) et le nitrure de silicium (Si_3N_4), également présentes sur la figure 13.8. Si la résistance de leur réseau bloque les dislocations, elle est aussi à l'origine de leur faible ténacité à la rupture, même à haute température. La conception avec les céramiques est par conséquent plus compliquée.

Polymères La résistance au fluage des polymères est proportionnelle à leur température de transition vitreuse, laquelle augmente avec leur degré de réticulation. A température ambiante, les polymères fortement réticulés (par exemple les époxys) résistent donc mieux au fluage que les polymères qui ne le sont pas (comme le polyéthylène). Au-dessus de T_g, la viscosité des polymères augmente avec leur masse moléculaire et la vitesse de fluage est donc réduite par une masse moléculaire élevée. Les polymères cristallins ou semi-cristallins (comme le polyéthylène haute densité) résistent mieux au fluage que les polymères entièrement amorphes (comme le polyéthylène faible densité).

La vitesse de fluage des polymères est réduite en les renforçant avec des poudres de verre, de silice (sable) ou de talc, de manière environ proportionnelle à la quantité de renforts. Le PTFE utilisé pour les poêles et le polypropylène des composants automobiles sont renforcés ainsi. La résistance au fluage des composites renforcés par des fibres courtes ou continues (GFRP et CFRP) est encore bien meilleure, car les fibres qui sont très résistantes et ne fluent pas supportent alors une grande partie de la charge.

Choix de matériaux pour résister au fluage Selon leur catégorie, les applications industrielles ont tendance à être associées à différentes gammes de températures caractéristiques. La gamme cryogénique, de –273°C à la température ambiante environ, est associée à l'utilisation de gaz liquides comme l'hydrogène, l'oxygène ou l'azote. La difficulté dans ce cas n'est pas d'éviter le fluage, mais plutôt la rupture fragile. Les températures proches de la température ambiante (entre –20 et +150°C) sont associées aux génies mécanique et civil conventionnels : par exemple les appareils ménagers, les équipements sportifs, les structures aéronautiques et les habitations. La gamme qui s'étend de 150 à 400°C est associée aux moteurs automobiles et aux équipements de transformation alimentaire et industrielle. Les températures supérieures correspondent aux températures de fonctionnement des turbines à vapeur et des surchauffeurs (typiquement entre 400 et 650°C), ainsi que des turbines à gaz et des réacteurs chimiques (entre 650 et 1000°C). Des applications spéciales (filaments de lampes, tuyères de moteurs-fusées) nécessitent des matériaux capables de supporter des températures encore plus élevées, allant jusqu'à 2800°C.

Les matériaux ont évolué pour répondre aux besoins de chacune de ces gammes de températures (fig. 13.18). Certains polymères et composites à matrice polymère peuvent être utilisés jusqu'à 250°C et rivalisent désormais avec les alliages de magnésium et d'aluminium

T [°C]	Matériaux	Applications	*T* [K]
1200 1000	métaux réfractaires: Mo, W, Ta alliages de Nb, Mo, W, Ta céramiques: oxydes Al_2O_3, MgO, etc. nitrures, Si_3N_4, carbures, SiC	tuyères de fusées fours spéciaux turbines expérimentales	1400
800	aciers inoxydables austénitiques nichromes, nimonics superalliages base Ni superalliages base Co superalliages base Fe	turbines à gaz génie chimique réacteurs pétrochimiques composants de fours construction nucléaire	1200
600 400	superalliages base Fe aciers inoxydables ferritiques aciers inoxydables austénitiques inconels et nimonics aciers faiblement alliés alliages titane (plus de 450°C) inconels et nimonics	turboréacteurs surchauffeurs échangeurs de chaleur échangeurs de chaleur turboréacteurs compresseurs de turbines à gaz	1000 800
200	polymères renforcés par fibres alliages cuivre (plus de 400°C) nickel, monels et nickel-argent PEEK, PEK, PI, PPD, PTFE et PES (plus de 250°C)	industrie alimentaire automobile (moteur)	600
0	la plupart des polymères (temp. max.: 60 à 150°C) alliages magnésium (plus de 150°C) alliages aluminium (plus de 150°C) monels et aciers	génie civil appareils électroménagers automobile aérospatiale	400
	aciers inoxydables austénitiques alliages aluminium	fuselages des fusées, etc. réservoirs O_2 ou N_2 liquides	200
–200 –273	alliages cuivre alliages niobium	superconduction	0

Figure 13.18 Matériaux utilisés dans chaque gamme de température.

et avec les fontes et les aciers, beaucoup plus lourds et traditionnellement utilisés dans ces gammes. Les températures supérieures à 400°C requièrent des alliages spéciaux résistants au fluage comme les aciers ferritiques, les alliages de titane (plus légers mais plus onéreux) et certains aciers inoxydables. Le potentiel des aciers inoxydables et des superalliages à base de fer est vraiment exploité dans la gamme de température supérieure, où ils sont largement utilisés dans les turbines à vapeur et les échangeurs de chaleur. Les turbines à gaz nécessitent généralement des superalliages à base de nickel ou de cobalt. Au-dessus de 1000°C, les métaux réfractaires et les céramiques sont les seules options. En général, les matériaux utilisés à des températures élevées peuvent très bien fonctionner à des températures inférieures mais n'y sont pas utilisés pour des raisons de coût.

Les performances de matériaux capables de supporter des sollicitations mécaniques à 950°C ont été représentées sur la carte de la figure 13.8. Pour la conception, de telles cartes s'utilisent de la même façon que les cartes qui représentent des propriétés à basse température.

13.6 Concevoir avec le fluage

Pour la conception, quatre types de problèmes de fluage peuvent être distingués:

- Ceux où une déformation par fluage limitée est acceptable mais où la rupture par fluage doit être évitée, comme pour les canalisations ou les toits et les revêtements en plomb des bâtiments.
- Ceux où la déformation par fluage limite la conception, comme pour les aubes des turbines à vapeur et à gaz, où les dimensions sont critiques.
- Ceux impliquant des problèmes plus complexes de déformation par fluage, perte de rigidité et risque de flambage, susceptibles d'apparaître dans les fuselages des avions supersoniques et des véhicules spatiaux.
- Ceux accompagnés d'une relaxation des contraintes, comme le desserrage d'un boulon.

Prédire la durée de vie d'une canalisation à haute température Les usines chimiques et les centrales de production d'électricité possèdent des canalisations qui transportent des gaz et des liquides à des températures et des pressions élevées. Si une faible dilatation des conduites est acceptable, leur rupture ne l'est pas car elle s'accompagne du relâchement violent d'un fluide chaud sous haute pression. Considérons par exemple une conduite d'une centrale électrique à turbine à vapeur. Dans une unité de production typique de 600 MW, une conduite transporte de la vapeur à une température de 650°C et une pression p de 15 MPa. La contrainte dans la paroi (mince) de la conduite de rayon R et d'épaisseur de paroi t (fig. 13.19) vaut

$$\sigma = \frac{pR}{t} \tag{13.17}$$

Supposons qu'un tube doit temporairement être installé pendant que des modifications sont apportées à la centrale. Le diamètre du tube ne peut pas dépasser 300 mm et il sera utilisé pendant six mois. Un léger fluage est acceptable, mais il faut éviter la rupture. Un

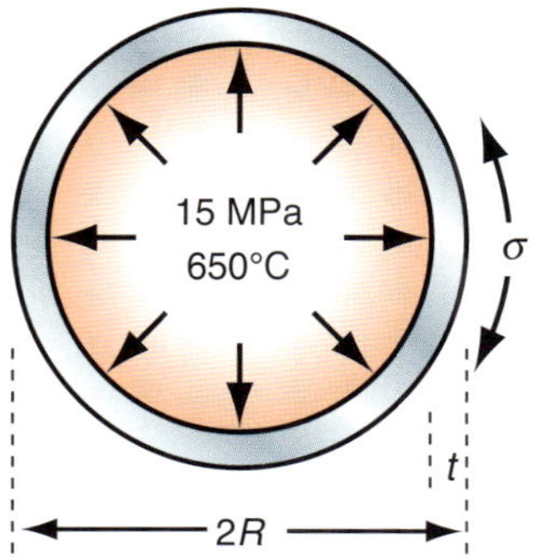

Figure 13.19 Tube sous pression.

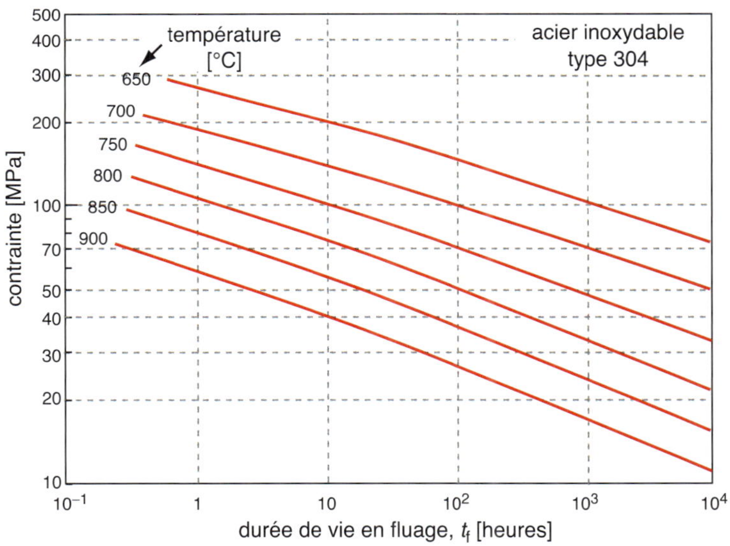

Figure 13.20 Durée de vie en fonction de la contrainte et de la température pour un acier inoxydable de type 304.

tube en acier inoxydable de type 304 avec un diamètre de 300 mm et une épaisseur de paroi de 10 mm est disponible. Peut-il être utilisé sans danger pendant six mois ?

Selon l'équation (13.17), la contrainte dans la paroi de ce tube vaut 225 MPa. La durée de vie d'un acier inoxydable de type 304 est représentée en figure 13.20 en fonction de la contrainte et de la température. Avec une contrainte de 225 MPa et une température de 650°C, elle n'est que de sept heures environ.

Quelle épaisseur le tube devrait-il alors avoir ? Inversons le raisonnement. La durée de vie minimale est de six mois (4380 heures), mais doublons-la par sécurité car il s'agit d'un composant critique. Pour une durée de 8760 heures et une température de 650°C, la contrainte acceptable est de 80 MPa (fig. 13.20). Selon l'équation (13.17), la paroi du tube doit être au minimum de 28 mm pour garantir la sécurité de l'installation.

Aubes de turbine Le développement de la turbine à gaz a été limité par la disponibilité de matériaux capables de supporter des contraintes élevées à haute température. Les contraintes proviennent de la force centrifuge supportée par le disque et les aubes du rotor de la turbine, qui ont des vitesses de rotation très élevées. Dans les conditions les plus extrêmes, c'est-à-dire lors du démarrage de la turbine, les superalliages à base de nickel et de cobalt sont utilisés car ils offrent une combinaison unique de résistance mécanique à haute température, ténacité et résistance à l'oxydation. Le MAR-M200 en est un exemple typique, à base de nickel, durci par la mise en solution solide de tungstène et de cobalt et par des précipités de $Ni_3(Ti,Al)$, et contenant du chrome pour améliorer sa résistance aux agressions des gaz.

Quand la turbine fonctionne à une vitesse stationnaire, les forces centrifuges soumettent chaque aube du rotor à une traction axiale (éq. (7.8)). Si la section transverse de l'aube est uniforme, la contrainte de traction augmente linéairement entre sa pointe et sa base. Par exemple, un rotor de rayon r = 0.3 m tournant à une vitesse angulaire ω = 10 000 tr/min (1000 radians/s) induit une contrainte axiale $R\omega^2\rho x$ de l'ordre de 150 MPa (avec ρ la densité de l'alliage, environ 8000 kg/m^3, et x la distance à partir de la pointe, la longueur typique d'une aube étant de 80 mm). La figure 13.21 montre des profils de contrainte et de température typiques d'une aube d'un moteur de puissance moyenne. Sur la figure 13.22, ces

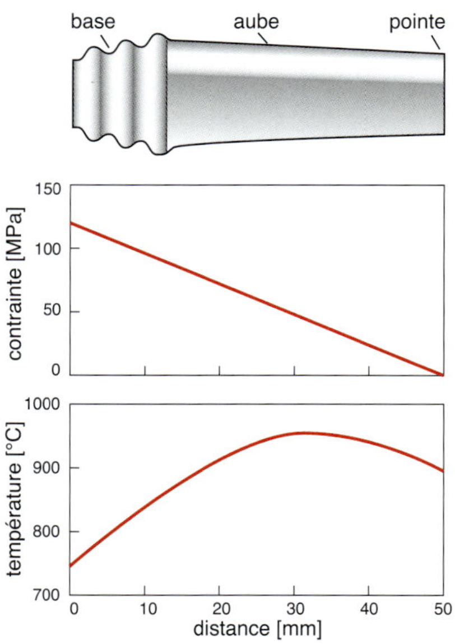

Figure 13.21 Profils de contrainte et de température dans une aube de turbine.

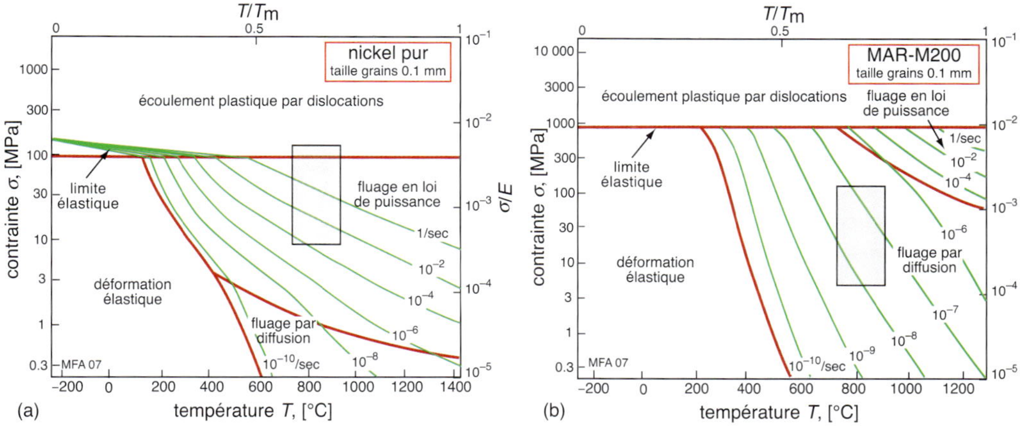

Figure 13.22 (a) Les contraintes et températures de fonctionnement d'une aube de turbine sont indiquées sur une carte de déformation du nickel pur. (b) La même gamme est reportée sur une carte de l'alliage MAR-M200. Les vitesses de déformation diffèrent presque d'un facteur 10^6.

valeurs sont indiquées par un rectangle gris sur deux cartes de mécanismes de déformation. Si l'aube était en nickel pur (fig. 13.22(a)), elle se déformerait par *fluage en loi de puissance* à des vitesses totalement inacceptables. Les méthodes de durcissement utilisées pour l'alliage MAR-M200, couplées à une taille de grains de 0.1 mm (typique d'un alliage coulé), réduisent la vitesse de fluage d'un facteur 10^6 et changent le mécanisme de déformation dominant, d'un fluage en loi de puissance à un fluage diffusif (fig. 13.22(b)). Un durcissement supplémentaire par mise en solution ou précipitation est désormais inutile, à moins qu'il ne ralentisse ce mécanisme. Une nouvelle méthode de durcissement est requise: la solution évidente consiste à augmenter la taille des grains ou à supprimer tous les joints de grains en utilisant un monocristal, ce qui ralentit le fluage diffusif, voire le supprime, sans pour autant modifier les autres mécanismes de déformation. Le régime de fluage en loi de puissance s'étend alors sur une plus large gamme et la vitesse de fluage de l'aube devient négligeable.

Il est essentiel de retenir que plusieurs mécanismes distincts contribuent au fluage, le plus important dépendant de la contrainte et de la température appliquées sur le matériau. Si un de ces mécanismes est supprimé, un autre le remplace. Les méthodes de durcissement sont sélectives: une méthode qui fonctionne bien pour une gamme de contrainte et de température donnée peut s'avérer inefficace pour une autre gamme. Une méthode de durcissement doit être vue comme un moyen de s'attaquer à un mécanisme de déformation particulier. Les matériaux qui résistent bien au fluage combinent plusieurs mécanismes de durcissement: les monocristaux de l'alliage MAR-M200 en sont un bon exemple.

Barrières thermiques Comme nous l'avons déjà mentionné, l'efficacité et le rapport puissance/poids des turbines à gaz sont limités par la température de combustion, qui est à son tour limitée par les matériaux constituant les aubes de rotor et de stator. La chaleur émise par la combustion du gaz pénètre dans une aube de la manière illustrée en figure 13.23.

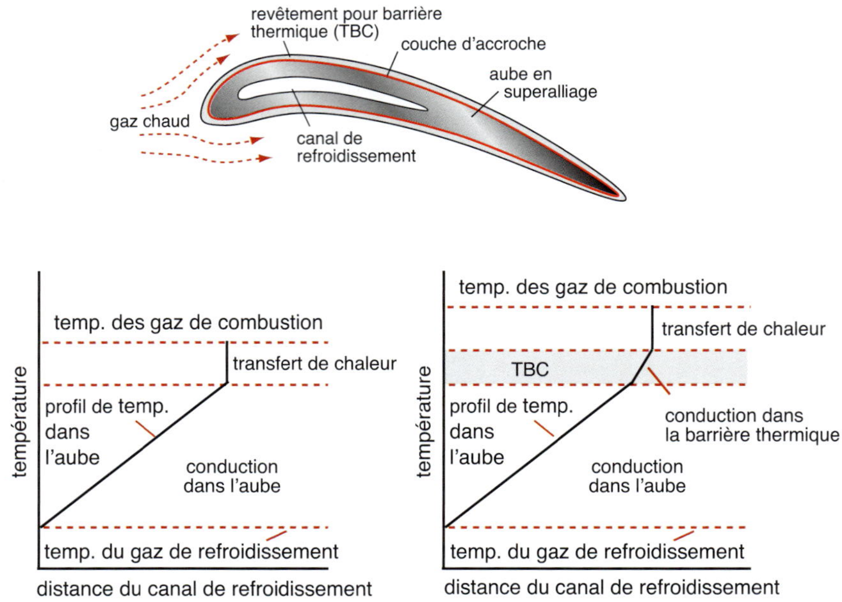

Figure 13.23 Section transverse d'une aube de turbine recouverte d'une barrière thermique et profils de température sans revêtement (gauche) et avec revêtement (droite).

Les aubes sont refroidies en faisant circuler de l'air à travers des canaux internes et le profil de température y est alors tel que représenté sur la gauche de l'image. La température à la surface de l'aube est fixée par un bilan entre la chaleur entrante, déterminée par le coefficient de transfert thermique entre le gaz de combustion et l'aube, et celle sortante, déterminée par la conduction à l'intérieur de l'aube, jusqu'au canal de refroidissement. A la surface de l'aube, le transfert de chaleur est par ailleurs augmenté grâce à des trous où circule un filet d'air froid. Cette technologie est déjà tout à fait remarquable et permet aux aubes refroidies à l'air de fonctionner dans un flux de gaz qui est à une température supérieure au point de fusion de l'alliage dont elles sont faites. Comment augmenter encore la température de combustion ?

Beaucoup de céramiques ont des points de fusion plus élevés que les métaux, et certaines ont aussi une faible conductivité thermique, mais elles ne sont pas assez tenaces pour réaliser toute une aube. Elles sont en revanche utilisées pour revêtir la surface des aubes métalliques afin de servir de *barrière thermique*. La température du gaz peut ainsi être augmentée sans augmenter celle de l'aube, comme représenté sur la droite de l'image. Comment choisir la céramique ? Il faut tout d'abord qu'elle ait une faible conductivité thermique, une température d'utilisation maximale supérieure à la température du gaz (avec une certaine marge de sécurité) et une résistance mécanique appropriée. Sur la carte α–λ (fig. 12.4), la zircone (ZrO_2) est de loin la céramique technique qui possède la plus faible conductivité thermique. La carte T_{max}–σ_f (fig. 13.7) confirme qu'elle peut être utilisée jusqu'à des températures très élevées et que sa résistance est importante. La zircone semble donc être un bon choix, et elle est effectivement utilisée comme barrière thermique.

Mais comme toujours, la situation n'est pas aussi simple et d'autres problèmes doivent être surmontés pour créer une bonne barrière thermique. Elle doit notamment adhérer à l'aube, ce qui n'est pas chose facile. A cette fin, la surface de l'aube est tout d'abord recouverte d'une mince *couche d'accroche* (un alliage complexe Ni–Cr–Al–Y). Il s'agit pour ainsi dire de la « colle » entre l'aube et le revêtement. La plupart des céramiques ont un coefficient d'expansion thermique inférieur à celui du superalliage dont l'aube est faite (comparer sur la figure 12.4 les valeurs de α pour ZrO_2 et Ni). Lorsqu'elle est chauffée, l'aube se dilate donc plus que le revêtement, et nous savons que cela engendre des contraintes thermiques et des fissurations. Le problème est résolu (étonnamment) en faisant en sorte que le revêtement soit *déjà* fissuré à petite échelle, avec des fissures perpendiculaires à sa surface, ce qui résulte en un arrangement de colonnes imbriquées tel une Chaussée des Géants microscopique. Quand l'aube se dilate, les colonnes se séparent très légèrement, mais pas assez pour que le gaz chaud pénètre de manière significative et la couche conserve sa qualité de protection thermique. La prochaine fois que vous prenez l'avion, repensez à tout cela car il possède très certainement des aubes avec un revêtement.

Fuselages Quand les vitesses de vol dépassent Mach 1 (1230 km/h), l'échauffement aérodynamique devient problématique. Il est plus facile de considérer une structure statique placée dans une soufflerie avec un écoulement d'air supersonique. Dans la couche limite directement adjacente à la structure, la vitesse de l'air devient nulle et toute son énergie cinétique est transformée en chaleur, en grande partie absorbée par la surface de la structure. La température de la surface T_s peut être calculée et vaut environ

$$T_s \approx (1 + 0.2M_a^2)T_o$$

avec M_a le nombre de Mach et T_o la température ambiante. Les vols supersoniques sont généralement effectués à des altitudes supérieures à 10 000 m, où $T_o = -50°C$. La figure 13.24 montre alors les valeurs que T_s prend en fonction de la vitesse.

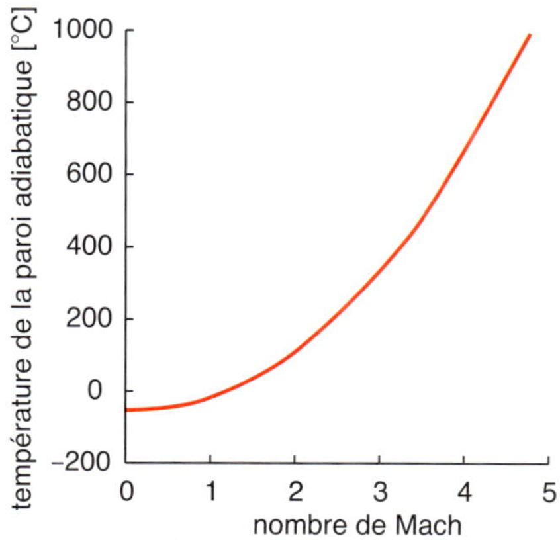

Figure 13.24 Chauffe adiabatique en fonction de la vitesse.

Ceci engendre évidemment des problèmes. Premièrement, les dimensions sont progressivement modifiées au cours du temps à cause du fluage. La flexion des ailes peut alors augmenter, ce qui affecte les performances aérodynamiques. Deuxièmement, les contraintes thermiques dues aux dilatations peuvent aussi causer des dommages par fluage car elles s'ajoutent aux forces aérodynamiques. Finalement, la chute du module E fait augmenter la déformation élastique et change les caractéristiques de flambage et de vibrations.

Dans un grand avion, l'extrémité de l'aile se déplace d'environ 0.5 m entre la position au sol et celle en vol stationnaire, ce qui correspond à une déformation du longeron (sollicité en flexion) d'environ 0.1%. Pour éviter de diminuer les performances aérodynamiques, la déformation par fluage doit rester en deçà de cette valeur sur toute la durée de vie de l'avion. La figure 13.25 illustre comment le choix du matériau est influencé par sa résistance en traction. Un matériau est un bon choix si sa résistance mécanique dans la gamme de température choisie varie peu (sur la gauche des courbes). La température à laquelle elle chute limite la vitesse, indiquée sur l'axe supérieur du graphique. Parmi les trois matériaux structurels considérés, l'aluminium est le plus léger alors que le titane et les superalliages sont respectivement deux et quatre fois plus lourds. Une augmentation de la vitesse nécessite donc un poids plus élevé. Mais une structure plus lourde a besoin de plus de puissance, donc de carburant, ce qui augmente encore le poids (le poids de la structure d'un avion conçu pour voler à Mach 3 est environ le triple de celui d'un avion conçu pour voler à Mach 1). En pratique, la vitesse maximale semble donc être limitée par le poids et selon les estimations, le vol soutenu serait limité à des vitesses inférieures à Mach 3.5.

Relaxation due au fluage Les composants précontraints se relaxent au cours du temps à cause du fluage. Ainsi, régulièrement, les boulons des corps de turbine doivent être resserrés et les raccords de tubes transportant des fluides chauds doivent être ajustés. Une minuscule déformation ε_{cr} suffit à relaxer la contrainte (une fraction de la déformation élastique ε_{el} due

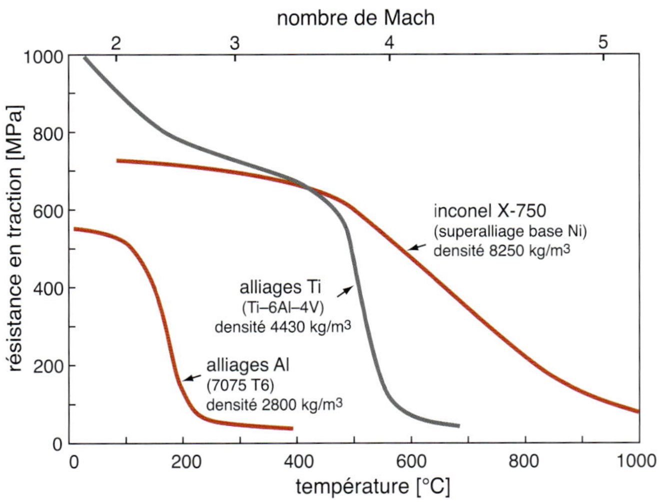

Figure 13.25 Résistance en traction de différents alliages en fonction de la température.

à la précontrainte suffit, et ε_{el} est rarement beaucoup plus grande que 10^{-3}). La figure 13.26 représente un boulon vissé sur un composant rigide avec une contrainte initiale dans sa tige σ_i. La déformation élastique vaut

$$\varepsilon_{el} = \frac{\sigma_i}{E}$$

Si une déformation par fluage ε_{cr} remplace partiellement ε_{el}, la contrainte est relaxée. En tout temps t, on a

$$\varepsilon_{tot} = \varepsilon_{el} + \varepsilon_{cr}$$

La déformation totale ε_{tot} est fixe car le composant sur lequel le boulon a été vissé est rigide. En différentiant par rapport au temps et en exprimant $\dot{\varepsilon}_{cr}$ selon l'équation (13.3), nous obtenons

$$\dot{\varepsilon}_{tot} = \dot{\varepsilon}_{el} + \dot{\varepsilon}_{cr} = \frac{\dot{\sigma}}{E} + B\sigma^{n} = 0$$

Le temps t pour que la contrainte soit relaxée de σ_i à σ, avec $n > 1$, est déterminé en intégrant par rapport au temps:

$$t = \frac{1}{(n-1)BE}\left(\frac{1}{\sigma^{n-1}} - \frac{1}{\sigma_i^{n-1}}\right)$$

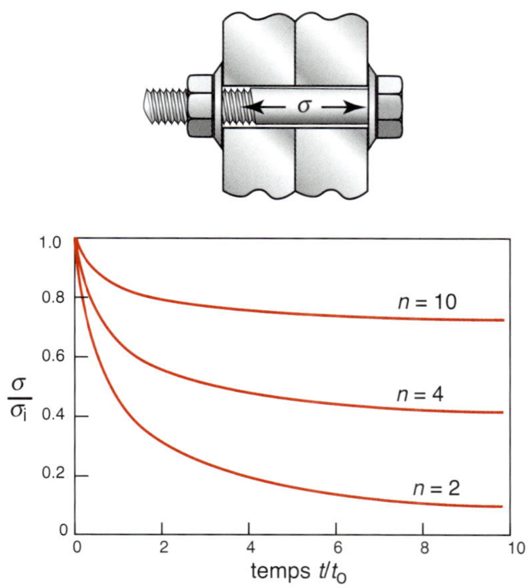

Figure 13.26 Relaxation de contrainte par fluage.

En résolvant pour σ/σ_i en fonction de t, nous trouvons

$$\frac{\sigma}{\sigma_i} = \frac{1}{(t/t_o + 1)^{1/(n-1)}} \quad \text{avec} \quad t_o = (n-1)BE\sigma_i^{n-1}$$

La contrainte σ/σ_i est tracée en fonction de t/t_o en figure 13.26, pour trois valeurs différentes de n. La relaxation est plus importante quand n est faible et la contrainte diminue moins fortement quand n augmente, jusqu'à ce qu'il n'y ait plus aucune relaxation quand n tend vers l'infini, ce qui correspond à un comportement plastique indépendant de la vitesse de déformation. Le fluage transitoire étant négligé, ces courbes surestiment le temps de relaxation pour le premier resserrage du boulon, mais sont ensuite de bonnes estimations.

13.7 Résumé et conclusions

Les propriétés des matériaux dépendent de la température. Les variations de certaines propriétés, comme la densité et le module élastique, sont relativement faibles et prédictibles, de sorte qu'elles peuvent facilement être compensées. Les *propriétés de transport*, c'est-à-dire la conductivité thermique et le coefficient de diffusion de la matière, changent de manière plus complexe. La diffusion a un effet prononcé sur les propriétés mécaniques à haute température. Pour comprendre et mettre à profit la diffusion, il est nécessaire d'introduire le concept d'*activation thermique*, qui représente la capacité des atomes de sauter d'un site du réseau à un autre en utilisant l'énergie thermique comme tremplin. Dans les cristaux, les atomes de taille similaire se déplacent de lacune en lacune. Mais dans les solides amorphes, qui n'ont pas de réseau avec des sites atomiques fixes, les sauts surviennent quand suffisamment de volume libre est regroupé pour former un espace vide de la taille d'un atome. En présence d'un gradient de concentration, le mouvement des atomes permet généralement d'homogénéiser les concentrations. Les contraintes externes agissent aussi comme force motrice pour la diffusion. Dans un matériau polycristallin, la diffusion provoque alors un allongement dans la direction parallèle à la contrainte appliquée.

La diffusion joue un rôle fondamental dans l'élaboration des matériaux, sujet qui sera traité dans les chapitres 18 et 19, mais elle est également à l'origine du fluage et de la rupture par fluage. La vitesse de fluage augmente exponentiellement avec la température, ce qui représente un défi pour la conception car il faut parvenir à la prédire de manière suffisamment précise. Des données précises sont en effet nécessaires, car la vitesse dépend fortement de l'énergie d'activation, mais elles sont difficiles à obtenir et sensibles à de faibles variations de composition. Le fait qu'il existe plusieurs mécanismes de fluage corse encore le problème. Les différents mécanismes sont en compétition et le vainqueur est celui qui permet d'atteindre la vitesse de déformation la plus élevée. Si la conception est réalisée en utilisant les données et les formules propres à un mécanisme, mais qu'un autre mécanisme s'avère dominant dans les conditions d'utilisation, les conséquences peuvent être fâcheuses. Les cartes des mécanismes de déformation sont alors utiles car elles permettent à la fois d'identifier le mécanisme et d'estimer la vitesse de fluage.

Il résulte de tout cela que le choix des matériaux pour une conception à température élevée, tout comme la conception en elle-même, est largement basé sur des données empiriques, plutôt que sur une modélisation du type de celles utilisées pour les conceptions élastiques et plastiques (chap. 5, 7 et 10). Ces données empiriques sont propres à chaque alliage et se présentent sous la forme d'un graphique de la vitesse de déformation en fluage et de la durée de vie en fonction de la température et de la contrainte. Pour les polymères, l'approche est différente car, à cause de leurs faibles températures de fusion ou de transition vitreuse, ils ont un comportement viscoélastique à température ambiante. La conception est alors basée sur des graphiques du *module de fluage* – l'équivalent du module de Young pour un matériau qui flue. Le module de fluage à une température et un temps donnés est relevé sur le graphique et inséré dans les solutions classiques des problèmes d'élasticité (chap. 5) pour évaluer la contrainte ou la déformation.

L'utilisation de certaines de ces méthodes a été illustrée à la fin de ce chapitre à travers plusieurs exemples.

13.8 Lectures complémentaires

Cottrell, A. H. (1964). *The Mechanical Properties of Matter*. London, UK: Wiley. Library of Congress Number 64-14262. (*Ouvrage qui a plus de 40 ans et qui a inévitablement un peu vieilli, mais qui reste la meilleure introduction aux propriétés mécaniques de la matière. Il est désormais épuisé mais vaut la peine d'être recherché.*)

Finnie, I., & Heller, W. R. (1959). *Creep of Engineering Materials*. New York, USA: McGraw-Hill. Library of Congress No. 58-11171. (*Ouvrage ancien qui a quelque peu vieilli, mais qui reste une excellente introduction au fluage dans un contexte d'ingénierie.*)

Frost, H. J., & Ashby, M. F. (1982). *Deformation Mechanism Maps*. Oxford, UK: Pergamon Press. ISBN 0-08-029337-9. (*Une monographie compilant les cartes de mécanismes de déformation d'une large gamme de matériaux, en expliquant la manière dont elles sont construites.*)

Penny, R. K., & Marriott, D. L. (1971). *Design for Creep*. New York, USA: McGraw-Hill. ISBN 07-094157-2. (*Une monographie qui regroupe les aspects mécaniques et matériaux du fluage et de la rupture par fluage.*)

Waterman, N. A., & Ashby, M. F. (1991). *The Elsevier Materials Selector*. Barking, UK: Elsevier Applied Science. ISBN 1-85166-605-2. (*Une compilation sur trois volumes de données et de cartes pour les propriétés des matériaux, y compris pour le fluage et la rupture par fluage.*)

13.9 Exercices

Exercice E13.1 Les constantes de l'autodiffusion de l'aluminium valent $D_o = 1.7 \times 10^{-4}$ m²/s et $Q_d = 142$ kJ/mol. Quel est son coefficient d'autodiffusion à 400°C ?

Exercice E13.2 Un composant en acier est revêtu de nickel pour améliorer sa résistance à la corrosion. Pour augmenter la résistance de l'interface entre l'acier et le nickel, le composant est chauffé à 1000°C pendant quatre heures. Si les paramètres de diffusion du nickel dans le fer sont $D_o = 1.9 \times 10^{-4}$ m²/s et $Q_d = 284$ kJ/mol, quelle sera la longueur de diffusion du nickel dans l'acier ?

Exercice E13.3 Au point de fusion, le coefficient de diffusion des matériaux solides vaut environ $D = 10^{-12}$ m^2/s. Quelle sera la distance de diffusion si un matériau est maintenu juste au-dessous de son point de fusion pendant 12 heures ? Cette distance donne une idée de la distance maximale sur laquelle la diffusion peut permettre de lisser un gradient de concentration.

Exercice E13.4 Quelles sont les exigences pour qu'un matériau résiste au fluage ? Quels matériaux peut-on envisager pour une utilisation à 550°C ?

Exercice E13.5 Une canalisation faite d'un acier 2¼ Cr Mo a un rayon de 20 mm et une épaisseur de paroi de 4 mm. Le fluide qu'elle contient a une pression de 10 MPa et une température de 600°C. Les constantes pour le fluage de l'acier sont listées dans le tableau ci-dessous. Calculer la vitesse de fluage de la paroi du tube, en supposant un fluage stationnaire en loi de puissance.

Matériau	Vitesse de déformation de référence, $\dot{\varepsilon}_o$ (s^{-1})	Contrainte de référence, σ_o (MPa)	Exposant, n	Energie d'activation, Q_c (kJ/mol)
Acier 2¼ Cr Mo	3.48×10^{10}	169	7.5	280

Exercice E13.6 On craint que la rupture de la canalisation de l'exercice précédent ait lieu avant la durée de vie de 1 année prévue par la conception. Si la constante de Monkman-Grant de l'acier 2¼ Cr Mo vaut 0.06, après combien de temps aura lieu la rupture de la canalisation ?

Exercice E13.7 Si la vitesse de fluage d'un composant en acier 2¼ Cr Mo ne doit pas dépasser 10^{-8} s^{-1} à 500°C, quelle est la contrainte maximale qu'il peut supporter de manière sûre ? Utiliser les données des deux exercices précédents.

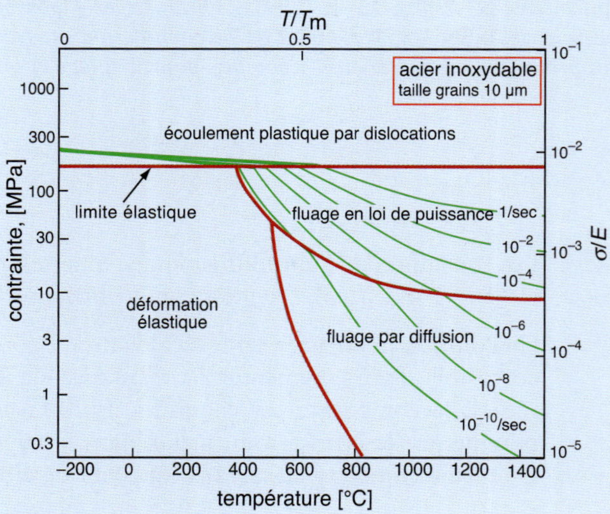

Exercice E13.8 Dans un four, un câble de suspension en acier inoxydable est soumis à une contrainte de 100 MPa à 700°C. Il s'avère que sa vitesse de fluage est trop élevée. Par quel mécanisme le fluage survient-il ? Que suggérer pour pallier ce problème ? La carte des mécanismes de déformation de ce matériau est donnée ci-dessus.

Exercice E13.9 La paroi d'un tube réalisé avec l'acier inoxydable de l'exercice précédent supporte une contrainte de 3 MPa à une très haute température de 1000°C. Pour cette application, sa vitesse de fluage s'avère également trop élevée. Par quel mécanisme le fluage survient-il ? Que suggérer pour pallier ce problème ?

Exercice E13.10 Une plaque acrylique est pressentie pour réaliser une étagère pour une installation de séchage à air chaud. L'étagère est en appui simple, comme schématisé ci-dessous, et a une largeur w = 500 mm, une épaisseur t = 8 mm et une profondeur b = 200 mm. Elle doit supporter une charge uniformément distribuée de 50 N à 60°C. Sa durée de vie en utilisation continue doit être de 800 heures (environ une année). Utiliser le module de fluage tracé en figure 13.17 et la solution du problème d'élasticité approprié (chap. 5) pour estimer quel sera l'affaissement de la plaque sur cette période.

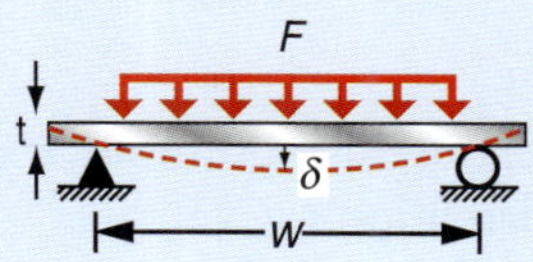

13.10 Conception assistée avec le logiciel CES (sauf mention contraire, utiliser le Niveau 2)

Exercice E13.11 Utiliser la fonctionnalité « Search » de CES pour trouver des matériaux :

(a) Pour des aubes de turbine.
(b) Pour des revêtements servant de barrières thermiques.

Exercice E13.12 Utiliser CES pour construire un histogramme de la température de transition vitreuse des polymères, comme celui représenté en figure 13.6 pour le point de fusion. Sur quelle gamme s'étend cette propriété ?

Exercice E13.13 Les contraintes de conception pour des revêtements utilisés comme barrière thermique ont été formulées dans le texte et sont résumées ci-après. Utiliser CES pour trouver le meilleur choix de matériau.

Fonction	• Revêtement servant de barrière thermique
Contraintes	• Température d'utilisation maximale >1300°C
	• Résistance adéquate : $\sigma_y > 400$ MPa
Objectif	• Minimiser la conductivité thermique λ
Variable libre	• Choix du matériau

Exercice E13.14 Trouver des matériaux avec $T_{max} > 500°C$ et une conductivité thermique minimale (utiliser la base de données du Niveau 3). Reporter les trois matériaux qui ont les plus faibles conductivités thermiques.

13.11 Explorer la science avec CES Elements

Exercice E13.15 Nous avons affirmé dans le texte (éq. (13.13b)) que l'énergie d'activation de l'autodiffusion, normalisée par $\bar{R}T_m$, est presque identique pour tous les métaux :

$$\frac{Q_d}{\bar{R}T_m} \approx 18$$

Construire un histogramme de cette grandeur et observer dans quelle mesure cette affirmation est valable.

Exercice E13.16 Nous avons affirmé dans le texte (éq. (13.13c)) que les métaux ont aussi presque tous le même coefficient de diffusion à leur point de fusion :

$$D_{Tm} = D_o \exp - \left(\frac{Q_d}{\bar{R}T_m} \right) \approx 10^{-12} \text{ m}^2/\text{s}$$

Construire un histogramme de cette grandeur et observer dans quelle mesure cette affirmation est valable.

Exercice E13.17 Quelle est la valeur « typique » du facteur pré-exponentiel D_o ? Est-il à peu près constant pour tous les éléments ? Pour répondre à cela, construire une carte avec l'énergie d'activation de la diffusion Q_d sur l'axe x et D_o sur l'axe y.

Exercice E13.18 Le saut atomique illustré en figure 13.9 requiert que l'atome diffusant rompe ses liaisons dans sa position de départ avant de sauter dans sa position finale. On peut donc penser que l'énergie d'activation de l'autodiffusion Q_d est environ proportionnelle à l'énergie de cohésion H_c d'un matériau. Construire une carte avec H_c sur l'axe x et Q_d sur l'axe y et reporter vos observations.

Chapitre 14
Conducteurs, isolants et diélectriques

Conducteurs et isolants électriques. Le cuivre, l'aluminium et l'argent sont de bons conducteurs. Le pyrex, la porcelaine et les céramiques comme l'alumine sont de bons isolants – ce sont aussi des diélectriques. (Images reproduites avec l'autorisation de Copper Development Association.)

Contenu du chapitre

14.1 Introduction et présentation du chapitre

La cathédrale d'York, construite entre 1220 et 1400, est l'une des plus importantes en Europe. De nombreux sermons ont été prêchés du haut de sa chaire mais en 1984, alors que l'Archevêque d'York exprimait son incrédulité sur l'Immaculée Conception, la cathédrale fut frappée par l'éclair et sévèrement endommagée. Certains attribuèrent cet événement à la colère divine, mais la réalité est beaucoup plus simple : la cathédrale était mal mise à la terre ! En l'occurrence, le message à retenir est le suivant : si vous construisez une cathédrale, les propriétés électriques ont de l'importance.

Ce chapitre est dédié aux propriétés électriques des matériaux les plus simples, celles concernant la conduction, l'isolation et le comportement diélectrique. La *conduction électrique* (pour les paratonnerres) et l'*isolation électrique* (pour les boîtiers de prises électriques) sont des propriétés qui nous sont familières. Le comportement diélectrique des matériaux l'est moins. Un *diélectrique* est un isolant. On utilise le terme « isolant » lorsque l'on souhaite se référer à l'inaptitude d'un matériau à conduire l'électricité, alors que le terme « diélectrique » est utilisé pour décrire son comportement dans un champ électrique. Trois propriétés importantes sont concernées. La première, la *constante diélectrique* (ou *la permittivité relative*), est la capacité d'un matériau à acquérir un moment dipolaire (il se *polarise*) dans un champ électrique. La deuxième, le *facteur de perte diélectrique*, mesure l'énergie dissipée lorsqu'une radiation traverse un matériau, cette perte étant transformée en chaleur (le principe des fours micro-ondes). La troisième enfin est le *potentiel disruptif*, qui nous ramène à la cathédrale d'York. Un éclair est un claquage électrique de l'air, et ce phénomène peut être tout aussi dommageable à petite échelle – une pièce isolante d'un petit équipement qui claque – qu'à grande échelle.

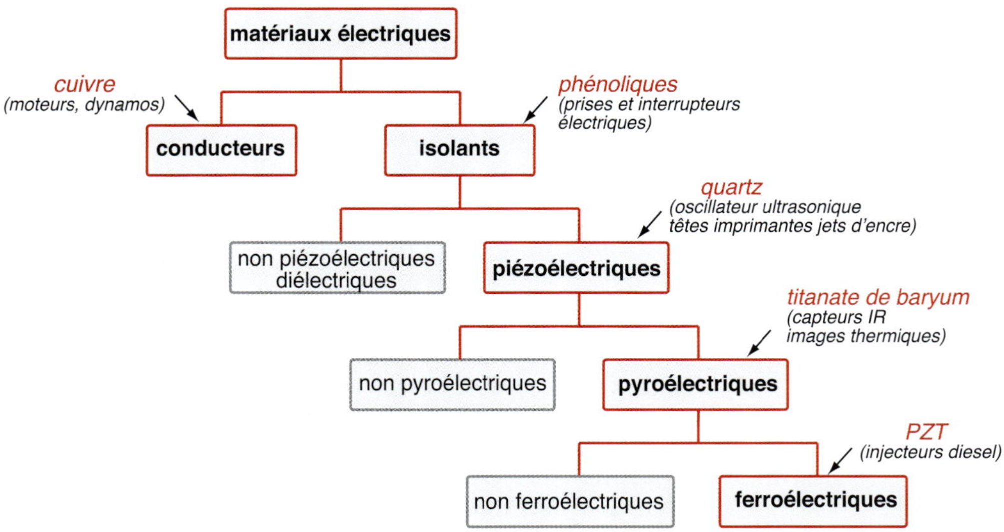

Figure 14.1 Hiérarchie des comportements électriques des matériaux. Les plus importantes fonctions sont entourées en rouge, avec pour chacune d'elles un exemple d'application et de matériau. Leurs nature et origines sont décrites dans ce chapitre.

Les matériaux peuvent avoir des fonctions électriques très diverses. La figure 14.1 donne un aperçu des plus importantes avec pour chacune un exemple de matériau et d'applications. Ce chapitre introduit ces propriétés électriques ainsi que leur origine physique, avec à la fin des exemples d'applications visant à optimiser les performances électriques par un choix judicieux de matériaux.

14.2 Conducteurs, isolants et diélectriques

Résistivité et conductivité électriques La résistance électrique R (unités: ohms[1], symbole Ω) d'un conducteur électrique est le rapport de la chute de potentiel V (volts[2]) et du courant électrique i (ampères[3]) qui le traverse, comme indiqué à la figure 14.2. La loi d'Ohm s'écrit donc:

$$R = \frac{V}{i} \tag{14.1}$$

La propriété des matériaux qui détermine cette résistance est la *résistivité électrique*, ρ_e. Elle est donnée par:

$$\rho_e = \frac{A}{L} R \tag{14.2}$$

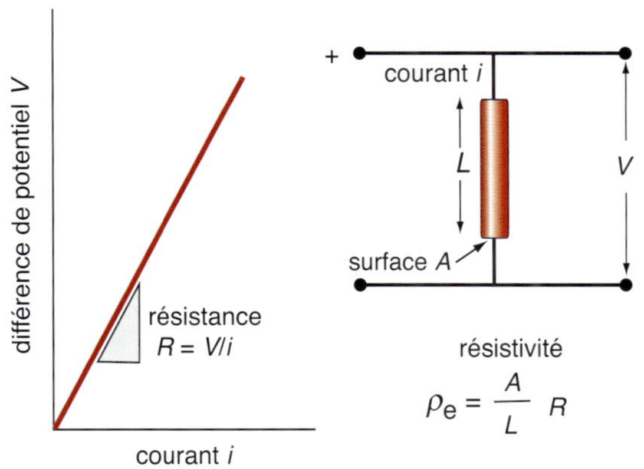

Figure 14.2 Résistivité électrique, ρ_e, dont la valeur peut varier entre 1 et 10^{24} $\mu\Omega\cdot$cm.

[1] George Simon Ohm (1787-1854) a interrompu ses études à l'université d'Erlangen, préférant le billard aux mathématiques. Il y revint plus tard, fasciné par les théories de l'électricité et du magnétisme.

[2] Alessandro Guiseppe Antonio Anastasio Volta (1745-1827), physicien italien, inventeur de la batterie, connue alors sous le nom de pile voltaïque. Son portrait était imprimé sur les billets de 10000 lires.

[3] André Marie Ampère (1775-1836), mathématicien et physicien, qui selon la rumeur maîtrisait déjà tous les aspects des mathématiques connus à l'âge de 14 ans. Bien que sa vie ne fût pas heureuse (un père guillotiné pendant la Révolution française, puis très mal marié avec des enfants difficiles), il resta pourtant très productif jusqu'à sa mort, contribuant aux théories de l'électricité, de la lumière, du magnétisme et de la chimie (il découvrira la fluorine).

où A est la section transverse du conducteur et L sa longueur. Ses unités dans le système métrique sont des $\Omega\cdot$m, mais il est plus courant de l'exprimer en $\mu\Omega\cdot$cm. Son domaine de variation est très vaste, allant de 10^{-8} $\Omega\cdot$m pour les meilleurs conducteurs (équivalent donc à 1 $\mu\Omega\cdot$cm) à plus de 10^{16} $\Omega\cdot$m (ou 10^{24} $\mu\Omega\cdot$cm) pour les meilleurs isolants. La *conductivité électrique* κ_e est simplement l'inverse de la résistivité, exprimée donc en $(\Omega\cdot\text{m})^{-1}$.

Propriétés diélectriques Il peut être utile de rappeler d'abord ce qu'est un champ : c'est une région de l'espace dans laquelle les objets ressentent une force s'ils ont les bonnes propriétés. Ainsi, une charge électrique crée un *champ électrique*, E. Le champ électrique régnant entre deux plaques chargées électriquement par des charges égales mais de signes opposés, et séparées par une distance t, est caractérisé par une différence de potentiel V. Le champ électrique dans l'espace entre ces plaques est donné par

$$E = \frac{V}{t} \tag{14.3}$$

Il est indépendant de la position, excepté au bord du domaine délimité par les plaques.

Deux plaques conductrices séparées par un diélectrique constituent une capacité (fig. 14.3). Les capacités (aussi appelés condensateurs) sont un moyen de stocker des charges électriques. La charge Q (en coulombs[4]) de chacune des plaques (en valeur absolue) est directement proportionnelle à la différence de potentiel, V (volts), entre les plaques :

$$Q = CV \tag{14.4}$$

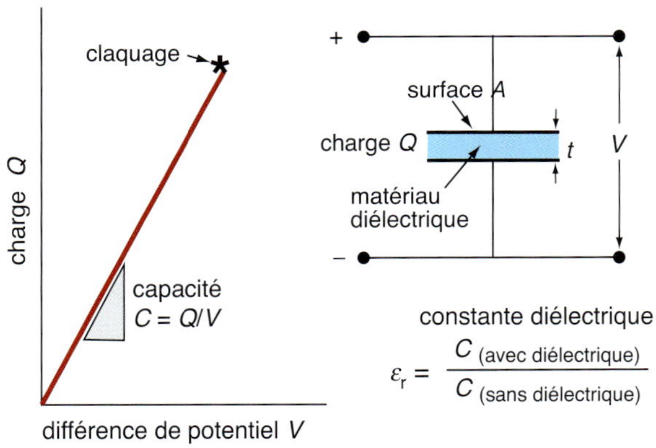

Figure 14.3 Constante diélectrique et claquage. La capacité d'un condensateur est proportionnelle à la constante diélectrique, et la charge maximale qu'il peut emmagasiner est dictée par le potentiel disruptif.

[4] Charles Augustin Coulomb (1736-1806), physicien et militaire, a établi en même temps les fondements mathématiques des forces électrostatiques et des lois du frottement. Malgré sa fonction d'*Intendant des Eaux et Fontaines de Paris*, il n'a pas fait de contribution connue à l'hydrodynamique.

où C (farads[5] ou F = As/V) est la capacité. La capacité d'un condensateur plan, dont les plaques ayant une surface A sont séparées par du vide (ou de l'air), est donnée par la relation :

$$C = \varepsilon_o \frac{A}{t} \tag{14.5}$$

où ε_o est la *permittivité du vide* (8.85×10^{-12} F/m). Si maintenant on remplace le vide entre les plaques du condensateur par un diélectrique, sa capacité augmente. Ceci est dû au fait que le diélectrique devient *polarisé*. Le champ créé par cette polarisation s'oppose au champ E, réduisant ainsi la différence de potentiel V pour la même charge Q des plaques. La capacité du condensateur est donc augmentée et vaut alors :

$$C = \varepsilon \frac{A}{t} \tag{14.6}$$

où ε est la *permittivité du diélectrique*, qui a les mêmes unités que ε_o. Il est usuel de faire plutôt référence à la *permittivité relative* du diélectrique, appelée aussi *constante diélectrique*, ε_r :

$$\varepsilon_r = \frac{C_{\text{avec diélectrique}}}{C_{\text{sans diélectrique}}} = \frac{\varepsilon}{\varepsilon_o} \tag{14.7}$$

ce qui donne pour la capacité du condensateur l'expression :

$$C = \varepsilon_r \varepsilon_o \frac{A}{t} \tag{14.8}$$

Puisque ε_r est un rapport de deux grandeurs de même unité, elle est sans dimension. Sa valeur vaut donc 1 dans le vide, et environ 1 pour la plupart des gaz. Si les mousses de faible densité, donc des matériaux constitués en grande partie d'air, ont aussi une constante diélectrique proche de 1, celle de la plupart des diélectriques sont comprises entre 2 et 20. Les ferroélectriques sont spéciaux, puisque leur valeur de ε_r peut être aussi élevée que 20 000, comme nous le verrons plus tard.

Un condensateur est donc un moyen de mesurer la constante diélectrique d'un matériau isolant (fig. 14.3). La charge électrique portée par les plaques n'est rien d'autre que l'intégrale du courant qui circule dans les fils au fur et à mesure que la différence de potentiel V augmente. Le rapport Q/V est la capacité et la constante diélectrique ε_r est alors déduite de l'équation (14.7).

[5] Michael Faraday (1791-1867), expérimentateur brillant en physique et en chimie, a découvert le phénomène d'induction électromagnétique. Il donna des séminaires marquants à l'Institution Royale de Londres.

Exemple 14.1

(a) Un condensateur plan a une surface de plaques $A = 0.1\ m^2$ et un gap d'air $t = 100\ \mu m$. Quelle est sa capacité ? (b) Le gap d'air est remplacé par un diélectrique d'épaisseur $t = 1\ \mu m$ et de constante diélectrique $\varepsilon_r = 20$. Quelle est maintenant la capacité ?

Solution.

(a) La capacité vaut $C_1 = \varepsilon_o \dfrac{A}{t} = 8.85 \times 10^{-12} \dfrac{0.1}{100 \times 10^{-6}} = 8.85 \times 10^{-9} F = 8.85\, pF.$

(b) La capacité vaut $C_2 = \varepsilon_r \varepsilon_o \dfrac{A}{t} = 20 \times 8.85 \times 10^{-12} \dfrac{0.1}{10^{-6}} = 1.77 \times 10^{-5} F = 17.7\, \mu F.$

Les petites capacités, mesurées en microfarads (μF) ou picofarads (pF), sont utilisées dans les circuits R–C pour adapter les oscillations et donner une constante de temps à tout changement brusque de tension. En effet, la constante de temps nécessaire pour charger ou décharger une capacité en série avec une résistance R vaut :

$$\tau = RC \tag{14.9}$$

Une fois le condensateur chargé, l'énergie électrique stockée par celui-ci est donnée par :

$$\frac{1}{2} QV = \frac{1}{2} CV^2 \tag{14.10}$$

et cette énergie peut être grande : des « supercondensateurs » avec des capacités mesurées en farads stockent suffisamment d'énergie pour propulser un véhicule hybride.

Le *potentiel disruptif* ou la *rigidité diélectrique* d'un matériau isolant (unités : MV/m) est le gradient de potentiel électrique pour lequel il claque et devient brusquement conducteur. Il peut être mesuré en augmentant graduellement un potentiel alternatif à 50 Hz aux bornes d'un condensateur plan contenant le matériau diélectrique (fig. 14.3), jusqu'à ce qu'il y ait claquage. Ceci arrivera typiquement entre 1 et 100 MV/m.

La *tangente de perte* et le *facteur de perte* d'un diélectrique demandent quelques explications. Nous verrons dans la section 14.4 que la polarisation d'un matériau implique des petits déplacements de charges (électrons ou ions) ou de molécules portant un moment dipolaire lorsqu'un champ électrique est appliqué. Un champ oscillant va donc alterner la position de ces charges ou le sens du moment dipolaire. Ce mouvement des charges est comme un courant électrique qui – s'il n'y avait aucune perte – serait déphasé exactement de 90° par rapport au potentiel oscillant. Dans les diélectriques réels, ce courant dissipe de l'énergie, comme un courant dans une résistance le fait, ce qui induit un petit déphasage, δ, par rapport au cas idéal (fig. 14.4). La *tangente de l'angle de perte*, tan δ, aussi appelée *facteur de dissipation*, D, est la tangente de ce déphasage. Le *facteur de puissance*, P_f, est le sinus de ce déphasage. Lorsque δ est petit, ce qui est le cas des matériaux nous intéressant ici, ces trois grandeurs sont les mêmes :

$$P_f \approx D \approx \tan\delta \approx \sin\delta \tag{14.11}$$

Exemple 14.2

Un supercondensateur a pour fonction de stocker une énergie E_c = 1 kJ lorsque l'on applique une différence de potentiel V = 100 V entre ses plaques. La constante diélectrique du matériau vaut ε_r = 10 000 et son potentiel disruptif $B = 2 \times 10^7$ V/m. Quelle est l'aire minimale à prévoir pour ses plaques ?

Solution. Le claquage a lieu si $\frac{V}{t} \geq B$, et donc l'épaisseur du diélectrique $t \geq 5$ μm. L'énergie stockée dans le condensateur $E_c = \frac{1}{2}CV^2$, et donc $C = \frac{2 \times 1000}{(100)^2} = 0.2$ F. Pour obtenir cela avec une épaisseur de diélectrique $t \geq 5$ μm et une constante diélectrique ε_r = 10 000, la surface requise pour les plaques est : $A = \frac{Ct}{\varepsilon_r \varepsilon_o} = 11.3$ m^2.

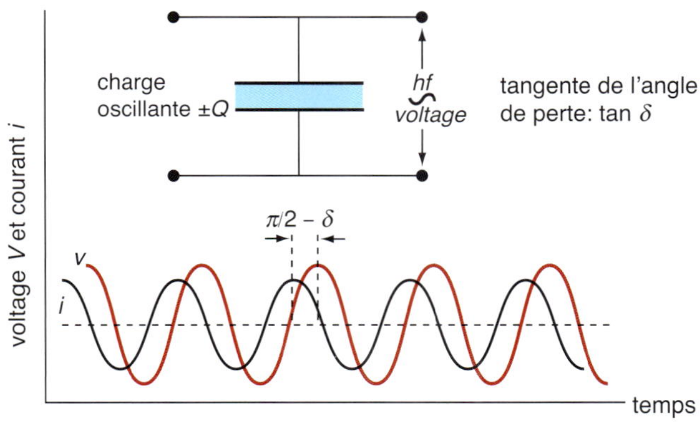

Figure 14.4 Perte diélectrique. Plus grand est le facteur de perte, plus élevé sera le couplage avec les micro-ondes et donc le chauffage.

Plus utile pour notre propos est le *facteur de perte L*, qui est le produit de la tangente de perte et de la constante diélectrique :

$$L = \varepsilon_r \tan\delta \tag{14.12}$$

Il mesure l'énergie dissipée dans un diélectrique soumis à un champ électrique oscillant. Si l'on souhaite sélectionner un matériau pour minimiser ou maximiser la dissipation, le paramètre qu'il faut regarder est L.

Lorsqu'un matériau diélectrique est placé dans un champ électrique oscillant d'amplitude E et de fréquence f, la puissance P est dissipée et le champ est donc atténué proportionnellement. La puissance dissipée par unité de volume, en W/m^3, est donnée par :

$$P \approx fE^2 \varepsilon \tan\delta = fE^2 \varepsilon_o \varepsilon_r \tan\delta = fE^2 \varepsilon_o L \tag{14.13}$$

où, comme auparavant, ε_r est la constante diélectrique du matériau et tan δ sa tangente de perte. Cette puissance génère de la chaleur par dissipation, uniformément dans le volume du matériau. Par conséquent, la dissipation de puissance dans le diélectrique sera d'autant plus grande que la fréquence du champ appliqué, son intensité et le facteur de dissipation ε_r tan δ seront élevés. Cette perte diélectrique est exploitée dans les procédés, par exemple pour le soudage radio-fréquence des polymères.

Tous les diélectriques changent de forme dans un champ électrique, une conséquence du léger décalage des charges faisant apparaître la polarisation ; ce phénomène est appelé *électrostriction*. L'électrostriction est une relation allant seulement dans un sens, c'est-à-dire qu'un champ électrique provoque une déformation, mais pas l'inverse. Par contraste, un matériau *piézoélectrique* présente une double relation entre polarisation et déformation : un champ induit une déformation et une déformation fait apparaître une différence de charges entre les surfaces, donc une polarisation et un champ électrique. Le coefficient piézoélectrique est la déformation induite par unité de champ électrique, et bien qu'il soit faible, c'est un vrai effet linéaire qui peut être exploité : par exemple, si l'on veut déplacer une sonde ou une pointe avec une précision nanométrique, on va utiliser cet effet. Les matériaux *pyroélectriques* contiennent eux des molécules ayant un moment dipolaire permanent qui, dans un monocristal, sont alignés lui conférant ainsi une polarisation permanente. Lorsque la température évolue, les distances et donc la polarisation sont modifiées, créant des charges de surface ou, si celles-ci sont connectées électriquement, un courant pyroélectrique – c'est le principe des détecteurs de présence et de l'imagerie thermique. Les matériaux *ferroélectriques* ont eux-aussi naturellement un moment dipolaire – ils peuvent donc être polarisés par alignement des dipôles comme les moments magnétiques d'un aimant, mais d'une part on peut changer la direction de la polarisation en changeant la direction du champ électrique et d'autre part ils peuvent conserver cette polarisation une fois le champ électrique coupé. Des applications de ces divers phénomènes sont décrites dans la section 14.5.

Exemple 14.3

(a) Un potentiel oscillant d'amplitude 100 V et de fréquence f = 60 Hz est appliqué sur une plaque de nylon dont l'épaisseur x = 1 mm. Le nylon a un coefficient de perte diélectrique $L \approx 0.1$. Quelle est la puissance dissipée par unité de volume dans le nylon ? En supposant le nylon isolé thermiquement de l'extérieur (pas de perte de chaleur), comment va varier sa température ? (La chaleur spécifique du nylon par unité de volume $C_p = 3 \times 10^6$ J/m^3·K.) (b) Si la fréquence est maintenant de f = 1 GHz, quelle est la vitesse de chauffage ?

Solution.

(a) L'amplitude du champ est $E = \dfrac{V}{x} = 10^5$ V/m. La puissance dissipée $P = fE^2\varepsilon_0 L$ = 0.53 W/m^3. La vitesse d'échauffement sera donc : $\dfrac{dT}{dt} = \dfrac{P}{C_p} = 1.8 \times 10^{-7}$ °C/s.

(b) Pour f = 1 GHz, la vitesse d'échauffement devient $\dfrac{dT}{dt} = 3$ °C/s.

14.3 Cartes des propriétés électriques

Tous les matériaux ont une résistivité électrique et tous les diélectriques ont une constante diélectrique et un facteur de perte. Des cartes de ces propriétés sont utiles car elles permettent une comparaison et une sélection d'une vaste gamme de matériaux pour différentes applications. D'autres propriétés électriques sont plus spécifiques à un groupe restreint de matériaux : les piézoélectriques et les ferroélectriques en sont deux exemples. La sélection dans de tels cas se fait parmi un nombre restreint de candidats, par comparaison directe sans l'aide de cartes.

Conductivité thermique et résistivité électrique La première carte (fig. 14.5) reporte la conductivité thermique λ des matériaux en fonction de leur résistivité électrique ρ_e. Si la première grandeur varie d'un facteur 10^5, la seconde s'étend sur 28 ordres de grandeur (un facteur 10^{28}) ; aucune autre propriété des matériaux ne présente une telle variation. La carte est utile pour sélectionner des applications où ces deux propriétés interviennent. Pour les métaux, les conductions thermique et électrique sont liées car elles dépendent essentiellement du mouvement des électrons libres. La corrélation évidente dans la partie supérieure gauche de la carte de ces deux grandeurs est :

$$\lambda \approx \frac{1400}{\rho_e}$$

(λ en W/m·K, ρ_e en $\mu\Omega$·cm). Cette relation porte le nom de Wiedemann–Franz.

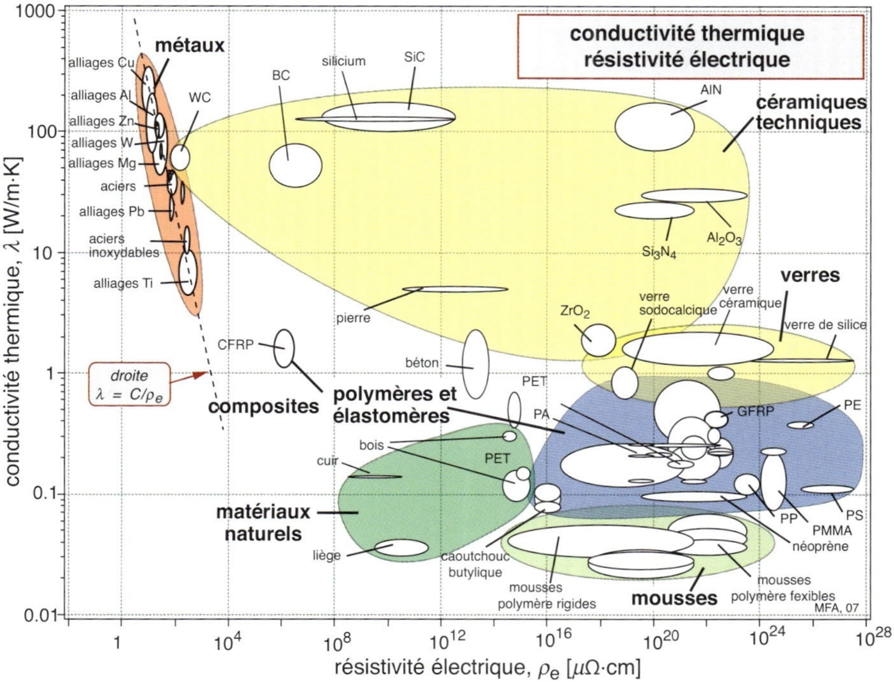

Figure 14.5 Résistivité électrique ρ_e et conductivité thermique λ.

Résistance mécanique et résistivité électrique La seconde carte (fig. 14.6) montre la limite élastique σ_y en fonction de la résistivité électrique ρ_e. Les métaux sont situés à l'extrême gauche, le cuivre et l'argent (non représentés) ayant la résistivité la plus faible, l'aluminium étant juste au-dessus. Les alliages les plus solides ont une résistivité électrique 10 à 100 fois plus élevée. Les céramiques telles l'alumine, le nitrure d'aluminium et la silice, tout à droite de la carte, ont une très grande résistivité électrique et sont mécaniquement résistantes ; elles sont utilisées pour l'isolation électrique de lignes à haute tension ou comme substrats de circuits électroniques. Viennent dessous les polymères qui sont moins résistants, mais flexibles, facilement moulables et d'excellents isolants ; ils sont donc utilisés comme gaines de câbles électriques, boîtiers de prises ou de connecteurs, etc.

Résistance mécanique et perte diélectrique La dernière carte (fig. 14.7) présente le facteur de perte diélectrique L et la résistance mécanique σ_y ou σ_{el}. Les matériaux qui sont transparents aux micro-ondes (les radars utilisent cette gamme de fréquence) sont à gauche : les mousses polymères, certains polymères (PP, PE, PTFE) et quelques céramiques ont des valeurs particulièrement basses. Les matériaux qui absorbent les micro-ondes, donc s'échauffent lorsqu'ils sont irradiés, sont à droite : les polymères contenant des groupes polaires, comme le nylon et le polyuréthane, et des matériaux naturels tels que le bois (le bois peut être séché par chauffage micro-ondes). L'eau, qui a une molécule polaire, a un coefficient de perte diélectrique particulièrement élevé, raison pour laquelle les aliments peuvent être chauffés, voire cuits, dans un four micro-ondes.

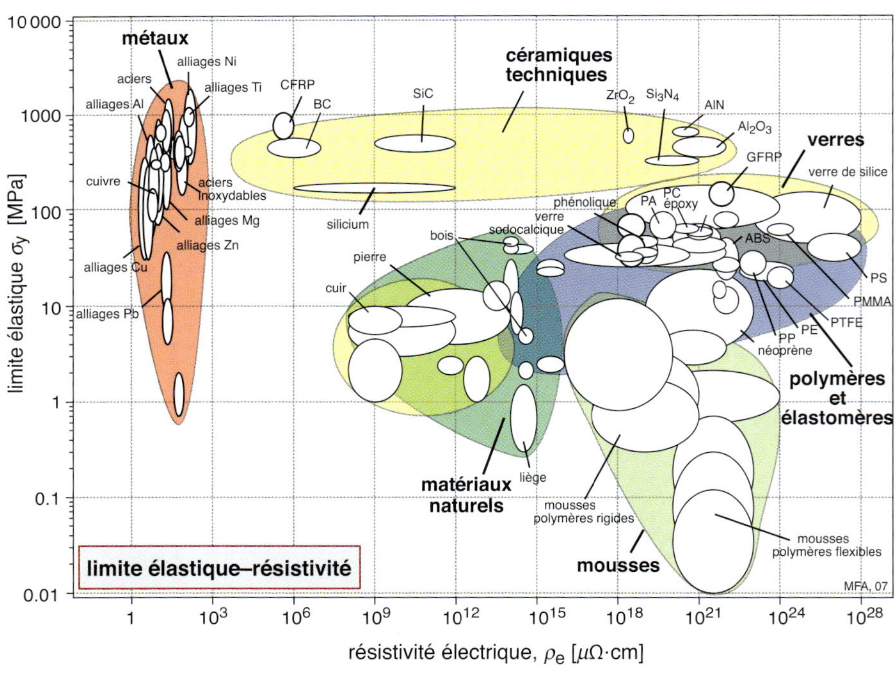

Figure 14.6 Carte de la résistivité électrique des matériaux ρ_e et de la limite élastique σ_y.

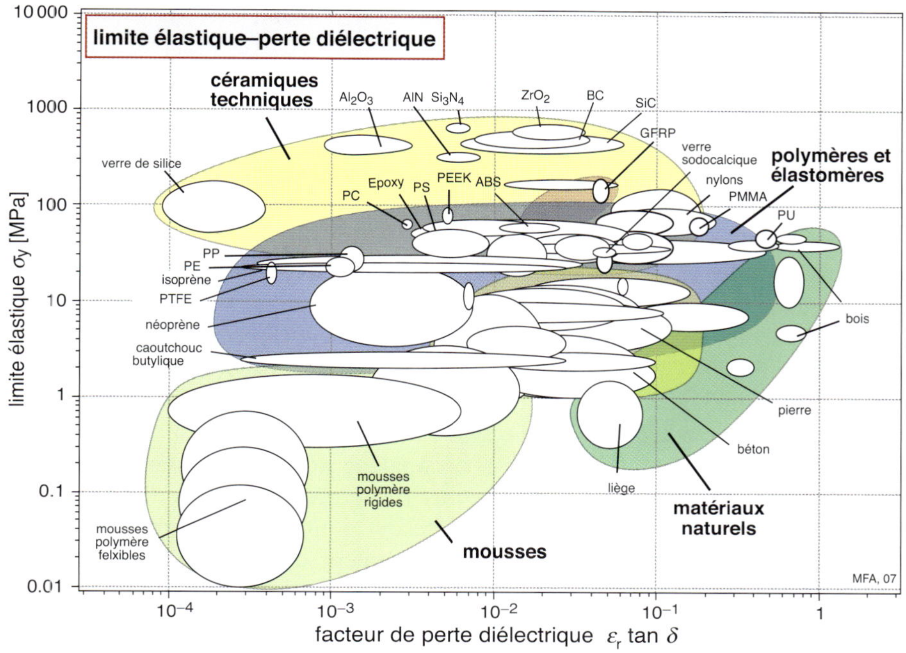

Figure 14.7 Carte du facteur de perte des matériaux diélectriques, $\varepsilon_r \tan \delta$, et de la limite élastique σ_y.

14.4 Approfondissement : origines et manipulation des propriétés électriques

Conductivité électrique Un champ électrique E (V/m) exerce une force Ee sur une particule portant une charge e. Les solides sont faits d'atomes ayant des électrons de charge $-e$ autour d'un noyau contenant des protons de charge $+e$. Si les porteurs de charge peuvent bouger, la force Ee va les faire avancer dans le matériau – c'est donc un conducteur. Les métaux sont des *conducteurs électroniques*, terme signifiant que ce sont les électrons libres qui bougent et qui sont responsables du courant. Dans les solides ioniques (qui sont composés de ions chargés positivement et négativement, comme Na^+ et Cl^- dans le sel de cuisine), la diffusion des ions peut résulter dans une *conduction ionique*, mais qui ne sera appréciable que si la diffusion est rapide, donc à haute température. Beaucoup de matériaux n'ont pas d'électrons mobiles et ne sont pas des conducteurs ioniques à température ambiante. Les particules chargées qu'ils contiennent ressentent bien sûr les forces électriques, qui sont d'ailleurs suffisantes pour déplacer légèrement ces charges, mais de très petites fractions de distance interatomique seulement. Ce sont donc des isolants ; ces petits déplacements de charges leur confèrent des propriétés diélectriques.

Comment se fait-il que certains matériaux aient des électrons mobiles et d'autres pas ? Pour pouvoir expliquer cela, nous avons besoin de deux résultats les plus contre-intuitifs de la mécanique quantique. Brièvement, les électrons d'un atome occupent des niveaux d'énergie discrets, correspondant à des couches graduellement espacées autour du noyau. Elles sont numérotés 1, 2, 3, etc. de la plus interne à la plus externe de l'atome. Chaque couche est constituée d'orbitales désignées par s, p, d et f, pouvant contenir respectivement une, trois, cinq et 7 sous-orbitales. Les électrons de l'atome remplissent ces couches en commençant par les niveaux de plus basse énergie, situés les plus proches du noyau, avec deux électrons par sous-orbitale de spin opposé ; le *principe d'exclusion* de *Pauli*[6] interdit d'avoir plus de deux électrons sur chaque sous-orbitale. Lorsque n atomes (un nombre très élevé) sont mis ensemble pour former un solide, les électrons des couches les plus profondes restent la « propriété » de l'atome auquel ils appartiennent, alors que ceux des couches externe peuvent interagir avec les électrons des atomes voisins (fig. 14.8). Chaque atome est donc placé dans le champ créé par les électrons des atomes voisins. En assemblant ainsi un grand nombre d'atomes dont les électrons occupaient des états d'énergie discrets, ces niveaux s'assemblent aussi pour former des *bandes* d'énergie constituées d'un très grand nombre de niveaux d'énergie très finement espacés (presque continus). Le nombre d'électrons par atome qui doivent être accommodés dépend uniquement du numéro atomique des atomes. Ces électrons vont alors remplir les bandes en commençant par le niveau de plus basse énergie jusque vers les niveaux les plus élevés. Le niveau de plus haute énergie occupé par les électrons au sommet de ces bandes d'énergie à 0 K est appelé *niveau de Fermi*[7] (voir ci-après). Au-dessus de 0 K, les électrons ont une probabilité finie d'occuper des niveaux d'énergie plus élevés ; le niveau de Fermi est alors défini comme le niveau d'énergie ayant une proba-

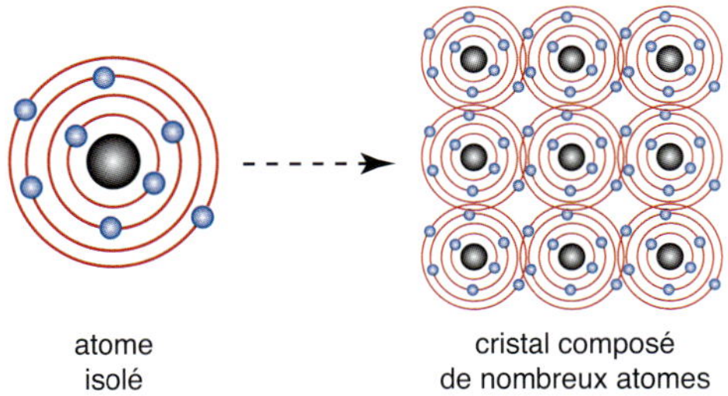

Figure 14.8 Lorsque des atomes sont assemblés pour former un cristal, les électrons des couches les plus externes interagissent avec ceux des voisins, les niveaux d'énergie discrets devenant alors des bandes d'énergie.

[6] Wolfgang Joseph Pauli (1900-1958), physicien théoricien de la mécanique quantique, concepteur du neutrino et lauréat du prix Nobel. Il n'était cependant pas un homme heureux, suivant une psychothérapie donnée par le très célèbre psychoanalyste Carl Jung.

[7] Enrico Fermi (1901-1954), auteur de la loi statistique qui porte son nom pour décrire le comportement d'un ensemble d'électrons dans un solide. Il a été l'un des leaders du groupe de physiciens pour le projet Manhattan visant à développer la bombe atomique.

bilité d'être occupé par des électrons égale à 0.5. Les niveaux inférieurs à ce niveau tendent à être complètement remplis par les électrons, alors que ceux au-dessus tendent à être inoccupés. Si deux matériaux avec des niveaux de Fermi différents sont mis en contact, les électrons vont passer du matériau ayant le plus haut niveau de Fermi à celui ayant le niveau plus bas, créant ainsi une différence de charges entre eux. Le champ électrique associé à cette différence de charges augmente le niveau de Fermi le plus bas et diminue le plus haut, de telle sorte que les deux niveaux deviennent égaux.

Un électron à ce niveau a encore une énergie plus faible que celui qu'il aurait en étant seul dans le vide. Cette différence d'énergie est appelée, pour des raisons historiques, le *travail d'extraction* car il correspond au travail ou à l'énergie qu'il faudrait fournir à un tel électron situé au niveau de Fermi pour l'extraire du matériau. Si on veut créer un faisceau d'électrons, cela peut se faire en chauffant le métal jusqu'à ce que ses électrons aient assez d'énergie pour dépasser le travail d'extraction, après quoi ils pourront être accélérés dans un champ électrique.

La question de savoir si un matériau est un conducteur ou un isolant dépend du remplissage des bandes et de leur recouvrement. Dans la figure 14.9, la colonne centrale décrit un atome isolé alors que de part et d'autre sont illustrées les possibilités de créer un solide en rassemblant ces atomes, ce qui élargit les niveaux d'énergie en bandes. Les conducteurs tels que le cuivre, à gauche, ont une bande supérieure partiellement remplie ; il y a des niveaux d'énergie inoccupés et finement espacés juste au-dessus du niveau de Fermi. Sous l'effet d'un champ électrique, les électrons peuvent utiliser ces niveaux pour se déplacer librement dans le matériau. Les isolants, montrés à droite, ont la dernière bande d'énergie totalement remplie, et les prochains niveaux d'énergie libres sont séparés de celle-ci par une *bande interdite*, appelée aussi *gap d'énergie*. Les semiconducteurs eux aussi ont un gap d'énergie séparant la bande pleine des niveaux d'énergie libres, mais il est plus étroit, si étroit que quelques électrons peuvent devenir mobiles si la température est suffisamment élevée ou s'il

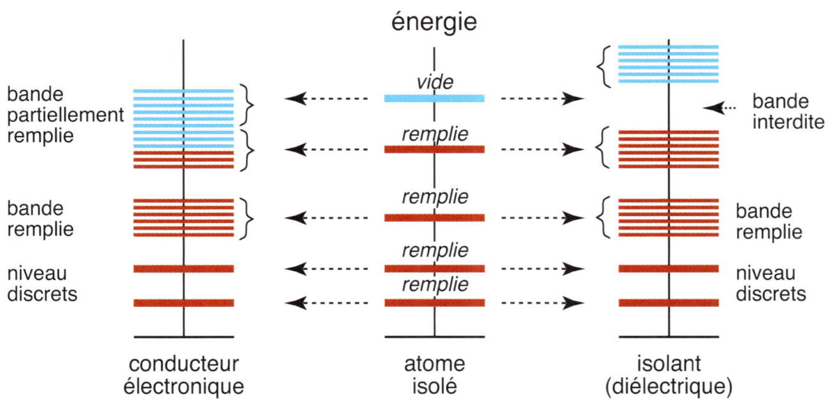

Figure 14.9 Les conducteurs, à gauche, ont la bande supérieure partiellement remplie – les électrons dans cette bande peuvent bouger librement. Pour les isolants, à droite, la bande supérieure est totalement remplie et les prochains états inoccupés sont séparés de celle-ci par un gap d'énergie. (Etats occupés/inoccupés en rouge/bleu, respectivement.)

y a des défauts dans le cristal. En ajoutant délibérément des éléments dopants, on crée des niveaux d'énergie dans ce gap, réduisant ainsi la barrière d'énergie et permettant ainsi à plus d'électrons de sauter dans des états inoccupés, ce qui augmente le nombre de porteurs de charge mobiles.

Résistance électrique Si un champ électrique E exerce une force Ee sur un électron, pourquoi n'accélère-t-il pas indéfiniment, augmentant alors le courant continûment au cours du temps ? Or ce n'est pas ce qui arrive ; en fait, l'application d'un champ (ou d'une différence de potentiel) crée presque immédiatement un courant de valeur constante. En reprenant les équations (14.1) et (14.2), la densité de courant i/A est proportionnelle au champ E :

$$\frac{i}{A} = \frac{E}{\rho_e} = \kappa_e E \tag{14.14}$$

où ρ_e est la résistivité et κ_e, la valeur réciproque, est la conductivité électrique.

Très schématiquement, la situation est la suivante. Les électrons assurant la conduction sont libres de se déplacer dans le solide. Leur énergie thermique $k_B T$ (k_B = constante de Boltzmann, T = température absolue) les fait bouger un peu comme les atomes d'un gaz dans toutes les directions. Ce faisant, ils vont entrer en collision avec des *centres de diffusion*, changeant alors leur direction. Des impuretés ou des éléments de soluté sont particulièrement efficaces pour diffuser les électrons (raison pour laquelle les alliages ont une plus grande résistivité électrique que les métaux purs), mais les électrons sont aussi diffusés par des imperfections telles que des dislocations, ainsi que par les atomes du réseau qui eux-mêmes vibrent. Lorsqu'il n'y a pas de champ électrique externe appliqué, il n'y a pas de transfert *net* de charges dans une direction, même si les électrons sont libres de se déplacer (et agités). Un champ va imposer une vitesse de déplacement des électrons $v_d = \mu_e E$, où μ_e est la mobilité des électrons, responsable du courant (fig. 14.10). La vitesse de déplacement est faible comparée à la vitesse d'agitation thermique ; c'est un peu comme une légère brise de l'air – la vitesse des molécules de l'air est beaucoup plus élevée que la vitesse de déplacement moyenne de l'air que l'on ressent comme une brise. Plus la densité des centres de diffusion est élevée, plus court sera le libre parcours moyen des électrons, $\lambda_{\ell pm}$, entre deux collisions et plus lent sera leur mouvement. De façon analogue à la conductivité thermique, la conductivité électrique dépend de ce libre parcours moyen, de la densité de porteurs de charges (le nombre n_v d'électrons mobiles par unité de volume) et de la charge qu'ils portent. Donc, la densité de courant, i/A, est donnée par :

$$\frac{i}{A} = n_v e v_d = n_v e \mu_e E$$

En comparant cette relation avec l'équation (14.14), on trouve la conductivité :

$$\kappa_e = n_v e \mu_e \tag{14.15}$$

En résumé, la conductivité électrique est proportionnelle à la densité d'électrons libres, à leur charge et à leur mobilité, qui est elle-même directement proportionnelle au libre parcours moyen. Plus pur sera le matériau conducteur, plus élevée sera sa conductivité.

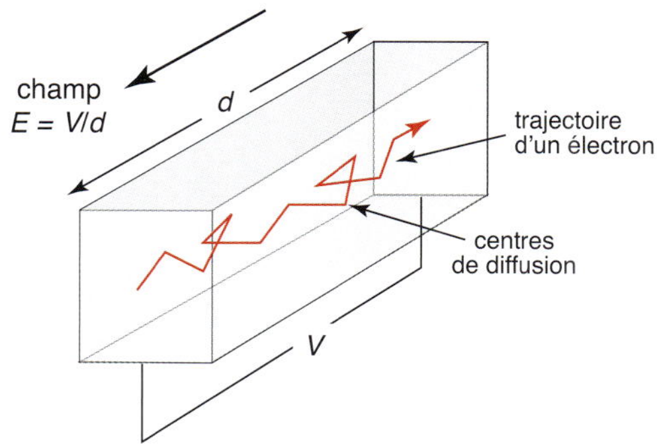

Figure 14.10 Un électron, accéléré par un champ électrique E, est diffusé par des imperfections, ce qui crée une résistance à son mouvement.

Exemple 14.4

Un conducteur en cuivre a une résistivité $\rho_e = 5\ \mu\Omega\cdot\text{cm}$. Le cuivre a une structure cubique à faces centrées avec un paramètre de maille de 0.36 nm. Chaque atome de cuivre participe avec deux électrons dans la bande de conduction. Quelle est la mobilité des électrons dans le cuivre ?

Solution. La résistivité du cuivre en unités SI est $5 \times 10^{-8}\ \Omega\cdot\text{m}$. La conductivité κ_e est l'inverse, soit : $\kappa_e = 2 \times 10^7\ (\Omega\cdot\text{m})^{-1}$. La charge d'un électron est $e = 1.6 \times 10^{-19}$ coulombs. Le volume de la maille vaut :

$$V = (0.36 \times 10^{-9})^3 = 4.67 \times 10^{-29}\ \text{m}^3$$

Chaque maille contient 4 atomes, donc 8 électrons libres. La densité d'électrons libres vaut donc $n_v = 1.71 \times 10^{29}\ \text{m}^{-3}$. La mobilité des électrons est par conséquent :

$$\mu_e = \frac{\kappa_e}{n_v e} = 0.73 \times 10^{-3}\ \text{m}^2/\text{s}\cdot\text{V}$$

Les métaux sont renforcés (chap. 7) par solution solide, par écrouissage ou par précipitation. Ces différents types de durcissement vont aussi changer la résistivité électrique. En agrandissant une partie de la carte de la limite élastique–résistivité, on peut effectivement voir comment ces deux propriétés varient – la figure 14.11 montre bien cela pour deux des meilleurs conducteurs, le cuivre et l'aluminium. En ajoutant des éléments de soluté à ces métaux, la densité de centres diffusants, et donc la résistivité électrique, augmentent. Les dislocations renforcent aussi le matériau par *écrouissage*, mais diffusent aussi un peu les électrons mobiles, cependant pas autant que les éléments de soluté. Les précipités offrent le

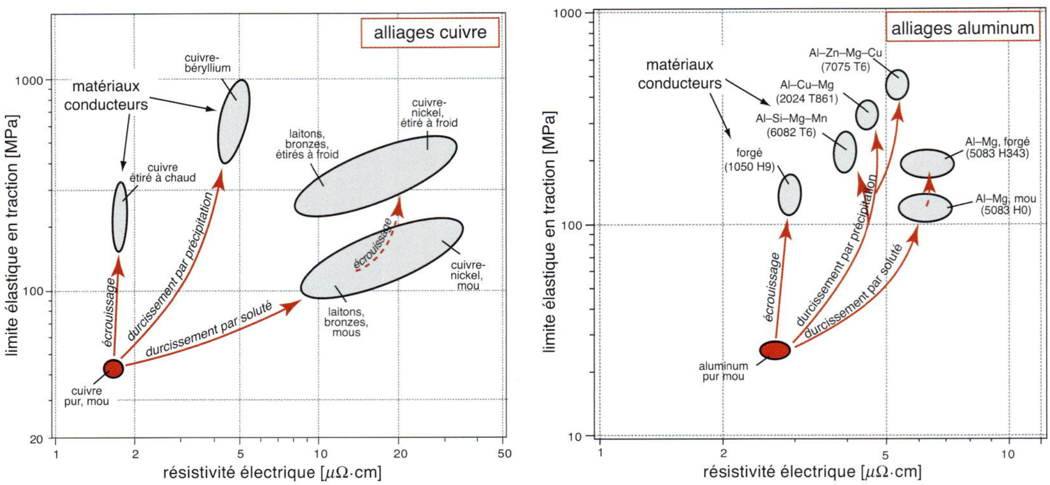

Figure 14.11 Le meilleur choix de matériaux pour un câble électrique est une haute résistance mécanique et une faible résistivité électrique, mais les mécanismes de durcissement ont tendance à aussi augmenter la résistivité. L'écrouissage et le durcissement par précipitation sont moins dommageables à cet égard que le durcissement par solution solide.

meilleur gain de limite élastique; leur effet sur la résistivité varie selon leur taille et leur espacement comparé au libre parcours moyen, ainsi que la quantité de soluté laissé en solution solide après précipitation. Par conséquent, le durcissement par précipitation en laissant le minimum de soluté résiduel dans la matrice ou par écrouissage est le meilleur moyen de renforcer un conducteur. Les deux figures montrent que les alliages conducteurs dans le commerce ont une résistance mécanique nettement plus élevée que les métaux purs, avec seulement une faible augmentation de leur résistivité électrique.

La résistivité des métaux augmente avec la température car la vibration thermique des électrons augmente. Leur résistivité diminue avec la température, raison pour laquelle les électroaimants très puissants sont refroidis à l'azote liquide. Proches du zéro absolu, la plupart des métaux conservent une faible résistivité, mais quelques-uns perdent tout à coup toute résistivité entre 0 et 4 K, et deviennent des supraconducteurs. La résistivité des semi-conducteurs en revanche décroît avec une augmentation de la température parce que, comme expliqué, l'énergie thermique permet à plus d'électrons de traverser la bande interdite.

Comportement des diélectriques Les diélectriques sont des isolants. Comment leurs électrons sont-ils affectés par l'application d'un champ électrique E ? Dans un champ nul, les électrons et les protons de la plupart des diélectriques sont symétriquement distribués et par conséquent le matériau ne porte aucun moment dipolaire. Un champ exerçant une force sur les charges, les charges positives sont légèrement déplacées dans le sens du champ alors que les charge négatives se déplacent en sens inverse. L'effet est facile à observer dans les cristaux ioniques puisque dans ce cas des ions voisins ont des charges opposées, comme indiqué sur la figure 14.12(a). Dans un champ, les ions positifs (charge $+q$) sont tirés dans le sens du

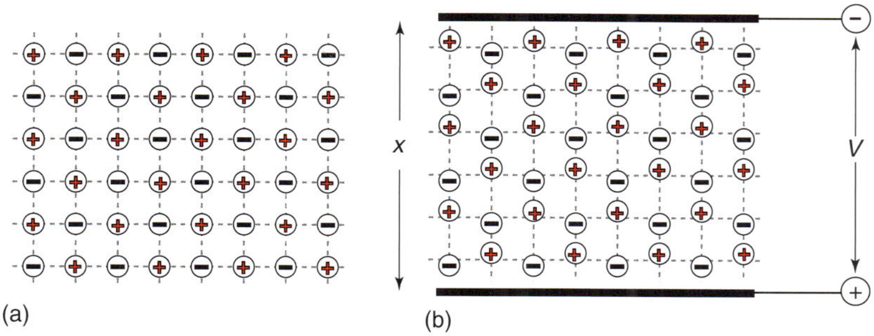

Figure 14.12 Un cristal ionique dans un champ nul (a), et soumis à un champ électrique V/x (b). Le champ électrique déplace les ions, ce qui crée un moment dipolaire.

champ, alors que les ions négatifs (charge $-q$) subissent une force dans le sens opposé. Leurs nouvelles positions d'équilibre avec un déplacement Δx seront telles que les forces électriques sont exactement compensées par les forces de liaison interatomiques, comme indiqué à droite de la figure. Deux charges $\pm q$ séparées par une distance Δx créent un moment dipolaire, d, donné par :

$$d = q\Delta x \tag{14.16}$$

La polarisation du matériau, P, est une moyenne sur un volume donné de l'ensemble de tous les moments dipolaires qu'il contient :

$$P = \frac{\sum d}{\text{volume}}$$

Même pour les matériaux isolants non ioniques, comme le silicium, l'application d'un champ produit un moment dipolaire car les électrons de chaque atome sont légèrement déplacés dans le sens opposé au champ par rapport aux charges positives du noyau qui subissent une force dans l'autre sens. Le moment dipolaire résultant dépend de l'amplitude du déplacement et du nombre de charges par unité de volume, et c'est cela qui fixe la constante diélectrique du matériau. Plus le déplacement est important, plus élevée sera la constante diélectrique. Des composés avec des liaisons ioniques et les polymères contenant des groupes polaires, tels que OH^- et NH^- (le nylon, par exemple), ont une constante diélectrique plus grande que les isolants n'en ayant pas.

Perte diélectrique Qu'advient-il maintenant à la polarisation lorsque le champ électrique appliqué est alternatif ? Lorsque la plaque supérieure du condensateur de la figure 14.12(b) est négative, les déplacements sont tels qu'indiqués dans la figure. Quand la polarité est inversée, ce sont les ions négatifs qui sont déplacés vers le haut et les positifs vers le bas ; donc, dans un champ oscillant, les ions oscillent aussi. Si les oscillations (de même fréquence) étaient exactement en phase avec le champ oscillant, il n'y aurait pas de pertes d'énergie,

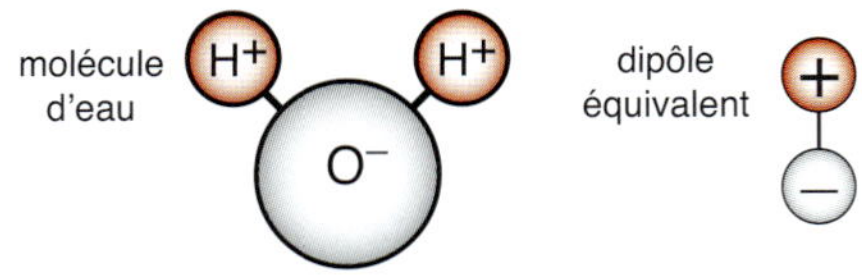

Figure 14.13 Molécule d'eau, son asymétrie lui confère un moment dipolaire.

mais ceci n'est jamais exactement vérifié et le plus souvent le déphasage est considérable. Les matériaux présentant une forte perte diélectrique contiennent souvent des molécules de forme étrange, possédant souvent un moment dipolaire – la molécule d'eau est un bon exemple (fig. 14.13). De telles molécules tournent dans un champ oscillant, mais à cause de leur forme, elles interfèrent avec les voisines (on peut voir cela comme un frottement à l'échelle moléculaire), ce qui dissipe de l'énergie sous forme de chaleur – c'est le principe du chauffage par micro-ondes. Comme décrit par l'équation (14.13), cette énergie dissipée dépend de la fréquence du champ oscillant; en général, plus la fréquence est élevée, plus grande sera la puissance dissipée (la puissance étant l'énergie dissipée par unité de temps, elle est proportionnelle au nombre de basculements des molécules par seconde), mais il y a certaines fréquences plus absorbées que d'autres qui sont caractéristiques de la structure du matériau.

Claquage d'un diélectrique Dans les métaux, nous avons vu que le plus petit champ électrique induit un mouvement des électrons. Dans les isolants, ils ne peuvent pas se déplacer à cause du gap d'énergie. Mais si, à un endroit faible, un électron est arraché de l'atome auquel il appartient, la force Ee créée par le champ E va l'accélérer, lui conférant une énergie

Exemple 14.5

Un cristal ionique ayant la structure du sel est constitué d'un nombre égal de ions positifs et négatifs, chacun portant respectivement une charge positive et une charge négative, égales en valeur absolue à celle de un électron. Le paramètre de maille est 0.45 nm. Un champ électrique induit un déplacement des ions d'une distance relative entre ions de 1% de la maille. Quelle est la polarisation résultante ?

Solution. Le moment dipolaire d'une paire de ions vaut :

$$d = q\Delta x = 1.6 \times 10^{-19} \times 0.0045 \times 10^{-9} = 7.2 \times 10^{-31} \text{ C·m}$$

Le volume de la maille vaut :
$V = (0.45 \times 10^{-9})^3 = 9.1 \times 10^{-29}$ m^3, et chacune d'elles contient 4 dipôles.
La polarisation vaut donc :

$$P = \frac{4d}{V} = 0.032 \text{ C/m}^2$$

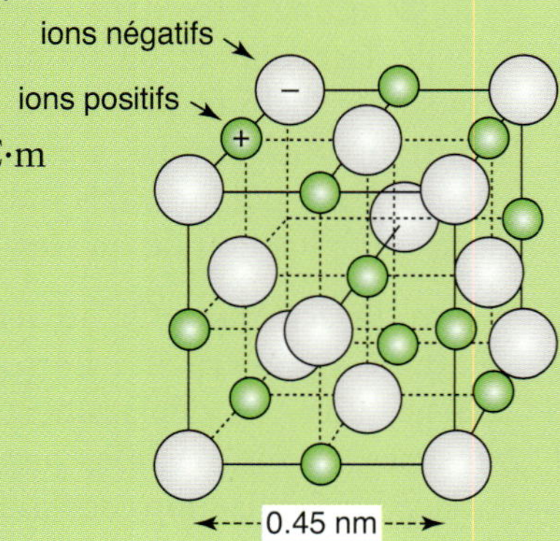

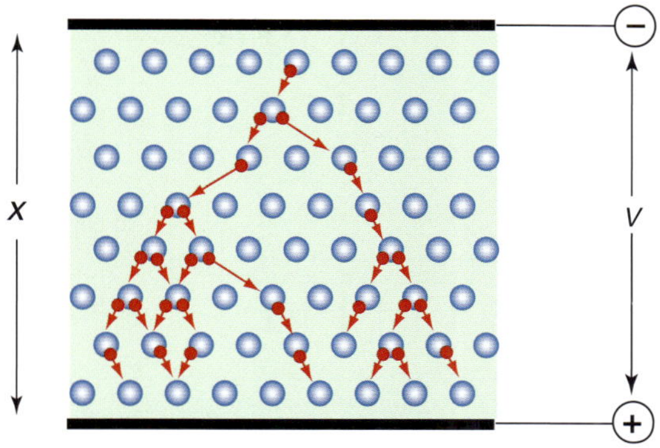

Figure 14.14 Un claquage implique une cascade d'électrons comme lors d'un éclair.

cinétique ; il va donc accélérer jusqu'à la collision avec un autre atome. Un champ suffisamment élevé va donner assez d'énergie à cet électron pour que, lors de la collision avec un atome voisin, il arrache un ou plusieurs électrons à celui-ci, qui eux-mêmes sont accélérés et gagnent de l'énergie. Le résultat, illustré à la figure 14.14, est une cascade – une avalanche de charges. Elle est suffisamment violente pour endommager le matériau de manière irréversible.

Le champ critique pour lequel une telle cascade peut se former est appelé *potentiel disruptif* et est difficile à calculer : c'est le champ capable d'arracher le premier électron d'un atome proche d'un défaut – une microfissure, une lacune ou une inclusion qui concentre localement le champ. Les champs nécessaires pour cela sont grands, typiquement 1-15 MV/m. Cela paraît beaucoup, mais de tels champs sont rencontrés dans deux situations très différentes : lorsque le voltage est élevé ou lorsque les distances sont très courtes. Dans les lignes à haute tension, les voltages – 100 000 volts ou plus – sont tels qu'un claquage peut se produire dans les isolants qui supportent la ligne, alors que dans les micro-circuits et les films minces, les distances sont très petites : une différence de 1 V entre deux composants séparés de 1 μm donne un champ de 1 MV/m.

Matériaux piézo-électriques Le label « Quartz » imprimé sur le cadran d'une montre est l'assurance que le temps est mesuré par les oscillations d'un cristal piézo-électrique de quartz. Pour qu'un cristal soit piézo-électrique, il faut qu'il contienne des ions qui ne sont pas distribués symétriquement (la structure n'a pas de centre de symétrie), de telle sorte que chaque molécule porte un moment dipolaire permanent (fig. 14.15(a)). Si on coupe un tel cristal parallèlement à un plan cristallin, les faces portent alors une charge. Cette charge attire des ions et des particules chargées de l'atmosphère, comme le fait un écran de télévision, résultant alors dans une couche de surface invisible qui neutralise la charge. Si on compresse maintenant le cristal, les ions bougent les uns par rapport aux autres, le moment dipolaire change et les charges de surface aussi (fig. 14.15(b)). Au cours du temps, cette nouvelle charge de surface attirerait de nouveaux ions qui la neutraliseraient, mais ceci n'étant pas immédiat, une différence de potentiel apparaît avec la déformation du cristal. Ce phénomène est le

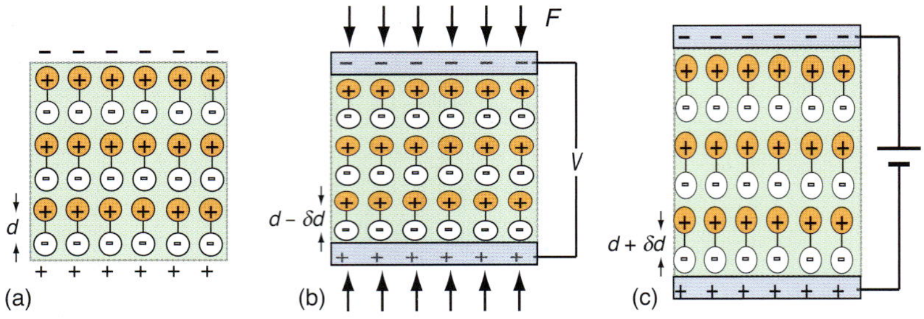

Figure 14.15 Un matériau piézo-électrique a une distribution interne de charges qui n'a pas de centre de symétrie, lui conférant naturellement un moment dipolaire. La charge de surface associée à cette répartition est neutralisée par des ions adsorbés, mais si le cristal est déformé, comme en (b), le moment dipolaire change et les surfaces deviennent chargées. L'inverse se produit aussi : l'application d'un champ déforme le cristal, principe de l'activation piézo-électrique, comme indiqué en (c).

principe de fonctionnement des microphones, des haut-parleurs ou des platines pour disques en vinyle. La différence de potentiel entre les faces du piézo-électrique peut être grande – suffisante pour générer une étincelle au travers d'une faible épaisseur – c'est le principe des allume-gaz.

Une déformation engendre donc un champ électrique dans un matériau piézo-électrique. L'inverse est aussi vrai : un champ induit une déformation. Le champ tire les ions positifs et pousse les ions négatifs, changeant ainsi leur espacement et donc la forme du cristal (fig. 14.15(c)). Si une petite déformation engendre un grand champ électrique, à l'inverse il faut un champ élevé pour induire une très petite déformation. Mais la déformation est une fonction linéaire du champ, permettant alors un contrôle très précis, sur de courtes distances, du déplacement ou de l'activation de dispositifs à l'échelle submicronique.

Les matériaux piézo-électriques répondent à une variation du champ électrique plus rapidement que ne répondent la plupart des matériaux à toute autre sollicitation. Placez-les dans un champ variant avec une fréquence de 1MHz et ils répondent avec la précision de la microseconde. Ceci ouvre la porte à de nombreuses applications, décrites en partie plus loin dans ce chapitre. C'est notamment le cas du domaine ultrasonique – des ondes sonores ayant des fréquences commençant à la limite supérieure de perception de l'oreille humaine, soit 20 kHz, et bien au-delà jusqu'à 20 000 kHz.

Matériaux pyro-électriques La pyro-électricité – soit l'apparition d'une polarisation induite par un changement de température – était déjà connue (mais pas comprise) par le philosophe grec Theophrastus[8], qui remarqua que certaines pierres, quand elles étaient chauffées ou refroidies, avaient la faculté d'attirer de la paille ou des feuilles séchées. Mais ce n'est qu'au 20e siècle que ce phénomène étrange fut compris et exploité.

8 Theophrastus (372–287 avant J.-C.), successeur d'Aristote, enseignait la science et fut l'auteur d'une histoire en 10 volumes des plantes, qui restera la plus importante contribution à la botanique pendant les 1200 ans suivants.

Certains matériaux ont un moment dipolaire permanent parce que les ions positifs et négatifs, qui se compensent pour avoir un matériau électriquement neutre, sont légèrement désalignés. Si un disque mince d'un tel matériau est coupé de telle sorte que ses faces soient parallèles au plan dans lequel a lieu ce désalignement des ions, le disque possède alors un moment dipolaire. La cellule unité des matériaux pyro-électriques est ainsi. Le moment dipolaire par unité de volume pour ces matériaux est appelé *polarisation spontanée* P_s. Ce moment dipolaire existe même sans champ électrique et est équivalent à une couche de charges attachées à chaque surface plane comme pour les piézo-électriques. Des charges libres dans le voisinage (ions ou électrons) vont être attirées vers les surfaces et donc neutraliser cette charge. Si on connecte maintenant des électrodes conductrices à ces surfaces et qu'on les relie à un ampèremètre, le courant mesuré sera nul si la température, et donc la polarisation P_s, est constante. Une augmentation de la température va provoquer une dilatation et donc un changement du moment dipolaire net et de la polarisation. La redistribution des charges libres pour compenser ce changement de charges des surfaces du pyro-électrique va induire un courant – le courant pyro-électrique – dans le circuit. Un refroidissement aura l'effet inverse du chauffage et le courant sera donc inversé. Donc, le courant pyro-électrique ne circule que lorsque la température change – principe utilisé dans les détecteurs de présence pour de nombreuses applications (alarmes, enclenchement/déclenchement automatique de lumières, etc).

Dans un circuit ouvert, les charges libres restent sur les électrodes – ce qui a aussi son utilité comme nous le verrons dans la section suivante. Les matériaux pyro-électriques comprennent des minéraux tels que la tourmaline (la pierre trouvée par Theophrastus), des céramiques telles que le titanate de baryum, des polymères tels que le fluorure de polyvinylidène et même des matériaux biologiques tels que le collagène.

Matériaux ferro-électriques Les ferro-électriques sont un cas particulier de matériaux piézo-électriques. Comme eux, ils ont une structure asymétrique, mais celle-ci a la particularité de pouvoir être changée. Le titanate de baryum, $BaTiO_3$, montré schématiquement à

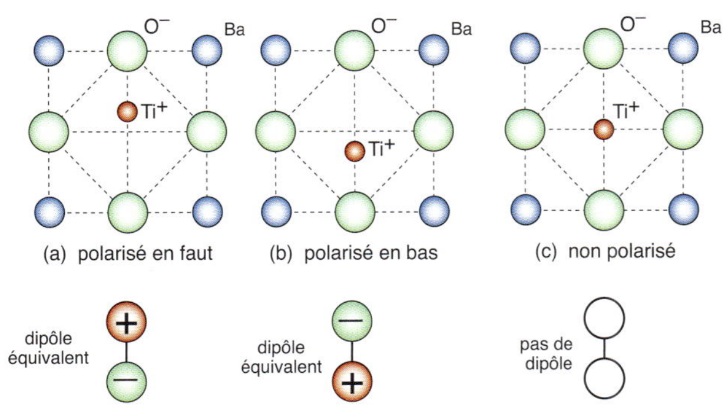

Figure 14.16 Les matériaux ferro-électriques ont un moment dipolaire qui peut être modifié : ici, le ion Ti^+ peut occuper une position en haut ou en bas (en fait six positions décalées par rapport au centre). Au-dessus de la température de Curie, l'asymétrie disparaît.

la figure 14.16, est l'un d'entre eux. En dessous d'une certaine température, la température de Curie[9] (environ 120°C pour le titanate de baryum), le ion de titane n'est plus au centre de la maille mais est décalé en haut ou en bas, à gauche ou à droite (devant ou derrière en 3 dimensions), comme indiqué en (a) et (b). Au-dessus de cette température de Curie, l'asymétrie disparaît et avec elle le moment dipolaire comme indiqué en (c). Dans les ferro-électriques, les dipôles s'alignent spontanément sur des domaines assez grands, même sans appliquer un champ électrique.

En l'absence de champ électrique externe, un ferro-électrique va se subdiviser en *domaines* – des régions dans lesquelles tous les dipôles ont la même orientation – séparés par des *parois de domaines* où la polarisation change de direction (fig. 14.17). En l'absence de champ externe, les domaines s'orientent par eux-mêmes de telle sorte que la polarisation résultante est nulle. Si un champ est appliqué, les parois de domaines bougent de telle sorte que les domaines polarisés dans le sens du champ croissent, alors que ceux polarisés dans une direction inverse ou transverse voient leur taille décroître, ceci jusqu'à ce que tout l'échantillon soit polarisé dans une seule direction. La figure 14.18 montre comment la polarisation P change lorsque l'intensité du champ E augmente : P augmente jusqu'à un maximum appelé *polarisation à saturation*, P_s, lorsque tout l'échantillon est polarisé. Si le champ est remis à zéro, une grande partie de la polarisation va subsister (la *polarisation rémanente*), qui ne peut être annulée que si le champ est inversé jusqu'à une valeur $-E_c$, appelée *champ coercitif*. La figure 14.18 montre l'évolution de la polarisation jusqu'à ce qu'elle atteigne à nouveau une valeur de saturation mais dans le sens inverse. Les petits dessins montrent la structure des domaines lors d'un cycle complet de polarisation, présentant une boucle d'*hystérèse*.

Les matériaux ferro-électriques ont une constante diélectrique très élevée. Celle des matériaux avec une distribution de charges symétrique est comprise entre 2 et 20. Celle des

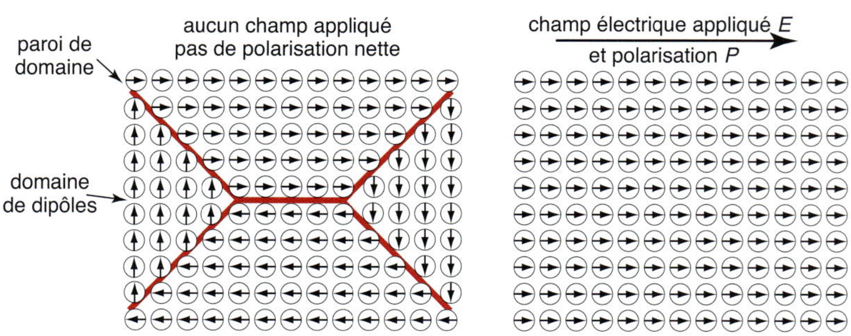

Figure 14.17 Les domaines dans un ferro-électrique s'orientent de manière aléatoire en l'absence d'un champ, de telle sorte que la polarisation résultante est nulle. Dans un champ électrique E, les dipôles des domaines s'alignent, donnant au cristal une polarisation résultante qui peut être importante.

[9] Pierre Curie (1859-1906), physicien français, découvrit l'effet piézo-électrique et les transformations magnétiques. Epoux de Marie Curie, encore plus célèbre que lui, il mourut dans un accident de voiture en 1906 à Paris, une ville avec un trafic déjà dangereux à cette époque.

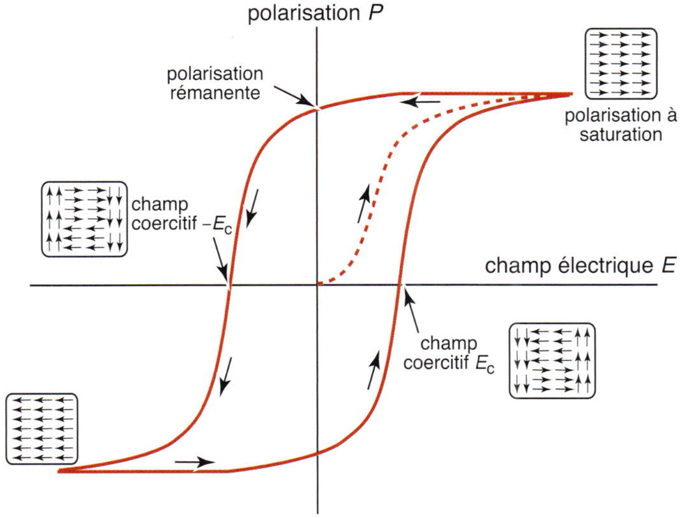

Figure 14.18 Courbe d'hystérèse d'un ferro-électrique.

ferro-électriques peut être aussi élevée que 20 000. C'est précisément ces hautes valeurs qui permettent de concevoir des super-condensateurs pouvant stocker 1000 fois plus d'énergie que des condensateurs conventionnels. Grâce à ces propriétés exceptionnelles, ces super-condensateurs peuvent entrer en compétition avec les batteries pour le stockage de l'énergie.

14.5 Conception basée sur les propriétés électriques des matériaux

Ligne de transmission de courant L'objectif d'une ligne de transmission de courant est de minimiser les pertes, P_L (watts) :

$$P_L = i^2 R \tag{14.17}$$

où i est le courant (A) et R la résistance de la ligne de transmission qui, selon l'équation (14.2), est proportionnelle à la résistivité du matériau ρ_e. Le meilleur choix, pour une section transverse A et une longueur L de la ligne fixées, est de trouver le matériau ayant la plus petite valeur de ρ_e. Si la ligne est enterrée ou supportée sur toute sa longueur, la seule autre contrainte est alors le coût du matériau. La carte de la figure 14.5 montre que parmi les matériaux représentés, le cuivre a la plus faible résistivité, suivi par l'aluminium. Si maintenant la ligne est aérienne et supportée par des pylônes très espacés, sa résistance mécanique et sa densité deviennent importantes : une haute résistance pour supporter le poids propre de la ligne et résister aux forces exercées par le vent ; une faible densité pour minimiser le poids propre.

Nous rencontrons alors un conflit : les matériaux avec la résistivité électrique la plus faible sont ceux ayant aussi une faible résistance mécanique, alors que les matériaux résistants ont une résistivité élevée comme nous l'avons vu dans ce chapitre. Les conducteurs en aluminium et en cuivre que nous pouvons utiliser dans les lignes à haute tension aériennes sont représentés à la figure 14.11 – soit des alliages durcis par précipitation ou par écrouissage pour obtenir la résistance maximale avec le minimum de perte de conductivité électrique. Une autre solution consiste à créer une ligne hybride – un câble dans lequel deux matériaux sont utilisés, l'un pour assurer une bonne conductivité, l'autre pour obtenir la résistance mécanique. Une telle ligne est représentée à la figure 14.19 : un câble constitué d'un cœur en cuivre ou en aluminium pur, pour la conductivité, et une cage externe constituée de fils d'acier au carbone de haute résistance. Avec un rapport de mélange 50:50, on obtient pour l'ensemble environ la moitié de la résistance de l'acier et le double de la résistivité du cuivre pur, une compromis bien meilleur que celui offert par l'un ou l'autre de ces matériaux pris séparément. De nombreuses lignes aériennes utilisent cette approche, avec un cœur en acier et des fils en aluminium en périphérie ; d'autres préfèrent une combinaison d'aluminium pur pour la conductivité électrique et d'un alliage d'aluminium durci pour réduire le poids propre de l'ensemble.

Isolation électrique Les isolants électriques ont comme fonction de garder l'électricité où elle doit être. Les cartes des figures 14.6 et 14.7 indiquent que la plupart des polymères sont d'excellents isolants électriques, avec une résistivité supérieure à 10^{20} $\mu\Omega\cdot$cm. Ils sont utilisés pour l'isolation des câbles électriques, pour les boîtiers de prises, les connecteurs ou encore les commutateurs. De nombreuses céramiques sont aussi de bons isolants, notamment l'alumine (Al_2O_3), la silice (SiO_2) et le verre (Pyrex) ; elles sont utilisées dans des applications où la rigidité et la résistance à la chaleur sont des facteurs importants, comme par exemple pour les substrats de circuits électroniques et les isolateurs de lignes à haute tension. Lorsque l'isolation électrique est le critère le plus important, l'objectif est de maximiser la résistivité électrique, mais comme pour les conducteurs électriques vus précédemment, il y a souvent d'autres contraintes. En voici un exemple.

Les prises électriques (fig. 14.20) sont probablement le produit électrique de plus grande consommation. Elles sont constituées de plusieurs composants, chacun ayant plus d'une

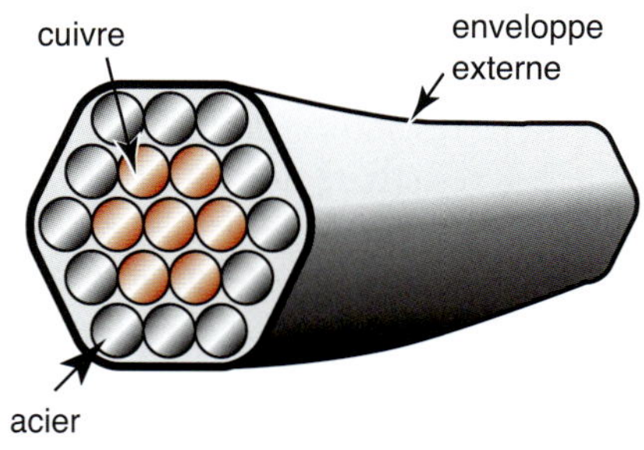

Figure 14.19 Ligne de transmission de courant électrique hybride constituée de fils de cuivre et renforcée par des fils d'acier.

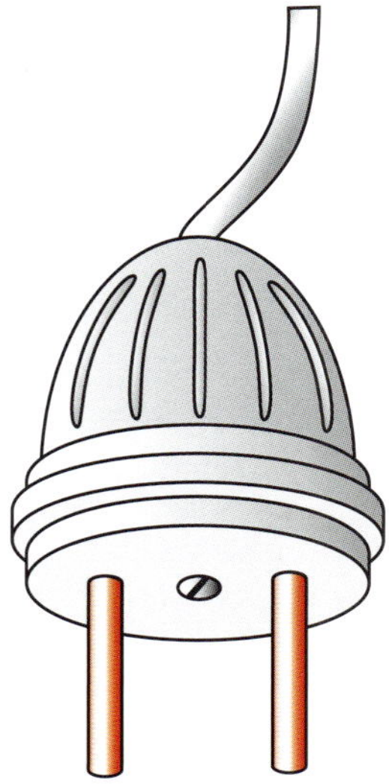

Figure 14.20 Prise électrique. Le boîtier doit être isolant, moulable et suffisamment résistant mécaniquement lors de son utilisation.

fonction. Les deux les plus visibles sont le boîtier et les fiches, mais il y aussi les connecteurs, le serre-fils, la vis et dans certaines un fusible. Les prises de courant ont deux ou trois fiches et doivent être robustes. Les prises de systèmes électroniques comme celles pour la sortie vidéo d'un ordinateur ont 25 broches ou plus et sont très petites et délicates, ce qui place encore plus d'importance sur les propriétés mécaniques et électriques des matériaux constituant les broches ou le boîtier. Nous nous fixons ici comme but de sélectionner le matériau pour le boîtier de la prise.

La forme est complexe, le nombre de pièces produites est très grand et les fiches doivent être moulées dans le boîtier. La seule manière pratique d'y arriver est d'utiliser un polymère. Les concepteurs ont fixé la résistance mécanique minimale à 25 MPa et bien sûr la résistivité électrique devrait être la plus élevée possible. La carte de la figure 14.6 suggère l'ABS, le PMMA et le PC comme candidats potentiels – ils sont tous résistants et ont une haute résistivité. Mais il y a un problème: les trois sont des thermoplastiques et deviennent donc mous lorsqu'ils sont chauffés. En cas de surcharge de tension ou de mauvais contact, la prise va chauffer, se déformer, voir même fondre, ce qui bien sûr n'est pas acceptable. Donc, il faut s'orienter vers un thermodurci, qui va plutôt roussir que fondre. La carte suggère la résine phénolique – matériau qui est effectivement le constituant des prises du commerce. Le logiciel CES permet des suggestions plus élaborées: il est recommandé de faire les exercices en fin de ce chapitre pour affiner le choix.

Isolation électrique et conduction de la chaleur: refroidissement d'un microcircuit Avec la réduction de la taille des éléments des microprocesseurs et l'augmentation de leur fréquence d'horloge, leur surchauffe devient un réel problème. Le processeur Pentium des PC actuels atteint déjà une température de 85°C, ce qui demande un système de refroidissement.

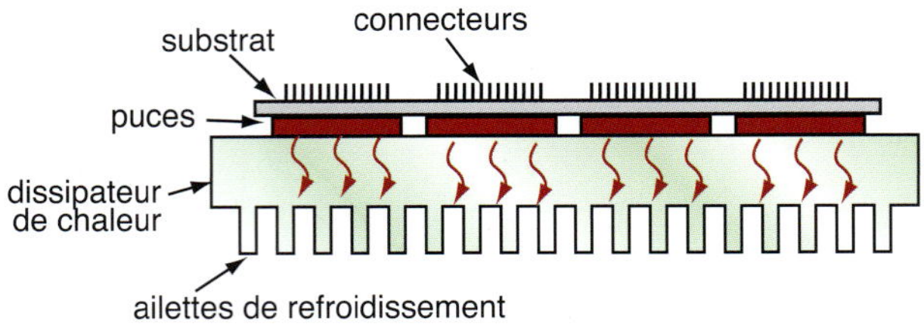

Figure 14.21 Radiateur de chaleur pour circuit électronique : il doit conduire la chaleur, pas l'électricité.

Les modules avec multiples puces électroniques peuvent avoir plus de 130 composants sur un seul substrat, rendant le problème encore plus aigu. On gère les échanges de chaleur en fixant le ou les microcircuits sur un échangeur de chaleur (fig. 14.21), en prenant soin d'avoir un excellent contact thermique. Le radiateur devient alors le composant critique et limitatif pour les développements futurs de l'électronique.

Pour extraire la chaleur le plus rapidement possible du circuit, l'échangeur de chaleur doit avoir une excellente conductibilité thermique, λ. Les métaux tels que le cuivre et l'aluminium répondent à cette exigence, mais sont en même temps très bon conducteurs de l'électricité. Ce n'est pas idéal, car le refroidisseur devient électriquement couplé avec le circuit, créant ainsi une capacité parasite qui va ralentir le transfert d'information (que la constante de temps d'un circuit est $\tau = RC$). Pour prévenir cela, il faut que le refroidisseur soit en même temps un excellent isolant électrique.

La figure 14.5 est la carte des propriétés qu'il nous faut regarder : elle reporte la conductibilité thermique λ et la résistivité électrique ρ_e. Les matériaux en haut à droite ont simultanément une conductivité thermique et une résistivité électrique élevées – ce sont des isolants électriques. Le meilleur choix pour le radiateur serait alors le nitrure d'aluminium (AlN), l'alumine (Al_2O_3) et le carbure de silicium (SiC). Ce sont ces matériaux qui sont utilisés dans la pratique.

Utilisation des pertes diélectriques : le chauffage micro-ondes Lorsque l'on cuit ou réchauffe un poulet dans un four micro-ondes, on est en train d'utiliser les pertes diélectriques. En se référant à l'équation (14.13), nous voyons que ces pertes, et donc l'échauffement, sont proportionnelles au facteur de perte $L = \varepsilon_r \tan \delta$, un des axes de la carte représentée à la figure 14.7. Les poulets ne sont pas représentés sur cette carte, mais ils ont un facteur de perte, comme tous les aliments contenant de l'eau. Il y a d'autres manières de cuire un poulet, mais celui-ci a l'avantage d'être rapide parce que les micro-ondes sont absorbées au sein du volume, résultant en un chauffage uniforme. Le chauffage micro-ondes n'est pas utilisé qu'en cuisine ; il l'est aussi largement dans l'industrie. Cette technique permet entre autres de sécher le bois, de réticuler des adhésifs, de mouler des polymères ou encore de fritter des céramiques. Comme indiqué par l'équation (14.13), plus la fréquence f du champ électrique est élevée, plus important est le chauffage. Il est par conséquent très courant dans les applications industrielles d'utiliser des fréquences de l'ordre du gigahertz (0.3-3 GHz).

Utilisation des pertes diélectriques : la technologie furtive Les radars, développés pendant la Seconde Guerre mondiale, ont joué un rôle majeur pour protéger l'Angleterre ainsi que de nombreux autres pays des attaques aériennes. Leur fonctionnement est basé sur la réflexion d'impulsions d'ondes radio-fréquence par des objets réfléchissants passant dans le faisceau. Les antennes radars mesurent le temps pour obtenir le signal réfléchi, ce qui permet alors d'évaluer la distance et la trajectoire de l'objet.

Le corps métallique d'un avion est un réflecteur idéal pour les ondes radars puisque leur forme arrondie reflète l'onde incidente dans toutes les directions-précisément ce qui est souhaité pour le contrôle aérien commercial. Mais si votre but est d'éviter d'être détecté, vous devez éviter à tout prix les réflexions. La technologie employée pour les avions furtifs combine trois principes de base :

- Une forme constituée d'éléments plans qui réfléchissent les ondes radars loin de leur source (et de l'antenne), à moins d'être frappés perpendiculairement à leur surface.
- Des matériaux de structure non métalliques – en général des composites – qui sont semi-transparents aux micro-ondes (voir le chapitre 16 sur l'absorption des ondes).
- Un revêtement de surface qui absorbe les ondes radars (appelés en anglais « Radio-frequency Absorber Materials » ou RAM) plutôt que de les réfléchir. Les matériaux RAM utilisés pour ce revêtement ont un facteur de perte $\varepsilon_r \tan \delta$ élevé, par exemple un ferro-électrique, qui atténue l'onde incidente et donc diminue l'onde réfléchie.

Minimisation des pertes diélectriques : matériaux pour les dômes d'antennes Le dôme d'une antenne de réception d'ondes radio a pour fonction de la protéger du vent et des précipitations sans bien sûr atténuer le signal émis ou reçu (fig. 14.22). Lorsqu'un signal reçu est très faible, toute atténuation par le dôme va diminuer la sensibilité du système de détection. Or le dôme va être sollicité mécaniquement notamment par la différence de pression entre l'intérieur et l'extérieur du dôme, voire soumis à des hautes températures si l'antenne est fixée sur un avion supersonique. Le problème dans ce cas est l'inverse de la technologie furtive ; il faut trouver les matériaux qui atténuent le moins les ondes

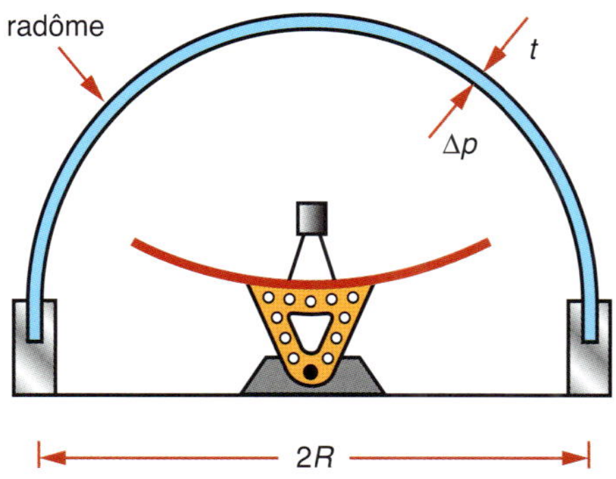

Figure 14.22 Un dôme d'antenne doit être transparent aux ondes radio-fréquence, donc posséder un facteur de perte très faible, mais résistant mécaniquement.

électromagnétiques, donc choisir ceux ayant une valeur extrêmement faible du facteur de perte $\varepsilon_r \tan \delta$. Et puisque le dôme doit supporter une charge mécanique, le matériau doit aussi être mécaniquement résistant.

La carte de la figure 14.7 indique que certains polymères ont un faible facteur de perte, mais ils ne sont pas très résistants. En les renforçant avec des fibres de verre, créant ainsi un GFRP (« Glass Fiber Reinforced Polymer »), on obtient un matériau résistant tout en conservant un faible facteur de perte. Si en plus il faut être résistant aux hautes températures, les céramiques apparaissant au coin supérieur gauche de la figure 14.7 – soit la silice (SiO_2), l'alumine (Al_2O_3) et le nitrure de silicium (Si_3N_4) – seront alors employées.

Actuateur piézo-électrique : imprimantes à jet d'encre Les imprimantes à jet d'encre noir-blanc ou couleurs sont maintenant largement répandues. Le principe de telles imprimantes est d'éjecter des micro-gouttelettes de l'encre désirée aux endroits souhaités. Dans la plupart de ces imprimantes, cette éjection est réalisée en chauffant par une toute petite résistance un micro-volume d'encre dans la tête d'impression, créant alors une microbulle qui expulse une gouttelette par l'augmentation de pression. La microbulle disparaissant lors du refroidissement, la dépression appelle alors de l'encre du réservoir dans la tête d'impression, ce qui remplace le volume éjecté. C'est une technologie simple, mais où la thermique donne peu de contrôle sur le volume ou la forme de la gouttelette éjectée.

L'alternative consiste à utiliser une tête piézo-électrique telle que représentée schématiquement à la figure 14.23. Un champ électrique est appliqué sur le disque piézo-électrique qui transmet alors une impulsion à la plaque vibrante à laquelle il est attaché, créant ainsi un saut de pression qui éjecte la gouttelette de la microbuse. Lors de la relaxation, de l'encre est drainée du réservoir. Comme les têtes d'impression thermique, les têtes piézo ont 300-600 microbuses. Le grand avantage de ces têtes est le contrôle de la forme et de la durée de l'impulsion délivrée au disque piézo-électrique. Les gouttelettes sont nettement plus petites, ce qui augmente la résolution de l'impression et la qualité de la gradation des couleurs.

Imagerie thermique pyro-électrique La vision de nuit, la localisation de survivants dans des zones sinistrées, les prises de vue de la faune et bien d'autres applications font appel à l'imagerie thermique. La technologie est relativement nouvelle – le premier dispositif pour

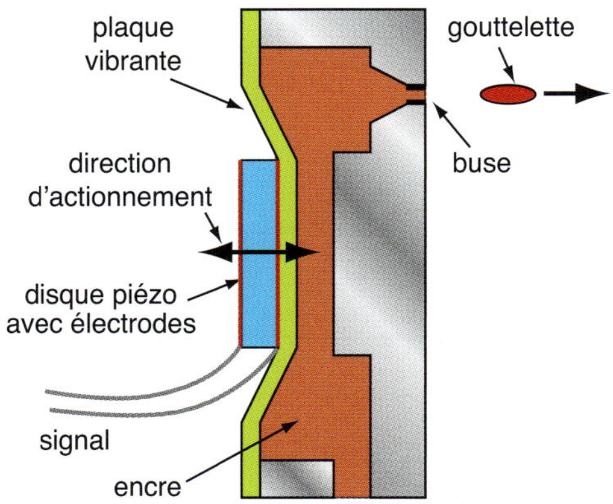

Figure 14.23 Tête d'impression piézo-électrique.

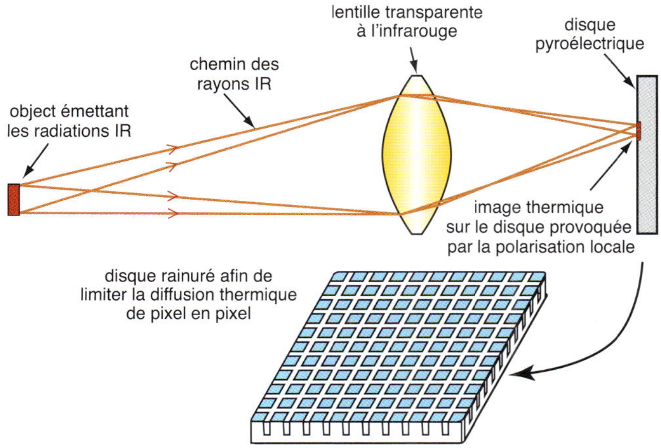

Figure 14.24 Imagerie thermique.

l'imagerie pyro-électrique en deux dimensions date de la fin des années 1970. Un tel dispositif est illustré schématiquement à la figure 14.24. Une lentille, transparente aux rayons infrarouges (tels que le germanium), focalise la radiation IR émise par un objet à gauche sur un disque pyro-électrique à droite. L'image IR ainsi focalisée chauffe les différents points du disque suivant la température et l'émissivité des points de l'objet correspondants, et ces changements de température locaux induisent alors une polarisation. Le disque étant un isolant, l'image crée donc à sa surface une charge fonction du lieu qui peut être « lue » par un faisceau d'électrons.

Le problème avec les premiers dispositifs réalisés était lié à la diffusion thermique latérale dans le disque pendant le temps de balayage du faisceau d'électrons, ce qui avait pour conséquence d'abaisser la résolution. Ce problème peut être résolu en réticulant la surface du disque : on crée pour cela un ensemble de petits îlots d'environ 20 μm isolés thermiquement des voisins par des petites rainures creusées par usinage ionique (on enlève de la matière dans ces canaux avec un faisceau ionique de haute énergie). Les systèmes d'imagerie thermique permettent actuellement de détecter un changement de température de 0.2°C sur le disque cible.

Actuateurs ferro-électriques : systèmes d'injection pour moteurs diesel Le carburant d'un moteur diesel est injecté dans la chambre de combustion par des micropompes, une pour chaque cylindre. Afin de mesurer précisément la quantité de carburant adaptée aux besoins du moteur, ces pompes doivent permettre un contrôle très précis. Jusqu'à récemment, l'actuateur chargé de ce contrôle était un solénoïde (une bobine avec un noyau ferro-magnétique pouvant se déplacer à l'intérieur). Cependant, afin de pouvoir exercer une force suffisante permettant d'injecter le carburant dans l'atmosphère sous pression contenue dans le cylindre, le solénoïde devait être assez grand, avec pour conséquence une inertie limitant la vitesse de réaction du système d'injection. La réponse à ce problème est l'utilisation d'un actuateur ferro-électrique (fig. 14.25). La plupart des actuateurs de ce type sont basés sur le titanate de plomb-zirconium (ou PZT pour $(Pb,Zr)TiO_4$). Lorsqu'un gradient de potentiel électrique

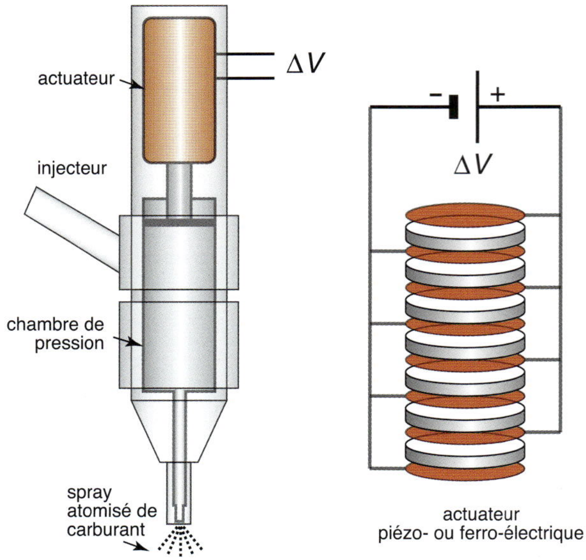

Figure 14.25 Injecteur pour moteur diesel. L'actuateur de l'injecteur doit être très précis dans la mesure du volume de carburant qui entre dans le cylindre. Il doit aussi s'adapter rapidement aux conditions de fonctionnement du moteur. Un empilement de disques fins piézo- ou ferro-électriques comme celui montré à droite permet d'obtenir le meilleur contrôle.

dV/dx est appliqué sur les faces d'un disque de PZT, il se déforme d'une quantité ε qui est proportionnelle à celui-ci :

$$\varepsilon = k\frac{\mathrm{d}V}{\mathrm{d}x} \qquad (14.18)$$

où k est le *coefficient ferro-électrique* du matériau. En pratique, k est faible, ce qui implique qu'un fort gradient doit être appliqué pour obtenir une déformation suffisante. La tension disponible dans les voitures et les camions étant usuellement de 12 ou 24 V, le seul moyen d'obtenir un gradient suffisant est d'avoir une très faible épaisseur de PZT – typiquement 100 μm, donnant alors un gradient dV/dx de l'ordre de 200 000 V par mètre. Mais le problème est alors que le déplacement, c'est-à-dire la déformation multipliée par l'épaisseur, est faible. La solution consiste alors à empiler un ensemble de disques minces de PZT, comme illustré à droite de la figure 14.25. Les disques minces de PZT (x = 100 μm) sont pris en sandwich entre des électrodes conductrices, alternativement chargées, créant un gradient dans chaque tranche. De tels actuateurs ferro-électriques ont une taille deux fois plus petite que les actuateurs à solénoïdes, permettant ainsi de doubler la fréquence des impulsions de contrôle et donc d'assurer une meilleure performance du moteur et des économies de carburant.

14.6 Résumé et conclusions

Tous les matériaux contiennent des particules chargées : électrons, protons, ions, molécules chargées, etc. Un champ électrique E exerce une force qE sur une charge q, poussant celle-ci dans la direction du champ si elle est positive et dans le sens inverse si elle est négative. Si les particules, comme les électrons d'un métal, peuvent se déplacer librement, un courant électrique va circuler dans le matériau, c'est le phénomène de conduction électrique. Si au contraire, elles ne peuvent pas se déplacer librement, comme c'est le cas pour les isolants, ces charges vont se déplacer d'une petite quantité fixe dans le champ, créant ainsi des dipôles électriques et donc une polarisation.

Les matériaux qui sont facilement polarisables ont une constante diélectrique élevée. Insérés dans un condensateur, leur polarisation va écranter les charges portées par les électrodes et donc augmenter la capacité. Le petit déplacement des charges a d'autres conséquences. L'une d'elles est l'électrostriction : le mouvement des charges déforme légèrement le matériau. Si le matériau est constitué de ions dans un cristal qui ne possède pas de symétrie centrale, un autre effet arrive : la piézo-électricité. L'absence de symétrie signifie que les molécules possèdent un moment dipolaire et que dans un cristal ces moments sont alignés. Un champ électrique modifie dans ce cas la forme du cristal, et réciproquement un changement de forme induit un changement de moment dipolaire, et donc de polarisation, ce qui génère un champ. De même, un changement de température modifie le moment dipolaire des molécules, et donc les matériaux piézo-électriques sont aussi pyro-électriques. Quelques matériaux ont une propriété supplémentaire : celle associée à une asymétrie moléculaire qui peut changer de direction car les ions dans un cristal peuvent occuper plusieurs sites équivalents. De tels matériaux sont ferro-électriques : les moments dipolaires peuvent s'orienter spontanément pour former des domaines polarisés. A l'état relaxé, les domaines sont aléatoirement orientés de telle sorte que la polarisation moyenne de l'ensemble des domaines est nulle. Mais placés dans un champ électrique, ces domaines s'alignent, résultant en une polarisation élevée qui peut subsister une fois le champ électrique annulé.

Tous ces effets trouvent de nombreuses applications pratiques, dont quelques-unes ont été décrites dans ce chapitre.

14.7 Lectures complémentaires

Braithwaite, N., & Weaver, G. (1990). *Electronic Materials*. Oxford, UK : The Open University and Butterworth-Heinemann. ISBN 0-408-02840-8. *(Un des textes excellents de l'«Open University», faisant partie de leur programme en mathématique.)*

Jiles, D. (2001). *Introduction to the Electronic Properties of Materials* (2nd ed.). Cheltenham, UK : Nelson Thornes. ISBN 0-7487-6042-3. (*L'auteur développe les propriétés électroniques des matériaux en les reliant à leurs comportements thermique, optique et électrique.*)

Solymar, L., & Walsh, D. (2004). *Electrical Properties of Materials* (7th ed.). Oxford, UK : Oxford University Press. ISBN 0-19-926793-6. (*Une introduction avancée aux matériaux fonctionnels.*)

14.8 Exercices

Exercice E14.1 Pourquoi les métaux sont-ils conducteurs de l'électricité ? Pourquoi les isolants, au moins lorsqu'ils sont froids, ne le sont pas ?

Exercice E14.2 Qu'est-ce qu'un diélectrique ? Quelles sont ses propriétés diélectriques importantes ? Qu'entend-on par polarisation ? Pourquoi certains diélectriques absorbent-ils plus que d'autres les micro-ondes ?

Exercice E14.3 Il est beaucoup plus facile de mesurer la conductivité électrique d'un métal que sa conductivité thermique. Utiliser la loi de Wiedemann-Franz (sect. 14.3) pour déduire la conductivité thermique :

(a) D'un alliage ayant une résistivité électrique $\rho_e = 28\ \mu\Omega\cdot\text{cm}$.
(b) Du tungstène, utilisé comme filament dans les lampes et qui a une conductivité électrique $\kappa_e = 9.9 \times 10^6$ S/m (1 S/m = 1/Ω·m).

Exercice E14.4 Le zinc a une concentration d'électrons libres par unité de volume $n_v = 1.3 \times 10^{29}/\text{m}^3$ et une mobilité électronique $\mu_e = 8 \times 10^{-4}\ \text{m}^2/\text{V}\cdot\text{s}$. La charge d'un électron $e = 1.6 \times 10^{-19}$ coulomb. Connaissant ces valeurs, quelle est la conductivité électrique du zinc ? Les références de matériaux donnent la résistivité du zinc comme étant égale à 5.9 μΩ·cm. Cette valeur est-elle consistante avec le calcul ? (Attention aux unités.)

Exercice E14.5 Une ligne à haute tension aérienne de 11 kV avec un courant de 5 kA est supportée par des pylônes espacés de 460 m. Le fléchissement d d'un câble de masse m_l par unité de longueur, soutenu par des pylônes distants de L et soumis à une tension T, est donné par $d = L^2 m_l g/8T$. La tension maximale par unité de surface ne doit pas dépasser 0.8 fois la contrainte d'écoulement, σ_y. Si le fléchissement maximal toléré est de 6 m, lequel des matériaux ci-dessous faut-il choisir ?

Matériau	Résistivité électrique, ρ_e (Ωm)	Limite d'écoulement, σ_y (MPa)	Densité, ρ (kg/m^3)
Aluminium	1.7×10^{-8}	102	2700
Cuivre	1.5×10^{-8}	300	8900
Acier au carbone	55×10^{-8}	510	7800

Exercice E14.6 Un matériau utilisé pour une ligne à haute tension doit occasionner le minimum de coût sur toute sa période de vie (20 ans). Le coût total est la somme du prix de la matière et de l'énergie dissipée par effet Joule. Le coût de l'énergie électrique CE est de 6×10^{-3} \$/MJ. Le prix des matériaux est donné dans le tableau ci-dessous. Dériver une expression permettant de trouver le coût par mètre de câble en fonction de sa section transverse A (qui est un paramètre libre), des coûts du matériau et de l'énergie dissipée.

Montrer que le coût minimal est obtenu lorsque les coûts du matériau et de l'énergie sont égaux. En fonction de ce résultat, dériver un indice de performance des matériaux et décider lequel choisir parmi ceux énumérés dans le tableau.

Matériau	Résistivité électrique, ρ_e (Ωm)	Densité, ρ (kg/m^3)	Prix, C_m ($/kg)
Aluminium	1.7×10^{-8}	2700	1.6
Cuivre	1.5×10^{-8}	8900	5.2
Acier	55×10^{-8}	7800	0.5

Exercice E14.7 Lors de la discussion sur les lignes haute tension aériennes, une solution hybride 50:50 de cuivre et d'acier a été suggérée. En utilisant les valeurs du tableau ci-dessous, calculer la résistivité et la résistance équivalentes d'un câble hybride en faisant l'hypothèse d'une règle de mélange. Représenter ces valeurs sur les cartes σ_y–ρ_e des figures 14.6 et 14.11 pour visualiser ces performances.

Matériau	Résistance, σ_y (MPa)	Résistivité, ρ_e $\mu\Omega$·cm)
Acier à haute résistance, étiré à froid	1700	22
Cuivre pur haute conductivité, étiré à froid	300	1.7

Nous avions dit que la densité était importante pour des lignes à haute tension aériennes avec des pylônes espacés, ceci à cause du poids propre du câble. Si l'on doit concevoir un câble hybride de poids minimum, quelle combinaison de matériaux peut-on proposer ? Utiliser pour cela l'information fournie dans les cartes de ce chapitre.

Exercice E14.8 Environ 50% de tout le liège récolté au Portugal pour les bouchons finit en poussière. En tant qu'expert en matériaux, vous êtes contacté par un entrepreneur qui a l'idée de transformer la poussière de liège en des composants utiles, par compression et chauffage micro-ondes. Le facteur de perte L d'un bouchon est 0.21. L'entrepreneur estime que la densité de puissance P doit être d'au moins 2 kW par m^3 pour que le procédé soit réalisable. Si le champ E est limité à 10^2 V/m, quelle fréquence f des micro-ondes doit-on choisir ?

14.9 Conception assistée avec le logiciel CES (utiliser le Niveau 2 par défaut)

Exercice 14.9 Utiliser la fonction « Search » de CES pour trouver :

(a) Les conducteurs électriques.
(b) Les refroidisseurs.

Exercice E14.10 L'analyse des refroidisseurs au chapitre 3 a permis de formuler les objectifs et les contraintes résumés dans le tableau ci-dessous. Utiliser le sélecteur de matériaux pour trouver celui qui remplit au mieux ce cahier des charges.

Fonction	• Refroidisseur
Contraintes	• Matériau bon isolant électrique
	• Température maximale 200°C
Objectif	• Maximiser la conductibilité thermique
Variable libre	• Choix du matériau

Exercice E14.11 L'isolation du câble montré à la figure 14.19 est moulée autour du faisceau de fils conducteurs. Le matériau de la gaine doit bien sûr être isolant, mais également flexible, résistant à l'eau et bon marché. Le tableau ci-dessous résume les contraintes. Appliquer celles-ci en utilisant les étapes « Tree » et « Limit », puis représenter sous forme d'histogramme le prix des matériaux trouvés pour choisir les trois meilleur marché remplissant le cahier des charges.

Fonction	• Gaine d'isolation électrique
Contraintes	• Doit pouvoir être moulé
	• Bon isolant électrique
	• Bonne durabilité dans l'eau
	• Module de Young <3 GPa
Objectif	• Minimiser le prix du matériau
Variable libre	• Choix du matériau

Exercice E14.12 Les fiches de la prise montrée à la figure 14.20 doivent être de bons conducteurs, résister à la corrosion pour que le contact électrique reste bon et suffisamment dures pour résister à l'abrasion et à l'usure. Le tableau ci-dessous résume ces contraintes. Les appliquer et trouver les meilleurs candidats par ordre croissant de prix.

Fonction	• Fiches de prise électrique
Contraintes	• Bonne conductivité électrique
	• Bonne durabilité dans l'eau
	• Dureté >200 HV
Objectif	• Minimiser le prix du matériau
Variable libre	• Choix du matériau

Exercice E14.13 Le boîtier de la prise électrique montrée à la figure 14.20 a une fonction mécanique et une fonction électrique. Elle isole les fiches et doit être aussi rigide et suffisamment résiliente pour supporter les efforts mécaniques et les chocs. (Résilient signifie que le matériau doit être capable de supporter une certaine distorsion élastique, et donc posséder une grande déformation élastique, σ_y/E.)

Fonction	• Boîtier de prise électrique
Contraintes	• Doit pouvoir être moulé
	• Bon isolant électrique
	• Non inflammable et auto-extinguible
	• Module de Young >2 GPa
	• Déformation élastique $\sigma_y/E > 0.01$
Objectif	• Minimiser le prix du matériau
Variable libre	• Choix du matériau

14.10 Explorer la science avec CES Elements

Exercice E14.14 Faire une carte avec le numéro atomique des éléments sur l'axe x (avec une échelle linéaire) et leur conductivité électrique κ sur l'axe y. Convertir pour cela les valeurs de résistivité ρ_e (unités $\mu\Omega\cdot$cm dans la base de données) en conductivité en siemens/m (S/m) ; soit $\kappa = 10^8/\rho_e$. Ceci peut être obtenu en utilisant l'option « Advanced » dans la boîte de dialogue pour le choix des axes. Est-ce que la conductivité varie de manière périodique avec le tableau des éléments ? Quels sont les trois éléments possédant la meilleure conductivité ?

Exercice E14.15 Examiner la relation de Wiedemann–Franz pour les divers éléments. Pour cela, faire un carte de la conductivité électrique, comme pour l'exercice précédent, selon l'axe x et de la conductibilité thermique sur l'axe y. Limiter la sélection aux métaux en utilisant l'option « Limit » – Etat à 300 K. Ajuster ensuite une équation aux résultats obtenus. Si maintenant on donnait un nouvel alliage ayant une conductivité électrique de 4×10^7 S/m, quelle valeur de conductibilité thermique pourrait-on estimer pour cet alliage ? (De telles relations permettent d'établir des « validations intelligentes » de données de matériaux dans la base de données.)

Exercice E14.16 Faire une carte avec le numéro atomique des éléments sur l'axe x (échelle linéaire) et la constante diélectrique sur l'axe y. Voit-on une tendance générale ? Si oui, comment l'expliquer ?

Exercice E14.17 On se propose d'utiliser la dépendance en température de la résistivité électrique comme capteur. Représenter cette grandeur en fonction du prix relatif des éléments pour identifier les trois meilleur marché possédant la plus grande dépendance en température.

Exercice E14.18 L'équation (14.15) du texte exprimait la conductivité électrique comme :

$$\kappa_e = n_v e \mu_e$$

La base de données CES Elements contient des valeurs pour la concentration d'électrons libres n_v et leur mobilité μ_e. On trouvera la charge de l'électron dans la rubrique « Constants/Parameters » de l'option « Advanced » pour le choix des axes de la carte. Faire une carte avec cette option en mettant $\kappa_e = n_v e \mu_e$ sur l'axe y et l'inverse de la résistivité des éléments métalliques sur l'axe x. S'assurer d'avoir fait un choix consistant pour les unités. Quel est l'accord entre cette relation et la conductivité mesurée pour les métaux ?

Exercice E14.19 Examiner la supraconductivité des éléments pour tout le tableau périodique. Utiliser le module CES Elements pour représenter leur température de transition de supraconductivité, T_c, en fonction du numéro atomique (utiliser une échelle linéaire). Quel est l'élément possédant la plus haute température de transition ? Quelle est cette température ?

Chapitre 15
Matériaux magnétiques

Applications des matériaux magnétiques. Le transformateur à gauche utilise un noyau magnétique doux, le moteur DC à droite un aimant permanent dur pour le stator et des aimants doux pour le rotor.

Contenu du chapitre

15.1 Introduction et présentation du chapitre

Les oiseaux migrateurs, pensent certains, s'orienteraient grâce au champ magnétique terrestre. Si ceci n'est pas prouvé, en revanche, il est absolument certain que les navigateurs ont utilisé depuis des siècles un aimant naturel, la *magnétite*, pour s'orienter dans le champ magnétique terrestre. La magnétite (Fe_3O_4) existe parfois dans un état naturel magnétisé. Aujourd'hui, nous savons que la magnétite est un des membres de la famille des *ferrites*, famille que l'on peut trouver dans chaque radio, télévision et four micro-ondes. Les ferrites sont l'une des deux familles de matériaux magnétiques, l'autre étant celle des *ferro-aimants* mais qui n'inclut pas que le fer, puisqu'elle contient aussi le nickel et le cobalt. Placés dans un champ magnétique, ces matériaux deviennent magnétiques, un phénomène connu sous le nom d'*induction magnétique*. Parmi ceux-ci, certains perdent leur aimantation une fois sortis d'un champ magnétique, alors que d'autres, les aimants permanents, la conservent.

Un champ magnétique est créé par des charges électriques en mouvement – un courant électrique dans un électroaimant, le spin de l'électron d'atomes magnétiques. Ce chapitre est consacré aux matériaux magnétiques : comment on les caractérise, d'où viennent leurs propriétés et comment ils sont sélectionnés et utilisés. Il commence par la définition des propriétés magnétiques et les moyens de les mesurer. Comme pour les autres chapitres, des cartes permettent de bien les représenter, notamment de les sélectionner en fonction des applications souhaitées. Ce chapitre offre ensuite un approfondissement sur les origines du comportement magnétique des matériaux avant de terminer sur quelques applications et les matériaux magnétiques qui y répondent le mieux.

15.2 Propriétés magnétiques : définition et mesure

Champ magnétique dans le vide Il faut d'abord donner quelques définitions. Lorsqu'un courant i passe dans une longue bobine de longueur L et composée de n spires (fig. 15.1), il en résulte un champ magnétique parallèle à l'axe de la bobine dont l'intensité, H, est donnée par la loi d'Ampère :

$$H = \frac{ni}{L} \tag{15.1}$$

Ce champ a donc pour unité des ampères par mètre (A/m). Ce champ est un champ vectoriel, il a une intensité et une direction.

Un champ magnétique exerce une force sur un conducteur dans lequel circule un courant électrique. Par ailleurs, un courant i circulant dans un boucle fermée de surface S génère un moment magnétique m donné par :

$$m = iS \tag{15.2}$$

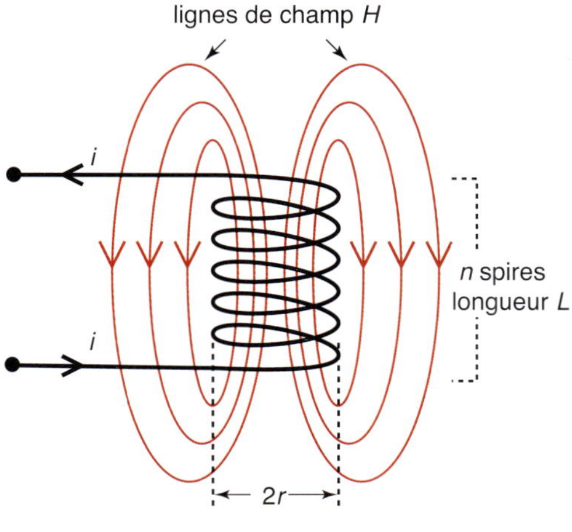

Figure 15.1 Un solénoïde crée un champ magnétique H; les lignes de champ indiquent sa direction.

avec pour unité des A·m^2. C'est aussi un vecteur dont la direction est perpendiculaire au plan de la spire (fig. 15.2). Si cette spire est placée dans un champ magnétique H parallèlement à celui-ci, elle va subir un couple T (unité : newton·mètre ou N·m) d'intensité :

$$T = \mu_o mH \tag{15.3}$$

où μ_o est la *perméabilité du vide*, $\mu_o = 4\pi \times 10^{-7}$ henry/mètre (H/m = Vs/Am). Pour relier le champ magnétique et le moment magnétique, nous introduisons un deuxième champ appelé *induction magnétique* ou *densité de flux magnétique*, B. Dans le vide, l'induction magnétique est reliée au champ magnétique par l'expression :

$$B = \mu_o H \tag{15.4}$$

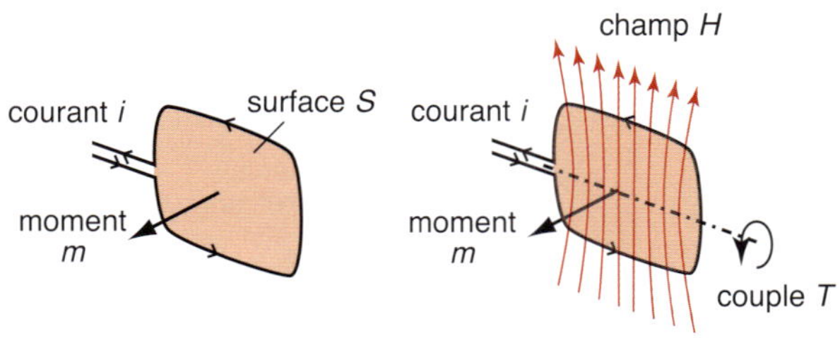

Figure 15.2 Définition d'un moment magnétique et interaction avec un champ magnétique.

L'unité de l'induction est le *tesla*[2], avec 1 tesla = 1 HA/m^2 = 1 Vs/m^2. Par conséquent, une induction magnétique B de 1 tesla exerce un torque de 1 N·m sur un moment magnétique m unitaire perpendiculaire au champ H (fig. 15.2).

Champs magnétiques dans les matériaux Si l'intérieur de la bobine illustrée à la figure 15.2 est maintenant rempli avec un matériau, comme indiqué à la figure 15.3, l'induction magnétique change. Ceci est dû au fait que les atomes répondent au champ appliqué en formant ou en orientant des petits dipôles magnétiques, comme nous le verrons plus en détail dans la section 15.4. La somme de ces petits moments magnétiques, par unité de volume, résulte en une *aimantation* macroscopique, M (unité A/m, comme le champ H). L'induction magnétique devient alors :

$$B = \mu_o(H + M) \qquad (15.5)$$

La simplicité de cette équation peut porter à confusion, puisqu'elle suggère que M et H sont indépendants, ce qui n'est pas le cas. En fait M est la réponse du matériau au champ appliqué H, et donc les deux sont forcément couplés. Si le matériau dans la bobine est un ferromagnétique, la réponse est extrêmement forte et non linéaire, comme nous allons le voir. Il est usuel de réécrire l'équation (15.5) sous la forme :

$$B = \mu_R \mu_o H$$

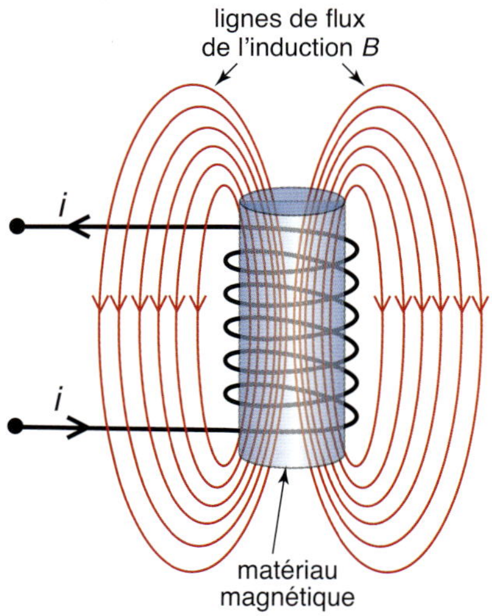

Figure 15.3 Un matériau magnétique placé dans un champ magnétique H devient magnétisé, concentrant ainsi les lignes de champ.

[2] Nikola Tesla (1856-1943), inventeur serbo-américain, découvrit les champs magnétiques tournants, élément de base de la plupart des machines électriques à courant alternatif. Il inventa la bobine qui porte son nom ainsi qu'une machine volante rudimentaire (qui ne fut jamais construite).

où μ_R est la *perméabilité relative* du matériau, et comme la constante diélectrique (ou permittivité) relative du chapitre 14, cette propriété est sans dimension. L'aimantation du matériau, M, vaut donc :

$$M = (\mu_R - 1)H = \chi H \tag{15.6}$$

où χ est la *susceptibilité magnétique*. Ni μ_R ni χ ne sont constantes – elles dépendent non seulement du matériau, mais aussi de l'amplitude du champ H si la réponse est non linéaire.

Exemple 15.1

(a) Une bobine de longueur L = 3 cm avec n = 100 spires porte un courant i = 0.2 A. Quelle est l'induction magnétique B à l'intérieur ? (b) Un noyau de fer-silicium avec une perméabilité relative μ_R = 10 000 est placé à l'intérieur. Quelle est alors l'augmentation de ce flux magnétique ?

Solution.

(a) Le champ vaut $H = \dfrac{ni}{L} = \dfrac{100 \times 0.2}{3 \times 10^{-2}} = 666.7$ A/m. L'induction magnétique est alors donnée par :

$B = \mu_o H = 8.38 \times 10^{-4}$ Tesla.

(b) Le noyau fer-silicium augmente la densité de flux magnétique à

$B = \mu_R \mu_o H = 8.38$ Tesla

Tous les matériaux répondent à un champ magnétique. Beaucoup sont diamagnétiques : l'aimantation produite est très faible et opposée au champ appliqué. Certains ont des atomes qui portent un petit moment magnétique. A haute température, ce sont des paramagnétiques, c'est-à-dire que ces moments magnétiques s'orientent dans un champ, mais perdent cette orientation une fois le champ coupé car l'agitation thermique est trop importante. En dessous d'une température de transition, appelée température de Curie T_c, ces moments magnétiques s'orientent spontanément par domaines, même en l'absence de champ magnétique. Avec l'application d'un champ magnétique, ces domaines s'orientent dans le sens du champ et peuvent garder cette orientation une fois le champ coupé – un phénomène tout à fait analogue à ce que nous avons vu au chapitre précédent pour les dipôles électriques dans un matériau ferro-électrique. Dans cet état, de tels matériaux sont des *ferromagnétiques* et des *ferrimagnétiques* (les seconds sont appelés *ferrites* pour faire court), et ce sont ces types de matériaux qui trouvent de nombreuses applications.

L'aimantation d'un matériau décroît lorsque la température augmente. A la température de Curie, l'aimantation disparaît comme indiqué à la figure 15.4. Pour les matériaux qui nous intéressent ici, ceci a lieu à une température bien au-dessus de la température ambiante (typiquement 300-500°C), mais il n'en reste pas moins que fabriquer des aimants pouvant être utilisés à haute température est un réel problème.

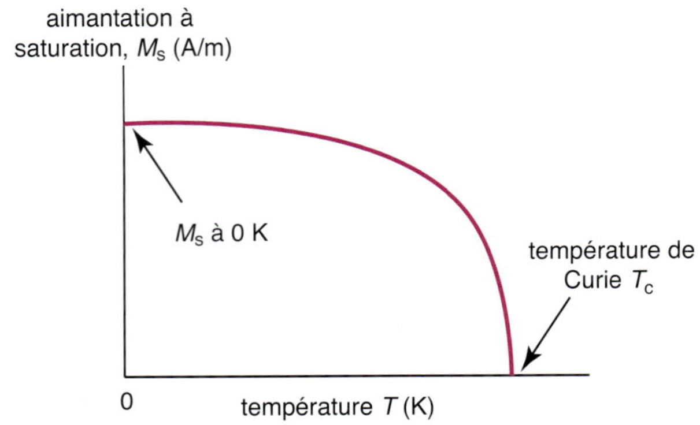

Figure 15.4 L'aimantation à saturation d'un ferromagnétique décroît avec la température, tombant à zéro à la température de Curie, T_c.

Mesure des propriétés magnétiques Les propriétés d'un matériau magnétique sont représentées sous la forme d'une courbe M en fonction de H, tel qu'indiqué à la figure 15.5. Si un champ magnétique croissant H est appliqué sur un échantillon initialement démagnétisé, la courbe part du point A sur la figure avec une aimantation qui augmente elle aussi, d'abord lentement puis plus rapidement en suivant la courbe en traitillés, jusqu'à ce qu'elle atteigne une valeur maximale, l'*aimantation à saturation* M_s, au point B. Si maintenant on décroît le champ H appliqué, l'aimantation M ne suit pas le parcours initial et garde une valeur

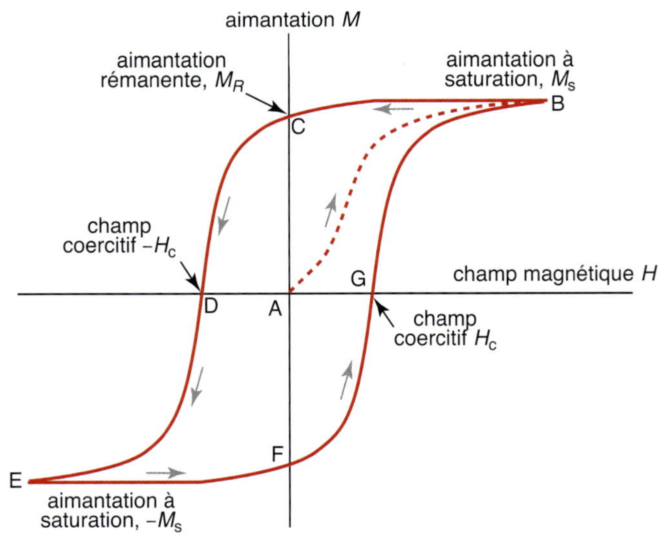

Figure 15.5 Courbe d'hystérèse montrant les principales propriétés magnétiques.

résiduelle lorsque le champ est nul (point C) : c'est ce que l'on appelle l'*aimantation rémanente* ou *rémanence* M_R et cette valeur est à peine plus faible que M_s. Pour faire décroître M, il faut augmenter le champ magnétique, mais dans la direction opposée, pour l'annuler au point D avec une valeur de champ égale à $-H_c$, appelé *champ coercitif*, qui n'est rien d'autre qu'une mesure de la résistance du matériau à une démagnétisation. Certaines applications demandent que ce champ H_c soit aussi élevé que possible, d'autres au contraire qu'il soit le plus faible possible. Au-delà du point D, l'aimantation M augmente mais dans le sens opposé, donc parallèlement au champ $-H$, pour atteindre à nouveau la valeur de saturation $-M_s$ au point E. Si maintenant, on inverse le sens du champ, l'aimantation (en valeur absolue) décroît suivant le parcours par les points F et G jusqu'à ce que l'on revienne à la valeur de saturation dans l'autre sens (point B). La boucle fermée alors décrite par le couple M–H est appelée *cycle d'hystérèse*.

Les matériaux magnétiques sont caractérisés par la taille et la forme de leur boucle d'hystérèse. Le trajet initial AB est appelé *courbe initiale d'aimantation* et sa pente moyenne (ou parfois sa pente maximale) donne la susceptibilité magnétique, χ, du matériau. Les autres propriétés magnétiques clés – l'aimantation à saturation M_s, la rémanence M_R et le champ coercitif H_c – ont déjà été définies. Chaque fois que l'on parcourt la boucle d'hystérèse, de l'énergie est dissipée sous forme de chaleur (comme une friction magnétique). Cette énergie par unité de volume est égale à la surface de la boucle multipliée par le coefficient μ_o, la perméabilité du vide. Plusieurs ouvrages ne montrent pas les courbes M–H mais plutôt les courbes d'induction magnétique B en fonction de H. L'équation (15.5) nous dit que B est proportionnelle à $(M + H)$, et la valeur de M pour beaucoup de matériaux magnétiques est beaucoup plus grande que le champ H appliqué, et donc $B \approx \mu_o M$, ce qui fait que la courbe B–H d'un matériau ferromagnétique est très proche de la courbe M–H (l'axe vertical M est alors simplement multiplié par μ_o).

Il y a plusieurs méthodes pour mesurer une courbe d'hystérèse, l'une d'elle étant représentée à la figure 15.6. Le matériau à mesurer est en fait le noyau de ce qui constitue un

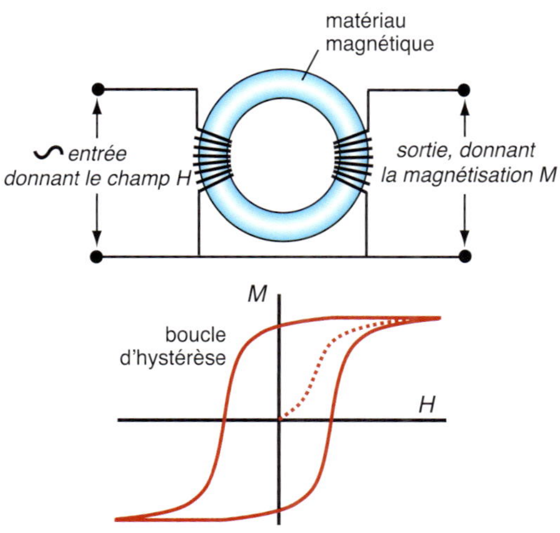

Figure 15.6 Méthode de mesure d'une courbe d'hystérèse.

transformateur. Les oscillations dans la bobine primaire créent un champ magnétique H oscillant, et donc une aimantation M dans le noyau suivant la courbe d'hystérèse du matériau avec la même fréquence. La bobine secondaire détecte cette induction magnétique via un courant induit de même fréquence, dont l'intensité permet de déduire la magnétisation et la courbe d'hystérèse.

Les matériaux magnétiques diffèrent grandement dans la forme et la surface de leur courbe d'hystérèse, la plus grande différence étant celle qui distingue les *aimants doux*, avec une courbe d'hystérèse très fine, des *aimants durs*, qui ont une courbe très large comme indiqué sur la figure 15.7. En fait, cette différence est beaucoup plus grande que celle représentée sur cette figure : le champ coercitif H_c (qui fixe la largeur de la boucle d'hystérèse) d'aimants durs comme l'Alnico est un facteur 10^5 fois plus grand que celui d'aimants doux comme le fer-silicium. Nous allons voir cela plus en détail dans les deux prochaines sections.

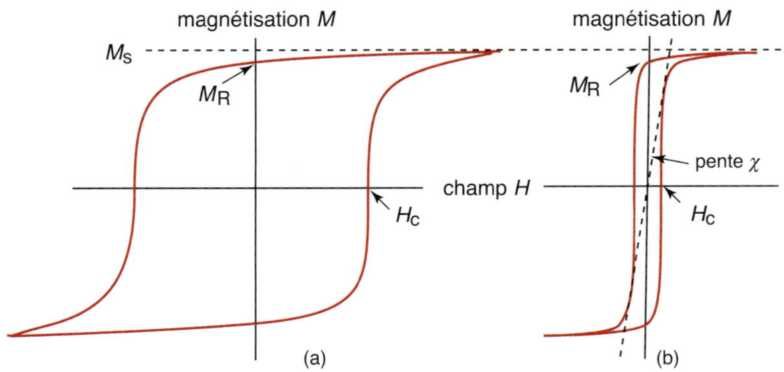

Figure 15.7 Courbes d'hystérèse pour (a) un aimant dur (valeur du champ coercitif élevée) et (b) un aimant doux (valeur faible du champ coercitif).

15.3 Cartes des propriétés magnétiques

Carte aimantation résiduelle–champ coercitif Les différences entre les familles d'aimants doux et durs sont bien mises en évidences sur la figure 15.8. Les axes de cette carte sont l'aimantation rémanente ou résiduelle M_R et le champ coercitif H_c. L'aimantation à saturation M_s, plus importante pour les aimants doux, est guère plus élevée que M_R, et par conséquent une carte M_s–H_c aurait à peu près la même allure que celle-ci. On peut distinguer 12 familles d'aimants, chacune entourée d'une bulle colorée. Les membres de chacune d'elles, indiqués par des ellipses plus petites, ont des noms peu explicites (comme par exemple « H FerriteYBM-1A ») et ne sont donc pas nommés individuellement[3]. Les aimants doux

[3] Cette carte ainsi que la suivante ont été tracées avec le Niveau 3 de la base de données du logiciel CES Edu, qui contient des données de 222 matériaux magnétiques. Les niveaux 1 et 2 ne contiennent pas ces matériaux, de par leur nature spécialisée.

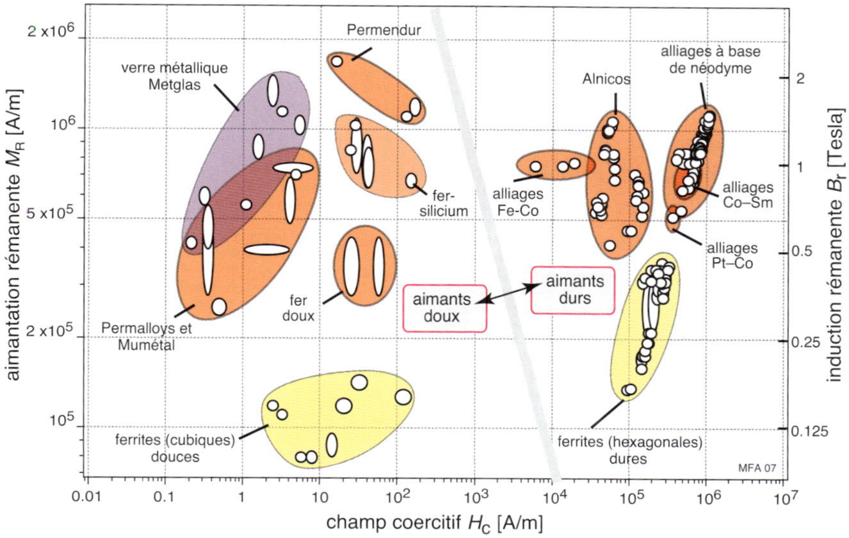

Figure 15.8 Carte de l'aimantation rémanente en fonction du champ coercitif. Les aimants doux sont à gauche, les aimants durs à droite. Les bulles rouges et violettes entourent les matériaux conducteurs, les jaunes indiquent les isolants.

sont caractérisés par une valeur élevée de M_s et faible de H_c ; ils sont à gauche de cette carte, les meilleurs se trouvant au sommet. Les aimants durs doivent pouvoir conserver leur aimantation, ce qui requiert un fort champ coercitif H_c, et pour être puissants, ils doivent aussi avoir une large aimantation résiduelle M_R ; ils sont à droite de la carte, les meilleurs étant à nouveau situés au sommet.

Dans de nombreuses applications, la résistivité électrique est aussi importante à cause des pertes liées aux courants induits (aussi appelés courants de Foucault), que nous allons voir plus tard. Un champ magnétique alternatif induit des courants dans un conducteur, mais pas dans un isolant. Les enveloppes rouges et violettes délimitent les matériaux ferromagnétiques qui sont conducteurs, alors que les jaunes englobent les ferrites, qui sont des isolants.

Exemple 15.2

On cherche un matériau pour un aimant permanent puissant, qui doit être aussi petit que possible et résistant à une démagnétisation par des champs parasites. Utiliser la carte de la figure 15.8 pour faire un choix.

Solution. La contrainte d'avoir un aimant puissant et petit correspond à une forte aimantation rémanente M_R. Celle de résister à une démagnétisation demande un champ coercitif élevé H_c. La carte indique que la famille des alliages basés sur le néodyme répond le mieux à ces contraintes. Toutefois, ces matériaux sont chers car ils contiennent l'élément Nd des terres rares. La famille Alnico, basée sur l'aluminium, le nickel et le cobalt (d'où le nom) est meilleur marché.

Carte aimantation à saturation-susceptibilité magnétique Cette carte est utile pour sélectionner les matériaux pour un aimant doux (fig. 15.9). Elle reporte sur l'axe vertical l'aimantation à saturation, M_s – le degré ultime auquel un matériau peut concentrer l'induction magnétique – alors que la susceptibilité magnétique, χ, qui mesure la facilité qu'a un matériau d'être aimanté, est reportée sur l'axe horizontal. De nombreux ouvrages utilisent comme axes l'induction à saturation B_s et la perméabilité relative maximale, μ_R. Ces grandeurs sont indiquées sur les autres axes de la carte. Comme pour la première carte, les matériaux ferromagnétiques conducteurs sont repérés par des enveloppes rouges et violettes, alors que les isolants sont entourés par une enveloppe jaune.

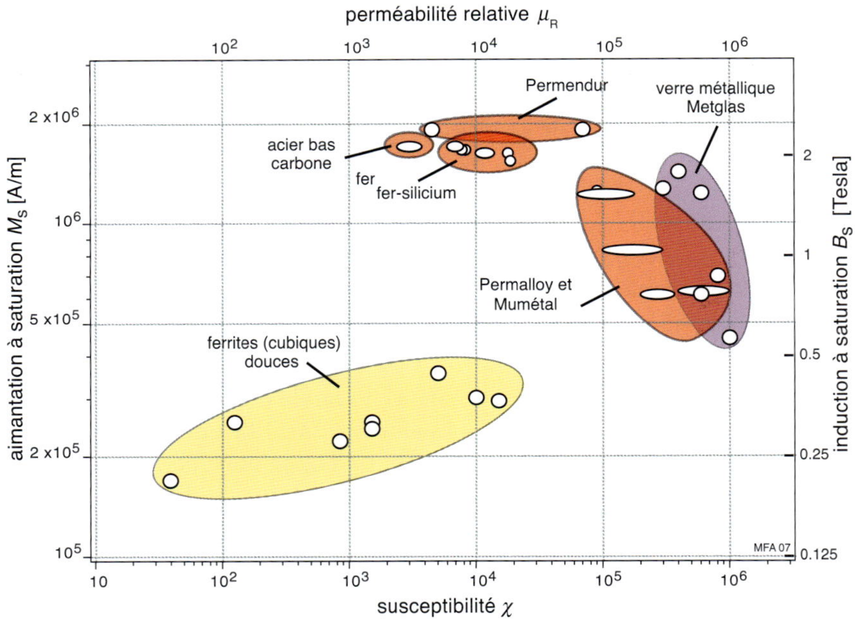

Figure 15.9 Carte de l'aimantation à saturation en fonction de la susceptibilité magnétique pour les aimants doux. Les enveloppes en rouge et violet entourent les matériaux conducteurs, alors que les jaunes délimitent les isolants.

15.4 Approfondissement : origines et manipulation des propriétés magnétiques

La vision classique de l'atome est celle d'un noyau autour duquel gravitent des électrons, comme indiqué à la figure 15.10. Des charges électriques qui tournent impliquent un courant, et un courant électrique dans une boucle fermée crée un moment magnétique comme pour la figure 15.2. Il y a donc un moment dipolaire magnétique associé à chaque électron d'une orbitale. Mais ce n'est pas tout. Chaque électron porte un moment magnétique intrinsèque : son moment de spin. Une explication claire du spin ne peut être fournie que par la mécanique quantique, mais une manière de visualiser les choses est de considérer l'électron non pas comme une charge ponctuelle mais comme ayant une certaine extension spatiale et tournant sur lui-même, ce qui crée un moment magnétique – qui est en fait grand. Le moment magnétique total d'un atome est donc la somme vectorielle de toutes ces contributions, liées aux orbites et aux spins.

Un atome simple comme l'hélium a sur une seule orbite deux électrons qui sont appariés, et par conséquent le moment magnétique résultant est nul comme indiqué à la figure 15.10(a) : c'est un élément typiquement diamagnétique. Il en sera de même pour un élément ayant ses orbitales pleines (fig. 15.10(c)). Mais si maintenant l'orbitale n'est pas complètement remplie (fig. 15.10(b)), il y aura un moment magnétique résultant. D'où l'on conclut que les atomes ayant leurs électrons appariés sont des matériaux diamagnétiques (donc non magnétiques pour le propos qui nous concerne ici), alors que ceux ayant un moment magnétique résultant sont magnétiques. En simplifiant un peu, chaque électron non apparié porte un moment magnétique donné par le magnéton de Bohr[4] égal à 9.3×10^{-24} A·m^2 ; deux électrons non appariés portent deux magnétons de Bohr, et ainsi de suite.

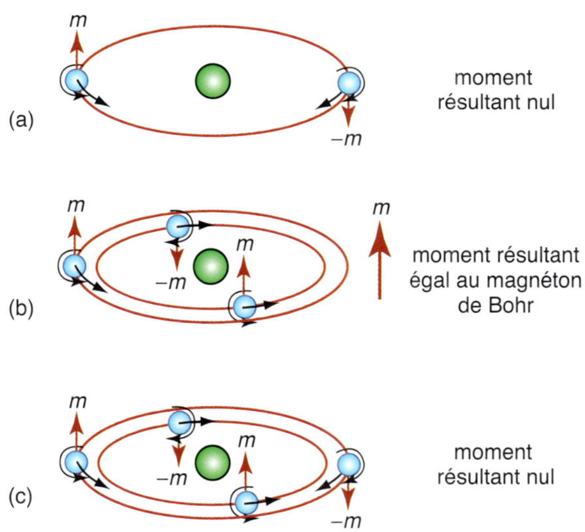

Figure 15.10 Le mouvement orbital et le spin de chaque électron créent un dipôle magnétique. Le remplissage des couches électroniques par paires annule le moment magnétique résultant, comme en (a) et (c). Mais si les électrons ne sont pas tous appariés, un moment magnétique résulte de leur somme, comme montré en (b).

[4] Niels Henrik David Bohr (1885-1962), physicien théoricien danois, donna une représentation cohérente de la structure de l'atome. Il contribua au projet Manhattan et fit campagne pour la paix.

Penser maintenant aux atomes magnétiques rassemblés dans un cristal. Dans la plupart des matériaux, les moments magnétiques des atomes interagissent faiblement et l'agitation thermique est suffisante pour rendre leur direction aléatoire, comme illustré à la figure 15.11(a). Bien que chaque atome porte un moment magnétique, la structure dans son ensemble ne porte pas d'aimantation : ces matériaux sont *paramagnétiques*. Cependant, pour quelques matériaux, la situation est différente. Les moments magnétiques entre voisins interagissent de telle sorte que l'énergie totale est réduite s'ils sont alignés. Cette réduction d'énergie, appelée *énergie d'échange*, est suffisamment importante pour qu'elle puisse vaincre l'énergie thermique, et donc la désorientation naturelle des moments magnétiques, pour autant que la température ne soit pas trop élevée. Ceci explique pour de tels matériaux la forme de la courbe de démagnétisation de la figure 15.4, qui montre comment l'agitation thermique prend graduellement le dessus sur l'énergie d'échange lorsque l'on approche la température de Curie. Les moments magnétiques des atomes peuvent s'aligner « tête-bêche », donc anti-parallèlement, comme illustré à la figure 15.11(b). Dans ce cas, il n'y a pas de moment magnétique résultant et ce type de matériaux est dit *anti-ferromagnétique*.

Mais quelques éléments, notamment le fer, le cobalt et le nickel, présentent une situation inverse : les moments des atomes s'alignent de telle sorte que lorsqu'ils sont tous parallèles, le moment résultant est la somme de tous les moments des atomes. Ces matériaux sont des *ferromagnétiques*. Le fer a trois électrons non appariés par atome, le cobalt deux et le nickel juste un, ce qui a pour conséquence que lorsque tous les moments sont orientés (l'aimantation a alors atteint sa valeur de saturation), ces trois éléments présentent une aimantation maximale décroissant du fer au nickel.

Les alliages donnent une quatrième possibilité. Les matériaux que nous avons appelés ferrites sont des oxydes ; l'une d'elles a pour composition MFe_2O_4, où M est aussi un élément magnétique, par exemple le cobalt. Dans ce cas, les deux atomes de fer et de cobalt portent

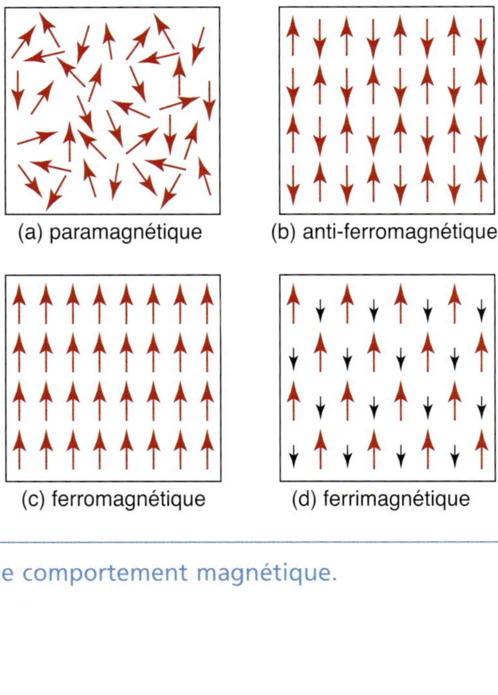

Figure 15.11 Types de comportement magnétique.

un dipôle magnétique, mais d'intensité différente. Ils tendent à s'aligner tête-bêche, mais ayant des moments magnétiques différents, ils ne s'annulent pas totalement et donnent donc une aimantation résultante M ; ce type de matériaux sont des *ferrimagnétiques*, ou simplement des ferrites. La compensation partielle des moments magnétiques et le nombre plus faible d'atomes magnétiques par unité de volume impliquent que l'aimantation résultante est plus faible que par exemple celle du fer, mais ces matériaux présentent d'autres avantages. En particulier, étant des oxydes, ce sont des isolants électriques.

Domaines Si les moments magnétiques s'alignent, tout morceau de fer, de nickel ou de cobalt ne devrait-il pas être un aimant permanent ? Oui, ce sont des matériaux magnétiques, mais non, ce ne sont pas des aimants en général. Pourquoi cela ?

Un barreau magnétisé uniformément génère dans l'espace un champ magnétique, H, exactement comme un solénoïde. L'énergie magnétique associée à ce champ est donnée par :

$$U = \frac{1}{2}\mu_o \int_V H^2 \mathrm{d}V \tag{15.7}$$

où l'intégrale est effectuée sur tout le volume V où ce champ existe. Trouver le résultat de cette intégrale n'est pas une chose aisée, mais ce n'est pas nécessaire pour notre propos. Il suffit de constater que si l'intensité du champ H généré diminue, celui-ci existe dans un volume V plus petit et l'énergie diminue. Si le matériau peut arranger ses moments magnétiques pour minimiser le champ H, voire l'éliminer totalement (se rappeler que l'énergie d'échange entre atomes voisins tend à aligner leurs moments magnétiques), il le fera pour minimiser cette énergie.

Exemple 15.3

Un électroaimant génère un champ magnétique H = 10 000 A/m. Quelle est la densité d'énergie magnétique ?

Solution. Cette densité vaut : $U_o = \frac{1}{2}\mu_o H^2 = \frac{1}{2}(4\pi \times 10^{-7} \times 10^8) = 62.8\ \mathrm{J/m^3}$.

La figure 15.12 illustre comment le matériau réalise cela. Il se subdivise en *domaines*, à l'intérieur desquels les moments magnétiques s'alignent mais en alternant la direction de ces moments entre domaines adjacents de telle manière à minimiser le champ externe résultant. Ces domaines sont séparés par des *parois de domaines*, épaisses de quelques atomes ayant leurs moments magnétiques qui s'orientent de manière progressive pour accommoder les orientations des domaines voisins. Cette séparation en domaines ayant des aimantations alternées, comme en (b) et (c), réduit considérablement le champ ; en ajoutant encore des domaines aux extrémités de ces domaines avec une aimantation perpendiculaire, comme montré en (d), elle l'annule presque totalement. Le résultat net est que la plupart des matériaux magnétiques, sauf si on leur fait subir un traitement, adoptent une structure en domaines qui minimise le champ magnétique résultant – ce qui revient à dire que ce sont des matériaux magnétiques mais sans être des aimants.

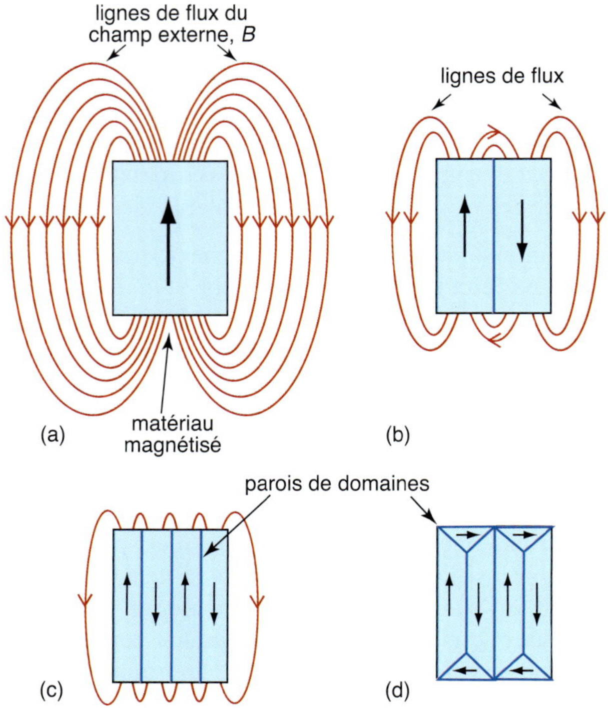

Figure 15.12 Les domaines magnétiques permettent un compromis : le champ externe est nul mais le matériau conserve son aimantation par domaines. Les flèches indiquent leur aimantation.

Mais comment peut-on les magnétiser ? En plaçant un tel matériau dans un champ magnétique, créé par exemple par une bobine, les domaines ayant une aimantation déjà parallèle au champ ont une énergie plus faible que ceux orientés en sens inverse. La paroi de domaine les séparant va subir une force, la *force* de *Lorentz*[5], qui aura pour conséquence que le domaine bien aligné aura tendance à croître au détriment du domaine anti-aligné. La croissance des domaines alignés avec le champ fait croître l'aimantation résultante du matériau, déplaçant ainsi le point sur la courbe M–H de la figure 15.6, jusqu'à arriver à saturation M_s, lorsque tout l'échantillon est constitué d'un seul domaine avec tous les moments magnétiques orientés parallèlement au champ appliqué, comme indiqué à la figure 15.13.

[5] Hendrik Antoon Lorentz (1853-1928), physicien-mathématicien danois, ami et collaborateur de Rayleigh et Einstein, élabora de nombreux concepts clés de l'optique, de l'électromagnétisme, de la relativité et de l'hydraulique (il modélisa et prédit le mouvement de l'eau causé par la construction de la digue du Zuyderzee).

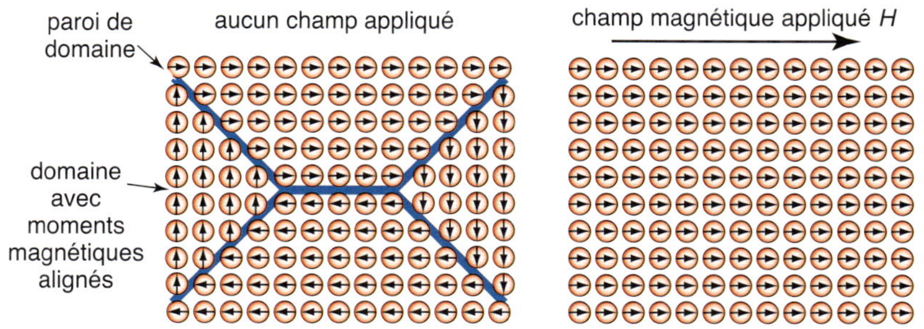

Figure 15.13 Un champ magnétique appliqué fait bouger les parois de domaines. A saturation, il n'y a plus qu'un seul domaine, comme indiqué à droite. Les parois de domaines bougent facilement dans un aimant doux. Les aimants durs sont alliés pour bloquer le mouvement des parois.

L'aimantation à saturation est donc simplement la somme de tous les moments magnétiques des atomes par unité de volume lorsqu'ils sont tous alignés dans la même direction. Si le moment dipolaire par atome vaut $n_m m_B$ (où n_m est le nombre d'électrons non appariés par atome et m_B est le magnéton de Bohr), l'aimantation à saturation est donnée par :

$$M_s = \frac{n_m m_B}{\Omega} \qquad (15.8)$$

où Ω est le volume atomique. Le fer a la plus grande aimantation à saturation parce que ses atomes ont le plus grand nombre d'électrons non appariés et qu'ils sont empilés de manière dense. Une réduction du nombre d'électrons non appariés ou une augmentation du volume atomique réduira l'aimantation à saturation, ce qui est le cas du nickel et du cobalt pour lesquels n_m est plus faible. C'est aussi le cas des alliages ferreux pour lesquels la densité d'atomes de fer est plus faible, et donc Ω est plus élevé. Pour les ferrites, qui ont une valeur de M_s nettement plus faible, l'annulation partielle des moments magnétiques montrée à la figure 15.11 s'ajoute à la dilution par les atomes d'oxygène.

Exemple 15.4

Le nickel a une aimantation à saturation $M_s = 5.2 \times 10^5$ A/m. Son volume atomique est $\Omega = 1.09 \times 10^{-29}$ m^3. Quel est le nombre effectif d'électrons non appariés n_m dans sa bande de conduction ?

Solution. L'aimantation à saturation est donnée par : $M_s = \frac{n_m m_B}{\Omega}$. Le magnéton de Bohr vaut $m_B = 9.3 \times 10^{-24}$ A·m^2. La valeur de n_m est donc : $n_m = 0.61$.

Il y a néanmoins de bonnes raisons d'allier et de transformer le fer en ferrites. L'une d'elles est le champ coercitif, H_c. Un bon aimant permanent doit pouvoir conserver son aimantation même lorsqu'il est placé dans un champ magnétique de sens opposé, donc posséder un champ coercitif H_c élevé. Si les parois de domaines peuvent bouger facilement, le matériau sera un aimant doux avec une faible valeur de H_c; à l'opposé, on aura un aimant dur si les parois de domaines ont tendance à être bloquées. Ainsi, pour obtenir un bon aimant permanent, il est nécessaire de bloquer le mouvement des parois de domaine, par exemple grâce à des impuretés, des inclusions étrangères, des précipités ou de la porosité (tous jouent aussi le rôle d'obstacles au mouvement des dislocations, et donc des aimants durs sont aussi des matériaux mécaniquement durs). Il y a aussi des barrières plus subtiles au mouvement des parois de domaines: l'*anisotropie magnétique*, qui est présente dans un cristal où certaines directions d'aimantation sont plus favorables que d'autres, ou la forme et la taille de l'échantillon lui-même – des petites particules magnétiques, constituées d'un seule domaine magnétique, sont particulièrement résistantes à une inversion de leur aimantation.

La performance des aimants durs est mesurée par leur *énergie magnétique*, approximativement proportionnelle à la surface de la boucle d'hystérèse. Plus cette énergie est élevée, plus il est difficile de démagnétiser le matériau.

15.5 Sélection des matériaux pour des applications magnétiques

La sélection des matériaux pour leurs propriétés magnétiques suit le chemin usuel, soit d'abord traduire les éléments de conception en prérequis, puis trier les matériaux répondant au cahier des charges et enfin les classer. Cependant, dans ce cas, le premier critère de tri – « les matériaux doivent être magnétiques » – isole directement un ensemble assez restreint de candidats montrés dans les cartes de propriétés de ce chapitre. Reste alors à savoir si pour l'application souhaitée il faut un aimant doux ou un aimant dur.

Dispositifs basés sur des aimants doux Les électroaimants, les transformateurs, les lentilles de focalisation électroniques et des dispositifs similaires ont des noyaux magnétiques dont l'aimantation doit pouvoir facilement être inversée lorsque le champ est enclenché ou change de direction. Leur aimantation doit être élevée, mais facilement remise à zéro quand le champ magnétique est arrêté. Il faut donc pour ces applications des aimants doux, soit des matériaux magnétiques avec un faible champ coercitif H_c, et donc situés à gauche de la carte de la figure 15.8. Les matériaux magnétiques doux sont utilisés pour « conduire » et focaliser les lignes de flux magnétique. La figure 15.14 illustre ce phénomène. Une bobine inductrice primaire induit un champ magnétique dans le noyau. Au lieu d'être étalé dans l'espace comme indiqué à la figure 15.3, il est bloqué dans le circuit ferromagnétique. Plus la susceptibilité χ du noyau est élevée, plus grandes seront l'aimantation et la densité de flux induites par un courant dans cette bobine, jusqu'à un maximum donné par la valeur de saturation M_s. Le tore magnétique conduit le flux magnétique jusque vers une bobine secondaire (fig. 15.14(a)) ou vers un gap d'air (fig. 15.14(b)). Si la section du matériau magnétique est réduite vers ce dernier, le champ sera encore augmenté dans cette région. Un tel système peut être utilisé par exemple pour dévier ou focaliser un faisceau d'électrons, alors que le dispositif (a) est typiquement celui d'un transformateur. Ainsi, les premières qualités d'un aimant doux sont de hautes valeurs de χ et de M_s, avec une boucle d'hystérèse très fine comme indiqué à la figure 15.15. La carte de la figure 15.9 montre ces deux propriétés. Le Permendur (alliages Fe–Co–V) et les alliages métalliques amorphes (Metglas) sont particulièrement bons, mais étant onéreux, ces matériaux ne sont utilisés que pour de petits dispositifs. Le fer-silicium (Fe–1–4% Si) est bien meilleur marché et facile à produire dans de grandes dimensions; c'est le matériau de choix pour les gros transformateurs.

La plupart des aimants doux étant utilisés dans les systèmes AC, leur perte énergétique, proportionnelle à la surface de la boucle d'hystérèse, est un facteur important à considérer. Proportionnelle aussi à la fréquence, f, du champ AC, cette perte n'est pas la seule: il y a aussi la perte d'énergie due aux courants de Foucault induits dans le noyau par le champ

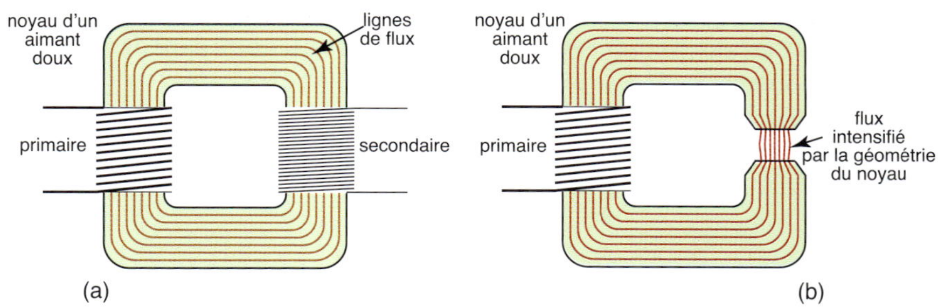

Figure 15.14 Les aimants doux «conduisent» les lignes de flux magnétique et celles-ci seront plus serrées dans les sections réduites de l'aimant.

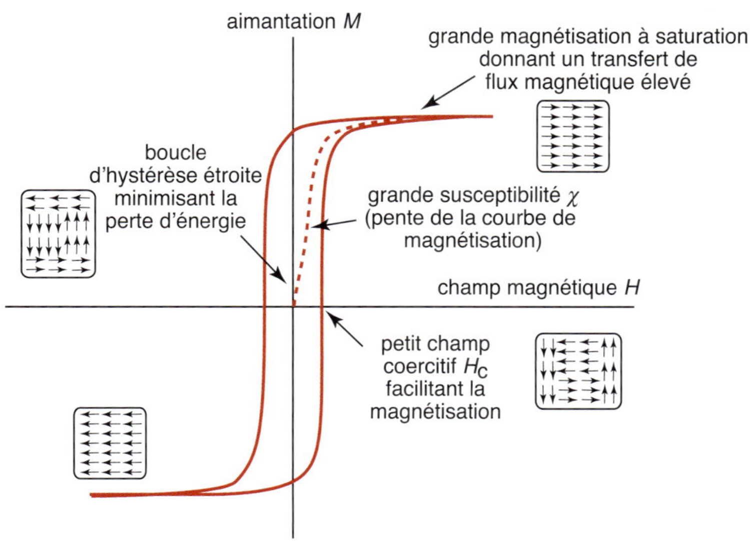

Figure 15.15 Boucle d'hystérèse caractéristique d'un aimant doux.

AC, qui est proportionnelle à f^2. Pour des noyaux de transformateurs travaillant à basse fréquence (typiquement jusqu'à environ 100 Hz), la perte associée à la boucle d'hystérèse est dominante et on cherchera dans ce cas à avoir l'aimantation à saturation M_s maximale et une boucle d'hystérèse la plus fine possible. Les pertes dues aux courants induits sont présentes mais peuvent être supprimées si nécessaire par une structure en *feuillets*: le noyau est alors constitué d'une superposition de feuilles minces magnétiques séparées par des feuilles isolantes qui interrompent les courants induits. Pour les fréquences audio ($f < 50$ kHz), les deux types de pertes deviennent toutes deux importantes puisqu'elles ont lieu à chaque cycle: il faudra alors une boucle d'hystérèse et des feuillets encore plus fins. Dans de telles situations, les alliages Permalloy et Permendur sont utilisés. Encore à plus haute fréquence (f de l'ordre du MHz), les pertes par courants induits qui augmentent comme f^2 deviennent vraiment importantes et la seule façon alors de les supprimer est d'utiliser des matériaux magnétiques qui sont des isolants électriques. Dans cette catégorie de matériaux, on trouve les ferrites (indiquées par des enveloppes jaunes dans les cartes de propriétés), même si leur valeur de M_s est plus faible. Au-delà ($f > 100$ MHz), seules les céramiques les plus exotiques pourront fonctionner. La figure 15.15 montre la boucle d'hystérèse caractéristique d'aimants doux; le tableau 15.1 donne une liste des matériaux magnétiques doux pour les différentes applications.

Exemple 15.5

On cherche un matériau magnétique pour être l'élément moteur d'une machine de fatigue dans les fréquences acoustiques. Utiliser les informations du tableau 15.1 pour identifier les matériaux pouvant être utilisés.

Solution. Cette application demande une grande valeur de l'aimantation à saturation, M_s, pour pouvoir induire une force suffisante dans le test de fatigue. Elle exige aussi une fine boucle d'hystérèse pour minimiser la consommation de courant et l'échauffement aux fréquences acoustiques. Le tableau 15.1 indique que les alliages Ni–Fe (Permalloys) ou Mumétal sont de bons candidats.

Dispositifs basés sur des aimants durs De nombreux dispositifs utilisent des aimants permanents: les portes de réfrigérateurs, les embrayages magnétiques, les hauts-parleurs et les écouteurs audio, les moteurs DC, ou encore les paliers sans friction. Pour ceux-ci, la propriété clé est l'aimantation rémanente, M_R, puisque c'est la valeur maximale que le matériau peut offrir en l'absence de champ. Mais une grande valeur de M_R n'est pas suffisante. Lorsqu'après magnétisation le champ externe est enlevé, le champ créé par l'aimant lui-même tend à le démagnétiser. C'est précisément ce champ de démagnétisation qui tend à faire adopter une structure en domaines magnétiques par le matériau, réduisant ainsi son aimantation nette. Un aimant permanent doit pouvoir résister à la démagnétisation par son propre champ, et cette qualité est mesurée par son champ coercitif, H_c, qui doit lui aussi être élevé. De grandes valeurs de M_R et de H_c signifient une boucle d'hystérèse très étalée, comme celle de la figure 15.16. Le fer ordinaire et les aciers peuvent devenir faiblement magnétiques, avec pour conséquence un peu agaçante que votre tournevis ou vos ciseaux restent collés respectivement

Tableau 15.1 Matériaux pour des applications requérant des aimants doux

Application	Fréquence f	Contraintes	Choix du matériau
Electroaimants	<1 Hz	M_s élevé, χ élevé	Fer–silicium, alliages Fe–Co (Permendur)
Moteurs, transformateurs basse fréquence	<100 Hz	M_s élevé, χ élevé	Fer–silicium, AMA (alliages amorphes Ni–Fe–P)
Amplificateurs audio, hauts parleurs, microphones	<100 kHz	M_s élevé, H_c très faible, χ élevé	Ni–Fe (Permalloy, Mumétal)
Applications micro-ondes et UHF	<MHz	M_s élevé, H_c très faible, isolant	Ferrites cubiques : MFe_2O_4 avec M = Cu/Mn/Ni
Dispositifs gigahertz	>100 MHz	Très faible hystérèse, excellent isolant	Grenats

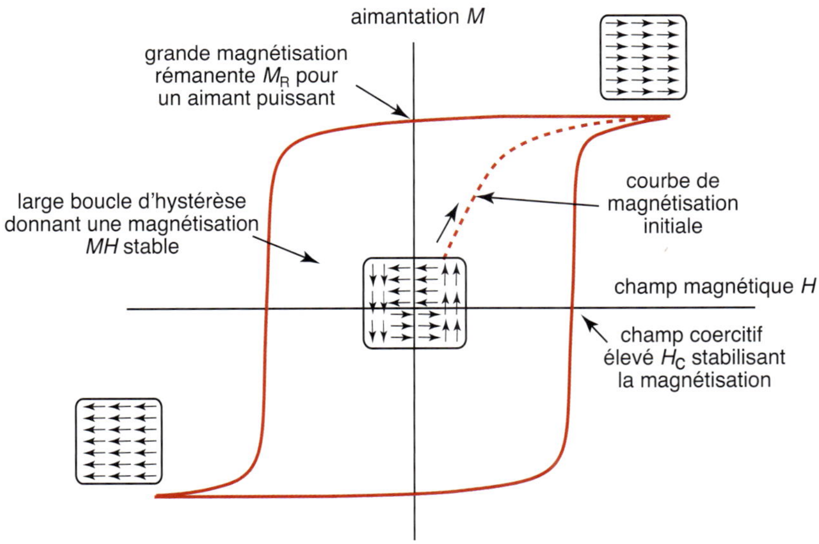

Figure 15.16 Boucle d'hystérèse caractéristique d'un aimant permanent.

à la petite vis ou au trombone sans que vous ne le vouliez, mais aucun des deux n'est suffisamment dur, au sens magnétique. Le terme « dur » voulant dire ici « dur à démagnétiser », c'est donc du champ coercitif H_c qu'il s'agit ; il protège l'aimant contre son propre champ.

Les matériaux magnétiques durs sont situés à droite de la carte M_R–H_c de la figure 15.8. Les aimants permanents de choix sont les Alnicos et les ferrites hexagonales. Les Alnicos (il y en a beaucoup) sont, comme leur nom l'indique, des alliages d'aluminium, de nickel, de cobalt et de fer, avec des valeurs de M_R aussi élevées que 10^6 A/m et un énorme champ coercitif: 5×10^4 A/m. Les ferrites hexagonales, avec des valeurs aussi très élevées pour M_R et H_c, sont en plus des isolants électriques comme les aimants doux de ferrites cubiques. Etant des métaux, les Alnicos peuvent être mis en forme par coulée ou par compactage et frittage de poudres; les ferrites ne peuvent être mises en forme que par la technologie des poudres. Mais les poudres n'ont pas forcément besoin d'être frittées – elles peuvent être liées par d'autres méthodes, ce qui offre des possibilités intéressantes. Des particules magnétiques mélangées avec une résine peuvent être moulées en des formes complexes. Si la matrice de liaison est un élastomère, on obtiendra alors un aimant permanent flexible ou spongieux – le joint magnétique d'une porte de réfrigérateur en est un bon exemple.

La carte de la figure 15.8 montre trois familles d'aimants permanents avec un champ coercitif dépassant celui des ferrites hexagonales et des Alnicos. Résultat de recherches sur les 30 dernières années, ces aimants permanents fournissent le champ intense qui a permis la miniaturisation des écouteurs audio, des microphones et des moteurs. Le plus ancien d'entre eux est la famille des alliages précieux Pt–Co, mais ils sont tellement coûteux qu'ils ont actuellement disparu du marché. Ils ont été supplantés par les alliages de la famille cobalt–samarium, basés sur l'intermétallique $SmCo_5$, mais eux-mêmes sont dépassés par les récents développements de la famille néodyme-fer-bore. Aucun de ces alliages n'est bon marché, mais la quantité nécessaire pour les applications est suffisamment faible et la valeur ajoutée suffisamment élevée pour qu'ils restent des matériaux de choix. Le tableau 15.2 donne les matériaux magnétiques durs choisis sur la base des cartes de propriétés en fonction des applications souhaitées.

Tableau 15.2 Matériaux pour les applications basées sur des aimants permanents

Application	Contraintes	Choix du matériau
Gros aimants permanents	M_R et H_c élevés, et énergie magnétique $(MH)_{max}$ élevée; faible coût	Alnicos Ferrites hexagonales
Acoustique, électronique et micromécanique	Petits aimants à hautes performances, M_R et H_c très élevés	Cobalt–samarium Platine–cobalt Néodyme–bore
Stockage de l'information	Boucle d'hystérèse fine, de forme carrée	Particules allongées de Fe_2O_3, Cr_2O_3 ou ferrites hexagonales

Stockage magnétique de l'information Le stockage magnétique de l'information fait appel à des aimants durs, mais possédant une boucle d'hystérèse particulière, de forme rectangulaire (appelée « carrée »). Cette forme implique qu'une portion du matériau voit son aimantation passer de $+M_R$ à $-M_R$ (ou l'inverse) lorsque le champ appliqué dépasse $+H_c$ ou $-H_c$. Cette région du matériau porte alors une unité binaire d'information. Cette information peut alors être lue par une tête de lecture lorsqu'elle passe au-dessus de cette région, induisant alors une impulsion électrique. Le choix du mot « région » (ou portion) a été laissé délibérément vague parce qu'elle peut prendre plusieurs formes : des particules discrètes enrobées dans une matrice polymère (bande ou disque), ou un film mince magnétique qui a la particularité de porter des petits domaines stables, appelés « bulles », qui portent une aimantation dans une direction donnée alors que le reste de la matrice est aimantée dans une autre.

La figure 15.17 illustre un tel système de stockage de l'information. Un signal crée une induction magnétique dans un noyau magnétique doux – souvent un alliage métallique amorphe (AMA) qui a une susceptibilité magnétique élevée. La direction du flux magnétique dépend du sens du courant ; un changement de sens inverse l'aimantation. Un gap d'air dans le noyau permet au champ magnétique de s'échapper, pénétrant alors une bande ou un disque recouvert d'une couche polymérique contenant des particules magnétiques de taille inférieure au micron. Lorsque le signal est dans une direction, toutes les particules défilant sous la tête d'écriture verront leur aimantation s'aligner dans la direction du champ ; inversement, leur aimantation s'orientera en sens inverse lors d'une inversion du courant. La même tête est utilisée pour la lecture. Lorsque la bande défile sous le gap d'air de la tête, le champ émis par la région magnétisée induit un flux dans l'aimant doux, et donc un signal dans la bobine, qui est alors amplifié et traité.

Pourquoi utiliser des petites particules ? Parce que les parois de domaines magnétiques ne sont pas stables si la taille des particules est trop grande : lorsqu'elles sont suffisamment petites, chaque particule est un domaine unique. Si les particules sont allongées, leur aimantation aura tendance à s'aligner avec le grand axe des particules. Chaque particule se comporte alors comme un petit aimant avec à ses deux extrémités un pôle nord (N) et un pôle sud (S). Le champ émis par la tête de lecture est suffisamment fort pour faire pivoter la direction de l'aimantation, inversant donc ses pôles (de N–S à S–N, ou inversement), ce qui est idéal pour stocker une information binaire. Les bandes ou disques pouvant être écrits à plusieurs reprises utilisent des particules de Fe_2O_3 ou CrO_2, typiquement de 0.1 μm de long et de facteur de forme 10:1. Des particules de ferrites hexagonales $(MO)(Fe_2O_3)_6$ ont un

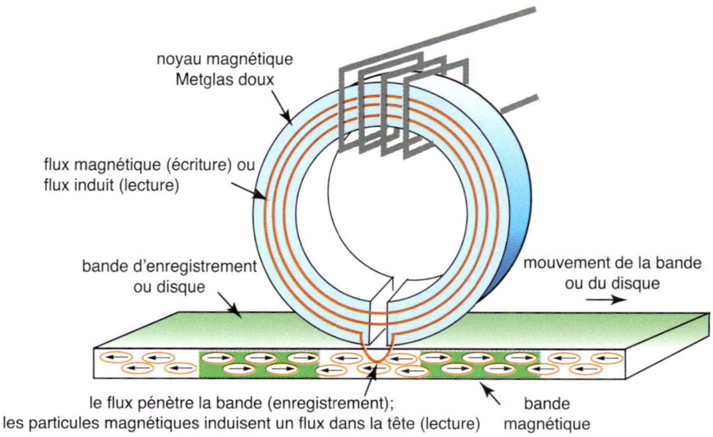

Figure 15.17 Tête magnétique d'écriture/lecture. Le gap dans le matériau magnétique doux permet au champ de s'échapper, de pénétrer dans la bande magnétique et d'aligner le moment magnétique des particules.

champ coercitif plus élevé, et demandent donc un champ plus fort pour changer la direction de leur aimantation – et donc pour effacer l'information. Ce matériau est donc idéal pour les applications de lecture uniquement, par exemple pour les bandes magnétiques des cartes de crédit.

15.6 Résumé et conclusions

La vision classique d'un atome est celle d'un noyau autour duquel gravitent des électrons sur des orbites discrètes, chaque électron possédant un spin pouvant être vu comme une charge tournant sur elle-même. Au mouvement orbital et au spin sont associés des moments magnétiques qui, s'ils sont parallèles, s'ajoutent ou alors s'annulent dans le cas contraire. Pour la plupart des matériaux, les moments magnétiques s'annulent mutuellement, ou bien parce que tous les électrons sont appariés au sein de chaque atome ou bien, si ce n'est pas le cas, parce que les atomes s'arrangent dans la matière en opposant leurs moments magnétiques. Mais quelques matériaux, essentiellement basés sur trois éléments – Fe, Ni et Co – possèdent des moments magnétiques orbitaux et des interactions interatomiques qui les alignent, leur conférant alors une aimantation résultante. Et même pour ceux-ci, les atomes trouvent le moyen d'écranter leur aimantation résultante en subdivisant la matière en domaines : chacun de ces domaines porte un moment magnétique résultant, mais les domaines s'arrangent entre eux pour minimiser l'aimantation du tout. L'application d'un champ magnétique externe permet de changer cette situation en orientant l'aimantation de tous ces domaines dans une seule direction et si le champ coercitif est assez grand, ces domaines conservent alors leur orientation lorsque le champ est annulé, donnant alors au matériau une aimantation « rémanente ».

Il y a deux types de matériaux magnétiques. Les aimants doux sont aimantés facilement par un champ même faible. Ils transmettent facilement le flux magnétique et leur aimantation peut être aisément inversée par inversion du champ appliqué. Les aimants durs ou permanents, une fois leur aimantation alignée, la perdent difficilement. Les cartes de ce chapitre ont introduit les deux types, en montrant leurs propriétés qui déterminent pour une grande part les possibilités d'applications.

15.7 Lectures complémentaires

Braithwaite, N., & Weaver, G. (1990). *Electronic Materials*. Oxford, UK : The Open University and Butterworth-Heinemann. ISBN 0-408-02840-8. (*Un des textes excellents de l'« Open University», faisant partie de leur programme en matériaux.*)

Campbell, P. (1994). *Permanent Magnetic Materials and Their Applications*. Cambridge, UK : Cambridge University Press.

Douglas, W. D. (1995). Magnetically soft materials, in *ASM Metals Handbook* (9th ed.) (Vol. 2). *Properties and Selection of Non-ferrous Alloys and Special Purpose Materials* (pp. 761-781). OH, USA : ASM, Metals Park.

Fiepke, J. W. (1995). Permanent magnet materials, in *ASM Metals Handbook* (9th ed.) (Vol. 2). *Properties and Selection of Non-ferrous Alloys and Special Purpose Materials* (pp. 782–803). OH, USA: ASM, Metals Park.

Jakubovics, J. P. (1994). *Magnetism and Magnetic Materials* (2nd ed.). London, UK: The Institute of Materials. ISBN 0-901716-54-5. (*Une introduction simple, courte et asscessible aux matériaux magnétiques.*)

15.8 Exercices

Exercice E15.1 Dessiner une courbe M_s–H pour un matériau ferromagnétique. Identifier les propriétés magnétiques importantes.

Exercice E15.2 Pourquoi certains éléments sont-ils ferromagnétiques et d'autres pas ?

Exercice E15.3 Qu'est-ce qu'une ferrite ? Quelles sont ses caractéristiques ?

Exercice E15.4 Qu'est ce que le magnéton de Bohr ? Un élément magnétique a deux électrons non appariés et une interaction d'échange qui tend à aligner leurs moments magnétiques. Son volume atomique, Ω, est égal à 3.7×10^{-29} m^3. Que peut valoir son aimantation à saturation, M_s ?

Exercice E15.5 Une bobine de 50 spires sur une longueur de 10 mm porte un courant de 0.01 A. Le noyau magnétique dans cette bobine a une susceptibilité magnétique $\chi = 10^4$. Quelle est l'aimantation M et l'induction B ?

Exercice E15.6 On recherche un noyau d'un inducteur pour un filtre d'harmoniques basse-fréquence. Ses pertes doivent être faibles et son aimantation à saturation élevée. A l'aide de l'information des cartes des figures 15.8 et 15.9, quelle classe de matériaux magnétiques doit-on choisir ?

Exercice E15.7 Un matériau magnétique est recherché pour le noyau d'un transformateur faisant partie d'un système radar de mesure de la vitesse de véhicules. Le système fonctionne dans la gamme de fréquence des micro-ondes à 500 kHz. Quelle classe de matériaux magnétiques doit-on choisir ?

Exercice E15.8 Un matériau magnétique est recherché pour un joint magnétique souple. Il doit être incorporé dans une feuille d'élastomère et doit être un isolant électrique. Comment élaborer un tel matériau ?

Exercice E15.9 Quelles sont les caractéristiques requises pour un matériau magnétique destiné au stockage de l'information ?

15.9 Conception assistée avec le logiciel CES

Ouvrir le logiciel CES au niveau 3 – il s'ouvre alors dans le mode « Browse ». Au début de la liste « Browse », il y a deux menus déroulants marqués « Table » et « Subset ». Ouvrir le menu « Subset » et choisir l'option « Magnetic ». Les propriétés magnétiques de 233 matériaux magnétiques sont alors fournies, avec leurs propriétés mécaniques, électriques et autres, pour autant qu'elles soient disponibles.

Pour sélectionner, cliquer « Select » dans la barre d'outils et choisir « Materials Universe > Magnetic materials » dans la boîte de dialogue. Maintenant, nous pouvons commencer.

Exercice E15.10 Utiliser l'option « Search » de CES afin de trouver les matériaux pour :

(a) Un noyau de transformateur.
(b) Un moteur électrique.

Exercice E15.11 Parcourir les profils des matériaux suivants :

(a) Alnico 3 coulé. Quel est son champ coercitif H_c ?
(b) L'alliage amorphe Metglas 2605-Co. Quel est son champ coercitif H_c ?

A partir de ces valeurs, quelles sont les applications potentielles de ces deux matériaux ?

Exercice E15.12 Parcourir les profils des matériaux suivants :

(a) Ferrite G (ferrite Ni–Zn). Quelles sont les valeurs de son champ coercitif H_c et de sa résistivité électrique ρ_e ?
(b) L'aimant doux 2.5 Si–Fe. Quelles sont les valeurs de son champ coercitif H_c et de sa résistivité électrique ρ_e ?

Si l'on devait choisir l'un de ces deux matériaux pour le noyau d'un transformateur, quelle serait la première question à se poser ?

Exercice E15.13 Faire un histogramme de l'induction à saturation B_s (l'aimantation à saturation est donnée par $M_s = B_s/\mu_o$, donc les deux grandeurs sont proportionnelles). Reporter les trois matériaux avec les plus grandes valeurs.

Exercice E15.14 Faire un histogramme du champ coercitif, H_c. Reporter les quatre matériaux avec les plus petites valeurs. Quelles sont leurs applications ?

Exercice E15.15 Un matériau magnétique doux est recherché pour le rotor laminé d'un moteur électrique à induction AC. Le matériau doit pouvoir être laminé, puis mis en forme par estampage. Il doit donc pouvoir supporter une élongation d'au moins 40%. Pour minimiser les pertes d'hystérèse, il doit avoir un champ coercitif le plus faible possible. Trouver les deux meilleurs matériaux répondant à ce cahier des charges, résumé dans le tableau ci-après. Les lister avec leur dénomination commerciale.

Fonction	• Structure laminée d'un moteur
Contraintes	• Matériau magnétique doux
	• Ductilité (élongation >40%)
Objectif	• Minimiser le champ coercitif
Variable libre	• Choix du matériau

Exercice E15.16 On cherche un matériau magnétique pour la tête d'écriture/lecture d'un disque dur. Il doit avoir une dureté élevée pour résister à l'usure et le champ coercitif le plus faible possible pour donner une réponse précise d'écriture/lecture.

(a) Utiliser le logiciel CES pour identifier les candidats qui remplissent le cahier des charges, résumé ci-dessous.

(b) Ajouter maintenant la contrainte supplémentaire que le matériau doit avoir une résistivité électrique plus grande que 10^8 $\mu\Omega\cdot$cm, ceci afin de minimiser les pertes à haute fréquence par courants induits.

Fonction	• Matériau magnétique pour tête d'écriture/lecture
Contraintes	• Matériau magnétique doux
	• Haute dureté pour minimiser l'usure (dureté Vickers >500 H_V)
Objectif	• Minimiser le champ coercitif
Variable libre	• Choix du matériau

15.10 Explorer la science avec CES Elements

Exercice E15.17 Faire un histogramme avec le numéro atomique sur l'axe horizontal x et le moment magnétique par atome sur l'axe y (utiliser des échelles linéaires), afin d'identifier les éléments ferromagnétiques. Combien y en a-t-il ? Quels sont ceux ayant le plus grand moment magnétique par atome ?

Exercice E15.18 Suivant l'équation (15.8), l'aimantation à saturation est donnée par :

$$M_s = \frac{n_m m_B}{\Omega}$$

où n_m est le dipôle magnétique par atome, normalisé par le magnéton de Bohr m_B ($m_B = 9.3 \times 10^{-24}$ A·m^2) et Ω est le volume atomique. L'induction à saturation (en Tesla) vaut $B_s = \mu_o M_s$. Faire une carte avec B_s sur l'axe y et le paramètre CES appelé « saturation magnetisation »(logiciel en anglais) sur l'axe x (qui est en fait B_s, en Tesla, pour l'élément en question). Avec quelle précision est suivie cette relation ?

Chapitre 16
Matériaux pour l'optique

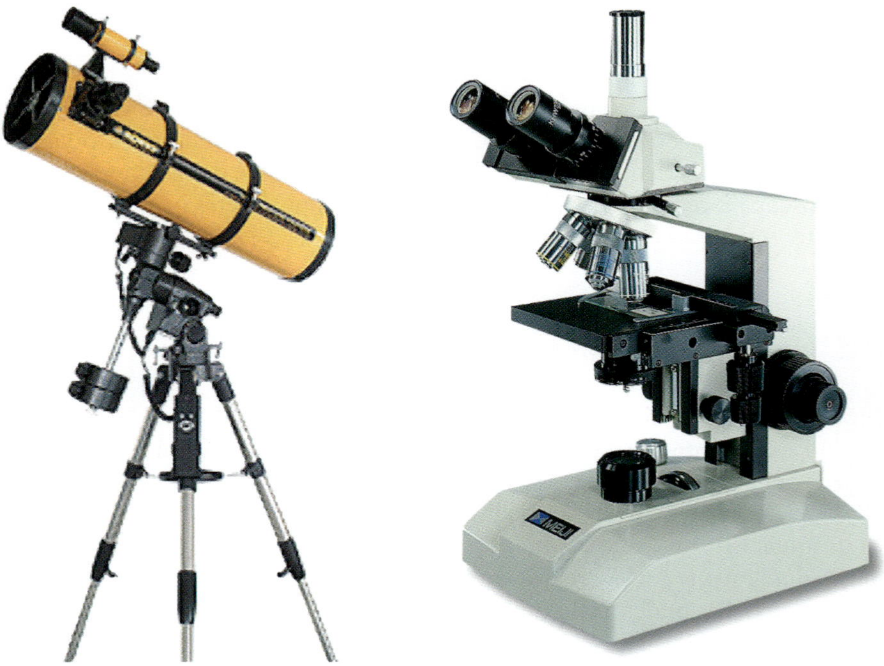

Instruments utilisant les propriétés de réflexion et de réfraction des matériaux. (Image reproduite avec l'autorisation de A–Z Microscope Corporation, Californie, USA.)

Contenu du chapitre

16.1 Introduction et présentation du chapitre

Il fut une époque où l'on pensait que la transmission de la lumière dans l'espace – par exemple du soleil vers la terre – avait besoin pour cela d'un milieu appelé « éther lumineux ». Ce n'est qu'avec les expériences de Michelson[1] et Morley en 1881 que l'on réalisa que la lumière n'avait pas besoin d'un « matériau » pour sa propagation et qu'elle pouvait très bien le faire dans le vide avec une vitesse de 3×10^8 m/s, qui pour l'instant semble être une vitesse limite supérieure de déplacement de toute particule.

Lorsqu'une radiation frappe un matériau, de nombreux phénomènes vont être observés. Les matériaux peuvent effectivement réfléchir, absorber, transmettre et réfracter les radiations. Ce chapitre est consacré à ces interactions et à leur optimisation pour la réalisation de dispositifs optiques. L'image de tête de chapitre en montre deux : un télescope à réflexion et un microscope à réfraction, les deux dépendant des propriétés optiques des matériaux les constituant.

16.2 Interactions entre matériaux et radiations

Les ondes électromagnétiques (e-m) baignent tout l'univers. L'observation du ciel avec nos yeux prend en compte les radiations dans le spectre visible, c'est-à-dire des ondes dont la longueur d'onde est comprise entre 0.40 et 0.77 μm. Les longueurs d'onde des radiations pour l'observation de l'univers avec un détecteur rayons X ou rayons γ sont beaucoup plus petites (jusqu'à 10^{-4} nm, soit un millième de la taille d'un atome). A l'inverse, l'observation avec un radiotélescope considère des longueurs d'onde de quelques millimètres, mètres, voire même kilomètres (les ondes radio ou les microondes). Le domaine de variation des longueurs d'onde des radiations e-m est vaste, plus de 18 ordres de grandeur (fig. 16.1). La partie visible, c'est-à-dire pouvant être détectée par nos yeux, n'occupe qu'une toute petite partie de cette gamme – mais malgré cela, cette gamme restreinte permet de nous faire ressentir la variété des couleurs, allant du violet foncé au rouge intense, en passant par le bleu, le vert et le jaune.

Une onde e-m est la propagation dans l'espace et dans le temps d'un champ électrique et d'un champ magnétique (un champ électromagnétique), dont l'amplitude maximale reflète l'intensité de l'onde. L'intensité I d'une onde e-m, qui est proportionnelle au carré de l'amplitude, est une mesure de l'énergie transportée par l'onde. Lorsqu'une onde d'intensité I_o frappe la surface d'un matériau, une fraction I_R va être réfléchie, et une partie $(1\text{-}I_R)$ va pénétrer dans le matériau. De cette dernière, une partie I_A sera absorbée dans le matériau et

[1] Albert A. Michelson (1852-1931), prusso-américain, physicien expérimentateur qui, avec E. W. Morley, a démontré le premier que la vitesse de la lumière était indépendante du mouvement de rotation de la terre, un élément clé pour la dérivation de la théorie de la relativité.

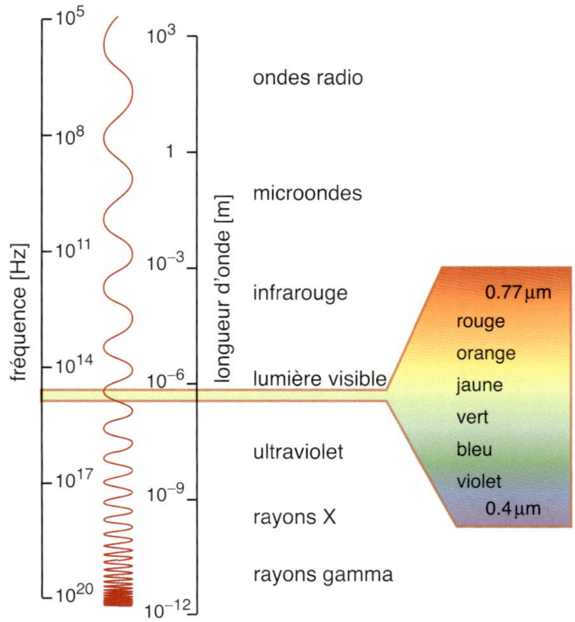

Figure 16.1 Spectre des fréquences et longueurs d'onde dans le vide des ondes électromagnétiques. La partie visible est comprise entre 0.4 et 0.77 μm.

une fraction I_T pourra éventuellement être transmise et ressortir du matériau. Au final, on a le bilan :

$$\frac{I_R}{I_o} + \frac{I_A}{I_o} + \frac{I_T}{I_o} = 1 \qquad (16.1)$$

Le premier terme est la *réflectivité* du matériau, les deux suivants représentant les fractions absorbée et transmise (tous trois étant sans dimension). Ces différentes contributions dépendent bien sûr de la nature du matériau, notamment si c'est un métal ou un isolant, mais aussi de l'état de surface du matériau (rugosité) et de son épaisseur pour les deux derniers termes.

L'optique considère les fréquences (et longueurs d'onde) des radiations comprises dans le spectre visible. Les matériaux qui réfléchissent ou absorbent toute longueur d'onde dans le visible, et donc qui ne transmettent pas la lumière, sont *opaques*, même s'ils peuvent transmettre partiellement des ondes proches du domaine visible (dans l'infrarouge ou l'ultraviolet). Ceux qui transmettent un peu la lumière, mais de manière diffuse, sont appelés *translucides*. Enfin, ceux qui transmettent la lumière suffisamment bien pour que l'on puisse voir à travers sont des matériaux *transparents* ; un sous-ensemble de ces derniers est dit de « *qualité optique* » lorsque la transmission est tellement bonne qu'ils peuvent être utilisés pour réaliser des lentilles, des guides de lumière ou encore des fibres optiques. Les métaux sont typiquement opaques, alors que pour être transparent, le matériau doit être un diélectrique.

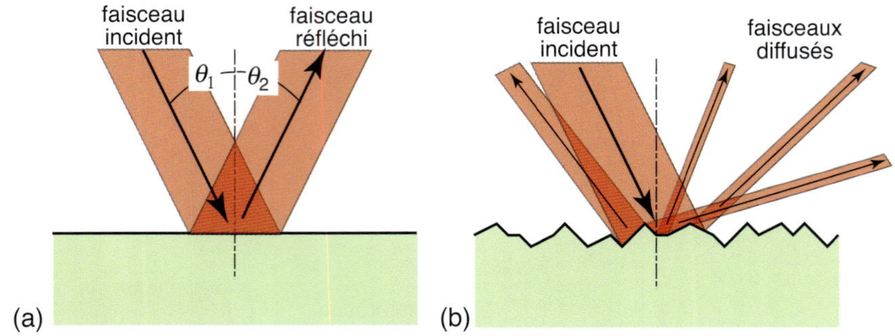

Figure 16.2 Surface réfléchissante plane et lisse (a), donnant une réflexion spéculaire telle que $\theta_1 = \theta_2$. Pour une surface rugueuse (b), les angles d'incidence et de réflexion sont toujours égaux localement, mais l'ensemble des irrégularités de la surface donne une réflexion diffuse.

Réflexion spéculaire et diffuse Une surface est dite *spéculaire* si elle si elle est lisse et plane à l'échelle microscopique : ses irrégularités (sa rugosité) sont beaucoup plus fines que la longueur d'onde de la lumière. Un faisceau lumineux parallèle arrivant sur cette surface avec un angle d'incidence θ_1 va subir une *réflexion spéculaire*, c'est-à-dire qu'il est réfléchi par la surface sous forme d'un faisceau parallèle avec un angle de réflexion θ_2 tel que (fig. 16.2(a)).

$$\theta_1 = \theta_2 \tag{16.2}$$

Une surface *diffuse* est irrégulière : dans ce cas, la loi de la réflexion, (éq. 16.2) est toujours vérifiée localement mais le faisceau incident est réfléchi dans de nombreux directions par les différentes irrégularités de la surface, comme indiqué en figure 16.2(b).

Absorption Lorsque la radiation pénètre dans le matériau, la partie transmise va être progressivement absorbée. Plus l'épaisseur x est grande, plus grande sera l'absorption. Si l'intensité transmise dans le matériau juste à la surface est I_{T0}, l'intensité I_T après une distance de propagation x est donnée par :

$$I_T = I_{T0} \exp(-\beta x) \tag{16.3}$$

où β est le coefficient d'absorption, en m^{-1} (ou souvent en mm^{-1}). Ce coefficient est fonction de la longueur d'onde incidente, ce qui a pour conséquence que de la lumière blanche traversant un matériau peut ressortir avec une couleur correspondant à la couleur la moins absorbée, raison pour laquelle un bloc de glace assez épais apparaît bleu.

Transmission Si un matériau est suffisamment transparent, on peut alors calculer l'intensité d'un faisceau lumineux une fois qu'il a traversé une certaine épaisseur. Il faut enlever la portion du faisceau réfléchie par la surface sur laquelle la lumière est entrée, puis l'intensité

Exemple 16.1

L'eau a un coefficient d'absorption pour le bleu $\beta = 0.01/\text{m}$ et pour le rouge $\beta = 0.3/\text{m}$. Quelle est la fraction absorbée pour chacune de ces longueurs d'onde lorsque la lumière traverse une épaisseur de 10 mètres d'eau ? Quelle sera alors la couleur perçue par un observateur situé à 10 m de la source d'une lumière blanche ?

Solution. La fraction transmise pour la couleur bleue est $\frac{I_T}{I_o} = \exp(-\beta x) = 0.9$; et donc 10% est absorbé. Pour le rouge, la fraction transmise vaut $\frac{I_T}{I_o} = 0.05$; soit 95% absorbé. Par conséquent, la couleur de la source perçue par l'observateur est bleue.

qu'il a perdue en traversant le matériau et enfin la réflexion qu'il subit lorsqu'il arrive (de l'intérieur) sur la surface sortante. L'intensité sortante est alors donnée par :

$$I_T = I_o\left(1 - \frac{I_R}{I_o}\right)^2 \exp(-\beta x) \tag{16.4}$$

Le terme $(1 - I_R/I_o)$ est au carré à cause de la réflexion sur les deux surfaces, d'entrée et de sortie.

Réfraction La vitesse de la lumière dans le vide, $c_o = 3 \times 10^8$ m/s, est un maximum absolu. Lorsque la lumière (ou toute autre radiation e-m) pénètre dans un matériau, elle est ralentie. L'*indice de réfraction*, n, est le rapport de la vitesse dans le vide, c_o, et de celle dans le matériau, c :

$$n = \frac{c_o}{c} \tag{16.5}$$

Ce changement de vitesse a pour conséquence de changer l'angle de propagation de l'onde lorsqu'elle pénètre dans un matériau d'indice n : c'est le phénomène de *réfraction*. Ainsi, si la lumière passe d'un milieu 1 d'indice n_1 à un matériau 2 d'indice n_2, avec un angle d'incidence θ_1, elle se propage dans le milieu 2 avec un angle θ_2 tel que

$$\frac{\sin\theta_1}{\sin\theta_2} = \frac{n_2}{n_1} \tag{16.6}$$

comme indiqué à la figure 16.3(a). Cette équation porte le nom d'*équation de Snell*[2]. L'indice de réfraction dépend de la fréquence de l'onde et donc chaque couleur est réfractée sous des

[2] Willebrord Snell (1591-1626), astronome hollandais, connu aussi sous le nom de Snell van Royen, ou Snellius. Il a dérivé la relation entre les angles de la lumière lorsqu'elle passe d'un milieu transparent à un autre. Le cratère Snellius de la lune porte son nom.

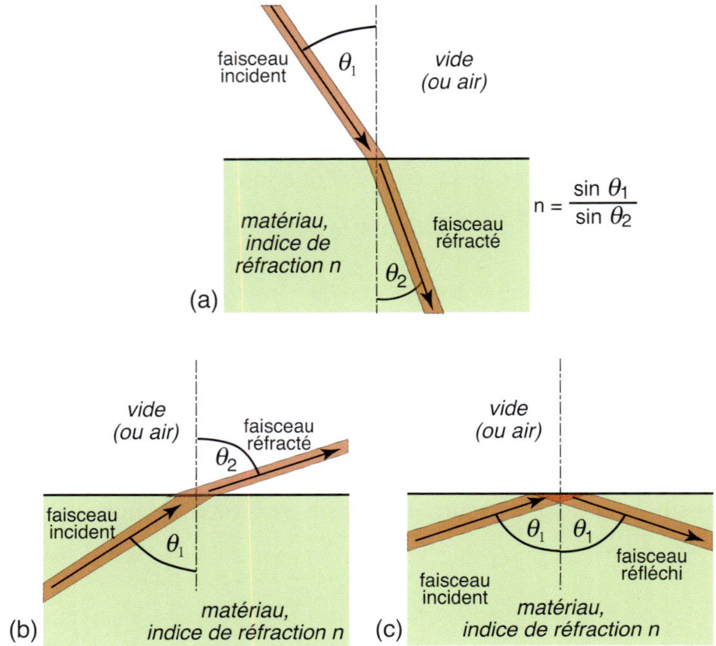

Figure 16.3 Réfraction et réflexion interne totale.

angles différents, produisant ainsi un spectre de couleurs lorsque la lumière blanche pénètre un prisme. Si le matériau 1 est le vide ou l'air, pour lequel $n_1 = 1$, l'équation se réduit à

$$\frac{\sin \theta_1}{\sin \theta_2} = n_2$$

L'équation (16.6) nous indique donc qu'à l'inverse, si la lumière passe d'un milieu d'indice $n_1 = n$ à l'air avec $n_2 = 1$, elle va s'écarter de la normale à la surface, comme indiqué à la figure 16.3(b). Si l'angle d'incidence, θ_1, est progressivement augmenté, à un certain moment le faisceau sortant dans l'air sera parallèle à la surface, auquel cas $\theta_2 = 90$ degrés et sin $\theta_2 = 1$. Cela arrivera pour un angle d'incidence (voir équation (16.6) :

$$\sin \theta_1 = \frac{1}{n} \tag{16.7}$$

Au-delà de cette valeur critique de l'angle d'incidence, l'équation prédit que sin θ_2 est plus grand que 1, ce qui est impossible. En fait, ce qui se passe alors, c'est que la lumière est totalement réfléchie par la surface du matériau comme illustré à la figure 16.3(c). Cette *réflexion interne totale* a plusieurs utilités, l'une d'elles consistant à courber la trajectoire de la lumière avec des prismes dans des jumelles ou des caméras reflex. Le même phénomène est utilisé pour guider la trajectoire de la lumière au sein d'une fibre optique, une application qui a changé nos moyens de communication.

La réflexion est liée à la réfraction. Lorsqu'un faisceau lumineux se propageant dans un matériau d'indice de réfraction n_1 arrive perpendiculairement à la surface d'un second milieu d'indice n_2, la réflectivité est alors donnée par :

$$R = \frac{I_R}{I_o} = \left(\frac{n_2 - n_1}{n_2 + n_1}\right)^2 \tag{16.8a}$$

Si le faisceau incident se propage dans l'air (indice = 1), cette relation devient :

$$R = \frac{I_R}{I_o} = \left(\frac{n-1}{n+1}\right)^2 \tag{16.8b}$$

Par conséquent, des matériaux ayant un indice de réfraction élevé ont aussi une grande réflectivité.

Exemple 16.2

Un matériau a un indice de réfraction $n = 1.3$. Pour quelle valeur d'angle un faisceau de lumière interne est-il totalement réfléchi par sa surface ?

Solution. L'angle de réflexion interne est donné par $\theta_{crit} = \sin^{-1}\left(\frac{1}{n}\right) = 50$ degrés.

Avant de quitter la loi de Snell, on peut se poser la question de savoir pourquoi un faisceau lumineux change de direction avec l'indice de réfraction. Comme nous l'avons dit, un faisceau lumineux pénétrant dans un diélectrique voit sa vitesse de propagation diminuer. Mais pourquoi ce changement de vitesse induit-il un changement de direction ? Pour comprendre cela, nous devons recourir à la construction de Fresnel[3]. L'onde plane doit être vue comme une série de fronts d'onde émis par un ensemble de sources ponctuelles. Pendant un temps Δt, le front avance d'une distance $c\Delta t$, où c est la vitesse de propagation dans le milieu considéré ($c = c_o$ dans le vide ou l'air) – comme indiqué dans la figure 16.4 où le *front d'onde 1* avance de $c_o\Delta t$. Lorsque l'onde arrive à la surface d'un milieu ayant un indice de réfraction plus élevé, elle avance plus lentement et par conséquent l'avance du front d'onde dans ce milieu pendant le même intervalle de temps est moindre, comme indiqué sur la figure pour le *front d'onde 2* avançant de $c\Delta t$. Si l'angle d'incidence θ_1 n'est pas nul, le front d'onde entre progressivement dans le milieu, ce qui l'incurve, et lorsque le front est totalement dans celui-ci, la lumière se propage dans une nouvelle direction. Des arguments géométriques simples aboutissent alors à l'équation (16.6).

[3] Augustin Jean Fresnel (1788-1827), physicien français et ingénieur, connu pour ses travaux sur la théorie de la lumière, de la diffraction et de la polarisation.

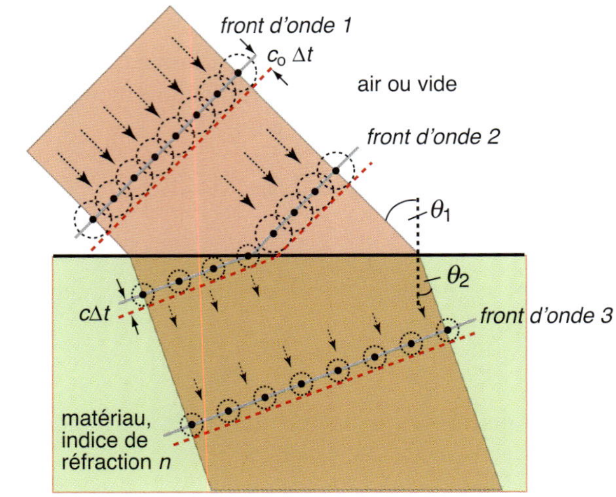

Figure 16.4 Construction de Fresnel expliquant le changement de direction d'un faisceau lumineux pénétrant dans un milieu d'indice de réfaction plus élevé.

16.3 Cartes des propriétés optiques des matériaux

Indice de réfraction et constante diélectrique La figure 16.5 donne l'indice de réfraction, n, de quelques diélectriques en fonction de leur constante diélectrique ε_R (définie au chapitre 14). Les matériaux représentés par une bulle blanche sont transparents à la lumière visible, alors que ceux indiqués par une bulle rouge ne le sont pas, mais peuvent transmettre les radiations de plus grande longueur d'onde (le germanium, par exemple, est utilisé pour les lentilles d'imagerie infrarouge). Observer le domaine étendu de l'indice de réfraction des verres, pouvant être ajusté par leur composition. Cette possibilité de contrôler n en changeant la composition d'un matériau est essentielle pour le choix des matériaux en vue d'applications optiques telles que lentilles ou fibres optiques. La relation entre n et ε_R sera analysée dans la section 16.4.

Reflectivité et indice de réfraction La réfraction spectaculaire et l'éclat du diamant sont dus à son indice de réfraction élevé, lui conférant également une grande réflectivité et une réflectivité interne totale élevée. La figure 16.6 donne une carte de la réflectivité en fonction de l'indice de réfraction. Comme pour la carte précédente, les matériaux transparents dans le visible sont représentés par une bulle blanche, alors que ceux qui sont opaques sont en rouge. La réflectivité dépendant de n, les matériaux sont alignés dans une bande assez étroite. A un haut indice de réfaction est associée une grande réflectivité, et parmi les matériaux, le diamant occupe une place particulière avec un indice $n = 2.42$. Cette propriété, combinée avec une dureté exceptionnelle, une durée de vie « éternelle » et une grande rareté en font

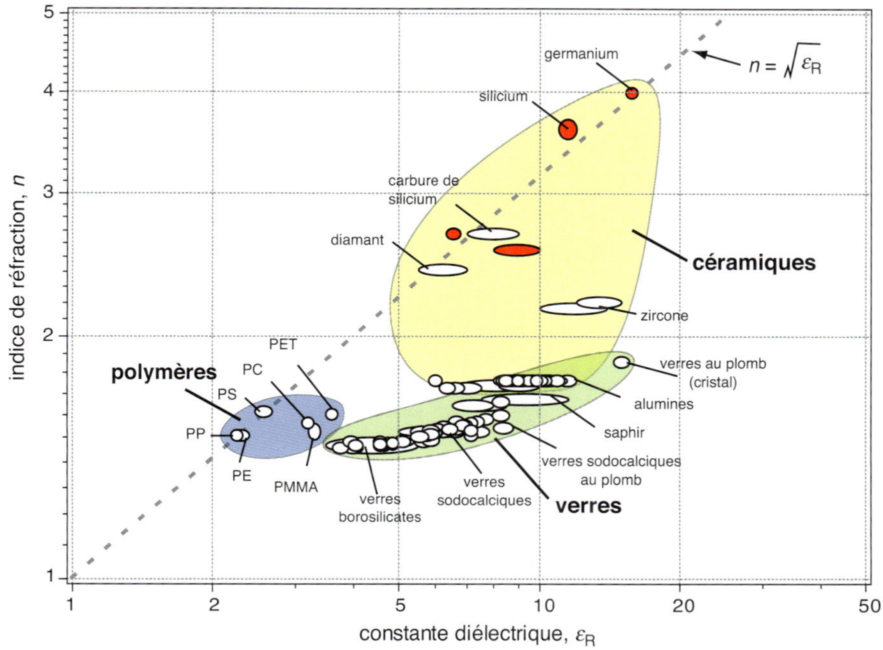

Figure 16.5 Carte de l'indice de réfraction des matériaux en fonction de leur constante diélectrique, montrant la relation approximative $n = \sqrt{\varepsilon_R}$. (Cette carte, ainsi que la suivante, a été tracée à l'aide de la base de données de CES, niveau 3).

un objet de joaillerie très recherché. La bijouterie de fantaisie utilise une alternative bon marché qui imite le diamant avec un indice de réfraction élevé : le zircon $ZrSiO_4$ (n = 1.98) et la zircone ZrO_2 (n = 2.17). La bijouterie en plastique est loin derrière, comme indiqué par la carte, puisque le polystyrène (PS), avec n = 1.58, est le polymère ayant l'indice le plus élevé, raison pour laquelle il est d'ailleurs utilisé pour les boîtiers de CD).

16.4 Approfondissement : physique et manipulation des propriétés optiques

Comme toute radiation, la lumière est une onde électromagnétique (e-m). Les champs associés à une onde sont illustrés dans la figure 16.7 pour une onde plane polarisée à un instant donné. Le champ électrique varie dans le temps avec une fréquence ν, dont la valeur détermine la couleur dans le spectre de la figure 16.1. Un champ électrique qui varie dans un plan induit un champ magnétique fluctuant avec la même fréquence dans le plan perpendiculaire. C'est le cas d'une onde plane polarisée, ce qui n'est pas le cas de la lumière naturelle : la lumière naturelle a des champs électrique et magnétique qui ne sont pas contenus chacun dans un plan donné, mais qui au contraire varient aussi dans leur direction.

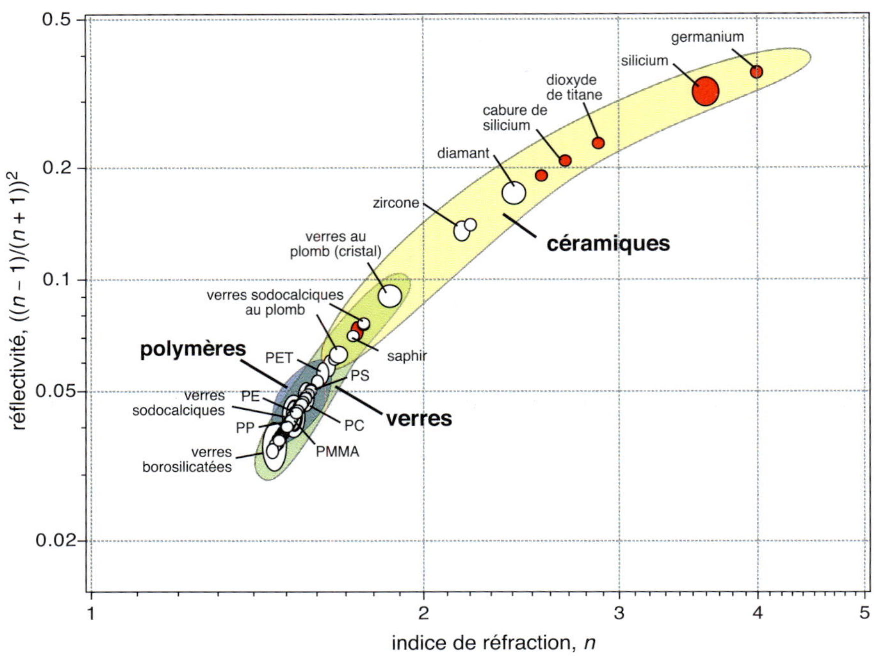

Figure 16.6 Carte de la réflectivité en fonction de l'indice de réfraction. Les matériaux représentés par un domaine blanc sont transparents à la lumière visible; ceux illustrés par un domaine rouge sont transparents à l'infrarouge et au-delà, mais pas dans le visible. Le diamant occupe une place particulière avec son haut indice de réfraction et sa grande réflectivité dans le domaine visible.

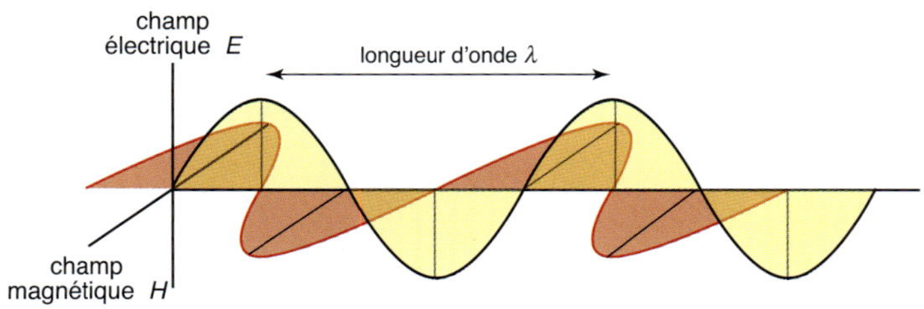

Figure 16.7 Onde électromagnétique polarisée plane à un instant donné. Le champ électrique et le champ magnétique sont dans deux plans orthogonaux.

De nombreux aspects de la lumière peuvent être compris en assimilant la radiation à une onde. Mais d'autres requièrent d'avoir recours à l'aspect corpusculaire de la radiation, en la considérant alors comme un ensemble discret de paquets d'énergie, les *photons*.

Cette association n'est pas intuitive – c'est un des résultats de la mécanique quantique. L'énergie E_{ph} d'un photon pour une radiation de fréquence ν ou de longueur d'onde λ est donnée par :

$$E_{ph} = h\nu = \frac{hc}{\lambda} \qquad (16.9)$$

où h est la constante de Planck[4] (6.626×10^{-34} J·s) et c est la vitesse de la lumière. Donc, une radiation de fréquence donnée a des photons d'énergie fixée, indépendamment de l'intensité de la radiation – une intensité lumineuse plus élevée comporte simplement un plus grand nombre de photons. Cet aspect corpusculaire de la lumière est essentiel pour comprendre la réflexion, l'absorption et la transmission de la lumière dans un matériau.

Exemple 16.3

Quelle est l'énergie d'un photon pour une longueur d'onde de la lumière dans le vide $\lambda = 0.5$ µm ?

Solution. Avec la constante de Planck, $h = 6.6 \times 10^{-34}$ J·s, et la vitesse de la lumière dans le vide, $c = 3 \times 10^8$ m/s, l'énergie d'un photon est donc simplement : $E_{ph} = h\nu = hc/\lambda = 4.0 \times 10^{-19}$ J. Il est cependant plus pratique d'exprimer cette énergie en terme d'électron volt (eV). Un électron volt (eV) est l'énergie potentielle d'un électron placé dans un potentiel électrique de 1 volt : donc 1 eV = 1.6×10^{-19} J. Donc, l'énergie du photon pour une longueur d'onde de 0.5 µm vaut :

$$E_{ph} = 2.5 \text{ eV}$$

Pourquoi les métaux ne sont-ils pas transparents ? Au chapitre 14, nous avons vu que les électrons dans un matériau occupent des niveaux d'énergie discrets autour des noyaux de leurs atomes auxquels ils sont attachés, chaque orbitale pouvant être occupée par deux électrons au plus (de spins opposés). Les électrons des orbitales les plus externes vont assurer les liaisons entre les atomes. Pour les métaux, ces électrons sont délocalisés sur tout le réseau cristallin et occupent des niveaux d'énergie très serrés qui ne sont pas tous occupés dans la bande de conduction. Remplir les niveaux d'énergie d'un métal est un peu comme remplir un réservoir avec de l'eau jusqu'à un certain niveau – la surface supérieure étant le *niveau de Fermi* ; les niveaux d'énergie au-dessus sont inoccupés (au zéro absolu). Mais si l'eau est « excitée » – par exemple, en secouant un peu le récipient – de l'eau peut aller au-dessus du niveau statique. Si l'agitation est arrêtée, le niveau revient à son niveau de Fermi.

[4] Max Karl Ernst Ludwig Planck (1858-1947), un scientifique ayant occupé une place centrale dans le développement de la mécanique quantique. C'est lui qui a notamment formulé l'équation (16.9).

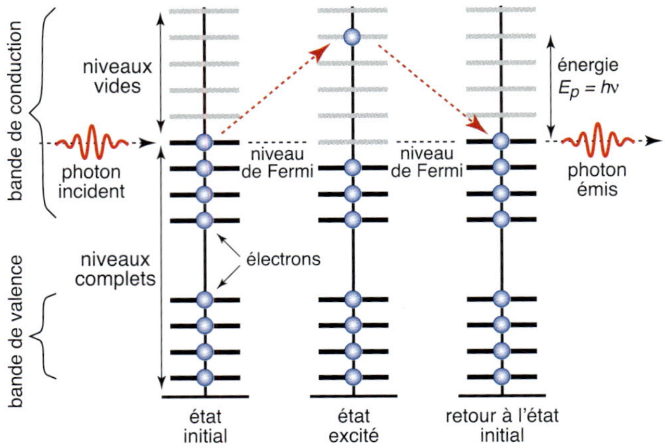

Figure 16.8 Les métaux absorbent les photons, leur énergie servant à exciter les électrons et les faisant passer d'une région pleine de la bande de conduction à un niveau non occupé. Lorsque l'électron retombe à son niveau de départ, il réémet un photon.

De même, une radiation va exciter les électrons ; et dans les métaux, il y a plein de niveaux d'énergie au-dessus du niveau de Fermi dans la bande de conduction vers lesquels les électrons excités peuvent aller. Mais c'est là que les effets quantiques interviennent. Un photon d'énergie $h\nu$ peut exciter un électron seulement s'il y a un niveau d'énergie disponible situé exactement à une énergie $h\nu$ au-dessus du niveau de Fermi – et dans les métaux il y en a. Par conséquent, tout photon arrivant sur un métal peut exciter des électrons et donc être capturé, quelle que soit sa longueur d'onde. La figure 16.8 montre à gauche ce qui arrive pour un de ces photons.

Et ensuite ? De la même manière que l'eau après avoir été remuée revient à son niveau de base, les électrons reviennent à un niveau d'énergie inférieur en émettant un photon de même énergie que celui qui les a excités, mais dans une direction aléatoire. Tout photon se déplaçant à l'intérieur du matériau est immédiatement recapturé après une distance très courte, pas plus de 0.01 µm (soit environ 30 diamètres atomiques) en dessous de la surface. Finalement, tous réémergent de la surface du métal – ou en d'autres termes, sont réfléchis. De nombreux métaux – l'argent, l'aluminium, l'acier inoxydable par exemple – réfléchissent toutes les longueurs d'onde incidentes de manière très similaire, ce qui fait qu'ils apparaissent gris s'ils sont éclairés avec de la lumière blanche. D'autres – le cuivre, le laiton, le bronze – réfléchissent mieux certaines longueurs d'onde que d'autres et apparaissent colorés, les autres longueurs d'onde étant légèrement plus absorbées dans la couche très fine située juste sous la surface.

En résumé, la réflexion de la lumière par les métaux est liée aux électrons situés dans les niveaux supérieurs de la bande de conduction. Ces mêmes électrons sont ceux qui sont responsables de leur conduction électrique. Pour cette raison, les meilleurs réflecteurs métalliques de la lumière sont aussi les meilleurs conducteurs électriques – raison pour laquelle les miroirs de haute qualité utilisent l'argent, alors que les meilleur marché sont en aluminium.

Comment la lumière peut-elle passer à travers les diélectriques ? Si les électrons peuvent happer des photons, pourquoi certains matériaux peuvent-ils être transparents ? Les non-métaux interagissent différemment avec les radiations. Une partie d'un faisceau lumineux peut être réfléchie, mais une grande partie va pénétrer dans le matériau, induisant une réponse diélectrique et magnétique. Sans surprise, la vitesse de propagation d'une onde e-m dépend des propriétés diélectriques et magnétiques du matériau à travers lequel elle se propage. Dans le vide, la vitesse de propagation est donnée par :

$$c_o = \frac{1}{\sqrt{\varepsilon_o \mu_o}} \tag{16.10}$$

où ε_o est la permittivité et μ_o la perméabilité magnétique du vide, telles que définies aux chapitres 14 et 15. A l'intérieur du matériau, la vitesse de propagation devient :

$$c = \frac{1}{\sqrt{\varepsilon\,\mu}} \tag{16.11}$$

où $\varepsilon = \varepsilon_R \varepsilon_o$ et $\mu = \mu_R \mu_o$ sont la permittivité et la perméabilité du matériau. L'indice de réfraction est donc donné par :

$$n = \frac{c_o}{c} = \sqrt{\varepsilon_R\ \mu_R} \tag{16.12}$$

La perméabilité relative μ_R de la plupart des diélectriques est proche de l'unité – seuls les matériaux magnétiques du chapitre 15 ont des valeurs plus grandes. Donc :

$$n \approx \sqrt{\varepsilon_R} \tag{16.13}$$

La carte de la figure 16.5 reporte n en fonction de ε_R. La diagonale n'est rien d'autre que la traduction de cette équation dans une échelle logarithmique. Les polymères et des matériaux très purs comme le diamant, le silicium ou le germanium sont très proches de cette droite, mais les autres sont en moins bon accord. Ceci est dû au fait que l'indice de réfraction et la constante diélectrique dépendent de la fréquence. L'indice de réfraction est mesuré le plus souvent par des techniques d'optique, donc dans une gamme de fréquence aux environs de 10^{15} Hz. La constante diélectrique est mesurée quant à elle dans la gamme des radio-fréquences ou plus bas – soit 10^6 Hz ou moins. Si les deux étaient mesurés pour la même fréquence, l'équation (16.13) serait alors valable.

Exemple 16.4

Un matériau diélectrique a une constante diélectrique relative à haute fréquence ε_R = 3.5. Estimer son indice de réfraction.

Solution. L'indice de réfraction vaut environ $n \approx \sqrt{\varepsilon_R} = 1.87$.

La raison pour laquelle une radiation d'une certaine fréquence peut pénétrer un diélectrique est que son niveau de Fermi est situé au sommet de la bande de valence, juste avant le gap d'énergie la séparant de la bande de conduction (chap. 14 et fig. 16.9). La bande de

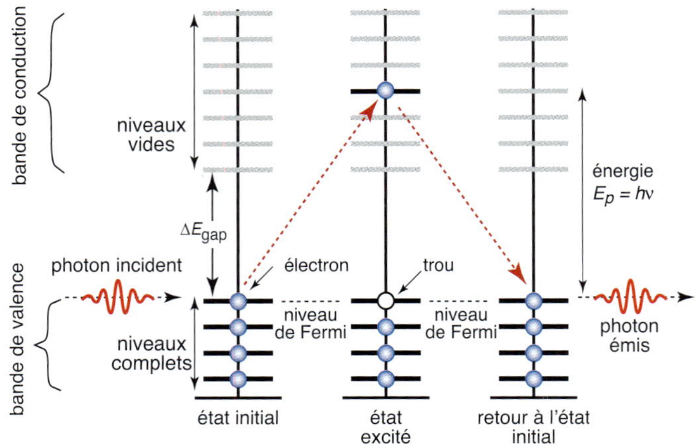

Figure 16.9 Les diélectriques ont une bande de valence complète, séparée de la bande de conduction par un gap d'énergie. Le matériau ne peut pas capturer un photon d'énergie inférieure à l'énergie du gap ΔE_{gap}, signifiant qu'il est transparent pour de telles radiations. Des photons d'énergie supérieure à ΔE_{gap} sont absorbés, comme illustré ici.

conduction, avec des états énergétiques vides en abondance, est au-dessus. Pour exciter un électron, il faut lui fournir un photon d'une énergie au moins égale à l'énergie de ce gap, ΔE_{gap}. Par conséquent, un photon d'une énergie inférieure à ΔE_{gap} ne peut pas exciter les électrons de la bande de valence – puisqu'il n'y a pas d'état énergétique à l'intérieur du gap lui permettant de sauter. La radiation voit donc le matériau comme un milieu transparent, puisqu'elle ne peut pas interagir avec les électrons, et elle passe donc au travers.

Cependant, les électrons peuvent être excités par des photons d'énergie plus grande que ΔE_{gap} (i.e. de plus haute fréquence ou de plus petite longueur d'onde). Ces photons ont assez d'énergie pour faire sauter les électrons de la bande de valence à la bande de conduction, laissant donc un « trou » dans la bande de valence. Lorsqu'ils retombent, comblant ainsi le trou, les électrons émettent une radiation de même fréquence que les photons incidents et le matériau n'est alors pas transparent pour cette radiation (fig. 16.9, droite). La fréquence critique ν_{crit} pour laquelle les photons commencent à interagir avec le matériau est donnée par :

$$h\nu_{crit} = \Delta E_{gap} \tag{16.14}$$

Le matériau est donc opaque à toute fréquence plus grande que cette valeur critique. Par exemple, la bakélite est transparente aux infrarouges parce que la fréquence, et donc l'énergie des photons, est trop faible pour faire transiter un électron à travers le gap d'énergie. Cependant, le spectre visible a des photons d'énergie plus élevée, plus grande que le gap d'énergie et ceux-ci sont capturés et réfléchis.

Bien que les diélectriques ne peuvent pas absorber des photons ayant une énergie inférieure à celle de leur gap d'énergie, ils ne sont pas tous transparents. La plupart sont polycristallins et ont un indice de réfraction qui dépend de la direction ; par conséquent, la lumière est diffusée lorsqu'elle passe d'un grain à un autre. Des imperfections, notamment la porosité, ont le même effet. La diffusion, illustrée à la figure 16.10, va rendre le matériau translucide, voire même opaque, alors que s'il s'agissait d'un monocristal sans défauts il serait complètement transparent. C'est pour cette raison que le saphir (l'alumine Al_2O_3) utilisé pour les glaces de montres ou les fenêtres de cockpits d'avions est transparent, alors que le même matériau utilisé sous forme polycristalline avec un peu de porosité pour les substrats électroniques est translucide ou opaque. La diffusion lumineuse explique pourquoi certains polymères sont translucides ou opaques : leur microstructure est un mélange de régions cristallines et amorphes avec des indices de réfraction différents. Elle explique aussi pourquoi certains polymères deviennent blancs dans les zones où ils sont déformés : la lumière dans ces zones est diffusée par les microfissures internes – comme décrit au chapitre 6.

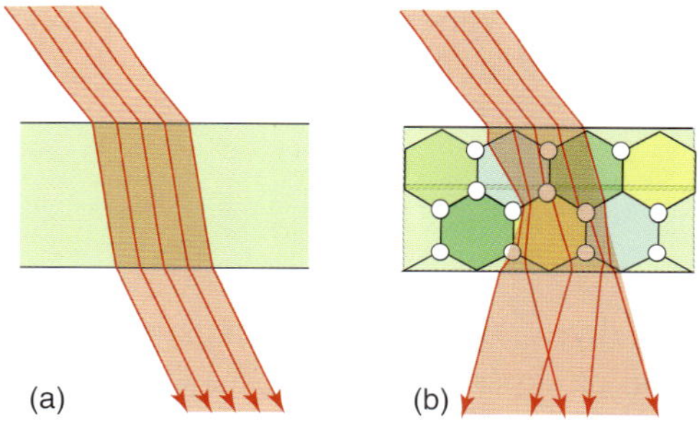

Figure 16.10 (a) Un verre pur, sans structure ou défaut interne, avec un large gap d'énergie est complètement transparent. (b) La lumière pénétrant une céramique polycristalline ou un polymère partiellement cristallin subit des réfractions multiples et est également diffusée par des défauts tels que la porosité, rendant le matériau translucide.

Exemple 16.5

Un isolant a un gap d'énergie ΔE_{gap} = 1 eV. Pour quelles longueurs d'onde est-il transparent ?

Solution. Le matériau sera transparent pour des fréquences de radiation en dessous de la valeur critique donnée par

$$\nu_{crit} \leq \frac{\Delta E_{gap}}{h}$$

où la constante de Planck $h = 6.6 \times 10^{-34}$ J·s. Donc, $\nu_{crit} \leq 2.4 \times 10^{14}$ Hz. Ceci correspond à des longueurs d'onde

$$\lambda_{crit} = \frac{c}{\nu_{crit}} \geq 1.24\ \mu m$$

Couleur Si un matériau a un gap d'énergie ΔE_{gap} dans les limites du visible, les fréquences des photons correspondant à une énergie plus grande que ce gap sont absorbées alors que les fréquences inférieures ne le sont pas. La radiation absorbée est réémise lorsque l'électron retombe à un niveau d'énergie inférieur, mais qui n'est pas nécessairement le niveau d'où il provenait, auquel cas le photon émis n'a pas la même fréquence que le photon initialement absorbé. La lumière émise par le matériau est alors un mélange de fréquences entre celles transmises et celles émises, ce qui lui confère une couleur caractéristique.

Un contrôle spécifique de la couleur d'un matériau isolant peut être obtenu par dopage – l'incorporation dans le matériau d'impuretés créant des niveaux d'énergie intermédiaires dans le gap d'énergie de l'isolant, comme indiqué à la figure 16.11. La radiation est absorbée comme auparavant, mais l'électron redescend à un niveau d'énergie inférieure en deux étapes discrètes, la première de l'état excité à l'état intermédiaire d'énergie du dopant, en émettant un premier photon de fréquence $\nu_1 = \Delta E_1/h$, puis de ce niveau à la bande de valence en émettant un deuxième photon de fréquence $\nu_2 = \Delta E_2/h$. Des couleurs très pures peuvent ainsi être obtenues lorsque les verres (ou les monocristaux) sont dopés avec des ions métalliques : du cuivre donne du bleu, du cobalt du violet, du chrome du vert, du manganèse du jaune.

Exemple 16.6

Un diélectrique a un niveau d'énergie intermédiaire créé par un dopant qui est situé $\Delta E = 2.1$ eV sous la bande de conduction. Si les électrons sont excités dans la bande de conduction, puis retombent sur ce niveau intermédiaire, quelle est la longueur d'onde de la radiation émise ? Correspond-elle au domaine visible ? Si oui, quelle est sa couleur ?

Solution. La fréquence de la radiation émise est donnée par

$$\nu = \frac{\Delta E}{h} = \frac{2.1 \times 1.6 \times 10^{-19}}{6.6 \times 10^{-34}} = 5.1 \times 10^{14}/\text{s}$$

Sa longueur d'onde est donc $\lambda = c/\nu = 0.59\ \mu\text{m}$. En regardant la figure 16.1, cela correspond à du vert dans le spectre visible.

Fluorescence, phosphorescence et électroluminescence Des électrons peuvent être excités à des niveaux d'énergie supérieurs par des photons incidents, pour autant que ces derniers aient une énergie suffisante. Des électrons énergétiques, tels que ceux accélérés dans un tube cathodique à rayons X, font la même chose. Dans la plupart des matériaux, un électron retombe à son niveau d'énergie initial extrêmement rapidement, mais pour d'autres, il peut y avoir un délai. Si, lors de cette chute d'énergie, le photon émis est dans le domaine visible, l'effet est appelé *luminescence* – le matériau continue à émettre de la lumière après que le faisceau incident est arrêté. Lorsque ce délai est de quelques fractions de secondes, cet effet porte le nom de *fluorescence* : il est utilisé dans l'éclairage fluorescent, par exemple par excitation UV à partir d'une décharge dans un gaz ou dans un (ancien) tube TV par excitation d'un faisceau d'électrons qui balaye la surface de l'écran. Lorsque le délai est plus long, on parle de *phosphorescence* : il n'est plus utile pour créer des images animées mais

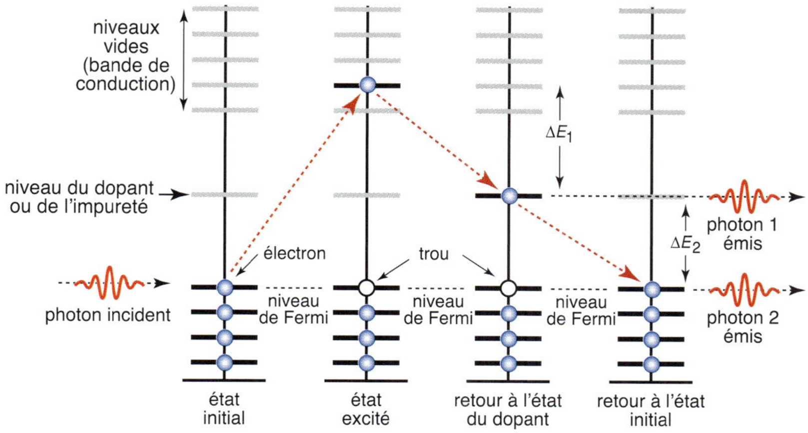

Figure 16.11 Des impuretés ou des éléments de dopage créent des niveaux d'énergie intermédiaires dans le gap d'un isolant. Les électrons peuvent alors faire des transitions via ces niveaux d'énergie et émettre des photons d'une fréquence (couleur) spécifique.

peut par contre servir pour l'affichage statique comme pour les cadrans et aiguilles de montres, où l'excitation vient d'électrons (particules β) émis par les ingrédients faiblement radioactifs d'une peinture.

Photo-conductivité Les diélectriques sont vraiment des isolants seulement s'il n'y a aucun électron dans la bande de conduction, car sinon, ils conduiraient sous l'application d'un champ électrique. Si un diélectrique a un faible gap d'énergie et qu'on l'éclaire avec de la lumière visible, les électrons peuvent sauter dans la bande de conduction et le rendre ainsi conducteur (certes avec une résistivité électrique élevée). Plus l'intensité de la lumière est grande, plus élevée sera la conductivité. Les photomètres utilisent cet effet: ces appareils mesurent simplement la résistance d'un élément photo-conducteur tel que le sulfure de cadmium.

16.5 Conception de systèmes optiques

Utilisation des phénomènes de réflexion et de réfraction Les télescopes, microscopes, appareils photographiques et phares de voitures exigent tous de pouvoir focaliser la lumière. Les réflecteurs de télescopes et les phares de voitures utilisent des verres ou des plastiques métallisés, polis ou moulés en une forme concave; le métal utilisé est généralement l'argent, de par sa très bonne réflectivité dans tout le spectre visible.

Les télescopes à réfraction, les microscopes et les appareils photographiques utilisent la réfraction de la lumière. Pour de tels systèmes, la propriété importante est l'indice de réfraction et sa dépendance en fréquence (en effet, si cette dépendance est grande, les différentes couleurs seront focalisées en des plans différents), ainsi que la réflectivité (puisque la lumière réfléchie est perdue et ne contribue donc pas à la formation de l'image). Comme indiqué par la carte de la figure 16.5, la plupart des éléments et des composés ont un indice de réfraction donné. Mais les verres sont différents : leur indice de réfraction peut être modifié entre des valeurs allant de 1.5 à plus de 2. L'ajout d'éléments légers tels que le sodium (dans les verres sodocalciques) abaisse l'indice de réfraction alors que des éléments lourds tels que le plomb (dans les verres au plomb ou les verres en « cristal ») l'augmentent.

Utilisation de la réflexion interne totale Les fibres optiques ont révolutionné la transmission numérique de l'information : la plupart des lignes de communication terrestres utilisent ce moyen de transmission plutôt que les câbles de cuivre. Une fibre optique est composée d'un matériau de cœur en verre pur entouré d'un autre verre ayant un indice de réfraction plus faible, comme indiqué à la figure 16.12. Un signal digital est converti par une diode électroluminescente (« Light Emitting Diode » ou LED) en impulsions optiques injectées dans la fibre. Les impulsions de lumière sont piégées dans le cœur de la fibre, même si la fibre est incurvée, car tout rayon lumineux arrivant sous un angle faible à l'interface cœur-revêtement est totalement réfléchi. La pureté du cœur – un verre de silice – est telle que l'absorption est très faible ; ainsi la distance entre répétiteurs, i.e. des dispositifs qui reçoivent, amplifient et réémettent le signal, peut être grande.

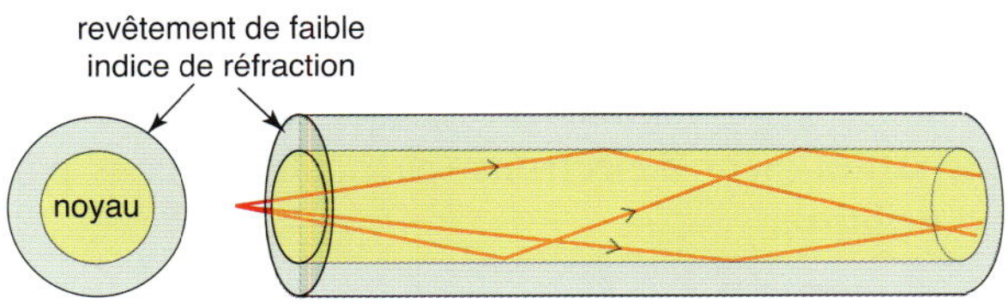

Figure 16.12 Fibre optique : le gradient radial d'indice de réfraction permet de garder la lumière à l'intérieur de la fibre par des réflexions internes totales, même si le faisceau est légèrement divergent.

16.6 Résumé et conclusions

Les matériaux interagissent avec les ondes électromagnétiques de plusieurs façons : ils peuvent les réfléchir, les réfracter et les absorber. Ceci peut s'expliquer si l'on considère qu'une radiation est en même temps une onde de fréquence ν et une ensemble discret de photons ayant une énergie $E_{ph} = h\nu$. Les électrons d'un matériau peuvent capturer les photons, en absorbant leur énergie, pour autant que des niveaux d'énergie situés exactement à E_{ph} au-dessus de leur niveau d'énergie fondamental soient inoccupés. Après un délai qui est généralement court, les électrons excités retombent à leur niveau fondamental, réémettant cette énergie sous forme de photons. Dans les métaux, les niveaux d'énergie inoccupés sont situés directement au-dessus des niveaux occupés et tout photon incident est capturé puis réémis, ce qui leur confère une grande réflectivité. Dans les diélectriques, les électrons des atomes ignorent les basses fréquences, soit les photons de basse énergie, et ne capturent que ceux ayant une énergie plus grande que l'énergie de gap. Ceux qui ne sont pas capturés passent à travers le matériau, qui est alors transparent. Le dopage des diélectriques introduit des niveaux d'énergie intermédiaires au sein du gap, permettant ainsi aux électrons de transiter par ces niveaux et conférant alors aux diélectriques une couleur bien définie correspondant à l'énergie des photons émis lors de ces transitions électroniques.

Lorsqu'une radiation pénètre dans un diélectrique, sa vitesse de propagation diminue. Ceci a pour conséquence de dévier un faisceau lumineux entrant avec un angle d'incidence – phénomène de réfraction. Ce phénomène permet de focaliser la lumière par des lentilles, de la dévier par des prismes et de la confiner dans des fibres transparentes de faible diamètre pour transmettre l'information ou la lumière.

De tous les matériaux transparents à notre disposition, les verres sont ceux offrant la plus grande gamme d'indices de réfraction et de couleur. Les verres sont basés sur la silice amorphe SiO_2. La silice est un excellent solvant qui peut accommoder de nombreux autres oxydes dans une grande gamme de compositions. C'est ce qui permet d'ajuster les propriétés optiques des verres aux besoins de la conception.

16.7 Lectures complémentaires

Callister, W. D., Jr. (2003). *Materials Science and Engineering, an Introduction* (6th ed.). New York, USA: John Wiley. ISBN 0-471-13576-3. (*Une introduction claire et bien établie à la science des matériaux.*)

Jiles, D. (2001). *Introduction to the Electronic Properties of Materials*. Cheltenham, UK: Nelson Thompson. ISBN 0-7487-6042-3. (*Une approche directe originale des propriétés thermiques, électriques, magnétiques et optiques des matériaux et de leurs origines électroniques.*)

16.8 Exercices

Exercice E16.1 Définir l'indice de réfraction. Donner des exemples de dispositifs utilisant le phénomène de réfraction.

Exercice E16.2 Définir la réflectivité. Donner des exemples de dispositifs basés sur la réflectivité.

Exercice E16.3 Le coefficient d'absorption du polyéthylène dans la gamme du visible est de 86.6 m^{-1}. Quelle est l'épaisseur de polyéthylène nécessaire pour réduire de moitié l'intensité d'un faisceau de lumière ?

Exercice E16.4 Pourquoi les métaux sont-ils de bons réflecteurs des radiations e-m ?

Exercice E16.5 On se propose de remplacer le verre sodocalcique d'une serre par du polycarbonate (PC). Est-ce que les parois en PC reflètent plus la lumière ? L'indice de réfraction du verre est 1.5, celui du PC 1.6.

Exercice E16.6 Les verres fabriqués par les compagnies Waterford et Steuben, utilisés pour les objets ornementaux très chers, contiennent beaucoup d'oxyde de plomb. En utilisant l'information de la carte de la figure 16.6, peut-on expliquer ce choix ?

Exercice E16.7 Un dispositif de rayons X a une fenêtre en béryllium pour transmettre le faisceau. Le coefficient d'absorption du béryllium pour la longueur d'onde de ces rayons X est $3.02 \times 10^2\ m^{-1}$. Si la fenêtre a 2 mm d'épaisseur, quelle fraction du faisceau est transmise à travers ? Le reste de l'équipement est protégé par du plomb de 4 mm d'épaisseur, le coefficient d'absorption de cet élément pour ces longueurs d'onde valant $3.35 \times 10^6\ m^{-1}$. Quelle fraction de l'intensité du faisceau peut s'échapper des parois du dispositif ?

Exercice E16.8 Quel principe et quel matériau faut-il choisir pour un interrupteur sensible à la lumière dans une serre ?

Exercice E16.9 Quel principe et quel matériau faut-il choisir pour fabriquer un détecteur de présence sensible à la chaleur afin d'allumer/éteindre la lumière dans un garage ?

Exercice E16.10 Une fibre optique a un cœur en verre d'indice de réfraction $n_1 = 1.48$, entouré d'un revêtement d'indice $n_2 = 1.45$. Quelle est la déviation angulaire maximale admissible d'un faisceau lumineux circulant dans le cœur de cette fibre par rapport à son axe si l'on veut éviter qu'il ne s'échappe ?

16.9 Conception assistée avec le logiciel CES (utiliser le niveau 2 par défaut)

Exercice E16.11 Utiliser la fonction « Search » pour trouver des matériaux pour :

(a) des lentilles.
(b) des miroirs.

Exercice E16.12 Explorer le meilleur choix de polymères bon marché pour une nouvelle ligne de moulage par injection de bijoux de fantaisie. Leur transparence doit être de qualité optique, avec un indice de réfraction le plus élevé possible. Le tableau ci-dessous résume les contraintes.

Fonction	• Bijou de fantaisie en plastique
Contraintes	• Transparence de qualité optique • Moulable par injection • Prix <5 $/kg
Objectif	• Maximiser l'indice de réfraction
Variable libre	• Choix du matériau

Exercice E16.13 On recherche un matériau pour le miroir arrière d'un télescope en réflexion. Il doit avoir un module élastique d'au moins 50 GPa pour qu'il ne soit pas déformé par son propre poids; sa dureté doit être élevée pour que sa surface (qui sera ensuite argentée), une fois polie, ne soit pas altérée; son coefficient d'expansion thermique doit être le plus faible possible pour minimiser les distorsions liées aux variations de température; enfin, il doit pouvoir être moulé ou coulé à la forme souhaitée avant polissage final. Utiliser le logiciel CES pour trouver les bons candidats.

Fonction	• Miroir arrière
Contraintes	• Module d'élasticité >50 GPa
	• Procédés: coefficient de moulage de 5
Objectif	• Dureté maximale et coefficient d'expansion thermique minimal
Variable libre	• Choix du matériau

Exercice E16.14 Trouver pour des lentilles de contact les matériaux optiquement transparents, ayant un coefficient de possibilité de moulage de 5 et possédant une excellente résistance à l'eau douce et à l'eau salée.

16.10 Explorer la science avec CES Elements

Exercice E16.15 La loi de Hagen-Rubens – une relation empirique – relie le coefficient de réflectivité d'un métal R à sa résistivité électrique ρ_e en $\mu\Omega\cdot$cm

$$R \approx 1 - 0.02\sqrt{\rho_e}$$

Etablir une carte avec R sur l'axe vertical et la conductivité électrique $1/\rho_e$ sur l'axe horizontal. Utiliser cette carte pour trouver les trois éléments ayant la plus haute réflectivité.

Exercice E16.16 Dans ce chapitre, nous avons montré que l'indice de réfraction n pouvait être relié à la constante diélectrique ε_R du matériau via l'équation

$$n = \sqrt{\varepsilon_R}$$

Faire une carte où $\sqrt{\varepsilon_R}$ est sur l'axe horizontal et n sur l'axe vertical pour les divers éléments afin de voir l'exactitude de cette relation. Quels sont les éléments qui suivent cette relation ?

Chapitre 17
Durabilité : oxydation, corrosion, dégradation

Corrosion. (Image reproduite avec l'autorisation de Norbert Wodhnl © Norbert Wodhnl.)

Contenu du chapitre

17.1 Introduction et présentation du chapitre

Le verset de Saint Mathieu (6:19-21) nous enseigne de ne pas amasser des richesses sur terre car nous vivons dans un monde où « la teigne et la rouille détruisent – un monde de corrosion, de dégradation et de décomposition » (voir la figure en tête de ce chapitre). Une pensée pas très positive pour commencer ce chapitre ! Mais en comprenant ces mécanismes de destruction, nous pouvons dans une certaine mesure les contrôler. Ce chapitre est donc consacré à la description des processus de dégradation et de corrosion des matériaux, des mécanismes sous-jacents et des mesures pouvant être prises pour les freiner.

La durabilité est un élément clé des matériaux, au centre des préoccupations de qualité et de sécurité. C'est un des attributs les plus difficiles à définir, caractériser, quantifier et utiliser pour la sélection des matériaux, pour les raisons suivantes :

- Cet attribut est fonction du matériau, mais aussi de l'environnement dans lequel il est placé.
- Il y a de nombreux mécanismes de dégradation, certains génériques, d'autres beaucoup plus spécifiques à un type de matériau et d'environnement.
- Des combinaisons de matériaux (comme par exemple dans la corrosion galvanique) ou des configurations particulières (corrosion fissurante) peuvent jouer un rôle.

La figure 17.1 indique certains éléments à considérer. Les éléments principaux sont bien sûr le type de *matériaux* et l'*environnement*. Mais il y a d'autres aspects qui interviennent dans la durabilité des matériaux, dont certains sont énumérés dans la figure.

- Il y a la manière dont les matériaux sont utilisés, marquée *application*, ce qui ajoute des contraintes supplémentaires. Certaines applications, comme l'aérospatial, exigent des

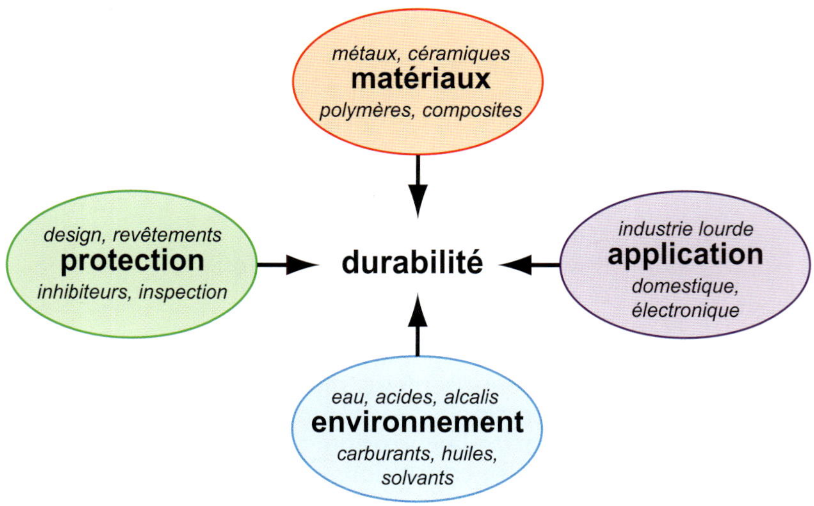

Figure 17.1 Facteurs affectant la durabilité.

matériaux légers, d'autres demandent des matériaux non inflammables ou encore biocompatibles. D'autres encore, comme le génie civil, utilisent d'énormes quantités de matériaux, qui doivent donc être bon marché; à l'inverse, certaines comme l'électronique sont réalisées à des échelles très petites et permettent d'utiliser des matériaux coûteux.
- Il existe certaines mesures de *protection* des matériaux, certaines applicables assez généralement (comme une couche de peinture), d'autres plus spécifiques (comme l'utilisation d'inhibiteurs).

A cause de tous ces aspects, il existe des *matériaux de choix* à utiliser dans certains types d'environnement – ceux qui, par expérience, répondent le mieux au critère numéro un de résistance aux attaques de l'environnement, mais aussi à d'autres critères de rigidité, de résistance mécanique, de faible densité, d'inflammabilité, de coût, etc. Nous reviendrons sur ces aspects dans la section 17.7.

Une grande partie de notre compréhension de la dégradation des matériaux est actuellement empirique, avec toutefois un éclairage amené par la compréhension des mécanismes de base. Nous commencerons par examiner ces derniers, et ils sont nombreux. Il y a les réactions chimiques induites par les radiations et la chaleur, qui changent les propriétés de manière irréversible. Il y a les mécanismes électrochimiques qui apparaissent en solutions aqueuse, acide et alcaline. Les solvants organiques attaquent les polymères via plusieurs mécanismes. Ces mécanismes sont bien compris, mais cela ne suffit pas pour faire un choix de matériaux et il faut donc aussi se baser sur l'expérience. Pour cette raison, ce chapitre contient un nombre inhabituel de tableaux inhabituellement grands: ils accumulent la connaissance empirique que l'on a de la résistance à la corrosion des matériaux, du choix des matériaux et des méthodes préférées pour leur protection contre la corrosion. N'essayez pas de « lire » ces tableaux; observez simplement leur structure et utilisez l'information qu'ils contiennent comme base de référence pour le choix d'un matériau dans un environnement donné. Les exercices à la fin de ce chapitre fourniront quelques exemples pratiques.

Puisque de nombreuses propriétés différentes sont impliquées dans ce chapitre, l'approfondissement des phénomènes physico-chimiques sera subdivisé en deux parties: la première regardera les mécanismes d'oxydation, d'inflammabilité et de photodégradation; la deuxième analysera la corrosion des matériaux dans des liquides. Chacune d'elles présentera à la fin différentes mesures de prévention de la dégradation des matériaux.

17.2 Oxydation, inflammabilité et photodégradation

La forme la plus stable de la plupart des éléments est un oxyde. Pour cette raison, l'essentiel de la croûte terrestre est composée d'oxydes simples ou complexes: des silicates comme le granite, des aluminates comme le basalte, des carbonates comme le calcaire. Des techniques thermochimiques, électrochimiques et de synthèse nous permettent d'affiner ces minéraux en des matériaux utilisés en ingénierie, mais qui en général ne sont pas des oxydes. A partir du moment où ces matériaux sont ensuite utilisés, ils commencent à se ré-oxyder plus ou moins rapidement; et plus la température est élevée, plus rapide est l'oxydation. Pour la conception de systèmes fonctionnant à haute température, nous devons comprendre ces mécanismes et vitesses d'oxydation.

Définition et mesure L'oxydation des métaux est mesurée par la méthode illustrée à la figure 17.2 : une feuille de matériau mince (pour augmenter son rapport surface-volume) est maintenue à une température T sur une période de temps t croissante, et le gain, ou la perte, de poids, Δm, est mesurée par une balance. Si l'oxyde adhère à la surface du matériau, l'échantillon gagne du poids de manière linéaire ($\Delta m \propto t$) ou parabolique ($\Delta m \propto t^{1/2}$) dans le temps t ; si au contraire l'oxyde est volatil, l'échantillon perd du poids de manière linéaire ($\Delta m \propto -t$), comme indiqué à la figure 17.3.

Les polymères s'oxydent aussi, mais de façon plus spectaculaire. Ce qui nous amène au problème d'*inflammabilité*.

Inflammabilité Les céramiques et les verres ne brûlent pas. S'ils sont dispersés en poudres fines, les métaux peuvent s'enflammer, mais sous forme massive, l'inflammabilité n'est pas normalement pas un problème, même pour le magnésium. En revanche, la plupart des poly-

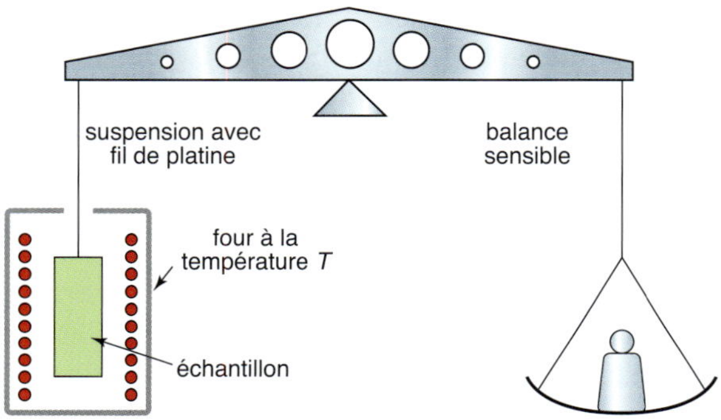

Figure 17.2 Mesure de la vitesse d'oxydation.

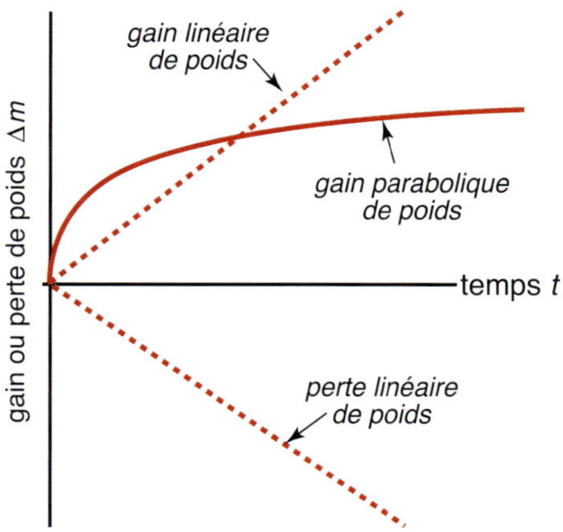

Figure 17.3 Vitesses d'oxydation : gains en poids linéaire et parabolique, et perte linéaire.

Tableau 17.1 Niveaux comparés d'inflammabilité.

Indice limite d'oxygène (LOI)	Graduation UL 94 (1.6 mm)	Inflammabilité
Moins de 16	Non évalué	Hautement inflammable
16–20	HB	
21–24	HB	Combustion lente
25–29	V-2	Auto-extinguible
30–43	V-0	
Plus de 44	V-0 ou mieux (p. ex., 5 V)	

mères sont inflammables, mais à différents niveaux : certains brûlent spontanément si on les allume, d'autres s'éteignent d'eux-mêmes et ne brûlent qu'exposés à une flamme.

Il y a plusieurs moyens de caractériser le niveau d'inflammabilité. Le plus logique est l'*Indice Limite d'Oxygène* (en anglais « *Limiting oxygen index* » ou LOI) : il mesure la composition en oxygène, en pourcent, nécessaire pour maintenir la combustion d'un matériau. L'air frais a environ 21% d'oxygène. Un polymère ayant un LOI plus petit que 21% brûlera naturellement dans l'air ; un autre ayant un indice plus grand s'éteindra de lui-même, sauf si bien sûr on le place dans une flamme – où il se consumera. Par conséquent, un indice d'oxygène élevé signifie une bonne résistance à l'autocombustion. Moins logique, mais très utilisée, est la graduation proposée par les Underwriters Laboratory (UL, une compagnie certifiant des produits) : une bande de polymère de 1.6 mm d'épaisseur est placée horizontalement (H) ou verticalement (V), puis allumée. Sa réponse est enregistrée avec un code tel que HB, signifiant « brûle horizontalement ». Ces échelles sont comparées dans le tableau 17.1.

Photodégradation Il n'y a pas besoin d'enflammer un polymère pour qu'il s'oxyde. Les polymères et les élastomères vieillissent lorsqu'ils sont exposés à la lumière, notamment les UV, et à l'oxygène : ils perdent de la résistance mécanique, de la rigidité et de la ténacité, de la couleur et de la brillance. On peut limiter ce vieillissement par l'ajout d'additifs : des *antioxydants*, des *stabilisateurs à la lumière* et des *agents blanchissants fluorescents*. Certains sont tellement courants qu'ils sont déjà ajoutés dans les qualités standard de nombreux polymères pour leur offrir une bonne résistance au vieillissement ; les PP, ABS, PS, PET, PMMA, PC, nylons et PU ont tous besoin d'une protection UV.

17.3 Mécanismes d'oxydation

Mécanismes d'oxydation La vitesse d'oxydation de la plupart des métaux dans l'air sec et à température ambiante est trop faible pour devenir un problème d'ingénierie ; effectivement, une faible oxydation peut être bénéfique pour protéger un métal d'autres attaques chimiques. Mais chauffez un métal et vous verrez sa vitesse d'oxydation augmenter à un niveau problématique. La force motrice pour l'oxydation d'un métal est l'*énergie libre d'oxydation* – l'énergie libérée lorsqu'il réagit avec l'oxygène, mais une grande force motrice n'est pas suffisante pour aboutir à une oxydation rapide. La vitesse d'oxydation est aussi déterminée par la *cinétique* de la réaction d'oxydation, et celle-ci est liée à la nature de l'oxyde formé. Lorsque tout métal (à l'exception de l'or, du platine et de quelques autres métaux encore plus chers) est exposé à l'air, un très fin film d'oxyde se forme immédiatement suivant la réaction d'oxydation :

$$\text{M (métal)} + \text{O (oxygène)} = \text{MO (oxyde)} + \text{énergie} \tag{17.1}$$

En revêtant la surface du métal, ce film d'oxyde le sépare de l'oxygène environnant. Si l'on veut poursuivre la réaction d'oxydation, l'oxygène doit diffuser au travers du film.

Le gain en poids du matériau montré à la figure 17.3 révèle deux types de comportements différents. Pour certains métaux, ce gain en poids par unité de surface, Δm, est linéaire, impliquant que l'oxydation progresse à vitesse constante :

$$\frac{\mathrm{d}\Delta m}{\mathrm{d}t} = k_\ell \quad \text{donc} \quad \Delta m = k_\ell t \tag{17.2}$$

où k_ℓ (kg/m^2·s) est la *constante cinétique de réaction linéaire*. La vitesse d'oxydation est constante parce que le film d'oxyde est poreux ou se fissure (et pèle lorsqu'il devient épais) : il ne protège donc pas le métal situé au-dessous. D'autres métaux ont un meilleur comportement. Le film qui se forme à la surface est compact, cohérent et fortement lié au métal. Dans une telle situation, le gain en poids par unité de surface est parabolique, avec une vitesse qui diminue au cours du temps donnée par une relation du type :

$$\frac{\mathrm{d}\Delta m}{\mathrm{d}t} = \frac{k_p}{\Delta m} \quad \text{donc} \quad \Delta m^2 = 2k_p t \tag{17.3}$$

où k_p (kg^2/m^4·s) est la *constante cinétique de réaction parabolique*.

Exemple 17.1

En testant un métal à 500°C, on constate qu'il s'oxyde avec une vitesse de réaction parabolique $k_p = 3 \times 10^{-10}$ kg^2/m^4·s. Quel est le gain en poids par unité de surface du métal après 1000 heures ?

Solution. Le gain en poids par unité de surface est $\Delta m = (2k_p t)^{1/2} = 0.047$ kg/m^2.

Dans ces équations, Δm est le gain en poids par unité de surface du matériau – donc le poids de l'oxygène incorporé dans le film d'oxyde ainsi formé. La masse de l'oxyde lui-même est bien sûr plus grande puisqu'elle comprend aussi les atomes du métal (M) en plus des atomes d'oxygène (O). Si cet oxyde a pour formule MO, la masse par unité de surface de l'oxyde est donnée par :

$$m_{ox} = \left(\frac{A_\mathrm{M} + A_\mathrm{O}}{A_\mathrm{O}}\right)\Delta m$$

où A_M est la masse molaire du métal et A_O celle de l'oxygène. L'épaisseur du film d'oxyde est alors donnée par $x = m_{ox}/\rho_{ox}$ où ρ_{ox} est la densité de l'oxyde. En prenant l'équation (17.3), on trouve alors :

$$x^2 = 2\left(\frac{A_M + A_O}{A_O}\right)^2 \frac{k_p}{\rho_{ox}^2} t \tag{17.4}$$

Le film d'oxyde, une fois formé, protège le métal de l'oxygène. Pour poursuivre la réaction d'oxydation, ou bien les atomes d'oxygène doivent diffuser vers le métal à travers le film d'oxyde, ou bien les atomes de métal doivent diffuser vers l'extérieur. La force motrice est l'énergie libre d'oxydation, mais la vitesse d'oxydation est limitée par la diffusion et par l'épaisseur du film d'oxyde (plus il est épais, plus lente est la réaction).

Exemple 17.2

L'oxyde de l'exemple précédent est MgO. La masse molaire de Mg est 24.3 kg/kmol et celle de O est 16 kg/kmol. La densité de MgO est 3550 kg/m^3. Quelle est l'épaisseur du film d'oxyde après 1000 heures à 500°C ?

Solution. La masse du film par unité de surface vaut $m = \frac{40.3}{16}\Delta m = 0.118$ kg/m^2.

Son épaisseur est donc : $x = \frac{\text{masse par unité de surface}}{\text{densité}} = 3.3 \times 10^{-5}\,\text{m} = 33$ microns.

La figure 17.4 montre la formation d'un film d'oxyde MO. La réaction :

$$M + O = MO$$

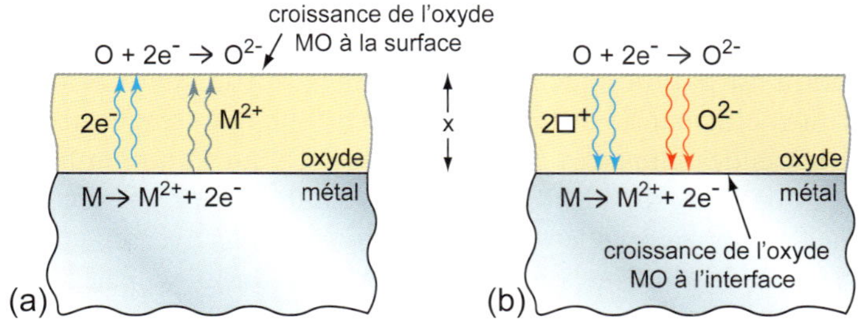

Figure 17.4 Mécanismes d'oxydation : (a) croissance par diffusion des ions métalliques et conduction des électrons, (b) croissance par diffusion des ions d'oxygène et des trous.

se fait en deux étapes. Le métal forme dans une première étape un ion, par exemple M^{2+}, et libère deux électrons :

$$M = M^{2+} + 2e^-$$

Les électrons sont ensuite capturés par l'oxygène pour donner un ion :

$$O + 2e^- = O^{2-}$$

Le problème est que la première des réactions a lieu du côté du métal, alors que la réaction de l'oxygène se passe de l'autre côté du film d'oxyde. Ou bien les ions métalliques et les électrons doivent diffuser vers l'extérieur pour rencontrer l'oxygène, ou bien l'oxygène et les trous (décrits au chap. 14) doivent diffuser vers l'intérieur pour rencontrer le métal. Si le film est un isolant électrique, comme le sont de nombreux oxydes, les électrons ne peuvent pas se déplacer dans le film et c'est donc l'oxygène qui doit diffuser. Le gradient de concentration d'oxygène dans le film est donné par celui du gaz C_O divisé par l'épaisseur du film, x. La vitesse de croissance du film est proportionnelle au flux d'atomes qui diffusent à travers le film, et donc :

$$\frac{dx}{dt} \propto D\frac{C_O}{x} \approx D_O \exp\left(-\frac{Q_D}{RT}\right)\frac{C_O}{x} \tag{17.5}$$

où D est le coefficient de diffusion, D_O et Q_D sont respectivement le coefficient pré-exponentiel et l'énergie d'activation pour la diffusion de l'oxygène. L'intégration de cette équation donne alors :

$$x^2 \propto D_O \exp\left(-\frac{Q_D}{RT}\right)C_O t$$

Cette équation a la même forme que l'équation (17.4) avec :

$$k_p \propto D_O C_O \exp\left(-\frac{Q_D}{RT}\right) \tag{17.6}$$

Ceci explique pourquoi l'oxydation augmente rapidement avec la température, et pourquoi la réaction est parabolique. Les films protégeant le mieux le métal de l'oxydation sont ceux ayant un coefficient de diffusion faible, et donc une température de fusion élevée. C'est notamment le cas des films très protecteurs d'Al_2O_3 sur l'aluminium, de Cr_2O_3 sur les aciers inoxydables et de SiO_2 sur les fontes de fer à haute teneur en silicium.

Mais nous l'avons vu tous les oxydes ne croissent pas avec une loi parabolique. Ceux qui croissent avec une loi linéaire ont un film d'oxyde qui n'est pas compact, qui se fissure ou qui pèle à cause d'un changement de volume trop important, faisant ainsi apparaître continuellement de la surface « fraîche » de métal exposée à l'oxygène. La perte de poids linéaire, troisième mode d'oxydation, a lieu lorsque l'oxyde est volatil, emportant donc du métal par évaporation lors de la réaction d'oxydation.

Exemple 17.3

L'énergie d'activation pour la diffusion de l'oxygène dans MgO est 370 kJ/mol. Si le test de l'exemple 17.2 avait été réalisé à T_1 = 450°C au lieu de T_0 = 500°C, quelle aurait été l'épaisseur de la couche d'oxyde après 1000 heures ? La constante des gaz parfaits vaut R = 8.31 J/mol·K.

Solution. L'épaisseur varie avec la température comme $x \propto \left(\exp - \frac{Q_D}{RT}\right)^{1/2}$, et par conséquent l'épaisseur x_1 après 1000 heures à 450°C sera plus faible que, x_0, à 500°C. La relation entre les deux est donnée par:

$$\frac{x_1}{x_0} = \left(\exp - \frac{Q_D}{R}\left(\frac{1}{T_1} - \frac{1}{T_o}\right)\right)^{1/2} = \left(\exp - 4.45 \times 10^4 \left(\frac{1}{723} - \frac{1}{773}\right)\right)^{1/2} = 0.137$$

Donc, l'épaisseur après 1000 heures à 450°C est de 4.5 microns.

17.4 Résistance à l'oxydation, à la combustion et à la photodégradation

Des éléments de chauffages, de fours, de générateurs d'électricité ou encore du génie chimique requièrent tous des matériaux pouvant être utilisés à haute température dans l'air ou des environnement corrosifs. Si l'on souhaite un métal pur, alors le platine est l'élément de choix (et de fait certains fours utilisent des éléments chauffants en platine), car l'oxyde de platine est moins stable que le platine lui-même. Mais pour une solution moins coûteuse, il faut considérer un alliage.

Les oxydes sont bien sûr stables à haute température – ces matériaux sont déjà oxydés. Une solution pour protéger à haute température des métaux tels que les fontes de fer, les aciers ou les alliages à base nickel est de les recouvrir d'un oxyde. Les fours sont protégés par un émaillage (un revêtement vitreux, essentiellement constitué de SiO_2); les aubes de turbines en nickel peuvent être recouvertes par une barrière thermique (« Thermal Barrier Coating » ou TBC) basée sur l'oxyde de zirconium (ZrO_2) déposée par projection plasma (chap. 13, sect. 13.6). Mais de tels revêtements sont coûteux et s'ils sont endommagés, le métal n'est plus protégé.

Il y a une autre manière d'augmenter la résistance à l'oxydation d'un métal, et cette solution se régénère elle-même en cas d'endommagement. Les oxydes de chrome (Cr_2O_3), d'aluminium (Al_2O_3), de titane (TiO_2) et de silicium (SiO_2) ont des points de fusion très élevés, et par conséquent la diffusion du métal ou de l'oxygène à travers un tel film est très lente. Ce sont aussi des isolants électriques et donc les électrons ne peuvent pas non plus se déplacer. Le mécanisme d'oxydation faisant intervenir la diffusion et la conduction, la constante cinétique de réaction k_p est donc très faible dans ces oxydes : en fait, le film s'arrête de croître lorsque son épaisseur est égale à quelques distances atomiques. Ces oxydes adhèrent bien à leur métal respectif et le protège ainsi très bien, ce qui les rend passifs alors que le métal est par lui-même très réactif à l'oxydation. Les films d'oxyde peuvent être artificiellement épaissis par *anodisation* – un procédé électrochimique qui renforce la protection du métal. Les films anodisés peuvent être colorés par différents ajouts d'éléments, ce qui donne alors une note décorative en plus de la fonction protectrice.

Si suffisamment de chrome, d'aluminium et de silicium peuvent être mis en solution dans un métal comme le fer ou le nickel – «suffisamment» signifiant en l'occurrence 18-20% – un film d'oxyde protecteur similaire peut se former à sa surface. Et si cet oxyde est endommagé ou rayé, le chrome, l'aluminium ou le silicium du métal vont s'oxyder préférentiellement à l'endroit du dommage. C'est le cas notamment des aciers inoxydables (de composition typique Fe-18% Cr-8% Ni), très utilisés pour des équipements haute température, des nichromes (nickel avec 10-30% de chrome), utilisés comme éléments chauffants, des alliages de bronze-aluminium (cuivre avec 10% d'aluminium) et des fontes de fer à haute teneur en silicium (16-18%). Pour constater l'importance de cette méthode de renforcement de protection contre l'oxydation, jeter un coup d'oeil à la figure 13.8. Cette table permet de choisir un matériau pour des applications basse et haute température. Tous les métaux utilisés au-delà de 400°C font appel à des éléments d'alliage pour leur protection.

Inflammabilité: comment les polymères brûlent-ils et comment peut-on interrompre leur combustion? La combustion d'un polymère est une réaction exothermique dans laquelle les hydrocarbures sont oxydés en CO_2 et H_2O. Cela paraît simple, mais ça ne l'est pas. La combustion est une *réaction avec une phase gazeuse*; le polymère ou ses produits de décomposition doivent devenir gazeux pour démarrer la combustion. Lorsque l'on allume une bougie, la cire fond, augmentant sa température jusqu'à ce qu'elle se *pyrolyse* (400-800°C), formant alors des produits de décomposition gazeux. Ces hydrocarbures gazeux réagissent avec la flamme, produisent de la chaleur, qui fond et pyrolyse plus de cire, entretenant ainsi la réaction.

Un brasier démarre par une étincelle ou une cigarette mal éteinte qui enflamme alors un matériau combustible tel que le papier. La chaleur ainsi dégagée va décomposer d'autres matériaux combustibles (notamment des polymères ou des tissus), qui se transforment alors en un mélange de gaz inflammables. Un embrasement (fig. 17.5) a lieu lorsque ces gaz s'enflamment, propageant alors instantanément le feu sur toute une région et produisant des température pouvant excéder 1000°C.

La combustion implique la formation et la réaction de *radicaux libres*. A haute température, l'hydrogène avec l'électron qu'il partageait dans une liaison covalente avec un atome de carbone dans le polymère est libéré (symbole $H^{\cdot}$), laissant alors un radical libre $R^{\cdot}$ hautement réactif dans le gaz. Le radical hydrogène réagit avec l'oxygène et le radical de l'hydrocarbure pour produire du CO_2 et de la chaleur, relâchant à nouveau le radical $H^{\cdot}$ et propageant ainsi la réaction.

Les *retardateurs de flammes* ont deux types de fonctionnement différents. Certains neutralisent les radicaux libres en les liant de manière inoffensive, retardant ou étouffant ainsi la réaction de combustion. Ce sont habituellement des composés qui contiennent du chlore

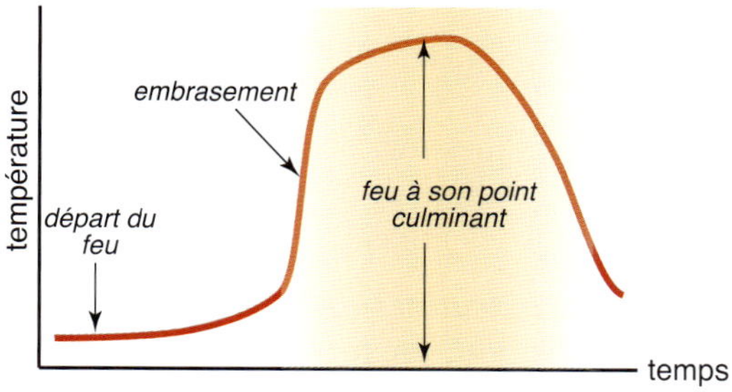

Figure 17.5 La température augmente lors de la la combustion.

ou du brome; ils sont aussi pyrolysés pour produire des radicaux libres **Cl˙** et **Br˙** qui se fixent sur le radical libre de l'hydrocarbure, l'éliminant ainsi de la réaction. D'autres composés créent une couche protectrice de vapeur d'eau autour du polymère solide, le séparant alors des produits gazeux provenant de la décomposition, limitant les transferts de chaleur, refroidissant la réaction et réduisant la pyrolysation. Parmi ceux-ci, on trouve notamment le $Mg(OH)_2$ qui se décompose aux environs de 300°C, relâchant H_2O et l'oxyde inerte MgO. Les polymères contenant des retardateurs de flammes sont identifiés en ajoutant le label « FR » à leur libellé.

Quelles sont les causes de la photodégradation? Comme nous l'avons vu, les polymères sont des hydrocarbures possédant de longues chaînes et une masse molaire élevée. Lorsqu'ils sont exposés aux radiations, des réactions chimiques vont avoir lieu et changer leur composition chimique et leur masse molaire. Ces réactions, dites de *photooxydation* ou de *photodégradation*, créent aussi des radicaux libres. Ils modifient les propriétés physiques et optiques des polymères, en les rendant notamment fragiles, et s'ils étaient transparents, ils deviennent alors blancs ou gris. Une fois que ce type de dégradation a démarré, une réaction en chaîne se met en place qui accélère la dégradation à moins d'être interrompue par des stabilisateurs. La chaleur elle aussi peut initier une dégradation des polymères en présence d'une atmosphère contenant de l'oxygène.

Les *absorbants UV* tels que le benzophénone ou le benzotriazole absorbent préférentiellement les rayons ultraviolets, en suivant la loi de Beer-Lambert, qui dit que la quantité de radiation absorbée augmente avec l'épaisseur de l'échantillon et avec la concentration de stabilisateurs. En pratique, des hautes concentrations d'absorbants et une épaisseur suffisante de polymère sont nécessaires pour absorber suffisamment les radiations et retarder effectivement la photodégradation. Les stabilisants de type *amines entravées* (en anglais « *Hindered amine stabilisers* » ou (HALS)) sont un moyen plus efficace de stabiliser la plupart des polymères contre la photodégradation. Ils n'absorbent pas les UV, mais agissent comme inhibiteurs de la dégradation; leur efficacité et longévité sont dues à un processus cyclique dans lequel les HALS sont régénérés plutôt que consommés. Des concentrations assez faibles sont suffisantes pour donner une bonne stabilisation.

17.5 Corrosion : acides, alcalins, eau et solvants organiques

Le tableau 17.2 énumère quelques-uns des liquides avec lesquels les produits vont le plus souvent entrer en contact, en indiquant où ces situations sont rencontrées. Les mêmes environnements apparaîtront dans les tableaux suivants.

Solutions aqueuses, acides et alcalines Même pure, l'eau peut provoquer de la corrosion s'il y a de l'oxygène à disposition. La formation de rouille pour les aciers exposés à l'eau pose des problèmes économiques et de fiabilité énormes. Ajouter des ions en solution (par exemple NaCl) et la vitesse de corrosion augmente de manière dramatique.

Des acides forts comme H_2SO_4 (acide sulfurique), HNO_3 (acide nitrique) et HCl (acide chlorhydrique) sont largement utilisés dans l'industrie chimique. Il en va de même pour des alcalins forts comme NaOH (soude caustique). Les produits de nettoyage domestiques contiennent certains de ces produits, sous forme diluée, mais ce sont plutôt des acides organiques tels que le vinaigre (acide acétique) et des alcalins plus doux tels que la soude cristallisée (carbonate de sodium) que l'on trouve dans les ménages.

Trempons un métal dans un acide et attendons-nous alors à avoir des problèmes. Des sulfates, nitrates, chlorures et acétates de nombreux métaux sont plus stables que le métal lui-même. La question n'est pas tellement de savoir si le métal va être attaqué, mais plutôt de savoir à quelle vitesse. Comme pour l'oxydation, cela dépend de la nature des produits de corrosion et du revêtement dont le métal peut être pourvu. Le film d'oxyde recouvrant l'aluminium, le titane et le chrome les protège de certains acides, pour autant qu'il ne soit pas lui-même endommagé. Les acalins attaquent aussi les métaux. Par exemple, le zinc, l'étain, le plomb et l'aluminium réagissent avec NaOH pour former respectivement des zincates, des stannates, des plombates et des aluminates (comme toute personne ayant essayé de chauffer de la soude dans une casserole en aluminium l'aura remarqué).

Les moyens de lutter contre la corrosion dans des milieux aqueux, acides et alcalins sont décrits dans la section 17.7. Cependant, la corrosion peut parfois présenter de très beaux aspects : la patine turquoise de toits en cuivre et les bruns foncés des statues en bronze sont créés par la corrosion.

Huiles et solvants organiques Les liquides organiques sont omniprésents. On dépend d'eux pour le transport et le chauffage (carburants, lubrifiants), pour la cuisine, l'enlèvement de taches, les soins corporels (crèmes pour le visage, vernis à ongles, etc.), et bien d'autres usages – tout matériau va entrer en contact avec eux une fois ou l'autre. Les métaux, céramiques et verres sont largement insensibles à ces liquides, de même que certains polymères. Mais pas tous et pas pour n'importe quel liquide. L'identification des solvants incompatibles avec un polymère donné est basée essentiellement sur l'expérience, des essais mais aussi l'intuition. Cette dernière est guidée par des règles du genre « les semblables dissolvent les semblables », signifiant que les solvants non-polaires comme le benzène (C_6H_6) ou le tétrachlorure de carbone (CCl_4) attaquent plutôt des polymères non polaires comme le polypropylène ou le polyéthylène, alors que des solvants polaires tels que l'acétone (CH_3COCH_3) tendent plutôt à attaquer des polymères polaires comme le PMMA et le nylon.

Tableau 17.2 Environnements liquides fréquemment rencontrés*

Environnement	Occurrence
Eau et solutions aqueuses	
Eau (douce)	L'eau douce est omniprésente. Tout objet exposé à une humidité élevée, à la pluie ou lavé aura un film d'eau contenant (à moins de distillation) de l'oxygène et souvent d'autres impuretés.
Eau (salée)	Les matériaux dans des environnements marins sont exposés à l'eau salée et aux embruns. L'eau salée varie en composition suivant l'endroit, avec une composition typique de 3.5%.
Sols	La composition, l'humidité et le pH des sols varient beaucoup. La propriété la plus significative d'un sol déterminant sa corrosivité est sa résistivité électrique – une faible résistivité signifie que l'eau du sol contient une haute concentration de ions dissous : le sol est très corrosif si la résistivité est plus faible que 10^9 $\mu\Omega\cdot$cm ; il est légèrement corrosif si elle est plus élevée que 2×10^{10} $\mu\Omega\cdot$cm. Le choix des matériaux en contact avec un sol dépend de ce paramètre et du pH. Des sols acides (la tourbe) ont un faible pH, des sols alcalins (l'argile, la craie) ont un pH élevé.
Fluides humains	Les fluides corporels incluent le sang, l'urine, la salive, la transpiration, les liquides gastriques. Tous sont basés sur l'eau avec une forte concentration de ions, certains acides, favorisant l'attaque électrochimique et acide.
Acides et alcalins	
Acide acétique, CH_3COOH	L'acide acétique est un acide organique obtenu par oxydation de l'éthanol. Il est utilisé pour la production de plastiques, de colorants, d'insecticides et d'autres produits chimiques. Dilué (le vinaigre), il est utilisé en cuisine.
Acide chlor-hydrique, HCl	L'acide chlorhydrique est un intermédiaire chimique utilisé pour la réduction de minerais, le décapage de l'acier, l'acidification de puits de pétrole et autres procédés industriels. Dilué, c'est un composant des produits de nettoyage.
Acide fluor-hydrique, HF	L'acide fluorhydrique est utilisé pour l'attaque du verre et des semiconducteurs basés sur le silicium, la synthèse des polymères fluorocarbonés, l'affinage de l'aluminium, et la fabrication de l'UF_6 (séparation isotopique de l'uranium).
Acide nitrique, HNO_3	L'acide nitrique est utilisé pour la fabrication des fertilisants, des colorants, des produits pharmaceutiques et des explosifs.
Acide sulfurique, H_2SO_4	L'acide sulfurique, élément clé du génie chimique, est utilisé pour fabriquer des fertilisants, des produits chimiques et des peintures, et pour affiner les produits pétroliers. C'est un composant des pluies acides.
Hydroxyde de sodium, $NaOH$	L'hydroxyde de sodium entre dans la composition de produits de nettoyage, dans la fabrication du savon et dans le nettoyage pour l'industrie alimentaire.
Combustibles, huiles et solvants	
Benzène, C_6H_6	Le benzène est utilisé comme solvant industriel, pour la synthèse des plastiques, des caoutchoucs, des colorants et de certains médicaments. Il est présent aussi dans la fumée du tabac.
Tétrachlorure de carbone, CCl_4	Le tétrachlorure de carbone est utilisé principalement pour fabriquer des réfrigérants, comme solvant de nettoyage à sec et comme pesticide (produit maintenant banni aux USA).

*Le logiciel CES contient ce type d'information pour un très grand nombre d'environnements.

Tableau 17.2 Environnements liquides fréquemment rencontrés (suite)*

Environnement	Occurrence
Pétrole brut	Le pétrole raffiné n'est pas corrosif pour les métaux, mais brut, il contient de l'eau salée, des composés sulfureux et d'autres impuretés, certaines acides.
Mazout	Distillat fractionné du pétrole brut, le mazout est un carburant pour les camions, bateaux et trains non-électrifiés, mais aussi pour les véhicules. Le mazout est en même temps un carburant et un lubrifiant pour les moteurs.
Kérozène (huile de paraffine)	L'huile de paraffine est utilisée dans l'aviation, mais aussi comme combustible de chauffage et d'éclairage au niveau domestique. Elle est utilisée pour stocker et protéger de l'oxygène les métaux très réactifs.
Huile lubrifiante	L'huile est un lubrifiant utilisé pour des systèmes avec des pièces métalliques en mouvement. Ce sont typiquement des huiles minérales qui contiennent des sulfures. Des huiles synthétiques avec peu de sulfures peuvent aussi être produites. Ces huiles sont moins corrosives que le pétrole brut et le mazout car elles sont basées sur des hydrocarbones de plus grande masse molaire.
Essence	Distillat volatile du pétrole, l'essence est utilisée comme carburant des voitures, des avions légers et des équipements agricoles. Elle contient souvent des additifs tels que le plomb, l'éthanol ou des colorants.
Huile silicone, $((CH_3)_2SiO)_n$	Les huiles silicones sont des polymères synthétiques basés sur le silicium. Etonnamment stables et inertes, elles sont utilisées comme liquide de freins et de circuits hydrauliques, comme huile de pompes à vide, et comme lubrifiant pour les pièces métalliques et pour les fils de textile pendant le tissage et la couture des tissus.
Huiles végétales	Les huiles végétales, dérivées des olives, arachides, maïs, tournesols et autres oléagineux, sont largement utilisées dans l'alimentation, mais aussi pour les bio-carburants.
Alcools, aldéhydes, cétones	
Acétone, CH_3COCH_3	L'acétone est la plus simple cétone, largement utilisée comme agent de dégraissage et de nettoyage, comme solvant, comme agent de dilution pour les résines polyesters et les peintures synthétiques (par exemple les vernis à ongles), et comme additif dans l'essence. Elle est utilisée pour la fabrication des plastiques, médicaments, fibres et autres produits chimiques.
Alcool éthylique, C_2H_5OH	L'éthanol est formé lors de la fermentation, et donc présent dans les boissons alcoolisées. Il est utilisé comme désinfectant en médecine, comme solvant et comme agent déshydratant dans l'industrie, et comme carburant « bio » dans les voitures.
Alcool méthylique, CH_3OH	Le méthanol est utilisé dans les produits de nettoyage pour vitres, les colorants, les encres, les antigels, les solvants, les additifs pour l'essence et comme agent d'extraction pour le pétrole. Il est aussi utilisé comme carburant très énergétique pour les voitures, les avions et les roquettes, mais aussi pour les piles à combustible.
Formaldéhyde, CH_2O	Le formaldéhyde est un désinfectant en médecine. Dans l'industrie, il est utilisé pour faire de nombreuses résines (y compris les résines de mélamine et de phénol-formaldéhyde) et des colles, notamment celles pour les contre-plaqués. Il est la base des liquides d'embaumement.

*Le logiciel CES contient ce type d'information pour un très grand nombre d'environnements.

17.6 Approfondissement : mécanismes de corrosion

Ions en solution et pH L'eau pure, H_2O, se dissocie un peu pour donner un ion hydrogène, H^+, et un ion hydroxyle, OH^- :

$$H_2O \leftrightarrow H^+ + OH^- \tag{17.7}$$

Le produit des concentrations de ces deux ions est constant : augmentez l'une, et l'autre diminuera. Cette loi est connue sous le nom de Loi d'Action de Masse :

$$[H^+]\cdot[OH^-] = \text{constante} \tag{17.8}$$

où les crochets carrés dénotent les « concentrations molaires ». Dans l'eau pure, les deux ions sont en quantités égales, $[H^+] = [OH^-]$, et la valeur mesurée de cette constante vaut 10^{-14}. Par conséquent, la concentration molaire de chacun de ces ions est 10^{-7} ; une molécule de H_2O sur 10^7 est ionisée. Le pH de l'eau ionisée est défini comme l'opposé du logarithme de la concentration de ions hydrogène :

$$pH = -\log_{10}[H^+] \tag{17.9}$$

Donc, l'eau pure a un pH = 7.

Les acides dissous dans l'eau donnent des ions H^+. Par exemple, l'acide sulfurique se dissocie :

$$H_2SO_4 \leftrightarrow 2H^+ + SO_4^{2-} \tag{17.10}$$

La concentration de ions $[H^+]$ augmentant, l'équation (17.8) indique que celle des ions $[OH^-]$ diminue, de même que le pH. Ainsi, les acides faibles ont un pH entre 4 et 6 ; les acides forts de 4 jusqu'à 0. Les alcalins font l'opposé. L'hydroxyde de sodium, par exemple, dilué dans l'eau produit des ions OH^- :

$$NaOH \leftrightarrow Na^+ + OH^- \tag{17.11}$$

Les alcalins faibles ont un pH entre 8 et 10, les forts jusqu'à 13 (fig. 17.6).

La corrosion par des acides est une réaction électrochimique. La moitié de cette réaction est la dissociation du métal M en un ion métallique, M^{z+}, relâchant z électrons e^-

$$M \rightarrow M^{z+} + ze^-$$

où z, un entier pouvant valoir 1, 2 ou 3, est la valence du métal. Un environnement acide, avec une concentration $[H^+]$ élevée (donc un pH faible) stimule cette réaction ; donc, un métal comme le cuivre, placé dans une solution acide, réagit rapidement :

$$\left.\begin{array}{l} Cu \rightarrow Cu^{2+} + 2e^- \\ H_2SO_4 \leftrightarrow 2H^+ + SO_4^{2-} \end{array}\right\} Cu^{2+} + SO_4^{2-} + 2H^+ + 2e^- \rightarrow CuSO_4 + H_2 \tag{17.12}$$

Certains métaux sont résistants aux attaques par certains acides, parce que les produits de réaction, en l'occurrence ici $CuSO_4$, forment une couche de surface protectrice. Ainsi, des conteneurs d'acide sulfurique sont recouverts à l'intérieur d'une couche de plomb parce que le sulfate de plomb est protecteur.

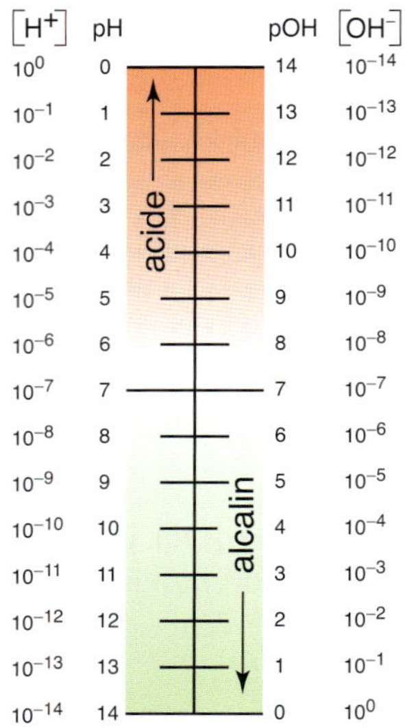

Figure 17.6 Echelles de pH et de pOH.

Les alcalins aussi peuvent causer de la corrosion via une réaction électrochimique. Le zinc, par exemple, est attaqué par la soude caustique en deux étapes :

$$\left.\begin{array}{l} Zn \rightarrow Zn^{2+} + 2e^- \\ 2NaOH \leftrightarrow 2Na^+ + 2OH^- \end{array}\right\} Zn^{2+} + 2Na^+ + 2OH^- + 2e^- \rightarrow Na_2ZnO_2 + H_2$$

Eau pure et impure La corrosion, comme nous l'avons vu, est la dégradation d'un métal par une réaction électrochimique avec l'environnement. La figure 17.7 illustre plus en détails ce qu'est cette réaction électrochimique. Si un métal est placé dans une solution conductrice comme de l'eau salée, il se dissocie, relâchant des électrons, comme montré pour le fer dans cette figure via une réaction anodique.

$$Fe \leftrightarrow Fe^{2+} + 2e^- \tag{17.13}$$

Les électrons s'accumulent sur le fer, lui conférant une charge négative qui augmente jusqu'à ce que l'attraction électrostatique commence à attirer les ions Fe^{2+} à nouveau vers sa surface, étouffant la réaction de dissociation. A ce moment, le fer a un potentiel (relativement à un standard, le *standard hydrogène*) de –0.44 volts. Chaque métal a son propre potentiel caractéristique, appelé *potentiel de réduction standard*, comme indiqué à la figure 17.8. Les électrons en excès se placent dans la bande de conduction du métal juste au-dessus du niveau de Fermi, et donc l'énergie du niveau de Fermi détermine comment ils sont liés au métal.

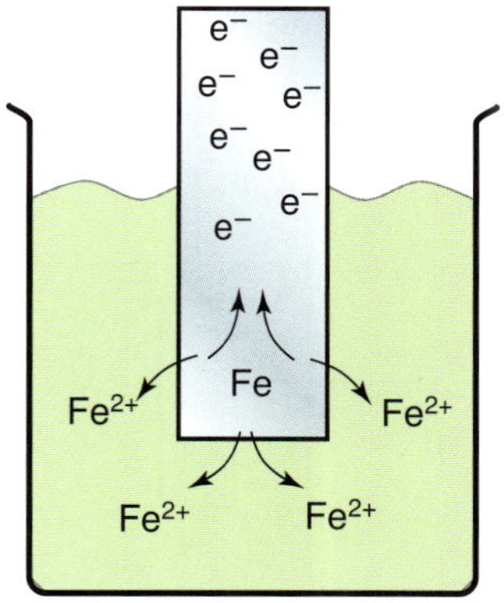

Figure 17.7 Ionisation.

Potentiels de réduction standard (E_0)

métaux nobles

$Au^+ + e^- \rightarrow Au$	+1.5	*corrosion humide impossible*
$Pt^{2+} + 2e^- \rightarrow Pt$	+1.2	
$Hg^{2+} + 2e^- \rightarrow Hg$	+0.95	
$Ag^+ + e^- \rightarrow Ag$	+0.8	
$2\,OH^- \rightarrow H_2O + \frac{1}{2}O_2 + 2e$	+0.4	
$Cu^{2+} + 2e^- \rightarrow Cu$	+0.34	*corrosion humide usuelle*
$2H^+ + 2e^- \rightarrow H_2$	0.0	
$Pb^{2+} + 2e^- \rightarrow Pb$	-0.13	
$Sn^{2+} + 2e^- \rightarrow Sn$	-0.14	
$Ni^{2+} + 2e^- \rightarrow Ni$	-0.25	
$Fe^{2+} + 2e^- \rightarrow Fe$	-0.44	
$Cr^{3+} + 3e^- \rightarrow Cr$	-0.74	
$Zn^{2+} + 2e^- \rightarrow Zn$	-0.76	
$Mn^{2+} + 2e^- \rightarrow Mn$	-1.63	
$Al^{3+} + 3e^- \rightarrow Al$	-1.63	
$Mg^{2+} + 2e^- \rightarrow Mg$	-1.66	
$Na^+ + e^- \rightarrow Na$	-2.37	
$Li^+ + e^- \rightarrow Li$	-3.05	

métaux réactifs

Figure 17.8 Potentiels de réduction standard des métaux.

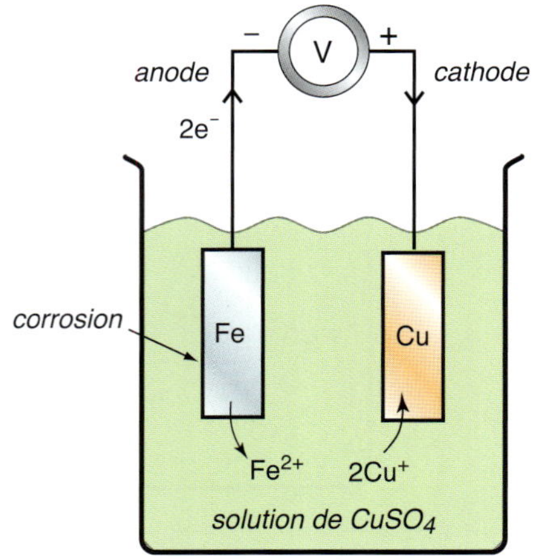

Figure 17.9 Cellule de corrosion avec deux métaux. Le potentiel de corrosion est le potentiel auquel le métal se situe par rapport à un standard de l'hydrogène.

Si deux métaux sont maintenant connectés dans une cellule contenant une solution, comme le fer et le cuivre dans la figure 17.9, une différence de potentiel donnée par celle mesurée sur la figure 17.8 apparaît entre eux. Le potentiel de corrosion du fer, –0.44, diffère de celui du cuivre, +0.34, par 0.78 volts, et donc si aucun courant ne circule dans la cellule, le voltmètre mesurera cette différence. Si maintenant un courant peut circuler, les électrons vont circuler du fer (l'*anode*) au cuivre (la *cathode*) ; le fer va se ioniser (c'est-à-dire qu'il se corrode), en suivant la réaction anodique de l'équation (17.13) et – si la solution contient du sulfate de cuivre – des ions cuivre Cu^+ vont se déposer sur le cuivre en suivant la réaction cathodique

$$Cu^+ + e^- \leftrightarrow Cu \tag{17.14}$$

Remplaçons maintenant la solution de sulfate de cuivre simplement par de l'eau (fig. 17.10). L'oxygène de l'air peut être dissout dans l'eau et donc, à moins qu'elle ne soit dégazée et protégée de l'atmosphère, elle a une certaine concentration d'oxygène en solution. Le fer et le cuivre sont dissociés là aussi jusqu'à ce que leur différence de potentiel de corrosion soit établie, mais maintenant, si le courant peut circuler, il n'y a pas un réservoir de ions cuivre pour faire un dépôt. Le fer se corrode toujours mais la réaction cathodique est changée ; c'est maintenant une *réaction d'hydrolyse*

$$H_2O + O + 2e^- \leftrightarrow 2OH^- \tag{17.15}$$

Tant que l'oxygène peut atteindre le cuivre, la réaction de corrosion continue, créant des ions Fe^{2+} à l'anode et des ions OH^- à la cathode. Ils réagissent pour former un composé non soluble, $Fe(OH)_2$, qui après oxydation devient $Fe_2O_3{\cdot}H_2O$, c'est-à-dire de la rouille.

Donc, mettre en contact des métaux différents ou bien dans de l'eau pure ou dans de l'eau qui contient des sels dissous n'est pas une bonne chose : dans une cellule de corrosion, le métal ayant le potentiel de corrosion le plus faible (plus négatif) est attaqué. Et il y a pire :

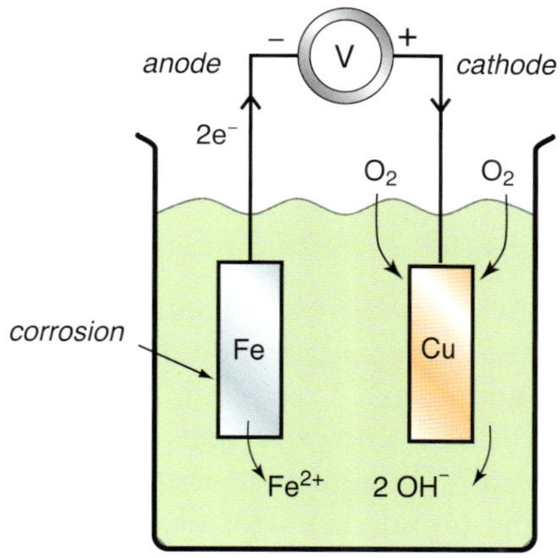

Figure 17.10 Une cellule de corrosion contenant deux métaux immergés dans de l'eau pure dans laquelle peuvent se dissoudre des atomes d'oxygène.

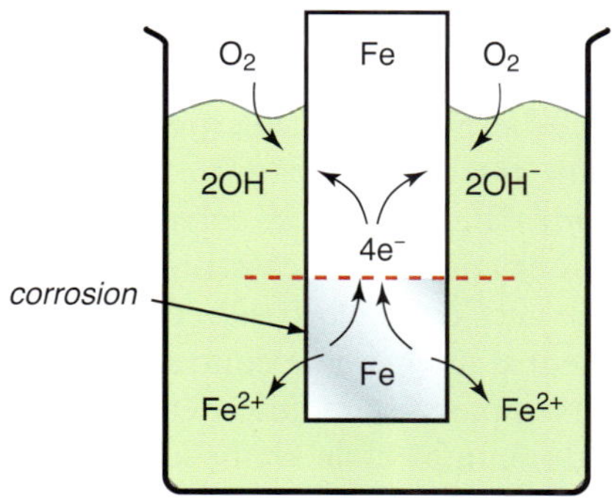

Figure 17.11 Une cellule de corrosion créée par différentes teneurs en oxygène pour un seul métal immergé.

il n'est même pas nécessaire d'avoir deux métaux en présence, les deux réactions, cathodique et anodique, pouvant avoir lieu à la surface d'un *même* métal. La figure 17.11 montre ce qui peut effectivement se passer. Un échantillon de fer est immergé dans de l'eau en contact avec l'atmosphère. La partie de l'échantillon située juste en dessous du niveau d'eau peut facilement être alimentée en oxygène, alors que ce n'est pas le cas de celle située plus au fond. Pour cette dernière, la réaction d'ionisation (éq. (17.13)) a lieu, corrodant ainsi le fer et relâchant des électrons qui migrent vers la partie supérieure de l'échantillon où se trouve l'oxygène dissout en quantité permettant la réaction d'hydrolyse selon l'équation (17.15). La réaction d'hydrolyse a un potentiel de corrosion de +0.81 volts – il est indiqué à la figure 17.8 – et la différence avec celui du fer, –0.44 volts, est le moteur de la corrosion. Si l'échantillon pouvait être coupé en deux le long des pointillés indiqués à la figure 17.11 et qu'un petit voltmètre pouvait être mis en place, il mesurerait une différence de potentiel de 1.23 volts entre ces deux parties.

Cette différence de potentiel de corrosion oxydative est l'un des mécanismes de dégradation des métaux les plus fréquemment rencontrés et aussi des plus difficiles à prévenir: si le métal est en contact avec de l'eau ayant une région riche et une région pauvre en oxygène, une cellule de corrosion est initiée. Seuls les métaux situés au-dessus du potentiel de réaction d'hydrolyse de +0.81 volts (fig. 17.8) sont insensibles à ce phénomène.

Corrosion sélective Souvent, la corrosion humide, au lieu d'être uniforme, va être localisée, et si tel est le cas, la vitesse de dégradation du matériau sera beaucoup plus rapide que celle prévue par une corrosion uniforme. C'est notamment le cas lorsque des contraintes agissent en parallèle avec la corrosion (« corrosion sous contrainte » et « corrosion en fatigue »), ou avec des modifications locales de la microstructure, par exemple dans un cordon de soudure. Ces mécanismes de localisation de la corrosion sont les suivants.

La *corrosion intergranulaire* a lieu car les joints de grains ont des propriétés chimiques différentes de celles du volume des grains, notamment une énergie par atome plus élevée mais aussi une composition différente. Les *piqûres de corrosion* sont des attaques préférentielles survenant aux endroits où le film d'oxyde protecteur du métal est rompu ou en présence de précipités pour certains alliages. L'*attaque galvanique* à un niveau microstructural apparaît dans les alliages présentant deux phases situées dans des régions qui sont alternées dans la microstructure. Ces deux phases auront en général des potentiels de réduction légèrement différents. Une fois le matériau immergé dans une solution conductrice, des milliers de cellules de corrosion à l'échelle de la microstructure sont ainsi créées, la phase ayant le potentiel le plus bas étant amenée à disparaître.

La *corrosion sous contrainte* accélère la corrosion et est localisée aux fissures d'un composant sous contrainte. Les contraintes cassent le film d'oxyde protecteur et l'énergie élastique en pointe de fissure accélère la corrosion en cet endroit. Le résultat est une fissure qui se propage avec un facteur d'intensité de contraintes K_{scc} bien plus faible que K_{1c}. De telles situations arrivent par exemple avec le laiton et l'ammoniac, les aciers doux dans la soude caustique ou encore l'aluminium et le titane dans l'eau salée. La *corrosion sous fatigue* spécifie la corrosion accélérée qui a lieu lorsqu'une fissure de fatigue se propage en milieu corrosif. La limite d'endurance de certains aciers en eau salée peut être réduite d'un facteur aussi grand que 4. La vitesse de propagation de la fissure dans ce cas est plus grande que la somme des vitesses de propagation due à la fatigue et due à la corrosion, prises isolément.

17.7 Combattre la corrosion

Il y a quatre types de stratégies pour combattre la corrosion (fig. 17.12):

- Une *conception judicieuse*, signifiant un choix adéquat de matériaux, de géométrie et de configuration.
- L'utilisation de *revêtements protecteurs* passifs (signifiant que le revêtement exclut tout contact avec le milieu corrosif) ou actifs (signifiant que le revêtement protège le substrat même s'il est partiellement endommagé).

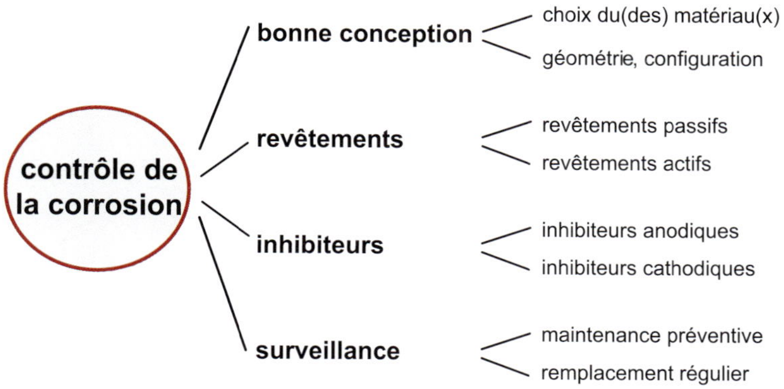

Figure 17.12 Stratégies pour combattre la corrosion.

- L'utilisation d'*inhibiteurs de corrosion*, soit des produits chimiques ajoutés au milieu corrosif pour diminuer la vitesse de la réaction de corrosion.
- Un *suivi* de la situation, avec réparation des revêtements ou changement des pièces.

Nous commençons avec la première stratégie, celle d'une bonne conception.

Conception: choix des matériaux Les matériaux répondent de manière très diverse à des attaques corrosives de l'environnement, certains restant intacts alors que d'autres placés dans les mêmes conditions subissent une attaque sévère. Il n'y a pas de règle simple ou d'indice de susceptibilité pour prédire la réponse à la corrosion des matériaux. Le mieux est d'établir une classification basée sur l'expérience. Le tableau 17.3 donne une liste de la vulnérabilité à la corrosion des matériaux les plus utilisés en ingénierie et placés dans 23 types de fluides fréquemment rencontrés: pour chaque situation est attribué un indice allant de **A** (excellente résistance à la corrosion) à **D** (corrosion très rapide et inacceptable). De tels tableaux (ou leurs équivalents informatiques[1]) permettent d'éliminer rapidement certains matériaux qui réagissent trop fortement. Mais comme nous l'avons dit en introduction de ce chapitre, il y a d'autres critères dont il faut tenir compte. Le meilleur choix de matériaux ne dépend pas que de l'environnement dans lequel ils sont placés, mais également, pour des raisons économiques, du type d'applications: il peut être plus économique d'accepter une corrosion modérée avec des matériaux peu onéreux (avec remplacement régulier de composants) que d'utiliser des matériaux présentant une excellente résistance à la corrosion mais très coûteux. Et il y a la possibilité de protéger des matériaux vulnérables par des revêtements, des inhibiteurs ou par des moyens électrochimiques. L'expérience a appris aux ingénieurs à soupeser ces différents facteurs pour sélectionner des matériaux de choix dans n'importe quel environnement. Le tableau 17.4 présente ces choix pour les 23 environnements mentionnés dans ce chapitre.

[1] Le logiciel CES Edu, par exemple, a des indices de corrosion pour 55 environnements; d'autres sources d'information peuvent être trouvées dans les ouvrages mentionnés à la fin de ce chapitre.

Tableau 17.3 Indices de résistance à la corrosion de matériaux dans divers environnements

Environnement			Milieux aqueux				Acides et alcalins							Carburants, huiles et solvants								Alcools et aldéhydes			
Matériau			Eau (douce)	Eau (salée)	Sols acides (tourbe)	Sols alcalins (argile)	Acide acétique (10%)	Acide chlorhydrique (10%)	Acide fluorhydrique (40%)	Acide nitrique (10%)	Acide sulfurique (10%)	Hydroxyde de sodium (10%)	Hydroxyde de sodium (60%)	Benzène	Tétrachlorure de carbone	Mazout	Huile lubrifiante	Huile paraffine (kérosène)	Essence	Huiles silicones	Huiles végétales	Acétone	Alcool éthylique (éthanol)	Formaldéhyde (40%)	Alcool méthylique
Métaux	Ferreux	Fonte de fer	B	C	B	B	C	D	D	D	B	A	B	A	A	A	A	A	A	A	A	A	B	A	B
		Acier haut-carbone	B	C	B	B	C	D	D	D	D	B	B	A	A	A	A	A	A	A	A	A	B	A	B
		Acier moyen-carbone	B	C	B	B	C	D	D	D	D	B	B	A	A	A	A	A	A	A	A	A	B	A	B
		Acier bas-carbone	B	C	B	B	C	D	D	D	D	B	B	A	A	A	A	A	A	A	A	A	B	A	B
		Acier faiblement allié	B	C	B	B	C	D	D	D	D	B	B	A	A	A	A	A	A	A	A	A	B	A	B
		Acier inoxydable	A	A	A	A	A	A	C	A	B	A	A	B	A	A	A	A	A	B	A	A	A	A	A
	Non ferreux	Alliages d'aluminium	A	B	D	A	C	C	D	C	D	D	D	A	A	A	A	A	A	A	A	A	A	A	C
		Alliages cuivreux	A	A	A	A	C	C	D	B	C	A	A	A	A	A	A	A	A	A	A	A	A	A	A
		Alliages de plomb	A	A	A	A	B	C	D	B	B	B	D	A	A	A	A	A	A	A	A	A	A	A	A
		Alliages de magnésium	A	C	C	C	C	D	D	D	D	B	B	A	A	A	A	A	A	A	A	A	A	A	A
		Alliages de nickel	A	A	A	A	A	B	D	B	B	B	B	A	A	A	A	A	A	A	A	A	A	A	A
		Alliages de titane	A	A	A	A	A	A	A	A	B	A	A	A	A	A	A	A	A	A	A	A	A	A	A
		Alliages de zinc	A	B	B	A	C	D	D	D	C	C	C	A	A	A	A	A	A	A	A	A	A	A	A
Céramiques et verres	Verres	Verres borosilicates	A	A	A	A	A	A	D	A	A	A	B	A	A	A	A	A	A	A	A	A	A	A	A
		Verres céramiques	A	A	A	A	A	A	D	A	A	A	A	A	A	A	A	A	A	A	A	A	A	A	A
		Verres de silice	A	A	A	A	A	A	D	A	A	A	A	A	A	A	A	A	A	A	A	A	A	A	A
	Poreux	Verres sodo-calciques	A	A	A	A	A	A	D	A	A	A	B	A	A	A	A	A	A	A	A	A	A	A	A
		Brique	A	A	A	A	A	A	D	A	A	A	A	A	A	A	A	A	A	A	A	A	A	A	A
		Béton	A	A	A	A	B	B	D	B	B	A	A	A	A	A	A	A	A	A	A	A	A	A	A
		Pierre	A	A	A	A	C	C	D	C	C	A	A	A	A	A	A	A	A	A	A	A	A	A	A
	Techniques	Alumine	A	A	A	A	A	A	D	A	A	A	A	A	A	A	A	A	A	A	A	A	A	A	A
		Nitrure d'aluminium	A	A	A	A	A	A	D	A	A	A	A	A	A	A	A	A	A	A	A	A	A	A	A
		Carbure de bore	A	A	A	A	A	A	D	A	A	A	A	A	A	A	A	A	A	A	A	A	A	A	A
		Silicium	A	A	A	A	A	A	D	A	A	A	A	A	A	A	A	A	A	A	A	A	A	A	A
		Carbure de silicium	A	A	A	A	A	A	D	A	A	A	A	A	A	A	A	A	A	A	A	A	A	A	A
		Nitrure de silicium	A	A	A	A	A	A	D	A	A	A	A	A	A	A	A	A	A	A	A	A	A	A	A
		Carbure de tungstène	A	A	A	A	A	A	D	A	A	A	A	A	A	A	A	A	A	A	A	A	A	A	A
		Zircone	A	A	A	A	A	A	D	A	A	A	A	A	A	A	A	A	A	A	A	A	A	A	A

Composites		Composite Al/SiC	A	B	D	A	C	B	D	C	D	D	D	A	A	A	A	A	A	A	A	A	A	A	A
		CFRP	A	A	C	C	C	A	D	C	A	C	A	B	A	A	A	A	A	A	A	D	C	A	D
		GFRP	A	A	C	C	C	A	D	C	A	C	A	B	A	A	A	A	A	A	A	D	C	A	D
Matériaux naturels	Bois et papier	Bambou	B	B	B	C	B	B	D	B	B	D	D	B	B	B	B	B	B	B	B	B	B	B	B
		Liège	A	B	C	C	B	B	D	B	B	D	D	B	B	B	B	B	B	B	B	B	B	B	B
		Cuir	B	C	D	D	C	C	D	C	C	D	D	C	C	C	C	C	B	B	B	C	B	B	B
		Papier, carton	D	D	D	D	D	D	D	D	D	D	D	B	B	B	B	B	B	B	B	B	B	B	B
		Bois	B	B	B	C	B	B	D	B	B	D	D	B	B	B	B	B	B	B	B	B	B	B	B
Polymères	Elasto-mères	Caoutchouc butylique	B	B	B	C	B	C	C	C	B	C	C	D	D	D	D	D	C	B	D	B	B	C	B
		EVA	B	B	D	A	D	D	D	D	D	A	C	D	D	B	A	B	C	A	D	D	D	B	D
		Caoutchouc isoprène (IR)	A	A	A	A	A	A	A	A	A	A	A	D	D	D	D	D	D	A	C	A	A	A	A
		Caoutchouc naturel (NR)	A	A	A	A	A	C	C	C	A	A	C	D	D	D	D	D	D	A	D	A	A	A	A
		Néoprène (CR)	A	A	A	A	A	A	A	C	A	A	A	D	D	C	A	B	D	A	A	A	A	C	A
		Polyuréthane (elPU)	A	A	D	C	D	C	D	C	C	C	D	D	D	C	C	A	B	A	A	D	D	D	D
		Elastomères silicones (SI)	A	A	A	A	A	C	D	C	C	A	A	D	D	D	D	D	D	C	C	C	A	C	A
	Thermo-plas-tiques	ABS	A	A	A	A	A	A	C	A	A	A	A	D	D	A	A	A	A	A	A	D	D	A	D
		Polymères cellulose (CA)	A	A	D	D	D	A	D	D	D	D	D	A	A	A	A	A	A	A	B	D	C	D	D
		Ionomère (I)	A	A	A	A	A	A	A	A	A	A	A	C	D	A	C	B	B	B	B	A	C	C	C
		Nylons (PA)	B	B	B	C	B	D	D	D	D	C	C	A	A	B	B	A	A	B	B	A	A	A	A
		Polycarbonate (PC)	A	A	A	A	A	A	A	A	A	A	C	D	A	C	A	A	A	A	A	D	A	A	A
		Polyétherétherkétone (PEEK)	A	A	A	A	A	A	D	A	A	A	A	A	A	A	A	A	A	A	A	A	A	A	A
		Polyéthylène (PE)	A	A	A	A	A	A	A	A	A	A	A	B	B	A	A	A	A	B	A	B	A	A	A
		PET	A	A	B	C	B	A	C	A	A	C	D	A	A	A	A	A	A	B	A	C	A	A	A
		Acrylique (PMMA)	A	A	A	A	A	A	D	A	D	A	A	D	C	A	A	B	A	C	A	D	C	A	D
		Acétal (POM)	A	A	A	A	A	C	D	C	D	A	A	A	A	A	A	A	A	C	A	C	A	A	A
		Polypropylène (PP)	A	A	A	A	A	A	A	A	A	A	A	C	C	A	A	A	A	A	B	A	A	A	A
		Polystyrène (PS)	A	A	A	A	A	A	D	B	A	A	A	D	A	C	C	A	C	A	C	D	A	C	B
		Téflon (PTFE)	A	A	A	A	A	A	A	A	A	A	A	A	A	A	A	A	A	A	A	A	A	A	A
		Polyuréthane (tpPUR)	A	B	C	A	C	C	D	D	B	A	D	D	D	C	C	B	B	C	A	D	D	D	D
		Polychlorure de vinyle (tpPVC)	A	A	A	A	A	A	B	D	A	A	A	C	A	B	A	A	A	B	B	C	A	A	A
	Thermo-durcis	Epoxys	A	A	C	C	C	A	D	C	A	C	A	B	A	A	A	A	A	A	A	D	C	A	D
		Phénoliques	A	A	A	D	A	A	D	A	A	D	D	A	A	A	A	A	A	B	A	A	A	A	A
		Polyester	A	A	C	D	C	A	D	A	A	D	D	D	A	A	A	A	A	A	B	D	D	A	A

Exemple 17.4

Utiliser les tableaux 17.3 et 17.4 pour identifier les matériaux convenant à des canalisations devant contenir de l'hydroxyde de sodium 10%. Considérer aussi bien des combinaisons de matériaux que des matériaux uniques.

Solution. Le tableau 17.3 indique que l'acier inoxydable, les alliages de cuivre et ceux de titane placés dans NaOH ont la note A. Il en va de même pour le polyéthylène et le polypropylène, qui pourraient donc être utilisés pour chemiser de simples tuyaux en acier.

Le tableau 17.4 indique que l'acier inoxydable, les alliages à base de nickel (notés B) et ceux de magnésium (aussi notés B) sont utilisés.

Conception: géométrie et configuration Nous donnons ci-dessous les choses à faire, et celles à ne pas faire:

- *Tolérer une attaque uniforme.* Rien n'est appelé à durer. Une corrosion modérée peut être tolérée, pour autant qu'elle soit uniforme. Il faut alors prévoir des sections plus importantes pour compenser les pertes par corrosion durant la durée de vie du composant.
- *Eviter la formation de poches de liquide piégé* (fig. 17.13). Des modification très simples de la conception permettent aux liquides de s'écouler et d'éliminer ainsi des régions qui auraient pu retenir de l'eau et des impuretés potentiellement corrosives.

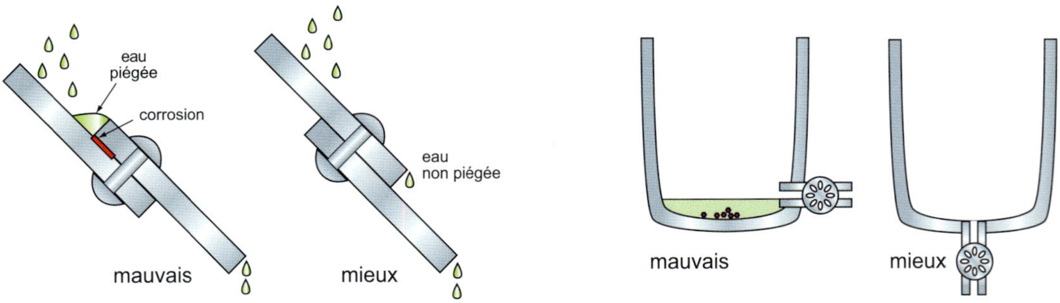

Figure 17.13 Modifications de conception pour éviter le piégeage de liquides et diminuer ainsi la vitesse de corrosion.

- *Eliminer l'attaque galvanique* (fig. 17.14). Deux métaux de nature différente, connectés électriquement et immergés dans l'eau avec n'importe quel élément dissout, constituent une cellule de corrosion comme celles illustrées dans les figures 17.9 ou 17.10. Le métal ayant le plus faible potentiel de réduction standard est celui qui sera attaqué. La vitesse d'attaque galvanique peut être élevée et localisée à l'endroit même ou proche du contact. Fixer une carrosserie en aluminium sur le chassis d'une automobile en acier présente ce risque, comme ont pu le constater à leurs dépens certains fabricants peu attentifs à ce problème. Même le métal d'un cordon de soudure différent de celui constituant les plaques

Tableau 17.4 Matériaux et revêtements de choix pour divers environnements

Environnement	Métaux	Polymères et composites	Céramiques et verres
Eau et solutions aqueuses			
Eau (douce)	Alliages d'aluminium, aciers inoxydables, acier galvanisés, alliages de cuivre	PET, HDPE, GFRP. Tous les polymères sont résistants à l'eau douce, mais peuvent en absorber jusqu'à 5%, les faisant gonfler.	Verre, béton, brique, porcelaine
Eau (salée)	Cuivre, bronze, aciers inoxydables, aciers galvanisés, plomb, platine, or, argent	PET, HDPE, GFRP. Tous les polymères sont résistants à l'eau salée, mais peuvent en absorber jusqu'à 5%, les faisant gonfler.	Verre, béton, brique
Sols	Acier, brut dans les sols à haute résistivité, revêtu ou galvanisé dans ceux ayant une résistivité faible	HDPE, PP, PVC, la plupart des polymères (sauf PHB, PLA et ceux qui sont bio-dégradables) corrodent lentement dans les sols	Brique, poterie, verre, béton
Liquides organiques	Alliages cobalt-chrome, nickel-titane (nitinols), nickel-chrome, métaux précieux (or, platine), implants, amalgames d'argent, acier inoxydable, titane	Acryle, silicone, polyéthylène à très haute masse molaire (UHMWPE)	Hydroxyapatite, bio-céramiques d'alumine, vitreuses, de phosphate de calcium, et de zircone, verre ionomère, carbone vitreux
Acides et alcalins			
Acide acétique, CH_3COOH (10%)	Aluminium, acier inoxydable, nickel et ses alliages, titane, monel	HDPE, PTFE	Verre, porcelaine, graphite
Acide chlor-hydrique, HCl (10%)	Cuivre, nickel et ses alliages, titane, monel, molybdène, tantale, zirconium, platine, or, argent	HDPE, PP, GFRP, caoutchouc	Verre
Acide fluor-hydrique, HF (40%)	Plomb, cuivre, acier inoxydable, aciers carbone, monel, hastelloy C, platine, or, argent	PTFE, polymères fluorocarbones, caoutchouc	Graphite
Acide nitrique HNO_3 (10%)	Acier inoxydable, titane, fontes 14.5% Si, alliage 20 (40Fe, 35Ni, 20Cr, 4Cu)	PTFE, PVC, phénols, PE-CTFE	Verre, graphite

Tableau 17.4 Matériaux et revêtements de choix pour divers environnements (suite)

Environnement	Métaux	Polymères et composites	Céramiques et verres
Acide sulfurique, H_2SO_4 (10%)	Acier inoxydable, cuivre, alliages base-nickel, plomb, tungstène, fonte Fe-14.5%Si, fonte, zirconium, tantale, alliage 20 (40Fe, 35Ni, 20Cr, 4Cu), platine, or, argent	PET, PTFE, PE-CTFE, phénoliques	Verre, graphite
Hydroxyde de sodium, NaOH (10%)	Nickel et ses alliages, acier inoxydable, magnésium	PVC, LDPE, HDPE, PTFE, PE-CTFE	Verre, graphite
Carburants, huiles et solvants			
Benzène, C_6H_6	Acier au carbone, acier inoxydable, aluminium, laiton	PTFE	Verre, graphite
Tétrachlorure de carbone, CCl_4	Acier au carbone, acier inoxydable, aluminium, hastelloy C, monel, platine, or, argent	POM, PTFE, caoutchouc	Verre, graphite
Pétrole brut	Acier au carbone, aluminium, acier inoxydable	HDPE, PTFE, résines époxy, polyamides	Verre, porcelaine, métaux émaillés
Mazout	Acier au carbone, acier inoxydable, laiton, cuivre, aluminium, monel	HDPE, PP, PTFE, caoutchouc buna (nitrile), viton, GFRP	Verre
Kérosène (huile paraffine)	Acier au carbone, acier inoxydable, aluminium, monel	HDPE, PP, PTFE, GFRP	Verre
Huile lubrifiante	Acier inox, acier au carbone, aluminium	HDPE, PP, PTFE, caoutchouc	Verre
Essence	Acier au carbone, acier inoxydable, laiton, aluminium, hastelloy C, alliage 20 (40Fe, 35Ni, 20Cr, 4Cu)	PTFE, HDPE, PP, caoutchouc buna (nitrile), viton, GFRP	Verre
Huile silicone, $((CH_3)_2SiO)_n$	Acier au carbone, aluminium	HDPE, PP, PET	Verre
Huile végétale	Aluminium, acier au carbone, acier inoxydable	HDPE, PP, PET	Verre
Alcools, aldéhydes, cétones			
Acétone, CH_3COCH_3	Aluminium, acier au carbone, acier inoxydable	PTFE, HDPE, PP copolymère (PPCO)	Verre, graphite
Ethanol, C_2H_5OH	Acier, acier inoxydable, cuivre	PTFE, HDPE, PP, GFRP	Verre
Méthanol, CH_3OH	Acier, acier inoxydable, plomb, monel	PTFE, HDPE, PP	Verre
Formaldéhyde, CH_2O	Acier inoxydable, monel, hastelloy C	PTFE, HDPE, PET, POM, caoutchouc butylique ou nitrile	Verre, GFRP

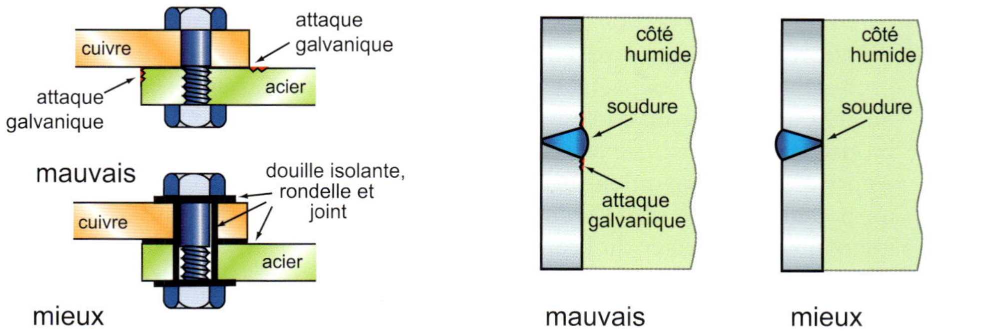

Figure 17.14 Changements de conception pour minimiser l'attaque galvanique.

soudées peut présenter ce problème. La réponse à ce problème est donc d'éviter la formation de couples de métaux si de l'eau est présente, ou, si ce n'est pas possible, de les isoler électriquement et de réduire la surface exposée par le métal noble afin de minimiser la vitesse de la réaction cathodique.

- *Eviter les crevasses* (fig. 17.15). Les crevasses gardent l'humidité et favorisent donc les conditions pour une attaque différentielle due à l'oxygénation. La figure 17.15 montre des joints rivetés (le matériau du rivet étant bien sûr le même que celui des plaques assemblées). Si l'eau peut pénétrer sous le coin de la plaque, elle va le faire ! L'interface eau-air a accès à de l'oxygène, ce qui n'est pas le cas de l'eau située sous les plaques. Le résultat sera une corrosion de la surface du joint, précisément à l'endroit où il ne faut pas. La réponse à ce problème est alors d'assembler les plaques par soudage ou par brasage, ou encore de mettre un enduit dans le joint avant le rivetage pour empêcher la pénétration de l'eau. Ce n'est pas juste un problème de joint – l'aération différentielle est très difficile à éviter. C'est la raison pour laquelle les piliers de pontons ou de jetées rouillent juste en dessous du niveau de l'eau, de même que certains pieds de réservoirs.

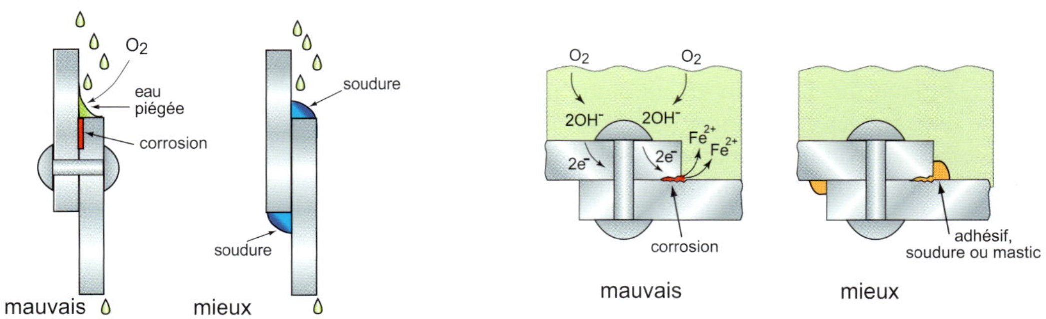

Figure 17.15 Changements de conception pour éviter la corrosion caverneuse.

- *Considérer une protection cathodique* (fig. 17.16). En fixant un métal à un autre de potentiel de réduction standard inférieur, ce dernier va se corroder et le premier sera donc protégé. Ainsi, en connectant des canalisations enterrées en acier à des plaques de zinc, on crée une cellule de corrosion qui va attaquer le zinc et protéger l'acier. Les hélices en bronze très coûteuses de larges bateaux ne peuvent pas être revêtues (les conditions sont trop violentes pour qu'un revêtement puisse rester en place). Le cuivre et le bronze ont un potentiel standard de réduction plus élevé que l'acier et une isolation électrique est impossible. Connecter du bronze et de l'acier dans l'eau salée est une recette idéale pour conduire au désastre! La solution est de déplacer le désastre ailleurs, en attachant des plaques de zinc à la quille autour de l'axe de l'hélice. Dans ces deux exemples, le zinc joue le rôle d'*anode sacrificielle* protégeant l'acier et le bronze. Le terme « sacrificiel » est précis – le zinc est consommé – et la protection du bronze et de l'acier durera le temps de vie de ces anodes en zinc, exigeant donc de les remplacer régulièrement.

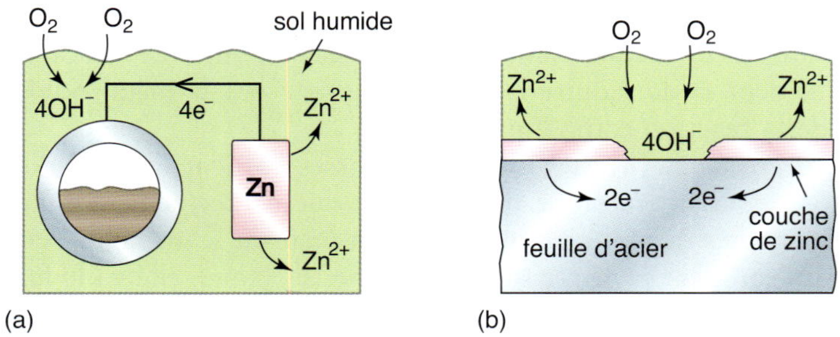

Figure 17.16 (a) Protection des conduites en acier par une anode sacrificielle en zinc. (b) Tôle d'acier galvanisée; le zinc protège l'acier, même avec une rayure.

- *Faire attention à la corrosion sous contrainte et en fatigue.* Les contraintes en service d'un composant peuvent être calculées; les contraintes résiduelles provenant de déformations à froid ou de la contraction thermique lors d'une soudure ne sont pas aussi faciles à prédire. L'interaction entre contraintes et environnement corrosif peut être dangereuse: elle peut induire de la corrosion sous contrainte ou limiter la résistance à la fatigue du matériau en ajoutant une composante corrosive aux cycles de chargement. Puisque les contraintes internes d'un matériau ne peuvent pas dépasser sa limite d'écoulement (sinon, le matériau plastifie), une règle simple consiste à sélectionner des matériaux ayant une faible limite d'écoulement (ou dureté), mais compatibles avec les autres contraintes mécaniques du dispositif.
- *Prévoir dans la conception la possibilité d'inspection et de maintenance.* Pour inspecter ou réparer une région sujette à la corrosion, il faut pouvoir l'atteindre! Une conception visant la durée doit donc permettre de pouvoir inspecter, nettoyer et si nécessaire remplacer les parties pouvant être soumises à de la corrosion.

Revêtements Les métaux, nous l'avons dit, sont réactifs. Seul l'or et quelques autres métaux précieux sont stables en tant que métaux, comparés aux formes oxydées. Des revêtements permettent aux métaux réactifs – notamment les aciers qui constituent la base du génie mécanique – d'être utilisés dans des environnements où, sans eux, ils se corroderaient rapidement. Les revêtements peuvent fonctionner de plusieurs manières.

- Les *revêtements passifs* séparent le matériau de l'environnement corrosif. Certains, comme le chrome, le nickel ou l'or, sont fondamentalement résistants à la corrosion. Des revêtements polymériques – peintures et revêtements de poudres – fournissent une peau électriquement non conductrice qui de ce fait supprime les réactions électrochimiques puisque le passage des électrons est bloqué. Les revêtements céramiques et en verre sont fondés sur la très grande stabilité chimique des oxydes, des carbures et des nitrures, et entourent les métaux d'une coquille réfractaire. Les revêtements passifs ne marchent que s'ils sont parfaits (et la perfection dans notre monde est inhabituelle) ; s'ils sont rayés, craquelés ou détachés, la corrosion démarre.
- Les *revêtements actifs* fonctionnent même s'ils sont endommagés. Certains, comme le zinc, sont des métaux ayant un potentiel de réduction tout en bas de l'échelle de la figure 17.8. Le zinc sur l'acier agit comme un revêtement sacrificiel, devenant l'anode de la cellule de corrosion et permettant à l'acier situé en dessous de rester intact (fig. 17.16(b)). Les revêtements polymériques peuvent agir de la même manière en dispersant une poudre de zinc en leur sein. D'autres contiennent des inhibiteurs de corrosion (décrits plus tard) qui vont être relâchés dans le milieu corrosif atténuant ainsi son agressivité. Les revêtements cimentaires inhibent la corrosion en fournissant un environnement alcalin.
- Les *revêtements autogénérés* consistent à allier un métal, avec presque toujours du chrome, de l'aluminium ou du silicium, en quantité suffisante pour permettre à des films de Cr_2O_3, Al_2O_3 ou SiO_2 de se former spontanément à la surface du métal. Les aciers inoxydables, les bronzes-aluminium et le fer-silicium font appel à ce type de revêtements. Rayé, le film recroît immédiatement, fournissant ainsi une protection automatique.

Sur ces bases, le tableau 17.5 donne une liste des revêtements rencontrés dans la pratique et qui sont absolument nécessaires dans l'ingénierie moderne. Ils sont appliqués sur les surfaces par différentes techniques, comme illustré à la figure 17.17.

- Les *revêtements métalliques* sont basés sur la stabilité intrinsèque du métal de revêtement (l'or), sur la faculté du métal de former un oxyde protecteur autogénéré (le chrome et l'aluminium formant des chromures et des aluminures), ou sur sa faculté de fournir une protection cathodique (le zinc, le cadmium). L'*acier galvanisé* est une tôle d'acier recouverte d'une fine couche de zinc. Le zinc agit comme anode sacrificielle : même rayé, le film protège quand même l'acier de la rouille. D'autres revêtements paraissent bons, mais ne protègent pas aussi bien. Ainsi, un revêtement de cuivre établit une cellule de corrosion qui fonctionne à l'inverse avec l'acier, c'est-à-dire qu'une fois rayé, c'est l'acier et non le revêtement en cuivre qui est attaqué. Les revêtements en chrome devraient être très bons puisque cet élément a un potentiel de réduction en dessous de celui du fer. Cependant, le chrome se protège tellement bien tout seul qu'il forme un oxyde devenant passif, ne créant donc pas une cellule de corrosion.

Tableau 17.5 Revêtements pour augmenter la durabilité

Type et procédé	Materiaux	Applications typiques
Revêtements métalliques		
Electrodéposition	Cuivre, nickel, chrome, argent, or	Protection passive de l'acier
Déposition non électrolytique	Nickel	Protection passive de l'acier
Immersion à chaud	Zinc	Galvanisation de tôles d'acier
Projection métallique	Aluminium, zinc	Protection de composants en acier
Déposition physique en phase vapeur	Aluminium	Protection décorative
Déposition chimique en phase vapeur	Chromures, aluminures	Protection à haute température
Colaminage	Aluminium, nickel, cuivre	Placage, monnaie
Revêtements polymères		
Peinture et pulvérisation	Peintures à l'huile (lin)	Protection du bois, de l'acier
	Acryliques, résines époxy	Automobile, fuselages d'avions
	Alkydes	Composants métalliques bon marché
	Acétate/butyrate de cellulose	Composants métalliques bon marché
Immersion et projection à chaud	Nylons	Biens domestiques
	PTFE, PE, PP	Revêtements extérieurs, non collants
	Nèoprène, vinyles	Revêtements de réservoirs
Revêtements céramiques		
Réaction chimique	Anodisation (Al_2O_3), chromatisation (Cr_2O_3)	Protection des composants en aluminium
Projection plasma	Alumine (Al_2O_3), zircone (ZrO_2)	Protection contre l'oxydation – turbines et usines de génie chimique
Déposition de vapeur	Nitrure de titane(TiN), nitrure de zirconium (ZrN)	Résistance à la corrosion et à l'usure
Emaillage	Verre	Biens domestiques
Revêtement de ciment	Ciment Portland, silicate de potassium, aluminate de calcium	Protection de l'acier contre la corrosion, notamment par des acides

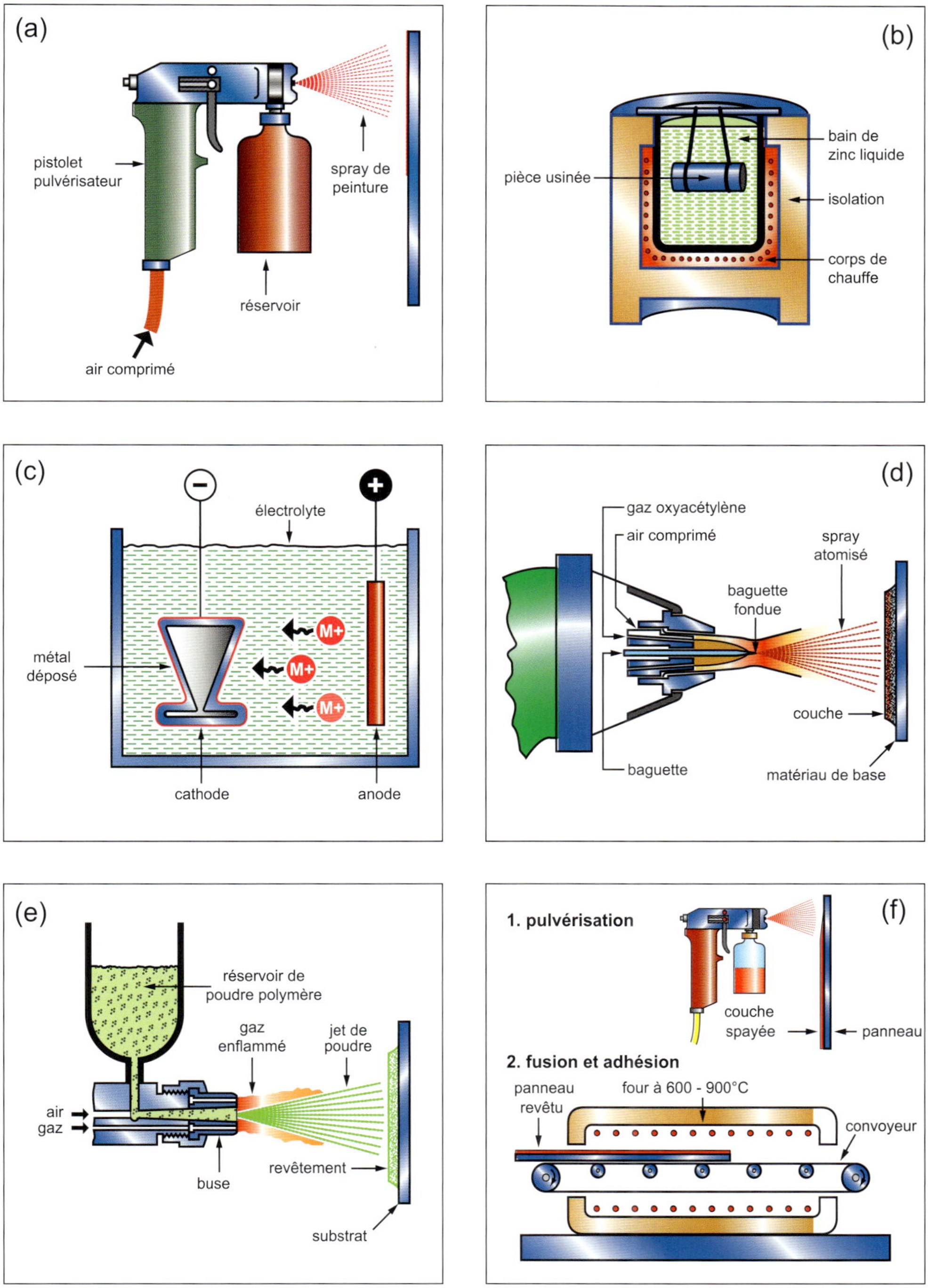

Figure 17.17 Procédés de revêtement. (a) Peinture. (b) Immersion à chaud (c) Electrodéposition. (d) Projection métallique à la flamme. (e) Projection de poudres polymères. (f) Emaillage.

- Les *revêtements polymériques* sont basés sur un solvant qui, après application, s'évapore (peintures acryliques ou alkydes), ou sur une réaction de polymérisation initiée par l'oxygène (peintures basées sur l'huile de lin), ou encore sur l'ajout d'un catalyseur (résine époxy). Les *peintures basées sur un solvant* étaient les plus utilisées jusque très récemment, mais le solvant volatile est généralement toxique; il s'agit de COV (Composé Organique Volatil) dont l'usage, pour des raisons de santé, est moins recommandé. Les *peintures à l'eau* éliminent ce problème mais ne fournissent pas encore de films aussi bons. Les *revêtements de poudre polymère* sont appliqués ou bien par projection à la flamme ou bien par immersion du composant préchauffé dans un lit fluidisé d'une poudre polymère, provoquant dans les deux cas une fusion de la poudre formant alors un film épais à la surface. Tant qu'ils sont intacts, les films de peinture et les revêtements par poudre polymère fonctionnent très bien, mais dès qu'ils sont endommagés, la protection n'est plus assurée, à moins d'avoir une sous-couche de protection (par exemple un film de zinc).
- Les *revêtements céramiques et en verre (émail)* doivent être appliqués à chaud, de telle sorte que les particules de céramiques soient frittées ou que le verre soit fondu à la surface du métal. Seuls les revêtements cimentaires sont appliqués à froid.

Exemple 17.5

Une pièce en acier est revêtue par un film de nickel. Le nickel va-t-il se comporter comme une barrière de corrosion passive ou active dans un milieu aqueux ? Pourquoi ?

Solution. Le nickel a un potentiel standard de réduction plus élevé que celui du fer (fig. 17.8). Etant plus noble que l'acier, il deviendra la cathode dans une cellule de corrosion. Ce n'est donc qu'un revêtement passif – l'acier se corrodera aux endroits où le film de nickel est rayé ou fissuré.

Inhibiteurs de corrosion Les inhibiteurs de corrosion sont des produits chimiques qui, une fois dissous ou dispersés dans un milieu corrosif, réduisent (« inhibent ») la vitesse de réaction. Certains (comme les médicaments pour les brûlures d'estomac) abaissent l'acidité du milieu (augmente son pH) ou recouvrent le composant d'un film visqueux. Les inhibiteurs suppriment l'étape anodique ou l'étape cathodique de la réaction de corrosion (sect. 17.6). Le choix de l'inhibiteur dépend de l'environnement et du matériau qu'il faut protéger. Le tableau 17.6 donne une liste des meilleurs combinaisons inhibiteurs-matériaux-environnements. Plusieurs d'entre eux ont des noms très complexes difficiles à mémoriser même pour des spécialistes de la corrosion. Les éléments les plus importants à connaître sont donnés ci-dessous.

- Le *PTFE* $((CF_2 - CF_2)_n)$ est un inhibiteur à large spectre pour les hydrocarbures, les solvants et les lubrifiants, souvent utilisé dans les moteurs. Il fonctionne en formant un film protecteur à la surface des composants, les protégeant ainsi du contact avec le milieu environnant. Les taux de corrosion peuvent être réduits de près de 90%. Des ajouts mal dosés de PTFE peuvent conduire à une protection partielle de la surface, faisant apparaître des piqûres de corrosion qui empirent la situation et peuvent induire une dégradation prématurée.

Tableau 17.6 Inhibiteurs de corrosion et matériaux pour lesquels ils s'appliquent

Environnement	Inhibiteurs (matériaux)
Eau et solutions aqueuses	
Eau (douce)	Bicarbonate de calcium (acier, fonte), polyphosphate (Cu, Zn, Al, Fe), hydroxyde de calcium (Cu, Zn, Fe), silicate de sodium (Cu, Zn, Fe), chromate de sodium (Cu, Zn, Pb, Fe), dichromate de potassium (Mg), nitrite de sodium (monel), acide benzoïque (Fe), métaphosphates de calcium et de zinc (Zn)
Eau (salée)	Nitrite de sodium (Fe), silicate de sodium (Zn), bicarbonate de calcium (tous les métaux), stéarate d'amyle (Al), dithiocarbamates avec substitution de méthyle (Fe)
Sols	Nitrate de calcium ajouté au béton pour inhiber la corrosion des armatures en acier dans les sols.
Acides et alcalins	
Acide acétique, CH_3COOH (10%)	Thiourée, oxyde d'arsenic, arséniate de sodium (tous pour Fe)
Acide chlorhydrique, HCl (10%)	Ethylaniline, mercaptobenzotriazole, pyridine et phénylhydrazine, oxyde d'éthylène (tous pour Fe), phénylacridine (Al), napthoquinone (Al), thiourée (Al), acide chromique (Ti), sulfate de cuivre (Ti)
Acide fluorhydrique, HF (40%)	Thiourée, oxyde d'arsenic, arséniate de sodium (tous pour Fe)
Acide nitrique, HNO_3 (10%)	Thiourée, oxyde d'arsenic, arséniate de sodium (tous pour Fe), tétramine hexaméthylène (Al), chromate alcalin (Al)
Acide sulfurique, H_2SO_4 (10%)	Phenylacridine (Fe), chromate de sodium (Al), thiocyanate benzylique (Cu et laiton), sulfate de calcium hydraté (Fe), amines aromatiques (Fe), acide chromique (Ti), sulfate de cuivre (Ti)
Hydroxyde de sodium, NaOH (10%)	Silicates alcalins, permanganate de potassium, glucose (tous pour Al)
Carburants, huiles et solvants	
Benzène, C_6H_6	Anthraquinone (Cu et laiton)
Tétrachlorure de carbone, CCl_4	Formamide (Al), aniline (Fe, Sn, laiton, monel et Pb), oxyde de mésytile (Sn)
Mazout	Suspension PTFE (tous les métaux), hydrocarbures chlorés, (tous les métaux), poly-hydroxybenzophénone (Cu)
Kérosène (huile de paraffine)	Suspension PTFE (tous les métaux), hydrocarbures chlorés, (tous les métaux), poly-hydroxybenzophénone (Cu)
Huile lubrifiante	Suspension PTFE (tous les métaux), hydrocarbures chlorés, certains composés organiques de zinc comme dithiophosphate et dithiocarbamate de zinc (tous les métaux), poly-hydroxybenzophénone (Cu)
Essence	Suspension PTFE ou hydrocarbures chlorés (tous les métaux)
Huile végétale	Anthraquinone (Cu et laiton)
Alcools, aldéhydes, cétones	
Alcool éthylique, C_2H_5OH	Dichromate de potassium, lactates ou carbonates alcalins (Al), acide benzoïque (Cu et laiton), sulfures de métaux alcalins (Mg), éthylamine (Fe), carbonate et hydroxyde d'ammonium (Fe)
Alcool méthylique, CH_3OH	Chlorate et nitrate de sodium (Al), sulfures de métaux alcalins (Mg), acide stéarique neutralisé (Mg), polyvinylimidazole (Cu)

- Le *bicarbonate de calcium* ($Ca(HCO_3)_2$) est utilisé dans les chauffages centraux, l'alimentation en eau potable et les circuits de refroidissement. Cet élément augmente le pH et inhibe donc l'attaque par les acides. Mais il augmente aussi la dureté de l'eau, créant des dépôts de calcaire (le tartre), surtout dans les circuits d'eau chaude.
- La *thiourée* ($C(NH_2)_2S$) est un composé organique ayant une composition similaire à celle de l'urée, mais où l'atome de souffre remplace l'oxygène. Elle est à la base d'un ensemble d'inhibiteurs organiques anodiques dont le principe de fonctionnement est d'augmenter l'énergie d'activation de la réaction de corrosion, et donc de réduire la vitesse de réaction. Même en faibles quantités, elle réduit le taux de corrosion avec l'acide chlorhydrique jusqu'à 97%. Cependant, la thiourée étant carcinogène, son emploi est limité à des systèmes où il n'y a pas de contact humain direct.
- L'*oxyde d'arsenic (III)* (As_2O_3) limite également l'attaque des métaux par des acides, étant un inhibiteur anodique. Il peut réduire l'oxydation avec de nombreux acides, même à faible concentration (0.5%), mais est bien sûr toxique.
- Les *polyphosphates* sont une famille de polymères incluant des groupes phosphate ($-PO_4$). On les trouve dans des organismes vivants où ils exercent des fonctions biologiques (l'ADN inclut des polyphosphates). Ils inhibent la corrosion de la plupart des métaux dans l'eau. Les polyphosphates sont non toxiques et peuvent même être utilisés pour l'eau potable.
- Les *chromates* sont essentiellement utilisés pour inhiber la corrosion des métaux dans des environnements non acides (quelques uns, les chromates alcalins, peuvent cependant être utilisés pour inhiber la corrosion dans des acides, notamment pour protéger l'aluminium). Leur principe de fonctionnement est de former une couche adsorbée de ions chromates, passivant ainsi la surface. Les chromates, comme beaucoup de ces composés assez effrayants, sont hautement toxiques, ce qui limite leur application.

Suivi, maintenance et remplacement Une inspection régulière de composants permet de détecter suffisamment tôt la corrosion. La maintenance – peinture, revêtement ou réparation – peut alors être effectuée, minimisant ainsi les arrêts d'exploitation et les risques de rupture. Se pose ici une question de conception : le système doit pouvoir être inspecté dans toutes ses parties susceptibles d'être attaquées par la corrosion, et permettre une réparation en ces endroits. Pour des composants où les questions de sécurité sont primordiales, une autre stratégie est adoptée : un remplacement est alors prescrit à intervalles réguliers, suffisamment courts pour que la corrosion ne puisse pas créer des dommages sérieux.

17.8 Résumé et conclusions

La corrosion est un peu comme un cancer : elle peut détruire (tuer) à moins qu'autre chose (l'usure par exemple) ne le fasse avant. Autant d'argent a dû être investi dans la recherche sur la corrosion que sur le cancer, étant donné les coûts et les dommages qu'elle occasionne. Ces travaux de recherche ont révélé ce qui se passe à l'échelle atomique lorsqu'un matériau réagit avec l'oxygène, des acides, des solutions alcalines ou aqueuses, de l'eau aérée ou encore des solvants organiques.

Tous ces mécanismes impliquent des réactions électrochimiques ou des radicaux libres. Dans l'oxydation des métaux, les atomes de métal se ionisent et relâchent donc des électrons. Ces derniers se combinent avec l'oxygène pour former des ions oxygène qui à leur tour se combinent avec les ions de métal pour former un oxyde. Le film d'oxyde croissant à la surface, les ions et les électrons doivent diffuser à travers pour permettre à la réaction de se poursuivre : la résistance du film d'oxyde à la diffusion et sa capacité d'adhérer à la surface du métal déterminent son niveau de protection. Les polymères s'oxydent par des réactions avec des radicaux libres. Les radiations, notamment les UV, ou encore la chaleur peuvent générer ces radicaux libres. Les polymères sont protégés en les dopant avec des filtres UV ou par l'ajout de composés qui absorbent ces radicaux libres.

En corrosion, les réactions électrochimiques ont lieu plutôt dans le fluide corrosif que dans le solide. Un métal se ionise lorsqu'il est placé dans l'eau. Son niveau de ionisation détermine son potentiel de réduction. Ceux ayant le potentiel le plus bas (donc le plus négatif) sont les plus vulnérables aux attaques et se corroderont spontanément même dans de l'eau pure si de l'oxygène est présent. Si un métal avec un potentiel de réduction faible est placé en contact électrique avec un autre de potentiel plus élevé, le premier sera corrodé et le deuxième protégé.

Une conception prenant en compte les aspects de corrosion des matériaux dépend de la capacité de quelques éléments – le chrome, l'aluminium, le silicium et le titane – à former un film d'oxyde protecteur qui adhère bien à la surface. En utilisant ces éléments comme soluté, d'autres métaux peuvent obtenir alors le même effet de protection. Sinon, les métaux peuvent être protégés de la corrosion en recouvrant leur surface d'un film polymère ou céramique.

17.9 Lecture et logiciels complémentaires

Bradford, S. A. (1993). *Corrosion Control.* New York, NY, USA : Van Nostrand Reinhold. ISBN 0-442-01088-5. (*Un texte abordable présentant les aspects pratiques de prévention de la corrosion.*)

DeZurik Materials Selection Guide. http ://www.dezurik.com/. (*Dezurik MSG permet une sélection des matériaux placés dans divers environnements.*)

Fontanta, M. G. (1986). *Corrosion Engineering* (3rd ed.). New York, USA : McGraw Hill. ISBN 0-07-021463-8. (*Une texte axé sur les aspects pratiques plutôt que la science de la corrosion, avec de nombreux exemples et données.*)

Ford, F. P., & Andresen, P. L. (1997). Design for corrosion resistance. In ASM Handbook Vol. 20. *Materials Selection and Design* (pp. 545-572). Metals Park, Ohio, USA : ASM International. ISBN 0-97170-386-6. (*Un guide récent pour une conception prévenant la corrosion, mettant en avant les aspects fondamentaux.*)

ProFlow Dynamics chemical resistance selector (2008). http ://www.proflowdynamics.com/ viewcorrosion.aspx. (*Une base de données gratuite et en ligne pour le choix des matériaux placés dans divers environnements.*)

Schweitzer, P. A. (1995). *Corrosion Resistance Tables* (4th ed.) (Vols. 1-3). New York, USA : Marcel Dekker. (*Une compilation exhaustive de données de corrosion pour divers environnements, à ne pas lire le soir avant de dormir.*)

Schweitzer, P. A. (1998). *Encyclopedia of Corrosion Technology*. New York, USA : Marcel Dekker. ISBN 0-8247-0137-2. (*Une compilation par ordre alphabétique un peu curieuse qui mélange définitions, terminologie et tableaux de valeur.*)

Tretheway, K. R., & Chamberlain, J. (1995). *Corrosion for Science and Engineering* (2nd ed.). Harlow, UK : Longman Scientific and Technical. ISBN 0-582-238692. (*Une introduction à la science de la corrosion facile à lire, avec de nombreux exemples d'expériences pour illustrer les principes.*)

Waterman, N. A., & Ashby, M. F. (1991). *Elsevier Materials Selector*. Oxford, UK : Elsevier. ISBN 1-85-166-605-2 and, in the CRC edition, ISBN 0-8493-7790-0. (*Une compilation en trois volumes de données matériaux pour la conception, avec de nombreuses données et directives pour la corrosion et l'oxydation des métaux et des polymères.*)

17.10 Exercices

Exercice E17.1 Par quels mécanismes les métaux s'oxydent-ils ? Qu'est ce qui détermine la vitesse d'oxydation ?

Exercice E17.2 La cinétique d'oxydation du titane pour former TiO_2 est limitée par la diffusion de l'oxygène, avec une énergie d'activation Q_d de 275 kJ/mol. Si le film d'oxyde a une épaisseur de 0.08 microns après 1h à 800°C, quelle épaisseur pourra-t-il avoir si on avait placé le titane à 1000°C pendant 30 minutes ?

Exercice E17.3 Qu'entend-on par potentiel de réduction standard ? Une électrode de cuivre et une autre de platine sont placées dans une solution diluée de sulfate de calcium. Quelle différence de potentiel pourrait-on mesurer entre les deux ? Si on connecte les deux électrodes pour permettre au courant de passer, quelle est l'électrode qui va se corroder ?

Exercice E17.4 Un revêtement polymère doit protéger un microprocesseur d'attaques par l'acide fluorhydrique (HF). Utiliser les tableaux 17.3 et 17.4 pour identifier les candidats possibles.

Exercice E17.5 Des canalisations métalliques sur une installation de forage pétrolier doivent contenir une solution d'acide chlorhydrique pour acidifier le puits. Utiliser les tableaux 17.3, 17.4 et 17.6 pour choisir ces canalisations et les moyens de protection.

Exercice E17.6 Une usine de produits alimentaires utilise des solutions diluées d'acide acétique pour des petits oignons. L'acide contenu dans des réservoirs est acheminé par des canalisations. Quels matériaux faut-il choisir, compte tenu du fait que leur résistance et leur ténacité imposent que cela soit un métal ?

Exercice E17.7 Un fabricant automobile est préoccupé par les conséquences que peut entraîner l'introduction de bio-méthanol, CH_3OH, ou bio-éthanol, C_2H_5OH, dans le carburant, notamment pour les parties en aluminium du bloc moteur. Quelles mesures peuvent être prises pour éviter l'attaque de ces pièces ?

Exercice E17.8 Le même fabricant que celui de l'exercice E17.7 est aussi préoccupé par les dommages que pourraient créer les bio-carburants de méthanol et d'éthanol sur la carrosserie de certains modèles faits en GFRP (polymères renforcés par des fibres de verre). Est-ce justifié ?

Exercice E17.9 Les effluents d'une fabrique de fertilisants contiennent en particulier de l'acide sulfurique. L'acide dilué est stocké dans des réservoirs en surface situés à quelque distance de la fabrique. Pour des raisons économiques, il est suggéré de faire les canalisations transportant cette solution acide en bois. S'agit-il d'une solution farfelue ?

17.11 Conception assistée avec le logiciel CES (utilisez le niveau 2 par défaut)

Exercice E17.10 En utilisant les fonctions « Browse » et « Search », trouver le profil correspondant aux alliages nickel-chrome appelés Nichromes. Quelles sont leurs principales applications ?

Exercice E17.11 En utilisant les fonctions « Browse » et « Search », trouver les revêtements par poudres polymères (pour cela, il faut chercher dans la base de données Procédés, et non pas celle des Matériaux). Quelles sont les trois techniques d'application d'un revêtement de poudres polymères ?

Exercice E17.12 Utiliser l'étape « Limit », dans la base de données « Traitements de surfaces », pour trouver les procédés de traitement de surface procurant une résistance à la corrosion gazeuse.

Exercice E17.13 Utiliser l'étape « Limit », dans la base de données « Traitements de surfaces », pour trouver les procédés de traitement de surface procurant une résistance à la corrosion aqueuse.

Exercice E17.14 A l'aide de la fonction « Search » de CES, trouver les matériaux pouvant être utilisés dans des équipements de l'industrie alimentaire.

Exercice E17.15 Les coques plastiques de prises et de commutateurs électriques ne doivent pas être faites dans des matériaux inflammables. Utiliser la fonction « Search » de CES pour trouver les polymères non inflammables ou auto-extinguibles.

Exercice E17.16 Une cuve doit contenir de la soude caustique, NaOH, un alcalin très fort. Utiliser la fonction « Search » de CES pour trouver les matériaux qui résistent très bien aux alcalins puissants.

Exercice E17.17 Des canalisations d'une fabrique de cornichons doivent amener du vinaigre (une solution diluée d'acide acétique) à 100°C entre différentes cuves. Le liquide étant sous pression, le matériau doit avoir une résistance d'au moins 100 MPa. De plus, pour des raisons de mise en forme lors de l'installation, il doit avoir une ductilité d'au moins 10%. Trouver les quatre matériaux les meilleur marché qui remplissent le cahier des charges résumé ci-après.

Fonction	• Canalisation pour de l'acide acétique
Contraintes	• Durabilité en milieu acide = très bonne • Température d'opération >100°C • Limite élastique >100 MPa • Elongation >10%
Objectif	• Minimiser le coût
Variable libre	• Choix du matériau

17.12 Explorer la science avec CES Elements

Exercice E17.18 Le travail d'extraction (chap. 14) est l'énergie nécessaire pour extraire un électron d'un cristal du niveau de Fermi jusqu'à ce qu'il soit isolé dans le vide. Le potentiel de réduction standard (fig. 17.8) implique des électrons tombant dans des niveaux d'énergie situés juste au-dessus du niveau de Fermi. On peut donc penser que ces deux notions sont reliées. Pour vérifier cela, on se propose de faire un graphique avec le potentiel de réduction standard sur l'axe x et le travail d'extraction sur l'axe y. Quelle est alors la conclusion ?

Chapitre 18
Chauffer, déformer, assembler et polir : procédés

Une presse de forge de 1000 tonnes. (Image reproduite avec l'autorisation de Fu Sheng Group, Sporting Goods Division.)

Contenu du chapitre

18.1 Introduction et présentation du chapitre

Matériaux et procédés sont inséparables ! Les minerais, les minéraux et le pétrole sont tous traités après extraction pour fournir les matériaux nécessaires aux ingénieurs. Ceux-ci sont ensuite mis en forme en des composants, qui sont ensuite assemblés et polis pour donner des produits. Le chapitre 2 a défini une hiérarchie des procédés ; dans celui-ci nous allons explorer les éléments techniques et les méthodes permettant de choisir ces procédés. De manière croissante, les législations et l'opinion publique requièrent que les matériaux soient recyclés en fin de vie d'un produit. De nouveaux procédés apparaissent pour extraire les matériaux de ce que l'on considérait jusqu'alors comme des déchets.

La stratégie pour choisir un procédé est analogue à celle du choix des matériaux : *éliminer* ceux qui ne peuvent pas répondre aux exigences, *établir un classement* pour ceux qui le peuvent (en tenant compte de leurs coûts) et *analyser les données documentées* des meilleurs candidats. De nombreuses caractéristiques d'un procédé peuvent être décrites par des données numériques et non numériques : la taille maximale d'une pièce qu'il permet de produire, l'état de surface en sortie, et, plus critique, les familles ou classes de matériaux ainsi que les formes de produits qui peuvent être prises en compte. Celles-ci vont permettre de faire un tri pour établir une liste réduite des procédés pouvant répondre à la conception du produit.

Mais il y a un autre aspect dont il faut tenir compte. Il est lié à l'influence des procédés sur les propriétés mêmes des matériaux. Les matériaux ont bien sûr des propriétés avant d'être mis en forme, assemblés ou encore polis, mais les procédés peuvent être mis à profit pour améliorer celles-ci, notamment la résistance mécanique. Cependant, les procédés peuvent aussi dégrader ces propriétés, par exemple en introduisant des porosités, des fissures et des défauts qui vont affecter négativement la microstructure. Ces interactions entre procédés, microstructures et propriétés, sont analysées plus en détail au chapitre 19. Pour l'instant, il nous suffit de reconnaître que le succès des procédés de fabrication tient souvent au savoir-faire et à l'expertise accumulés au cours du temps. Or, si dans le passé ce savoir-faire était détenu par quelques employés très expérimentés, il est maintenant contenu dans des instructions de design, dans des guides de bonnes pratiques et dans des logiciels fournissant toute l'information requise, notamment au moment de la conception.

18.2 Sélection des procédés dans la conception

Stratégie de sélection La taxonomie des procédés a été présentée au chapitre 2. Nous avons vu que les procédés peuvent être classés selon trois grandes familles : *mise en forme*, *assemblage* et *finition* (fig. 2.4 et 2.5). Chacune est caractérisée par un ensemble d'attributs, énumérés en partie dans les figures 2.6 et 2.7.

La stratégie de sélection des matériaux a été esquissée dans le chapitre 3. Que cela soit pour une conception originale ou pour l'affinage d'une conception existante, la procédure consiste à traduire les exigences de la conception en un ensemble de contraintes et d'objectifs. Les contraintes sont utilisées pour sélectionner et les objectifs pour établir un classement de quelques matériaux répondant au mieux aux exigences, afin de faire un choix final guidé par une documentation approfondie. La stratégie pour le choix des procédés suit une voie

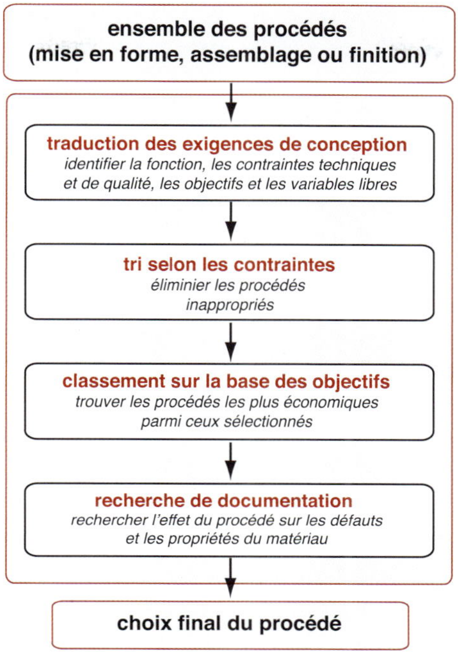

Figure 18.1 Stratégie de sélection pour les procédés. Comme pour les matériaux, les quatre étapes sont: traduction des exigences, tri, classement et recherche de documentation approfondie. Elles peuvent toutes être traitées dans un logiciel approprié.

similaire indiquée à la figure 18.1. Elle trie les procédés selon leurs attributs en fonction des contraintes imposées, puis les classe en fonction des objectifs appropriés avant de chercher une documentation approfondie sur les meilleurs candidats pour le choix final d'un procédé.

Traduction Comme nous l'avons vu dans les chapitres précédents, la *fonction* d'un composant dicte le choix du matériau et sa forme. Ce choix a des incidences sur le choix des procédés. Il est utile de distinguer deux types de contraintes: *techniques* – est-ce qu'un procédé donné est adapté à la réalisation ? Et *de qualité* – peut-il le faire suffisamment bien ? Une contrainte technique s'applique au travers de toutes les familles de procédés: il s'agit de l'adéquation entre matériaux et procédés. La forme du composant est elle aussi une contrainte générale, bien que son influence sur le choix des procédés de mise en forme, d'assemblage et de finition soit quelque peu différente. Le critère de qualité inclut la précision dimensionnelle, l'état de surface, mais aussi le type et la densité de défauts ainsi que les propriétés finales. L'*objectif* général des procédés et de minimiser les coûts. Les *variables libres* du problème sont essentiellement le choix du procédé lui-même ainsi que les conditions d'opération (telles que température, taux de déformation, etc.). Le tableau 18.1 résume le résultat de cette étape de traduction. Les études de cas de la section 18.9 illustreront l'application d'une telle méthodologie pour chaque famille de procédés.

Tableau 18.1 Fonction, contraintes, objectif et variables libres

Fonction	• Que fait le procédé ?
Contraintes	• Limites techniques et qualité à satisfaire ?
Objectif	• Minimiser les coûts
Variables libres	• Choix du procédé et des conditions opératoires

Tri Comme pour les matériaux, les exigences se traduisent en contraintes sur les attributs des procédés. L'étape de tri élimine sur cette base les procédés qui ne répondent pas aux contraintes. Certains attributs des procédés sont de simples données numériques – la taille ou la masse d'un composant que le procédé peut traiter, la précision dimensionnelle ou encore la rugosité de surface qu'il peut atteindre. D'autres attributs sont non numériques – par exemple, la liste des matériaux pouvant être traités par un procédé donné. Des prérequis du genre « fait en magnésium et pesant environ 3 kg » sont facilement pris en compte pour éliminer tous les procédés ne pouvant pas former des alliages de magnésium ou limités à des masses inférieures (ou supérieures) à 3 kg.

Classement Le classement, il est utile de le rappeler, se fait sur la base d'*objectifs*. Le plus évident pour sélectionner un procédé est bien évidemment la minimisation des coûts. Dans certaines applications à haute valeur ajoutée, cet objectif économique peut être remplacé par un critère de qualité indépendant du coût, bien que la plupart du temps il s'agira de faire un compromis entre qualité et prix.

Documentation Le tri et le classement des matériaux ne permettent toutefois pas de traiter proprement des questions avancées telles que leur résistance à la corrosion. Il convient alors de faire une recherche documentée. Ceci s'applique aussi à la sélection des procédés. Des mains expérimentées qui ont travaillé sur un procédé donné pendant des décennies possèdent implicitement cette information et arrivent à résoudre de manière presque occulte des problèmes défiant de prime abord un esprit scientifique. Mais les postes à vie sont rares de nos jours ; les experts changent d'emplois, emportant avec eux leur savoir-faire. De ce fait, il vaut mieux stocker l'expertise sous forme de directives techniques, de manuels de bonnes pratiques, d'études de cas et d'analyses de défaillances. L'expertise technique la plus importante concerne la productivité et les coûts. Les machines sont toutes caractérisées par des domaines d'opération optimaux pour une production de qualité sans compromis. Sortir de ce domaine peut conduire à la formation excessive de défauts, tels que porosités, fissures ou contraintes résiduelles, avec pour conséquences une augmentation du rebut, une perte de productivité, voire une défaillance prématurée du produit pendant son service. En même temps, les propriétés du matériau dépendent plus ou moins de l'historique des procédés utilisés au travers de l'évolution de sa microstructure. Les procédés ne doivent donc pas être choisis juste en fonction de la forme à produire, mais aussi des propriétés finales du composant.

Par conséquent, le savoir et la documentation relatifs au fonctionnement (ou non-fonctionnement) des procédés sont critiques dans la conception d'un composant ou d'un produit. C'est à ce stade que nous ont conduit le tri et le classement pour trouver le procédé le plus adapté.

18.3 Attributs des procédés : compatibilité avec les matériaux

Le but principal de définir des attributs pour les procédés est d'identifier les principales caractéristiques qui les différencient et qui permettent une première sélection. Chacune des familles de procédés – mise en forme, assemblage et traitement de surface – possède ses propres attributs qui sont décrits dans cette section et les trois suivantes. Il est également intéressant de regarder les limites physiques de ces procédés et de voir comment elles sont affectées par les propriétés des matériaux qui vont être impliqués dans ces procédés.

Un des attributs définis pour les trois familles de procédés est la compatibilité avec les matériaux, et c'est donc celui-ci que nous examinons en premier.

Compatibilité procédés-matériaux La figure 18.2 donne la matrice de compatibilité entre matériaux et procédés. Les procédés de mise en forme sont listés en premier, avec des symboles de couleur pour identifier les différentes familles de matériaux. L'utilisation de cette table est évidente pour sélectionner quels types de matériaux peuvent ou ne peuvent pas être compatibles avec un procédé donné. Les symboles alignés plutôt sur une diagonale montrent bien que chaque classe de matériaux – métaux, polymères, etc. – a plus ou moins ses propres procédés de mise en forme. Cela reflète dans une large mesure les phénomènes physiques sous-jacents. La mise en forme d'un matériau est facilitée ou bien par sa fusion ou bien par une élévation de température qui le rend moins résistant. Or chaque classe de matériaux est bien différente en la matière (fig. 13.6). Il y a bien sûr quelques recouvrements – la technologie des poudres peut être utilisée pour les métaux comme pour les céramiques, ou les polymères et les verres peuvent être moulés. L'usinage (pour la mise en forme) est compatible avec presque toutes les familles de matériaux. Les techniques d'assemblage utilisant des adhésifs ou des liaisons mécaniques s'appliquent également à presque toutes les classes, alors que l'assemblage par soudure est spécifique à certains matériaux. Les procédés de finition sont utilisés en priorité pour des matériaux durs, en particulier les métaux – les polymères sont moulés à la forme voulue et rarement traités après, excepté peut-être pour des aspects décoratifs. Nous verrons plus tard pourquoi.

Adéquation entre sélection des matériaux et sélection des procédés Les choix d'un matériau et d'un procédé sont clairement liés. La matrice de compatibilité montre que la sélection d'un type de matériau définit un sous-ensemble de procédés compatibles. En contrepartie, le choix d'un procédé a ensuite des incidences sur la sélection des matériaux. Par exemple, si les *alliages d'aluminium* sont choisis comme matériau dans une première étape et que la *coulée* est ensuite sélectionnée comme procédé, il est clair que seul le sous-ensemble des alliages d'aluminium *pouvant être coulés* devra alors être sélectionné. Si le composant doit ensuite être *durci par vieillissement* (procédé de traitement thermique), le choix des alliages possibles se restreint à ceux *pouvant être coulés et traités thermiquement*. Ainsi, on voit que l'on doit itérer continuellement entre procédés et matériaux, en vérifiant à chaque étape qu'il n'y a pas inconsistance entre procédés et matériaux. Le point clé de la démarche est que ni les matériaux, ni les procédés ne peuvent être choisis indépendamment. Une fois fait un premier tri, il est essentiel d'adopter une procédure de sélection prenant en compte les deux aspects.

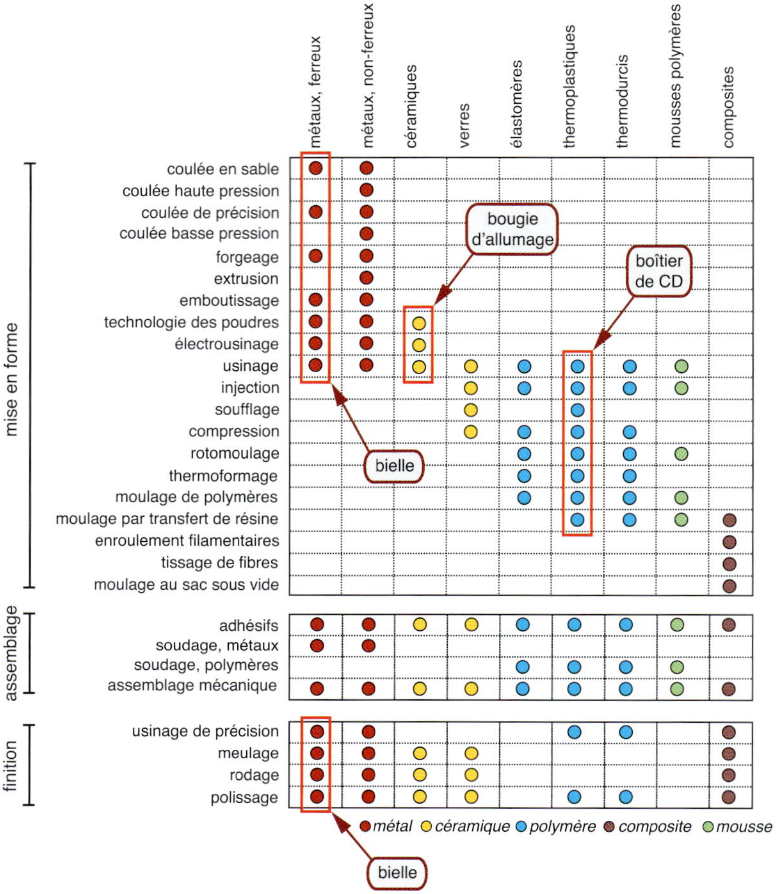

Figure 18.2 Matrice de compatibilité matériaux-procédés pour la mise en forme, l'assemblage et la finition, avec un code de couleur pour les matériaux. Ignorer les bulles se référant aux études de cas de différents objets qui seront présentées en fin de chapitre.

18.4 Procédés de mise en forme : attributs

Masse et épaisseur des composants Il y a des limites à la taille d'un composant qu'un procédé peut faire. La figure 18.3 montre ces limites. Le code couleur des matériaux a été conservé, en utilisant plusieurs couleurs lorsque le procédé s'applique à plusieurs familles de matériaux. La taille d'un composant peut être mesurée par son volume ou sa masse, mais ceux-ci couvrant plusieurs ordres de grandeur, alors que la densité ne varie pas plus d'un facteur 10 pour la plupart des matériaux courants, cela n'a pas une grande importance de faire la distinction – de grands objets sont lourds, peu importe la matière! La plupart des procédés peuvent s'appliquer à des composants dont la taille varie d'un facteur 1000 environ. Il faut

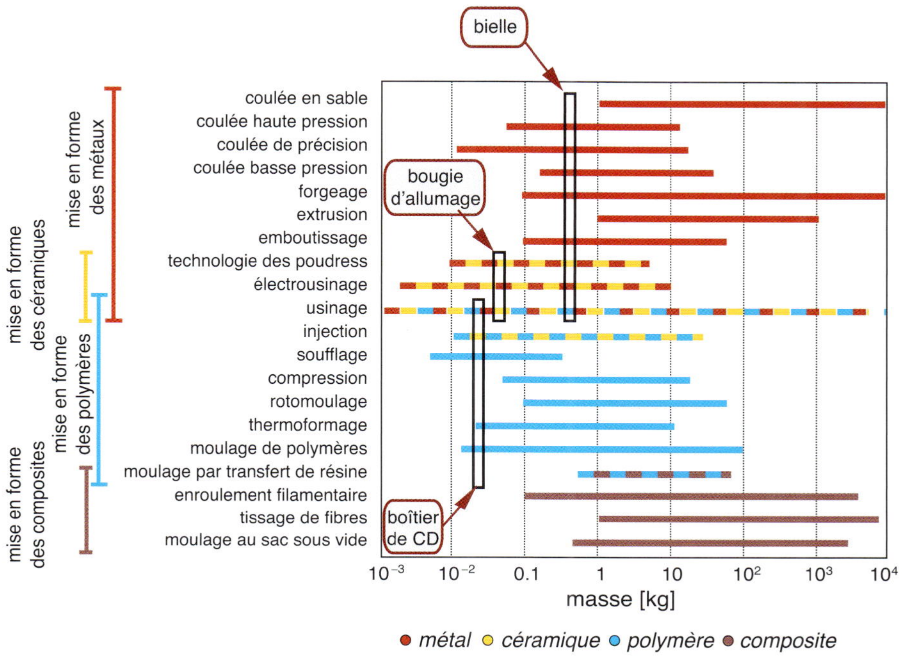

Figure 18.3 Carte des masses des composants pouvant être mis en forme par divers procédés. Comme pour la figure 18.2, un code de couleur est attribué à chaque type de matériaux (un procédé peut s'appliquer à plusieurs types, d'où plusieurs couleurs dans ce cas). Ignorer les bulles se référant aux études de cas de différents objets qui seront présentées en fin de chapitre.

remarquer que cet attribut devient très discriminatoire aux extrêmes, la plupart des objets dans la gamme de 0.1 à 10 kg pouvant être pris en compte par la plupart des procédés.

Il peut être utile de spécifier ce que représentent ces limites : elles donnent les tailles minimale et maximale des objets qu'un procédé peut prendre en compte sans difficulté ou adaptation technique majeure. Ces limites peuvent être étendues mais souvent avec un coût supplémentaire lié à des équipements non standard. Pendant le processus de sélection, il est important de ne pas totalement éliminer les procédés qui manquent de peu les qualifications basées sur un critère de taille, pour le cas échéant les repêcher si d'autres solutions ne sont pas trouvées.

La figure 18.4 montre une carte similaire pour les procédés de mise en forme, mais basée cette fois sur l'épaisseur de la section des composants pouvant être pris en compte. Il s'agit de la plus petite section du composant pour laquelle la physique du procédé joue un rôle, ce sujet étant abordé ci-après.

Limites physiques pour la taille et l'épaisseur La coulée et le moulage dépendent tous deux de l'écoulement de matière à l'état liquide ou semi-liquide. La limite physique de l'épaisseur d'une section dépend donc de la physique de l'écoulement. La viscosité et la tension de

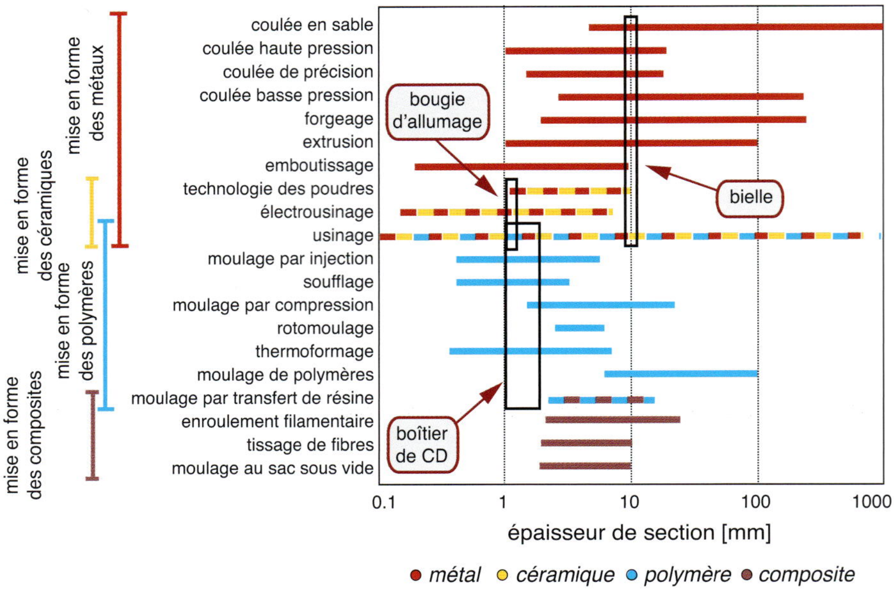

Figure 18.4 Carte des épaisseurs de section de composants pouvant être mis en forme par divers procédés. Un code de couleur est attribué à chaque type de matériaux et les valeurs visées pour les études de cas traitées en fin de chapitre sont indiquées par des rectangles.

surface sont deux facteurs limitatifs de l'écoulement dans des sections fines, et comme les pertes thermiques ont lieu sur les grandes surfaces latérales de ces sections, le matériau se refroidit rapidement et voit donc sa viscosité augmenter avant que la section ne soit totalement remplie (fig. 18.5). Les polymères et les verres voient leur viscosité augmenter continûment lorsque la température décroît. Les métaux purs se solidifient à une température bien définie à laquelle la viscosité augmente brusquement. Les alliages se solidifient sur un intervalle de température durant lequel ils se trouvent à l'état semi-solide ou « pâteux ». Cette zone pâteuse peut s'étendre de quelques degrés jusqu'à plusieurs centaines de degrés – et par conséquent l'écoulement du métal va dépendre de sa composition. En général, la coulée haute pression et les méthodes de moulage permettent de produire des sections plus fines, mais les équipements sont plus coûteux. Par ailleurs, le flux de métal étant très rapide et turbulent, il peut entraîner des peaux d'oxyde au sein du métal, augmentant alors la fraction de porosité, voire même endommager le moule.

La limite supérieure des tailles et des sections des coulées et des moulages est principalement fixée par des problèmes de retrait. La couche externe des produits se refroidit et se solidifie en premier, acquérant alors une certaine rigidité. Lorsque l'intérieur se solidifie à son tour, le changement de volume peut induire des distorsions et des contraintes, fissurer la peau ou encore causer la formation d'une cavité. De tels problèmes sont rencontrés notamment aux changements de section, la contrainte dimensionnelle induisant des tensions, voire des *fissurations à chaud* – des fissures formées à cause d'un retrait contrarié. La sen-

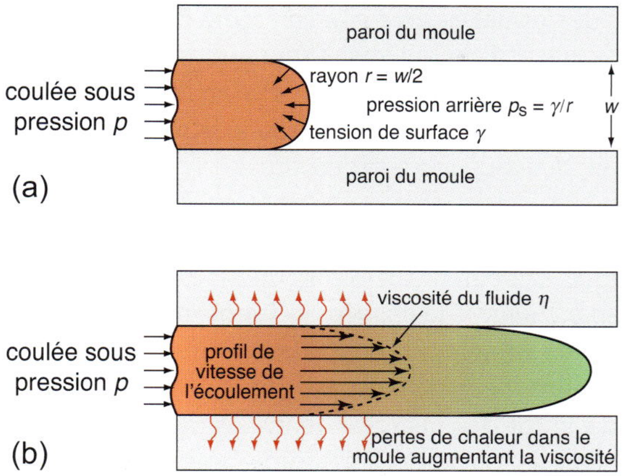

Figure 18.5 L'écoulement d'un métal liquide ou d'un polymère dans une section étroite d'un composant est limité par les phénomènes capillaires (tension de surface) (a) et par la viscosité (b). Le refroidissement induit par le moule augmente la viscosité du liquide et peut produire une solidification prématurée.

sibilité à la fissuration à chaud d'un métal dépend de sa composition – un exemple de plus du lien entre matériaux, procédés et conception.

L'essentiel de la documentation pour les procédés de coulée et de moulage concerne la conception de la forme du composant et de la géométrie du moule pour obtenir les sections transverses souhaitées tout en évitant la formation de défauts. Même lorsque la forme du composant est fixée, il reste une certaine liberté pour concevoir où disposer les amenées de métal dans le moule, les évents pour laisser sortir l'air ou les masselottes pour fournir suffisamment de métal liquide pour compenser le retrait. La figure 18.6 donne une exemple de bonne pratique pour la conception de l'épaisseur d'une paroi d'un polymère moulé.

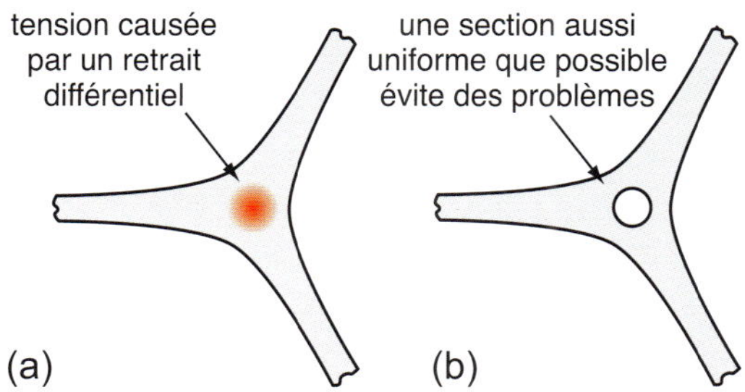

Figure 18.6 (a) Le retrait différentiel induit des contraintes internes, des distorsions et de la cavitation dans les sections épaisses ou aux changements de section. (b) Pour éviter de tels problèmes, une bonne conception consiste à garder la section aussi uniforme que possible.

La technologie des poudres, pour les métaux ou les céramiques, dépend aussi de l'écoulement. Le remplissage d'un moule avec une poudre se fait par la gravité, mais des vibrations seront utilisées pour égaliser le niveau et tasser la poudre dans le moule. Cette étape peut être suivie d'une compression (« compaction à froid »). Une fois rempli, le moule est chauffé pour augmenter la densité par frittage ou si l'on continue à appliquer une pression, par compression hydrostatique à chaud (en anglais HIP pour « Hot Isostacic Pressing »).

La mise en forme de métaux par déformation – laminage à froid ou à chaud, forgeage, extrusion – implique également un écoulement. Les métaux solides s'écoulent par déformation plastique ou par fluage – le chapitre 13 a montré comment le taux d'écoulement dépend de la contrainte et de la température. Beaucoup de procédés de mise en forme se font à chaud car la contrainte d'écoulement est plus faible qu'à température ambiante et l'écrouissage, qui augmente la limite élastique quand le matériau est déformé à froid, est absent. De la même manière que la viscosité du liquide limite l'épaisseur d'un produit coulé, l'écoulement plastique limite l'épaisseur du produit laminé, forgé ou extrudé: plus la section est faible, plus la pression de laminage ou la force de forgeage est élevée.

La figure 18.7 montre les problèmes impliqués dans le forgeage ou le laminage de très petites sections. Le frottement entre le matériau et l'outil modifie la répartition de la pression. Avec un contact bien lubrifié comme en (a), le chargement est quasiment uniaxial et le matériau s'écoule à sa contrainte d'écoulement σ_y. Lorsque le frottement augmente comme

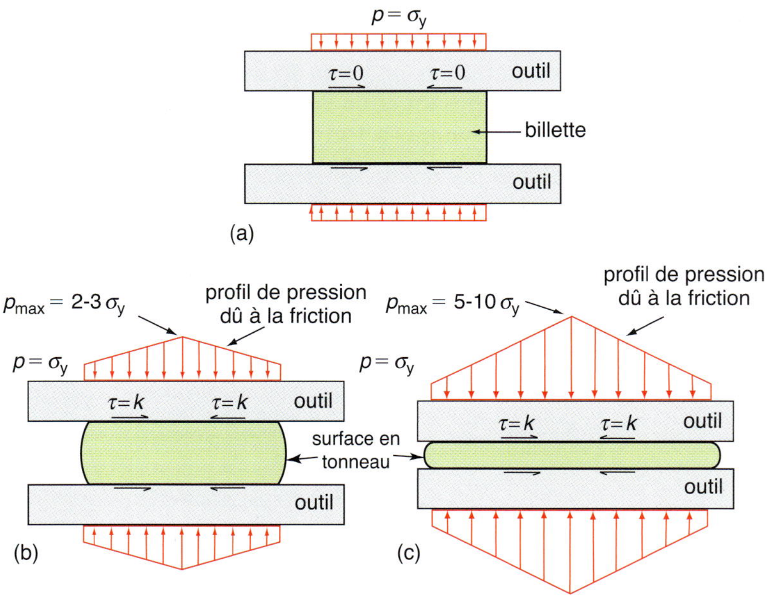

Figure 18.7 Influence du frottement et du facteur de forme pour le forgeage libre. (a) Compression uniaxiale avec un coefficient de frottement faible. (b) Avec un contact plus collant, la pression de contact augmente et devient non uniforme (pic au centre) alors que la surface libre du produit prend une forme en tonneau. (c) Avec une augmentation du facteur de forme, la pression et la déformation de la surface libre augmentent.

en (b), le métal est cisaillé proche de l'interface avec l'outil et ne s'écoule plus librement latéralement. De ce fait, la pression augmente et devient maximale au centre. L'intégrale de la pression sur la surface de contact est la force de forgeage, et donc le frottement augmente la charge. Lorsque le rapport entre largeur et épaisseur du produit forgé (son facteur de forme) augmente, la pression maximale requise pour l'écoulement du matériau augmente aussi, comme indiqué en (c). Ceci illustre la limitation induite par le frottement sur l'épaisseur du produit forgé – des sections fines vont simplement coller à l'outil sans qu'il y ait écoulement du matériau, même pour de très grandes pressions appliquées. Le frottement non seulement augmente la force requise et limite le facteur de forme du produit pouvant être forgé, mais il change également la forme – la surface libre prend une forme en « tonneau » comme indiqué en (b) et (c). Un aspect positif de l'augmentation de la pression de contact en forgeage est la reproductibilité avec laquelle de fins détails de la surface de l'outil peuvent être imprimés sur le produit forgé, comme par exemple pour la production de pièces de monnaie.

Objets très petits ou très fins – comment repousser les limites Comment peut-on dans ces conditions produire de très petits objets ? Une solution évidente consiste à les usiner à partir de plus gros, ce qui implique : tournage, fraisage, perçage, alésage. La limite supérieure de taille est fixée par le budget pour acheter l'équipement et pour les coûts d'opération (électricité, maintenance). La limite inférieure de taille – on parle ici de milligrammes et de fractions de millimètre – est donnée par la rigidité de la machine et du matériau usiné.

Un procédé continu de mise en forme, le laminage, est capable de produire des épaisseurs aussi petites que 10 μm – c'est le cas des feuilles d'aluminium pour l'alimentation. La feuille s'amincit par écoulement juste au moment où elle entre sous les rouleaux du laminoir – au contact, le très grand rapport d'aspect et le coefficient de frottement résultent dans une pression qui déforme élastiquement les rouleaux en acier. On aide le procédé en laminant simultanément deux feuilles placées l'une contre l'autre : un lubrifiant entre les deux permet de les séparer en sortie du laminoir. C'est la raison pour laquelle les feuilles d'aluminium utilisées en cuisine ont une face brillante (celle au contact des rouleaux) et l'autre mate.

Et si l'on veut encore diminuer la taille ? L'écoulement ne va plus se faire et les sections seront tellement fines qu'elles vont simplement s'incurver si on essaye de les usiner. A ce stade, il faut utiliser la chimie. La chimie conventionnelle – par attaque, usinage chimique, électro-érosion – permet de réaliser des détails dont l'échelle est liée à la précision de la machine. Pour aller vraiment à de très petites tailles, il faut recourir à des techniques de masquage et de lithographie utilisées pour la fabrication des dispositifs électroniques. C'est notamment le cas de la fabrication des MEMS (Systèmes Micro-Electro-Mécaniques) – détecteurs, actuateurs, engrenages ou même moteurs microscopiques. De tels dispositifs sont actuellement essentiellement limités à la technologie du silicium, mais certains dispositifs commerciaux, comme les actuateurs inertiels pour le déclenchement des airbags, sont aussi réalisés avec ces techniques.

Forme Un attribut clé des procédés est la famille de formes qu'ils peuvent fabriquer. C'est probablement aussi l'un des plus difficiles à définir. Un schéma de classification est proposé à la figure 18.8, avec trois classes génériques de formes, chacune subdivisée en deux. Le mérite d'une telle approche est qu'elle permet de mettre en correspondance les procédés et les formes spécifiques. La figure 18.9 montre la matrice des combinaisons possibles.

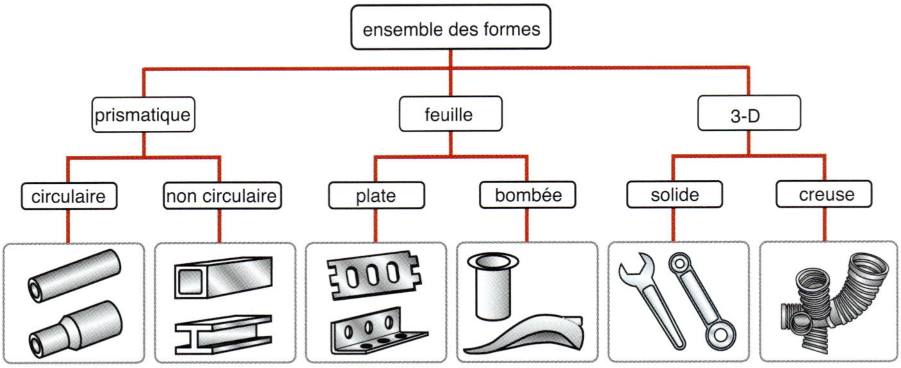

Figure 18.8 Schéma de classification des formes. Une sous-division en plus de six classes est difficile et ne donne par un critère de différenciation supplémentaire utile.

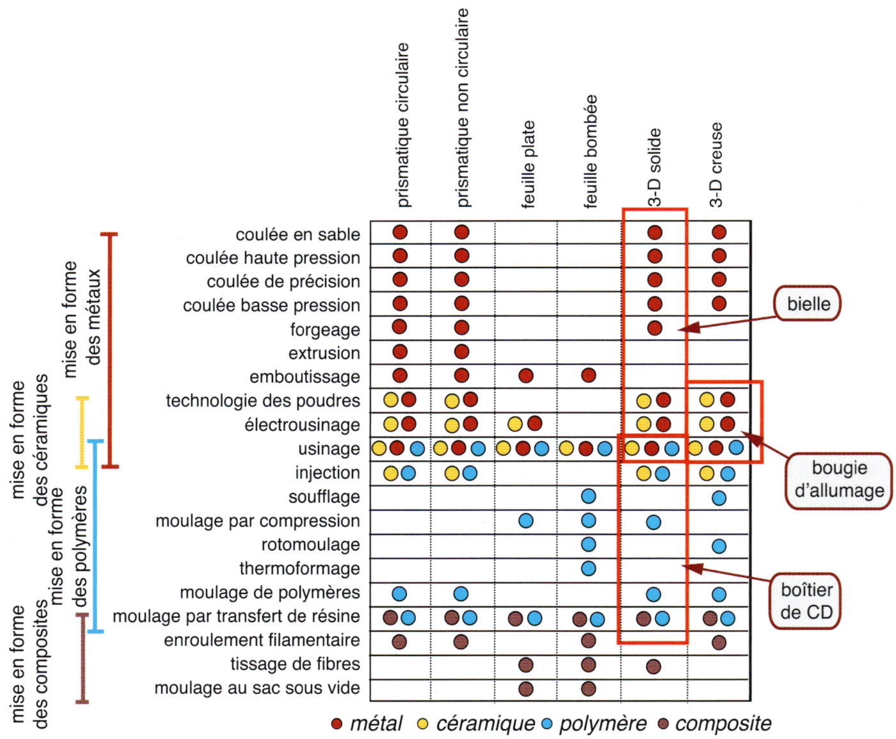

Figure 18.9 Matrice de compatibilité formes–procédés. Un symbole de couleur indique une compatibilité possible pour les matériaux considérés.

Les formes prismatiques à gauche de la figure 18.8, faites par laminage, extrusion ou tréfilage, partagent un point commun : elle peuvent être produites de manière continue. Les autres formes ne le peuvent pas – elles sont fabriquées de manière discrète par des procédés les traitant par lots (en anglais « batch processes »). La distinction entre procédés continus et par lots est utile, surtout si l'on se préoccupe du coût de fabrication. Le traitement par lots implique une répétition de cycles de manutention qui peuvent prendre du temps et être coûteux. Mais en revanche, les pièces ainsi produites ont la forme finale ou presque, et ne nécessitent que peu de finitions. C'est le cas des procédés de coulée et de moulage. Le forgeage, en revanche, est limité par les changements de forme pouvant être opérés par déformation plastique à l'état solide à partir de formes simples (barres, cylindres ou plaques). La forme 3-D est souvent créée en plusieurs étapes demandant l'utilisation d'une suite de matrices (ou de filières pour l'emboutissage).

Les procédés continus sont bien adaptés pour produire de longs produits prismatiques tels que des rails de chemin de fer, des profilés ou des matériaux destinés ensuite à l'usinage sous forme de cylindres, tubes, plaques ou feuilles. Des rouleaux cylindriques produisent des feuilles, mais des rouleaux de forme plus complexe peuvent faire des profilés plus complexes – les rails de chemin de fer par exemple. L'extrusion est un procédé continu particulièrement intéressant car elle permet de produire en une seule étape des profilés prismatiques de forme complexe avec par exemple des canaux internes vides, des nervures et des raidisseurs longitudinaux.

Tolérance et rugosité La *qualité* d'un composant se définit également par la précision de ses dimensions et son état de surface. Ces deux critères sont mesurés par la *tolérance*, T, et la *rugosité de surface*, R. Lorsque les dimensions d'une pièce sont spécifiées, son état de surface l'est aussi, au moins pour une partie de sa surface où la tolérance est exigée. La qualité de surface est essentielle pour les surfaces en contact avec d'autres, comme les faces de joints devant assurer l'étanchéité ou une coulisse dans une rainure. Elle est aussi importante pour la résistance à l'initiation de fissures de fatigue et pour l'esthétique. La tolérance T sur une dimension y est mentionnée ainsi $y = 100 \pm 0.1$ mm, ou alors $y = 50^{+0.01}_{-0.001}$ mm s'il y a une contrainte plus élevée sur la valeur inférieure que sur la valeur supérieure. La rugosité de surface, R, est spécifiée par une valeur maximale, par exemple $R < 100$ µm. L'état de surface typique requis pour différents produits est indiqué dans le tableau 18.2. Ce tableau mentionne également les procédés typiques qui peuvent fournir un tel état de surface.

Tableau 18.2 Niveaux typiques d'état de surface requis pour différentes applications et procédés pouvant les fournir

Rugosité (µm)	Applications typiques	Procédés
$R = 0.01$	Miroirs	Rodage-polissage
$R = 0.1$	Paliers de haute qualité	Meulage de précision
$R = 0.2–0.5$	Cylindres, pistons, cames, paliers	Meulage de précision
$R = 0.5–2$	Engrenages, composants de machines	Usinage de précision
$R = 2–10$	Paliers non critiques ou peu portants	Usinage
$R = 3–100$	Surfaces non en contact	Coulée à l'état brut

La rugosité de surface est une mesure des irrégularités de hauteur de la surface (fig. 18.10). Elle est définie comme l'écart quadratique moyen (« root-mean-square » en anglais, RMS) du profil de la surface :

$$R^2 = \frac{1}{L}\int_0^L y^2(x)\,dx \qquad (18.1)$$

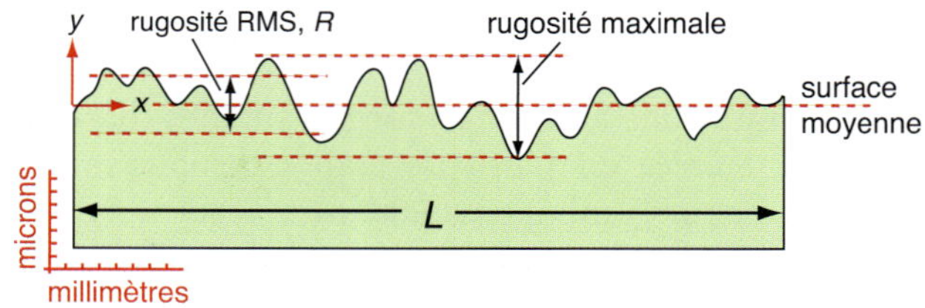

Figure 18.10 Section transverse d'une pièce montrant les irrégularités de surface (agrandies selon l'axe vertical pour visualisation). Ces irrégularités de hauteur sont quantifiées par la rugosité *R*, qui n'est rien d'autre qu'une mesure de l'écart type.

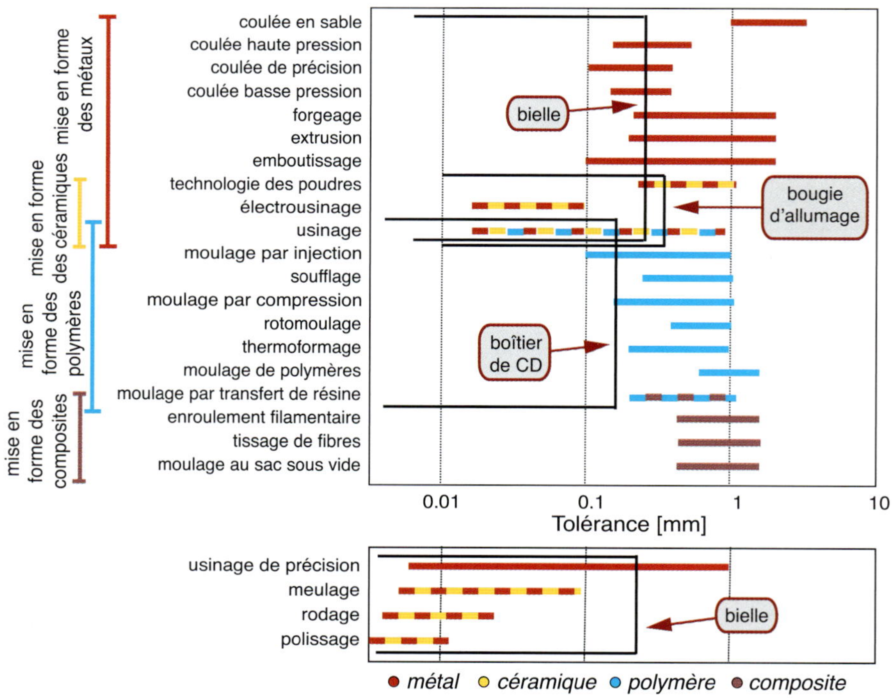

Figure 18.11 Carte de la tolérance pour les procédés de mise en forme et quelques procédés de finition, permettant de sélectionner leur chaînage. Les codes de couleur sont relatifs aux matériaux et les cadres aux tolérances souhaitées pour les études de cas.

La rugosité était mesurée il y a encore quelques années par un stylet pointu et léger qui se déplaçait le long de la direction x de la surface tout en enregistrant la déviation de la hauteur $y(x)$, de manière analogue à la lecture des anciens disques vinyle. Cette technique a été remplacée par la *profilométrie optique*, beaucoup plus rapide et précise : Elle consiste à déplacer un laser à la surface et à mesurer la distance, et donc la hauteur, par les franges d'interférence. La tolérance T est forcément plus grande que $2R$; en effet, puisque R mesure l'écart type des déviations de hauteur, les pics de hauteur, et donc la limite inférieure de la tolérance, est plutôt de l'ordre de $5R$. Les procédés donnent en pratique des tolérances dans la gamme $10R$ à $1000R$.

Les figures 18.11 et 18.12 indiquent les valeurs typiques de tolérance et de rugosité dont les procédés de mise en forme et de finition sont capables, avec un code de couleur relatif aux classes de matériaux. La coulée en sable donne un état de surface rugueux, la coulée en moule permanent donnant un meilleur état de surface. Pour les métaux, aucun procédé de mise en forme ne donne des résultats meilleurs que $T = 0.1$ mm et $R = 0.5$ μm. L'usinage, capable de fournir un excellent état de surface et une grande précision dimensionnelle, est généralement utilisé pour des pièces coulées ou forgées afin d'améliorer ces valeurs au niveau voulu, créant ainsi un *chaînage des procédés*. Les surfaces des métaux et des céramiques peuvent être rodées ou polies avec un niveau très élevé de précision et de rugosité : un grand

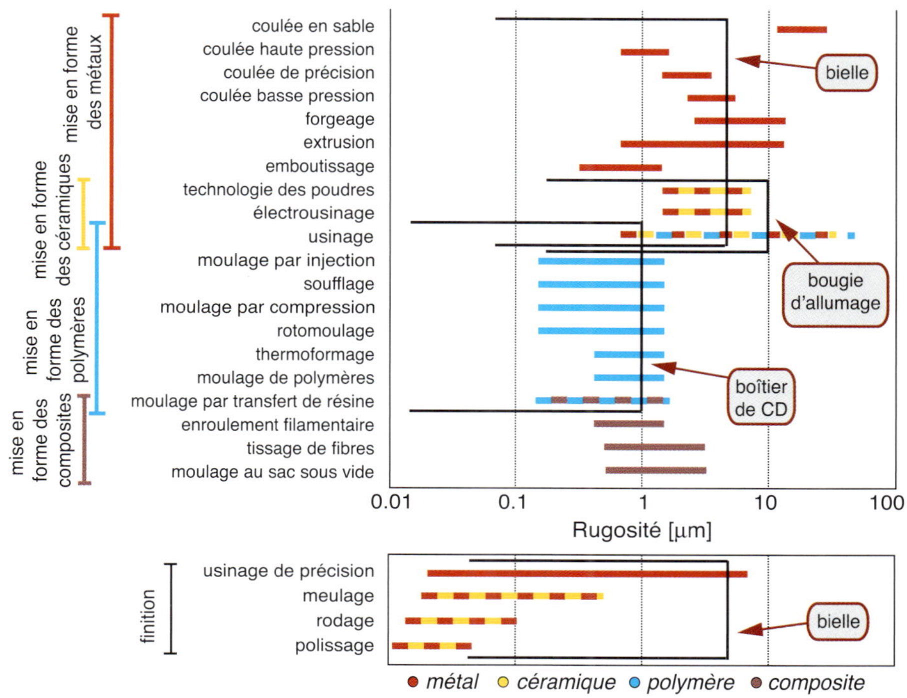

Figure 18.12 Carte des rugosités fournies par des procédés de mise en forme et quelques procédés de finition, permettant de sélectionner un chaînage des procédés.

miroir de télescope a une tolérance approchant 5 μm et une rugosité environ 100 fois plus petite, sur des dimensions du mètre ou plus. Mais précision et état de surface ont un coût et ce dernier croît de manière exponentielle avec les exigences. C'est donc une erreur qui coûte cher que d'exiger une tolérance et une rugosité au-delà du nécessaire.

Les polymères moulés héritent de la finition de l'état de surface interne du moule et peuvent donc être très lisses en surface (fig. 18.12); un usinage pour améliorer cet état de surface est donc rarement nécessaire. Une tolérance meilleure que ±0.2 mm est rarement possible (fig. 18.11), car les contraintes internes générées par l'opération de moulage engendrent des distorsions de la pièce en polymère, sans parler du fluage lors de son utilisation.

18.5 Procédés d'assemblage : attributs et origines

Les exigences à satisfaire pour choisir un procédé d'assemblage de composants diffèrent de celles requises pour leur mise en forme. Déjà au niveau de la compatibilité des matériaux, la situation est plus complexe car il s'agit souvent d'assembler des matériaux de nature différente.

Compatibilité avec les matériaux Les procédés d'assemblage des métaux, des polymères, des céramiques et des verres sont très différents. Des adhésifs vont pouvoir lier certains matériaux, mais pas d'autres; les méthodes de soudure des polymères sont très différentes de celles pour les alliages métalliques; certains métaux peuvent demander des soudures spécifiques. La matrice matériaux-procédés (fig. 18.2) présente quatre classes de techniques d'assemblage.

Lorsque le joint doit être fait entre des matériaux dissimilaires, il faut prendre en compte des considérations supplémentaires, que cela soit lors de la réalisation ou en service. Le procédé d'assemblage doit bien évidemment être compatible avec les deux matériaux. Les adhésifs et des éléments de fixation peuvent joindre différents matériaux, ce qui n'est pas le cas de nombreux procédés de soudure. Les aspects pratiques en service soulèvent d'autres questions. Par exemple, si deux matériaux différents ont un contact électrique, un couple de corrosion apparaîtra au contact de l'eau ou d'une solution conductrice. Ceci peut être évité en insérant une couche d'isolation électrique entre les deux surfaces de contact. Si les coefficients d'expansion thermique des deux matériaux sont très différents, des contraintes internes seront générées lors de changements de température, voire à la longue des fissures de fatigue thermique. L'identification des bonnes pratiques à utiliser lors de l'assemblage de matériaux dissimilaires fait partie de l'étape de documentation.

Géométrie des joints et modes de sollicitation mécanique Lors du choix d'un procédé d'assemblage, il convient de considérer les aspects importants que sont la géométrie du joint, l'épaisseur des matériaux pouvant être assemblés ainsi que le mode de sollicitation du joint. Les figures 18.13 et 18.14 montrent les géométries de joints les plus courantes et les modes de chargement. Le choix de la géométrie du joint dépend de la forme et de l'épaisseur des pièces à assembler, ainsi que du mode de chargement mécanique en service – il s'agit donc d'un problème couplé. Les joints collés sont relativement résistants en cisaillement mais pas à l'écaillage – penser au décollement d'un ruban adhésif. Les adhésifs ont besoin d'une bonne surface de contact – les joints avec recouvrement feront l'affaire, pas les joints d'about.

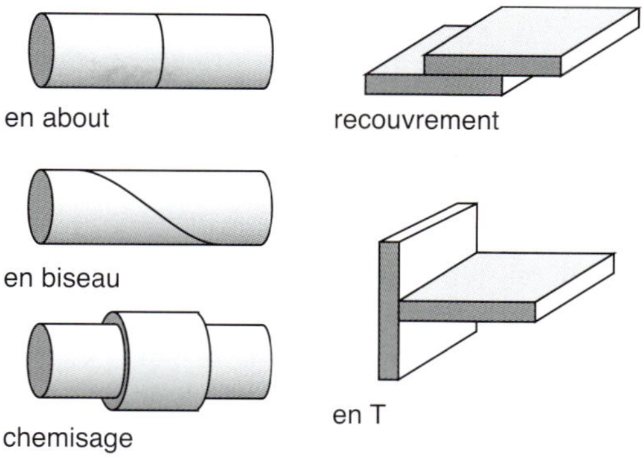

Figure 18.13 Géométries de joints.

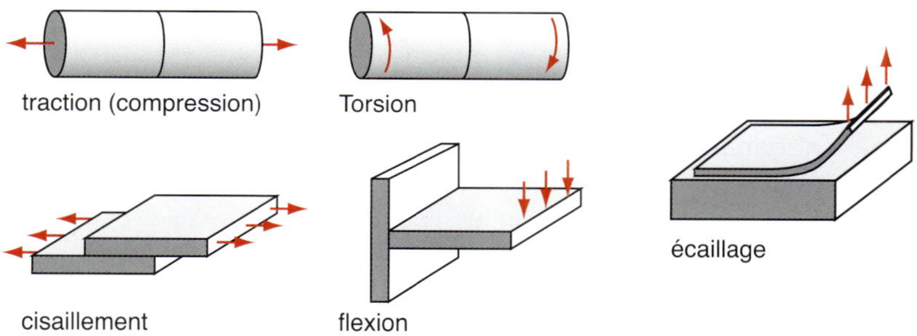

Figure 18.14 Modes standard de sollicitation mécanique de joints.

Les rivets et les agrafes seront également bien adaptés aux joints avec recouvrement sollicités en cisaillement, mais sont moins bons en traction. Les soudures et les attaches filetées sont plus polyvalentes, mais là aussi, l'adéquation entre choix de la géométrie d'assemblage et mode de sollicitation est importante. Un tri initial séparé des différentes options garde les choix ouverts, mais au final il convient de coupler ces aspects lors de la recherche d'une solution.

L'épaisseur des pièces à souder est un aspect important. Des procédés d'assemblage tels qu'agrafage, rivetage ou suture peuvent ne peuvent pas s'appliquer au-delà d'une certaine épaisseur. L'épaisseur des pièces soudées est aussi limitée, à des degrés variables, par des considérations de transfert thermique. Certains procédés sont mieux adaptés que d'autres pour assembler des sections d'épaisseurs très différentes : des adhésifs peuvent coller une feuille mince à un substrat épais, alors que les rivets et les coutures sont bien adaptés pour des épaisseurs qui ne sont pas trop différentes. En pratique, l'épaisseur est aussi couplée à la géométrie.

Contraintes de réalisation et fonctionnalités secondaires La plupart des joints vont supporter une charge, mais pas seulement. Certains joints devront conduire ou pas la chaleur ou l'électricité, ou devront tenir à une température élevée. Un joint peut aussi devoir être parfaitement étanche, par exemple pour séparer des gaz ou des fluides.

Les conditions de réalisation des joints imposent aussi certaines contraintes. Certains procédés d'assemblage seront limités par la taille des objets; par exemple, la soudure par faisceau d'électrons doit se faire sous vide et la taille de l'assemblage sera donc limitée par celle de la chambre à vide. Les opérations d'assemblage faites sur site demandent un équipement portable, éventuellement avec un générateur électrique; c'est le cas par exemple de la soudure du PVC et du PE pour les canalisations. Si l'équipement est portable, il n'y a alors plus de limitations dans la taille de l'assemblage comme le démontre la réalisation de ponts, gratte-ciel, bateaux ou avions.

Un aspect qui prend de plus en plus d'importance est la facilité de désassemblage d'un dispositif en fin de vie, de manière économique et écologique. Des fixations filetées peuvent être facilement dévissées, des adhésifs peuvent être éliminés ou avec des solvants ou par chauffage.

Limites physiques des procédés d'assemblage Les procédés d'assemblage thermiques – soudures par arc, laser ou par friction par exemple – sont basés sur l'imposition d'un cycle de température pour localement produire un joint à l'état liquide ou solide. Les transferts thermiques, notamment l'intensité du chauffage, et la conduction sont les principaux facteurs fixant la largeur du joint. Pour une source de chaleur ayant une puissance Q se déplaçant à vitesse v au-dessus des pièces à souder, l'énergie par unité de longueur du joint, Q/v (J/m), est généralement utilisée comme paramètre de la soudure. La température maximale et la vitesse de refroidissement varient avec Q/v. De même, ce paramètre détermine dans une large mesure l'extension de la « zone affectée thermiquement » (ZAT) – soit la région autour du cordon de soudure qui a subi l'effet du chauffage. Les changements de microstructure qui y prennent place, de même que la microstructure du joint, dépendent de l'histoire thermique locale – notamment pour les aciers qui sont généralement assemblés par soudage. De par leur importance, les changements de microstructure pendant la soudure ont été étudiés en profondeur et sont donc bien compris et documentés. Enfin, il ne faut pas oublier que la thermique locale engendre également des contraintes résiduelles, et donc des distorsions.

Les aspects économiques des procédés d'assemblage sont dictés par le temps de mise en place et de réalisation du joint. Pour les procédés thermiques, la conduction de la chaleur détermine, pour une puissance de source fixée, la vitesse à laquelle peut être réalisé le joint, mais aussi le temps requis pour le refroidissement de l'assemblage et sa manutention. Certains adhésifs demandent un temps de polymérisation assez long pour que le joint soit mécaniquement résistant, ralentissant le procédé et la production. De nombreux procédés demandent plus de temps pour la mise en place des pièces (alignement, fixation, nettoyage) que pour leur assemblage. Des stations de travail innovantes peuvent aider à améliorer les aspects économiques du procédé en mettant en parallèle plusieurs lignes sur lesquelles opère à grande vitesse le dispositif d'assemblage. Cette stratégie est notamment adoptée pour la soudure avec des sources de chaleur demandant un grand capital d'investissement tels que laser ou faisceau d'électrons.

18.6 Procédés de traitement de surface (et de finition) : attributs et origines

Compatibilité avec les matériaux La compatibilité matériaux–procédés pour les traitements de surface est indiquée dans la matrice au bas de la figure 18.2. Comme nous l'avons déjà remarqué, les finitions de surface sont plus importantes pour les métaux que pour les polymères.

But du traitement L'attribut le plus discriminant pour les traitements de surface est la raison même de son utilisation. Le tableau 18.3 montre la diversité des fonctions que l'on peut modifier avec un traitement de surface. Certains traitements visent à protéger, d'autres à améliorer les performances ou simplement l'esthétique. Tout traitement de surface a un coût, mais la valeur ainsi ajoutée au produit peut être grande. En protégeant sa surface, un composant peut voir sa durée de vie rallongée et sa fréquence de maintenance diminuée. Des revêtements appliqués à des outils de coupe permettent d'augmenter la vitesse d'usinage et donc la productivité. Un procédé de durcissement de surface permet d'utiliser un matériau de base meilleur marché – par exemple, un acier au carbone durci en surface par un traitement thermique ou alors revêtu par un alliage dur tel que le nitrure de titane (TiN), au lieu d'un acier allié plus coûteux.

Compatibilités secondaires La compatibilité avec les matériaux et la fonction souhaitée pour la surface sont les premiers critères à considérer pour un traitement de finition. Mais il y en a d'autres. Certains traitements de surface ne modifient pas les dimensions, la tolérance et la rugosité de la surface. D'autres, comme les revêtements de surface, changent un peu les dimensions mais peuvent aussi donner une surface parfaitement lisse. D'autres encore déposent une couche de surface importante avec un forte rugosité qui devra ensuite être polie. La géométrie des pièces influence aussi le choix. Des procédés de déposition de surface directionnels ne pourront pas traiter des éléments de la surface « hors de vue » ; d'autres permettent de recouvrir les surfaces plates, les coins rentrants ou sortants avec la même

Tableau 18.3 Attribut de fonction visée par un traitement de surface

- Protection contre la corrosion (aqueuse)
- Protection contre la corrosion (gazeuse)
- Résistance à l'usure
- Contrôle du frottement
- Résistance à la fatigue
- Conduction thermique
- Isolation thermique
- Isolation électrique
- Propriétés magnétiques
- Décoration
- Couleur
- Réflectivité

épaisseur. De nombreux traitements de surface font appel à une source de chaleur. Dans ce cas, seuls des matériaux pouvant tolérer une élévation de chaleur pourront être traités. Certaines peintures sont appliquées à froid, mais sont ensuite cuites jusqu'à 150°C. Des traitements de cémentation ou de nitruration pour durcir une surface demandent un chauffage prolongé jusqu'à des température de l'ordre de 800°C. Cette exposition thermique peut modifier la microstructure de base du matériau, pas forcément en bien. Il y a parfois des développements innovants optimisant simultanément en une seule opération les propriétés de volume et de surface de la pièce. Un tel exemple est celui des tôles d'aluminium peintes dans l'industrie automobile, pour lesquelles le traitement thermique va polymériser et durcir la peinture, et en même temps durcir l'alliage par précipitation.

Limites physiques des traitements de surface Pour les procédés thermiques, l'intensité du chauffage et le coefficient d'absorption de la surface, ainsi que les propriétés thermiques du substrat, vont déterminer le temps caractéristique d'élévation de la température. Pour une source de chaleur fixe et constante, la température varie comme la racine carrée du temps $\sqrt{t}$. Ceci détermine par conséquent la profondeur du matériau à laquelle une température donnée est atteinte, et donc l'épaisseur sur laquelle la microstructure va évoluer de manière appréciable. Comme la diffusion des espèces chimiques obéit à une équation similaire à celle de la chaleur, la profondeur de traitement impliquant la diffusion, par exemple la cémentation, suit la même dépendance temporelle. Pour un procédé de revêtement avec une source délivrant un volume fixe de matière par unité de temps, l'épaisseur du revêtement variera bien sûr linéairement avec le temps.

18.7 Estimation des coûts des procédés de mise en forme

L'estimation détaillée des coûts d'un procédé permettant par exemple de faire une offre concurrentielle est un travail très spécialisé. Elle est souvent faite par interpolation ou extrapolation de coûts connus pour des réalisations similaires, en prenant en compte les différences et les facteurs d'échelle. Notre propos ici n'est pas d'estimer les coûts à ce niveau de précision, mais plutôt de comparer les coûts approximatifs de divers procédés. Même imprécis, cela peut être utile. Nous illustrons un modèle de coût pour l'un des procédés très communs, celui d'un procédé de mise en forme par lots. Il demande de spécifier certaines *données utilisateurs*, telles que le coût horaire du travail, ainsi que des valeurs relatives aux *attributs de coût* du procédé.

Le modèle de coût La fabrication d'un composant demande diverses ressources (fig. 18.15), chacune d'elles ayant un coût. Le coût final est la somme de tous les coûts de ces ressources consommées. Elles sont définies dans le tableau 18.4. Dans le coût d'un composant, il y a tout d'abord le coût spécifique C_m (\$/kg) des matériaux et matières premières consommés pour sa fabrication. Il y a ensuite une part pour l'*outillage* propre à la fabrication du composant, C_t (\$), et l'investissement dans l'*équipement* qui utilise les outils, C_c (\$). Il y a un facteur *temps*, facturé à un taux horaire $\dot{C}_{oh}$ (en \$/h), qui inclut les coûts de la main-d'œuvre, de l'administration et des coûts généraux de l'usine. Il y a encore les coûts associés à l'*énergie* qui sont comptés séparément si le procédé est très énergivore, ou qui peut être inclus dans le taux horaire $\dot{C}_{oh}$ si ce n'est pas le cas (c'est ce que nous supposerons ici). Finalement, il y

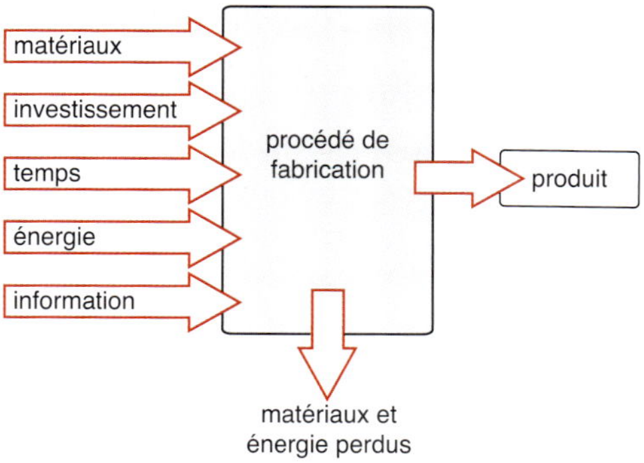

Figure 18.15 Entrées d'un procédé de fabrication.

les coûts de l'*information*, qui incluent les frais de recherche et de développement ou les redevances (royalties) d'utilisation d'une licence. Pour simplifier, nous supposerons que ces coûts sont également pris en compte dans le taux horaire.

Considérons maintenant la fabrication d'un composant (l'« unité produite ») de masse m kg, d'un matériau dont le prix spécifique est C_m \$/kg. Le prix en matériau du produit est donc mC_m. Les procédés utilisent rarement la quantité exacte de matériaux, car ils génèrent toujours une certaine fraction de déchets f, par exemple les masselottes et alimentations d'une pièce coulée, les copeaux d'usinage ou encore les rebuts. Une partie peut être recyclée, mais le coût unitaire pour chaque pièce doit être augmenté d'un facteur $1/(1 - f)$ pour prendre en compte les pertes. Donc, le coût en matériaux par pièce produite est:

$$C_1 = \frac{mC_m}{(1-f)} \tag{18.2}$$

Le coût C_t d'un ensemble d'outils – filières, moules, systèmes de fixation – est ce que l'on appelle des *coûts dédiés*: ceux que l'on doit imputer en totalité à la production de ce composant unique. Il est amorti sur le nombre de pièces n produites, même si celui-ci ne devait

Tableau 18.4 Symboles, définitions et unités d'un modèle de coût

Ressource		Symbole	Unité
Matériaux:	Y inclus les consommables	C_m	\$/kg
Investissements:	Coût de l'outillage	C_t	\$
	Coût de l'équipement	C_c	\$
Temps:	Frais généraux incluant travail, administration, location, etc.	$\dot{C}_{oh}$	\$/h
Energie:	Coût de l'énergie	$\dot{C}_e$	\$/h
Information:	R & D ou paiement de licences	$\dot{C}_i$	\$/an

être que d'une seule pièce. Cependant, l'outillage s'use en cours de production et nous définissons alors la durée de vie de l'outillage n_t comme le nombre de pièces pouvant être produites avant son remplacement. Chaque fois que l'outillage doit être changé, il y a une augmentation du coût pour l'ensemble du lot. Pour prendre en compte cela de manière progressive et non discrète, nous multiplions simplement le coût de l'outillage C_t par $(1 + n/n_t)$. Au final, le coût de l'outillage par unité produite est:

$$C_2 = \frac{C_t}{n}\left(1 + \frac{n}{n_t}\right) \tag{18.3}$$

Le coût d'investissement pour l'équipement, C_c, est quant à lui rarement dédié à la fabrication d'un seul composant. Un équipement important – par exemple une presse pour la compaction de poudres – peut être utilisé pour différentes géométries de composants en changeant le moule et l'outillage. Dans une telle situation, le capital d'investissement d'équipements *non dédiés*, y inclus les intérêts pour son emprunt, est converti en un surcoût: il est simplement divisé par une *période d'amortissement*, t_{am}, (par exemple 5 ans) nécessaire pour son renouvellement. La quantité C_c/t_{am} devient alors un coût horaire – pour autant qu'il soit utilisé 24h sur 24. Comme c'est rarement le cas, on modifie ce coût horaire en prenant en compte un *taux d'utilisation*, L – c'est-à-dire la fraction du temps où cet équipement est réellement utilisé. Ceci donne alors un coût horaire effectif pour l'utilisation de cet équipement, comme une location, même si cet équipement vous appartient. La contribution de l'équipement au coût unitaire d'un produit s'obtient alors en divisant ce taux horaire par la cadence de production $\dot{n}$ (le nombre de pièces produites par unité de temps):

$$C_3 = \frac{1}{\dot{n}}\left(\frac{C_c}{Lt_{wo}}\right) \tag{18.4}$$

Finalement, il y a des *frais généraux (ou overhead)* $\dot{C}_{oh}$ pour la main-d'œuvre, l'énergie (si elle est ajoutée ici), l'administration, etc. On va les convertir eux aussi en un coût unitaire en divisant ces frais horaires par la cadence de production $\dot{n}$:

$$C_4 = \frac{\dot{C}_{oh}}{\dot{n}} \tag{18.5}$$

Le coût total de la mise en forme d'un produit, C_s, est la somme de ces quatre contributions, C_1–C_4, et prend donc la forme:

$$C_s = \frac{mC_m}{(1-f)} + \frac{C_t}{n}\left(1 + \frac{n}{n_t}\right) + \frac{1}{\dot{n}}\left(\frac{C_c}{Lt_{wo}} + \dot{C}_{oh}\right) \tag{18.6}$$

Pour mettre en valeur ces dépendances, il peut aussi être écrit:

$$C_s = C_{\text{matériaux}} + \frac{C_{\text{dédiés}}}{n} + \frac{\dot{C}_{\text{investissements}} + \dot{C}_{\text{frais généraux}}}{\dot{n}} \tag{18.7}$$

Ainsi apparaissent dans cette équation trois contributions principales au coût d'un composant – un coût en matériaux par unité de production, indépendant du nombre de pièces produites, un coût dédié par unité produite qui est inversement proportionnel au nombre n de pièces produites ($1/n$) (pour autant que la durée de vie de l'outillage n_t soit grande devant n, sinon le terme n/n_t dans l'équation (18.6) ajoute une contribution au coût de la matière) et des frais généraux par unité produite qui varient comme l'inverse de la cadence de production ($1/\dot{n}$). Les coûts dédiés, le coût horaire de l'amortissement du capital et le taux de production peuvent tous être définis, dans une certaine gamme, pour chaque procédé; en revanche, le nombre de pièces n, les frais généraux $\dot{C}_{oh}$, le facteur de charge L et le temps d'amortissement t_{am} doivent être spécifiés par l'utilisateur.

La figure 18.16 est basée sur l'équation (18.6) pour tracer le coût unité, C_s, d'une petite pièce en aluminium en fonction du nombre de pièces produites n. Cette pièce peut être produite par trois procédés de coulée en compétition: coulée en sable, coulée haute pression ou coulée basse pression. Pour un faible nombre de pièces, le coût unitaire est dominé par les coûts « fixes » de l'outillage (le deuxième terme à droite de l'équation (18.6)). Avec l'augmentation du nombre de pièces n, cette contribution diminue (pour autant comme nous l'avons dit que la durée de vie de l'outillage soit plus grande que n). Elle tend vers une asymptote horizontale pour un très grand nombre de pièces produites, avec une valeur dominée par les coûts « variables » que sont la matière, la main-d'œuvre et les autres frais généraux. Ces procédés ont des coûts d'outillage C_t, des coûts d'investissement en équipement C_c et des cadences de production $\dot{n}$ très différents. L'équipement pour la coulée en sable est bon marché, mais le procédé est lent. La coulée haute pression est à l'opposé: procédé rapide mais équipement coûteux. Les coûts d'un moule pour la coulée basse pression sont plus élevés que pour la coulée en sable, et ceux pour la coulée haute pression sont encore plus grands. La combinaison de ces différents facteurs fait que les courbes C_s–n pour les trois procédés se croisent, comme indiqué à la figure 18.16.

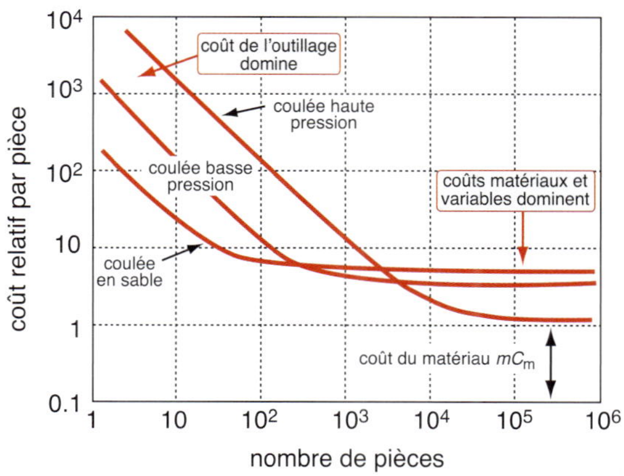

Figure 18.16 Coût de trois procédés de coulée en compétition pour la fabrication d'un petit composant en aluminium.

Ces croisements indiquent que le procédé le plus économique dépend clairement du nombre de pièces produites. Ils suggèrent aussi l'idée d'un nombre de pièces *économiquement viable* – c'est-à-dire un nombre de pièces pour lequel chaque procédé est le plus avantageux. L'équation (18.6) permet de comparer les différents procédés pour autant bien sûr que les paramètres du modèle économique soient précis. Si ce n'est pas le cas, l'estimation d'un nombre de pièces économiquement viable fournit une autre manière de classer les procédés. La figure 18.17 donne la gamme du nombre de pièces économiquement viable pour les différents procédés de mise en forme considérés jusqu'ici, avec un code de couleur représentant les différents matériaux. Des procédés tels que la coulée de précision (aussi appelée coulée en cire perdue) des métaux et la fabrication de composites en couches ont un coût d'outillage faible, mais sont lents; ils sont économiquement viables pour un faible nombre de pièces. L'inverse est vrai pour des procédés tels que la coulée haute pression des métaux et le moulage par injection des polymères: ce sont des procédés rapides, mais le coût de l'outillage est élevé.

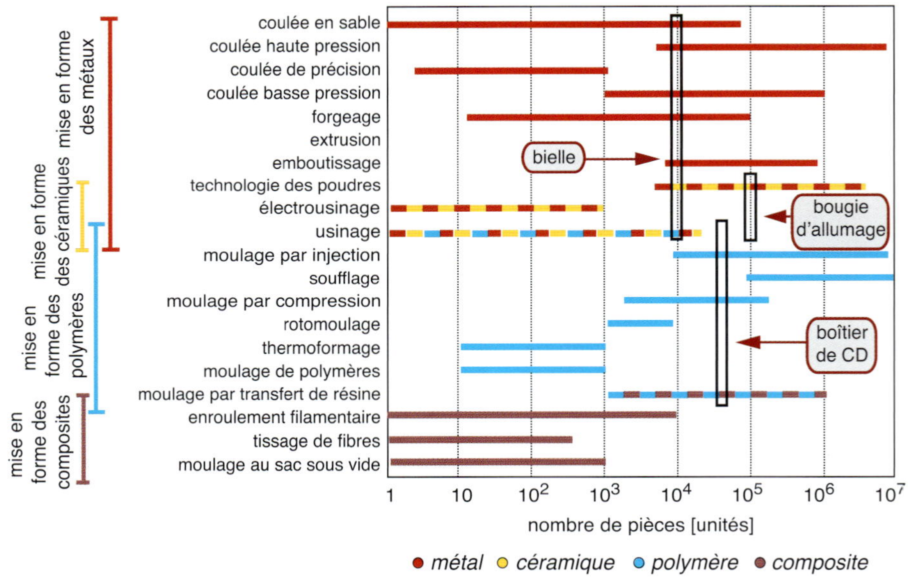

Figure 18.17 Nombre de pièces économiquement viable pour différents procédés, avec un code de couleur pour les différents matériaux.

18.8 Sélection des procédés assistée par ordinateur

Sélection assistée par ordinateur Comme les cartes de matériaux, celles relatives aux procédés données dans ce chapitre donnent un aperçu, mais le nombre de procédés qui peuvent être montrés reste limité. Une sélection de procédés basée sur de telles cartes peut être réalisée lorsqu'il y a peu de contraintes, mais lorsqu'il y en a beaucoup – comme c'est souvent le cas

– vérifier qu'un procédé donné peut toutes les satisfaire devient difficile. Par ailleurs, le modèle de coûts ne peut pas être utilisé dans des situations réelles car l'utilisateur doit pouvoir définir des paramètres d'entrée. Ces problèmes sont résolus avec l'implémentation de la méthode dans le logiciel CES.

La base de données de CES pour les procédés est organisée en familles, classes et membres comme indiqué dans les figures 2.5 à 2.7. Chaque profil contient les données-attributs d'un procédé, avec pour chaque attribut la gamme de valeurs possibles et un lien avec les données des matériaux pouvant être traités. Il contient également une documentation restreinte sous forme de texte, d'images et de références à des sources d'information plus détaillée. On accède à ces données par le même outil de recherche que celui utilisé pour la sélection des matériaux, permettant de superposer différentes étapes de tri comme suggéré dans la figure 18.18. A gauche, nous trouvons une étape sélectionnant les procédés capables de traiter une famille, une classe ou un type de matériaux (ici, des thermoplastiques). Au centre, une interface permettant de sélectionner quelques attributs-procédés supplémentaires; les valeurs inférieure et supérieure des attributs sélectionnés sont entrées et le moteur de recherche rejettera tous les procédés ne répondant pas à ces critères. Sur la droite on trouve une carte sous forme d'histogramme, construite par le logiciel, en fonction de n'importe quel attribut numérique (ici, le nombre de pièces économiquement viable). Pour le choix, une boîte de sélection est superposée au résultat avec pour limites inférieure et supérieure les valeurs choisies pour cet attribut. Ainsi, seules seront retenues les solutions à l'intérieur de cette boîte, les autres à l'extérieur étant éliminées.

Le logiciel inclut le modèle de coûts dont la méthode a été décrite auparavant pour les procédés en lots. Une boîte de dialogue permet à l'utilisateur d'éditer les valeurs par défaut

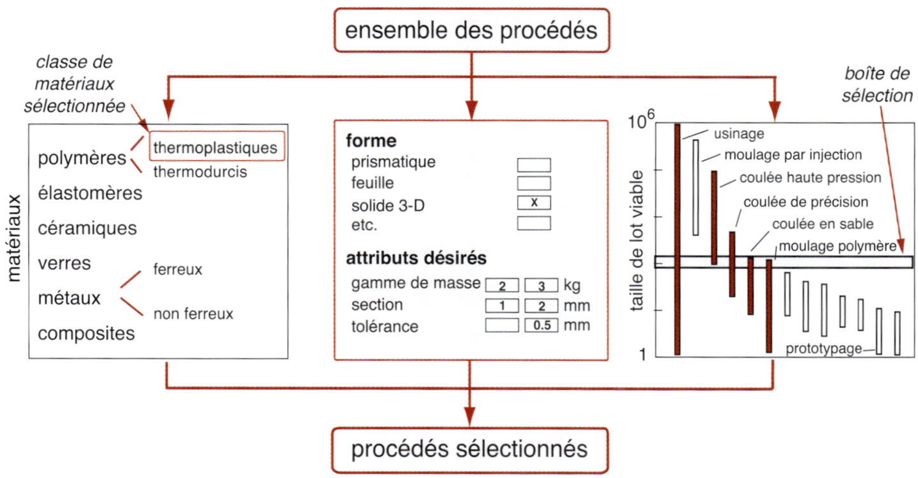

Figure 18.18 Schéma des étapes de sélection pour les procédés (dans ce cas pour la mise en forme). En premier, il s'agit de spécifier des classes telles que matériau et forme; puis de faire une sélection sur des attributs numériques, représentés graphiquement sous forme de cartes. Dans le logiciel CES, des valeurs-cibles pour certaines grandeurs peuvent être définies dans des boîtes de dialogue, comme indiqué au centre.

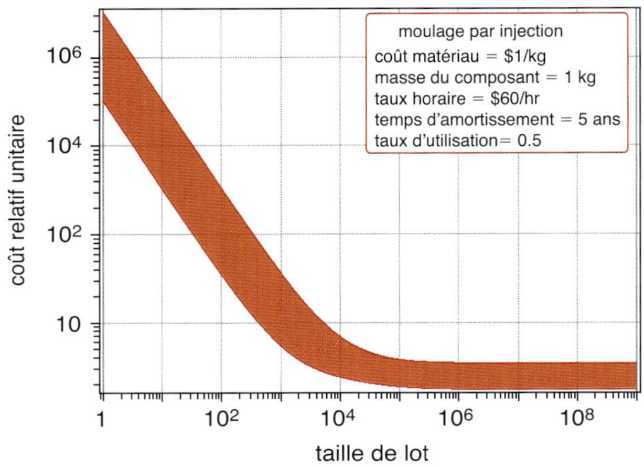

Figure 18.19 Résultat du modèle de coût tel qu'il est implanté dans le logiciel CES, montrant comment le prix unitaire varie en fonction du nombre de pièces produites. La largeur de bande du résultat reflète la liberté laissée sur les paramètres d'entrée.

des paramètres utilisateurs L, t_{am}, $\dot{C}_{oh}$, etc. Le logiciel récupère alors les valeurs approximatives des attributs économiques du procédé C_c, C_t, $\dot{n}$, stockées dans la base de données sous forme d'intervalles. Il permet ainsi de présenter les résultats sous différentes formes, dont deux sont illustrées dans les figures 18.19 et 18.20. Dans la première figure, le coût unitaire est calculé en fonction du nombre de pièces produites pour un seul procédé (ici, le moulage par injection), comme nous l'avons déjà vu pour la figure 18.16. Les paramètres définis par l'utilisateur sont donnés dans la figure. La largeur de bande du résultat est directement liée à la gamme de paramètres d'entrée donnés pour les attributs économiques : une forme simple, pouvant être réalisée avec un moule peu complexe, se trouve proche de la courbe inférieure, alors qu'une forme complexe, nécessitant un moule en plusieurs parties, sera plutôt dans la partie supérieure. La figure 18.20 montre un autre type de représentation. La gamme de coûts pour réaliser un nombre de pièces donné (ici, 10 000) avec divers procédés est représentée sous forme d'histogramme. Les paramètres utilisateurs sont donnés dans la figure. D'autres étapes de sélection peuvent être appliquées en parallèle à celle-ci (comme dans la fig. 18.18), en sélectionnant par exemple le matériau, la forme ou d'autres critères qui élimineront certains de ces procédés. Le résultat final sera de ne garder que les procédés réalisables, classés selon leur coût.

18.9 Etudes de cas

Dans cette section, nous présentons quelques exemples qui illustrent la méthodologie de sélection. Pour chacun, les exigences de la conception sont traduites en une liste de valeurs cibles pour les attributs des procédés devant être triés. Trois exemples de procédés de mise en forme sont approchés au moyen des cartes de ce chapitre, avec le modèle de coût appliqué

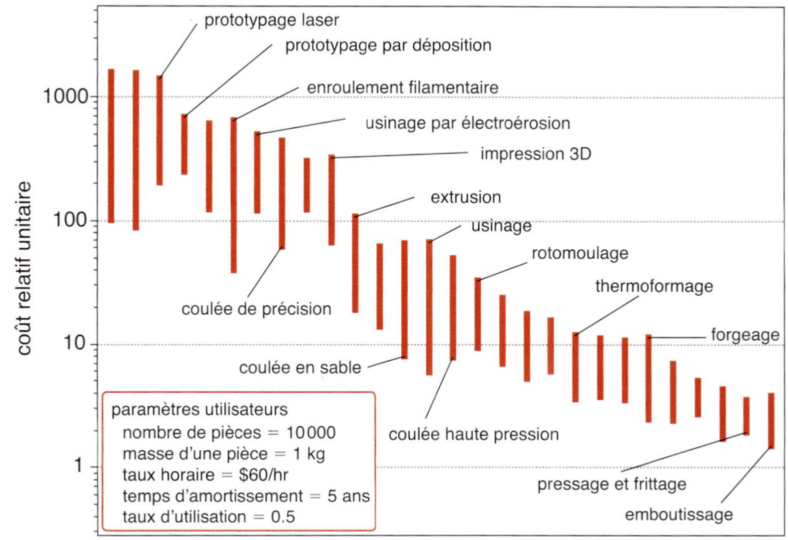

Figure 18.20 Histogramme des coûts unitaires pour un ensemble de procédés permettant de produire une quantité fixée d'un composant donné, tel que produit par le logiciel CES. L'amplitude de chaque barre reflète la variabilité laissée pour les paramètres d'entrée.

au dernier de ces trois exemples. Suivront alors des exemples de sélection de procédés d'assemblage et de traitement de surface. Pour ceux-ci, nous utiliserons le locigiel CES, les cartes de ce chapitre ne présentant que des familles très vastes de procédés d'assemblage et de finition, alors que le logiciel permet d'aller à un niveau beaucoup plus fin. Pour chaque cas, nous ferons également des remarques sur les procédés qui vont au-delà d'une simple sélection. Nous parlerons de défauts, de propriétés des matériaux ou encore de limitations économiques, autant d'aspects qui peuvent être adressés par la recherche d'une documentation appropriée.

Mise en forme de la céramique d'isolation d'une bougie d'allumage L'anatomie d'une bougie d'allumage est donnée schématiquement à la figure 18.21. Parmi ses différents composants, l'un est l'isolant électrique. Il sera fait en céramique, de l'alumine, avec une géométrie axisymétrique 3-D creuse. Faisant partie d'un assemblage, ses dimensions sont fixées. Le matériau et les dimensions étant fixés, la masse peut être estimée de même que l'épaisseur minimale de la section. L'isolant, reliant le conducteur central et le corps de la bougie, doit aussi assurer l'étanchéité du dispositif, ce qui fixe les limites de précision et d'état de surface. Les bougies d'allumage sont produites en grandes quantités – le lot envisagé ici est 100 000. Le tableau 18.5 donne une liste des contraintes. La partie inférieure de ce tableau repère certains aspects clés du procédé qui ne peuvent pas être directement pris en compte dans le processus de sélection, mais qui doivent être examinés ensuite sur la base d'une recherche de documentation pour les procédés qui auront passé le test de sélection.

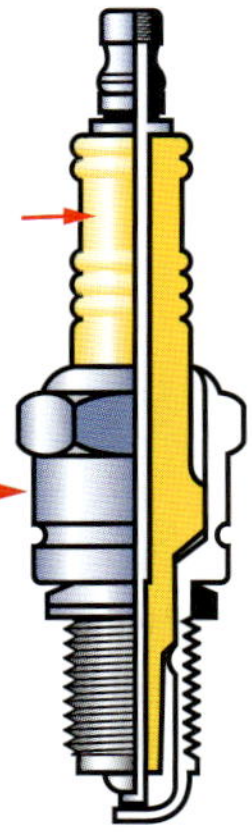

Figure 18.21 Section d'une bougie d'allumage. La céramique isolante est cylindrique mais non prismatique, ce qui la classe dans les formes 3-D creuses.

Les contraintes sont représentées graphiquement dans les matrices de compatibilité et les histogrammes des figures 18.2 à 18.4, 18.11 et 18.12. La carte de compatibilité–matériaux indique que seuls trois groupes de procédés pourront traiter les céramiques, et tous trois peuvent réaliser la forme voulue. Ils peuvent également prendre en compte la masse et les épaisseurs de la bougie. Les trois satisfont aussi les critères de tolérance et de rugosité, bien que l'on soit proche de la limite inférieure pour la technologie des poudres. Les contraintes économiques pour le nombre de pièces choisi (fig. 18.17) identifient alors la technologie des poudres comme la meilleure solution. En appliquant les mêmes étapes avec le logiciel CES (exercice E18.8), on trouve deux variantes spécifiques de la technologie des poudres qui

Tableau 18.5 Traduction des contraintes pour la mise en forme de la céramique d'une bougie d'allumage et défauts potentiels pouvant influencer les propriétés du produit

Fonction	• isolateur de la bougie d'allumage	
Objectifs	• minimiser le coût	
Contraintes	• matériau: alumine • forme: 3D creuse • masse estimée: 0.04-0.06 kg • section minimale: 1.5 mm	contraintes techniques
	• tolérance: <±0.3 mm • rugosité: <10 μm	contraintes de qualité
	• nombre de pièces: 100000	contraintes économiques
Variable libre	• choix du procédé de mise en forme et du mode opératoire	
Défauts	• porosité • fissures de surface	influence la résistance et la tenacité

satisfont ces contraintes : elles sont données dans le tableau 18.6. Le moulage par injection de poudres est effectivement le procédé utilisé pour fabriquer les céramiques des bougies d'allumage.

Une recherche de documentation permettra ensuite d'adopter les bonnes pratiques en termes de conception du moule, de qualité de la poudre, de remplissage du moule, et de cycle de pression et de température pour contrôler la porosité, l'état de surface et la cadence de production.

Tableau 18.6 Liste des procédés pouvant mettre en forme la céramiques des bougies d'allumage

Pressage de poudres et frittage
Moulage par injection de poudres

Mise en forme d'un boîtier de CD en thermoplastique La qualité peu satisfaisante des boîtiers de CD a déjà été mentionnée au chapitre 3 et à la figure 3.8. Le choix actuel du matériau est le polystyrène, mais avant de considérer tout changement il pourrait être utile de vérifier quelles sont les options pour la mise en forme d'une telle géométrie avec des thermoplastiques. Le tableau 18.7 donne la traduction des contraintes requises pour un tel boîtier. Les dimensions et la masse du produit sont fixées par la taille standardisée des CD. La forme est cataloguée comme « solide 3-D » puisqu'en plus des surfaces planes, il y a dans les coins des petits éléments pour fixer la charnière et retenir la pochette. Ces détails exigent donc aussi d'avoir une bonne tolérance. Une faible rugosité de surface est par ailleurs requise pour préserver la transparence du boîtier. Une valeur cible de 50 000 est fixée pour le nombre de pièces à produire.

Tableau 18.7 Traduction des contraintes pour la mise en forme d'un boîtier de CD et défauts potentiels pouvant influencer les propriétés du produit

Fonction	• boîtier de CD	
Objectifs	• minimiser le coût	
Contraintes	• matériau: polystyrène (thermoplastique)	
	• forme: solide 3D • masse estimée: 25-35 g • section minimale: 1-2 mm	contraintes techniques
	• tolérance: 0.2 mm • rugosité: 1 μm	contraintes de qualité
	• nombre de pièces: 50000	contraintes économiques
Variable libre	• choix du procédé de mise en forme et du mode opératoire	
Défauts	• fissures	
	• bulles piégées • retassures • mauvais état de surface	influence la résistance et l'aspect visuel

Tableau 18.8 Liste des procédés pouvant mettre en forme le boîtier de CD

Moulage par injection
Moulage par compression

On se réfère à nouveau aux matrices de compatibilité et aux différents histogrammes de ce chapitre. La sélection des matériaux (thermoplastiques), de la forme, de la masse et de la section minimale conduit à trois procédés possibles: l'usinage, le moulage par injection et le moulage par compression. Les trois satisfont les exigences de tolérance et de rugosité, mais le moulage par compression n'est pas très bien adapté à la faible masse du boîtier. L'histogramme des coûts (fig. 18.17) montre que l'usinage n'est pas économique pour le nombre d'unités envisagé, alors que les deux autres procédés le sont. Le tableau 18.8 résume les procédés qui ont passé la sélection.

La conception d'un moule permettant de reproduire les saillies et les arêtes d'un boîtier de CD est une affaire d'experts. Les détails rentrants de la géométrie excluent le moulage avec une compression uniaxiale et un moule ouvert. Pour éviter la formation de défauts, une recherche de documentation indiquera finalement que le problème est de positionner correctement les alimentations et les masselottes.

Mise en forme d'une bielle La figure 18.22 montre un dessin schématique d'une bielle faite en acier à teneur moyenne en carbone. La section minimale est d'environ 8 mm, et une estimation du volume donne avec la densité une masse d'environ 0.35 kg. La précision dimensionnelle est grande pour les deux extrémités de la bielle qui seront connectées au vilebrequin et au piston. Les bielles étant sollicitées en fatigue avec comme risque l'initiation de fissures de fatigue, leur surface doit avoir une faible rugosité (les trous seront alésés ultérieurement par usinage). Le nombre de pièces est fixé à seulement 10 000. Le contrôle des

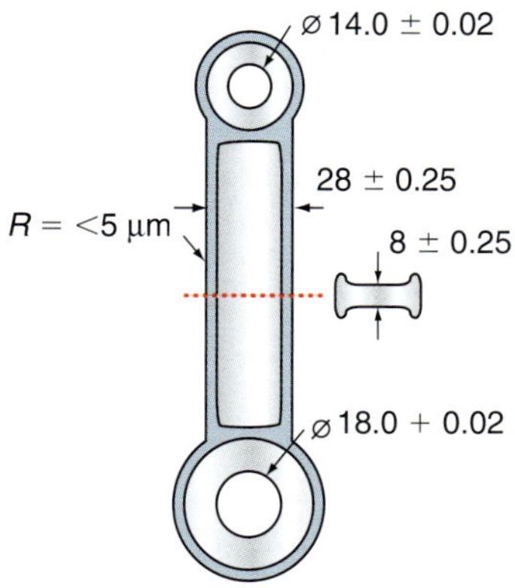

Figure 18.22 Bielle. La précision requise pour les alésages et les faces autour est beaucoup plus grande que pour le reste de la pièce, ce qui nécessite un usinage ultérieur. Les dimensions sont par défaut en mm.

Tableau 18.9 Traduction des contraintes pour la mise en forme d'une bielle et défauts potentiels pouvant influencer les propriétés du produit

Fonction	• bielle	
Objectifs	• minimiser le coût	
Contraintes	• matériau: acier moyen carbone • forme: solide 3D • masse estimée: 0.3-0.4 kg • section minimale: 8 mm	contraintes techniques
	• tolérance: <0.25 mm (surface) • tolérance: <0.02 mm (alésages) • rugosité: <5μm	contraintes de qualité
	• nombre de pièces: 10 000	contraintes économiques
Variable libre	• choix du procédé de mise en forme et du mode opératoire	
Défauts	• fissures, rugosité de surface • porosité • contraintes résiduelles	influence la résistance en fatigue

propriétés et des défauts se résume à éviter une rupture par fatigue, comme résumé dans le tableau 18.9.

Ces contraintes sont reportées dans les différentes matrices et histogammes du chapitre. Une sélection prenant en compte le matériau et la forme élimine la coulée basse pression, le moulage sous pression, l'extrusion et l'emboutissage. La coulée en sable est éliminée par les exigences de tolérance. Mais de nombreuses autres options subsistent: la coulée en cire perdue, l'usinage conventionnel, le forgeage et la technologie des poudres. Toutes satisfont les exigences de rugosité et de tolérance, sauf pour les trous mais qui pourront être alésés après l'opération de mise en forme. Tous les procédés de finition mentionnés au bas de la figure 18.11 donnent des tolérances et une rugosité meilleures que celles requises – l'usinage de précision est le plus approprié pour ces alésages et les faces qui sont autour. Finalement, la carte des quantités produites économiquement viables suggère que le forgeage et les technologies des poudres sont les plus adéquats – l'usinage à partir d'une forme solide et la coulée en cire perdue ne sont pas économiquement viables pour une production de 10 000 pièces. Le tableau 18.10 résume les résultats de ce tri.

Cette étude de cas révèle qu'il y a une compétition très serrée pour la fabrication de composants d'acier au carbone dont la taille et la forme intermédiaires sont typiquement celles

Tableau 18.10 Liste des procédés pouvant mettre en forme la bielle

Coulée sous pression
Forgeage et usinage
Technologie des poudres et usinage

des bielles. L'état de surface et la précision posent quelques problèmes, mais une étape de finition par usinage est une opération courante pour les aciers au carbone. Par conséquent, le choix final sera déterminé par des considérations de coût et de résistance à la fatigue du produit. Les propriétés sont sensibles à la composition de l'acier et à son traitement thermique – des aspects traités dans le chapitre suivant.

Les aspects de coût sont maintenant considérés sur la base du modèle développé dans la section 18.7. Le tableau 18.11 présente une liste des valeurs adoptées pour les paramètres du modèle de coût des trois procédés: coulée sous pression, forgeage et technologie des poudres. En faisant l'hypothèse que la même quantité de matière est utilisée pour les trois

Tableau 18.11 Valeurs d'entrée du modèle de coût pour trois procédés de mise en forme d'une bielle

Paramètres	Coulée	Forgeage	Tech. poudres
*Matériau, $mC_m/(1-f)$	1	1	1
*Frais généraux, $\dot{C}_{oh}$ (par heure)	100	100	100
Durée d'amortissement, t_{am} (ans)	5	5	5
Taux d'utilisation	0.5	0.5	0.5
*Coût de l'outillage dédié, C_t	17 500	125	1000
*Coût d'investissement, C_c	50 000	110 000	1 000 000
Production horaire, $\dot{n}$ (par heure)	50	50	2

*Coûts normalisés par $mC_m/(1-f)$.

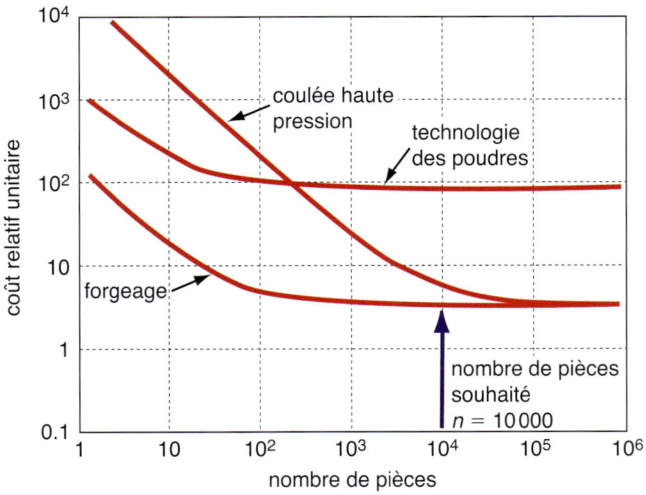

Figure 18.23 Modèle de coût des trois procédés sélectionnés pour la mise en forme d'une bielle en acier, avec des valeurs de paramètres représentatives constantes. Pour le nombre de pièces envisagé (10 000), l'option du forgeage est la plus avantageuse.

procédés, les coûts sont normalisés par le prix du matériau. La figure 18.23 montre le coût relatif unitaire en fonction du nombre de pièces produites par les trois procédés.

Pour 10 000 pièces produites, le forgeage s'avère le plus économique, suivi de près par la coulée haute pression. La technologie des poudres est plus onéreuse, essentiellement à cause de sa faible cadence de production et de son coût d'investissement élevé qui confèrent à chaque pièce une plus-value importante. Comme les résultats ont une certaine largeur de bande, due aux incertitudes des paramètres, la différence de prix entre la coulée et le forgeage, qui sera probablement suivi d'une opération d'usinage, est peu significative – les deux restent en lice pour examiner plus en détails les propriétés qu'ils permettent d'atteindre.

Soudage d'un radiateur en acier La figure 18.24 montre une section d'un radiateur domestique fabriqué à l'aide de tôles pliées en acier. Le but est de trouver un procédé d'assemblage permettant de relier les tôles les unes aux autres. Comme toujours, le procédé doit être compatible avec le matériau (ici, des tôles d'acier bas-carbone d'une épaisseur de 1.5 mm). Les joints ne supportent que de faibles charges en service, mais la manutention des radiateurs durant leur installation peut générer des contraintes en traction et en cisaillement. Les soudures doivent conduire la chaleur, être parfaitement étanches à l'eau et tolérer des températures jusqu'à 100°C. Le radiateur étant fait totalement en acier, il n'est donc pas nécessaire de pouvoir le désassembler en fin de vie pour recyclage. Les contraintes de qualité ne sont pas sévères, mais les distorsions et les contraintes résiduelles après chaque soudure doivent rester faibles pour un bon ajustement des tôles lors des soudures suivantes. Les aciers bas-carbone étant parfaitement soudables, le risque de fissuration ou de fragilisation des joints est faible – mais ceci peut être vérifié par une recherche de documentation appropriée. Le tableau 18.12 traduit les prérequis du procédé.

Pour faire cette sélection, nous utilisons le logicel CES. Il contient notamment les données et attributs de 52 procédés d'assemblage. En regardant tout d'abord la matrice de compatibilité avec les matériaux, on découvre que 32 des procédés d'assemblage sont compatibles avec les aciers bas-carbone – ceux qui sont éliminés sont typiquement des procédés

Figure 18.24 Section d'un radiateur domestique. Les trois tôles d'acier embouties sont soudées entre elles par des joints à recouvrement.

Tableau 18.12 Traduction des contraintes pour l'assemblage d'un radiateur et défauts potentiels pouvant influencer les propriétés du produit

Fonction	• radiateur	
Objectifs	• minimiser le coût	
Contraintes	• matériau: acier bas carbone • géométrie du joint: recouvrement • sollicitation: traction, cisaillement (modérés) • épaisseur de tôle: 1-2 mm • joint doit conduire la chaleur • joint doit être étanche • température de service >100°C	} contraintes techniques
	• désassemblage pas nécessaire	contraintes environnementales
Variable libre	• choix du procédé de mise en forme et du mode opératoire	
Défauts	• contraintes résiduelles • joint défectueux	} influence l'ajustage et la durée de vie

spécifiques aux polymères. En poursuivant la sélection en regardant la géométrie du joint, le mode de sollicitation mécanique et l'épaisseur des sections, la liste est alors réduite à 20 procédés. Le critère de bon conducteur de la chaleur est le plus discriminant puisque subsistent alors seulement 10 d'entre eux. L'étanchéité des joints et la température ne changent pas cette liste et les 10 procédés ainsi sélectionnés sont donnés dans le tableau 18.13.

Les critères basés sur la qualité et les coûts sont difficiles à appliquer pendant le processus de sélection et c'est donc à cette étape que nous faisons une recherche de documentation. Celle-ci révèle que les soudures avec explosif demandent des installations spéciales et des autorisations légales (sans trop de surprise!). La soudure par faisceau d'électrons ou par laser demande un gros investissement pour l'équipement, qui ne devrait donc pas être dédié uniquement à ce produit pour être rentable. La soudure électrique par points avait été éli-

Tableau 18.13 Liste des procédés pouvant assembler un radiateur en acier

Brasage
Soudure par faisceau d'électrons
Soudure explosive
Soudure à l'arc avec électrode métallique sous gaz inerte (MIG)
Soudure à l'arc avec électrode en tungstène sous gaz inerte, (TIG)
Soudure par faisceau laser
Soudure à l'arc avec électrode enrobée (MMA)
Soudure avec torche oxyacétylène
Rivetage
Brasage tendre (température inférieure à 450°C)

minée parce qu'elle n'assurait pas l'étanchéité du cordon. Cependant, cette condition n'est demandée que pour les soudures des bords du radiateur, celles à l'intérieur pouvant en fait être réalisées par points. Ceci démontre qu'il faut appliquer avec discernement les critères de sélection. Il faut toujours se poser la question : est-ce qu'une solution évidente (ou existante) a été éliminée ? Pour quelle raison ? Est-ce qu'une solution a été éliminée sur des critères marginaux, alors qu'une petite modification de conception permettrait de la conserver ? Est-ce qu'un procédé en deux étapes, par exemple colmater avec un mastique une soudure par point qui n'était pas étanche, est envisageable ? Le meilleur moyen de répondre à ces questions est d'enlever ou d'appliquer les contraintes, d'ajuster les limites imposées, et de voir alors quelles options apparaissent ou non.

Durcissement de surface d'une bague de roulement à billes Les billes d'un roulement se déplacent dans une bague (fig. 18.25). Comme discuté au chapitre 11, la durée de vie d'une bague de roulement à billes est limitée par l'usure et la fatigue. Les deux pourront être minimisées en prenant des matériaux durs. Mais les matériaux durs sont malheureusement peu tenaces, ce qui fait courir le risque de rupture lors d'un choc au chargement ou d'une manutention. La solution est d'utiliser un alliage allié, qui a de très bonnes propriétés de volume, et de lui faire un traitement de surface ultérieur pour le durcir dans les endroits désirés. Nous cherchons donc un procédé de traitement de surface qui permet de durcir la surface d'aciers alliés pour augmenter localement sa résistance à l'usure et à la fatigue. La précision d'un roulement à billes étant très critique, le traitement ne doit pas compromettre les dimensions ou la rugosité de surface. Le tableau 18.14 donne la liste des contraintes.

Le logiciel CES contient des informations pour 44 procédés de traitements de surface. Parmi ceux-ci, beaucoup sont compatibles avec les aciers alliés. Plus discriminatoire est le but du traitement de surface – améliorer la résistance à l'usure et à la fatigue – puisque la liste se réduit alors à 8 procédés. La contrainte de rugosité élimine les procédés qui revêtent ou déforment car ils compromettent l'état de surface. La liste des procédés qui passent l'examen de toutes les contraintes est donnée dans le tableau 18.15. Si l'on requiert en plus que le traitement doit se faire uniformément sur toute la surface courbe, cela ne laisse alors que deux procédés en lice : la cémentation et la carbonitruration, et la nitruration.

Pour aller plus avant, nous faisons une recherche de documentation sur ces procédés. La dureté de la surface et la profondeur traitée dépendent des paramètres du procédé : le temps

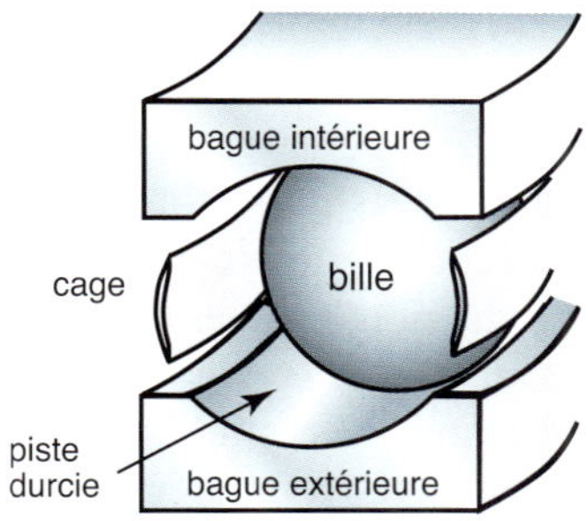

Figure 18.25 Section d'un roulement à billes montrant les pistes de roulement. Celles-ci doivent être durcies pour augmenter la résistance à l'usure et à la fatigue.

Tableau 18.14 Traduction des contraintes pour le durcissement de surface des gorges d'un roulement à billes et défauts potentiels pouvant influencer les propriétés

Fonction	• bague de roulement à billes	
Objectifs	• minimiser le coût	
Contraintes	• matériau: acier allié • but du traitement: durcissement pour la résistance en fatigue et à l'usure • recouvrement de surface courbe: bonne • tolérance et état de la surface non affectés	contraintes techniques
Variable libre	• choix du procédé de mise en forme et du mode opératoire	
Défauts	• fissures • contraintes résiduelles	influence la ténacité et la résistance en fatigue de surface

Tableau 18.15 Liste des procédés pour le durcissement de surface des bagues de roulements à billes

Cémentation et carbonitruration
Nitruration
Durcissement par induction et par flamme
Fusion et durcissement de surface par laser
Métallisation par évaporation

et la température de traitement, ainsi que la composition de l'acier. Et il ne faut bien sûr pas oublier les aspects économiques : les roulements à billes sont produits en très grandes quantités et même si leur taille varie, leur géométrie reste la même. Raison pour laquelle même un équipement coûteux dédié peut s'avérer rentable sur la durée.

18.10 Résumé et conclusions

Choisir un procédé suit la même démarche que choisir un matériau : il faut *traduire* les contraintes imposées, *sélectionner* les possibilités, *classer* les procédés qui ont passé la sélection et finalement faire une recherche de *documentation* pour les procédés les plus prometteurs. Pour les procédés, la traduction est assez aisée – les contraintes se traduisent directement en attributs des procédés devant être sélectionnés. Ces attributs reflètent les limites techniques et la qualité pouvant être atteintes. Les familles de procédés doivent au préalable être sélectionnées pour leur compatibilité avec les matériaux choisis, mais après cette étape, les attributs et les contraintes sont spécifiques à cette famille. Pour la mise en forme, la géométrie du composant, la précision et l'état de surface sont les facteurs les plus discriminants. Pour l'assemblage, ce sont le type et la géométrie du joint ainsi que son mode de sollicitation mécanique qui sont déterminants. Le critère premier pour les traitements de surface est son but (usure, corrosion, esthétique, etc.). Le classement est fait sur la base de critères économiques si cela peut être modélisé, comme c'est le cas des traitements par lots. Les modèles de coût combinent des attributs caractéristiques du procédé tels qu'outillage spécifique, investissement et cadence de production, avec des paramètres de l'utilisateur tels que frais généraux et quantité produite. Le nombre minimal de pièces pour qu'un procédé soit économiquement viable est une alternative au modèle de coût.

La traduction des contraintes de la conception met souvent le doigt sur des aspects importants des procédés qui sont au-delà du simple processus de sélection. La prévention de la formation de certains défauts, les modifications requises des propriétés des matériaux et la cadence de production (ou l'économie) sont autant d'aspects qui demandent de considérer simultanément les conditions d'opération du procédé, la composition du matériau et les détails de la conception du produit. Ceci met en évidence l'importance d'une recherche de documentation pour le choix final d'un procédé, ainsi que le besoin de considérer en parallèle les spécifications du matériau et du procédé. Le chapitre suivant explore plus en avant les interactions entre procédés et propriétés.

18.11 Lectures complémentaires

Ashby, M. F. (2005). *Materials Selection in Mechanical Design* (3rd ed.). Oxford, UK: Butterworth-Heinemann. Chapter 4. ISBN 0-7506-6168-2. (*La base des méthodologies de sélection des procédés et des modèles de coût, donnant une description résumée des procédés les plus importants dans chaque classe.*)

ASM Handbook Series (1971–2004). Volume 4, *Heat Treatment*; Volume 5, *Surface Engineering*; Volume 6, *Welding, Brazing and Soldering*; Volume 7, *Powder Metal Technologies*; Volume 14, *Forming and Forging*; Volume 15, *Casting*; and Volume 16, *Machining*; ASM International, Metals Park, OH, USA. (*Un ensemble très complet d'ouvrages sur les procédés, remis à jour et disponible maintenant en ligne à l'adresse www.asminternational.org/hbk/index.jsp.*)

Bralla, J. G. (1998). *Design for Manufacturability Handbook* (2nd ed.). New York, USA: McGraw-Hill. ISBN 0-07-007139-X. (*Ouvrage un peu indigeste, mais une source très riche d'informations sur les procédés de fabrication.*)

Campbell, J. (1991). *Casting*. Oxford, UK: Butterworth-Heinemann. ISBN 0-7506-1696-2. (*La science et la technologie de base des procédés de coulée*)

Houldcroft, P. (1990). *Which Process?* Abington, Cambridge, UK: Abington Publishing. ISBN 1-85573-008-1. (*Le titre de ce livre peut prêter à confusion – il ne traite qu'une petite partie des techniques d'assemblages: la soudure des aciers. Mais dans ce domaine il est excellent, mettant en relation procédé et contraintes de la conception.*)

Kalpakjian, S., & Schmid, S. R. (2003). *Manufacturing Processes for Engineering Materials* (4th ed.). New Jersey, USA: Prentice-Hall, Pearson Education. ISBN 0-13-040871-9. (*Un texte très complet et très largement utilisé pour les procédés des matériaux.*)

Lascoe, O. D. (1988). *Handbook of Fabrication Processes*. Columbus, OH, USA: ASM International, Metals Park. ISBN 0-87170-302-5. (*Une référence de base pour les procédés de fabrication.*)

Swift, K. G., & Booker, J. D. (1997). *Process Selection, from Design to Manufacture*. London, UK: Arnold. ISBN 0-340-69249-9. (*48 procédés détaillés dans un format standard, permettant de guider le lecteur dans le choix des procédés.*)

18.12 Exercices

Exercice E18.1 (a) Expliquer brièvement pourquoi la base de données pour la sélection initiale des procédés doit être divisée en classes génériques de procédés, alors que la sélection des matériaux peut être faite sur une seule base de données matériaux.

(b) Après élimination des procédés qui ne vont pas, l'affinage de la sélection d'un procédé demande des informations détaillées sur les matériaux et sur la conception. Pourquoi cela ? Donner quelques exemples pour les procédés de mise en forme, d'assemblage et de traitement de surface.

Exercice E18.2 Un procédé de fabrication d'un piston en alliage d'aluminium doit être sélectionné. Le piston pèse entre 0.8 et 1 kg, sa section minimal fait 4-6 mm. Les contraintes de la conception spécifient une précision de 0.5 mm et une rugosité de surface de 2-5 µm. On souhaite produire environ 1000 pistons. Utiliser les cartes des attributs procédés en début de ce chapitre pour identifier un sous-ensemble de chemins de fabrication possibles sur la base de ces prérequis. Est-ce que la sélection changerait si l'on souhaite produire 10 000 pièces ?

Exercice E18.3 Le choix d'un procédé pour la fabrication d'un boîtier de CD a été discuté dans la section 18.5, mais qu'en est-il du CD lui-même ? Les CD sont en polycarbonate (un autre thermoplastique), mais la différence essentielle avec le boîtier est la précision. Lire ou écrire sur un CD implique de suivre la réflexion d'un faisceau laser sur des cavités microscopiques à l'interface entre deux couches. Ces cavités sont typiquement d'environ 0.5 µm et leur espacement est d'environ 1.5 µm; la tolérance doit donc être meilleure que 0.1 µm pour que le disque fonctionne.

Estimer d'abord (ou mesurer) la masse et l'épaisseur d'un CD. Utiliser ensuite les cartes de procédés pour établir une liste de ceux satisfaisant les critères et compatibles avec le matériau choisi. Est-ce que ces procédés peuvent atteindre systématiquement la tolérance et la rugosité demandées ? Essayer de trouver comment les CD sont fabriqués dans la pratique.

18.13 Conception assistée avec le logiciel CES

Exercice E18.4 Utiliser la fonctionnalité « Browse » de CES pour trouver :

(a) Le profil pour le procédé de moulage par injection des thermoplastiques. Quel est le nombre minimal, économiquement viable, de pièces ? Que veut dire ce terme ?

(b) L'usinage par jet d'eau (les profils pour les procédés d'usinage se trouvent dans la base de données « Mise en forme »). Quelles sont ses applications typiques ?
(c) La soudure par friction-malaxage. Ce procédé peut-il être utilisé pour des matériaux dissemblables ?
(d) Le durcissement de surface par laser. Quelles sont les trois variantes de ce procédé ?

Exercice E18.5 Utiliser la fonctionnalité « Search » de CES pour trouver :
(a) les procédés pour la construction de bateaux ;
(b) les procédés de fabrication de bouteilles ;
(c) les procédés pour assembler des catadioptres ;
(d) les procédés de décoration.

Exercice E18.6 Utiliser le Niveau 3 de CES pour explorer les procédés de coulée des composants listés ci-dessous. Vérifier d'abord la compatibilité avec le matériau et la forme, et faire ensuite une estimation des dimensions (et donc de la masse et de l'épaisseur). Finaliser la sélection en incluant la tolérance, la rugosité et la quantité économiquement viable :
(a) des grandes canalisations d'eau en fonte de fer ;
(b) 10 000 voitures miniatures en Zn (longueur 60 mm) ;
(c) des aubes de turbine à gaz en super-alliage Ni–Co (MAR-M432) (avec les meilleures tolérance et état de surface possibles) ;
(d) de très grandes hélices de bateaux en laiton.

Exercice E18.7 Un petit ventilateur en nylon doit être fabriqué pour un aspirateur. Les contraintes de la conception sont spécifiées dans le tableau ci-dessous. Utiliser le Niveau 3 de CES pour identifier les procédés potentiels, en laissant éventuellement la possibilité d'une deuxième étape de finition. Suggérer quelques aspects de la conception qui demanderaient une recherche de documentation pour les procédés sélectionnés.

Fonction	• ventilateur d'aspirateur	
Objectifs	• minimiser le coût	
Contraintes	• matériau: nylon	
	• forme: solide 3D	contraintes techniques
	• masse: 0.1-0.2 kg	
	• section minimale: 4 mm	
	• tolérance: <0.5 mm	
	• rugosité: <1 μm	contraintes de qualité
	• nombre de pièces: 10 000	contraintes économiques
Variable libre	• choix du procédé de mise en forme	

Exercice E18.8 La sélection d'un procédé pour la fabrication d'une bielle a été discutée dans ce chapitre. Faire cette sélection avec le Niveau 3 de CES en faisant des estimations raisonnables pour les contraintes non spécifiées. Explorer l'effet que peut impliquer la fabrication de seulement 10 bielles de bateaux de 3 m de long et de 10 cm × 10 cm de section transverse.

Exercice E18.9 La sélection d'un procédé de fabrication d'un piston en aluminium a été traitée à l'exercice E18.2. Une investigation des coûts pour la coulée en coquille et la coulée en moule céramique est suggérée. Représenter le coût en fonction du nombre de pièces produites pour ces deux procédés, en faisant l'hypothèse d'un prix de matériau de 2$/kg et d'un piston de 1 kg. Les frais généraux sont de 70$/heure, le temps d'amortissement du capital est 5 et le taux d'utilisation est 0.5. Quel est le procédé le plus avantageux pour 1000 pièces ? Le piston ayant une forme simple, faire l'hypothèse que le coût se trouve à la frontière inférieure des bandes.

Exercice E18.10 Deux exemples de choix de procédés secondaires ont été discutés dans ce chapitre. Les contraintes de conception pour un procédé d'assemblage d'un radiateur et pour le traitement de surface d'une bague de roulement à billes ont été spécifiées respectivement dans les tableaux 18.12 et 18.14. Utiliser le Niveau 3 de CES pour vérifier les résultats obtenus. Pour le problème du radiateur, utiliser l'option « Accept–Reject» pour voir si d'autres procédés pourraient être envisageables avec des modifications des contraintes imposées par la conception.

18.14 Explorer la science avec CES Elements

Exercice E18.11 Les procédés de coulée demandent que le métal soit fondu. Les méthodes d'évaporation comme la métallisation requièrent que le métal puisse être évaporé. La coulée demande de l'énergie: la chaleur latente de fusion du matériau est une limite inférieure absolue (en fait, l'énergie requise est plus de quatre fois cette valeur dans la pratique). Pour l'évaporation, cette valeur minimale est fixée par la chaleur latente d'évaporation. Ces valeurs sont spécifiées dans la base de données « Elements » du logiciel CES. Représenter l'une de ces grandeurs en fonction de l'autre pour différents éléments. En prenant ces valeurs limites, quel est approximativement le rapport entre l'énergie requise pour les techniques d'évaporation et celle pour la coulée ?

Chapitre 19
Suivre la recette : procédés et propriétés

La catastrophe de la plate-forme Khafji. (Image reproduite avec l'autorisation de Thomas Brinsko et de Bic Alliance Magazine.)

Contenu du chapitre

19.1 Introduction et présentation du chapitre

Certaines personnes sont plus polyvalentes que d'autres, elles devraient se sentir à l'aise avec ce chapitre dédié à la fabrication ! La mise en forme, l'assemblage et les finitions d'un produit répondant à des spécifications techniques, économiques, ergonomiques et esthétiques demandent en effet de prendre en compte plusieurs priorités. Les chapitres précédents ont introduit les propriétés intrinsèques d'un matériau – résistance mécanique, résistivité électrique, etc –, qui sont étroitement liées à sa microstructure, cette dernière étant influencée par les procédés. Or la microstructure n'est pas directement visualisée pendant les procédés et il est donc nécessaire de pouvoir contrôler son évolution à chaque étape par des outils prédictifs. Les fabricants doivent faire preuve d'inventivité pour transformer les matériaux en des produits de bonne qualité, tout en faisant un profit raisonnable. La fabrication de produits ne demande pas seulement de produire des objets ayant des géométries et des dimensions données, mais également d'obtenir les propriétés souhaitées.

Il y a un parallèle avec la cuisine. La recette donne la liste des ingrédients et les instructions d'élaboration : comment mélanger, battre, chauffer les ingrédients, achever un plat et le présenter. Un bon cuisinier se fie à son expérience (et sa créativité) pour cuisiner des mets nouveaux avec un goût et une consistance agréables, dans une belle présentation. Lorsque vous le mangez, vous pensez peut-être que ce sont les attributs intrinsèques du plat. Mais s'il n'est pas bon, le cuisinier sait que la première chose à faire est de le couper pour analyser ce qui n'a pas marché au niveau de sa *microstructure*. Imaginez par exemple qu'il s'agisse d'un cake aux fruits : la distribution de porosités et de fruits constitue un aspect de sa microstructure.

La microstructure est aussi un élément clé pour les propriétés techniques d'un matériau. Quelques-uns de ses composants sont très petits – de fins précipités peuvent être des agrégats de quelques atomes. D'autres sont plus grands – les grains ont des tailles allant du micron à quelques millimètres. Le but de ce chapitre est de voir comment les microstructures évoluent au cours des procédés, avec comme but bien sûr les *propriétés finales*. La possibilité d'optimiser la microstructure et les procédés pour des propriétés souhaitées est un élément clé de la science et du génie des matériaux, ce qui nécessite notamment une bonne compréhension des procédés pour leur optimisation. Ne pas réussir à « suivre la recette » conduira au mieux à produire du rebut, avec bien sûr une perte financière, et au pire à des accidents ou des catastrophes. Le leitmotiv de ce chapitre est essentiellement le suivant :

$$\text{Composition} + \text{Procédés} \rightarrow \text{Microstructure} + \text{Propriétés}$$

Ce chapitre commence par un exemple – fabriquer un cadre de vélo en aluminium – qui illustrera bien la démarche d'un « procédé pour des propriétés ». Les aspects microstructuraux ont été introduits dans plusieurs chapitres, jusqu'à un niveau parfois très détaillé, ce qui nous permettra ici de les reconsidérer dans leur ensemble, en prenant en compte leurs différentes échelles. Dans les procédés, l'évolution de la microstructure est tout d'abord gouvernée par la thermique (et parfois aussi par la déformation). En approfondissant le sujet, nous verrons que, notamment pour les métaux, les *diagrammes de phases* et les cinétiques de *transformations de phases* jouent un rôle essentiel.

Le corps de ce chapitre donne une vue concise des différents sujets. Des aspects plus détaillés concernant la lecture et l'interprétation des diagrammes de phases, ainsi que l'évolution des microstructures, sont fournis dans la Leçon Guidée n° 2 (« Diagrammes de Phases et Transformations de Phases »). Un assez large éventail de procédés de mise en forme des métaux et des non-métaux est ensuite présenté. Pour chaque cas, un schéma du procédé explique comment cela fonctionne, en mettant en avant l'influence de l'histoire thermique et des taux de refroidissement sur l'évolution de la microstructure. Comme dans les chapitres précédents, des cartes de propriétés seront utilisées pour illustrer les changements de propriétés liés à la composition et aux procédés, avec des exemples pour chaque classe de matériaux.

19.2 Des procédés aux propriétés

Nous avons donc adopté pour ce chapitre le leitmotive: *Composition* + *Procédés* → *Microstructures* + *Propriétés*. Voici donc tout d'abord un exemple qui montre certains aspects généraux de cette interaction.

Cadre de vélo en aluminium Le matériau choisi comme exemple pour un cadre de vélo est un alliage d'aluminium pouvant être traité thermiquement. C'est effectivement un matériau qui possède une bonne rigidité et résistance à la fatigue, avec une densité faible (chap. 5 et 10). La figure 19.1 montre les principales étapes du procédé de mise en forme. Il met en évidence les points suivants.

Point 1: La mise en forme des matériaux implique plus d'une étape. Le cadre de vélo est un exemple de *produit forgé* (i.e. mis en forme par déformation) impliquant une série d'étapes. Par contraste, la coulée en moule, les procédés de frittage et le moulage des polymères sont des *procédés de précision* permettant d'obtenir l'objet final en une seule opération avec des dimensions proches de l'état final (en anglais, on parle de *near-net shape processes*), avec seulement quelques opérations de finition (y inclus traitement thermique). Les produits coulés à partir du liquide sont bon marché, car faciles à produire à grande échelle comme indiqué à la figure 19.1(a). Des produits de composition standard sont coulés dans une grande fonderie, puis transportés vers différentes fabriques pour être mis en forme. Pour le cadre de vélo, le lingot est scié en plusieurs billettes, extrudées ensuite sous forme de tubes (fig. 19.1(b)). Dans cette opération, la billette circulaire pleine d'environ 200 mm de diamètre est transformée en un tube creux de 30 mm de diamètre et 3 mm d'épaisseur – donc un très grand changement de forme en une opération. Le tube est ensuite coupé à la bonne longueur avant d'être traité thermiquement pour obtenir un durcissement optimal par précipitation, puis soudé à d'autres éléments par arc (fig. 19.1(c) et (d)). Au passage, remarquer que la composition de l'alliage doit être ajustée lors de la première étape de fusion, et qu'elle garde ensuite cette valeur tout au long du procédé de mise en forme (mis à part la surface qui peut subir encore un traitement). En effet, des éléments d'ajout peuvent facilement être dissous dans le liquide, mais c'est nettement plus difficile de le faire à l'état solide; la diffusion étant alors trop faible.

Point 2: Chaque étape du procédé a une *histoire thermique* caractéristique. Chaque cycle thermique est déterminé par ce qui se passe pendant l'opération et par ce qui est souhaité à

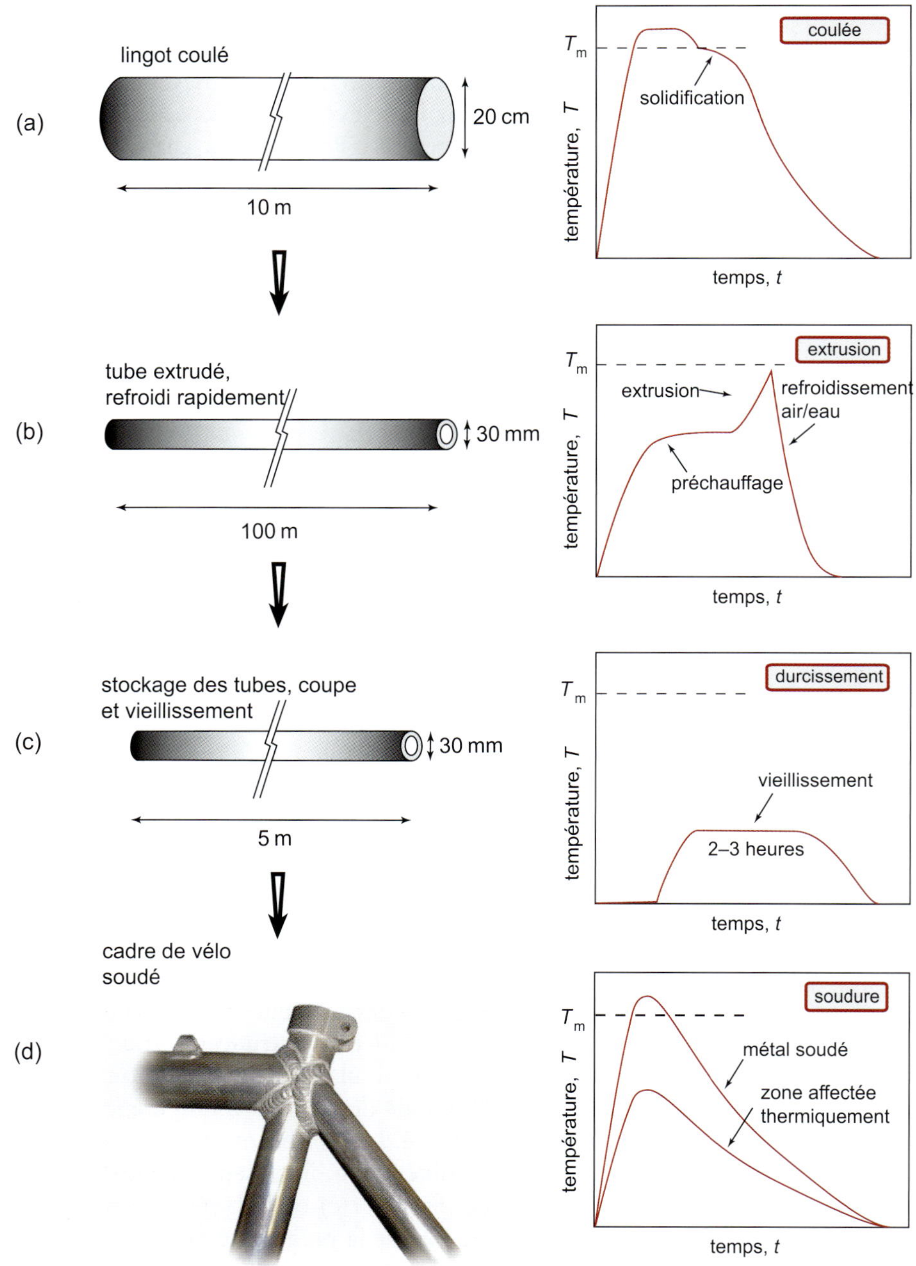

Figure 19.1 Les différentes étapes de la fabrication de cadres de vélo en aluminium traitable thermiquement : (a) coulée de lingots, coupés ensuite en billettes pour l'extrusion ; (b) extrusion à chaud de la billette en tube, y inclus le traitement de mise en solution et de trempe ; (c) découpage à la bonne longueur et traitement de précipitation ; (d) assemblage des tubes par soudure à l'arc.

la sortie. La coulée implique par définition une fusion du matériau, puis la solidification et le refroidissement. L'opération d'extrusion est faite à chaud pour diminuer la résistance du matériau à la déformation et augmenter sa ductilité. Ceci permet d'avoir de grandes déformations plastiques, à vitesse élevée avec peu de force. La qualité de surface est aussi déterminée lors de cette étape. En même temps, l'extrusion à chaud améliore la microstructure, en affinant la structure de grains et en homogénéisant l'alliage. Alors que le tube sort de la filière d'extrusion, un refroidissement forcé trempe l'alliage en gardant les éléments de soluté en solution solide, évitant ainsi un traitement ultérieur de mise en solution (la première étape avant un traitement de précipitation). Pour des alliages d'aluminium non traitables thermiquement, la résistance mécanique vient des éléments en solution et des dislocations, et non des précipités, si bien que l'extrusion est souvent faite à froid pour maximiser l'écrouissage. Remarquer les relations existant entre déformation et histoire thermique, ainsi que leur importance pour obtenir simultanément une forme correcte et de bonnes propriétés, tout cela étant fonction du type d'alliage utilisé et de sa composition.

Point 3 : Les concepteurs doivent faire attention à des effets indésirables lors de l'étape d'assemblage. Les cadres de vélo sont soudés par arc, avec une refusion locale du matériau, suivie d'une solidification après le passage de la source de chaleur. Dans ce qu'on appelle la « zone affectée thermiquement » (ou ZAT), le matériau situé directement à côté du cordon de soudure ne fond pas, mais monte suffisamment en température pour que sa microstructure évolue – notamment les précipités, formés lors du traitement de précipitation, peuvent être re-dissous. Comme il est difficile de refaire un traitement thermique sur le cadre de vélo une fois assemblé, la ZAT a finalement des propriétés différentes, inférieures, au reste du cadre (ce point est repris plus en détails à la section 19.5).

Point 4 : La conception est focalisée sur les propriétés du produit fini, mais certaines d'entre elles (résistance, ductilité, conductibilité thermique, etc.) sont aussi critiques *pendant les étapes du procédé*. D'autres propriétés, comme la viscosité du liquide pour la coulée des métaux ou l'injection des polymères, ne sont importantes que pendant le procédé. Les caractéristiques du produit fini et celles des étapes du procédé peuvent souvent entrer en conflit – des alliages durs sont plus difficiles à mettre en forme, et donc plus chers. Par conséquent, lors du choix des matériaux pour un produit donné, il est important de regarder s'il répond aux propriétés requises du produit fini mais aussi s'il peut être mis en forme assez facilement. Des « astuces » de procédés permettent de résoudre ces conflits – par exemple, le cadre de vélo est mis en forme à chaud (lorsqu'il est mou et ductile) avant d'être traité thermiquement pour obtenir une bonne résistance en service.

Cet exemple montre bien comment la chimie de l'alliage et les procédés sont utilisés pour obtenir les bonnes microstructures et propriétés. D'autres exemples seront donnés plus tard pour d'autres classes de matériaux. Le but est de comprendre les interactions entre procédés et propriétés souhaitées, telles que stockées dans une base de données. Mais cet exemple du cadre de vélo montre aussi que nous devons être attentifs pour faire les compromis nécessaires entre objectifs de la conception et réalités de la mise en forme, et prendre conscience que les choses peuvent parfois aller vraiment mal. A cet égard, l'importance de la recherche de documentation avant la réalisation elle-même ne doit pas être sous-estimée !

19.3 Microstructure des matériaux

Avant d'explorer ce qui se passe dans les matériaux lors des procédés, il peut être utile d'avoir d'abord une vue d'ensemble de leur microstructure. Les propriétés sont le reflet de la microstructure, du niveau atomique aux fissures macroscopiques, en passant par les grains, couvrant ainsi une vaste échelle de longueurs caractéristiques. Nous repassons ici rapidement en revue tous les aspects microstructuraux déjà abordés dans les précédents chapitres de ce livre, pour les différentes classes de matériaux.

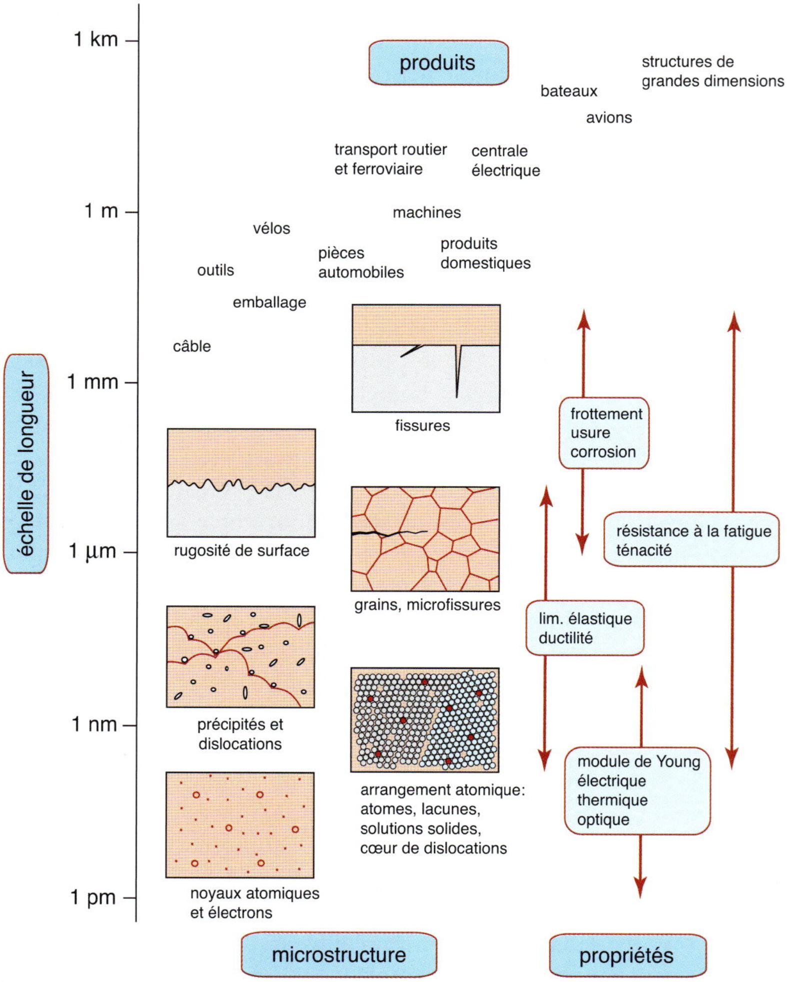

Figure 19.2 Les différentes échelles de la microstructure des matériaux métalliques avec les propriétés que chacune d'elles influence. Remarquer le facteur 1000 dans la graduation de l'échelle verticale.

Métaux La figure 19.2 résume la situation des métaux. En commençant par l'échelle atomique, nous avons l'arrangement cristallin (à l'exception des métaux amorphes) – responsable du module élastique et de la densité du matériau. Les défauts au niveau atomique – lacunes, atomes de soluté – ont été introduits au chapitre 6. Les comportements thermique, électrique, optique et magnétique sont très directement influencés par cette échelle atomique de la microstructure. Les lacunes étant responsables de la diffusion, elles ont des conséquences directes sur des phénomènes se déroulant pendant la fabrication (frittage, traitements thermiques par exemple) ou en service (fluage). La résistance, la ténacité et la résistance à la fatigue dépendent d'aspects microstructuraux légèrement plus grossiers : ce sont les dislocations et les obstacles à leur mouvement, tels qu'indiqués à la figure 19.2 : précipités, joints de grains. Les grains eux-mêmes sont dans une échelle de 1-50 μm – comparable à la rugosité des surfaces métalliques et à la taille des porosités formées par des gaz dissous lors de la coulée des métaux. Les fissures de fatigue commencent à l'échelle des grains, mais croissent à l'échelle du composant lors de la rupture. Les produits métalliques ont aussi des tailles s'étalant sur de nombreuses échelles : les feuilles d'aluminium pour l'alimentation ont environ 10 μm d'épaisseur, celles pour l'automobile sont de l'ordre du millimètre, les hélices de bateaux peuvent avoir plusieurs mètres de diamètre, et les structures métalliques des ponts et des constructions peuvent atteindre des kilomètres.

Céramiques et verres Les céramiques sont cristallines, les verres sont amorphes. La figure 19.3 montre les deux types à l'échelle atomique. La plupart des propriétés reflètent directement l'arrangement atomique et la nature des liaisons fortes covalentes ou ioniques – du module élastique au potentiel électrique disruptif. L'échelle atomique gouverne aussi la viscosité de verres fondus et la diffusion lors du frittage des céramiques. Les exceptions sont la résistance mécanique et la ténacité, puisque celles-ci sont gouvernées essentiellement par la propagation de fissures dans les céramiques et les verres – elles-mêmes étroitement liées à la taille de grains (pour les céramiques) et à l'état de surface.

Polymères et élastomères La nature des polymères et des élastomères est essentiellement moléculaire plutôt qu'atomique. La figure 19.4 montre la grande diversité qu'il y a à cette échelle : les chaînes de polymères peuvent être plus ou moins régulières, et donc conditionner le pourcentage de cristallinité et d'amorphe à l'état solide, elles peuvent être réticulées ou non, branchées ou linéaires, alignées par extrusion, etc. La plupart des propriétés reflètent à nouveau cette échelle, avec toutefois la résistance et la ténacité (et les propriétés optiques) qui font intervenir aussi des aspects plus macroscopiques, tels que des micro-craquelures et des fissures. Les mousses de polymères et les polymères renforcés par des fibres ont une architecture comportant d'autres échelles – par exemple la taille des pores et le diamètre des fibres. Ces types de composites sont abordés plus en détails dans la section 19.7.

19.4 Evolution de la microstructure pendant les procédés

Le rôle des procédés de mise en forme est de produire la bonne forme avec les bonnes propriétés. Le premier but est obtenu en contrôlant l'écoulement visqueux et la plasticité. Le second nécessite de maîtriser la nature et l'évolution de la microstructure. Des procédés

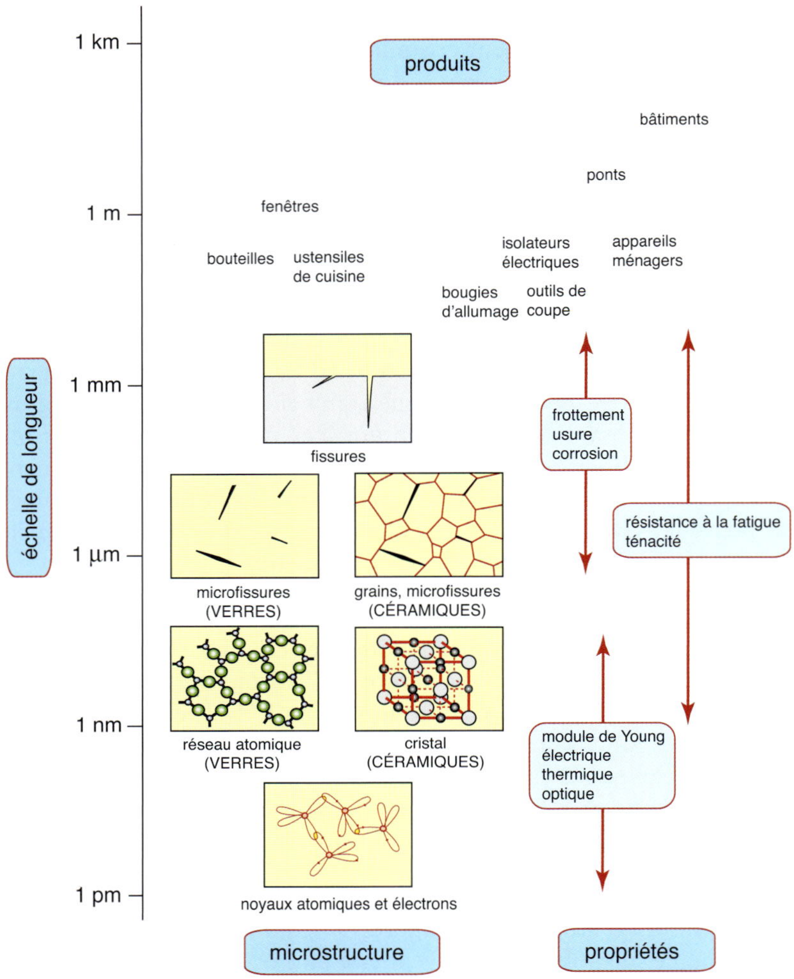

Figure 19.3 Les différentes échelles de la microstructure des céramiques et des verres avec les propriétés que chacune d'elles influence. Remarquer le facteur 1000 dans la graduation de l'échelle verticale.

secondaires (soudure, assemblage, traitement de surface) peuvent faire évoluer la microstructure ultérieurement. Des exemples d'évolution microstructurale sont présentés dans les sections 19.5 et 19.6, mais auparavant, donnons quelques principes généraux qui permettent de comprendre pourquoi et comment la microstructure évolue. Nous mettrons l'accent sur les métaux, qui présentent une grande diversité dans leurs chimies et leurs procédés d'élaboration.

Diagrammes de phases, transformations de phases et autres changements structuraux Une *phase* est définie comme une région du matériau ayant un arrangement cristallographique

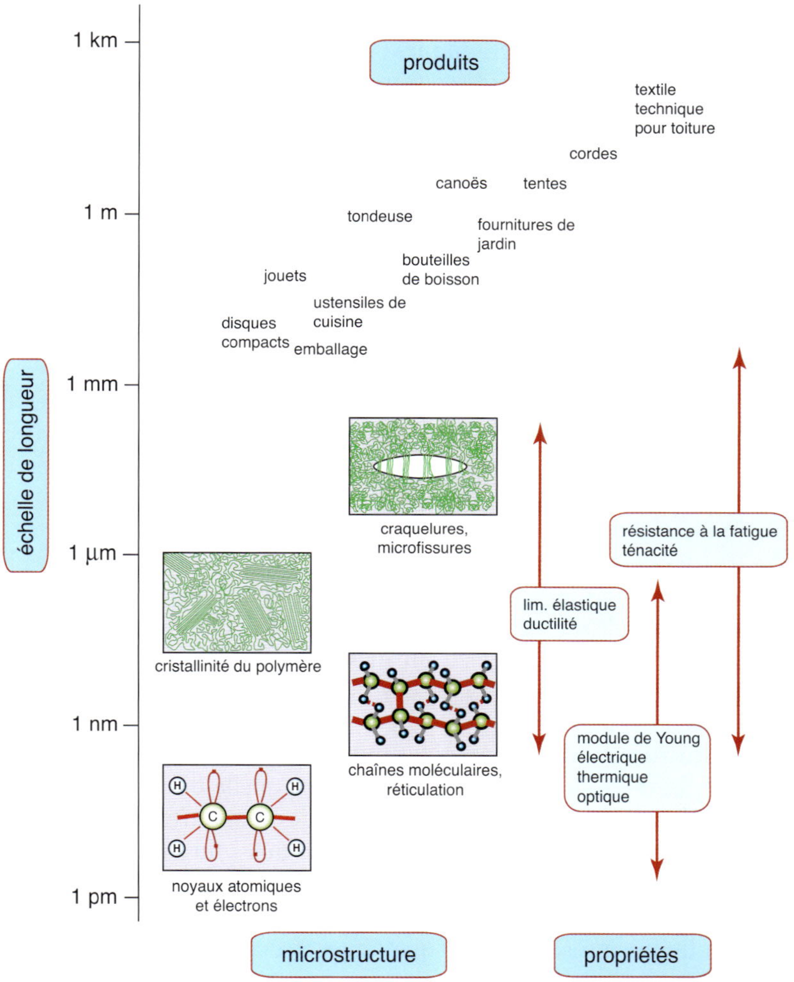

Figure 19.4 Les différentes échelles de la microstructure des polymères et des élastomères avec les propriétés que chacune d'elles influence. Remarquer le facteur 1000 dans la graduation de l'échelle verticale.

bien défini. Donc une phase a des propriétés physiques spécifiques, par exemple sa densité. La vapeur, l'eau et la glace sont les trois phases (gaz, liquide, solide) de la molécule H_2O. Les alliages techniques tels que l'acier fondent et s'évaporent aussi, pour autant qu'on les chauffe assez. Mais plus intéressant, ces matériaux peuvent contenir plusieurs phases simultanément à l'état solide, suivant la température et leur composition. C'est cette faculté qui nous permet de durcir des aciers ou des non-ferreux par précipitation, c'est-à-dire d'obtenir de fins précipités d'une phase dans la matrice d'une autre. Même si ces précipités peuvent ne contenir qu'une centaine d'atomes, ils constituent une phase distincte ayant sa propre structure cristalline.

Les *diagrammes de phase* sont un outil essentiel pour l'évaluation des procédés de mise en forme des métaux et des céramiques : ils fournissent des cartes montrant quelles phases sont présentes à une température et composition données, pour autant que le matériau se trouve à l'équilibre thermodynamique. Par ce terme, nous entendons un état ayant l'*énergie libre* minimale (cette grandeur sera définie plus précisément ultérieurement), de telle sorte qu'il n'évolue plus au cours du temps.

Une *transformation de phases* a lieu lorsque les phases en présence évoluent – par exemple, la fusion d'un solide, la solidification d'un liquide ou la formation d'une dispersion de fins précipités dans un cristal auparavant homogène. Les diagrammes de phases nous indiquent à quel moment d'un cycle thermique de tels changements pourraient avoir lieu. Ils sont donc essentiels pour le contrôle des microstructures pendant les procédés d'élaboration et de mise en forme.

Un changement de phases implique cependant une *force motrice* et un *mécanisme*. La première est fixée par la thermodynamique, le second requiert une théorie cinétique. Le terme de « force motrice » est quelque peu confus, mais il signifie une différence d'énergie libre entre l'état initial (avant transformation) et l'état final (après transformation). Un ballon lâché au sommet d'une pente roule parce que son énergie potentielle est plus faible en bas qu'en haut. L'énergie potentielle du ballon est remplacée par l'énergie libre pour les transformations de phases – les solides fondent au-dessus de leur point de fusion parce que leur énergie est plus grande que celle du liquide. De même, un alliage initialement constitué d'une seule phase peut se décomposer en un mélange de phases (par exemple la même solution solide mais moins riche en soluté et des précipités d'une nouvelle phase) si l'énergie libre totale de l'ensemble diminue.

La microstructure ne va donc évoluer que si le changement de phases est énergétiquement favorable – et la thermodynamique indique dans quelle direction. Mais d'avoir une énergie libre « à disposition » pour un tel changement n'est pas suffisant pour qu'il ait effectivement lieu. Le changement de microstructures requiert aussi un *mécanisme* de réarrangement des atomes dans la nouvelle phase. Par exemple, lorsqu'un liquide solidifie, il y a une interface entre le liquide et le solide qui se déplace. Les atomes proches de l'interface doivent être transférés du liquide au solide pour que l'interface avance dans la direction inverse, et c'est là que la cinétique de la transformation intervient. Pratiquement presque tous les changements de phases à l'état solide impliquent également une diffusion des atomes. Or la vitesse de diffusion dépend très fortement de la température – nous avons vu cela au chapitre 13. La vitesse de transformation va donc dépendre en même temps de l'amplitude de la force motrice (sans force motrice, pas d'évolution) et de la cinétique des mécanismes de diffusion sous-jacents. Les transformations de phases sont essentielles pour le contrôle des procédés. Elles gouvernent bien sûr les échelles des divers aspects microstructuraux – grains, précipités, etc – et donc les propriétés. Mais elles sont aussi importantes pour les aspects économiques des procédés au travers du temps requis pour ces changements de phases.

La solidification et la précipitation impliquent donc des changements de phases. Mais il y a aussi d'autres aspects d'évolution de la microstructure pour lesquels il n'y pas de transformations de phases. Le principe reste cependant le même : l'évolution n'a lieu que s'il y a une réduction de l'énergie libre et un mécanisme cinétique impliqués. Les atomes de soluté dans une solution solide diffusent des zones riches aux zones pauvres, car l'énergie libre d'une solution solide ayant une composition uniforme est plus faible que celle d'une solution ayant une composition non uniforme. La restauration et la recristallisation sont des mécanismes changeant la structure de grains d'un cristal, quand bien même la phase constituant les grains ne change pas. Dans ce cas, la force motrice vient de l'énergie élastique stockée par toutes les dislocations présentes dans le cristal déformé, qui diminue avec la diminution du nombre de dislocations. Là encore, le mécanisme de recristallisation est un transfert diffusif d'atomes à travers les interfaces entre grains déformés et nouveaux grains recristallisés. Nous reverrons cela plus tard dans ce chapitre, lorsque nous aborderons les procédés de mise en forme pour lesquels ces divers mécanismes interviennent.

Thermodynamique des phases Les procédés d'élaboration et de mise en forme des matériaux concernent essentiellement les liquides et les solides – seuls quelques procédés de revêtement de surface font intervenir des gaz (par exemple, la déposition chimique en phase vapeur sur un substrat). Lorsque nous avons abordé l'origine des propriétés des matériaux dans les chapitres précédents, nous avons vu que les phases solides peuvent être un cristal composé d'un seul élément, une solution solide composée de deux ou plusieurs éléments, ou des composés intermédiaires avec une structure cristalline et une composition bien définies (c'est-à-dire que les proportions des divers éléments sont dans des rapports fractionnaires simples : l'alumine Al_2O_3, le carbure de fer Fe_3C, etc).

Si maintenant un alliage de composition donnée est maintenu à une température fixée, qu'est-ce qui détermine s'il se trouve à l'état solide ou liquide, ou s'il est un mélange des deux ? Ou si c'est une solution solide, un composé intermédiaire ou encore un mélange de plusieurs phases ? La réponse est donnée par la thermodynamique à l'équilibre et l'*énergie libre de Gibbs* G[1], définie comme :

$$G = U + pV - TS = H - TS \tag{19.1}$$

Les variables thermodynamiques apparaissant dans cette équation méritent quelques explications. L'*énergie interne* U est l'énergie du matériau associée aux liaisons chimiques des atomes et à leur agitation thermique. Nous l'avons rencontrée auparavant lorsque nous traitions l'énergie de cohésion responsable de la déformation élastique et l'énergie de déformation stockée sous charge (chap. 4), ou encore l'expansion thermique (chap. 12). La pression p, le volume V et la température T sont des variables thermodynamiques familières rencontrées par exemple dans la loi des gaz parfaits. La combinaison $U + pV$ est tellement courante qu'elle porte elle-même un nom, l'*enthalpie* H : ce sont les variations de cette grandeur qui sont mesurées dans un calorimètre lorsque le matériau change de température ou qu'il subit une transformation de phases (par exemples la fusion).

[1] Josiah Willard Gibbs (1839-1903), septième génération d'académiciens américains, a passé presque toute sa carrière à Yale, obtenant le premier doctorat de cette université en ingénierie (son sujet était la forme des dents d'engrenage). Après une visite très formatrice en Europe, avec des travaux menés en collaboration avec des scientifiques tels que Kirchhoff et Helmholtz, il publiait son travail majeur *On the Equilibrium of Heterogeneous Substances* et devenait au cours du temps le père de la chimie-physique et de la thermodynamique.

L'*entropie S* est un concept thermodynamique plus difficile à saisir: sa variation est liée aux variations d'enthalpie à une température fixée. Elle joue également un rôle central pour déterminer le rendement théorique de dispositifs convertissant chaleur en travail ou l'inverse (turbines à vapeur, pompes à chaleur, réfrigérateurs, etc). Pour les transformations de phases dans les matériaux, elle mesure le degré de désordre et d'agitation des atomes du système. Par exemple, lors de la fusion à température constante d'un matériau pur, de la chaleur (la « chaleur latente » de fusion) doit être fournie au matériau. Nous verrons plus tard que ce changement d'enthalpie est directement lié à une variation d'entropie: effectivement, le liquide est caractérisé par un degré de désordre des atomes (de l'entropie) plus élevé qu'une structure solide cristalline. Les changements d'entropie de l'état cristallin sont relativement faibles (dû à l'arrangement atomique régulier des atomes), mais ceux des polymères sont beaucoup plus importants de par la complexité et la diversité des configurations que leurs chaînes peuvent adopter.

Donc, pour chaque composition et température, nous pouvons (du moins en principe) calculer les énergies libres des différents états du matériau – solution liquide, solution solide, mélange de phases, composés, etc. Parmi ces différents états, celui possédant l'énergie libre minimale correspond à l'*équilibre thermodynamique*. Des états d'énergie plus élevée pourraient se former lors d'une transformation d'un système qui ne serait plus à l'équilibre. Mais un tel état pourrait se transformer ensuite en un état de plus basse énergie, libérant alors de la chaleur. Ce n'est qu'à l'équilibre qu'aucun changement physique n'est possible (si l'on ne change pas la température ou la pression). Dans les procédés d'élaboration et de mise en forme des alliages, on est souvent dans des états proches de l'équilibre – d'où l'importance des diagrammes de phases donnant les phases à l'équilibre pour un alliage et un état donnés.

Leçon guidée n° 2: diagrammes de phases et transformations de phases (parties 1-4)

Les diagrammes de phases et les transformations de phases sont des sujets très importants en métallurgie des procédés. Dans ce qui suit, nous en donnons un résumé concis, de plus amples détails sur l'interprétation des diagrammes de phases et leurs relations avec l'évolution des microstructures étant fournis dans la Leçon Guidée n° 2. Le reste de ce chapitre reste néanmoins compréhensible sans avoir recours à cette leçon, même si celle-ci permet d'obtenir une meilleure maîtrise de ce sujet grâce aux développements et aux exercices qu'elle contient. Il est recommandé de parcourir la Leçon Guidée n° 2 en deux étapes. Les parties 1-4 présentent les diagrammes de phases et la manière de les lire: les lire maintenant. Les parties 5-8 abordent les transformations de phases les plus communes – nous vous indiquerons en temps voulu dans ce chapitre quand il faut s'y rapporter.

Diagrammes de phases: exemples illustratifs Les alliages réels contiennent souvent 10 éléments ou plus, même si certains ne sont que binaires. Le point de départ pour comprendre tous les alliages est de considérer les éléments principaux intervenant dans leur composition, par paires, formant ainsi un ensemble de systèmes binaires. Les aciers au carbone sont basés sur le système fer-carbone, les aciers inoxydables sur le système fer-chrome, etc. Les diagrammes de phases de systèmes binaires sont représentés sous formes de cartes bidimensionnelles avec la composition comme axe horizontal et la température comme axe vertical. Ils montrent les domaines d'existence des différentes phases. La figure 19.5 montre un exemple simple, celui du système plomb-étain (Pb-Sn). Ce dernier et des diagrammes de phases plus complexes sont montrés et expliqués plus en détails dans la Leçon Guidée n° 2.

Les principales caractéristiques de ce diagramme sont les suivantes:

- Le diagramme est subdivisé en des domaines mono- et biphasés, séparés par des frontières de phases.
- En chaque point composition-température d'un domaine biphasé, les phases présentes sont celles données par les lignes frontières, aux extrémités d'une droite horizontale (la « conode ») passant par ce point.
- Le plomb et l'étain peuvent être partiellement dissous dans chacune des phases de l'autre élément (Sn est plus soluble dans (Pb) que l'inverse), le maximum de solubilité pour chacun des éléments étant situé à la même température.
- Les éléments purs (Pb et Sn) ont chacun un point de fusion unique (auquel le matériau passe de 100% solide à 100% liquide).
- Les alliages présentent un « intervalle de solidification » situé entre les deux lignes frontières communément appelées *liquidus* et *solidus*, et non pas un point de fusion unique.
- En un point particulier, la composition *eutectique*, l'alliage peut se transformer de 100% liquide en 100% d'un solide constitué des deux phases. Ceci a lieu à la température eutectique qui est égale à la température de solubilité maximale de chacune des phases. Cette température est la plus basse à laquelle on peut avoir encore 100% de liquide et pour laquelle les trois phases coexistent.

Le système Pb-Sn ne comporte que deux solutions solides et le liquide (et des zones biphasées de ceux-ci). L'apparition fréquente de composés intermédiaires dans les diagrammes de phases est bien illustrée à la figure 19.6, montrant une partie du système aluminium-cuivre (Al-Cu). Le composé Al_2Cu contient un atome de Cu pour deux atomes d'Al, soit une composition de 33% atomique (%at) de Cu. Convertie en pourcentage massique (voir la Leçon Guidée n° 2), elle correspond à un alliage Al-53%pds Cu. La zone monophasée correspondant à la phase Al_2Cu est très fine: sa faible extension en composition montre que la stoechiométrie de cette phase n'est pas exactement de 1:2 pour le rapport Cu:Al, et que cette phase peut accommoder un léger excès d'Al. La plupart des composés montrent une certaine extension de leur composition, mais d'autres sont strictement stoechiométriques, auquel cas leur domaine d'existence apparaît comme une ligne verticale. Remarquer que le diagramme de phases Al-Cu entre la phase (Al) et le composé Al_2Cu a la même forme que celle vue précédemment pour le système Pb-Sn (fig. 19.5): il s'agit là aussi d'un eutectique avec un point eutectique à 33%pds de Cu.

La figure 19.7 présente le diagramme de phases important du système Fe-C. Il comporte lui aussi un composé intermédiaire (le carbure de fer, Fe_3C) et un point eutectique (à 4.3%pds C et 1147°C), mais il a aussi des aspects plus complexes qui sont expliqués plus en détails dans la Leçon Guidée n° 2:

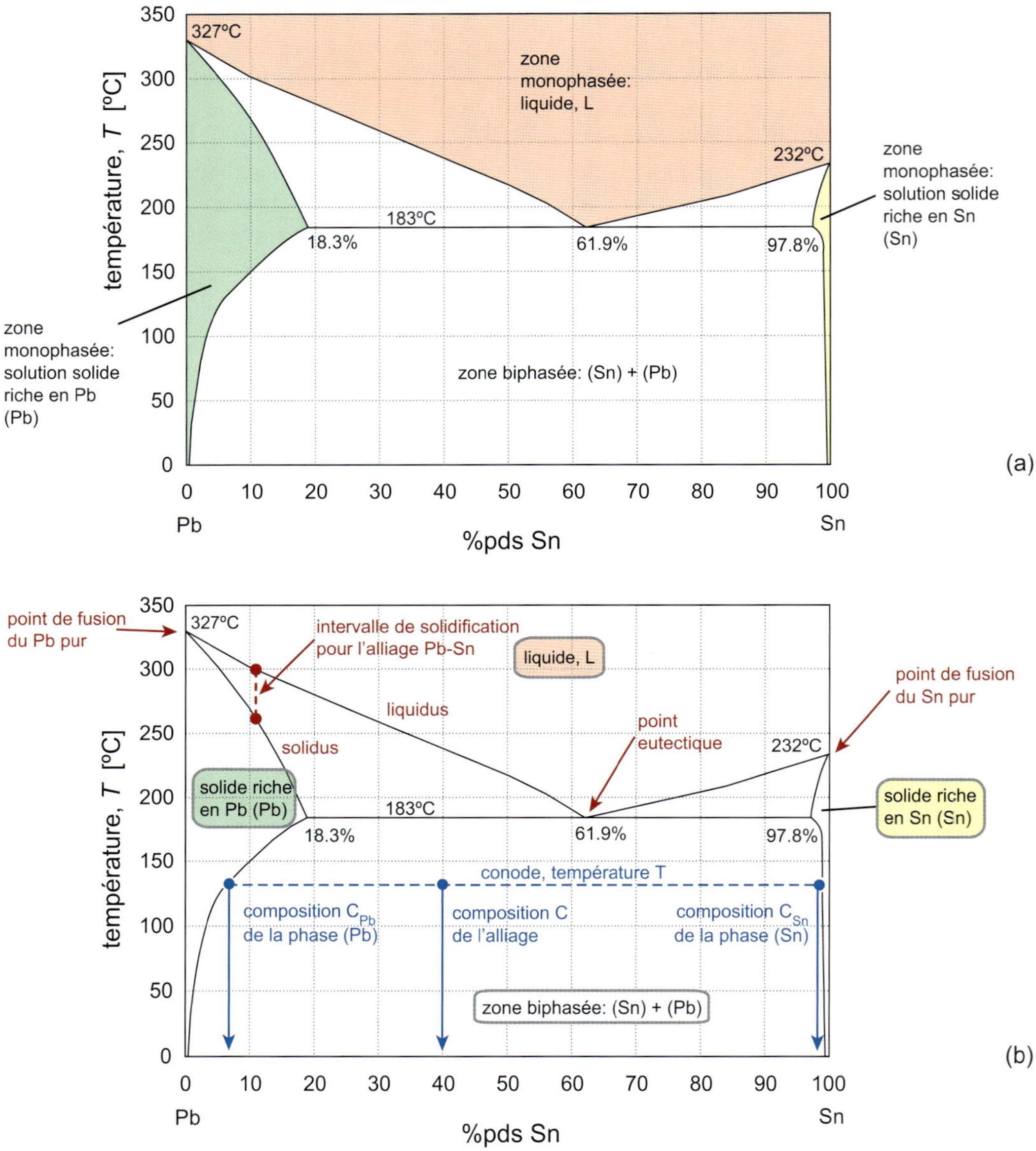

Figure 19.5 Diagramme de phases du système binaire Pb-Sn, montrant plusieurs aspects importants. Dans la figure (a), les domaines avec une seule phase sont : le liquide – couleur pêche ; la solution solide riche en plomb (Pb) – en vert ; la solution solide riche en étain (Sn) – en jaune. Ces domaines sont séparés par des domaines biphasés, les phases intervenant dans ces zones étant identifiées par les terminaisons des segments horizontaux (appelées conodes), comme montré dans la figure (b) pour le domaine (Pb)–(Sn). On peut voir aussi le point de fusion des éléments purs, l'intervalle de solidification séparant le liquidus et le solidus d'un alliage, et le point eutectique à la plus basse température du domaine liquide.

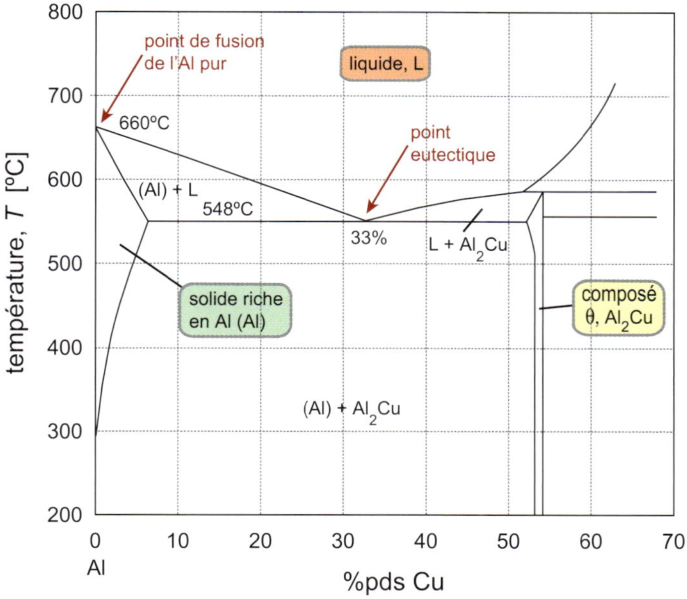

Figure 19.6 Diagramme de phases partiel du système binaire Al-Cu, montrant le composé Al_2Cu à 53%pds Cu.

- Le fer pur présente *trois* phases à l'état solide : en augmentant la température, le fer passe de fer α (structure CC) en fer γ (structure CFC) avant de reprendre la structure CC à haute température (fer δ) puis de fondre.
- Le domaine monophasé de l'*austénite* (solution solide de C dans le fer γ CFC) a un *point eutectoïde* dans sa partie inférieure – en ce point, la phase d'austénite avec une composition de 0.8%pds C peut se transformer lors d'un refroidissement en un mélange de *ferrite* (une solution solide de C dans le fer α CC) et de *cémentite* (le composé Fe_3C).
- Le domaine de l'austénite se termine dans sa partie supérieure par un *point péritectique* : lors d'un chauffage, la phase austénitique se transforme en fer δ et en liquide.

Comme discuté dans la Leçon Guidée n° 2 (partie 8), une conséquence pratique importante de ce diagramme est liée aux traitements thermiques des aciers qui jouent sur la solubilité du carbone dans les phases CC et CFC.

Thermodynamique et cinétique des transformations de phases Nous avons déjà fait la remarque que l'état d'équilibre d'un système pour une température et une composition fixées est donné par l'énergie libre minimale. Les frontières d'un diagramme de phases indiquent où deux phases peuvent coexister à l'équilibre (zones biphasées). Qu'arrive-t-il alors si, en partant d'un état d'équilibre avec une seule phase et en abaissant la température, on croise une telle frontière ? L'énergie libre d'un état d'équilibre varie avec la température. Considérons tout d'abord un élément pur : la figure 19.8 montre schématiquement comment l'énergie libre varie avec la température pour les phases solide et liquide. Les deux courbes

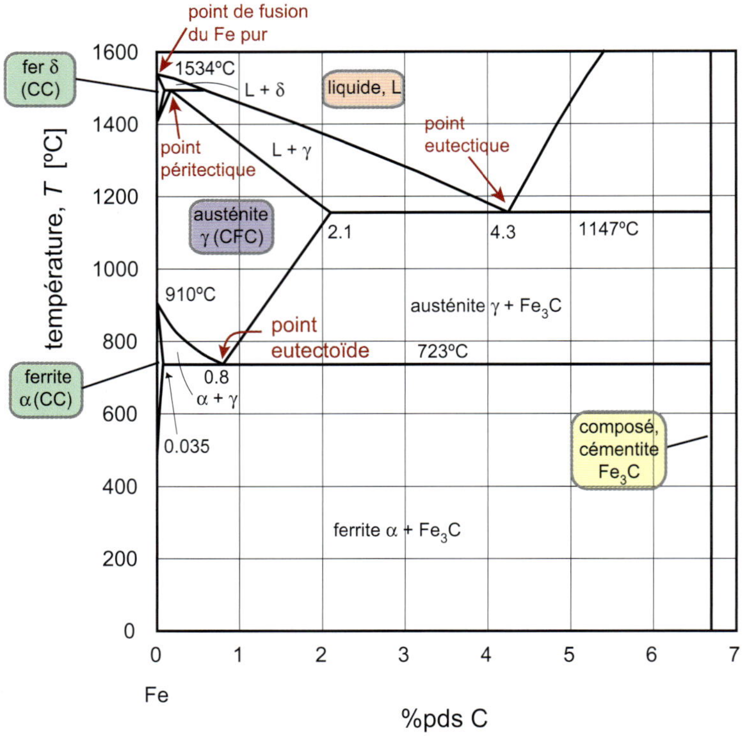

Figure 19.7 Diagramme de phases partiel du système binaire Fe-C, pour des compositions incluant celle du carbure de fer Fe_3C (la cémentite), avec 6.7%pds C. Les domaines monophasés sont : le liquide et 3 solutions solides du fer : le fer α (ou ferrite), le fer γ (ou austénite) et le fer δ (de structure en fait analogue à α). Le système Fe-C possède un point eutectique et l'austénite se termine par un point eutectoïde à basse température et par un point péritectique à haute température.

se croisent au point de fusion – en ce point, le liquide et le solide peuvent coexister. Au-dessus du point de fusion, l'énergie libre du liquide est minimale, alors qu'en dessous, c'est celle du solide. Dans chacun des cas, c'est l'état d'équilibre. Si nous refroidissons un liquide en dessous du point de fusion, son énergie libre devient plus grande que celle du solide – le système pourrait libérer de l'énergie s'il solidifiait. Cette différence d'énergie libre ΔG est montrée dans cette figure. Elle est communément appelée *force motrice*, même s'il ne s'agit pas du tout d'une force ! Remarquer qu'au chauffage, la situation est inversée et que pour un solide au-dessus du point de fusion, il y a une force motrice pour le transformer en liquide. Dans les deux cas, cette force motrice augmente avec l'écart de température du point d'équilibre T_m où les deux phases peuvent coexister. La différence ΔT au-dessus ou au-dessous de T_m est appelée respectivement *surchauffe* et *surfusion*.

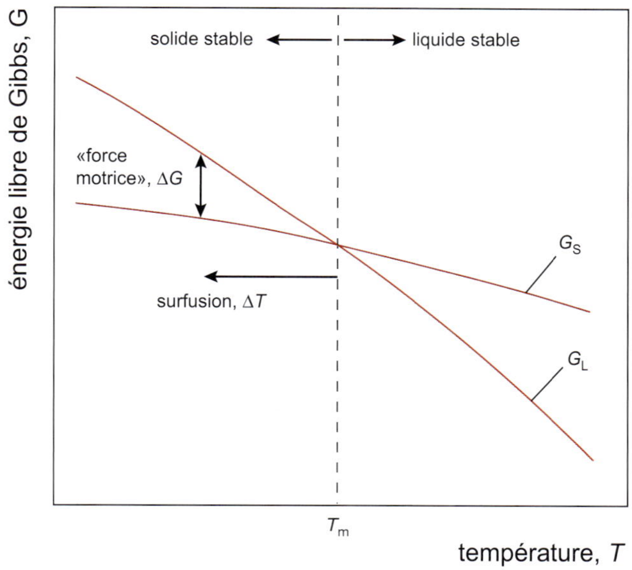

Figure 19.8 Variation schématique de l'énergie libre G avec la température pour un corps pur à l'état liquide (G_L) et solide (G_S). Au-dessus du point de fusion T_m, $G_L < G_S$ et le liquide est donc l'état d'équilibre; en-dessous de T_m, le solide est stable et $G_S < G_L$. La force motrice ΔG est la différence entre ces deux courbes lorsque, par exemple, le liquide est en surfusion d'une quantité ΔT en dessous du point de fusion, comme indiqué.

Il est aisé de montrer que cette force motrice augmente avec l'écart ΔT. Considérons le liquide et le solide au point de fusion T_m. Leurs énergies libres étant égales, on a:

$$G_S = G_L \quad \text{donc} \quad (H - T_m S)_S = (H - T_m S)_L \tag{19.2}$$

Par conséquent, les changements d'entropie et d'enthalpie entre les phases solide et liquide sont reliés par la relation:

$$\Delta S = \frac{\Delta H}{T_m} \tag{19.3}$$

Le changement d'enthalpie ΔH (= $H_L - H_S$) nous est déjà familier puisqu'il s'agit de la « chaleur latente de fusion » – la chaleur qu'il faut fournir pour transformer au point de fusion le solide en liquide. L'entropie change en proportion suivant l'équation (19.3), de telle sorte à ce que G reste inchangé.

Si maintenant nous refroidissons le liquide à une température T plus basse que son point de fusion, la force motrice peut être obtenue à partir de l'équation (19.2):

$$\Delta G = \Delta H - T\Delta S \tag{19.4}$$

Pour de faibles surfusions, ΔH et ΔS changent peu avec la température et en remplaçant alors ΔS par l'expression de l'équation (19.3), on obtient :

$$\Delta G = \Delta H - T\left(\frac{\Delta H}{T_{\mathrm{m}}}\right) = \frac{\Delta H}{T_{\mathrm{m}}}(T_{\mathrm{m}} - T) = \frac{\Delta H}{T_{\mathrm{m}}}\Delta T \tag{19.5}$$

Par conséquent, on voit que la force motrice pour la transformation de phases lors d'un refroidissement augmente avec la surfusion (ou inversement avec la surchauffe lors de la fusion). Les changements de phases à l'état solide suivent exactement le même principe, mais avec une force motrice plus faible, de l'ordre d'un tiers de celle liée à la solidification. Il y a aussi une « chaleur latente de transformation » à température constante lorsqu'un solide cristallin se transforme en une autre phase (ou en plusieurs phases), mais celle-ci est plus faible. De même, l'entropie de transformation impliquée dans les transformations à l'état solide est aussi plus faible, puisque toutes les phases impliquées sont déjà très ordonnées.

Comme remarqué précédemment, les microstructures peuvent aussi évoluer *sans* qu'il y ait changement de phases. Un exemple est le *mûrissement* ou la *maturation des précipités*, lors duquel une population de précipités de taille variable évoluent de telle sorte que la taille moyenne augmente. Les plus petits disparaissent dans la matrice, leurs atomes diffusant vers les précipités les plus gros qui grossissent. On peut aussi approcher ce phénomène avec la thermodynamique, en considérant l'énergie libre du système avant et après mûrissement. Dans ce cas, ce n'est pas un changement de phases qui pilote l'évolution, mais l'énergie associée aux *interfaces* entre les précipités et la matrice environnante. Cette énergie d'interface entre deux cristaux est associée au désordre des atomes aux frontières qui les séparent. Elle est analogue à la « tension de surface » qui tend à rendre des gouttelettes d'eau sphériques. L'énergie de surface du système est le produit de l'énergie de surface par unité de surfce, γ, et de l'aire totale d'interfaces. Par conséquent, la maturation a lieu simplement parce que la surface totale des interfaces entre précipités et matrice diminue si ceux-ci deviennent plus gros et moins nombreux, à fraction volumique de précipités constante.

Les autres exemples importants en métallurgie sont la recristallisation et la croissance de grains. Les métaux déformés (ou écrouis) ont une très haute densité de dislocations, caractérisées par une énergie par unité de longueur (introduite dans l'équation (6.9)). La recristallisation permet d'« effacer » la structure de grains hautement déformés pour la remplacer par de nouveaux grains avec une densité de dislocations beaucoup plus faible (voir ci-après) – la force motrice dans ce cas étant l'énergie stockée par les dislocations sous forme d'énergie élastique de déformation locale. Les grains peuvent alors croître, ce qui implique une migration de leurs frontières, et là encore les plus petits disparaissent au profit des plus gros. Les joints de grains ont en effet aussi une énergie de surface associée au désordre des atomes en ces endroits pour accommoder l'orientation différente des réseaux cristallins des grains. En augmentant la taille de grains, l'énergie du système diminue donc là encore.

En revenant maintenant à l'exemple de la solidification, l'équation (19.5) nous indique que plus on refroidit le liquide, plus la force motrice pour induire la solidification augmente. On pourrait donc s'attendre à ce que la solidification (comme tout autre changement de phases) aille de plus en plus rapidement lorsque la surfusion augmente. Mais tel n'est pas le cas. En empruntant un langage de mathématiciens, nous pourrions dire qu'avoir la thermodynamique de notre côté est une condition nécessaire, mais pas suffisante. Il est en effet aussi important de prendre en compte les *mécanismes cinétiques* par lesquels la transformation a effectivement lieu. Les atomes doivent se réarranger et donc bouger (même s'il ne le font que sur une fraction de distance interatomique), ce qui, dans la plupart des transformations, implique la diffusion. Ceci amène une nouvelle dépendance en température ainsi qu'une dépendance très critique en temps – deux aspects très fortement liés aux procédés de mise en forme (penser à l'exemple du cadre de vélo traité à la section 19.2).

La cinétique de la diffusion a été discutée au chapitre 13, essentiellement dans le cadre du fluage des matériaux lorsqu'ils sont utilisés à haute température. La diffusion se trouve également au cœur des procédés. Nous avions vu à la section 13.4 que la dépendance du coefficient de diffusion est une fonction exponentielle de la température, connue sous le nom de loi d'Arrhenius :

$$\text{taux de diffusion} \propto \exp(-Q/RT) \tag{19.6}$$

Le taux de transformation dépend donc simultanément de la force motrice et de la vitesse de diffusion. Or leurs dépendances en température sont en opposition – plus la température est basse, plus la force motrice est élevée, mais moins rapide est la diffusion. Quel est le résultat ? La figure 19.9 montre ce qui arrive : à faible surfusion, la diffusion est rapide mais la force motrice est faible, voire nulle à la température d'équilibre – la vitesse de transformation est donc faible, limitée par la force motrice. A l'autre extrême (en approchant 0 K),

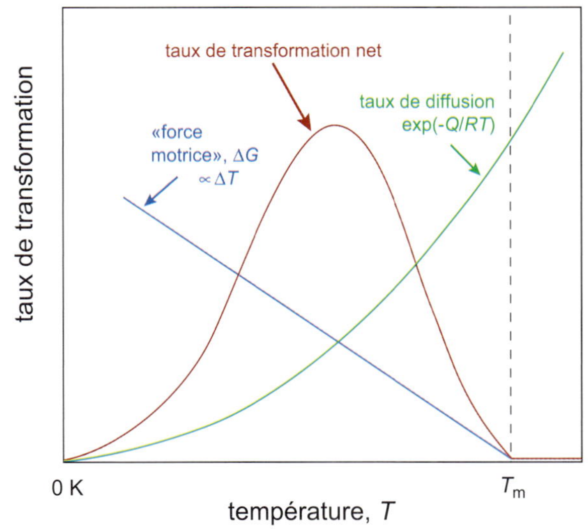

Figure 19.9 Variation schématique de la vitesse d'une transformation de phases contrôlée par la diffusion, montrant la compétition entre force motrice et vitesse de diffusion qui résulte en un maximum à une certaine surfusion.

la force motrice est maximale, mais la diffusion est tellement lente que plus rien ne se passe. Quelque part entre ces deux extrêmes, un maximum est trouvé lorsque la thermodynamique et la cinétique sont conjointement favorables. C'est un résultat important, un peu contre-intuitif – les transformations de phases impliquant la diffusion sont les plus rapides à une certaine surfusion, et non pas lorsqu'elles ont lieu à la plus haute température possible.

Germination et croissance Nous devons aborder maintenant un niveau de détail plus fin des transformations de phases. Lorsqu'un liquide se solidifie, le solide doit d'abord apparaître quelque part, puis l'interface ainsi créée entre solide et liquide doit migrer pour permettre aux atomes situés au voisinage de cette frontière de passer d'une phase à l'autre. Nous appelons ces deux étapes : *germination* et *croissance* (fig. 19.10). La germination présente une autre subtilité de la thermodynamique. A première vue, s'il y a une force motrice, la transformation devrait démarrer. Cependant, pour former un premier germe solide, il faut aussi créer une nouvelle interface entre le solide et le liquide.

Or nous avons vu qu'une interface est caractérisée par une certaine énergie. Donc, une partie de l'énergie est dévolue à la création de cette interface, partie prise sur l'énergie libre de transformation. Cette dernière dépend du *volume* du premier solide formé, alors que l'énergie de surface est fonction de l'*aire* de l'interface. Pour de petits germes de la nouvelle phase, l'énergie de surface est dominante et représente une barrière à la transformation ; pour des germes plus gros, l'énergie libre à disposition pour la transformation prend le dessus. En conséquence de ce compromis, il existe un *rayon critique* de germination : des germes ayant un rayon plus faible que cette valeur sont instables et refondent, ceux ayant un rayon plus grand croissent.

La taille des germes formés dans le liquide est un phénomène statistique, mais dépend comme auparavant de la force motrice et de la diffusion. Le taux de germination présente donc la même dépendance en température que celle montrée à la figure 19.9, même si les maxima pour le taux de germination et la vitesse de transformation ne coïncident pas. Mais comme les deux tendent vers zéro au zéro absolu et à la température d'équilibre, il doit y avoir un maximum entre ces deux extrêmes.

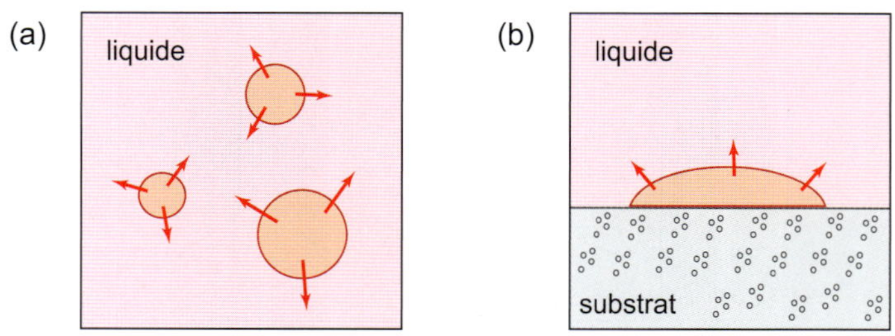

Figure 19.10 Germination et croissance dans le cas de la solidification. En (a), les germes de solide se forment spontanément au sein du liquide comme de petites sphères (germination homogène) ; en (b) le germe solide se forme comme une calotte sphérique sur un substrat étranger tel que la surface du moule ou des particules en suspension (germination hétérogène).

La formation spontanée de germes d'une nouvelle phase (par exemple le solide) au sein de la phase mère (par exemple le liquide) est appelée *germination homogène*. La figure 19.10 montre une variante pour démarrer la transformation: elle consiste à former la nouvelle phase grâce à un substrat étranger tel que la surface du moule ou des particules en suspension dans le liquide. Elle porte le nom de *germination hétérogène*. En fait, celle-ci demande une surfusion beaucoup plus faible que la germination homogène, et c'est donc ce type de germination qui est rencontré dans la plupart des situations pratiques. Qualitativement, on peut facilement le comprendre. La figure 19.10 montre le même volume de solide pour les deux mécanismes de germination. Dans le cas hétérogène, trois interfaces interviennent: liquide-substrat, solide-liquide et solide-substrat. Les deux dernières apparaissent avec la formation du germe, et celui-ci supprime la première sur la surface de contact. Considérant les différentes énergies de surface, l'effet résultant est un germe solide adoptant la forme d'une calotte sphérique, pour laquelle le rayon de courbure est beaucoup plus grand avec le même nombre d'atomes. L'interface solide-liquide peut donc être stable et croître à une surfusion plus faible. Les procédés d'élaboration et de mise en forme des matériaux exploitent souvent le phénomène de germination hétérogène pour influencer la taille de la nouvelle microstructure se formant (en particulier les grains). Des exemples vont suivre.

Diagrammes temps-température-transformation (TTT) et taux de refroidissement critique Les ingénieurs de fonderie se sentent plus concernés par le temps nécessaire pour la solidification d'une pièce que par la vitesse d'avance de l'interface solide-liquide. Mais il est clair que les deux sont reliés – de manière inverse en fait, puisque plus la transformation de phases est rapide, plus vite la pièce sera solidifiée. En conséquence, nous tournons tout d'abord la figure 19.9 de telle sorte que l'on ait la température sur l'axe vertical et la vitesse de transformation sur l'axe horizontal (fig. 19.11); nous pouvons ensuite comprendre la figure de droite, pour laquelle l'axe horizontal est maintenant le temps nécessaire pour

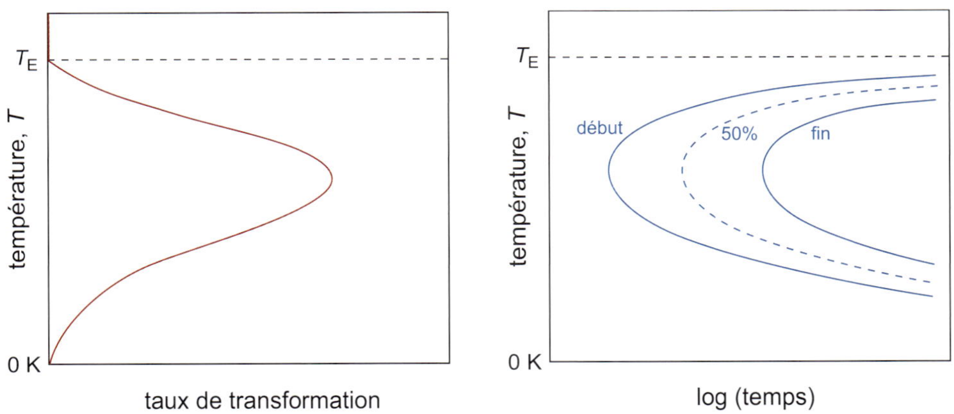

Figure 19.11 Température en fonction de la vitesse de transformation, et forme correspondante du diagramme temps-température-transformation (TTT) – le taux de transformation maximal donne un temps minimal de transformation. Les courbes en « C » sont indiquées pour le début, pour 50% et pour la fin de la transformation.

atteindre un certain taux de transformation. Les courbes présentent alors un minimum en temps lorsque la vitesse de transformation est maximale et inversement, le temps tend vers l'infini pour des températures où la vitesse de transformation devient nulle. La forme caractéristique de ces courbes typiques de transformations contrôlées par la diffusion est en « C ». Un ensemble de courbes en C dans ces diagrammes représente différents taux de transformation, du début à la fin. L'ensemble est appelé *diagramme temps-température-transformation (ou TTT)*. Pour certains traitement thermiques, notamment des aciers, ce sont des diagrammes tout aussi essentiels que les diagrammes de phases.

Les diagrammes TTT sont largement utilisés pour étudier l'évolution des transformations contrôlées par diffusion. Les courbes en C reflètent les vitesses de transformation en fonction de la température, en supposant que l'alliage ait d'abord été mis à l'équilibre au-dessus de la température de transformation, puis rapidement refroidi et maintenu à une température constante en dessous de celle-ci (i.e., surfusion fixée). Ceci est tout à fait possible pour de petits échantillons de laboratoire, mais la plupart des procédés industriels impliquent un refroidissement continu d'une température plus élevée que la température de transformation jusqu'à l'ambiante. Dans de telles situations, il faut avoir recours à des courbes légèrement différentes, appelées *diagrammes CCT* (i.e. « transformation lors d'un refroidissement continu »). Sans entrer dans les détails, la forme en C des courbes est maintenue dans de tels diagrammes, mais celles-ci sont déplacées vers des temps plus élevés et des températures plus basses.

La figure 19.12 montre les histoires thermiques valables pour les deux types de diagrammes. De cela, nous devons retenir l'idée de base suivante: lors d'un refroidissement continu, il existe une *vitesse de refroidissement critique (VRC)* pour laquelle rien n'est encore

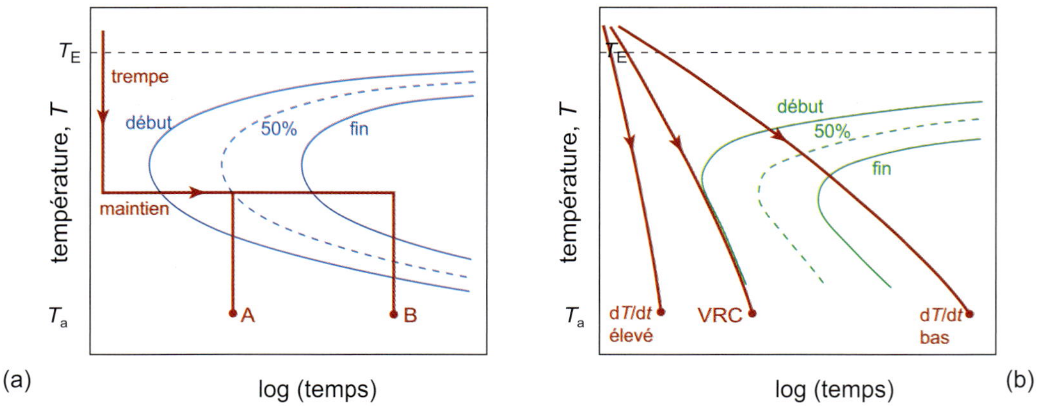

Figure 19.12 (a) Diagramme TTT, utilisé pour l'interprétation de l'évolution d'une transformation lors d'un maintien isotherme après trempe de l'état d'équilibre au-dessus de la température d'équilibre, suivi d'une trempe à température ambiante (T_a); En B, la transformation est terminée, alors qu'en A, seulement 50% du matériau est transformé; (b) Diagramme CCT pour la même transformation lors d'un refroidissement continu. La *vitesse de refroidissement critique (VRC)* est celle permettant de juste éviter le début de la transformation diffusive lors d'un refroidissement jusqu'à température ambiante T_a.

transformé à température ambiante. Si la vitesse de refroidissement est plus grande (en valeur absolue) que cette valeur, l'état initial à haute température est conservé (dans la plupart des cas) à basse température, résultant donc dans un état hors équilibre qui n'arrive pas à se transformer parce que la cinétique de transformation est trop lente. En thermodynamique, un tel état est appelé *métastable*. Il est très courant dans les traitements thermiques de volontairement refroidir une pièce à une vitesse suffisante pour éviter l'état d'équilibre et obtenir ainsi une microstructure pouvant ensuite conduire à de meilleures propriétés que celles résultant directement d'un refroidissement lent.

Leçon Guidée n° 2 : diagrammes de phases et transformations de phases (parties 5-8)

A cette étape, nous recommandons au lecteur de terminer l'étude de la Leçon Guidée n° 2 (parties 5-8). Les sections qui suivent illustrent l'évolution des microstructures pour un certain nombre de procédés importants (solidification et traitements thermiques), en relation avec les diagrammes de phases correspondants.

Le reste du chapitre est consacré à un éventail de procédés de mise en forme, en mettant en évidence pour chacun l'évolution microstructurale. Ces études de cas illustrent comment la composition de l'alliage et l'histoire thermique gouvernent l'évolution de la microstructure dans des procédés industriels, et par conséquent comment l'on peut contrôler les propriétés finales du produit.

19.5 Procédés de mise en forme des métaux

Métaux-aperçu Nous avons clairement montré au chapitre 18 que les métaux présentent un avantage indéniable quant à la diversité des procédés de mise en forme et d'assemblage pour des pièces de géométrie complexe. Nous allons maintenant regarder comment, lors de ces procédés, la microstructure et les propriétés évoluent. Ceci inclut les propriétés relatives au procédé lui-même (par exemple, la ductilité pour l'emboutissage profond de canettes de bières) et celles nécessaires en service (par exemple, la résistance et la ténacité pour des alliages destinés à des pièces pour l'industrie automobile ou l'aéronautique).

Pour bien montrer la variété des procédés de mise en forme et le contrôle des propriétés, nous présentons des exemples de coulée, de déformation, de traitement thermique, d'assemblage et de traitement de surface. Les aciers (et d'autres alliages ferreux) sont largement dominants en ingénierie, suivis des alliages d'aluminium, et ce sont donc eux qui seront majoritairement traités dans ces exemples. Mais des principes similaires s'appliquent à d'autres alliages tels que, les alliages de cuivre, de titane, de nickel, de zinc ou encore de magnésium. La plupart de ces alliages peuvent être coulés ou forgés, voire mis en forme à partir de poudres. Généralement, chaque classe de matériaux est préférentiellement coulée ou forgée. Ceci reflète les différences subtiles de possibilités de déformation des structures cristallines des différents éléments. Par exemple, le zinc, le magnésium et le titane ont des structures hexagonales (chap. 4). Ils sont naturellement moins ductiles que les métaux de type CFC ou CC tels que Al, Fe ou Cu. Par conséquent, les alliages de zinc, magnésium et titane sont en général coulés, avec des possibilités limitées de mise en forme par déformation, souvent réalisées à haute température (pour avoir une meilleure ductilité). Les alliages ductiles d'aluminium, de fer ou de cuivre sont forgés pour une grande part, mais également coulés.

Les alliages basés sur un élément donné tendent à avoir des compositions passablement différentes, suivant qu'ils seront coulés ou forgés. Des bonnes propriétés de coulées demandent des concentrations plus élevées que celles présentes dans les alliages peu alliés destinés au forgeage, ceci afin d'abaisser leur point de fusion. La coulée résulte en des microstructures plus grossières, une résistance et une ténacité plus faibles que celles des alliages forgés (comme illustré au chapitre 8 pour les alliages d'aluminium).

Solidification : coulée de métaux La coulée est un procédé de mise en forme relativement peu coûteux, et très approprié pour réaliser des objets de forme complexe. Elle est utilisée pour la fabrication de pièces de toutes dimensions, depuis les énormes hélices de bateaux, en passant par les blocs-moteurs, les machines-outils et les sculptures, et jusque vers de petits objets tels que jouets, ustensiles de cuisine ou implants médicaux. Ajuster la composition des alliages de coulée pour obtenir les meilleures propriétés est resté pendant des siècles un art assez obscur. De nos jours, il est possible d'utiliser des logiciels sophistiqués pour par exemple calculer les diagrammes de phases de systèmes multicomposés et ajuster la composition, simuler le remplissage des moules, la solidification, voire les contraintes résiduelles, afin d'optimiser la microstructure et minimiser la formation de défauts tels que les porosités et les distorsions.

Dans la coulée, le métal liquide au-dessus de son point de fusion est versé dans un moule, où il se refroidit essentiellement par conduction thermique. Des germes solides se forment par *germination* dans le volume du liquide, sur les parois du moule ou encore sur des par-

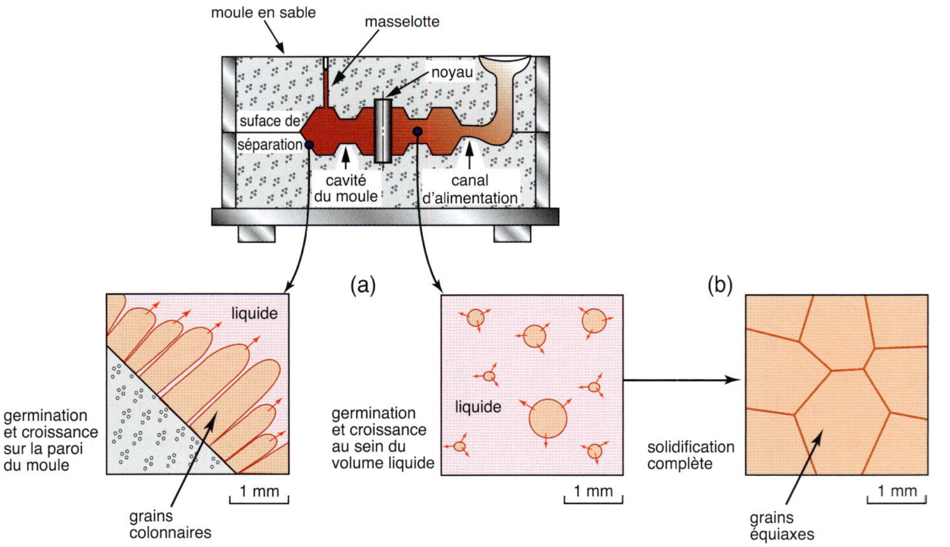

Figure 19.13 Solidification d'une pièce coulée : (a) germination et croissance de grains dans le liquide ; (b) microstructure finale après rencontre des grains.

ticules étrangères dans le volume du métal (fig. 19.13(a)). Les germes croissent dans le liquide par diffusion et attachement des atomes du liquide vers le solide au voisinage de l'interface. L'interface solide-liquide avance ainsi dans le liquide, mais la plupart du temps sous une forme non pas régulière comme montrée à la figure 19.13(a) mais dentelée analogue à celle des flocons de neige (au lieu de « flocons », on parle en métallurgie de « dendrites »). Les grains se rencontrent ensuite en des frontières qui constituent après solidification les joints de grains – chaque germe original donne naissance à la fin à un grain dans le matériau solide (fig. 19.13(b)). La taille de grains de la pièce coulée dépend donc du nombre de germes. Pour obtenir une taille de grains assez fine, souvent désirable pour obtenir de bonnes propriétés, on peut assister le processus de germination en ajoutant volontairement dans le liquide une dispersion de petites particules, des *inoculants*, sur lesquelles va se former le premier solide par germination hétérogène. C'est notamment le cas des alliages d'aluminium qu'on inocule avec des particules de TiB_2. Dans d'autres cas, on souhaite faire croître un seul grain afin d'éviter la présence de joints de grains. C'est le cas des aubes de turbines monocristallines de superalliages base-nickel utilisées dans les moteurs d'avion et les turbines à gaz. Pour obtenir cela, on refroidit lentement la pièce par un côté dans un gradient thermique en sélectionnant un seul grain grâce à une chicane (un « sélecteur de grains ») qui élimine par compétition de croissance les grains ayant des orientations défavorables, ou en plaçant à l'endroit le plus froid un germe solide sur lequel va partir la croissance, imposant ainsi son orientation à toute l'aube. Des exemples de microstructures de pièces coulées pour différents alliages sont donnés dans la Leçon Guidée n° 2.

Les taux de germination et la vitesse de croissance (et donc la taille de grains) dépendent bien sûr aussi des conditions thermiques, elles-mêmes dictées par la diffusion de la chaleur. Le problème de la thermique d'une coulée comporte de nombreux paramètres : les propriétés thermiques du métal et du moule, le contact thermique entre les deux, la température initiale du liquide, la chaleur latente de solidification, la forme et la dimension de la pièce. Voilà un exemple typique de couplage conception–procédé–matériau discuté au chapitre 18 : la géométrie de la pièce (conception), le procédé de coulée (type de moule, conditions de refroidissement, température de coulée, etc.) et le choix de l'alliage se combinent pour obtenir les conditions thermiques, qui elles-mêmes vont conditionner la formation de la microstructure (et donc les propriétés) suivant la chimie de l'alliage.

Une complication supplémentaire de la coulée est que si le liquide peut être considéré comme une phase homogène en composition, le solide lui ne l'est pas. Les éléments de soluté (et les impuretés) sont généralement moins solubles dans le solide que dans le liquide : ils sont donc rejetés en avant de l'interface solide-liquide qui avance, enrichissant ainsi le liquide. La diffusion dans le solide étant beaucoup plus lente que dans le liquide, des gradients de concentration s'établissent dans le solide, avec des concentrations plus élevées dans les dernières parties se solidifiant, notamment aux joints de grains. Cette *ségrégation* à l'échelle de la microstructure est abordée plus en détails dans la Leçon Guidée n° 2. Elle peut être la source de problèmes tels que la fragilisation et la sensibilité à la corrosion des joints de grains. Les pièces coulées subissent donc souvent un traitement thermique prolongé à haute température après solidification afin d'*homogénéiser* les concentrations de soluté dans le solide. Dans le cas de ségrégation d'impuretés, il est trop coûteux, voire impraticable, d'essayer de les éliminer du liquide avant la coulée. L'astuce consiste alors à les rendre inoffensives en les piégeant avec un autre élément pour former des précipités répartis uniformément dans le solide. Par exemple, du manganèse est ajouté aux aciers au carbone afin de piéger le soufre sous forme de MnS, plutôt que de le laisser se ségréger aux joints de grains et former la phase fragile FeS.

La différence de solubilité entre le liquide et le solide est aussi un problème pour des impuretés de nature gazeuse dissoutes dans le liquide. De tels éléments sont rejetés dans le liquide pendant la solidification et leur accumulation peut alors conduire à la formation d'une nouvelle phase gazeuse sous forme de microbulles: la pièce coulée contient alors de la *porosité*. Pour éviter cela, le liquide doit être « dégazé » sous vide juste avant la coulée. Dans le cas des aciers, des teneurs élevées en gaz sont la conséquence directe des traitement antérieurs du métal liquide – la teneur en carbone est réduite au niveau souhaité en injectant de l'oxygène dans le liquide chargé en carbone, mais ce traitement a pour conséquence de laisser de l'oxygène et du monoxyde/dioxyde de carbone en solution. Pour éviter cela, des éléments réactifs tels que l'aluminium peuvent être ajoutés au métal liquide avant la coulée. Ces éléments réagissent avec la solution pour former des oxydes solides, qui sont répartis dans le solide – une astuce connue sous le nom d'acier « calmé » (en anglais « killed steel »). C'est un autre exemple montrant comment des quantités minimes d'éléments ajoutés peuvent permettre de fixer des impuretés présentes dans le liquide et les rendre inoffensives.

Procédés de déformation des métaux Les procédés de mise en forme des métaux à l'état solide (laminage, forgeage, extrusion, emboutissage) exploitent le comportement plastique des métaux, notamment leur *ductilité*, c'est-à-dire leur capacité de rester intact sans endommagement lors de très grandes déformations. La plupart de ces procédés sont en compression plutôt qu'en traction, ceci afin d'éviter la striction. Et dans de nombreux cas, la mise en forme est réalisée à chaud, mettant ainsi à profit la limite élastique réduite à haute température. Les produits métalliques mis en forme par déformation sont aussi omniprésents que les pièces moulées: poutres, piliers et tubes pour les constructions et les structures offshore; châssis, carrosserie et pièces de moteurs de véhicules; machines, outils, canalisations, câbles, réservoirs, canettes de boissons – la liste continue. La déformation du métal non seulement permet d'obtenir la bonne forme d'une pièce, mais elle induit aussi des changements internes de la microstructure. La température de la pièce, la vitesse de déformation et la déformation contrôlent la limite d'écoulement pendant le procédé de mise en forme, mais aussi l'état interne du matériau pendant et après la mise en forme.

Tout d'abord, la température (avec la composition de l'alliage) détermine les phases présentes (voir la Leçon Guidée n° 2 et les figures 19.6 et 19.7). Ceci influence la résistance du matériau pendant la déformation, mais également ce qui se passe ensuite pendant le refroidissement. Par exemple, le laminage à chaud des aciers au carbone se fait avec la phase *austénitique*, à des températures de 900°C et plus (fig. 19.7). Lors du refroidissement, l'acier laminé va typiquement suivre le diagramme de phases et former un mélange de grains de ferrite et de *perlite* (celle-ci étant un mélange de deux phases, le carbure de fer et la ferrite). Le mécanisme de cette transformation est décrit dans la Leçon Guidée n° 2. Mais la taille de grains et les proportions de ferrite et de perlite (et donc les propriétés) dépendent de la composition de l'acier et de la vitesse de refroidissement. Or l'histoire thermique va dépendre de la température initiale, du refroidissement appliqué, de l'épaisseur du produit et de sa manutention après laminage (p. ex. des tôles minces sont enroulées après laminage, et donc restent chaudes longtemps).

Le deuxième aspect microstructural lié aux procédés de déformation est l'évolution de la taille de grains. Nous avons vu comment la structure de grains se forme pendant la coulée. De manière peut-être surprenante, la taille de grains peut être manipulée à l'état solide. En premier lieu, lorsque le matériau change de forme, les grains à l'intérieur évoluent pour suivre la déformation. La figure 19.14(a) montre schématiquement comment les grains s'allongent pendant le laminage. Ceci peut augmenter un peu la résistance du matériau longitudinalement, un peu comme un composite fibreux. Plus important est l'évolution de la microstructure *à l'intérieur* des grains: l'écrouissage du matériau augmente la densité de dislocations dans la matière. S'il s'agit de la dernière étape de mise en forme, cela a pour conséquence d'augmenter la résistance du composant, par exemple de la canette de boisson en aluminium après emboutissage profond ou des fils de cuivre tréfilés. Mais pour des produits devant encore subir d'autres étapes de mise en forme, l'écrouissage est un problème puisqu'il augmente la limite élastique et diminue la ductilité. Il est donc nécessaire dans ce cas de *recuire* le métal, et ce traitement thermique est une autre occasion de contrôler la structure des grains.

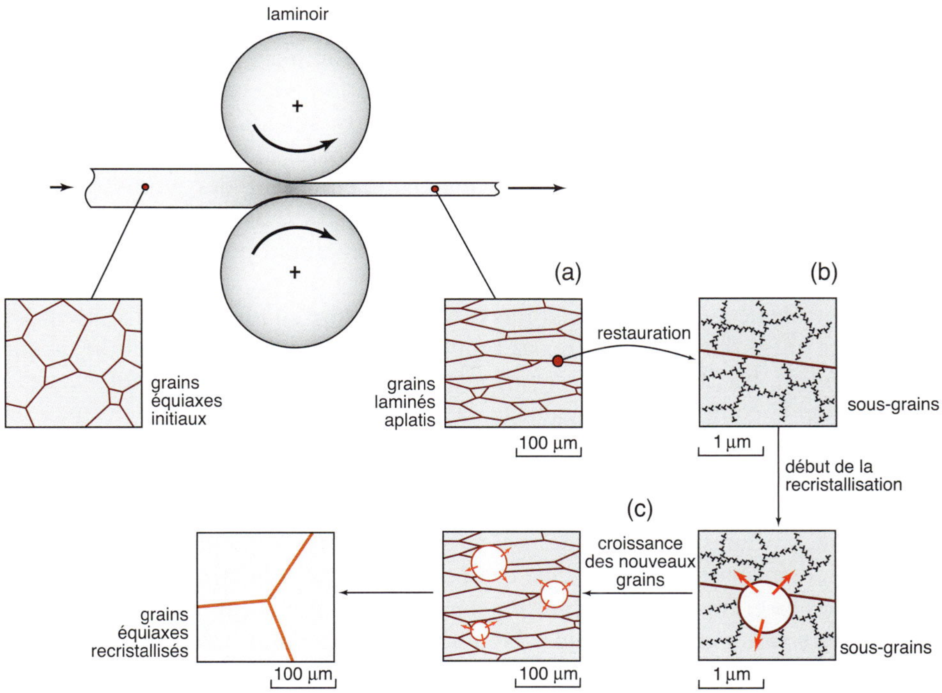

Figure 19.14 Evolution de la structure de grains à l'état solide pendant la déformation et le recuit: (a) les grains suivent les changements de forme du produit; (b) mécanisme de restauration: les dislocations se réarrangent pour former des sous-grains (à noter le changement d'échelle); (c) mécanisme de recristallisation: de nouveaux grains germent à partir de quelques sous-grains et croissent par migration des joints, remplaçant ainsi la microstructure déformée.

Un recuit implique une *restauration* et une *recristallisation* du matériau, deux phénomènes qui changent la densité de dislocations et la structure de grains à haute température. Ceci peut nécessiter un traitement thermique séparé après déformation, mais ces phénomènes peuvent aussi se dérouler pendant le procédé de déformation à chaud. Pendant la *restauration*, les dislocations interagissent et se réarrangent pour former des *sous-grains*, qui sont des petits domaines à l'intérieur des grains avec des désorientations assez faibles (fig. 19.14(b)). Un maintien plus long à haute température induit la *recristallisation* du matériau, comme indiqué à la figure 19.14(c). A partir de quelques sous-grains, une nouvelle structure se forme par migration des atomes et avance des frontières des nouveaux grains dans l'ancienne structure. Cette nouvelle structure élimine une grande partie des dislocations, et donc l'écrouissage. La limite élastique est donc abaissée, rendant ainsi le matériau plus propice à de nouveaux procédés de mise en forme – un phénomène que les forgerons connaissent depuis des siècles, sans connaître les mécanismes internes de changements microstructuraux.

Comme mentionné auparavant, la recristallisation a une force motrice (l'énergie élastique stockée par les dislocations) et un mécanisme cinétique (la migration des joints), même s'il ne s'agit pas d'une transformation de phases. Elle partage toutefois avec la solidification le fait que la densité finale de grains dépend du nombre de germes, dans le cas présent le nombre de sous-grains qui dépassent une taille critique et croissent pendant la recristallisation. La métallurgie de la recristallisation est un sujet complexe – la taille de grains initiale, les conditions de déformation (température, déformation, vitesse de déformation), et la température du recuit sont autant de facteurs importants. Par ailleurs, la germination est hétérogène – ou bien avec l'aide de joints de grains (comme indiqué à la figure 19.14(c)), ou à partir de petites particules d'intermétalliques à l'intérieur des grains (phénomène appelé « germination stimulée par particules »). La population de ces particules est elle-même le résultat de la chimie de l'alliage et des procédés en amont pendant lesquels elles se forment (coulée, homogénéisation).

Le contrôle de la structure de grains pendant la mise en forme des matériaux à l'état solide comporte une différence majeure par rapport à la coulée : les grains sont beaucoup plus petits (typiquement 10–100 μm). C'est un processus très couplé, impliquant plusieurs variables, dans lequel la composition de l'alliage, la température, la vitesse de déformation et la déformation, ainsi que la géométrie de l'objet interviennent. Il est difficile d'obtenir une taille de grains uniforme dans la pièce forgée car la déformation, la vitesse de déformation et la température changent d'un endroit à un autre.

Comme si toutes ces difficultés ne suffisaient pas, il y a encore un aspect qui intervient lors de la déformation et du recuit : celui de la *texture* de la microstructure. Les orientations cristallines de grains équiaxes dans une pièce moulée sont aléatoires – chaque germe se forme de manière isolée dans le liquide. Non seulement la déformation déforme les grains dans une direction donnée, mais elle tend aussi à aligner certains plans cristallographiques par rapport à la déformation appliquée. De manière surprenante, la recristallisation ne réintroduit pas une orientation aléatoire des nouveaux grains – la distribution de l'orientation des nouveaux grains conserve une composante privilégiée, une texture. Cela semble peu important, et pourtant cela joue un rôle dans la suite des opérations de mise en forme, puisque les métaux texturés ont des propriétés mécaniques *anisotropes* (i.e. qui dépendent de la direction considérée). Cela peut devenir un problème si on cherche à faire un produit qui ait une forme régulière et circulaire à partir d'une feuille texturée, comme par exemple les cannettes de boissons.

Traitements thermiques des métaux Les produits métalliques forgés, certaines pièces moulées ou formées à partir de poudres, subissent ensuite fréquemment un traitement thermique, ceci dans plusieurs buts. Un recuit pour adoucir l'alliage avant de poursuivre sa mise en forme est l'un d'entre eux. La normalisation en est un autre – un refroidissement lent à partir d'une haute température comme dernière étape de mise en forme permet de minimiser les contraintes résiduelles et de produire une pièce ayant certes une plus faible résistance mécanique, mais une meilleure ténacité. De nombreux alliages subissent aussi un traitement thermique pour augmenter leur résistance mécanique par *précipitation*. Obtenir la résistance maximale sans perte de ténacité est essentiel pour certaines applications exigeantes des aciers (p. ex. engrenages, vilebrequins, outils de coupe). Pour les structures aéronautiques en aluminium, ces exigences doivent en plus aller de pair avec une faible densité.

Lors d'un traitement thermique typique, la pièce est chauffée à haute température, puis refroidie à une vitesse de refroidissement contrôlée et ensuite souvent réchauffée à une température intermédiaire. Cela permet d'exploiter les transformations de phases qui ont lieu à différentes températures : la redissolution de précipités à haute température, la trempe qui permet d'éviter les transformations de phases au refroidissement, et finalement la précipitation à température plus basse qui permet d'obtenir de fins précipités et la résistance maximale. La figure 19.15 illustre un cycle thermique typique :

- Mise en solution à haute température, pour former une solution solide.
- Trempe jusqu'à température ambiante, à une vitesse de refroidissement dT/dt plus grande (en valeur absolue) au taux critique VRC (défini à la figure 19.12) ; ceci permet de conserver la solution solide à température ambiante, en évitant les transformations de phases par diffusion.
- Maintien à température intermédiaire pour former de fins précipités.

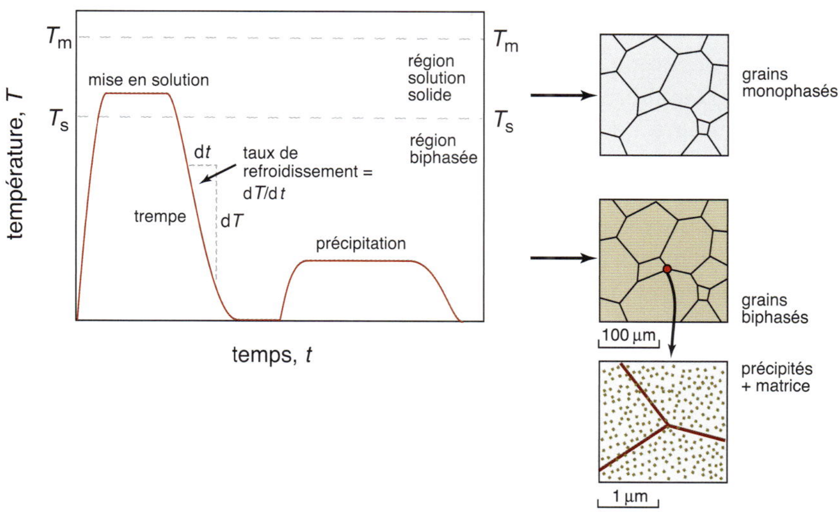

Figure 19.15 Cycle thermique schématique utilisé pour un traitement de durcissement par précipitation, avec illustration des changements de la microstructure : une solution solide est formée à haute température, alors que la précipitation à température plus basse est illustrée avec une échelle beaucoup plus fine.

Le durcissement par précipitation est un mécanisme très utilisé pour de nombreux alliages, mais deux d'entre eux sont particulièrement importants : la « trempe et revenu » des aciers, et « le durcissement par précipitation » des alliages d'aluminium. Ils sont abordés plus en détails dans la Leçon Guidée n° 2. Même si les deux suivent le schéma de principe de la figure 19.15, il existe pour chacun des détails plus fins.

Considérons tout d'abord les alliages d'aluminium durcis par précipitation. Lors de la trempe, la solution solide sursaturée possède une résistance mécanique très modeste. Durant le vieillissement, la limite élastique augmente et présente un pic, dont la valeur est nettement plus élevée que celle d'un alliage refroidi lentement qui présente des précipités beaucoup plus grossiers. Mais cela n'est pas la seule raison – le durcissement par vieillissement permet de faire apparaître des phases métastables à la place des phases d'équilibre. L'intérêt d'un tel traitement sur la résistance mécanique des alliages d'aluminium a été clairement montré au chapitre 8, notamment dans la carte ténacité–résistance (fig. 8.15). Ci-dessous, nous suivons dans une carte similaire l'évolution des aciers au carbone lors d'un traitement thermique.

Lors d'un procédé de trempe d'aciers au carbone suivi d'un revenu, la première étape consiste à mettre en solution solide les atomes de carbone dans la phase austénitique CFC (austénitisation). La trempe à température ambiante piège les atomes de carbone dans une solution sursaturée en carbone. Mais en parallèle, il faut aussi accommoder le changement de structure du fer de CFC en CC. Malgré la trempe, celle-ci a toujours lieu par un mécanisme inhabituel de mouvement collectif des atomes ne faisant pas intervenir la diffusion (voir la Leçon Guidée n° 2). Le résultat est une phase métastable appelée *martensite*. La sursaturation en carbone introduit une distorsion sévère du réseau cristallin CC du fer, donnant à la martensite une très grande limite élastique mais une très faible ténacité. Dans cet état, le matériau est trop fragile pour pouvoir être utilisé dans des applications, et est par ailleurs susceptible de se fissurer pendant la trempe à cause des contraintes thermiques induites. Il est essentiel de restaurer la ténacité du matériau et ceci est accompli en faisant un traitement de revenu à température intermédiaire. Ce traitement provoque la précipitation de la phase à l'équilibre sous forme de carbures de fer. Même si la limite élastique diminue au fur et à mesure que la ténacité augmente, elle reste bien plus élevée que celle d'une microstructure ferrite-perlite obtenue lors d'un refroidissement lent.

La figure 19.16 montre l'évolution de la limite élastique et de la ténacité d'un acier au carbone lors d'un tel traitement. Elle est illustrée avec des micrographies sélectionnées pendant le traitement. Tout d'abord, l'effet de la teneur en carbone sur les propriétés dans des conditions normalisées peut être visualisé : de 0 à 0.8%pds de carbone, la résistance augmente avec la proportion croissante de perlite. En prenant ensuite comme exemple une composition intermédiaire de carbone (0.4%pds C) nous pouvons voir comment la trempe produit une microstructure inhabituelle, avec les propriétés associées de la martensite, puis la microstructure et les propriétés après le revenu (qui peuvent être finement ajustées par le choix de la température de revenu, comme indiqué sur la figure). Il faut remarquer que les précipités formés pendant le revenu sont trop fins pour être résolus sur ces micrographies optiques – l'apparence de fait reste similaire à celle de la martensite. L'effet de la trempe et du revenu peut être augmenté en utilisant des *aciers alliés* – des aciers au carbone avec des adjonctions modestes d'autres éléments – comme nous le verrons dans les études de cas ci-après.

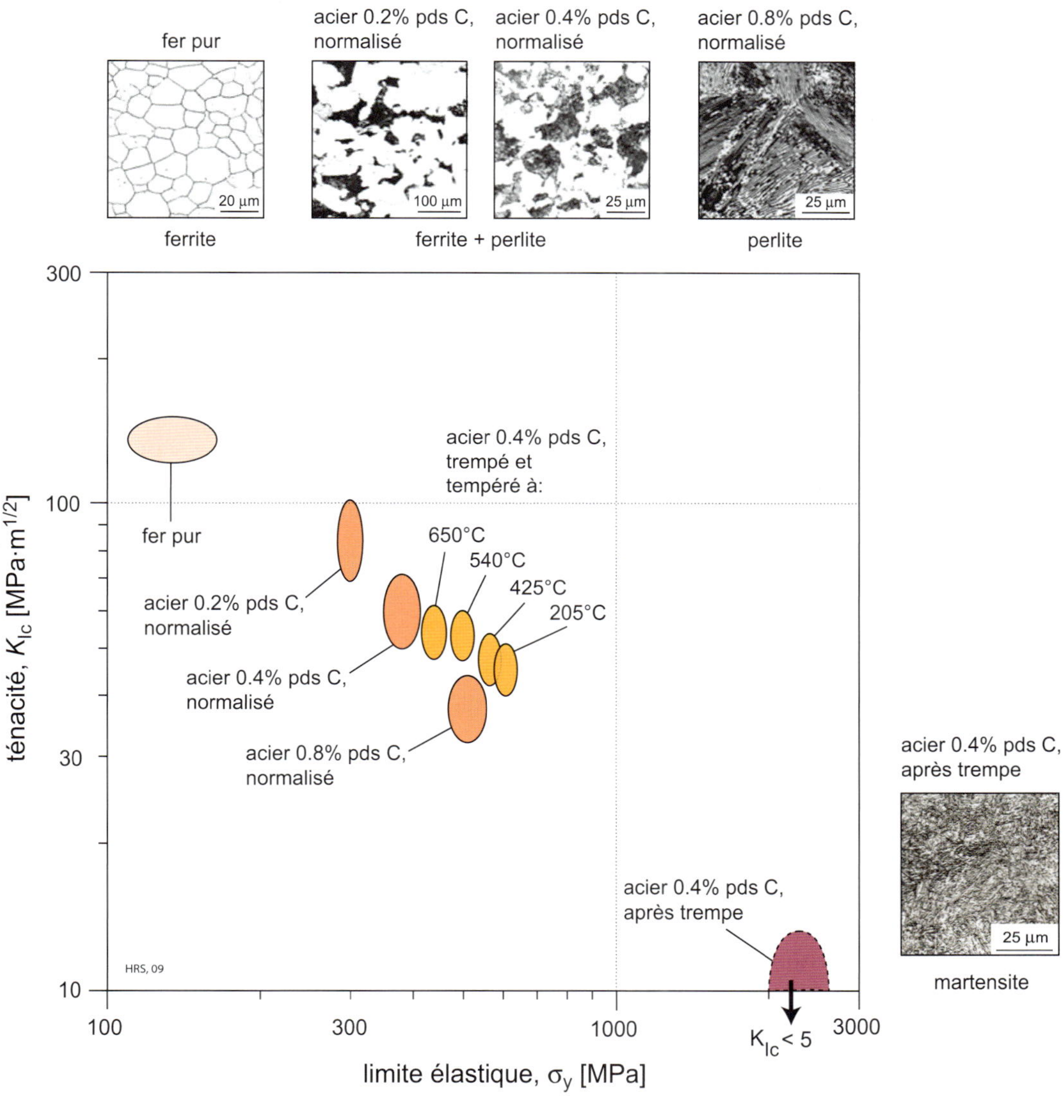

Figure 19.16 Carte des propriétés ténacité–limite élastique pour des aciers au carbone, montrant l'effet de la teneur en carbone dans la condition normalisée après trempe et revenu, ainsi que celui de la trempe et du revenu pour un acier à teneur en carbone intermédiaire. Des micrographies sélectionnées au cours du traitement sont présentées (images reproduites avec l'autorisation de ASM Micrograph Center, ASM International, 2005).

Procédés d'assemblage par soudure La soudure thermique de métaux implique chauffage et refroidissement. Elle va donc induire des transformations de phases : (1) dans le « cordon de soudure », qui est comme un mini-lingot, le matériau fond en avant de la source de chaleur et se solidifie derrière ; (2) dans les régions du matériau qui sont chauffées, des transformations à l'état solide vont avoir lieu comme pour un traitement thermique. La région solide qui voisine le cordon de soudure tracé par la zone fondue et dans laquelle vont avoir lieu ces transformations est appelée *Zone Affectée Thermiquement* ou ZAT. L'évolution de la microstructure et des propriétés dans la ZAT dépend du cycle thermique imposé. Encore une fois, l'histoire thermique, conditionnée par le procédé de soudure (p. ex. puissance de la source, vitesse de déplacement, etc), se combine avec les caractéristiques du matériau pour fixer l'évolution microstructurale (et les propriétés). La soudure peut avoir des conséquences très importantes sur les performances finales de l'assemblage – suivant l'alliage et les conditions de soudure, le matériau peut être adouci, fragilisé ou perdre sa résistance à la corrosion.

La figure 19.17 montre les réponses contrastées à la soudure d'aciers bas-carbone, d'aciers faiblement alliés et d'alliages d'aluminium pouvant être traités thermiquement. Les profils de dureté sont les premiers indicateurs des changements de propriétés du joint soudé. Les aciers bas-carbone sont considérés comme soudables, puisque lors du refroidissement le matériau se retransforme en ferrite et perlite – le cordon de soudure et la ZAT ont des pro-

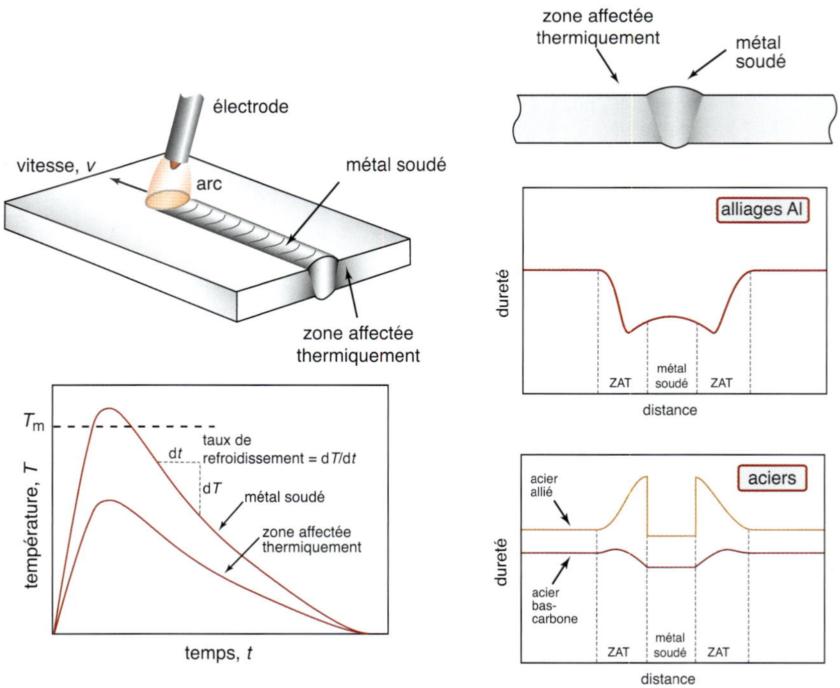

Figure 19.17 Section transverse d'une soudure avec les histoires thermiques correspondantes dans le joint soudé et dans la ZAT. A droite, des profils de dureté à travers le joint soudé sont illustrés pour des alliages d'aluminium traitables thermiquement, des aciers bas-carbone et des aciers faiblement alliés.

priétés proches du matériau de base. Les aciers faiblement alliés ont tendance à former de la martensite, le taux de refroidissement critique étant plus bas, avec pour conséquence le risque de fragilisation de la soudure (la grande dureté de la martensite étant un indicateur caractéristique). Des plates-formes pétrolières se sont effondrées sans crier gare pour cette raison, les soudures ayant été faites incorrectement avec un taux de refroidissement trop élevé. Les alliages d'aluminium traitables thermiquement sont traités pour avoir la résistance maximale – et donc pendant la soudure, celle-ci ne peut que diminuer dans la ZAT. Un survieillissement des régions affectées thermiquement par la soudure peut diminuer la résistance mécanique de 50% ou plus. Pour des alliages d'aluminium plus propices à être soudés, les précipités métastables peuvent se dissoudre pendant la soudure, permettant alors de recouvrer un peu de résistance à température ambiante (vieillissement « naturel »).

La métallurgie de la soudure est donc un domaine de recherches très actif – les soudures étant souvent le « talon d'Achille » des dispositifs. Les soudures limitent en ces endroits les propriétés des matériaux (comme mentionné précédemment), mais elles peuvent aussi avoir d'autres effets (contraintes résiduelles, concentrations de contraintes, formation de fissures, pouvant limiter la résistance à la fatigue ou à la corrosion. Des procédés mécaniques d'assemblage (par exemple la soudure par friction) peuvent aussi amener des changements de la microstructure et des propriétés, par déformation et par échauffement. Les techniques d'adhésion offrent l'avantage qu'elles ne déforment pas et ne changent pas la microstructure des composants assemblés, laissant ainsi leurs propriétés intactes. Mais elles ont aussi leurs problèmes – elles concentrent les contraintes, comportent des défauts, et sont donc exigeantes pour la conception et le contrôle de l'assemblage.

Revêtement de surface Les traitements de surface exploitent plusieurs mécanismes pour changer la microstructure et les propriétés de celle-ci. Certains ajoutent simplement une couche d'un nouveau matériau, qui a une microstructure et des propriétés propres, laissant le matériau de base inchangé – le seul problème étant qu'elle adhère bien. D'autres procédés induisent des transformations de phases dans une épaisseur contrôlée par chauffage et refroidissement – *durcissement de surface*. La figure 19.18 montre le durcissement de surface des

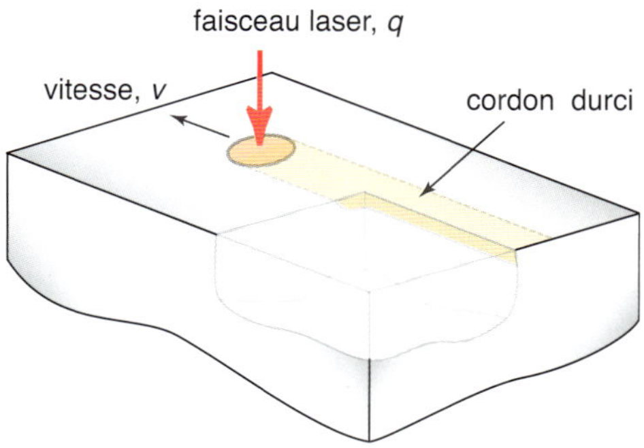

Figure 19.18 Durcissement de surface par laser : un traitement qui modifie l'état de surface localement, sans apport de nouveau matériau. La microstructure évolue lors du passage du laser, au chauffage et au refroidissement, donnant ainsi une plus grande dureté au matériau le long de la trace laissée par celui-ci.

aciers par laser. Le laser chauffe très intensément et localement l'acier en surface, induisant ainsi un cycle thermique rapide en chaque point d'une fine couche. Cette dernière, d'une épaisseur typique de l'ordre de 1 mm, se transforme en austénite au chauffage lors du passage du laser, puis se refroidit rapidement par conduction avec le matériau resté froid et se transforme en martensite. La grande dureté de la martensite donne donc de très bonnes propriétés d'usure à la surface sur une profondeur limitée, alors que les propriétés de ténacité du matériau volumique sont conservées.

La diffusion d'atomes sur une épaisseur du matériau est aussi possible, mais seulement pour des éléments de soluté interstitiels diffusant suffisamment vite à haute température pour modifier l'état de la surface sur une épaisseur appréciable. Le chapitre 13 a montré que, même proche du point de fusion, la diffusion reste limitée à une épaisseur de l'ordre de $(\sqrt{Dt})$, soit environ 0.2 mm pour un traitement d'une heure, ce qui est suffisant pour des traitements de surface. Ce mécanisme est utilisé pour augmenter la teneur en carbone des aciers, et donc leur dureté – un traitement de surface connu sous le nom de *cémentation*. On peut même faire mieux en augmentant d'abord la teneur en carbone par diffusion d'une couche de surface, puis en la transformant en martensite très dure par un traitement thermique de surface.

Etudes de cas: alliages ferreux Pour des composants de structure et des applications mécaniques, les aciers et les autres alliages basés sur le fer sont dominants. Ils sont intrinsèquement rigides, résistants, tenaces et pour la plupart bon marché. Leur densité est un handicap pour tout ce qui touche aux transports, permettant alors à d'autres alliages légers, au bois ou aux composites de trouver une place dans ce secteur. La figure 19.19 montre la diversité des

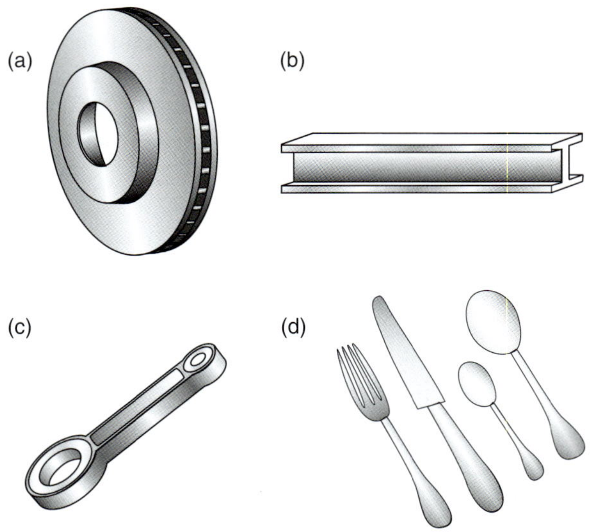

Figure 19.19 Une sélection de composants et d'objets basés sur des alliages ferreux: (a) disque de frein en fonte; (b) poutre en acier bas-carbone; (c) bielle en acier faiblement allié; (d) ustensiles de cuisine en acier inoxydable.

applications des alliages ferreux. Elles sont le reflet de nombreuses classes d'alliages – c'est-à-dire des chimies différentes couplées à des procédés variés. Un examen de chacun d'eux met en valeur leurs propriétés essentielles, leur composition et les procédés utilisés pour les mettre en forme.

Fonte : disque de frein Les disques de freins (fig. 19.19(a)) utilisent la friction sur les plaquettes de freins pour décélérer le véhicule, générant alors beaucoup de chaleur (chap. 11). Les propriétés requises sont donc une dureté élevée (résistance) pour limiter l'usure, une bonne ténacité et une température de service élevée. Une faible densité serait un atout supplémentaire pour cette partie tournante, mais c'est là un aspect secondaire. Tous les alliages ferreux répondent à ces critères – donc pourquoi des fontes ? La première raison est que ce matériau peut être coulé en des formes assez complexes et que la coulée est un procédé bon marché. Ensuite, la microstructure de coulée n'a pas besoin de traitement thermique pour donner au matériau sa dureté. La teneur en carbone des fontes, typiquement de 2-4% (en poids), produit une grande fraction de carbures de fer, le composé dur des alliages ferreux. Les fontes de fer peuvent aussi être transformées en surface pour augmenter encore leur résistance à l'usure (p. ex. par durcissement de surface par laser).

Les fontes de fer sont un bon exemple de modifications de la microstructure (et donc des propriétés) par des ajouts mineurs d'éléments de soluté. La figure 19.20(a) montre la microstructure de la fonte grise, constituée de fines lamelles de graphites dans une matrice composée de ferrite et de carbures de fer. Sous cette forme, le matériau a une très bonne *usinabilité*, c'est-à-dire qu'il peut être usiné facilement et rapidement, avec une quantité minimale (ou nulle) de lubrifiant, un exemple de propriétés très utiles pendant la mise en forme plutôt qu'en service. Les lamelles de graphite sont fragiles et cassables, permettant ainsi à des débris de se former lors de l'usinage. Mais, en service, cette fragilité peut être un problème.

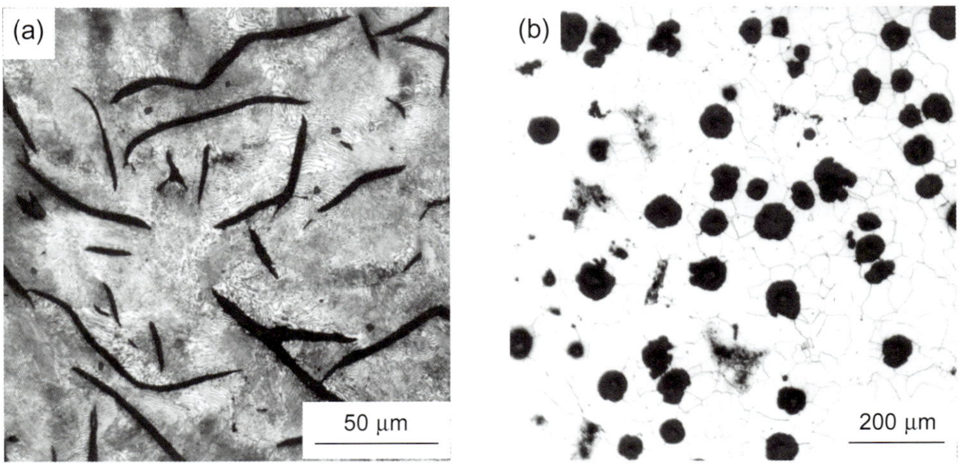

Figure 19.20 Deux microstructures de fontes de fer contenant 3.5%pds de carbone : (a) fonte grise avec des lamelles de graphite ; (b) fonte à graphite sphéroïdal (à plus faible grossissement), montrant des nodules de graphite (images reproduites avec l'autorisation de ASM Micrograph Center, ASM International, 2005).

Les fontes de fer peuvent être rendues plus tenaces en utilisant une astuce d'alliage appelée *empoisonnement*. Une très petite quantité de cérium ou de magnésium ajoutée au métal, parfois pour une période prolongée à haute température, a pour effet de changer radicalement la morphologie du graphite dans le fer : il adopte alors la forme de nodules (ou sphérolites). En évitant la forme allongée des lamelles usuelles de graphite, la ténacité, la ductilité et la résistance maximale de la fonte à graphite sphéroïdal sont améliorées (voir ci-après). La matrice de fer peut être ferritique ou perlitique, suivant la composition de l'alliage et son histoire thermique. La figure 19.20(b) montre une telle fonte nodulaire entourée dans ce cas d'une matrice de ferrite. Remarquer que la fraction de graphite dans les deux fontes est la même. Cette modification (ou empoisonnement) de la fonte de fer est analogue à celle utilisée pour améliorer la ténacité des alliages Al-Si coulés – de petites quantités de sodium ou de strontium ajoutées à l'alliage font que la phase fragile de silicium présente dans l'eutectique est beaucoup plus fine, évitant ainsi la formation de grandes lamelles de silicium caractéristiques des eutectiques (voir Leçon Guidée n° 2).

Aciers au carbone : poutres, voitures et canettes de boissons Si nous devions mettre en avant un matériau dominant la technologie, notre choix serait sans nul doute l'acier doux – du fer contenant 0.1–0.2%pds de carbone. La plupart des constructions métalliques (fig. 19.19(b)), les alliages pour l'automobile ou l'emballage (canettes de boissons ou boîtes de conserve) sont en acier doux (ou une variante améliorée avec quelques éléments d'addition). Toutes ces applications sont forgées – l'alliage est déformé massivement pour obtenir la forme voulue. La microstructure consiste en ferrite et un peu de perlite. Ceci permet d'avoir une excellente ductilité aussi bien pour la mise en forme qu'en service. La ténacité est élevée, de même que la résistance inhérente des aciers qui peut être augmentée par écrouissage pendant le procédé de mise en forme. Ductilité, ténacité et résistance sont trois propriétés essentielles pour les matériaux de structure – on préfère en effet un pont qui s'affaisse un peu qu'un pont qui se casse soudainement en deux, et de même notre survie lors d'un choc de véhicules dépend de la capacité de déformation plastique de la partie avant qui absorbe l'énergie cinétique.

Aciers alliés et traitements thermiques : manivelles, outils et engrenages Les parties mobiles et les paliers de machines sont sujets à des conditions exigeantes – contraintes élevées en volume pour des pièces transmettant les efforts de flexion ou de torsion (par exemple dans un vilebrequin ou un arbre de transmission), contraintes de contact élevées pour des pièces glissant ou tournant sur d'autres éléments (par exemple des engrenages) et souvent des charges alternatives sollicitant les pièces en fatigue (par exemple des bielles, fig. 19.19(c)). La résistance mécanique et la ténacité du matériau sont deux qualités requises pour de telles applications. Des aciers au carbone jusqu'à 0.8%pds C peuvent être durcis par précipitation, surtout après trempe et revenu (fig. 19.16). Cependant, la densité du fer reste un problème. Rendre l'acier plus résistant permet de diminuer les sections utilisées et donc le poids. Ceci est particulièrement utile pour des pièces bougeant très rapidement dans des moteurs, puisque la partie supportant le dispositif peut aussi être rendue plus légère si la charge inertielle est réduite (ce que l'on appelle « réduction secondaire de masse »). Et sans surprise, la recette dans de telles situations est : utiliser plus d'éléments d'alliage et affiner les procédés.

Une liste incroyable d'éléments d'alliages peut être utilisée pour renforcer la résistance des aciers au carbone – Mn, Ni, Cr, V, Mo et W sont juste les plus importants ! Certains contribuent directement à la résistance, via une contribution à la solution solide (p. ex. les aciers à outils fortement alliés, avec jusqu'à 20% de tungstène). Plus subtiles sont les effets de modestes additions (<5% pour les aciers faiblement alliés) sur la réponse de l'alliage lors d'une trempe et d'un revenu (discutée précédemment pour les simples aciers au carbone). Le problème des aciers au carbone non alliés avec d'autres éléments est que la vitesse de trempe critique est élevée. Par conséquent, seules des pièces à parois minces peuvent être trempées effectivement pour obtenir de la martensite – la vitesse de refroidissement au centre d'une pièce épaisse étant limitée par la conduction thermique relativement faible des aciers (comparée à celles des autres métaux).

Des éléments d'alliages additionnels résolvent ce problème en limitant la vitesse des transformations par diffusion résultant en ferrite et en carbures de fer, déplaçant ainsi les courbes en C de la figure 19.12 vers des temps plus grands. Ceci permet de diminuer la vitesse de refroidissement critique pour obtenir de la martensite, et donc d'augmenter l'épaisseur des pièces pouvant être traitées. Le terme technique décrivant la susceptibilité d'un acier à être transformé en martensite est la *trempabilité* (en anglais *hardenability*) – plus haute est la trempabilité, plus bas sera la vitesse critique de refroidissement (en valeur absolue bien sûr), ou plus épaisse pourra être la pièce pouvant être transformée en 100% de martensite lors de la trempe. Dans les aciers fortement alliés, tels que ceux utilisés pour les outils de coupe, l'effet est tellement marqué qu'un simple refroidissement à l'air est suffisant pour produire de la martensite. Un effet additionnel de ces éléments est d'augmenter la résistance mécanique par la formation d'autres carbures que ceux de fer. Des composés tels que des carbures de tungstène peuvent survivre à des températures auxquelles ceux de fer se redissoudraient dans la matrice de fer – une source bienvenue de résistance par précipitation à haute température, par exemple pour des outils de coupe qui chauffent fortement pendant leur utilisation.

Ainsi, dans leur métallurgie très riche, les aciers constituent un autre exemple où les propriétés finales du produit dépendent de l'alliage, du procédé de mise en forme et de la géométrie du composant – la composition de l'alliage détermine sa trempabilité, et le procédé de trempe ainsi que la taille de la pièce fixent le taux de refroidissement, et donc la microstructure (et les propriétés) finale.

Acier inoxydable : ustensiles La ville de Sheffield en Angleterre s'est faite un nom grâce aux ustensiles en acier inoxydable (fig. 19.19(d)), et fabrique encore aujourd'hui des aciers de tous types à grande échelle. L'addition de chrome en quantités appréciables (jusqu'à 20% en poids) dans les aciers permet d'augmenter leur résistance à la corrosion et donc d'éviter ainsi leur dégradation par la rouille. Cela fonctionne parce que le chrome réagit plus fortement avec l'oxygène que le fer, le protégeant ainsi des attaques (chap. 17). Du nickel est aussi habituellement ajouté pour d'autres raisons – l'une d'elles est que cet élément permet de conserver la ténacité du matériau à très basse température pour des applications telles que des conteneurs de gaz liquéfiés (cet élément stabilise la structure CFC de l'acier). Une autre raison est que le chrome et le nickel contribuent tous deux à un durcissement par solution solide – ce mécanisme ainsi que l'écrouissage pendant la mise en forme étant les moyens de durcir les aciers inoxydables, même si certains alliages Fe-Cr-C peuvent être traités thermiquement pour les durcir par précipitation.

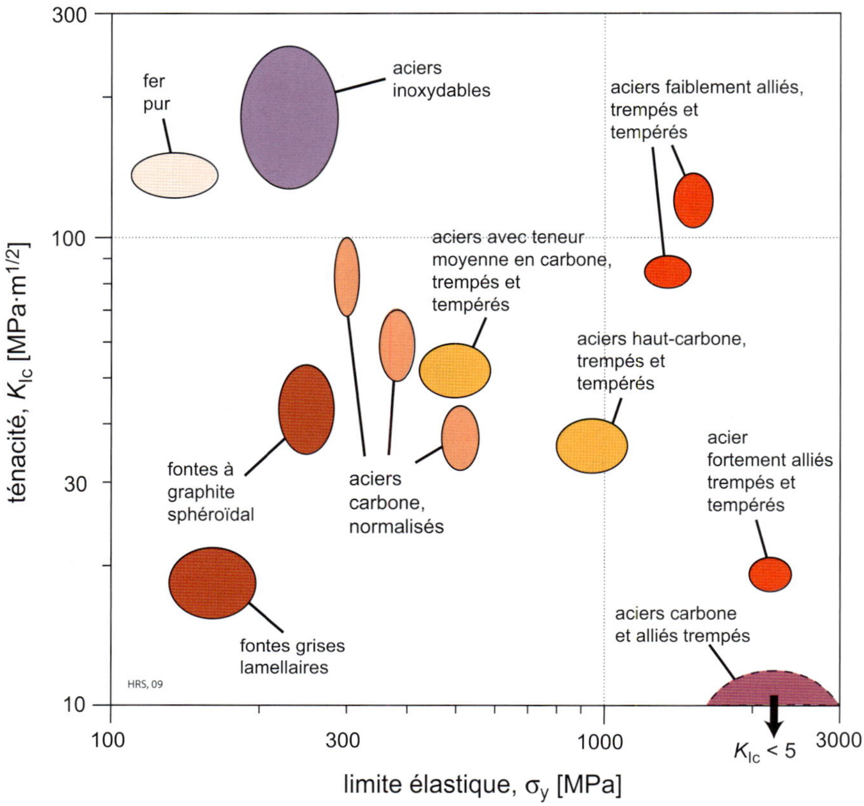

Figure 19.21 Carte de ténacité-limite élastique pour les alliages ferreux. La composition et les traitements thermiques permettent une grande variation de ces propriétés.

Alliages ferreux : résumé Nous avons vu que dans toutes les applications passées brièvement en revue, la résistance et la ténacité sont des propriétés dominantes requises. Leur variation dans le cas des aciers au carbone a été illustrée à la figure 19.16. En résumé, on peut représenter tous les alliages ferreux dans une telle carte de propriétés. La figure 19.21 récapitule les données des alliages sélectionnés dans les exemples traités. La carte ainsi obtenue est assez remarquable. En commençant par le fer doux pur (en haut à gauche), on peut lui changer sa composition et son histoire thermique pour produire plus ou moins n'importe quelle combinaison de résistance-ténacité souhaitée – pour une gamme de résistance variant d'un facteur 20 ou plus. Tous ces aciers (à l'exception de la martensite trempée) ont une ténacité au-dessus de la valeur critique (15 MPa·m$^{1/2}$) requise pour les applications mécaniques et les structures. Les fontes sont avant tout bon marché et peuvent être coulées à des températures plus basses que le fer pur ou les aciers. Offrant un modeste gain en résistance, leur ténacité peut être grandement améliorée par une modification de la morphologie du graphite de lamelles en nodules (fig. 19.20). La condition normalisée des aciers au carbone est celle des applications standard de structures, à moins que des aciers inoxydables soient requis pour éviter la corrosion. La carte montre l'avantage des traitements combinés de trempe et de revenu, qui augmentent la résistance sans dégrader la ténacité, notamment pour les aciers alliés. Cette figure permet de comprendre pourquoi les alliages ferreux sont si importants – aucun autre matériau est autant polyvalent, avec des centaines de nuances d'aciers et d'alliages ferreux différentes disponibles dans le commerce.

19.6 Mise en forme des autres matériaux

Céramiques et verres Les céramiques et les verres sont un peu moins répandus que les métaux. Les applications des céramiques exploitent leur grande dureté (outils de coupe et de polissage), leur résistance aux hautes températures (revêtement intérieur de fours) ou encore leur résistivité électrique élevée (bougies d'allumage, électronique, isolateurs de lignes à haute tension). Les verres sont eux principalement utilisés pour leurs propriétés optiques, que cela soit sous forme de plaques ou de fibres, ou pour des récipients tels que bouteilles et verres. Mais à côté de ces propriétés intéressantes, ces matériaux fragiles par nature présentent l'inconvénient majeur d'être susceptibles à la fissuration, un problème lié aux défauts se formant lors de leur mise en forme. Le contrôle des défauts est donc essentiel pour toutes les céramiques et les verres destinés à des applications mécaniques. Les microfissures des céramiques reflètent pour une grande part la taille des poudres utilisées, mais le procédé de mise en forme doit aussi être bien maîtrisé pour éviter la formation de porosité. Cet objectif est, de manière surprenante, difficile à atteindre même pour des formes simples. Les poudres non pressées diminuent de volume d'un facteur deux ou plus lorsqu'elles sont pressées et frittées. Obtenir une contraction uniforme de cette amplitude n'est pas aisé, car certaines régions de la pièce se densifient en premier, empêchant ensuite d'autres parties adjacentes de se contracter.

Les verres sont plus faciles à mettre en forme puisque l'on part généralement de l'état fondu. Néanmoins, le procédé doit être bien contrôlé pour obtenir un bon état de surface – les plaques de verre sont produites pour la plupart par flottaison sur un bain liquide d'étain. Les céramiques et les verres sont très sensibles aux contraintes thermiques pendant le refroidissement. Etant des matériaux rigides et résistants, élaborés à haute température, ils relâchent difficilement les contraintes par fluage pendant leur refroidissement. Dans un cas, ces contraintes thermiques sont utilisées à bon escient : les plaques de verre peuvent être rendues plus résistantes à la fissuration en générant délibérément un profil de contrainte à travers leur épaisseur par un refroidissement rapide de la surface. Ceci génère des contraintes en compression en surface et en traction à cœur – la surface restant l'endroit le plus probable où des raies et des microfissures induisent la rupture sous charge en traction.

La composition de chacune des céramiques tend à être assez précise et discrète pour l'obtention d'un composé tel que l'alumine ou le carbure de silicium. On a recours aussi à des composites céramique-métal, tels que le carbure de tungstène et le cobalt, pour obtenir des matériaux très durs, mais aussi tenaces, pour des filières ou des outils de coupe. En contraste, la composition des verres peut être adaptée continûment sur une assez large gamme pour obtenir des couleurs ou des indices de réfraction différents (p. ex. les compositions variables utilisées dans les fibres optiques). Le large éventail des propriétés optiques des verres a déjà été rendu évident dans les cartes du chapitre 15. Il résulte plus d'une adaptation de la chimie des verres que des procédés. Des développements plus récents dans ce domaine concernent les revêtements de surface pour améliorer la résistance aux rayures ou à l'écaillage (pour les écrans) ou pour augmenter la réflectivité et les propriétés autonettoyantes (pour les gratte-ciel).

Procédés basés sur des poudres Les céramiques, mais aussi de nombreux métaux, peuvent être mis en forme à partir de poudres : celles-ci sont placées dans un moule puis compactées sous pression. Lors du frittage à haute température, les grains solides tendent à diminuer l'énergie de surface totale par diffusion des atomes (ou des molécules) à la surface des grains vers les pores. Chaque grain ou presque de la poudre est donc un grain dans le produit final qui bien sûr se contracte au cours du procédé (fig. 19.22). Les mécanismes de compaction des poudres sont donc étroitement liés à la diffusion et au fluage (chap. 13). La compaction de la poudre peut être rendue plus rapide, et la porosité diminuée, en imposant une pression externe pendant le traitement à haute température – *pressage isostatique à chaud* (HIP pour « Hot Isostacic Pressing » en anglais) – accélérant ainsi le fluage des grains.

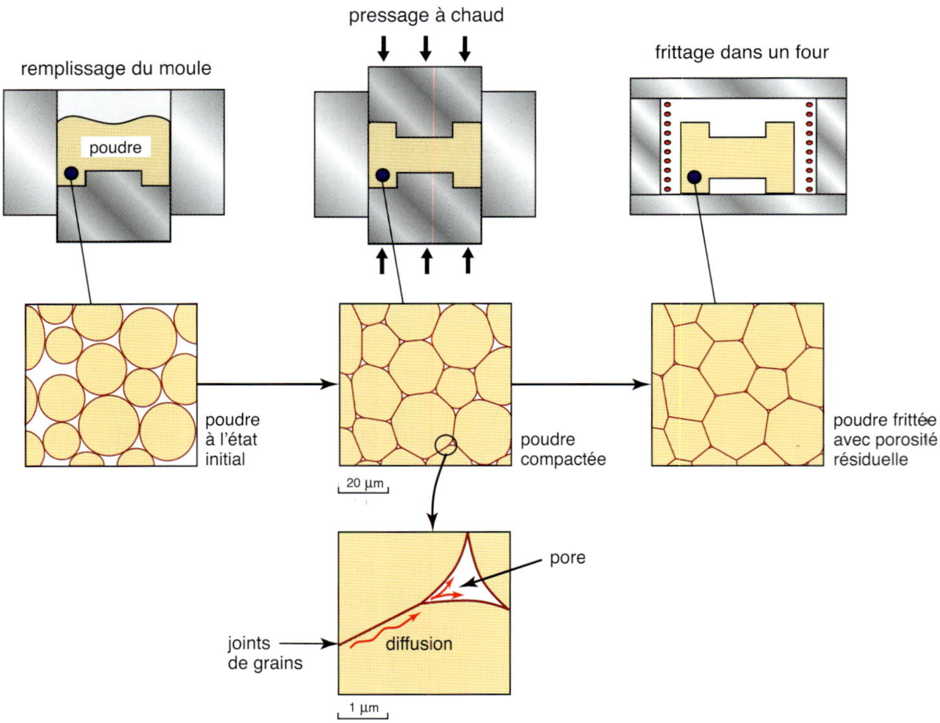

Figure 19.22 Mécanismes impliqués lors du frittage et de la compression isostatique à chaud d'une poudre.

Polymères et élastomères Les polymères sont des matériaux très polyvalents à plus d'un titre – facilités de moulage en des formes complexes avec des coûts peu élevés, d'assemblage par encliquetage, de coloration. Les polymères massifs sont caractérisés par une large gamme de propriétés (module élastique, résistance, ténacité), mais assez faibles. La chimie des polymères et l'utilisation d'additifs et de particules de charge donnent une grande liberté pour modifier ces propriétés, même si leur résistance ne peut pas être autant variée que celle des métaux. Mais en revanche, leurs propriétés élastiques peuvent être adaptées, ce qui n'est pas le cas des métaux. Les polymères sont le plus utilisés dans l'emballage et pour de nombreux objets de la vie courante (boîtiers d'ordinateurs ou de téléphones, jouets, stylos, récipients de toute sorte, etc.). La conception de ces produits demande des performances mécaniques souvent modestes, mais des coûts bas et une esthétique attrayante.

Le chapitre 4 a introduit la structure des polymères et comment la chimie peut être utilisée pour produire les milliers de variantes disponibles aujourd'hui. Les longues chaînes moléculaires sont produites par polymérisation d'un bloc monomère composé d'atomes de carbone liés à des atomes d'hydrogène, d'oxygène, de chlore, etc. Chaque monomère a une chimie bien définie – C_2H_4 pour le polyéthylène par exemple. Contrairement aux atomes des métaux, ces monomères ne se combinent pas naturellement entre eux. Seules des combinaisons choisies de monomères permettent d'obtenir des copolymères (deux types de monomères dans les chaînes), des tripolymères (trois types), etc. Par exemple, l'ABS est un tripolymère constitué des monomères acrylonitrile, butadiène et styrène (d'où le nom). Le mélange de polymères – par exemple, ABS–PVC – ouvre encore d'autres possibilités. Et l'architecture même des chaînes peut être manipulée. Comme décrit au chapitre 4, les thermodurcis et les élastomères sont des polymères réticulés avec des ponts entre chaînes. Par ailleurs, les polymères massifs contiennent souvent des additifs et des particules de charge, pour toutes sortes de raison – par exemple, des particules de verre ou de céramique ou encore des fibres (pour la rigidité, la résistance ou la couleur), des retardateurs de flamme, des plastifiants ou des protecteurs UV.

Moulage des polymères La grande variété de polymères n'a que peu d'impact sur les procédés – la plupart des procédés marchent pour la plupart des polymères. Les thermoplastiques sont moulés comme des liquides visqueux. Les additifs changeant leur viscosité, la facilité de moulage sera influencée par la fraction volumique de particules de charge. Le moulage par injection et l'extrusion sont les procédés dominants. La plupart des polymères adoptent une structure amorphe, mais quelques thermoplastiques peuvent partiellement cristalliser, suivant la vitesse de refroidissement (et la structure propre des chaînes). Tous les polymères se contractent lors du refroidissement, de la température de moulage à la température ambiante, à cause du retrait lors de la cristallisation partielle et de la contraction thermique. Il faut bien sûr en tenir compte lors de la conception du moule. Le soudage par fusion peut ensuite être utilisé pour l'assemblage de thermoplastiques non réticulés, puisqu'ils peuvent être refondus.

Le procédé de mise en forme des polymères peut avoir un effet important sur l'arrangement final des molécules, et donc sur les propriétés, pour autant que les molécules qui tendent à s'aligner selon les lignes d'écoulement lors de l'injection gardent cet arrangement lors d'un procédé de refroidissement rapide. La figure 19.23 montre le moulage par soufflage de bouteilles à partir d'une préforme fermée en un bout. Dans quelques variantes, la préforme

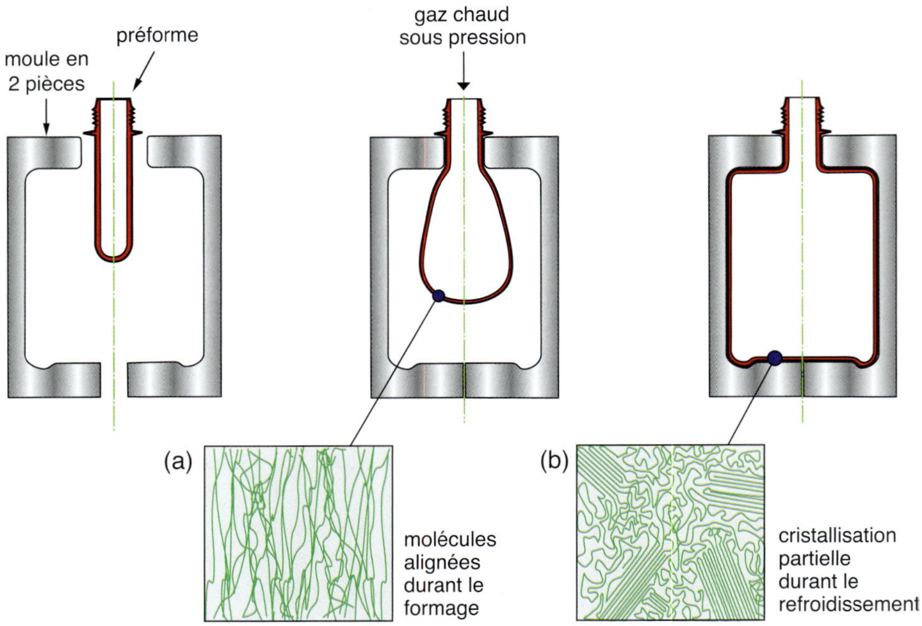

Figure 19.23 Evolution de l'architecture des molécules de polymères lors d'une opération de moulage par soufflage : (a) alignement des molécules pendant le procédé de soufflage ; (b) après cristallisation partielle pendant le refroidissement.

tubulaire est étirée longitudinalement en insérant une tige à l'intérieur avant l'opération de soufflage. Le procédé d'étirement du soufflage aligne les molécules dans les parois de la bouteille, augmentant ainsi sa rigidité et sa résistance. Le degré d'étirement est même ajusté pour obtenir les propriétés maximales dans la direction circonférentielle, qui subit la contrainte maximale sous pression interne.

Fibres polymères L'impact le plus dramatique du procédé sur les propriétés des polymères est lors de la fabrication de fibres. Celles-ci sont étirées à partir de la masse fondue, ou mieux encore, étirées à froid. Dans de telles situations, l'alignement des molécules selon l'axe de la fibre est beaucoup plus marqué, ce qui permet d'exploiter les liaisons covalentes fortes le long des chaînes. La rigidité et la résistance des fibres peuvent être illustrées dans une carte de propriétés. Pour bien mettre en évidence la faible densité des polymères par rapport à d'autres matériaux, la figure 19.24 montre la résistance spécifique σ_y/ρ et la rigidité spécifique E/ρ. Les polymères massifs, malgré toutes les combinaisons chimiques utilisées, ne présentent qu'un ordre de grandeur de variation de rigidité et de résistance, et ces propriétés sont largement inférieures à celles des métaux, notamment la rigidité spécifique. Les fibres standard de nylon ou de polyester sont plus rigides et ont une résistance 10 fois plus élevée que les polymères massifs. Pas étonnant qu'elles remplacent la plupart des fibres naturelles, comme le coton ou le chanvre, mais cependant pas la soie, qui reste une fibre naturelle particulièrement résistante. Cependant, des fibres d'aramide telles que le Kevlar et des fibres en

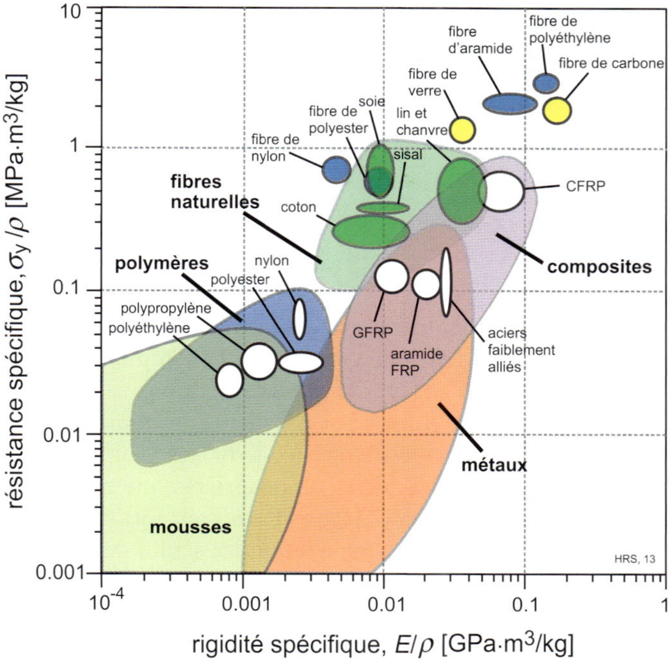

Figure 19.24 Carte de résistance spécifique–module élastique spécifique. Les polymères sont rendus plus rigides et résistants en les étirant sous forme de fibres, qui sont alors comparables à des fibres naturelles, à des fibres de verre ou de carbone. Ces fibres sont utilisées dans des composites, comme les PRFC, ou tissées pour former un tissu.

polyéthylène de très haute qualité sont jusqu'à 100 fois plus rigides et résistantes que des polymères massifs, avec des propriétés spécifiques proches, voire supérieures à celles des fibres de carbone et de verre.

Les propriétés de fibres sont certes impressionnantes – le problème pour l'ingénieur restant de savoir comment les transformer en une forme ou un produit utile. Une option est celle des composites – les fibres d'aramide, comme celles de carbone ou de verre, sont noyées dans une matrice de résine époxy. Comme discuté dans les chapitres précédents et montré à la figure 19.24, les propriétés spécifiques des composites sont situées entre celles des fibres et de la matrice, entrant en compétition directe avec les meilleurs métaux tels que les aciers faiblement alliés. Une autre solution consiste à utiliser les fibres polymères comme l'a fait l'humanité pendant des millénaires avec les fibres naturelles, c'est-à-dire les torsader, les enchevêtrer ou les tisser pour en faire des cordes, des câbles, des tissus. Les matériaux basés sur les fibres constituent une discipline des matériaux à part entière, avec des applications importantes. La structure géométrique et topologique des cordes et des tissus conditionne leurs propriétés – notamment pour leur donner une certaine flexibilité en flexion, tout en assurant une très grande rigidité et résistance en traction. Le drapé de tissus polymère exploite les différences de rigidité parallèlement et à 45 degrés du tissage (le « biais »).

Les cordes peuvent être étirées, enroulées et nouées élastiquement grâce à leur architecture tissée en biais. La perte d'alignement des fibres dans une corde ou un tissu implique une certaine perte de capacité de charge par rapport aux fibres elles-mêmes. Néanmoins, il apparaît clairement dans la carte de propriétés que les câbles fabriqués par exemple à partir des meilleures fibres de polyéthylène peuvent potentiellement concurrencer les câbles traditionnels en acier.

19.7 Fabrication des matériaux hybrides

Au chapitre 2, nous avons défini les matériaux hybrides comme une combinaison de matériaux appartenant à différentes classes, y inclus par exemple l'air dans des mousses. Fabriquer un matériau hybride étant en soi un défi, nous concluons ce chapitre sur les relations procédés-propriétés par quelques exemples sur ce sujet. La première question à se poser est : mais en fait pourquoi se préoccuper de matériaux hybrides ? La réponse est simple : les hybrides peuvent occuper des endroits des cartes de propriétés que nul autre matériau monolithique peut prendre. Parfois, les différents objectifs d'une conception peuvent entrer en conflit direct, de telle sorte qu'aucun matériau ne peut répondre seul à ces conditions – par exemple, une grande résistance mécanique (pour laquelle les alliages métalliques sont les plus adaptés) et une conductivité électrique élevée (auquel cas les métaux purs sont les meilleurs). Les hybrides permettent de trouver des solutions innovantes et d'optimiser les performances, en combinant les propriétés individuelles des matériaux les composant. Les matériaux hybrides sont très variés et une classification simple est illustrée à la figure 19.25. Les composites sont les plus évidents – des particules ou des fibres d'un matériau noyées dans une matrice d'un autre. Les structures sandwiches sont un autre type – des couches d'un matériau à très haute performance combinées avec celles d'un noyau de plus basse qualité. Les mousses et autres matériaux très poreux sont des réseaux (aléatoires ou réguliers), alors que des matériaux segmentés sont faits de brins ou de couches de matériaux – les cordes et les câbles sont souvent des hybrides constitués de plusieurs types de matériaux.

Cette classification n'est pas 100% robuste, car les frontières sont assez floues entre différentes catégories. Par exemple, un « nanocomposite » moderne pourrait être un mélange de particules à l'échelle nanométrique dispersées dans un métal fondu qui est ensuite coulé – selon la figure 19.25 c'est un hybride. Cependant, le traitement thermique des aciers produit une fine dispersion de carbures – produisant ainsi une microstructure, et donc des propriétés analogues, et pourtant il s'agit simplement d'un alliage métallique. Et à l'autre bout de l'échelle, une conception avec un matériau-sandwich devient une structure sandwich (un ski, un panneau de sol pour avion ou une porte pour l'industrie). On pourrait définir un matériau hybride comme un matériau structuré avec des composants utilisés individuellement de manière courante pour des réalisations macroscopiques, ces matériaux ayant comme l'hybride des propriétés intrinsèques bien définies. En dépit d'une certaine confusion dans leur définition, les matériaux hybrides peuvent être vus comme des combinaisons de matériaux courants (volumiques) selon une certaine configuration et un certain espacement. La configuration définit les proportions, l'intégration géométrique et la forme des composants ; l'échelle définit le niveau de finesse du mélange. La plupart des échelles des hybrides sont relativement grossières – les fibres sont de l'ordre de 1-10 μm, et les couches

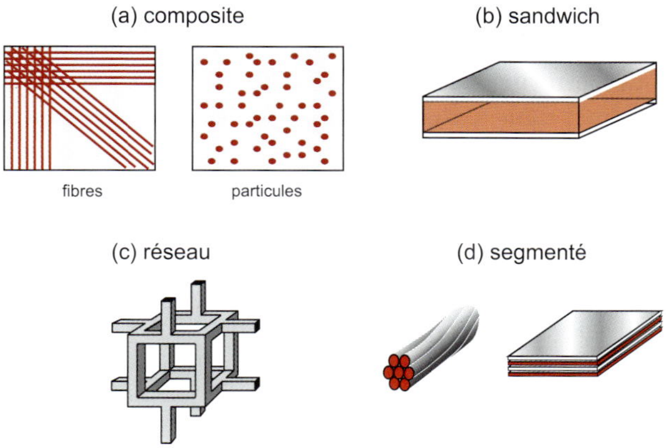

Figure 19.25 Classes de matériaux hybrides: (a) composites avec fibres et particules; (b) panneaux sandwiches; (c) structures en réseau, par exemple les mousses; (d) matériaux segmentés, par exemples les cordes et les laminés.

des laminés et des panneaux de structures sandwiches sont de l'ordre de 0.1-10 mm – alors que la structure des matériaux massifs peut aller du niveau atomique (nanomètre) jusqu'au micron (voir figures 19.2 à 19.4). Cependant, comme les hybrides combinent les propriétés des composants individuels, leurs propriétés résultantes reflètent aussi la microstructure de chacun d'eux, du nanomètre au micron.

Fabrication de mousses Les mousses ont des ridigités, des résistances et des densités tout en bas de l'échelle des cartes de propriétés, de plusieurs ordres de grandeur inférieures à celles des autres matériaux. Certaines mousses sont formées en piégeant des bulles d'air dans un liquide lors de la solidification. D'autres sont obtenues en mélangeant des composés chimiques qui réagissent pour former un gaz: ils sont injectés dans une cavité et vont alors faire mousser le produit lors de l'élaboration. Les propriétés mécaniques d'une mousse idéale dépendent directement de leur densité relative (et donc de leur fraction de solide), comme mentionné au chapitre 4 pour le module d'élasticité. En pratique, les propriétés dépendent aussi un peu de la distribution de taille des pores. Il est important de contrôler la taille des plus gros pores, qui sont la source de fissures. Les mousses métalliques et les mousses rigides de polymères peuvent être mises en forme, puis coupées et assemblées dans des structures (souvent en tant que noyaux de structures sandwiches).

Fabrication de composites La plupart des polymères sont en fait des composites avec particules – des poudres sont ajoutées au polymère fondu avant moulage. Ce sont donc des hybrides que nous avons choisi de classer comme variante de polymères – essentiellement parce que la poudre ajoutée est très fine, avec une échelle presque comparable à la taille des molécules des polymères. Les composites à matrice métallique, d'autre part, sont vus comme une classe distincte de matériaux hybrides – des particules de SiC dans des alliages d'aluminium par exemple – même s'ils sont élaborés et mis en forme comme la matrice de l'alliage métallique lui-même. Les composites polymères renforcés par des fibres – CFRP (Carbon

Fiber Reinforced Polymer), GFRP (Glass Fibre Reinforced Polymer) et le Kevlar (polymère renforcé par des fibres d'aramide) – requièrent des techniques de mise en forme spécifiques. Leur potentiel de performances pour des dispositifs légers a clairement été montré dans les chapitres précédents, mais est-ce que ces propriétés idéales peuvent être obtenues dans la pratique ? La réponse dépend de la complexité géométrique du composant à réaliser et des techniques d'assemblage. Les composites sont faciles à produire en panneaux plats. Des couches de tissus pré-imprégnés de polymères partiellement durcis et contenant des fibres unidirectionnelles sont superposées selon des directions variées (p. ex. 0, 90 et ±45 degrés), ceci afin d'améliorer les propriétés d'isotropie dans le plan. Elles sont ensuite durcies sous pression dans un autoclave.

Des tubes circulaires peuvent aussi être facilement réalisés par enroulement des fibres. Des pièces plus complexes sont difficiles à fabriquer, notamment s'il y a des changements d'épaisseur. Les joints sont particulièrement problématiques. Les composites fibreux ne peuvent pas êtres soudés, et les percer pour placer des boulons ou des rivets endommage les fibres et concentre les contraintes en ces endroits, qui peuvent alors être la source de fissures ou de délamination. La meilleure technique d'assemblage est le collage, et l'utilisation croissante des composites a d'ailleurs stimulé le développement de nouveaux adhésifs. La fabrication et l'assemblage des composites doivent être faits de manière minutieuse si l'on veut éviter la rupture prématurée du joint.

Fabrication de laminés et de panneaux sandwiches L'intérêt des laminés (ou stratifiés) et des structures sandwiches réside essentiellement dans la possibilité d'exploiter les composites avec fibres sous cette forme – un hybride dans l'hybride ! Les panneaux sandwichs combinent une bonne résistance en flexion (et en traction) et une faible densité. Le noyau de faible densité est recouvert de peaux, maximisant ainsi le moment des contraintes se développant dans celles-ci sans contribuer directement à la résistance en flexion. Là encore, la qualité des joints entre peaux et noyau est très critique. La comparaison de panneaux sandwichs est plutôt basée sur des caractéristiques telles que la « rigidité en flexion » EI de formes simples telles que des poutres en I, plutôt que sur la base de propriétés intrinsèques. Les laminés sont une autre forme de matériaux hybrides. Plusieurs GFRP et laminés d'aluminium, tels que GLARE (« Glass Laminate Aluminum Refinforced Epoxy ») et ARALL (« Aramid Reinforced Aluminate Laminate »), ont été développés pour les structures aéronautiques : ils sont une alternative intéressante par rapport aux alliages d'aluminium ou à la fabrication de composites. Les bois vivent une période de renaissance dans le génie civil pour de grandes structures, sous la forme de laminés tels que Glulam (bois laminés collés). Le fait d'avoir des structures laminées distribue les défauts inhérents du bois naturel, réduisant ainsi la variabilité des propriétés et permettant ainsi de construire des poutraisons de grandes dimensions. Là encore, la colle entre les couches est essentielle pour la réalisation d'une structure laminée de qualité.

19.8 Résumé et conclusions

Les procédés de mise en forme jouent un rôle essentiel pour l'obtention des propriétés des matériaux souhaitées. Des procédés tels que la coulée, le formage et le moulage imposent toujours une histoire thermique et souvent une histoire des déformations. Ils font plus que mettre en forme le matériau – ils déterminent aussi l'évolution de sa microstructure interne, de laquelle dépendent les propriétés. Un traitement de surface peut ultérieurement modifier localement la microstructure et les propriétés, par exemple en vue d'augmenter la résistance à l'usure. Les procédés d'assemblage des composants peuvent eux aussi modifier localement l'état du matériau – les joints sont souvent les endroits limitant les propriétés globales, voire la source de désastres. Ainsi, les procédés offrent souvent des opportunités d'innovation, mais requièrent aussi un contrôle très précis des paramètres. Les métaux présentent la plus grande polyvalence – ce qui n'est pas très étonnant si l'on considère le nombre d'éléments d'alliage pouvant être ajoutés dans un vaste éventail de compositions, la diversité des phases se formant à l'état solide et leur faculté d'être coulés ou formés. Une seule classe – les alliages ferreux – couvre déjà un très large domaine de propriétés clés pour les matériaux structurels, à savoir la résistance et la ténacité. D'autres systèmes d'alliages utilisent les mêmes principes de modification par des éléments d'ajout, de formage et de traitement thermique pour obtenir différentes microstructures, et donc différentes propriétés.

Les céramiques, les verres et les polymères offrent également une certaine flexibilité pour modifier leur composition et les procédés de mise en forme. Le mélange, la réticulation des chaînes et l'état de cristallinité permettent déjà de modifier un peu les propriétés des polymères, y inclus leur module élastique. Plus efficace est la production de fibres qui amène les polymères massifs dans un domaine de propriétés complètement différent, bien au-delà de celles des fibres naturelles. L'utilisation des propriétés de ces fibres dans des produits requiert d'imaginer des structures hybrides telles que composites, cordes ou encore tissus. Les structures hybrides incluent aussi les panneaux sandwiches, les mousses et les laminés ou stratifiés. Les procédés là aussi jouent un rôle important, avec notamment le développement de nouveaux adhésifs à haute performance, fortement motivé par la nécessité de pouvoir mettre en forme de telles structures hybrides.

19.9 Lectures complémentaires

Ashby, M. F., & Jones, D. R. H. (2005). *Engineering Materials II* (3rd ed.). ISBN 0-7506-6381-2. (*Un livre largement répandu sur les classes de matériaux et les procédés qui modifient leur microstructure et leurs propriétés.*)

ASM Handbook Series (1971-2004). Volume 4, *Heat Treatment*; Volume 5, *Surface Engineering*; Volume 6, *Welding, Brazing and Soldering*; Volume 7, *Powder Metal Technologies*; Volume 14, *Forming and Forging*; Volume 15, *Casting*; and Volume 16, *Machining*; ASM International, Metals Park, OH, USA. (*Un ensemble complet d'ouvrages sur les procédés remis à jour de manière occasionnelle, et maintenant disponible en ligne sur www.products.asminternational.org/hbk/index.jsp*)

Bralla, J. G. (1998). *Design for Manufacturability Handbook* (2nd ed.). New York, USA: McGraw-Hill. ISBN 0-07-007139-X. (*Un texte difficile à lire mais comprenant une riche mine d'informations sur les procédés de fabrication.*)

Kalpakjian, S., & Schmid, S. R. (2003). *Manufacturing Processes for Engineering Materials* (4th ed.). New Jersey, USA: Prentice-Hall, Pearson Education. ISBN 0-13-040871-9. (*Un ouvrage très complet et largement répandu sur les procédés des matériaux.*)

Lascoe, O.D. (1988). *Handbook of Fabrication Processes*. Columbus, OH, USA: ASM International, Metals Park. ISBN 0-87170-302-5. (*Une référence de base pour les procédés de fabrication.*)

19.10 Exercices

Exercice E19.1 Le tableau ci-dessous donne des valeurs typiques de résistance et de ténacité pour quelques alliages cuivreux, coulés et forgés. Reporter ces valeurs dans une carte de propriétés (en échelle logarithmique) et l'utiliser pour répondre aux questions suivantes :

(a) Comment se comparent les alliages coulés et forgés, si l'on considère leur ténacité à résistance fixée ?

(b) Classer les mécanismes de durcissement indiqués dans le tableau par ordre croissant d'efficacité.

(c) Est-ce que les tendances observées en (a) et (b) sont similaires à celles mentionnées pour les alliages d'aluminium (fig. 8.15) ?

Alliage	Procédés	Mécanisme principal de durcissement	Limite élastique (MPa)	Ténacité ($MPa{\cdot}m^{1/2}$)
Cu pur	Coulé	Aucun	35	105
Cu pur	Laminé à chaud	Ecrouissage	80	82
Bronze (10% Sn)	Coulé	Solution solide	200	55
Bronze (30% Zn)	Coulé	Solution solide	90	80
Bronze (30% Zn)	Forgé + recuit	Solution solide	100	75
Bronze (30% Zn)	Forgé	Solution solide+ écrouissage	400	35
Cu – 2% Be	Forgé + traité thermiquement	Précipitation	1000	17

Exercice E19.2 Les propriétés spécifiques excellentes des fibres naturelles et synthétiques ont été montrées à la figure 19.14. Il est aussi intéressant d'explorer d'autres propriétés mesurant la performance – par exemple, la densité d'énergie élastique maximale stockée. Le tableau ci-après résume quelques valeurs typiques pour différentes fibres, avec pour comparaison les énergies pour des polymères massifs et l'acier.

Calculer les indices de performance pour ces matériaux suivant les critères suivants : (a) énergie élastique maximale stockée par unité de volume, σ_f^2/E ; (b) énergie élastique maximum stockée par unité de masse, $\sigma_f^2/E\rho$.

Lequel de ces matériaux arrive en tête suivant ces deux critères ? Lequel de ces deux critères est le plus important pour une corde d'escalade ? Pourquoi est-il difficile d'exploiter au maximum les propriétés des fibres ?

	Chanvre	Soie	Nylon massif	Fibre aramide	Fibre polyester	Fibre PE	Fibre nylon	Fil d'acier
Module élastique (GPa)	8	11.0	2.5	124	13	2.85	3.9	210
Résistance (MPa)	300	500	63	3930	784	1150	616	1330
Densité (kg/m^3)	1490	1310	1090	1450	1390	950	1140	7800

19.11 Conception assistée avec le logiciel CES

Exercice E19.3 Utiliser le niveau 3 du logiciel CES pour explorer les propriétés des alliages Cu–Ni et en déduire le module d'élasticité, la limite élastique, la ténacité et la résistivité électrique du cuivre pur, du nickel pur et d'une sélection d'alliages Cu–Ni, par exemple 10%, 30%, 70% Ni. Représenter graphiquement comment ces propriétés varient avec la composition de Ni (entre 0 et 100%).

(Remarquer que dans CES, on peut représenter la composition de l'élément dominant sur un axe de la carte – essayer donc de représenter la propriété considérée en fonction de la composition en % de Cu, en sélectionnant les alliages Cu–Ni et Ni–Cu pour couvrir toute la gamme, y inclus le Cu et le Ni purs.)

(a) Quelles sont les propriétés qui suivent à peu près une loi linéaire de mélange entre les valeurs du Cu pur et du Ni pur ?

(b) Les alliages répertoriés dans CES ne sont pas des alliages binaires Cu–Ni. Quelles sont les propriétés qui semblent le plus influencées par l'ajout d'éléments d'alliage ?

Exercice E19.4 Utiliser le niveau 3 du logiciel CES pour représenter la résistance et la ténacité du magnésium et de ses alliages. Comment se comparent les variantes coulées et forgées ?

Exercice E19.5 Les données stockées pour les polymères dans le logiciel CES incluent comme paramètre le pourcentage de matériau de charge ajouté. Représenter graphiquement en fonction de ce pourcentage et explorer l'influence de cette charge sur le module d'élasticité et la résistance des polymères PA, PP et de l'époxy. Comment ce matériau de charge affecte-t-il la ténacité et le prix/kg de ces polymères ?

Chapitre 20
Matériaux, procédés et environnement

Puissance du vent. (Image reproduite avec l'autorisation de Leica Geosystems, Suisse.)

Contenu du chapitre

20.1 Introduction et présentation du chapitre

Consommant de très grandes quantités de matériaux, l'industrie est de ce fait dépendante de leur approvisionnement. Nous commencerons donc ce chapitre par un survol de la consommation des matériaux les plus utilisés. L'augmentation de la population mondiale et du niveau de vie moyen a une incidence directe sur la croissance de cette consommation – un aspect qui n'est pas viable à long terme. Trouver des moyens d'utiliser les matériaux de manière plus efficace est une condition sine qua non pour un développement durable.

Mais il y a un problème plus immédiat: l'utilisation actuelle des matériaux a un lourd impact sur l'environnement dans lequel nous vivons. L'environnement a une certaine capacité d'adaptation, c'est-à-dire qu'il peut tolérer un certain niveau d'impact sans dommage à long terme. Mais il est clair que l'activité humaine (ou anthropique) actuelle dépasse ces limites de plus en plus fréquemment, avec un impact direct sur la qualité du monde dans lequel nous vivons et mettant en danger le bien-être des générations à venir. Une *conception prenant en compte l'environnement* ou *ecodesign* est généralement interprétée comme un effort de conception et d'adaptation des moyens de production actuels corrigeant les effets connus et mesurables de dégradations de l'environnement; l'échelle de temps dans cette réflexion est typiquement d'environ 10 ans, soit la durée de vie moyenne des produits. Une *conception durable* est la vision à long terme: celle d'une adaptation de notre style de vie qui prend en compte les besoins actuels sans mettre en péril les besoins des générations futures. L'échelle de temps ici est moins claire – elle se mesure en décades ou en siècles – et l'effort d'adaptation requis est bien sûr beaucoup plus grand.

20.2 Consommation des matériaux et croissance de la demande

Consommation des matériaux Très globalement, nous consommons environ 10 milliards (10^{10}) de tonnes de matériaux dans l'industrie chaque année. La figure 20.1 donne sous forme d'histogramme en échelle logarithmique la consommation annuelle des principaux matériaux utilisés actuellement. Elle donne plusieurs indications intéressantes. La barre à l'extrême gauche donne pour comparaison la consommation annuelle des hydrocarbures – pétrole et charbon – soit une quantité colossale de 9 milliards de tonnes par année. Directement à côté, nous trouvons les métaux. Dans cette échelle logarithmique, la consommation d'acier (le métal le plus utilisé) apparaît à peine plus importante que celle de l'aluminium qui arrive en deuxième position; en fait, la consommation d'acier est d'environ un ordre de grandeur plus élevée que celle de l'ensemble de tous les autres métaux. L'acier peut ne pas avoir l'image high-tech d'autres matériaux tels que le titane, les composites renforcés par fibres de carbone, ou plus récemment les nanomatériaux, il n'en reste pas moins le plus utilisé grâce à sa polyvalence, sa résistance, sa ténacité, son coût faible, sa grande disponibilité et sa capacité d'être facilement recyclé.

Les polymères apparaissent à côté des métaux: il y 50 ans, leur consommation était très faible, mais aujourd'hui, la consommation totale des principaux polymères (polyéthylène (PE), polychlorure de vinyle (PVC), polypropylène (PP) et polyéthylène-téréphthalate (PET)) commence à avoisiner celle de l'acier, même en tonnage (compte tenu de leur densité, leur volume annuel de production est donc bien plus élevé).

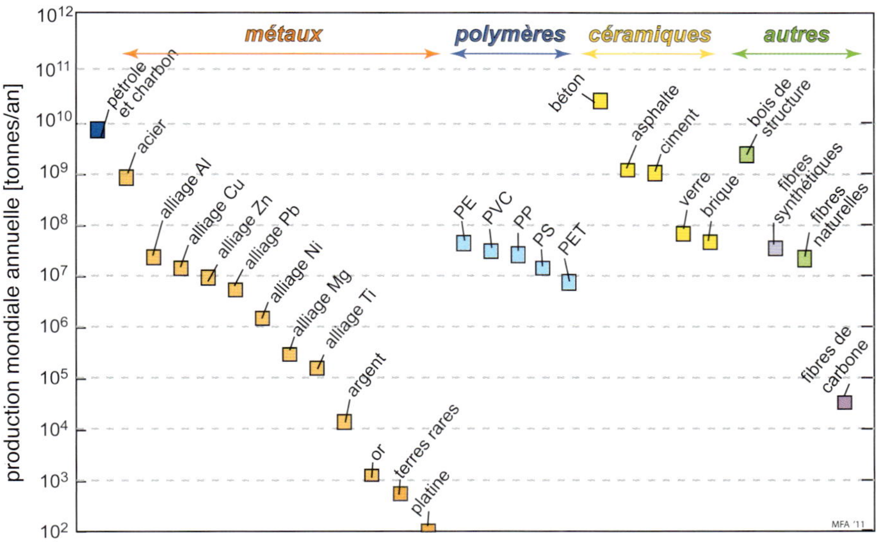

Figure 20.1 Consommation annuelle des hydrocarbures (barre de gauche) et des principaux matériaux utilisés par l'industrie (les autres barres).

Les matériaux arrivant nettement en tête en terme de consommation sont clairement ceux liés à la construction. A part l'acier largement utilisé dans ce secteur, la consommation de bois dépasse celle de l'acier, même exprimée en tonnage (échelle de l'histogramme). Avec presque un ordre de grandeur de différence dans leurs densités, la consommation de bois exprimée en m^3/année éclipse totalement celle de l'acier. Encore plus élevée, notre consommation de béton dépasse celle de tous les autres matériaux utilisés. Mais si l'on enlève les pierres et le gravier qui constituent environ 90% du béton, le ciment (les autres 10%) se rapproche alors du tonnage de l'acier. Les autres matériaux de construction les plus utilisés sont ensuite l'asphalte (pour les routes) et le verre.

La dernière barre de l'histogramme est celle d'un matériau en pleine progression: il s'agit de la consommation annuelle de fibres de carbone. Encore en dessous de la limite inférieure de l'histogramme il y a à peine 20 ans, la consommation de fibres atteint aujourd'hui celle du titane et croît rapidement.

Les barres de cet histogramme correspondent aux matériaux les plus utilisés: parmi les quelque 160 000 matériaux répertoriés aujourd'hui, ils représentent probablement 99.9% de la consommation totale annuelle mesurée en tonnes. C'est un fait important à considérer lorsqu'on parle d'impact sur l'environnement, car l'impact d'un matériau donné est proportionnel au niveau de sa production.

Croissance de la consommation La plupart des matériaux sont utilisés à un rythme qui croît exponentiellement avec le temps (fig. 20.2), tout simplement parce que la population mondiale et le niveau de vie moyen croissent exponentiellement. Une conséquence dramatique de cette croissance est illustrée par la remarque suivante: avec un taux de croissance de la consommation de seulement 3% par an, nous allons extraire, traiter et éliminer

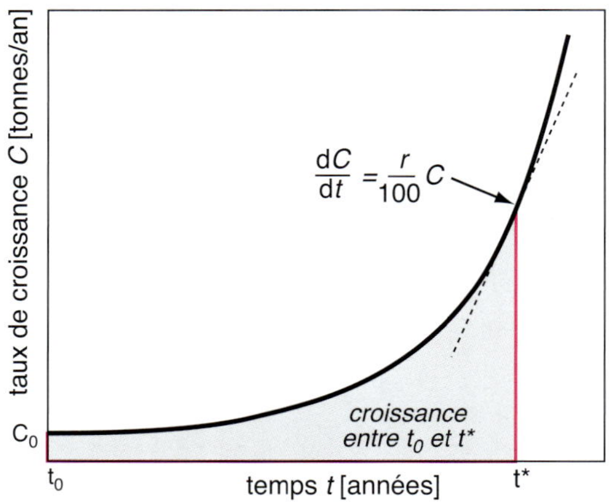

Figure 20.2 Croissance exponentielle. La consommation *C* est doublée sur une période $t_d \approx 70/r$, si *r* est le taux de croissance annuel (en %).

(ou recycler) dans les 25 ans à venir autant de matériaux que pendant toute l'histoire technologique de l'humanité (voir exercices). En effet, si la consommation actuelle en tonnes par année est C, une croissance exponentielle implique que:

$$\frac{dC}{dt} = \frac{r}{100}C \qquad (20.1)$$

où, avec un taux relativement faible de croissance (1-5% par année), *r* peut être vu comme une augmentation relative de la consommation pour chaque année. En intégrant cette relation, on obtient:

$$C = C_0 \exp\left\{\frac{r(t-t_0)}{100}\right\} \qquad (20.2)$$

où C_0 est le taux de consommation au temps $t = t_0$. Le *temps pour le doublement* t_D de la consommation est obtenu en posant simplement $C/C_0 = 2$, ce qui donne:

$$t_D = \frac{100}{r}\log_e(2) \approx \frac{70}{r} \qquad (20.3)$$

Après une période de stagnation, la consommation d'acier croît à nouveau, principalement à cause de la croissance de la Chine; avec une augmentation de 4% par année, la consommation doublera dans environ 18 ans. La consommation des polymères augmente de 5% par an – soit un doublement sur 14 ans. Pendant les années de pleine croissance – par exemple les années 1960 et 1970, – la production de polymères a crû beaucoup plus rapidement que cela, avec un taux de 18% par an (soit un doublement de la production tous les quatre ans)!

Exemple 20.1

Un total de 5 millions de voitures ont été vendues en Chine en 2007, 6.6 millions en 2008. Quel est le taux annuel de croissance, en % par an, des ventes de voitures ? Si 15 millions de voitures roulaient déjà en Chine fin 2007, et que le taux de croissance reste ce qu'il est, combien de voitures y aura-t-il en 2020, en faisant l'hypothèse que le nombre de voitures mises hors circulation pendant cette période est négligeable ?

Solution. Commençons avec l'équation (20.2)

$$C = C_0 \exp\left\{\frac{r(t - t_0)}{100}\right\}$$

En posant $C = 6.6 \times 10^6$ et $C_0 = 5 \times 10^6$, avec $(t - t_0) = 1$ an, nous trouvons $r = 27.8\%$ par an.

Le nombre total de voitures mises en circulation sur les 13 années suivantes peut être obtenu en intégrant la production annuelle sur cette période, soit :

$$Q_{t^*} = \int_{t_0}^{t^*} C\mathrm{d}t = \frac{100\ C_0}{r}\left(\exp\left\{\frac{r(t^* - t_0)}{100}\right\} - 1\right)$$

Avec $C_0 = 5 \times 10^6$ (le nombre de voitures en 2007), $r = 27.8\%$ par an et $(t^* - t_0) = 13$ ans, le nombre total de nouvelles voitures mises en circulation d'ici 2020 est $Q_{t^*} = 650 \times 10^6$. A ce nombre (si l'on veut être pointilleux) il faut encore ajouter le nombre déjà en circulation en 2007, soit un total de 655×10^6 – un demi-millard – soit 100 fois plus qu'en 2007 !

Comme on le voit, une telle économie nécessite toujours plus de matériaux, presque tous provenant de sources non renouvelables. Un développement durable ne peut donc être conçu que si l'on comprend le cycle de vie des matériaux, sujet de la prochaine section.

20.3 Cycle de vie des matériaux et critères d'évaluation

Evaluation du cycle de vie et énergie Le cycle de vie des matériaux est illustré à la figure 20.3. Le minerai et la matière première, extraits des réserves de la terre, sont traités pour obtenir des matériaux ; ceux-ci sont ensuite mis en forme pour avoir des produits, qui sont ensuite utilisés, et dont une fraction est recyclée en fin de vie, le reste étant incinéré ou mis dans une décharge. Dans cette boucle, de l'énergie et des matériaux sont consommés à chaque étape, avec par ailleurs un coût environnemental en CO_2, SO_x, NO_x et autres émissions – chaleur et déchets gazeux, liquides et solides. Tous ces *facteurs de stress* ou *facteurs d'impact* sur l'environnement sont estimés par une technique appelée *analyse du cycle de vie* (LCA en anglais pour « *life-cycle analysis* »). Une analyse rigoureuse du cycle de vie d'un produit doit évaluer en détails les impacts sur l'environnement de chaque étape du cycle, en répertoriant et en quantifiant les différents facteurs de stress. Ceci demande de connaître l'histoire du produit à un niveau de détails qui n'est connu en général qu'après l'avoir produit

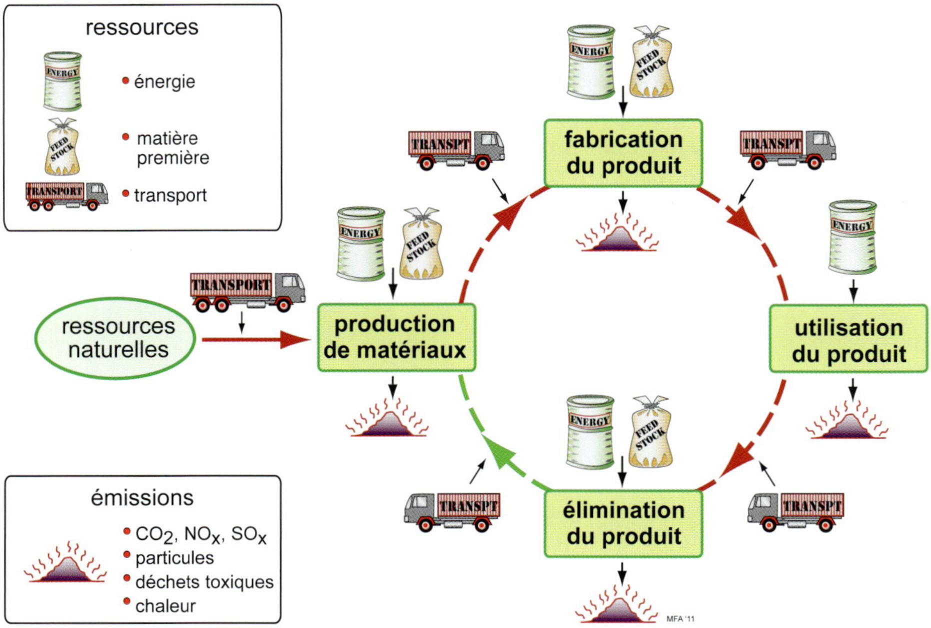

Figure 20.3 Cycle de vie des matériaux. Le minerai et la matière première sont extraits et traités pour obtenir un matériau. Il est ensuite mis en forme pour obtenir un produit qui est ensuite utilisé. En fin de vie, le matériau usagé est éliminé ou recyclé. De l'énergie et des matériaux sont consommés à chaque étape, tout en générant des déchets (émissions de gaz, liquides, solides).

et utilisé. Par conséquent, la LCA est un outil de comparaison et d'évaluation de produits existants, plutôt qu'un guide servant à la conception de nouveaux produits.

Une analyse LCA complète, coûteuse en temps et en argent, a malheureusement de la peine à surmonter le problème que 80% de l'impact environnemental de la fabrication d'un produit est fixé dans les premières étapes de la conception, lorsque de nombreuses décisions sont encore ouvertes. Ceci a conduit les ingénieurs à développer des méthodes LCA plus approximatives et plus « épurées », qui cherchent à combiner un coût acceptable et une précision suffisante pour guider utilement les preneurs de décision, le choix des matériaux faisant bien sûr partie des décisions. Mais même là, il y a encore un problème : un concepteur, devant prendre des décisions sur plusieurs aspects environnementaux plus ou moins liés entre eux, va inévitablement avoir de la peine à savoir comment utiliser et pondérer les différentes données à sa disposition. Par exemple, comment pondérer les émissions de CO_2 et de SO_x d'une part, et l'appauvrissement des ressources, la toxicité ou la facilité de recyclage d'autre part ?

Cette perception a conduit à réduire à un seul *indicateur* les informations relatives à l'environnement pour la fabrication d'un produit, en pondérant chaque facteur d'impact par un poids correspondant. L'utilisation d'un seul indicateur d'impact environnemental est bien sûr critiquée par certains. Le principal objet de discorde est le poids attribué à chacun des facteurs d'impact. Mais la méthode est aussi jugée comme opaque, l'indicateur n'ayant pas de signification physique directe. Mais dans ce domaine, il y a au moins un point d'accord international : le Protocole de Kyoto de 1997 oblige tous les pays signataires de cet accord à réduire leurs émissions de CO_2. Au niveau national, l'attention est surtout portée à réduire la consommation d'énergie, mais celle-ci étant étroitement liée à la production de gaz carbonique, le résultat est presque le même. Il y a donc une certaine logique à fonder des décisions de conception sur la consommation énergétique et la génération de CO_2 ; de tels critères sont plus facilement admis qu'un indicateur assez obscur. Nous poursuivrons donc cette route, en nous basant sur l'énergie consommée comme principal indicateur d'impact environnemental. Mais auparavant, il nous faut définir quelques grandeurs.

20.4 Définitions et mesures : énergie intrinsèque, énergie de mise en forme et valeur en fin de vie

Energie intrinsèque H_m et empreinte CO_2 L'*énergie intrinsèque* ou *embarquée* associée à un matériau (les Anglais utilisent l'expression *embodied energy* qui est plus évocatrice) est l'énergie mise en œuvre pour en créer 1 kg – 1 kg d'acier brut, ou de granules de PET ou de poudre de ciment, par exemple –, mesurée en MJ/kg. L'*empreinte* CO_2 est la quantité de gaz carbonique émise pour produire ce même kilogramme de matériau, en kg/kg. Il est tentant de vouloir estimer l'énergie intrinsèque via la thermodynamique du procédé utilisé – par exemple, extraire l'aluminium à partir de l'oxyde requiert de fournir une énergie libre égale à celle pour son oxydation (au signe près). Cette quantité d'énergie est nécessaire, certes, mais elle n'est pas suffisante. Les rendements thermodynamiques des procédés utilisés dans la pratique sont faibles, atteignant rarement 50%. Seule une partie de la quantité produite est utilisable – la fraction de rebut peut aller de quelques pourcents à plus de 10%. Les matières premières utilisées dans le procédé d'extraction contiennent elles-mêmes une énergie, ne serait-ce que pour leur transport. L'usine elle-même implique des coûts d'éclairage, de chauffage, de maintenance. Et si une usine est dédiée à la seule fabrication du matériau ou du produit, il faut aussi ajouter l'énergie utilisée lors de sa construction, avec un facteur d'amortissement sur sa durée de vie.

Par conséquent, l'énergie intrinsèque est plus facilement et plus précisément prise en compte par un décompte d'*entrée-sortie*. Par exemple, pour un matériau tel que des lingots de fer, de la poudre de ciment ou des granules de PET, l'énergie intrinsèque par kg est trouvée en comptabilisant sur une période donnée la quantité totale d'énergie nécessaire à la production (y incluses celles introduites de manière cachée comme l'énergie intrinsèque de la matière première), et en la divisant par la quantité totale de produits utilisables sortis de l'usine. Le haut de la figure 20.4 montre, de manière très simplifiée, les entrées pour une production de PET : dérivés du pétrole, tels que naphthalène et autres matières premières, énergie directe (avec un rendement de 34% si l'énergie électrique est produite par une centrale thermique) et énergie pour le transport de la matière première vers l'usine. Celle-ci

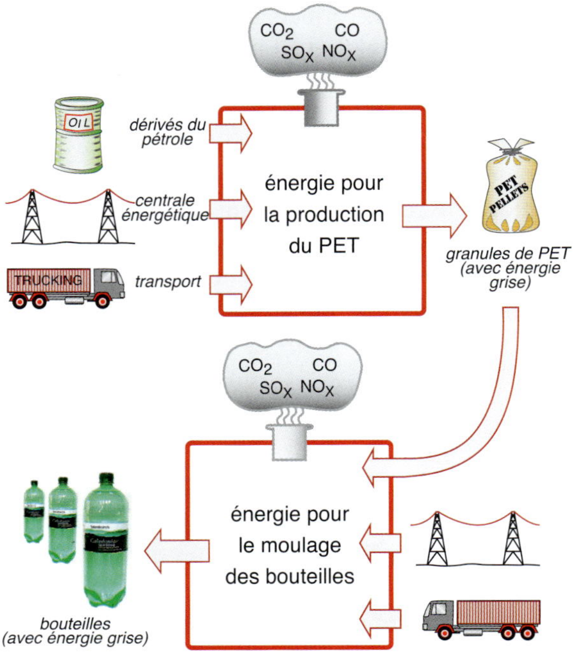

Figure 20.4 Schéma simplifié des entrées-sorties pour la production de granules de PET (donnant l'énergie intrinsèque de ce matériau en MJ/kg), servant ensuite à la production de bouteilles (énergie intrinsèque + mise en forme en J/bouteille).

ayant une certaine production horaire de granules de PET utilisables, l'énergie intrinsèque du PET, $(H_m)_{PET}$, calculée souvent en MJ/kg, est donnée par :

$$(H_m)_{PET} = \frac{\sum \text{énergies entrant dans l'usine par heure}}{\text{masse de granules de PET produite par heure}}$$

L'*énergie du procédé de mise en forme* H_p associée à un produit est l'énergie, en MJ, utilisée pour mettre en forme 1 kg de ce matériau, en incluant toutes les étapes, et créer un composant ou un produit. Les polymères sont typiquement moulés, soufflés ou extrudés ; les métaux sont coulés, forgés ou usinés ; les céramiques sont mises en forme par frittage. Une énergie caractéristique sera associée à chacun de ces procédés. En poursuivant l'exemple du PET, les granules deviennent maintenant l'entrée (éventuellement après transport) d'une usine de soufflage de bouteilles PET pour les boissons, comme indiqué dans la partie inférieure de la figure 20.4. Il n'y pas lieu de faire la liste des entrées – puisque c'est pour l'essentiel l'énergie intrinsèque du PET définie auparavant $(H_m)_{PET}$. Le résultat de l'analyse est l'énergie requise pour la mise en forme du matériau, en l'occurrence des bouteilles, comptée en MJ/kg de matériau mis en forme ou en J/unité produite.

Il y a encore plusieurs étapes avant que le produit n'atteigne le consommateur pour remplir sa fonction, en l'occurrence être bu : remplissage, filtration et contrôle de l'eau, transport de l'eau et des bouteilles jusqu'à la fabrique de mise en bouteilles, étiquetage, livraison au distributeur, puis au magasin, réfrigération avant la vente, etc. Toutes ces énergies s'ajoutent aux énergies intrinsèque et de mise en forme des bouteilles pour donner finalement ce que l'on appelle *énergie grise* d'un produit, c'est-à-dire l'ensemble de toutes les énergies non apparentes au consommateur pour, dans le cas présent, lui donner l'opportunité de boire de l'eau froide !

Le *potentiel de fin de vie* d'un produit ou d'un matériau résume ses utilisations possibles en fin de vie : possibilité d'être recyclé en un produit identique ou en un autre produit, souvent de qualité moins exigeante, possibilité d'être biodégradé en composte ou de produire de l'énergie par combustion contrôlée, ou enfin, la solution la moins écologique, possibilité de l'enterrer dans une décharge sans contaminer la terre ou la nappe phréatique dans le futur.

Recyclage : rêves et réalités Nous achetons, utilisons et jetons du papier, des emballages, des canettes, des bouteilles, des télévisions, des ordinateurs, des meubles, des pneus, des voitures, etc. Pourquoi ne pas récupérer les matériaux que tous ces objets contiennent ? Quoi de plus simple !

Si vous y pensez, pensez-y bien. Tout d'abord quelques faits. Toujours pour simplifier, on peut considérer deux types de « déchets », terme pris ici pour désigner des matériaux ayant un potentiel de recyclage. Les déchets produits sur le site d'élaboration des matériaux ou de mise en forme des produits, c'est-à-dire les rebuts, les chutes ou tout autre déchet résultant de la production, sont effectivement recyclés à presque 100 %, c'est-à-dire qu'on les ré-injecte en amont de la chaîne de production. C'est la situation idéale. Mais une fois que le matériau est relâché hors de l'usine, la réalité est tout autre. En effet, il peut se trouver dans des composants qui peuvent être petits, en très grand nombre et très dispersés ; il peut être assemblé avec d'autres matériaux ; il peut être peint ou revêtu d'une couche protectrice ; son utilisation peut l'avoir contaminé. Pour pouvoir le réutiliser dans ce cas, il doit être d'abord collecté (chose pas toujours facile), puis séparé d'autres composants ou d'autres matériaux, identifié, décontaminé, fractionné et enfin retraité. La collecte prend du temps et est par conséquent chère. Une séparation imparfaite des éléments pose des problèmes : par exemple, des traces de cuivre ou d'étain diminuent fortement les propriétés des aciers ; du fer résiduel fragilise l'aluminium ; les métaux lourds (plomb, cadmium, mercure) sont inacceptables dans de nombreux alliages ; des contaminations de PVC rendent le PET inutilisable, et des colorants, de l'eau ou tout autre plastique étranger font que la plupart des polymères ne peuvent plus être utilisés pour leur première fonction et doivent être envisagés pour des applications moins exigeantes (un phénomène connu en anglais sous le nom de *down-cycling*).

Malgré ces difficultés, le recyclage peut être économique, énergétiquement et financièrement. C'est le cas notamment des métaux : l'énergie par kg dépensée lors du recyclage de l'aluminium est environ un dixième de l'énergie nécessaire pour obtenir le métal primaire ; ce rapport étant d'environ un tiers pour l'acier. La contamination inévitable lors de l'utilisation des matériaux est contrebalancée par une dilution avec suffisamment de métal vierge ajouté. Le recyclage des métaux est donc économique et contribue dans une grande mesure à diminuer la consommation d'énergie.

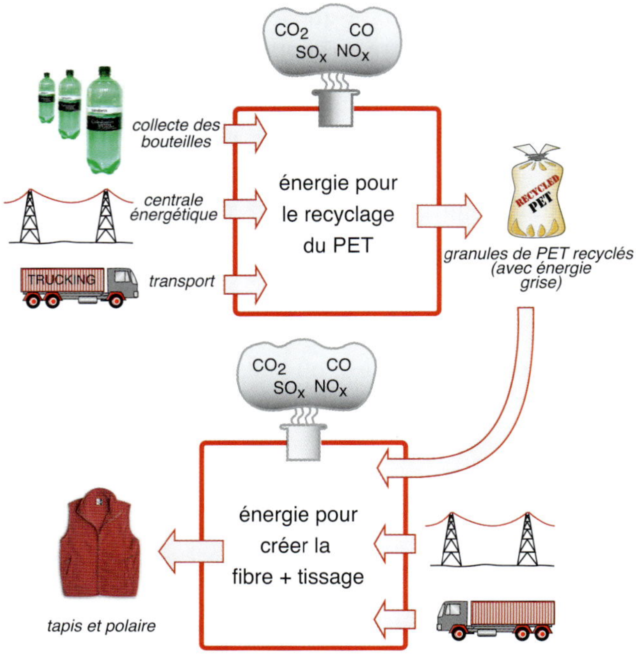

Figure 20.5 Schéma simplifié des entrées-sorties pour le recyclage du PET servant ensuite à faire des produits de plus basse qualité, tels que des habits en laine polaire.

Le tableau pour les plastiques n'est pas aussi souriant. La partie supérieure de la figure 20.5 le montre pour le PET. Les bouteilles de ce matériau sont récupérées et livrées à l'usine de recyclage comme un mélange de polymères – essentiellement du PET, mais aussi avec des bouteilles en PE et PP. Le tableau 20.1 donne une liste des étapes nécessaires au recyclage du PET, chacune d'elles demandant de l'énergie, avec le résultat donné dans le tableau 20.2. Le tout donne un bilan positif d'énergie, mais pas si grand – typiquement 50%.

Le recyclage du PET est donc viable d'un point de vue énergétique. Mais l'est-il d'un point de vue économique ? Le temps, dans la production et la fabrication comme dans la vie, c'est de l'argent ! La récolte, l'inspection, la séparation et le séchage sont des procédés qui prennent du temps, et chaque minute ajoute des euros au coût. Si l'on ajoute à cela que la qualité du matériau recyclé est moins bonne que le matériau originel, ce qui limite son utilisation à des produits de qualité moins exigeante, le PET de recyclage ne peut pas être utilisé pour faire à nouveau des bouteilles, comme indiqué dans la partie inférieure de la figure 20.5. Le tableau 20.2 donne une liste des prix courants du marché pour des granules de cinq polymères courants, vierges et recyclés. Si ces matériaux recyclés étaient aussi bons que les originaux, leur prix serait le même ; en fait, il dépasse rarement la moitié. Par conséquent, avec les technologies actuelles, le coût du recyclage des plastiques est élevé et leur prix de vente est bas, ce qui n'est de toute évidence pas une très bonne combinaison.

Tableau 20.1 Etapes consommant de l'énergie pour le recyclage du PET.

1. Récolte	7. Fusion
2. Inspection	8. Filtration
3. Fractionnement	9. Pelletisation
4. Lavage	10. Emballage
5. Séparation par flottaison	11. Coût d'exploitation
6. Séchage	12. Transport

Tableau 20.2 Energie intrinsèque et coût du marché pour des plastiques primaires et recyclés.

Polymère	Energie embarquée (MJ/kg)		Prix† ($/kg)	
	Primaire	*Recyclé*	*Primaire*	*Recyclé*
HDPE	82	40	1.9	0.9
PP	82	40	1.8	1.0
PET	85	55	2.0	1.1
PS	101	45	1.5	0.8
PVC	66	37	1.4	0.9

*valeurs approximatives; voir logiciel CES Edu pour plus de détails.
†prix du marché, décembre 2005.

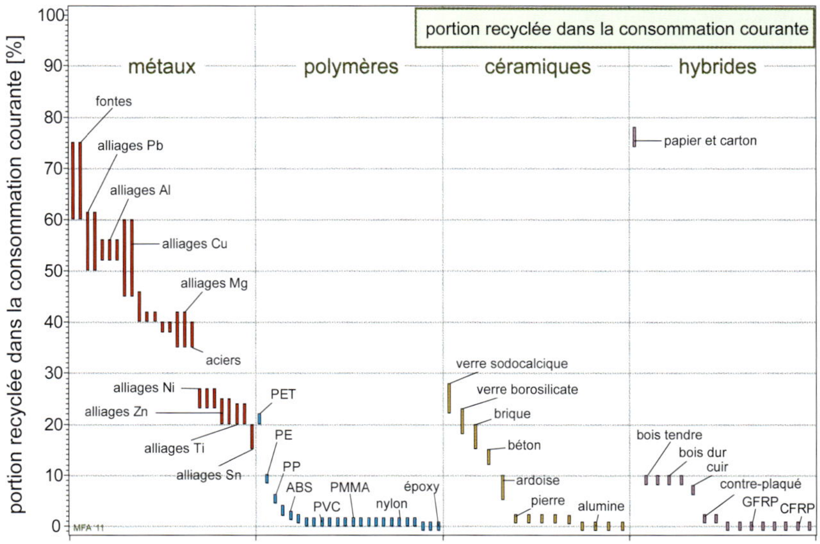

Figure 20.6 Pourcentage de matériau recyclé par rapport à la quantité consommée. Pour les métaux, le taux est élevé, mais il est faible pour les polymères (valeurs de 2005).

Les conséquences de cet état de fait sont montrés à la figure 20.6. Celle-ci montre le pourcentage des métaux et des plastiques recyclés, ainsi que d'autres matériaux. Pour chaque matériau, ce taux correspond à la quantité vendue provenant du recyclage divisée par la quantité totale. Pour les métaux, ce taux est élevé : l'essentiel du plomb, environ une moitié de l'acier et un tiers de l'aluminium que nous utilisons aujourd'hui a été déjà utilisé au moins une fois auparavant. Pour les plastiques, la seule réussite, pourtant modeste, est celle du PET, avec un taux de recyclage d'environ 20%, avec des fractions comparables pour le verre et la brique. Pour les autres matériaux, le taux de recyclage est de 15% ou moins, voire nul pour beaucoup. Les prix des hydrocarbures et la législation pourraient changer cela à l'avenir, mais pour l'instant force est de constater que le recyclage de beaucoup de matériaux est très faible.

Les demandes énergétiques des produits Avec ces bases posées, on peut maintenant analyser la consommation d'énergie des produits dans chacun de leurs quatre cycles de vie illustrés à la figure 20.3. La procédure est de tabuler les principaux composants d'un produit, avec leurs matériaux et leurs poids. Les énergies embarquée et de mise en forme du produit sont alors estimées en multipliant les poids respectifs et les énergies spécifiques H_m et H_p, et en les sommant. Par ailleurs, l'énergie consommée par des produits consommateurs d'énergie peut être estimée en regardant leur puissance, leur cycle de fonctionnement et la source d'où est tirée cette puissance. A cela, il faudrait encore ajouter l'énergie requise pour la maintenance et le service durant toute la durée de vie du produit. L'énergie pour achever le cycle de vie du produit est plus difficile à estimer : de l'énergie peut être récupérée lors de l'incinération, une partie du matériau peut être recyclée, mais comme nous l'avons dit auparavant, le recyclage coûte aussi de l'énergie en termes de récolte, tri, démontage, etc. Les coûts de transport peuvent être estimés en considérant les distances et l'énergie requise par km et par kg du mode de transport choisi.

En dépit des incertitudes sur plusieurs de ces données, le résultat de telles analyses est souvent très révélateur. La figure 20.7 présente des évidences pour différentes catégories de produits. Cela a deux caractéristiques significatives avec des implications importantes. Les produits de la rangée supérieure consomment de l'énergie de par leur fonction, et l'énergie pour leur fonctionnement est clairement beaucoup plus grande que l'énergie requise pour les fabriquer. Les produits de la rangée inférieure sont moins dépendants de l'énergie, mais coûtent en matériaux ; pour ceux-ci, l'énergie embarquée des matériaux domine. Si l'on souhaite faire de grandes économies, il faut bien sûr viser en premier lieu la phase la plus gourmande en énergie. Lorsque les différences entre énergie embarquée, énergie de mise en forme, énergie pour le fonctionnement et énergie pour le transport sont si grandes, une réduction des autres facteurs a peu d'impact sur le total et la précision de connaissance de H_m et H_p n'est pas un problème – une erreur d'un facteur 2 change peu le résultat. Il est dans la nature des personnes conduisant des études LCA de vouloir connaître aussi précisément que possible toutes les données, c'est compréhensible. Mais les ingénieurs et les concepteurs doivent aussi avoir le pragmatisme d'aller de l'avant, même avec des données imprécises, en reconnaissant que des jugements corrects peuvent être déduits de données imprécises.

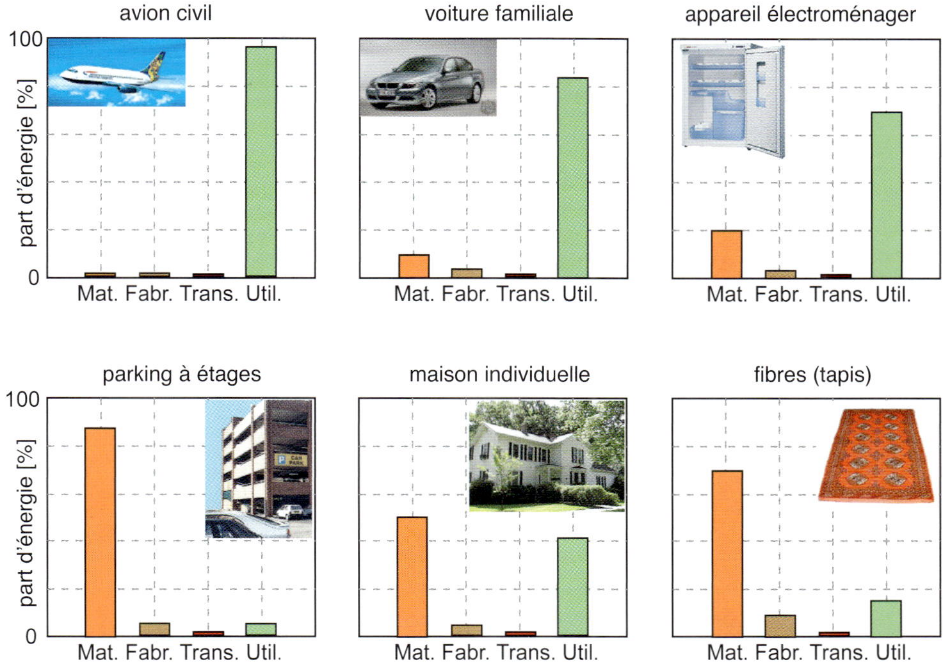

Figure 20.7 Valeurs approximatives des énergies consommées à chaque étape de la figure 20.3 pour différents produits d'utilisation courante. Les colonnes indiquent en pourcentages l'énergie embarquée, (« Mat. »), l'énergie pour la fabrication (« Fabr. »), l'énergie pour le transport (« Trans. »), et l'énergie consommée pendant la durée de vie du produit (« Util. »).

20.5 Cartes des énergies embarquées

Cartes d'énergies intrinsèques Les figures 20.8 et 20.9 montrent l'énergie intrinsèque de plusieurs matériaux, par kg et par m^3. Lorsque l'on considère les données massiques, les métaux, et en particulier les aciers, apparaissent comme des solutions attractives, demandant moins d'énergie pour être produits que les polymères. Mais sur une base volumétrique, la comparaison apparaît alors plus favorable aux polymères. Les alliages légers tels que ceux à base d'aluminium, de magnésium et de titane sont particulièrement gourmands en énergie, avec une valeur intrinsèque élevée que cela soit en masse ou en volume. D'où la question : quelle base doit-on choisir pour faire une comparaison qui ait un sens lorsque l'on cherche à minimiser l'énergie intrinsèque ? La réponse est la même que celle utilisée pour minimiser la masse ou le coût : il faut minimiser l'énergie intrinsèque par rapport à une grandeur basée sur la *fonction* du produit, d'où la construction des deux cartes suivantes.

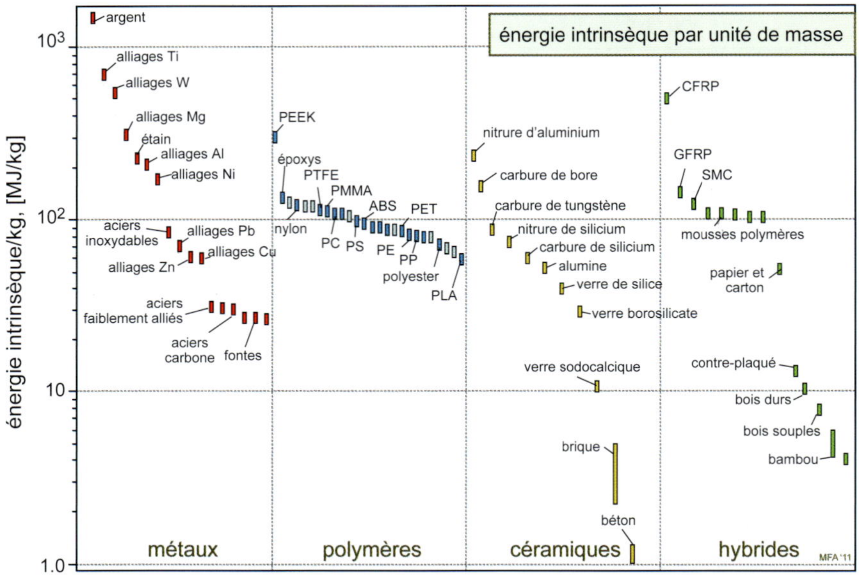

Figure 20.8 Cartes de l'énergie intrinsèque de plusieurs matériaux courants, par unité de masse. Dans cette unité, les polymères sont plus gourmands en énergie que beaucoup de métaux.

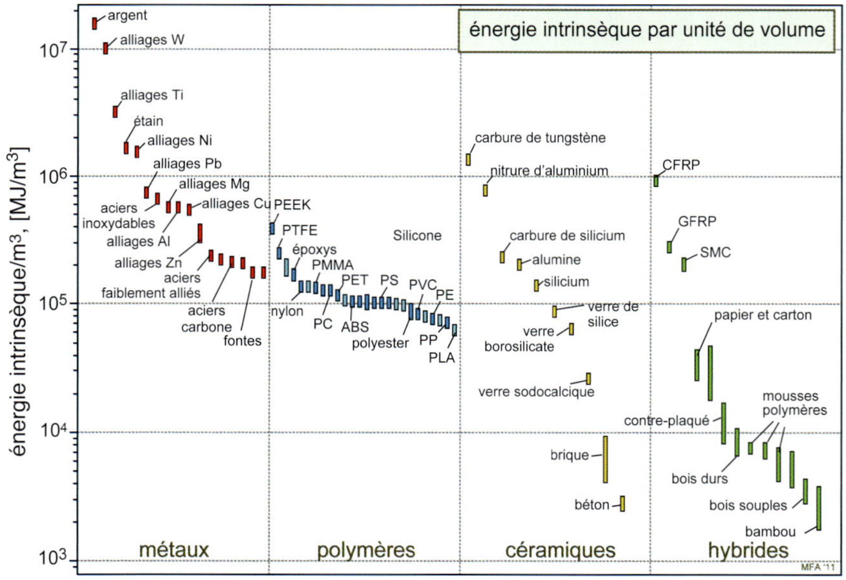

Figure 20.9 Carte de l'énergie intrinsèque de plusieurs matériaux courants par unité de volume. Dans cette unité, les polymères sont moins gourmands en énergie que les métaux.

Cartes de propriétés pour l'énergie intrinsèque dans la conception de structures Les chapitres précédents ont montré les compromis à faire pour la conception de structures. La fonction du dispositif à concevoir peut par exemple être de supporter une charge avec une déformation minimale, ou sans rupture, tout en minimisant sa masse. Pour cela, nous avions établi des cartes de module élastique–masse spécifique ou de résistance–masse spécifique. Si maintenant l'objectif est toujours d'optimiser la fonction, mais en minimisant cette fois l'énergie intrinsèque du matériau utilisé pour ce dispositif, nous devons pouvoir disposer de cartes équivalentes.

Les figures 20.10 et 20.11 présentent deux cartes de sélection permettant de minimiser l'énergie intrinsèque des matériaux H_m par unité de rigidité et de résistance mécanique, respectivement. La première donne le module élastique E en fonction de $H_m\rho$; les trois droites dans le coin inférieur-droit indiquent les trois types d'indice de performance les plus courants. La seconde donne la résistance mécanique σ_y en fonction de $H_m\rho$; avec à nouveau les trois critères de sélection. Les deux contiennent des informations sur les matériaux permettant une minimisation de l'énergie intrinsèque. Elles sont utilisées de la même manière que les cartes correspondantes pour la minimisation de la masse, E–ρ et σ_y–ρ.

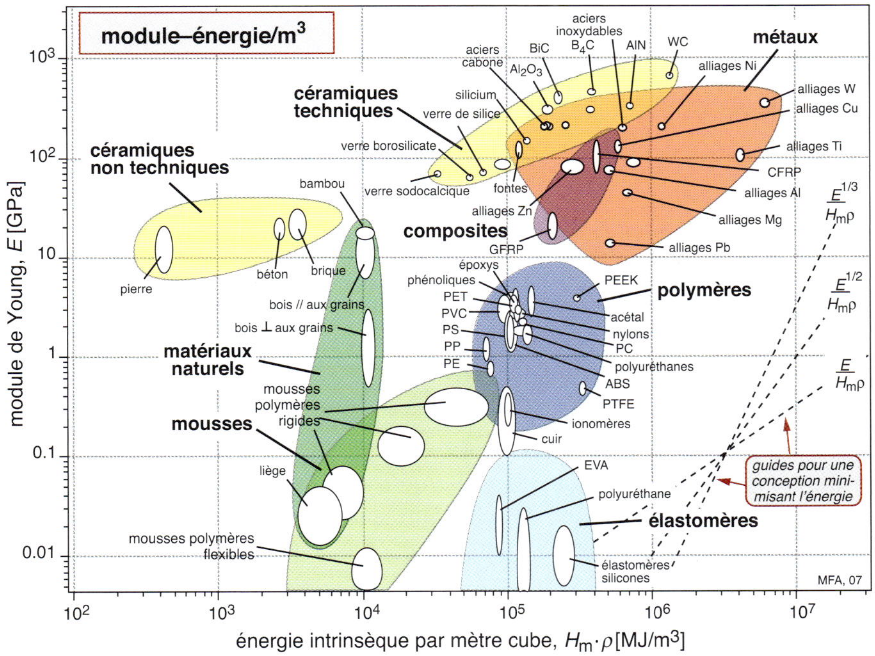

Figure 20.10 Carte CES du module élastique en fonction de l'énergie intrinsèque par unité de volume. Elle est l'équivalente de la carte E–ρ (fig. 4.6) et s'utilise de la même manière.

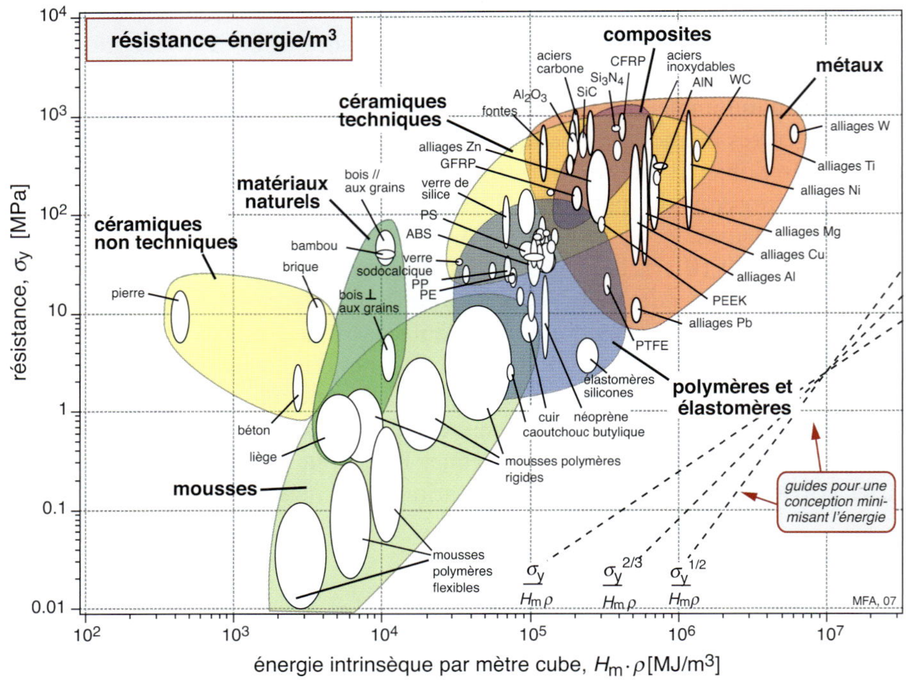

Figure 20.11 Carte CES de la résistance mécanique–énergie intrinsèque par unité de volume. Elle est équivalente à la carte σ_y–ρ (fig. 6.6) et s'utilise de la même manière.

20.6 Sélection des matériaux pour une conception écologique

Pour une sélection de matériaux basée sur un respect de l'environnement, la première question à se poser lors de la conception est: quelle est l'étape du cycle de vie du produit qui a le plus d'impact sur l'environnement? De cette réponse dépendra l'utilisation des données comme indiqué à la figure 20.12.

L'étape de production des matériaux Si l'étape de production des matériaux est celle consommant le plus d'énergie, c'est elle qu'il faut considérer en priorité. Les contenants de boissons sont un bon exemple: ils consomment l'essentiel de l'énergie lors de la production des matériaux et de leur mise en forme et, mis à part le transport et la réfrigération, ne consomment plus d'énergie ensuite. Dans ce cas, il faut clairement sélectionner des matériaux dont l'énergie intrinsèque et la quantité nécessaire à la fonction sont minimales. La figure 20.7 indique que les structures de génie civil – bâtiments, ponts, routes – sont également très gourmandes en matériaux, et là aussi l'énergie intrinsèque de ces derniers est l'élément prioritaire à considérer dans une conception respectant l'environnement. Les architectes et les ingénieurs en génie civil prennent en compte cet aspect avec aussi, bien sûr, pour les bâtiments, l'efficacité énergétique des structures.

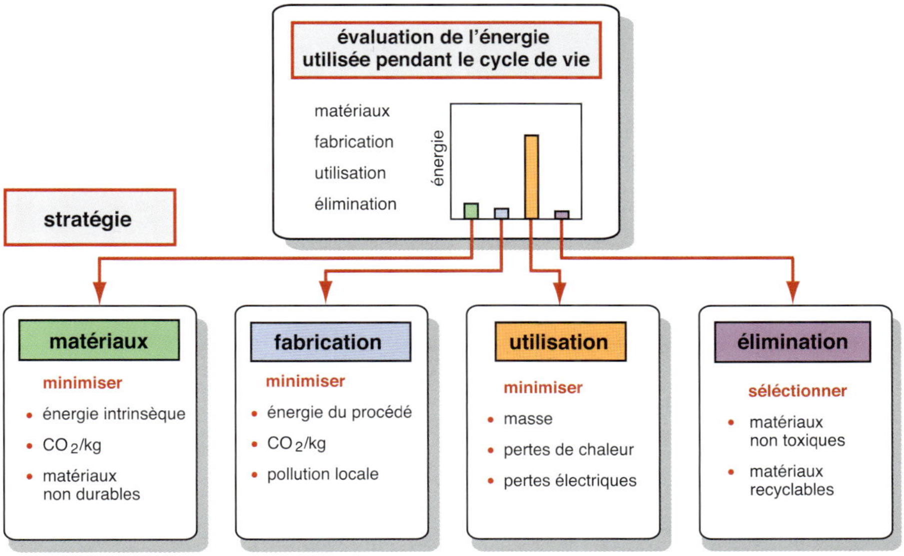

Figure 20.12 Une utilisation rationnelle des données de matériaux relatives à l'environnement commence par une analyse des étapes du cycle de vie devant être considérées en priorité. La décision donne alors un guide sur la méthode de sélection à utiliser pour minimiser l'impact sur l'environnement de l'étape ou des étapes concernées.

L'étape de production des produits L'énergie de mise en forme des matériaux est généralement beaucoup plus faible que celle requise pour leur élaboration. Bien sûr, il faut chercher à économiser l'énergie pendant cette étape, mais il est souvent plus important d'y considérer en priorité l'impact sur l'environnement d'émissions toxiques ou de déchets. Cela dépend beaucoup des cas considérés, mais de toute manière, la réponse à cette étape est de viser une fabrication « propre ».

L'étape d'utilisation L'impact écologique des produits lors de leur utilisation n'a rien à voir directement avec l'énergie intrinsèque des matériaux les composant – en effet, une minimisation de cette dernière a souvent l'effet inverse sur l'énergie consommée lors de l'utilisation. L'énergie consommée pendant cette étape dépend des rendements mécanique, thermique et électrique, qui doivent être les plus élevés possibles.

Le rendement des carburants dans les systèmes de transport (mesuré par exemple en MJ/km ou MJ/km/passager) est étroitement lié au poids du véhicule lui-même; l'objectif devenant alors de minimiser leur masse. Ceci apparaît clairement dans la figure 20.13, qui montre la consommation d'environ 4000 modèles de voitures européennes en fonction de leur masse à vide, par type de moteurs (les voitures de luxe ou de sport, indiquées par un symbole rouge sont à part – la consommation de carburant n'étant pas leur priorité). Les droites sont des régressions linéaires à travers ces points: la consommation la plus basse, à travers les symboles verts, correspond aux moteurs diesel, puis vient la consommation des

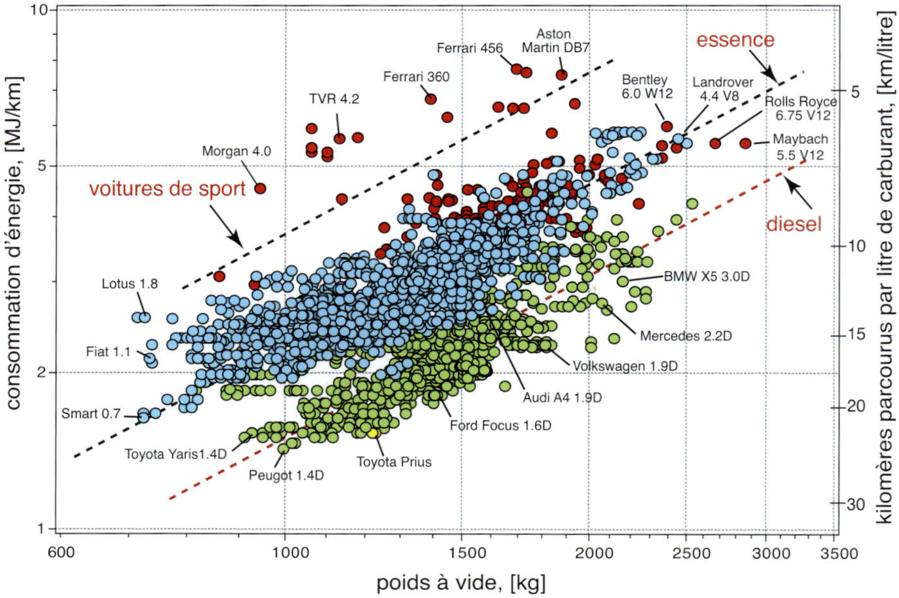

Figure 20.13 Energie consommée par km (échelle de gauche) et nombre de km parcourus par litre de carburant pour des voitures européennes, modèles 2005, en fonction de leur masse à vide. Les symboles verts sont pour les moteurs diesel, les symboles bleus pour les moteurs à essence, et les symboles rouges pour les voitures dont le premier critère est la performance (ou le luxe). Les lignes en traitillé sont des ajustages par moindres carrés des points correspondant à chaque catégorie. On remarque la dépendance quasi linéaire de la consommation en fonction du poids.

moteurs à essence (les points bleus). Un modèle hybride (symbole jaune) est également indiqué. La corrélation entre consommation et poids est évidente. Par conséquent, une conception basée sur une *masse minimale*, discutée abondamment dans les précédents chapitres, est de rigueur; elle est valable autant pour une conception respectueuse de l'environnement que pour une conception basée sur une performance optimale.

L'efficacité énergétique de systèmes de réfrigération ou de chauffage est directement donnée par le minimum de chaleur entrant ou sortant du système considéré (une fois le type d'échangeur de chaleur ou de chauffage fixé). On pourra donc l'optimiser en minimisant la conductivité thermique (en régime stationnaire) et l'inertie thermique (en régime instationnaire). L'efficacité énergétique de générateurs, de systèmes de transmission ou de conversion électriques est optimisée en partie par une minimisation des pertes ohmiques dans les conducteurs (sans parler des pertes électromagnétiques dans un ferromagnétique d'un transformateur, ou des rendements d'une turbine à gaz). Un des objectifs est alors de minimiser la résistance électrique en prenant en compte les contraintes mécaniques, économiques, etc. La sélection pour de telles situations est bien documentée dans les chapitres précédents ainsi que dans les lectures complémentaires mentionnées en fin de celui-ci.

L'étape de destruction/recyclage Les conséquences environnementales de la fin de vie d'un produit sont nombreuses. Il faudrait idéalement suivre les règles suivantes :

- Eviter l'utilisation de matériaux toxiques tels que métaux lourds et organo-métalliques qui, dans une décharge, vont contaminer le sol et/ou la nappe phréatique.
- Eviter l'utilisation de matériaux non recyclables, car le recyclage permet d'économiser des ressources en matériaux et de l'énergie, mais en prenant en compte aussi l'influence de ces matériaux sur les autres étapes du cycle de vie du produit.
- Chercher à maximiser le recyclage des matériaux pour lesquels c'est possible, même si le recyclage peut s'avérer difficile pour les raisons données auparavant.
- Si le recyclage s'avère impossible, chercher alors à maximiser l'énergie récupérée par une combustion contrôlée.
- Considérer des matériaux biodégradables ou photodégradables, bien que les conditions dans une décharge soient en général de type anaérobique, rendant alors les processus de dégradation inefficaces.

L'implantation de ces règles demande des informations sur la toxicité, le potentiel de recyclage, les caractéristiques de combustion et de biodégradabilité. Le logiciel CES fournit des données sur ces différents aspects.

Etude de cas : les barrières de sécurité Les barrières de sécurité protégeant le conducteur et les passagers d'un véhicule routier lors d'un choc sont de deux types : les statiques (par exemple, les glissières d'une autoroute) et les mobiles (les pare-chocs du véhicule) (fig. 20.14). Les glissières d'autoroutes s'étendent sur des milliers de kilomètres. Une fois mises en place, elles ne consomment pas d'énergie, ne créent pas de CO_2 et ont une grande durée de vie. Les étapes dominantes de leur cycle de vie au sens de la figure 20.7 sont celles liées aux matériaux et à leur mise en forme. Les pare-chocs, en revanche, font partie du

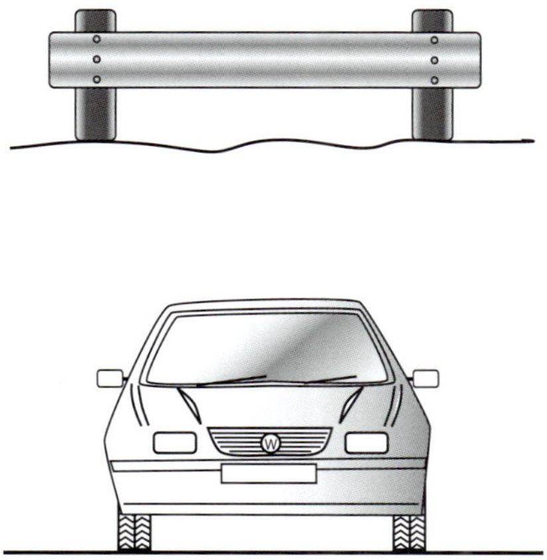

Figure 20.14 Deux dispositifs en cas de chocs, l'un statique – la glissière de sécurité –, l'autre mobile – le pare-chocs – attaché au véhicule, pour lesquels des critères différents de conception basée sur l'impact environnemental devront être considérés.

véhicule; leur poids s'ajoute à celui du véhicule et donc contribue à augmenter la consommation d'essence. Dans ce cas, l'étape dominante d'un point de vue énergétique est celle de leur usage. On voit donc que la conception de ces deux types de protection, avec prise en compte de l'impact environnemental, devra considérer des critères différents.

La fonction d'une glissière est de transférer la charge au point d'impact sur la structure. L'énergie cinétique du véhicule lors de l'impact est alors transférée en déformation de la glissière et de la structure, ainsi qu'en déformation d'éléments absorbants dans le véhicule. Pour cela, le matériau de la glissière doit avoir une résistance adéquate, σ_y, et la possibilité d'être mis en forme facilement, à bas coût et (pensant également à la fin de son cycle de vie) également recyclable. Les critères pour le pare-chocs doivent aussi satisfaire ces conditions, mais en plus avec une masse minimale pour optimiser le poids du véhicule et donc sa consommation. Nous savons du chapitre 7 que le critère de choix pour ce dernier est donné par l'indice

$$M_1 = \frac{\sigma_y}{\rho}$$

où σ_y est la résistance en traction et ρ la densité du matériau. Pour la glissière de sécurité, c'est l'énergie intrinsèque et non le poids qui est important. En adoptant un objectif d'*énergie intrinsèque minimale*, nous cherchons alors un matériau maximisant l'indice

$$M_2 = \frac{\sigma_y}{H_m \rho}$$

où H_m est l'énergie intrinsèque par kg du matériau.

La carte de la figure 7.8 nous guide dans le choix du matériau du pare-chocs, avec une résistance spécifique maximale. Les polymères renforcés par des fibres de carbone (CFRP) sont excellents par rapport à ce critère, mais ils ne sont pas recyclables. Plus lourds, mais recyclables, les alliages de magnésium, de titane ou d'aluminium sont une alternative. Les céramiques sont à proscrire de par leur fragilité et leur difficulté de mise en forme et d'assemblage.

La carte de la figure 20.11 nous donne un critère de sélection pour les glissières, pour lesquelles nous cherchons à minimiser l'énergie intrinsèque. L'indice M_2 est reporté dans la figure 20.15 qui montre que, les céramiques mises à part à cause de leur fragilité, l'optimum est de sélectionner les aciers au carbone, les fontes de fer ou le bois, les autres matériaux étant assez loin derrière.

Une conception basée sur la rigidité est très similaire. Nous avions vu aux chapitres 4 et 5 un critère basé sur la masse minimale. Dans le cas présent où l'on cherche à minimiser l'énergie intrinsèque, il suffit de remplacer ρ par $H_m\rho$.

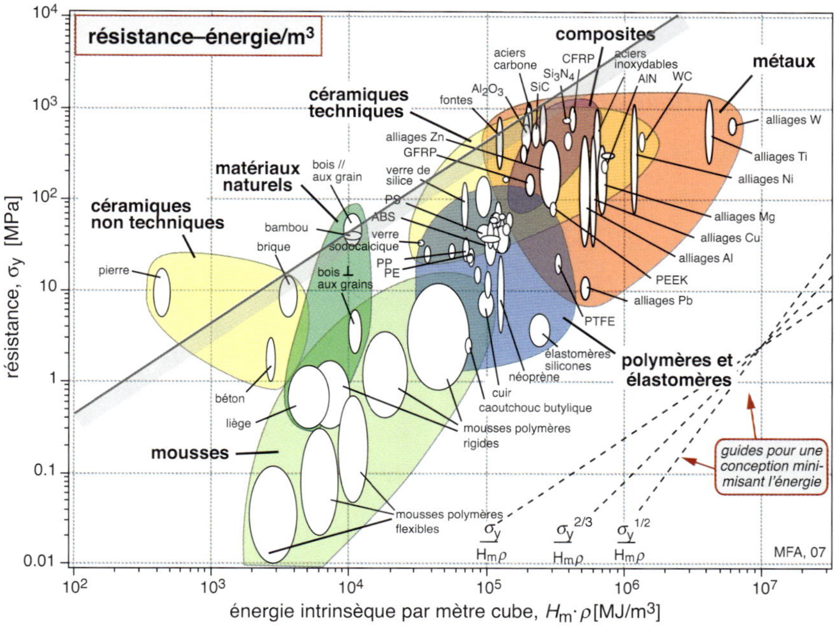

Figure 20.15 Sélection des matériaux pour un rapport résistance mécanique–énergie volumétrique intrinsèque optimal. Mises à part les céramiques, de nature fragile, les matériaux ayant le rapport optimal sont les fontes de fer, les aciers et le bois.

20.7 Résumé et conclusions

La sélection rationnelle des matériaux pour minimiser leur impact sur l'environnement consiste en premier lieu à identifier l'étape de leur cycle de vie qui a le plus grand impact : l'élaboration, la mise en forme, l'usage ou la disposition en fin de vie. Traiter tous ces aspects nécessite non seulement de connaître les attributs environnementaux des matériaux (énergie, CO_2 et autres émissions, toxicité, possibilité de recyclage, etc), mais également leurs propriétés (mécaniques, thermiques, électriques et chimiques). Par conséquent, si la production des matériaux est l'étape clé, alors il faudra minimiser l'énergie intrinsèque et/ou les émissions (production de CO_2 par exemple). Mais si c'est l'énergie consommée pendant l'usage d'un produit qui est prépondérante, il faudra alors optimiser le poids, l'isolation thermique ou encore les pertes ohmiques suivant la fonction considérée, tout en ne perdant pas de vue des considérations de rigidité, de résistance ou de coût. Les cartes de ce livre constituent un guide pour définir et optimiser ces objectifs. La base de données du logiciel CES contient des informations et des outils permettant une sélection beaucoup plus élaborée.

20.8 Annexe : quelques grandeurs utiles

Contenu énergétique des combustibles

Charbon, lignite	15–19 MJ/kg
Charbon, anthracite	31–34 MJ/kg
Huile	11.69 kWh/litre = 47.3 MJ/kg
Gaz	10.42 kWh/m^3
LPG	13.7 kWh/litre = 46.5–49.6 MJ/kg

Coûts énergétiques approximatifs en MJ par tonne et km de divers moyens de transport

Maritime	0.11
Fluvial	0.83
Ferroviaire	0.86
Routier	0.9–1.5, suivant la taille du camion (le coût baisse lorsque la taille augmente)
Aérien	8.3–15, suivant le type et la taille de l'avion

Facteurs de conversion

1 BthU = 1.06 kJ
1 kWh/kg = 3.6 MJ/kg
Un baril de pétrole = 42 gallons US = 159 litres = 138 kg = 6210 MJ
A $50 par baril, un dollar achète 124 MJ

20.9 Lectures complémentaires

Ashby, M. F. (2005). *Materials Selection in Mechanical Design* (3rd ed.). Oxford, UK : Butterworth-Heinemann. ISBN 0-7506-6168-2. (*Un texte plus avancé pour les aspects traités dans ce chapitre.*)

Brundlandt, D. (1987). *Report of the World Commission on the Environment and Development.* Oxford, UK : Oxford University Press. ISBN 0-19-282080-X. (*Un rapport très cité concernant la véracité et les difficultés potentielles d'assurer un développement durable.*)

Dieter, G. E. (1991). *Engineering Design, A Materials and Processing Approach* (2nd ed.). New York, USA : McGraw-Hill. ISBN 0-07-100829-2. (*Un ouvrage équilibré et respecté, axé sur la place des matériaux et des procédés dans la conception.*)

Goedkoop, M., Effting, S., & Collignon, M. (2000). *The Eco-indicator 99 : A Damage Oriented Method for Life Cycle Impact Assessment, Manual for Designers* (14 April 2000), http ://www.pre.nl. (*Une introduction aux éco-indicateurs, une technique pour fusionner tous les aspects environnementaux de l'élaboration et de la mise en forme des matériaux en un seul indicateur.*)

Graedel, T. E. (1998). *Streamlined Life-cycle Assessment.* New Jersey, USA : Prentice-Hall. ISBN 0-13-607425-1. (*Une introduction aux méthodes d'analyse de cycle de vie et aux moyens de les simplifier.*)

Protocole de Kyoto (1997). United Nations, *Framework Convention on Climate Change.* Document FCCC/CP1997/7/ADD.1 <http ://cop5.unfccc.de> O 14040/14041/14042/14043, 'Environmental management – life cycle assessment' and subsections, Genève, Suisse. (*Accord international pour combattre les changements climatiques.*)

20.10 Exercices

Exercice E20.1 Qu'est-ce que l'énergie intrinsèque par kilogramme d'un métal ? En quoi diffère-t-elle de l'énergie thermodynamique de la formation de l'oxyde, sulfure ou sulfate à partir desquels il est extrait ?

Exercice E20.2 Qu'est-ce que l'énergie de procédé ou de mise en forme par kilogramme d'un métal ? En quoi diffère-t-elle de la chaleur latente de fusion de ce métal pour un procédé de coulée ?

Exercice E20.3 Pourquoi les métaux peuvent-ils être beaucoup mieux recyclés que les polymères ?

Exercice E20.4 Le taux mondial de consommation des composites polymères renforcés par des fibres de carbone augmente de 8% chaque année. Dans combien d'années la consommation aura-t-elle doublé ?

Exercice E20.5 Démontrer l'affirmation faite dans le texte comme quoi « avec un taux de croissance de la consommation annuelle de 3%, nous extrairons, mettrons en forme, utiliserons et éliminerons plus de matériaux dans les prochaines 25 années que pendant toute l'histoire technologique de l'humanité ». Pour cela, faire l'hypothèse que la consommation a commencé avec le début de la Révolution industrielle, en 1750.

Exercice E20.6 Quelle est l'étape du cycle de vie la plus gourmande en énergie fossile consommée des produits suivants :

- Un grille-pain.
- Un garage pour deux voitures.
- Un vélo.
- Une moto.
- Une éolienne.
- Un remonte-pente.

Indiquer pour chaque cas le raisonnement en une phrase.

Exercice E20.7 Montrer que l'indice de sélection d'un panneau résistant, sollicité en flexion, ayant une énergie intrinsèque minimale est donné par :

$$M = \frac{\sigma_y}{H_m \rho}$$

Exercice E20.8 Utiliser la carte E–$H_m\rho$ de la figure 20.10 pour trouver le métal ayant un module élastique E plus grand que 100 GPa et une énergie intrinsèque par unité de volume minimale.

Exercice E20.9 Utiliser la carte σ_y–$H_m\rho$ de la figure 20.11 pour trouvez un matériau résistant pour des panneaux et ayant l'énergie intrinsèque par unité de volume minimale.

Exercice E20.10 Les pare-chocs de voitures étaient en général en acier mais de nos jours, l'aluminium ou les polymères renforcés par des fibres de verre l'ont remplacé. Les deux matériaux ont une énergie intrinsèque bien plus élevée que celle de l'acier. Soit deux pare-chocs en acier de 20 kg chacun et deux autres en aluminium de 14 kg chacun, à l'avant et à l'arrière du véhicule. Trouver une équation pour obtenir l'incidence sur la consommation d'essence d'un véhicule à essence en MJ/km sur la base des données de la figure 20.13.

(a) Quelle est l'énergie économisée en changeant les deux pare-chocs en acier par de l'aluminium, pour une voiture de 1500 kg ?

(b) Calculer ensuite si, en prenant une durée de vie du véhicule de 200 000 km, ce changement économise effectivement de l'énergie. On trouvera les énergies intrinsèques de l'acier et de l'aluminium dans la base de données du logiciel CES Niveau 2. Ignorer la différence d'énergie de mise en forme des deux types de pare-chocs – elle est faible. (Le contenu en énergie de l'essence est de 44 MJ/litre.)

(c) Le changement de l'acier en aluminium augmente aussi le prix du véhicule de 60 $. En utilisant le prix courant de l'essence, est-ce avantageux sur la période de vie du véhicule de faire un tel changement ?

20.11 Conception assistée avec le logiciel CES

Exercice E20.11 Sur la base des énergies intrinsèques spécifique (MJ/kg) et volumétrique (MJ/ m^3), établir un classement des trois matériaux courants : *acier bas carbone*, *alliage d'aluminium durci par précipitation* et *polyéthylène*. Utiliser pour cela les données du Niveau 2 de la base de données du logiciel CES Edu (prendre la moyenne des valeurs données pour chacun de ces trois matériaux). Ces matériaux une fois mis en forme remplissent une fonction primaire – rigidité, résistance mécanique, conduction thermique, etc. Quelle est la mesure appropriée d'énergie intrinsèque pour chaque fonction ?

Exercice E20.12 En utilisant le logiciel CES, établir un histogramme pour l'énergie intrinsèque des métaux et le comparer avec celui des polymères, les deux exprimés par unité de limite élastique. Il faudra utiliser la fonctionnalité avancée pour le choix des axes afin de représenter la fonction :

$$\text{énergie par unité de résistance} = \frac{\text{énergie intrinsèque} \times \text{densité}}{\text{limite élastique}}$$

Quels sont les matériaux les plus intéressants sur cette base ?

Exercice E20.13 Les contenants de boissons sont faits en matériaux très divers. Les masses de cinq types de matériaux utilisés pour cette fonction, ainsi que leurs énergies intrinsèques, sont données dans le tableau ci-dessous. Lequel de ces contenant a la plus faible énergie intrinsèque par unité de liquide contenue ?

Type de contenant	Matériau	Masse (g)	Energie intrinsèque (MJ/kg)
bouteille PET 400 ml	PET	25	84
bouteille de lait PE 1 l	PE haute densité	38	80
bouteille en verre 750 ml	verre	325	14
cannette Al 440 ml	alliage Al série 5000	20	200
cannette acier 440 ml	acier au carbone	45	23

Exercice E20.14 L'acier est obtenu par réduction de l'oxyde de fer, Fe_2O_3, avec du coke (carbone), l'aluminium lui provient d'un procédé de réduction par électrolyse de la bauxite, essentiellement de l'alumine Al_2O_3. L'enthalpie d'oxydation du fer en oxyde et de 5.5 MJ/kg, celle de l'aluminium de 20.5 MJ/kg. Comparer ces valeurs avec les énergies intrinsèques de la fonte de fer, des aciers au carbone et des alliages d'aluminium, fournies dans la base de données de CES (utiliser les valeurs moyennes pour chaque catégorie). Quelles conclusions en tirer ?

Exercice E20.15 Calculer l'énergie pour mouler du PET en faisant l'hypothèse qu'elle est égale à celle pour le chauffer de la température ambiante à son point de fusion T_m. Comparer cette valeur avec l'énergie réelle de moulage. On trouvera l'énergie de moulage, la chaleur spécifique et le point de fusion du PET dans la base de données de CES, Niveau 2 (utiliser les valeurs moyennes). Faire l'hypothèse que la chaleur latente de fusion du PET est égale à celle pour le chauffer jusqu'au point de fusion (en restant solide) à partir de la température ambiante. Quelles conclusions peut-on en tirer ?

Leçon guidée n° 1: quelques éléments de cristallographie

Contenu du chapitre

Introduction et présentation du chapitre

Bien que ne disposant pas de moyens pour le prouver, les anciens Grecs suspectaient déjà que les corps solides étaient faits d'atomes, arrangés de manière ordonnée et régulière pour former des cristaux. Aujourd'hui, au 21e siècle, les techniques de diffraction rayons X ou électronique ainsi que la microscopie électronique à très haute résolution nous permettent de vérifier qu'effectivement tous les solides sont constitués d'atomes et que la plupart, mais pas tous, ont une nature cristalline. Les métaux et céramiques utilisés de manière courante par les ingénieurs sont polycristallins, c'est-à-dire qu'ils comprennent une multitude de petits cristaux, ou grains, se touchant les uns les autres à des frontières appelées joints de grains. Les propriétés de tels matériaux – résistance mécanique, rigidité, ténacité, conductivité électrique, etc. – sont fortement influencées par leur structure cristalline et leur structure de grains. Il est donc important de pouvoir décrire ces dernières.

Le terme « cristallographie » désigne la discipline qui décrit en 3 dimensions d'espace l'arrangement des atomes et des molécules dans les cristaux. Des structures cristallines et non cristallines (ou amorphes) simples ont déjà été introduites dans ce livre. Dans ce chapitre, nous approfondissons ce sujet et explorons un plus large éventail de structures, la notion d'espaces interstitiels (importante pour comprendre par exemple la dureté des aciers), ainsi que la manière conventionnelle de décrire des plans ou des directions dans un cristal (notion essentielle pour la production d'aubes de turbines monocristallines ou la réalisation de microcircuits électroniques).

Des exercices sont donnés dans les parties 1-4, exercices que nous vous recommandons de faire en cours de lecture. Des solutions sont fournies à la fin de chaque module.

PARTIE 1 : Structures cristallines

Un cristal peut être vu comme la répétition géométrique, en 3 dimensions d'espace, d'un groupe d'atomes ou de molécules, appelé *motif*, selon un *réseau cristallin*. Cette répétition (et le motif élémentaire) dicte la symétrie du cristal. En fait, on peut montrer qu'il n'y a que 14 réseaux cristallins distincts. Si vous êtes un cristallographe, vous devez tous les connaître[1]. Mais la plupart des matériaux utilisés par les ingénieurs, au moins en ce qui concerne les métaux, ont des structures cristallines simples sur lesquelles nous allons nous concentrer.

La plus grande majorité des 92 éléments stables du tableau périodique sont des métaux, et parmi ceux-ci, la plupart (68 d'entre eux) ont l'une des trois structures simples introduites au chapitre 4 : cubique à faces centrées (CFC), cubique centrée (CC) et hexagonale compacte (HC). Nous commençons par les reconsidérer brièvement.

La structure cubique à faces centrées (CFC) La structure CFC est la répétition d'une cellule unitaire, ou maille, cubique ayant un atome à chaque coin et un atome au centre de chaque face. Les plus proches voisins d'un atome quelconque se trouvent selon les diagonales des

[1] Un cours plus complet et plus avancé 'Teach Yourself Crystallography' peut être téléchargé à partir du site d'enseignement Grantadesign.com/education/teachingresources.

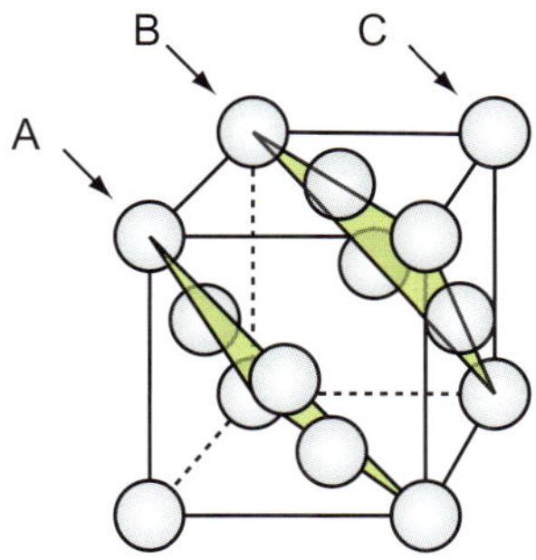

Figure GL1.1 Structure CFC montrant la séquence ABC de plans atomiques denses.

faces du cube. En considérant les atomes comme des sphères rigides empilées de manière compacte, les atomes se touchent donc selon ces directions. Les plans denses contenant ces sphères contiennent ces diagonales des faces et sont empilés selon une séquence ABCABC... (fig. GL1.1).

Parmi les éléments du tableau périodique, 17 ont une structure CFC. Les matériaux utilisés par les ingénieurs et ayant cette structure sont les suivants :

Matériau	Usage typique
Aluminium et ses alliages	Aéronautique, chassis et carrosserie des trains, camions, voitures, canettes boisson
Nickel et ses alliages	Aubes et disques de turbines
Cuivre et laiton α	Conducteurs électriques, paliers
Plomb	Batteries, toitures, revêtements de bâtiments
Aciers inoxydables austénitiques	Batterie de cuisine, génie chimique et nucléaire, cryogénie
Argent, or, platine	Bijouterie, monnaie, contacts électriques

Les métaux CFC ont les caractéristiques suivantes :

- Ils sont ductiles lorsqu'ils sont purs, s'écrouissent facilement mais redeviennent ductiles lorsqu'ils sont recuits, ce qui permet de les mettre en forme par divers procédés de déformation tels que laminage, forgeage, emboutissage.
- Ils sont généralement tenaces, résistants à la propagation de fissures (ce qui est traduit par leur ténacité à la rupture élevée, K_{1c}).
- Ils conservent leurs propriétés de ductilité et de ténacité jusqu'au zéro absolu, une caractéristique que peu d'autres structures possèdent.

***La structure cubique centrée** (CC)* La structure cubique centrée est à nouveau la répétition d'une maille unitaire cubique avec un atome sur chaque sommet et un atome au centre

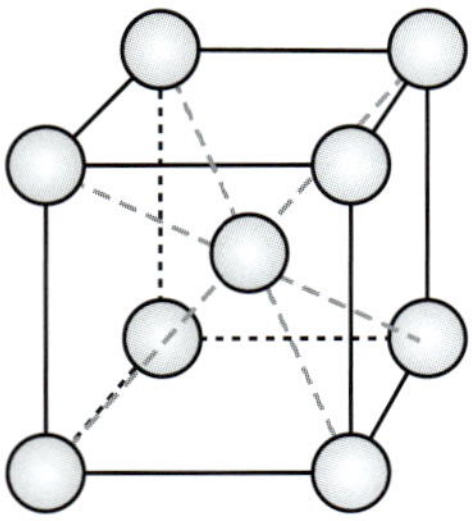

Figure GL1.2 Structure CC avec arrangement non compact des atomes.

(fig. GL1.2). En assimilant les atomes à des sphères en contact, celles-ci se touchent selon les grandes diagonales du cube.

Parmi les éléments métalliques du tableau périodique, 21 ont cette structure, la plupart étant des terres rares. Les plus couramment utilisés par les ingénieurs sont les suivants:

Matériau	Usage typique
Fer, acier doux	Le métal le plus couramment utilisé par les ingénieurs: construction, voitures, canettes, etc.
Aciers au carbone, aciers faiblement alliés	Composants de moteurs, outils, canalisations, générateurs
Tungstène	Filaments d'ampoules électriques
Chrome	Revêtement par bain électrolytique

Les métaux de type CC ont les caractéristiques suivantes:

- Ils sont ductiles, surtout à haute température, ce qui permet de les mettre en forme par des procédés de déformation tels que laminage, forgeage, emboutissage.
- Ils sont généralement tenaces, résistants à la propagation de fissures (ce qui est traduit par leur ténacité à la rupture élevée, K_{1c}) à température ambiante et au-delà.
- Ils deviennent fragiles à basse température. Ce changement de comportement ductile-fragile a lieu à une température définie qui limite leur utilisation en dessous de celle-ci.
- Leur résistance mécanique dépend de la température, même basse.
- Ils peuvent être durcis par des éléments de soluté interstitiels.

La structure hexagonale compacte (HC) La structure hexagonale HC est la répétition dans l'espace d'un prisme à base hexagonale, avec un atome à chaque coin, un au milieu de chacune des faces hexagonales et trois atomes à mi-hauteur. En assimilant les atomes à des sphères se touchant, l'empilement est une suite de plans empilés selon la séquence ABAB… (fig. GL1.3).

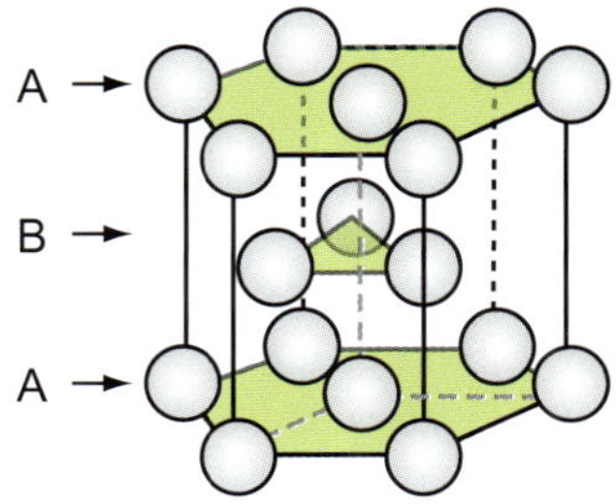

Figure GL1.3 Structure HC montrant la séquence ABA d'empilement des atomes.

Parmi les éléments métalliques du tableau périodique, 30 ont cette structure. Ce sont notamment :

Matériau	Usage typique
Zinc	Coulées en moule, revêtements
Magnésium	Structures légères
Titane	Composants légers et résistants pour les composants aéronautiques et les moteurs d'avions, génie chimique et biomédical
Cobalt	Superalliages pour hautes températures, implants osseux
Béryllium	Le plus léger des métaux HC; son utilisation est limitée par son prix et par sa toxicité potentielle

Les métaux HC ont les caractéristiques suivantes :

- Ils sont ductiles et peuvent donc être laminés, forgés ou emboutis, mais dans une moindre mesure comparés aux métaux CFC.
- Leur structure leur confère des propriétés plus anisotropes que celles des métaux CFC ou CC.

Exercices

E.1 Le cuivre a une structure CFC. Dessiner la troisième couche de plans denses sur la figure GL1.4, en bas à gauche, pour réaliser cette structure.

Figure GL1.4 Deux couches des plans compacts de la structure HC.

E.2 Le magnésium a une structure HC. Dessiner la troisième couche de plans denses sur la figure GL1.4, en haut à droite, pour réaliser cette structure.

E.3
(a) Combien d'atomes appartiennent en propre à la maille de la structure CFC ? (Indication : considérer combien de mailles voisines partagent les atomes des coins et des faces de la maille considérée.)
(b) Déterminer le facteur d'empilement atomique, soit la fraction volumique occupée par les atomes lorsqu'ils sont assimilés à des sphères pleines et rigides se touchant, pour la structure CFC. (Remarquer que les atomes se touchent alors selon les diagonales des faces de la maille.)
(c) Le diamètre atomique d'un atome de nickel est de 0.2492 nm. Calculer le paramètre de maille (la dimension d'une arête du cube) de sa structure CFC.
(d) La masse molaire du nickel est de 58.71 kg/kmol. Calculer sa densité. (Le nombre d'Avogadro pour 1 kmol est égal à 6.022×10^{26}.)

E.4 Répéter la même procédure qu'à l'exercice E.3 pour répondre aux questions suivantes :

(a) Déterminer le facteur atomique d'empilement de la structure CC, et la comparer à celle obtenue pour la structure CFC. (Noter que les atomes dans la structure CC se touchent selon les grandes diagonales de la maille.)
(b) Le diamètre du fer dans la structure CC est de 0.2482 nm. Calculer son paramètre de maille.
(c) La masse atomique du fer est de 55.85 kg/kmol. Calculer sa densité.

PARTIE 2 : Espaces interstitiels

Un espace interstitiel est l'espace libre laissé entre les atomes, considérés comme des sphères dures. Les structures CFC et HC en contiennent de deux types : les sites *tétraédriques* et les sites *octaédriques*. Ces deux types de sites sont indiqués à la figure GL1.5(a) et (b) pour la structure CFC. Ces endroits du réseau cristallin sont importants car des atomes étrangers suffisamment petits peuvent s'y loger. Pour ces deux structures, les sites tétraédriques peuvent accommoder sans déformation des sphères ayant un rayon jusqu'à 0.22 fois celui des atomes du réseau. Les sites octaédriques sont plus grands, jusqu'à … mais laissons cela pour l'exercice E.5. Les atomes constituant le réseau ne sont toutefois pas des sphères dures et peuvent donc accommoder des atomes étrangers légèrement plus grands avec de légères distorsions.

Ceci est particulièrement important pour les aciers au carbone. Ces aciers sont caractérisés par une structure cristalline de fer avec quelques atomes de carbone dans les sites interstitiels. Le fer a une structure CC (à température ambiante) qui, comme la structure CFC, contient des espaces libres (fig. GL1.5(c)). Ils sont de type tétraédrique et peuvent accommoder une sphère ayant jusqu'à 0.29 fois la taille des atomes du réseau sans déformation. Les atomes

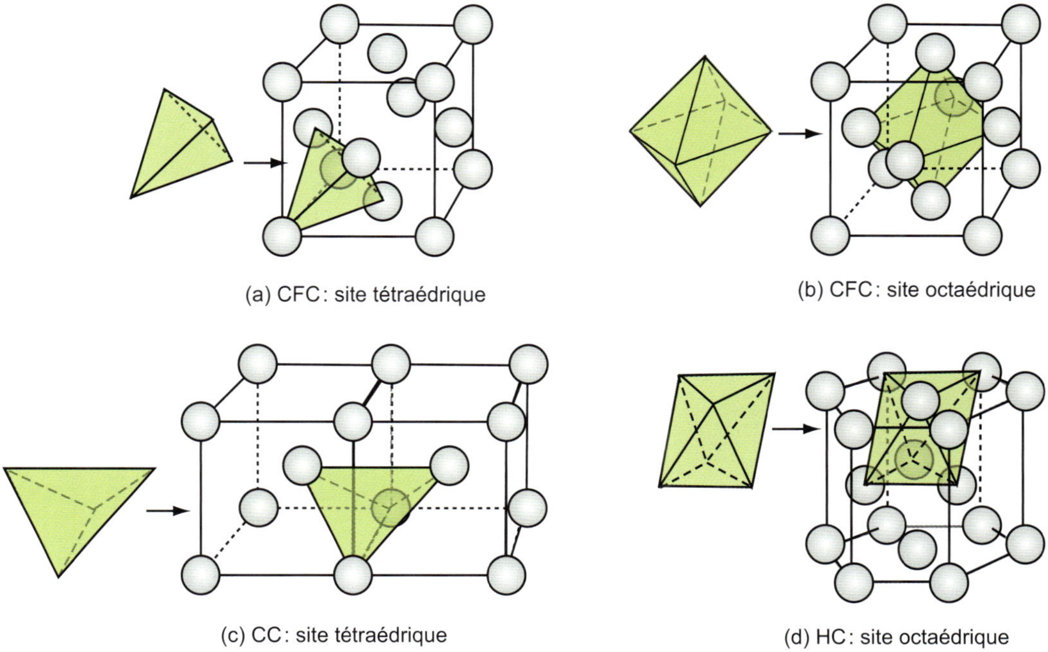

Figure GL1.5 (a) et (b) Types de sites interstitiels de la structure CFC, (c) site tétraédrique de la structure CC, (d) site octaédrique de la structure HC.

de carbone occupent donc ces sites, mais comme ils sont trop gros, ils distordent la structure. Ce sont ces déformations qui confèrent aux aciers leur résistance mécanique.

La structure HC, comme la structure CFC, contient les deux types de sites interstitiels, les plus grands étant les sites octaédriques (fig. GL1.5(d)) : ils ont la même taille que ceux de la structure CFC.

Nous reverrons ces notions de sites interstitiels dans un autre contexte : ils permettent de comprendre les structures de nombreux oxydes, carbures et nitrures.

Avant d'aborder le prochain sujet, quelques exercices sur les sites interstitiels.

Exercices

E.5 Calculer le diamètre de la plus grande sphère pouvant être logée dans un site octaédrique de la structure CFC. Prendre un diamètre unitaire pour les atomes du réseau.

E.6 La structure HC contient des sites octaédriques et tétraédriques. Identifier ces derniers dans la figure GL1.6.

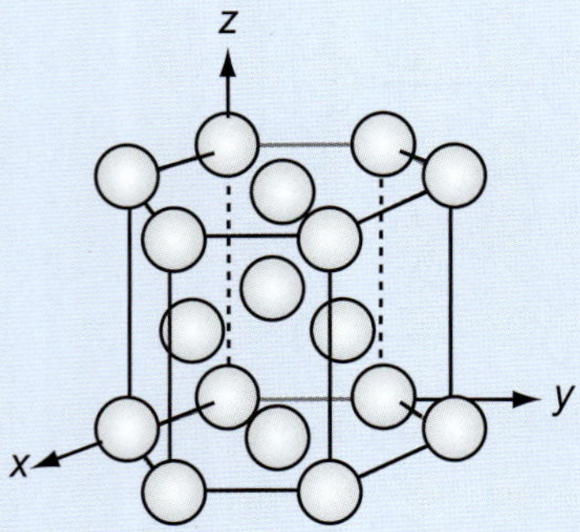

Figure GL1.6 Structure HC.

PARTIE 3 : Description d'un plan du réseau

Les propriétés d'un cristal dépendent de la *direction*. Par exemple, le module élastique du titane (HC) est plus élevé selon l'axe du prisme hexagonal que perpendiculairement à celui-ci. Cette différence peut être utile dans la conception d'une pièce : pour fabriquer des aubes de turbines en titane, par exemple, il est intéressant d'aligner cet axe hexagonal selon l'axe de l'aube pour un gain de rigidité. Le silicium, avec une structure cubique, s'oxyde de manière plus uniforme selon les faces du cube que sur d'autres plans, raison pour laquelle on coupe les plaquettes (« wafers ») selon ces faces. Pour cette raison (et bien d'autres), il est nécessaire de pouvoir décrire des plans et des directions dans un cristal. Les *indices de Miller* offrent cette possibilité.

Commençons par décrire ces indices pour des plans. Les indices de Miller d'un plan sont les inverses des coordonnées relatives des intersections de ce plan avec les axes définissant la structure, réduits aux plus petits entiers.

La figure GL1.7 montre comment trouver les indices de Miller pour quelques plans. Dessiner un plan dans la maille qui *ne* contient *pas* l'origine – s'il la contient, tracer un plan parallèle qui ne la contient pas. Etendre le plan pour qu'il coupe les trois axes. Mesurer sur ces axes les longueurs intersectées, en termes de multiples des trois longueurs des axes respectifs, et prendre les inverses. (Si le plan est parallèle à un axe, il le coupe à l'infini et l'inverse est donc zéro.) Réduire le résultat aux plus petits entiers en multipliant les trois nombres obtenus par le même nombre, de telle sorte à éliminer les fractions ou obtenir des entiers plus petits. Les six petits dessins de la figure montrent ainsi des plans (100), (110), (111), (211), $(1\bar{1}1)$ et (112); la notation $\bar{1}$ signifie que le plan coupe l'axe correspondant (y dans ce cas) en –1. Vérifier ces indices.

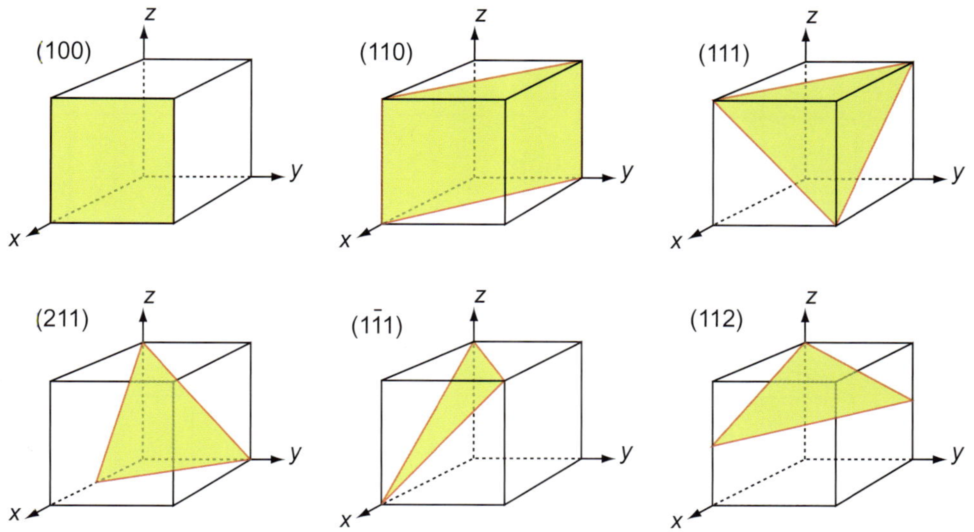

Figure GL1.7 Procédure pour trouver les indices de Miller de quelques plans d'un réseau.

Les indices de Miller d'un plan sont toujours notés entre parenthèses rondes, par exemple (111). Mais il y a plusieurs plans de type 111 (deux sont indiqués dans la figure GL1.7) qui sont équivalents pour une structure cubique (et seulement dans ce cas). La *famille complète* de plans ayant des indices similaires est indiquée entre accolades :

$$\{111\} = (111), (11\bar{1}), (1\bar{1}1), (\bar{1}11)$$

Exercices

E.7 Quels sont les indices de Miller des six plans montrés dans la figure GL1.8(a), (b) et (c) ? (Indications : le plan ne doit pas passer par l'origine et il faut éliminer les fractions ou réduire aux plus petits entiers en multipliant le résultat par un nombre commun.)

E.8 Quand le fer est froid, il se clive (se rompt de manière fragile) selon des plans (100). Quels sont les angles entre différents plans de clivage ?

E.9 Sur les trois dessins de la figure GL1.8(d), (e) et (f), tracer les plans : $(\bar{1}11)$, (120), $(\bar{1}\bar{1}2)$.

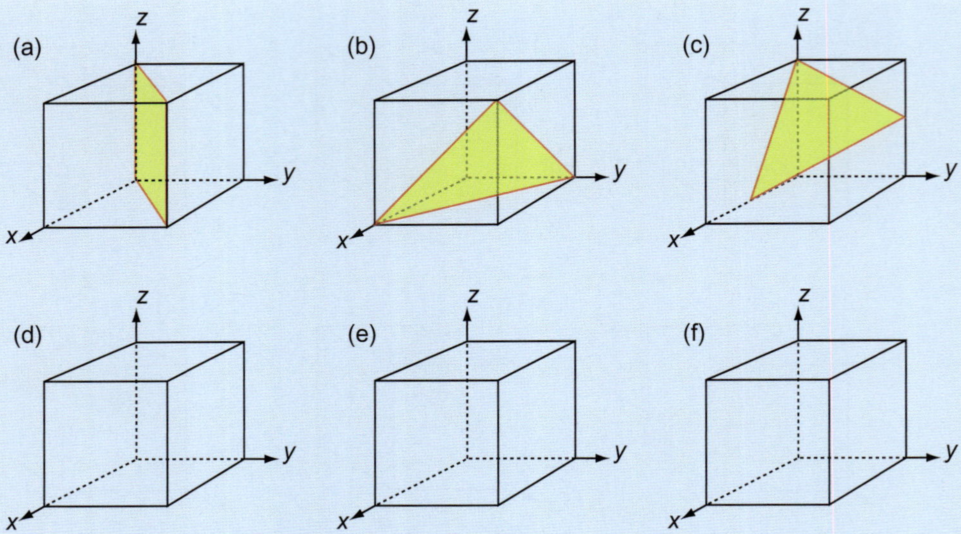

Figure GL1.8 Identifier les plans montrés dans les trois figures du haut. Tracer dans les trois figures du bas les plans dont les indices de Miller sont donnés dans la question E.9.

PARTIE 4: Description d'une direction du réseau

Les *indices de Miller d'une direction* sont les composantes (et non les inverses) du vecteur colinéaire partant de l'origine et réduites aux plus petits entiers.

La figure GL1.9 montre comment trouver les indice de Miller d'une direction. Tracer une droite partant de l'origine et parallèle à la direction choisie, et la prolonger jusqu'à ce qu'elle touche une face ou une arête de la maille. Déterminer les coordonnées du point d'intersection et éliminer les fractions ou réduire les composantes en multipliant par un nombre commun. Les six dessins de cette figure montrent les directions [010], [011], [111], [021], $[\bar{2}12]$ et $[\bar{1}10]$. Comme pour les plans, la notation $\bar{1}$ indique une intersection à la coordonnée –1 (y dans le cas présent).

Les indices de Miller d'une direction sont toujours indiqués entre crochets, par exemple [100]. Comme pour les plans, il y a plusieurs directions de type 100, qui sont équivalentes pour le système cubique (et seulement dans ce cas). La *famille complète* est conventionnellement décrite entre chevrons (« < » et « > »):

$$<100> = [100], [010], [001]$$

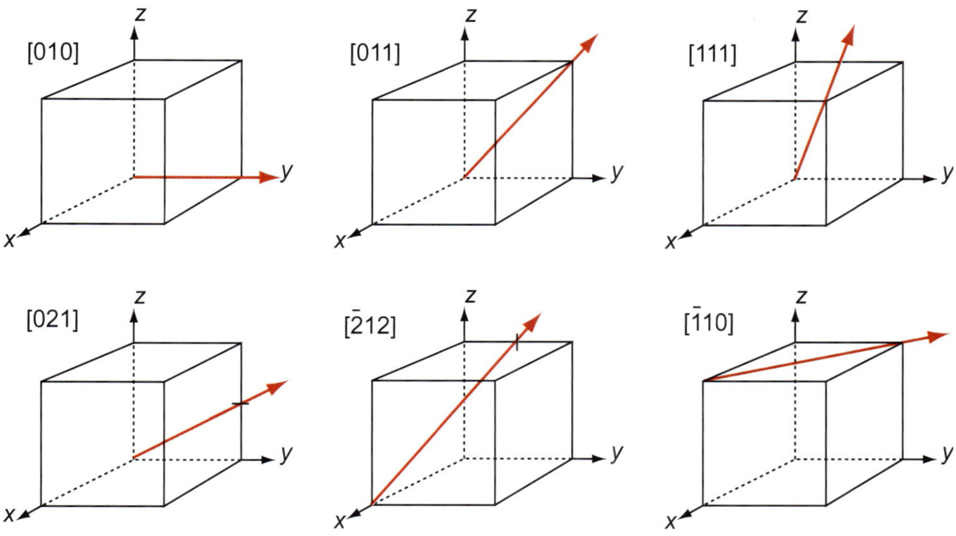

Figure GL1.9 Indices de Miller de directions. Tracer une droite parallèle à la direction choisie et passant par l'origine pour trouver les points d'intersection avec la cellule unité.

Exercices

E.10 Identifier les indices de Miller des trois directions montrées sur les dessins de la figure GL1.10(a), (b) et (c).

E.11 Tracer sur les dessins de la figure GL1.10(d), (e) et (f), les directions suivantes: $[1\bar{1}1]$, [210] et $[22\bar{1}]$.

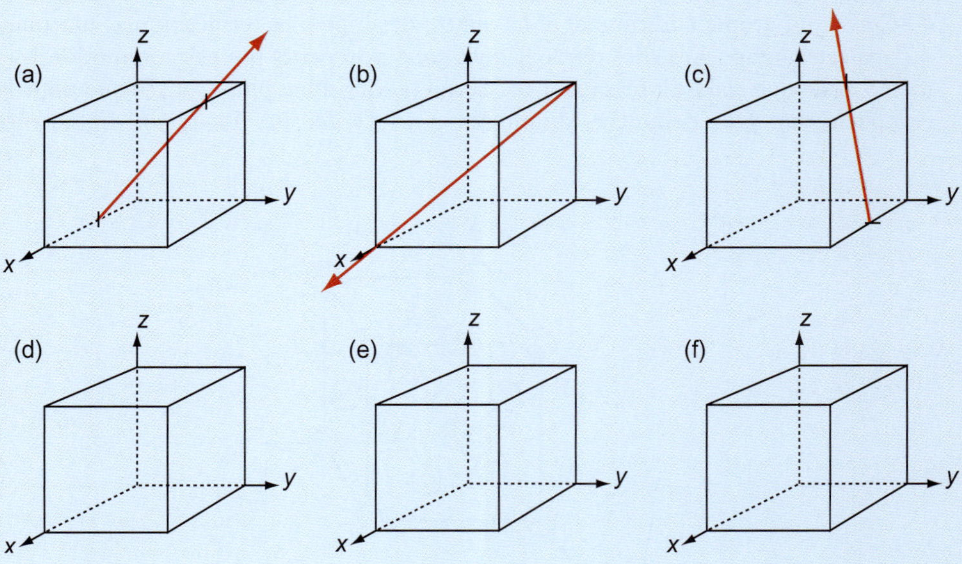

Figure GL1.10 Identifier les directions montrées dans les trois figures du haut. Tracer dans les trois figures du bas les directions demandées dans la question E.11.

PARTIE 5 : Structures des céramiques

Les céramiques techniques fournissent aux ingénieurs les matériaux les plus durs et les plus réfractaires, i.e., résistants aux hautes températures. Les plus importantes d'un point de vue économique sont :

- l'alumine, Al_2O_3 (isolation de bougies d'allumage, substrats pour la microélectronique) ;
- la magnésie, MgO (réfractaires) ;
- la zircone, ZrO_2 (revêtements pour barrières thermiques, outils de coupe céramiques) ;
- le dioxyde d'uranium, UO_2 (combustible nucléaire) ;
- le carbure de silicium, SiC (abrasifs, outils de coupe) ;
- le diamant, C (abrasifs, outils de coupe, paliers, filières d'extrusion).

Les céramiques sont aussi d'une grande utilité comme matériaux fonctionnels, notamment les semiconducteurs, les ferromagnétiques, les piézoélectriques, etc. Leurs structures cristallines peuvent souvent paraître complexes, mais une fois « décortiquées », un grand nombre d'entre elles sont finalement compréhensibles, et ceci pour de bonnes raisons car les atomes d'un type donné sont arrangés selon des réseaux cristallins simples CFC, HC ou CC avec le (ou les) atome(s) d'un type différent inséré(s) dans certains des interstices du réseau du premier type.

La structure cubique diamant (CD) Nous commençons avec la céramique la plus dure, le diamant, d'une importance capitale pour les outils de coupe, les poudres abrasives et les pâtes de polissage, les revêtements inrayables, mais également comme pierres de valeur pour la bijouterie et l'horlogerie. Le silicium et le germanium, les matériaux de base de l'électronique, ont la même structure cristalline.

La figure GL1.11 montre la maille du diamant. Elle n'est rien d'autre qu'une structure CFC avec un atome additionnel dans quatre des huit sites tétraédriques, marqués 1, 2, 3 et 4 dans cette figure. Les sites tétraédriques sont trop petits pour accommoder des atomes de même taille que ceux du réseau, et ces derniers sont donc plus espacés que pour la structure compacte vue précédemment, diminuant ainsi la densité. La raison de cet arrangement

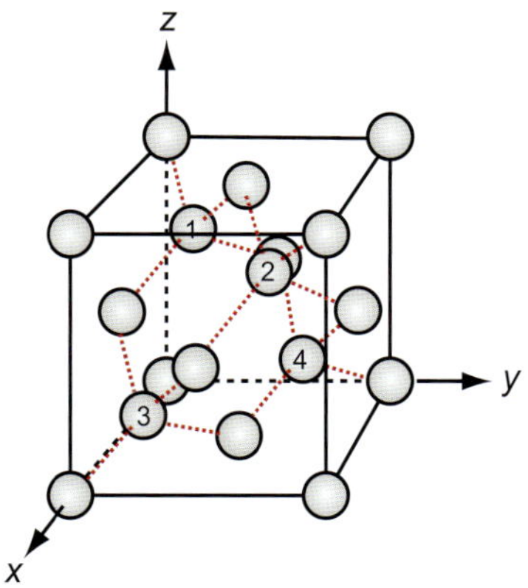

Figure GL1.11 Structure cristalline du diamant (CD).

particulier est liée à la nature tétravalente des atomes de carbone, de silicium et de germanium – ces atomes sont « satisfaits » lorsqu'ils établissent 4 liaisons covalentes avec 4 voisins équidistants et placés symétriquement sur les sommets d'un tétraèdre. C'est précisément ce que fait cette structure diamant.

Le carbure de silicium, comme le diamant, est un matériau très dur largement utilisé pour les outils de coupe et les abrasifs. Les structures cristallines de ces deux matériaux sont très voisines. Le carbone est situé juste au-dessus du silicium dans le tableau périodique des éléments, les deux peuvent cristalliser selon la même structure CD et sont chimiquement similaires. Il n'est donc pas surprenant que la combinaison de ces deux éléments selon la formule SiC ait une structure similaire au diamant, mais où la moitié des atomes de carbone sont remplacés par le silicium, comme indiqué dans la figure GL1.12 (les atomes marqués 1, 2, 3 et 4 de la figure GL1.11 ont été laissés comme carbone alors que ceux du réseau CFC correspondent au silicium).

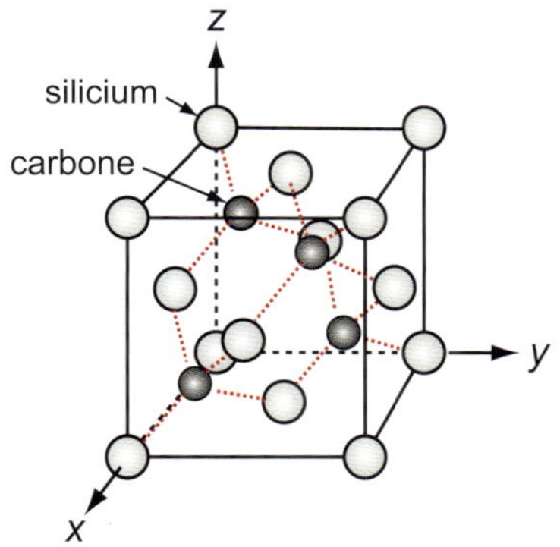

Figure GL1.12 Structure du carbure de silicium.

Matériau ayant une structure diamant ou similaire	Usage typique
Carbone, dans la forme diamant	Outils de coupe, abrasifs, bijoux
Silicium, germanium	Semiconducteurs
Carbure de silicium (structure CFC avec motif SiC)	Abrasifs, outils de coupe

Oxydes avec la structure du sel (Halite) Ces oxydes ont la formule MO, où M est un ion métallique. Les ions d'oxygène étant plus gros que ceux du métal, ils sont arrangés selon un réseau cristallin CFC, les atomes métalliques occupant les sites octrahédriques. La structure résultante est représentée à la figure GL1.13. Elle est connue sous le nom de *structure de type sel* (ou Rocksalt ou Halite), car elle est celle dans laquelle cristallise le chlorure de sodium, NaCl, avec les ions chlore occupant les sites de l'oxygène et les ions sodium ceux du magnésium.

Le chlorure de sodium (le sel que nous connaissons tous) est lui-même un matériau important pour l'ingénierie. Il a été utilisé comme couches de fondation de routes et de bâtiments.

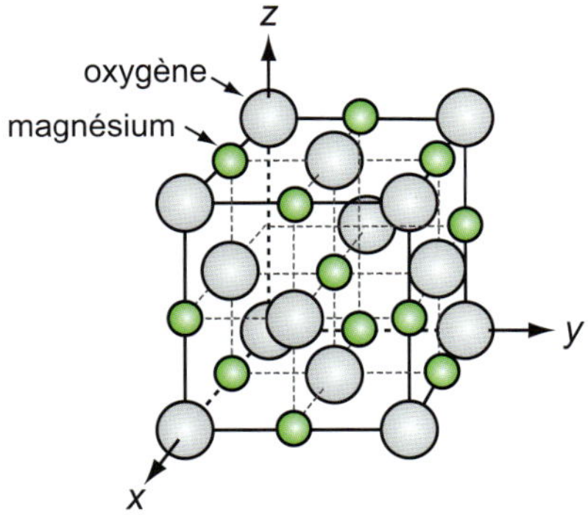

Figure GL1.13 Structure de la magnésie, MgO, représentative de nombreux oxydes simples.

Il est prévu d'enterrer les déchets nucléaires dans des mines de sel, et des cristaux de sel de larges dimensions sont utilisés comme fenêtres pour les lasers de puissance.

Matériau ayant la structure du sel	Usage typique
Magnésie, MgO	Céramique réfractaire, résistante
Oxyde de fer, FeO	Une des formes d'oxydes de fer
Oxyde de nickel, NiO	Céramique supraconductrice
Halogénures alcalins tels que NaCl	Matière première pour l'industrie chimique, stockage des déchets nucléaires

Oxydes avec la structure du corindon Un certain nombre d'oxydes ont pour formule M_2O_3, notamment l'alumine Al_2O_3. Les ions oxygène, plus gros que les ions métalliques, sont arrangés selon une structure hexagonale, alors que les ions métalliques occupent les deux tiers des sites octaédriques. Une telle structure est montrée pour l'alumine à la figure GL1.14.

Matériau avec la structure du corindon	Usage typique
Alumine, Al_2O_3	Céramique technique la plus utilisée
Oxyde de fer, Fe_2O_3 (hématite)	Oxyde à partir duquel le fer est extrait
Oxyde de chrome, Cr_2O_3	Oxyde assurant la protection de surface du chrome
Oxyde de titane, Ti_2O_3	Oxyde assurant la protection de surface du titane

Oxydes ayant la structure de la fluorite Les atomes des métaux entrant dans la composition du dioxyde de zirconium ZrO_2 (ou zircone), une céramique technique importante, et du dioxyde d'uranium UO_2, utilisé comme combustible nucléaire, se situent très en bas du

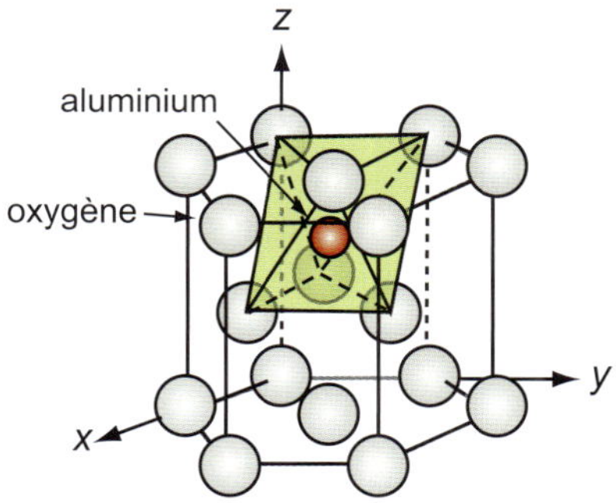

Figure GL1.14 Structure du corindon, pour laquelle les atomes M (ici l'aluminium) sont situés dans les sites octaédriques du réseau hexagonal des ions oxygène (un seul des 4 atomes d'aluminium est indiqué pour des raisons de visibilité).

tableau périodique des éléments. Dans ce cas, contrairement aux oxydes décrits précédemment, les ions M entrant dans la composition de MO_2 sont plus gros que les ions O. Ce sont donc eux qui vont occuper les sites d'un réseau CFC, les ions oxygène se plaçant dans les sites interstitiels tétraédriques comme indiqué à la figure GL1.15.

Matériau ayant la structure de la fluorite	Usage typique
Zircone, ZrO_2 (fluorite légèrement distordue)	Céramique la plus tenace à haute température
Dioxyde d'uranium, UO_2	Combustible nucléaire
Dioxyde de thorium, ThO_2	Combustible nucléaire
Dioxyde de plutonium, PuO_2	Matériau coproduit lors de la combustion nucléaire, combustible lui-même

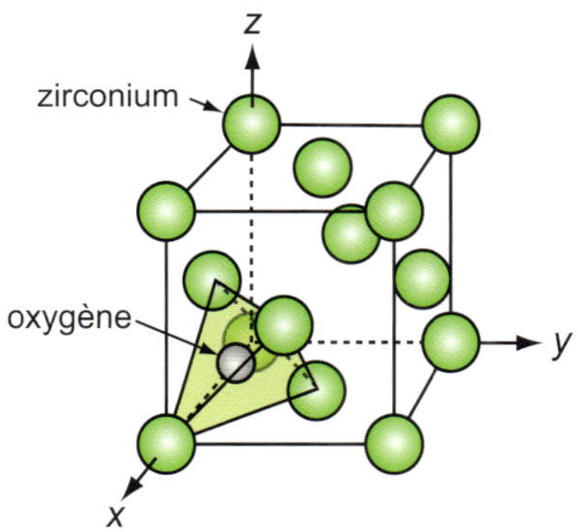

Figure GL1.15 Les atomes M des oxydes de type fluorite sont arrangés selon une structure CFC, les ions oxygène se plaçant dans les sites tétraédriques (un seul des 8 atomes d'oxygène est indiqué pour des raisons de visibilité).

PARTIE 6: Cristaux polymères

Plusieurs polymères peuvent cristalliser, pour autant que les chaînes soient suffisamment régulières. Dans ce cas, les longues chaînes s'alignent et s'arrangent en une structure régulière, comme pour les matériaux inorganiques. La faible symétrie des molécules individuelles limite le choix des réseaux cristallins. La figure GL1.16 est un exemple typique, celui du polyéthylène.

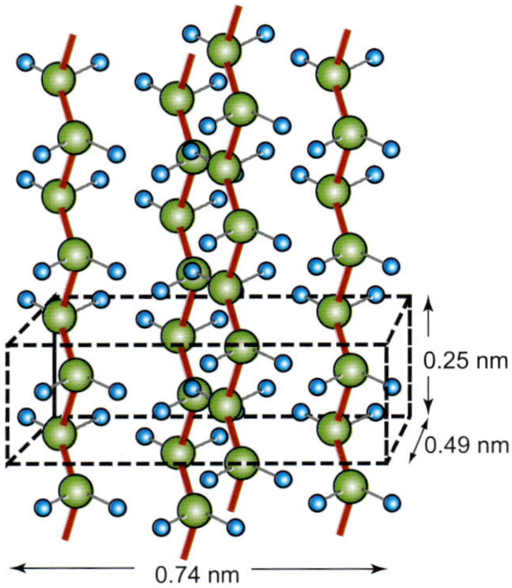

Figure GL1.16 Structure du polyéthylène cristallin.

Très peu de polymères techniques sont toutefois entièrement cristallins, mais leur fraction volumique de cristallinité peut aller jusqu'à 90%. Parmi ceux-ci, nous avons:

Matériau	Usage typique
Polyéthylène, PE, 65–90%	Sachets, tubes, bouteilles
Nylon, PA, 65%	Composants de haute qualité, engrenages, fermoirs
Polypropylène, PP, 75%	Moulages, cordes

Solution des exercices

E.1	L'arrangement CFC du cuivre est montré à la figure GL1.17(a).
E.2	L'arrangement HC du magnésium est montré à la figure GL1.17(b).

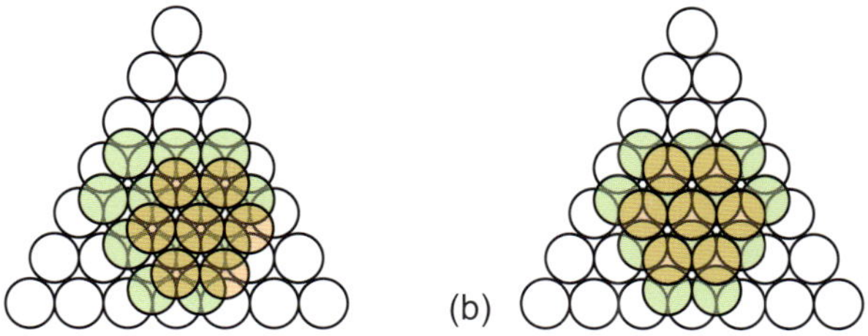

Figure GL1.17 Empilements CFC (...ABCABC...) et HC (...ABAB...) d'atomes.

E.3 (a) Chaque atome d'un coin est partagé par 8 mailles, alors que chaque atome d'une face appartient à deux mailles. Il y a 8 coins et 6 faces dans la maille cubique, et donc le nombre d'atomes propres à chaque maille est donné par : $8 \times (1/8) + 6 \times (1/2) = 4$ atomes.

(b) L'arête de la maille cubique valant a, la longueur de la diagonale des faces vaut $a\sqrt{2}$. Les atomes se touchant selon cette diagonale, la diagonale vaut aussi $2D$ où D est le diamètre d'un atome – donc $a = D\sqrt{2}$. La fraction volumique occupée par les atomes dans la maille vaut donc : $4 \times (4/3)\pi(D/2)^3 / (D\sqrt{2})^3 = 0.74$.

(c) Si $D = 0.2492$ nm, le paramètre de maille $a = D\sqrt{2} = 0.3524$ nm.

(d) La masse d'un atome de nickel vaut $58.71/(6.022 \times 10^{26}) = 9.749 \times 10^{-26}$ kg, d'où sa densité : $(4 \times 9.749 \times 10^{-26})/(0.3524 \times 10^{-9})^3 = 8911$ kg/m³.

E.4 (a) Pour la structure CC, il y a 2 atomes en propre par maille, puisqu'il y a 8 coins partagés par 8 mailles (donc 1) plus un atome au centre.

(b) L'arête de la maille étant a, la diagonale du cube vaut $a\sqrt{3}$. Les atomes se touchant selon cette diagonale, cette longueur vaut aussi $2D$, où D est le diamètre d'un atome – et donc $a = 2D/\sqrt{3}$. La fraction occupée par les atomes vaut : $2 \times (4/3)\pi(D/2)^3 / (2D\sqrt{3})^3 = 0.68$. Ce facteur est plus petit que la valeur de 0.74 trouvée pour la structure dense CFC, d'où l'on conclut que la structure CC n'est pas un empilement dense.

(c) Si $D = 0.2482$ nm, $a = 2D/\sqrt{3} = 0.2866$ nm.

(d) La masse d'un atome de fer $= 55.85/(6.022 \times 10^{26}) = 9.274 \times 10^{-26}$ kg. D'où sa densité : $(2 \times 9.274 \times 10^{-26})/(0.2866 \times 10^{-9})^3 = 7879$ kg/m³.

E.5 La figure GL1.18 indique comment calculer la taille du site octaédrique dans la structure CFC. Les diagonales des faces correspondent aux directions denses. Si l'espacement interatomique est pris comme 1 unité, l'arête de la maille vaut $\sqrt{2} = 1.414$ unité. C'est aussi l'espacement entre deux atomes opposés du site octaédrique. Les atomes occupant 1 unité selon cette direction, on peut insérer une sphère de diamètre 0.414 unité dans le site octaédrique sans distorsions.

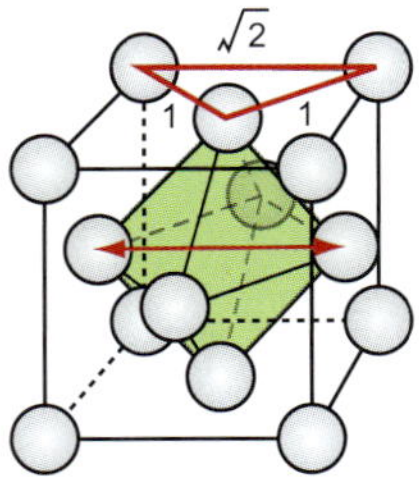

Figure GL1.18 Calcul de la taille du site octaédrique de la structure CFC.

E.6 Un des sites tétraédriques de la structure HC est montré à la figure GL1.19.

E.7 Les indices de Miller des plans sont (a) $(\bar{1}10)$, (b) $(11\bar{1})$, (c) (412).

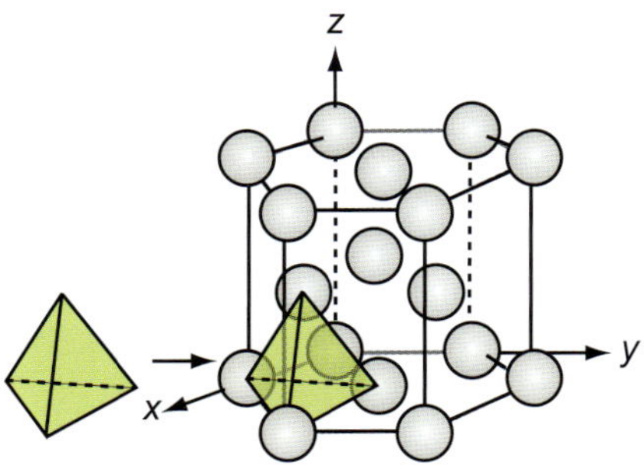

Figure GL1.19 Un des sites tétraédriques de la structure HC.

E.8 Les plans de clivage étant parallèles aux faces du cube, ils ont des angles de 90 degrés entre eux.

E.9 La figure GL1.20 montre les plans.

E.10 Les directions sont (a) [011], (b) $[1\bar{1}\bar{1}]$, (c) $[\bar{1}\bar{1}2]$.

E.11 La figure GL1.21 montre les directions.

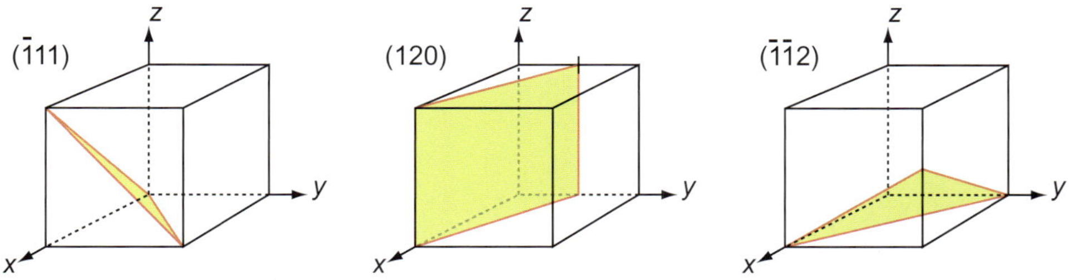

Figure GL1.20 Les plans de l'excercice E.9.

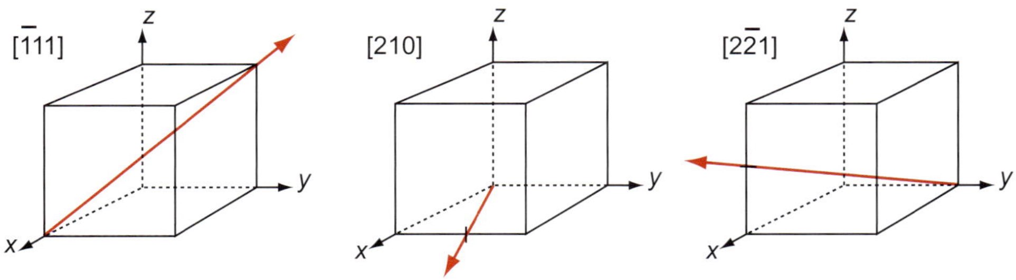

Figure GL1.21 Les directions de l'exercice E.11.

Leçon guidée n° 2: diagrammes de phases et transformations de phases

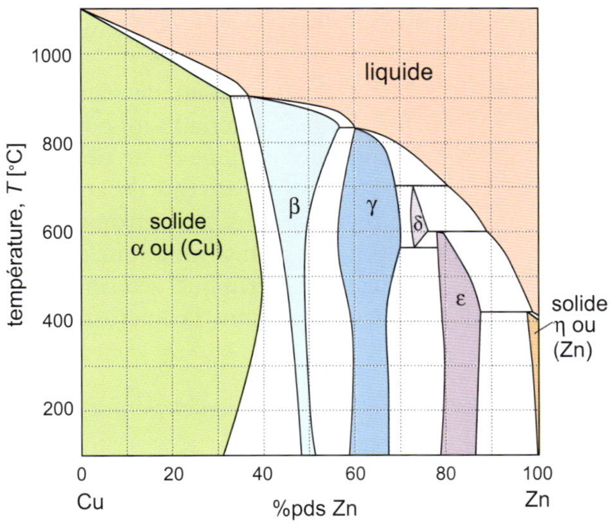

Contenu du chapitre

Introduction et présentation du chapitre

Les phases et les transformations de phases vous sont plus familières dans la vie de tous les jours que vous ne le pensez. Les gouttes de pluie et les flocons de neige sont le résultat de transformations de phases dans le ciel à partir de la phase vapeur, soumis ensuite à la gravitation – et ce n'est pas une coïncidence si le terme « précipitation » est aussi utilisé dans la théorie des transformations de phases. Nous rendons les routes enneigées ou verglacées plus sûres en dispersant du sel sur l'asphalte – abaissant ainsi le point de fusion de l'eau en changeant sa composition, et induisant une transformation de phases. Des bulles montant vers la surface dans votre verre de bière signifient que des atomes ou molécules dissous initialement dans le liquide se regroupent dans une phase gazeuse, alors que les bulles se formant dans une casserole chauffée sont le résultat de l'eau elle-même se transformant en vapeur.

Les diagrammes de phases et les transformations de phases sont essentiels pour comprendre l'évolution des microstructures des matériaux lors des différents procédés d'élaboration, de mise en forme et d'assemblage, et donc pour obtenir au final des composants ayant des propriétés bien définies requises au niveau de la conception. A la plupart des procédés est associée une *histoire thermique* (p. ex. refroidissement d'une pièce formée à haute température, revêtement ou soudure, transformations induites par diffusion lors d'un cycle thermique). Les détails de l'histoire thermique déterminent la manière dont vont se dérouler les transformations de phases, générant la microstructure. Notre devise pour ce chapitre sera donc :

Composition + Procédé → Microstructure + Propriétés

Les *diagrammes de phases* donnent les informations fondamentales pour connaître à l'*équilibre* les phases présentes dans un alliage métallique (ou céramique), en fonction de la température et de sa composition. Même si l'équilibre n'est pas atteint, les diagrammes de phases sont un point de départ indispensable pour pouvoir quand même comprendre et déduire les microstructures formées hors équilibre.

Cette leçon guidée a pour but de fournir les connaissances de base dans ce domaine afin de pouvoir répondre aux questions suivantes :

- Qu'est-ce qu'un diagramme de phases ?
- Comment lire un diagramme de phases ?
- Comment les phases changent-elles lors d'un chauffage ou d'un refroidissement ?
- Quelles sont les microstructures résultantes ?

Après avoir travaillé ce chapitre, on devrait être en mesure de :

1. Déduire les phases en équilibre pour n'importe quel point d'un diagramme de phases binaire.
2. Prédire les microstructures se formant au cours de procédés tels que la solidification ou le traitement thermique d'alliages importants.
3. Comprendre comment l'évolution des microstructures (à l'équilibre ou non) est liée à la forme des diagrammes Temps-Température-Transformations (TTT).

Les définitions clés pour la compréhension de ce chapitre sont marquées « DÉFINITION » lorsqu'elles apparaissent pour la première fois dans ce chapitre, et des exercices sont fournis pour chaque sujet. Nous vous recommandons de les faire au fur et à mesure afin de maîtriser les concepts de manière progressive. Les solutions de ces exercices sont données après chaque section – utilisez-les pour vérifier vos réponses, et non comme raccourcis !

La *partie 1* donne la terminologie et les définitions nécessaires pour ce chapitre.

Les *parties 2-4* montrent d'abord comment lire et interpréter des diagrammes de phases simples. Le diagramme de phases fer-carbone, très important pour toute l'industrie, est ensuite présenté, ainsi que quelques diagrammes plus compliqués.

Les *parties 5-7* abordent les transformations de phases et montrent comment les diagrammes de phases peuvent être utilisés pour prédire la formation des microstructures lors d'un refroidissement lent (par exemple lors de la solidification et des transformations à l'état solide pendant le refroidissement jusqu'à température ambiante).

La *partie 8* étend la théorie des transformations de phases à des situations hors équilibre, dans le traitement des aciers et d'autres alliages, via la notion de diagrammes TTT (Temps-Température-Transformations).

Cette leçon guidée est à mettre en relation directe avec le chapitre 19, en ce qui concerne les diagrammes de phases (parties 1-4) et l'évolution des microstructures liées à ces derniers (parties 5-8).

PARTIE 1: Terminologie et définitions de base

Alliages et composants

DÉFINITION. Un *alliage métallique* est un mélange fait majoritairement d'un métal et d'autres métaux ou non-métaux. Des céramiques peuvent aussi être mélangées pour former un *alliage céramique*.

Voici quelques exemples :

- *Laiton* : un mélange de cuivre (Cu) et de zinc (Zn).
- *Acier au carbone* : basé sur le fer (Fe) et le carbone (C).
- *Spinelle* : un alliage céramique fait de magnésie(MgO) et d'alumine (Al_2O_3).

DÉFINITION. Les *composants* sont les espèces chimiques (éléments, molécules indissociables) constituant l'alliage.

Les composants seront notés avec des lettres capitales : A, B, C, ou directement par le symbole des éléments : Cu, Zn, C. Dans le *laiton*, les principaux composants sont Cu et Zn, alors que les spinelles ont les composants MgO et Al_2O_3. L'élément majoritaire est appelé solvant, alors que les éléments (minoritaires) ajoutés sont appelés solutés.

DÉFINITION. Un *alliage binaire* contient deux composants. Un *alliage ternaire* en contient trois, un *alliage quaternaire* quatre, etc.

Composition Les alliages sont définis en spécifiant la quantité relative de leurs composants, en pourcentages massiques (ou poids, %pds) ou atomiques (ou molaires, %at).

DÉFINITION. La composition en %pds d'un composant A est donnée par:

$$W_A = \frac{\text{poids du composant A}}{\sum \text{poids des composants}} \times 100$$

La composition en %at (ou %molaire) d'un composant A est donnée par:

$$X_A = \frac{\text{nombre d'atomes (ou moles) du composant A}}{\sum \text{nombre d'atomes (ou moles) des composants}} \times 100$$

Pour convertir les moles en masses et réciproquement, il faut utiliser les relations:

masse en grammes/masse molaire en g/mol = nb de moles

nb de moles × masse molaire en g/mol = masse en grammes

Phases Pour les substances pures, la notion de phase est bien connue: la glace, l'eau et la vapeur sont respectivement les phases solide, liquide et gazeuse de la molécule H_2O – chacune étant bien distincte. L'élaboration et la mise en forme des matériaux résultent dans des microstructures où les composants sont distribués de manières très diverses. A l'état liquide, la plupart des composants sont solubles et constituent une seule phase. Mais à l'état solide, les choses se compliquent – par exemple, les microstructures d'alliages binaires prennent l'une des formes suivantes (des exemples seront donnés ci-après):

- Une solution solide.
- Deux solutions solides séparées.
- Un composé chimique ayant une solution solide distincte.

Il faut se souvenir qu'une *solution solide* est un solide dans lequel les composants de l'alliage sont dissous uniformément à l'échelle atomique dans la structure cristalline de l'un des autres éléments. Certaines solutions solides sont tellement diluées qu'elles correspondent en fait à l'élément pur.

Une région d'un matériau qui a une structure atomique homogène est appelée une *phase*. Une phase solide correspond donc à une structure cristalline bien définie, qui peut être un agrégat de quelques dizaines d'atomes ou une région beaucoup plus grande. Dans la liste des trois types de microstructures mentionnées ci-dessus, chaque solution solide ou composé chimique serait une phase clairement identifiable.

Définition. Toute partie composant la microstructure d'un alliage ayant une structure cristallographique bien distincte (réseau et motif) est une *phase*.

Exercices (rappel : les solutions sont données après chaque section)

E.1 Un échantillon de 1.5 kg de laiton α contient 0.45 kg de Zn et le reste de Cu. La masse molaire du cuivre est 63.5 g/mole et celle du zinc 65.4 g/mole. Calculer la composition massique en cuivre W_{Cu} du laiton, en %pds. Déduire ensuite les compositions molaires en cuivre X_{Cu} et en zinc X_{Zn} du laiton, en %at.

E.2 Un alliage est composé de X_A%at de A (masse atomique a_A) X_B%at de B (masse atomique a_B). Dériver les expressions permettant de trouver les compositions massiques en A et en B, en %pds.

Constitution, équilibre et thermodynamique

Définition. La *constitution* d'un alliage est décrite par :

(a) Les phases présentes.
(b) Les fractions massiques de chaque phase.
(c) La composition de chaque phase.

A l'équilibre *thermodynamique*, la constitution d'un alliage est stable : il n'y a plus de force motrice pour la faire évoluer. Les *variables d'état* fixant la constitution d'un alliage sont la température, la pression et sa composition. Donc, sa *constitution à l'équilibre* est définie par la température et la pression, une fois la composition de l'alliage fixée.

La thermodynamique contrôle les phases dans lesquelles sont présents les constituants, en fonction des variables d'état – ceci est discuté dans la section 19.4 « Thermodynamique des Phases ». La grandeur clé pour une composition, une température T et une pression p fixées est l'*énergie libre de Gibbs*, G, définie comme (équation (19.1)) :

$$G = U + pV - TS = H - TS$$

où U est l'*énergie interne*, V est le volume, H est l'enthalpie ($U + pV$) et S est l'entropie. L'énergie interne U est la somme des contributions liées à la vibration des atomes et à l'énergie de liaison interatomique. Pour les états condensés solide et liquide, les plus intéressants pour les matériaux, U est la contribution dominante à l'enthalpie (le terme pV est petit), et donc $H \approx U$. L'entropie S est une mesure du désordre du système – par exemple, lorsqu'un alliage se solidifie, il y a une diminution de l'entropie car le solide cristallin est plus ordonné que le liquide où les atomes ont une structure désordonnée.

Chaque état possible du système – solution liquide, solution solide, mélange de phases, etc. – a une énergie libre, et celui ayant l'énergie libre la plus faible est l'état d'équilibre thermodynamique.

DÉFINITION. La *constitution à l'équilibre* d'un alliage est l'état possédant l'énergie libre de Gibbs G minimale pour une composition, une température et une pression fixées. Un alliage dans cet état ne montre alors aucune évolution dans ces conditions – il est dans un état thermodynamique stable.

Diagrammes de phases Comme mentionné précédemment, la pression a une influence relativement limitée dans l'élaboration et la mise en forme des matériaux, puisque les états liquide et solide sont peu compressibles. Donc, à partir de maintenant, nous ne considérerons plus que la température et la composition de l'alliage comme variables d'état. Une carte bidimensionnelle pour un alliage binaire permet de répertorier, dans un système d'axes où l'abscisse est la composition et l'ordonnée la température, les différents états à l'équilibre de cet alliage (de quelles phases il sera constitué) : elle constitue son *diagramme de phases*.

DÉFINITION. Le *diagramme de phases* (ou diagramme d'équilibre) d'un alliage binaire est un diagramme donnant sa constitution en fonction de la composition et de la température.

Le diagramme de phases d'un alliage binaire composé des constituants A et B, pour tout couple (T, X_B) définit le *système A–B*. Les systèmes binaires (2 composants) seront décrits donc par des cartes bidimensionnelles, les systèmes ternaires dans des diagrammes avec 3 axes (la température et deux compositions), etc. Des alliages commerciaux peuvent être composés de 10 éléments ou plus et leurs diagrammes de phases deviennent donc extrêmement complexes. Mais il y a toujours un élément majoritaire, le solvant (le cuivre, l'aluminium, etc.) auquel sont ajoutés des éléments de soluté minoritaires. Le point de départ pour comprendre leur comportement est de considérer les diagrammes de phases binaires de l'élément majoritaire avec chacun des éléments ajoutés, voire ceux de deux éléments minoritaires.

Solution des exercices, Partie 1

E.1

$W_{Cu} = (1.5 - 0.45)/1.5 = 70\%$.

Nombre de moles de Cu = 1050/63.5 = 16.535 ; Nombre de moles de Zn = 450/65.4 = 6.881.

Fraction atomique de Cu : $X_{Cu} = 16.535/(16.535 + 6.881) = 71\%$; et donc $X_{Zn} = (100 - 71)\% = 29\%$.

E.2

Considérer 100 atomes : masse des atomes A = $a_A X_A$; masse des atomes B = $a_B X_B$.

Donc : $W_A = \dfrac{a_A X_A}{a_A X_A + a_B X_B}$ et par analogie, $W_B = \dfrac{a_B X_B}{a_A X_A + a_B X_B}$

PARTIE 2 : Diagrammes de phases simples et leur utilisation

Point de fusion, liquidus et solidus Considérons tout d'abord un matériau pur A chauffé à partir de l'état solide. La *température de fusion* est la température unique à laquelle la transformation en la phase liquide a lieu et pour laquelle les deux phases solide et liquide peuvent coexister – voir figure GL2.1(a). De même, le liquide coexiste avec le gaz à la pression atmosphérique à une température unique (plus élevée), le point d'évaporation ou d'ébullition. En pratique, la phase gazeuse est de relativement peu d'intérêt et les diagrammes de phases sont souvent limités aux phases denses, donc solide et liquide.

Considérons maintenant un système binaire A–B et ajoutons pour cela un deuxième axe à celui de la température, un axe horizontal permettant d'identifier la composition de l'alliage. La figure GL2.1(b) illustre un comportement fréquemment observé dans les matériaux : La ligne inférieure indique la température maximale pour laquelle on a encore 100% de solide, alors que la ligne supérieure est la température minimale où le matériau peut être encore 100% liquide. Le point de fusion n'est donc plus une valeur unique et l'alliage présente, pour une composition donnée, un intervalle de température pour lequel les deux phases solide (S) et liquide (L) coexistent, dans des proportions qui dépendent de la température (voir ci-après). Ces frontières portent des noms spéciaux définis ci-dessous.

DÉFINITION. La frontière délimitant la partie inférieure de la zone mono-phasée *liquide* est appelée *ligne du liquidus* ou *liquidus* ; celle marquant la limite supérieure de la zone mono-phasée *solide* est appelée *ligne du solidus* ou *solidus*.

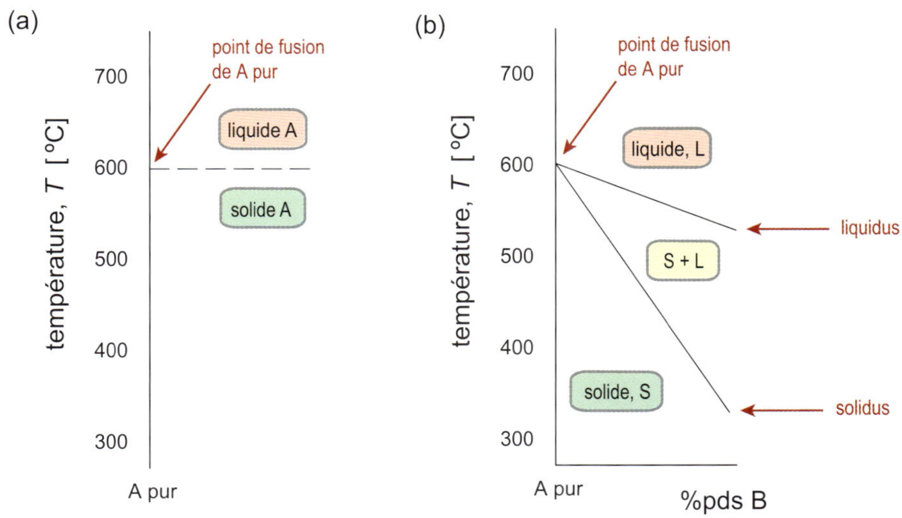

Figure GL2.1 (a) Diagramme de phases monodimensionnel pour une substance pure : une échelle de température montre la transition entre solide et liquide – le point de fusion ; (b) zone riche en A d'un diagramme de phase binaire A–B montrant la séparation en un liquidus et un solidus du point de fusion du matériau pur.

Si l'on avait considéré l'élément B pur, sa température de fusion se serait également séparée en un solidus et un liquidus en ajoutant un peu d'élément A. Par conséquent, que se passe-t-il lorsque l'on considère l'ensemble des compositions allant de A pur jusqu'à B pur ? Un diagramme de phases possible est montré à la figure GL2.2, une situation rencontrée pour le système Cu-Ni, notamment utilisé pour la monnaie (ce qui d'ailleurs explique les expressions « coppers » en Angleterre et « nickels » aux USA pour désigner certaines pièces de monnaie). Ce *diagramme de phases isomorphe* est le plus simple : le terme « isomorphe » signifie que l'état solide de A pur et B pur est le même (en l'occurrence une structure CFC), et que cette structure solide est rencontrée pour toute composition (donc une seule phase solide). En d'autres termes, la solubilité du Ni dans la phase solide du Cu (ou réciproquement) est totale.

En fait, ce comportement à l'état solide est assez inhabituel – dans la plupart des mélanges de deux composants, il y a une limite de dissolution d'un élément dans la structure de l'autre. Nous explorerons la notion de *limite de solubilité* dans un cas très concret rencontré quotidiennement : celui d'une tasse de thé.

Limites de solubilité Pour simplifier le problème, voyons une tasse de thé comme de l'eau chaude et du sucre (une molécule) comme un composant. Ajoutons une cuillère pleine de sucre dans le thé, il se dissout – le sucre se disperse à l'échelle atomique dans la solution liquide. Les personnes aimant particulièrement le sucré vont continuer d'ajouter du sucre jusqu'au moment où celui-ci ne va plus se dissoudre dans l'eau mais sédimenter au fond de la tasse en tant que phase solide. Le thé a alors atteint sa *limite de solubilité* à cette température et se trouve *saturé* : il ne peut plus dissoudre du sucre qui serait encore ajouté. Ce thé saturé coexiste avec une deuxième phase, le sucre solide. Ce dernier est aussi saturé, dans le sens qu'il a absorbé autant de liquide qu'il le peut. Ceci est une caractéristique de deux

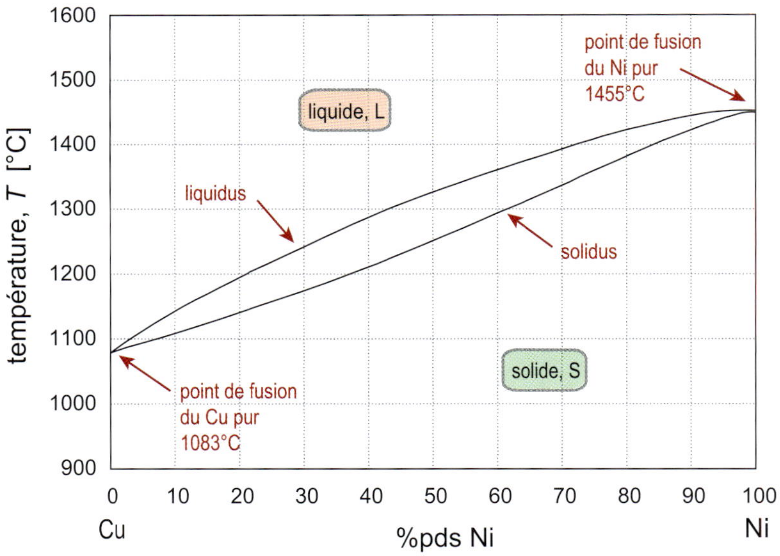

Figure GL2.2 Diagramme de phases isomorphe pour le système Cu-Ni.

phases à l'équilibre, toutes deux solutions – les deux phases sont saturées (i.e. les deux sont aussi impures que possible).

Si nous ajoutons maintenant du sucre à du thé froid, nous constatons que moins de sucre peut être dissout – la limite de solubilité (en %pds de sucre) augmente donc avec la température. Plus difficile à observer, mais également juste, le sucre absorbe plus d'eau lorsqu'il est plus chaud. En menant une telle expérience de manière plus quantitative sur toute une gamme de températures, nous obtiendrons le diagramme de phases partiel montré à la figure GL2.3. Les frontières séparant les régions où une seule phase existe et celles constituées de deux phases solides sont appelées *solvus*.

La dissolution du sucre dans l'eau à une température et composition fixées est déterminée par la thermodynamique. La minimisation de l'énergie libre du système dicte s'il y a une phase ou deux phases, et s'il y en a deux, elle permet également de trouver la proportion de chacune d'entre elles.

Construction d'un diagramme de phases simple, avec un point eutectique La portion de diagramme de phases illustrée à la figure GL2.3 est aussi rencontrée pour des alliages métalliques. Comme exemple, considérons le système Pb-Sn, un alliage utilisé depuis de nombreuses années pour la soudure en électronique (mais actuellement remplacé par des alliages sans plomb pour des questions environnementales). La figure GL2.4 montre une partie du diagramme de phases de ce système. La partie inférieure de ce diagramme est analogue à ce que nous avons vu pour le système sucre-eau : la solubilité du plomb dans l'étain (et de l'étain dans le plomb) augmente avec la température. Remarquons que ces solubilités sont faibles, notamment pour Pb dans Sn sur la partie droite du diagramme. La partie supérieure de ce diagramme de phases montre une séparation du point de fusion de chacun des deux éléments purs comme nous l'avons vu à la figure GL2.1(b).

Pour compléter ce diagramme, regardons d'abord où les solidus qui descendent de chaque côté rencontrent les solvus qui montent. La figure GL2.4 suggère que les points d'intersection correspondent à la solubilité maximale (ou saturation maximale) de chacune des phases solides. De chaque côté du diagramme de phases, ceci ferme une région, ou *domaine*, qui

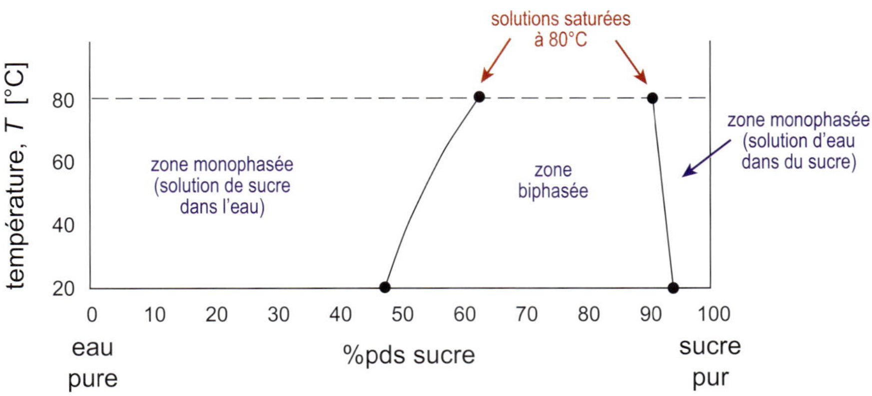

Figure GL2.3 Portion du diagramme de phases schématique du système eau (ou thé)-sucre – la limite de solubilité de chacune des phases augmente avec la température.

équivaut à chacune des solutions solides que sont les phases correspondant au plomb et à l'étain. Pour des raisons thermodynamiques qui ne seront pas développées ici, les deux points d'intersection ainsi définis du côté Pb et du côté Sn se trouvent à la même température. Ceci est essentiellement un corollaire du fait que dans la région biphasée, les deux phases sont aussi impures que possible à la même température. En dessous de cette température, nous avons au milieu du diagramme de phases une région constituée de deux phases ou solutions solides, avec une frontière supérieure horizontale reliant les deux points d'intersection précédemment trouvés et correspondant aux solubilités maximales, comme indiqué à la figure GL2.5(a). Cette région biphasée, (Pb) + (Sn), est ainsi fermée. Remarquons la notation utilisée ici: le symbole (Pb) est utilisé pour la solution solide correspondant au plomb, du côté riche en Pb, alors que (Sn) est la solution solide correspondant à celle de l'étain.

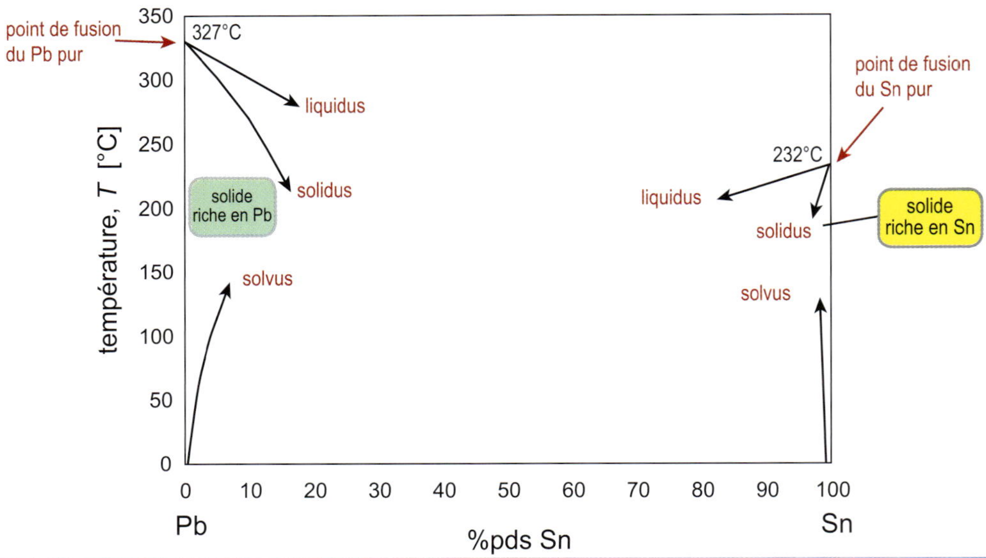

Figure GL2.4 Diagramme de phases partiel du système Pb-Sn, montrant les comportements à haute et basse températures.

Finalement, qu'arrive-t-il aux deux lignes de liquidus? Là encore, la thermodynamique impose que ces deux lignes se rencontrent en un point précisément situé sur la ligne horizontale fermant le domaine biphasé. Ces deux liquidus forment ainsi un «V» assez ouvert comme indiqué à la figure GL2.5(a). Ce point du diagramme de phases, appelé *point eutectique*, est très important: en refroidissant un alliage ayant la composition de ce point particulier, il passe de l'état liquide à l'état (Pb) + (Sn) à une température unique, comme le fait un corps pur. Sur la ligne horizontale, et donc également en ce point, les trois phases (Pb), (Sn) et liquide coexistent. C'est ce que l'on appelle un *invariant eutectique*. Ceci ferme ainsi les deux régions biphasées solide-liquide au-dessus de cet invariant, alors que les deux liquidus se croisant sur l'invariant ferment au-dessus la région liquide elle-même. Les domaines monophasés sont colorés dans le diagramme de phases de la figure GL2.5(b).

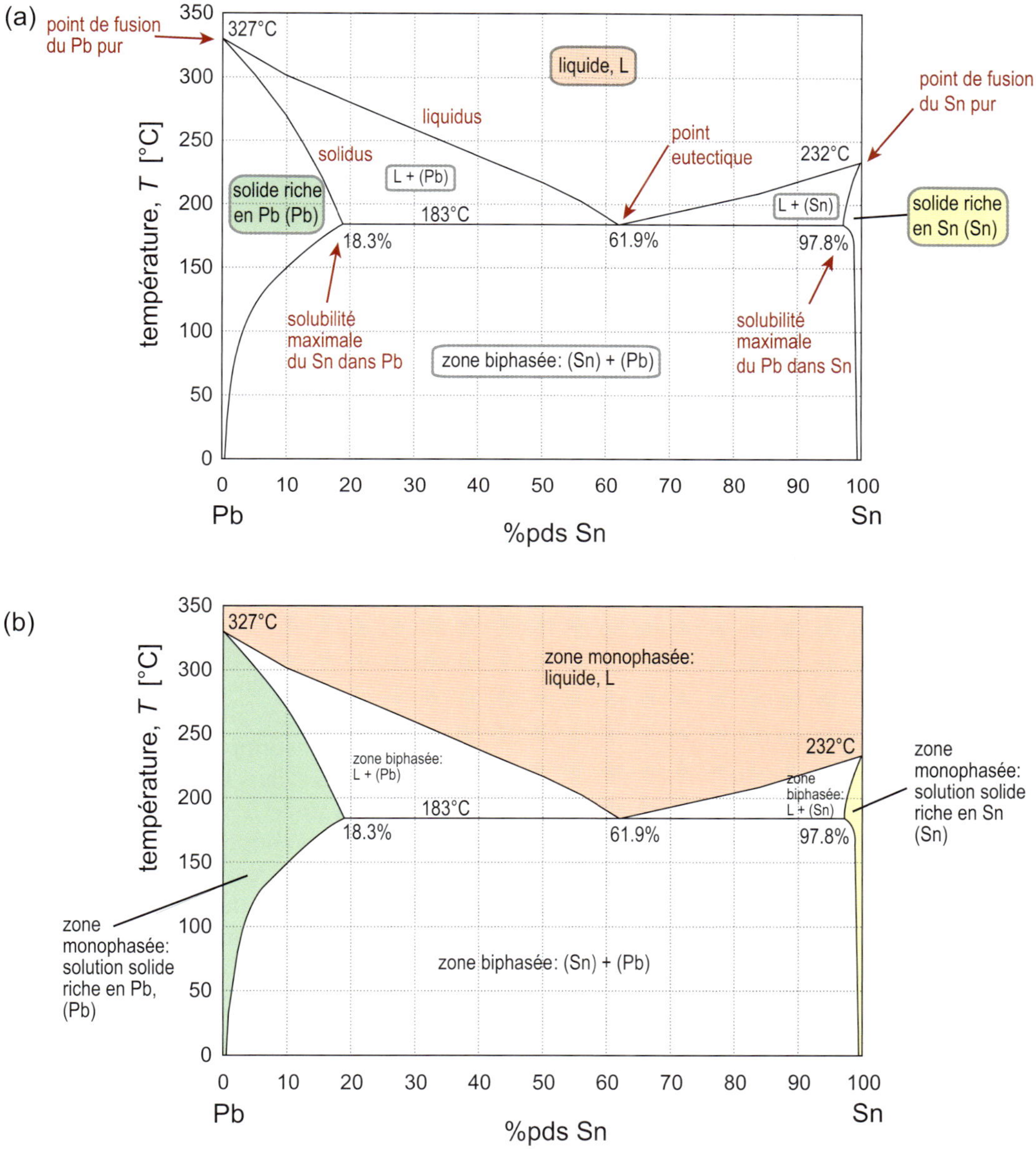

Figure GL2.5 Diagramme de phases complet du système Pb-Sn: (a) limites de solubilité pour les solutions solides et point eutectique fermant le domaine liquide; (b) domaines monophasés (en couleurs), avec en blanc les domaines biphasés les séparant.

DÉFINITION. La partie inférieure de la zone monophasée liquide correspondant au point d'intersection des deux liquidus est appelée *point eutectique*.

Pour le système Pb-Sn, le point eutectique est caractérisé par une composition W_{Sn} = 64%pds, et une température T = 183°C. Les eutectiques seront discutés plus loin dans ce chapitre lorsque nous parlerons des microstructures se formant lorsque l'on solidifie un alliage de composition eutectique. Pour le moment, remarquons encore que la composition eutectique correspond à la température la plus basse où l'on peut avoir 100% de liquide. Pour cette raison, et parce qu'un alliage eutectique se solidifie à la température eutectique, les alliages coulés ou utilisés pour la soudure ou le brasage ont souvent une composition eutectique, ou proche de l'eutectique.

Lecture d'un diagramme de phases binaire : composition des phases Les variables d'état (température et composition) permettent de se déplacer dans le diagramme de phases et chaque couple de valeurs définit donc un point, que l'on appellera dans la suite par commodité *point de constitution*. Pour chaque point de constitution, la première chose à faire est de déterminer le nombre de phases présentes, une ou deux pour un diagramme binaire (sauf sur la ligne horizontale définissant un invariant où trois phases coexistent). Les domaines monophasés sont toujours spécifiés, ou bien avec la notation de la figure GL2.5, avec (Pb) pour la phase riche en plomb, etc, ou bien avec une lettre grecque (α, β, γ, etc).

Lorsque l'on traverse une ligne frontière du diagramme de phases (liquidus, solidus, solvus...), on ajoute ou on soustrait une phase – voir figure GL2.5(b). Dans une région biphasée, une ligne horizontale passant par un point de constitution a des extrémités sur les frontières de ce domaine qui définissent les phases présentes dans le système : ces phases sont celles indiquées au-delà de ces frontières. Cette ligne est appelée une *conode* (fig. GL2.6).

Pour un point de constitution situé dans un domaine monophasé, la *composition de la phase* est simplement la composition de l'alliage lui-même (p. ex. le point A dans la figure GL2.6). Dans une région biphasée, la composition de chacune des deux phases est donnée par celles des extrémités correspondantes (p. ex. le point B dans la figure GL2.6). Pour rappel, ces valeurs sont les limites de saturation des domaines monophasés situés en dehors de la zone considérée.

DÉFINITION. Dans une région monophasée, les compositions de l'alliage et de la phase sont les mêmes. Dans une zone biphasée, la composition de chacune des deux phases est donnée par celle de la frontière à chaque extrémité correspondante de la conode passant par le point de constitution.

Considérons les points A et B du diagramme de phases du système Pb-Sn de la figure GL2.6. Le point de constitution A (température 250°C, composition d'un alliage Pb-30%pds Sn) est situé dans le domaine monophasé liquide ; la phase liquide a donc aussi une composition de 30%pds Sn. Le point de constitution B (température 130°C, alliage Pb-40% Sn) est situé dans une région biphasée avec les deux phases (Pb) et (Sn) situées aux extrémités de la conode : leurs compositions respectives sont de 7%pds Sn et 98%pds Sn.

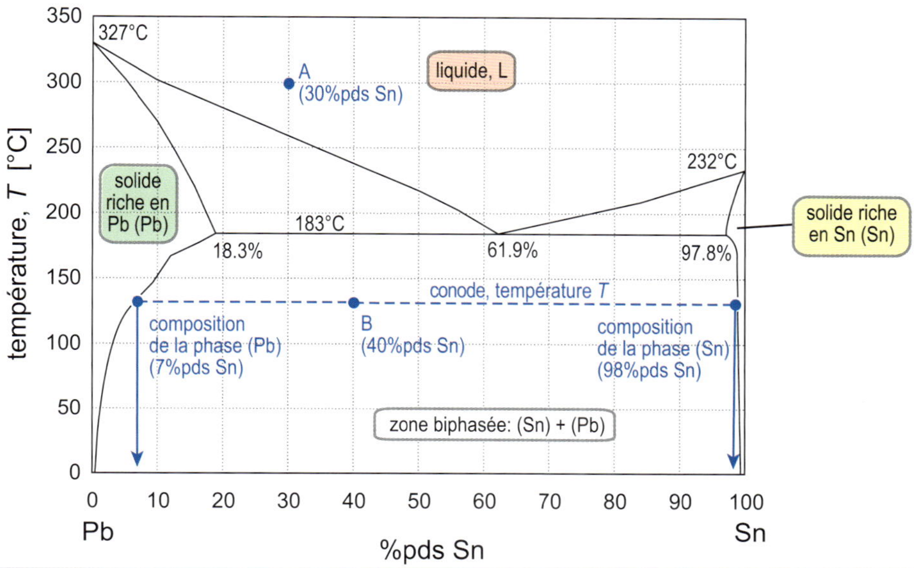

Figure GL2.6 Diagramme de phases du système Pb-Sn, montrant deux points A et B situés respectivement dans des zones monophasée et biphasée, ainsi que la conode définissant les phases et leur composition pour le point B dans la zone biphasée.

Exercices

E.3 Utiliser le diagramme de phases du système Pb-Sn de la figure GL2.7 pour répondre aux questions suivantes.

(a) Quelles sont les variables d'état (composition et température) aux points de constitution 1 et 2, et quelles sont les phases présentes ?

(b) Repérer les points de constitution pour les alliages Pb-70%pds Sn et Pb-95%pds Sn à 210°C. Quelles sont les phases présentes dans chaque cas ?

(c) L'alliage du point de constitution 1 est refroidi très lentement jusqu'à température ambiante, maintenant en tout temps l'équilibre. Identifier la température de la frontière à laquelle aura lieu un changement de phases. Quelles sont les phases présentes en dessous de cette température ?

(d) L'alliage du point de constitution 2 est refroidi lentement jusqu'à température ambiante. Identifier les températures auxquelles auront lieu des changements de phases ainsi que les phases avant et après chaque changement.

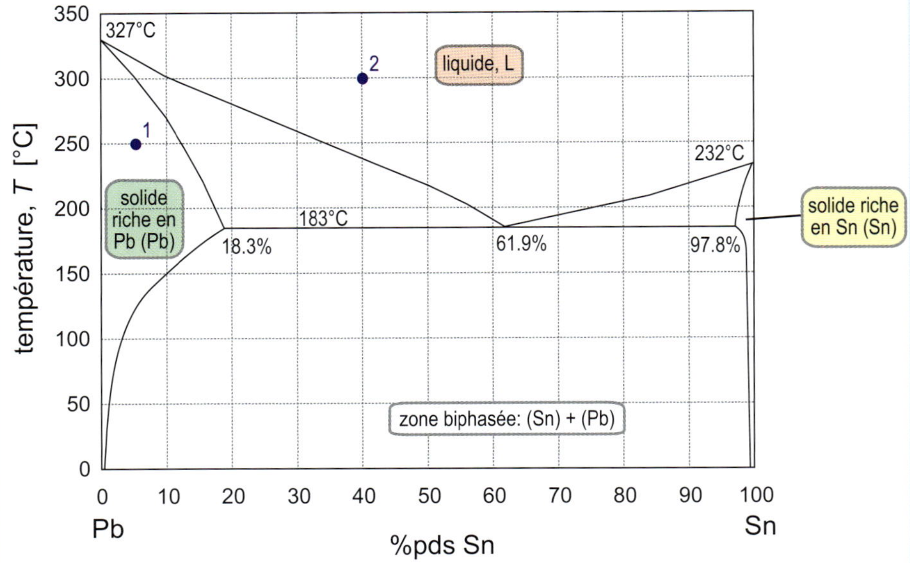

Figure GL2.7 Diagramme de phases Pb-Sn.

E.4 Utiliser le diagramme de phases Pb-Sn de la figure GL2.7 pour répondre aux questions suivantes.

(a) Le point de constitution pour l'alliage Pb-25%pds Sn à 250°C est situé dans une zone biphasée. Construire la conode sur la figure pour en déduire les deux phases présentes et leur composition respective.

(b) Cet alliage est refroidi lentement. Identifier les phases présentes et leur composition à (i) 200°C; (ii) 150°C.

(c) Indiquer avec des flèches sur la figure la trajectoire des compositions des deux phases lors du refroidissement de 250°C à 200°C. La composition globale de l'alliage restant bien sûr constante, comment cela est-il possible ?

Lecture d'un diagramme de phases binaire: proportions des phases Dans un domaine biphasé à température fixée, les compositions des phases sont fixées par les limites de saturation correspondantes – les valeurs situées aux extrémités de la conode. Par conséquent, des alliages de compositions différentes contiendront à cette température des *proportions* différentes de chacune de ces phases, de telle sorte à conserver globalement la composition de l'alliage. Les proportions (en masse) de ces phases dans une région biphasée peuvent être trouvées à l'aide du diagramme de phases et de la *règle des leviers*. Ces fractions massiques sont fixées par la conservation de la masse de chacun des composants – et la dérivation est laissée comme exercice plus loin. Considérons l'alliage Pb-20%pds Sn à 250°C de la figure GL2.8, un point de constitution situé dans le domaine biphasé liquide + solide riche en Pb. Pour trouver la proportion de chacune des ces phases, on construit tout d'abord la conode passant par ce point et on lit leur composition aux extrémités :

$$\textit{solide riche en Pb} \text{ avec } W_{Sn}^{SOL} = 12\%; \quad \textit{liquide} \text{ avec } W_{Sn}^{LIQ} = 34\%$$

La conode a une longueur ℓ, et les longueurs des segments séparant la composition nominale de l'alliage et les extrémités de la conode sont respectivement a et b. Pour l'alliage de composition W_{Sn} = 20%, on a :

$$\ell = W_{Sn}^{LIQ} - W_{Sn}^{SOL} = 34 - 12 = 22\%$$

$$a = W_{Sn} - W_{Sn}^{SOL} = 20 - 12 = 8\%$$

$$b = W_{Sn}^{LIQ} - W_{Sn} = 34 - 20 = 14\%$$

Les fractions massiques de liquide et de solide dans cet alliage à cette température sont alors données par $g^{LIQ} = a/\ell$ et $g^{SOL} = b/\ell$. Donc :

$$g^{LIQ} = 8/22 = 36\%$$

$$g^{SOL} = 14/22 = 64\%$$

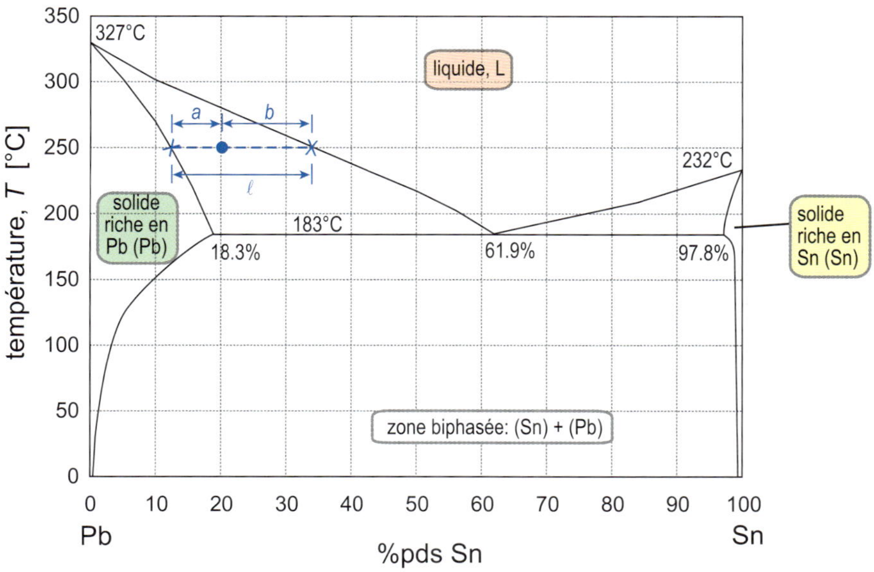

Figure GL2.8 Diagramme de phases du système Pb-Sn, illustrant la règle des leviers pour trouver les fractions massiques de phases dans une région biphasée.

Ceci illustre bien la raison pour laquelle cette règle est appelée loi des leviers – elle est en effet équivalente à l'équilibre mécanique de deux poids situés de part et d'autre d'un pivot central, avec la longueur de bras la plus courte pour le poids le plus élevé (afin que la somme des moments des forces soit nulle).

Remarquez qu'avec cette règle, on a:

- $g^{SOL} + g^{LIQ} = a/\ell + b/\ell = (a + b)/\ell = 1$ (comme prévu, la somme des fractions de phases doit valoir 1).
- A l'extrémité gauche de la conode, $g^{SOL} = 1$ ($a = 0$, $b = \ell$).
- A l'extrémité droite de la conode, $g^{LIQ} = 1$ ($a = \ell$, $b = 0$).

Pour résumer: pour trouver les fractions de phases dans *n'importe* quelle région biphasée (liquide-solide, ou solide-solide):

- Construire la conode passant par le point de constitution.
- Lire les trois compositions (de l'alliage et des extrémités de la conode).
- Appliquer la règle des leviers.

Une alternative, certes moins précise, consiste à mesurer directement les longueurs des segments sur le diagramme de phases. Remarquer dans ce cas que les proportions de phases varieront linéairement sur une conode avec la composition de l'alliage que si l'échelle elle-même des compositions du diagramme de phases est *linéaire en %pds*.

Certains diagrammes de phases ont des échelles linéaires en *%at*, avec dans certains cas une échelle non linéaire en %pds indiquée sur une deuxième échelle située en haut du diagramme (des exemples seront donnés plus tard). Dans ce cas, la loi des leviers pour les fractions massiques de phases ne peut pas être appliquée par mesure directe de la longueur des segments sur la conode. Cependant, les équations restent valables si on évalue (en %pds) les compositions des extrémités de la conode et que l'on calcule a, b et ℓ comme dans l'exemple précédent. Remarquer que le concept de fraction de phase atomique (ou molaire) n'est pas particulièrement utile, et donc la règle des leviers n'est généralement pas appliquée avec l'échelle des diagrammes de phases en %at (même si cette échelle est celle arrivant naturellement de la thermodynamique).

Exercices

E.5 Dériver la loi des leviers pour un mélange quelconque de deux phases, α et β. Soit W la composition de l'alliage (en %pds de l'élément d'alliage), W_α et W_β, les compositions des deux phases, et g_α et g_β leurs fractions respectives [Indication: partir de l'expression de conservation de la masse de l'élément d'alliage, calculer alors a, b et ℓ et utiliser enfin la loi de conservation de la masse totale exprimée comme $g_\alpha + g_\beta = 1$.]

E.6 Utiliser le diagramme de phases Pb-Sn de la figure GL2.7 et considérer un alliage ayant une composition $W_{Sn} = 25\%$. Quelles sont les proportions approximatives de phases dérivées de l'exercice E.4, à 250°C, 200°C et 150°C?

Phases intermédiaires De nombreux systèmes présentent des *phases intermédiaires* : des composés distincts des phases des composants purs. On trouve par exemple les phases intermédiaires Al_2Cu dans le système Al-Cu, Al_3Ni dans le système Al-Ni ou encore Fe_3C dans le système Fe-C. Si les deux composants sont métalliques, on parlera de phases intermétalliques. D'un point de vue thermodynamique, de telles phases se forment parce que l'assemblage des deux composants dans une nouvelle phase, avec une structure cristalline propre, est caractérisé par une énergie libre plus basse que celles des phases des composants purs ou de leur mélange. Des exemples de telles structures ont été donnés dans la leçon guidée n° 1 sur la cristallographie.

Le pourcentage atomique des composants dans une phase intermédiaire est appelée *stoechiométrie*. Ces phases sont généralement écrites comme nous l'avons vu dans les quelques exemples précédents, soit A_xB_y où x et y sont des nombres entiers. Les pourcentages atomiques de chacun des composants peuvent alors être facilement déduits puisqu'ils sont donnés par $x/(x + y)$ et $y/(x + y)$. Par exemple, l'intermétallique Fe_3C contient 25%at de carbone. En général, les valeurs de x et y sont petites, car le nombre d'atomes définissant la maille unitaire du réseau cristallin du composé est également faible. Les phases intermédiaires apparaissant dans les diagrammes de phases sont donc souvent le résultat de rapports de nombres entiers simples : 25%, 33%, 50%, etc. En principe, elles apparaissent comme des lignes verticales à la composition correspondante et représentent donc une seule phase (des exemples vont suivre).

En tant que phase unique ayant une composition fixée, les phases intermédiaires ont une température de fusion unique (comme les composants purs). Leur haute stabilité thermodynamique leur confère souvent un point de fusion élevé. Par conséquent, le domaine liquide pour des compositions de part et d'autre de la composition stoechiométrique sera caractérisé par des liquidus descendants, avec fréquemment des points eutectiques situés entre la phase intermédiaire et une solution solide ou une autre phase intermédiaire, si le système en comporte plusieurs. La figure GL2.9(a) montre le diagramme de phases du système peu usuel (et pas forcément représentatif) argent-strontium (remarquer l'échelle en %at). Ceci n'est pas un alliage bien connu des ingénieurs, mais il illustre bien le comportement « idéal » de phases intermédiaires pouvant apparaître dans les diagrammes de phases. Ce diagramme présente quatre intermétalliques (les lignes verticales) et apparaît comme la juxtaposition de cinq diagrammes de phases différents : le diagramme Ag-Ag_5Sr, le diagramme Ag_5Sr-Ag_5Sr_3, etc. Les liquidus de chaque phase se rencontrent en cinq points eutectiques. Remarquer que les solidus sont verticaux – ils sont en fait superposés avec les lignes verticales correspondant à la composition des phases intermétalliques. Ceci est dû au fait que toutes les phases, y compris dans ce cas celles des composants de base (argent et strontium), ont des compositions fixées qui ne varient pas avec la température.

Des composés intermédiaires de ce type donnent l'impression que deux domaines biphasés sont juxtaposés sur une seule ligne verticale, ce qui violerait les lois de la thermodynamique. En parcourant un diagramme de phases à température constante, nous devons en effet ajouter ou soustraire une phase chaque fois qu'une frontière de domaine est traversée, avec des conodes dans chaque domaine biphasé se terminant par des points situés sur la frontière avec un domaine monophasé. Mais ceci reste valable ici – il y a *une* seule phase entre deux domaines biphasés, l'un des composés intermédiaires dont la zone monophasée d'existence est essentiellement réduite à une ligne verticale.

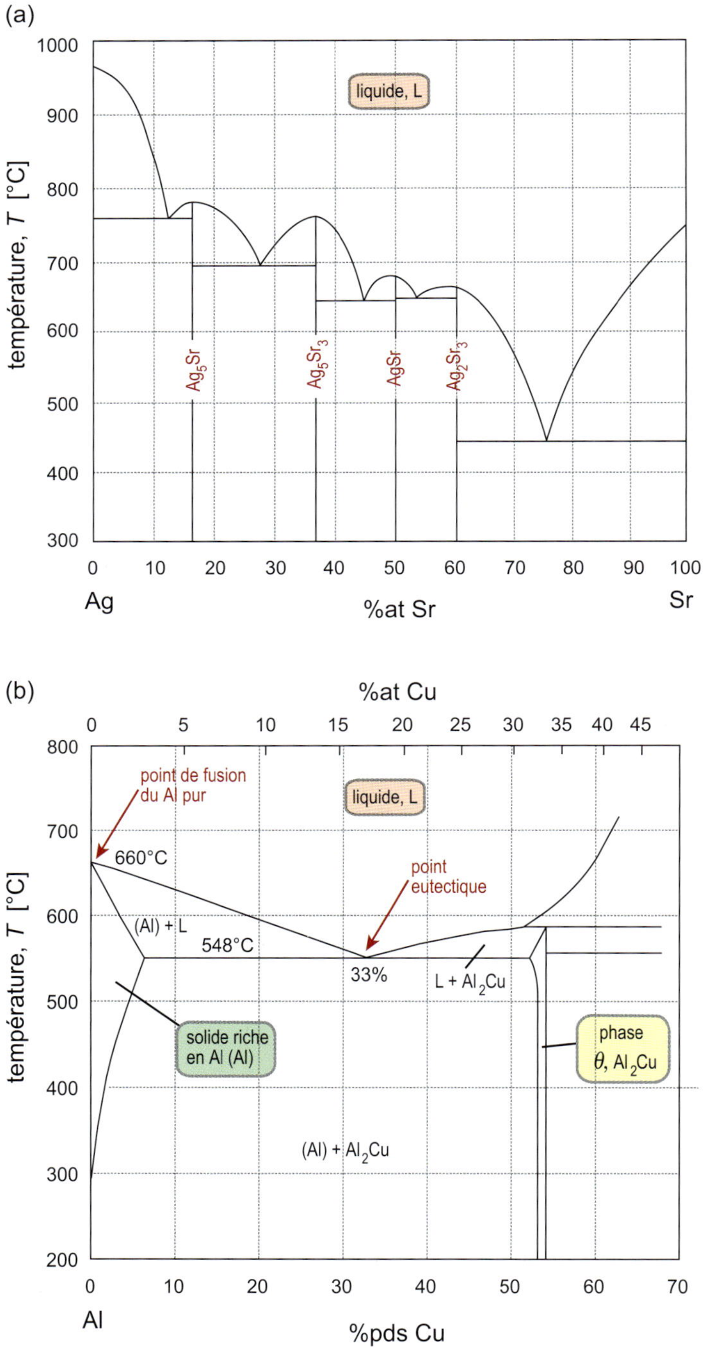

Figure GL2.9 Diagrammes de phases montrant des phase intermédiaires : (a) pour le système argent-strontium Ag-Sr ; (b) pour une partie du système aluminium-cuivre Al-Cu.

Un exemple un peu plus typique et utile pour les ingénieurs est illustré à la figure GL2.9(b) : il montre une partie du diagramme de phases du système Al-Cu avec une échelle en %pds (une équivalence en %at est donnée en haut du diagramme). Ce diagramme est la base des alliages industriels de type Al-Cu avec « durcissement par précipitation », largement utilisé en aéronautique. Une phase intermédiaire avec 33%at de cuivre se forme : c'est donc la phase Al_2Cu (à laquelle on donne communément le nom de phase θ pour indiquer qu'il s'agit d'une phase unique). Les frontières de liquidus se rencontrent en un point eutectique à 33%pds (coïncidence des chiffres !) de Cu et à 548°C. Par rapport au diagramme de phases précédent pour le système Ag-Sr, le domaine monophasé de la phase θ n'est pas une ligne verticale, mais une fine région verticale avec un petit domaine de composition. En d'autres termes, la phase Al_2Cu tolère un léger excès d'atomes Al tout en conservant sa structure – quelques atomes Cu sont remplacés par des atomes Al, et la stoechiométrie 1:2 n'est donc pas exactement respectée. On peut donc la voir comme une solution solide de Al dans la phase Al_2Cu. La majorité des phases intermédiaires couramment rencontrées ne sont souvent pas exactement stoechiométriques et montrent donc une tendance à former une solution solide dans une gamme de composition proche d'une stoechiométrie donnée, résultant ainsi dans un domaine d'existence étroit à la place d'une seule ligne verticale. Par conséquent, il est ainsi plus facile de ne pas les oublier ou de mal les interpréter. Dans quelques cas, le domaine de composition des phases intermédiaires peut être tellement large que les considérer comme des composés perd tout son sens : il vaut mieux alors les voir comme des solutions solides (avec toujours leur propre structure cristalline). Mais il n'y pas de définition rigoureuse en ce qui concerne l'extension en composition d'une phase intermédiaire à partir de laquelle il faut cesser de la considérer comme un composé de type A_xB_y.

Exercices

E.7 Utiliser la figure GL2.9 pour répondre aux questions suivantes :

(a) Pour un alliage Ag-90%at Sr à 600°C :
  (i) Dessiner le point de constitution dans le diagramme de phases.
  (ii) Identifier les phases présentes et touver leur composition en %at.
  (iii) La température est réduite lentement jusqu'à 500°C. Est-ce que la composition des phases et leur proportion changent ?

(b) Pour un alliage Ag-30%at Sr à 600°C :
  (i) Dessiner le point de constitution dans le diagramme de phases.
  (ii) Identifier les phases présentes et trouver leur composition en %at.
  (iii) Est-ce que les proportions de phases changent en abaissant la température à 500°C ? Expliquer les différences avec le cas précédent.

(c) Les masses molaires de Ag et Sr sont respectivement de 107.9 et 87.6 g/mol. Calculer les compositions en %pds des quatre composés intermétalliques rencontrés dans le système Ag-Sr.

(d) Pour un alliage Al-4%pds Cu:
 (i) Calculer la composition en %at de Cu (masses molaires de Al et Cu: 26.98 et 63.54 g/mol, respectivement).
 (ii) A 550°C, identifier la ou les phase(s) présente(s) et trouver leur composition (en %pds) et leur proportion massique.
 (iii) Répéter cet exercice pour une température de 250°C.

Solution des exercices, Partie 2

E.3

(a) Point de constitution 1: composition = 5%pds Sn, température = 250°C. Solide riche en plomb (Pb).
Point de constitution 2: composition = 45%pds Sn, température = 300°C. Liquide.

(b) Voir figure GL2.10: Pb-70%pds Sn: Liquide; Pb-95%pds Sn: Liquide + solide riche en Sn (Sn).

(c) A environ 125°C: (Pb) se transforme en deux phases (Pb) + (Sn).

(d) A environ 225°C: le liquide se transforme en deux phases (Liquide + (Pb)). A 183°C: (Liquide + (Pb)) se transforment en ((Pb) + (Sn)).

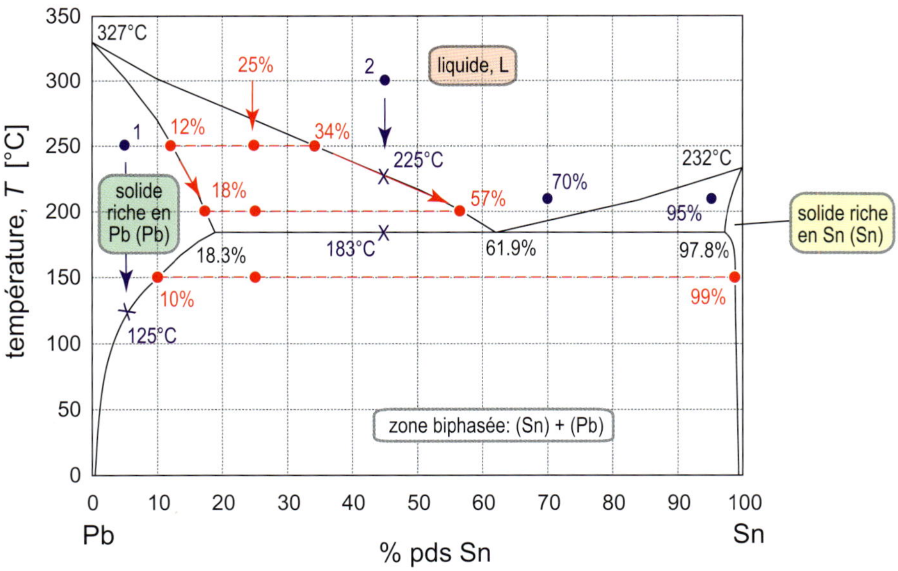

Figure GL2.10 Diagramme de phases Pb-Sn.

E.4 (a) 250°C: Phases (Pb) (12%pds Sn) et liquide (34%pds Sn).
(b) (i) 200°C: Phases (Pb) (18%pds Sn) et liquide (57%pds Sn).
(ii) 150°C: Phases (Pb) (10%pds Sn) et (Sn) (99%pds Sn).
(c) Voir figure GL2.10. Comme la composition des phases change avec la température, la composition globale de l'alliage est maintenue constante en changeant les *proportions* de phases.

E.5 Considérer une masse unitaire de l'alliage, de telle sorte que la masse totale de l'élément d'alliage est directement donnée par sa composition W, alors que les masses des phases α et β sont respectivement g_α et g_β.

La masse de soluté dans la phase α est donnée par $g_\alpha W_\alpha$ et celle dans la phase β par $g_\beta W_\beta$. Donc, la conservation de soluté implique :

$$W = g_\alpha W_\alpha + g_\beta W_\beta \qquad \text{(GL2.1)}$$

On lit sur la figure GL2.11 :

$$\ell = W_\beta - W_\alpha \quad \text{et} \quad a = W - W_\alpha \quad \text{et} \quad b = W_\beta - W \qquad \text{(GL2.2)}$$

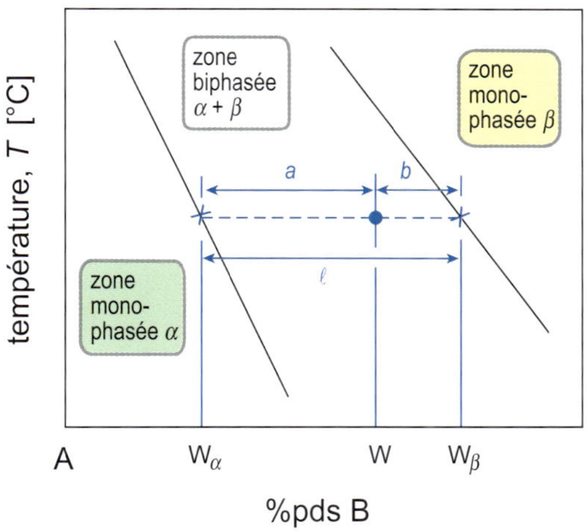

Figure GL2.11 Dérivation de la loi des leviers.

Par ailleurs, $g_\alpha + g_\beta = 1$, $g_\alpha = 1 - g_\beta$.

En insérant cette relation dans l'équation (GL2.1), on a :

$$W = (1 - g_\beta)W_\alpha + g_\beta W_\beta = g_\beta(W_\beta - W_\alpha) + W_\alpha.$$

En réarrangeant les termes et en utilisant les équations (GL2.2), on a :

$$g_\beta = \frac{(W - W_\alpha)}{(W_\beta - W_\alpha)} = \frac{a}{\ell}$$

En suivant la même procédure pour W_α, on obtient:

$$g_\alpha = \frac{(W_\beta - W)}{(W_\beta - W_\alpha)} = \frac{b}{\ell}$$

E.6 En utilisant les compositions identifiées dans l'exercice E.4 (ou en mesurant directement sur la figure):

(a) 250°C: proportion de la phase (Pb) = (34 – 25)/34 – 12) = 41%pds, et donc 59%pds de liquide.
(b) 200°C: proportion de la phase (Pb) = (57 – 25)/57 – 18) = 82%pds, et donc 18%pds de liquide.
(c) 150°C: proportion de la phase (Pb) = (99 – 25)/99 – 10) = 83%pds, et donc 17%pds de la phase (Sn).

E.7 (a) Voir figure GL2.12(a): à 600°C: liquide avec 83%at de Sr et Sr solide pur. A 500°C, la composition du liquide a baissé à 78%at de Sr, alors que le solide reste du Sr pur. La proportion de solide augmente donc.
(b) Voir figure GL2.12(a): à 600°C: mélange des deux phases Ag_5Sr (16.7%at de Sr) et Ag_5Sr_3 (37.5%at de Sr). A 500°C, les phases ont la même composition (comme des phases intermédiaires stoechiométriques parfaites) et leurs proportions ne varient donc pas (frontières de zones verticales).
(c) Masses molaires: Ag 107.9 et Sr 87.6 g/mol. Par inspection, les compositions atomiques des composés sont:

Ag_5Sr: 16.7%at Sr; Ag_5Sr_3: 37.5%at Sr; AgSr: 50%at Sr;
Ag_2Sr_3: 60%at Sr.
En utilisant les relations de l'exercice E.2 (avec A = Sr, B = Ag), on a:
Ag_5Sr: 14.0%pds Sr; Ag_5Sr_3: 32.8%pds Sr; AgSr: 44.8%pds Sr;
Ag_2Sr_3: 54.9%pds Sr.

(d) (i) Considérons 1 kg d'un alliage Al-4%pds Cu: la masse de cuivre est donc de 40 g, et celle d'aluminium de 960 g.
Nombre de moles de Cu = 40/63.54 = 0.63, et de Al = 960/26.98 = 35.6.
Composition atomique de Cu: X_{Cu} = 0.63/(0.63 + 35.6) = 1.74%at Cu.
(ii) Voir figure GL2.12(b). A 550°C, une seule phase solide (Al) dont la composition est celle de l'alliage (4%pds Cu).
(iii) Voir figure GL2.12(b). A 250°C, deux phases solides: Al solide quasiment pur et la phase Al_2Cu (composition 53%pds Cu). Proportions données par la règle des leviers: (53 – 4)/(53 – 0) =92.5%pds (Al) et 7.5%pds Al_2Cu.

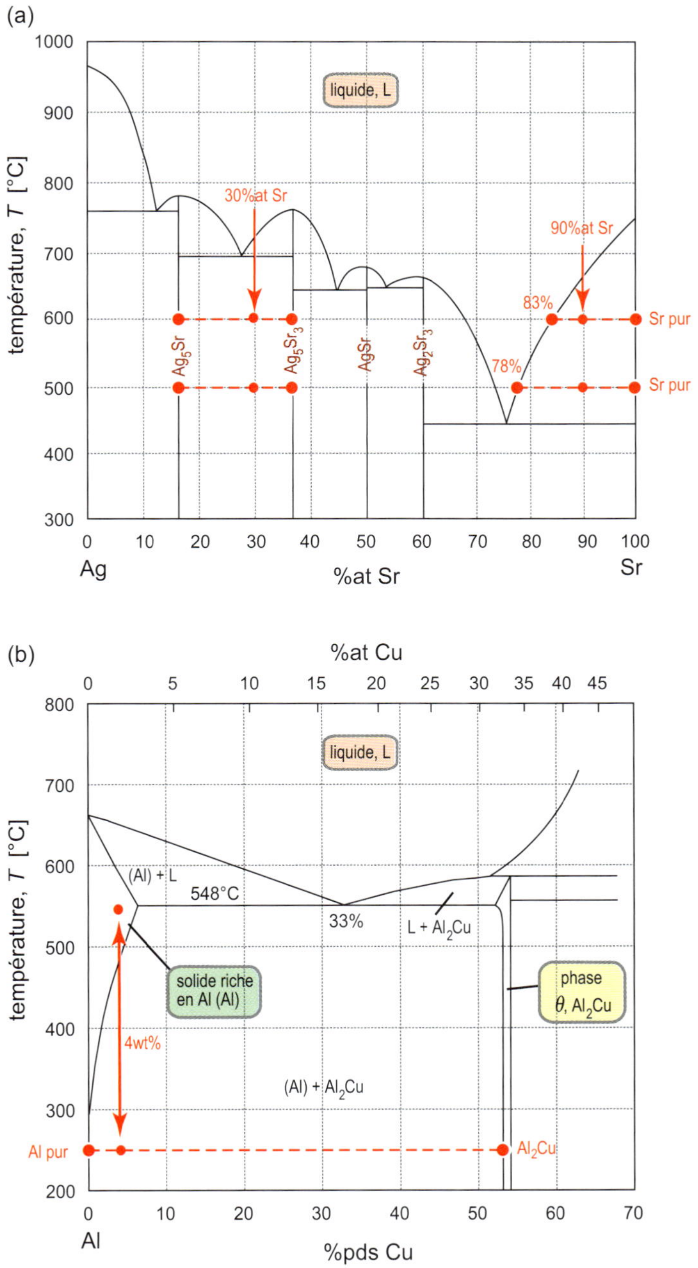

Figure GL2.12 Diagramme de phases (a) pour Ag-Sr; (b) pour Al-Cu.

PARTIE 3 : Le diagramme fer-carbone

Le diagramme de phases *fer-carbone* est particulièrement important en ingénierie car il donne les bases pour la compréhension des *fontes de fer* et des *aciers au carbone*, ainsi que de leurs traitements thermiques. Premièrement, considérons le fer pur. A basse température, la phase dans laquelle se trouve le fer est la *ferrite* (ou fer α), avec une structure CC (cubique centrée, voir Leçon Guidée n° 1). En chauffant le fer, sa structure se transforme à 910°C en *austénite* (ou fer γ), une structure CFC (cubique à faces centrées). L'austénite pure est stable jusqu'à 1391°C, température à laquelle elle se transforme en structure CC (appelée fer δ mais identique dans sa structure à α), cette dernière fondant à 1534°C.

Une des caractéristiques clés du système fer-carbone est la quantité de carbone que le fer peut accepter en solution solide dans des *sites interstitiels*, sans former d'autres phases. C'est ici qu'interviennent les différences entre les structures CC et CFC. Nous avons vu dans la Leçon Guidée n° 1 que les sites interstitiels sont plus gros dans la structure CFC que dans la structure CC. La solubilité du carbone est donc plus basse dans cette dernière (ferrite-α ou fer-δ), et beaucoup plus élevée dans l'austénite CFC. Remarquer que les mêmes noms (ferrite, austénite et fer-δ) sont utilisés pour le fer pur ou les solutions solides contenant du carbone. La nomenclature « phase riche en fer (Fe) » n'est donc pas d'une grande utilité ici, puisqu'il y a trois variantes (en fait seulement deux d'un point de vue cristallographique, la distinction entre α et δ étant liée au magnétisme).

La figure GL2.13 montre le diagramme de phases fer-carbone jusqu'à 6.7%pds de carbone. Cette limite correspond à 25%at C, composition à laquelle le *carbure de fer* Fe_3C, aussi appelé *cémentite*, se forme. Cette partie du diagramme Fe-C couvre la plupart des fontes et aciers au carbone. Ce diagramme de phases est plus complexe que ceux rencontrés précédemment, et doit être fragmenté en plusieurs parties pour être compris. La figure GL2.14 montre trois vues éclatées de ce diagramme.

Considérons tout d'abord la partie située en dessous de 1000°C, jusqu'à 2.0%pds de carbone (fig. GL2.14(c)). On peut constater la faible solubilité du carbone dans la ferrite, avec une valeur maximale de 0.035%pds à 723°C. En dessous de la température de transformation du fer pur de ferrite en austénite (910°C), le diagramme ressemble à la séparation de la température de fusion d'un corps pur, avec formation d'une zone biphasée entre deux frontières descendant en température lorsque la composition de carbone augmente. Mais dans ce cas, la phase située en dessus est une solution solide (l'austénite), et non plus un liquide. Cependant, à la température de solubilité maximale en C de la ferrite (723°C), la frontière inférieure du domaine austénitique forme aussi un « V », correspondant à la température minimale à laquelle cette phase peut se former en tant que phase unique, avec une composition de 0.8%pds C.

Ce type de diagramme de phases, caractéristique d'un *point eutectoïde*, est très important dans le contexte des aciers au carbone (comme nous le verrons plus tard lorsque l'on abordera les microstructures et les traitements thermiques). Un eutectoïde est donc similaire à un eutectique, mais où la phase située en dessus du « V » n'est pas un liquide mais une solution solide.

DÉFINITION. La limite inférieure d'un domaine monophasé formé par une solution solide et dont les frontières se coupent en « V » est appelée *point eutectoïde*.

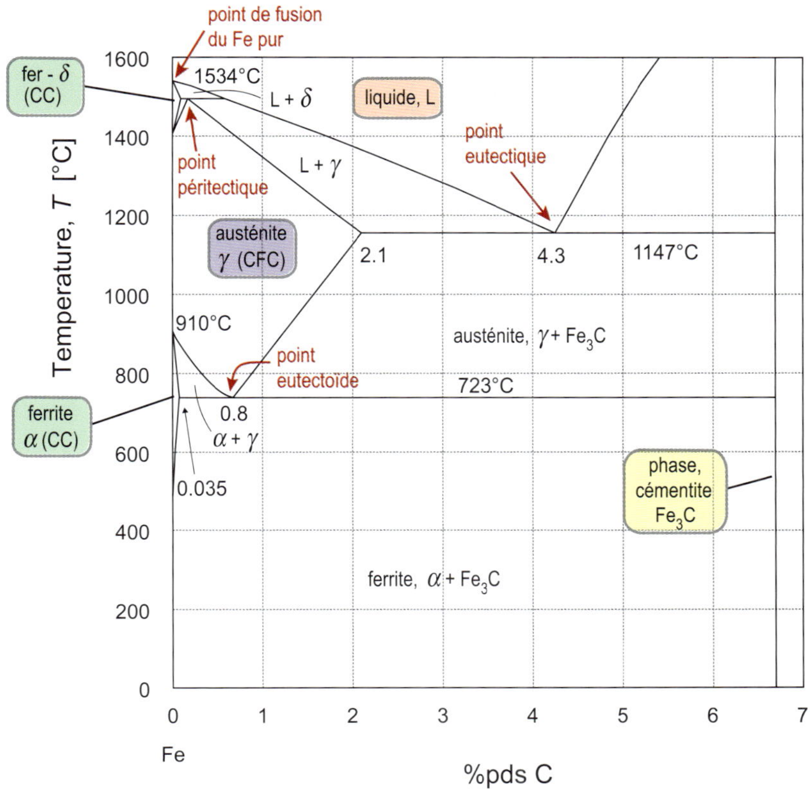

Figure GL2.13 Diagramme de phases fer-carbone jusqu'à 6.7 %pds de carbone, zone d'intérêt pour les fontes de fer et les aciers au carbone.

En suivant la frontière montante du domaine de l'austénite, à droite à partir du point eutectoïde, nous atteignons un point de solubilité maximale. La figure GL2.14(b) montre la partie supérieure-droite du diagramme de phases qui inclut ce point. Elle est tout à fait identique à un diagramme eutectique rencontré précédemment. La température eutectique correspond à la solubilité maximale du carbone dans l'austénite, avec des solidus et liquidus de pente négative limitant la zone biphasée (liquide + austénite). Les conodes dans les régions biphasées à droite et en dessous du point eutectique se terminent du côté riche en carbone sur la phase intermétallique de carbure de fer.

Pour compléter le domaine de l'austénite, nous devons introduire une nouvelle notion, celle de *point péritectique*. La figure GL2.14(a) est un agrandissement de ce diagramme dans la partie supérieure de ce domaine, où l'on voit également le domaine du fer δ. Le domaine austénitique se termine avec un «V» inversé, qui correspond à la température maximale d'existence de cette phase. Cette température coïncide avec celle pour laquelle la solubilité du carbone dans le fer δ est maximale, établissant une ligne horizontale passant par le point péritectique. Au-dessus de ce domaine, on trouve un domaine biphasé où coexistent le liquide et la phase δ. Les phases présentes dans les deux autres domaines biphasés en-dessous de

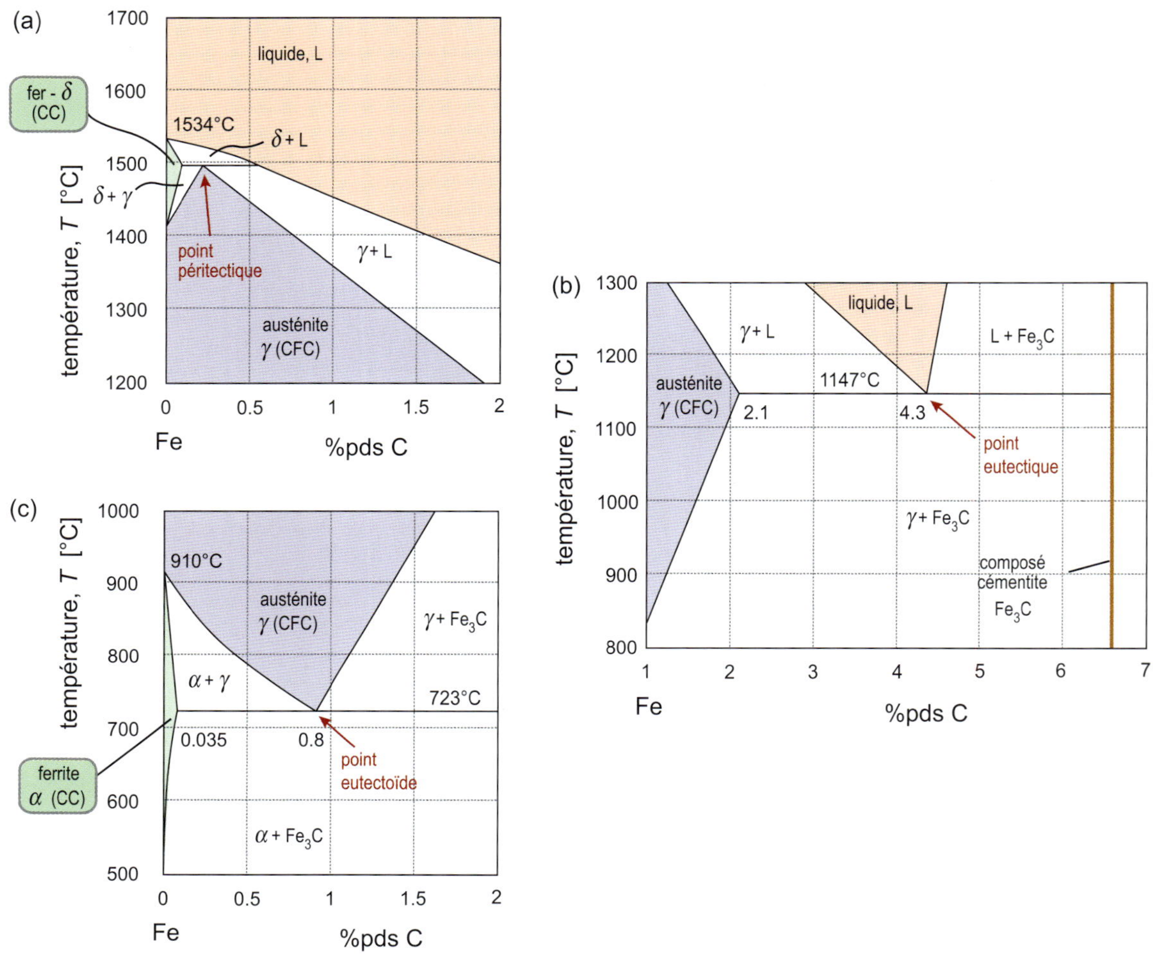

Figure GL2.14 Vues éclatées du diagramme de phases fer-carbone: (a) point péritectique à haute température et basse teneur en carbone; (b) point eutectique à haute température et haute teneur en carbone; (c) point eutectoïde à basse température et basse teneur en carbone.

l'invariant péritectique sont aisément identifiées par les conodes, ce sont les phases (δ + austénite) à gauche du point péritectique, et (austénite + liquide) à droite. A noter qu'un alliage liquide ayant la composition du point péritectique se transforme d'abord en (δ + liquide) lorsqu'il est lentement refroidi, puis en 100% d'austénite dès que sa température tombe en dessous de la température péritectique.

Pour résumer les points essentiels du diagramme de phases fer-carbone, les phases sont:

- *Ferrite* ou fer-α (CC), avec une limite de solubilité maximale de 0.035%pds C.
- *Austénite* ou fer-γ (CFC), avec une limite de solubilité maximale de 2.1%pds C.
- Fer-δ (CC), avec une limite de solubilité maximale de 0.08%pds C.
- *Cémentite* ou Fe_3C (carbure de fer), une phase intermétallique à droite du diagramme.

Le système a un point eutectique à 4.3%pds C, un point eutectoïde à 0.8%pds C et un point péritectique à 0.2%pds C.

Un point encore utile à mentionner est que le diagramme de phases présenté ici est quelque peu incomplet car il ne correspond pas strictement à l'équilibre. En effet, le carbure de fer est une phase métastable – le vrai équilibre thermodynamique dans cette partie du diagramme implique les phases déjà mentionnées du fer et le graphite (la phase hexagonale du carbone). Cependant, dans la plupart des situations, c'est le carbure de fer plutôt que le graphite qui se forme – c'est le résultat de *mécanismes* impliqués dans les transformations de phases où la phase de plus basse énergie libre n'est pas forcément privilégiée. Le diagramme de phases impliquant le carbure de fer est donc le plus souvent utilisé en tant que diagramme de pseudo-équilibre. Cependant, le vrai diagramme d'équilibre doit être utilisé dans certains cas, comme par exemple pour la solidification des fontes grises, des alliages contenant 1-4%pds C (i.e. approchant la composition eutectique). Dans ce cas, à vitesse de refroidissement modérée, c'est le graphite qui apparaît dans les microstructures.

Exercices

E.8 Utiliser les figures GL2.13 et GL2.14 pour répondre aux questions suivantes :

(a) Pour un alliage Fe-0.4%pds C à 900°C et 600°C :
  - (i) Représenter les points de constitution sur le diagramme de phases.
  - (ii) Identifier les phases présentes et leur composition en%pds.
  - (iii) Si la température est lentement abaissée de 900°C à 600°C, à quelles températures croise-t-on des frontières de domaine ? Identifier les phases après chaque croisement de frontières.

(b) En quoi diffère le même refroidissement de 900°C à 600°C pour un alliage Fe-0.8%pds C ?

Solution des exercices, Partie 3

E.8 (a) (i) Voir la figure GL2.15.
  - (ii) 900°C : une seule phase, l'austénite (γ), composition 0.4%pds C ; 600°C : deux phases, la ferrite (α), composition ~0%pds C + cémentite (carbure de fer, Fe_3C), composition 6.7%pds C.
  - (iii) A 800°C, l'austénite se transforme en austénite + ferrite ; à 723°C, l'austénite résiduelle se transforme en ferrite et cémentite.

(b) Pour 0.8%pds C, l'austénite se transforme directement en ferrite + cémentite à la température du point eutectoïde (à 723°C), plutôt que de commencer à se transformer partiellement en ferrite au-dessus.

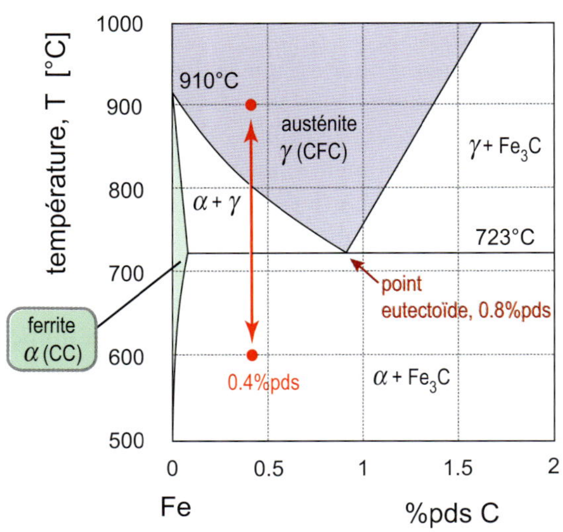

Figure GL2.15 Diagramme de phases Fe-C.

PARTIE 4: Interprétation de diagrammes de phases plus complexes

Les diagrammes de phases vus jusqu'à présent illustrent la majorité des éléments pertinents pour les systèmes binaires. Cette section en donne un complément et montre comment des diagrammes de phases apparemment complexes peuvent être interprétés assez facilement si les règles sont appliquées avec soin.

Eutectiques, eutectoïdes, péritectiques et péritectoïdes Trois de ces types d'invariants ont déjà été vus pour le diagramme fer-carbone. Nous introduisons ici le quatrième – un *point péritectoïde* – et remontrons les quatre ensemble pour des raisons de clarté, la nomenclature pouvant de prime abord paraître confuse.

Un point peritectoïde est similaire à un péritectique, avec un «V» inversé correspondant à la température maximale de formation d'une phase solide. La différence tient au fait qu'au-dessus de cette température, ce sont deux phases solides qui coexistent, au lieu d'un solide et un liquide pour les péritectiques. Afin de mémoriser qui est quoi, savoir que:

- *eu–* signifie un «V» normal posé sur une ligne horizontale, alors que pour *péri–* le «V» est inversé («eutectique» signifie en grec «qui fond bien»).
- *–tectique* implique une phase liquide (et deux solides), alors que pour *–tectoïde*, toutes les phases sont solides («péritectique» signifie «qui fond autour»).

La figure GL2.16 montre les quatre types de diagrammes pour comparaison. Les phases solides sont indiquées par des lettres grecques et A_xB_y, le liquide par «L». Remarquer que chaque point invariant implique *trois* phases sur une isotherme – une seule phase à l'intérieur du «V» et deux autres phases aux extrémités de la ligne horizontale.

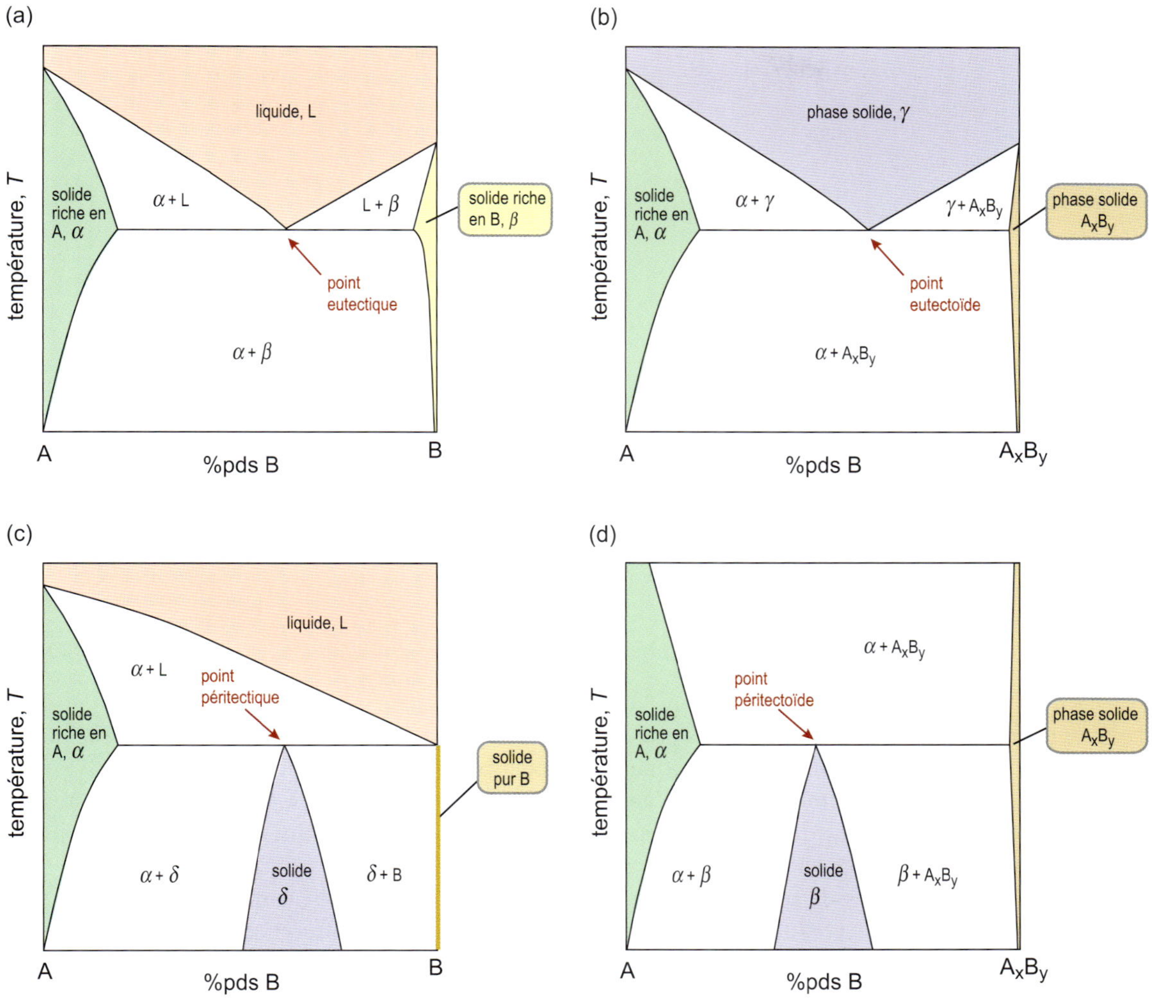

Figure GL2.16 Diagrammes de phases schématiques montrant : (a) un point eutectique ; (b) un point eutectoïde ; (c) un point péritectique ; (d) un point péritectoïde.

Comparés aux eutectiques et aux eutectoïdes, les péritectiques et péritectoïdes sont moins importants pour l'ingénierie. Ils interviennent toutefois pour plusieurs matériaux (aciers, bronzes) et notamment dans la croissance des nouveaux supraconducteurs haute-température céramiques YBaCuO (un mélange d'oxydes d'yttrium, de baryum et de cuivre). Ils se forment en effet par refroidissement lent et passent par une réaction péritectique.

Diagrammes de phases pour les céramiques Les céramiques sont des composés formés d'un métal et d'un des éléments O, C ou N. Elles se forment avec une stoechiométrie bien définie pour satisfaire l'équilibre électronique entre les éléments (liaisons ioniques), par

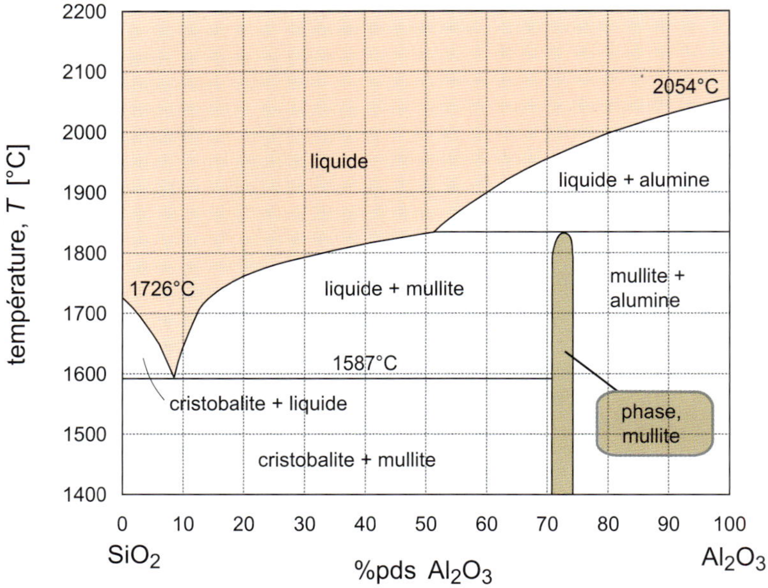

Figure GL2.17 Diagramme de phases binaire pour le système silice-alumine (SiO_2-Al_2O_3).

exemple Al_2O_3 pour l'alumine. Dans quelques cas, nous sommes intéressés par des mélanges de céramiques (ou alliages céramiques). Un exemple a déjà été mentionné: la *spinelle* est un mélange de magnésie (MgO) et d'alumine (Al_2O_3). Les géologues et les minéralogistes en particulier ont besoin des diagrammes de phases pour les céramiques afin de pouvoir interpréter les minéraux naturels et leurs microstructures.

Les diagrammes de phases pour les céramiques sont tout à fait similaires à ceux des systèmes métalliques et s'utilisent de la même manière, la seule différence résidant dans le fait que les éléments sont remplacés par les molécules des céramiques pures. La figure GL2.17 montre le diagramme de phases du système silice-alumine (SiO_2-Al_2O_3). Il présente une phase intermédiaire, la *mullite*. Remarquer que la partie supérieure de ce domaine monophasé se termine par un point péritectique – au-dessus, le domaine biphasé correspond à (liquide + Al_2O_3).

Exercices

E.9 Les deux diagrammes de phases de la figure GL2.18 (partiel pour Al-Si) ont tous deux un point eutectique.

Marquer le point eutectique dans chaque figure et en déterminer la température et la composition en %pds pour chacun d'eux. (Indication: Les masses molaires de Cr et Ni sont respectivement 52.00 et 58.71 g/mol.)

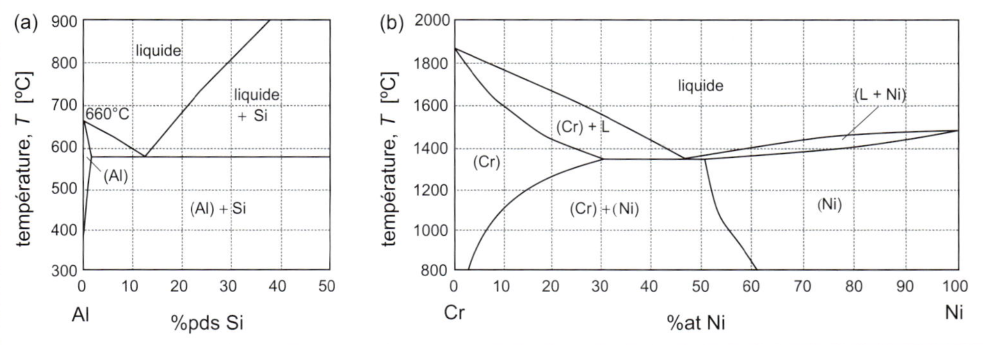

Figure GL2.18 Diagrammes de phases pour les systèmes (a) aluminium-silicium Al-Si (partiel), et (b) chrome-nickel Cr-Ni.

E.10 Le diagramme de phases du système cuivre-zinc (qui inclut donc les *laitons*) est montré à la figure GL2.19. Utiliser ce diagramme pour répondre aux questions suivantes :

(a) (i) Colorer les régions monophasées.

(ii) Repérer le point eutectoïde et les cinq points péritectiques dans ce système et indiquer leur température et composition respectives.

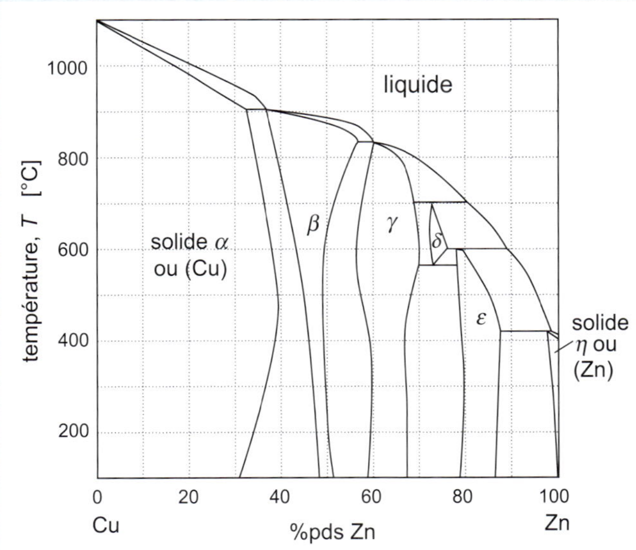

Figure GL2.19 Diagramme de phases pour le système cuivre-zinc Cu-Zn.

(b) Les deux laitons commerciaux sont : laiton 70/30 (W_{Cu} = 70%) et laiton 60/40 (W_{Cu} = 60%). Localiser les points de constitution à 200°C.
  (i) Qu'est-ce qui distingue ces deux alliages ?
  (ii) Quel est approximativement le point de fusion du laiton 70/30 ?
  (iii) Quelles sont les phases présentes à 200°C dans le laiton 60/40 ? Trouver leurs compositions et leur proportions.

E.11 Utiliser le diagramme de phases du système SiO_2-Al_2O_3 montré à la figure GL2.17 pour répondre aux questions suivantes :

(a) Le composé intermédiaire, la mullite, peut être considérée comme ayant la formule SiO_2 $(Al_2O_3)_x$. Trouver la valeur approximative de x. Les masses molaires de Si, Al et O sont 28.1, 16.0 et 26.9 g/mol.

(b) Utiliser la règle des leviers pour trouver la constitution à l'équilibre d'un alliage ayant 50%pds de Al_2O_3 à 1700°C. Est-il possible de mesurer cela directement sur le diagramme de phases ? Pourquoi ?

Solution des exercices, Partie 4

E.9 Voir la figure GL2.20 (a) : Al-Si : eutectique à 580°C et 12%pds Si.
Voir la figure GL2.20 (b) : Cr-Ni : eutectique à 1350°C et 47%at Ni.
Pour convertir en %pds : %pds Ni = (0.47 × 58.71)/(0.53 × 52.0 + 0.47 × 58.71) = 50.0%pds Ni.

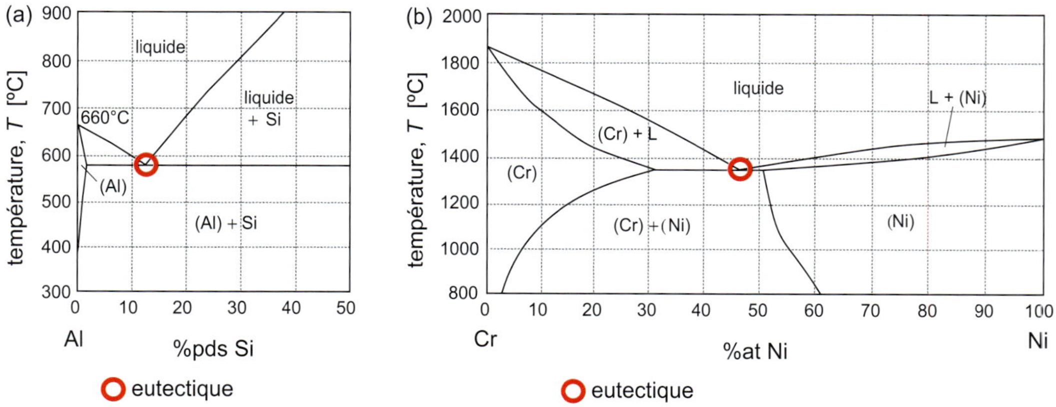

Figure GL2.20 Diagrammes de phases pour (a) aluminium-silicium Al-Si, et (b) chrome-nickel Cr-Ni.

E.10

(a) Voir la figure GL2.21: Eutectoïde: W_{Zn} = 73%pds, T = 555°C
Peritectiques:
W_{Zn} = 37%pds, T = 900°C.
W_{Zn} = 60%pds, T = 825°C.
W_{Zn} = 73%pds, T = 700°C.
W_{Zn} = 79%pds, T = 600°C.
W_{Zn} = 99%pds, T = 420°C.

(b) Le laiton 70/30 est constitué d'une seule phase, mais le laiton 60/40 en a deux.
Le laiton 70/30 commence à fondre vers 920°C et est complètement liquide à 960°C.
A 200°C: solides α riche en Cu ($W_{Zn} \approx$ 33%) et β (presque CuZn) $W_{Zn} \approx$ 48%).
Proportions quasiment 50 – 50; plus précisément: proportion de α = (48 – 40)/(48 – 33) = 53%, et donc 47% de β.

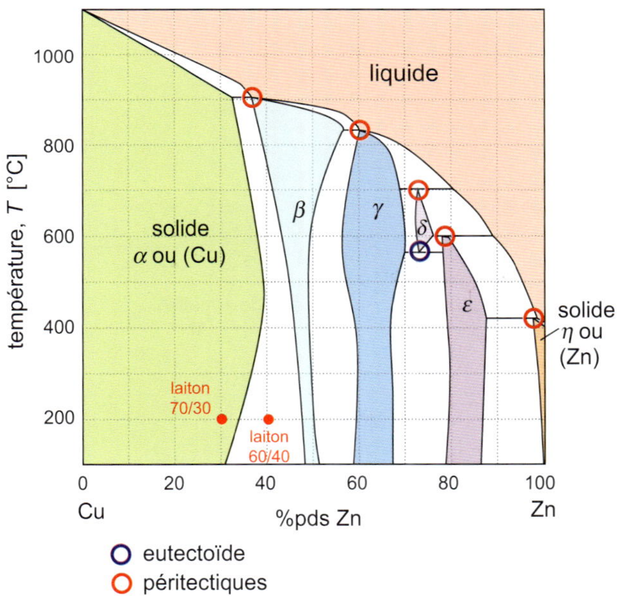

Figure GL2.21 Diagramme de phases Cu-Zn.

E.11

(a) Voir la figure GL2.22 : La mullite contient approximativement 73%pds de Al_2O_3 (et donc 27% de SiO_2).

Masse molaire de SiO_2 : 28.1 + (16 × 2) = 60.1 g/mol.

Masse molaire de Al_2O_3 : (26.9 × 2) + (16 × 3) = 101.8 g/mol.

Masse molaire de la mullite = 1 mole de SiO_2 + x moles de Al_2O_3 = 60.1 + x·101.8

Fraction poids d'alumine : ≈ 0.73 ≈ 101.8x/(60.1 + 101.8x).

D'où x ≈ 1.6.

(b) A 1700°C et pour 50 pds% de Al_2O_3, le liquide avec une composition de 13%pds Al_2O_3 coexiste avec la mullite qui a 71%pds Al_2O_3.

Fraction massique de liquide = (71 − 50)/(71 − 13) = 36%.

Fraction massique de mullite = (50 − 13)/(71 − 13) = 64%.

Il serait légitime de déduire ces fractions de phase en mesurant directement la longueur des segments de la conode puisque l'échelle en %pds du diagramme est *linéaire*.

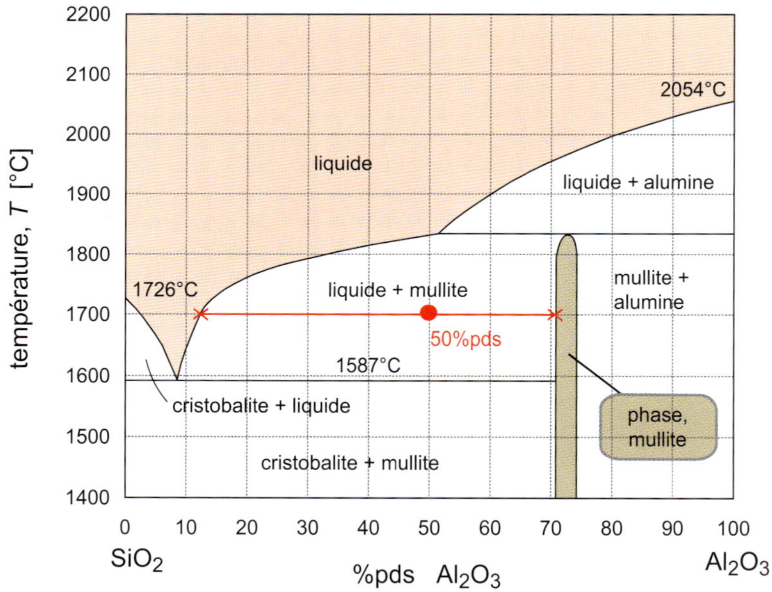

Figure GL2.22 Diagramme de phases SiO_2-Al_2O_3.

PARTIE 5 : Transformations de phases et évolution des microstructures

Après avoir vu les parties 1-4, on devrait pouvoir :

- Reconnaître les principaux éléments des diagrammes de phases binaires, et identifier les domaines mono- et biphasés.
- Trouver les proportions et les compositions des phases à l'équilibre, pour une température et une composition de l'alliage fixées.

Les parties 5-8 vont relier cette compréhension des diagrammes de phases à l'évolution des microstructures pour des procédés industriels importants. La plupart des procédés d'élaboration et de mise en forme des matériaux impliquent une combinaison de chauffages/refroidissements. Par exemple :

- La coulée consiste à remplir un moule avec un alliage fondu, qui solidifie et se refroidit.
- Le formage à chaud de billettes métalliques, comme la coulée, implique une histoire thermique complexe due aux échanges thermiques avec l'outillage et l'air environnant.
- La soudure implique généralement un cycle thermique de chauffage suivi d'un refroidissement.
- Une dernière étape de mise en forme consiste souvent en un traitement thermique séparé, de toute la pièce ou juste de sa surface.

Lorsque la température varie dans un procédé, les conditions d'équilibre du matériau changent constamment (p. ex. quand les frontières de domaine du diagramme de phases sont traversées) – et donc des *transformations de phases* vont avoir lieu. Ces transformations déterminent quelles seront les phases présentes à la fin du procédé, et comment elles sont réparties entre elles, au sein de ce qui constitue la *microstructure* finale. Or cette dernière influence les propriétés du matériau. Donc, pour une compréhension complète des relations entre procédés et propriétés, nous avons besoin de mieux connaître les microstructures que ce que le diagramme de phases nous enseigne. Comme nous le verrons, les propriétés ne sont pas contrôlées uniquement par les proportions des phases présentes : elles dépendent aussi de leur *morphologie*. Par exemple, dans un solide biphasé, la *forme* des phases et leur *disposition* relative ont souvent une grande influence sur les propriétés.

Observation des phases et des transformations de phases Les diagrammes de phases nous permettent de connaître les phases à l'équilibre, leur composition et leur proportion. Mais on pourrait se poser la question préliminaire de savoir comment cette information elle-même a pu être obtenue ! Et comment peut-on savoir si un procédé donné suit effectivement cet équilibre ? De nombreuses techniques sont disponibles pour quantifier les phases présentes dans une microstructure, les méthodes appropriées dépendant des échantillons disponibles et des différentes échelles microstructurales à observer (chap. 19). Le tableau GL2.1 résume les différentes méthodes et leur principe physique de base.

Les diagrammes de phases ont d'ailleurs été établis sur la base de plusieurs de ces techniques. De plus en plus, ils sont aussi déterminés par des calculs thermodynamiques, à partir de principes de base. Plusieurs logiciels commerciaux et bases de données sont disponibles

Tableau GL2.1 Techniques de quantification des phases

Technique	Principe physique de base
Dilatométrie	Mesure des changements dimensionnels à haute résolution pour détecter tout changement de densité et symétrie induit par un changement de phases.
Résistivité électrique	Mesure des changements de résistivité électrique associés au libre parcours moyen des électrons, avant et après transformation de phases.
Calorimétrie : Analyse thermique différentielle	Mesure différentielle très sensible de libération ou d'absorption de chaleur latente de transformation.
Microscopie optique	Réflexion différenciée de la lumière, en couleur ou intensité, par les phases ou par un film formé à leur surface après réaction chimique ou électropolissage.
Diffraction de rayons X	Diffraction d'un rayonnement X par le réseau cristallin des différentes phases, dont la position et l'intensité des raies déterminent respectivement leur nature et leur proportion.
Microscope électronique à balayage (MEB)	Rétrodiffusion des électrons par les différentes phases donnant simultanément une image des phases et une information sur leur composition.
Microscopie électronique en transmission (MET)	Diffraction d'un faisceau d'électrons par le réseau cristallin de chaque phase, donnant une image de la microstructure ainsi que la structure cristalline par la figure de diffraction.

pour calculer les différents domaines des diagrammes de phases de systèmes constitués de nombreux éléments différents. Il faut toutefois se rappeler que leur précision dépend de la qualité des résultats expérimentaux utilisés pour l'ajustage des calculs thermodynamiques.

Concepts de base des transformations de phases Les diagrammes de phases donnent de précieux renseignements pour prédire les transformations de phases et les microstructures résultant d'une histoire thermique. Même si les microstructures observées peuvent ne pas être à l'équilibre, les diagrammes de phases n'en restent pas moins un point de départ à partir duquel celles-ci peuvent être déterminées.

La thermodynamique et les cinétiques des transformations de phases sont décrites au chapitre 19. Les concepts clés dans ce domaine sont les suivants :

- Les transformations de phases sont le résultat d'un changement d'énergie libre (définie dans la partie 1), aussi connu sous le nom de *force motrice*.
- Aux interfaces entre deux phases, on peut souvent faire l'approximation que leurs énergies libres sont égales – force motrice $\Delta G = 0$, i.e. l'interface est à l'équilibre.
- Les changements de phases impliquent presque toujours la diffusion comme mécanisme cinétique de réarrangement atomique.
- Les transformations de phases impliquent généralement deux étapes, la *germination* et la *croissance* d'une nouvelle phase, la germination pouvant être homogène dans le volume, ou aidée par un défaut ou une interface (hétérogène).

- Les *diagrammes TTT* permettent de décrire l'évolution d'une transformation de phases lors d'un maintien isotherme, en fonction de la température et du temps. Ils ont une forme caractéristique en « C » pour des transformations contrôlées par la diffusion.
- Lors d'un refroidissement continu, il y a une *vitesse critique de refroidissement* au-dessus de laquelle (en valeur absolue) les transformations par diffusion peuvent être évitées.

Afin de relier ces concepts aux diagrammes de phases et au refroidissement dans des procédés industriels, nous commençons par des exemples à faible vitesse de refroidissement, pour lesquels le matériau peut être considéré comme proche de l'équilibre, dans le sens où les phases qui se forment sont celles prédites par le diagramme de phases, dans des proportions et avec des compositions pas trop éloignées de l'équilibre. La partie 6 considère la solidification, alors que la partie 7 couvre les changements de phases à l'état solide. Finalement, la partie 8 donne des exemples de traitements thermiques où délibérément le refroidissement est suffisamment rapide pour éviter l'équilibre et former ainsi des phases et des morphologies hors équilibre.

PARTIE 6 : Solidification proche de l'équilibre

Chaleur latente libérée pendant la solidification La figure GL2.23(a) montre les domaines d'existence des phases pour le fer pur (i.e. le diagramme de phases n'a qu'un axe de température). Si nous refroidissons lentement du fer à partir de la phase gazeuse, la courbe de refroidissement (température fonction du temps, figure GL2.23(b)) présente deux plateaux,

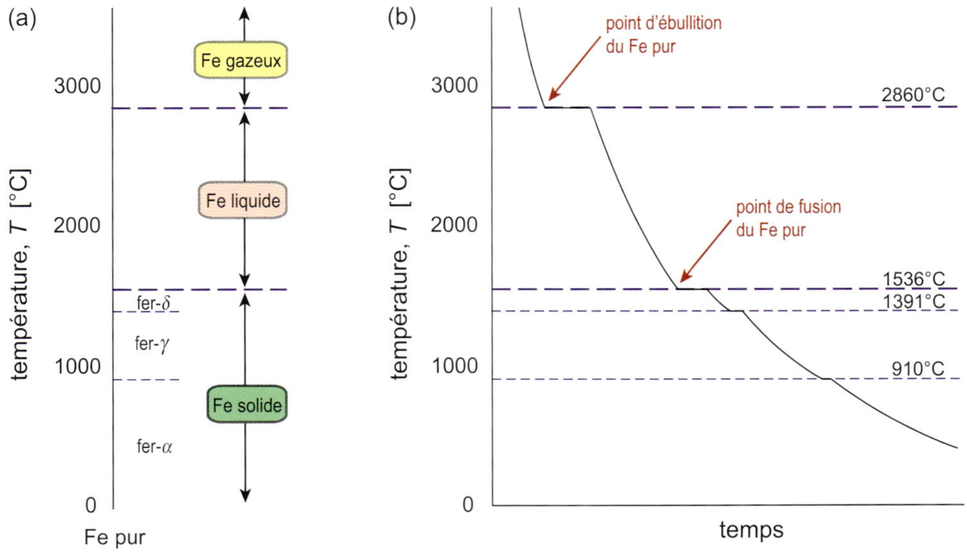

Figure GL2.23 (a) Diagramme de phases monodimensionnel du fer pur ; (b) courbe de refroidissement correspondante montrant la condensation de la vapeur, puis la solidification du liquide et enfin les transformations à l'état solide.

appelés aussi *points d'arrêt*: à la température d'évaporation et au point de fusion (à pression atmosphérique, le fer bout à 2860°C et solidifie à 1536°C). A chacune de ces températures, il y a un *changement de phases*: gaz-liquide au point d'évaporation et liquide-solide au point de fusion. Les plateaux des courbes de refroidissement correspondent à la libération de *chaleur latente* (respectivement d'évaporation et de fusion). Au chauffage, l'inverse a lieu – un arrêt dans la courbe montante de température correspondant à la chaleur absorbée pendant la fusion et l'évaporation du matériau.

Le fer pur solidifie initialement en la phase CC (fer-δ), puis subit une transformation de phases à l'état solide lors du refroidissement, d'abord en la phase CFC (fer-γ) à 1391°C, puis à nouveau en la phase CC (fer-α) à 914°C. Ces transformations libèrent *aussi* de la chaleur latente, mais en quantité moindre comme attesté par la longueur modeste des plateaux de température correspondants dans les courbes de refroidissement de la figure GL2.23(b). Les mécanismes de ces changements à l'état solide seront considérés plus tard.

La plupart des alliages se solidifient dans un *intervalle* de température (entre le liquidus et le solidus). Dans ce cas, la chaleur latente de fusion est libérée progressivement au fur et à mesure que la température passe du liquidus au solidus. En conséquence, la courbe de refroidissement ne montre pas un arrêt net à une température fixe, mais la vitesse de refroidissement est diminuée (en valeur absolue) par la libération progressive de la chaleur latente. Ceci est illustré à la figure GL2.24 pour deux compositions du système Cu-Ni.

Solidification de métaux purs Les mécanismes de solidification sont illustrés à la figure GL2.25. Pour la *germination homogène*, des embryons solides se forment spontanément au sein du liquide (fig. GL2.25(a)). S'ils atteignent une taille critique, ils deviennent alors des germes qui peuvent ensuite croître. La barrière initiale d'énergie pour devenir un germe est directement liée à l'énergie interfaciale entre le solide et le liquide, qui consomme une partie de l'énergie libre à disposition pour la transformation – la probabilité de former des germes

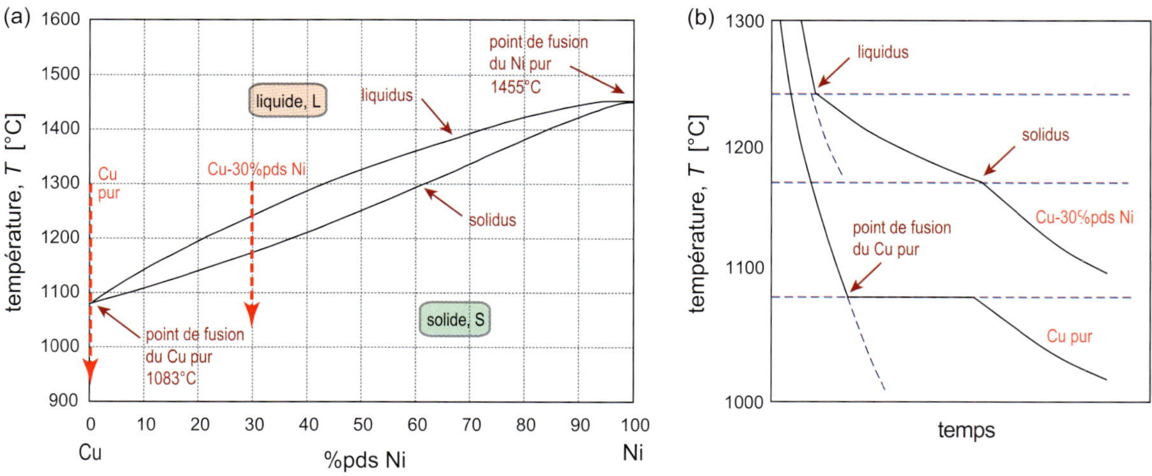

Figure GL2.24 (a) Diagramme de phases Cu-Ni, et (b) courbes de refroidissement correspondant à la solidification du cuivre pur et d'un alliage Cu-30 %pds Ni.

stables augmente rapidement si le liquide est refroidi suffisamment en dessous du point de fusion d'équilibre (on parle aussi de liquide en surfusion). *La germination hétérogène* facilite cette formation initiale de la phase solide, les germes se formant plus facilement sur des solides préexistants en contact avec le liquide (p. ex. les parois d'un moule, ou des particules d'un autre solide à haut point de fusion dispersées dans le liquide).

Chacun des solides ainsi formé à partir d'un germe croît par transfert d'atomes du liquide vers le solide (fig. GL2.25(b)) – l'interface solide-liquide avance donc en sens inverse de ce transfert d'atomes. La croissance de ces régions solides continue jusqu'à ce qu'il y ait *rencontre* (fig. GL2.25(c)). Comme chaque région solide a une orientation cristallographique qui lui est propre, les atomes dans les régions de rencontre doivent se réarranger pour accommoder les arrangements cristallins réguliers de part et d'autre de la frontière. Les cristallites individuels restent identifiables après solidification complète (fig. GL2.25(d)) : on les appelle des *grains*, et les surfaces où ils se rencontrent sont des *joints de grains*. Les grains ont des dimensions typiques allant de 1 μm à 1 mm, et sont facilement observables par microscopie optique. Les surfaces polies du matériau sont préalablement attaquées chimiquement : comme les réactions chimiques sont plus rapides aux joints de grains, les régions de la surface où ils émergent « s'arrondissent » un peu, ce qui diffuse la lumière en ces frontières qui apparaissent alors plus sombres. La figure GL2.26 montre des micrographies optiques de métaux purs après solidification, dont les structures de grains sont équiaxes. Remarquer que certaines techniques, en

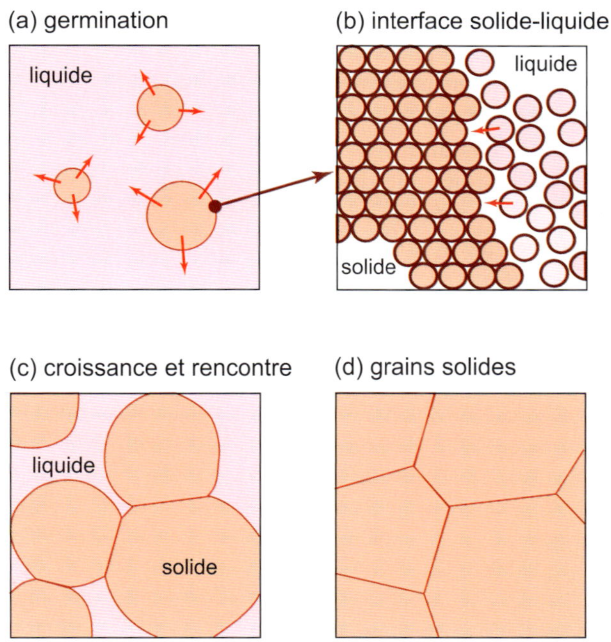

Figure GL2.25 Mécanismes de solidification : (a) germination homogène ; (b) vue agrandie de l'interface solide-liquide ; (c) croissance et rencontre des grains ; (d) structure de grains finale lorsque le matériau est totalement solide.

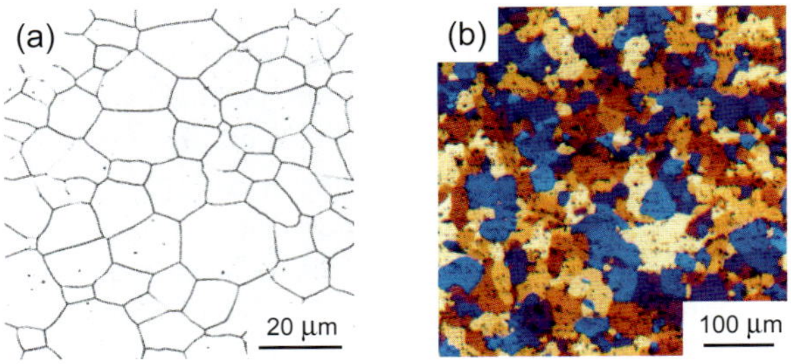

Figure GL2.26 Micrographies optiques (a) du fer pur, et (b) de l'aluminium pur. En (b), la technique d'attaque chimique permet de produire un contraste en couleurs entre les différents grains, mais qui ne sont qu'une seule et même phase. (Images reproduites avec l'autorisation de ASM Micrograph Center, ASM International, 2005.)

faisant des attaques de surface qui changent la polarisation de la lumière réfléchie, permettent d'obtenir des images en couleurs des grains (fig. GL2.26(b)). Ceci nous amène à donner un conseil préliminaire de prudence dans l'interprétation de micrographies – l'image en couleurs pour l'aluminium ne concerne qu'une seule phase, ce qui montre clairement que des couleurs différentes n'indiquent pas forcément des phases différentes !

La structure de grains d'un métal pur est un premier exemple de microstructures formées lors d'une transformation de phases. Ceci nous donne l'occasion de réaffirmer l'idée de base que l'on va retrouver dans la suite de cette leçon guidée : le diagramme de phases nous indique dans le cas présent que le liquide doit se transformer en une seule phase solide – mais c'est tout ! Il ne permet *pas* de trouver la taille de grains – qui dépend de la densité des sites de germination et de la cinétique des mécanismes de transferts d'atomes à l'interface. Ces derniers dépendent de la vitesse à laquelle on refroidit le liquide. Donc, pour décrire la microstructure associée à *n'importe quelle* transformation de phases, nous avons besoin de considérer des informations supplémentaires, qui ne sont pas directement liées au diagramme de phases. Cet exemple met aussi en lumière pourquoi les informations relatives aux procédés sont si importantes pour prédire les microstructures et les propriétés. Il suggère aussi comment utiliser des « astuces » pour modifier ce qui va se passer pendant une transformation de phases (p. ex. ajouter de nombreuses particules fines dans le liquide pour promouvoir de nombreux sites de germination hétérogène, résultant dans une taille de grains beaucoup plus fine). Les relations procédés-microstructures telles que celles-ci sont discutées dans le chapitre 19.

Solidification d'alliages simples binaires et réactions de phases Les alliages présentent en général un intervalle de solidification, entre les lignes de liquidus et de solidus. Considérons la solidification de l'alliage Cu-30%pds Ni du diagramme de phases de la figure GL2.24. La solidification débute à 1240°C – des germes se forment comme indiqué à la figure GL2.25(a). Mais contrairement aux métaux purs, il est maintenant nécessaire d'abaisser encore la température pour que plus de solide puisse se former : par exemple, à 1200°C, la conode indique 50% de solide (et 50% de liquide) à l'équilibre, et la microstructure pourrait donc apparaître comme indiqué à la figure GL2.25(b). Pour atteindre 100% de solide (fig.

GL2.25(c)), nous devons continuer de refroidir l'alliage jusqu'à 1170°C, avec une microstructure finale pas très différente alors du cas d'un métal pur (avec toutefois la différence que la phase formant les grains est une solution solide en nickel, ce que nous ne pourrions pas détecter optiquement). Remarquer que les compositions du solide et du liquide évoluent pendant toute la solidification, comme indiqué par les extrémités de la conode.

Donc, lorsqu'un alliage est refroidi, le point de constitution de l'alliage se déplace verticalement dans le diagramme de phases. Les phases se transforment lorsque nous rencontrons les frontières de domaines, mais l'exemple du système Cu-Ni montre que les compositions des phases peuvent évoluer, alors que leur nature reste la même. Nous appelons cela une *réaction de phases*.

DÉFINITION. Lorsque la composition des phases change avec la température, une *réaction de phases* a lieu.

Dans un domaine monophasé, la composition de la phase est toujours celle de l'alliage; et donc aucune réaction de phases n'a lieu pendant le refroidissement. Dans une région biphasée, les compositions des deux phases sont données par les extrémités de la conode passant par le point de constitution. Les frontières du domaine biphasé étant généralement obliques, les extrémités de la conode, contrairement au point de constitution, ne suivent pas une trajectoire verticale. Donc les compositions des deux phases varient avec la température, et une réaction de phases a lieu, sauf bien sûr si les frontières du domaine biphasé sont elles-mêmes verticales. Ceci n'est pas le cas des liquidus et solidus, mais cela peut être observé à l'état solide, notamment pour des composés intermétalliques (se reporter au diagramme de phases très spécial du système Ag-Sr à la figure GL2.9(a)).

Solidification d'alliages dilués Le système Cu-Ni est inhabituel dans le sens où le solide qui se forme pendant la solidification reste le même – cette phase ne se transforme pas et aucune autre phase n'apparaît. Mais de nombreux diagrammes de phases binaires présentent un eutectique, avec donc un domaine biphasé à température ambiante. Nous considérons tout d'abord un alliage dilué de l'alliage Pb-Sn, Pb-10%pds Sn (fig. GL2.27, alliage A).

Les transformations et réactions, conduisant à l'évolution microstructurale montrée à la figure GL2.28, sont les suivantes :

1. *Au-dessus de 305°C* : Une seule phase liquide, de composition identique à l'alliage; pas de réaction de phases.
2. *Entre 305°C et 270°C* : La ligne de liquidus est atteinte à 305°C; la réaction liquide → solide (solution solide riche en Pb) démarre. Le solide contient moins d'étain que le liquide (comme indiqué par la première conode), et donc le liquide devient plus riche en étain au fur et à mesure que la température s'abaisse, suivant la flèche indiquée sur le liquidus. La composition du solide en équilibre avec le liquide change aussi, devenant plus riche en étain que le solide initial, comme indiqué par la flèche sur la ligne de solidus : une *réaction de phases* a donc lieu. La *proportion* de liquide change de 100% (première conode) à 0% (deuxième conode).
3. *De 270°C à 150°C* : Une seule phase solide de composition identique à celle de l'alliage; pas de réaction de phases.

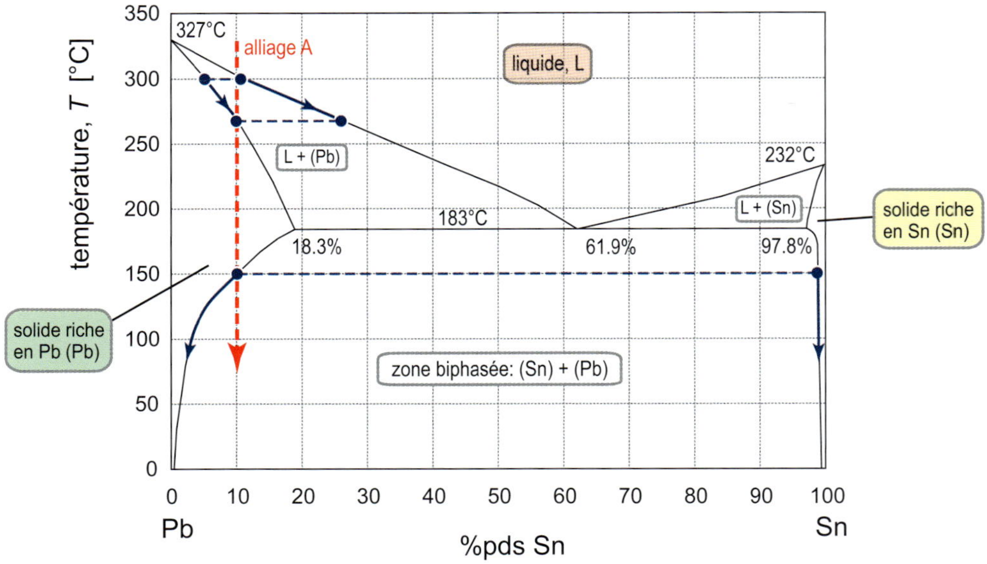

Figure GL2.27 Diagramme de phases Pb-Sn: solidification d'un alliage dilué A.

4. *De 150°C à la température ambiante.* La phase riche en Pb devient instable quand la frontière du domaine biphasé à 150°C est traversée. Elle va se séparer en *deux phases solides*, dont les compositions sont données par les conodes de ce domaine, avec des proportions données par la règle des leviers. Lors du refroidissement, les compositions des deux phases solides changent selon les flèches indiquées sur les deux frontières (les solvus) du domaine biphasé (Pb) + (Sn): chacune des deux phases contient moins de l'autre élément, et une réaction de phases a à nouveau lieu.

La formation de la phase riche en Sn prend place sous forme de *précipitation* à partir de la phase solide. Ce mécanisme implique aussi la germination et la croissance, mais à une échelle beaucoup plus petite que la taille de grains. Des petits germes de la phase riche en Sn se forment spontanément au sein de la matrice riche en Pb, puis croissent, augmentant ainsi la fraction de phase (Sn) et appauvrissant la solution solide (Pb) en étain. Les compositions de ces deux phases (particules et matrice) s'ajustent par interdiffusion des éléments Pb et Sn. Les aspects pratiques des précipitations à l'état solide sont discutés plus en détails dans la partie 7.

Remarquer que le diagramme de phases nous donne les proportions de phases en %pds. Les densités n'étant pas égales, il est nécessaire de les convertir en % volumiques si l'on veut pouvoir les comparer aux observations métallographiques (fractions surfaciques). Néanmoins, pour autant que les densités ne soient pas foncièrement différentes, le diagramme de phases nous donne déjà une bonne estimation des proportions de phases que l'on va trouver dans une microstructure (en tout cas assez bonne pour faire un dessin comme celui de la figure GL2.28(a)).

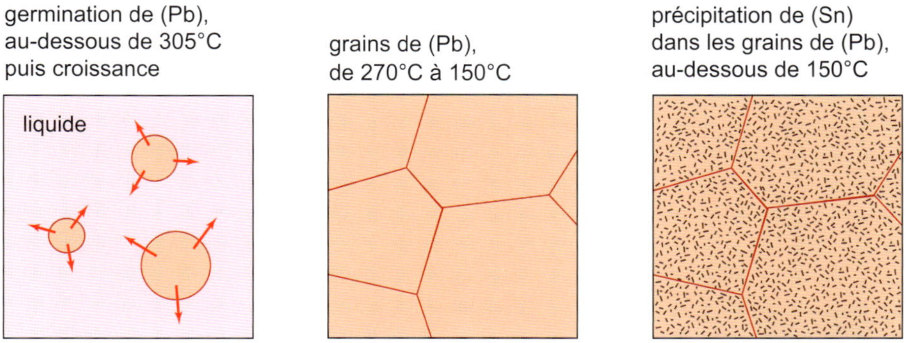

Figure GL2.28 Evolution schématique de la microstructure d'un alliage dilué Pb-10%pds Sn lors de sa solidification.

Exercice

E.12 Trouver les proportions et les compositions des phases formées lors de la solidification de l'alliage Pb-10%pds Sn à 250°C et à température ambiante (20°C).

Solidification eutectique Considérons maintenant la solidification d'un alliage Pb-Sn de composition eutectique 61.9%pds Sn (fig. GL2.29, alliage B). Lorsque le liquide atteint la température eutectique (183°C), il se transforme en 100% de solide à cette température. C'est une caractéristique unique des alliages eutectiques, leur conférant un comportement thermique identique à celui des composants purs. Cependant, la microstructure est très différente, puisque deux phases solides se forment simultanément (dans des proportions et des compositions données par la conode passant par un point situé juste en-dessous du point eutectique). Cette transformation est appelée *réaction eutectique*.

DÉFINITION. Une *réaction eutectique* est une réaction impliquant trois phases : au refroidissement, le liquide se transforme en deux phases solides à température constante :

$$\text{Liquide L} \rightarrow \text{Solide } \alpha + \text{Solide } \beta.$$

Exercice

E.13 Trouver les proportions et les compositions des phases solides se formant lors de la solidification d'un alliage eutectique Pb-Sn.

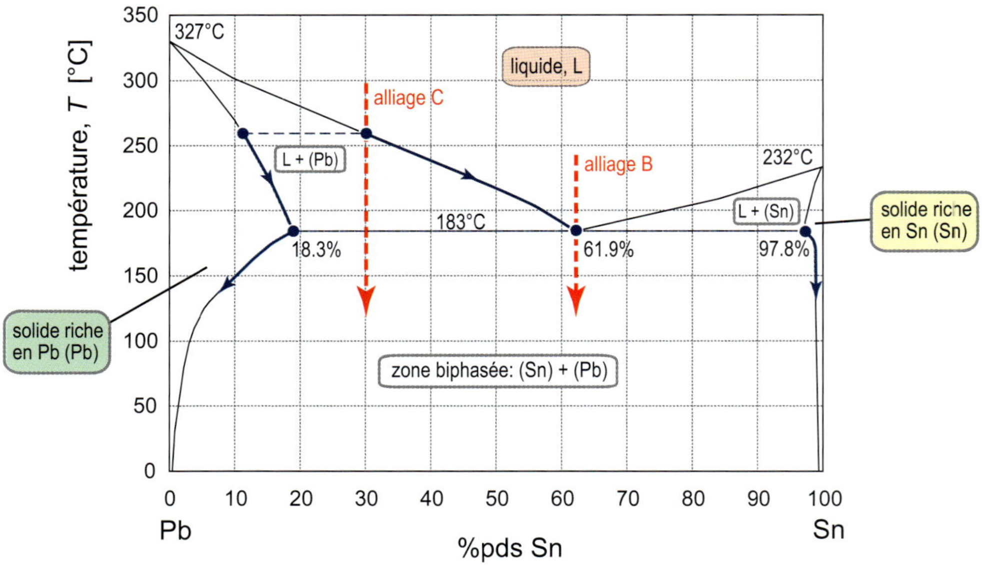

Figure GL2.29 Diagramme de phases Pb-Sn: solidification d'un alliage de composition eutectique (B) et hypo-eutectique (C).

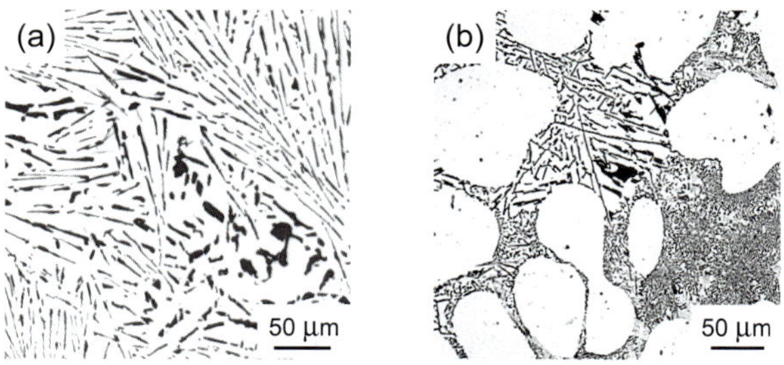

Figure GL2.30 Micrographies optiques de (a) un alliage eutectique Al-Si; (b) un alliage hypo-eutectique Al-Si, montrant les grains primaires de (Al) (zones blanches). (Images reproduites avec l'autorisation de ASM Micrograph Center, ASM International, 2005.)

Mais comment se déroule cette transformation ? Le diagramme de phases nous donne une indication – les éléments Pb et Sn sont uniformément répartis dans le liquide, mais après la transformation, nous avons un solide riche en Pb et un solide riche en Sn. Ces deux éléments doivent donc diffuser afin de créer des régions où ils sont majoritaires. Ceci doit se passer à une interface entre le liquide et les deux phases solides: la diffusion sera d'autant plus facile que la distance de diffusion, et donc entre les phases, est faible de telle sorte que les atomes de Pb et Sn puissent rejoindre aisément leurs phases majoritaires (Pb) et (Sn), respectivement. A cause de cela, les eutectiques forment comme un mélange intime des deux phases, avec un espacement entre phases plus petit que la taille des grains. La figure GL2.30(a) présente une micrographie d'un alliage eutectique Al-Si (le diagramme de phases de ce système a déjà été vu à l'exercice E.9).

Les proportions de phases dans un eutectique peuvent varier énormément suivant la position du V sur l'invariant eutectique. Mais grossièrement, on peut voir un tel alliage comme une dispersion mutuelle des deux phases. Si le point eutectique est à peu près au milieu de la conode, les proportions des deux phases seront à peu près égales, et aucune d'elles ne peut être vue comme la matrice d'une phase contenant l'autre. C'est le cas du système Pb-Sn (les proportions ont été trouvées à l'exercice E.13). Cependant, si le V est proche de l'une des extrémités de la conode reliant les deux phases solides, la phase en cette extrémité sera majoritaire et formera une matrice contenant une dispersion de l'autre phase. C'est le cas du système Al-Si (fig. GL2.18(a) et GL2.30(a)).

Remarquer à la figure GL2.30(a) que la *forme* des phases est allongée en plaques ou en aiguilles dans la micrographie. Il y a deux raisons à cela. La première est que l'interface solide-liquide est plane à l'échelle atomique, avec les deux phases solides croissant sous forme de plaques ou de fibres plus ou moins perpendiculairement à celle-ci, afin de minimiser le chemin de diffusion des atomes. La deuxième est que la frontière entre les phases correspond aussi à une interface de nature cristallographique : certaines paires d'orientation des deux phases sont caractérisées par des minima d'énergie interfaciale et donc favorisées lors de la croissance. Former une fine dispersion de deux phases implique évidemment un coût énergétique associé à l'énergie interfaciale – l'aire totale d'interfaces par unité de volume est en effet élevée (de l'ordre de grandeur de l'inverse de l'espacement entre phases). Mais ce coût reste modeste comparé à la chaleur latente libérée lors de la transformation. On voit à nouveau que les mécanismes de la transformation de phases ont une grande influence sur la microstructure (et donc sur les propriétés).

Une réaction de phases supplémentaire aura lieu lors du refroidissement de l'alliage biphasé jusqu'à température ambiante, par exemple pour l'alliage Pb-Sn de 183°C à 20°C. En effet, comme les frontières du domaine biphasé (Pb)+(Sn) ne sont pas verticales, les proportions et les compositions des phases vont évoluer pendant le refroidissement. Les distances de diffusion entre les phases de l'eutectique étant faibles, les deux phases vont devenir plus pures et vont ajuster leurs proportions en conséquence par interdiffusion.

Solidification de compositions hors-eutectiques Les alliages coulés ont souvent une composition hors eutectique, d'un côté ou de l'autre du «V» du diagramme de phases. Grâce à ce qui a été vu précédemment, la microstructure formée dans de telles situations peut être prédite – au-dessus de l'eutectique, une seule phase solide doit se solidifier (comme vu pour le système Cu-Ni), puis à la température eutectique, le liquide résiduel doit se transformer selon une réaction eutectique (comme décrit pour le système Pb-Sn).

Considérons la solidification d'un alliage Pb-30%pds Sn (fig. GL2.29, alliage C). Les transformations et réactions conduisant à l'évolution de la microstructure illustrée à la figure GL2.31 sont les suivantes :

1. *Au-dessus de 260°C* : Une seule phase liquide ; pas de réaction de phases.
2. *De 260°C à 183°C* : Le liquidus est atteint à 260°C et des germes riches en Pb se forment d'abord (fig. GL2.31(a)). La composition du liquide se déplace ensuite le long du liquidus,

celle du solide le long du solidus. Cette étape se termine lorsque la température atteint 183°C. A cette température, la composition nominale de l'alliage (30%pds), celles de la phase riche en Pb (18.3%pds) et du liquide résiduel (61.9%pds) sont telles qu'il reste encore 27% (fraction massique) de liquide ((30 – 18.3)/(61.9 – 18.3)), ou la même fraction volumique si l'on néglige les variations de densité (fig. GL2.31(b)).

3. *A 183°C*: Le liquide résiduel étant au *point eutectique*, il se solidifie comme vu précédemment (fig. GL2.31(c)). Remarquons que les fractions de phase (Pb) primaire et de microstructure eutectique sont les mêmes que les fractions de solide et de liquide juste au-dessus de la température eutectique. La germination de la deuxième phase (ici (Sn)) se fait souvent de manière hétérogène sur la phase primaire (ici (Pb)) et l'eutectique croît alors dans tout le liquide résiduel.
4. *De 183°C à la température ambiante*: Les deux types de microstructures évoluent:
   (a) La phase primaire riche en Pb devient sursaturée et des précipités riches en Sn précipitent (exactement comme pour l'alliage Pb-10%pds Sn vu précédemment).
   (b) Les régions eutectiques évoluent comme pour l'alliage de composition eutectique: les deux phases composant cette microstructure deviennent plus pures par interdiffusion.

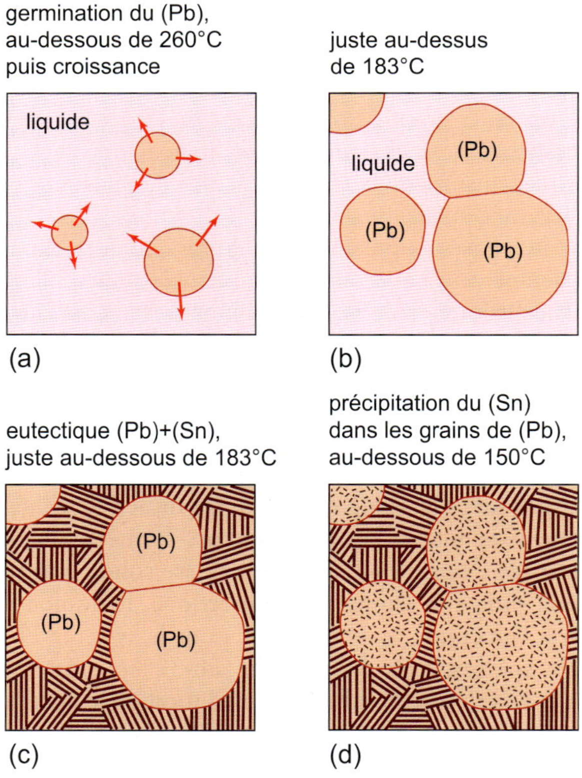

Figure GL2.31 Evolution schématique de la microstructure de solidification pour un alliage Pb-30 %pds Sn.

La microstructure finale combine donc les différents éléments vus auparavant (fig. GL2.31(d)). Remarquer qu'elle ne contient bien que deux phases, les deux phases riches en Pb et Sn de l'eutectique étant exactement les mêmes que celles des grains primaires (Pb) et des précipités (Sn). Le diagramme de phases nous dit leurs proportions relatives (à partir de la conode à température ambiante). Mais leur distribution spatiale (et donc les propriétés) ne peut être comprise que si l'histoire thermique est mise en relation avec le diagramme de phases et les mécanismes détaillés des transformations de phases.

La figure GL2.30(b) montre la microstructure d'un alliage hypo-eutectique Al-Si. Les grains d'aluminium sont entourés de la microstructure eutectique. Ceux-ci ont un niveau de gris uniforme, montrant ainsi qu'il s'agit d'une seule phase. C'est dû probablement à la taille des précipités trop fins pour être vus dans cette image – un autre avertissement concernant l'interprétation des micrographies ! Mais par ailleurs, il est aussi possible que la microstructure ne soit pas strictement à l'équilibre – les grains seraient alors restés une seule solution solide d'aluminium, la deuxième phase ayant eu des difficultés à germer. Dans ce cas, la phase est alors *sursaturée* en soluté, et donc *métastable* (i.e. thermodynamiquement stable à température ambiante mais avec une énergie libre plus élevée que celle prédite pour l'équilibre).

Exercices

E.14 Les alliages Pb-Sn ne présentent pas tous une réaction eutectique lors d'un refroidissement lent : c'est le cas du plomb pur par exemple. Sur la base du diagramme de phases de ce système, déterminer la gamme de compositions pour lesquelles une réaction eutectique est possible.

E.15

(a) Une réaction eutectique a été définie dans cette leçon. Déterminer ce qui arrive à un solide de composition eutectique lors du chauffage. Dans quelle gamme de températures fond-il ?

(b) Pour un alliage Pb-35%pds Sn, identifier les températures auxquelles la fusion démarre et se termine lors d'un chauffage. Décrire comment la proportion de liquide varie.

E.16 La figure GL2.18(a) présente le diagramme de phases du système Al-Si (constituant la base des alliages d'aluminium coulés). Utiliser ce diagramme pour répondre aux questions suivantes :

(a) Décrire le déroulement de la solidification d'un alliage Al-20%pds Si, et faire un dessin schématique de la microstructure aux températures clés (p. ex. début de la solidification, juste en dessus et en dessous de la température eutectique). Estimer les proportions de phases dans les régions biphasées, et faire un dessin de la microstructure correspondante.

(b) En quoi les microstructures finales d'un alliage Al-1%pds Si (i) et d'un alliage de composition eutectique (ii) sont-elles différentes ?

Ségrégation Nous avons déjà remarqué que lorsque la solidification démarre, sur les parois du moule ou par germination au sein du liquide, le premier solide à se former est plus pauvre en soluté que l'alliage lui-même (à cause de la *séparation* des lignes solidus et liquidus). Par exemple, pour l'alliage Pb-10%pds Sn considéré auparavant, le premier solide apparaît à 305°C avec une composition de 5%pds Sn. Ceci implique que les atomes de Sn sont *rejetés* à la surface des cristaux qui croissent, et donc le liquide s'enrichit en étain : c'est pourquoi la composition se déplace le long de la ligne du liquidus. De 305 à 270°C, la quantité de (Pb) primaire augmente, de même que sa composition à l'équilibre qui suit le solidus. Ceci a comme conséquence que des atomes de Pb doivent diffuser vers *l'extérieur* des grains alors que ceux de Sn diffusent vers *l'intérieur*. Or cette diffusion prend du temps. Si le refroidissement est très lent, l'équilibre peut être maintenu car la diffusion a le temps de se faire. Mais les taux de refroidissement dans la pratique sont généralement trop élevés pour permettre à la diffusion de se faire et maintenir l'équilibre : la composition du solide à l'interface sera à l'équilibre, mais à l'intérieur de chaque grain de (Pb) va se développer un *gradient de composition*, du centre vers la frontière. Ce gradient, appelé *ségrégation*, est présent dans presque tous les alliages (fig. GL2.32).

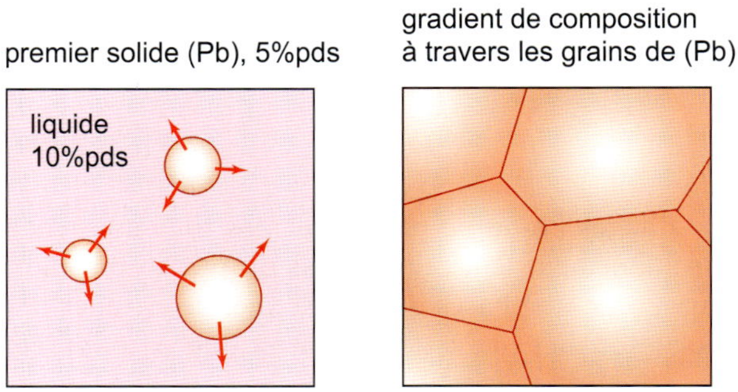

Figure GL2.32 Ségrégation lors de la solidification d'un alliage binaire.

La ségrégation peut être diminuée après coulée d'un alliage grâce à un traitement d'*homogénéisation* : la pièce coulée est maintenue à une température et pour un temps tels que le soluté peut se redistribuer dans le solide par diffusion. Mais il est très difficile d'éliminer complètement la ségrégation.

Une des conséquences de la ségrégation est que le liquide qui se solidifie est plus riche en soluté, puisque le solide lui est en moyenne plus pur que prévu. On peut dans ce cas observer la formation d'eutectique aux joints de grains (les dernières parties à se solidifier), quand bien même l'alliage a une composition en dehors de la conode du domaine biphasé solide passant par le point eutectique. Dans une telle situation, la température à laquelle la fusion démarre lors d'un chauffage est plus basse que celle prédite par le diagramme de phases, c'est-à-dire qu'elle commence à la température eutectique et non à la température du solidus.

La ségrégation est encore plus importante si l'on considère les *impuretés*. Aucun alliage n'est vraiment binaire, ternaire ou autre, mais contient toujours des traces d'autres éléments (p. ex. venant du minerai utilisé pour extraire le métal). Les impuretés se dissolvent aussi plus facilement dans le liquide que dans le solide et par conséquent, lors de la solidification, elles sont rejetées dans le liquide et donc dans les dernières parties se solidifiant. Même si l'alliage contient initialement une fraction de pour-cent d'une impureté donnée, la composition aux joints de grains pourra être beaucoup plus élevée si le solide a tendance à la rejeter. Ceci peut avoir de lourdes conséquences sur la ténacité du matériau si l'impureté se combine avec d'autres éléments pour former une phase fragile. Un exemple est le soufre dans les aciers, qui forme du sulfure de fer, une phase fragile, aux joints de grains. Plutôt que de tenter d'éliminer ces impuretés, la solution consiste à ajouter des éléments d'alliage de telle sorte à les piéger dans une autre phase, par exemple du manganèse pour les aciers au carbone, formant alors la phase MnS à haute température.

Un autre exemple de ségrégation d'impuretés est la *soudure par fusion*. Analogue à une mini-coulée, une zone fondue est formée sous une source de chaleur qui se déplace, et la solidification a donc lieu de manière continue à l'arrière de celle-ci. Se terminant sur la ligne centrale du cordon de soudure, la solidification concentre donc les impuretés dans cette région. La contraction thermique du cordon générant par ailleurs des contraintes thermiques, celles-ci peuvent induire des fissures aux joints de grains affaiblis par des phases fragiles proches du centre du cordon de soudure : on parle alors de *fissuration de solidification*.

Solution des exercices, Partie 6

E.12 A 250°C, 100% de phase (Pb) (composition identique à celle de l'alliage, 10%pds Sn). A 20°C, deux phases : solide (Pb) (1%pds Sn) et solide (Sn) (99%pds Sn). Proportion de la phase (Pb) = (99 – 10)/(99 – 1) = 0.91, ou 91%pds (donc 9%pds de la phase (Sn)).

E.13 Les phases sont (Pb) (18.3%pds Sn) et (Sn) (97.8%pds Sn). La proportion de la phase (Pb) est (97.8 – 61.9)/(97.8 – 18.3) = 0.45, ou 45%pds (donc 55%pds de phase (Sn)).

E.14 De W_{Sn} = 18.3% à W_{Sn} = 97.8%, c'est-à-dire les deux compositions des extrémités de la conode du domaine biphasé solide passant par le point eutectique. Les alliages en dehors de cette gamme auront 100% de solide avant d'atteindre la température eutectique.

E.15

(a) Comme c'est un diagramme d'équilibre, la réaction au chauffage est simplement l'inverse de celle au refroidissement. Les deux solides « réagissent » pour former un liquide homogène. En général, au chauffage : $\alpha + \beta \rightarrow$ Liquide. Les eutectiques fondent à une température unique et constante.

(b) Pour l'alliage Pb-35%pds Sn, la fusion démarre à la température eutectique et s'achève à 250°C. A la température eutectique, les phases de la structure eutectique fondent, donnant environ 40% de liquide. Les grains de phase primaire (Pb) commencent à fondre lorsque la température augmente et sont totalement fondus à 250°C.

E.16

(a) Refroidissement d'un alliage de coulée Al-20%pds Si, illustré par le diagramme de phases et les schémas de la figure GL2.33.

1. *Au-dessus de 680°C*: Une seule phase liquide, avec une composition égale à celle de l'alliage; pas de réaction de phases.
2. *De 680 à 577°C*: Le liquidus est atteint à environ 680°C, avec formation de Si primaire (pur, pas une solution solide). Comme la température descend, la composition du liquide suit le liquidus et la quantité de Si augmente. Au moment d'arriver à la température eutectique (577°C), la proportion de Si est (20 – 12)/(100 – 12) = 9%; et donc 91% de liquide (fig. GL2.33(b)).
3. *A 577°C*: La réaction eutectique a lieu: le liquide résiduel se décompose en une phase (Al) mélangée avec Si à une fine échelle (fig. GL2.33(c)). La proportion de Si dans la structure eutectique est (12 – 2)/(100 – 2) = 10%. Donc, le Si forme une dispersion à l'intérieur d'une matrice (Al), le plus souvent sous forme d'aiguilles, caractéristiques des eutectiques.
4. *De 577°C à température ambiante*: En refroidissant, la phase (Al) de l'eutectique devient plus pure et rejette du Si. Donc, dans la structure eutectique, Si diffuse hors de (Al). La microstructure finale a toujours l'apparence de la figure GL2.33(c).

(b) (i) Un alliage Al-1%pds Si se solidifie 100% en grains (Al), sans formation d'eutectique. A l'intérieur de ceux-ci, on peut s'attendre à une précipitation de Si lors du refroidissement, pour autant que celui-ci puisse germer à l'état solide – sinon, les grains (Al) resteront une solution solide métastable sursaturée.

(ii) Un alliage de composition eutectique se solidifie avec une microstructure 100% eutectique, sans Si primaire.

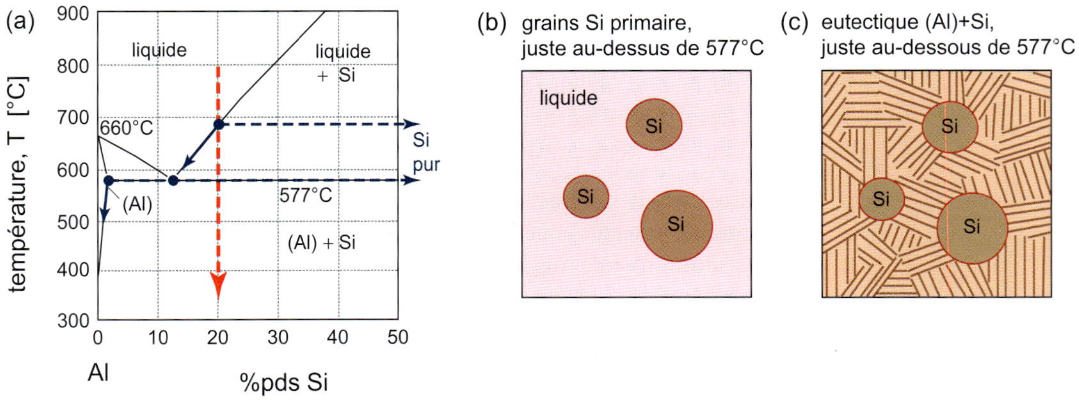

Figure GL2.33 (a) Diagramme de phases Al-Si; (b) et (c) évolution de la microstructure pendant la solidification d'un alliage Al-20 %pds Si.

PARTIE 7 : Changements de phases à l'état solide proches de l'équilibre

Réactions par précipitation Les transformations à l'état solide ont été introduites dans la partie 6, lors du refroidissement après solidification d'alliages dilués (fig. GL2.27 et GL2.28). Des grains solides d'une solution solide se forment à partir du liquide, mais lors du refroidissement, le solvus d'une région solide biphasée est rencontré. L'une des deux phases est déjà présente, mais la solubilité de celle-ci décroissant avec la température, l'excès de soluté doit être incorporé dans la deuxième phase. Ce type de transformations est une réaction de *précipitation* : $\alpha \rightarrow \alpha + \beta$.

Dans de nombreux systèmes, la deuxième phase de cette région biphasée est un *composé*, avec des précipités se formant avec une stoechiométrie spécifique plutôt que sous forme d'une autre solution solide. Ceci est important pour faire des alliages avec une grande résistance mécanique – les composés sont généralement durs et résistants au mouvement des dislocations. Cela offre la possibilité de *durcissement par précipitation* (chap. 6) – le mécanisme de formation de la deuxième phase expliquant le nom.

Revenons à la figure GL2.9(b) montrant le diagramme de phases du système Al-Cu dans la partie riche en Al. L'exercice E.7(d) considérait un alliage Al-4%pds Cu à 550°C et à 250°C. En refroidissant cet alliage entre ces deux températures, on constate que le solvus est rencontré à 490°C et la phase θ (Al_2Cu) peut alors précipiter, en germant de manière homogène à l'intérieur des grains et en augmentant sa proportion au fur et à mesure que la température descend. La figure GL2.34 illustre schématiquement la microstructure finale.

A faible grossissement, la région biphasée peut apparaître comme une région de couleur uniforme, mais à plus haute résolution, les précipités de la matrice peuvent alors être distingués. L'échelle de la microstructure est dictée par les mécanismes cinétiques de germination-croissance. En formant un très grand nombre de petits précipités, la distance moyenne de diffusion est faible, permettant à la transformation d'avoir lieu à l'état solide. L'espacement entre précipités est par conséquent beaucoup plus faible que celui rencontré dans un eutectique. Mais pour la précipitation comme pour la microstructure eutectique, il y a une pénalité en énergie à former une grande surface par unité de volume d'interface entre les deux phases. Cependant, cette contribution de l'énergie interfaciale est très inférieure à la chaleur latente de transformation.

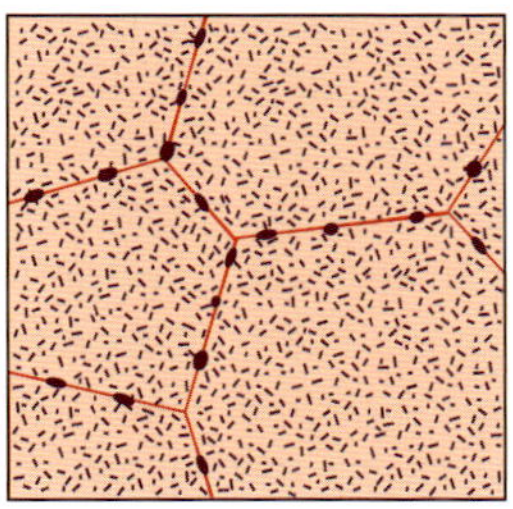

Figure GL2.34 Microstructure schématique d'un alliage Al-4 %pds Cu refroidi lentement.

En ce qui concerne le durcissement par précipitation, c'est l'espacement entre précipités qui compte. Dans la pratique, les précipités formés lors d'un refroidissement lent sont trop espacés pour bloquer efficacement le passage des dislocations. Le durcissement devient vraiment efficace lorsqu'il y a une très fine dispersion de précipités – les moyens de l'obtenir pour Al-Cu ou d'autres systèmes étant présentés dans la partie 8.

La précipitation présentée ici a lieu au refroidissement, à cause de la thermodynamique de ce système. Mais la germination des précipités dépend fortement des mécanismes cinétiques. Comme déjà mentionné, il est difficile pour une nouvelle phase de se former au sein d'une autre – l'existence d'une force motrice peut ne pas être suffisante pour induire le changement de phases, le système se retrouvant alors au refroidissement sous forme d'une solution solide homogène sursaturée. La transformation ou non d'un alliage par précipitation lors du refroidissement est très spécifique à sa nature, et ceci n'est pas donné par le diagramme de phases.

La figure GL2.34 montre une autre caractéristique des réactions de précipitation liée aux joints de grains. En ces endroits, les précipités sont plus gros qu'à l'intérieur des grains. Deux facteurs contribuent à cela, les deux étant liés à l'empilement irrégulier, et donc plus lâche, des atomes aux joints de grains de la matrice : d'une part, la germination peut être plus rapide, les atomes pouvant se réarranger plus facilement dans la structure de la nouvelle phase (c'est une forme de germination hétérogène) ; d'autre part, les joints de grains sont des chemins de diffusion facile empruntés par les atomes de soluté pour arriver vers les précipités. Ceci n'a pas toujours lieu – cela dépend à nouveau du système – mais cela peut avoir des conséquences pratiques importantes. Des précipités grossiers aux joints de grains peuvent en effet les affaiblir, avec pour conséquence une diminution de la ténacité (rupture intergranulaire) ou encore une susceptibilité à une attaque corrosive accrue en ces endroits, et donc des fissures aux joints de grains.

Transformations de phases dans les aciers au carbone Le système fer-carbone a été introduit dans la partie 3, notamment les différentes solutions solides, le composé de carbure de fer et le point eutectoïde. Dans cette partie, nous regardons les transformations de phases qu'il peut y avoir dans les *aciers au carbone* ; c'est-à-dire les alliages Fe-C ayant une composition comprise entre le fer pur et le point eutectoïde. La figure GL2.35 montre la partie concernée du diagramme de phases Fe-C.

Tout d'abord, considérons le refroidissement du fer pur, en commençant par la phase γ CFC à 1000°C. A 910°C, cette phase se transforme (à température constante) en la structure CC du fer α. La *germination* commence aux joints de grains, où il y a plus d'espace pour que les atomes puissent se reconfigurer dans la phase CC. Les grains α croissent ensuite par saut des atomes aux interfaces qui passent ainsi de la matrice à la nouvelle phase, en adoptant sa nouvelle structure (illustré schématiquement à la figure GL2.36(b)). L'interface se déplace donc dans le sens inverse de la migration des atomes. Les figures GL2.36(a) et (c) montrent le changement de phases à l'état solide pendant et après complète transformation à 910°C. Lorsque les colonies de α se rencontrent, de nouveaux joints de grains α-α sont formés. Comme il y a typiquement plus d'un germe α par grain γ, la taille moyenne des grains α en fin de transformation est inférieure à celle des grains γ initiaux.

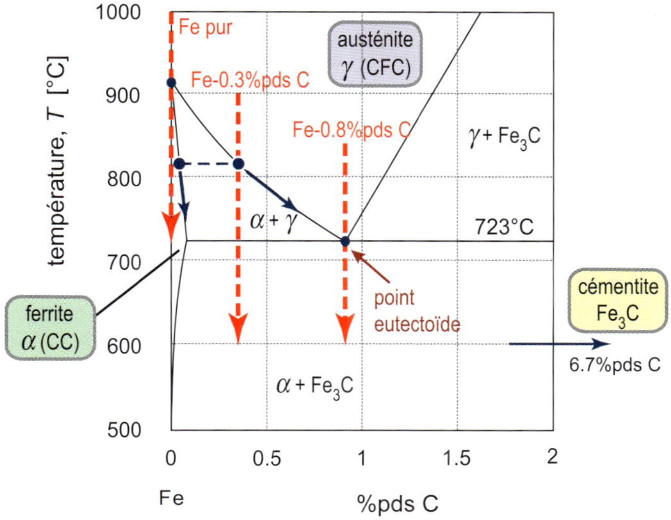

Figure GL2.35 Diagramme de phases Fe-C pour des compositions d'aciers au carbone en dessous de 1000 °C, y inclus le point eutectoïde.

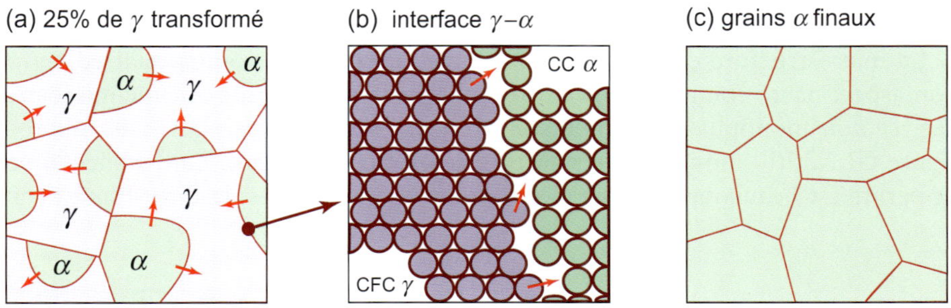

Figure GL2.36 Illustration schématique de la transformation fer-γ CFC en fer-α CC : (a) structure de grains γ-α après 25% de transformation ; (b) mécanismes de transferts atomiques à l'échelle des interfaces ; (c) structure de grains finale du fer-α.

La réaction eutectoïde Le point eutectoïde du système Fe-C a été introduit dans la partie 3. Le refroidissement de l'austénite avec une composition nominale eutectoïde (0.8%pds C) conduit à une transformation complète en ferrite et cémentite, à la température eutectoïde de 723°C (fig. GL2.35). Plus généralement, la réaction eutectoïde est définie comme suit :

DÉFINITION. Une *réaction eutectoïde* est une réaction à trois phases qui, lors d'un refroidissement, transforme une seule phase solide en deux phases solides à température constante:

$$\text{solide } \gamma \rightarrow \text{solide } \alpha + \text{solide } \beta.$$

Le mécanisme de la réaction eutectoïde consiste donc à transformer une seule phase solide en deux autres phases solides, dont les compositions (données par les extrémités de la conode passant par le point eutectoïde) diffèrent de la composition originale. Dans le cas du système Fe-C, l'austénite contenant 0.8%pds C se transforme en ferrite (avec une composition presque nulle en C) et en cémentite (Fe_3C, contenant 6.7%pds C, ou 25%at C). Par conséquent, les atomes de carbone doivent diffuser de régions riches en C à des régions pauvres en C, en même temps que le réseau CFC de l'austénite se transforme en ferrite CC et en structure de la cémentite. Des germes de ferrite et de cémentite se forment aux joints de grains de l'austénite, et le carbone diffuse d'une phase à l'autre à une échelle très locale, juste en avant de l'interface. Les lamelles de ferrite et de cémentite croissent de concert (ou de manière couplée), consommant l'austénite située devant (fig. GL2.37(a)).

Les grains résultant de cette transformation sont donc constitués de lamelles de ferrite et de cémentite. Cette microstructure est caractérisée à nouveau par une grande aire spécifique d'interface ferrite-cémentite, avec une pénalité en énergie de surface associée. Cependant, la cinétique dicte le mécanisme de transformation, les atomes de C diffusant entre les lamelles de ferrite et de cémentite, alors que l'interface entre les deux phases et l'austénite traverse tout le grain.

La microstructure eutectoïde ferrite-cémentite porte le nom spécial de *perlite* (venant de son aspect nacré comme une perle). Remarquer que la perlite est une microstructure biphasée, et *non* monophasée comme son nom pourrait le faire penser. La micrographie de la figure GL2.37(b) montre cette structure à fort grossissement. La distance interlamellaire de la perlite est beaucoup plus petite que celle des eutectiques, la diffusion à l'état solide étant

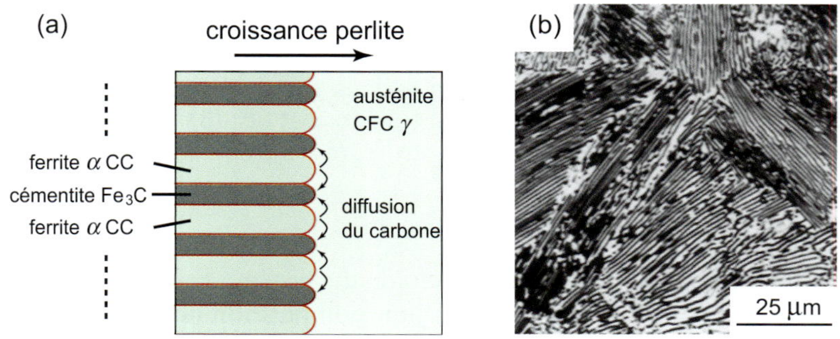

Figure GL2.37 (a) Représentation schématique de la transformation eutectoïde de l'austénite en perlite; (b) micrographie de la perlite. (Image reproduite avec l'autorisation de ASM Micrograph Center, ASM International, 2005.)

beaucoup plus lente que la diffusion dans le liquide. A faible grossissement, la perlite peut apparaître après attaque comme des grains sombres. Elle peut facilement être confondue avec une seule phase – alors que tel n'est pas le cas – ce qui est un autre exemple d'une distribution de deux phases trop fine pour être résolue par microscopie optique.

Transformations de phases dans des aciers hypo-eutectoïdes Certains aciers commerciaux ont une composition eutectoïde – « aciers perlitiques » pour les rails de chemin de fer, les cordes de pianos ou encore les câbles de téléphériques. Mais la plupart des aciers « hypo-eutectoïdes » contiennent moins de 0.8%pds de carbone. Les aciers doux ont une composition de 0.1-0.2%pds C, 0.4%pds pour les aciers à moyenne teneur en carbone. Nous allons voir comment les microstructures des phases prédites par le diagramme d'équilibre se forment dans ce cas.

Considérons un refroidissement lent d'un acier avec une composition moyenne en carbone de 0.3%pds (comme indiqué à la figure GL2.35). Nous commençons par la phase austénitique à 900°C, une solution solide de carbone avec la structure CFC. A 820°C, nous entrons dans le domaine biphasé ferrite + austénite. La formation de la ferrite suit le même mécanisme que celui vu pour le fer pur, en commençant par des germes formés aux joints de grains. La ferrite rejette le carbone dans l'austénite restante, et donc la composition en carbone de cette dernière augmente. Les grains de ferrite croissent jusqu'à ce que, juste au-dessus de 723°C, la proportion de ferrite et d'austénite est d'environ 50:50. A ce moment, l'austénite restante a une composition de 0.8%pds C – elle se trouve au point eutectoïde. Elle se décompose comme auparavant en perlite, la microstructure biphasée composée de lamelles de ferrite et de cémentite.

Les schémas de la figure GL2.38 montrent l'état de la microstructure juste au-dessus et juste au-dessous de la température eutectoïde. Remarquer que la structure finale n'est toujours constituée que de deux phases, mais différents grains ont des microstructures très différentes. La ferrite dans la structure de la perlite est de même nature (et structure) que celle formant les grains entiers de ferrite – c'est une seule phase.

Le carbure de fer est une phase dure et la perlite, de par sa structure en lamelles, est efficace pour empêcher le mouvement des dislocations. Mais la ferrite elle-même a une résistance mécanique intrinsèque relativement élevée, ainsi qu'une grande ténacité. Les aciers au

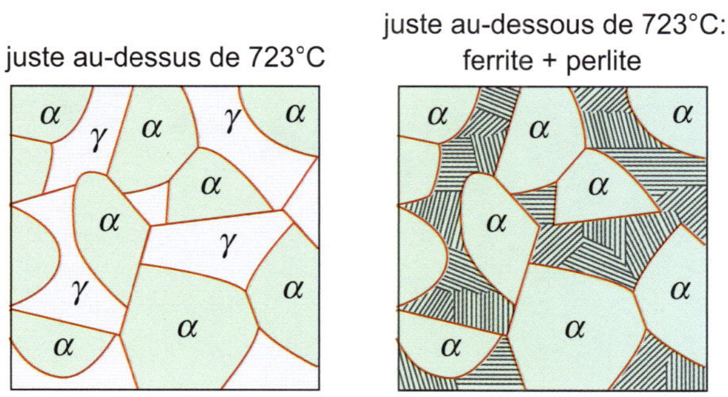

Figure GL2.38 Illustration schématique de l'évolution d'une microstructure dans un acier hypo-eutectoïde, de ferrite + austénite en ferrite + perlite.

carbone qui ont été refroidis lentement (on parle d'*aciers normalisés*) en une microstructure ferrito-perlitique combinent une excellente résistance mécanique et une très bonne ténacité. De ce fait, ils sont largement utilisés pour des applications mécaniques et des structures. De manière similaire à la transformation du fer pur d'austénite en ferrite, plusieurs grains germent au sein de chaque grain d'austénite. Ceci est utilisé commercialement comme procédé d'*affinage de grains*, un traitement thermique important puisqu'il permet d'améliorer simultanément la limite élastique *et* la ténacité.

Les microstructures formées de ferrite et de perlite sont résistantes et tenaces, mais nous pouvons faire encore mieux en *trempant* et *adoucissant* des aciers au carbone. Ce traitement thermique produit les mêmes phases, mais avec des morphologies différentes, augmentant encore la résistance mécanique sans perdre de ténacité. Nous reviendrons sur ce sujet dans la partie 8.

Exercices

E.17 Après refroidissement lent, un alliage Al-10%pds Cu présente une microstructure finale avec les paramètres suivants mesurés par différentes techniques : taille des grains primaires = 100 μm ; espacement des lamelles dans l'eutectique= 1 μm ; taille des précipités au sein des grains primaires = 0.05 μm. Identifier les phases dans chacune de ces microstructures et expliquer les différences d'échelles observées.

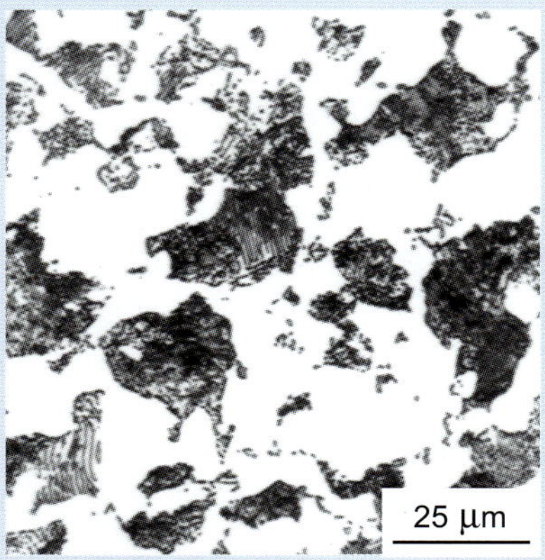

Figure GL2.39 Micrographie optique d'une microstructure ferrito-perlitique dans un acier au carbone hypo-eutectoïde. (Image reproduite avec l'autorisation de ASM Micrograph Center, ASM International, 2005.)

E.18 Du fer pur refroidi lentement contient 100% de ferrite ; un acier de composition eutectoïde contient 100% de perlite. Estimer la composition en carbone de l'acier hypo-eutectoïde dont la microstructure est montrée à la figure GL2.39, et dessiner la microstructure pour un acier à 0.2%pds C refroidi lentement jusqu'à température ambiante.

E.19 Les aciers *hyper-eutectoïdes* ont une composition >0.8%pds C. Un acier au carbone ayant une composition de 1.0%pds C est refroidi lentement depuis le domaine austénitique à 1000°C. Sur la base du diagramme de phases Fe-C de la figure GL2.33, répondre aux questions suivantes :

(i) A quelle température débute la transformation de phases, et quelles nouvelles phases apparaissent alors ? Pourquoi ces phases germent-elles et croissent-elles le long des joints de grains de l'austénite ?

(ii) Que deviennent les compositions de ces phases juste au-dessus de 723°C ?

(iii) Quelle transformation de phases a lieu à 723°C ?

(iv) Quelles sont les phases finales à température ambiante, leurs compositions et leurs proportions ? Esquisser cette microstructure.

Solution des exercices, Partie 7

E.17 L'alliage Al-10%pds Cu forme des grains de (Al), puis un eutectique mélange de (Al) et Al_2Cu. Les grains de (Al) deviennent ensuite instables et des précipités Al_2Cu se forment dans la matrice. L'échelle des grains est la plus grande, fixée par la germination spontanée de la phase (Al) dans le liquide. La microstructure eutectique est plus fine pour plusieurs raisons : la température étant plus basse, la diffusion des atomes est plus lente, mais aussi les mécanismes d'interdiffusion de Al et Cu influencent énormément la cinétique de croissance de ces deux phases ayant des compositions très différentes. La précipitation de Al_2Cu dans la matrice des grains de (Al) a lieu à l'état solide, et donc la diffusion est très nettement plus lente, ce qui favorise la germination d'un grand nombre de fins précipités.

E.18 (a) Composition ≈ 0.4%pds C : la structure est composée d'environ 50% de perlite, et donc 50% de la microstructure a une composition moyenne de 0.8%pds C. Pour comprendre cela, appliquons la règle des leviers *juste au-dessus* de la température eutectoïde pour la région $(\alpha + \gamma)$: on a environ 50% de ferrite et 50% d'austénite. La perlite venant de l'austénite à 0.8%pds C, le rapport ferrite : austénite juste au-dessus de l'eutectoïde est aussi celui de la ferrite et de la perlite juste en dessous.

De même, une composition de 0.2%pds C donne environ 0.2/0.8 = 25% de perlite à l'équilibre, comme montré schématiquement à la figure GL2.40(a).

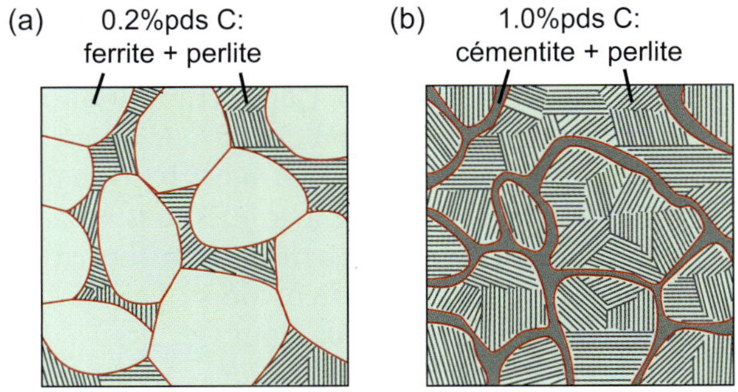

Figure GL2.40 Microstructures schématiques pour : (a) un acier 0.2%pds C composé de ferrite et de perlite ; (b) un acier 1.0%pds C composé de cémentite et de perlite.

E.19

(i) La transformation démarre à 865°C, et la nouvelle phase formée aux joints de grains de l'austénite est la cémentite (carbure de fer Fe_3C). La cémentite a une structure cristalline complexe, et sa germination ainsi que sa croissance sont facilitées dans les zones de l'austénite où l'arrangement atomique est moins compact (i.e. aux joints de grains).

(ii) Le carbone doit diffuser de l'austénite vers la cémentite, les compositions suivant les frontières du domaine biphasé du diagramme de phases jusqu'au point eutectoïde. Juste au-dessus de la température eutectoïde, l'austénite résiduelle a une composition de 0.8%pds C alors que Fe_3C contient 6.7%pds C.

(iii) A 723°C la réaction eutectoïde a lieu – l'austénite se transforme en perlite (mélange biphasé de ferrite et encore de cémentite).

(iv) Phases finales à température ambiante : ferrite, ≈ 0%pds C ; cémentite, 6.7%pds C.

Proportions de ferrite : 5.7/6.7 = 85%pds ; et de cémentite : 1.0/6.7 = 15%pds. Un schéma de la microstructure correspondante est donné à la figure GL2.40(b).

PARTIE 8 : Changements de phases à l'état solide hors équilibre

Pour les transformations de phases considérées jusqu'à présent, nous avons fait l'hypothèse, valable pour un refroidissement lent, que les phases qui apparaissent sont celles prédites par le diagramme de phases et que leurs proportions et compositions sont proches de l'équilibre. Dans quelques circonstances, nous avons déjà remarqué que tel n'était pas le cas, notamment lorsque les cinétiques de germination-croissance lors d'un refroidissement plus rapide intervenaient. Par exemple, des gradients de soluté peuvent se développer au sein des grains (ségrégation) pendant la solidification si la diffusion n'est pas assez rapide. Par ailleurs, certaines réactions de précipitation peuvent ne pas avoir lieu si la germination de la nouvelle phase est difficile, laissant alors une solution solide métastable sursaturée.

Dans cette partie, un certain nombre de traitements thermiques importants sont abordés. Le point commun dans chaque cas est de partir d'un alliage pour lequel tous les éléments sont dissous dans une solution solide homogène à haute température (*mise en solution*). Ensuite, en appliquant délibérément un refroidissement induisant un départ des conditions d'équilibre, différentes microstructures, avec des propriétés améliorées, seront obtenues. De plus amples détails sur les propriétés résultantes sont présentés au chapitre 19.

Alliages d'aluminium non traitables thermiquement Les alliage d'aluminium de *corroyage* sont ceux que l'on met en forme par des procédés de déformation, par opposition aux alliages de *coulée* directement moulés à partir du liquide. Les deux types sont subdivisés en alliages traitables et non traitables thermiquement, suivant qu'un traitement thermique peut ou non en modifier les propriétés (notamment la résistance mécanique). Les alliages de corroyage contiennent relativement peu d'éléments d'alliages, en dessous de la limite de solubilité pour les alliages d'aluminium.

Presque tous les alliages d'aluminium de corroyage contiennent du magnésium – en fait, c'est la plus grande utilisation de cet élément, plus grande que pour les produits à base d'alliages de magnésium. L'alliage de corroyage Al-Mg, non traitable thermiquement, ainsi que les alliages similaires Al-Mg-Mn sont très utilisés pour les canettes de boissons, mais aussi pour la construction de bateaux (en partie à cause de leur bonne résistance à la corrosion).

La figure GL2.41(a) montre la partie riche en Al du diagramme de phases Al-Mg. A la lecture de ce diagramme, il semblerait que tout alliage ayant jusqu'à 14%pds Mg en solution solide dans la phase α de l'aluminium devrait former au refroidissement des précipités Mg_5Al_8 de structure complexe. Mais voilà typiquement un exemple où la cinétique de transformation domine la thermodynamique. La figure GL2.41(b) montre le diagramme TTT pour la formation de cette phase dans un alliage contenant 6%pds Mg mis en solution à 400°C. Nous rappelons que ces diagrammes, introduits au chapitre 19, décrivent pour une Température fixée (sur l'axe vertical) à quel Temps (axe horizontal) les premiers précipités se forment (début de la transformation) et à quel temps la Transformation est terminée (fin). Comme on peut le voir, le temps pour démarrer la transformation est long – même pour un refroidissement pas très rapide (courbe en rouge), la vitesse de refroidissement est telle que l'on évite le nez de la courbe de début de transformation, produisant ainsi une solution solide métastable (Al) sursaturée. C'est dans cet état que de tels alliages sont utilisés commercialement, en les déformant à froid pour les durcir par écrouissage.

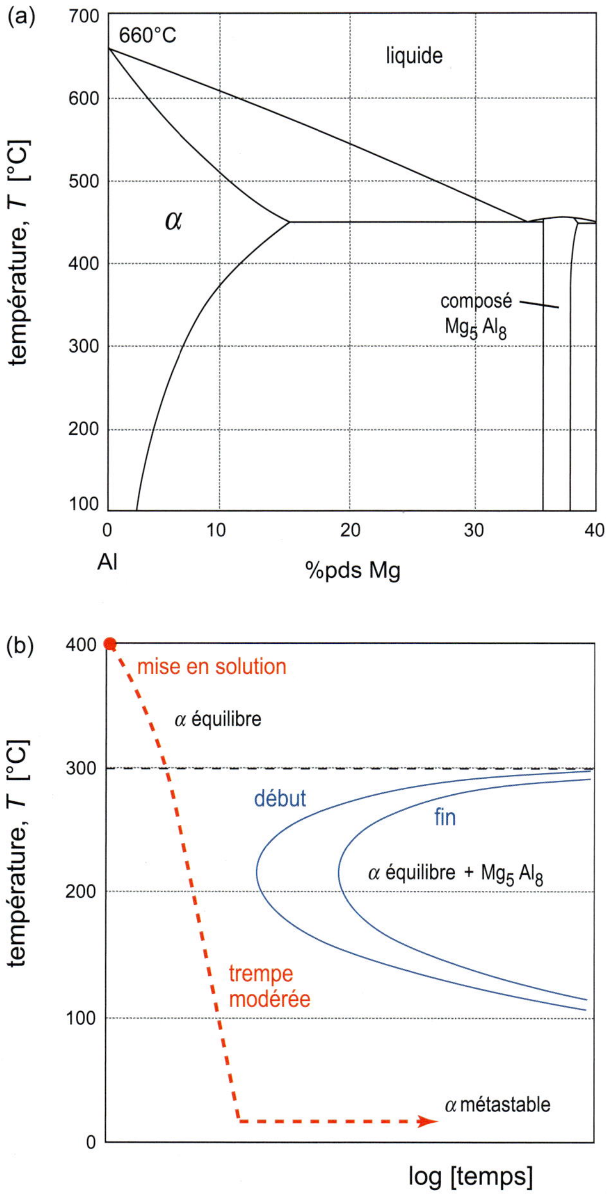

Figure GL2.41 (a) Région riche en Al du diagramme de phases Al-Mg ; (b) diagramme TTT schématique pour la précipitation de Mg_5Al_8 dans un alliage Al-6 %pds Mg.

Alliages d'aluminium traitables thermiquement Les alliages d'aluminium de corroyage commerciaux traitables thermiquement sont une combinaison de Mg et d'un ou plus des éléments suivants : Si, Zn, Cu… Mais le comportement clé exploité lors de leur traitement thermique est très bien représenté par quelques systèmes binaires, notamment Al-Cu. A première vue, les diagrammes de phases pour Al-Mg (fig. GL2.41(a)) et pour Al-Cu (fig. GL2.9) sont semblables à faible concentration. Mais dans le cas de Al-Cu, un refroidissement à vitesse modérée est proche de l'équilibre – des précipités de Al_2Cu se forment dans la matrice de (Al) (fig. GL2.34). La différence de comportement au refroidissement de ces deux alliages est essentiellement liée à la germination (facilitée pour Al-Cu) – là-encore, un aspect qui va bien au-delà des diagrammes de phases.

Nous avions fait la remarque que les précipités de Al_2Cu formés lors d'un refroidissement lent étaient relativement éloignés les uns des autres et offraient donc peu de résistance au mouvement des dislocations – d'où une faible augmentation de la résistance mécanique. Ce que nous souhaitons, c'est une dispersion beaucoup plus fine de petits précipités ; c'est-à-dire des germes se formant en très grand nombre avec des distances de diffusion entre eux bien plus faibles. Ceci peut être réalisé par un traitement thermique en deux étapes : premièrement, une *trempe* rapide de la solution solide à température ambiante, à une vitesse de refroidissement supérieure à la valeur critique pour laquelle des précipités se formeraient, puis un *recuit* à une température intermédiaire induisant un *vieillissement* de l'alliage (« ageing » en anglais). La trempe « fige » l'état à haute température en une solution solide sursaturée à température ambiante, à partir de laquelle des petits précipités vont se former lors du recuit.

Comme souvent en métallurgie, la précipitation durant le recuit de vieillissement est plus compliquée que prévu. Si la trempe produit effectivement le résultat souhaité – une solution sursaturée de Cu dans (Al), le recuit entre la température ambiante et environ 200°C *ne* produit *pas* des précipités Al_2Cu à l'équilibre. En effet, des phases métastables se forment, comme indiqué schématiquement dans la figure GL2.42(a) par la nouvelle courbe en «C» visible à basse température dans le diagramme TTT.

Cette différence subtile de comportement n'est bien sûr pas du tout anticipée par le diagramme de phases, mais permet d'obtenir les alliages d'aluminium durcis par précipitation indispensables à l'aéronautique, mais aussi à l'automobile et au rail. Pendant le traitement de vieillissement après trempe, la limite élastique des alliages Al-Cu évolue comme indiqué à la figure GL2.42(b). Lors d'un *vieillissement artificiel* à température plus élevée que la température ambiante, la résistance augmente et présente un pic avant de retomber à une valeur proche de la résistance initiale après trempe. La solution solide sursaturée durant cette évolution est remplacée par une solution moins riche en Cu et des précipités, qui produisent le pic de la limite élastique. Le *vieillissement naturel*, qui a lieu à température ambiante, résulte en une résistance mécanique qui augmente jusqu'à un plateau, mais dont la valeur est inférieure au pic du vieillissement artificiel.

Les détails de l'évolution des précipités pendant le vieillissement de l'alliage sont trop complexes pour être traités en détail ici (voir les lectures complémentaires mentionnées en fin de chapitre). En fait, toute une série de phases métastables se forment, en commençant par des germes de Cu pur, qui vont re-germer et faire croître d'autres phases à base de Al et Cu, jusqu'à atteindre la phase d'équilibre θ (Al_2Cu). En parallèle à cette évolution, les précipités *maturent* (i.e. leur taille moyenne augmente alors que leur nombre diminue) et par conséquent leurs interactions avec les dislocations évoluent. Ces évolutions conduisent

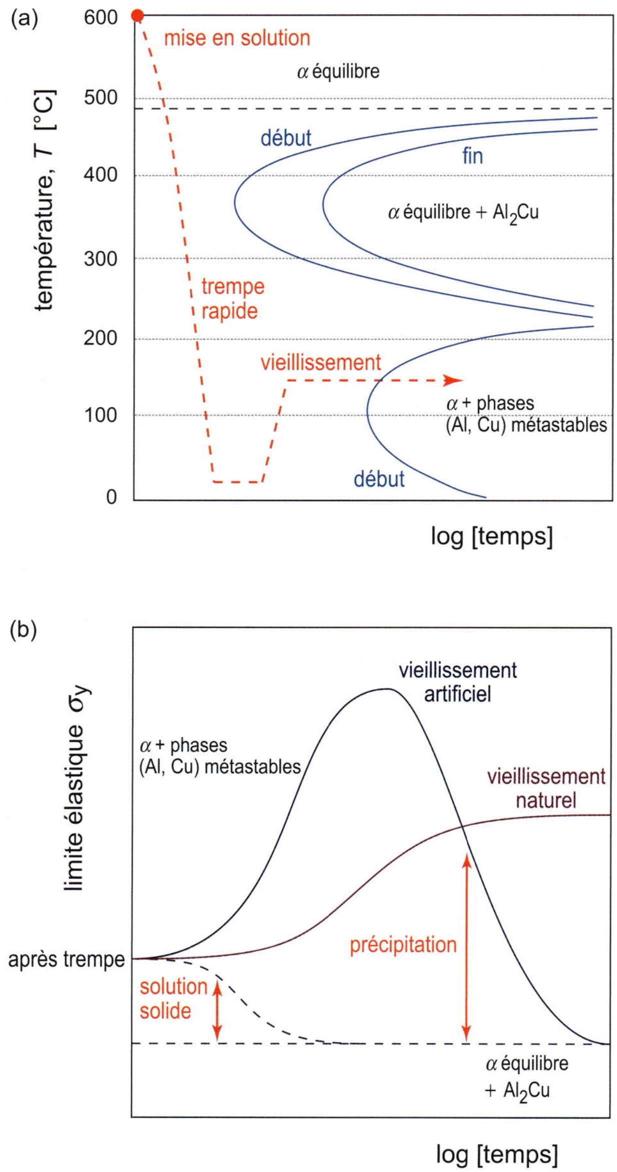

Figure GL2.42 (a) Diagramme TTT pour la précipitation de phases à l'équilibre et de phases métastables dans des alliages Al-Cu; (b) «courbes de vieillissement», montrant l'évolution temporelle de la limite élastique.

à une courbe de vieillissement telle que montrée à la figure GL2.42(b). Remarquer que l'équilibre est atteint à la fin dans des conditions dites de « sur-vieillissement », avec des précipités grossiers de Al_2Cu. La microstructure dans cet état est alors très semblable à celle qui aurait été obtenue directement par un refroidissement lent à partir de la solution solide à haute température. La figure GL2.42(b) montre très clairement l'importance de contrôler précisément le développement de la microstructure dans ces alliages, si l'on veut obtenir un état biphasé métastable avec la limite élastique souhaitée.

Exercices

E.20 La figure GL2.43 montre le diagramme de phases du système aluminium-argent.

(a) Un entrepreneur voit cet alliage Al-Ag comme une opportunité pour faire des coulées d'éléments décoratifs en argent bon marché. Pouvez-vous lui suggérer quelques compositions, et pour quelles raisons ?

(b) Les alliages Al-Ag sont connus pour présenter un durcissement par précipitation, comme vu précédemment pour le système Al-Cu. Identifier des compositions pour des alliages de corroyage traitables thermiquement et proposer un cycle thermique possible pour arriver à une résistance mécanique élevée.

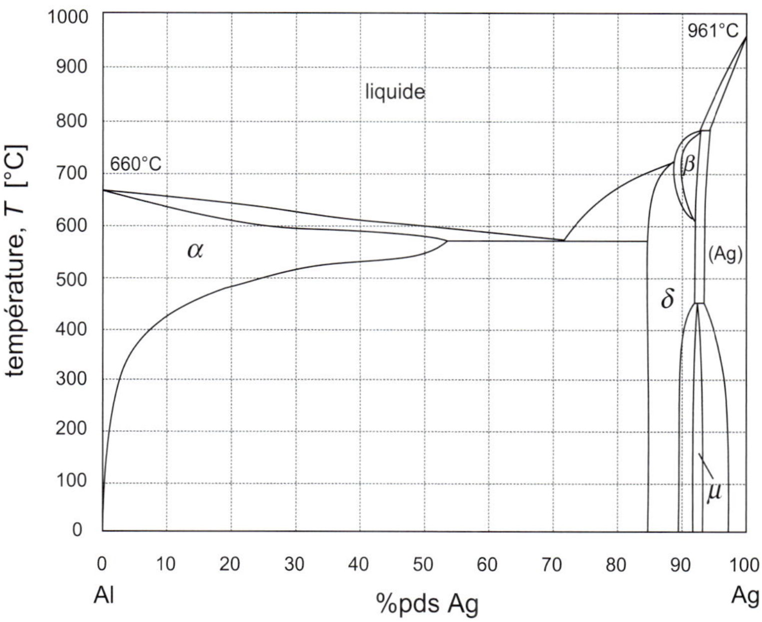

Figure GL2.43 Diagramme de phases du système aluminium-argent.

Traitement thermique des aciers au carbone L'exemple Al-Cu montre bien les éléments clés pour obtenir un durcissement par précipitation efficace : (a) une solubilité élevée des éléments d'alliage à haute température (pour permettre d'avoir initialement une solution solide uniforme en composition) ; et (b) une faible solubilité à température ambiante, avec une région biphasée de la phase mère et d'un composé intermédiaire dur absorbant l'essentiel des éléments de soluté (pour former des précipités très petits et finement dispersés). Le système Fe-C présente exactement ces caractéristiques. Comme vu à la figure GL2.35, l'austénite présente une grande solubilité du carbone dans le fer, alors que celle de la ferrite est faible avec la possibilité de former des carbures de fer dans la zone biphasée à basse température.

Un acier à composition moyenne de carbone peut donc être « austénitisé » (i.e. le carbone est mis en solution dans la phase austénite) à 850-900°C. Nous avons vu qu'un faible refroidissement conduit alors à une microstructure mixte ferrite-perlite, par elle-même très intéressante pour sa résistance et sa ténacité. Mais nous pouvons faire mieux. En suivant le même raisonnement qu'auparavant, en refroidissant suffisamment rapidement l'austénite, le carbone peut être bloqué dans une solution solide sursaturée. En faisant alors un recuit aux environs de 500-600°C pour une ou deux heures, des précipités de carbure de fer très petits peuvent être formés : dans les aciers, ce stade est connu sous le nom de *revenu*.

En termes généraux, la trempe et le revenu (ou l'adoucissement) des aciers au carbone sont analogues à la précipitation par vieillissement des alliages d'aluminium. Mais il y a des différences importantes. Tout d'abord, la phase qui précipite dans les aciers est une phase à l'équilibre – du carbure de fer, dans une matrice de ferrite. Ensuite, il y a une transformation de phase de CFC à CC du fer lorsqu'il est refroidi depuis la température d'austénitisation (ce qui n'était pas le cas de l'aluminium qui reste CFC pendant tout le traitement).

Les transformations de phases demandent généralement que les atomes diffusent pour se réarranger dans les nouvelles phases. Mais ici nous avons une transformation inhabituelle, dans laquelle le réseau CFC du fer est capable de se transformer pendant la trempe, *sans* diffusion. La solution solide ainsi formée est appelée *martensite*. Elle est métastable, c'est donc une solution sursaturée de carbone dans le fer. Le réseau cristallin souhaiterait être celui de la ferrite (CC), mais celle-ci a une très faible solubilité en carbone, alors que la martensite a la composition en carbone de l'alliage. Ceci a pour conséquence que la martensite a un réseau cristallin déformé, toujours centré (appelé « tétragonal centré »).

La transformation requiert une force motrice, comme dans les cas précédents, et il y a donc une différence d'énergie libre, ΔG, entre l'austénite et la martensite. Mais le mécanisme ici est passablement différent, comme illustré à la figure GL2.44(a). De petites régions aux joints de grains de l'austénite se transforment par *cisaillement* en des germes ayant la structure cristalline de la nouvelle phase, et se propagent alors très rapidement à travers les grains pour former des lattes de martensite en forme de lentilles (fig. GL2.44(b)). La figure GL2.44(c) montre comment cela est réalisé au niveau atomique, simplement en déformant le réseau CFC – il y a une relation géométrique simple entre les sites atomiques du réseau CFC et ceux de la structure tétragonale centrée. Ce changement de phases sans diffusion est appelé *transformation displacive*, ou parfois *transformation militaire* (le mouvement des atomes pour obtenir la nouvelle structure se fait de manière coordonnée et très rapidement, d'où ce deuxième nom).

La transformation martensitique dans un acier donné a une température caractéristique à laquelle elle commence, et une autre (plus basse) à laquelle elle est achevée. Puisque la

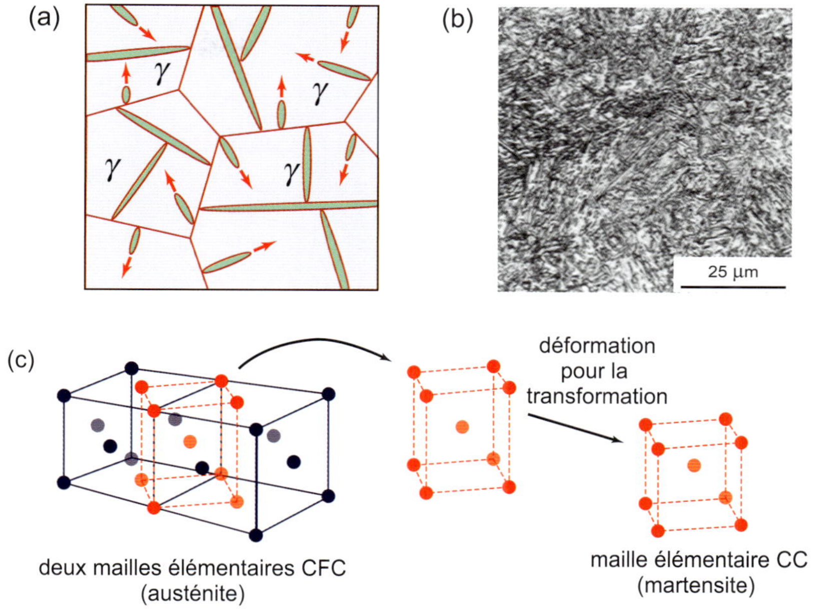

Figure GL2.44 Transformation martensitique : (a) germination aux joints de grains de l'austénite ; (b) micrographie d'une martensite (image reproduite avec l'autorisation de ASM Micrograph Center, ASM International, 2005) ; (c) relation cristallographique entre le réseau CFC (en bleu) et la structure centrée (en rouge) avec les déformations associées pour former la structure déformée de la martensite.

diffusion n'est pas impliquée, la quantité transformée est indépendante du temps – le début et la fin de la transformation sur un diagramme TTT sont indiqués par des lignes horizontales tracées à ces deux températures correspondantes (fig. GL2.45(a)).

Finalement, quel est l'effet de la trempe et du revenu sur les propriétés ? Puisque la martensite contient beaucoup plus de carbone en solution que la phase CC de la ferrite ne peut accommoder, le réseau cristallin distordu est résistant au mouvement des dislocations et la dureté (et donc la limite élastique) est élevée. Mais le résultat est aussi une microstructure fragile, avec une faible ténacité, comparable à celle des céramiques. Pendant le revenu, des précipités fins de Fe_3C germent et croissent, pompant ainsi du carbone de la solution, assurant alors un durcissement par précipitation. La limite élastique est alors inférieure à celle de la martensite – elle évolue au cours du revenu comme indiqué sur la figure GL2.45(b). Mais le revenu restaure alors la ténacité de l'acier à un niveau acceptable, comparable à celle des microstructures ferrito-perlitiques. L'effet net est une ténacité deux à trois fois plus élevée dans la martensite revenue.

Le résultat en termes de propriétés explique la vaste gamme des traitements thermiques de trempe et de revenu des aciers utilisés dans l'industrie des machines et outils. Mais le traitement thermique a aussi des conséquences pratiques dans la mise en forme des

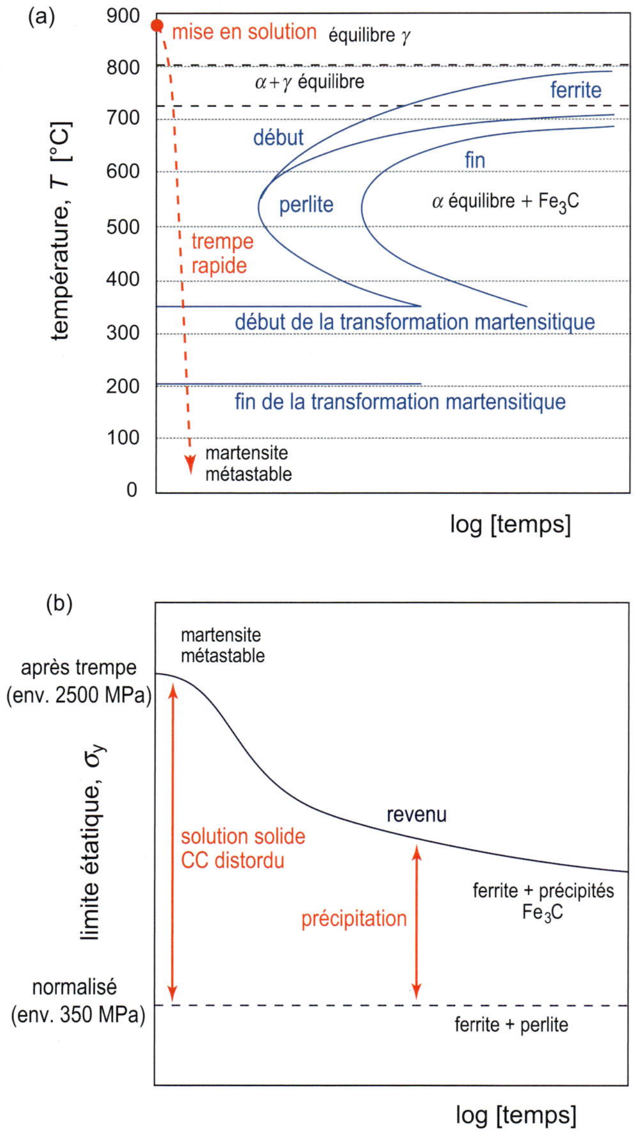

Figure GL2.45 (a) Ligne de début et de fin de la transformation martensitique dans un diagramme TTT; (b) évolution de la limite élastique pendant l'opération de revenu après trempe d'un acier.

composants en acier. Une trempe à l'eau ou dans l'huile d'un acier porté au rouge induit de très fortes contraintes thermiques, voire des *fissures de trempe*, étant donné le caractère fragile des martensites. De plus, il y a une vitesse de refroidissement limite à laquelle l'intérieur d'un composant peut être refroidi, étant donné le temps nécessaire pour que la chaleur puisse être évacuée par diffusion au travers de la section – la vitesse de refroidissement du centre d'un composant diminue donc lorsque sa taille augmente. Il y a donc une taille maximale de composant pouvant être refroidi à cœur à une vitesse de refroidissement supérieure à la valeur critique. Pour les aciers purement au carbone (Fe-C), la vitesse de refroidissement critique est élevée – et donc seuls des petits composants pourront être transformés en martensite dans leur entier pendant la trempe (et adoucis ensuite). La solution à ce problème consiste à allier plus les aciers. Des additions de quelques pour cents d'éléments tels que Ni, Cr et Mo retardent de manière significative les transformations par diffusion de l'austénite en ferrite et perlite, décalant ainsi les courbes en C du diagramme TTT vers la droite. La martensite peut alors se former à des taux de refroidissement nettement plus faibles, et donc des composants de dimensions beaucoup plus grandes peuvent être ainsi transformés (avec des contraintes thermiques par ailleurs réduites). La capacité des aciers à être transformés en martensite pendant une trempe est appelée *trempabilité*. C'est une des raisons, parmi d'autres, de produire des *aciers alliés*.

En conclusion, la première leçon à tirer du traitement thermique des aciers est, à nouveau, que le diagramme de phases permet d'anticiper quelles microstructures pourraient être intéressantes à produire (en regardant notamment la variation de la solubilité du carbone dans le fer à différentes températures), mais pas d'en déduire le comportement détaillé de la transformation de phases. La deuxième est que les transformations de phases peuvent être modifiées en ajoutant d'autres éléments d'alliage – les aciers sont donc une parfaite illustration de notre devise : composition + procédés $\rightarrow$ microstructure + propriétés.

Exercices

E.21 Trois échantillons d'aciers à haute teneur en carbone contenant 1.2%pds de carbone sont traités thermiquement. Les trois sont d'abord austénitisés. Un des échantillons est refroidi lentement jusqu'à température ambiante ; le deuxième est trempé dans l'eau et le troisième est trempé puis revenu à 600°C. La limite élastique de chacun d'eux est alors mesurée avec pour résultat : 800 MPa pour le premier refroidi lentement ; 3500 MPa pour l'échantillon trempé et 1100 MPa pour l'échantillon trempé et revenu. Se référer au diagramme de phases Fe-C de la figure GL2.13 pour répondre aux questions suivantes :

(a) Quelle est la température minimale requise pour austénitiser complètement cet acier ?

(b) Quelles sont les phases présentes, leurs compositions et leurs proportions dans les trois échantillons après traitement ?

(c) Décrire la microstructure et les mécanismes de durcissement responsables des limites élastiques mesurées.

Solution des exercices, Partie 8

E.20

(a) La coulée d'alliages se fait souvent pour des compositions proches du point eutectique – Al-72%pds Ag pour ce système. Il y a à cela deux raisons: d'une part l'intervalle de solidification est minimal, et d'autre part les propriétés d'une microstructure eutectique biphasée sont intéressantes. Comme la pente du liquidus (vers l'aluminium) est faible, il est possible de réduire la quantité d'argent, et donc les coûts, sans pour autant augmenter trop la température du liquidus et l'intervalle de solidification. Par exemple, un alliage Al-60%pds Ag aurait une structure mixte Al primaire et eutectique. Comme l'alliage Al-Ag peut être facilement traité thermiquement, il peut même être préférable d'utiliser moins d'argent dans un alliage dilué (p. ex. Al-10%pds Ag), et de faire ensuite un traitement de mise en solution et de précipitation; voir (b).

(b) L'aluminium peut dissoudre jusqu'à 55.6%pds d'Ag. Tout alliage jusqu'à cette composition peut être mis en solution à 560°C. Des compositions plus faibles sont bien meilleur marché, et par analogie avec l'alliage Al-Cu, il peut être suffisant de n'avoir que 5%pds d'Ag pour obtenir un durcissement par précipitation efficace. Un tel alliage présente aussi l'avantage que la température de mise en solution est plus basse (400°C). Il peut ensuite être trempé à température ambiante avant d'être amené dans la zone biphasée (à 100-200°C). Comme pour le système Al-Cu, des précipités métastables vont se former et résulter ainsi en une courbe de vieillissement.

E.21

(a) Le diagramme de phases nous indique que la limite inférieure du domaine monophasé austénitique pour 1.2%pds de carbone est 830°C.

(b) Après refroidissement lent, l'acier à l'équilibre contient de la ferrite (du fer presque pur) et des carbures de fer (Fe_3C, avec 6.7%pds C). A partir de la règle des leviers, la proportion de carbures est de $1.2/6.7 \approx 18$%pds (donc 82%pds de ferrite). Après trempe, la microstructure est métastable: il s'agit de martensite avec 1.2%pds C. Après trempe et revenu, l'équilibre est restauré et les phases sont exactement les mêmes que celles produites par le refroidissement lent.

(c) La microstructure refroidie lentement est similaire à celle de la figure GL2.40(b) – cémentite formée sur les joints de grains d'austénite, et perlite à l'intérieur des grains. La ferrite est molle alors que le carbure de fer est dur, la structure mixte de la perlite ayant donc une résistance intermédiaire. Après trempe, la martensite est très dure puisqu'elle est très sursaturée en carbone, avec une forte distorsion du réseau cristallin. Après revenu, une distribution uniforme de carbures de fer dans la matrice de ferrite confère au matériau une limite élastique plus élevée que les mêmes phases présentes sous forme de perlite.

Lectures complémentaires

Ashby, M. F., & Jones, D. R. H. (2005). *Engineering Materials II* (3rd ed.). ISBN 0-7506-6381-2. (*Ouvrage présentant les classes de matériaux ainsi que l'influence des procédés sur la microstructure et les propriétés*).

ASM Handbook Series (1971–2004). Volume 4, *Heat Treatment*; Volume 5, *Surface Engineering*; Volume 6, *Welding, Brazing and Soldering*; Volume 7, *Powder Metal Technologies*; Volume 14, *Forming and Forging*; Volume 15, *Casting*; and Volume 16, *Machining*; ASM International, Metals Park, OH, USA. (*Un ensemble très complet de livres de référence sur les procédés, mis à jour occasionnellement, et maintenant disponible en ligne à l'adresse www.products.asminternational.org/hbk/index.jsp.*)

ASM Micrograph Center (2005). ASM International, Metals Park, OH, USA. (*Une librairie en ligne très complète de micrographies illustrant et documentant l'évolution de la microstructure des matériaux pendant les procédés. Adresse: www.products.asminternational.org/mgo/index.jsp.*)

MATTER; <*www.matter.org.uk.*> (*Introduction aux diagrammes de phases et à de nombreux autres sujets sur les matériaux, plus spécifiquement pour les aciers à l'adresse www.matter.org.uk/steelmatter et pour les alliages d'alumimium à l'adresse www.aluminium.org.uk.*)

Annexe
Données matériaux pour l'ingénierie

Contenu

Cette annexe donne une liste des noms de matériaux, de leurs applications typiques dans des problèmes d'ingénierie et de leurs propriétés principales.

A.1 Noms et applications: métaux et alliages

Métaux		Applications
Ferreux	Fonte (de fer)	Composants automobiles, blocs moteurs, composants de structures, machines outils, socles de tours
	Aciers à haute teneur en carbone	Outils de coupe, ressorts, roulements, paliers, vilebrequins, arbres de transmission, rails de chemin de fer
	Aciers à moyenne teneur en carbone	Applications générales en génie mécanique (outils, roulements, engrenages, arbres de transmission)
	Aciers à basse teneur en carbone	Structures en acier (acier doux) – ponts, appareils de forage, bateaux; renforcement du béton; composants automobiles, panneaux de carrosserie; tôles galvanisées; emballage (canettes, fûts)
	Aciers faiblement alliés	Ressorts, outils, roulements à billes, composants automobiles (engrenages, bielles, etc.)
	Aciers inoxydables	Transport, usines chimiques, industrie alimentaire, centrale nucléaire, appareils à usage domestique (couverts, machine à laver, cuisinière), implants chirurgicaux, canalisations, cuves sous pression, conteneurs pour gaz liquéfiés, etc.
Non ferreux	Alliages d'aluminium	
	Alliages coulés	Composants pour l'automobile (blocs moteurs, jantes), appareils à usage domestique (fers à repasser)
	Alliages sans traitement thermique	Conducteurs électriques, échangeurs de chaleur, feuilles d'aluminium, tubes, casseroles, canettes boisson, bateaux légers, panneaux pour bâtiments
	Alliages avec traitement thermique	Ingénierie aérospatiale, composants et panneaux pour l'automobile, bateaux et structures légers
	Alliages cuivreux	Conducteurs et fils électriques, circuits électroniques, échangeurs de chaleur, chaudières, boilers, batteries de cuisine, monnaie, visserie, sculptures
	Alliages de plomb	Revêtements de toitures et panneaux, soudure, écrans de protection rayons X, électrodes de batteries
	Alliages de magnésium	Pièces coulées pour l'automobile et les transports, roues, pièces coulées légères, principal élément d'addition aux alliages d'aluminium
	Alliages de nickel	Turbines à gaz et réacteurs d'avion, thermocouples, monnaie, élément d'addition aux aciers inoxydables
	Alliages de titane	Aubes de turbine pour moteurs d'avion, éléments de structure pour l'aérospatiale, implants biomédicaux
	Alliages de zinc	Coulées en moule permanent (automobile, équipement domestique, jouets, poignées), revêtement de tôles d'acier

A.2 Noms et applications: polymères et mousses

Polymères		Acronyme	Applications
Elastomères	Caoutchouc butylique		Pneus, joints, montages antivibratoires, isolations électriques, tubes
	Ethylène-vinyle-acétate	EVA	Sachets, films, emballage, gants, isolation, chaussures de course
	Isoprène	IR	Pneus, chambres à air, isolation, chaussures
	Caoutchouc naturel	NR	Gants, pneus, isolations électriques, tubes
	Polychloroprène (néoprène)	CR	Combinaisons de plongée/natation, joints et O-rings, chaussures
	Elastomère polyuréthane	el-PU	Emballage, tuyaux d'arrosage, adhésifs, revêtements de tissus
	Elastomère silicone		Isolation électrique, encapsulation pour l'électronique, implants médicaux
Thermo-plastiques	Acrylonitrile-butadiène-styrène	ABS	Appareils pour les communications, intérieurs d'automobiles, bagages, jouets, bateaux
	Polymère cellulose	CA	Poignées pour outils et couteaux, moulures décoratives, stylos
	Ionomère	I	Emballages, emballages plaquettes pour médicaments, balles de golf, bouteilles
	Polyamides (nylons)	PA	Engrenages, roulements, plomberie, emballages, bouteilles, textiles, habillement, bas, cordes
	Polycarbonate	PC	Lunettes de sécurité, écrans, casques, panneaux légers, composants médicaux
	Polyétherétherkéton	PEEK	Connecteurs électriques, composants pour voitures de course, fibres pour composites
	Polyéthylène	PE	Emballages, sachets, jouets, pièces pour implants articulaires, tubes de dentifrices
	Polyéthylène téréphthalate	PET	Bouteilles formées par soufflage, films, cassettes audio/vidéo, voiles
	Polyméthacrylate de méthyle (acrylique)	PMMA	Hublots d'avions, lentilles de contact, réflecteurs, phares, disques compacts
	Polyoxyméthylène (acétal ou polyacétal)	POM	Fermetures éclairs, composants domestiques, poignées
	Polypropylène	PP	Cordes, fournitures de jardin, tuyaux, bouilloires, isolations électriques, pelouses artificielles
	Polystyrène	PS	Jouets, emballage, coutellerie, cassettes audio, emballages de CD
	Polyuréthane thermoplastique	tp-PU	Rembourrage, sièges, semelles de chaussures, tuyaux d'arrosage, pare-chocs, isolation

A.2 Noms et applications: polymères et mousses (suite)

Polymères		Acronyme	Applications
	Polychlorure de vinyle	PVC	Tuyaux, gouttières, cadres de fenêtres, emballage
	Polytétrafluoro-éthylène (Téflon)	PTFE	Revêtements antiadhésifs, paliers, skis, isolations électriques, rubans adhésifs
Thermo-durcissables	Epoxy	EP	Adhésifs, fibres pour composites, encapsulation électronique
	Phénoliques	PHEN	Prises et douilles électriques, batteries de cuisine, poignées, adhésifs
	Polyester	PEST	Meubles, bateaux, équipements de sport
Mousses polymères	Mousses souples		Emballages, éponges, matelassage, rembourrage, gilets de sauvetage
	Mousses rigides		Isolations thermiques, panneaux sandwiches, emballages, gilets de sauvetage

A.3 Noms et applications: composites, céramiques, verres et matériaux naturels

Composites		Applications
Métaux	Aluminium/SiC	Composants pour l'automobile, équipements de sport
Polymères	CFRP (Polymère renforcé par fibres de carbone)	Composants légers pour les structures (aérospatiale, cadres de vélos, équipements de sport, coques et rames de bateaux, ressorts)
	GFRP (Polymère renforcé par fibres de verre)	Coques de bateaux, composants pour l'automobile, pour l'industrie chimique
Céramiques		
Verres	Borosilicates	Plats allant aux fours, vaisselle de laboratoire, phares
	Vitrocéramiques	Batteries de cuisine, lasers, miroirs de téléscopes
	Verres silicates	Fenêtres à hautes performances, creusets, applications haute température
	Verres sodocalciques	Fenêtres, bouteilles, tubes, ampoules électriques, poterie en verre
Poreuses	Briques	Bâtiments
	Béton	Constructions, génie civil
	Pierre	Bâtiments, architecture, sculptures

A.3 Noms et applications: composites, céramiques, verres et matériaux naturels (suite)

Composites		Applications
Techniques	Alumine	Outils de coupe, bougies d'allumage, substrats pour microcircuits, soupapes
	Nitrure d'aluminium	Substrats pour microcircuits et puits de chaleur
	Carbure de bore	Blindages légers, buses/gicleurs, moules, composants pour outillage de précision
	Silicium	Microcircuits, semiconducteurs, instruments de précision, fenêtres IR, MEMS
	Carbure de silicium	Equipement hautes températures, grains pour papiers abrasifs, paliers, blindages
	Nitrure de silicium	Paliers, outils de coupe, moules, composants de moteurs
	Carbure de tungstène	Outils, outils de coupe, de fraises, abrasifs
Naturels		
	Bambou	Construction, échafaudages, papier, cordes, paniers, meubles
	Liège	Bouchons, joints, flotteurs, emballages, revêtements de sols
	Cuir	Chaussures, habillement, sacs, ceintures, courroies d'entraînement
	Bois	Construction, revêtements de sols, portes, meubles, emballages, équipements de sport

A.4 Point de fusion, T_m, et température de transition vitreuse T_g [1]

		T_m ou T_g (°C)
Métaux		
Ferreux	Fontes (de fer)	1130–1250
	Aciers à haute teneur en carbone	1289–1478
	Aciers à teneur moyenne en carbone	1380–1514
	Aciers à faible teneur en carbone	1480–1526
	Aciers faiblement alliés	1382–1529
	Aciers inoxydables	1375–1450
Non ferreux	Alliages d'aluminium	475–677
	Alliages cuivreux	982–1082
	Alliages de plomb	322–328
	Alliages de magnésium	447–649
	Alliages de nickel	1435–1466
	Alliages de titane	1477–1682
	Alliages de zinc	375–492

[1] Cette table donne une liste des points de fusion pour les solides cristallins et des températures de transition vitreuse pour les polymères et les verres inorganiques. Ces dernières sont indiquées avec une astérisque (*)

A.4 Point de fusion, T_m, et température de transition vitreuse T_g [(1)] (suite)

		T_m ou T_g (°C)
Céramiques		
Verres	Verres borosilicates*	450–602
	Vitrocéramiques*	563–1647
	Verres silicates*	957–1557
	Verres sodocalciques*	442–592
Poreuses	Brique	927–1227
	Béton typique	927–1227
	Pierre	1227–1427
Techniques	Alumine	2004–2096
	Nitrure d'aluminium	2397–2507
	Carbure de bore	2372–2507
	Silicium	1407–1412
	Carbure de silicium	2152–2500
	Nitrure de silicium	2388–2496
	Carbure de tungstène	2827–2920
Composites	Aluminium/carbure de silicium	525–627
Métaux	CFRP (Polymère renforcé par fibres de carbone)	n/d
Polymères	GFRP (Polymère renforcé par fibres de verre)	n/d
Naturels	Bambou*	77–102
	Liège*	77–102
	Cuir*	107–127
	Bois, typique*	77–102
Polymères		
Elastomères	Caoutchouc butylique*	–73––63
	EVA*	–73––23
	Isoprène (IR)*	–83––78
	Caoutchouc naturel (NR)*	–78––63
	Néoprène (CR)*	–48––43
	Polyuréthane élastomère (elPU)*	–73––23
	Elastomère silicone*	–123––73
Thermo-plastiques	ABS*	88–128
	Cellulose (CA)*	–9–107
	Ionomère (I)*	27–77
	Nylon (PA)*	44–56
	Polycarbonate (PC)*	142–205
	PEEK*	143–199
	Polyéthylène (PE)*	–25––15
	PET*	68–80
	Acrylique (PMMA)*	85–165
	Acétal (POM)*	–18––8
	Polypropylène (PP)*	–25––15
	Polystyrène (PS)*	74–110
	Polyuréthane thermoplastique (tpPU)*	120–160
	PVC	75–105
	Téflon (PTFE)	107–123

		T_m ou T_g (°C)
Thermo-durcissables	Epoxy	n/d
	Phénoliques	n/d
	Polyester	n/d
Mousses polymères		
	Mousse polymère flexible (très faible densité)*	112–177
	Mousse polymère flexible (faible densité)*	112–177
	Mousse polymère flexible (moyenne densité)*	112–177
	Mousse polymère rigide (faible densité)*	67–171
	Mousse polymère rigide (moyenne densité)*	67–157
	Mousse polymère rigide (haute densité)*	67–171

(1) Cette table donne une liste des points de fusion pour les solides cristallins et des températures de transition vitreuse pour les polymères et les verres inorganiques. Ces dernières sont indiquées avec une astérisque (*)

n/d: non disponible (pour des matériaux qui se décomposent avant de fondre).

A.5 Masse spécifique (densité) ρ

		ρ(t/m³) (g/cm³)
Métaux		
Ferreux	Fontes (de fer)	7.05–7.25
	Aciers à haute teneur en carbone	7.8–7.9
	Aciers à teneur moyenne en carbone	7.8–7.9
	Aciers à faible teneur en carbone	7.8–7.9
	Aciers faiblement alliés	7.8–7.9
	Aciers inoxydables	7.6–8.1
Non ferreux	Alliages d'aluminium	2.5–2.9
	Alliages cuivreux	8.93–8.94
	Alliages de plomb	10–11.4
	Alliages de magnésium	1.74–1.95
	Alliages de nickel	8.83–8.95
	Alliages de titane	4.4–4.8
	Alliages de zinc	4.95–7
Céramiques		
Verres	Verres borosilicates	2.2–2.3
	Vitrocéramiques	2.2–2.8
	Verres silicates	2.17–2.22
	Verres sodocalciques	2.44–2.49
Poreuses	Brique	1.9–2.1
	Béton typique	2.2–2.6
	Pierre	2.5–3

A.5 Masse spécifique (densité) ρ (suite)

		ρ(t/m³) (g/cm³)
Techniques	Alumine	3.5–3.98
	Nitrure d'aluminium	3.26–3.33
	Carbure de bore	2.35–2.55
	Silicium	2.3–2.35
	Carbure de silicium	3–3.21
	Nitrure de silicium	3–3.29
	Carbure de tungstène	15.3–15.9
Composites		
Métaux	Aluminium/carbure de silicium	2.66–2.9
Polymères	CFRP	1.5–1.6
	GFRP	1.75–1.97
Naturels		
	Bambou	0.6–0.8
	Liège	0.12–0.24
	Cuir	0.81–1.05
	Bois, typique	0.6–0.8
Polymères		
Elastomères	Caoutchouc butylique	0.9–0.92
	EVA	0.95–0.96
	Isoprène (IR)	0.93–0.94
	Caoutchouc naturel (NR)	0.92–0.93
	Néoprène (CR)	1.23–1.25
	Polyuréthane élastomère (elPU)	1.02–1.25
	Elastomère silicone	1.3–1.8
Thermo-plastiques	ABS	1.01–1.21
	Cellulose (CA)	0.98–1.3
	Ionomère (I)	0.93–0.96
	Nylon (PA)	1.12–1.14
	Polycarbonate (PC)	1.14–1.21
	PEEK	1.3–1.32
	Polyéthylène (PE)	0.94–0.96
	PET	1.29–1.4
	Acrylique (PMMA)	1.16–1.22
	Acétal (POM)	1.39–1.43
	Polypropylène (PP)	0.89–0.91
	Polystyrène (PS)	1.04–1.05
	Polyuréthane thermoplastique (tpPU)	1.12–1.24
	PVC	1.3–1.58
	Téflon (PTFE)	2.14–2.2

A.5 Masse spécifique (densité) ρ (suite)

		ρ(t/m^3) (g/cm^3)
Thermo-durcissables	Epoxy	1.11–1.4
	Phénoliques	1.24–1.32
	Polyester	1.04–1.4
Mousses polymères		
	Mousse polymère flexible (très faible densité)	0.016–0.035
	Mousse polymère flexible (faible densité)	0.038–0.07
	Mousse polymère flexible (moyenne densité)	0.07–0.115
	Mousse polymère rigide (faible densité)	0.036–0.07
	Mousse polymère rigide (moyenne densité)	0.078–0.165
	Mousse polymère rigide (haute densité)	0.17–0.47

A.6 Module élastique/module de Young, *E*

		E(GPa)
Métaux		
Ferreux	Fontes (de fer)	165–180
	Aciers à haute teneur en carbone	200–215
	Aciers à teneur moyenne en carbone	200–216
	Aciers à faible teneur en carbone	200–215
	Aciers faiblement alliés	201–217
	Aciers inoxydables	189–210
Non ferreux	Alliages d'aluminium	68–82
	Alliages cuivreux	112–148
	Alliages de plomb	12.5–15
	Alliages de magnésium	42–47
	Alliages de nickel	190–220
	Alliages de titane	90–120
	Alliages de zinc	68–95
Céramiques		
Verres	Verres borosilicates	61–64
	Vitrocéramiques	64–110
	Verres silicates	68–74
	Verres sodo-calciques	68–72
Poreuses	Brique	15–30
	Béton typique	15–25
	Pierre	20–60
Techniques	Alumine	215–413
	Nitrure d'aluminium	302–348
	Carbure de bore	400–472
	Silicium	140–155
	Carbure de silicium	300–460
	Nitrure de silicium	280–310
	Carbure de tungstène	600–720

A.6 Module élastique/module de Young, *E* (suite)

		E(GPa)
Composites		
Métaux	Aluminium/carbure de silicium	81–100
Polymères	CFRP (Polymère renforcé par fibres de carbone)	69–150
	GFRP (Polymère renforcé par fibres de verre)	15–28
Naturels		
	Bambou	15–20
	Liège	0.013–0.05
	Cuir	0.1–0.5
	Bois, typique (longitudinal)	6–20
	Bois, typique (transverse)	0.5–3
Polymères		
Elastomères	Caoutchouc butylique	0.001–0.002
	EVA	0.01–0.04
	Isoprène (IR)	0.0014–0.004
	Caoutchouc naturel (NR)	0.0015–0.0025
	Néoprène (CR)	0.0007–0.002
	Polyuréthane élastomère (elPU)	0.002–0.003
	Elastomère silicone	0.005–0.02
Thermoplastiques	ABS	1.1–2.9
	Cellulose (CA)	1.6–2
	Ionomère (I)	0.2–0.424
	Nylon (PA)	2.62–3.2
	Polycarbonate (PC)	2–2.44
	PEEK	3.5–4.2
	Polyéthylène (PE)	0.621–0.896
	PET	2.76–4.14
	Acrylique (PMMA)	2.24–3.8
	Acétal (POM)	2.5–5
	Polypropylène (PP)	0.896–1.55
	Polystyrène (PS)	2.28–3.34
	Polyuréthane thermoplastique (tpPU)	1.31–2.07
	PVC	2.14–4.14
	Téflon (PTFE)	0.4–0.552
Thermo-durcissables	Epoxy	2.35–3.075
	Phénoliques	2.76–4.83
	Polyester	2.07–4.41
Mousses polymères		
	Mousse polymère flexible (très faible densité)	0.0003–0.001
	Mousse polymère flexible (faible densité)	0.001–0.003
	Mousse polymère flexible (moyenne densité)	0.004–0.012
	Mousse polymère rigide (faible densité)	0.023–0.08
	Mousse polymère rigide (moyenne densité)	0.08–0.2
	Mousse polymère rigide (haute densité)	0.2–0.48

A.7 Limite élastique, σ_y et résistance à la traction, σ_{ts}

		σ_y(MPa)	σ_{ts}(MPa)
Métaux			
Ferreux	Fontes (de fer)	215–790	350–1000
	Aciers à haute teneur en carbone	400–1155	550–1640
	Aciers à teneur moyenne en carbone	305–900	410–1200
	Aciers à faible teneur en carbone	250–395	345–580
	Aciers faiblement alliés	400–1100	460–1200
	Aciers inoxydables	170–1000	480–2240
Non ferreux	Alliages d'aluminium	30–500	58–550
	Alliages cuivreux	30–500	100–550
	Alliages de plomb	8–14	12–20
	Alliages de magnésium	70–400	185–475
	Alliages de nickel	70–1100	345–1200
	Alliages de titane	250–1245	300–1625
	Alliages de zinc	80–450	135–520
Céramiques			
Verres	Verres borosilicates	264–384	22–32
	Vitrocéramiques	750–2129	62–177
	Verres silicates	1100–1600	45–155
	Verres sodocalciques	360–420	31–35
Poreuses	Brique	50–140	7–14
	Béton typique	32–60	2–6
	Pierre	34–248	5–17
Techniques	Alumine	690–5500	350–665
	Nitrure d'aluminium	1970–2700	197–270
	Carbure de bore	2583–5687	350–560
	Silicium	3200–3460	160–180
	Carbure de silicium	1000–5250	370–680
	Nitrure de silicium	524–5500	690–800
	Carbure de tungstène	3347–6833	370–550
Composites			
Métaux	Aluminium/carbure de silicium	280–324	290–365
Polymères	CFRP (Polymère renforcé par fibres de verre)	550–1050	550–1050
	GFRP (Polymère renforcé par fibres de carbone)	110–192	138–241
Naturels			
	Bambou	35–44	36–45
	Liège	0.3–1.5	0.5–2.5
	Cuir	5–10	20–26
	Bois, typique (longitudinal)	30–70	60–100
	Bois, typique (transverse)	2–6	4–9

A.7 Limite élastique, σ_y, et résistance à la traction, σ_{ts} (suite)

		σ_y(MPa)	σ_{ts}(MPa)
Polymères			
Elastomères	Caoutchouc butylique	2–3	5–10
	EVA	12–18	16–20
	Isoprène (IR)	20–25	20–25
	Caoutchouc naturel (NR)	20–30	22–32
	Néoprène (CR)	3.4–24	3.4–24
	Polyuréthane élastomère (elPU)	25–51	25–51
	Elastomère silicone	2.4–5.5	2.4–5.5
Thermoplastiques	ABS	18.5–51	27.6–55.2
	Cellulose (CA)	25–45	25–50
	Ionomère (I)	8.3–15.9	17.2–37.2
	Nylon (PA)	50–94.8	90–165
	Polycarbonate (PC)	59–70	60–72.4
	PEEK	65–95	70–103
	Polyéthylène (PE)	17.9–29	20.7–44.8
	PET	56.5–62.3	48.3–72.4
	Acrylique (PMMA)	53.8–72.4	48.3–79.6
	Acétal (POM)	48.6–72.4	60–89.6
	Polypropylène (PP)	20.7–37.2	27.6–41.4
	Polystyrène (PS)	28.7–56.2	35.9–56.5
	Polyuréthane thermoplastique (tpPU)	40–53.8	31–62
	PVC	35.4–52.1	40.7–65.1
	Téflon (PTFE)	15–25	20–30
Thermo-durcissables	Epoxy	36–71.7	45–89.6
	Phénoliques	27.6–49.7	34.5–62.1
	Polyester	33–40	41.4–89.6
Mousses polymères			
	Mousse polymère flexible (très faible densité)	0.01–0.12	0.24–0.85
	Mousse polymère flexible (faible densité)	0.02–0.3	0.24–2.35
	Mousse polymère flexible (moyenne densité)	0.05–0.7	0.43–2.95
	Mousse polymère rigide (faible densité)	0.3–1.7	0.45–2.25
	Mousse polymère rigide (moyenne densité)	0.4–3.5	0.65–5.1
	Mousse polymère rigide (haute densité)	0.8–12	1.2–12.4

(*) NB: Pour les céramiques, la limite élastique est remplacée par la résistance à la compression, qui est plus importante pour les dispositifs basés sur ce type de matériaux. La résistance des céramiques en compression est environ 10 fois plus élevée que celle en traction.

A.8 Ténacité, K_{IC}

		K_{IC}(MPa√m)
Métaux		
Ferreux	Fontes (de fer)	22–54
	Aciers à haute teneur en carbone	27–92
	Aciers à teneur moyenne en carbone	12–92
	Aciers à faible teneur en carbone	41–82
	Aciers faiblement alliés	14–200
	Aciers inoxydables	62–280
Non ferreux	Alliages d'aluminium	22–35
	Alliages cuivreux	30–90
	Alliages de plomb	5–15
	Alliages de magnésium	12–18
	Alliages de nickel	80–110
	Alliages de titane	14–120
	Alliages de zinc	10–100
Céramiques		
Verres	Verres borosilicates	0.5–0.7
	Vitrocéramiques	1.4–1.7
	Verres silicates	0.6–0.8
	Verres sodocalciques	0.55–0.7
Poreuses	Brique	1–2
	Béton typique	0.35–0.45
	Pierre	0.7–1.5
Techniques	Alumine	3.3–4.8
	Nitrure d'aluminium	2.5–3.4
	Carbure de bore	2.5–3.5
	Silicium	0.83–0.94
	Carbure de silicium	2.5–5
	Nitrure de silicium	4–6
	Carbure de tungstène	2–3.8
Composites		
Métaux	Aluminium/carbure de silicium	15–24
Polymères	CFRP (Polymère renforcé par fibres de carbone)	6.1–88
	GFRP (Polymère renforcé par fibres de verre)	7–23
Naturels		
	Bambou	5–7
	Liège	0.05–0.1
	Cuir	3–5
	Bois, typique (longitudinal)	5–9
	Bois, typique (transverse)	0.5–0.8

A.8 Ténacité, K_{IC} (suite)

		K_{IC}(MPa√m)
Polymères		
Elastomères	Caoutchouc butylique	0.07–0.1
	EVA	0.5–0.7
	Isoprène (IR)	0.07–0.1
	Caoutchouc naturel (NR)	0.15–0.25
	Néoprène (CR)	0.1–0.3
	Polyuréthane élastomère (elPU)	0.2–0.4
	Elastomère silicone	0.03–0.5
Thermoplastiques	ABS	1.19–4.30
	Cellulose (CA)	1–2.5
	Ionomère (I)	1.14–3.43
	Nylon (PA)	2.22–5.62
	Polycarbonate (PC)	2.1–4.60
	PEEK	2.73–4.30
	Polyéthylène (PE)	1.44–1.72
	PET	4.5–5.5
	Acrylique (PMMA)	0.7–1.6
	Acétal (POM)	1.71–4.2
	Polypropylène (PP)	3–4.5
	Polystyrène (PS)	0.7–1.1
	Polyuréthane thermoplastique (tpPU)	1.84–4.97
	PVC	1.46–5.12
	Téflon (PTFE)	1.32–1.8
Thermo-durcissables	Epoxy	0.4–2.22
	Phénoliques	0.79–1.21
	Polyester	1.09–1.70
Mousses polymères		
	Mousse polymère flexible (très faible densité)	0.005–0.02
	Mousse polymère flexible (faible densité)	0.015–0.05
	Mousse polymère flexible (moyenne densité)	0.03–0.09
	Mousse polymère rigide (faible densité)	0.002–0.02
	Mousse polymère rigide (moyenne densité)	0.007–0.049
	Mousse polymère rigide (haute densité)	0.024–0.091

Note: K_{IC} n'est valable que pour des conditions où la mécanique de la rupture en élasticité linéaire s'applique (voir chap. 8). La ténacité en déformation plane, G_{IC}, peut être estimée sachant que $K_{IC}^2 = EG_{IC}/(1-v^2) \approx EG_{IC}$ (puisque $v^2 \approx 0.1$).

A.9 Conductibilité thermique, λ, et coefficient d'expansion thermique, α

		λ(W/m·K)	$\alpha(10^{-6}/C)$
Métaux			
Ferreux	Fontes (de fer)	29–44	10–12.5
	Aciers à haute teneur en carbone	47–53	11–13.5
	Aciers à teneur moyenne en carbone	45–55	10–14
	Aciers à faible teneur en carbone	49–54	11.5–13
	Aciers faiblement alliés	34–55	10.5–13.5
	Aciers inoxydables	11–19	13–20
Non ferreux	Alliages d'aluminium	76–235	21–24
	Alliages cuivreux	160–390	16.9–18
	Alliages de plomb	22–36	18–32
	Alliages de magnésium	50–156	24.6–28
	Alliages de nickel	67–91	12–13.5
	Alliages de titane	5–12	7.9–11
	Alliages de tungstène	100–142	4–5.6
	Alliages de zinc	100–135	23–28
Céramiques			
Verres	Verres borosilicates	1–1.3	3.2–4.0
	Vitrocéramiques	1.3–2.5	1–5
	Verres silicates	1.4–1.5	0.55–0.75
	Verres sodocalciques	0.7–1.3	9.1–9.5
Poreuses	Brique	0.46–0.73	5–8
	Béton typique	0.8–2.4	6–13
	Pierre	5.4–6.0	3.7–6.3
Techniques	Alumine	30–38.5	7–10.9
	Nitrure d'aluminium	80–200	4.9–6.2
	Carbure de bore	40–90	3.2–3.4
	Silicium	140–150	2.2–2.7
	Carbure de silicium	115–200	4.0–5.1
	Nitrure de silicium	22–30	3.2–3.6
	Carbure de tungstène	55–88	5.2–7.1
Composites			
Métaux	Aluminium/carbure de silicium	180–160	15–23
Polymères	CFRP (Polymère renforcé par fibres de carbone)	1.28–2.6	1–4
	GFRP (Polymère renforcé par fibres de verre)	0.4–0.55	8.6–33
Naturels			
	Bambou	0.1–0.18	2.6–10
	Liège	0.035–0.048	130–230
	Cuir	0.15–0.17	40–50
	Bois, typique (longitudinal)	0.31–0.38	2–11
	Bois, typique (transverse)	0.15–0.19	32–42

A.9 Conductibilité thermique, λ, et coefficient d'expansion thermique, α (suite)

		λ(W/m·K)	$\alpha(10^{-6}/C)$
Polymères			
Elastomères	Caoutchouc butylique	0.08–0.1	120–300
	EVA	0.3–0.4	160–190
	Isoprène (IR)	0.08–0.14	150–450
	Caoutchouc naturel (NR)	0.1–0.14	150–450
	Néoprène (CR)	0.08–0.14	575–610
	Polyuréthane élastomère (elPU)	0.28–0.3	150–165
	Elastomère silicone	0.3–1.0	250–300
Thermoplastiques	ABS	0.19–0.34	84.6–234
	Cellulose (CA)	0.13–0.3	150–300
	Ionomère (I)	0.24–0.28	180–306
	Nylon (PA)	0.23–0.25	144–150
	Polycarbonate (PC)	0.19–0.22	120–137
	PEEK	0.24–0.26	72–194
	Polyéthylène (PE)	0.40–0.44	126–198
	PET	0.14–0.15	114–120
	Acrylique (PMMA)	0.08–0.25	72–162
	Acétal (POM)	0.22–0.35	76–201
	Polypropylène (PP)	0.11–0.17	122–180
	Polystyrène (PS)	0.12–0.12	90–153
	Polyuréthane thermoplastique (tpPU)	0.23–0.24	90–144
	PVC	0.15–0.29	100–150
	Téflon (PTFE)	0.24–0.26	126–216
Thermo-durcissables	Epoxy	0.18–0.5	58–117
	Phénoliques	0.14–0.15	120–125
	Polyester	0.28–0.3	99–180
Mousses polymères			
	Mousse polymère flexible (très faible densité)	0.036–0.048	120–220
	Mousse polymère flexible (faible densité)	0.04–0.06	115–220
	Mousse polymère flexible (moyenne densité)	0.04–0.08	115–220
	Mousse polymère rigide (faible densité)	0.023–0.04	20–80
	Mousse polymère rigide (moyenne densité)	0.027–0.038	20–75
	Mousse polymère rigide (haute densité)	0.034–0.06	22–70

A.10 Résistivité électrique et constante diélectrique

		Resistivité ($\mu\Omega$·cm)	Constante diélectrique
Métaux			
Ferreux	Fontes (de fer)	49–56	—
	Aciers à haute teneur en carbone	17–20	—
	Aciers à teneur moyenne en carbone	15–22	—
	Aciers à faible teneur en carbone	15–20	—
	Aciers faiblement alliés	15–35	—
	Aciers inoxydables	64–107	—
Non ferreux	Alliages d'aluminium	2.5–5.0	—
	Alliages cuivreux	1.7–24	—
	Alliages de plomb	15–22	—
	Alliages de magnésium	4.2–15	—
	Alliages de nickel	6–114	—
	Alliages de titane	100–170	—
	Alliages de tungstène	10.2–14	—
	Alliages de zinc	5.4–7.2	—
Céramiques			
Verres	Verres borosilicates	3×10^{21}–3×10^{22}	4.6–6.0
	Vitrocéramiques	2×10^{19}–1×10^{21}	5.3–6.2
	Verres silicates	1×10^{23}–1×10^{27}	3.7–3.9
	Verres sodocalciques	8×10^{17}–8×10^{18}	7.0–7.6
Poreuses	Brique	1×10^{14}–3×10^{16}	7.0–10
	Béton typique	1.8×10^{12}–1.8×10^{13}	8.0–12
	Pierre	1×10^{8}–1×10^{14}	6.0–18
Techniques	Alumine	1×10^{20}–1×10^{22}	6.5–6.8
	Nitrure d'aluminium	1×10^{19}–1×10^{21}	8.3–9.3
	Carbure de bore	1×10^{5}–1×10^{7}	4.8–8.0
	Silicium	1×10^{6}–1×10^{12}	11–12
	Carbure de silicium	1×10^{9}–1×10^{12}	6.3–9.0
	Nitrure de silicium	1×10^{20}–1×10^{21}	7.9–8.1
	Carbure de tungstène	20–100	—
Composites			
Métaux	Aluminium/carbure de silicium	5–12	—
Polymères	CFRP (Polymère renforcé par fibres de carbone)	1.7×10^{5}–1×10^{6}	—
	GFRP (Polymère renforcé par fibres de verre)	1×10^{16}–2×10^{22}	4.2–5.2
Naturels			
	Bambou	6×10^{13}–7×10^{14}	5–7
	Liège	1×10^{9}–1×10^{11}	6–8
	Cuir	1×10^{8}–1×10^{10}	5–10
	Bois, typique (longitudinal)	6×10^{13}–2×10^{14}	5–6
	Bois, typique (transverse)	2×10^{14}–7×10^{14}	5–6

A.10 Résistivité électrique et constante diélectrique (suite)

		Resistivité ($\mu\Omega$·cm)	Constante diélectrique
Polymères			
Elastomères	Caoutchouc butylique	1×10^{15}–1×10^{16}	2.8–3.2
	EVA	3.2×10^{21}–1×10^{22}	2.9–3.0
	Isoprène (IR)	1×10^{15}–1×10^{16}	2.5–3.0
	Caoutchouc naturel (NR)	1×10^{15}–1×10^{16}	3.0–4.5
	Néoprène (CR)	1×10^{19}–1×10^{23}	6.7–8.0
	Polyuréthane élastomère (elPU)	1×10^{18}–1×10^{22}	5.0–9.0
	Elastomère silicone	3×10^{19}–1×10^{22}	2.9–4.0
Thermo-plastiques	ABS	3×10^{21}–3×10^{22}	2.8–3.2
	Cellulose (CA)	1×10^{17}–4×10^{20}	3.0–5.0
	Ionomère (I)	3×10^{21}–3×10^{22}	2.2–2.4
	Nylon (PA)	1.5×10^{19}–1.1×10^{20}	3.7–3.9
	Polycarbonate (PC)	1×10^{20}–1×10^{21}	3.1–3.3
	PEEK	3×10^{21}–3×10^{22}	3.1–3.3
	Polyéthylène (PE)	3×10^{22}–3×10^{24}	2.2–2.4
	PET	3×10^{20}–3×10^{21}	3.5–3.7
	Acrylique (PMMA)	3×10^{23}–3×10^{24}	3.2–3.4
	Acétal (POM)	3×10^{20}–3×10^{21}	3.6–4.0
	Polypropylène (PP)	3×10^{22}–3×10^{23}	2.1–2.3
	Polystyrène (PS)	1×10^{25}–1×10^{27}	3.0–3.3
	Polyuréthane thermoplastique (tpPU)	3×10^{18}–3×10^{19}	6.6–7.1
	PVC	1×10^{20}–1×10^{22}	3.1–4.4
	Téflon (PTFE)	3×10^{23}–3×10^{24}	2.1–2.2
Thermo-durcissables	Epoxy	1×10^{20}–6×10^{21}	3.4–5.7
	Phénoliques	3×10^{18}–3×10^{19}	4.0–6.0
	Polyester	3×10^{18}–3×10^{19}	2.8–3.3
Mousses polymères			
	Mousse flexible polymère (très faible densité)	1×10^{20}–1×10^{23}	1.1–1.15
	Mousse polymère flexible (faible densité)	1×10^{20}–1×10^{23}	1.15–1.2
	Mousse polymère flexible (moyenne densité)	1×10^{20}–1×10^{23}	1.2–1.3
	Mousse polymère rigide (faible densité)	1×10^{17}–1×10^{21}	1.04–1.1
	Mousse polymère rigide (moyenne densité)	3×10^{16}–3×10^{20}	1.1–1.19
	Mousse polymère rigide (haute densité)	1×10^{16}–1×10^{20}	1.2–1.45

Index